Kubik-Tabellen
für Metermaß
zur schnellen Bestimmung des Kubikinhalts
aller Arten Kolli

*

Livre de Cubage
indiquant en Mètres Cubes
l'Encombrement à Bord des Navires des
Caisses de toute Dimension

*

Set of Tables
exhibiting the solid Contents
off all Kinds of Packages in
Cubic Metres

*

Auf Veranlassung der Handelskammer Hamburg
herausgegeben von Dr. L. Friederichsen

5. Auflage

Cram, de Gruyter & Co. / Hamburg

1952

Fotografische Reproduktion und Offsetdruck von
Thormann & Goetsch, Berlin SW 61

Vorwort

Die mit dem 1. Januar 1872 im Deutschen Reich gesetzlich eingeführte neue Maß- und Gewichtsordnung hat das Bedürfnis mit sich gebracht, Hilfstabellen zur schnellen und leichten Berechnung des kubischen Inhalts aller Arten Körper in Metermaß zu schaffen. Für die Ausmessung des Kubik-Inhalts der verschiedenen Hölzer liegen bereits eine ganze Reihe derartiger Werke vor; zum Gebrauche für Kaufleute und Seeleute aber, welche die Frachten der zu verschiffenden Waren nach dem kubischen Inhalte der Kolli berechnen, ist in Deutschland außer dem vorliegenden Werke kein Hilfsmittel erschienen.

Auf Veranlassung der Handelskammer Hamburg und in Übereinstimmung mit den Wünschen hiesiger Reeder und Schiffsmakler und mit den auch in Frankreich üblichen Normen, sind die nachfolgenden Tabellen von 2 zu 2 Zentimeter wachsend aufgestellt. Die Zahlen der 2., 3., 4. usw. Spalte repräsentieren den Kubik-Inhalt derjenigen Körper oder Kolli, deren Dimensionen in Zentimeter **über, am Kopfe** und in der **1. Spalte** jeder Tabelle gegeben sind, und zwar bis auf $^1/_{1000}$ Kubikmeter genau.

Die vor dem Komma stehenden Zahlen sind die ganzen Kubikmeter, die hinter dem Komma stehenden Zahlen die Dezimalteile, Zehntel, Hundertstel, Tausendstel eines Kubikmeters, wie sie durch die Multiplikation der 3 Dimensionen (Länge, Dicke und Breite) mit einander erhalten werden. Wenn bei Berechnung der Totalsummen die Multiplikation in der 4. Dezimalstelle eine 5 und mehr ergab, so ist die 3. Stelle um 1 vergrößert worden; betrug die 4. Stelle weniger als 5, so ist sie unberücksichtigt geblieben. — Solange der Kubik-Inhalt unter einem Kubikmeter bleibt, sind im Interesse der Deutlichkeit die vor einer Zahl stehenden Nullen nur am Anfang der Spalte verzeichnet worden. Wenige Beispiele werden genügen, um den Gebrauch der Tabellen klar zu machen.

1. Beispiel:

Wie groß ist der Kubik-Inhalt einer Kiste, deren Länge 0,84 m, deren Breite 0,72 m und deren Dicke (kleinste Dimension) 0,18 m ist?

Man schlage die Tabelle, an deren Kopf und Rand die kleinste Dimension 0,18 m = 18 Zentimeter verzeichnet ist, auf, verfolge die Spalte, an deren Kopf für die zweitgrößte Dimension, für die Breite, 0,72 m steht, so lange, bis ihr gegenüber in der Längen-Kolonne die größte Dimension 0,84 m erscheint, nämlich bei 109. Diese Zahl 109 = 0,109 = $^{109}/_{1000}$ Kubikmeter repräsentiert den Kubik-Inhalt der fraglichen Kiste.

2. Beispiel:

Wie groß ist der Kubik-Inhalt einer Kiste, deren Länge 1,76 m, deren Breite 1,52 m und deren Dicke 1,36 m ist? Man schlage die Tabelle auf, an deren

Kopf und Rand die kleinste Dimension 1,36 m = 136 Zentimeter verzeichnet ist, suche in der Spalte, an deren Kopf für die Breite 1,52 m steht, diejenige Zahl, welche der größten Dimension von 1,76 m in der Längen-Kolonne gegenübersteht, nämlich 3,638 und hat damit den Kubik-Inhalt gefunden.

Für den gewöhnlichen Gebrauch werden unsere in der kleinsten Dimension mit 2 Zentimeter beginnenden und bis 150 Zentimeter reichenden Tabellen vollkommen genügen. Sollte es sich indessen in seltenen Fällen um Kolli handeln, deren Dimensionen in unserem Buche nicht enthalten sind, so wird aus folgendem klar werden, wie man sich in diesen Fällen zu verhalten hat, um mit Leichtigkeit auch hierfür den Flächeninhalt zu finden. Sollte beispielsweise der Kubik-Inhalt von Körpern verlangt werden, deren Breite nicht in den nachstehenden Tabellen gegeben ist, so dividiere man sie durch 2 suche für die so erhaltene Breiten-Dimension den Kubik-Inhalt auf und multipliziere denselben mit 2.

3. Beispiel:

Gegeben: Dicke 1,24 m, Breite 2,52 m, Länge 2,60 m,
Kubik-Inhalt = 8,124480 cbm
Man suche den Kubik-Inhalt für
1,24 m, 1,26 m, 2,60 m = 4,062 Kubikmeter,
multipliziere mit 2 = 8,124 Kubikmeter.

Oder auch man subtrahiere die größte der in den Tabellen verzeichneten Breiten von der gegebenen, suche für die erste den Kubik-Inhalt auf und addiere ihn zu dem den Rest der Dimensionen entsprechenden.

4. Beispiel:

Gegeben: Dicke 0,14 m, Breite 0,98 m, Länge 1,42 m,
Kubik-Inhalt = 0,194824 cbm
In den Tafeln ist nur zu finden:
0,14, 0,92, 1,42 = 0,183.
Man suche in der Tabelle für 0,06 den Inhalt für die
Dimensionen 0,14, 0,06, 1,42 = 0,012.
Die beiden Summen addiert gibt 0,195 Kubikmeter.

Ebenso verfährt man, wenn die gegebene Länge größer ist als die im Buch enthaltenen.

Gegeben: 0,14 m, 0,88 m, 2,10 m = 0,25872 cbm.
Im Buche steht nur: 0,14 m, 0,88 m, 1,92 m = 0,237 cbm
Man addiere: 0,14 m, 0,88 m, 0,18 m = 0,022 cbm
Summa 0,259 cbm

Sind Breite und Länge größer als die in den Tabellen vorkommenden, so multipliziert man der Zeitersparnis wegen am besten.

Falls die kleinste Dimension, die Dicke, nicht im Buche verzeichnet steht, dividiere man dieselbe entweder durch 2, suche dafür das Resultat aus und multipliziere es mit 2, oder man ziehe 1,50 von der gegebenen Dicke ab, suche hierfür sowie für den Rest den Kubik-Inhalt und addiere dieselben.

Préface

A l'incitation de la chambre de commerce d'Hambourg et en harmonie des desirs des armateurs et courtiers de navire de cette ville et répondant aussi aux normes usuelles en France, les tableaux suivants sont relevés en augmentant de deux en deux centimètres. Les nombres de la 2de, 3ième, 4ième etc. colonne représentent le cubage de ces objets ou colis exactement à $^{1}/_{1000}$ de mètre cube, dont les dimensions sont indiquées en centimètres **au-dessus, en tête** et dans **la première colonne** de chaque tableau.

Les nombres qui sont placés devant la virgule, sont les mètres cube entiers, les nombres placés après la virgule sont les parties décimales, dixième, centième et millième d'un mètre cube, ce qu'ils sont devenus par la multiplication des troix dimensions, longueur, l'épaisseur et largeur avec l'une et l'autre. Si la multiplication a produit dans la 4ième place le nombre 5 ou plus, la 3ième place a augmentée par un. Si la 4ième place décimale a resulté de 5, elle n'est pas prise en considération. Dans l'intérêt de la clarté les zéros sont placés devant un nombre seulement au commencement de la colonne aussi longtemps que le cubage reste au-dessous d'un mètre cube. Quelques exemples seront suffisants à faire comprendre l'usage des tableaux.

Exemple I.

Quel est le cubage d'une caisse, dont la longueur est 0,84 m, dont la largeur est 0,72 m et dont l'epaisseur (la plus petite dimension) est 0,18 m?

On ouvre le tableau la tête et le bord duquel note la plus petite dimension, 0,18 m = 18 centimètres, poursuit la colonne dont en tête de la plus grande dimension en deuxième ligne pour la largeur sont notés 0,72 m jusqu'on trouve vis à vis de celle-ci dans la colonne de longueur la plus grande dimension 0,84 m, c'est-à-dire auprès du nombre de 109. Ce nombre 109 = 0,109 = $^{109}/_{1000}$ mètre cube représente le cubage de la caisse en question.

Exemple II.

Quel est le cubage d'une caisse dont la longueur est 1,76 m, la largeur 1,52 m et dont l'épaisseur représente 1,36 m?

On ouvre le tableau en tête et au bord duquel la plus petite dimension 1,36 m = 136 centimètres est indiquée, et on cherche dans la colonne, qui porte en tête, 1,52 m pour la largeur, le nombre, qui est placé vis à vis de la dimension la plus grande de 1,76 m dans la colonne de longueur, c'est-à-dire, 3,638 et par cela on a trouvé le cubage.

Pour l'usage ordinaire nos tableaux commençant dans la plus petite dimension avec 2 centimètres et augmentant à 1,50 m seront perfectement suffisants. Cependant si on aurait en cas rares des colis dont les dimensions ne sont pas indiquées dans notre livre, on verra clair de ce qui suit ce qu'on aura à faire en ces cas, afin de pouvoir trouver avec facilité aussi pour cela le cubage. En cas qu'on demandera par exemple le cubage des objets dont la **largeur** n'est pas indiquée dans les tableaux suivants, on la divise par 2, cherche pour la dimension de largeur, reçue à cette manière, le cubage et le multiplie par 2.

Exemple III.

Il est donné une épaisseur de 1,24 m, une largeur de 2,52m et une longueur de 2,60m = 8,124480 mètres cube.

On cherche le cubage de 1,24 m, 1,26 m, 2,60 m = 4,062 mètres cube, le multiplie par 2 = 8,124 mètres cube. — Autrement on soustrait la plus grande largeur de celles qui sont indiquées dans ces tableaux, cherche pour la première le cubage et l'additionne à celle qui répond au reste des dimensions.

Exemple IV.

Il est donné une épaisseur de 0,14 m, une largeur de 0,98 m et une longueur de 1,42 m. Cubage = 0,194828 mètres cube.

Dans les tableaux on trouve seulement: 0,14, 0,92, 1,42 = 0,183. On cherche dans le tableau de 0,06 m le cubage pour les dimensions 0,14, 0,06, 1,42 = 0,012. Les deux sommes additionnées font 0,195 mètres cube.

On fait justement la même manoeuvre si la **longueur donnée** est plus grande que celles indiquées dans le livre.

Il est donné: 0,14, 0,88, 2,10 = 0,25872 mètres cube.

Dans le livre on trouve seulement 0,14, 0,88, 1,92 = 0, 237 mètres cube. On additionne: 0,14, 0,88, 0,18 = 0,022 mètres cube. Résultate: 0,259 mètres cube.

Si la largeur et la longueur sont plus grandes que celles indiquées dans les tableaux, en ce cas le meilleur est de les multiplier.

En cas que **la plus petite dimension,** c'est-à-dire l'épaisseur ne soit pas indiquée dans le livre, on la divise par 2, en cherche le résultat et le mutiplie par 2, ou on soustrait 1,50 de l'épaisseur donnée et cherche pour cela et aussi pour le reste le cubage et les additionne.

Preface

Authorised by the chamber of commerce in Hamburg, and in conformity with the purposes of the ship-owners and ship-brokers of this port, and also in accordance with the usual rules in France the following tables, increasing from 2 to 2 centimetres, are calculated, exhibiting at one view the space of all kinds of packages. The figures of the second, third, fourth etc. column give the solid contents of those packages, the dimensions of which are indicated in the running title at the head of each table, at the top of its respective column, and in the first column at the side of each page.

Example.

Supposing the length, breadth and depth (smallest dimension) of a package are 0,84 m, 0,72 m and 0,18 m. What will be the solid contents?

The smallest dimension (0,18 m) shews the running title we are to look for. In the second page of that table we find the column having 0,72 m at the top, in which, on a line with 0,84 m, in the column of length at the side, we find 109 = 0,109 = $^{109}/_{1000}$ cubic metres, the real solid contents.

If there should be a package exceeding the extent of the tables in length, breadth, or depth, its solid contents may however easily be found by halving the dimension so exceeding, and doubling the solid contents, found by the tables as before directed.

Kubik-Inhalt der Kolli, deren kleinstes
Solid contents of packages, whose least
Cubage des colis, dont la plus petite dimension

Länge/Length Longueur	Breadth — Breite — Largeur 0.02	0.04	0.06	0.08	0.10	0.12	0.14	0.16	0.18	0.20
	Solid Contents — Inhalt in Kubikmetern — Cubage									
0.16								0.001		
0.18							0.001	1	0.001	
0.20							1	1	1	0.001
0.22						0.001	1	1	1	1
0.24						1	1	1	1	1
0.26					0.001	1	1	1	1	1
0.28					1	1	1	1	1	1
0.30					1	1	1	1	1	1
0.32				0.001	1	1	1	1	1	1
0.34				1	1	1	1	1	1	1
0.36				1	1	1	1	1	1	1
0.38				1	1	1	1	1	1	2
0.40				1	1	1	1	1	1	2
0.42			0.001	1	1	1	1	1	2	2
0.44			1	1	1	1	1	1	2	2
0.46			1	1	1	1	1	1	2	2
0.48			1	1	1	1	1	2	2	2
0.50			1	1	1	1	1	2	2	2
0.52			1	1	1	1	1	2	2	2
0.54			1	1	1	1	2	2	2	2
0.56			1	1	1	1	2	2	2	2
0.58			1	1	1	1	2	2	2	2
0.60			1	1	1	1	2	2	2	2
0.62			1	1	1	1	2	2	2	2
0.64		0.001	1	1	1	2	2	2	2	3
0.66		1	1	1	1	2	2	2	2	3
0.68		1	1	1	1	2	2	2	2	3
0.70		1	1	1	1	2	2	2	3	3
0.72		1	1	1	1	2	2	2	3	3
0.74		1	1	1	1	2	2	2	3	3
0.76		1	1	1	2	2	2	2	3	3
0.78		1	1	1	2	2	2	2	3	3
0.80		1	1	1	2	2	2	3	3	3
0.82		1	1	1	2	2	2	3	3	3
0.84		1	1	1	2	2	2	3	3	3
0.86		1	1	1	2	2	2	3	3	3
0.88		1	1	1	2	2	2	3	3	4
0.90		1	1	1	2	2	3	3	3	4
0.92		1	1	1	2	2	3	3	3	4
0.94		1	1	2	2	2	3	3	3	4
0.96		1	1	2	2	2	3	3	3	4
0.98		1	1	2	2	2	3	3	4	4
1.00		1	1	2	2	2	3	3	4	4
1.02		1	1	2	2	2	3	3	4	4
1.04		1	1	2	2	2	3	3	4	4
1.06		1	1	2	2	3	3	3	4	4
1.08		1	1	2	2	3	3	3	4	4
1.10		1	1	2	2	3	3	4	4	4
1.12		1	1	2	2	3	3	4	4	4
1.14		1	1	2	2	3	3	4	4	5
1.16		1	1	2	2	3	3	4	4	5
1.18		1	1	2	2	3	3	4	4	5
1.20		1	1	2	2	3	3	4	4	5
1.22		1	1	2	2	3	3	4	4	5
1.24		1	1	2	2	3	3	4	4	5
1.26	0.001	1	2	2	3	3	4	4	5	5
1.28	1	1	2	2	3	3	4	4	5	5
1.30	1	1	2	2	3	3	4	4	5	5
1.32	1	1	2	2	3	3	4	4	5	5
1.34	1	1	2	2	3	3	4	4	5	5
1.36	1	1	2	2	3	3	4	4	5	5
1.38	1	1	2	2	3	3	4	4	5	6
1.40	1	1	2	2	3	3	4	4	5	6
1.42	1	1	2	2	3	3	4	5	5	6
1.44	1	1	2	2	3	3	4	5	5	6
1.46	1	1	2	2	3	4	4	5	5	6
1.48	1	1	2	2	3	4	4	5	5	6
1.50	1	1	2	2	3	4	4	5	5	6
1.52	1	1	2	2	3	4	4	5	5	6
1.54	1	1	2	2	3	4	4	5	6	6

Maß (Dicke) 2 Centimeter (0,02 m) ist.
dimensions (depth) are 2 centimetres (0,02 m).
(l'épaisseur) est 2 centimètres (0,02 m).

Länge/Length Longueur	Breadth — Breite — Largeur									
	0.22	0.24	0.26	0.28	0.30	0.32	0.34	0.36	0.38	0.40
	Solid Contents — Inhalt in Kubikmetern — Cubage									
0.22	0.001									
0.24	1	0.001								
0.26	1	1	0.001							
0.28	1	1	1	0.002						
0.30	1	1	2	2	0.002					
0.32	1	2	2	2	2	0.002				
0.34	1	2	2	2	2	2	0.002			
0.36	2	2	2	2	2	2	2	0.003		
0.38	2	2	2	2	2	2	3	3	0.003	
0.40	2	2	2	2	2	3	3	3	3	0.003
0.42	2	2	2	2	3	3	3	3	3	3
0.44	2	2	2	2	3	3	3	3	3	4
0.46	2	2	2	3	3	3	3	3	3	4
0.48	2	2	2	3	3	3	3	3	4	4
0.50	2	2	3	3	3	3	3	4	4	4
0.52	2	2	3	3	3	3	4	4	4	4
0.54	2	3	3	3	3	3	4	4	4	4
0.56	2	3	3	3	3	4	4	4	4	4
0.58	3	3	3	3	3	4	4	4	4	5
0.60	3	3	3	3	4	4	4	4	5	5
0.62	3	3	3	3	4	4	4	4	5	5
0.64	3	3	3	4	4	4	4	5	5	5
0.66	3	3	3	4	4	4	4	5	5	5
0.68	3	3	4	4	4	4	5	5	5	5
0.70	3	3	4	4	4	4	5	5	5	6
0.72	3	3	4	4	4	5	5	5	5	6
0.74	3	4	4	4	4	5	5	5	6	6
0.76	3	4	4	4	5	5	5	5	6	6
0.78	3	4	4	4	5	5	5	6	6	6
0.80	4	4	4	4	5	5	5	6	6	6
0.82	4	4	4	5	5	5	6	6	6	7
0.84	4	4	4	5	5	5	6	6	6	7
0.86	4	4	4	5	5	6	6	6	7	7
0.88	4	4	5	5	5	6	6	6	7	7
0.90	4	4	5	5	5	6	6	6	7	7
0.92	4	4	5	5	6	6	6	7	7	7
0.94	4	5	5	5	6	6	6	7	7	8
0.96	4	5	5	5	6	6	7	7	7	8
0.98	4	5	5	5	6	6	7	7	7	8
1.00	4	5	5	6	6	6	7	7	8	8
1.02	4	5	5	6	6	7	7	7	8	8
1.04	5	5	5	6	6	7	7	7	8	8
1.06	5	5	6	6	6	7	7	8	8	8
1.08	5	5	6	6	6	7	7	8	8	9
1.10	5	5	6	6	7	7	7	8	8	9
1.12	5	5	6	6	7	7	8	8	9	9
1.14	5	5	6	6	7	7	8	8	9	9
1.16	5	6	6	6	7	7	8	8	9	9
1.18	5	6	6	7	7	8	8	8	9	9
1.20	5	6	6	7	7	8	8	9	9	10
1.22	5	6	6	7	7	8	8	9	9	10
1.24	5	6	6	7	7	8	8	9	9	10
1.26	6	6	7	7	8	8	9	9	10	10
1.28	6	6	7	7	8	8	9	9	10	10
1.30	6	6	7	7	8	8	9	9	10	10
1.32	6	6	7	7	8	8	9	10	10	11
1.34	6	6	7	8	8	9	9	10	10	11
1.36	6	7	7	8	8	9	9	10	10	11
1.38	6	7	7	8	8	9	9	10	10	11
1.40	6	7	7	8	8	9	10	10	11	11
1.42	6	7	7	8	9	9	10	10	11	11
1.44	6	7	7	8	9	9	10	10	11	12
1.46	6	7	8	8	9	9	10	11	11	12
1.48	7	7	8	8	9	9	10	11	11	12
1.50	7	7	8	8	9	10	10	11	11	12
1.52	7	7	8	9	9	10	10	11	12	12
1.54	7	7	8	9	9	10	10	11	12	12

Kubik-Inhalt der Kolli, deren kleinstes
Solid contents of packages, whose least
Cubage des colis, dont la plus petite dimension

Länge/Length Longueur	Breadth — Breite — Largeur									
	0.42	0.44	0.46	0.48	0.50	0.52	0.54	0.56	0.58	0.60
	Solid Contents — Inhalt in Kubikmetern — Cubage									
0.42	0.004									
0.44	4	0.004								
0.46	4	4	0.004							
0.48	4	4	4	0.005						
0.50	4	4	5	5	0.005					
0.52	4	5	5	5	5	0.005				
0.54	5	5	5	5	5	6	0.006			
0.56	5	5	5	5	6	6	6	0.006		
0.58	5	5	5	6	6	6	6	6	0.007	
0.60	5	5	6	6	6	6	6	7	7	0.007
0.62	5	5	6	6	6	6	7	7	7	7
0.64	5	6	6	6	6	7	7	7	7	8
0.66	6	6	6	6	7	7	7	7	8	8
0.68	6	6	6	7	7	7	7	8	8	8
0.70	6	6	6	7	7	7	8	8	8	8
0.72	6	6	7	7	7	7	8	8	8	9
0.74	6	7	7	7	7	8	8	8	9	9
0.76	6	7	7	7	8	8	8	9	9	9
0.78	7	7	7	7	8	8	8	9	9	9
0.80	7	7	7	8	8	8	9	9	9	10
0.82	7	7	8	8	8	9	9	9	10	10
0.84	7	7	8	8	8	9	9	9	10	10
0.86	7	8	8	8	9	9	9	10	10	10
0.88	7	8	8	8	9	9	10	10	10	11
0.90	8	8	8	9	9	9	10	10	10	11
0.92	8	8	8	9	9	10	10	10	11	11
0.94	8	8	9	9	9	10	10	11	11	11
0.96	8	8	9	9	10	10	10	11	11	12
0.98	8	9	9	9	10	10	11	11	11	12
1.00	8	9	9	10	10	10	11	11	12	12
1.02	9	9	9	10	10	11	11	11	12	12
1.04	9	9	10	10	10	11	11	12	12	12
1.06	9	9	10	10	11	11	11	12	12	13
1.08	9	10	10	10	11	11	12	12	13	13
1.10	9	10	10	11	11	11	12	12	13	13
1.12	9	10	10	11	11	12	12	13	13	13
1.14	10	10	10	11	11	12	12	13	13	14
1.16	10	10	11	11	12	12	13	13	13	14
1.18	10	10	11	11	12	12	13	13	14	14
1.20	10	11	11	12	12	12	13	13	14	14
1.22	10	11	11	12	12	13	13	14	14	15
1.24	10	11	11	12	12	13	13	14	14	15
1.26	11	11	12	12	13	13	14	14	15	15
1.28	11	11	12	12	13	13	14	14	15	15
1.30	11	11	12	12	13	14	14	15	15	16
1.32	11	12	12	13	13	14	14	15	15	16
1.34	11	12	12	13	13	14	14	15	16	16
1.36	11	12	13	13	14	14	15	15	16	16
1.38	12	12	13	13	14	14	15	15	16	17
1.40	12	12	13	13	14	15	15	16	16	17
1.42	12	12	13	14	14	15	15	16	16	17
1.44	12	13	13	14	14	15	16	16	17	17
1.46	12	13	13	14	15	15	16	16	17	18
1.48	12	13	14	14	15	15	16	17	17	18
1.50	13	13	14	14	15	16	16	17	17	18
1.52	13	13	14	15	15	16	16	17	18	18
1.54	13	14	14	15	15	16	17	17	18	18
1.56	13	14	14	15	16	16	17	17	18	19
1.58	13	14	15	15	16	16	17	18	18	19
1.60	13	14	15	15	16	17	17	18	19	19
1.62	14	14	15	16	16	17	17	18	19	19
1.64	14	14	15	16	16	17	18	18	19	20
1.66	14	15	15	16	17	17	18	19	19	20
1.68	14	15	15	16	17	17	18	19	19	20
1.70	14	15	16	16	17	18	18	19	20	20
1.72	14	15	16	17	17	18	19	19	20	21
1.74	15	15	16	17	17	18	19	19	20	21
1.76	15	15	16	17	18	18	19	20	20	21
1.78	15	16	16	17	18	19	19	20	21	21
1.80	15	16	17	17	18	19	19	20	21	22

Maß (Dicke) 2 Centimeter (0,02 m) ist.
dimensions (depth) are 2 centimetres (0,02 m).
(l'épaisseur) est 2 centimètres (0,02 m).

Länge/Length Longueur	Breadth — Breite — Largeur									
	0.62	0.64	0.66	0.68	0.70	0.72	0.74	0.76	0.78	0.80
	Solid Contents — Inhalt in Kubikmetern — Cubage									
0.62	0.008									
0.64	8	0.008								
0.66	8	8	0.009							
0.68	8	9	9	0.009						
0.70	9	9	9	10	0.010					
0.72	9	9	10	10	10	0.010				
0.74	9	9	10	10	10	11	0.011			
0.76	9	10	10	10	11	11	11	0.012		
0.78	10	10	10	11	11	11	12	12	0.012	
0.80	10	10	11	11	11	12	12	12	12	0.013
0.82	10	10	11	11	11	12	12	12	13	13
0.84	10	11	11	11	12	12	12	13	13	13
0.86	11	11	11	12	12	12	13	13	13	14
0.88	11	11	12	12	12	13	13	13	14	14
0.90	11	12	12	12	13	13	13	14	14	14
0.92	11	12	12	13	13	13	14	14	14	15
0.94	12	12	12	13	13	14	14	14	15	15
0.96	12	12	13	13	13	14	14	15	15	15
0.98	12	13	13	13	14	14	15	15	15	16
1.00	12	13	13	14	14	14	15	15	16	16
1.02	13	13	13	14	14	15	15	16	16	16
1.04	13	13	14	14	15	15	15	16	16	17
1.06	13	14	14	14	15	15	16	16	17	17
1.08	13	14	14	15	15	16	16	16	17	17
1.10	14	14	15	15	15	16	16	17	17	18
1.12	14	14	15	15	16	16	17	17	17	18
1.14	14	15	15	16	16	16	17	17	18	18
1.16	14	15	15	16	16	17	17	18	18	19
1.18	15	15	16	16	17	17	17	18	18	19
1.20	15	15	16	16	17	17	18	18	19	19
1.22	15	16	16	17	17	18	18	19	19	20
1.24	15	16	16	17	17	18	18	19	19	20
1.26	16	16	17	17	18	18	19	19	20	20
1.28	16	16	17	17	18	18	19	19	20	20
1.30	16	17	17	18	18	19	19	20	20	21
1.32	16	17	17	18	18	19	20	20	21	21
1.34	17	17	18	18	19	19	20	20	21	21
1.36	17	17	18	18	19	20	20	21	21	22
1.38	17	18	18	19	19	20	20	21	22	22
1.40	17	18	18	19	20	20	21	21	22	22
1.42	18	18	19	19	20	20	21	22	22	23
1.44	18	18	19	20	20	21	21	22	22	23
1.46	18	19	19	20	20	21	22	22	23	23
1.48	18	19	20	20	21	21	22	22	23	24
1.50	19	19	20	20	21	22	22	23	23	24
1.52	19	19	20	21	21	22	22	23	24	24
1.54	19	20	20	21	22	22	23	23	24	25
1.56	19	20	21	21	22	22	23	24	24	25
1.58	20	20	21	21	22	23	23	24	25	25
1.60	20	20	21	22	22	23	24	24	25	26
1.62	20	21	21	22	23	23	24	25	25	26
1.64	20	21	22	22	23	24	24	25	26	26
1.66	21	21	22	23	23	24	25	25	26	27
1.68	21	22	22	23	24	24	25	26	26	27
1.70	21	22	22	23	24	24	25	26	27	27
1.72	21	22	23	23	24	25	25	26	27	28
1.74	22	22	23	24	24	25	26	26	27	28
1.76	22	23	23	24	25	25	26	27	27	28
1.78	22	23	23	24	25	26	26	27	28	28
1.80	22	23	24	24	25	26	27	27	28	29

Kubik-Inhalt der Kolli, deren kleinstes
Solid contents of packages, whose least
Cubage des colis, dont la plus petite dimension

Länge/Length Longueur	Breadth — Breite — Largeur									
	0.04	0.06	0.08	0.10	0.12	0.14	0.16	0.18	0.20	0.22
	Solid Contents — Inhalt in Kubikmetern — Cubage									
0.12					0.001					
0.14				0.001	1	0.001				
0.16			0.001	1	1	1	0.001			
0.18			1	1	1	1	1	0.001		
0.20			1	1	1	1	1	1	0.002	
0.22		0.001	1	1	1	1	1	2	2	0.002
0.24		1	1	1	1	1	2	2	2	2
0.26		1	1	1	1	1	2	2	2	2
0.28		1	1	1	1	2	2	2	2	2
0.30		1	1	1	1	2	2	2	2	3
0.32	0.001	1	1	1	2	2	2	2	3	3
0.34	1	1	1	1	2	2	2	2	3	3
0.36	1	1	1	1	2	2	2	3	3	3
0.38	1	1	1	2	2	2	2	3	3	3
0.40	1	1	1	2	2	2	3	3	3	4
0.42	1	1	1	2	2	2	3	3	3	4
0.44	1	1	1	2	2	2	3	3	4	4
0.46	1	1	1	2	2	3	3	3	4	4
0.48	1	1	2	2	2	3	3	3	4	4
0.50	1	1	2	2	2	3	3	4	4	4
0.52	1	1	2	2	2	3	3	4	4	5
0.54	1	1	2	2	3	3	3	4	4	5
0.56	1	1	2	2	3	3	4	4	4	5
0.58	1	1	2	2	3	3	4	4	5	5
0.60	1	1	2	2	3	3	4	4	5	5
0.62	1	1	2	2	3	3	4	4	5	5
0.64	1	2	2	3	3	4	4	5	5	6
0.66	1	2	2	3	3	4	4	5	5	6
0.68	1	2	2	3	3	4	4	5	5	6
0.70	1	2	2	3	3	4	4	5	6	6
0.72	1	2	2	3	3	4	5	5	6	6
0.74	1	2	2	3	4	4	5	5	6	7
0.76	1	2	2	3	4	4	5	5	6	7
0.78	1	2	2	3	4	4	5	6	6	7
0.80	1	2	3	3	4	4	5	6	6	7
0.82	1	2	3	3	4	5	5	6	7	7
0.84	1	2	3	3	4	5	5	6	7	7
0.86	1	2	3	3	4	5	6	6	7	8
0.88	1	2	3	4	4	5	6	6	7	8
0.90	1	2	3	4	4	5	6	6	7	8
0.92	1	2	3	4	4	5	6	7	7	8
0.94	2	2	3	4	5	5	6	7	8	8
0.96	2	2	3	4	5	5	6	7	8	8
0.98	2	2	3	4	5	5	6	7	8	9
1.00	2	2	3	4	5	6	6	7	8	9
1.02	2	2	3	4	5	6	7	7	8	9
1.04	2	2	3	4	5	6	7	7	8	9
1.06	2	3	3	4	5	6	7	8	8	9
1.08	2	3	3	4	5	6	7	8	9	10
1.10	2	3	4	4	5	6	7	8	9	10
1.12	2	3	4	4	5	6	7	8	9	10
1.14	2	3	4	5	5	6	7	8	9	10
1.16	2	3	4	5	6	6	7	8	9	10
1.18	2	3	4	5	6	7	8	8	9	10
1.20	2	3	4	5	6	7	8	9	10	11
1.22	2	3	4	5	6	7	8	9	10	11
1.24	2	3	4	5	6	7	8	9	10	11
1.26	2	3	4	5	6	7	8	9	10	11
1.28	2	3	4	5	6	7	8	9	10	11
1.30	2	3	4	5	6	7	8	9	10	11
1.32	2	3	4	5	6	7	8	10	11	12
1.34	2	3	4	5	6	8	9	10	11	12
1.36	2	3	4	5	7	8	9	10	11	12
1.38	2	3	4	6	7	8	9	10	11	12
1.40	2	3	4	6	7	8	9	10	11	12
1.42	2	3	5	6	7	8	9	10	11	12
1.44	2	3	5	6	7	8	9	10	12	13
1.46	2	4	5	6	7	8	9	11	12	13
1.48	2	4	5	6	7	8	9	11	12	13
1.50	2	4	5	6	7	8	10	11	12	13

Maß (Dicke) 4 Centimeter (0,04 m) ist.
dimensions (depth) are 4 centimetres (0,04 m).
(l'épaisseur) est 4 centimètres (0,04 m).

Länge/Length Longueur	Breadth — Breite — Largeur 0.24	0.26	0.28	0.30	0.32	0.34	0.36	0.38	0.40	0.42
	Solid Contents — Inhalt in Kubikmetern — Cubage									
0.24	0.002									
0.26	2	0.003								
0.28	3	3	0.003							
0.30	3	3	3	0.004						
0.32	3	3	4	4	0.004					
0.34	3	4	4	4	4	0.005				
0.36	3	4	4	4	5	5	0.005			
0.38	4	4	4	5	5	5	5	0.006		
0.40	4	4	4	5	5	5	6	6	0.006	
0.42	4	4	5	5	5	6	6	6	7	0.007
0.44	4	5	5	5	6	6	6	7	7	7
0.46	4	5	5	6	6	6	7	7	7	8
0.48	5	5	5	6	6	7	7	7	8	8
0.50	5	5	6	6	6	7	7	8	8	8
0.52	5	5	6	6	7	7	7	8	8	9
0.54	5	6	6	6	7	7	8	8	9	9
0.56	5	6	6	7	7	8	8	9	9	9
0.58	6	6	6	7	7	8	8	9	9	10
0.60	6	6	7	7	8	8	9	9	10	10
0.62	6	6	7	7	8	8	9	9	10	10
0.64	6	7	7	8	8	9	9	10	10	11
0.66	6	7	7	8	8	9	10	10	11	11
0.68	7	7	8	8	9	9	10	10	11	11
0.70	7	7	8	8	9	10	10	11	11	12
0.72	7	7	8	9	9	10	10	11	12	12
0.74	7	8	8	9	9	10	11	11	12	12
0.76	7	8	9	9	10	10	11	12	12	13
0.78	7	8	9	9	10	11	11	12	12	13
0.80	8	8	9	10	10	11	12	12	13	13
0.82	8	9	9	10	10	11	12	12	13	14
0.84	8	9	9	10	11	11	12	13	13	14
0.86	8	9	10	10	11	12	12	13	14	14
0.88	8	9	10	11	11	12	13	13	14	15
0.90	9	9	10	11	12	12	13	14	14	15
0.92	9	10	10	11	12	13	13	14	15	15
0.94	9	10	11	11	12	13	14	14	15	16
0.96	9	10	11	12	12	13	14	15	15	16
0.98	9	10	11	12	13	13	14	15	16	16
1.00	10	10	11	12	13	14	14	15	16	17
1.02	10	11	11	12	13	14	15	16	16	17
1.04	10	11	12	12	13	14	15	16	17	17
1.06	10	11	12	13	14	14	15	16	17	18
1.08	10	11	12	13	14	15	16	16	17	18
1.10	11	11	12	13	14	15	16	17	18	18
1.12	11	12	13	13	14	15	16	17	18	19
1.14	11	12	13	14	15	16	16	17	18	19
1.16	11	12	13	14	15	16	17	18	19	19
1.18	11	12	13	14	15	16	17	18	19	20
1.20	12	12	13	14	15	16	17	18	19	20
1.22	12	13	14	15	16	17	18	19	20	20
1.24	12	13	14	15	16	17	18	19	20	21
1.26	12	13	14	15	16	17	18	19	20	21
1.28	12	13	14	15	16	17	18	19	20	22
1.30	12	14	15	16	17	18	19	20	21	22
1.32	13	14	15	16	17	18	19	20	21	22
1.34	13	14	15	16	17	18	19	20	21	23
1.36	13	14	15	16	17	18	20	21	22	23
1.38	13	14	15	17	18	19	20	21	22	23
1.40	13	15	16	17	18	19	20	21	22	24
1.42	14	15	16	17	18	19	20	22	23	24
1.44	14	15	16	17	18	20	21	22	23	24
1.46	14	15	16	18	19	20	21	22	23	25
1.48	14	15	17	18	19	20	21	22	24	25
1.50	14	16	17	18	19	20	22	23	24	25

Kubik-Inhalt der Kolli, deren kleinstes
Solid contents of packages, whose least
Cubage des colis, dont la plus petite dimension

Länge/Length Longueur	Breadth — Breite — Largeur 0.44	0.46	0.48	0.50	0.52	0.54	0.56	0.58	0.60	0.62
	Solid Contents — Inhalt in Kubikmetern — Cubage									
0.44	0.008									
0.46	8	0.008								
0.48	8	9	0.009							
0.50	9	9	10	0.010						
0.52	9	10	10	10	0.011					
0.54	10	10	10	11	11	0.012				
0.56	10	10	11	11	12	12	0.013			
0 58	10	11	11	12	12	13	13	0.013		
0.60	11	11	12	12	12	13	13	14	0.014	
0.62	11	11	12	12	13	13	14	14	15	0.015
0.64	11	12	12	13	13	14	14	15	15	16
0.66	12	12	13	13	14	14	15	15	16	16
0.68	12	13	13	14	14	15	15	16	16	17
0.70	12	13	13	14	15	15	16	16	17	17
0.72	13	13	14	14	15	16	16	17	17	18
0.74	13	14	14	15	15	16	17	17	18	18
0.76	13	14	15	15	16	16	17	18	18	19
0.78	14	14	15	16	16	17	17	18	19	19
0.80	14	15	15	16	17	17	18	19	19	20
0.82	14	15	16	16	17	18	18	19	20	20
0.84	15	15	16	17	17	18	19	19	20	21
0.86	15	16	17	17	18	19	19	20	21	21
0.88	15	16	17	18	18	19	20	20	21	22
0.90	16	17	17	18	19	19	20	21	22	22
0.92	16	17	18	18	19	20	21	21	22	23
0.94	17	17	18	19	20	20	21	22	23	23
0.96	17	18	18	19	20	21	22	22	23	24
0.98	17	18	19	20	20	21	22	23	24	24
1.00	18	18	19	20	21	22	22	23	24	25
1.02	18	19	20	20	21	22	23	24	24	25
1.04	18	19	20	21	22	22	23	24	25	26
1.06	19	20	20	21	22	23	24	25	25	26
1.08	19	20	21	22	22	23	24	25	26	27
1.10	19	20	21	22	23	24	25	26	26	27
1.12	20	21	22	22	23	24	25	26	27	28
1.14	20	21	22	23	24	25	26	26	27	28
1.16	20	21	22	23	24	25	26	27	28	29
1.18	21	22	23	24	25	25	26	27	28	29
1.20	21	22	23	24	25	26	27	28	29	30
1.22	21	22	23	24	25	26	27	28	29	30
1.24	22	23	24	25	26	27	28	29	30	31
1.26	22	23	24	25	26	27	28	29	30	31
1.28	23	24	25	26	27	28	29	30	31	32
1.30	23	24	25	26	27	28	29	30	31	32
1.32	23	24	25	26	27	29	30	31	32	33
1.34	24	25	26	27	28	29	30	31	32	33
1.36	24	25	26	27	28	29	30	32	33	34
1.38	24	25	26	28	29	30	31	32	33	34
1.40	25	26	27	28	29	30	31	32	34	35
1.42	25	26	27	28	30	31	32	33	34	35
1.44	25	26	28	29	30	31	32	33	35	36
1.46	26	27	28	29	30	32	33	34	35	36
1.48	26	27	28	30	31	32	33	34	36	37
1.50	26	28	29	30	31	32	34	35	36	37
1.52	27	28	29	30	32	33	34	35	36	38
1.54	27	28	30	31	32	33	34	36	37	38
1.56	27	29	30	31	32	34	35	36	37	39
1.58	28	29	30	32	33	34	35	37	38	39
1.60	28	29	31	32	33	35	36	37	38	40
1.62	29	30	31	32	34	35	36	38	39	40
1.64	29	30	31	33	34	35	37	38	39	41
1.66	29	31	32	33	35	36	37	39	40	41
1.68	30	31	32	34	35	36	38	39	40	42
1.70	30	31	33	34	35	37	38	39	41	42
1.72	30	32	33	34	36	37	39	40	41	43
1.74	31	32	33	35	36	38	39	40	42	43
1.76	31	32	34	35	37	38	39	41	42	44
1.78	31	33	34	36	37	38	40	41	43	44
1.80	32	33	35	36	37	39	40	42	43	45
1.82	32	33	35	36	38	39	41	42	44	45

Maß (Dicke) 4 Centimeter (0,04 m) ist.
dimensions (depth) are 4 centimetres (0,04 m).
(l'épaisseur) est 4 centimètres (0,04 m).

Länge/Length Longueur	Breadth — Breite — Largeur 0.64	0.66	0.68	0.70	0.72	0.74	0.76	0.78	0.80	0.82
	Solid Contents — Inhalt in Kubikmetern — Cubage									
0.64	0.016									
0.66	17	0.017								
0.68	17	18	0.018							
0.70	18	18	19	0.020						
0.72	18	19	20	20	0.021					
0.74	19	20	20	21	21	0.022				
0.76	19	20	21	21	22	22	0.023			
0.78	20	21	21	22	22	23	24	0.024		
0.80	20	21	22	22	23	24	24	25	0.026	
0.82	21	22	22	23	24	24	25	26	26	0.027
0.84	22	22	23	24	24	25	26	26	27	28
0.86	22	23	23	24	25	25	26	27	28	28
0.88	23	23	24	25	25	26	27	27	28	29
0.90	23	24	24	25	26	27	27	28	29	30
0.92	24	24	25	26	26	27	28	29	29	30
0.94	24	25	26	26	27	28	29	29	30	31
0.96	25	25	26	27	28	28	29	30	31	31
0.98	25	26	27	27	28	29	30	31	31	32
1.00	26	26	27	28	29	30	30	31	32	33
1.02	26	27	28	29	29	30	31	32	33	33
1.04	27	27	28	29	30	31	32	32	33	34
1.06	27	28	29	30	31	31	32	33	34	35
1.08	28	29	29	30	31	32	33	34	35	35
1.10	28	29	30	31	32	33	33	34	35	36
1.12	29	30	30	31	32	33	34	35	36	37
1.14	29	30	31	32	33	34	35	36	36	37
1.16	30	31	32	32	33	34	35	36	37	38
1.18	30	31	32	33	34	35	36	37	38	39
1.20	31	32	33	34	35	36	36	37	38	39
1.22	31	32	33	34	35	36	37	38	39	40
1.24	32	33	34	35	36	37	38	39	40	41
1.26	32	33	34	35	36	37	38	39	40	41
1.28	33	34	35	36	37	38	39	40	41	42
1.30	33	34	35	36	37	38	40	41	42	43
1.32	34	35	36	37	38	39	40	41	42	43
1.34	34	35	36	38	39	40	41	42	43	44
1.36	35	36	37	38	39	40	41	42	44	45
1.38	35	36	38	39	40	41	42	43	44	45
1.40	36	37	38	39	40	41	43	44	45	46
1.42	36	37	39	40	41	42	43	44	45	47
1.44	37	38	39	40	41	43	44	45	46	47
1.46	37	39	40	41	42	43	44	46	47	48
1.48	38	39	40	41	43	44	45	46	47	49
1.50	38	40	41	42	43	44	46	47	48	49
1.52	39	40	41	43	44	45	46	47	49	50
1.54	39	41	42	43	44	46	47	48	49	51
1.56	40	41	42	44	45	46	47	49	50	51
1.58	40	42	43	44	46	47	48	49	51	52
1.60	41	42	44	45	46	47	49	50	51	52
1.62	41	43	44	45	47	48	49	51	52	53
1.64	42	43	45	46	47	49	50	51	52	54
1.66	42	44	45	46	48	49	50	52	53	54
1.68	43	44	46	47	48	50	51	52	54	55
1.70	44	45	46	48	49	50	52	53	54	56
1.72	44	45	47	48	50	51	52	54	55	56
1.74	45	46	47	49	50	52	53	54	56	57
1.76	45	46	48	49	51	52	54	55	56	58
1.78	46	47	48	50	51	53	54	56	57	58
1.80	46	48	49	50	52	53	55	56	58	59
1.82	47	48	50	51	52	54	55	57	58	60

Kubik-Inhalt der Kolli, deren kleinstes
Solid contents of packages, whose least
Cubage des colis, dont la plus petite dimension

Länge/Length Longueur	Breadth — Breite — Largeur									
	0.06	0.08	0.10	0.12	0.14	0.16	0.18	0.20	0.22	0.24
	Solid Contents — Inhalt in Kubikmetern — Cubage									
0.10			0.001							
0.12		0.001	1	0.001						
0.14	0.001	1	1	1	0.001					
0.16	1	1	1	1	1	0.002				
0.18	1	1	1	1	2	2	0.002			
0.20	1	1	1	1	2	2	2	0.002		
0.22	1	1	1	2	2	2	2	3	0.003	
0.24	1	1	1	2	2	2	3	3	3	0.003
0.26	1	1	2	2	2	2	3	3	3	4
0.28	1	1	2	2	2	3	3	3	4	4
0.30	1	1	2	2	3	3	3	4	4	4
0.32	1	2	2	2	3	3	3	4	4	5
0.34	1	2	2	2	3	3	4	4	4	5
0.36	1	2	2	3	3	3	4	4	5	5
0.38	1	2	2	3	3	4	4	5	5	5
0.40	1	2	2	3	3	4	4	5	5	6
0.42	2	2	3	3	4	4	5	5	6	6
0.44	2	2	3	3	4	4	5	5	6	6
0.46	2	2	3	3	4	4	5	6	6	7
0.48	2	2	3	3	4	5	5	6	6	7
0.50	2	2	3	4	4	5	5	6	7	7
0.52	2	2	3	4	4	5	6	6	7	7
0.54	2	3	3	4	5	5	6	6	7	8
0.56	2	3	3	4	5	5	6	7	7	8
0.58	2	3	3	4	5	6	6	7	8	8
0.60	2	3	4	4	5	6	6	7	8	9
0.62	2	3	4	4	5	6	7	7	8	9
0.64	2	3	4	5	5	6	7	8	8	9
0.66	2	3	4	5	6	6	7	8	9	10
0.68	2	3	4	5	6	7	7	8	9	10
0.70	3	3	4	5	6	7	8	8	9	10
0.72	3	3	4	5	6	7	8	9	10	10
0.74	3	4	4	5	6	7	8	9	10	11
0.76	3	4	5	5	6	7	8	9	10	11
0.78	3	4	5	6	7	7	8	9	10	11
0.80	3	4	5	6	7	8	9	10	11	12
0.82	3	4	5	6	7	8	9	10	11	12
0.84	3	4	5	6	7	8	9	10	11	12
0.86	3	4	5	6	7	8	9	10	11	12
0.88	3	4	5	6	7	8	10	11	12	13
0.90	3	4	5	6	8	9	10	11	12	13
0.92	3	4	6	7	8	9	10	11	12	13
0.94	3	5	6	7	8	9	10	11	12	14
0.96	3	5	6	7	8	9	10	12	13	14
0.98	4	5	6	7	8	9	11	12	13	14
1.00	4	5	6	7	8	10	11	12	13	14
1.02	4	5	6	7	9	10	11	12	13	15
1.04	4	5	6	7	9	10	11	12	14	15
1.06	4	5	6	8	9	10	11	13	14	15
1.08	4	5	6	8	9	10	12	13	14	16
1.10	4	5	7	8	9	11	12	13	15	16
1.12	4	5	7	8	9	11	12	13	15	16
1.14	4	5	7	8	10	11	12	14	15	16
1.16	4	6	7	8	10	11	13	14	15	17
1.18	4	6	7	8	10	11	13	14	16	17
1.20	4	6	7	9	10	12	13	14	16	17
1.22	4	6	7	9	10	12	13	15	16	18
1.24	4	6	7	9	10	12	13	15	16	18
1.26	5	6	8	9	11	12	14	15	17	18
1.28	5	6	8	9	11	12	14	15	17	18
1.30	5	6	8	9	11	12	14	16	17	19
1.32	5	6	8	10	11	13	14	16	17	19
1.34	5	6	8	10	11	13	14	16	18	19
1.36	5	7	8	10	11	13	15	16	18	20
1.38	5	7	8	10	12	13	15	17	18	20
1.40	5	7	8	10	12	13	15	17	18	20
1.42	5	7	9	10	12	14	15	17	19	20
1.44	5	7	9	10	12	14	16	17	19	21
1.46	5	7	9	11	12	14	16	18	19	21
1.48	5	7	9	11	12	14	16	18	20	21

Maß (Dicke) 6 Centimeter (0,06 m) ist.
dimensions (depth) are 6 centimetres (0,06 m).
(l'épaisseur) est 6 centimètres (0,06 m).

Länge/Length Longueur	Breadth — Breite — Largeur 0.26	0.28	0.30	0.32	0.34	0.36	0.38	0.40	0.42	0.44
	Solid Contents — Inhalt in Kubikmetern — Cubage									
0.26	0.004									
0.28	4	0.005								
0.30	5	5	0.005							
0.32	5	5	6	0.006						
0.34	5	6	6	7	0.007					
0.36	6	6	6	7	7	0.008				
0.38	6	6	7	7	8	8	0.009			
0.40	6	7	7	8	8	9	9	0.010		
0.42	7	7	8	8	9	9	10	10	0.011	
0.44	7	7	8	8	9	10	10	11	11	0.012
0.46	7	8	8	9	9	10	10	11	12	12
0.48	7	8	9	9	10	10	11	12	12	13
0.50	8	8	9	10	10	11	11	12	13	13
0.52	8	9	9	10	11	11	12	12	13	14
0.54	8	9	10	10	11	12	12	13	14	14
0.56	9	9	10	11	11	12	13	13	14	15
0.58	9	10	10	11	12	13	13	14	15	15
0.60	9	10	11	12	12	13	14	14	15	16
0.62	10	10	11	12	13	13	14	15	16	16
0.64	10	11	12	12	13	14	15	15	16	17
0.66	10	11	12	13	13	14	15	16	17	17
0.68	11	11	12	13	14	15	16	16	17	18
0.70	11	12	13	13	14	15	16	17	18	18
0.72	11	12	13	14	15	16	16	17	18	19
0.74	12	12	13	14	15	16	17	18	19	20
0.76	12	13	14	15	16	16	17	18	19	20
0.78	12	13	14	15	16	17	18	19	20	21
0.80	12	13	14	15	16	17	18	19	20	21
0.82	13	14	15	16	17	18	19	20	21	22
0.84	13	14	15	16	17	18	19	20	21	22
0.86	13	14	15	17	18	19	20	21	22	23
0.88	14	15	16	17	18	19	20	21	22	23
0.90	14	15	16	17	18	19	21	22	23	24
0.92	14	15	17	18	19	20	21	22	23	24
0.94	15	16	17	18	19	20	21	23	24	25
0.96	15	16	17	18	20	21	22	23	24	25
0.98	15	16	18	19	20	21	22	24	25	26
1.00	16	17	18	19	20	22	23	24	25	26
1.02	16	17	18	20	21	22	23	24	26	27
1.04	16	17	19	20	21	22	24	25	26	27
1.06	17	18	19	20	22	23	24	25	27	28
1.08	17	18	19	21	22	23	25	26	27	29
1.10	17	18	20	21	22	24	25	26	28	29
1.12	17	19	20	22	23	24	26	27	28	30
1.14	18	19	21	22	23	25	26	27	29	30
1.16	18	19	21	22	24	25	26	28	29	31
1.18	18	20	21	23	24	25	27	28	30	31
1.20	19	20	22	23	24	26	27	29	30	32
1.22	19	20	22	23	25	26	28	29	31	32
1.24	19	21	22	24	25	27	28	30	31	33
1.26	20	21	23	24	26	27	29	30	32	33
1.28	20	22	23	25	26	28	29	31	32	34
1.30	20	22	23	25	27	28	30	31	33	34
1.32	21	22	24	25	27	29	30	32	33	35
1.34	21	23	24	26	27	29	31	32	34	35
1.36	21	23	24	26	28	29	31	33	34	36
1.38	22	23	25	26	28	30	31	33	35	36
1.40	22	24	25	27	29	30	32	34	35	37
1.42	22	24	26	27	29	31	32	34	36	37
1.44	22	24	26	28	29	31	33	35	36	38
1.46	23	25	26	28	30	32	33	35	37	39
1.48	23	25	27	28	30	32	34	36	37	39

Kubik-Inhalt der Kolli, deren kleinstes
Solid contents of packages, whose least
Cubage des colis, dont la plus petite dimension

Länge/Length Longueur	Breadth — Breite — Largeur									
	0.46	0.48	0.50	0.52	0.54	0.56	0.58	0.60	0.62	0.64
	Solid Contents — Inhalt in Kubikmetern — Cubage									
0.46	0.013									
0.48	13	0.014								
0.50	14	14	0.015							
0.52	14	15	16	0.016						
0.54	15	16	16	17	0.017					
0.56	15	16	17	17	18	0.019				
0.58	16	17	17	18	19	19	0.020			
0.60	17	17	18	19	19	20	21	0.022		
0.62	17	18	19	19	20	21	22	22	0.023	
0.64	18	18	19	20	21	22	22	23	24	0.025
0.66	18	19	20	21	21	22	23	24	25	25
0.68	19	20	20	21	22	23	24	24	25	26
0.70	19	20	21	22	23	24	24	25	26	27
0.72	20	21	22	22	23	24	25	26	27	28
0.74	20	21	22	23	24	25	26	27	28	28
0.76	21	22	23	24	25	26	26	27	28	29
0.78	22	22	23	24	25	26	27	28	29	30
0.80	22	23	24	25	26	27	28	29	30	31
0.82	23	24	25	26	27	28	29	30	31	31
0.84	23	24	25	26	27	28	29	30	31	32
0.86	24	25	26	27	28	29	30	31	32	33
0.88	24	25	26	27	29	30	31	32	33	34
0.90	25	26	27	28	29	30	31	32	33	35
0.92	25	26	28	29	30	31	32	33	34	35
0.94	26	27	28	29	30	32	33	34	35	36
0.96	26	28	29	30	31	32	33	35	36	37
0.98	27	28	29	31	32	33	34	35	36	38
1.00	28	29	30	31	32	34	35	36	37	38
1.02	28	29	31	32	33	34	35	37	38	39
1.04	29	30	31	32	34	35	36	37	39	40
1.06	29	31	32	33	34	36	37	38	39	41
1.08	30	31	32	34	35	36	38	39	40	41
1.10	30	32	33	34	36	37	38	40	41	42
1.12	31	32	34	35	36	38	39	40	42	43
1.14	31	33	34	36	37	38	40	41	42	44
1.16	32	33	35	36	38	39	40	42	43	45
1.18	33	34	35	37	38	40	41	42	44	45
1.20	33	35	36	37	39	40	42	43	45	46
1.22	34	35	37	38	40	41	42	44	45	47
1.24	34	36	37	39	40	42	43	45	46	48
1.26	35	36	38	39	41	42	44	45	47	48
1.28	35	37	38	40	41	43	45	46	48	49
1.30	36	37	39	41	42	44	45	47	48	50
1.32	36	38	40	41	43	44	46	48	49	51
1.34	37	39	40	42	43	45	47	48	50	51
1.36	38	39	41	42	44	46	47	49	51	52
1.38	38	40	41	43	45	46	48	50	51	53
1.40	39	40	42	44	45	47	49	50	52	54
1.42	39	41	43	44	46	48	49	51	53	55
1.44	40	41	43	45	47	48	50	52	54	55
1.46	40	42	44	46	47	49	51	53	54	56
1.48	41	43	44	46	48	50	52	53	55	57
1.50	41	43	45	47	49	50	52	54	56	58
1.52	42	44	46	47	49	51	53	55	57	58
1.54	43	44	46	48	50	52	54	55	57	59
1.56	43	45	47	49	51	52	54	56	58	60
1.58	44	46	47	49	51	53	55	57	59	61
1.60	44	46	48	50	52	54	56	58	60	61
1.62	45	47	49	51	52	54	56	58	60	62
1.64	45	47	49	51	53	55	57	59	61	63
1.66	46	48	50	52	54	56	58	60	62	64
1.68	46	48	50	52	54	56	58	60	62	65
1.70	47	49	51	53	55	57	59	61	63	65
1.72	47	50	52	54	56	58	60	62	64	66
1.74	48	50	52	54	56	58	61	63	65	67
1.76	49	51	53	55	57	59	61	63	65	68
1.78	49	51	53	56	58	60	62	64	66	68
1.80	50	52	54	56	58	60	63	65	67	69
1.82	50	52	55	57	59	61	63	66	68	70
1.84	51	53	55	57	60	62	64	66	68	71

Maß (Dicke) 6 Centimeter (0,06 m) ist.
dimensions (depth) are 6 centimetres (0,06 m).
(l'épaisseur) est 6 centimètres (0,06 m).

Länge/Length Longueur	Breadth — Breite — Largeur									
	0.66	0.68	0.70	0.72	0.74	0.76	0.78	0.80	0.82	0.84
	Solid Contents — Inhalt in Kubikmetern — Cubage									
0.66	0.026									
0.68	27	0.028								
0.70	28	29	0.029							
0.72	29	29	30	0.031						
0.74	29	30	31	32	0.033					
0.76	30	31	32	33	34	0.035				
0.78	31	32	33	34	35	36	0.037			
0.80	32	33	34	35	36	36	37	0.038		
0.82	32	33	34	35	36	37	38	39	0.040	
0.84	33	34	35	36	37	38	39	40	41	0.042
0.86	34	35	36	37	38	39	40	41	42	43
0.88	35	36	37	38	39	40	41	42	43	44
0.90	36	37	38	39	40	41	42	43	44	45
0.92	36	38	39	40	41	42	43	44	45	46
0.94	37	38	39	41	42	43	44	45	46	47
0.96	38	39	40	41	43	44	45	46	47	48
0.98	39	40	41	42	44	45	46	47	48	49
1.00	40	41	42	43	44	46	47	48	49	50
1.02	40	42	43	44	45	47	48	49	50	51
1.04	41	42	44	45	46	47	49	50	51	52
1.06	42	43	45	46	47	48	50	51	52	53
1.08	43	44	45	47	48	49	51	52	53	54
1.10	44	45	46	48	49	50	51	53	54	55
1.12	44	46	47	48	50	51	52	54	55	56
1.14	45	47	48	49	51	52	53	55	56	57
1.16	46	47	49	50	52	53	54	56	57	58
1.18	47	48	50	51	52	54	55	57	58	59
1.20	48	49	50	52	53	55	56	58	59	60
1.22	48	50	51	53	54	56	57	59	60	61
1.24	49	51	52	54	55	57	58	60	61	62
1.26	50	51	53	54	56	57	59	60	62	64
1.28	51	52	54	55	57	58	60	61	63	65
1.30	51	53	55	56	58	59	61	62	64	66
1.32	52	54	55	57	59	60	62	63	65	67
1.34	53	55	56	58	59	61	63	64	66	68
1.36	54	55	57	59	60	62	64	65	67	69
1.38	55	56	58	60	61	63	65	66	68	70
1.40	55	57	59	60	62	64	66	67	69	71
1.42	56	58	60	61	63	65	66	68	70	72
1.44	57	59	60	62	64	66	67	69	71	73
1.46	58	60	61	63	65	67	68	70	72	74
1.48	59	60	62	64	66	67	69	71	73	75
1.50	59	61	63	65	67	68	70	72	74	76
1.52	60	62	64	66	67	69	71	73	75	77
1.54	61	63	65	67	68	70	72	74	76	78
1.56	62	64	66	67	69	71	73	75	77	79
1.58	63	64	66	68	70	72	74	76	78	80
1.60	63	65	67	69	71	73	75	77	79	81
1.62	64	66	68	70	72	74	76	78	80	82
1.64	65	67	69	71	73	75	77	79	81	83
1.66	66	68	70	72	74	76	78	80	82	84
1.68	67	69	71	73	75	77	79	81	83	85
1.70	67	69	71	73	75	78	80	82	84	86
1.72	68	70	72	74	76	78	80	83	85	87
1.74	69	71	73	75	77	79	81	84	86	88
1.76	70	72	74	76	78	80	82	84	87	89
1.78	70	73	75	77	79	81	83	85	88	90
1.80	71	73	76	78	80	82	84	86	89	91
1.82	72	74	76	79	81	83	85	87	90	92
1.84	73	75	77	79	82	84	86	88	91	93

Kubik-Inhalt der Kolli, deren kleinstes
Solid contents of packages, whose least
Cubage des colis, dont la plus petite dimension

Länge/Length Longueur	Breadth — Breite — Largeur									
	0.08	0.10	0.12	0.14	0.16	0.18	0.20	0.22	0.24	0.26
	Solid Contents — Inhalt in Kubikmetern — Cubage									
0.08	0.001									
0.10	1	0.001								
0.12	1	1	0.001							
0.14	1	1	1	0.002						
0.16	1	1	2	2	0.002					
0.18	1	1	2	2	2	0.003				
0.20	1	2	2	2	3	3	0.003			
0.22	1	2	2	2	3	3	4	0.004		
0.24	2	2	2	3	3	3	4	4	0.005	
0.26	2	2	2	3	3	4	4	5	5	0.005
0.28	2	2	3	3	4	4	4	5	5	6
0.30	2	2	3	3	4	4	5	5	6	6
0.32	2	3	3	4	4	5	5	6	6	7
0.34	2	3	3	4	4	5	5	6	7	7
0.36	2	3	3	4	5	5	6	6	7	7
0.38	2	3	4	4	5	5	6	7	7	8
0.40	3	3	4	4	5	6	6	7	8	8
0.42	3	3	4	5	5	6	7	7	8	9
0.44	3	4	4	5	6	6	7	8	8	9
0.46	3	4	4	5	6	7	7	8	9	10
0.48	3	4	5	5	6	7	8	8	9	10
0.50	3	4	5	6	6	7	8	9	10	10
0.52	3	4	5	6	7	7	8	9	10	11
0.54	3	4	5	6	7	8	9	10	10	11
0.56	4	4	5	6	7	8	9	10	11	12
0.58	4	5	6	6	7	8	9	10	11	12
0.60	4	5	6	7	8	9	10	11	12	12
0.62	4	5	6	7	8	9	10	11	12	13
0.64	4	5	6	7	8	9	10	11	12	13
0.66	4	5	6	7	8	10	11	12	13	14
0.68	4	5	7	8	9	10	11	12	13	14
0.70	4	6	7	8	9	10	11	12	13	15
0.72	5	6	7	8	9	10	12	13	14	15
0.74	5	6	7	8	9	11	12	13	14	15
0.76	5	6	7	9	10	11	12	13	15	16
0.78	5	6	7	9	10	11	12	14	15	16
0.80	5	6	8	9	10	12	13	14	15	17
0.82	5	7	8	9	10	12	13	14	16	17
0.84	5	7	8	9	11	12	13	15	16	17
0.86	6	7	8	10	11	12	14	15	17	18
0.88	6	7	8	10	11	13	14	15	17	18
0.90	6	7	9	10	12	13	14	16	17	19
0.92	6	7	9	10	12	13	15	16	18	19
0.94	6	8	9	11	12	14	15	17	18	20
0.96	6	8	9	11	12	14	15	17	18	20
0.98	6	8	9	11	13	14	16	17	19	20
1.00	6	8	10	11	13	14	16	18	19	21
1.02	7	8	10	11	13	15	16	18	20	21
1.04	7	8	10	12	13	15	17	18	20	22
1.06	7	8	10	12	14	15	17	19	20	22
1.08	7	9	10	12	14	16	17	19	21	22
1.10	7	9	11	12	14	16	18	19	21	23
1.12	7	9	11	13	14	16	18	20	22	23
1.14	7	9	11	13	15	16	18	20	22	24
1.16	7	9	11	13	15	17	19	20	22	24
1.18	8	9	11	13	15	17	19	21	23	25
1.20	8	10	12	13	15	17	19	21	23	25
1.22	8	10	12	14	16	18	20	21	23	25
1.24	8	10	12	14	16	18	20	22	24	26
1.26	8	10	12	14	16	18	20	22	24	26
1.28	8	10	12	14	16	18	20	23	25	27
1.30	8	10	12	15	17	19	21	23	25	27
1.32	8	11	13	15	17	19	21	23	25	27
1.34	9	11	13	15	17	19	21	24	26	28
1.36	9	11	13	15	17	20	22	24	26	28
1.38	9	11	13	15	18	20	22	24	26	29
1.40	9	11	13	16	18	20	22	25	27	29
1.42	9	11	14	16	18	20	23	25	27	30
1.44	9	12	14	16	18	21	23	25	28	30
1.46	9	12	14	16	19	21	23	26	28	30

Maß (Dicke) 8 Centimeter (0,08 m) ist.
dimensions (depth) are 8 centimetres (0,08 m).
(l'épaisseur) est 8 centimètres (0,08 m).

Länge/Length Longueur	Breadth — Breite — Largeur									
	0.28	0.30	0.32	0.34	0.36	0.38	0.40	0.42	0.44	0.46
	Solid Contents — Inhalt in Kubikmetern — Cubage									
0.28	0.006									
0.30	7	0.007								
0.32	7	8	0.008							
0.34	8	8	9	0.009						
0.36	8	9	9	10	0.010					
0.38	9	9	10	10	11	0.012				
0.40	9	10	10	11	12	12	0.013			
0.42	9	10	11	11	12	13	13	0.014		
0.44	10	11	11	12	13	13	14	15	0.015	
0.46	10	11	12	13	13	14	15	15	16	0.017
0.48	11	12	12	13	14	15	15	16	17	18
0.50	11	12	13	14	14	15	16	17	18	18
0.52	12	12	13	14	15	16	17	17	18	19
0.54	12	13	14	15	16	16	17	18	19	20
0.56	13	13	14	15	16	17	18	19	20	21
0.58	13	14	15	16	17	18	19	19	20	21
0.60	13	14	15	16	17	18	19	20	21	22
0.62	14	15	16	17	18	19	20	21	22	23
0.64	14	15	16	17	18	19	20	22	23	24
0.66	15	16	17	18	19	20	21	22	23	24
0.68	15	16	17	18	20	21	22	23	24	25
0.70	16	17	18	19	20	21	22	24	25	26
0.72	16	17	18	20	21	22	23	24	25	26
0.74	17	18	19	20	21	22	24	25	26	27
0.76	17	18	19	21	22	23	24	26	27	28
0.78	17	19	20	21	22	24	25	26	27	29
0.80	18	19	20	22	23	24	26	27	28	29
0.82	18	20	21	22	24	25	26	28	29	30
0.84	19	20	22	23	24	26	27	28	30	31
0.86	19	21	22	23	25	26	28	29	30	32
0.88	20	21	23	24	25	27	28	30	31	32
0.90	20	22	23	24	26	27	29	30	32	33
0.92	21	22	24	25	26	28	29	31	32	34
0.94	21	23	24	26	27	29	30	32	33	35
0.96	22	23	25	26	28	29	31	32	34	35
0.98	22	24	25	27	28	30	31	33	34	36
1.00	22	24	26	27	29	30	32	34	35	37
1.02	23	24	26	28	29	31	33	34	36	38
1.04	23	25	27	28	30	32	33	35	37	38
1.06	24	25	27	29	31	32	34	36	37	39
1.08	24	26	28	29	31	33	35	36	38	40
1.10	25	26	28	30	32	33	35	37	39	40
1.12	25	27	29	30	32	34	36	38	39	41
1.14	26	27	29	31	33	35	36	38	40	42
1.16	26	28	30	32	33	35	37	39	41	43
1.18	26	28	30	32	34	36	38	40	42	43
1.20	27	29	31	33	35	36	38	40	42	44
1.22	27	29	31	33	35	37	39	41	43	45
1.24	28	30	32	34	36	38	40	42	44	46
1.26	28	30	32	34	36	38	40	42	44	46
1.28	29	31	33	35	37	39	41	43	45	47
1.30	29	31	33	35	37	40	42	44	46	48
1.32	30	32	34	36	38	40	42	44	46	49
1.34	30	32	34	36	39	41	43	45	47	49
1.36	30	33	35	37	39	41	44	46	48	50
1.38	31	33	35	38	40	42	44	46	49	51
1.40	31	34	36	38	40	43	45	47	49	52
1.42	32	34	36	39	41	43	45	48	50	52
1.44	32	35	37	39	41	44	46	48	51	53
1.46	33	35	37	40	42	44	47	49	51	54

Kubik-Inhalt der Kolli, deren kleinstes
Solid contents of packages, whose least
Cubage des colis, dont la plus petite dimension

Länge/Length Longueur	Breadth — Breite — Largeur									
	0.48	0.50	0.52	0.54	0.56	0.58	0.60	0.62	0.64	0.66
	Solid Contents — Inhalt in Kubikmetern — Cubage									
0.48	0.018									
0.50	19	0.020								
0.52	20	21	0.022							
0.54	21	22	22	0.023						
0.56	22	22	23	24	0.025					
0.58	22	23	24	25	26	0.027				
0.60	23	24	25	26	27	28	0.029			
0.62	24	25	26	27	28	29	30	0.031		
0.64	25	26	27	28	29	30	31	32	0.033	
0.66	25	26	27	29	30	31	32	33	34	0.035
0.68	26	27	28	29	30	32	33	34	35	36
0.70	27	28	29	30	31	32	34	35	36	37
0.72	28	29	30	31	32	33	35	36	37	38
0.74	28	30	31	32	33	34	36	37	38	39
0.76	29	30	32	33	34	35	36	38	39	40
0.78	30	31	32	34	35	36	37	39	40	41
0.80	31	32	33	35	36	37	38	40	41	42
0.82	31	33	34	35	37	38	39	41	42	43
0.84	32	34	35	36	38	39	40	42	43	44
0.86	33	34	36	37	39	40	41	43	44	45
0.88	34	35	37	38	39	41	42	44	45	46
0.90	35	36	37	39	40	42	43	45	46	48
0.92	35	37	38	40	41	43	44	46	47	49
0.94	36	38	39	41	42	44	45	47	48	50
0.96	37	38	40	41	43	45	46	48	49	51
0.98	38	39	41	42	44	45	47	49	50	52
1.00	38	40	42	43	45	46	48	50	51	53
1.02	39	41	42	44	46	47	49	51	52	54
1.04	40	42	43	45	47	48	50	52	53	55
1.06	41	42	44	46	47	49	51	53	54	56
1.08	41	43	45	47	48	50	52	54	55	57
1.10	42	44	46	48	49	51	53	55	56	58
1.12	43	45	47	48	50	52	54	56	57	59
1.14	44	46	47	49	51	53	55	57	58	60
1.16	45	46	48	50	52	54	56	58	59	61
1.18	45	47	49	51	53	55	57	59	60	62
1.20	46	48	50	52	54	56	58	60	61	63
1.22	47	49	51	53	55	57	59	61	62	64
1.24	48	50	52	54	56	58	60	62	63	65
1.26	48	50	52	54	56	58	60	62	65	67
1.28	49	51	53	55	57	59	61	63	66	68
1.30	50	52	54	56	58	60	62	64	67	69
1.32	51	53	55	57	59	61	63	65	68	70
1.34	51	54	56	58	60	62	64	66	69	71
1.36	52	54	57	59	61	63	65	67	70	72
1.38	53	55	57	60	62	64	66	68	71	73
1.40	54	56	58	60	63	65	67	69	72	74
1.42	55	57	59	61	64	66	68	70	73	75
1.44	55	58	60	62	65	67	69	71	74	76
1.46	56	58	61	63	65	68	70	72	75	77
1.48	57	59	62	64	66	69	71	73	76	78
1.50	58	60	62	65	67	70	72	74	77	79
1.52	58	61	63	66	68	71	73	75	78	80
1.54	59	62	64	67	69	71	74	76	79	81
1.56	60	62	65	67	70	72	75	77	80	82
1.58	61	63	66	68	71	73	76	78	81	83
1.60	61	64	67	69	72	74	77	79	82	84
1.62	62	65	67	70	73	75	78	80	83	86
1.64	63	66	68	71	73	76	79	81	84	87
1.66	64	66	69	72	74	77	80	82	85	88
1.68	65	67	70	73	75	78	81	83	86	89
1.70	65	68	71	73	76	79	82	84	87	90
1.72	66	69	72	74	77	80	83	85	88	91
1.74	67	70	72	75	78	81	84	86	89	92
1.76	68	70	73	76	79	82	84	87	90	93
1.78	68	71	74	77	80	83	85	88	91	94
1.80	69	72	75	78	81	84	86	89	92	95
1.82	70	73	76	79	82	84	87	90	93	96
1.84	71	74	77	79	82	85	88	91	94	97
1.86	71	74	77	80	83	86	89	92	95	98

Maß (Dicke) 8 Centimeter (0,08 m) ist.
dimensions (depth) are 8 centimetres (0,08 m).
(l'épaisseur) est 8 centimètres (0,08 m).

Länge/Length Longueur	Breite — Breadth — Largeur 0.68	0.70	0.72	0.74	0.76	0.78	0.80	0.82	0.84	0.86
	Inhalt in Kubikmetern — Solid Contents — Cubage									
0.68	0.037									
0.70	38	0.039								
0.72	39	40	0.041							
0.74	40	41	43	0.044						
0.76	41	43	44	45	0.046					
0.78	42	44	45	46	47	0.049				
0.80	44	45	46	47	49	50	0.051			
0.82	45	46	47	49	50	51	52	0.054		
0.84	46	47	48	50	51	52	54	55	0.056	
0.86	47	48	50	51	52	54	55	56	58	0.059
0.88	48	49	51	52	54	55	56	58	59	61
0.90	49	50	52	53	55	56	58	59	60	62
0.92	50	52	53	54	56	57	59	60	62	63
0.94	51	53	54	56	57	59	60	62	63	65
0.96	52	54	55	57	58	60	61	63	65	66
0.98	53	55	56	58	60	61	63	64	66	67
1.00	54	56	58	59	61	62	64	66	67	69
1.02	55	57	59	60	62	64	65	67	69	70
1.04	57	58	60	62	63	65	67	68	70	72
1.06	58	59	61	63	64	66	68	70	71	73
1.08	59	60	62	64	66	67	69	71	73	74
1.10	60	62	63	65	67	69	70	72	74	76
1.12	61	63	65	66	68	70	72	73	75	77
1.14	62	64	66	67	69	71	73	75	77	78
1.16	63	65	67	69	71	72	74	76	78	80
1.18	64	66	68	70	72	74	76	77	79	81
1.20	65	67	69	71	73	75	77	79	81	83
1.22	66	68	70	72	74	76	78	80	82	84
1.24	67	69	71	73	75	77	79	81	83	85
1.26	69	71	73	75	77	79	81	83	85	87
1.28	70	72	74	76	78	80	82	84	86	88
1.30	71	73	75	77	79	81	83	85	87	89
1.32	72	74	76	78	80	82	84	87	89	91
1.34	73	75	77	79	81	84	86	88	90	92
1.36	74	76	78	81	83	85	87	89	91	94
1.38	75	77	79	82	84	86	88	91	93	95
1.40	76	78	81	83	85	87	90	92	94	96
1.42	77	80	82	84	86	89	91	93	95	98
1.44	78	81	83	85	88	90	92	94	97	99
1.46	79	82	84	86	89	91	93	96	98	100
1.48	81	83	85	88	90	92	95	97	99	102
1.50	82	84	86	89	91	94	96	98	101	103
1.52	83	85	88	90	92	95	97	100	102	105
1.54	84	86	89	91	94	96	99	101	103	106
1.56	85	87	90	92	95	97	100	102	105	107
1.58	86	88	91	94	96	99	101	104	106	109
1.60	87	90	92	95	97	100	102	105	108	110
1.62	88	91	93	96	98	101	104	106	109	111
1.64	89	92	94	97	100	102	105	108	110	113
1.66	90	93	96	98	101	104	106	109	112	114
1.68	91	94	97	99	102	105	108	110	113	116
1.70	92	95	98	101	103	106	109	112	114	117
1.72	94	96	99	102	105	107	110	113	116	118
1.74	95	97	100	103	106	109	111	114	117	120
1.76	96	99	101	104	107	110	113	115	118	121
1.78	97	100	103	105	108	111	114	117	120	122
1.80	98	101	104	107	109	112	115	118	121	124
1.82	99	102	105	108	111	114	116	119	122	125
1.84	100	103	106	109	112	115	118	121	124	127
1.86	101	104	107	110	113	116	119	122	125	128

Kubik-Inhalt der Kolli, deren kleinstes
Solid contents of packages, whose least
Cubage des colis, dont la plus petite dimension

Länge/Length Longueur	Breite — Breadth — Largeur									
	0.10	0.12	0.14	0.16	0.18	0.20	0.22	0.24	0.26	0.28
	Inhalt in Kubikmetern — Solid Contents — Cubage									
0.10	0.001									
0.12	1	0.001								
0.14	1	2	0.002							
0.16	2	2	2	0.003						
0.18	2	2	3	3	0.003					
0.20	2	2	3	3	4	0.004				
0.22	2	3	3	4	4	4	0.005			
0.24	2	3	3	4	4	5	5	0.006		
0.26	3	3	4	4	5	5	6	6	0.007	
0.28	3	3	4	4	5	6	6	7	7	0.008
0.30	3	4	4	5	5	6	7	7	8	8
0.32	3	4	4	5	6	6	7	8	8	9
0.34	3	4	5	5	6	7	7	8	9	10
0.36	4	4	5	6	6	7	8	9	9	10
0.38	4	5	5	6	7	8	8	9	10	11
0.40	4	5	6	6	7	8	9	10	10	11
0.42	4	5	6	7	8	8	9	10	11	12
0.44	4	5	6	7	8	9	10	11	11	12
0.46	5	6	6	7	8	9	10	11	12	13
0.48	5	6	7	8	9	10	11	12	12	13
0.50	5	6	7	8	9	10	11	12	13	14
0.52	5	6	7	8	9	10	11	12	14	15
0.54	5	6	8	9	10	11	12	13	14	15
0.56	6	7	8	9	10	11	12	13	15	16
0.58	6	7	8	9	10	12	13	14	15	16
0.60	6	7	8	10	11	12	13	14	16	17
0.62	6	7	9	10	11	12	14	15	16	17
0.64	6	8	9	10	12	13	14	15	17	18
0.66	7	8	9	11	12	13	15	16	17	18
0.68	7	8	10	11	12	14	15	16	18	19
0.70	7	8	10	11	13	14	15	17	18	20
0.72	7	9	10	12	13	14	16	17	19	20
0.74	7	9	10	12	13	15	16	18	19	21
0.76	8	9	11	12	14	15	17	18	20	21
0.78	8	9	11	12	14	16	17	19	20	22
0.80	8	10	11	13	14	16	18	19	21	22
0.82	8	10	11	13	15	16	18	20	21	23
0.84	8	10	12	13	15	17	18	20	22	24
0.86	9	10	12	14	15	17	19	21	22	24
0.88	9	11	12	14	16	18	19	21	23	25
0.90	9	11	13	14	16	18	20	22	23	25
0.92	9	11	13	15	17	18	20	22	24	26
0.94	9	11	13	15	17	19	21	23	24	26
0.96	10	12	13	15	17	19	21	23	25	27
0.98	10	12	14	16	18	20	22	24	25	27
1.00	10	12	14	16	18	20	22	24	26	28
1.02	10	12	14	16	18	20	22	24	27	29
1.04	10	12	15	16	19	21	23	25	27	29
1.06	11	13	15	17	19	21	23	25	28	30
1.08	11	13	15	17	19	22	24	26	28	30
1.10	11	13	15	18	20	22	24	26	29	31
1.12	11	13	16	18	20	22	25	27	29	31
1.14	11	14	16	18	21	23	25	27	30	32
1.16	12	14	16	19	21	23	26	28	30	32
1.18	12	14	17	19	21	24	26	28	31	33
1.20	12	14	17	19	22	24	26	29	31	34
1.22	12	15	17	20	22	24	27	29	32	34
1.24	12	15	17	20	22	25	27	30	32	35
1.26	13	15	18	20	23	25	28	30	33	35
1.28	13	15	18	20	23	26	28	31	33	36
1.30	13	16	18	21	23	26	29	31	34	36
1.32	13	16	18	21	24	26	29	32	34	37
1.34	13	16	19	21	24	27	29	32	35	38
1.36	14	16	19	22	24	27	30	33	35	38
1.38	14	17	19	22	25	28	30	33	36	39
1.40	14	17	20	22	25	28	31	34	36	39
1.42	14	17	20	23	26	28	31	34	37	40
1.44	14	17	20	23	26	29	32	35	37	40
1.46	15	18	20	23	26	29	32	35	38	41
1.48	15	18	21	24	27	30	33	36	38	41

Maß (Dicke) 10 Centimeter (0,10 m) ist.
dimensions (depth) are 10 centimetres (0,10 m).
(l'épaisseur) est 10 centimètres (0,10 m).

Länge/Length Longueur	Breite — Breadth — Largeur 0.30	0.32	0.34	0.36	0.38	0.40	0.42	0.44	0.46	0.48
	Inhalt in Kubikmetern — Solid Contents — Cubage									
0.30	0.009									
0.32	10	0.010								
0.34	10	11	0.012							
0.36	11	12	12	0.013						
0.38	11	12	13	14	0.014					
0.40	12	13	14	14	15	0.016				
0.42	13	13	14	15	16	17	0.018			
0.44	13	14	15	16	17	18	18	0.019		
0.46	14	15	16	17	17	18	19	20	0.021	
0.48	14	15	16	17	18	19	20	21	22	0.023
0.50	15	16	17	18	19	20	21	22	23	24
0.52	16	17	18	19	20	21	22	23	24	25
0.54	16	17	18	19	21	22	23	24	25	26
0.56	17	18	19	20	21	22	24	25	26	27
0.58	17	19	20	21	22	23	24	26	27	28
0.60	18	19	20	22	23	24	25	26	28	29
0.62	19	20	21	22	24	25	26	27	29	30
0.64	19	20	22	23	24	26	27	28	29	31
0.66	20	21	22	24	25	26	28	29	30	32
0.68	20	22	23	24	26	27	29	30	31	33
0.70	21	22	24	25	27	28	29	31	32	34
0.72	22	23	24	26	27	29	30	32	33	35
0.74	22	24	25	27	28	30	31	33	34	36
0.76	23	24	26	27	29	30	32	33	35	36
0.78	23	25	27	28	30	31	33	34	36	37
0.80	24	26	27	29	30	32	34	35	37	38
0.82	25	26	28	30	31	33	34	36	38	39
0.84	25	27	29	30	32	34	35	37	39	40
0.86	26	28	29	31	33	34	36	38	40	41
0.88	26	28	30	32	33	35	37	39	40	42
0.90	27	29	31	32	34	36	38	40	41	43
0.92	28	29	31	33	35	37	39	40	42	44
0.94	28	30	32	34	36	38	39	41	43	45
0.96	29	31	33	35	36	38	40	42	44	46
0.98	29	31	33	35	37	39	41	43	45	47
1.00	30	32	34	36	38	40	42	44	46	48
1.02	31	33	35	37	39	41	43	45	47	49
1.04	31	33	35	37	40	42	44	46	48	50
1.06	32	34	36	38	40	42	45	47	49	51
1.08	32	35	37	39	41	43	45	48	50	52
1.10	33	35	37	40	42	44	46	48	51	53
1.12	34	36	38	40	43	45	47	49	52	54
1.14	34	36	39	41	43	46	48	50	52	55
1.16	35	37	39	42	44	46	49	51	53	56
1.18	35	38	40	42	45	47	50	52	54	57
1.20	36	38	41	43	46	48	50	53	55	58
1.22	37	39	41	44	46	49	51	54	56	59
1.24	37	40	42	45	47	50	52	55	57	60
1.26	38	40	43	45	48	50	53	55	58	60
1.28	38	41	44	46	49	51	54	56	59	61
1.30	39	42	44	47	49	52	55	57	60	62
1.32	40	42	45	48	50	53	55	58	61	63
1.34	40	43	46	48	51	54	56	59	62	64
1.36	41	44	46	49	52	54	57	60	63	65
1.38	41	44	47	50	52	55	58	61	63	66
1.40	42	45	48	50	53	56	59	62	64	67
1.42	43	45	48	51	54	57	60	62	65	68
1.44	43	46	49	52	55	58	60	63	66	69
1.46	44	47	50	53	55	58	61	64	67	70
1.48	44	47	50	53	56	59	62	65	68	71

Kubik-Inhalt der Kolli, deren kleinstes
Solid contents of packages, whose least
Cubage des colis, dont la plus petite dimension

Länge/Length Longueur	Breite — Breadth — Largeur									
	0.50	0.52	0.54	0.56	0.58	0.60	0.62	0.64	0.66	0.68
	Inhalt in Kubikmetern — Solid Contents — Cubage									
0.50	0.025									
0.52	26	0.027								
0.54	27	28	0.029							
0.56	28	29	30	0.031						
0.58	29	30	31	32	0.034					
0.60	30	31	32	34	35	0.036				
0.62	31	32	33	35	36	37	0.038			
0.64	32	33	35	36	37	38	40	0.041		
0.66	33	34	36	37	38	40	41	42	0.044	
0.68	34	35	37	38	39	41	42	44	45	0.046
0.70	35	36	38	39	41	42	43	45	46	48
0.72	36	37	39	40	42	43	45	46	48	49
0.74	37	38	40	41	43	44	46	47	49	50
0.76	38	40	41	43	44	46	47	49	50	52
0.78	39	41	42	44	45	47	48	50	51	53
0.80	40	42	43	45	46	48	50	51	53	54
0.82	41	43	44	46	48	49	51	52	54	56
0.84	42	44	45	47	49	50	52	54	55	57
0.86	43	45	46	48	50	52	53	55	57	58
0.88	44	46	48	49	51	53	55	56	58	60
0.90	45	47	49	50	52	54	56	58	59	61
0.92	46	48	50	52	53	55	57	59	61	63
0.94	47	49	51	53	55	56	58	60	62	64
0.96	48	50	52	54	56	58	60	61	63	65
0.98	49	51	53	55	57	59	61	63	65	67
1.00	50	52	54	56	58	60	62	64	66	68
1.02	51	53	55	57	59	61	63	65	67	69
1.04	52	54	56	58	60	62	64	67	69	71
1.06	53	55	57	59	61	64	66	68	70	72
1.08	54	56	58	60	63	65	67	69	71	73
1.10	55	57	59	62	64	66	68	70	73	75
1.12	56	58	60	63	65	67	69	72	74	76
1.14	57	59	62	64	66	68	71	73	75	78
1.16	58	60	63	65	67	70	72	74	77	79
1.18	59	61	64	66	68	71	73	76	78	80
1.20	60	62	65	67	70	72	74	77	79	82
1.22	61	63	66	68	71	73	76	78	81	83
1.24	62	64	67	69	72	74	77	79	82	84
1.26	63	66	68	71	73	76	78	81	83	86
1.28	64	67	69	72	74	77	79	82	84	87
1.30	65	68	70	73	75	78	81	83	86	88
1.32	66	69	71	74	77	79	82	84	87	90
1.34	67	70	72	75	78	80	83	86	88	91
1.36	68	71	73	76	79	82	84	87	90	92
1.38	69	72	75	77	80	83	86	88	91	94
1.40	70	73	76	78	81	84	87	90	92	95
1.42	71	74	77	80	82	85	88	91	94	97
1.44	72	75	78	81	84	86	89	92	95	98
1.46	73	76	79	82	85	88	91	93	96	99
1.48	74	77	80	83	86	89	92	95	98	101
1.50	75	78	81	84	87	90	93	96	99	102
1.52	76	79	82	85	88	91	94	97	100	103
1.54	77	80	83	86	89	92	95	99	102	105
1.56	78	81	84	87	90	94	97	100	103	106
1.58	79	82	85	88	92	95	98	101	104	107
1.60	80	83	86	90	93	96	99	102	106	109
1.62	81	84	87	91	94	97	100	104	107	110
1.64	82	85	89	92	95	98	102	105	108	112
1.66	83	86	90	93	96	100	103	106	110	113
1.68	84	87	91	94	97	101	104	108	111	114
1.70	85	88	92	95	99	102	105	109	112	116
1.72	86	89	93	96	100	103	107	110	114	117
1.74	87	90	94	97	101	104	108	111	115	118
1.76	88	92	95	99	102	106	109	113	116	120
1.78	89	93	96	100	103	107	110	114	117	121
1.80	90	94	97	101	104	108	112	115	119	122
1.82	91	95	98	102	106	109	113	116	120	124
1.84	92	98	99	103	107	110	114	118	121	125
1.86	93	97	100	104	108	112	115	119	123	126
1.88	94	98	102	105	109	113	117	120	124	128

Maß (Dicke) 10 Centimeter (0,10 m) ist.
dimensions (depth) are 10 centimetres (0,10 m).
(l'épaisseur) est 10 centimètres (0,10 m).

Länge/Length Longueur	Breite — Breadth — Largeur 0.70	0.72	0.74	0.76	0.78	0.80	0.82	0.84	0.86	0.88
	Inhalt in Kubikmetern — Solid Contents — Cubage									
0.70	0.049									
0.72	50	0.052								
0.74	52	53	0.055							
0.76	53	55	56	0.058						
0.78	55	56	58	59	0.061					
0.80	56	58	59	61	62	0.064				
0.82	57	59	61	62	64	66	0.067			
0.84	59	60	62	64	66	67	69	0.071		
0.86	60	62	64	65	67	69	71	72	0.074	
0.88	62	63	65	67	69	70	72	74	76	0.077
0.90	63	65	67	68	70	72	74	76	77	79
0.92	64	66	68	70	72	74	75	77	79	81
0.94	66	68	70	71	73	75	77	79	81	83
0.96	67	69	71	73	75	77	79	81	83	84
0.98	69	71	73	74	76	78	80	82	84	86
1.00	70	72	74	76	78	80	82	84	86	88
1.02	71	73	75	78	80	82	84	86	88	90
1.04	73	75	77	79	81	83	85	87	89	92
1.06	74	76	78	81	83	85	87	89	91	93
1.08	76	78	80	82	84	86	89	91	93	95
1.10	77	79	81	84	86	88	90	92	95	97
1.12	78	81	83	85	87	90	92	94	96	99
1.14	80	82	84	87	89	91	93	96	98	100
1.16	81	84	86	88	90	93	95	97	100	102
1.18	83	85	87	90	92	94	97	99	101	104
1.20	84	86	89	91	94	96	98	101	103	106
1.22	85	88	90	93	95	98	100	102	105	107
1.24	87	89	92	94	97	99	102	104	107	109
1.26	88	91	93	96	98	101	103	106	108	111
1.28	90	92	95	97	100	102	105	108	110	113
1.30	91	94	96	99	101	104	107	109	112	114
1.32	92	95	98	100	103	106	108	111	114	116
1.34	94	96	99	102	105	107	110	113	115	118
1.36	95	98	101	103	106	109	112	114	117	120
1.38	97	99	102	105	108	110	113	116	119	121
1.40	98	101	104	106	109	112	115	118	120	123
1.42	99	102	105	108	111	114	116	119	122	125
1.44	101	104	107	109	112	115	118	121	124	127
1.46	102	105	108	111	114	117	120	123	126	128
1.48	104	107	110	112	115	118	121	124	127	130
1.50	105	108	111	114	117	120	123	126	129	132
1.52	106	109	112	116	119	122	125	128	131	134
1.54	108	111	114	117	120	123	126	129	132	136
1.56	109	112	115	119	122	125	128	131	134	137
1.58	111	114	117	120	123	126	130	133	136	139
1.60	112	115	118	122	125	128	131	134	138	141
1.62	113	117	120	123	126	130	133	136	139	143
1.64	115	118	121	125	128	131	134	138	141	144
1.66	116	120	123	126	129	133	136	139	143	146
1.68	118	121	124	128	131	134	138	141	144	148
1.70	119	122	126	129	133	136	139	143	146	150
1.72	120	124	127	131	134	138	141	144	148	151
1.74	122	125	129	132	136	139	143	146	150	153
1.76	123	127	130	134	137	141	144	148	151	155
1.78	125	128	132	135	139	142	146	150	153	157
1.80	126	130	133	137	140	144	148	151	155	158
1.82	127	131	135	138	142	146	149	153	157	160
1.84	129	132	136	140	144	147	151	155	158	162
1.86	130	134	138	141	145	149	153	156	160	164
1.88	132	135	139	143	147	150	154	158	162	165

Kubik-Inhalt der Kolli, deren kleinstes
Solid contents of packages, whose least
Cubage des colis, dont la plus petite dimension

Länge/Length Longueur	Breite — Breadth — Largeur 0.12	0.14	0.16	0.18	0.20	0.22	0.24	0.26	0.28	0.30
	Inhalt in Kubikmetern — Solid Contents — Cubage									
0.12	0.002									
0.14	2	0.002								
0.16	2	3	0.003							
0.18	3	3	3	0.004						
0.20	3	3	4	4	0.005					
0.22	3	4	4	5	5	0.006				
0.24	3	4	5	5	6	6	0.007			
0.26	4	4	5	6	6	7	7	0.008		
0.28	4	5	5	6	7	7	3	9	0.009	
0.30	4	5	6	6	7	8	9	9	10	0.011
0.32	5	5	6	7	8	8	9	10	11	12
0.34	5	6	7	7	8	9	10	11	11	12
0.36	5	6	7	8	9	10	10	11	12	13
0.38	5	6	7	8	9	10	11	12	13	14
0.40	6	7	8	9	10	11	12	12	13	14
0.42	6	7	8	9	10	11	12	13	14	15
0.44	6	7	8	10	11	12	13	14	15	16
0.46	7	8	9	10	11	12	13	14	15	17
0.48	7	8	9	10	12	13	14	15	16	17
0.50	7	8	10	11	12	13	14	16	17	18
0.52	7	9	10	11	12	14	15	16	17	19
0.54	8	9	10	12	13	14	16	17	18	19
0.56	8	9	11	12	13	15	16	17	19	20
0.58	8	10	11	13	14	15	17	18	19	21
0.60	9	10	12	13	14	16	17	19	20	22
0.62	9	10	12	13	15	16	18	19	21	22
0.64	9	11	12	14	15	17	18	20	22	23
0.66	10	11	13	14	16	17	19	21	22	24
0.68	10	11	13	15	16	18	20	21	23	24
0.70	10	12	13	15	17	18	20	22	24	25
0.72	10	12	14	16	17	19	21	22	24	26
0.74	11	12	14	16	18	20	21	23	25	27
0.76	11	13	15	16	18	20	22	24	26	27
0.78	11	13	15	17	19	21	22	24	26	28
0.80	12	13	15	17	19	21	23	25	27	29
0.82	12	14	16	18	20	22	24	26	28	30
0.84	12	14	16	18	20	22	24	26	28	30
0.86	12	14	17	19	21	23	25	27	29	31
0.88	13	15	17	19	21	23	25	27	30	32
0.90	13	15	17	19	22	24	26	28	30	32
0.92	13	15	18	20	22	24	26	29	31	33
0.94	14	16	18	20	23	25	27	29	32	34
0.96	14	16	18	21	23	25	28	30	32	35
0.98	14	16	19	21	24	26	28	31	33	35
1.00	14	17	19	22	24	26	29	31	34	36
1.02	15	17	20	22	24	27	29	32	34	37
1.04	15	17	20	22	25	27	30	32	35	37
1.06	15	18	20	23	25	28	31	33	36	38
1.08	16	18	21	23	26	29	31	34	36	39
1.10	16	18	21	24	26	29	32	34	37	40
1.12	16	19	22	24	27	30	32	35	38	40
1.14	16	19	22	25	27	30	33	36	38	41
1.16	17	19	22	25	28	31	33	36	39	42
1.18	17	20	23	25	28	31	34	37	40	42
1.20	17	20	23	26	29	32	35	37	40	43
1.22	18	20	23	26	29	32	35	38	41	44
1.24	18	21	24	27	30	33	36	39	42	45
1.26	18	21	24	27	30	33	36	39	42	45
1.28	18	22	25	28	31	34	37	40	43	46
1.30	19	22	25	28	31	34	37	41	44	47
1.32	19	22	25	29	32	35	38	41	44	48
1.34	19	23	26	29	32	35	39	42	45	48
1.36	20	23	26	29	33	36	39	42	46	49
1.38	20	23	26	30	33	36	40	43	46	50
1.40	20	24	27	30	34	37	40	44	47	50
1.42	20	24	27	31	34	37	41	44	48	51
1.44	21	24	28	31	35	38	41	45	48	52
1.46	21	25	28	32	35	39	42	46	49	53
1.48	21	25	28	32	36	39	43	46	50	53
1.50	22	25	29	32	36	40	43	47	50	54

Maß (Dicke) 12 Centimeter (0,12 m) ist.
dimensions (depth) are 12 centimetres (0,12 m).
(l'épaisseur) est 12 centimètres (0,12 m).

Länge/Length Longueur	Breite — Breadth — Largeur									
	0.32	0.34	0.36	0.38	0.40	0.42	0.44	0.46	0.48	0.50
	Inhalt in Kubikmetern — Solid Contents — Cubage									
0.32	0.012									
0.34	13	0.014								
0.36	14	15	0.016							
0.38	15	16	16	0.017						
0.40	15	16	17	18	0.019					
0.42	16	17	18	19	20	0.021				
0.44	17	18	19	20	21	22	0.023			
0.46	18	19	20	21	22	23	24	0.025		
0.48	18	20	21	22	23	24	25	26	0.028	
0.50	19	20	22	23	24	25	26	28	29	0.030
0.52	20	21	22	24	25	26	27	29	30	31
0.54	21	22	23	25	26	27	29	30	31	32
0.56	22	23	24	26	27	28	30	31	32	34
0.58	22	24	25	26	28	29	31	32	33	35
0.60	23	24	26	27	29	30	32	33	35	36
0.62	24	25	27	28	30	31	33	34	36	37
0.64	25	26	28	29	31	32	34	35	37	38
0.66	25	27	29	30	32	33	35	36	38	40
0.68	26	28	29	31	33	34	36	38	39	41
0.70	27	29	30	32	34	35	37	39	40	42
0.72	28	29	31	33	35	36	38	40	41	43
0.74	28	30	32	34	36	37	39	41	43	44
0.76	29	31	33	35	36	38	40	42	44	46
0.78	30	32	34	36	37	39	41	43	45	47
0.80	31	33	35	36	38	40	42	44	46	48
0.82	31	33	35	37	39	41	43	45	47	49
0.84	32	34	36	38	40	42	44	46	48	50
0.86	33	35	37	39	41	43	45	47	50	52
0.88	34	36	38	40	42	44	46	49	51	53
0.90	35	37	39	41	43	45	48	50	52	54
0.92	35	38	40	42	44	46	49	51	53	55
0.94	36	38	41	43	45	47	50	52	54	56
0.96	37	39	41	44	46	48	51	53	55	58
0.98	38	40	42	45	47	49	52	54	56	59
1.00	38	41	43	46	48	50	53	55	58	60
1.02	39	42	44	47	49	51	54	56	59	61
1.04	40	42	45	47	50	52	55	57	60	62
1.06	41	43	46	48	51	53	56	59	61	64
1.08	41	44	47	49	52	54	59	60	62	65
1.10	42	45	48	50	53	55	58	61	63	66
1.12	43	46	48	51	54	56	59	62	65	67
1.14	44	47	49	52	55	57	60	63	66	68
1.16	45	47	50	53	56	58	61	64	67	70
1.18	45	48	51	54	57	59	62	65	68	71
1.20	46	49	52	55	58	60	63	66	69	72
1.22	47	50	53	56	59	61	64	67	70	73
1.24	48	51	54	57	60	62	65	68	71	74
1.26	48	51	54	57	60	64	67	70	73	76
1.28	49	52	55	58	61	65	68	71	74	77
1.30	50	53	56	59	62	66	69	72	75	78
1.32	51	54	57	60	63	67	70	73	76	79
1.34	51	55	58	61	64	68	71	74	77	80
1.36	52	55	59	62	65	69	72	75	78	82
1.38	53	56	60	63	66	70	73	76	79	83
1.40	54	57	60	64	67	71	74	77	81	84
1.42	55	58	61	65	68	72	75	78	82	85
1.44	55	59	62	66	69	73	76	79	83	86
1.46	56	60	63	67	70	74	77	81	84	88
1.48	57	60	64	67	71	75	78	82	85	89
1.50	58	61	65	68	72	76	79	83	86	90

Kubik-Inhalt der Kolli, deren kleinstes
Solid contents of packages, whose least
Cubage des colis, dont la plus petite dimension

Länge/Length Longueur	Breite — Breadth — Largeur									
	0.52	0.54	0.56	0.58	0.60	0.62	0.64	0.66	0.68	0.70
	Inhalt in Kubikmetern — Solid Contents — Cubage									
0.52	0.032									
0.54	34	0.035								
0.56	35	36	0.038							
0.58	36	38	39	0.040						
0.60	37	39	40	42	0.043					
0.62	39	40	42	43	45	0.046				
0.64	40	41	43	45	46	48	0.049			
0.66	41	43	44	46	48	49	51	0.052		
0.68	42	44	46	47	49	51	52	54	0.055	
0.70	44	45	47	49	50	52	54	55	57	0.059
0.72	45	47	48	50	52	54	55	57	59	60
0.74	46	48	50	52	53	55	57	59	60	62
0.76	47	49	51	53	55	57	58	60	62	64
0.78	49	51	52	54	56	58	60	62	64	66
0.80	50	52	54	56	58	60	61	63	65	67
0.82	51	53	55	57	59	61	63	65	67	69
0.84	52	54	56	58	60	62	65	67	69	71
0.86	54	56	58	60	62	64	66	68	70	72
0.88	55	57	59	61	63	65	68	70	72	74
0.90	56	58	60	63	65	67	69	71	73	76
0.92	57	60	62	64	66	68	71	73	75	77
0.94	59	61	63	65	68	70	72	74	77	79
0.96	60	62	65	67	69	71	74	76	78	81
0.98	61	64	66	68	71	73	75	78	80	82
1.00	62	65	67	70	72	74	77	79	82	84
1.02	64	66	69	71	73	76	78	81	83	86
1.04	65	67	70	72	75	77	80	82	85	87
1.06	66	69	71	74	76	79	81	84	86	89
1.08	67	70	73	75	78	80	83	86	88	91
1.10	69	71	74	77	79	82	84	87	90	92
1.12	70	73	75	78	81	83	86	89	91	94
1.14	71	74	77	79	82	85	88	90	93	96
1.16	72	75	78	81	84	86	89	92	95	97
1.18	74	76	79	82	85	88	91	93	96	99
1.20	75	78	81	84	86	89	92	95	98	101
1.22	76	79	82	85	88	91	94	97	100	102
1.24	77	80	83	86	89	92	95	98	101	104
1.26	79	82	85	88	91	94	97	100	103	106
1.28	80	83	86	89	92	95	98	101	104	108
1.30	81	84	87	90	94	97	100	103	106	109
1.32	82	86	89	92	95	98	101	105	108	111
1.34	84	87	90	93	96	100	103	106	109	113
1.36	85	88	91	95	98	101	104	108	111	114
1.38	86	89	93	96	99	103	106	109	113	116
1.40	87	91	94	97	101	104	108	111	114	118
1.42	89	92	95	99	102	106	109	112	116	119
1.44	90	93	97	100	104	107	111	114	118	121
1.46	91	95	98	102	105	109	112	116	119	123
1.48	92	96	99	103	107	110	114	117	121	124
1.50	94	97	101	104	108	112	115	119	122	126
1.52	95	98	102	106	109	113	117	120	124	128
1.54	96	100	103	107	111	115	118	122	126	129
1.56	97	101	105	109	112	116	120	124	127	131
1.58	99	102	106	110	114	118	121	125	129	133
1.60	100	104	108	111	115	119	123	127	131	134
1.62	101	105	109	113	117	121	124	128	132	136
1.64	102	106	110	114	118	122	126	130	134	138
1.66	104	108	112	116	120	124	127	131	135	139
1.68	105	109	113	117	121	125	129	133	137	141
1.70	106	110	114	118	122	126	131	135	139	143
1.72	107	111	116	120	124	128	132	136	140	144
1.74	109	113	117	121	125	129	134	138	142	146
1.76	110	114	118	122	127	131	135	139	144	148
1.78	111	115	120	124	128	132	137	141	145	150
1.80	112	117	121	125	130	134	138	143	147	151
1.82	114	118	122	127	131	135	140	144	149	153
1.84	115	119	124	128	132	137	141	146	150	155
1.86	116	121	125	129	134	138	143	147	152	156
1.88	117	122	126	131	135	140	144	149	153	158
1.90	119	123	128	132	137	141	146	150	155	160

Maß (Dicke) 12 Centimeter (0,12 m) ist.
dimensions (depth) are 12 centimetres (0,12 m).
(l'épaisseur) est 12 centimètres (0,12 m).

Länge/Length Longueur	Breite — Breadth — Largeur									
	0.72	0.74	0.76	0.78	0.80	0.82	0.84	0.86	0.88	0.90
	Inhalt in Kubikmetern — Solid Contents — Cubage									
0.72	0.062									
0.74	64	0.066								
0.76	66	67	0.069							
0.78	67	69	71	0.073						
0.80	69	71	73	75	0.077					
0.82	71	73	75	77	79	0.081				
0.84	73	75	77	79	81	83	0.085			
0.86	74	76	78	80	83	85	87	0.089		
0.88	76	78	80	82	84	87	89	91	0.093	
0.90	78	80	82	84	86	89	91	93	95	0.097
0.92	79	82	84	86	88	91	93	95	97	99
0.94	81	83	86	88	90	92	95	97	99	102
0.96	83	85	88	90	92	94	97	99	101	104
0.98	85	87	90	92	94	96	99	101	103	106
1.00	86	89	91	94	96	98	101	103	106	108
1.02	88	91	93	95	98	100	103	105	108	110
1.04	90	92	95	97	100	102	105	107	110	112
1.06	92	94	97	99	102	105	107	109	112	114
1.08	93	96	98	101	104	106	109	111	114	117
1.10	95	98	100	103	106	108	111	114	116	119
1.12	97	99	102	105	108	110	113	116	118	121
1.14	98	101	104	107	109	112	115	118	120	123
1.16	100	103	106	109	111	114	117	120	122	125
1.18	102	105	108	110	113	116	119	122	125	127
1.20	104	107	109	112	115	118	121	124	127	130
1.22	105	108	111	114	117	120	123	126	129	132
1.24	107	110	113	116	119	122	125	128	131	134
1.26	109	112	115	118	121	124	127	130	133	136
1.28	111	114	117	120	123	126	129	132	135	138
1.30	112	115	119	122	125	128	131	134	137	140
1.32	114	117	120	124	127	130	133	136	139	143
1.34	116	119	122	125	129	132	135	138	142	145
1.36	118	121	124	127	131	134	137	140	144	147
1.38	119	123	126	129	132	136	139	142	146	149
1.40	121	124	128	131	134	138	141	144	148	151
1.42	123	126	130	133	136	140	143	147	150	153
1.44	124	128	131	135	138	142	145	149	152	156
1.46	126	130	133	137	140	144	147	151	154	158
1.48	128	131	135	139	142	146	149	153	156	160
1.50	130	133	137	140	144	148	151	155	158	162
1.52	131	135	139	142	146	150	153	157	161	164
1.54	133	137	140	144	148	152	155	159	163	166
1.56	135	139	142	146	150	154	157	161	165	168
1.58	137	140	144	148	152	155	159	163	167	171
1.60	138	142	146	150	154	157	161	165	169	173
1.62	140	144	148	152	156	159	163	167	171	175
1.64	142	146	150	154	157	161	165	169	173	177
1.66	143	147	151	155	159	163	167	171	175	179
1.68	145	149	153	157	161	165	169	173	177	181
1.70	147	151	155	159	163	167	171	175	180	184
1.72	149	153	157	161	165	169	173	178	182	186
1.74	150	155	159	163	167	171	175	180	184	188
1.76	152	156	161	165	169	173	177	182	186	190
1.78	154	158	162	167	171	175	179	184	188	192
1.80	156	160	164	168	173	177	181	186	190	194
1.82	157	162	166	170	175	179	183	188	192	197
1.84	159	163	168	172	177	181	185	190	194	199
1.86	161	165	170	174	179	182	187	192	196	201
1.88	162	167	171	176	180	185	190	194	199	203
1.90	164	169	173	178	182	187	192	196	201	205

Kubik-Inhalt der Kolli, deren kleinstes
Solid contents of packages, whose least
Cubage des colis, dont la plus petite dimension

Länge/Length Longueur	Breite — Breadth — Largeur 0.14	0.16	0.18	0.20	0.22	0.24	0.26	0.28	0.30	0.32
	Inhalt in Kubikmetern — Solid Contents — Cubage									
0.14	0.003									
0.16	3	0.004								
0.18	4	4	0.005							
0.20	4	4	5	0.006						
0.22	4	5	6	6	0.007					
0.24	5	5	6	7	7	0.008				
0.26	5	6	7	7	8	9	0.009			
0.28	5	6	7	8	9	9	10	0.011		
0.30	6	7	8	8	9	10	11	12	0.013	
0.32	6	7	8	9	10	11	12	13	13	0.014
0.34	7	8	9	10	10	11	12	13	14	15
0.36	7	8	9	10	11	12	13	14	15	16
0.38	7	9	10	11	12	13	14	15	16	17
0.40	8	9	10	11	12	13	15	16	17	18
0.42	8	9	11	12	13	14	15	16	18	19
0.44	9	10	11	12	14	15	16	17	18	20
0.46	9	10	12	13	14	15	17	18	19	21
0.48	9	11	12	13	15	16	17	19	20	22
0.50	10	11	13	14	15	17	18	20	21	22
0.52	10	12	13	15	16	17	19	20	22	23
0.54	11	12	14	15	17	18	20	21	23	24
0.56	11	13	14	16	17	19	20	22	24	25
0.58	11	13	15	16	18	19	21	23	24	26
0.60	12	13	15	17	18	20	22	24	25	27
0.62	12	14	16	17	19	21	23	24	26	28
0.64	13	14	16	18	20	22	23	25	27	29
0.66	13	15	17	18	20	22	24	26	28	30
0.68	13	15	17	19	21	23	25	27	29	30
0.70	14	16	18	20	22	24	25	27	29	31
0.72	14	16	18	20	22	24	26	28	30	32
0.74	15	17	19	21	23	25	27	29	31	33
0.76	15	17	19	21	23	26	28	30	32	34
0.78	15	17	20	22	24	26	28	31	33	35
0.80	16	18	20	22	25	27	29	31	34	36
0.82	16	18	21	23	25	28	30	32	34	37
0.84	16	19	21	24	26	28	31	33	35	38
0.86	17	19	22	24	26	29	31	34	36	39
0.88	17	20	22	25	27	30	32	34	37	39
0.90	18	20	23	25	28	30	33	35	38	40
0.92	18	21	23	26	28	31	33	36	39	41
0.94	18	21	24	26	29	32	34	37	39	42
0.96	19	22	24	27	30	32	35	38	40	43
0.98	19	22	25	27	30	33	36	38	41	44
1.00	20	22	25	28	31	34	36	39	42	45
1.02	20	23	26	29	31	34	37	40	43	46
1.04	20	23	26	29	32	35	38	41	44	47
1.06	21	24	27	30	33	36	39	42	45	47
1.08	21	24	27	30	33	36	39	42	45	48
1.10	22	25	28	31	34	37	40	43	46	49
1.12	22	25	28	31	34	38	41	44	47	50
1.14	22	26	29	32	35	38	41	45	48	51
1.16	23	26	29	32	36	39	42	45	49	52
1.18	23	26	30	33	36	40	43	46	50	53
1.20	24	27	30	34	37	40	44	47	50	54
1.22	24	27	31	34	38	41	44	48	51	55
1.24	24	28	31	35	38	42	45	49	52	56
1.26	25	28	32	35	39	42	46	49	53	56
1.28	25	29	32	36	39	43	47	50	54	57
1.30	25	29	33	36	40	44	47	51	55	58
1.32	26	30	33	37	41	44	48	52	55	59
1.34	26	30	34	38	42	45	49	52	56	60
1.36	27	30	34	38	42	46	50	53	57	61
1.38	27	31	35	39	43	46	50	54	58	62
1.40	27	31	35	39	43	47	51	55	59	63
1.42	28	32	36	40	44	48	52	56	60	64
1.44	28	32	36	40	44	48	52	56	60	65
1.46	29	33	37	41	45	49	53	57	61	65
1.48	29	33	37	41	46	50	54	58	62	66
1.50	29	34	38	42	46	50	55	59	63	67
1.52	30	34	38	43	47	51	55	60	64	68

Maß (Dicke) 14 Centimeter (0,14 m) ist.
dimensions (depth) are 14 centimetres (0,14 m).
(l'épaisseur) est 14 centimètres (0,14 m).

0.14

Länge/Length Longueur	Breite — Breadth — Largeur 0.34	0.36	0.38	0.40	0.42	0.44	0.46	0.48	0.50	0.52
	Inhalt in Kubikmetern — Solid Contents — Cubage									
0.34	0.016									
0.36	17	0.018								
0.38	18	19	0.020							
0.40	19	20	21	0.022						
0.42	20	21	22	24	0.025					
0.44	21	22	23	25	26	0.027				
0.46	22	23	24	26	27	28	0.030			
0.48	23	24	26	27	28	30	31	0.032		
0.50	24	25	27	28	29	31	32	34	0.035	
0.52	25	26	28	29	31	32	33	35	36	0.038
0.54	26	27	29	30	32	33	35	36	38	39
0.56	27	28	30	31	33	34	36	38	39	41
0.58	28	29	31	32	34	36	37	39	41	42
0.60	29	30	32	34	35	37	39	40	42	44
0.62	30	31	33	35	36	38	40	42	43	45
0.64	30	32	34	36	38	39	41	43	45	47
0.66	31	33	35	37	39	41	43	44	46	48
0.68	32	34	36	38	40	42	44	46	48	50
0.70	33	35	37	39	41	43	45	47	49	51
0.72	34	36	38	40	42	44	46	48	50	52
0.74	35	37	39	41	44	46	48	50	52	54
0.76	36	38	40	43	45	47	49	51	53	55
0.78	37	39	41	44	46	48	50	52	55	57
0.80	38	40	43	45	47	49	52	54	56	58
0.82	39	41	44	46	48	51	53	55	57	60
0.84	40	42	45	47	49	52	54	56	59	61
0.86	41	43	46	48	51	53	55	58	60	63
0.88	42	44	47	49	52	54	57	59	62	64
0.90	43	45	48	50	53	55	58	60	63	66
0.92	44	46	49	52	54	57	59	62	64	67
0.94	45	47	50	53	55	58	61	63	66	68
0.96	46	48	51	54	56	59	62	65	67	70
0.98	47	49	52	55	58	60	63	66	69	71
1.00	48	50	53	56	59	62	64	67	70	73
1.02	49	51	54	57	60	63	66	69	71	74
1.04	50	52	55	58	61	64	67	70	73	76
1.06	50	53	56	59	62	65	68	71	74	77
1.08	51	54	57	60	64	67	70	73	76	79
1.10	52	55	59	62	65	68	71	74	77	80
1.12	53	56	60	63	66	69	72	75	78	82
1.14	54	57	61	64	67	70	73	77	80	83
1.16	55	58	62	65	68	71	75	78	81	84
1.18	56	59	63	66	69	73	76	79	83	86
1.20	57	60	64	67	71	74	77	81	84	87
1.22	58	61	65	68	72	75	79	82	85	89
1.24	59	62	66	69	73	76	80	83	87	90
1.26	60	64	67	71	74	78	81	85	88	92
1.28	61	65	68	72	75	79	82	86	90	93
1.30	62	66	69	73	76	80	84	87	91	95
1.32	63	67	70	74	78	81	85	89	92	96
1.34	64	68	71	75	79	83	86	90	94	98
1.36	65	69	72	76	80	84	88	91	95	99
1.38	66	70	73	77	81	85	89	93	97	100
1.40	67	71	74	78	82	86	90	94	98	102
1.42	68	72	76	80	83	87	91	95	99	103
1.44	69	73	77	81	85	89	93	97	101	105
1.46	69	74	78	82	86	90	94	98	102	106
1.48	70	75	79	83	87	91	95	99	104	108
1.50	71	76	80	84	88	92	97	101	105	109
1.52	72	77	81	85	89	94	98	102	106	111

Kubik-Inhalt der Kolli, deren kleinstes
Solid contents of packages, whose least
Cubage des colis, dont la plus petite dimension

Länge/Length Longueur	Breite — Breadth — Largeur									
	0.54	0.56	0.58	0.60	0.62	0.64	0.66	0.68	0.70	0.72
	Inhalt in Kubikmetern — Solid Contents — Cubage									
0.54	0.041									
0.56	42	0.044								
0 58	44	45	0.047							
0.60	45	47	49	0.050						
0.62	47	49	50	52	0.054					
0.64	48	50	52	54	56	0.057				
0.66	50	52	54	55	57	59	0.061			
0.68	51	53	55	57	59	61	63	0.065		
0.70	53	55	57	59	61	63	65	67	0.069	
0.72	54	56	58	60	62	65	67	69	71	0.073
0.74	56	58	60	62	64	66	68	71	73	75
0.76	57	60	62	64	66	68	70	72	74	77
0.78	59	61	63	66	68	70	72	74	76	79
0.80	60	63	65	67	69	72	74	76	78	81
0.82	62	64	67	69	71	73	76	78	80	83
0.84	64	66	68	71	73	75	78	80	82	85
0.86	65	67	70	72	75	77	79	82	84	87
0.88	67	69	71	74	76	79	81	84	86	89
0.90	68	71	73	76	78	81	83	86	88	91
0.92	70	72	75	77	80	82	85	88	90	93
0.94	71	74	76	79	82	84	87	89	92	95
0.96	73	75	78	81	83	86	89	91	94	97
0.98	74	77	80	82	85	88	91	93	96	99
1.00	76	78	81	84	87	90	92	95	98	101
1.02	77	80	83	86	89	91	94	97	100	103
1.04	79	82	84	87	90	93	96	99	102	105
1.06	80	83	86	89	92	95	98	101	104	107
1.08	82	85	88	91	94	97	100	103	106	109
1.10	83	86	89	92	95	99	102	105	108	111
1.12	85	88	91	94	97	100	103	107	110	113
1.14	86	89	93	96	99	102	105	109	112	115
1.16	88	91	94	97	101	104	107	110	114	117
1.18	89	93	96	99	102	106	109	112	116	119
1.20	91	94	97	101	104	108	111	114	118	121
1.22	92	96	99	102	106	109	113	116	120	123
1.24	94	97	101	104	108	111	115	118	122	125
1.26	95	99	102	106	109	113	116	120	123	127
1.28	97	100	104	108	111	115	118	122	125	129
1.30	98	102	106	109	113	116	120	124	127	131
1.32	100	103	107	111	115	118	122	126	129	133
1.34	101	105	109	113	116	120	124	128	131	135
1.36	103	107	110	114	118	122	126	129	133	137
1.38	104	108	112	116	120	124	128	131	135	139
1.40	106	110	114	118	122	125	129	133	137	141
1.42	107	111	115	119	123	127	131	135	139	143
1.44	109	113	117	121	125	129	133	137	141	145
1.46	110	114	119	123	127	131	135	139	143	147
1.48	112	116	120	124	128	133	137	141	145	149
1.50	113	118	122	126	130	134	139	143	147	151
1.52	115	119	123	128	132	136	140	145	149	153
1.54	116	121	125	129	134	138	142	147	151	155
1.56	118	122	127	131	135	140	144	149	153	157
1.58	119	124	128	133	137	142	146	150	155	159
1.60	121	125	130	134	139	143	148	152	157	161
1.62	122	127	132	136	141	145	150	154	159	163
1.64	124	129	133	138	142	147	152	156	161	165
1.66	125	130	135	139	144	149	153	158	163	167
1.68	127	132	136	141	146	151	155	160	165	169
1.70	129	133	138	143	148	152	157	162	167	171
1.72	130	135	140	144	149	154	159	164	169	173
1.74	132	136	141	146	151	156	161	166	171	175
1.76	133	138	143	148	153	158	163	168	172	177
1.78	135	140	145	150	155	159	164	169	174	179
1.80	136	141	146	151	156	161	166	171	176	181
1.82	138	143	148	153	158	163	168	173	178	183
1.84	139	144	149	155	160	165	170	175	180	185
1.86	141	146	151	156	161	167	172	177	182	187
1.88	142	147	153	158	163	168	174	179	184	190
1.90	144	149	154	160	165	170	176	181	186	192
1.92	145	151	156	161	167	172	177	183	188	194

Maß (Dicke) 14 Centimeter (0,14 m) ist.
dimensions (depth) are 14 centimetres (0,14 m).
(l'épaisseur) est 14 centimètres (0,14 m).

Länge/Length Longueur	Breite — Breadth — Largeur 0.74	0.76	0.78	0.80	0.82	0.84	0.86	0.88	0.90	0.92
	Inhalt in Kubikmetern — Solid Contents — Cubage									
0.74	0.077									
0.76	79	0.081								
0.78	81	83	0.085							
0.80	83	85	87	0.090						
0.82	85	87	90	92	0.094					
0.84	87	89	92	94	96	0.099				
0.86	89	92	94	96	99	101	0.104			
0.88	91	94	96	99	101	103	106	0.108		
0.90	93	96	98	101	103	106	108	111	0.113	
0.92	95	98	100	103	106	108	111	113	116	0.118
0.94	97	100	103	105	108	111	113	116	118	121
0.96	99	102	105	108	110	113	116	118	121	124
0.98	102	104	107	110	113	115	118	121	123	126
1.00	104	106	109	112	115	118	120	123	126	129
1.02	106	109	111	114	117	120	123	126	129	131
1.04	108	111	114	116	119	122	125	128	131	134
1.06	110	113	116	119	122	125	128	131	134	137
1.08	112	115	118	121	124	127	130	133	136	139
1.10	114	117	120	123	126	129	132	136	139	142
1.12	116	119	122	125	129	132	135	138	141	144
1.14	118	121	124	128	131	134	137	140	144	147
1.16	120	123	127	130	133	136	140	143	146	149
1.18	122	126	129	132	135	139	142	145	149	152
1.20	124	128	131	134	138	141	144	148	151	155
1.22	126	130	133	137	140	143	147	150	154	157
1.24	128	132	135	139	142	146	149	153	156	160
1.26	131	134	138	141	145	148	152	155	159	162
1.28	133	136	140	143	147	151	154	158	161	165
1.30	135	138	142	146	149	153	157	160	164	167
1.32	137	140	144	148	152	155	159	163	166	170
1.34	139	143	146	150	154	158	161	165	169	173
1.36	141	145	149	152	156	160	164	168	171	175
1.38	143	147	151	155	158	162	166	170	174	178
1.40	145	149	153	157	161	165	169	172	176	180
1.42	147	151	155	159	163	167	171	175	179	183
1.44	149	153	157	161	165	169	173	177	181	185
1.46	151	155	159	164	168	172	176	180	184	188
1.48	153	157	162	166	170	174	178	182	186	191
1.50	155	160	164	168	172	176	181	185	189	193
1.52	157	162	166	170	174	179	183	187	192	196
1.54	160	164	168	172	177	181	185	190	194	198
1.56	162	166	170	175	179	183	188	192	197	201
1.58	164	168	173	177	181	186	190	195	199	204
1.60	166	170	175	179	184	188	193	197	202	206
1.62	168	172	177	181	186	191	195	200	204	209
1.64	170	174	179	184	188	193	197	202	207	211
1.66	172	177	181	186	191	195	200	205	209	214
1.68	174	179	183	188	193	198	202	207	212	216
1.70	176	181	186	190	195	200	205	209	214	219
1.72	178	183	188	193	197	202	207	212	217	222
1.74	180	185	190	195	200	205	209	214	219	224
1.76	182	187	192	197	202	207	212	217	222	227
1.78	184	189	194	199	204	209	214	219	224	229
1.80	186	192	197	202	207	212	217	222	227	232
1.82	189	194	199	204	209	214	219	224	229	234
1.84	191	196	201	206	211	216	222	227	232	237
1.86	193	198	203	208	214	219	224	229	234	240
1.88	195	200	205	211	216	221	226	232	237	242
1.90	197	202	207	213	218	223	229	234	239	245
1.92	199	204	210	215	220	226	231	237	242	247

Kubik-Inhalt der Kolli, deren kleinstes
Solid contents of packages, whose least
Cubage des colis, dont la plus petite dimension

Länge/Length Longueur	Breite — Breadth — Largeur									
	0.16	0.18	0.20	0.22	0.24	0.26	0.28	0.30	0.32	0.34
	Inhalt in Kubikmetern — Solid Contents — Cubage									
0.16	0.004									
0.18	5	0.005								
0.20	5	6	0.006							
0.22	6	6	7	0.007						
0.24	6	7	8	8	0.009					
0.26	7	7	8	9	10	0.011				
0.28	7	8	9	10	11	12	0.013			
0.30	8	9	10	11	12	12	13	0.014		
0.32	8	9	10	11	12	13	14	15	0.016	
0.34	9	10	11	12	13	14	15	16	17	0.018
0.36	9	10	12	13	14	15	16	17	18	20
0.38	10	11	12	13	15	16	17	18	19	21
0.40	10	12	13	14	15	17	18	19	20	22
0.42	11	12	13	15	16	17	19	20	22	23
0.44	11	13	14	15	17	18	20	21	23	24
0.46	12	13	15	16	18	19	21	22	24	25
0.48	12	14	15	17	18	20	22	23	25	26
0.50	13	14	16	18	19	21	22	24	26	27
0.52	13	15	17	18	20	22	23	25	27	28
0.54	14	16	17	19	21	22	24	26	28	29
0.56	14	16	18	20	22	23	25	27	29	30
0.58	15	17	19	20	22	24	26	28	30	32
0.60	15	17	19	21	23	25	27	29	31	33
0.62	16	18	20	22	24	26	28	30	32	34
0.64	16	18	20	23	25	27	29	31	33	35
0.66	17	19	21	23	25	27	30	32	34	36
0.68	17	20	22	24	26	28	30	33	35	37
0.70	18	20	22	25	27	29	31	34	36	38
0.72	18	21	23	25	28	30	32	35	37	39
0.74	19	21	24	26	28	31	33	36	38	40
0.76	19	22	24	27	29	32	34	36	39	41
0.78	20	22	25	27	30	32	35	37	40	42
0.80	20	23	26	28	31	33	36	38	41	44
0.82	21	24	26	29	31	34	37	39	42	45
0.84	22	24	27	30	32	35	38	40	43	46
0.86	22	25	28	30	33	36	39	41	44	47
0.88	23	25	28	31	34	37	39	42	45	48
0.90	23	26	29	32	35	37	40	43	46	49
0.92	24	26	29	32	35	38	41	44	47	50
0.94	24	27	30	33	36	39	42	45	48	51
0.96	25	28	31	34	37	40	43	46	49	52
0.98	25	28	31	34	38	41	44	47	50	53
1.00	26	29	32	35	38	42	45	48	51	54
1.02	26	29	33	36	39	42	46	49	52	55
1.04	27	30	33	37	40	43	47	50	53	57
1.06	27	31	34	37	41	44	47	51	54	58
1.08	28	31	35	38	41	45	48	52	55	59
1.10	28	32	35	39	42	46	49	53	56	60
1.12	29	32	36	39	43	47	50	54	57	61
1.14	29	33	36	40	44	47	51	55	58	62
1.16	30	33	37	41	45	48	52	56	59	63
1.18	30	34	38	42	45	49	53	57	60	64
1.20	31	35	38	42	46	50	54	58	61	65
1.22	31	35	39	43	47	51	55	59	62	66
1.24	32	36	40	44	48	52	56	60	63	67
1.26	32	36	40	44	48	52	56	60	65	69
1.28	33	37	41	45	49	53	57	61	66	70
1.30	33	37	42	46	50	54	58	62	67	71
1.32	34	38	42	46	51	55	59	63	68	72
1.34	34	39	43	47	51	56	60	64	69	73
1.36	35	39	44	48	52	57	61	65	70	74
1.38	35	40	44	49	53	57	62	66	71	75
1.40	36	40	45	49	54	58	63	67	72	76
1.42	36	41	45	50	55	59	64	68	73	77
1.44	37	41	46	51	55	60	65	69	74	78
1.46	37	42	47	51	56	61	65	70	75	79
1.48	38	43	47	52	57	62	66	71	76	81
1.50	38	43	48	53	58	62	67	72	77	82
1.52	39	44	49	54	58	63	68	73	78	83
1.54	39	44	49	54	59	64	69	74	79	84

Maß (Dicke) 16 Centimeter (0,16 m) ist.
dimensions (depth) are 16 centimetres (0,16 m).
(l'épaisseur) est 16 centimètres (0,16 m).

0.16

Länge/Length Longueur	Breite — Breadth — Largeur 0.36	0.38	0.40	0.42	0.44	0.46	0.48	0.50	0.52	0.54
	Inhalt in Kubikmetern — Solid Contents — Cubage									
0.36	0.021									
0.38	22	0.023								
0.40	23	24	0.026							
0.42	24	26	27	0.028						
0.44	25	27	28	30	0.031					
0.46	26	28	29	31	32	0.034				
0.48	28	29	31	32	34	35	0.037			
0.50	29	30	32	34	35	37	38	0.040		
0.52	30	32	33	35	37	38	40	42	0.043	
0.54	31	33	35	36	38	40	41	43	45	0.047
0.56	32	34	36	38	39	41	43	45	47	48
0.58	33	35	37	39	41	43	45	46	48	50
0.60	35	36	38	40	42	44	46	48	50	52
0.62	36	38	40	42	44	46	48	50	52	54
0.64	37	39	41	43	45	47	49	51	53	55
0.66	38	40	42	44	46	49	51	53	55	57
0.68	39	41	44	46	48	50	52	54	57	59
0.70	40	43	45	47	49	52	54	56	58	60
0.72	41	44	46	48	51	53	55	58	60	62
0.74	43	45	47	50	52	54	57	59	62	64
0.76	44	46	49	51	54	56	58	61	63	66
0.78	45	47	50	52	55	57	60	62	65	67
0.80	46	49	51	54	56	59	61	64	67	69
0.82	47	50	52	55	58	60	63	66	68	71
0.84	48	51	54	56	59	62	65	67	70	73
0.86	50	52	55	58	61	63	66	69	72	74
0.88	51	54	56	59	62	65	68	70	73	76
0.90	52	55	58	60	63	66	69	72	75	78
0.92	53	56	59	62	65	68	71	74	77	79
0.94	54	57	60	63	66	69	72	75	78	81
0.96	55	58	61	65	68	71	74	77	80	83
0.98	56	60	63	66	69	72	75	78	82	85
1.00	58	61	64	67	70	74	77	80	83	86
1.02	59	62	65	69	72	75	78	82	85	88
1.04	60	63	67	70	73	77	80	83	87	90
1.06	61	64	68	71	75	78	81	85	88	92
1.08	62	66	69	73	76	79	83	86	90	93
1.10	63	67	70	74	77	81	84	88	92	95
1.12	65	68	72	75	79	82	86	90	93	97
1.14	66	69	73	77	80	84	88	91	95	98
1.16	67	71	74	78	82	85	89	93	97	100
1.18	68	72	76	79	83	87	91	94	98	102
1.20	69	73	77	81	84	88	92	96	100	104
1.22	70	74	78	82	86	90	94	98	102	105
1.24	71	75	79	83	87	91	95	99	103	107
1.26	73	77	81	85	89	93	97	101	105	109
1.28	74	78	82	86	90	94	98	102	106	111
1.30	75	79	83	87	92	96	100	104	108	112
1.32	76	80	84	89	93	97	101	106	110	114
1.34	77	81	86	90	94	99	103	107	111	116
1.36	78	83	87	91	96	100	104	109	113	118
1.38	79	84	88	93	97	102	106	110	115	119
1.40	81	85	90	94	99	103	108	112	116	121
1.42	82	86	91	95	100	105	109	114	118	123
1.44	83	88	92	97	101	106	111	115	120	124
1.46	84	89	93	98	103	107	.12	117	121	126
1.48	85	90	95	99	104	109	114	118	123	128
1.50	86	91	96	101	106	110	115	120	125	130
1.52	88	92	97	102	107	112	117	122	126	131
1.54	89	94	99	103	108	113	118	123	128	133

Kubik-Inhalt der Kolli, deren kleinstes
Solid contents of packages, whose least
Cubage des colis, dont la plus petite dimension

Länge/Length Longueur	Breite — Breadth — Largeur 0.56	0.58	0.60	0.62	0.64	0.66	0.68	0.70	0.72	0.74
	Inhalt in Kubikmetern — Solid Contents — Cubage									
0.56	0.050									
0.58	52	0.054								
0.60	54	56	0.058							
0.62	56	58	60	0.062						
0.64	57	59	61	63	0.066					
0.66	59	61	63	65	68	0.070				
0.68	61	63	65	67	70	72	0.074			
0.70	63	65	67	69	72	74	76	0.078		
0.72	65	67	69	71	74	76	78	81	0.083	
0.74	66	69	71	73	76	78	81	83	85	0.088
0.76	68	71	73	75	78	80	83	85	88	90
0.78	70	72	75	77	80	82	85	87	90	92
0.80	72	74	77	79	82	84	87	90	92	95
0.82	73	76	79	81	84	87	89	92	94	97
0.84	75	78	81	83	86	89	91	94	97	99
0.86	77	80	83	85	88	91	94	96	99	102
0.88	79	82	84	87	90	93	96	99	101	104
0.90	81	84	86	89	92	95	98	101	104	107
0.92	82	85	88	91	94	97	100	103	106	109
0.94	84	87	90	93	96	99	102	105	108	111
0.96	86	89	92	95	98	101	104	108	111	114
0.98	88	91	94	97	100	103	107	110	113	116
1.00	90	93	96	99	102	106	109	112	115	118
1.02	91	95	98	101	104	108	111	114	118	121
1.04	93	97	100	103	106	110	113	116	120	123
1.06	95	98	102	105	109	112	115	119	122	126
1.08	97	100	104	107	111	114	118	121	124	128
1.10	99	102	106	109	113	116	120	123	127	130
1.12	100	104	108	111	115	118	122	125	129	133
1.14	102	106	109	113	117	120	124	128	131	135
1.16	104	108	111	115	119	122	126	130	134	137
1.18	106	110	113	117	121	125	128	132	136	140
1.20	108	111	115	119	123	127	131	134	138	142
1.22	109	113	117	121	125	129	133	137	141	144
1.24	111	115	119	123	127	131	135	139	143	147
1.26	113	117	121	125	129	133	137	141	145	149
1.28	115	119	123	127	131	135	139	143	147	152
1.30	116	121	125	129	133	137	141	146	150	154
1.32	118	122	127	131	135	139	144	148	152	156
1.34	120	124	129	133	137	142	146	150	154	159
1.36	122	126	131	135	139	144	148	152	157	161
1.38	124	128	132	137	141	146	150	155	159	163
1.40	125	130	134	139	143	148	152	157	161	166
1.42	127	132	136	141	145	150	154	159	164	168
1.44	129	134	138	143	147	152	157	161	166	170
1.46	131	135	140	145	150	154	159	164	168	173
1.48	133	137	142	147	152	156	161	166	170	175
1.50	134	139	144	149	154	158	163	168	173	178
1.52	136	141	146	151	156	161	165	170	175	180
1.54	138	143	148	153	158	163	168	172	177	182
1.56	140	145	150	155	160	165	170	175	180	185
1.58	142	147	152	157	162	167	172	177	182	187
1.60	143	148	154	159	164	169	174	179	184	189
1.62	145	150	156	161	166	171	176	181	187	192
1.64	147	152	157	163	168	173	178	184	189	194
1.66	149	154	159	165	170	175	181	186	191	197
1.68	151	156	161	167	172	177	183	188	194	199
1.70	152	158	163	169	174	180	185	190	196	201
1.72	154	160	165	171	176	182	187	193	198	204
1.74	156	161	167	173	178	184	189	195	200	206
1.76	158	163	169	175	180	186	191	197	203	208
1.78	159	165	171	177	182	188	194	199	205	211
1.80	161	167	173	179	184	190	196	202	207	213
1.82	163	169	175	181	186	192	198	204	210	215
1.84	165	171	177	183	188	194	200	206	212	218
1.86	167	173	179	185	190	196	202	208	214	220
1.88	168	174	180	186	193	199	205	211	217	223
1.90	170	176	182	188	195	201	207	213	219	225
1.92	172	178	184	190	197	203	209	215	221	227
1.94	174	180	186	192	199	205	211	217	223	230

Maß (Dicke) 16 Centimeter (0,16 m) ist.
dimensions (depth) are 16 centimetres (0,16 m).
(l'épaisseur) est 16 centimètres (0,16 m).

Länge/Length Longueur	Breite — Breadth — Largeur 0.76	0.78	0.80	0.82	0.84	0.86	0.88	0.90	0.92	0.94
	Inhalt in Kubikmetern — Solid Contents — Cubage									
0.76	0.092									
0.78	95	0.097								
0.80	97	100	0.102							
0.82	100	102	105	0.108						
0.84	102	105	108	110	0.113					
0.86	105	107	110	113	116	0.118				
0.88	107	110	113	115	118	121	0.124			
0.90	109	112	115	118	121	124	127	0.130		
0.92	112	115	118	121	124	127	130	132	0.135	
0.94	114	117	120	123	126	129	132	135	138	0.141
0.96	117	120	123	126	129	132	135	138	141	144
0.98	119	122	125	129	132	135	138	141	144	147
1.00	122	125	128	131	134	138	141	144	147	150
1.02	124	127	131	134	137	140	144	147	150	153
1.04	126	130	133	136	140	143	146	150	153	156
1.06	129	132	136	139	142	146	149	153	156	159
1.08	131	135	138	142	145	149	152	156	159	162
1.10	134	137	141	144	148	151	155	158	162	165
1.12	136	140	143	147	151	154	158	161	165	168
1.14	139	142	146	150	153	157	161	164	168	171
1.16	141	145	148	152	156	160	163	167	171	174
1.18	143	147	151	155	159	162	166	170	174	177
1.20	146	150	154	157	161	165	169	173	177	180
1.22	148	152	156	160	164	168	172	176	180	183
1.24	151	155	159	163	167	171	175	179	183	186
1.26	153	157	161	165	169	173	177	181	185	190
1.28	156	160	164	168	172	176	180	184	188	193
1.30	158	162	166	171	175	179	183	187	191	196
1.32	161	165	169	173	177	182	186	190	194	199
1.34	163	167	172	176	180	184	189	193	197	202
1.36	165	170	174	178	183	187	191	196	200	205
1.38	168	172	177	181	185	190	194	199	203	208
1.40	170	175	179	184	188	193	197	202	206	211
1.42	173	177	182	186	191	195	200	204	209	214
1.44	175	180	184	189	194	198	203	207	212	217
1.46	178	182	187	192	196	201	206	210	215	220
1.48	180	185	189	194	199	204	208	213	218	223
1.50	182	187	192	197	202	206	211	216	221	226
1.52	185	190	195	199	204	209	214	219	224	229
1.54	187	192	197	202	207	212	217	222	227	232
1.56	190	195	200	205	210	215	220	225	230	235
1.58	192	197	202	207	212	217	222	228	233	238
1.60	195	200	205	210	215	220	225	230	236	241
1.62	197	202	207	213	218	223	228	233	238	244
1.64	199	205	210	215	220	226	231	236	241	247
1.66	202	207	212	218	223	228	234	239	244	250
1.68	204	210	215	220	226	231	237	242	247	253
1.70	207	212	218	223	228	234	239	245	250	256
1.72	209	215	220	226	231	237	242	248	253	259
1.74	212	217	223	228	234	239	245	251	256	262
1.76	214	220	225	231	237	242	248	253	259	265
1.78	216	222	228	234	239	245	251	256	262	268
1.80	219	225	230	236	242	248	253	259	265	271
1.82	221	227	233	239	245	250	256	262	268	274
1.84	224	230	236	241	247	253	259	265	271	277
1.86	226	232	238	244	250	256	262	268	274	280
1.88	229	235	241	247	253	259	265	271	277	283
1.90	231	237	243	249	255	261	268	274	280	286
1.92	233	240	246	252	258	264	270	276	283	289
1.94	236	242	248	255	261	267	273	279	286	292

Kubik-Inhalt der Kolli, deren kleinstes
Solid contents of packages, whose least
Cubage des colis, dont la plus petite dimension

Länge/Length Longueur	Breite — Breadth — Largeur 0.18	0.20	0.22	0.24	0.26	0.28	0.30	0.32	0.34	0.36
	Inhalt in Kubikmetern — Solid Contents — Cubage									
0.18	0.006									
0.20	6	0.007								
0.22	7	8	0.009							
0.24	8	9	10	0.010						
0.26	8	9	10	11	0.012					
0.28	9	10	11	12	13	0.014				
0.30	10	11	12	13	14	15	0.016			
0.32	10	12	13	14	15	16	17	0·018		
0.34	11	12	13	15	16	17	18	20	0.021	
0.36	12	13	14	16	17	18	19	21	22	0.023
0.38	12	14	15	16	18	19	21	22	23	25
0.40	13	14	16	17	19	20	22	23	24	26
0.42	14	15	17	18	20	21	23	24	26	27
0.44	14	16	17	19	21	22	24	25	27	29
0.46	15	17	18	20	22	23	25	26	28	30
0.48	16	17	19	21	22	24	26	28	29	31
0.50	16	18	20	22	23	25	27	29	31	32
0.52	17	19	21	22	24	26	28	30	32	34
0.54	17	19	21	23	25	27	29	31	33	35
0.56	18	20	22	24	26	28	30	32	34	36
0.58	19	21	23	25	27	29	31	33	35	38
0.60	19	22	24	26	28	30	32	35	37	39
0.62	20	22	25	27	29	31	33	36	38	40
0.64	21	23	25	28	30	32	35	37	39	41
0.66	21	24	26	29	31	33	36	38	40	43
0.68	22	24	27	29	32	34	37	39	42	44
0.70	23	25	28	30	33	35	38	40	43	45
0.72	23	26	29	31	34	36	39	41	44	47
0.74	24	27	29	32	35	37	40	43	45	48
0.76	25	27	30	33	36	38	41	44	47	49
0.78	25	28	31	34	37	39	42	45	48	51
0.80	26	29	32	35	37	40	43	46	49	52
0.82	27	30	32	35	38	41	44	47	50	53
0.84	27	30	33	36	39	42	45	48	51	54
0.86	28	31	34	37	40	43	46	50	53	56
0.88	29	32	35	38	41	44	48	51	54	57
0.90	29	32	36	39	42	45	49	52	55	58
0.92	30	33	36	40	43	46	50	53	56	60
0.94	30	34	37	41	44	47	51	54	58	61
0.96	31	35	38	41	45	48	52	55	59	62
0.98	32	35	39	42	46	49	53	56	60	64
1.00	32	36	40	43	47	50	54	58	61	65
1.02	33	37	40	44	48	51	55	59	62	66
1.04	34	37	41	45	49	52	56	60	64	67
1.06	34	38	42	46	50	53	57	61	65	69
1.08	35	39	43	47	51	54	58	62	66	70
1.10	36	40	44	48	51	55	59	63	67	71
1.12	36	40	44	48	52	56	60	65	69	73
1.14	37	41	45	49	53	57	62	66	70	74
1.16	38	42	46	50	54	58	63	67	71	75
1.18	38	42	47	51	55	59	64	68	72	76
1.20	39	43	48	52	56	60	65	69	73	78
1.22	40	44	48	53	57	61	66	70	75	79
1.24	40	45	49	54	58	62	67	71	76	80
1.26	41	45	50	54	59	64	68	73	77	82
1.28	41	46	51	55	60	65	69	74	78	83
1.30	42	47	51	56	61	66	70	75	80	84
1.32	43	48	52	57	62	67	71	76	81	86
1.34	43	48	53	58	63	68	72	77	82	87
1.36	44	49	54	59	64	69	73	78	83	88
1.38	45	50	55	60	65	70	75	79	84	89
1.40	45	50	55	60	66	71	76	81	86	91
1.42	46	51	56	61	66	72	77	82	87	92
1.44	47	52	57	62	67	73	78	83	88	93
1.46	47	53	58	63	68	74	79	84	89	95
1.48	48	53	59	64	69	75	80	85	91	96
1.50	49	54	59	65	70	76	81	86	92	97
1.52	49	55	60	66	71	77	82	88	93	98
1.54	50	55	61	67	72	78	83	89	94	100
1.56	51	56	62	67	73	79	84	90	95	101

Maß (Dicke) 18 Centimeter (0,18 m) ist.
dimensions (depth) are 18 centimetres (0,18 m).
(l'épaisseur) est 18 centimètres (0,18 m).

0.18

Länge/Length Longueur	Breite — Breadth — Largeur 0.38	0.40	0.42	0.44	0.46	0.48	0.50	0.52	0.54	0.56
	Inhalt in Kubikmetern — Solid Contents — Cubage									
0.38	0.026									
0.40	27	0.029								
0.42	29	30	0.032							
0.44	30	32	33	0.035						
0.46	31	33	35	36	0.038					
0.48	33	35	36	38	40	0.041				
0.50	34	36	38	40	41	43	0.045			
0.52	36	37	39	41	43	45	47	0.049		
0.54	37	39	41	43	45	47	49	51	0.052	
0.56	38	40	42	44	46	48	50	52	54	0.056
0.58	40	42	44	46	48	50	52	54	56	58
0.60	41	43	45	48	50	52	54	56	58	60
0.62	42	45	47	49	51	54	56	58	60	62
0.64	44	46	48	51	53	55	58	60	62	65
0.66	45	48	50	52	55	57	59	62	64	67
0.68	47	49	51	54	56	59	61	64	66	69
0.70	48	50	53	55	58	60	63	66	68	71
0.72	49	52	54	57	60	62	65	67	70	73
0.74	51	53	56	59	61	64	67	69	72	75
0.76	52	55	57	60	63	66	68	71	74	77
0.78	53	56	59	62	65	67	70	73	76	79
0.80	55	58	60	63	66	69	72	75	78	81
0.82	56	59	62	65	68	71	74	77	80	83
0.84	57	60	64	67	70	73	76	79	82	85
0.86	59	62	65	68	71	74	77	80	84	87
0.88	60	63	67	70	73	76	79	82	86	89
0.90	62	65	68	71	75	78	81	84	87	91
0.92	63	66	70	73	76	79	83	86	89	93
0.94	64	68	71	74	78	81	85	88	91	95
0.96	66	69	73	76	79	83	86	90	93	97
0.98	67	71	74	78	81	85	88	92	95	99
1.00	68	72	76	79	83	86	90	94	97	101
1.02	70	73	77	81	84	88	92	95	99	103
1.04	71	75	79	82	86	90	94	97	101	105
1.06	73	76	80	84	88	92	95	99	103	107
1.08	74	78	82	86	89	93	97	101	105	109
1.10	75	79	83	87	91	95	99	103	107	111
1.12	77	81	85	89	93	97	101	105	109	113
1.14	78	82	86	90	94	98	103	107	111	115
1.16	79	84	88	92	96	100	104	109	113	117
1.18	81	85	89	93	98	102	106	110	115	119
1.20	82	86	91	95	99	104	108	112	117	121
1.22	83	88	92	97	101	105	110	114	119	123
1.24	85	89	94	98	103	107	112	116	121	125
1.26	86	91	95	100	104	109	113	118	122	127
1.28	88	92	97	101	106	111	115	120	124	129
1.30	89	94	98	103	108	112	117	122	126	131
1.32	90	95	100	105	109	114	119	124	128	133
1.34	92	96	101	106	111	116	121	125	130	135
1.36	93	98	103	108	113	118	122	127	132	137
1.38	94	99	104	109	114	119	124	129	134	139
1.40	96	101	106	111	116	121	126	131	136	141
1.42	97	102	107	112	118	123	128	133	138	143
1.44	98	104	109	114	119	124	130	135	140	145
1.46	100	105	110	116	121	126	131	137	142	147
1.48	101	107	112	117	123	128	133	139	144	149
1.50	103	108	113	119	124	130	135	140	146	151
1.52	104	109	115	120	126	131	137	142	148	153
1.54	105	111	116	122	128	133	139	144	150	155
1.56	107	112	118	124	129	135	140	146	152	157

Kubik-Inhalt der Kolli, deren kleinstes
Solid contents of packages, whose least
Cubage des colis, dont la plus petite dimension

Länge/Length Longueur	Breite — Breadth — Largeur									
	0.58	0.60	0.62	0.64	0.66	0.68	0.70	0.72	0.74	0.76
	Inhalt in Kubikmetern — Solid Contents — Cubage									
0.58	0.061									
0.60	63	0.065								
0.62	65	67	0.069							
0.64	67	69	71	0.074						
0.66	69	71	74	76	0.078					
0.68	71	73	76	78	81	0.083				
0.70	73	76	78	81	83	86	0.088			
0.72	75	78	80	83	86	88	91	0.093		
0.74	77	80	83	85	88	91	93	96	0.099	
0.76	79	82	85	88	90	93	96	98	101	0.104
0.78	81	84	87	90	93	95	98	101	104	107
0.80	84	86	89	92	95	98	101	104	107	109
0.82	86	89	92	94	97	100	103	106	109	112
0.84	88	91	94	97	100	103	106	109	112	115
0.86	90	93	96	99	102	105	108	111	115	118
0.88	92	95	98	101	105	108	111	114	117	120
0.90	94	97	100	104	107	110	113	117	120	123
0.92	96	99	103	106	109	113	116	119	123	126
0.94	98	102	105	108	112	115	118	122	125	129
0.96	100	104	107	111	114	118	121	124	128	131
0.98	102	106	109	113	116	120	123	127	131	134
1.00	104	108	112	115	119	122	126	130	133	137
1.02	106	110	114	118	121	125	129	132	136	140
1.04	109	112	116	120	124	127	131	135	139	142
1.06	111	114	118	122	126	130	134	137	141	145
1.08	113	117	121	124	128	132	136	140	144	148
1.10	115	119	123	127	131	135	139	143	147	150
1.12	117	121	125	129	133	137	141	145	149	153
1.14	119	123	127	131	135	140	144	148	152	156
1.16	121	125	129	134	138	142	146	150	155	159
1.18	123	127	132	136	140	144	149	153	157	161
1.20	125	130	134	138	143	147	151	156	160	164
1.22	127	132	136	141	145	149	154	158	163	167
1.24	129	134	138	143	147	152	156	161	165	170
1.26	132	136	141	145	150	154	159	163	168	172
1.28	134	138	143	147	152	157	161	166	170	175
1.30	136	140	145	150	154	159	164	168	173	178
1.32	138	143	147	152	157	162	166	171	176	181
1.34	140	145	150	154	159	164	169	174	178	183
1.36	142	147	152	157	162	166	171	176	181	186
1.38	144	149	154	159	164	169	174	179	184	189
1.40	146	151	156	161	166	171	176	181	186	192
1.42	148	153	158	164	169	174	179	184	189	194
1.44	150	156	161	166	171	176	181	187	192	197
1.46	152	158	163	168	173	179	184	189	194	200
1.48	155	160	165	170	176	181	186	192	197	202
1.50	157	162	167	173	178	184	189	194	200	205
1.52	159	164	170	175	181	186	192	197	202	208
1.54	161	166	172	177	183	188	194	200	205	211
1.56	163	168	174	180	185	191	197	202	208	213
1.58	165	171	176	182	188	193	199	205	210	216
1.60	167	173	179	184	190	196	202	207	213	219
1.62	169	175	181	187	192	198	204	210	216	222
1.64	171	177	183	189	195	201	207	213	218	224
1.66	173	179	185	191	197	203	209	215	221	227
1.68	175	181	187	194	200	206	212	218	224	230
1.70	177	184	190	196	202	208	214	220	226	233
1.72	180	186	192	198	204	211	217	223	229	235
1.74	182	188	194	200	207	213	219	226	232	238
1.76	184	190	196	203	209	215	222	228	234	241
1.78	186	192	199	205	211	218	224	231	237	244
1.80	188	194	201	207	214	220	227	233	240	246
1.82	190	197	203	210	216	223	229	236	242	249
1.84	192	199	205	212	219	225	232	238	245	252
1.86	194	201	208	214	221	228	234	241	248	254
1.88	196	203	210	217	223	230	237	244	250	257
1.90	198	205	212	219	226	233	239	246	253	260
1.92	200	207	214	221	228	235	242	249	256	263
1.94	203	210	217	223	230	237	244	251	258	265
1.96	205	212	219	226	233	240	247	254	261	268

Maß (Dicke) 18 Centimeter (0,18 m) ist.
dimensions (depth) are 18 centimetres (0,18 m).
(l'épaisseur) est 18 centimètres (0,18 m).

Länge/Length Longueur	Breite — Breadth — Largeur									
	0.78	0.80	0.82	0.84	0.86	0.88	0.90	0.92	0.94	0.96
	Inhalt in Kubikmetern — Solid Contents — Cubage									
0.78	0.110									
0.80	112	0.115								
0.82	115	118	0.121							
0.84	118	121	124	0.127						
0.86	121	124	127	130	0.133					
0.88	124	127	130	133	136	0.139				
0.90	126	130	133	136	139	143	0.146			
0.92	129	132	136	139	142	146	149	0.152		
0.94	132	135	139	142	146	149	152	156	0.159	
0.96	135	138	142	145	149	152	156	159	162	0.166
0.98	138	141	145	148	152	155	159	162	166	169
1.00	140	144	148	151	155	158	162	166	169	173
1.02	143	147	151	154	158	162	165	169	173	176
1.04	146	150	154	157	161	165	168	172	176	180
1.06	149	153	156	160	164	168	172	176	179	183
1.08	152	156	159	163	167	171	175	179	183	187
1.10	154	158	162	166	170	174	178	182	186	190
1.12	157	161	165	169	173	177	181	185	190	194
1.14	160	164	168	172	176	181	185	189	193	197
1.16	163	167	171	175	180	184	188	192	196	200
1.18	166	170	174	178	183	187	191	195	200	204
1.20	168	173	177	181	186	190	194	199	203	207
1.22	171	176	180	184	189	193	198	202	206	211
1.24	174	179	183	187	192	196	201	205	210	214
1.26	177	181	186	191	195	200	204	209	213	218
1.28	180	184	189	194	198	203	207	212	217	221
1.30	183	187	192	197	201	206	211	215	220	225
1.32	185	190	195	200	204	209	214	219	223	228
1.34	188	193	198	203	207	212	217	222	227	232
1.36	191	196	201	206	211	215	220	225	230	235
1.38	194	199	204	209	214	219	224	229	233	238
1.40	197	202	207	212	217	222	227	232	237	242
1.42	199	204	210	215	220	225	230	235	240	245
1.44	202	207	213	218	223	228	233	238	244	249
1.46	205	210	215	221	226	231	237	242	247	252
1.48	208	213	218	224	229	234	240	245	250	256
1.50	211	216	221	227	232	238	243	248	254	259
1.52	213	219	224	230	235	241	246	252	257	263
1.54	216	222	227	233	238	244	249	255	261	266
1.56	219	225	230	236	241	247	253	258	264	270
1.58	222	228	233	239	245	250	256	262	267	273
1.60	225	230	236	242	248	253	259	265	271	276
1.62	227	233	239	245	251	257	262	268	274	280
1.64	230	236	242	248	254	260	266	272	277	283
1.66	233	239	245	251	257	263	269	275	281	287
1.68	236	242	248	254	260	266	272	278	284	290
1.70	239	245	251	257	263	269	275	282	288	294
1.72	241	248	254	260	266	272	279	285	291	297
1.74	244	251	257	263	269	276	282	288	294	301
1.76	247	253	260	266	272	279	285	291	298	304
1.78	250	256	263	269	276	282	288	295	301	308
1.80	253	259	266	272	279	285	292	298	305	311
1.82	256	262	269	275	282	288	295	301	308	314
1.84	258	265	272	278	285	291	298	305	311	318
1.86	261	268	275	281	288	295	301	308	315	321
1.88	264	271	277	284	291	298	305	311	318	325
1.90	267	274	280	287	294	301	308	315	321	328
1.92	270	276	283	290	297	304	311	318	325	332
1.94	272	279	286	293	300	307	314	321	328	335
1.96	275	282	289	296	303	310	318	325	332	339

Kubik-Inhalt der Kolli, deren kleinstes
Solid contents of packages, whose least
Cubage des colis, dont la plus petite dimension

Länge/Length Longueur	Breite — Breadth — Largeur 0.20	0.22	0.24	0.26	0.28	0.30	0.32	0.34	0.36	0.38
	Inhalt in Kubikmetern — Solid Contents — Cubage									
0.20	0.008									
0.22	9	0.010								
0.24	10	11	0.012							
0.26	10	11	12	0.014						
0.28	11	12	13	15	0.016					
0.30	12	13	14	16	17	0.018				
0.32	13	14	15	17	18	19	0.020			
0.34	14	15	16	18	19	20	22	0.023		
0.36	14	16	17	19	20	22	23	24	0.026	
0.38	15	17	18	20	21	23	24	26	27	0.029
0.40	16	18	19	21	22	24	26	27	29	30
0.42	17	18	20	22	24	25	27	29	30	32
0.44	18	19	21	23	25	26	28	30	32	33
0.46	18	20	22	24	26	28	29	31	33	35
0.48	19	21	23	25	27	29	31	33	35	36
0.50	20	22	24	26	28	30	32	34	36	38
0.52	21	23	25	27	29	31	33	35	37	39
0.54	22	24	26	28	30	32	34	37	39	41
0.56	22	25	27	29	31	34	35	38	40	43
0.58	23	26	28	30	32	35	37	39	42	44
0.60	24	26	29	31	34	36	38	41	43	46
0.62	25	27	30	32	35	37	40	42	45	47
0.64	26	28	31	33	36	38	41	44	46	49
0.66	26	29	32	34	37	40	42	45	48	50
0.68	27	30	33	35	38	41	44	46	49	52
0.70	28	31	34	36	39	42	45	48	50	53
0.72	29	32	35	37	40	43	46	49	52	55
0.74	30	33	36	38	41	44	47	50	53	56
0.76	30	33	36	40	43	46	49	52	55	58
0.78	31	34	37	41	44	47	50	53	56	59
0.80	32	35	38	42	45	48	51	54	58	61
0.82	33	36	39	43	46	49	52	56	59	62
0.84	34	37	40	44	47	50	54	57	60	64
0.86	34	38	41	45	48	52	55	58	62	65
0.88	35	39	42	46	49	53	56	60	63	67
0.90	36	40	43	47	50	54	58	61	65	68
0.92	37	40	44	48	52	55	59	63	66	70
0.94	38	41	45	49	53	56	60	64	68	71
0.96	38	42	46	50	54	58	61	65	69	73
0.98	39	43	47	51	55	59	63	67	71	74
1.00	40	44	48	52	56	60	64	68	72	76
1.02	41	45	49	53	57	61	65	69	73	78
1.04	42	46	50	54	58	62	67	71	75	79
1.06	42	47	51	55	59	64	68	72	76	81
1.08	43	48	52	56	60	65	69	73	78	82
1.10	44	48	53	57	62	66	70	75	79	84
1.12	45	49	54	58	63	67	72	76	81	85
1.14	46	50	55	59	64	68	73	78	82	87
1.16	46	51	56	60	65	70	74	79	84	88
1.18	47	52	57	61	66	71	76	80	85	90
1.20	48	53	58	62	67	72	77	82	86	91
1.22	49	54	59	63	68	73	78	83	88	93
1.24	50	55	60	64	69	74	79	84	89	94
1.26	50	55	60	66	71	76	81	86	91	96
1.28	51	56	61	67	72	77	82	87	92	97
1.30	52	57	62	68	73	78	83	88	94	99
1.32	53	58	63	69	74	79	84	90	95	100
1.34	54	59	64	70	75	80	86	91	96	102
1.36	54	60	65	71	76	82	87	92	98	103
1.38	55	61	66	72	77	83	88	94	99	105
1.40	56	62	67	73	78	84	90	95	101	106
1.42	57	62	68	74	80	85	91	97	102	108
1.44	58	63	69	75	81	86	92	98	104	109
1.46	58	64	70	76	82	88	93	99	105	111
1.48	59	65	71	77	83	89	95	101	107	112
1.50	60	66	72	78	84	90	96	102	108	114
1.52	61	67	73	79	85	91	97	103	109	116
1.54	62	68	74	80	86	92	99	105	111	117
1.56	62	69	75	81	87	94	100	106	112	119
1.58	63	70	76	82	88	95	101	107	114	120

Maß (Dicke) 20 Centimeter (0,20 m) ist.
dimensions (depth) are 20 centimetres (0,20 m).
(l'épaisseur) est 20 centimètres (0,20 m).

0.20

Länge/Length Longueur	Breite — Breadth — Largeur 0.40	0.42	0.44	0.46	0.48	0.50	0.52	0.54	0.56	0.58
	Inhalt in Kubikmetern — Solid Contents — Cubage									
0.40	0.032									
0.42	34	0.035								
0.44	35	37	0.039							
0.46	37	39	40	0.042						
0.48	38	40	42	44	0.046					
0.50	40	42	44	46	48	0.050				
0.52	42	44	46	48	50	52	0.054			
0.54	43	45	48	50	52	54	56	0.058		
0.56	45	47	49	52	54	56	58	60	0.063	
0.58	46	49	51	53	56	58	60	63	65	0.067
0.60	48	50	53	55	58	60	62	65	67	70
0.62	50	52	55	57	59	62	64	67	69	72
0.64	51	54	56	59	61	64	67	69	72	74
0.66	53	55	58	61	63	66	69	71	74	77
0.68	54	57	60	63	65	68	71	73	76	79
0.70	56	59	62	64	67	70	73	76	78	81
0.72	58	60	63	66	69	72	75	78	81	84
0.74	60	62	65	68	71	74	77	80	83	86
0.76	61	64	67	70	73	76	79	82	85	88
0.78	62	66	69	72	75	78	81	84	87	90
0.80	64	67	70	74	77	80	83	86	90	93
0.82	66	69	72	75	79	82	85	89	92	95
0.84	67	71	74	77	81	84	87	91	94	97
0.86	69	72	76	79	83	86	89	93	96	100
0.88	70	74	77	81	84	88	92	95	99	102
0.90	72	76	79	83	86	90	94	97	101	104
0.92	73	77	81	85	88	92	96	99	103	107
0.94	75	79	83	86	90	94	98	101	105	109
0.96	77	81	84	88	92	96	100	104	108	111
0.98	78	82	86	90	94	98	102	106	110	114
1.00	80	84	88	92	96	100	104	108	112	116
1.02	82	86	90	94	98	102	106	110	114	118
1.04	83	87	92	96	100	104	108	112	116	121
1.06	85	89	93	98	102	106	110	114	119	123
1.08	86	91	95	99	104	108	112	117	121	125
1.10	88	92	97	101	106	110	114	119	123	128
1.12	90	94	99	103	107	112	116	121	125	130
1.14	91	96	100	105	109	114	119	123	128	132
1.16	93	97	102	107	111	116	121	125	130	135
1.18	94	99	104	109	113	118	123	127	132	137
1.20	96	101	106	110	115	120	125	130	134	139
1.22	98	102	107	112	117	122	127	132	137	142
1.24	99	104	109	114	119	124	129	134	139	144
1.26	101	106	111	116	121	126	131	136	141	146
1.28	102	108	113	118	123	128	133	138	143	148
1.30	104	109	114	120	125	130	135	140	146	151
1.32	106	111	116	121	127	132	137	143	148	153
1.34	107	113	118	123	129	134	139	145	150	155
1.36	109	114	120	125	131	136	141	147	152	158
1.38	110	116	121	127	132	138	144	149	155	160
1.40	112	118	123	129	134	140	146	151	157	162
1.42	114	119	125	131	136	142	148	153	159	165
1.44	115	121	127	132	138	144	150	156	161	167
1.46	117	123	128	134	140	146	152	158	164	169
1.48	118	124	130	136	142	148	154	160	166	172
1.50	120	126	132	138	144	150	156	162	168	174
1.52	122	128	134	140	146	152	158	164	170	176
1.54	123	129	136	142	148	154	160	166	172	179
1.56	125	131	137	144	150	156	162	168	175	181
1.58	126	133	139	145	152	158	164	171	177	183

Kubik-Inhalt der Kolli, deren kleinstes
Solid contents of packages, whose least
Cubage des colis, dont la plus petite dimension

Länge/Length Longueur	Breite — Breadth — Largeur 0.60	0.62	0.64	0.66	0.68	0.70	0.72	0.74	0.76	0.78
	Inhalt in Kubikmetern — Solid Contents — Cubage									
0.60	0.072									
0.62	74	0.077								
0.64	77	79	0.082							
0.66	79	82	84	0.087						
0.68	82	84	87	90	0.092					
0.70	84	87	90	92	95	0.098				
0.72	86	89	92	95	98	101	0.104			
0.74	89	92	95	98	101	104	107	0.110		
0.76	91	94	97	100	103	106	109	112	0.116	
0.78	94	97	100	103	106	109	112	115	119	0.122
0.80	96	99	102	106	109	112	115	118	122	125
0.82	98	102	105	108	112	115	118	121	125	128
0.84	101	104	108	111	114	118	121	124	128	131
0.86	103	107	110	114	117	120	124	127	131	134
0.88	106	109	113	116	120	123	127	130	134	137
0.90	108	112	115	119	122	126	130	133	137	140
0.92	110	114	118	121	125	129	132	136	140	144
0.94	113	117	120	124	128	132	135	139	143	147
0.96	115	119	123	127	131	134	138	142	146	150
0.98	118	122	125	129	133	137	141	145	149	153
1.00	120	124	128	132	136	140	144	148	152	156
1.02	122	126	131	135	139	143	147	151	155	159
1.04	125	129	133	137	141	146	150	154	158	162
1.06	127	131	136	140	144	148	153	157	161	165
1.08	130	134	138	143	147	151	156	160	164	168
1.10	132	136	141	145	150	154	158	163	167	172
1.12	134	139	143	148	152	157	161	166	170	175
1.14	137	141	146	151	155	160	164	169	173	178
1.16	139	144	148	153	158	162	167	172	176	181
1.18	142	146	151	156	160	165	170	175	179	184
1.20	144	149	154	158	163	168	173	178	182	187
1.22	146	151	156	161	166	171	176	181	185	190
1.24	149	154	159	164	169	174	179	184	188	193
1.26	151	156	161	166	171	176	181	186	192	197
1.28	154	159	164	169	174	179	184	189	195	200
1.30	156	161	166	172	177	182	187	192	198	203
1.32	158	164	169	174	180	185	190	195	201	206
1.34	161	166	172	177	182	188	193	198	204	209
1.36	163	169	174	180	185	190	196	201	207	212
1.38	166	171	177	182	188	193	199	204	210	215
1.40	168	174	179	185	190	196	202	207	213	218
1.42	170	176	182	187	193	199	204	210	216	222
1.44	173	179	184	190	196	202	207	213	219	225
1.46	175	181	187	193	199	204	210	216	222	228
1.48	178	184	189	196	201	207	213	219	225	231
1.50	180	186	192	198	204	210	216	222	228	234
1.52	182	188	195	201	207	213	219	225	231	237
1.54	185	191	197	203	209	216	222	228	234	240
1.56	187	193	200	206	212	218	225	231	237	243
1.58	190	196	202	209	215	221	228	234	240	247
1.60	192	198	205	211	218	224	230	237	243	250
1.62	194	201	207	214	220	227	233	240	246	253
1.64	197	203	210	216	223	230	236	243	249	256
1.66	199	206	212	219	226	232	239	246	252	259
1.68	202	208	215	222	228	235	242	249	255	262
1.70	204	211	218	224	231	238	245	252	258	265
1.72	206	213	220	227	234	241	248	255	261	268
1.74	209	216	223	230	237	244	251	258	264	271
1.76	211	218	225	232	239	246	253	260	268	275
1.78	214	221	228	235	242	249	256	263	271	278
1.80	216	223	230	238	245	252	259	266	274	281
1.82	218	226	233	240	248	255	262	269	277	284
1.84	221	228	236	243	250	258	265	272	280	287
1.86	225	231	238	246	253	260	268	275	283	290
1.88	226	233	241	248	256	263	271	278	286	293
1.90	228	236	243	251	258	266	274	281	289	296
1.92	230	238	246	254	261	269	276	284	292	300
1.94	233	241	248	256	264	272	279	287	295	303
1.96	235	243	251	259	267	274	282	290	298	306
1.98	238	246	253	261	269	277	285	293	301	309

Maß (Dicke) 20 Centimeter (0,20 m) ist.
dimensions (depth) are 20 centimetres (0,20 m).
(l'épaisseur) est 20 centimètres (0,20 m).

Länge/Length Longueur	Breite — Breadth — Largeur									
	0.80	0.82	0.84	0.86	0.88	0.90	0.92	0.94	0.96	0.98
	Inhalt in Kubikmetern — Solid Contents — Cubage									
0.80	0.128									
0.82	131	0.134								
0.84	134	138	0.141							
0.86	138	141	144	0.148						
0.88	141	144	148	151	0.155					
0.90	144	148	151	155	158	0.162				
0.92	147	151	155	158	162	166	0.169			
0.94	150	154	158	162	165	169	173	0.177		
0.96	154	157	161	165	169	173	177	180	0.184	
0.98	157	161	165	169	172	176	180	184	188	0.192
1.00	160	164	168	172	176	180	184	188	192	196
1.02	163	167	171	175	180	184	188	192	196	200
1.04	166	171	175	179	183	187	191	195	200	204
1.06	170	174	178	182	187	191	195	199	204	208
1.08	173	177	181	186	190	194	199	203	207	212
1.10	176	180	185	189	194	198	202	207	211	216
1.12	179	184	188	193	197	202	206	211	215	220
1.14	182	187	192	196	201	205	210	214	219	223
1.16	186	190	195	200	204	209	213	218	223	227
1.18	189	194	198	203	208	212	217	222	227	231
1.20	192	197	202	206	211	216	221	226	230	235
1.22	195	200	205	210	215	220	224	229	234	239
1.24	198	203	208	213	218	223	228	233	238	243
1.26	202	207	212	217	222	227	232	237	242	247
1.28	205	210	215	220	225	230	236	241	246	251
1.30	208	213	218	224	229	234	239	244	250	255
1.32	211	216	222	227	232	238	243	248	253	259
1.34	214	220	225	230	236	241	247	252	257	263
1.36	218	223	228	234	239	245	250	256	261	267
1.38	221	226	232	237	243	248	254	259	265	270
1.40	224	230	235	241	246	252	258	263	269	274
1.42	227	233	239	244	250	256	261	267	273	278
1.44	230	236	242	248	253	259	265	271	276	282
1.46	234	239	245	251	257	263	269	274	280	286
1.48	237	243	249	255	260	266	272	278	284	290
1.50	240	246	252	258	264	270	276	282	288	294
1.52	243	249	255	261	268	274	280	286	292	298
1.54	246	253	259	265	271	277	283	290	296	302
1.56	250	256	262	268	275	281	287	293	300	306
1.58	253	259	265	272	278	284	291	297	303	310
1.60	256	262	269	275	282	288	294	301	307	314
1.62	259	266	272	279	285	292	298	305	311	318
1.64	262	269	276	282	289	295	302	308	315	321
1.66	266	272	279	286	292	299	305	312	319	325
1.68	269	276	282	289	296	302	309	316	323	329
1.70	272	279	286	292	299	306	313	320	326	332
1.72	275	282	289	296	303	310	316	323	330	336
1.74	278	285	292	299	306	313	320	327	334	340
1.76	282	289	296	303	310	317	324	331	338	344
1.78	285	292	299	306	313	320	328	335	342	349
1.80	288	295	302	310	317	324	331	338	346	353
1.82	291	298	306	313	320	328	335	342	349	356
1.84	294	302	309	316	324	331	339	346	353	360
1.86	298	305	312	320	327	335	342	350	357	365
1.88	301	308	316	323	331	338	346	353	361	368
1.90	304	312	319	327	334	342	350	357	365	372
1.92	307	315	323	330	338	346	353	361	369	376
1.94	310	318	326	334	341	349	357	365	372	380
1.96	314	321	329	337	345	353	361	368	376	384
1.98	317	325	333	341	348	356	364	372	380	388

Kubik-Inhalt der Kolli, deren kleinstes
Solid contents of packages, whose least
Cubage des colis, dont la plus petite dimension

Länge/Length Longueur	Breite — Breadth — Largeur 0.22	0.24	0.26	0.28	0.30	0.32	0.34	0.36	0.38	0.40
	Inhalt in Kubikmetern — Solid Contents — Cubage									
0.22	0.011									
0.24	12	0.013								
0.26	13	14	0.015							
0.28	14	15	16	0.017						
0.30	15	16	17	18	0.020					
0.32	15	17	18	20	21	0.023				
0.34	16	18	19	21	22	24	0.025			
0.36	17	19	21	22	24	25	27	0.029		
0.38	18	20	22	23	25	27	28	30	0.032	
0.40	19	21	23	25	26	28	30	32	33	0.035
0.42	20	22	24	26	28	30	31	33	35	37
0.44	21	23	25	27	29	31	33	35	37	39
0.46	22	24	26	28	30	32	34	36	38	40
0.48	23	25	27	30	32	34	36	38	40	42
0.50	24	26	29	31	33	35	37	40	42	44
0.52	25	27	30	32	34	37	39	41	43	46
0.54	26	29	31	33	36	38	40	43	45	48
0.56	27	30	32	35	37	39	42	44	47	49
0.58	28	31	33	36	38	41	43	46	48	51
0.60	29	32	34	37	40	42	45	48	50	53
0.62	30	33	35	38	41	44	46	49	52	55
0.64	31	34	37	39	42	45	48	51	54	56
0.66	32	35	38	41	44	46	49	52	55	58
0.68	33	36	39	42	45	48	51	54	57	60
0.70	34	37	40	43	46	49	52	55	59	62
0.72	35	38	41	44	48	51	54	57	60	63
0.74	36	39	42	46	49	52	55	59	62	65
0.76	37	40	43	47	50	54	57	60	64	67
0.78	38	41	45	48	51	55	58	62	65	69
0.80	39	42	46	49	53	56	60	63	67	70
0.82	40	43	47	51	54	58	61	65	69	72
0.84	41	44	48	52	55	59	63	67	70	74
0.86	42	45	49	53	57	61	64	68	72	76
0.88	43	47	50	54	58	62	66	70	74	77
0.90	44	48	51	55	59	63	67	71	75	79
0.92	45	49	53	57	61	65	69	73	77	81
0.94	45	50	54	58	62	66	70	74	79	83
0.96	46	51	55	59	63	68	72	76	80	84
0.98	47	52	56	60	65	69	73	78	82	86
1.00	48	53	57	61	66	70	75	79	84	88
1.02	49	54	58	63	67	72	76	81	85	90
1.04	50	55	59	64	69	73	78	82	87	92
1.06	51	56	61	65	70	75	79	84	89	93
1.08	52	57	62	67	71	76	81	86	90	95
1.10	53	58	63	68	73	77	82	87	92	97
1.12	54	59	64	69	74	79	84	89	94	99
1.14	55	60	65	70	75	80	85	90	95	100
1.16	56	61	66	71	77	82	87	92	97	102
1.18	57	62	67	73	78	83	88	93	99	104
1.20	58	63	69	74	79	84	90	95	100	106
1.22	59	64	70	75	81	86	91	97	102	107
1.24	60	65	71	76	82	87	93	98	104	109
1.26	61	67	72	78	83	89	94	100	105	111
1.28	62	68	73	79	84	90	96	101	107	113
1.30	63	69	74	80	86	92	97	103	109	114
1.32	64	70	76	81	87	93	99	105	110	116
1.34	65	71	77	83	88	94	100	106	112	118
1.36	66	72	78	84	90	96	102	108	114	120
1.38	67	73	79	85	91	97	103	109	115	121
1.40	68	74	80	86	92	99	105	111	117	123
1.42	69	75	81	87	94	100	106	112	119	125
1.44	70	76	82	89	95	101	108	114	120	127
1.46	71	77	84	90	96	103	109	116	122	128
1.48	72	78	85	91	98	104	111	117	124	130
1.50	73	79	86	92	99	106	112	119	125	132
1.52	74	80	87	94	100	107	114	120	127	134
1.54	75	81	88	95	102	108	115	122	129	136
1.56	75	82	89	96	103	110	117	124	130	137
1.58	76	83	90	97	104	111	118	125	132	139
1.60	77	84	92	99	106	113	120	127	134	141

Maß (Dicke) 22 Centimeter (0,22 m) ist.
dimensions (depth) are 22 centimetres (0,22 m).
(l'épaisseur) est 22 centimètres (0,22 m).

Länge/Length Longueur	Breite — Breadth — Largeur 0.42	0.44	0.46	0.48	0.50	0.52	0.54	0.56	0.58	0.60
	Inhalt in Kubikmetern — Solid Contents — Cubage									
0.42	0.039									
0.44	41	0.043								
0.46	43	45	0.047							
0.48	44	46	49	0.051						
0.50	46	48	51	53	0.055					
0.52	48	50	53	55	57	0.059				
0.54	50	52	55	57	59	62	0.064			
0.56	52	54	57	59	62	64	67	0.069		
0.58	54	56	59	61	64	66	69	71	0.074	
0.60	55	58	61	63	66	69	71	74	77	0.079
0.62	57	60	63	65	68	71	74	76	79	82
0.64	59	62	65	68	70	73	76	79	82	84
0.66	61	64	67	70	73	76	78	81	84	87
0.68	63	66	69	72	75	78	81	84	87	90
0.70	65	68	71	74	77	80	83	86	89	92
0.72	67	70	73	76	79	82	86	89	92	95
0.74	68	72	75	78	81	85	88	91	94	98
0.76	70	74	77	80	84	87	90	94	97	100
0.78	72	76	79	82	86	89	93	96	100	103
0.80	74	78	81	84	88	92	95	99	102	106
0.82	76	79	83	87	90	94	97	101	105	108
0.84	78	81	85	89	92	96	100	103	107	111
0.86	79	83	87	91	95	98	102	106	110	114
0.88	81	85	89	93	97	101	105	108	112	116
0.90	83	87	91	95	99	103	107	111	115	119
0.92	85	89	93	97	101	105	109	113	117	121
0.94	87	91	95	99	103	108	112	116	120	124
0.96	89	93	97	101	106	110	114	118	122	127
0.98	91	95	99	103	108	112	116	121	125	129
1.00	92	97	101	106	110	114	119	123	128	132
1.02	94	99	103	108	112	117	121	126	130	135
1.04	96	101	105	110	114	119	124	128	133	137
1.06	98	103	107	112	117	121	126	131	135	140
1.08	100	105	109	114	119	124	128	133	138	143
1.10	102	106	111	116	121	126	131	136	140	145
1.12	103	108	113	118	123	128	133	138	143	148
1.14	105	110	115	120	125	130	135	140	145	150
1.16	107	112	117	122	128	133	138	143	148	153
1.18	109	114	119	125	130	135	140	145	151	156
1.20	111	116	121	127	132	137	143	148	153	158
1.22	113	118	123	129	134	140	145	150	156	161
1.24	115	120	125	131	136	142	147	153	158	164
1.26	116	122	128	133	139	144	150	155	161	166
1.28	118	124	130	135	141	146	152	158	163	169
1.30	120	126	132	137	143	149	154	160	166	172
1.32	122	128	134	139	145	151	157	163	168	174
1.34	124	130	136	142	147	153	159	165	171	177
1.36	126	132	138	144	150	156	162	168	174	180
1.38	128	134	140	146	152	158	164	170	176	182
1.40	129	136	142	148	154	160	166	172	179	185
1.42	131	138	144	150	156	162	169	175	181	187
1.44	133	139	146	152	158	165	171	177	184	190
1.46	135	141	148	154	161	167	173	180	186	193
1.48	137	143	150	156	163	169	176	182	189	195
1.50	139	145	152	158	165	172	178	185	191	198
1.52	140	147	154	161	167	174	181	187	194	201
1.54	142	149	156	163	169	176	183	190	197	203
1.56	144	151	158	165	172	178	185	192	199	206
1.58	146	153	160	167	174	181	188	195	202	209
1.60	148	155	162	169	176	183	190	197	204	211

Kubik-Inhalt der Kolli, deren kleinstes
Solid contents of packages, whose least
Cubage des colis, dont la plus petite dimension

Länge/Length Longueur	Breite — Breadth — Largeur 0.62	0.64	0.66	0.68	0.70	0.72	0.74	0.76	0.78	0.80
	Inhalt in Kubikmetern — Solid Contents — Cubage									
0.62	0.085									
0.64	87	0.090								
0.66	90	93	0.096							
0.68	93	96	99	0.102						
0.70	95	99	102	105	0.108					
0.72	98	101	105	108	111	0.114				
0.74	101	104	107	111	114	117	0.120			
0.76	104	107	110	114	117	120	124	0.127		
0.78	106	110	113	117	120	124	127	130	0.134	
0.80	109	113	116	120	123	127	130	134	137	0.141
0.82	112	115	119	123	126	130	133	137	141	144
0.84	115	118	122	126	129	133	137	140	144	148
0.86	117	121	125	129	132	136	140	144	148	151
0.88	120	124	128	132	136	139	143	147	151	155
0.90	123	127	131	135	139	143	147	151	154	158
0.92	125	130	134	138	142	146	150	154	158	162
0.94	128	132	136	141	145	149	153	157	161	165
0.96	131	135	139	144	148	152	156	161	165	169
0.98	134	138	142	147	151	155	160	164	168	172
1.00	136	141	145	150	154	158	163	167	171	176
1.02	139	144	148	153	157	162	166	171	175	180
1.04	142	146	151	156	160	165	169	174	178	183
1.06	145	149	154	159	163	168	173	177	182	187
1.08	147	152	157	162	166	171	176	181	185	190
1.10	150	155	160	165	169	174	179	184	189	194
1.12	153	158	163	168	172	177	182	187	192	197
1.14	155	161	166	171	176	181	186	191	196	201
1.16	158	163	168	174	179	184	189	194	199	204
1.18	161	166	171	177	182	187	192	197	202	208
1.20	164	169	174	180	185	190	195	200	206	211
1.22	166	172	177	183	188	193	199	204	209	215
1.24	169	175	180	186	191	196	202	207	213	218
1.26	172	177	183	188	194	200	205	211	216	222
1.28	175	180	186	191	197	203	208	214	220	225
1.30	177	183	189	194	200	206	212	217	223	229
1.32	180	186	192	197	203	209	215	221	226	232
1.34	183	189	195	200	206	212	218	224	230	236
1.36	186	191	197	203	209	215	221	227	233	239
1.38	188	194	200	206	213	219	225	231	237	243
1.40	191	197	203	209	216	222	228	234	240	246
1.42	194	200	206	212	219	225	231	237	244	250
1.44	196	203	209	215	222	228	234	241	247	253
1.46	199	206	212	218	225	231	238	244	251	257
1.48	202	208	215	221	228	234	241	247	254	260
1.50	205	211	218	224	231	238	244	251	257	264
1.52	207	214	221	227	234	241	247	254	261	268
1.54	210	217	224	230	237	244	251	257	264	271
1.56	213	220	227	233	240	247	254	261	268	275
1.58	216	222	229	236	243	250	257	264	271	278
1.60	218	225	232	239	246	253	260	268	275	282
1.62	221	228	235	242	249	257	264	271	278	285
1.64	224	231	238	245	253	260	267	274	281	289
1.66	226	234	241	248	256	263	270	278	285	292
1.68	229	237	244	251	259	266	274	281	288	296
1.70	232	239	247	254	262	269	277	284	292	299
1.72	235	242	250	257	265	272	280	288	295	303
1.74	237	245	253	260	268	276	283	291	299	306
1.76	240	248	256	263	271	279	287	294	302	310
1.78	243	251	258	266	274	282	290	298	305	313
1.80	246	253	261	269	277	285	293	301	309	317
1.82	248	256	264	272	280	288	296	304	312	320
1.84	251	259	267	275	283	291	300	308	316	324
1.86	254	262	270	278	286	295	303	311	319	327
1.88	256	265	273	281	290	298	306	314	323	331
1.90	259	268	276	284	293	301	309	318	326	334
1.92	262	270	279	287	296	304	313	321	329	338
1.94	265	273	282	290	299	307	316	324	333	341
1.96	267	276	285	293	302	310	319	328	336	345
1 98	270	279	287	296	305	314	322	331	340	348
2.00	273	282	290	299	308	317	326	334	343	352

Maß (Dicke) 22 Centimeter (0,22 m) ist.
dimensions (depth) are 22 centimetres (0,22 m).
(l'épaisseur) est 22 centimètres (0,22 m).

Länge/Length Longueur	Breite — Breadth — Largeur									
	0.82	0.84	0.86	0.88	0.90	0.92	0.94	0.96	0.98	1.00
	Inhalt in Kubikmetern — Solid Contents — Cubage									
0.82	0.148									
0.84	152	0.155								
0.86	155	159	0.163							
0.88	159	163	166	0.170						
0.90	162	166	170	174	0.178					
0.92	166	170	174	178	182	0.186				
0.94	170	174	178	182	186	190	0.194			
0.96	173	177	182	186	190	194	199	0.203		
0.98	177	181	185	190	194	198	203	207	0.211	
1.00	180	185	189	194	198	202	207	211	216	0.220
1.02	184	188	193	197	202	206	211	215	220	224
1.04	187	192	197	201	206	210	215	220	224	229
1.06	191	196	201	205	210	215	219	224	229	233
1.08	195	200	204	209	214	219	223	228	233	238
1.10	198	203	208	213	218	223	227	232	237	242
1.12	202	207	212	217	222	227	232	237	241	246
1.14	206	211	216	221	226	231	236	241	246	251
1.16	209	214	219	225	230	235	240	245	250	255
1.18	213	218	223	228	234	239	244	249	254	260
1.20	216	222	227	232	238	243	248	253	259	264
1.22	220	225	231	236	242	247	252	258	263	268
1.24	224	229	235	240	246	251	256	262	267	273
1.26	227	233	238	244	249	255	261	266	272	277
1.28	231	237	242	248	253	259	265	270	276	282
1.30	235	240	246	252	257	263	269	275	280	286
1.32	238	244	250	256	261	267	273	279	285	290
1.34	242	248	254	259	265	271	277	283	289	295
1.36	245	251	257	263	269	275	281	287	293	299
1.38	249	255	261	267	273	279	285	292	298	304
1.40	253	259	265	271	277	283	290	296	302	308
1.42	256	262	269	275	281	287	294	300	306	312
1.44	260	266	272	279	285	291	298	304	310	317
1.46	263	270	276	283	289	296	302	308	315	321
1.48	267	274	280	286	293	300	306	313	319	326
1.50	271	277	284	290	297	304	310	317	323	330
1.52	274	281	288	294	301	308	314	321	328	334
1.54	278	285	291	298	305	312	318	325	332	339
1.56	281	288	295	302	309	316	323	330	336	343
1.58	285	292	299	306	313	320	327	334	341	348
1.60	289	296	303	310	317	324	331	338	345	352
1.62	292	299	307	314	321	328	335	342	349	356
1.64	296	303	310	318	325	332	339	346	354	361
1.66	299	307	314	321	329	336	343	351	358	365
1.68	303	310	318	325	333	340	347	355	362	370
1.70	307	314	322	329	337	344	352	359	367	374
1.72	310	318	325	333	341	348	356	363	371	378
1.74	314	322	329	337	345	352	360	368	375	383
1.76	318	325	333	341	348	356	364	372	379	387
1.78	321	329	337	345	352	360	368	376	384	392
1.80	325	333	341	348	356	364	372	380	388	396
1.82	328	336	344	352	360	368	376	384	392	400
1.84	332	340	348	356	364	372	381	389	397	405
1.86	336	344	352	360	368	376	385	393	401	409
1.88	339	347	356	364	372	381	389	397	405	414
1.90	343	351	359	368	376	385	393	401	410	418
1.92	346	355	363	372	380	389	397	406	414	422
1.94	350	359	367	376	384	393	401	410	418	427
1.96	354	362	371	379	388	397	405	414	423	431
1.98	357	366	375	383	392	401	409	418	427	436
2.00	361	370	378	387	396	405	414	422	431	440

Kubik-Inhalt der Kolli, deren kleinstes
Solid contents of packages, whose least
Cubage des colis, dont la plus petite dimension

Länge/Length Longueur	Breite — Breadth — Largeur 0.24	0.26	0.28	0.30	0.32	0.34	0.36	0.38	0.40	0.42
	Inhalt in Kubikmetern — Solid Contents — Cubage									
0.24	0.014									
0.26	15	0.016								
0.28	16	17	0.019							
0.30	17	19	20	0.022						
0.32	18	20	22	23	0.025					
0.34	20	21	23	24	26	0.028				
0.36	21	22	24	26	28	29	0.031			
0.38	22	24	26	27	29	31	33	0.035		
0.40	23	25	27	29	31	33	35	36	0.038	
0.42	24	26	28	30	32	34	36	38	40	0.042
0.44	25	27	30	32	34	36	38	40	42	44
0.46	26	29	31	33	35	38	40	42	44	46
0.48	28	30	32	35	37	39	41	44	46	48
0.50	29	31	34	36	38	41	43	46	48	50
0.52	30	32	35	37	40	42	45	47	50	52
0.54	31	34	36	39	41	44	47	49	52	54
0.56	32	35	38	40	43	46	48	51	54	56
0.58	33	36	39	42	45	47	50	53	56	58
0.60	35	37	40	43	46	49	52	55	58	60
0.62	36	39	42	45	48	51	54	57	60	62
0.64	37	40	43	46	49	52	55	58	61	65
0.66	38	41	44	48	51	54	57	60	63	67
0 68	39	42	46	49	52	55	59	62	65	69
0.70	40	44	47	50	54	57	60	64	67	71
0.72	41	45	48	52	55	59	62	66	69	73
0.74	43	46	50	53	57	60	64	67	71	75
0.76	44	47	51	55	58	62	66	69	73	77
0.78	45	49	52	56	60	64	67	71	75	79
0.80	46	50	54	58	61	65	69	73	77	81
0.82	47	51	55	59	63	67	71	75	79	83
0.84	48	52	56	60	65	69	73	77	81	85
0.86	50	54	58	62	66	70	74	78	83	87
0.88	51	55	59	63	68	72	76	80	84	89
0.90	52	56	60	65	69	73	78	82	86	91
0.92	53	57	62	66	71	75	79	84	88	93
0.94	54	59	63	68	72	77	81	86	90	95
0.96	55	60	65	69	74	78	83	88	92	97
0.98	56	61	66	71	75	80	85	89	94	99
1.00	58	62	67	72	77	82	86	91	96	101
1.02	59	64	69	73	78	83	88	93	98	103
1.04	60	65	70	75	80	85	90	95	100	105
1.06	61	66	71	76	81	86	92	97	102	107
1.08	62	67	73	78	83	88	93	98	104	109
1.10	63	69	74	79	84	90	95	100	106	111
1.12	65	70	75	81	86	91	97	102	108	113
1.14	66	71	77	82	88	93	99	104	109	115
1.16	67	72	78	84	89	95	100	106	111	117
1.18	68	74	79	85	91	96	102	108	113	119
1.20	69	75	81	86	92	98	104	109	115	121
1.22	70	76	82	88	94	100	105	111	117	123
1.24	71	77	83	89	95	101	107	113	119	125
1.26	73	79	85	91	97	103	109	115	121	127
1.28	74	80	86	92	98	104	111	117	123	129
1.30	75	81	87	94	100	106	112	119	125	131
1.32	76	82	89	95	101	108	114	120	127	133
1.34	77	84	90	96	103	109	116	122	129	135
1.36	78	85	91	98	104	111	118	124	131	137
1.38	79	86	93	99	106	113	119	126	132	139
1.40	81	87	94	101	108	114	121	128	134	141
1.42	82	89	95	102	109	116	123	130	136	143
1.44	83	90	97	104	111	118	124	131	138	145
1.46	84	91	98	105	112	119	126	133	140	147
1.48	85	92	99	107	114	121	128	135	142	149
1.50	86	94	101	108	115	122	130	137	144	151
1.52	88	95	102	109	117	124	131	139	146	153
1.54	89	96	103	111	118	126	133	140	148	155
1.56	90	97	105	112	120	127	135	142	150	157
1.58	91	99	106	114	121	129	137	144	152	159
1.60	92	100	108	115	123	131	138	146	154	161
1.62	93	101	109	117	124	132	140	148	156	163

Maß (Dicke) 24 Centimeter (0,24 m) ist.
dimensions (depth) are 24 centimetres (0,24 m).
(l'épaisseur) est 24 centimètres (0,24 m).

Länge/Length Longueur	Breite — Breadth — Largeur									
	0.44	0.46	0.48	0.50	0.52	0.54	0.56	0.58	0.60	0.62
	Inhalt in Kubikmetern — Solid Contents — Cubage									
0.44	0.046									
0.46	49	0.051								
0.48	51	53	0.055							
0.50	53	55	58	0.060						
0.52	55	57	60	62	0.065					
0.54	57	60	62	65	67	0.070				
0.56	59	62	65	67	70	73	0.075			
0.58	61	64	67	70	72	75	78	0.081		
0.60	63	66	69	72	75	78	81	84	0.086	
0.62	65	68	71	74	77	80	83	86	89	0.092
0.64	68	71	74	77	80	83	86	89	92	95
0.66	70	73	76	79	82	86	89	92	95	98
0 68	72	75	78	82	85	88	91	95	98	101
0.70	74	77	81	84	87	91	94	97	101	104
0.72	76	79	83	86	90	93	97	100	104	107
0.74	78	82	85	89	92	96	99	103	107	110
0.76	80	84	88	91	95	98	102	106	109	113
0.78	82	86	90	94	97	101	105	109	112	116
0.80	84	88	92	96	100	104	108	111	115	119
0.82	87	91	94	98	102	106	110	114	118	122
0.84	89	93	97	101	105	109	113	117	121	125
0.86	91	95	99	103	107	111	116	120	124	128
0.88	93	97	101	106	110	114	118	122	127	131
0.90	95	99	104	108	112	117	121	125	130	134
0.92	97	102	106	110	115	119	124	128	132	137
0.94	99	104	108	113	117	122	126	131	135	140
0.96	101	106	111	115	120	124	129	134	138	143
0.98	103	108	113	118	122	127	132	136	141	146
1.00	106	110	115	120	125	130	134	139	144	149
1.02	108	113	118	122	127	132	137	142	147	152
1.04	110	115	120	125	130	135	140	145	150	155
1.06	112	117	122	127	132	137	142	148	153	158
1.08	114	119	124	130	135	140	145	150	156	161
1.10	116	121	127	132	137	143	148	153	158	164
1.12	118	124	129	134	140	145	151	156	161	167
1.14	120	126	131	137	142	148	153	159	164	170
1.16	122	128	134	139	145	150	156	161	167	173
1.18	125	130	136	142	147	153	159	164	170	176
1.20	127	132	138	144	150	156	161	167	173	179
1.22	129	135	141	146	152	158	164	170	176	182
1.24	131	137	143	149	155	161	167	173	179	185
1.26	133	139	145	151	157	163	169	175	181	187
1.28	135	141	147	154	160	166	172	178	184	190
1.30	137	144	150	156	162	168	175	181	187	193
1.32	139	146	152	158	165	171	177	184	190	196
1.34	142	148	154	161	167	174	180	187	193	199
1.36	144	150	157	163	170	176	183	189	196	202
1.38	146	152	159	166	172	179	185	192	199	205
1.40	148	155	161	168	175	181	188	195	202	208
1.42	150	157	164	170	177	184	191	198	204	211
1.44	152	159	166	173	180	187	194	200	207	214
1.46	154	161	168	175	182	189	196	203	210	217
1.48	156	163	170	178	185	192	199	206	213	220
1.50	158	166	173	180	187	194	202	209	216	223
1.52	161	168	175	182	190	197	204	212	219	226
1.54	163	170	177	185	192	200	207	214	222	229
1.56	165	172	180	187	195	202	210	217	225	232
1.58	167	174	182	190	197	205	212	220	228	235
1.60	169	177	184	192	200	207	215	223	230	238
1.62	171	179	187	194	202	210	218	226	233	241

Kubik-Inhalt der Kolli, deren kleinstes
Solid contents of packages, whose least
Cubage des colis, dont la plus petite dimension

Länge/Length Longueur	Breite — Breadth — Largeur									
	0.64	0.66	0.68	0.70	0.72	0.74	0.76	0.78	0.80	0.82
	Inhalt in Kubikmetern — Solid Contents — Cubage									
0.64	0.098									
0.66	101	0.105								
0.68	104	108	0.111							
0.70	108	111	114	0.118						
0.72	111	114	118	121	0.124					
0.74	114	117	121	124	128	0.131				
0.76	117	120	124	128	131	135	0.139			
0.78	120	124	127	131	135	139	142	0.146		
0.80	123	127	131	134	138	142	146	150	0.154	
0.82	126	130	134	138	142	146	150	154	157	0.161
0.84	129	133	137	141	145	149	153	157	161	165
0.86	132	136	140	144	149	153	157	161	165	169
0.88	135	139	144	148	152	156	161	165	169	173
0.90	138	143	147	151	156	160	164	168	173	177
0.92	141	146	150	154	159	163	168	172	177	181
0.94	144	149	153	158	162	167	171	176	180	185
0.96	147	152	157	161	166	170	175	180	184	189
0.98	151	155	160	165	169	174	179	183	188	193
1.00	154	158	163	168	173	178	182	187	192	197
1.02	157	162	166	171	176	181	186	191	196	201
1.04	160	165	170	175	180	185	190	195	200	205
1.06	163	168	173	178	183	188	193	198	204	209
1.08	166	171	176	181	187	192	197	202	207	213
1.10	169	174	180	185	190	195	201	206	211	216
1.12	172	177	183	188	194	199	204	210	215	220
1.14	175	181	186	191	197	202	208	213	219	224
1.16	178	184	189	195	200	206	212	217	223	228
1.18	181	187	193	198	204	210	215	221	227	232
1.20	184	190	196	202	207	213	219	225	230	236
1.22	187	193	199	205	211	217	223	228	234	240
1.24	190	196	202	208	214	220	226	232	238	244
1.26	194	200	206	212	218	224	230	236	242	248
1.28	197	203	209	215	221	227	233	240	246	252
1.30	200	206	212	218	225	231	237	243	250	256
1.32	203	209	215	222	228	234	241	247	253	260
1.34	206	212	219	225	232	238	244	251	257	264
1.36	209	215	222	228	235	242	248	255	261	268
1.38	212	219	225	232	238	245	252	258	265	272
1.40	215	222	228	235	242	249	255	262	269	276
1.42	218	225	232	239	245	252	259	266	273	279
1.44	221	228	235	242	249	256	263	270	276	283
1.46	224	231	238	245	252	259	266	273	280	287
1.48	227	234	242	249	256	263	270	277	284	291
1.50	230	238	245	252	259	266	274	281	288	295
1.52	233	241	248	255	263	270	277	285	292	299
1.54	237	244	251	259	266	274	281	288	296	303
1.56	240	247	255	262	270	277	285	292	300	307
1.58	243	250	258	265	273	281	288	296	303	311
1.60	246	253	261	269	276	284	292	300	307	315
1.62	249	257	264	272	280	288	295	303	311	319
1.64	252	260	268	276	283	291	299	307	315	323
1.66	255	263	271	279	287	295	303	311	319	327
1.68	258	266	274	282	290	298	306	314	323	331
1.70	261	269	277	286	294	302	310	318	326	335
1.72	264	272	281	289	297	305	314	322	330	338
1.74	267	276	284	292	301	309	317	326	334	342
1.76	270	279	287	296	304	313	321	329	338	346
1.78	273	282	290	299	308	316	325	333	342	350
1.80	276	285	294	302	311	320	328	337	346	354
1.82	280	288	297	306	314	323	332	341	349	358
1.84	283	291	300	309	318	327	336	344	353	362
1.86	286	295	304	312	321	330	339	348	357	366
1.88	289	298	307	316	325	334	343	352	361	370
1.90	292	301	310	319	328	337	347	356	365	374
1.92	295	304	313	323	332	341	350	359	369	378
1.94	298	307	317	326	335	344	354	363	372	382
1.96	301	310	320	329	339	348	358	367	376	386
1.98	304	314	323	333	342	352	361	371	380	390
2.00	307	317	326	336	346	355	365	374	384	394
2.02	310	320	330	339	349	359	368	378	388	398

Maß (Dicke) 24 Centimeter (0,24 m) ist.
dimensions (depth) are 24 centimetres (0,24 m).
(l'épaisseur) est 24 centimètres (0,24 m).

Länge/Length Longueur	Breite — Breadth — Largeur 0.84	0.86	0.88	0.90	0.92	0.94	0.96	0.98	1.00	1.02
	Inhalt in Kubikmetern — Solid Contents — Cubage									
0.84	0.169									
0.86	173	0 178								
0.88	177	182	0.186							
0.90	181	186	190	0.194						
0.92	185	190	194	199	0.203					
0.94	190	194	199	203	208	0.212				
0.96	194	198	203	207	212	217	0.221			
0.98	198	202	207	212	216	221	226	0.230		
1.00	202	206	211	216	221	226	230	235	0.240	
1.02	206	211	215	220	225	230	235	240	245	0.250
1.04	210	215	220	225	230	235	240	245	250	255
1.06	214	219	224	229	234	239	244	249	254	259
1.08	218	223	228	233	238	244	249	254	259	264
1.10	222	227	232	238	243	248	253	259	264	269
1.12	226	231	237	242	247	253	258	263	269	274
1.14	230	235	241	246	252	257	263	268	274	279
1.16	234	239	245	251	256	262	267	273	278	284
1.18	238	244	249	255	261	266	272	278	283	289
1.20	242	248	253	259	265	271	276	282	288	294
1.22	246	252	258	264	269	275	281	287	293	299
1.24	250	256	262	268	274	280	286	292	298	304
1.26	254	260	266	272	278	284	290	296	302	308
1.28	258	264	270	276	283	289	295	301	307	313
1.30	262	268	275	281	287	293	300	306	312	318
1.32	266	272	279	285	291	298	304	310	317	323
1.34	270	277	283	289	296	302	309	315	322	328
1.36	274	281	287	294	300	307	313	320	326	333
1.38	278	285	291	298	305	311	318	325	331	338
1.40	282	289	296	302	309	316	323	329	336	343
1.42	286	293	300	307	314	320	327	334	341	348
1.44	290	297	304	311	318	325	332	339	346	353
1.46	294	301	308	315	322	329	336	343	350	357
1.48	298	305	313	320	327	334	341	348	355	362
1.50	302	310	317	324	331	338	346	353	360	367
1.52	306	314	321	328	336	343	350	358	365	372
1.54	310	318	325	333	340	347	355	362	370	377
1.56	314	322	329	337	344	352	359	367	374	382
1.58	319	326	334	341	349	356	364	372	379	387
1.60	323	330	338	346	353	361	369	376	384	392
1.62	327	334	342	350	358	365	373	381	389	397
1.64	331	338	346	354	362	370	378	386	394	401
1.66	335	343	351	359	367	374	382	390	398	406
1.68	339	347	355	363	371	379	387	395	403	411
1.70	343	351	359	367	375	384	392	400	408	416
1.72	347	355	363	372	380	388	396	405	413	421
1.74	351	359	367	376	384	393	401	409	418	426
1.76	355	363	372	380	389	397	406	414	422	431
1.78	359	367	376	384	393	402	410	419	427	436
1.80	363	372	380	389	397	406	415	423	432	441
1.82	367	376	384	393	402	411	419	428	437	446
1.84	371	380	389	397	406	415	424	433	442	450
1.86	375	384	393	402	411	420	429	437	446	455
1.88	379	388	397	406	415	424	433	442	451	460
1.90	383	392	401	410	420	429	438	447	456	465
1.92	387	396	406	415	424	433	442	452	461	470
1.94	391	400	410	419	428	438	447	456	466	475
1.96	395	405	414	423	433	442	452	461	470	480
1.98	399	409	418	428	437	447	456	466	475	485
2.00	403	413	422	432	442	451	461	470	480	490
2.02	407	417	427	436	446	456	465	475	485	495

Kubik-Inhalt der Kolli, deren kleinstes
Solid contents of packages, whose least
Cubage des colis, dont la plus petite dimension

Länge/Length Longueur	Breite — Breadth — Largeur 0.26	0.28	0.30	0.32	0.34	0.36	0.38	0.40	0.42	0.44
	Inhalt in Kubikmetern — Solid Contents — Cubage									
0.26	0.018									
0.28	19	0.020								
0.30	20	22	0.023							
0.32	22	23	25	0.027						
0.34	23	25	27	28	0.030					
0.36	24	26	28	30	32	0.034				
0.38	26	28	30	32	34	36	0.038			
0.40	27	29	31	33	35	37	40	0.042		
0.42	28	31	33	35	37	39	42	44	0.046	
0.44	30	32	34	37	39	41	44	46	48	0.050
0.46	31	33	36	38	41	43	45	48	50	53
0.48	32	35	37	40	42	45	47	50	52	55
0.50	34	36	39	42	44	47	49	52	55	57
0.52	35	38	41	43	46	49	51	54	57	59
0.54	37	39	42	45	48	51	53	56	59	62
0.56	38	41	44	47	50	52	55	58	61	64
0.58	39	42	45	48	51	54	57	60	63	66
0.60	41	44	47	50	53	56	59	62	66	69
0.62	42	45	48	52	55	58	61	64	68	71
0.64	43	47	50	53	57	60	63	66	70	73
0.66	45	48	51	55	58	62	65	69	72	75
0.68	46	50	53	57	60	64	67	71	74	78
0.70	47	51	55	58	62	66	69	73	76	80
0.72	49	52	56	60	64	68	71	75	78	82
0.74	50	54	58	62	65	69	73	77	81	85
0.76	51	55	59	63	67	71	75	79	83	87
0.78	53	57	61	65	69	73	77	81	85	89
0.80	54	58	62	67	71	75	79	83	87	92
0.82	55	60	64	68	72	77	81	85	89	94
0.84	57	61	66	70	74	79	83	87	91	96
0.86	58	63	67	72	76	80	85	89	94	98
0.88	59	64	69	73	78	82	87	92	96	101
0.90	61	66	70	75	80	84	89	94	98	103
0.92	62	67	72	77	81	86	91	96	100	105
0.94	64	68	73	78	83	88	93	98	102	107
0.96	65	70	75	80	85	90	95	100	105	110
0.98	66	71	76	82	87	92	97	102	107	112
1.00	68	73	78	83	88	94	99	104	109	114
1.02	69	74	80	85	90	96	101	106	111	117
1.04	70	76	81	87	92	98	103	108	113	119
1.06	72	77	83	88	94	99	105	110	116	121
1.08	73	79	84	90	95	101	107	112	118	124
1.10	74	80	86	92	97	103	109	114	120	126
1.12	76	82	87	93	99	105	111	116	122	128
1.14	77	83	89	95	101	107	113	118	124	130
1.16	78	84	90	97	103	109	115	121	127	133
1.18	80	86	92	98	104	110	117	123	129	135
1.20	81	87	94	100	106	112	119	125	131	137
1.22	82	89	95	102	108	114	121	127	133	140
1.24	84	90	97	103	110	116	123	129	135	142
1.26	85	92	98	105	111	118	124	131	138	144
1.28	87	93	100	106	113	120	126	133	140	146
1.30	88	95	101	108	115	122	128	135	142	149
1.32	89	96	103	110	117	124	130	137	144	151
1.34	91	98	105	111	118	125	132	139	146	153
1.36	92	99	106	113	120	127	134	141	149	156
1.38	93	100	108	115	122	129	136	144	151	158
1.40	95	102	109	116	124	131	138	146	153	160
1.42	96	103	111	118	126	133	140	148	155	162
1.44	97	105	112	120	127	135	142	150	157	165
1.46	99	106	114	121	129	137	144	152	159	167
1.48	100	108	115	123	131	139	146	154	162	169
1.50	101	109	117	125	133	140	148	156	164	172
1.52	103	111	119	126	134	142	150	158	166	174
1.54	104	112	120	128	136	144	152	160	168	176
1.56	105	114	122	130	138	146	154	162	170	178
1.58	107	115	123	131	140	148	156	164	173	181
1.60	108	116	125	133	141	150	158	166	175	183
1.62	110	118	126	135	143	152	160	168	177	185
1.64	111	119	128	136	145	154	162	171	179	188

Maß (Dicke) 26 Centimeter (0,26 m) ist.
dimensions (depth) are 26 centimetres (0,26 m).
(l'épaisseur) est 26 centimètres (0,26 m).

0.26

Länge/Length Longueur	Breite — Breadth — Largeur 0.46	0.48	0.50	0.52	0.54	0.56	0.58	0.60	0.62	0.64
	Inhalt in Kubikmetern — Solid Contents — Cubage									
0.46	0.055									
0.48	57	0.060								
0.50	60	62	0.065							
0.52	62	65	68	0.070						
0.54	65	67	70	73	0.076					
0.56	67	70	73	76	79	0.082				
0.58	69	72	75	78	81	84	0.087			
0.60	72	75	78	81	84	87	90	0.094		
0.62	74	77	81	84	87	90	93	97	0.100	
0.64	77	80	83	87	90	93	97	100	103	0.106
0.66	79	82	86	89	93	96	100	103	106	110
0.68	81	85	88	92	95	99	103	106	110	113
0.70	84	87	91	95	98	102	106	109	113	116
0.72	86	90	94	97	101	105	109	112	116	120
0.74	89	92	96	100	104	108	112	115	119	123
0.76	91	95	99	103	107	111	115	119	123	126
0.78	93	97	101	105	110	114	118	122	126	130
0.80	96	100	104	108	112	116	121	125	129	133
0.82	98	102	107	111	115	119	124	128	132	136
0.84	100	105	109	114	118	122	127	131	135	140
0.86	103	107	112	116	121	125	130	134	139	143
0.88	105	110	114	119	124	128	133	137	142	146
0.90	108	112	117	122	126	131	136	140	145	150
0.92	110	115	120	124	129	134	139	144	148	153
0.94	112	117	122	127	132	137	142	147	152	156
0.96	115	120	125	130	135	140	145	150	155	160
0.98	117	122	127	132	138	143	148	153	158	163
1.00	120	125	130	135	140	146	151	156	161	166
1.02	122	127	133	138	143	149	154	159	164	170
1.04	124	130	135	141	146	151	157	162	168	173
1.06	127	132	138	143	149	154	160	165	171	176
1.08	129	135	140	146	152	157	163	168	174	180
1.10	132	137	143	149	154	160	166	172	177	183
1.12	134	140	146	151	157	163	169	175	181	186
1.14	136	142	148	154	160	166	172	178	184	190
1.16	139	145	151	157	163	169	175	181	187	193
1.18	141	147	153	160	166	172	178	184	190	196
1.20	144	150	156	162	168	175	181	187	193	200
1.22	146	152	159	165	171	178	184	190	197	203
1.24	148	155	161	168	174	181	187	193	200	206
1.26	151	157	164	170	177	183	190	197	203	210
1.28	153	160	166	173	180	186	193	200	206	213
1.30	155	162	169	176	183	189	196	203	210	216
1.32	158	165	172	178	185	192	199	206	213	220
1.34	160	167	174	181	188	195	202	209	216	223
1.36	163	170	177	184	191	198	205	212	219	226
1.38	165	172	179	187	194	201	208	215	222	230
1.40	167	175	182	189	197	204	211	218	226	233
1.42	170	177	185	192	199	207	214	222	229	236
1.44	172	180	187	195	202	210	217	225	232	240
1.46	175	182	190	197	205	213	220	228	235	243
1.48	177	185	192	200	208	215	223	231	239	246
1.50	179	187	195	203	211	218	226	234	242	250
1.52	182	190	198	206	213	221	229	237	245	253
1.54	184	192	200	208	216	224	232	240	248	256
1.56	187	195	203	211	219	227	235	243	251	260
1.58	189	197	205	214	222	230	238	247	255	263
1.60	191	200	208	216	225	233	241	250	258	266
1.62	194	202	211	219	227	236	244	253	261	270
1.64	196	205	213	222	230	239	247	256	264	273

Kubik-Inhalt der Kolli, deren kleinstes
Solid contents of packages, whose least
Cubage des colis, dont la plus petite dimension-

Länge/Length Longueur	Breite — Breadth — Largeur 0.66	0.68	0.70	0.72	0.74	0.76	0.78	0.80	0.82	0.84
	Inhalt in Kubikmetern — Solid Contents — Cubage									
0.66	0.113									
0.68	117	0.120								
0.70	120	124	0.127							
0.72	124	127	131	0.135						
0.74	127	131	135	139	0.142					
0.76	130	134	138	142	146	0.150				
0.78	134	138	142	146	150	154	0.158			
0.80	137	141	146	150	154	158	162	0.166		
0.82	141	145	149	154	158	162	166	170	0.175	
0.84	144	149	153	157	162	166	170	174	179	0.183
0.86	148	152	157	161	165	170	174	179	183	188
0.88	151	156	160	165	169	174	178	183	188	192
0.90	154	159	164	168	173	178	183	187	192	197
0.92	158	163	167	172	177	182	187	191	196	201
0.94	161	166	171	176	181	186	191	195	200	205
0.96	165	170	175	180	185	190	195	200	205	210
0.98	168	173	178	183	189	194	199	204	209	214
1.00	172	177	182	187	192	198	203	208	213	218
1.02	175	180	186	191	196	202	207	212	217	223
1.04	178	184	189	195	200	206	211	216	222	227
1.06	182	187	193	198	204	209	215	220	226	232
1.08	185	191	197	202	208	213	219	225	230	236
1.10	189	194	200	206	212	217	223	229	235	240
1.12	192	198	204	210	216	221	227	233	239	245
1.14	196	202	207	213	219	225	231	237	243	249
1.16	199	205	211	217	223	229	235	241	247	253
1.18	202	209	215	221	227	233	239	245	252	258
1.20	206	212	218	224	231	237	243	250	256	262
1.22	209	216	222	228	235	241	247	254	260	266
1.24	213	219	226	232	239	245	251	258	264	271
1.26	216	223	229	236	242	249	256	262	269	275
1.28	220	227	233	240	246	253	260	266	273	280
1.30	223	230	237	243	250	257	264	270	277	284
1.32	227	234	240	247	254	261	268	274	281	288
1.34	230	237	244	251	258	265	272	279	286	293
1.36	233	241	248	255	262	269	276	283	290	297
1.38	237	244	251	258	266	273	280	287	294	301
1.40	240	248	255	262	269	277	284	291	298	306
1.42	244	251	258	266	273	281	288	295	303	310
1.44	247	255	262	270	277	285	292	299	307	314
1.46	251	258	266	273	281	288	296	304	311	319
1.48	254	262	269	277	285	292	300	308	316	323
1.50	257	265	273	281	289	296	304	312	320	328
1.52	261	269	277	285	292	300	308	316	324	332
1.54	264	272	280	288	296	304	312	320	328	336
1.56	268	276	284	292	300	308	316	324	333	341
1.58	271	280	288	296	304	312	320	329	337	345
1.60	275	283	291	300	308	316	324	333	341	349
1.62	278	287	295	303	312	320	329	337	345	354
1.64	281	290	298	307	316	324	333	341	349	358
1.66	285	294	302	311	319	328	337	345	354	363
1.68	288	297	306	314	323	332	341	349	358	367
1.70	292	301	309	318	327	336	345	354	362	371
1.72	295	304	313	322	331	340	349	358	367	376
1.74	299	308	317	326	335	344	353	362	371	380
1.76	302	311	320	329	339	348	357	366	375	384
1.78	305	315	324	333	342	352	361	370	379	389
1.80	309	318	328	337	346	356	365	374	384	393
1.82	312	322	331	341	350	360	369	379	388	397
1.84	316	326	335	344	354	364	373	383	392	402
1.86	319	329	339	348	358	368	377	387	397	406
1.88	323	333	342	352	362	371	381	391	401	411
1.90	326	336	346	356	366	375	385	395	405	415
1.92	329	339	349	359	369	379	389	399	409	419
1.94	333	343	353	363	373	383	393	404	414	424
1.96	336	347	357	367	377	387	397	408	418	428
1.98	340	350	360	371	381	391	402	412	422	432
2.00	343	354	364	374	385	395	406	416	426	437
2.02	347	357	368	378	389	399	410	420	431	441
2.04	350	361	371	382	392	403	414	424	435	446

Maß (Dicke) 26 Centimeter (0,26 m) ist.
dimensions (depth) are 26 centimetres (0,26 m).
(l'épaisseur) est 26 centimètres (0,26 m).

Länge/Length Longueur	Breite — Breadth — Largeur 0.86	0.88	0.90	0.92	0.94	0.96	0.98	1.00	1.02	1.04
	Inhalt in Kubikmetern — Solid Contents — Cubage									
0.86	0.192									
0.88	197	0.201								
0.90	201	206	0.211							
0.92	206	210	215	0.220						
0.94	210	215	220	225	0.230					
0.96	215	220	225	230	235	0.240				
0.98	219	224	229	234	240	245	0.250			
1.00	224	229	234	239	244	250	255	0.260		
1.02	228	233	239	244	249	255	260	265	0.271	
1.04	233	238	243	249	254	260	265	270	276	0.281
1.06	237	243	248	254	259	265	270	276	281	287
1.08	241	247	253	258	264	270	275	281	286	292
1.10	246	252	257	263	269	275	280	286	292	297
1.12	250	256	262	268	274	280	285	291	297	303
1.14	255	261	267	273	279	285	290	296	302	308
1.16	259	265	271	277	284	290	296	302	308	314
1.18	264	270	276	282	288	295	301	307	313	319
1.20	268	275	281	287	293	300	306	312	318	324
1.22	273	279	285	292	298	305	311	317	324	330
1.24	277	284	290	297	303	310	316	322	329	335
1.26	282	288	295	301	308	315	321	328	334	341
1.28	286	293	300	306	313	320	326	333	339	346
1.30	291	297	304	311	318	325	331	338	345	352
1.32	295	302	309	316	323	329	336	343	350	357
1.34	300	307	314	320	327	334	341	348	355	362
1.36	304	311	318	325	332	339	347	354	361	368
1.38	309	316	323	330	337	344	352	359	366	373
1.40	313	320	328	335	342	349	357	364	371	379
1.42	318	325	332	340	347	354	362	369	377	384
1.44	322	329	337	344	352	359	367	374	382	389
1.46	326	334	342	349	357	364	372	380	387	395
1.48	331	339	346	354	362	369	377	385	392	400
1.50	335	343	351	359	367	374	382	390	398	406
1.52	340	348	356	364	371	379	387	395	403	411
1.54	344	352	360	368	376	384	392	400	408	416
1.56	349	357	365	373	381	389	397	406	414	422
1.58	353	362	370	378	386	394	403	411	419	427
1.60	358	366	374	383	391	399	408	416	424	433
1.62	362	371	379	388	396	404	413	421	430	438
1.64	367	375	384	392	401	409	418	426	435	443
1.66	371	380	388	397	406	414	423	432	440	449
1.68	376	384	393	402	411	419	428	437	446	454
1.70	380	389	398	407	415	424	433	442	451	460
1.72	385	394	402	411	420	429	438	447	456	465
1.74	389	398	407	416	425	434	443	452	461	470
1.76	394	403	412	421	430	439	448	458	467	476
1.78	398	407	417	426	435	444	454	463	472	481
1.80	402	412	421	431	440	449	459	468	477	487
1.82	407	416	426	435	445	454	464	473	483	492
1.84	411	421	431	440	450	459	469	478	488	498
1.86	416	426	435	445	455	464	474	484	493	503
1.88	420	430	440	450	459	469	479	489	499	508
1.90	425	435	445	454	464	474	484	494	504	514
1.92	429	439	449	459	469	479	489	499	509	519
1.94	434	444	454	464	474	484	494	504	514	525
1.96	438	448	459	469	479	489	499	510	520	530
1.98	443	453	463	474	484	494	505	515	525	535
2.00	447	458	468	478	489	499	510	520	530	541
2.02	452	462	473	483	494	504	515	525	536	546
2.04	456	467	477	488	499	509	520	530	541	552

Kubik-Inhalt der Kolli, deren kleinstes
Solid contents of packages, whose least
Cubage des colis, dont la plus petite dimension

Länge/Length Longueur	Breite — Breadth — Largeur									
	0.28	0.30	0.32	0.34	0.36	0.38	0.40	0.42	0.44	0.46
	Inhalt in Kubikmetern — Solid Contents — Cubage									
0.28	0.022									
0.30	24	0.025								
0.32	25	27	0.029							
0.34	27	29	30	0.032						
0.36	28	30	32	34	0.036					
0.38	30	32	34	36	38	0.040				
0.40	31	34	36	38	40	43	0.045			
0.42	33	35	38	40	42	45	47	0.049		
0.44	34	37	39	42	44	47	49	52	0.054	
0.46	36	39	41	44	46	49	52	54	57	0.059
0.48	38	40	43	46	48	51	54	56	59	62
0.50	39	42	45	48	50	53	56	59	62	64
0.52	41	44	47	50	52	55	58	61	64	67
0.54	42	45	48	51	54	57	60	64	67	70
0.56	44	47	50	53	56	60	63	66	69	72
0.58	45	49	52	55	58	62	65	68	71	75
0.60	47	50	54	57	60	64	67	71	74	77
0.62	49	52	56	59	62	66	69	73	76	80
0.64	50	54	57	61	65	68	71	75	79	82
0.66	52	55	59	63	67	70	74	78	81	85
0.68	53	57	61	65	69	72	76	80	84	88
0.70	55	59	63	67	71	74	78	82	86	90
0.72	56	60	65	69	73	77	81	85	89	93
0.74	58	62	66	70	75	79	83	87	91	95
0.76	60	64	68	72	77	81	85	89	94	98
0.78	61	66	70	74	79	83	87	92	96	100
0.80	63	67	72	76	81	85	90	94	99	103
0.82	64	69	73	78	83	87	92	96	101	106
0.84	66	71	75	80	85	89	94	99	103	108
0.86	67	72	77	82	87	92	96	101	106	111
0.88	69	74	79	84	89	94	99	103	108	113
0.90	71	76	81	86	91	96	101	106	111	116
0.92	72	77	82	88	93	98	103	108	113	118
0.94	74	79	84	89	95	100	105	111	116	121
0.96	75	81	86	91	97	102	108	113	118	124
0.98	77	82	88	93	99	104	110	115	121	126
1.00	78	84	90	95	101	106	112	118	123	129
1.02	80	86	91	97	103	108	114	120	126	131
1.04	82	87	93	99	105	110	116	122	128	134
1.06	83	89	95	101	107	113	119	125	131	137
1.08	85	91	97	103	109	115	121	127	133	139
1.10	86	92	99	105	111	117	123	129	136	142
1.12	88	94	100	107	113	119	125	132	138	144
1.14	89	96	102	109	115	121	127	134	140	147
1.16	91	97	104	110	117	123	130	136	143	149
1.18	93	99	106	112	119	126	132	139	145	152
1.20	94	101	108	114	121	128	134	141	148	155
1.22	96	102	109	116	123	130	137	143	150	157
1.24	97	104	111	118	125	132	139	146	153	160
1.26	99	106	113	120	127	134	141	148	155	162
1.28	100	108	115	122	129	136	143	151	158	165
1.30	102	109	116	124	131	138	146	153	160	167
1.32	103	111	118	126	133	140	148	155	163	170
1.34	105	113	120	128	135	142	150	158	165	173
1.36	107	114	122	129	137	145	152	160	168	175
1.38	108	116	124	131	139	147	155	162	170	178
1.40	110	118	125	133	141	149	157	165	172	180
1.42	111	119	127	135	143	151	159	167	175	183
1.44	113	121	129	137	145	153	161	169	177	185
1.46	114	123	131	139	147	155	164	172	180	188
1.48	116	124	133	141	149	157	166	174	182	191
1.50	118	126	134	143	151	160	168	176	185	193
1.52	119	128	136	145	153	162	170	179	187	196
1.54	121	129	138	147	155	164	172	181	190	198
1.56	122	131	140	149	157	166	175	183	192	201
1.58	124	133	142	150	159	168	177	186	195	204
1.60	125	134	143	152	161	170	179	188	197	206
1.62	127	136	145	154	163	172	181	191	200	209
1.64	129	138	147	156	165	174	184	193	202	211
1.66	130	139	149	158	167	177	186	195	205	214

Maß (Dicke) 28 Centimeter (0,28 m) ist.
dimensions (depth) are 28 centimetres (0,28 m).
(l'épaisseur) est 28 centimètres (0,28 m).

0.28

Länge/Length Longueur	Breite — Breadth — Largeur									
	0.48	0.50	0.52	0.54	0.56	0.58	0.60	0.62	0.64	0.66
	Inhal in Kubikmetern — Solid Contents — Cubage									
0.48	0.065									
0.50	67	0.070								
0.52	70	73	0.076							
0.54	73	76	79	0.082						
0.56	75	78	82	85	0.088					
0.58	78	81	84	88	91	0.094				
0.60	81	84	87	91	94	97	0.101			
0.62	83	87	90	94	97	101	104	0.108		
0.64	86	90	93	97	100	104	108	111	0.115	
0.66	89	92	96	100	103	107	111	115	118	0.122
0.68	91	95	99	103	107	110	114	118	122	126
0.70	94	98	102	106	110	114	118	122	125	129
0.72	97	101	105	109	113	117	121	125	129	133
0.74	99	104	108	112	116	120	124	128	133	137
0.76	102	106	111	115	119	123	128	132	136	140
0.78	105	109	114	118	122	127	131	135	140	144
0.80	103	112	116	121	125	130	134	139	143	148
0.82	110	115	119	124	129	133	138	142	147	152
0.84	113	118	122	127	132	136	141	146	151	155
0.86	116	120	125	130	135	140	144	149	154	159
0.88	118	123	128	133	138	143	148	153	158	163
0.90	121	126	131	136	141	146	151	156	161	166
0.92	124	129	134	139	144	149	155	160	165	170
0.94	126	132	137	142	147	153	158	163	168	174
0.96	129	134	140	145	151	156	161	167	172	177
0.98	132	137	143	148	154	159	165	170	176	181
1.00	134	140	146	151	157	162	168	174	179	185
1.02	137	143	149	154	160	166	171	177	183	188
1.04	140	146	152	157	163	169	175	181	186	192
1.06	142	148	154	160	166	172	178	184	190	196
1.08	145	151	157	163	169	175	181	187	194	200
1.10	148	154	160	166	172	179	185	191	197	203
1.12	151	157	163	169	176	182	188	194	201	207
1.14	153	160	166	172	179	185	192	198	204	211
1.16	156	162	169	175	182	188	195	201	208	214
1.18	159	165	172	178	185	192	198	205	211	218
1.20	161	168	175	181	188	195	202	208	215	222
1.22	164	171	178	184	191	198	205	212	219	225
1.24	167	174	181	187	194	201	208	215	222	229
1.26	169	176	183	191	198	205	212	219	226	233
1.28	172	179	186	194	201	208	215	222	229	237
1.30	175	182	189	197	204	211	218	226	233	240
1.32	177	185	192	200	207	214	222	229	237	244
1.34	180	188	195	203	210	218	225	233	240	248
1.36	183	190	198	206	213	221	228	236	244	251
1.38	185	193	201	209	216	224	232	240	247	255
1.40	188	196	204	212	220	227	235	243	251	259
1.42	191	199	207	215	223	231	239	247	254	262
1.44	194	202	210	218	226	234	242	250	258	266
1.46	196	204	213	221	229	237	245	253	262	270
1.48	199	207	215	224	232	240	249	257	265	274
1.50	202	210	218	227	235	244	252	260	269	277
1.52	204	213	221	230	238	247	255	264	272	281
1.54	207	216	224	233	241	250	259	267	276	285
1.56	210	218	227	236	245	253	262	271	280	288
1.58	212	221	230	239	248	257	265	274	283	292
1.60	215	224	233	242	251	260	269	278	287	296
1.62	218	227	236	245	254	263	272	281	290	299
1.64	220	230	239	248	257	266	276	285	294	303
1.66	223	232	242	251	260	270	279	288	297	307

Kubik-Inhalt der Kolli, deren-kleinstes
Solid contents of packages, whose least
Cubage des colis, dont la plus petite dimension

Länge/Length Longueur	Breite — Breadth — Largeur 0.68	0.70	0.72	0.74	0.76	0.78	0.80	0.82	0.84	0.86
	Inhalt in Kubikmetern — Solid Contents — Cubage									
0.68	0.129									
0.70	133	0.137								
0.72	137	141	0.145							
0.74	141	145	149	0.153						
0.76	145	149	153	157	0.162					
0.78	149	153	157	162	166	0.170				
0.80	152	157	161	166	170	175	0.179			
0.82	156	161	165	170	174	179	184	0.188		
0.84	160	165	169	174	179	183	188	193	0.198	
0.86	164	169	173	178	183	188	193	197	202	0.207
0.88	168	172	177	182	187	192	197	202	207	212
0.90	171	176	181	186	192	197	202	207	212	217
0.92	175	180	185	191	196	201	206	211	216	222
0.94	179	184	190	195	200	205	211	216	221	227
0.96	183	188	194	199	204	210	215	220	226	231
0.98	187	192	198	203	209	214	220	225	230	236
1.00	190	196	202	207	213	218	224	230	235	241
1.02	194	200	206	211	217	223	228	234	240	246
1.04	198	204	210	215	221	227	233	239	245	251
1.06	202	208	214	220	226	232	237	243	249	255
1.08	206	212	218	224	230	236	242	248	254	260
1.10	209	216	222	228	234	240	246	253	259	265
1.12	213	220	226	232	238	245	251	257	263	270
1.14	217	223	230	236	243	249	255	262	268	275
1.16	221	227	234	240	247	253	260	266	273	279
1.18	225	231	238	244	251	258	264	271	278	284
1.20	228	235	242	249	255	262	269	276	282	289
1.22	232	239	246	253	260	266	273	280	287	294
1.24	236	243	250	257	264	271	278	285	292	299
1.26	240	247	254	261	268	275	282	289	296	303
1.28	244	251	258	265	272	280	287	294	301	308
1.30	248	255	262	269	277	284	291	298	306	313
1.32	251	259	266	274	281	288	296	303	310	318
1.34	255	263	270	277	285	293	300	308	315	323
1.36	259	267	274	282	289	297	305	312	320	327
1.38	263	270	278	286	294	301	309	317	325	332
1.40	267	274	282	290	298	306	314	321	329	337
1.42	270	278	286	294	302	310	318	326	334	342
1.44	274	282	290	298	306	314	323	331	339	347
1.46	278	286	294	303	311	319	327	335	343	352
1.48	282	290	298	307	315	323	332	340	348	356
1.50	286	294	302	311	319	328	336	344	353	361
1.52	289	298	306	315	323	332	340	349	358	366
1.54	293	302	310	319	328	336	345	354	362	371
1.56	297	306	314	323	332	341	349	358	367	376
1.58	301	310	319	327	336	345	354	363	372	380
1.60	305	314	323	332	340	349	358	367	376	385
1.62	308	318	327	336	345	354	363	372	381	390
1.64	312	321	331	340	349	358	367	377	386	395
1.66	316	325	335	344	353	363	372	381	390	400
1.68	320	329	339	348	358	367	376	386	395	405
1.70	324	333	343	352	362	371	381	390	400	409
1.72	327	337	347	356	366	376	385	395	405	414
1.74	331	341	351	360	370	380	390	400	409	419
1.76	335	345	355	365	374	384	394	404	414	424
1.78	339	349	359	369	379	389	399	409	419	429
1.80	343	353	363	373	383	393	403	413	423	433
1.82	347	357	367	377	387	397	408	418	428	438
1.84	350	361	371	381	391	402	412	422	433	443
1.86	354	365	375	385	396	406	417	427	437	448
1.88	358	368	379	390	400	411	422	432	442	453
1.90	362	372	383	394	404	415	426	436	447	458
1.92	366	376	387	397	409	419	430	441	452	462
1.94	369	380	391	402	413	424	435	445	456	467
1.96	373	384	395	406	417	428	439	450	461	472
1.98	377	388	399	410	421	432	444	455	466	477
2.00	381	392	403	414	426	437	448	459	470	482
2.02	385	396	407	419	430	441	452	464	475	486
2.04	388	400	411	423	434	446	457	468	480	491
2.06	392	404	415	427	438	450	461	473	485	496

Maß (Dicke) 28 Centimeter (0,28 m) ist.
dimensions (depth) are 28 centimetres (0,28 m).
(l'épaisseur) est 28 centimètres (0,28 m).

Länge/Length Longueur	Breite — Breadth — Largeur 0.88	0.90	0.92	0.94	0.96	0.98	1.00	1.02	1.04	1.06
	Inhalt in Kubikmetern — Solid Contents — Cubage									
0.88	0.217									
0.90	222	0.227								
0.92	227	232	0.237							
0.94	232	237	242	0.247						
0.96	237	242	247	253	0.258					
0.98	241	247	252	258	263	0.269				
1.00	246	252	258	263	269	274	0.280			
1.02	251	257	263	268	274	280	286	0.291		
1.04	256	262	268	274	280	285	291	297	0.303	
1.06	261	267	273	279	285	291	297	303	309	0.315
1.08	266	272	278	284	290	296	302	308	314	321
1.10	271	277	283	290	296	302	308	314	320	326
1.12	276	282	288	295	301	307	314	320	326	332
1.14	281	287	293	300	306	313	319	326	332	338
1.16	286	292	298	305	312	318	325	331	338	344
1.18	291	297	304	311	317	324	330	337	344	350
1.20	296	302	309	316	323	329	336	343	349	356
1.22	301	307	314	321	328	335	342	348	355	362
1.24	306	312	319	326	333	340	347	354	361	368
1.26	310	318	325	332	339	346	353	360	367	374
1.28	315	323	330	337	344	351	358	366	373	380
1.30	320	328	335	342	349	357	364	371	379	386
1.32	325	333	340	347	355	362	370	377	384	392
1.34	330	338	345	352	360	368	375	383	390	398
1.36	335	343	350	358	366	373	381	388	396	404
1.38	340	348	355	363	371	379	386	394	402	410
1.40	345	353	361	368	376	384	392	400	408	416
1.42	350	358	366	374	382	390	398	406	414	421
1.44	355	363	371	379	387	395	403	411	419	427
1.46	360	368	376	384	392	401	409	417	425	433
1.48	365	373	381	390	398	406	414	423	431	439
1.50	370	378	386	395	403	412	420	428	437	445
1.52	375	383	391	400	409	417	426	434	443	451
1.54	380	388	396	405	414	423	431	440	448	457
1.56	384	393	402	411	419	428	437	446	454	463
1.58	389	398	407	416	425	434	442	451	460	469
1.60	394	403	412	421	430	439	448	457	466	475
1.62	399	408	417	426	435	445	454	463	472	481
1.64	404	413	422	431	441	450	459	469	478	487
1.66	409	418	427	437	446	456	465	474	483	493
1.68	414	423	433	442	452	461	470	480	489	499
1.70	419	428	438	447	457	466	476	486	495	505
1.72	424	433	443	453	462	472	482	491	501	510
1.74	429	438	448	458	468	477	487	497	507	516
1.76	434	444	453	463	473	483	493	503	513	522
1.78	439	449	459	468	478	488	498	508	518	528
1.80	444	454	464	474	484	494	504	514	524	534
1.82	449	459	469	479	489	499	510	520	530	540
1.84	454	464	474	484	495	505	515	526	536	546
1.86	458	469	479	490	500	510	521	531	542	552
1.88	463	474	484	495	505	516	526	537	547	558
1.90	468	479	489	500	511	521	532	543	553	564
1.92	473	484	494	505	516	527	538	548	559	570
1.94	478	489	499	510	521	532	543	554	565	576
1.96	483	494	505	516	527	538	549	560	571	582
1.98	488	499	510	521	532	543	554	565	577	588
2.00	493	504	515	526	538	549	560	571	582	594
2.02	498	509	520	532	543	554	566	577	588	600
2.04	503	514	526	537	548	560	571	583	594	605
2.06	508	519	531	542	554	565	577	588	600	611

Kubik-Inhalt der Kolli, deren kleinstes
Solid contents of packages, whose least
Cubage des colis, dont la plus petite dimension

Länge/Length Longueur	Breite — Breadth — Largeur									
	0.30	0.32	0.34	0.36	0.38	0.40	0.42	0.44	0.46	0.48
	Inhalt in Kubikmetern — Solid Contents — Cubage									
0.30	0.027									
0.32	29	0.031								
0.34	31	33	0.035							
0.36	32	35	37	0.039						
0.38	34	36	39	41	0.043					
0.40	36	38	41	43	46	0.048				
0.42	38	40	43	45	48	50	0.053			
0.44	40	42	45	47	50	53	55	0.058		
0.46	41	44	47	50	52	55	58	61	0.063	
0.48	43	46	49	52	55	58	60	63	66	0.069
0.50	45	48	51	54	57	60	63	66	69	72
0.52	47	50	53	56	59	62	66	69	72	75
0.54	49	52	55	58	62	65	68	71	75	78
0.56	50	54	57	60	64	67	71	74	77	81
0.58	52	56	59	63	66	70	74	77	80	84
0.60	54	58	61	65	68	72	76	79	83	86
0.62	56	60	63	67	71	74	78	82	86	89
0.64	58	61	65	69	73	77	81	84	88	92
0.66	59	63	67	71	75	79	83	87	91	95
0.68	61	65	69	73	78	82	86	90	94	98
0.70	63	67	71	76	80	84	88	92	97	101
0.72	65	69	73	78	82	86	91	95	99	104
0.74	67	71	75	80	84	89	93	98	102	107
0.76	68	73	78	82	87	91	96	100	105	109
0.78	70	75	80	84	89	94	98	103	108	112
0.80	72	77	82	86	91	96	101	106	110	115
0.82	74	79	84	89	93	98	103	108	113	118
0.84	76	81	86	91	96	101	106	111	116	121
0.86	77	83	88	93	98	103	108	114	119	124
0.88	79	84	90	95	100	106	111	116	121	127
0.90	81	86	92	97	103	108	113	119	124	130
0.92	83	88	94	99	105	110	116	121	127	132
0.94	85	90	96	102	107	113	118	124	130	135
0.96	86	92	98	104	109	115	121	127	132	138
0.98	88	94	100	106	112	118	123	129	135	141
1.00	90	96	102	108	114	120	126	132	138	144
1.02	92	98	104	110	116	122	129	135	141	147
1.04	94	100	106	112	119	125	131	137	144	150
1.06	95	102	108	114	121	127	134	140	146	153
1.08	97	104	110	117	123	130	136	143	149	156
1.10	99	106	112	119	125	132	139	145	152	158
1.12	101	108	114	121	128	134	141	148	155	161
1.14	103	109	116	123	130	137	144	150	157	164
1.16	104	111	118	125	132	139	146	153	160	167
1.18	106	113	120	127	135	142	149	156	163	170
1.20	108	115	122	130	137	144	151	158	166	173
1.22	110	117	124	132	139	146	154	161	168	176
1.24	112	119	126	134	141	149	156	164	171	179
1.26	113	121	129	136	144	151	159	166	174	181
1.28	115	123	131	138	146	154	161	169	177	184
1.30	117	125	133	140	148	156	164	172	179	187
1.32	119	127	135	143	150	158	166	174	182	190
1.34	121	129	137	145	153	161	169	177	185	193
1.36	122	131	139	147	155	163	171	180	188	196
1.38	124	132	141	149	157	166	174	182	190	199
1.40	126	134	143	151	160	168	176	185	193	202
1.42	128	136	145	153	162	170	179	187	196	204
1.44	130	138	147	156	164	173	181	190	199	207
1.46	131	140	149	158	166	175	184	193	201	210
1.48	133	142	151	160	169	178	186	195	204	213
1.50	135	144	153	162	171	180	189	198	207	216
1.52	137	146	155	164	173	182	192	201	210	219
1.54	139	148	157	166	176	185	194	203	213	222
1.56	140	150	159	168	178	187	197	206	215	225
1.58	142	152	161	171	180	190	199	209	218	228
1.60	144	154	163	173	182	192	202	211	221	230
1.62	146	156	165	175	185	194	204	214	224	233
1.64	148	157	167	177	187	197	207	216	226	236
1.66	149	159	169	179	189	199	209	219	229	239
1.68	151	161	171	181	192	202	212	222	232	242

Maß (Dicke) 30 Centimeter (0,30 m) ist.
dimensions (depth) are 30 centimetres (0,30 m).
(l'épaisseur) est 30 centimètres (0,30 m).

0.30

Länge/Length Longueur	Breite — Breadth — Largeur 0.50	0.52	0.54	0.56	0.58	0.60	0.62	0.64	0.66	0.68
	Inhalt in Kubikmetern — Solid Contents — Cubage									
0.50	0.075									
0.52	78	0.081								
0.54	81	84	0.087							
0.56	84	87	91	0.094						
0.58	87	90	94	97	0.101					
0.60	90	94	97	101	104	0.108				
0.62	93	97	100	104	108	112	0.115			
0.64	96	100	104	108	111	115	119	0.123		
0.66	99	103	107	111	115	119	123	127	0.131	
0.68	102	106	110	114	118	122	126	131	135	0.139
0.70	105	109	113	118	122	126	130	134	139	143
0.72	108	112	117	121	125	130	134	138	143	147
0.74	111	115	120	124	129	133	138	142	147	151
0.76	114	119	123	128	132	137	141	146	150	155
0.78	117	122	126	131	136	140	145	150	154	159
0.80	120	125	130	134	139	144	149	154	158	163
0.82	123	128	133	138	143	148	153	157	162	167
0.84	126	131	136	141	146	151	156	161	166	171
0.86	129	134	139	144	150	155	160	165	170	175
0.88	132	137	143	148	153	158	164	169	174	180
0.90	135	140	146	151	157	162	167	173	178	184
0.92	138	144	149	155	160	166	171	177	182	188
0.94	141	147	152	158	164	169	175	180	186	192
0.96	144	150	156	161	167	173	179	184	190	196
0.98	147	153	159	165	171	176	182	188	194	200
1.00	150	156	162	168	174	180	186	192	198	204
1.02	153	159	165	171	177	184	190	196	202	208
1.04	156	162	168	175	181	187	193	200	206	212
1.06	159	165	172	178	184	191	197	204	210	216
1.08	162	168	175	181	188	194	201	207	214	220
1.10	165	172	178	185	191	198	205	211	218	224
1.12	168	175	181	188	195	202	208	215	222	228
1.14	171	178	185	192	198	205	212	219	226	233
1.16	174	181	188	195	202	209	216	223	230	237
1.18	177	184	191	198	205	212	219	227	234	241
1.20	180	187	194	202	209	216	223	230	238	245
1.22	183	190	198	205	212	220	227	234	242	249
1.24	186	193	201	208	216	223	231	238	246	253
1.26	189	197	204	212	219	227	234	242	249	257
1.28	192	200	207	215	223	230	238	246	253	261
1.30	195	203	211	218	226	234	242	250	257	265
1.32	198	206	214	222	230	238	246	253	261	269
1.34	201	209	217	225	233	241	249	257	265	273
1.36	204	212	220	228	237	245	253	261	269	277
1.38	207	215	224	232	240	248	257	265	273	282
1.40	210	218	227	235	244	252	260	269	277	286
1.42	213	222	230	239	247	256	264	273	281	290
1.44	216	225	233	242	251	259	268	276	285	294
1.46	219	228	237	245	254	263	272	280	289	298
1.48	222	231	240	249	258	266	275	284	293	302
1.50	225	234	243	252	261	270	279	288	297	306
1.52	228	237	246	255	264	274	283	292	301	310
1.54	231	240	249	259	268	277	286	296	305	314
1.56	234	243	253	262	271	281	290	300	309	318
1.58	237	246	256	265	275	284	294	303	313	322
1.60	240	250	259	269	278	288	298	307	317	326
1.62	243	253	262	272	282	292	301	311	321	330
1.64	246	256	266	276	285	295	305	315	325	335
1.66	249	259	269	279	289	299	309	319	329	339
1.68	252	262	272	282	292	302	312	323	333	343

Kubik Inhalt der Kolli, deren kleinstes
Solid contents of packages, whose least
Cubage des colis, dont la plus petite dimension

Länge/Length Longueur	Breite — Breadth — Largeur									
	0.70	0.72	0.74	0.76	0.78	0.80	0.82	0.84	0.86	0.88
	Inhalt in Kubikmetern — Solid Contents — Cubage									
0.70	0.147									
0.72	151	0.156								
0.74	155	160	0.164							
0.76	160	164	169	0.173						
0.78	164	168	173	178	0.183					
0.80	168	173	178	182	187	0.192				
0.82	172	177	182	187	192	197	0.202			
0.84	176	181	186	192	197	202	207	0.212		
0.86	181	186	191	196	201	206	212	217	0.222	
0.88	185	190	195	201	206	211	216	222	227	0.232
0.90	189	194	200	205	211	216	221	227	232	238
0.92	193	199	204	210	215	221	226	232	237	243
0.94	197	203	209	214	220	226	231	237	243	248
0.96	202	207	213	219	225	230	236	242	248	253
0.98	206	212	218	223	229	235	241	247	253	259
1.00	210	216	222	228	234	240	246	252	258	264
1.02	214	220	226	233	239	245	251	257	263	269
1.04	218	225	231	237	243	250	256	262	268	275
1.06	223	229	235	242	248	254	261	267	273	280
1.08	227	233	240	246	253	259	266	272	279	285
1.10	231	238	244	251	257	264	271	277	284	290
1.12	235	242	249	255	262	269	276	282	289	296
1.14	239	246	253	260	267	274	280	287	294	301
1.16	244	251	258	264	271	278	285	292	299	306
1.18	248	255	262	269	276	283	290	297	304	312
1.20	252	259	266	274	281	288	295	302	310	317
1.22	256	264	271	278	285	293	300	307	315	322
1.24	260	268	275	283	290	298	305	312	320	327
1.26	265	272	280	287	295	302	310	318	325	333
1.28	269	276	284	292	300	307	315	323	330	338
1.30	273	281	289	296	304	312	320	328	335	343
1.32	277	285	293	301	309	317	325	333	341	348
1.34	281	289	297	306	314	322	330	338	346	354
1.36	286	294	302	310	318	326	335	343	351	359
1.38	290	298	306	315	323	331	339	348	356	364
1.40	294	302	311	319	328	336	344	353	361	370
1.42	298	307	315	324	332	341	349	358	366	375
1.44	302	311	320	328	337	346	354	363	372	380
1.46	307	315	324	333	342	350	359	368	377	385
1.48	311	320	329	337	346	355	364	373	382	391
1.50	315	324	333	342	351	360	369	378	387	396
1.52	319	328	337	347	356	365	374	383	392	401
1.54	323	333	342	351	360	370	379	388	397	407
1.56	328	337	346	356	365	374	384	393	402	412
1.58	332	341	351	360	370	379	389	398	408	417
1.60	336	346	355	365	374	384	394	403	413	422
1.62	340	350	360	369	379	389	399	408	418	428
1.64	344	354	364	374	384	394	403	413	423	433
1.66	349	359	369	378	388	398	408	418	428	438
1.68	353	363	373	383	393	403	413	423	433	444
1.70	357	367	377	388	398	408	418	428	439	449
1.72	361	372	382	392	402	413	423	433	444	454
1.74	365	376	386	397	407	418	428	438	449	459
1.76	370	380	391	401	412	422	433	444	454	465
1.78	374	384	395	406	417	427	438	449	459	470
1.80	378	389	400	410	421	432	443	454	464	475
1.82	382	393	404	415	426	437	448	459	470	480
1.84	386	397	408	420	431	442	453	464	475	486
1.86	391	402	413	424	435	446	458	469	480	491
1.88	395	406	417	429	440	451	462	474	485	496
1.90	399	410	422	433	445	456	467	479	490	502
1.92	403	415	426	438	449	461	472	484	495	507
1.94	407	419	431	442	454	466	477	489	501	512
1.96	412	423	435	447	459	470	482	494	506	517
1.98	416	428	440	451	463	475	487	499	511	523
2.00	420	432	444	456	468	480	492	504	516	528
2.02	424	436	448	461	473	485	497	509	521	533
2.04	428	441	453	465	477	490	502	514	526	539
2.06	433	445	457	470	482	494	507	519	531	544
2.08	437	449	462	474	487	499	512	524	537	549

Maß (Dicke) 30 Centimeter (0,30 m) ist.
dimensions (depth) are 30 centimetres (0,30 m).
(l'épaisseur) est 30 centimètres (0,30 m).

Länge/Length Longueur	Breite — Breadth — Largeur									
	0.90	0.92	0.94	0.96	0.98	1.00	1.02	1.04	1.06	1.08
	Inhalt in Kubikmetern — Solid Contents — Cubage									
0.90	0.243									
0.92	248	0.254								
0.94	254	259	0.265							
0.96	259	265	271	0.276						
0.98	265	270	276	282	0.288					
1.00	270	276	282	288	294	0.300				
1.02	275	282	288	294	300	306	0.312			
1.04	281	287	293	300	306	312	318	0.324		
1.06	286	293	299	305	312	318	324	331	0.337	
1.08	292	298	305	311	318	324	330	337	343	0.350
1.10	297	304	310	317	323	330	337	343	350	356
1.12	302	309	316	323	329	336	343	349	356	363
1.14	308	315	321	328	335	342	349	356	363	369
1.16	313	320	327	334	341	348	355	362	369	376
1.18	319	326	333	340	347	354	361	368	375	382
1.20	324	331	338	346	353	360	367	374	382	389
1.22	329	337	344	351	359	366	373	381	388	395
1.24	335	342	350	357	365	372	379	387	394	402
1.26	340	348	355	363	370	378	386	393	401	408
1.28	346	353	361	369	376	384	392	399	407	415
1.30	351	359	367	374	382	390	398	406	413	421
1.32	356	364	372	380	388	396	404	412	420	428
1.34	362	377	378	386	394	402	410	418	426	434
1.36	367	375	384	392	400	408	416	424	432	441
1.38	373	381	389	397	406	414	422	431	439	447
1.40	378	386	395	403	412	420	428	437	445	454
1.42	383	392	400	409	417	426	435	443	452	460
1.44	389	397	406	415	423	432	441	449	458	466
1.46	394	403	412	420	429	438	447	456	464	473
1.48	400	408	417	426	435	444	453	462	471	480
1.50	405	414	423	432	441	450	459	468	477	486
1.52	410	420	429	438	447	456	465	474	483	492
1.54	416	425	434	444	453	462	471	480	490	499
1.56	421	431	440	449	459	468	477	487	496	505
1.58	427	436	446	455	465	474	483	493	502	512
1.60	432	442	451	461	470	480	490	499	509	518
1.62	437	447	457	467	476	486	496	505	515	525
1.64	443	453	462	472	482	492	502	512	522	531
1.66	448	458	468	478	488	498	508	518	528	538
1.68	454	464	474	484	494	504	514	524	534	544
1.70	459	469	479	490	500	510	520	530	541	551
1.72	464	475	485	495	506	516	526	537	547	557
1.74	470	480	491	501	512	522	532	543	553	564
1.76	475	486	496	507	517	528	539	549	560	570
1.78	481	491	502	513	523	534	545	555	566	577
1.80	486	497	508	518	529	540	551	562	572	583
1.82	491	502	513	524	535	546	557	568	579	590
1.84	497	508	519	530	541	552	563	574	585	596
1.86	502	513	525	536	547	558	569	580	591	603
1.88	508	519	530	541	553	564	575	587	598	609
1.90	513	524	536	547	559	570	581	593	604	616
1.92	518	530	541	553	564	576	588	599	611	622
1.94	524	535	547	559	570	582	594	605	617	628
1.96	529	541	553	564	576	588	600	612	623	635
1.98	535	546	558	570	582	594	606	618	630	641
2.00	540	552	564	576	588	600	612	624	636	648
2.02	545	558	570	582	594	606	618	630	642	654
2.04	551	563	575	588	600	612	624	636	649	661
2.06	556	569	581	593	606	618	630	643	655	667
2.08	562	574	587	599	612	624	636	649	661	674

Kubik-Inhalt der Kolli, deren kleinstes
Solid contents of packages, whose least
Cubage des colis, dont la plus petite dimension

Länge/Length Longueur	Breite — Breadth — Largeur									
	0.32	0.34	0.36	0.38	0.40	0.42	0.44	0.46	0.48	0.50
	Inhalt in Kubikmetern — Solid Contents — Cubage									
0.32	0.033									
0.34	35	0.037								
0.36	37	39	0.041							
0.38	39	41	44	0.046						
0.40	41	44	46	49	0.051					
0.42	43	46	48	51	54	0.056				
0.44	45	48	51	54	56	59	0.062			
0.46	47	50	53	56	59	62	65	0.068		
0.48	49	52	55	58	61	65	68	71	0.074	
0.50	51	54	58	61	64	67	70	74	77	0.080
0.52	53	57	60	63	67	70	73	77	80	83
0.54	55	59	62	66	69	73	76	79	83	86
0.56	57	61	65	68	72	75	79	82	86	90
0.58	59	63	67	71	74	78	82	85	89	93
0.60	61	65	69	73	77	81	84	88	92	96
0.62	63	67	71	75	79	83	87	91	95	99
0.64	66	70	74	78	82	86	90	94	98	102
0.66	68	72	76	80	84	89	93	97	101	106
0.68	70	74	78	83	87	91	96	100	104	109
0.70	72	76	81	85	90	94	99	103	108	112
0.72	74	78	83	88	92	97	101	106	111	115
0.74	76	81	85	90	95	99	104	109	114	118
0.76	78	83	88	92	97	102	107	112	117	122
0.78	80	85	90	95	100	105	110	115	120	125
0.80	82	87	92	97	102	108	113	118	123	128
0.82	84	89	94	100	105	110	115	121	126	131
0.84	86	91	97	102	108	113	118	124	129	134
0.86	88	94	99	105	110	116	121	127	132	138
0.88	90	96	101	107	113	118	124	130	135	141
0.90	92	98	104	109	115	121	127	132	138	144
0.92	94	100	106	112	118	124	130	135	141	147
0.94	96	102	108	114	120	126	132	138	144	150
0.96	98	104	111	117	123	129	135	141	147	154
0.98	100	107	113	119	125	132	138	144	151	157
1.00	102	109	115	122	128	134	141	147	154	160
1.02	104	111	118	124	131	137	144	150	157	163
1.04	106	113	120	126	133	140	146	153	160	166
1.06	109	115	122	129	136	142	149	156	163	170
1.08	111	118	124	131	138	145	152	159	166	173
1.10	113	120	127	134	141	148	155	162	169	176
1.12	115	122	129	136	143	151	158	165	172	179
1.14	117	124	131	139	146	153	161	168	175	182
1.16	119	126	134	141	148	156	164	171	178	186
1.18	121	128	136	143	151	159	167	174	181	189
1.20	123	131	138	146	154	161	169	177	184	192
1.22	125	133	141	148	156	164	172	180	187	195
1.24	127	135	143	151	159	167	175	183	190	198
1.26	129	137	145	153	161	169	177	185	194	202
1.28	131	139	147	156	164	172	180	188	197	205
1.30	133	141	150	158	166	175	183	191	200	208
1.32	135	144	152	161	169	177	186	194	203	211
1.34	137	146	154	163	172	180	189	197	206	214
1.36	139	148	157	165	174	183	191	200	209	218
1.38	141	150	159	168	177	185	194	203	212	221
1.40	143	152	161	170	179	188	197	206	215	224
1.42	145	154	164	173	182	191	200	209	218	227
1.44	147	157	166	175	184	194	203	212	221	230
1.46	150	159	168	178	187	196	206	215	224	234
1.48	152	161	170	180	189	199	208	218	227	237
1.50	154	163	173	182	192	202	211	221	230	240
1.52	156	165	175	185	195	204	214	224	233	243
1.54	158	168	177	187	197	207	217	227	237	246
1.56	160	170	180	190	200	210	220	230	240	250
1.58	162	172	182	192	202	212	222	233	243	253
1.60	164	174	184	195	205	215	225	236	246	256
1.62	166	176	187	197	207	218	228	238	249	259
1.64	168	178	189	199	210	220	231	241	252	262
1.66	170	181	191	202	212	223	234	244	255	266
1.68	172	183	194	204	215	226	237	247	258	269
1.70	174	185	196	207	218	228	239	250	261	272

0.32

Maß (Dicke) 32 Centimeter (0,32 m) ist.
dimensions (depth) are 32 centimetres (0,32 m).
(l'épaisseur) est 32 centimètres (0,32 m).

Länge/Length Longueur	Breite — Breadth — Largeur									
	0.52	0.54	0.56	0.58	0.60	0.62	0.64	0.66	0.68	0.70
	Inhalt in Kubikmetern — Solid Contents — Cubage									
0.52	0.087									
0.54	90	0.093								
0.56	93	97	0.100							
0.58	97	100	104	0.108						
0.60	100	104	107	111	0.115					
0.62	103	107	111	115	119	0.123				
0.64	106	111	115	119	123	127	0.131			
0.66	110	114	118	122	127	131	135	0.139		
0.68	113	117	122	126	131	135	139	144	0.148	
0.70	116	121	125	130	134	139	143	148	152	0.157
0.72	120	124	129	134	138	143	147	152	157	161
0.74	123	128	133	137	142	147	152	156	161	166
0.76	126	131	136	141	146	151	156	161	165	170
0.78	130	135	140	145	150	155	160	165	170	175
0.80	133	138	143	148	154	159	164	169	174	179
0.82	136	142	147	152	157	163	168	173	178	184
0.84	140	145	151	156	161	167	172	177	183	188
0.86	143	149	154	160	165	171	176	182	187	193
0.88	146	152	158	163	169	175	180	186	192	197
0.90	150	156	161	167	173	179	184	190	196	202
0.92	153	159	165	171	177	183	188	194	200	206
0.94	156	162	168	174	180	186	193	199	205	211
0.96	160	166	172	178	184	190	197	203	209	215
0.98	163	169	176	182	188	194	201	207	213	220
1.00	166	173	179	186	192	198	205	211	218	224
1.02	170	176	183	189	196	202	209	215	222	228
1.04	173	180	186	193	200	206	213	220	226	233
1.06	176	183	190	197	204	210	217	224	231	237
1.08	180	187	194	200	207	214	221	228	235	242
1.10	183	190	197	204	211	218	225	232	239	246
1.12	186	194	201	208	215	222	229	237	244	251
1.14	190	197	204	212	219	226	233	241	248	255
1.16	193	200	208	215	223	230	238	245	252	260
1.18	196	204	211	219	227	234	242	249	257	264
1.20	200	207	215	223	230	238	246	253	261	269
1.22	203	211	219	226	234	242	250	258	265	273
1.24	206	214	222	230	238	246	254	262	270	278
1.26	210	218	226	234	242	250	258	266	274	282
1.28	213	221	229	238	246	254	262	270	279	287
1.30	216	225	233	241	250	258	266	275	283	291
1.32	220	228	237	245	253	262	270	279	287	296
1.34	223	232	240	249	257	266	274	283	292	300
1.36	226	235	244	252	261	270	279	287	296	305
1.38	230	238	247	256	265	274	283	291	300	309
1.40	233	242	251	260	269	278	287	296	305	314
1.42	236	245	254	264	273	282	291	300	309	318
1.44	240	249	258	267	276	286	295	304	313	323
1.46	243	252	262	271	280	290	299	308	318	327
1.48	246	256	265	275	284	294	303	313	322	332
1.50	250	259	269	278	288	298	307	317	326	336
1.52	253	263	272	282	292	302	311	321	331	340
1.54	256	266	276	286	296	306	315	325	335	345
1.56	260	270	280	290	300	310	319	329	339	349
1.58	263	273	283	293	303	313	324	334	344	354
1.60	266	276	287	297	307	317	328	338	348	358
1.62	270	280	290	301	311	321	332	342	353	363
1.64	273	283	294	304	315	325	336	346	357	367
1.66	276	287	297	308	319	329	340	351	361	372
1.68	280	290	301	312	323	333	344	355	366	376
1.70	283	294	305	316	326	337	348	359	370	381

Kubik-Inhalt der Kolli, deren kleinstes
Solid contents of packages, whose least
Cubage des colis, dont la plus petite dimension

Länge/Length Longueur	Breite — Breadth — Largeur 0.72	0.74	0.76	0.78	0.80	0.82	0.84	0.86	0.88	0.90
	Inhalt in Kubikmetern — Solid Contents — Cubage									
0.72	0.166									
0.74	170	0.175								
0.76	175	180	0.185							
0.78	180	185	190	0.195						
0.80	184	189	195	200	0.205					
0.82	189	194	199	205	210	0.215				
0.84	194	199	204	210	215	220	0.226			
0.86	198	204	209	215	220	226	231	0.237		
0.88	203	208	214	220	225	231	237	242	0.248	
0.90	207	213	219	225	230	236	242	248	253	0.259
0.92	212	218	224	230	236	241	247	253	259	265
0.94	217	223	229	235	241	247	253	259	265	271
0.96	221	227	233	240	246	252	258	264	270	276
0.98	226	232	238	245	251	257	263	270	276	282
1.00	230	237	243	250	256	262	269	275	282	288
1.02	235	242	248	255	261	268	274	281	287	294
1.04	240	246	253	260	266	273	280	286	293	300
1.06	244	251	258	265	271	278	285	292	298	305
1.08	249	256	263	270	276	283	290	297	304	311
1.10	253	260	268	275	282	289	296	303	310	317
1.12	258	265	272	280	287	294	301	308	315	323
1.14	263	270	277	285	292	299	306	314	321	328
1.16	267	275	282	290	297	304	312	319	327	334
1.18	272	279	287	295	302	310	317	325	332	340
1.20	276	284	292	300	307	315	323	330	338	346
1.22	281	289	297	305	312	320	328	336	344	351
1.24	286	294	302	310	317	325	333	341	349	357
1.26	290	298	306	314	323	331	339	347	355	363
1.28	295	303	311	319	328	336	344	352	360	369
1.30	300	308	316	324	333	341	349	358	366	374
1.32	304	313	321	329	338	346	355	363	372	380
1.34	309	317	326	334	343	352	360	369	377	386
1.36	313	322	331	339	348	357	366	374	383	392
1.38	318	327	336	344	353	362	371	380	389	397
1.40	323	332	340	349	358	367	376	385	394	403
1.42	327	336	345	354	364	373	382	391	400	409
1.44	332	341	350	359	369	378	387	396	405	415
1.46	336	346	355	364	374	383	392	402	411	420
1.48	341	350	360	369	379	388	398	407	417	426
1.50	346	355	365	374	384	394	403	413	422	432
1.52	350	360	370	379	389	399	409	418	428	438
1.54	355	365	375	384	394	404	414	424	434	444
1.56	359	369	379	389	399	409	419	429	439	449
1.58	364	374	384	394	404	415	425	435	445	455
1.60	369	379	389	399	410	420	430	440	451	461
1.62	373	384	394	404	415	425	435	446	456	467
1.64	378	388	399	409	420	430	441	451	462	472
1.66	382	393	404	414	425	436	446	457	467	478
1.68	387	398	409	419	430	441	452	462	473	484
1.70	392	403	413	424	435	446	457	468	479	490
1.72	396	407	418	429	440	451	462	473	484	495
1.74	401	412	423	434	445	457	468	479	490	501
1.76	406	417	428	439	451	462	473	484	496	507
1.78	410	421	433	444	456	467	478	490	501	513
1.80	415	426	438	449	461	472	484	495	507	518
1.82	419	431	443	454	466	478	489	501	513	524
1.84	424	436	447	459	471	483	495	506	518	530
1.86	429	440	452	464	476	488	500	512	524	536
1.88	433	445	457	469	481	493	505	517	529	541
1.90	438	450	462	474	486	499	511	523	535	547
1.92	442	455	467	479	492	504	516	528	541	553
1.94	447	459	472	484	497	509	521	534	546	559
1.96	452	464	477	489	502	514	527	539	552	564
1.98	456	469	482	494	507	520	532	545	558	570
2.00	461	474	486	499	512	525	538	550	563	576
2.02	465	478	491	504	517	530	543	556	569	582
2.04	470	483	496	509	522	535	548	561	574	588
2.06	475	488	501	514	527	541	554	567	580	593
2.08	479	493	506	519	532	546	559	572	586	599
2.10	484	497	511	524	538	551	564	578	591	605

Maß (Dicke) 32 Centimeter (0,32 m) ist.
dimensions (depth) are 32 centimetres (0,32 m).
(l'épaisseur) est 32 centimètres (0,32 m).

Länge/Length Longueur	Breite — Breadth — Largeur									
	0.92	0.94	0.96	0.98	1.00	1.02	1.04	1.06	1.08	1.10
	Inhalt in Kubikmetern — Solid Contents — Cubage									
0.92	0.271									
0.94	277	0.283								
0.96	283	289	0.295							
0.98	289	295	301	0.307						
1.00	294	301	307	314	0.320					
1.02	300	307	313	320	326	0.333				
1.04	306	313	319	326	333	339	0.346			
1.06	312	319	326	332	339	346	353	0.360		
1.08	318	325	332	339	346	353	359	366	0.373	
1.10	324	331	338	345	352	359	366	373	380	0.387
1.12	330	337	344	351	358	366	373	380	387	394
1.14	336	343	350	358	365	372	379	387	394	401
1.16	342	349	356	364	371	379	386	393	401	408
1.18	347	355	362	370	378	385	393	400	408	415
1.20	353	361	369	376	384	392	399	407	415	422
1.22	359	367	375	383	390	398	406	414	422	429
1.24	365	373	381	389	397	405	413	421	429	436
1.26	371	379	387	395	403	411	419	427	435	444
1.28	377	385	393	401	410	418	426	434	442	451
1.30	383	391	399	408	416	424	433	441	449	458
1.32	389	397	406	414	422	431	439	448	456	465
1.34	394	403	412	420	429	437	446	455	463	472
1.36	400	409	418	426	435	444	453	461	470	479
1.38	406	415	424	433	442	450	459	468	477	486
1.40	412	421	430	439	448	457	466	475	484	493
1.42	418	427	436	445	454	463	473	482	491	500
1.44	424	433	442	452	461	470	479	488	498	507
1.46	430	439	449	458	467	477	486	495	505	514
1.48	436	445	455	464	474	483	493	502	511	521
1.50	442	451	461	470	480	490	499	509	518	528
1.52	447	457	467	477	486	496	506	516	525	535
1.54	453	463	473	483	493	503	513	522	532	542
1.56	459	469	479	489	499	509	519	529	539	549
1.58	465	475	485	495	506	516	526	536	546	556
1.60	471	481	492	502	512	522	532	543	553	563
1.62	477	487	498	508	518	529	539	550	560	570
1.64	483	493	504	514	525	535	546	556	567	577
1.66	489	499	510	521	531	542	552	563	574	584
1.68	495	505	516	527	538	548	559	570	581	591
1.70	500	511	522	533	544	555	566	577	588	598
1.72	506	517	528	539	550	561	572	583	594	605
1.74	512	523	535	546	557	568	579	590	601	612
1.76	518	529	541	552	563	574	586	597	608	620
1.78	524	535	547	558	570	581	592	604	615	627
1.80	530	541	553	564	576	588	599	611	622	634
1.82	536	547	559	571	582	594	606	617	629	641
1.84	542	553	565	577	589	601	612	624	636	648
1.86	548	559	571	583	595	607	619	631	643	655
1.88	553	566	578	590	602	614	626	638	650	662
1.90	559	572	584	596	608	620	632	644	657	669
1.92	565	578	590	602	614	627	639	651	664	676
1.94	571	584	596	608	621	633	646	658	670	683
1.96	577	590	602	615	627	640	652	665	677	690
1.98	583	596	608	621	634	646	659	672	684	697
2.00	589	602	614	627	640	653	666	678	691	704
2.02	595	608	621	633	646	659	672	685	698	711
2.04	601	614	627	640	653	666	679	692	705	718
2.06	606	620	633	646	659	672	686	699	712	725
2.08	612	626	639	652	666	679	692	706	719	732
2.10	618	632	645	659	672	685	699	712	726	739

Kubik-Inhalt der Kolli, deren kleinstes
Solid contents of packages, whose least
Cubage des colis, dont la plus petite dimension

Länge/Length Longueur	Breite — Breadth — Largeur 0.34	0.36	0.38	0.40	0.42	0.44	0.46	0.48	0.50	0.52
	Inhalt in Kubikmetern — Solid Contents — Cubage									
0.34	0.039									
0.36	42	0.044								
0.38	44	47	0.049							
0.40	46	49	52	0.054						
0.42	49	51	54	57	0.060					
0.44	51	54	57	60	63	0.066				
0.46	53	56	59	63	66	69	0.072			
0.48	55	59	62	65	69	72	75	0.078		
0.50	58	61	65	68	71	75	78	82	0.085	
0.52	60	64	67	71	74	78	81	85	88	0.092
0.54	62	66	70	73	77	81	84	88	92	95
0.56	65	69	72	76	80	84	87	91	95	99
0.58	67	71	75	79	83	87	91	95	99	103
0.60	69	73	78	82	86	90	94	98	102	106
0.62	72	76	80	84	89	93	97	101	105	110
0.64	74	78	83	87	91	96	100	104	109	113
0.66	76	81	85	90	94	99	103	108	112	117
0.68	79	83	88	92	97	102	106	111	116	120
0.70	81	86	90	95	100	105	109	114	119	124
0.72	83	88	93	98	103	108	113	118	122	127
0.74	86	91	96	101	106	111	116	121	126	131
0.76	88	93	98	103	109	114	119	124	129	134
0.78	90	95	101	106	111	117	122	127	133	138
0.80	92	98	103	109	114	120	125	131	136	141
0.82	95	100	106	112	117	123	128	134	139	145
0.84	97	103	109	114	120	126	131	137	143	149
0.86	99	105	111	117	123	129	135	140	146	152
0.88	102	108	114	120	126	132	138	144	150	156
0.90	104	110	116	122	129	135	141	147	153	159
0.92	106	113	119	125	131	138	144	150	156	163
0.94	109	115	121	128	134	141	147	153	160	166
0.96	111	118	124	131	137	144	150	157	163	170
0.98	113	120	127	133	140	147	153	160	167	173
1.00	116	122	129	136	143	150	156	163	170	177
1.02	118	125	132	139	146	153	160	166	173	180
1.04	120	127	134	141	149	156	163	170	177	184
1.06	123	130	137	144	151	159	166	173	180	187
1.08	125	132	140	147	154	162	169	176	184	191
1.10	127	135	142	150	157	165	172	180	187	194
1.12	129	137	145	152	160	168	175	183	190	198
1.14	132	140	147	155	163	171	178	186	194	202
1.16	134	142	150	156	166	174	181	189	197	205
1.18	136	144	152	160	169	177	185	193	201	209
1.20	139	147	155	163	171	180	188	196	204	212
1.22	141	149	158	166	174	183	191	199	207	216
1.24	143	152	160	169	177	186	194	202	211	219
1.26	146	154	163	171	180	188	197	206	214	223
1.28	148	157	165	174	183	191	200	209	218	226
1.30	150	159	168	177	186	194	203	212	221	230
1.32	153	162	171	180	188	197	206	215	224	233
1.34	155	164	173	182	191	200	210	219	228	237
1.36	157	166	176	185	194	203	213	222	231	240
1.38	160	169	178	188	197	206	216	225	235	244
1.40	162	171	181	190	200	209	219	228	238	248
1.42	164	174	183	193	203	212	222	232	241	251
1.44	166	176	186	196	206	215	225	235	245	255
1.46	169	179	189	199	209	218	228	238	248	258
1.48	171	181	191	201	211	221	231	241	252	262
1.50	173	184	194	204	214	224	235	245	255	265
1.52	176	186	196	207	217	227	238	248	258	269
1.54	178	188	199	209	220	230	241	251	262	272
1.56	180	191	202	212	223	233	244	255	265	276
1.58	183	193	204	215	226	236	247	258	269	279
1.60	185	196	207	218	228	239	250	261	272	283
1.62	187	198	209	220	231	242	253	264	275	286
1.64	190	201	212	223	234	245	256	268	279	290
1.66	192	203	214	226	237	248	260	271	282	293
1.68	194	206	217	228	240	251	263	274	286	297
1.70	197	208	220	231	243	254	266	277	289	301
1.72	199	211	222	234	246	257	269	281	292	304

Maß (Dicke) 34 Centimeter (0,34 m) ist.
dimensions (depth) are 34 centimetres (0,34 m).
(l'épaisseur) est 34 centimètres (0,34 m).

0.34

Länge/Length Longueur	Breite — Breadth — Largeur 0.54	0.56	0.58	0.60	0.62	0.64	0.66	0.68	0.70	0.72
	Inhalt in Kubikmetern — Solid Contents — Cubage									
0.54	0.099									
0.56	103	0.107								
0.58	106	110	0.114							
0.60	110	114	118	0.122						
0.62	114	118	122	126	0 131					
0.64	118	122	126	131	135	0.139				
0.66	121	126	130	135	139	144	0.148			
0.68	125	129	134	139	143	148	153	0.157		
0.70	129	133	138	143	148	152	157	162	0.167	
0.72	132	137	142	147	152	157	162	166	171	0.176
0.74	136	141	146	151	156	161	166	171	176	181
0.76	140	145	150	155	160	165	171	176	181	186
0.78	143	149	154	159	164	170	175	180	185	191
0.80	147	152	158	163	169	174	180	185	190	196
0.82	151	156	162	167	173	178	184	190	195	201
0.84	154	160	166	171	177	183	188	194	200	206
0.86	158	164	170	175	181	187	193	199	205	211
0.88	162	168	174	180	186	191	197	203	209	215
0.90	165	171	177	184	190	196	202	208	214	220
0.92	169	175	181	188	194	200	206	213	219	225
0.94	173	179	185	192	198	205	211	217	224	230
0.96	176	183	189	196	202	209	215	222	228	235
0.98	180	187	193	200	207	213	220	227	233	240
1.00	184	190	197	204	211	218	224	231	238	245
1.02	187	194	201	208	215	222	229	236	243	250
1.04	191	198	205	212	219	226	233	240	248	255
1.06	195	202	209	216	224	231	238	245	252	259
1.08	198	206	213	220	228	235	242	250	257	264
1.10	202	209	217	224	232	239	247	254	262	269
1.12	206	213	221	228	236	244	251	259	267	274
1.14	209	217	225	233	240	248	256	264	271	279
1.16	213	221	229	237	244	252	260	268	276	284
1.18	217	225	233	241	249	257	265	273	281	289
1.20	220	228	237	245	253	261	269	277	286	294
1.22	224	232	241	249	257	265	274	282	290	299
1.24	228	236	245	253	261	270	278	287	295	304
1.26	231	240	248	257	266	274	283	291	300	308
1.28	235	244	252	261	270	279	287	296	305	313
1.30	239	248	256	265	274	283	292	301	309	318
1.32	242	251	260	269	278	287	296	305	314	323
1.34	246	255	264	273	283	292	301	310	319	328
1.36	250	259	268	277	287	296	305	314	324	333
1.38	253	263	272	282	291	300	310	319	328	338
1.40	257	267	276	286	295	305	314	324	333	343
1.42	261	270	280	290	299	309	319	328	338	348
1.44	264	274	284	294	304	313	323	333	343	353
1.46	268	278	288	298	308	318	328	338	347	357
1.48	272	282	292	302	312	322	332	342	352	362
1.50	275	286	296	306	316	326	337	347	357	367
1.52	279	289	300	310	320	331	341	351	362	372
1.54	283	293	304	314	325	335	346	356	367	377
1.56	286	297	308	318	329	339	350	361	371	382
1.58	290	301	312	322	333	344	355	365	376	387
1.60	294	305	316	326	337	348	359	370	381	392
1.62	297	308	319	330	341	353	364	375	386	397
1.64	301	312	323	335	346	357	368	379	390	401
1.66	305	316	327	339	350	361	373	384	395	406
1.68	308	320	331	343	354	366	377	388	400	411
1.70	312	324	335	347	358	370	381	393	405	416
1.72	316	327	339	351	363	374	386	398	409	421

Kubik-Inhalt der Kolli, deren kleinstes
Solid contents of packages, whose least
Cubage des colis, dont la plus petite dimension

Länge/Length Longueur	Breite — Breadth — Largeur 0.74	0.76	0.78	0.80	0.82	0.84	0.86	0.88	0.90	0.92
	Inhalt in Kubikmetern — Solid Contents — Cubage									
0.74	0.186									
0.76	191	0.196								
0.78	196	202	0.207							
0.80	201	207	212	0.218						
0.82	206	212	218	223	0·229					
0.84	211	217	223	228	234	0.240				
0.86	216	222	228	234	240	246	0.251			
0.88	221	227	233	239	245	251	257	0.263		
0.90	226	233	239	245	251	257	263	269	0.275	
0.92	231	238	244	250	257	263	269	275	282	0.288
0.94	237	243	249	256	262	268	275	281	288	294
0.96	242	248	255	261	268	274	281	287	294	300
0.98	247	253	260	267	273	280	287	293	300	307
1.00	252	258	265	272	279	286	292	299	306	313
1.02	257	264	271	277	284	291	298	305	312	319
1.04	262	269	276	283	290	297	304	311	318	325
1.06	267	274	281	288	296	303	310	317	324	332
1.08	272	279	286	294	301	308	316	323	331	338
1.10	277	284	292	299	307	314	322	329	337	344
1.12	282	289	297	305	312	320	327	335	343	350
1.14	287	295	302	310	318	326	333	341	349	357
1.16	292	300	308	316	323	331	339	347	355	363
1.18	297	305	313	321	329	337	345	353	361	369
1.20	302	310	318	326	335	343	351	359	367	375
1.22	307	315	324	332	340	348	357	365	373	382
1.24	312	320	329	337	346	354	363	371	379	388
1.26	317	326	334	343	351	360	368	377	386	394
1.28	322	331	339	348	357	366	374	383	392	400
1.30	327	336	345	354	362	371	380	389	398	407
1.32	332	341	350	359	368	377	386	395	404	413
1.34	337	346	355	364	374	383	392	401	410	419
1.36	342	351	361	370	379	388	398	407	416	425
1.38	347	357	366	375	385	394	404	413	422	432
1.40	352	362	371	381	390	400	409	419	428	438
1.42	357	367	377	386	396	406	415	425	435	444
1.44	362	372	382	392	401	411	421	431	441	450
1.46	367	377	387	397	407	417	427	437	447	457
1.48	372	382	392	403	413	423	433	443	453	463
1.50	377	388	398	408	418	428	439	449	459	469
1.52	382	393	403	413	424	434	445	455	465	475
1.54	387	398	408	419	429	440	451	461	471	482
1.56	392	403	414	424	435	446	457	467	477	488
1.58	398	408	419	430	441	451	462	473	483	494
1.60	403	413	424	435	446	457	468	479	490	500
1.62	408	419	430	441	452	463	474	485	496	507
1.64	413	424	435	446	457	469	480	491	502	513
1.66	418	429	440	452	463	474	485	497	508	519
1.68	423	434	446	457	468	480	491	503	514	526
1.70	428	439	451	462	474	486	497	509	520	532
1.72	433	444	456	468	480	491	503	515	526	538
1.74	438	450	461	473	485	497	509	521	532	544
1.76	443	455	467	479	491	503	515	527	539	551
1.78	448	460	472	484	496	508	520	533	545	557
1.80	453	465	477	490	502	514	526	539	551	563
1.82	458	470	483	495	507	520	532	545	557	569
1.84	463	475	488	500	513	526	538	551	563	576
1.86	468	481	493	506	519	531	544	557	569	582
1.88	473	486	499	511	524	537	550	562	575	588
1.90	478	491	504	517	530	543	556	568	581	594
1.92	483	496	509	522	535	548	561	574	588	601
1.94	488	501	514	528	541	554	567	580	594	607
1.96	493	506	520	533	546	560	573	586	600	613
1.98	498	512	525	539	552	565	579	592	606	619
2.00	503	517	530	544	558	571	585	598	612	626
2.02	508	522	536	549	563	577	591	604	618	632
2.04	513	527	541	555	569	583	596	610	624	638
2.06	518	532	546	560	574	588	602	616	630	644
2.08	523	537	552	566	580	594	608	622	636	651
2.10	528	543	557	571	585	600	614	628	643	657
2.12	533	548	562	577	591	605	620	634	649	663

Maß (Dicke) 34 Centimeter (0,34 m) ist.
dimensions (depth) are 34 centimetres (0,34 m).
(l'épaisseur) est 34 centimètres (0,34 m).

Länge/Length Longueur	Breite — Breadth — Largeur									
	0.94	0.96	0.98	1.00	1.02	1.04	1.06	1.08	1.10	1.12
	Inhalt in Kubikmetern — Solid Contents — Cubage									
0.94	0.300									
0.96	307	0.313								
0.98	313	320	0.327							
1.00	320	326	333	0.340						
1.02	326	333	340	347	0.354					
1.04	332	339	347	354	361	0.368				
1.06	339	346	353	360	368	375	0.382			
1.08	345	353	360	367	375	382	389	0.397		
1.10	352	359	367	374	381	389	396	404	0.411	
1.12	358	366	373	381	388	396	404	411	419	0.426
1.14	364	372	380	388	395	403	411	419	426	434
1.16	371	379	387	394	402	410	418	426	434	442
1.18	377	385	393	401	409	417	425	433	441	449
1.20	384	392	400	408	416	424	432	441	449	457
1.22	390	398	407	415	423	431	440	448	456	465
1.24	396	405	413	422	430	438	447	455	464	472
1.26	403	411	420	428	437	446	454	463	471	480
1.28	409	418	426	435	444	453	461	470	479	487
1.30	415	424	433	442	451	460	469	477	486	495
1.32	422	431	440	449	458	467	476	485	494	503
1.34	428	437	446	456	465	474	483	492	501	510
1.36	435	444	453	462	472	481	490	499	509	518
1.38	441	450	460	469	479	488	497	507	516	526
1.40	447	457	466	476	486	495	505	514	524	533
1.42	454	463	473	483	492	502	512	521	531	541
1.44	460	470	480	490	499	509	519	529	539	548
1.46	467	477	486	496	506	516	526	536	546	556
1.48	473	483	493	503	513	523	533	543	554	564
1.50	479	490	500	510	520	530	541	551	561	571
1.52	486	496	506	517	527	537	548	558	568	579
1.54	492	503	513	524	534	545	555	565	576	586
1.56	499	509	520	530	541	552	562	573	583	594
1.58	505	516	526	537	548	559	569	580	591	602
1.60	511	522	533	544	555	566	577	588	598	609
1.62	518	529	540	551	562	573	584	595	606	617
1.64	524	535	546	558	569	580	591	602	613	625
1.66	531	542	553	564	576	587	598	610	621	632
1.68	537	548	560	571	583	594	605	617	628	640
1.70	543	555	566	578	590	601	613	624	636	647
1.72	550	561	573	585	596	608	620	632	643	655
1.74	556	568	580	592	603	615	627	639	651	663
1.76	562	574	586	598	610	622	634	646	658	670
1.78	569	581	593	605	617	629	642	654	666	678
1.80	575	588	600	612	624	636	649	661	673	685
1.82	582	594	606	619	631	644	656	668	681	693
1.84	588	601	613	626	638	651	663	676	688	701
1.86	594	607	620	632	645	658	670	683	696	708
1.88	601	614	626	639	652	665	678	690	703	716
1.90	607	620	633	646	659	672	685	698	711	724
1.92	614	627	640	653	666	679	692	705	718	731
1.94	620	633	646	660	673	686	699	712	726	739
1.96	626	640	653	666	680	693	706	720	733	746
1.98	633	646	660	673	687	700	714	727	741	754
2.00	639	653	666	680	694	707	721	734	748	762
2.02	646	659	673	687	701	714	728	742	755	769
2.04	652	666	680	694	707	721	735	749	763	777
2.06	658	672	686	700	714	728	742	756	770	784
2.08	665	679	693	707	721	736	750	764	778	792
2.10	671	685	700	714	728	743	757	771	785	800
2.12	678	692	706	721	735	750	764	778	793	807

Kubik-Inhalt der Kolli, deren kleinstes
Solid contents of packages, whose least
Cubage des colis, dont la plus petite dimension

Länge/Length Longueur	Breite — Breadth — Largeur									
	0.36	0.38	0.40	0.42	0.44	0.46	0.48	0.50	0.52	0.54
	Inhalt in Kubikmetern — Solid Contents — Cubage									
0.36	0.047									
0.38	49	0.052								
0.40	52	55	0.058							
0.42	54	57	60	0.064						
0.44	57	60	63	67	0.070					
0.46	60	63	66	70	73	0.076				
0.48	62	66	69	73	76	79	0.083			
0.50	65	68	72	76	79	83	86	0.090		
0.52	67	71	75	79	82	86	90	94	0.097	
0.54	70	74	78	82	86	89	93	97	101	0.105
0.56	73	77	81	85	89	93	97	101	105	109
0.58	75	79	84	88	92	96	100	104	109	113
0.60	78	82	86	91	95	99	104	108	112	117
0.62	80	85	89	94	98	103	107	112	116	121
0.64	83	88	92	97	101	106	111	115	120	124
0.66	86	90	95	100	105	109	114	119	124	128
0.68	88	93	98	103	108	113	118	122	127	132
0.70	91	96	101	106	111	116	121	126	131	136
0.72	93	98	104	109	114	119	124	130	135	140
0.74	96	101	107	112	117	123	128	133	139	144
0.76	98	104	109	115	120	126	131	137	142	148
0.78	101	107	112	118	124	129	135	140	146	152
0.80	104	109	115	121	127	132	138	144	150	156
0.82	106	112	118	124	130	136	142	148	154	159
0.84	109	115	121	127	133	139	145	151	157	163
0.86	111	118	124	130	136	142	149	155	161	167
0.88	114	120	127	133	139	146	152	158	165	171
0.90	117	123	130	136	143	149	156	162	168	175
0.92	119	126	132	139	146	152	159	166	172	179
0.94	122	129	135	142	149	156	162	169	176	183
0.96	124	131	138	145	152	159	166	173	180	187
0.98	127	134	141	148	155	162	169	176	183	191
1.00	130	137	144	151	158	166	173	180	187	194
1.02	132	140	147	154	162	169	176	184	191	198
1.04	135	142	150	157	165	172	179	187	195	202
1.06	137	145	153	160	168	176	183	191	198	206
1.08	140	148	156	163	171	179	186	194	202	210
1.10	143	150	158	166	174	182	190	198	206	214
1.12	145	153	161	169	177	185	193	202	210	218
1.14	148	156	164	172	181	189	197	205	213	222
1.16	150	159	167	175	184	192	200	209	217	226
1.18	153	161	170	178	187	195	204	212	221	229
1.20	156	164	173	181	190	199	207	216	225	233
1.22	158	167	176	184	193	202	211	220	228	237
1.24	161	170	179	187	196	205	214	223	232	241
1.26	163	172	181	191	200	209	218	227	236	245
1.28	166	175	184	194	203	212	221	230	240	249
1.30	168	178	187	197	206	215	225	234	243	253
1.32	171	181	190	200	209	219	228	238	247	257
1.34	174	183	193	203	212	222	232	241	251	260
1.36	176	186	196	206	215	225	235	245	255	264
1.38	179	189	199	209	219	229	238	248	258	268
1.40	181	192	202	212	222	232	242	252	262	272
1.42	184	194	204	215	225	235	245	256	266	276
1.44	187	197	207	218	228	238	249	259	270	280
1.46	189	200	210	221	231	242	252	263	273	284
1.48	192	202	213	224	234	245	256	266	277	288
1.50	194	205	216	227	238	248	259	270	281	292
1 52	197	208	219	230	241	252	263	274	285	295
1.54	199	211	222	233	244	255	266	277	288	299
1.56	202	213	225	236	247	258	270	281	292	303
1.58	205	216	228	239	250	262	273	284	296	307
1.60	207	219	230	242	253	265	276	288	300	311
1.62	210	222	233	245	257	268	280	292	303	315
1.64	212	224	236	248	260	272	283	295	307	319
1.66	215	227	239	251	263	275	287	299	311	323
1.68	218	230	242	254	266	278	290	302	315	327
1.70	220	233	245	257	269	282	294	306	318	330
1.72	223	235	248	260	272	285	297	310	322	334
1.74	226	238	251	263	276	288	301	313	326	338

Maß (Dicke) 36 Centimeter (0,36 m) ist.
dimensions (depth) are 36 centimetres (0,36 m).
(l'épaisseur) est 36 centimètres (0,36 m).

0.36

Länge/Length Longueur	Breite — Breadth — Largeur 0.56	0.58	0.60	0.62	0.64	0.66	0.68	0.70	0.72	0.74
	Inhalt in Kubikmetern — Solid Contents — Cubage									
0.56	0.113									
0.58	117	0.121								
0.60	121	125	0.130							
0.62	125	129	134	0.138						
0.64	129	134	138	143	0.147					
0.66	133	138	143	147	152	0.157				
0.68	137	142	147	152	157	162	0.166			
0.70	141	146	151	156	161	166	171	0.176		
0.72	145	150	156	161	166	171	176	181	0.187	
0.74	149	155	160	165	170	176	181	186	192	0.197
0.76	153	159	164	170	175	181	186	192	197	202
0.78	157	163	168	174	180	185	191	197	202	208
0.80	161	167	173	179	184	190	196	202	207	213
0.82	165	171	177	183	189	195	201	207	213	218
0.84	169	175	181	187	194	200	206	212	218	224
0.86	173	180	186	192	198	204	211	217	223	229
0.88	177	184	190	196	203	209	215	222	228	234
0.90	181	188	194	201	207	214	220	227	233	240
0.92	185	192	199	205	212	219	225	232	238	245
0.94	190	196	203	210	217	223	230	237	244	250
0.96	194	200	207	214	221	228	235	242	249	256
0.98	198	205	212	219	226	233	240	247	254	261
1.00	202	209	216	223	230	238	245	252	259	266
1.02	206	213	220	228	235	242	250	257	264	272
1.04	210	217	225	232	240	247	255	262	270	277
1.06	214	221	229	237	244	252	259	267	275	282
1.08	218	226	233	241	249	257	264	272	280	288
1.10	222	230	238	246	253	261	269	277	285	293
1.12	226	234	242	250	258	266	274	282	290	298
1.14	230	238	246	254	263	271	279	287	295	304
1.16	234	242	251	259	267	276	284	292	301	309
1.18	238	246	255	263	272	280	289	297	306	314
1.20	242	251	259	268	276	285	294	302	311	320
1.22	246	255	264	272	281	290	299	307	316	325
1.24	250	259	268	277	286	295	304	312	321	330
1.26	254	263	272	281	290	299	308	318	327	336
1.28	258	267	276	286	295	304	313	323	332	341
1.30	262	271	281	290	300	309	318	328	337	346
1.32	266	276	285	295	304	314	323	333	342	352
1.34	270	280	289	299	309	318	328	338	347	357
1.36	274	284	294	304	313	323	333	343	352	362
1.38	278	288	298	308	318	328	338	348	358	368
1.40	282	292	302	312	323	333	343	353	363	373
1.42	286	296	307	317	327	337	348	358	368	378
1.44	290	301	311	321	332	342	353	363	373	384
1.46	294	305	315	326	336	347	357	368	378	389
1.48	298	309	320	330	341	352	362	373	384	394
1.50	302	313	324	335	346	356	367	378	389	400
1.52	306	317	328	339	350	361	372	383	394	405
1.54	310	322	333	344	355	366	377	388	399	410
1.56	314	326	337	348	359	371	382	393	404	416
1.58	319	330	341	353	364	375	387	398	410	421
1.60	323	334	346	357	369	380	392	403	415	426
1.62	327	338	350	362	373	385	397	408	420	432
1.64	331	342	354	366	378	390	401	413	425	437
1.66	335	347	359	371	382	394	406	418	430	442
1.68	339	351	363	375	387	399	411	423	435	448
1.70	343	355	367	379	392	404	416	428	441	453
1.72	347	359	372	384	396	409	421	433	446	458
1.74	351	363	376	388	401	413	426	438	451	464

Kubik-Inhalt der Kolli, deren kleinstes
Solid contents of packages, whose least
Cubage des colis, dont la plus petite dimension

Länge/Length Longueur	Breite — Breadth — Largeur 0.76	0.78	0.80	0.82	0.84	0.86	0.88	0.90	0.92	0.94
	Inhalt in Kubikmetern — Solid Contents — Cubage									
0.76	0.208									
0.78	213	0.219								
0.80	219	225	0.230							
0.82	224	230	236	0.242						
0.84	230	236	242	248	0.254					
0.86	235	241	248	254	260	0.266				
0.88	241	247	253	260	266	272	0.279			
0.90	246	253	259	266	272	279	285	0.292		
0.92	252	258	265	272	278	285	291	298	0.305	
0.94	257	264	271	277	284	291	298	305	311	0.318
0.96	263	270	276	283	290	297	304	311	318	325
0.98	268	275	282	289	296	303	310	318	325	332
1.00	274	281	288	295	302	310	317	324	331	338
1.02	279	286	294	301	308	316	323	330	338	345
1.04	285	292	300	307	314	322	329	337	344	352
1.06	290	298	305	313	321	328	336	343	351	359
1.08	295	303	311	319	327	334	342	350	358	365
1.10	301	309	317	325	333	341	348	356	364	372
1.12	306	314	323	331	339	347	355	363	371	379
1.14	312	320	328	337	345	353	361	369	378	386
1.16	317	326	334	342	351	359	367	376	384	393
1.18	323	331	340	348	357	365	374	382	391	399
1.20	328	337	346	354	363	372	380	389	397	406
1.22	334	343	351	360	369	378	386	395	404	413
1.24	339	348	357	366	375	384	393	402	411	420
1.26	345	354	363	372	381	390	399	408	417	426
1.28	350	359	369	378	387	396	406	415	424	433
1.30	356	365	374	384	393	402	412	421	431	440
1.32	361	371	380	390	399	409	418	428	437	447
1.34	367	376	386	396	405	415	425	434	444	453
1.36	372	382	392	401	411	421	431	441	450	460
1.38	378	388	397	407	417	427	437	447	457	467
1.40	383	393	403	413	423	433	444	454	464	474
1.42	389	399	409	419	429	440	450	460	470	481
1.44	394	404	415	425	435	446	456	467	477	487
1.46	399	410	420	431	442	452	463	473	484	494
1.48	405	416	426	437	448	458	469	480	490	501
1.50	410	421	432	443	454	464	475	486	497	508
1.52	416	427	438	449	460	471	482	492	503	514
1.54	421	432	444	455	466	477	488	499	510	521
1.56	427	438	449	461	472	483	494	505	517	528
1.58	432	444	455	466	478	489	501	512	523	535
1.60	438	449	461	472	484	495	507	518	530	541
1.62	443	455	467	478	490	502	513	525	537	548
1.64	449	461	472	484	496	508	520	531	543	555
1.66	454	466	478	490	502	514	526	538	550	562
1.68	460	472	484	496	508	520	532	544	556	569
1.70	465	477	490	502	514	526	539	551	563	575
1.72	471	483	495	508	520	533	545	557	570	582
1.74	476	489	501	514	526	539	551	564	576	589
1.76	482	494	507	520	532	545	558	570	583	596
1.78	487	500	513	525	538	551	564	577	590	602
1.80	492	505	518	531	544	557	570	583	596	609
1.82	498	511	524	537	550	563	577	590	603	616
1.84	503	517	530	543	556	570	583	596	609	623
1.86	509	522	536	549	562	576	589	603	616	629
1.88	514	528	541	555	569	582	596	609	623	636
1.90	520	534	547	561	575	588	602	616	629	643
1.92	525	539	553	567	581	594	608	622	636	650
1.94	531	545	559	573	587	601	615	629	643	656
1.96	536	550	564	579	593	607	621	635	649	663
1.98	542	556	570	585	599	613	627	642	656	670
2.00	547	562	576	590	605	619	634	648	662	677
2.02	553	567	582	596	611	625	640	654	669	684
2.04	558	573	588	602	617	632	646	661	676	690
2.06	564	578	593	608	623	638	653	667	682	697
2.08	569	584	599	614	629	644	659	674	689	704
2.10	575	590	605	620	635	650	665	680	696	711
2.12	580	595	611	626	641	656	672	687	702	717
2.14	586	601	616	632	647	663	678	693	709	724

Maß (Dicke) 36 Centimeter (0,36 m) ist.
dimensions (depth) are 36 centimetres (0,36 m).
(l'épaisseur) est 36 centimètres (0,36 m).

Länge/Length Longueur	Breite — Breadth — Largeur									
	0.96	0.98	1.00	1.02	1.04	1.06	1.08	1.10	1.12	1.14
	Inhalt in Kubikmetern — Solid Contents — Cubage									
0.96	0.332									
0.98	339	0.346								
1.00	346	353	0.360							
1.02	353	360	367	0.375						
1.04	359	367	374	382	0.389					
1.06	366	374	382	389	397	0.404				
1.08	373	381	389	397	404	412	0.420			
1.10	380	388	396	404	412	420	428	0.436		
1.12	387	395	403	411	419	427	435	444	0.452	
1.14	394	402	410	419	427	435	443	451	460	0.468
1.16	401	409	418	426	434	443	451	459	468	476
1.18	408	416	425	433	442	450	459	467	476	484
1.20	415	423	432	441	449	458	467	475	484	492
1.22	422	430	439	448	457	466	474	483	492	501
1.24	429	437	446	455	464	473	482	491	500	509
1.26	435	445	454	463	472	481	490	499	508	517
1.28	442	452	461	470	479	488	498	507	516	525
1.30	449	459	468	477	487	496	505	515	524	534
1.32	456	466	475	485	494	504	513	523	532	542
1.34	463	473	482	492	502	511	521	531	540	550
1.36	470	480	490	499	509	519	529	539	548	558
1.38	477	487	497	507	517	527	537	546	556	566
1.40	484	494	504	514	524	534	544	554	564	575
1.42	491	501	511	521	532	542	552	562	573	583
1.44	498	508	518	529	539	549	560	570	581	591
1.46	505	515	526	536	547	557	568	578	589	599
1.48	511	522	533	543	554	565	575	586	597	607
1.50	518	529	540	551	562	572	583	594	605	616
1.52	525	536	547	558	569	580	591	602	613	624
1.54	532	543	554	565	577	588	599	610	621	632
1.56	539	550	562	573	584	595	607	618	629	640
1.58	546	557	569	580	592	603	614	626	637	648
1.60	553	564	576	588	599	611	622	634	645	657
1.62	560	572	583	595	607	618	630	642	653	665
1.64	567	579	590	602	614	626	638	649	661	673
1.66	574	586	598	610	622	633	645	657	669	681
1.68	581	593	605	617	629	641	653	665	677	689
1.70	588	600	612	624	636	649	661	673	685	698
1.72	594	607	619	632	644	656	669	681	694	706
1.74	601	614	626	639	651	664	677	689	702	714
1.76	608	621	634	646	659	672	684	697	710	722
1.78	615	628	641	654	666	679	692	705	718	731
1.80	622	635	648	661	674	687	700	713	726	739
1.82	629	642	655	668	681	695	708	721	734	747
1.84	636	649	662	676	689	702	715	729	742	755
1.86	643	656	670	683	696	710	723	737	750	763
1.88	650	663	677	690	704	717	731	744	758	772
1.90	657	670	684	698	711	725	739	752	766	780
1.92	664	677	691	705	719	733	746	760	774	788
1.94	670	684	698	712	726	740	754	768	782	796
1.96	677	691	706	720	734	748	762	776	790	804
1.98	684	699	713	727	741	756	770	784	798	813
2.00	691	706	720	734	749	763	778	792	806	821
2.02	698	713	727	742	756	771	785	800	814	829
2.04	705	720	734	749	764	778	793	808	823	838
2.06	712	727	742	756	771	786	801	816	831	846
2.08	719	734	749	764	779	794	809	824	839	854
2.10	726	741	756	771	786	801	816	832	847	862
2.12	733	748	763	778	794	809	824	840	855	870
2.14	740	755	770	786	801	817	832	847	863	878

Kubik-Inhalt der Kolli, deren kleinstes
Solid contents of packages, whose least
Cubage des colis, dont la plus petite dimension

Länge/Length Longueur	Breite — Breadth — Largeur									
	0.38	0.40	0.42	0.44	0.46	0.48	0.50	0.52	0.54	0.56
	Inhalt in Kubikmetern — Solid Contents — Cubage									
0.38	0.055									
0.40	58	0.061								
0.42	61	64	0.067							
0.44	64	67	70	0.074						
0.46	66	70	73	77	0.080					
0.48	69	73	77	80	84	0.088				
0.50	72	76	80	84	87	91	0.095			
0.52	75	79	83	87	91	95	99	0.103		
0.54	78	82	86	90	94	98	103	107	0.111	
0.56	81	85	89	94	98	102	106	111	115	0.119
0.58	84	88	93	97	101	106	110	115	119	123
0.60	87	91	96	100	105	109	114	119	123	128
0.62	90	94	99	104	108	113	118	123	127	132
0.64	92	97	102	107	112	117	122	126	131	136
0.66	95	100	105	110	115	120	125	130	135	140
0.68	98	103	109	114	119	124	129	134	140	145
0.70	101	106	112	117	122	128	133	138	144	149
0.72	104	109	115	120	126	131	137	142	148	153
0.74	107	112	118	124	129	135	141	146	152	157
0.76	110	116	121	127	133	139	144	150	156	162
0.78	113	119	124	130	136	142	148	154	160	166
0.80	116	122	128	134	140	146	152	158	164	170
0.82	118	125	131	137	143	150	156	162	168	174
0.84	121	128	134	140	147	153	160	166	172	179
0.86	124	131	137	144	150	157	163	170	176	183
0.88	127	134	140	147	154	160	167	174	181	187
0.90	130	137	144	150	157	164	171	178	185	192
0.92	133	140	147	154	161	168	175	182	189	196
0.94	136	143	150	157	164	171	179	186	193	200
0.96	139	146	153	161	168	175	182	190	197	204
0.98	142	149	156	164	171	179	186	194	201	209
1.00	144	152	160	167	175	182	190	198	205	213
1.02	147	155	163	171	178	186	194	202	209	217
1.04	150	158	166	174	182	190	198	206	213	221
1.06	153	161	169	177	185	193	201	209	218	226
1.08	156	164	172	181	189	197	205	213	222	230
1.10	159	167	176	184	192	201	209	217	226	234
1.12	162	170	179	187	196	204	213	221	230	238
1.14	165	173	182	191	199	208	217	225	234	243
1.16	168	176	185	194	203	212	220	229	238	247
1.18	170	179	188	197	206	215	224	233	242	251
1.20	173	182	192	201	210	219	228	237	246	255
1.22	176	185	195	204	213	223	232	241	250	260
1.24	179	188	198	207	217	226	236	245	254	264
1.26	182	192	201	211	220	230	239	249	259	268
1.28	185	195	204	214	224	233	243	253	263	272
1.30	188	198	207	217	227	237	247	257	267	277
1.32	191	201	211	221	231	241	251	261	271	281
1.34	193	204	214	224	234	244	255	265	275	285
1.36	196	207	217	227	238	248	258	269	279	289
1.38	199	210	220	231	241	252	262	273	283	294
1.40	202	213	223	234	245	255	266	277	287	298
1.42	205	216	227	237	248	259	270	281	291	302
1.44	208	219	230	241	252	263	274	285	295	306
1.46	211	222	233	244	255	266	277	288	300	311
1.48	214	225	236	247	259	270	281	292	304	315
1.50	217	228	239	251	262	274	285	296	308	319
1.52	219	231	243	254	266	277	289	300	312	323
1.54	222	234	246	257	269	281	293	304	316	328
1.56	225	237	249	261	273	285	296	308	320	332
1.58	228	240	252	264	276	288	300	312	324	336
1.60	231	243	255	268	280	292	304	316	328	340
1.62	234	246	259	271	283	295	308	320	332	345
1.64	237	249	262	274	287	299	312	324	337	349
1.66	240	252	265	278	290	303	315	328	341	353
1.68	243	255	268	281	294	306	319	332	345	358
1.70	245	258	271	284	297	310	323	336	349	362
1.72	248	261	275	288	301	314	327	340	353	366
1.74	251	264	278	291	304	317	331	344	357	370
1.76	254	268	281	294	308	321	334	348	361	375

Maß (Dicke) 38 Centimeter (0,38 m) ist.
dimensions (depth) are 38 centimetres (0,38 m).
(l'épaisseur) est 38 centimètres (0,38 m).

0.38

Länge/Length Longueur	Breite — Breadth — Largeur 0.58	0.60	0.62	0.64	0.66	0.68	0.70	0.72	0.74	0.76
	Inhalt in Kubikmetern — Solid Contents — Cubage									
0.58	0.128									
0.60	132	0.137								
0.62	137	141	0.146							
0.64	141	146	151	0.156						
0.66	145	150	155	161	0.166					
0.68	150	155	160	165	171	0.176				
0.70	154	160	165	170	176	181	0.186			
0.72	159	164	170	175	181	186	192	0.197		
0.74	163	169	174	180	186	191	197	202	0.208	
0.76	168	173	179	185	191	196	202	208	214	0.219
0.78	172	178	184	190	196	202	207	213	219	225
0.80	176	182	188	195	201	207	213	219	225	231
0.82	181	187	193	199	206	212	218	224	231	237
0.84	185	192	198	204	211	217	223	230	236	243
0.86	190	196	203	209	216	222	229	235	242	248
0.88	194	201	207	214	221	227	234	241	247	254
0.90	198	205	212	219	226	233	239	246	253	260
0.92	203	210	217	224	231	238	245	252	259	266
0.94	207	214	221	229	236	243	250	257	264	271
0.96	212	219	226	233	241	248	255	263	270	277
0.98	216	223	231	238	246	253	261	268	276	283
1.00	220	228	236	243	251	258	266	274	281	289
1.02	225	233	240	248	256	264	271	279	287	295
1.04	229	237	245	253	261	269	277	285	292	300
1.06	234	242	250	258	266	274	282	290	298	306
1.08	238	246	254	263	271	279	287	295	304	312
1.10	242	251	259	268	276	284	293	301	309	318
1.12	247	255	264	272	281	289	298	306	315	323
1.14	251	260	269	277	286	295	303	312	321	329
1.16	256	264	273	282	291	300	309	317	326	335
1.18	260	269	278	287	296	305	314	323	332	341
1.20	264	274	283	292	301	310	319	328	337	347
1.22	269	278	287	297	306	315	325	334	343	352
1.24	273	283	292	302	311	320	330	339	349	358
1.26	278	287	297	306	316	325	335	345	354	364
1.28	282	292	302	311	321	330	340	350	360	370
1.30	287	296	306	316	326	336	346	356	366	375
1.32	291	301	311	321	331	341	351	361	371	381
1.34	295	306	316	326	336	346	356	367	377	387
1.36	300	310	321	331	341	351	362	372	382	393
1.38	304	315	325	336	346	357	367	378	388	399
1.40	309	319	330	340	351	362	372	383	394	404
1.42	313	324	335	345	356	367	378	389	399	410
1.44	317	328	339	350	361	372	383	394	405	416
1.46	322	333	344	355	366	377	388	399	411	422
1.48	326	337	349	360	371	382	394	405	416	427
1.50	331	342	353	365	376	388	399	410	422	433
1.52	335	347	358	370	381	393	404	416	427	439
1.54	339	351	363	375	386	398	410	421	433	445
1.56	344	356	368	379	391	403	415	427	439	451
1.58	348	360	372	384	396	408	420	432	444	456
1.60	353	365	377	389	401	413	426	438	450	462
1.62	357	369	382	394	406	419	431	443	456	468
1.64	361	374	386	399	411	424	436	449	461	474
1.66	366	378	391	404	416	429	442	454	467	479
1.68	370	383	396	409	421	434	447	459	472	485
1.70	375	388	401	413	426	439	452	465	478	491
1.72	379	392	405	418	431	444	458	471	484	497
1.74	383	397	410	423	436	450	463	476	489	503
1.76	388	401	415	428	441	455	468	481	495	508

Kubik-Inhalt der Kolli, deren kleinstes
Solid contents of packages, whose least
Cubage des colis, dont la plus petite dimension

Länge/Length Longueur	Breite — Breadth — Largeur									
	0.78	0.80	0.82	0.84	0.86	0.88	0.90	0.92	0.94	0.96
	Inhalt in Kubikmetern -- Solid Contents — Cubage									
0.78	0.231									
0.80	237	0.243								
0.82	243	249	0.256							
0.84	249	255	262	0.268						
0.86	255	261	268	275	0.281					
0.88	261	268	274	281	288	0.294				
0.90	267	274	280	287	294	301	0.308			
0.92	273	280	287	294	301	308	315	0.322		
0.94	279	286	293	300	307	314	321	329	0.336	
0.96	285	292	299	306	314	321	328	336	343	0.350
0.98	290	298	305	313	320	328	335	343	350	358
1.00	296	304	312	319	327	334	342	350	357	365
1.02	302	310	318	326	333	341	349	357	364	372
1.04	308	316	324	332	340	348	356	364	371	379
1.06	314	322	330	338	346	354	363	371	379	387
1.08	320	328	337	345	353	361	369	378	386	394
1.10	326	334	343	351	359	368	376	385	393	401
1.12	332	340	349	358	366	375	383	392	400	409
1.14	338	347	355	364	373	381	390	399	407	416
1.16	344	353	361	370	379	388	397	406	414	423
1.18	350	359	368	377	386	395	404	413	421	430
1.20	356	365	374	383	392	401	410	420	429	438
1.22	362	371	380	389	399	408	417	427	436	445
1.24	368	377	386	396	405	415	424	434	443	452
1.26	373	383	393	402	412	421	431	440	450	460
1.28	379	389	399	409	418	428	438	447	457	467
1.30	385	395	405	415	425	435	445	454	464	474
1.32	391	401	411	421	431	441	451	461	472	482
1.34	397	407	418	428	438	448	458	468	479	489
1.36	403	413	424	434	444	455	465	475	486	496
1.38	409	419	430	440	451	461	472	482	493	503
1.40	415	426	436	447	458	468	479	489	500	511
1.42	421	432	442	453	464	475	486	496	507	518
1.44	427	438	449	460	471	482	492	503	514	525
1.46	433	444	455	466	477	488	499	510	522	533
1.48	439	450	461	472	484	495	506	517	529	540
1.50	445	456	467	479	490	502	513	524	536	547
1.52	451	462	474	485	497	508	520	531	543	554
1.54	456	468	480	491	503	515	527	538	550	562
1.56	462	474	486	498	510	522	534	545	557	569
1.58	468	480	492	504	516	528	540	552	564	576
1.60	474	486	499	511	523	535	547	559	572	584
1.62	480	492	505	517	529	542	554	566	579	591
1.64	486	498	511	523	536	548	561	573	586	598
1.66	492	504	517	530	542	555	568	580	593	606
1.68	498	510	523	536	549	562	575	587	600	613
1.70	504	517	530	543	556	568	581	594	607	620
1.72	510	523	536	549	562	575	588	601	614	627
1.74	516	529	542	555	569	582	595	608	622	635
1.76	522	535	548	562	575	589	602	615	629	642
1.78	528	541	555	568	582	595	609	622	636	649
1.80	534	547	561	575	588	602	616	629	643	657
1.82	539	553	567	581	595	609	622	636	650	664
1.84	545	559	573	587	601	615	629	643	657	671
1.86	551	565	580	594	608	622	636	650	664	679
1.88	557	572	586	600	614	629	643	657	672	686
1.90	563	578	592	606	621	635	650	664	679	693
1.92	569	584	598	613	627	642	657	671	686	700
1.94	575	590	605	619	634	649	663	678	693	708
1.96	581	596	611	626	641	655	670	685	700	715
1.98	587	602	617	632	647	662	677	692	707	722
2.00	593	608	623	638	654	669	684	699	714	730
2.02	599	614	629	645	660	675	691	706	722	737
2.04	605	620	636	651	667	682	698	713	729	744
2.06	611	626	642	658	673	689	705	720	736	751
2.08	617	632	648	664	680	696	711	727	743	759
2.10	622	638	654	670	686	702	718	734	750	766
2.12	628	644	661	677	693	709	725	741	757	773
2.14	634	651	667	683	699	716	732	748	764	781
2.16	640	657	673	689	706	722	739	755	772	788

Maß (Dicke) 38 Centimeter (0,38 m) ist.
dimensions (depth) are 38 centimetres (0,38 m).
(l'épaisseur) est 38 centimètres (0,38 m).

Länge/Length Longueur	Breite — Breadth — Largeur 0.98	1.00	1.02	1.04	1.06	1.08	1.10	1.12	1.14	1.16
	Inhalt in Kubikmetern — Solid Contents — Cubage									
0.98	0.365									
1.00	372	0.380								
1.02	380	388	0.395							
1.04	387	395	403	0.411						
1.06	395	403	411	419	0.427					
1.08	402	410	419	427	435	0.443				
1.10	410	418	426	435	443	451	0.460			
1.12	417	426	434	443	451	460	468	0.477		
1.14	425	433	442	451	459	468	477	485	0.494	
1.16	432	441	450	458	467	476	485	494	503	0.511
1.18	439	448	457	466	475	484	493	502	511	520
1.20	447	456	465	474	483	492	502	511	520	529
1.22	454	464	473	482	491	501	510	519	529	538
1.24	462	471	481	490	499	509	518	528	537	547
1.26	469	479	488	498	508	517	527	536	546	555
1.28	477	486	496	506	516	525	535	545	554	564
1.30	484	494	504	514	524	534	543	553	563	573
1.32	492	502	512	522	532	542	552	562	572	582
1.34	499	509	519	530	540	550	560	570	580	591
1.36	506	517	527	537	548	558	568	579	589	599
1.38	514	524	535	545	556	566	577	587	598	608
1.40	521	532	543	553	564	575	585	596	606	617
1.42	529	540	550	561	572	583	594	604	615	626
1.44	536	547	558	569	580	591	602	613	624	635
1.46	544	555	566	577	588	599	610	621	632	644
1.48	551	562	574	585	596	607	619	630	641	652
1.50	559	570	581	593	604	616	627	638	650	661
1.52	566	578	589	601	612	624	635	647	658	670
1.54	573	585	597	609	620	632	644	655	667	679
1.56	581	593	605	617	628	640	652	664	676	688
1.58	588	600	612	624	636	648	660	672	684	696
1.60	596	608	620	632	644	657	669	681	693	705
1.62	603	616	628	640	653	665	677	689	702	714
1.64	611	623	636	648	661	673	686	698	710	723
1.66	618	631	643	656	669	681	694	706	719	732
1.68	626	638	651	664	677	689	702	715	728	741
1.70	633	646	659	672	685	698	711	724	736	749
1.72	641	654	667	680	693	706	719	732	745	758
1.74	648	661	674	688	701	714	727	741	754	767
1.76	655	669	682	696	709	722	736	749	762	776
1.78	663	676	690	703	717	731	744	758	771	785
1.80	670	684	698	711	725	739	752	766	780	793
1.82	678	692	705	719	733	747	761	775	788	802
1.84	685	699	713	727	741	755	769	783	797	811
1.86	693	707	721	735	749	763	777	792	806	820
1.88	700	714	729	743	757	772	786	800	814	829
1.90	708	722	736	751	765	780	794	809	823	838
1.92	715	730	744	759	773	788	803	817	832	846
1.94	722	737	752	767	781	796	811	826	840	855
1.96	730	745	760	775	789	804	819	834	849	864
1.98	737	752	767	782	798	813	828	843	858	873
2.00	745	760	775	790	806	821	836	851	866	882
2.02	752	768	783	798	814	829	844	860	875	890
2.04	760	775	791	806	822	837	853	868	884	899
2.06	767	783	798	814	830	845	861	877	892	908
2.08	775	790	806	822	838	854	869	885	901	917
2.10	782	798	814	830	846	862	878	894	910	926
2.12	789	806	822	838	854	870	886	902	918	934
2.14	797	813	829	846	862	878	895	911	927	943
2.16	804	821	837	854	870	886	903	919	936	952

Kubik-Inhalt der Kolli, deren kleinstes
Solid contents of packages, whose least
Cubage des colis, dont la plus petite dimension

Länge/Length Longueur	Breite — Breadth — Largeur									
	0.40	0.42	0.44	0.46	0.48	0.50	0.52	0.54	0.56	0.58
	Inhalt in Kubikmetern — Solid Contents — Cubage									
0.40	0.064									
0.42	67	0.071								
0.44	70	74	0.077							
0.46	74	77	81	0.085						
0.48	77	81	84	88	0.092					
0.50	80	84	88	92	96	0.100				
0.52	83	87	92	96	100	104	0.108			
0.54	86	91	95	99	104	108	112	0.117		
0.56	90	94	99	103	108	112	116	121	0.125	
0.58	93	97	102	107	111	116	121	125	130	0.135
0.60	96	101	106	110	115	120	125	130	134	139
0.62	99	104	109	114	119	124	129	134	139	144
0.64	102	108	113	118	123	128	133	138	143	148
0.66	106	111	116	121	127	132	137	143	148	153
0.68	109	114	120	125	131	136	141	147	152	158
0.70	112	118	123	129	134	140	146	151	157	162
0.72	115	121	127	132	138	144	150	156	161	167
0.74	118	124	130	136	142	148	154	160	166	172
0.76	122	128	134	140	146	152	158	164	170	176
0.78	125	131	137	144	150	156	162	168	175	181
0.80	128	134	141	147	154	160	166	173	179	186
0.82	131	138	144	151	157	164	171	177	184	190
0.84	134	141	148	155	161	168	175	181	188	195
0.86	138	144	151	158	165	172	179	186	193	200
0.88	141	148	155	162	169	176	183	190	197	204
0.90	144	151	158	166	173	180	187	194	202	209
0.92	147	155	162	169	177	184	191	199	206	213
0.94	150	158	165	173	180	188	196	203	211	218
0.96	154	161	169	177	184	192	200	207	215	223
0.98	157	165	172	180	188	196	204	212	220	227
1.00	160	168	176	184	192	200	208	216	224	232
1.02	163	171	180	188	196	204	212	220	228	237
1.04	166	175	183	191	200	208	216	225	233	241
1.06	170	178	187	195	204	212	220	229	237	246
1.08	173	181	190	199	207	216	225	233	242	251
1.10	176	185	194	202	211	220	229	238	246	255
1.12	179	188	197	206	215	224	233	242	251	259
1.14	182	192	201	210	219	228	237	246	255	264
1.16	186	195	204	213	223	232	241	251	260	269
1.18	189	198	208	217	227	236	245	255	264	274
1.20	192	202	211	221	230	240	250	259	269	278
1.22	195	205	215	224	234	244	254	264	273	283
1.24	198	208	218	228	238	248	258	268	278	288
1.26	202	212	222	232	242	252	262	272	282	292
1.28	205	215	225	236	246	256	266	276	287	297
1.30	208	218	229	239	250	260	270	281	291	302
1.32	211	222	232	243	253	264	275	285	296	306
1.34	214	225	236	247	257	268	279	289	300	311
1.36	218	228	239	250	261	272	283	294	305	316
1.38	221	232	243	254	265	276	287	298	309	320
1.40	224	235	246	258	269	280	291	302	314	325
1.42	227	239	250	261	273	284	295	307	318	329
1.44	230	242	253	265	276	288	300	311	323	334
1.46	234	245	257	269	280	292	304	315	327	339
1.48	237	249	260	272	284	296	308	320	332	343
1.50	240	252	264	276	288	300	312	324	336	348
1.52	243	255	268	280	292	304	316	328	340	353
1.54	246	259	271	283	296	308	320	333	345	357
1.56	250	262	275	287	300	312	324	337	349	362
1.58	253	265	278	291	303	316	329	341	354	367
1.60	256	269	282	294	307	320	333	346	358	371
1.62	259	272	285	298	311	324	337	350	363	376
1.64	262	276	289	302	315	328	341	354	367	380
1.66	266	279	292	305	319	332	345	359	372	385
1.68	269	282	296	309	323	336	349	363	376	390
1.70	272	286	299	313	326	340	354	367	381	394
1.72	275	289	303	316	330	344	358	372	385	399
1.74	278	292	306	320	334	348	362	376	390	404
1.76	282	296	310	324	338	352	366	380	394	408
1.78	285	299	313	328	342	356	370	384	399	413

Maß (Dicke) 40 Centimeter (0,40 m) ist.
dimensions (depth) are 40 centimetres (0,40 m).
(l'épaisseur) est 40 centimètres (0,40 m).

0.40

Länge/Length Longueur	Breite — Breadth — Largeur									
	0.60	0.62	0.64	0.66	0.68	0.70	0.72	0.74	0.76	0.78
	Inhalt in Kubikmetern — Solid Contents — Cubage									
0.60	0.144									
0.62	149	0.154								
0.64	154	159	0.164							
0.66	158	164	169	0.174						
0.68	163	169	174	180	0.185					
0.70	168	174	179	185	190	0.196				
0.72	173	179	184	190	196	202	0.207			
0.74	178	184	189	195	201	207	213	0.219		
0.76	182	188	195	201	207	213	219	225	0.231	
0.78	187	193	200	206	212	218	225	231	237	0.243
0.80	192	198	205	211	218	224	230	237	243	250
0.82	197	203	210	216	223	230	236	243	249	256
0.84	202	208	215	222	228	235	242	249	255	262
0.86	206	213	220	227	234	241	248	255	261	268
0.88	211	218	225	232	239	246	253	260	268	275
0.90	216	223	230	238	245	252	259	266	274	281
0.92	221	228	236	243	250	258	265	272	280	287
0.94	226	233	241	248	256	263	271	278	286	293
0.96	230	238	246	253	261	269	276	284	292	300
0.98	235	243	251	259	267	274	282	290	298	306
1.00	240	248	256	264	272	280	288	296	304	312
1.02	245	253	261	269	277	286	294	302	310	318
1.04	250	258	266	275	283	291	300	308	316	324
1.06	254	263	271	280	288	297	305	314	322	331
1.08	259	268	276	285	294	302	311	320	328	337
1.10	264	273	282	290	299	308	317	326	334	343
1.12	269	278	287	296	305	314	323	332	340	349
1.14	274	283	292	301	310	319	328	337	347	356
1.16	278	288	297	306	316	325	334	343	353	362
1.18	283	293	302	312	321	330	340	349	359	368
1.20	288	298	307	317	326	336	346	355	365	374
1.22	293	303	312	322	332	342	351	361	371	381
1.24	298	308	317	327	337	347	357	367	377	387
1.26	302	312	323	333	343	353	363	373	383	393
1.28	307	317	328	338	348	358	369	379	389	399
1.30	312	322	333	343	354	364	374	385	395	406
1.32	317	327	338	348	359	370	380	391	401	412
1.34	322	332	343	354	364	375	386	397	407	418
1.36	326	337	348	359	370	381	392	403	413	424
1.38	331	342	353	364	375	386	397	408	420	431
1.40	336	347	358	370	381	392	403	414	426	437
1.42	341	352	364	375	386	398	409	420	432	443
1.44	346	357	369	380	392	403	415	426	438	449
1.46	350	362	374	385	397	409	420	432	444	456
1.48	355	367	379	391	403	414	426	438	450	462
1.50	360	372	384	396	408	420	432	444	456	468
1.52	365	377	389	401	413	426	438	450	462	474
1.54	370	382	394	407	419	431	444	456	468	480
1.56	374	387	399	412	424	437	449	462	474	487
1.58	379	392	404	417	430	442	455	468	480	493
1.60	384	397	410	422	435	448	461	475	486	499
1.62	389	402	415	428	441	454	467	480	492	505
1.64	394	407	420	433	446	459	472	485	499	512
1.66	398	412	425	438	452	465	478	491	505	518
1.68	403	417	430	444	457	470	484	497	511	524
1.70	408	422	435	449	462	476	490	503	517	530
1.72	413	427	440	454	468	482	495	509	523	537
1.74	418	432	445	459	473	487	501	515	529	543
1.76	422	436	451	465	479	493	507	521	535	549
1.78	427	441	456	470	484	498	513	527	541	555

Kubik-Inhalt der Kolli, deren kleinstes
Solid contents of packages, whose least
Cubage des colis, dont la plus petite dimension

Länge/Length Longueur	Breite — Breadth — Largeur 0.80	0.82	0.84	0.86	0.88	0.90	0.92	0.94	0.96	0.98
	Inhalt in Kubikmetern — Solid Contents — Cubage									
0.80	0.256									
0.82	262	0.269								
0.84	269	276	0.282							
0.86	275	282	289	0.296						
0.88	282	289	296	303	0.310					
0.90	288	295	302	310	317	0.324				
0.92	294	302	309	316	324	331	0.339			
0.94	301	308	316	323	331	338	346	0.353		
0.96	307	315	323	330	338	346	353	361	0.369	
0.98	314	321	329	337	345	353	361	368	376	0.384
1.00	320	328	336	344	352	360	368	376	384	392
1.02	326	335	343	351	359	367	375	384	392	400
1.04	333	341	349	358	366	374	383	391	399	408
1.06	339	348	356	365	373	382	390	399	407	416
1.08	346	354	363	372	380	389	397	406	415	423
1.10	352	361	370	378	387	396	405	414	422	431
1.12	358	367	376	385	394	403	412	421	430	439
1.14	365	374	383	392	401	410	420	429	438	447
1.16	371	380	390	399	408	418	427	436	445	455
1.18	378	387	396	406	415	425	434	444	453	463
1.20	384	394	403	413	422	432	442	451	461	470
1.22	390	400	410	420	429	439	449	459	468	478
1.24	397	407	417	427	436	446	456	466	476	486
1.26	403	413	423	433	444	454	464	474	484	494
1.28	410	420	430	440	451	461	471	481	492	502
1.30	416	426	437	447	458	468	478	489	499	510
1.32	422	433	444	454	465	475	486	496	507	517
1.34	429	440	450	461	472	482	493	504	515	525
1.36	435	446	457	468	479	490	500	511	522	533
1.38	442	453	464	475	486	497	508	519	530	541
1.40	448	459	470	482	493	504	515	526	538	549
1.42	454	466	477	488	500	511	523	534	545	557
1.44	461	472	484	495	507	518	530	541	553	564
1.46	467	479	491	502	514	526	537	549	561	572
1.48	474	485	497	509	521	533	545	556	568	580
1.50	480	492	504	516	528	540	552	564	576	588
1.52	486	499	511	523	535	547	559	572	584	596
1.54	493	505	517	530	542	554	567	579	591	604
1.56	499	512	524	537	549	562	574	587	599	612
1.58	506	518	531	544	556	569	581	594	607	619
1.60	512	525	538	550	563	576	589	602	614	627
1.62	518	531	544	557	570	583	596	609	622	635
1.64	525	538	551	564	577	590	604	617	630	643
1.66	531	544	558	571	584	598	611	624	637	651
1.68	538	551	564	578	591	605	618	632	645	659
1.70	544	558	571	585	598	612	626	639	653	666
1.72	550	564	578	592	605	619	633	647	660	674
1.74	557	571	585	599	612	626	640	654	668	682
1.76	563	577	591	605	620	634	648	662	676	690
1.78	570	584	598	612	627	641	655	669	684	698
1.80	576	590	605	619	634	648	662	677	691	706
1.82	582	597	612	626	641	655	670	685	699	713
1.84	589	604	618	633	648	662	677	692	707	721
1.86	595	610	625	640	655	670	684	699	714	729
1.88	602	617	632	647	662	677	692	707	722	737
1.90	608	623	638	654	669	684	699	714	730	745
1.92	614	630	645	660	676	691	707	722	737	753
1.94	621	636	652	667	683	698	714	729	745	760
1.96	627	643	659	674	690	706	721	737	753	768
1.98	634	649	665	681	697	713	729	744	760	776
2.00	640	656	672	688	704	720	736	752	768	784
2.02	646	663	679	695	711	727	743	760	776	792
2.04	653	669	685	702	718	734	751	767	783	800
2.06	659	676	692	709	725	742	758	775	791	808
2.08	666	682	699	716	732	749	765	782	799	815
2.10	672	689	706	722	739	756	773	790	806	823
2 12	678	695	712	729	746	763	780	797	814	831
2.14	685	702	719	736	752	770	788	805	822	839
2.16	691	708	726	743	760	778	795	812	829	847
2.18	698	715	732	750	767	785	802	820	837	855

Maß (Dicke) 40 Centimeter (0,40 m) ist.
dimensions (depth) are 40 centimetres (0,40 m).
(l'épaisseur) est 40 centimètres (0,40 m).

Länge/Length Longueur	Breite — Breadth — Largeur									
	1.00	1.02	1.04	1.06	1.08	1.10	1.12	1.14	1.16	1.18
	Inhalt in Kubikmetern — Solid Contents — Cubage									
1.00	0.400									
1.02	408	0.416								
1.04	416	424	0.433							
1.06	424	432	441	0.449						
1.08	432	441	449	458	0.467					
1.10	440	449	458	466	475	0.484				
1.12	448	457	466	475	484	493	0.502			
1.14	456	465	474	483	492	502	511	0.520		
1.16	464	473	483	492	501	510	520	529	0.538	
1.18	472	481	491	500	510	519	529	538	548	0.557
1.20	480	490	499	509	518	528	538	547	557	566
1.22	488	498	508	517	527	537	547	556	566	576
1.24	496	506	516	526	536	546	556	565	575	585
1.26	504	514	524	534	544	554	564	575	585	595
1.28	512	522	532	543	553	563	573	584	594	604
1.30	520	530	541	551	562	572	582	593	603	614
1.32	528	539	549	560	570	581	591	602	612	623
1.34	536	547	557	568	579	590	600	611	622	632
1.36	544	555	566	577	588	598	609	620	631	642
1.38	552	563	574	585	596	607	618	629	640	651
1.40	560	571	582	594	605	616	627	638	650	661
1.42	568	579	591	602	613	625	636	648	659	670
1.44	576	588	599	611	622	634	645	657	668	680
1.46	584	596	607	619	631	642	654	666	677	689
1.48	592	604	616	628	639	651	663	675	687	699
1.50	600	612	624	636	648	660	672	684	696	708
1.52	608	620	632	644	657	669	681	693	705	717
1.54	616	628	641	653	665	678	690	702	715	727
1.56	624	636	649	661	674	686	699	711	724	736
1.58	632	645	657	670	683	695	708	720	733	746
1.60	640	653	666	678	691	704	717	730	742	755
1.62	648	661	674	687	700	713	726	739	752	765
1.64	656	669	682	695	708	722	735	748	761	774
1.66	664	677	691	704	717	730	744	757	770	784
1.68	672	685	699	712	726	739	753	766	780	793
1.70	680	694	707	721	734	748	762	775	789	802
1.72	688	702	716	729	743	757	771	784	798	812
1.74	696	710	724	738	752	766	780	793	807	821
1.76	704	718	732	746	760	774	788	803	817	831
1.78	712	726	740	755	769	783	797	812	826	840
1.80	720	734	749	763	778	792	806	821	835	850
1.82	728	743	757	772	786	801	815	830	844	859
1.84	736	751	765	780	795	810	824	839	854	868
1.86	744	759	774	789	804	818	833	848	863	878
1.88	752	767	782	797	812	827	842	857	872	887
1.90	760	775	790	806	821	836	851	866	882	897
1.92	768	783	799	814	829	845	860	876	891	906
1.94	776	792	807	823	838	854	869	885	900	916
1.96	784	800	815	831	847	862	878	894	909	925
1.98	792	808	824	840	855	871	887	903	919	935
2.00	800	816	832	848	864	880	896	912	928	944
2.02	808	824	840	856	872	889	905	921	937	953
2.04	816	832	849	865	881	898	914	930	947	963
2.06	824	840	857	873	889	906	923	939	956	972
2.08	832	849	865	882	898	915	932	948	965	982
2.10	840	857	874	890	907	924	941	958	974	991
2.12	848	865	882	899	916	933	950	967	984	1.001
2.14	856	873	890	907	924	942	959	976	993	1.010
2.16	864	881	899	916	933	950	968	985	1.002	1.020
2.18	872	889	907	924	942	959	977	994	1.012	1.029

Kubik-Inhalt der Kolli, deren kleinstes
Solid contents of packages, whose least
Cubage des colis, dont la plus petite dimension

Länge/Length Longueur	Breite — Breadth — Largeur									
	0.42	0.44	0.46	0.48	0.50	0.52	0.54	0.56	0.58	0.60
	Inhalt in Kubikmetern — Solid Contents — Cubage									
0.42	0.074									
0.44	78	0.081								
0.46	81	85	0.089							
0.48	85	89	93	0.097						
0.50	88	92	97	101	0.105					
0.52	92	96	100	105	109	0.114				
0.54	95	100	104	109	113	118	0.122			
0.56	99	103	108	113	118	122	127	0.132		
0.58	102	107	112	117	122	127	132	136	0.141	
0.60	106	111	116	121	126	131	136	141	146	0.151
0.62	109	115	120	125	130	135	141	146	151	156
0.64	113	118	124	129	134	140	145	151	156	161
0.66	116	122	128	133	139	144	150	155	161	166
0.68	120	126	131	137	143	149	154	160	166	171
0.70	123	129	135	141	147	153	159	165	171	176
0.72	127	133	139	145	151	157	163	169	175	181
0.74	131	137	143	149	155	162	168	174	180	186
0.76	134	140	147	153	160	166	172	179	185	192
0.78	138	144	151	157	164	170	177	183	190	197
0.80	141	148	155	161	168	175	181	188	195	202
0.82	145	152	158	165	172	179	186	193	200	207
0.84	148	155	162	169	176	183	191	198	205	212
0.86	152	159	166	173	181	188	195	202	209	217
0.88	155	163	170	177	185	192	200	207	214	222
0.90	159	166	174	181	189	197	204	212	219	227
0.92	162	170	178	185	193	201	209	216	224	232
0.94	166	174	182	190	197	205	213	221	229	237
0.96	169	177	185	194	202	210	218	226	234	242
0.98	173	181	189	198	206	214	222	230	239	247
1.00	176	185	193	202	210	218	227	235	244	252
1.02	180	188	197	206	214	223	231	240	248	257
1.04	183	192	201	210	218	227	236	245	253	262
1.06	187	196	205	214	223	232	240	249	258	267
1.08	191	200	209	218	227	236	245	254	263	272
1.10	194	203	213	222	231	240	249	259	268	277
1.12	198	207	216	226	235	245	254	263	273	282
1.14	201	211	220	230	239	249	259	268	278	287
1.16	205	214	224	234	244	253	263	273	283	292
1.18	208	218	228	238	248	258	268	278	287	297
1.20	212	222	232	242	252	262	272	282	292	302
1.22	215	225	236	246	256	266	277	287	297	307
1.24	219	229	240	250	260	271	281	292	302	312
1.26	222	233	243	254	265	275	286	296	307	318
1.28	226	237	247	258	269	280	290	301	312	323
1.30	229	240	251	262	273	284	295	306	317	328
1.32	233	244	255	266	277	288	299	310	322	333
1.34	236	248	259	270	281	293	304	315	326	338
1.36	240	251	263	274	286	297	308	320	331	343
1.38	243	255	267	278	290	301	313	325	336	348
1.40	247	259	270	282	294	306	318	329	341	353
1.42	250	262	274	286	298	310	322	334	346	358
1.44	254	266	278	290	302	314	327	339	351	363
1.46	258	270	282	294	307	319	331	343	356	368
1.48	261	274	286	298	311	323	336	348	361	373
1.50	265	277	290	302	315	328	340	353	365	378
1.52	268	281	294	306	319	332	345	358	370	383
1.54	272	285	298	310	323	336	349	362	375	388
1.56	275	288	301	314	328	341	354	367	380	393
1.58	279	292	305	319	332	345	358	372	385	398
1.60	282	296	309	323	336	349	363	376	390	403
1.62	286	299	313	327	340	354	367	381	395	408
1.64	289	303	317	331	344	358	372	386	400	413
1.66	293	307	321	335	349	363	376	390	404	418
1.68	296	310	325	339	353	367	381	395	409	423
1.70	300	314	328	343	357	371	386	400	414	428
1.72	303	318	332	347	361	376	390	405	419	433
1.74	307	322	336	351	365	380	395	409	424	438
1.76	310	325	340	355	370	384	399	414	429	444
1.78	314	329	344	359	374	389	404	419	434	449
1.80	318	333	348	363	378	393	408	423	438	454

Maß (Dicke) 42 Centimeter (0,42 m) ist.
dimensions (depth) are 42 centimetres (0,42 m).
(l'épaisseur) est 42 centimètres (0,42 m).

0.42

Länge/Length Longueur	Breite — Breadth — Largeur 0.62	0.64	0.66	0.68	0.70	0.72	0.74	0.76	0.78	0.80
	Inhalt in Kubikmetern — Solid Contents — Cubage									
0.62	0.161									
0.64	167	0.172								
0.66	172	177	0.183							
0.68	177	183	188	0.194						
0.70	182	188	194	200	0.206					
0.72	187	194	200	206	212	0.218				
0.74	193	199	205	211	218	224	0.230			
0.76	198	204	211	217	223	230	236	0.243		
0.78	203	210	216	223	229	236	242	249	0.256	
0.80	208	215	222	228	235	242	249	255	262	0.269
0.82	214	220	227	234	241	248	255	262	269	276
0.84	219	226	233	240	247	254	261	268	275	282
0.86	224	231	238	246	253	260	267	275	282	289
0.88	229	237	244	251	259	266	274	281	288	296
0.90	234	242	249	257	265	272	280	287	295	302
0.92	240	247	255	263	270	278	286	294	301	309
0.94	245	253	261	268	276	284	292	300	308	316
0.96	250	258	266	274	282	290	298	306	314	323
0.98	255	263	272	280	288	296	305	313	321	329
1.00	260	269	277	286	294	302	311	319	328	336
1.02	266	274	283	291	300	308	317	326	334	343
1.04	271	280	288	297	306	314	323	332	341	349
1.06	276	285	294	303	312	321	329	338	347	356
1.08	281	290	299	308	318	327	336	345	354	363
1.10	286	296	305	314	323	333	342	351	360	370
1.12	292	301	310	320	329	339	348	358	367	376
1.14	297	306	316	326	335	345	354	364	373	383
1.16	302	312	322	331	341	351	361	370	380	390
1.18	307	317	327	337	347	357	367	377	387	396
1.20	312	323	333	343	353	363	373	383	393	403
1.22	318	328	338	348	359	369	379	389	400	410
1.24	323	333	344	354	365	375	385	396	406	417
1.26	328	339	349	360	370	381	392	402	413	423
1.28	333	344	355	366	376	387	398	409	419	430
1.30	339	349	360	371	382	393	404	415	426	437
1.32	344	355	366	377	388	399	410	421	432	444
1.34	349	360	371	383	394	405	416	428	439	450
1.36	354	366	377	388	400	411	423	434	446	457
1.38	359	371	383	394	406	417	429	440	452	464
1.40	365	376	388	400	412	423	435	447	459	470
1.42	370	382	394	406	417	429	441	453	465	477
1.44	375	387	399	411	423	435	448	460	472	484
1.46	380	392	405	417	429	441	454	466	478	491
1.48	385	398	410	423	435	448	460	472	485	497
1.50	391	403	416	428	441	454	466	479	491	504
1.52	396	409	421	434	447	460	472	485	498	511
1.54	401	414	427	440	453	466	479	492	505	517
1.56	406	419	432	446	459	472	485	498	511	524
1.58	411	425	438	451	465	478	491	504	518	531
1.60	417	430	444	457	470	484	497	511	524	538
1.62	422	435	449	463	476	490	503	517	531	544
1.64	427	441	455	468	482	496	510	523	537	551
1.66	432	446	460	474	488	502	516	530	544	558
1.68	437	452	466	480	494	508	522	536	550	564
1.70	443	457	471	486	500	514	528	543	557	571
1.72	448	462	477	491	506	520	534	549	563	578
1.74	453	468	482	497	512	526	540	555	570	585
1.76	458	473	488	503	517	532	547	562	577	591
1.78	464	478	493	508	523	538	553	568	583	598
1.80	469	484	499	514	529	544	559	575	590	605

Kubik-Inhalt der Kolli, deren kleinstes
Solid contents of packages, whose least
Cubage des colis, dont la plus petite dimension

Länge/Length Longueur	Breite — Breadth — Largeur									
	0.82	0.84	0.86	0.88	0.90	0.92	0.94	0.96	0.98	1.00
	Inhalt in Kubikmetern — Solid Contents — Cubage									
0.82	0.282									
0.84	289	0.296								
0.86	296	303	0.311							
0.88	303	310	318	0.325						
0.90	310	318	325	333	0.340					
0.92	317	325	332	340	348	0.355				
0.94	324	332	340	347	355	363	0.371			
0.96	331	339	347	355	363	371	379	0.387		
0.98	338	346	354	362	370	379	387	395	0.403	
1.00	344	353	361	370	378	386	395	403	412	0.420
1.02	351	360	368	377	386	394	403	411	420	428
1.04	358	367	376	384	393	402	411	419	428	437
1.06	365	374	383	392	401	410	418	427	436	445
1.08	372	381	390	399	408	417	426	435	445	454
1.10	379	388	397	407	416	425	434	444	453	462
1.12	386	395	405	414	423	433	442	452	461	470
1.14	393	402	412	421	431	440	450	460	469	479
1.16	400	409	419	429	438	448	458	468	478	487
1.18	406	416	426	436	446	456	466	476	486	496
1.20	413	423	433	444	454	464	474	484	494	504
1.22	420	430	441	451	461	471	482	492	502	512
1.24	427	437	448	458	469	479	490	500	510	521
1.26	434	445	455	466	476	487	497	508	519	529
1.28	441	452	462	473	484	495	505	516	527	538
1.30	448	459	470	480	491	502	513	524	535	546
1.32	455	466	477	488	499	510	521	532	543	554
1.34	461	473	484	495	507	518	529	540	552	563
1.36	468	480	491	503	514	526	537	548	560	571
1.38	475	487	498	510	522	533	545	556	568	580
1.40	482	494	506	517	529	541	553	564	576	588
1.42	489	501	513	521	537	549	561	573	584	596
1.44	496	508	520	532	544	556	569	581	593	605
1.46	503	515	527	540	552	564	576	589	601	613
1.48	510	522	535	547	559	572	584	597	609	622
1.50	517	529	542	554	567	580	592	605	617	630
1.52	523	536	549	562	575	587	600	613	626	638
1.54	530	543	556	569	582	595	608	621	634	647
1.56	537	550	563	577	590	603	616	629	642	655
1.58	544	557	571	584	597	611	624	637	650	664
1.60	551	564	578	591	605	618	632	645	659	672
1.62	558	572	585	599	612	626	640	653	667	680
1.64	565	579	592	606	620	634	647	661	675	689
1.66	572	586	600	614	627	641	655	669	683	697
1.68	579	593	607	621	635	649	663	677	691	706
1.70	585	600	614	628	643	657	671	685	700	714
1.72	592	607	621	636	650	665	679	694	708	722
1.74	599	614	628	643	658	672	687	702	716	731
1.76	606	621	636	650	665	680	695	710	724	739
1.78	613	628	643	658	673	688	703	718	733	748
1.80	620	635	650	665	680	696	711	726	741	756
1.82	627	642	657	673	688	703	719	734	749	764
1.84	634	649	665	680	696	711	726	742	757	773
1.86	641	656	672	687	703	719	734	750	766	781
1.88	647	663	679	695	711	726	742	758	774	790
1.90	654	670	686	702	718	734	750	766	782	798
1.92	661	677	694	710	726	742	758	774	790	806
1.94	668	684	701	717	733	750	766	782	799	815
1.96	675	691	708	724	741	757	774	790	807	823
1 98	682	699	715	732	748	765	782	798	815	832
2.00	689	706	722	739	756	773	790	806	823	840
2.02	696	713	730	747	764	781	797	814	831	848
2.04	703	720	737	754	771	788	805	823	840	857
2.06	709	727	744	761	779	796	813	831	848	865
2.08	716	734	751	769	786	804	821	839	856	874
2.10	723	741	759	776	794	811	829	847	864	882
2.12	730	748	766	784	801	819	837	855	873	890
2.14	737	755	773	791	809	827	845	863	881	899
2.16	744	762	780	798	816	835	853	871	889	907
2.18	751	769	787	806	824	842	861	879	897	916
2.20	758	776	795	813	832	850	869	887	906	924

Maß (Dicke) 42 Centimeter (0,42 m) ist.
dimensions (depth) are 42 centimetres (0,42 m).
(l'épaisseur) est 42 centimètres (0,42 m).

Länge/Length Longueur	Breite — Breadth — Largeur									
	1.02	1.04	1.06	1.08	1.10	1.12	1.14	1.16	1.18	1.20
	Inhalt in Kubikmetern — Solid Contents — Cubage									
1.02	0.437									
1.04	446	0.454								
1.06	454	463	0.472							
1.08	463	472	481	0.490						
1.10	471	480	490	499	0.508					
1.12	480	489	499	508	517	0.527				
1.14	488	498	508	517	527	536	0.546			
1.16	497	507	516	526	536	546	555	0.565		
1.18	506	515	525	535	545	555	565	575	0.585	
1.20	514	524	534	544	554	564	575	585	595	0.605
1.22	523	533	543	553	564	574	584	594	605	615
1.24	531	542	552	562	573	583	594	604	615	625
1.26	540	550	561	572	582	593	603	614	624	635
1.28	548	559	570	581	591	602	613	624	634	645
1.30	557	568	579	590	601	612	622	633	644	655
1.32	565	577	588	599	610	621	632	643	654	665
1.34	574	585	597	608	619	630	642	653	664	675
1.36	583	594	605	617	628	640	651	663	674	685
1.38	591	603	614	626	638	649	661	672	684	696
1.40	600	612	623	635	647	659	670	682	694	706
1.42	608	620	632	644	656	668	680	692	704	716
1.44	617	629	641	653	665	677	689	702	714	726
1.46	625	638	650	662	675	687	699	711	724	736
1.48	634	646	659	671	684	696	709	721	733	746
1.50	643	655	668	680	693	706	718	731	743	756
1.52	651	664	677	689	702	715	728	741	753	766
1.54	660	673	686	699	711	724	737	750	763	776
1.56	668	681	695	708	721	734	747	760	773	786
1.58	677	690	703	717	730	743	757	770	783	796
1.60	685	699	712	726	739	753	766	780	793	806
1.62	694	708	721	735	748	762	776	789	803	816
1.64	703	716	730	744	758	771	785	799	813	827
1.66	711	725	739	753	767	781	795	809	823	837
1.68	720	734	748	762	776	790	804	819	833	847
1.70	728	743	757	771	785	800	814	828	843	857
1.72	737	751	766	780	795	809	824	838	852	867
1.74	745	760	775	789	804	818	833	848	862	877
1.76	754	769	784	798	813	828	843	858	872	887
1.78	763	778	792	807	822	837	852	867	882	897
1.80	771	786	801	816	832	847	862	877	892	907
1.82	780	795	810	826	841	856	871	887	902	917
1.84	788	804	819	835	850	866	881	896	912	927
1.86	797	812	828	844	859	875	891	906	922	937
1.88	805	821	837	853	869	884	900	916	932	948
1.90	814	830	846	862	878	894	910	926	942	958
1.92	823	839	855	871	887	903	919	935	952	968
1.94	831	847	864	880	896	913	929	945	961	978
1.96	840	856	873	889	906	922	938	955	971	988
1.98	848	865	881	898	915	931	948	965	981	998
2.00	857	874	890	907	924	941	958	975	991	1.008
2.02	865	882	899	916	933	950	967	984	1.001	1.018
2.04	874	891	908	925	942	960	977	994	1.011	1.028
2.06	883	900	917	934	952	969	986	1.004	1.021	1.038
2.08	891	909	926	943	961	978	996	1.014	1.031	1.048
2.10	900	917	935	953	970	988	1.005	1.023	1.041	1.058
2.12	908	926	944	962	979	997	1.015	1.033	1.051	1.068
2.14	917	935	953	971	989	1.007	1.025	1.043	1.061	1.079
2.16	925	943	962	980	998	1.016	1.034	1.052	1.070	1.089
2.18	934	952	971	989	1.007	1.025	1.044	1.062	1.080	1.099
2.20	942	961	979	998	1.016	1.035	1.053	1.072	1.090	1.109

Kubik-Inhalt der Kolli, deren kleinstes
Solid contents of packages, whose least
Cubage des colis, dont la plus petite dimension

Länge/Length Longueur	Breite — Breadth — Largeur 0.44	0.46	0.48	0.50	0.52	0.54	0.56	0.58	0.60	0.62
	Inhalt in Kubikmetern — Solid Contents — Cubage									
0.44	0.085									
0.46	89	0.093								
0.48	93	97	0.101							
0.50	97	101	106	0.110						
0.52	101	105	110	114	0.119					
0.54	105	109	114	119	124	0.128				
0.56	108	113	118	123	128	133	0.138			
0.58	112	117	122	128	133	138	143	0.148		
0.60	116	121	127	132	137	143	148	153	0.158	
0.62	120	125	131	136	142	147	153	158	164	0.169
0.64	124	130	135	141	146	152	158	163	169	175
0.66	128	134	139	145	151	157	163	168	174	180
0.68	132	138	144	150	156	162	168	174	180	186
0.70	136	142	148	154	160	166	172	179	185	191
0.72	139	146	152	158	165	171	177	184	190	196
0.74	143	150	156	163	169	176	182	189	195	202
0.76	147	154	161	167	174	181	187	194	201	207
0.78	151	158	165	172	178	185	192	199	206	213
0.80	155	162	169	176	183	190	197	204	211	218
0.82	159	166	173	180	188	195	202	209	216	224
0.84	163	170	177	185	192	200	207	214	222	229
0.86	166	174	182	189	197	204	212	219	227	235
0.88	170	178	186	194	201	209	217	225	232	240
0.90	174	182	190	198	206	214	222	230	238	246
0.92	178	186	194	202	210	219	227	235	243	251
0.94	182	190	199	207	215	223	232	240	248	256
0.96	186	194	203	211	220	228	237	245	253	262
0.98	190	198	207	216	224	233	241	250	259	267
1.00	194	202	211	220	229	238	246	255	264	273
1.02	197	206	215	224	233	242	251	260	269	278
1.04	201	210	220	229	238	247	256	265	275	284
1.06	205	215	224	233	243	252	261	271	280	289
1.08	209	219	228	238	247	257	266	276	285	295
1.10	213	223	232	242	252	261	271	281	290	300
1.12	217	227	237	246	256	266	276	286	296	306
1.14	221	231	241	251	261	271	281	291	301	311
1.16	225	235	245	255	265	276	286	298	306	316
1.18	228	239	249	260	270	280	291	301	312	322
1.20	232	243	253	264	275	285	296	306	317	327
1.22	236	247	258	268	279	290	301	311	322	333
1.24	240	251	262	273	284	295	306	316	327	338
1.26	244	255	266	277	288	299	310	322	333	344
1.28	248	259	270	282	293	304	315	327	338	349
1.30	252	263	275	286	297	309	320	332	343	355
1.32	256	267	279	290	302	314	325	337	348	360
1.34	259	271	283	295	307	318	330	342	354	366
1.36	263	275	287	299	311	323	335	347	359	371
1.38	267	279	291	304	316	328	340	352	364	376
1.40	271	283	296	308	320	333	345	357	370	382
1.42	275	287	300	312	325	337	350	362	375	387
1.44	279	291	304	317	329	342	355	367	380	393
1.46	283	296	308	321	334	347	360	373	385	398
1.48	287	300	313	326	339	352	365	378	391	404
1.50	290	304	317	330	343	356	370	383	396	409
1.52	294	308	321	334	348	361	375	388	401	415
1.54	298	312	325	339	352	366	379	393	406	420
1.56	302	316	329	343	357	371	384	398	412	426
1.58	306	320	334	348	362	375	389	403	417	431
1.60	310	324	338	352	366	380	394	408	422	436
1.62	314	328	342	356	371	385	399	413	428	442
1.64	318	332	346	361	375	390	404	419	433	447
1.66	321	336	351	365	380	394	409	424	438	453
1.68	325	340	355	370	384	399	414	429	443	458
1.70	329	344	359	374	389	404	419	434	449	464
1.72	333	348	363	378	394	409	424	439	454	469
1.74	337	352	367	383	398	413	429	444	459	475
1.76	341	356	372	387	403	418	434	449	465	480
1.78	345	360	376	392	407	423	439	454	470	486
1.80	348	364	380	396	412	428	444	459	475	491
1.82	352	368	384	400	416	432	448	464	480	496

Maß (Dicke) 44 Centimeter (0,44 m) ist.
dimensions (depth) are 44 centimetres (0,44 m).
(l'épaisseur) est 44 centimètres (0,44 m).

0.44

Länge/Length Longueur	Breite — Breadth — Largeur									
	0.64	0.66	0.68	0.70	0.72	0.74	0.76	0.78	0.80	0.82
	Inhalt in Kubikmetern — Solid Contents — Cubage									
0.64	0.180									
0.66	186	0.192								
0.68	191	197	0.203							
0.70	197	203	209	0.216						
0.72	203	209	215	222	0.228					
0.74	208	215	221	228	234	0.241				
0.76	214	221	227	234	241	247	0.254			
0.78	220	227	233	240	247	254	261	0.268		
0.80	225	232	239	246	253	260	268	275	0.282	
0.82	231	238	245	253	260	267	274	281	289	0.296
0.84	237	244	251	259	266	274	281	288	296	303
0.86	242	250	257	265	272	280	288	295	303	310
0.88	248	256	263	271	279	287	294	302	310	318
0.90	253	261	269	277	285	293	301	309	317	325
0.92	259	267	275	283	291	300	308	316	324	332
0.94	265	273	281	290	298	306	314	323	331	339
0.96	270	279	287	296	304	313	321	329	338	346
0.98	276	285	293	302	310	319	328	336	345	354
1.00	282	290	299	308	317	326	334	343	352	361
1.02	287	296	305	314	323	332	341	350	359	368
1.04	293	302	311	320	329	339	348	357	366	375
1.06	298	308	317	326	336	345	354	364	373	382
1.08	304	314	323	333	342	352	361	371	380	390
1.10	310	319	329	339	348	358	368	378	387	397
1.12	315	325	335	345	355	365	375	384	394	404
1.14	321	331	341	351	361	371	381	391	401	411
1.16	327	337	347	357	367	378	388	398	408	419
1.18	332	343	353	363	374	384	395	405	415	426
1.20	338	348	359	370	380	391	401	412	422	433
1.22	344	354	365	376	386	397	408	419	429	440
1.24	349	360	371	382	393	404	415	426	436	447
1.26	355	366	377	388	399	410	421	432	444	455
1.28	360	372	383	394	406	417	428	439	451	462
1.30	366	378	389	400	412	423	435	446	458	469
1.32	372	383	395	407	418	430	441	453	465	476
1.34	377	389	401	413	425	436	448	460	472	483
1.36	383	395	407	419	431	443	455	467	479	491
1.38	389	401	413	425	437	449	461	474	486	498
1.40	394	407	419	431	444	456	468	480	493	505
1.42	400	412	425	437	450	462	475	487	500	512
1.44	406	418	431	444	456	469	482	494	507	520
1.46	411	424	437	450	463	475	488	501	514	527
1.48	417	430	443	456	469	482	495	508	521	534
1.50	422	436	449	462	475	488	502	515	528	541
1.52	428	441	455	468	482	495	508	522	535	548
1.54	434	447	461	474	488	501	515	529	542	556
1.56	439	453	467	480	494	508	522	535	549	563
1.58	445	459	473	487	501	514	528	542	556	570
1.60	451	465	479	493	507	521	535	549	563	577
1.62	456	470	485	499	513	527	542	556	570	584
1.64	462	476	491	505	520	534	548	563	577	592
1.66	467	482	497	511	526	540	555	570	584	599
1.68	473	488	503	517	532	547	562	577	591	606
1.70	479	494	509	524	539	554	568	583	598	613
1.72	484	499	515	530	545	560	575	590	605	621
1.74	490	505	521	536	551	567	582	597	612	628
1.76	496	511	527	542	558	573	589	604	620	635
1.78	501	517	533	548	564	580	595	611	627	642
1.80	507	523	539	554	570	586	602	618	634	649
1.82	513	529	545	561	577	593	609	625	641	657

Kubik-Inhalt der Kolli, deren kleinstes
Solid contents of packages, whose least
Cubage des colis, dont la plus petite dimension

Länge/Length Longueur	Breite — Breadth — Largeur									
	0.84	0.86	0.88	0.90	0.92	0.94	0.96	0.98	1.00	1.02
	Inhalt in Kubikmetern — Solid Contents — Cubage									
0.84	0.310									
0.86	318	0.325								
0.88	325	333	0.341							
0.90	333	341	348	0.356						
0.92	340	348	356	364	0.372					
0.94	347	356	364	372	381	0.389				
0.96	355	363	372	380	389	397	0.406			
0.98	362	371	379	388	397	405	414	0.423		
1.00	370	378	387	396	405	414	422	431	0.440	
1.02	377	386	395	404	413	422	431	440	449	0.458
1.04	384	394	403	412	421	430	439	448	458	467
1.06	392	401	410	420	429	438	448	457	466	476
1.08	399	409	418	428	437	447	456	466	475	485
1.10	407	416	426	436	445	455	465	474	484	494
1.12	414	424	434	444	453	463	473	483	493	503
1.14	421	431	441	451	461	472	482	492	502	512
1.16	429	439	449	459	470	480	490	500	510	521
1.18	436	447	457	467	478	488	498	509	519	530
1.20	444	454	465	475	486	496	507	517	528	539
1.22	451	462	472	483	494	505	515	526	537	548
1.24	458	469	480	491	502	513	524	535	546	557
1.26	466	477	488	499	510	521	532	543	554	565
1.28	473	484	496	507	518	529	541	552	563	574
1.30	480	492	503	515	526	538	549	561	572	583
1.32	488	499	511	523	534	546	558	569	581	592
1.34	495	507	519	531	542	554	566	578	590	601
1.36	503	515	527	539	551	562	574	586	598	610
1.38	510	522	534	546	559	571	583	595	607	619
1.40	517	530	542	554	567	579	591	604	616	628
1.42	525	537	550	562	575	587	600	612	625	637
1.44	532	545	558	570	583	596	608	621	634	646
1.46	540	552	565	578	591	604	617	630	642	655
1.48	547	560	573	586	599	612	625	638	651	664
1.50	554	568	581	594	607	620	634	647	660	673
1.52	562	575	589	602	615	629	642	655	669	682
1.54	569	583	596	610	623	637	650	664	678	691
1.56	577	590	604	618	631	645	659	673	686	700
1.58	584	598	612	626	640	653	667	681	695	709
1.60	591	605	620	634	648	662	676	690	704	718
1.62	599	613	627	642	656	670	684	699	713	727
1.64	606	621	635	649	664	678	693	707	722	736
1.66	614	628	643	657	672	687	701	716	730	745
1.68	621	636	650	665	680	695	710	724	739	754
1.70	628	643	658	673	688	703	718	733	748	763
1.72	636	651	666	681	696	711	727	742	757	772
1.74	643	658	674	689	704	720	735	750	766	781
1.76	650	666	681	697	712	728	743	759	774	790
1.78	658	674	689	705	721	736	752	768	783	799
1.80	665	681	697	713	729	744	760	776	792	808
1.82	673	689	705	721	737	753	769	785	801	817
1.84	680	696	712	729	745	761	777	793	810	826
1.86	687	704	720	737	753	769	786	802	818	835
1.88	695	711	728	744	761	778	794	811	827	844
1.90	702	719	736	752	769	786	803	819	836	853
1.92	710	727	743	760	777	794	811	828	845	862
1.94	717	734	751	768	785	802	819	837	854	871
1.96	724	742	759	776	793	811	828	845	862	880
1.98	732	749	767	784	802	819	836	854	871	889
2.00	739	757	774	792	810	827	845	862	880	898
2.02	747	764	782	800	818	835	853	871	889	907
2.04	754	772	790	808	826	844	862	880	898	916
2.06	761	780	798	816	834	852	870	888	906	925
2.08	769	787	805	824	842	860	879	897	915	934
2.10	776	795	813	832	850	869	887	906	924	942
2.12	784	802	821	840	858	877	895	914	933	951
2.14	791	810	829	847	866	885	904	923	942	960
2.16	798	817	836	855	874	893	912	931	950	968
2.18	806	825	844	863	882	902	921	940	959	978
2.20	813	832	852	871	891	910	929	949	968	987
2.22	821	840	860	879	899	918	938	957	977	996

Maß (Dicke) 44 Centimeter (0,44 m) ist.
dimensions (depth) are 44 centimetres (0,44 m).
(l'épaisseur) est 44 centimètres (0,44 m).

Länge/Length Longueur	Breite — Breadth — Largeur 1.04	1.06	1.08	1.10	1.12	1.14	1.16	1.18	1.20	1.22
	Inhalt in Kubikmetern — Solid Contents — Cubage									
1.04	0.476									
1.06	485	0.494								
1.08	494	504	0.513							
1.10	503	513	523	0.532						
1.12	513	522	532	542	0.552					
1.14	522	532	542	552	562	0.572				
1.16	531	541	551	561	572	582	0.592			
1.18	540	550	561	571	582	592	602	0.613		
1.20	549	560	570	581	591	602	612	623	0.634	
1.22	558	569	580	590	601	612	623	633	644	0.655
1.24	567	578	589	600	611	622	633	644	655	666
1.26	577	588	599	610	621	632	643	654	665	676
1.28	586	597	608	619	631	642	653	665	676	687
1.30	595	606	618	629	641	652	664	675	686	698
1.32	604	616	627	639	650	662	674	685	697	709
1.34	613	625	637	648	660	672	684	696	708	719
1.36	622	634	646	658	670	682	694	706	718	730
1.38	631	644	656	668	680	692	704	716	729	741
1.40	641	653	665	678	690	702	715	727	739	752
1.42	650	662	675	687	700	712	725	737	750	762
1.44	659	672	684	697	710	722	735	748	760	773
1.46	668	681	694	707	719	732	745	758	771	784
1.48	677	690	703	716	729	742	755	768	781	794
1.50	686	700	713	726	739	752	766	779	792	805
1.52	696	709	722	736	749	762	776	789	803	816
1.54	705	718	732	745	759	772	786	800	813	827
1.56	714	728	741	755	769	782	796	810	824	837
1.58	723	737	751	765	779	793	806	820	834	848
1.60	732	746	760	774	788	803	817	831	845	859
1.62	741	756	770	784	798	813	827	841	855	870
1.64	750	765	779	794	808	823	837	851	866	880
1.66	760	774	789	803	818	833	847	862	876	891
1.68	769	784	798	813	828	843	857	872	887	902
1.70	778	793	808	823	838	853	868	883	898	913
1.72	787	802	817	832	848	863	878	893	908	923
1.74	796	812	827	842	857	873	888	903	919	934
1.76	805	821	836	852	867	883	898	914	929	945
1.78	815	830	846	862	877	893	909	924	940	956
1.80	824	840	855	871	887	903	919	935	950	966
1.82	833	849	865	881	897	913	929	945	961	977
1.84	842	858	874	891	907	923	939	955	972	988
1.86	851	868	884	900	917	933	949	966	982	998
1.88	860	877	893	910	926	943	960	976	993	1.009
1.90	869	886	903	920	936	953	970	986	1.003	1.020
1.92	879	895	912	929	946	963	980	997	1.014	1.031
1.94	888	905	922	939	956	973	990	1.007	1.024	1.041
1.96	897	914	931	949	966	983	1.000	1.018	1.035	1.052
1.98	906	923	941	958	976	993	1.011	1.028	1.045	1.063
2.00	915	933	950	968	986	1.003	1.021	1.038	1.056	1.074
2.02	924	942	960	978	995	1.013	1.031	1.049	1.067	1.084
2.04	934	951	969	987	1.005	1.023	1.041	1.059	1.077	1.095
2,06	943	961	979	997	1.015	1.033	1.051	1.070	1.088	1.106
2.08	952	970	988	1.007	1.025	1.043	1.062	1.080	1.098	1.117
2.10	961	979	998	1.016	1.035	1.053	1.072	1.090	1.109	1.127
2.12	970	989	1.007	1.026	1.045	1.063	1.082	1.101	1.119	1.138
2.14	979	998	1.017	1.036	1.055	1.073	1.092	1.111	1.130	1.149
2.16	988	1.007	1.026	1.045	1.064	1.083	1.102	1.121	1.140	1.159
2.18	998	1.017	1.036	1.055	1.074	1.093	1.112	1.132	1 151	1.170
2.20	1.007	1.026	1.045	1.065	1.084	1.104	1.123	1.142	1.162	1.181
2.22	1.016	1.035	1.055	1.074	1.094	1.114	1.133	1.153	1.172	1.192

Kubik-Inhalt der Kolli, deren kleinstes
Solid contents of packages, whose least
Cubage des colis, dont la plus petite dimension

Länge/Length Longueur	Breite — Breadth — Largeur 0.46	0.48	0.50	0.52	0.54	0.56	0.58	0.60	0.62	0.64
	Inhalt in Kubikmetern — Solid Contents — Cubage									
0.46	0.097									
0.48	102	0.106								
0.50	106	110	0.115							
0.52	110	115	120	0.124						
0.54	114	119	124	129	0.134					
0.56	118	124	129	134	139	0.144				
0.58	123	128	133	139	144	149	0.155			
0.60	127	132	138	144	149	155	160	0.166		
0.62	131	137	143	148	154	160	165	171	0.177	
0.64	135	141	147	153	159	165	171	177	183	0.188
0.66	140	146	152	158	164	170	176	182	188	194
0.68	144	150	156	163	169	175	181	188	194	200
0.70	148	155	161	167	174	180	187	193	200	206
0.72	152	159	166	172	179	185	192	199	205	212
0.74	157	163	170	177	184	191	197	204	211	218
0.76	161	168	175	182	189	196	203	210	217	224
0.78	165	172	179	187	194	201	208	215	222	230
0.80	169	177	184	191	199	206	213	221	228	236
0.82	174	181	189	196	204	211	219	226	234	241
0.84	178	185	193	201	209	216	224	232	240	247
0.86	182	190	198	206	214	222	229	237	245	253
0.88	186	194	202	210	219	227	235	243	251	259
0.90	190	199	207	215	224	232	240	248	257	265
0.92	195	203	212	220	229	237	245	254	262	271
0.94	199	208	216	225	233	242	251	259	268	277
0.96	203	212	221	230	238	247	256	265	274	283
0.98	207	216	225	234	243	252	261	270	279	289
1.00	212	221	230	239	248	258	267	276	285	294
1.02	216	225	235	244	253	263	272	282	291	300
1.04	220	230	239	249	258	268	277	287	297	306
1.06	224	234	244	254	263	273	283	293	302	312
1.08	229	238	248	258	268	278	288	298	308	318
1.10	233	243	253	263	273	283	293	304	314	324
1.12	237	247	258	268	278	289	299	309	319	330
1.14	241	252	262	273	283	294	304	315	325	336
1.16	245	256	267	277	288	299	309	320	331	342
1.18	250	261	271	282	293	304	315	326	337	347
1.20	254	265	276	287	298	309	320	331	342	353
1.22	258	269	281	292	303	314	325	337	348	359
1.24	262	274	285	297	308	319	331	342	354	365
1.26	267	278	290	301	313	325	336	348	359	371
1.28	271	283	294	306	318	330	342	353	365	377
1.30	275	287	299	311	323	335	347	359	371	383
1.32	279	291	304	316	328	340	352	364	376	389
1.34	284	296	308	321	333	345	358	370	382	394
1.36	288	300	313	325	338	350	363	375	388	400
1.38	292	305	317	330	343	355	368	381	394	406
1.40	296	309	322	335	348	361	374	386	399	412
1.42	300	314	327	340	353	366	379	392	405	418
1.44	305	318	331	344	358	371	384	397	411	424
1.46	309	322	336	349	363	376	390	403	416	430
1.48	313	327	340	354	368	381	395	408	422	436
1.50	317	331	345	359	373	386	400	414	428	442
1.52	322	336	350	364	378	392	406	420	434	447
1.54	326	340	354	368	383	397	411	425	439	453
1.56	330	344	359	373	388	402	416	431	445	459
1.58	334	349	363	378	392	407	422	436	451	465
1.60	339	353	368	383	397	412	427	442	456	471
1.62	343	358	373	388	402	417	432	447	462	477
1.64	347	362	377	392	407	422	438	453	468	483
1.66	351	367	382	397	412	428	443	458	473	489
1.68	355	371	386	402	417	433	448	464	479	495
1.70	360	375	391	407	422	438	454	469	485	500
1.72	364	380	396	411	427	443	459	475	491	506
1.74	368	384	400	416	432	448	464	480	496	512
1.76	372	389	405	421	437	453	470	486	502	518
1.78	377	393	409	426	442	459	475	491	508	524
1.80	381	397	414	431	447	464	480	497	513	530
1.82	385	402	419	435	452	469	486	502	519	536
1.84	389	406	423	440	457	474	491	508	525	542

Maß (Dicke) 46 Centimeter (0,46 m) ist.
dimensions (depth) are 46 centimetres (0,46 m).
(l'épaisseur) est 46 centimètres (0,46 m).

0.46

Länge/Length Longueur	Breite — Breadth — Largeur 0.66	0.68	0.70	0.72	0.74	0.76	0.78	0.80	0.82	0.84
	Inhalt in Kubikmetern — Solid Contents — Cubage									
0.66	0.200									
0.68	206	0.213								
0.70	213	219	0.225							
0.72	219	225	232	0.238						
0.74	225	231	238	245	0.252					
0.76	231	238	245	252	259	0.266				
0.78	237	244	251	258	266	273	0.280			
0.80	243	250	258	265	272	280	287	0.294		
0.82	249	256	264	272	279	287	294	302	0.309	
0.84	255	263	270	278	286	294	301	309	317	0.325
0.86	261	269	277	285	293	301	309	316	324	332
0.88	267	275	283	291	300	308	316	324	332	340
0.90	273	282	290	298	306	315	323	331	339	348
0.92	279	288	296	305	313	322	330	339	347	355
0.94	285	294	303	311	320	329	337	346	355	363
0.96	291	300	309	318	327	336	344	353	362	371
0.98	298	307	316	325	334	343	352	361	370	379
1.00	304	313	322	331	340	350	359	368	377	386
1.02	310	319	328	338	347	357	366	375	385	394
1.04	316	325	335	344	354	364	373	383	392	402
1.06	322	332	341	351	361	371	380	390	400	410
1.08	328	338	348	358	368	378	388	397	407	417
1.10	334	344	354	364	374	385	395	405	415	425
1.12	340	350	361	371	381	392	402	412	422	433
1.14	346	357	367	378	388	399	409	420	430	440
1.16	352	363	374	384	395	406	416	427	438	448
1.18	358	369	380	391	402	413	423	434	445	456
1.20	364	375	386	397	408	420	431	442	453	464
1.22	370	382	393	404	415	427	438	449	460	471
1.24	376	388	399	411	422	434	445	456	468	479
1.26	383	394	406	417	429	440	452	464	475	487
1.28	389	400	412	424	436	447	459	471	483	495
1.30	395	407	419	431	443	454	466	478	490	502
1.32	401	413	425	437	449	461	474	486	498	510
1.34	407	419	431	444	456	468	481	493	505	518
1.36	413	425	438	450	463	475	488	500	513	526
1.38	419	432	444	457	470	482	495	508	521	533
1.40	425	438	451	464	477	489	502	515	528	541
1.42	431	444	457	470	483	496	509	523	536	549
1.44	437	450	464	477	490	503	517	530	543	556
1.46	443	457	470	484	497	510	524	537	551	564
1.48	449	463	477	490	504	517	531	545	558	572
1.50	455	469	483	497	511	524	538	552	566	580
1.52	461	475	489	503	517	531	545	559	573	587
1.54	468	482	496	510	524	538	553	567	581	595
1.56	474	488	502	517	531	545	560	574	588	603
1.58	480	494	509	523	538	552	567	581	596	611
1.60	486	500	515	530	545	559	574	589	604	618
1.62	492	507	522	537	551	566	581	596	611	626
1.64	498	513	528	543	558	573	588	604	619	634
1.66	504	519	535	550	565	580	596	611	626	641
1.68	510	526	541	556	572	587	603	618	634	649
1.70	516	532	547	563	579	594	610	626	641	657
1.72	522	538	554	570	585	601	617	633	649	665
1.74	528	544	560	576	592	608	624	640	656	672
1.76	534	551	567	583	599	615	631	648	664	680
1.78	540	557	573	590	606	622	639	655	671	688
1.80	546	563	580	596	613	629	646	662	679	696
1.82	553	569	586	603	620	636	653	670	687	703
1.84	559	576	592	609	626	643	660	677	694	711

Kubik-Inhalt der Kolli, deren kleinstes
Solid contents of packages, whose least
Cubage des colis, dont la plus petite dimension

Länge/Length Longueur	Breite — Breadth — Largeur									
	0.86	0.88	0.90	0.92	0.94	0.96	0.98	1.00	1.02	1.04
	Inhalt in Kubikmetern — Solid Contents — Cubage									
0.86	0.340									
0.88	348	0.356								
0.90	356	364	0.373							
0.92	364	372	381	0.389						
0.94	372	381	389	398	0.406					
0.96	380	389	397	406	415	0.424				
0.98	388	397	406	415	424	433	0.442			
1.00	396	405	414	423	432	442	451	0.460		
1.02	404	413	422	432	441	450	460	469	0.479	
1.04	411	421	431	440	450	459	469	478	488	0.498
1.06	419	429	439	449	458	469	478	488	497	507
1.08	427	437	447	457	467	477	487	497	507	517
1.10	435	445	455	466	476	486	496	506	516	526
1.12	443	453	464	474	484	495	505	515	526	536
1.14	451	461	472	482	493	503	514	524	535	545
1.16	459	470	480	491	502	512	523	534	544	555
1.18	467	478	489	499	510	521	532	543	554	565
1.20	475	486	497	508	519	530	541	552	563	574
1.22	483	494	505	516	528	539	550	561	572	584
1.24	491	502	513	525	536	548	559	570	582	593
1.26	498	510	522	533	545	556	568	580	591	603
1.28	506	518	530	542	553	565	577	589	601	612
1.30	514	526	538	550	562	574	586	598	610	622
1.32	522	534	546	559	571	583	595	607	619	631
1.34	530	542	555	567	579	592	604	616	629	641
1.36	538	551	563	576	588	601	613	626	638	651
1.38	546	559	571	584	597	609	622	635	647	660
1.40	554	567	580	592	605	618	631	644	657	670
1.42	562	575	588	601	614	627	640	653	666	679
1.44	570	583	596	609	623	636	649	662	676	689
1.46	578	591	604	618	631	645	658	672	685	698
1.48	585	599	613	626	640	654	667	681	694	708
1.50	593	607	621	635	649	662	676	690	704	718
1.52	601	615	629	643	657	671	685	699	713	727
1.54	609	623	638	652	666	680	694	708	723	737
1.56	617	631	646	660	675	689	703	718	732	746
1.58	625	640	654	669	683	698	712	727	741	756
1.60	633	648	662	677	692	707	721	736	751	765
1.62	641	656	671	686	700	715	730	745	760	775
1.64	649	664	679	694	709	724	739	754	769	785
1.66	657	672	687	703	718	733	748	764	779	794
1.68	665	680	696	711	726	742	757	773	788	804
1.70	673	688	704	719	735	751	766	782	798	813
1.72	681	696	712	728	744	760	775	791	807	823
1.74	688	704	720	736	752	768	784	800	816	832
1.76	696	712	729	745	761	777	793	810	826	842
1.78	704	721	737	753	770	786	802	819	835	852
1.80	712	729	745	762	778	795	811	828	845	861
1.82	720	737	753	770	787	804	820	837	854	871
1.84	728	745	762	779	796	813	829	846	863	880
1.86	736	753	770	787	804	821	838	856	873	890
1.88	744	761	778	796	813	830	848	865	882	899
1.90	752	769	787	804	822	839	857	874	891	909
1.92	760	777	795	813	830	848	866	883	901	919
1.94	767	785	803	821	839	857	875	892	910	928
1.96	775	793	811	829	848	866	884	902	920	938
1.98	783	802	820	838	856	874	893	911	929	947
2.00	791	810	828	846	865	883	902	920	938	957
2.02	799	818	836	855	873	892	911	929	948	966
2.04	807	826	845	863	882	901	920	938	957	976
2.06	815	834	853	872	891	910	929	948	967	986
2.08	823	842	861	880	899	919	938	957	976	995
2.10	831	850	869	889	908	927	947	966	985	1.005
2.12	839	858	878	897	917	936	956	975	995	1.014
2.14	847	866	886	906	925	945	965	984	1.004	1.024
2.16	854	874	894	914	934	954	974	994	1.013	1.033
2.18	862	882	903	923	943	963	983	1.003	1.023	1.043
2.20	870	891	911	931	951	972	992	1.012	1.032	1.052
2.22	878	899	919	940	960	980	1.001	1.021	1.042	1.062
2.24	886	907	927	948	969	989	1.010	1.030	1.051	1.072

Maß (Dicke) 46 Centimeter (0,46 m) ist.
dimensions (depth) are 46 centimetres (0,46 m).
(l'épaisseur) est 46 centimètres (0,46 m).

Länge/Length Longueur	Breite — Breadth — Largeur									
	1.06	1.08	1.10	1.12	1.14	1.16	1.18	1.20	1.22	1.24
	Inhalt in Kubikmetern — Solid Contents — Cubage									
1.06	0.517									
1.08	527	0.537								
1.10	536	546	0.557							
1.12	546	556	567	0.577						
1.14	556	566	577	587	0.598					
1.16	565	576	587	598	608	0.619				
1.18	575	586	597	608	619	630	0.641			
1.20	585	596	607	618	629	640	651	0.662		
1.22	595	606	617	629	640	651	662	673	0.685	
1.24	605	616	627	639	650	662	673	684	696	0.707
1.26	614	626	638	649	661	672	684	696	707	719
1.28	624	636	648	659	671	683	695	707	718	730
1.30	634	646	658	670	682	694	706	718	730	742
1.32	644	656	668	680	692	704	716	729	741	753
1.34	653	666	678	690	703	715	727	740	752	764
1.36	663	676	688	701	713	726	738	751	764	776
1.38	673	686	698	711	724	736	749	762	775	787
1.40	683	696	708	721	734	747	760	773	786	799
1.42	692	705	719	732	745	758	771	784	797	810
1.44	702	715	729	742	755	768	782	795	808	821
1.46	712	725	739	752	766	779	792	806	819	833
1.48	722	735	749	762	776	790	803	817	831	844
1.50	731	745	759	773	787	800	814	828	842	856
1.52	741	755	769	783	797	811	825	839	853	867
1.54	751	765	779	793	808	822	836	850	864	878
1.56	761	775	789	804	818	832	847	861	875	890
1.58	770	785	799	814	829	843	858	872	887	901
1.60	780	795	810	824	839	854	868	883	898	913
1.62	790	805	820	835	850	864	879	894	909	924
1.64	800	815	830	845	860	875	890	905	920	935
1.66	809	825	840	855	871	886	901	916	932	947
1.68	819	835	850	866	881	896	912	927	943	958
1.70	829	845	860	876	891	907	923	938	954	970
1.72	839	854	870	886	902	918	934	949	965	981
1.74	848	864	880	896	912	928	944	960	976	992
1.76	858	874	891	907	923	939	955	972	988	1.004
1.78	868	884	901	917	933	950	966	983	999	1.015
1.80	878	894	911	927	944	960	977	994	1.010	1.027
1.82	887	904	921	938	954	971	988	1.005	1.021	1.038
1.84	897	914	931	948	965	982	999	1.016	1.033	1.050
1.86	907	924	941	958	975	992	1.010	1.027	1.044	1.061
1.88	917	934	951	969	986	1.003	1.020	1.038	1.055	1.072
1.90	926	944	961	979	996	1.014	1.031	1.049	1.066	1.084
1.92	936	954	972	989	1.007	1.025	1.042	1.060	1.078	1.095
1.94	946	964	982	999	1.017	1.035	1.053	1.071	1.089	1.107
1.96	956	974	992	1.010	1.028	1.046	1.064	1.082	1.100	1 118
1.98	965	984	1.002	1.020	1.038	1.057	1.075	1.093	1.111	1.129
2.00	975	994	1.012	1.030	1.049	1.067	1.086	1.104	1.122	1.141
2.02	985	1.004	1.022	1.041	1.059	1.078	1.096	1.115	1.134	1.152
2.04	995	1.013	1.032	1.051	1.070	1.089	1.107	1.126	1.145	1.164
2.06	1.004	1.023	1.042	1.061	1.080	1.099	1.118	1.137	1.156	1.175
2.08	1.014	1.033	1.052	1.072	1.091	1.110	1.129	1.148	1.167	1.186
2.10	1.024	1.043	1.063	1.082	1.101	1.121	1.140	1.159	1.179	1.198
2.12	1.034	1.053	1.073	1.092	1.112	1.131	1.151	1.170	1.190	1.209
2.14	1.043	1.063	1.083	1.103	1.122	1.142	1.162	1.181	1.201	1.221
2.16	1.053	1.073	1.093	1.113	1.133	1.153	1.172	1.192	1.212	1.232
2.18	1.063	1.083	1.103	1.123	1.143	1.163	1.183	1.203	1.223	1.243
2.20	1.073	1.093	1.113	1.133	1.154	1.174	1.194	1.214	1.235	1.255
2.22	1.082	1.103	1.123	1.144	1.164	1.185	1.205	1.225	1.246	1.266
2.24	1.092	1.113	1.133	1.154	1.175	1.195	1.216	1.236	1.257	1.278

Kubik-Inhalt der Kolli, deren kleinstes
Solid contents of packages, whose least
Cubage des colis, dont la plus petite dimension

Länge/Length Longueur	Breite — Breadth — Largeur									
	0.48	0.50	0.52	0.54	0.56	0.58	0.60	0.62	0.64	0.66
	Inhalt in Kubikmetern — Solid Contents — Cubage									
0.48	0.111									
0.50	115	0.120								
0.52	120	125	0.130							
0.54	124	130	135	0.140						
0.56	129	134	140	145	0.151					
0.58	134	139	145	150	156	0.161				
0.60	138	144	150	156	161	167	0.173			
0.62	143	149	155	161	167	173	179	0.185		
0.64	147	154	160	166	172	178	184	190	0.197	
0.66	152	158	165	171	177	184	190	196	203	0.209
0.68	157	163	170	176	183	189	196	202	209	215
0.70	161	168	175	181	188	195	202	208	215	222
0.72	166	173	180	187	194	200	207	214	221	228
0.74	170	178	185	192	199	206	213	220	227	234
0.76	175	182	190	197	204	212	219	226	233	241
0.78	180	187	195	202	210	217	225	232	240	247
0.80	184	192	200	207	215	223	230	238	246	253
0.82	189	197	205	213	220	228	236	244	252	260
0.84	194	202	210	218	226	234	242	250	258	266
0.86	198	206	215	223	231	239	248	256	264	272
0.88	203	211	220	228	237	245	253	262	270	279
0.90	207	216	225	233	242	251	259	268	276	285
0.92	212	221	230	238	247	256	265	274	283	291
0.94	217	226	235	244	253	262	271	280	289	298
0.96	221	230	240	249	258	267	276	286	295	304
0.98	226	235	245	254	263	273	282	292	301	310
1.00	230	240	250	259	269	278	288	298	307	317
1.02	235	245	255	264	274	284	294	304	313	323
1.04	240	250	260	270	280	290	300	310	319	329
1.06	244	254	265	275	285	295	305	315	326	336
1.08	249	259	270	280	290	301	311	321	332	342
1.10	253	264	275	285	296	306	317	327	338	348
1.12	258	269	280	290	301	312	323	333	344	355
1.14	263	274	285	295	306	317	328	339	350	361
1.16	267	278	290	301	312	323	334	345	356	367
1.18	272	283	295	306	317	329	340	351	362	374
1.20	276	288	300	311	323	334	346	357	369	380
1.22	281	293	305	316	328	340	351	363	375	386
1.24	286	298	310	321	333	345	357	369	381	392
1.26	290	302	314	327	339	351	363	375	387	399
1.28	295	307	319	332	344	356	369	381	393	406
1.30	300	312	324	337	349	362	374	387	399	412
1.32	304	317	329	342	355	367	380	393	406	418
1.34	309	322	334	347	360	373	386	399	412	425
1.36	313	326	339	353	366	379	392	405	418	431
1.38	318	331	344	358	371	384	397	411	424	437
1.40	323	336	349	363	376	390	403	417	430	444
1.42	327	341	354	368	382	395	409	423	436	450
1.44	332	346	359	373	387	401	415	429	442	456
1.46	336	350	364	378	392	406	420	434	449	463
1.48	341	355	369	384	398	412	426	440	455	469
1.50	346	360	374	389	403	418	432	446	461	475
1.52	350	365	379	394	409	423	438	452	467	482
1.54	355	370	384	399	414	429	444	458	473	488
1.56	359	374	389	404	419	434	449	464	479	494
1.58	364	379	394	410	425	440	455	470	485	501
1.60	369	384	399	415	430	445	461	476	492	507
1.62	373	389	404	420	435	451	467	482	498	513
1.64	378	394	409	425	441	457	472	488	504	520
1.66	382	398	414	430	446	462	478	494	510	526
1.68	387	403	419	435	452	468	484	500	516	532
1.70	392	408	424	441	457	473	490	506	522	539
1.72	396	413	429	446	462	479	495	512	528	545
1.74	401	418	434	451	468	484	501	518	535	551
1.76	406	422	439	456	473	490	507	524	541	558
1.78	410	427	444	461	478	496	513	530	547	564
1.80	415	432	449	467	484	501	518	536	553	570
1.82	419	437	454	472	489	507	524	542	559	577
1.84	424	442	459	477	495	512	530	548	565	583
1.86	429	446	464	482	500	518	536	554	571	589

Maß (Dicke) 48 Centimeter (0,48 m) ist.
dimensions (depth) are 48 centimetres (0,48 m).
(l'épaisseur) est 48 centimètres (0,48 m).

0.48

Länge/Length Longueur	Breite — Breadth — Largeur									
	0.68	0.70	0.72	0.74	0.76	0.78	0.80	0.82	0.84	0.86
	Inhalt in Kubikmetern — Solid Contents — Cubage									
0.68	0.222									
0.70	228	0.235								
0.72	235	242	0.249							
0.74	242	249	256	0.263						
0.76	248	255	263	270	0.277					
0.78	255	262	270	277	285	0.292				
0.80	261	269	276	284	292	300	0.307			
0.82	268	276	283	291	299	307	315	0.323		
0.84	274	282	290	298	306	314	323	331	0.339	
0.86	281	289	297	305	314	322	330	338	347	0.355
0.88	287	296	304	313	321	329	338	346	355	363
0.90	294	302	311	320	328	337	346	354	363	372
0.92	300	309	318	327	336	344	353	362	371	380
0.94	307	316	325	334	343	352	361	370	379	388
0.96	313	323	332	341	350	359	369	378	387	396
0.98	320	329	339	348	358	367	376	386	395	405
1.00	326	336	346	355	365	374	384	394	403	413
1.02	333	343	353	362	372	382	392	401	411	421
1.04	339	349	359	369	379	389	399	409	419	429
1.06	346	356	366	377	387	397	407	417	427	438
1.08	353	363	373	384	394	404	415	425	435	446
1.10	359	370	380	391	401	412	423	433	444	454
1.12	366	376	387	398	409	419	430	441	452	462
1.14	372	383	394	405	416	427	438	449	460	471
1.16	379	390	401	412	423	434	445	457	468	479
1.18	385	396	408	419	430	442	453	464	476	487
1.20	392	403	415	426	438	449	461	472	484	495
1.22	398	410	422	433	445	457	468	480	492	504
1.24	405	417	429	440	452	464	476	488	500	512
1.26	411	423	435	448	460	472	484	496	508	520
1.28	418	430	442	455	467	479	492	504	516	528
1.30	424	437	449	462	474	487	499	512	524	537
1.32	431	444	456	469	482	494	507	520	532	545
1.34	437	450	463	476	489	502	515	527	540	553
1.36	444	457	470	483	496	509	522	535	548	561
1.38	450	464	477	490	503	517	530	543	556	570
1.40	457	470	484	497	511	524	538	551	564	578
1.42	463	477	491	504	518	532	545	559	573	586
1.44	470	484	498	511	525	539	553	567	581	594
1.46	477	491	505	519	533	547	561	575	589	603
1.48	483	497	511	526	540	554	568	583	597	611
1.50	490	504	518	533	547	562	576	590	605	619
1.52	496	511	525	540	554	569	584	598	613	627
1.54	503	517	532	547	562	577	591	606	621	636
1.56	509	524	539	554	569	584	599	614	629	644
1.58	516	531	546	561	576	592	607	622	637	652
1.60	522	538	553	568	584	599	614	630	645	660
1.62	529	544	560	575	591	607	622	638	653	669
1.64	535	551	567	583	598	614	630	646	661	677
1.66	542	558	574	590	606	622	637	653	669	685
1.68	548	564	581	597	613	629	645	661	677	694
1.70	555	571	588	604	620	636	653	669	685	702
1.72	561	578	594	611	627	644	660	677	694	710
1.74	568	585	601	618	635	651	668	685	702	718
1.76	574	591	608	625	642	659	676	693	710	727
1.78	581	598	615	632	649	666	684	701	718	735
1.80	588	605	622	639	657	674	691	708	726	743
1.82	594	612	629	646	664	681	699	716	734	751
1.84	601	618	636	654	671	689	707	724	742	760
1.86	607	625	643	661	679	696	714	732	750	768

Kubik-Inhalt der Kolli, deren kleinstes
Solid contents of packages, whose least
Cubage des colis, dont la plus petite dimension

Länge/Length Longueur	Breite — Breadth — Largeur 0.88	0.90	0.92	0.94	0.96	0.98	1.00	1.02	1.04	1.06
	Inhalt in Kubikmetern — Solid Contents — Cubage									
0.88	0.372									
0.90	380	0.389								
0.92	389	397	0.406							
0.94	397	406	415	0.424						
0.96	406	415	424	433	0.442					
0.98	414	423	433	442	452	0.461				
1.00	422	432	442	451	461	470	0.480			
1.02	431	441	450	460	470	480	490	0.499		
1.04	439	449	459	469	479	489	499	509	0.519	
1.06	448	458	468	478	488	499	509	519	529	0.539
1.08	456	467	477	487	498	508	518	529	539	550
1.10	465	475	486	496	507	517	528	539	549	560
1.12	473	484	495	505	516	527	537	548	559	570
1.14	482	492	503	514	525	536	547	558	569	580
1.16	490	501	512	523	535	546	557	568	579	590
1.18	498	510	521	532	544	555	566	578	589	600
1.20	507	518	530	541	553	564	576	588	599	611
1.22	515	527	539	550	562	574	586	597	609	621
1.24	524	536	548	559	571	583	595	607	619	631
1.26	532	544	556	569	581	593	605	617	629	641
1.28	541	553	565	578	590	602	614	627	639	651
1.30	549	562	574	587	599	612	624	636	649	661
1.32	558	570	583	596	608	621	634	646	659	672
1.34	566	579	592	605	617	630	643	656	669	682
1.36	574	588	601	614	627	640	653	666	679	692
1.38	583	596	609	623	636	649	662	676	689	702
1.40	591	605	618	632	645	659	672	685	699	712
1.42	599	613	627	641	654	668	682	695	709	722
1.44	608	622	636	650	664	677	691	705	719	733
1.46	617	631	645	659	673	687	701	715	729	743
1.48	625	639	654	668	682	696	710	725	739	753
1.50	634	648	662	677	691	706	720	734	749	763
1.52	642	657	671	686	700	715	730	744	759	773
1.54	650	665	680	695	710	724	739	754	769	784
1.56	659	674	689	704	719	734	749	764	779	794
1.58	667	683	698	713	728	743	758	774	789	804
1.60	676	691	707	722	737	753	768	783	799	814
1.62	684	700	715	731	746	762	778	793	809	824
1.64	693	708	724	740	756	771	787	803	819	834
1.66	701	717	733	749	765	781	797	813	829	845
1.68	710	726	742	758	774	790	806	823	839	855
1.70	718	734	751	767	783	800	816	832	849	865
1.72	727	743	760	776	793	809	826	842	859	875
1.74	735	752	768	785	802	818	835	852	869	885
1.76	743	760	777	794	811	828	845	862	879	895
1.78	752	769	786	803	820	837	854	871	889	906
1.80	760	778	795	812	829	847	864	881	899	916
1.82	769	786	804	821	839	856	874	891	909	926
1.84	777	795	813	830	848	866	883	901	919	936
1.86	786	804	821	839	857	875	893	911	929	946
1.88	794	812	830	848	866	884	902	920	938	957
1.90	803	821	839	857	876	894	912	930	948	967
1.92	811	829	848	866	885	903	922	940	958	977
1.94	819	838	857	875	894	913	931	950	968	987
1.96	828	847	866	884	903	922	941	960	978	997
1.98	836	855	874	893	912	931	950	969	988	1.007
2.00	845	864	883	902	922	941	960	979	998	1.018
2.02	853	873	892	911	931	950	970	989	1.008	1.028
2.04	862	881	901	920	940	960	979	999	1.018	1.038
2.06	870	890	910	929	949	969	989	1.009	1.028	1.048
2.08	879	899	919	938	958	978	998	1.018	1.038	1.058
2.10	887	907	927	948	968	988	1.008	1.028	1.048	1.068
2.12	895	916	936	957	977	997	1.018	1.038	1.058	1.079
2.14	904	924	945	966	986	1.007	1.027	1.048	1.068	1.089
2.16	912	933	954	975	995	1.016	1.037	1.058	1.078	1.099
2.18	921	942	963	984	1.005	1.025	1.046	1.067	1.088	1.109
2.20	929	950	972	993	1.014	1.035	1.056	1.077	1.098	1.119
2.22	938	959	980	1.002	1.023	1.044	1.066	1.087	1.108	1.130
2.24	946	968	989	1.011	1.032	1.054	1.075	1.097	1.118	1.140
2.26	955	976	998	1.020	1.041	1.063	1.085	1.106	1.128	1.150

Maß (Dicke) 48 Centimeter (0,48 m) ist.
dimensions (depth) are 48 centimetres (0,48 m).
(l'épaisseur) est 48 centimètres (0,48 m).

Länge/Length Longueur	Breite — Breadth — Largeur									
	1.08	1.10	1.12	1.14	1.16	1.18	1.20	1.22	1.24	1.26
	Inhalt in Kubikmetern — Solid Contents — Cubage									
1.08	0.560									
1.10	570	0.581								
1.12	581	591	0.602							
1.14	591	602	613	0.624						
1.16	601	612	624	635	0.646					
1.18	612	623	634	646	657	0.668				
1.20	622	634	645	657	668	680	0.691			
1.22	632	644	656	668	679	691	703	0.714		
1.24	643	655	667	679	690	702	714	726	0.738	
1.26	653	665	677	689	702	714	726	738	750	0.762
1.28	664	676	688	700	713	725	737	750	762	774
1.30	674	686	699	711	724	736	749	761	774	786
1.32	684	697	710	722	735	748	760	773	786	798
1.34	695	708	720	733	746	759	772	785	798	810
1.36	705	718	731	744	757	770	783	796	809	823
1.38	715	729	742	755	768	782	795	808	821	835
1.40	726	739	753	766	780	793	806	820	833	847
1.42	736	750	763	777	791	804	818	832	845	859
1.44	746	760	774	788	802	816	829	843	857	871
1.46	757	771	785	799	813	827	841	855	869	883
1.48	767	781	796	810	824	838	852	867	881	895
1.50	778	792	806	821	835	850	864	878	893	907
1.52	788	803	817	832	846	861	876	890	905	919
1.54	798	813	828	843	857	872	887	902	917	931
1.56	809	824	839	854	869	884	899	914	929	943
1.58	819	834	849	865	880	895	910	925	940	956
1.60	829	845	860	876	891	906	922	937	952	968
1.62	840	855	871	886	902	918	933	949	964	980
1.64	850	866	882	897	913	929	945	960	976	992
1.66	861	876	892	908	924	940	956	972	988	1.004
1.68	871	887	903	919	935	952	968	984	1.000	1.016
1.70	881	898	914	930	947	963	979	996	1.012	1.028
1.72	892	908	925	941	958	974	991	1.007	1.024	1.040
1.74	902	919	935	952	969	986	1.002	1.019	1.036	1.052
1.76	912	929	946	963	980	997	1.014	1.031	1.048	1.064
1.78	923	940	957	974	991	1.008	1.025	1.042	1.059	1.077
1.80	933	950	968	985	1.002	1.020	1.037	1.054	1.071	1 089
1.82	943	961	978	996	1.013	1.031	1.048	1.066	1.083	1.101
1.84	954	972	989	1.007	1.025	1.042	1.060	1.078	1.095	1.113
1.86	964	982	1.000	1.018	1.036	1.054	1.071	1.089	1.107	1.125
1.88	975	993	1.011	1.029	1.047	1.065	1.083	1.101	1.119	1.137
1.90	985	1.003	1.021	1.040	1.058	1.076	1.094	1.113	1.131	1.149
1.92	995	1.014	1.032	1.051	1.069	1.087	1.106	1.124	1.143	1.161
1.94	1.006	1.024	1.043	1.062	1.080	1.099	1.117	1.136	1.155	1.173
1.96	1.016	1.035	1.054	1.073	1.091	1.110	1.129	1.148	1.167	1.185
1.98	1.026	1.045	1.064	1.083	1.102	1.121	1.140	1.159	1.178	1.198
2.00	1.037	1.056	1.075	1.094	1.114	1.133	1.152	1.171	1.190	1.210
2.02	1.047	1.067	1.086	1.105	1.125	1.144	1.164	1.183	1.202	1.222
2.04	1.058	1.077	1.097	1.116	1.136	1.155	1.175	1.195	1.214	1.234
2.06	1.068	1.088	1.107	1.127	1.147	1.167	1.187	1.206	1.226	1.246
2.08	1.078	1.098	1.118	1.138	1.158	1.178	1.198	1.218	1.238	1.258
2.10	1.089	1.109	1.129	1.149	1.169	1.189	1.210	1.330	1.250	1.270
2.12	1.099	1.119	1.140	1.160	1.180	1.201	1.221	1.241	1.262	1.282
2.14	1.109	1.130	1.150	1.171	1.192	1.212	1.233	1.253	1.274	1.294
2.16	1.120	1.140	1.161	1.182	1.203	1.223	1.244	1.265	1.286	1.307
2.18	1.130	1.151	1.172	1.193	1.214	1.235	1.256	1.277	1.298	1.319
2.20	1.140	1.162	1.183	1.204	1.225	1.246	1.267	1.288	1.309	1.331
2.22	1.151	1.172	1.193	1.215	1.236	1.257	1.279	1.300	1.321	1.343
2.24	1.161	1.183	1.204	1.226	1.247	1.269	1.290	1.312	1.333	1.355
2.26	1.172	1.193	1.215	1.237	1.258	1.280	1.302	1.323	1.345	1.367

Kubik-Inhalt der Kolli, deren kleinstes
Solid contents of packages, whose least
Cubage des colis, dont la plus petite dimension

Länge/Length Longueur	Breite — Breadth — Largeur									
	0.50	0.52	0.54	0.56	0.58	0.60	0.62	0.64	0.66	0.68
	Inhalt in Kubikmetern — Solid Contents — Cubage									
0.50	0.125									
0.52	130	0.135								
0.54	135	140	0.146							
0.56	140	146	151	0.157						
0.58	145	151	157	162	0.168					
0.60	150	156	162	168	174	0.180				
0.62	155	161	167	174	180	186	0.192			
0.64	160	166	173	179	186	192	198	0.205		
0.66	165	172	178	185	191	198	205	211	0.218	
0.68	170	177	184	190	197	204	211	218	224	0.231
0.70	175	182	189	196	203	210	217	224	231	238
0.72	180	187	194	202	209	216	223	230	238	245
0.74	185	192	200	207	215	222	229	237	244	252
0.76	190	198	205	213	220	228	236	243	251	258
0.78	195	203	211	218	226	234	242	250	257	265
0.80	200	208	216	224	232	240	248	256	264	272
0.82	205	213	221	230	238	246	254	262	271	279
0.84	210	218	227	235	244	252	260	269	277	286
0.86	215	224	232	241	249	258	267	275	284	292
0.88	220	229	238	246	255	264	273	282	290	299
0.90	225	234	243	252	261	270	279	288	297	306
0.92	230	239	248	258	267	276	285	294	304	313
0.94	235	244	254	263	273	282	291	301	310	320
0.96	240	250	259	269	278	288	298	307	317	326
0.98	245	255	265	274	284	294	304	314	323	333
1.00	250	260	270	280	290	300	310	320	330	340
1.02	255	265	275	286	296	306	316	326	337	347
1.04	260	270	281	291	302	312	322	333	343	354
1.06	265	276	286	297	307	318	329	339	350	360
1.08	270	281	292	302	313	324	335	346	356	367
1.10	275	286	297	308	319	330	341	352	363	374
1.12	280	291	302	314	325	336	347	358	370	381
1.14	285	296	308	319	331	342	353	365	376	388
1.16	290	302	313	325	336	348	360	371	383	394
1.18	295	307	319	330	342	354	366	378	389	401
1.20	300	312	324	336	348	360	372	384	396	408
1.22	305	317	329	342	354	366	378	390	403	415
1.24	310	322	335	347	360	372	384	397	409	422
1.26	315	328	340	353	365	378	391	403	416	428
1.28	320	333	346	358	371	384	397	410	422	435
1.30	325	338	351	364	377	390	403	416	429	442
1.32	330	343	356	370	383	396	409	422	436	449
1.34	335	348	362	375	389	402	415	429	442	456
1.36	340	354	367	381	394	408	422	435	449	462
1.38	345	359	373	386	400	414	428	442	455	469
1.40	350	364	378	392	406	420	434	448	462	476
1.42	355	369	383	398	412	426	440	454	469	483
1.44	360	374	389	403	418	432	446	461	475	490
1.46	365	380	394	409	423	438	453	467	482	496
1.48	370	385	400	414	429	444	459	474	488	503
1.50	375	390	405	420	435	450	465	480	495	510
1 52	380	395	410	426	441	456	471	486	502	517
1.54	385	400	416	431	447	462	477	493	508	524
1.56	390	406	421	437	452	468	484	499	515	530
1.58	395	411	427	442	458	474	490	506	521	537
1.60	400	416	432	448	464	480	496	512	528	544
1.62	405	421	437	454	470	486	502	518	535	551
1.64	410	426	443	459	476	492	508	525	541	558
1.66	415	432	448	465	481	498	515	531	548	564
1.68	420	437	454	470	487	504	521	538	554	571
1.70	425	442	459	476	493	510	527	544	561	578
1.72	430	447	464	482	499	516	533	550	568	585
1.74	435	452	470	487	505	522	539	557	574	592
1.76	440	458	475	493	510	528	546	563	581	598
1.78	445	463	481	498	516	534	552	570	587	605
1.80	450	468	486	504	522	540	558	576	594	612
1.82	455	473	491	510	528	546	564	582	601	619
1.84	460	478	497	515	534	552	570	589	607	626
1.86	465	484	502	521	539	558	577	595	614	632
1.88	470	489	508	526	545	564	583	602	620	639

Maß (Dicke) 50 Centimeter (0,50 m) ist.
dimensions (depth) are 50 centimetres (0,50 m).
(l'épaisseur) est 50 centimètres (0,50 m).

0.50

Länge/Length Longueur	Breite — Breadth — Largeur 0.70	0.72	0.74	0.76	0.78	0.80	0.82	0.84	0.86	0.88
	Inhalt in Kubikmetern — Solid Contents — Cubage									
0.70	0.245									
0.72	252	0.259								
0.74	259	266	0.274							
0.76	266	274	281	0.289						
0.78	273	281	289	296	0.304					
0.80	280	288	296	304	312	0.320				
0.82	287	295	303	312	320	328	0.336			
0.84	294	302	311	319	328	336	344	0.353		
0.86	301	310	318	327	335	344	353	361	0.370	
0.88	308	317	326	334	343	352	361	370	378	0.387
0.90	315	324	333	342	351	360	369	378	387	396
0.92	322	331	340	350	359	368	377	386	396	405
0.94	329	338	348	357	367	376	385	395	404	414
0.96	336	346	355	365	374	384	394	403	413	422
0.98	343	353	363	372	382	392	402	412	421	431
1.00	350	360	370	380	390	400	410	420	430	440
1.02	357	367	377	388	398	408	418	428	439	449
1.04	364	374	385	395	406	416	426	437	447	458
1.06	371	382	392	403	413	424	435	445	456	466
1.08	378	389	400	410	421	432	443	454	464	475
1.10	385	396	407	418	429	440	451	462	473	484
1.12	392	403	414	426	437	448	459	470	482	493
1.14	399	410	422	433	445	456	467	479	490	502
1.16	406	418	429	441	452	464	476	487	499	510
1.18	413	425	437	448	460	472	484	496	507	519
1.20	420	432	444	456	468	480	492	504	516	528
1.22	427	439	451	464	476	488	500	512	525	537
1.24	434	446	459	471	484	496	508	521	533	546
1.26	441	454	466	479	491	504	517	529	542	554
1.28	448	461	474	486	499	512	525	538	550	563
1.30	455	468	481	494	507	520	533	546	559	572
1.32	462	475	488	502	515	528	541	554	568	581
1.34	469	482	496	509	523	536	549	563	576	590
1.36	476	490	503	517	530	544	558	571	585	598
1.38	483	497	511	524	538	552	566	580	593	607
1.40	490	504	518	532	546	560	574	588	602	616
1.42	497	511	525	540	554	568	582	596	611	625
1.44	504	518	533	547	562	576	590	605	619	634
1.46	511	526	540	555	569	584	599	613	628	642
1.48	518	533	548	562	577	592	607	622	636	651
1.50	525	540	555	570	585	600	615	630	645	660
1.52	532	547	562	578	593	608	623	638	654	669
1.54	539	554	570	585	601	616	631	647	662	678
1.56	546	562	577	593	608	624	640	655	671	686
1.58	553	569	585	600	616	632	648	664	679	695
1.60	560	576	592	608	624	640	656	672	688	704
1.62	567	583	599	616	632	648	664	680	697	713
1.64	574	590	607	623	640	656	672	689	705	722
1.66	581	598	614	631	647	664	681	697	714	730
1.68	588	605	622	638	655	672	689	706	722	739
1.70	595	612	629	646	663	680	697	714	731	748
1.72	602	619	636	654	671	688	705	722	740	757
1.74	609	626	644	661	679	696	713	731	748	766
1.76	616	634	651	669	686	704	722	739	757	774
1.78	623	641	659	676	694	712	730	748	765	783
1.80	630	648	666	684	702	720	738	756	774	792
1.82	637	655	673	692	710	728	746	764	783	801
1.84	644	662	681	699	718	736	754	773	791	810
1.86	651	670	688	707	725	744	763	781	800	818
1.88	658	677	696	714	733	752	771	790	808	827

Kubik-Inhalt der Kolli, deren kleinstes
Solid contents of packages, whose least
Cubage des colis, dont la plus petite dimension

Länge/Length Longueur	Breite — Breadth — Largeur									
	0.90	0.92	0.94	0.96	0.98	1.00	1.02	1.04	1.06	1.08
	Inhalt in Kubikmetern — Solid Contents — Cubage									
0.90	0.405									
0.92	414	0.423								
0.94	423	432	0.442							
0.96	432	442	451	0.461						
0.98	441	451	461	470	0.480					
1.00	450	460	470	480	490	0.500				
1.02	459	469	479	490	500	510	0.520			
1.04	468	478	489	499	510	520	530	0.541		
1.06	477	488	498	509	519	530	541	551	0.562	
1.08	486	497	508	518	529	540	551	562	572	0.583
1.10	495	506	517	528	539	550	561	572	583	594
1.12	504	515	526	538	549	560	571	582	594	605
1.14	513	524	536	547	559	570	581	593	604	616
1.16	522	534	545	557	568	580	592	603	615	626
1.18	531	543	555	566	578	590	602	614	625	637
1.20	540	552	564	576	588	600	612	624	636	648
1.22	549	561	573	586	598	610	622	634	647	659
1.24	558	570	583	595	608	620	632	645	657	670
1.26	567	580	592	605	617	630	643	655	668	680
1.28	576	589	602	614	627	640	653	666	678	691
1.30	585	598	611	624	637	650	663	676	689	702
1.32	594	607	620	634	647	660	673	686	700	713
1.34	603	616	630	643	657	670	683	697	710	724
1.36	612	626	639	653	666	680	694	707	721	734
1.38	621	635	649	662	676	690	704	718	731	745
1.40	630	644	658	672	686	700	714	728	742	756
1.42	639	653	667	682	696	710	724	738	753	767
1.44	648	662	677	691	706	720	734	749	763	778
1.46	657	672	686	701	715	730	745	759	774	788
1.48	666	681	696	710	725	740	755	770	784	799
1.50	675	690	705	720	735	750	765	780	795	810
1.52	684	699	714	730	745	760	775	790	806	821
1.54	693	708	724	739	755	770	785	801	816	832
1.56	702	718	733	749	764	780	796	811	827	842
1.58	711	727	743	758	774	790	806	822	837	853
1.60	720	736	752	768	784	800	816	832	848	864
1.62	729	745	761	778	794	810	826	842	859	875
1.64	738	754	771	787	804	820	836	853	869	886
1.66	747	764	780	797	813	830	847	863	880	896
1.68	756	773	790	806	823	840	857	874	890	907
1.70	765	782	799	816	833	850	867	884	901	918
1.72	774	791	808	826	843	860	877	894	911	928
1.74	783	800	818	835	853	870	887	905	922	940
1.76	792	810	828	845	862	880	898	915	933	950
1.78	801	819	837	854	872	890	908	926	943	961
1.80	810	828	846	864	882	900	918	936	954	972
1.82	819	837	856	874	892	910	928	946	965	983
1.84	828	846	865	883	902	920	938	957	975	994
1.86	837	856	875	893	911	930	949	967	986	1.004
1.88	846	865	884	902	921	940	959	978	996	1.015
1.90	855	874	893	912	931	950	969	988	1.007	1.026
1.92	864	883	903	922	941	960	979	998	1.018	1.037
1.94	873	892	912	931	951	970	989	1.009	1.028	1.048
1.96	882	902	922	941	960	980	1.000	1.019	1.039	1.058
1.98	891	911	931	950	970	990	1.010	1.030	1.049	1.069
2.00	900	920	940	960	980	1.000	1.020	1.040	1.060	1.080
2.02	909	929	950	970	990	1.010	1.030	1.050	1.071	1.091
2.04	918	938	959	979	1.000	1.020	1.040	1.061	1.081	1.102
2.06	927	948	969	989	1.009	1.030	1.051	1.071	1.092	1.112
2.08	936	957	978	998	1.019	1.040	1.061	1.082	1.102	1.123
2.10	945	966	987	1.008	1.029	1.050	1.071	1.092	1.113	1.134
2.12	954	975	997	1.018	1.039	1.060	1.081	1.102	1.124	1.145
2.14	963	984	1.006	1.027	1.049	1.070	1.091	1.113	1.134	1.156
2.16	972	994	1.016	1.037	1.058	1.080	1.102	1.123	1.145	1.166
2.18	981	1.003	1.025	1.046	1.068	1.090	1.112	1.134	1.155	1.177
2.20	990	1.012	1.034	1.056	1.078	1.100	1.122	1.144	1.166	1.188
2.22	999	1.021	1.043	1.066	1.088	1.110	1.132	1.154	1.177	1.199
2.24	1.008	1.030	1.053	1.075	1.098	1.120	1.142	1.165	1.187	1.210
2.26	1.017	1.040	1.062	1.085	1.107	1.130	1.153	1.175	1.198	1.220
2.28	1.026	1.049	1.072	1.094	1.117	1.140	1.163	1.186	1.208	1.231

Maß (Dicke) 50 Centimeter (0,50 m) ist.
dimensions (depth) are 50 centimetres (0,50 m).
(l'épaisseur) est 50 centimètres (0,50 m).

Länge/Length Longueur	Breite — Breadth — Largeur 1.10	1.12	1.14	1.16	1.18	1.20	1.22	1.24	1.26	1.28
	Inhalt in Kubikmetern — Solid Contents — Cubage									
1.10	0.605									
1.12	616	0.627								
1.14	627	638	0.650							
1.16	638	650	661	0.673						
1.18	649	661	673	684	0.696					
1.20	660	672	684	696	708	0.720				
1.22	671	683	695	708	720	732	0.744			
1.24	682	694	707	719	732	744	756	0.769		
1.26	693	706	718	731	743	756	769	781	0.794	
1.28	704	717	730	742	755	768	781	794	806	0.819
1.30	715	728	741	754	767	780	793	806	819	832
1.32	726	739	752	766	779	792	805	818	832	845
1.34	737	750	764	777	791	804	817	831	844	858
1.36	748	762	775	789	802	816	830	843	857	870
1.38	759	773	787	800	814	828	842	856	869	883
1.40	770	784	798	812	826	840	854	868	882	896
1.42	781	795	809	824	838	852	866	880	894	909
1.44	792	806	821	835	850	864	878	893	907	922
1.46	803	818	832	847	861	876	891	905	920	934
1.48	814	829	844	858	873	888	903	918	932	947
1.50	825	840	855	870	885	900	915	930	945	960
1.52	836	851	865	882	897	912	927	942	958	973
1.54	847	862	878	893	909	924	939	955	970	986
1.56	858	874	889	905	920	936	952	967	983	998
1.58	869	885	901	916	932	948	964	980	995	1.011
1.60	880	896	912	928	944	960	976	992	1.008	1.024
1.62	891	907	923	940	956	972	988	1.004	1.021	1.037
1.64	902	918	935	951	968	984	1.000	1.017	1.033	1.050
1.66	913	930	946	963	979	996	1.013	1.029	1.046	1.062
1.68	924	941	958	974	991	1.008	1.025	1.042	1.058	1.075
1.70	935	952	969	986	1.003	1.020	1.037	1.054	1.071	1.088
1.72	946	963	980	998	1.015	1.032	1.049	1.066	1.084	1.101
1.74	957	974	992	1.009	1.027	1.044	1.061	1.079	1.096	1.114
1.76	968	986	1.003	1.021	1.038	1.056	1.074	1.091	1.109	1.126
1.78	979	997	1.015	1.032	1.050	1.068	1.086	1.104	1.121	1.139
1.80	990	1.008	1.026	1.044	1.062	1.080	1.098	1.116	1.134	1.152
1.82	1.001	1.019	1.037	1.056	1.074	1.092	1.110	1.128	1.147	1.165
1.84	1.012	1.030	1.049	1.067	1.086	1.104	1.122	1.141	1.159	1.178
1.86	1.023	1.042	1.060	1.079	1.097	1.116	1.135	1.153	1.172	1.190
1.88	1.034	1.053	1.072	1.090	1.109	1.128	1.147	1.166	1.184	1.203
1.90	1.045	1.064	1.083	1.102	1.121	1.140	1.159	1.178	1.197	1.216
1.92	1.056	1.075	1.094	1.114	1.133	1.152	1.171	1.190	1.210	1.229
1.94	1.067	1.086	1.106	1.125	1.145	1.164	1.183	1.203	1.222	1.242
1.96	1.078	1.098	1.117	1.137	1.156	1.176	1.196	1.215	1.235	1.254
1.98	1.089	1.109	1.129	1.148	1.168	1.188	1.208	1.228	1.247	1.267
2.00	1.100	1.120	1.140	1.160	1.180	1.200	1.220	1.240	1.260	1.280
2.02	1.111	1.131	1.151	1.172	1.192	1.212	1.232	1.252	1.273	1.293
2.04	1.122	1.142	1.163	1.183	1.204	1.224	1.244	1.265	1.285	1.306
2.06	1.133	1.154	1.174	1.195	1.215	1.236	1.257	1.277	1.298	1.318
2.08	1.144	1.165	1.186	1.206	1.227	1.248	1.269	1.290	1.310	1.331
2.10	1.155	1.176	1.197	1.218	1.239	1.260	1.281	1.302	1.323	1.344
2.12	1.166	1.187	1.208	1.230	1.251	1.272	1.293	1.314	1.336	1.357
2.14	1.177	1.198	1.220	1.241	1.263	1.284	1.305	1.327	1.348	1.370
2.16	1.188	1.210	1.231	1.253	1.274	1.296	1.318	1.339	1.361	1.382
2.18	1.199	1.221	1.243	1.264	1.286	1.308	1.330	1.352	1.373	1.395
2.20	1.210	1.232	1.254	1.276	1.298	1.320	1.342	1.364	1.386	1.408
2.22	1.221	1.243	1.265	1.288	1.310	1.332	1.354	1.376	1.399	1.421
2.24	1.232	1.254	1.277	1.299	1.322	1.344	1.366	1.389	1.411	1.434
2.26	1.243	1.266	1.288	1.311	1.333	1.356	1.379	1.401	1.424	1.446
2.28	1.254	1.277	1.300	1.322	1.345	1.368	1.391	1.414	1.436	1.459

Kubik-Inhalt der Kolli, deren kleinstes
Solid contents of packages, whose least
Cubage des colis, dont la plus petite dimension

Länge/Length Longueur	Breite — Breadth — Largeur									
	0.52	0.54	0.56	0.58	0.60	0.62	0.64	0.66	0.68	0.70
	Inhalt in Kubikmetern — Solid Contents — Cubage									
0.52	0.141									
0.54	146	0.152								
0.56	151	157	0.163							
0.58	157	163	169	0.175						
0.60	162	168	175	181	0.187					
0.62	168	174	181	187	193	0.200				
0.64	173	180	186	193	200	206	0.213			
0.66	178	185	192	199	206	213	220	0.227		
0.68	184	191	198	205	212	219	226	233	0.240	
0.70	189	197	204	211	218	226	233	240	248	0.255
0.72	195	202	210	217	225	232	240	247	255	262
0.74	200	208	215	223	231	239	246	254	262	269
0.76	206	213	221	229	237	245	253	261	269	277
0.78	211	219	227	235	243	251	260	268	276	284
0.80	216	225	233	241	250	258	266	275	283	291
0.82	222	230	239	247	256	264	273	281	290	298
0.84	227	236	245	253	262	271	280	288	297	306
0.86	233	241	250	259	268	277	286	295	304	313
0.88	238	247	256	265	275	284	293	302	311	320
0.90	243	253	262	271	281	290	300	309	318	328
0.92	249	258	268	277	287	297	306	316	325	335
0.94	254	264	274	284	293	303	313	323	332	342
0.96	260	270	280	290	300	310	319	329	339	349
0.98	265	275	285	296	306	316	326	336	347	357
1.00	270	281	291	302	312	322	333	343	354	364
1.02	276	286	297	308	318	329	339	350	361	371
1.04	281	292	303	314	324	335	346	357	368	379
1.06	287	298	309	320	331	342	353	364	375	386
1.08	292	303	314	326	337	348	359	371	382	393
1.10	297	309	320	332	343	355	366	378	389	400
1.12	303	314	326	338	349	361	373	384	396	408
1.14	308	320	332	344	356	368	379	391	403	415
1.16	314	326	338	350	362	374	386	398	410	422
1.18	319	331	344	356	368	380	393	405	417	430
1.20	324	337	349	362	374	387	399	412	424	437
1.22	330	343	355	368	381	393	406	419	431	444
1.24	335	348	361	374	387	400	413	426	438	451
1.26	341	354	367	380	393	406	419	432	446	459
1.28	346	359	373	386	399	413	426	439	453	466
1.30	352	365	379	392	406	419	433	446	460	473
1.32	357	371	384	398	412	426	439	453	467	480
1.34	362	375	390	404	418	432	446	460	474	488
1.36	368	382	396	410	424	438	453	467	481	495
1.38	373	388	402	416	431	445	459	474	488	502
1.40	379	393	408	422	437	451	466	480	495	510
1.42	384	399	414	428	443	458	473	487	502	517
1.44	389	404	419	434	449	464	479	494	509	524
1.46	395	410	425	440	456	471	486	501	516	531
1.48	400	416	431	446	462	477	493	508	523	539
1.50	406	421	437	452	468	484	499	515	530	546
1.52	411	427	443	458	474	490	506	522	537	553
1.54	416	432	448	464	480	496	513	529	545	561
1.56	422	438	454	470	487	503	519	535	552	568
1.58	427	444	460	477	493	509	526	542	559	575
1.60	433	449	466	483	499	516	532	549	566	582
1.62	438	455	472	489	505	522	539	556	573	590
1.64	443	461	478	495	512	529	546	563	580	597
1.66	449	466	483	501	518	535	552	570	587	604
1.68	454	472	489	507	524	542	559	577	594	612
1.70	460	477	495	513	530	548	566	583	601	619
1.72	465	483	501	519	537	555	572	590	608	626
1.74	470	489	507	525	543	561	579	597	615	633
1.76	476	494	513	531	549	567	586	604	622	641
1.78	481	500	518	537	555	574	592	611	629	648
1.80	487	505	524	543	562	580	599	618	636	655
1.82	492	511	530	549	568	587	606	625	644	662
1.84	498	517	536	555	574	593	612	631	651	670
1.86	503	522	542	561	580	600	619	638	658	677
1.88	508	528	547	567	587	606	626	645	665	684
1.90	514	534	553	573	593	613	632	652	672	692

Maß (Dicke) 52 Centimeter (0,52 m) ist.
dimensions (depth) are 52 centimetres (0,52 m).
(l'épaisseur) est 52 centimètres (0,52 m).

Länge/Length Longueur	Breite — Breadth — Largeur 0.72	0.74	0.76	0.78	0.80	0.82	0.84	0.86	0.88	0.90
	Inhalt in Kubikmetern — Solid Contents — Cubage									
0.72	0.270									
0.74	277	0.285								
0.76	285	292	0.300							
0.78	292	300	308	0.316						
0.80	300	308	316	324	0.333					
0.82	307	316	324	333	341	0.350				
0.84	314	323	332	341	349	358	0.367			
0.86	322	331	340	349	358	367	376	0.385		
0.88	329	339	348	357	366	375	384	394	0.403	
0.90	337	346	356	365	374	384	393	402	412	0.421
0.92	344	354	364	373	383	392	402	411	421	431
0.94	352	362	371	381	391	401	411	420	430	440
0.96	359	369	379	389	399	409	419	429	439	449
0.98	367	377	387	397	408	418	428	438	448	459
1.00	374	385	395	406	416	426	437	447	458	468
1.02	382	392	403	414	424	435	446	456	467	477
1.04	389	400	411	422	433	443	454	465	476	487
1.06	397	408	419	430	441	452	463	474	485	496
1.08	404	416	427	438	449	461	472	483	494	505
1.10	412	423	435	446	458	469	480	492	503	515
1.12	419	431	443	454	466	478	489	501	513	524
1.14	427	439	451	462	474	486	498	510	522	534
1.16	434	446	458	470	483	495	507	519	531	543
1.18	442	454	466	479	491	503	515	528	540	552
1.20	449	462	474	487	499	512	524	537	549	562
1.22	457	469	482	495	508	520	533	546	558	571
1.24	464	477	490	503	516	529	542	555	567	580
1.26	472	485	498	511	524	537	550	563	577	590
1.28	479	493	506	519	532	546	559	572	586	599
1.30	487	500	514	527	541	554	568	581	595	608
1.32	494	508	522	535	549	563	577	590	604	618
1.34	502	516	530	544	557	571	585	599	613	627
1.36	509	523	537	552	566	580	594	608	622	636
1.38	517	531	545	560	574	588	603	617	631	646
1.40	524	539	553	568	582	597	612	626	641	655
1.42	532	546	561	576	591	605	620	635	650	665
1.44	539	554	569	584	599	614	629	644	659	674
1.46	547	562	577	592	607	623	638	653	668	683
1.48	554	570	585	600	616	631	646	662	677	693
1.50	562	577	593	608	624	640	655	671	686	702
1.52	569	585	601	617	632	648	664	680	696	711
1.54	577	593	609	625	641	657	673	689	705	721
1.56	584	600	617	633	649	665	681	698	714	730
1.58	592	608	624	641	657	674	690	707	723	739
1.60	599	616	632	649	666	682	699	716	732	749
1.62	607	623	640	657	674	691	708	724	741	758
1.64	614	631	648	665	682	699	716	733	750	768
1.66	622	639	656	673	691	708	725	742	760	777
1.68	629	646	664	681	699	716	734	751	769	786
1.70	636	654	672	690	707	725	743	760	778	796
1.72	644	662	680	698	716	733	751	769	787	805
1.74	651	670	688	706	724	742	760	778	796	814
1.76	659	677	696	714	732	750	769	787	805	824
1.78	666	685	703	722	740	759	778	796	815	833
1.80	674	693	711	730	749	768	786	805	824	842
1.82	681	700	719	738	757	776	795	814	833	852
1.84	689	708	727	746	765	785	804	823	842	861
1.86	696	716	735	754	774	793	812	832	851	870
1.88	704	723	743	763	782	802	821	841	860	880
1.90	711	731	751	771	790	810	830	850	869	889

0.52

Kubik-Inhalt der Kolli, deren kleinstes
Solid contents of packages, whose least
Cubage des colis, dont la plus petite dimension

Länge/Length Longueur	Breite — Breadth — Largeur									
	0.92	0.94	0.96	0.98	1.00	1.02	1.04	1.06	1.08	1.10
	Inhalt in Kubikmetern — Solid Contents — Cubage									
0.92	0.440									
0.94	450	0.459								
0.96	459	469	0.479							
0.98	469	479	489	0.499						
1.00	478	489	499	510	0.520					
1.02	488	499	509	520	530	0.541				
1.04	498	508	519	530	541	552	0.562			
1.06	507	518	529	540	551	562	573	0.584		
1.08	517	528	539	550	562	573	584	595	0.607	
1.10	526	538	549	561	572	583	595	606	618	0.629
1.12	536	547	559	571	582	594	606	617	629	641
1.14	545	557	569	581	593	605	617	628	640	652
1.16	555	567	579	591	603	615	627	639	651	664
1.18	565	577	589	601	614	626	638	650	663	675
1.20	574	587	599	612	624	636	649	661	674	686
1.22	584	596	609	622	634	647	660	672	685	698
1.24	593	606	619	632	645	658	671	683	696	709
1.26	603	616	629	642	655	668	681	695	708	721
1.28	612	626	639	652	666	679	692	706	719	732
1.30	622	635	649	662	676	690	703	717	730	744
1.32	631	645	659	673	686	700	714	728	741	755
1.34	641	655	669	683	697	711	725	739	753	766
1.36	651	665	679	693	707	721	735	750	764	778
1.38	660	675	689	703	718	732	746	761	775	789
1.40	670	684	699	713	728	743	757	772	786	801
1.42	679	694	709	724	738	753	768	783	797	812
1.44	689	704	719	734	749	764	779	794	809	824
1.46	698	714	729	744	759	774	790	805	820	835
1.48	708	723	739	754	770	785	800	816	831	847
1.50	718	733	749	764	780	796	811	827	842	858
1.52	727	743	759	775	790	806	822	838	854	869
1.54	737	753	769	785	801	817	833	849	865	881
1.56	746	763	779	795	811	827	844	860	876	892
1.58	756	772	789	805	822	838	854	871	887	904
1.60	765	782	799	815	832	849	865	882	899	915
1.62	775	792	809	826	842	859	876	893	910	927
1.64	785	802	819	836	853	870	887	904	921	938
1.66	794	811	829	846	863	880	898	915	932	950
1.68	804	821	839	856	874	891	909	926	943	961
1.70	813	831	849	866	884	902	919	937	955	972
1.72	823	841	859	877	894	912	930	948	966	984
1.74	832	851	869	887	905	923	941	959	977	995
1.76	842	860	879	897	915	934	952	970	988	1.007
1.78	852	870	889	907	926	944	963	981	1.000	1.018
1.80	861	880	899	917	936	955	973	992	1.011	1.030
1.82	871	890	909	927	946	965	984	1.003	1.022	1.041
1.84	880	899	919	938	957	976	995	1.014	1.033	1.052
1.86	890	909	929	948	967	987	1.006	1.025	1.045	1.064
1.88	899	919	938	958	978	997	1.017	1.036	1.056	1.075
1.90	909	929	948	968	988	1.008	1.028	1.047	1.067	1.087
1.92	919	938	958	978	998	1.018	1.038	1.058	1.078	1.098
1.94	928	948	968	989	1.009	1.029	1.049	1.069	1.090	1.110
1.96	938	958	978	999	1.019	1.040	1.060	1.080	1.101	1.121
1.98	947	968	988	1.009	1.030	1.050	1.071	1.091	1.112	1.133
2.00	957	978	998	1.019	1.040	1.061	1.082	1.102	1.123	1.144
2.02	966	987	1.008	1.029	1.050	1.071	1.092	1.113	1.134	1.155
2.04	976	997	1.018	1.040	1.061	1.082	1.103	1.124	1.146	1.167
2.06	986	1.007	1.028	1.050	1.071	1.093	1.114	1.135	1.157	1.178
2.08	995	1.017	1.038	1.060	1.082	1.103	1.125	1.146	1.168	1.190
2.10	1.005	1.026	1.048	1.070	1.092	1.114	1.136	1.158	1.179	1.201
2.12	1.014	1.036	1.058	1.080	1.102	1.124	1.146	1.169	1.191	1.213
2.14	1.024	1.046	1.068	1.091	1.113	1.135	1.157	1.180	1.202	1.224
2.16	1.033	1.056	1.078	1.101	1.123	1.146	1.168	1.191	1.213	1.236
2.18	1.043	1.066	1.088	1.111	1.134	1.156	1.179	1.202	1.224	1.247
2.20	1.052	1.075	1.098	1.121	1.144	1.167	1.190	1.213	1.236	1.258
2.22	1.062	1.085	1.108	1.131	1.154	1.177	1.201	1.224	1.247	1.270
2.24	1.072	1.095	1.118	1.142	1.165	1.188	1.211	1.235	1.258	1.281
2.26	1.081	1.105	1.128	1.152	1.175	1.199	1.222	1.246	1.269	1.293
2.28	1.091	1.114	1.138	1.162	1.186	1.209	1.233	1.257	1.280	1.304
2.30	1.100	1.124	1.148	1.172	1.196	1.220	1.244	1.268	1.292	1.316

Maß (Dicke) 52 Centimeter (0,52 m) ist.
dimensions (depth) are 52 centimetres (0,52 m).
(l'épaisseur) est 52 centimètres (0,52 m).

Länge/Length Longueur	Breite — Breadth — Largeur 1.12	1.14	1.16	1.18	1.20	1.22	1.24	1.26	1.28	1.30
	Inhalt in Kubikmetern — Solid Contents — Cubage									
1.12	0.652									
1.14	664	0.676								
1.16	676	688	0.700							
1.18	687	700	712	0.724						
1.20	699	711	724	736	0.749					
1.22	711	723	736	749	761	0.774				
1.24	722	735	748	761	774	787	0.800			
1.26	734	747	760	773	786	799	812	0.826		
1.28	745	759	772	785	799	812	825	839	0.852	
1.30	757	771	784	798	811	825	838	852	865	0.879
1.32	769	782	796	810	824	837	851	865	879	892
1.34	780	794	808	822	836	850	864	878	892	906
1.36	792	806	820	834	849	863	877	891	905	919
1.38	804	818	832	847	861	875	890	904	919	933
1.40	815	830	844	859	874	888	903	917	932	946
1.42	827	842	857	871	886	901	916	930	945	960
1.44	839	854	869	884	899	914	929	943	958	973
1.46	850	865	881	896	911	926	941	957	972	987
1.48	862	877	893	908	924	939	954	970	985	1.000
1.50	874	889	905	920	936	952	967	983	998	1.014
1.52	885	901	917	933	948	964	980	996	1.012	1.028
1.54	897	913	929	945	961	977	993	1.009	1.025	1.041
1.56	909	925	941	957	973	990	1.006	1.022	1.038	1.055
1.58	920	937	953	969	986	1.002	1.019	1.035	1.052	1.068
1.60	932	948	965	982	998	1.015	1.032	1.048	1.065	1.082
1.62	943	960	977	994	1.011	1.028	1.045	1.061	1.078	1.095
1.64	955	972	989	1.006	1.023	1.040	1.057	1.075	1.092	1.109
1.66	967	984	1.001	1.019	1.036	1.053	1.070	1.088	1.105	1.122
1.68	978	996	1.013	1.031	1.048	1.066	1.083	1.101	1.118	1.136
1.70	990	1.008	1.025	1.043	1.061	1.078	1.096	1.114	1.132	1.149
1.72	1.002	1.020	1.038	1.055	1.073	1.091	1.109	1.127	1.145	1.163
1.74	1.013	1.031	1.050	1.068	1.086	1.104	1.122	1.140	1.158	1.176
1.76	1.025	1.043	1.062	1.080	1.098	1.117	1.135	1.153	1.171	1.190
1.78	1.037	1.055	1.074	1.092	1.111	1.129	1.148	1.166	1.185	1.203
1.80	1.048	1.067	1.086	1.104	1.123	1.142	1.161	1.179	1.198	1.217
1.82	1.060	1.079	1.098	1.117	1.136	1.155	1.174	1.192	1.211	1.230
1.84	1.072	1.091	1.110	1.129	1.148	1.167	1.186	1.206	1.225	1.244
1.86	1.083	1.103	1.122	1.141	1.161	1.180	1.199	1.219	1.238	1.257
1.88	1.095	1.114	1.134	1.154	1.173	1.193	1.212	1.232	1.251	1.271
1.90	1.107	1.126	1.146	1.166	1.186	1.205	1.225	1.245	1.265	1.284
1.92	1.118	1.138	1.158	1.178	1.198	1.218	1.238	1.258	1.278	1.298
1.94	1.130	1.150	1.170	1.190	1.211	1.231	1.251	1.271	1.291	1.311
1.96	1.142	1.162	1.182	1.203	1.223	1.243	1.264	1.284	1.305	1.325
1.98	1.153	1.174	1.194	1.215	1.236	1.256	1.277	1.297	1.318	1.338
2.00	1.165	1.186	1.206	1.227	1.248	1.269	1.290	1.310	1.331	1.352
2.02	1.176	1.197	1.218	1.239	1.260	1.281	1.302	1.324	1.345	1.366
2.04	1.188	1.209	1.231	1.252	1.273	1.294	1.315	1.337	1.358	1.379
2.06	1.200	1.221	1.243	1.264	1.285	1.307	1.328	1.350	1.371	1.393
2.08	1.211	1.233	1.255	1.276	1.298	1.320	1.341	1.363	1.384	1.406
2.10	1.223	1.245	1.267	1.289	1.310	1.332	1.354	1.376	1.398	1.420
2.12	1.235	1.257	1.279	1.301	1.323	1.345	1.367	1.389	1.411	1.433
2.14	1.246	1.269	1.291	1.313	1.335	1.358	1.380	1.402	1.424	1.447
2.16	1.258	1.280	1.303	1.325	1.348	1.370	1.393	1.415	1.438	1.460
2.18	1.270	1.292	1.315	1.338	1.361	1.383	1.406	1.428	1.451	1.474
2.20	1.281	1.304	1.327	1.350	1.373	1.396	1.419	1.441	1.464	1.487
2.22	1.293	1.316	1.339	1.362	1.385	1.408	1.431	1.455	1.478	1.501
2.24	1.305	1.328	1.351	1.374	1.398	1.421	1.444	1.468	1.491	1.514
2.26	1.316	1.340	1.363	1.387	1.410	1.434	1.457	1.481	1.504	1.528
2.28	1.328	1.352	1.375	1.399	1.423	1.446	1.470	1.494	1.518	1.541
2.30	1.340	1.363	1.387	1.411	1.435	1.459	1.483	1.507	1.531	1.555

Kubik-Inhalt der Kolli, deren kleinstes
Solid contents of packages, whose least
Cubage des colis, dont la plus petite dimension

Länge/Length Longueur	Breite — Breadth — Largeur 0.54	0.56	0.58	0.60	0.62	0.64	0.66	0.68	0.70	0.72
	Inhalt in Kubikmetern — Solid Contents — Cubage									
0.54	0.157									
0.56	163	0.169								
0.58	169	175	0.182							
0.60	175	181	188	0.194						
0.62	181	187	194	201	0.208					
0.64	187	194	200	207	214	0.221				
0.66	192	200	207	214	221	228	0.235			
0.68	198	206	213	220	228	235	242	0.250		
0.70	204	212	219	227	234	242	249	257	0.265	
0.72	210	218	226	233	241	249	257	264	272	0.280
0.74	216	224	232	240	248	256	264	272	280	288
0.76	222	230	238	246	254	263	271	279	287	295
0.78	227	236	244	253	261	270	278	286	295	303
0.80	233	242	251	259	268	276	285	294	302	311
0.82	239	248	257	266	275	283	292	301	310	319
0.84	245	254	263	272	281	290	299	308	318	327
0.86	251	260	269	279	288	297	307	316	325	334
0.88	257	266	276	285	295	304	314	323	333	342
0.90	262	272	282	292	301	311	321	330	340	350
0.92	268	278	288	298	308	318	328	338	348	358
0.94	274	284	294	305	315	325	335	345	355	365
0.96	280	290	301	311	321	332	342	353	363	373
0.98	286	296	307	318	328	339	349	360	370	381
1.00	292	302	313	324	335	346	356	367	378	389
1.02	297	308	319	330	341	353	364	375	386	397
1.04	303	314	326	337	348	359	371	382	393	404
1.06	309	321	332	343	355	366	378	389	401	412
1.08	315	327	338	350	362	373	385	397	408	420
1.10	321	333	345	356	368	380	392	404	416	428
1.12	327	339	351	363	375	387	399	411	423	435
1.14	332	345	357	369	382	394	406	419	431	443
1.16	338	351	363	376	388	401	413	426	438	451
1.18	344	357	370	382	395	408	421	433	446	459
1.20	350	363	376	389	402	415	428	441	454	467
1.22	356	369	382	395	408	422	435	448	461	474
1.24	362	375	388	402	415	429	442	455	469	483
1.26	367	381	395	408	422	435	449	463	476	490
1.28	373	387	401	415	429	442	456	470	484	498
1.30	379	393	407	421	435	449	463	477	491	505
1.32	385	399	413	428	442	456	470	485	499	513
1.34	391	405	420	434	449	463	478	492	507	521
1.36	397	411	426	441	455	470	485	499	514	529
1.38	402	417	432	447	462	477	492	507	522	537
1.40	408	423	438	454	469	484	499	514	529	544
1.42	414	429	445	460	475	491	506	521	537	552
1.44	420	435	451	467	482	498	513	529	544	560
1.46	426	442	457	473	489	505	520	536	552	568
1.48	432	448	464	480	496	511	527	543	559	575
1.50	437	454	470	486	502	518	535	551	567	583
1.52	443	460	476	492	509	525	542	558	575	591
1.54	449	466	482	499	516	532	549	565	582	599
1.56	455	472	489	505	522	539	556	573	590	607
1.58	461	478	495	512	529	546	563	580	597	614
1.60	467	484	501	518	536	553	570	588	605	622
1.62	472	490	507	525	542	560	577	595	612	630
1.64	478	496	514	531	549	567	584	602	620	638
1.66	484	502	520	538	556	574	592	610	627	645
1.68	490	508	526	544	562	581	599	617	635	653
1.70	496	514	532	551	569	588	606	624	643	661
1.72	502	520	539	557	576	594	613	632	650	669
1.74	507	526	545	564	583	601	620	639	658	677
1.76	513	532	551	570	589	608	627	646	665	684
1.78	519	538	557	577	596	615	634	654	673	692
1.80	525	544	564	583	603	622	642	661	680	700
1.82	531	550	570	590	609	629	649	668	688	708
1.84	537	556	576	596	616	636	656	676	696	715
1.86	542	562	583	603	623	643	663	683	703	723
1.88	548	568	589	609	629	650	670	690	711	731
1.90	554	574	595	616	636	657	677	698	718	739
1.92	560	580	601	622	643	664	684	705	726	746

Maß (Dicke) 54 Centimeter (0,54 m) ist.
dimensions (depth) are 54 centimetres (0,54 m).
(l'épaisseur) est 54 centimètres (0,54 m).

0.54

Länge/Length Longueur	Breite — Breadth — Largeur 0.74	0.76	0.78	0.80	0.82	0.84	0.86	0.88	0.90	0.92
	Inhalt in Kubikmetern — Solid Contents — Cubage									
0.74	0.296									
0.76	304	0.312								
0.78	312	320	0.329							
0.80	320	328	337	0.346						
0.82	328	337	345	354	0.363					
0.84	336	345	354	363	372	0.381				
0.86	344	353	362	372	381	390	0.399			
0.88	352	361	371	380	390	399	409	0.418		
0.90	360	369	379	389	399	408	418	428	0.437	
0.92	368	378	388	397	407	417	427	437	447	0.457
0.94	376	386	396	406	416	426	437	447	457	467
0.96	384	394	404	415	425	435	446	456	467	477
0.98	392	402	413	423	434	445	455	466	476	487
1.00	400	410	421	432	443	454	464	475	486	497
1.02	408	419	430	441	452	463	474	485	496	507
1.04	416	427	438	449	461	472	483	494	505	517
1.06	424	435	446	458	469	481	492	504	515	527
1.08	432	443	455	467	478	490	502	513	525	537
1.10	440	451	463	475	487	499	511	523	535	546
1.12	448	460	472	484	496	508	520	532	544	556
1.14	456	468	480	492	505	517	529	542	554	566
1.16	464	476	489	501	514	526	539	551	564	576
1.18	472	484	497	510	523	535	548	561	573	586
1.20	480	492	505	518	531	544	557	570	583	596
1.22	488	501	514	527	540	553	567	580	593	606
1.24	496	509	522	536	549	562	576	589	603	616
1.26	503	517	531	544	558	572	585	599	612	626
1.28	511	525	539	553	567	581	594	608	622	636
1.30	519	534	548	562	576	590	604	618	632	646
1.32	527	542	556	570	584	599	613	627	642	656
1.34	535	550	564	579	593	608	622	637	651	666
1.36	543	558	573	588	602	617	632	646	661	676
1.38	551	566	581	596	611	626	641	656	671	686
1.40	559	575	590	605	620	635	650	665	680	696
1.42	567	583	598	613	629	644	659	675	690	705
1.44	575	591	607	622	638	653	669	684	700	715
1.46	583	599	615	631	646	662	678	694	710	725
1.48	591	607	623	639	655	671	687	703	719	735
1.50	599	616	632	648	664	680	697	713	729	745
1.52	607	624	640	657	673	689	706	722	739	755
1.54	615	632	649	665	682	699	715	732	748	765
1.56	623	640	657	674	691	708	724	741	758	775
1.58	631	649	666	683	700	717	734	751	768	785
1.60	639	657	674	691	708	726	743	760	778	795
1.62	647	665	682	700	717	735	752	770	787	805
1.64	655	673	691	708	726	744	762	779	797	815
1.66	663	681	699	717	735	753	771	789	807	825
1.68	671	690	708	726	744	762	780	798	816	835
1.70	679	698	716	734	753	771	789	808	826	845
1.72	687	706	724	743	762	780	799	817	836	854
1.74	695	714	733	752	770	789	808	827	846	864
1.76	703	722	741	760	779	798	817	836	855	874
1.78	711	731	750	769	788	807	827	846	865	884
1.80	719	739	758	778	797	816	836	855	875	894
1.82	727	747	767	786	806	826	845	865	885	904
1.84	735	755	775	795	815	835	854	874	894	914
1.86	743	763	783	804	824	844	864	884	904	924
1.88	751	772	792	812	832	853	873	893	914	934
1.90	759	780	800	821	841	862	882	903	923	944
1.92	767	788	809	829	850	871	892	912	933	954

Kubik-Inhalt der Kolli, deren kleinstes
Solid contents of packages, whose least
Cubage des colis, dont la plus petite dimension

Länge/Length Longueur	Breite — Breadth — Largeur 0.94	0.96	0.98	1.00	1.02	1.04	1.06	1.08	1.10	1.12
	Inhalt in Kubikmetern — Solid Contents — Cubage									
0.94	0.477									
0.96	487	0.498								
0.98	497	508	0.519							
1.00	508	518	529	0.540						
1.02	518	529	540	551	0.562					
1.04	528	539	550	562	573	0.584				
1.06	538	550	561	572	584	595	0.607			
1.08	548	560	572	583	595	606	618	0.630		
1.10	558	570	582	594	606	618	630	642	0.653	
1.12	569	581	593	605	617	629	641	653	665	0.677
1.14	579	591	603	616	628	640	653	665	677	689
1.16	589	601	614	626	639	651	664	677	689	702
1.18	599	612	624	637	650	663	675	688	701	714
1.20	609	622	635	648	661	674	687	700	713	726
1.22	619	632	646	659	672	685	698	712	725	738
1.24	629	643	656	670	683	696	710	723	737	750
1.26	640	653	667	680	694	708	721	735	748	762
1.28	650	664	677	691	705	719	733	746	760	774
1.30	660	674	688	702	716	730	744	758	772	786
1.32	670	684	699	713	727	741	756	770	784	798
1.34	680	695	709	724	738	753	767	781	796	810
1.36	690	705	720	734	749	764	778	793	808	823
1.38	700	715	730	745	760	775	790	805	820	835
1.40	711	726	741	756	771	786	801	816	832	847
1.42	721	736	751	767	782	797	813	828	843	859
1.44	731	746	762	778	793	809	824	840	855	871
1.46	741	757	773	788	804	820	836	851	867	883
1.48	751	767	783	799	815	831	847	863	879	895
1.50	761	778	794	810	826	842	859	875	891	907
1.52	772	788	804	821	837	854	870	886	903	919
1.54	782	798	815	832	848	865	881	898	915	931
1.56	792	809	826	843	859	876	893	910	927	943
1.58	802	819	836	853	870	887	904	921	939	956
1.60	812	829	847	864	881	899	916	933	950	968
1.62	822	840	857	875	892	910	927	945	962	980
1.64	832	850	868	886	903	921	939	956	974	992
1.66	843	861	878	896	914	932	950	968	986	1.004
1.68	853	871	889	907	925	943	962	980	998	1.016
1.70	863	881	900	918	936	955	973	991	1.010	1.028
1.72	873	892	910	929	947	966	985	1.003	1.022	1.040
1.74	883	902	921	940	958	977	996	1.015	1.034	1.052
1.76	893	912	931	950	969	988	1.007	1.026	1.045	1.064
1.78	904	923	942	961	980	1.000	1.019	1.038	1.057	1.077
1.80	914	933	953	972	991	1.011	1.030	1.050	1.069	1.089
1.82	924	943	963	983	1.002	1.022	1.042	1.061	1.081	1.101
1.84	934	954	974	994	1.013	1.033	1.053	1.073	1.093	1.113
1.86	944	964	984	1 004	1.024	1.045	1.065	1.085	1.105	1.125
1.88	954	975	995	1.015	1.036	1.056	1.076	1.096	1.117	1.137
1.90	964	985	1.005	1.026	1.047	1.067	1.088	1.108	1.129	1.149
1.92	975	995	1.016	1.037	1.058	1.078	1.099	1.120	1.140	1.161
1.94	985	1.006	1.027	1.048	1.069	1.090	1.111	1.131	1.152	1.173
1.96	995	1.016	1.037	1.058	1.080	1.101	1.122	1.143	1.164	1.185
1.98	1.005	1.026	1.048	1.069	1.091	1.112	1.133	1.155	1.176	1.198
2.00	1.015	1.037	1.058	1.080	1.102	1.123	1.145	1.066	1.188	1.210
2.02	1.025	1.047	1.069	1.091	1.113	1.134	1.156	1.178	1.200	1.222
2.04	1.036	1.058	1.080	1.102	1.124	1.146	1.168	1.190	1.212	1.234
2.06	1.046	1.068	1.090	1.112	1.135	1.157	1.179	1.201	1.224	1.240
2.08	1.056	1.078	1.101	1.123	1.146	1.168	1.191	1.213	1.236	1.258
2.10	1.066	1.089	1.111	1.134	1.157	1.179	1.202	1.225	1.247	1.270
2.12	1.076	1.099	1.122	1.145	1.168	1.191	1.213	1.236	1.259	1.282
2.14	1.086	1.109	1.132	1.156	1.179	1.202	1.225	1.248	1.271	1.294
2.16	1.096	1.120	1.143	1.166	1.190	1.213	1.236	1.260	1.283	1.306
2.18	1.107	1.130	1.154	1.177	1.201	1.224	1.248	1.271	1.295	1.318
2.20	1.117	1.140	1.164	1.188	1.212	1.236	1.259	1.283	1.307	1.331
2.22	1.127	1.151	1.175	1.199	1.223	1.247	1.271	1.295	1.319	1.343
2.24	1.137	1.161	1.185	1.210	1.234	1.258	1.282	1.306	1.331	1.355
2.26	1.147	1.172	1.196	1.220	1.245	1.269	1.294	1.318	1.342	1.367
2.28	1.157	1.182	1.207	1.231	1.256	1.280	1.305	1.330	1.354	1.379
2.30	1.167	1.192	1.217	1.242	1.267	1.292	1.317	1.341	1.366	1.391
2.32	1.178	1.203	1.228	1.253	1.278	1.303	1.328	1.353	1.378	1.403

Maß (Dicke) 54 Centimeter (0,54 m) ist.
dimensions (depth) are 54 centimetres (0,54 m).
(l'épaisseur) est 54 centimètres (0,54 m).

Länge/Length Longueur	Breite — Breadth — Largeur									
	1.14	1.16	1.18	1.20	1.22	1.24	1.26	1.28	1.30	1.32
	Inhalt in Kubikmetern — Solid Contents — Cubage									
1.14	0.702									
1.16	714	0.727								
1.18	726	739	0.752							
1.20	739	752	765	0.778						
1.22	751	764	777	791	0.804					
1.24	763	777	790	803	817	0.830				
1.26	776	789	803	816	830	844	0.857			
1.28	788	802	816	829	843	857	871	0.885		
1.30	800	814	828	842	856	870	885	899	0.913	
1.32	813	827	841	855	870	884	898	912	927	0.941
1.34	825	839	854	868	883	897	912	926	941	955
1.36	837	852	867	881	896	911	925	940	955	969
1.38	850	864	879	894	909	924	939	954	969	984
1.40	862	877	892	907	922	937	953	968	983	998
1.42	874	889	905	920	935	951	966	982	997	1.012
1.44	886	902	918	933	949	964	980	995	1.011	1.026
1.46	899	915	930	946	962	978	993	1.009	1.025	1.041
1.48	911	927	943	959	975	991	1.007	1.023	1.039	1.055
1.50	923	940	956	972	988	1.004	1.021	1.037	1.053	1.069
1.52	936	952	969	985	1.001	1.018	1.034	1.051	1.067	1.083
1.54	948	965	981	998	1.015	1.031	1.048	1.064	1.081	1.098
1.56	960	977	994	1.011	1.028	1.045	1.061	1.078	1.095	1.112
1.58	973	990	1.007	1.024	1.041	1.058	1.075	1.092	1.109	1.126
1.60	985	1.002	1.020	1.037	1.054	1.071	1.089	1.106	1.123	1.140
1.62	997	1.015	1.032	1.050	1.067	1.085	1.102	1.120	1.137	1.155
1.64	1.010	1.027	1.045	1.063	1.080	1.098	1.116	1.134	1.151	1.169
1.66	1.022	1.040	1.058	1.076	1.094	1.112	1.129	1.147	1.165	1.183
1.68	1.034	1.052	1.070	1.089	1.107	1.125	1.143	1.161	1.179	1.198
1.70	1.047	1.065	1.083	1.102	1.120	1.138	1.157	1.175	1.193	1.212
1.72	1.059	1.077	1.096	1.115	1.133	1.152	1.170	1.189	1.207	1.226
1.74	1.071	1.090	1.109	1.128	1.146	1.165	1.184	1.203	1.221	1.240
1.76	1.083	1.102	1.121	1.140	1.159	1.178	1.197	1.217	1.236	1.255
1.78	1.096	1.115	1.134	1.153	1.173	1.192	1.211	1.230	1.250	1.269
1.80	1.108	1.128	1.147	1.166	1.186	1.205	1.225	1.244	1.264	1.283
1.82	1.120	1.140	1.160	1.179	1.199	1.219	1.238	1.258	1.278	1.297
1.84	1.133	1.153	1.172	1.192	1.212	1.232	1.252	1.272	1.292	1.312
1.86	1.145	1.165	1.185	1.205	1.225	1.245	1.265	1.286	1.306	1.326
1.88	1.157	1.178	1.198	1.218	1.239	1.259	1.279	1.299	1.320	1.340
1.90	1.170	1.190	1.211	1.231	1.252	1.272	1.293	1.313	1.334	1.354
1.92	1.182	1.203	1.223	1.244	1.265	1.286	1.306	1.327	1.348	1.369
1.94	1.194	1.215	1.236	1.257	1.278	1.299	1.320	1.341	1.362	1.383
1.96	1.207	1.228	1.249	1.270	1.291	1.312	1.334	1.355	1.376	1.397
1.98	1.219	1.240	1.262	1.283	1.304	1.326	1.347	1.369	1.390	1.411
2.00	1.231	1.253	1.274	1.296	1.318	1.339	1.361	1.382	1.404	1.426
2.02	1.244	1.265	1.287	1.309	1.331	1.353	1.374	1.396	1.418	1.440
2.04	1.256	1.278	1.300	1.322	1.344	1.366	1.388	1.410	1.432	1.454
2.06	1.268	1.290	1.313	1.335	1.357	1.379	1.402	1.424	1.446	1.468
2.08	1.280	1.303	1.325	1.348	1.370	1.393	1.415	1.438	1.460	1.483
2.10	1.293	1.315	1.338	1.361	1.383	1.406	1.429	1.452	1.474	1.497
2.12	1.305	1.328	1.351	1.374	1.397	1.420	1.442	1.465	1.488	1.511
2.14	1.317	1.340	1.364	1.387	1.410	1.433	1.456	1.479	1.502	1.525
2.16	1.330	1.353	1.376	1.400	1.423	1.446	1.470	1.493	1.516	1.540
2.18	1.342	1.366	1.389	1.413	1.436	1.460	1.483	1.507	1.530	1.554
2.20	1.354	1.378	1.402	1.426	1.449	1.473	1.497	1.521	1 544	1.568
2.22	1.367	1.391	1.415	1.439	1.463	1.487	1.510	1.534	1.558	1.582
2.24	1.379	1.403	1.427	1.452	1.476	1.500	1.524	1.548	1.572	1.597
2.26	1.391	1.416	1.440	1.464	1.489	1.513	1.538	1.562	1.587	1.611
2.28	1.404	1.428	1.453	1.477	1.502	1.527	1.551	1.576	1.601	1.625
2.30	1.416	1.441	1.466	1.490	1.515	1.540	1.565	1.590	1.615	1.639
2.32	1.428	1.453	1.478	1.503	1.528	1.553	1.579	1.604	1.629	1.654

Kubik-Inhalt der Kolli, deren kleinstes
Solid contents of packages, whose least
Cubage des colis, dont la plus petite dimension

Länge/Length Longueur	Breite — Breadth — Largeur 0.56	0.58	0.60	0.62	0.64	0.66	0.68	0.70	0.72	0.74
	Inhalt in Kubikmetern — Solid Contents — Cubage									
0.56	0.176									
0.58	182	0.188								
0.60	188	195	0.202							
0.62	194	201	208	0.215						
0.64	201	208	215	222	0.229					
0.66	207	214	222	229	237	0.244				
0.68	213	221	228	236	244	251	0.259			
0.70	220	227	235	243	251	259	267	0.274		
0.72	226	234	242	250	258	266	274	282	0.290	
0.74	232	240	249	257	265	274	282	290	298	0.307
0.76	238	247	255	264	272	281	289	298	306	315
0.78	245	253	262	271	280	288	297	306	314	323
0.80	251	260	269	278	287	296	305	314	323	332
0.82	257	266	276	285	294	303	312	321	331	340
0.84	263	273	282	292	301	310	320	329	339	348
0.86	270	279	289	299	308	318	327	337	347	356
0.88	276	286	296	306	315	325	335	345	355	365
0.90	282	292	302	312	323	333	343	353	363	373
0.92	289	299	309	319	330	340	350	361	371	381
0.94	295	305	316	326	337	347	358	368	379	390
0.96	301	312	323	333	344	355	366	376	387	398
0.98	307	318	329	340	351	362	373	384	395	406
1.00	314	325	336	347	358	370	381	392	403	414
1.02	320	331	343	354	366	377	388	400	411	423
1.04	326	338	349	361	373	384	396	408	419	431
1.06	332	344	356	368	380	392	404	416	427	439
1.08	339	351	363	375	387	399	411	423	435	448
1.10	345	357	370	382	394	407	419	431	444	456
1.12	351	364	376	389	401	414	426	439	452	464
1.14	358	370	383	396	409	421	434	447	460	472
1.16	364	377	390	403	416	429	442	455	468	481
1.18	370	383	396	410	423	436	449	463	476	489
1.20	376	390	403	417	430	444	457	470	484	497
1.22	383	396	410	424	437	451	465	478	492	506
1.24	389	403	417	431	444	458	472	486	500	514
1.26	395	409	423	437	452	466	480	494	508	522
1.28	401	416	430	444	459	473	487	502	516	530
1.30	408	422	437	451	466	480	495	510	524	539
1.32	414	429	444	458	473	488	503	517	532	547
1.34	420	435	450	465	480	495	510	525	540	555
1.36	426	442	457	472	487	503	518	533	548	564
1.38	433	448	464	479	495	510	526	541	556	572
1.40	439	455	470	486	502	517	533	549	564	580
1.42	445	461	477	493	509	525	541	557	573	588
1.44	452	468	484	500	516	532	548	564	581	597
1.46	458	474	491	507	523	540	556	572	589	605
1.48	464	481	497	514	530	547	564	580	597	613
1.50	470	487	504	521	538	554	571	588	605	622
1.52	477	494	511	528	545	562	579	596	613	630
1.54	483	500	517	535	552	569	586	604	621	638
1.56	489	507	524	542	559	577	594	612	629	646
1.58	495	513	531	549	566	584	602	619	637	655
1.60	502	520	538	556	573	591	609	627	645	663
1.62	508	526	544	562	581	599	617	635	653	671
1.64	514	533	551	569	588	606	625	643	661	680
1.66	521	539	558	576	595	614	632	651	669	688
1.68	527	546	564	583	602	621	640	659	677	696
1.70	533	552	571	590	609	628	647	666	685	704
1.72	539	559	578	597	616	636	655	674	694	713
1.74	546	565	585	604	624	643	663	682	702	721
1.76	552	572	591	611	631	650	670	690	710	729
1.78	558	578	598	618	638	658	678	698	718	738
1.80	564	585	605	625	645	665	685	706	726	746
1.82	571	591	612	632	652	673	693	713	734	754
1.84	577	598	618	639	659	680	701	721	742	762
1.86	583	604	625	646	667	687	708	729	750	771
1.88	590	611	632	653	674	695	716	737	758	779
1.90	596	617	638	660	681	702	724	745	766	787
1.92	602	624	645	667	688	710	731	753	774	796
1.94	608	630	652	674	695	717	739	760	782	804

Maß (Dicke) 56 Centimeter (0,56 m) ist.
dimensions (depth) are 56 centimetres (0,56 m).
(l'épaisseur) est 56 centimètres (0,56 m).

Länge/Length Longueur	Breite — Breadth — Largeur 0.76	0.78	0.80	0.82	0.84	0.86	0.88	0.90	0.92	0.94
	Inhalt in Kubikmetern — Solid Contents — Cubage									
0.76	0.323									
0.78	332	0.341								
0.80	340	349	0.358							
0.82	349	358	367	0.377						
0.84	358	367	376	386	0.395					
0.86	366	376	385	395	405	0.414				
0.88	375	384	394	404	414	424	0.434			
0.90	383	393	403	413	423	433	444	0.454		
0.92	392	402	412	422	433	443	453	464	0.474	
0.94	400	411	421	432	442	453	463	474	484	0.495
0.96	409	419	430	441	452	462	473	484	495	505
0.98	417	428	439	450	461	472	483	494	505	516
1.00	426	437	448	459	470	482	493	504	515	526
1.02	434	446	457	468	480	491	503	514	526	537
1.04	443	454	466	478	489	501	513	524	536	547
1.06	451	463	475	487	499	510	522	534	546	558
1.08	460	472	484	496	508	520	532	544	556	569
1.10	468	480	493	505	517	530	542	554	567	579
1.12	477	489	502	514	527	539	552	564	577	590
1.14	485	498	511	523	536	549	562	575	587	600
1.16	494	507	520	533	546	559	572	585	598	611
1.18	502	515	529	542	555	568	582	595	608	621
1.20	511	524	538	551	564	578	591	605	618	632
1.22	519	533	547	560	574	588	601	615	629	642
1.24	528	542	556	569	583	597	611	625	639	653
1.26	536	550	564	579	593	607	621	635	649	663
1.28	545	559	573	588	602	616	631	645	659	674
1.30	553	568	582	597	612	626	641	655	670	684
1.32	562	577	591	606	621	636	650	665	680	695
1.34	570	585	600	615	630	645	660	675	690	705
1.36	579	594	609	625	640	655	670	685	701	716
1.38	587	603	618	634	649	665	680	696	711	726
1.40	596	612	627	643	659	674	690	706	721	737
1.42	604	620	636	652	668	684	700	716	732	747
1.44	613	629	645	661	677	694	710	726	742	758
1.46	621	638	654	670	687	703	719	736	752	769
1.48	630	646	663	680	696	713	729	746	762	779
1.50	638	655	672	689	706	722	739	756	773	790
1.52	647	664	681	698	715	732	749	766	783	800
1.54	655	673	690	707	724	742	759	776	793	811
1.56	664	681	699	716	734	751	769	786	804	821
1.58	672	690	708	726	743	761	779	796	814	832
1.60	681	699	717	735	753	771	788	806	824	842
1.62	689	708	726	744	762	780	798	816	835	853
1.64	698	716	735	753	771	790	808	827	845	863
1.66	706	725	744	762	781	799	818	837	855	874
1.68	715	734	753	771	790	809	828	847	866	884
1.70	724	743	762	781	800	819	838	857	876	895
1.72	732	751	771	790	809	828	848	867	886	905
1.74	741	760	780	799	818	838	857	877	896	916
1.76	749	769	788	808	828	848	867	887	907	926
1.78	758	778	797	817	837	857	877	897	917	937
1.80	766	786	806	827	847	867	887	907	927	948
1.82	775	795	815	836	856	877	897	917	938	958
1.84	783	804	824	845	866	886	907	927	948	969
1.86	792	812	833	854	875	896	917	937	958	979
1.88	800	821	842	863	884	905	926	948	969	990
1.90	809	830	851	872	894	915	936	958	979	1.000
1.92	817	839	860	882	903	925	946	968	989	1.011
1.94	826	847	869	891	913	934	956	978	999	1.021

0.56

Kubik-Inhalt der Kolli, deren kleinstes
Solid contents of packages, whose least
Cubage des colis, dont la plus petite dimension

Länge/Length Longueur	Breite — Breadth — Largeur 0.96	0.98	1.00	1.02	1.04	1.06	1.08	1.10	1.12	1.14
	Inhalt in Kubikmetern — Solid Contents — Cubage									
0.96	0.516									
0.98	527	0.538								
1.00	538	549	0.560							
1.02	548	560	571	0.583						
1.04	559	571	582	594	0.606					
1.06	570	582	594	605	617	0.629				
1.08	581	593	605	617	629	641	0.653			
1.10	591	604	616	628	641	653	665	0.678		
1.12	602	615	627	640	652	665	677	690	0.702	
1.14	613	626	638	651	664	677	689	702	715	0.728
1.16	624	637	650	663	676	689	702	715	728	741
1.18	634	648	661	674	687	700	714	727	740	753
1.20	645	659	672	685	699	712	726	739	753	766
1.22	656	670	683	697	711	724	738	752	765	779
1.24	667	681	694	708	722	736	750	764	778	792
1.26	677	691	706	720	734	748	762	776	790	804
1.28	688	702	717	731	745	760	774	788	803	817
1.30	699	713	728	743	757	772	786	801	815	830
1.32	710	724	739	754	769	784	798	813	828	843
1.34	720	735	750	765	780	795	810	825	840	855
1.36	731	746	762	777	792	807	823	838	853	868
1.38	742	757	773	788	804	819	835	850	866	881
1.40	753	768	784	800	815	831	847	862	878	894
1.42	763	779	795	811	827	843	859	875	891	907
1.44	774	790	806	823	839	855	871	887	903	919
1.46	785	801	818	834	850	867	883	899	916	932
1.48	796	812	829	845	862	879	895	912	928	945
1.50	806	823	840	857	874	890	907	924	941	958
1.52	817	834	851	868	885	902	919	936	953	970
1.54	828	845	862	880	897	914	931	949	966	983
1.56	839	856	874	891	909	926	943	961	978	996
1.58	849	867	885	902	920	938	956	973	991	1.009
1.60	860	878	896	914	932	950	968	986	1.004	1.021
1.62	871	889	907	925	943	962	980	998	1.016	1.034
1.64	882	900	918	937	955	974	992	1.010	1.029	1.047
1.66	892	911	930	948	967	985	1.004	1.023	1.041	1.060
1.68	903	922	941	960	978	997	1.016	1.035	1.054	1.073
1.70	914	933	952	971	990	1.009	1.028	1.047	1.066	1.085
1.72	925	944	963	982	1.002	1.021	1.040	1.060	1.079	1.098
1.74	935	955	974	994	1.013	1.033	1.052	1.072	1.091	1.111
1.76	946	966	986	1.005	1.025	1.045	1.064	1.084	1.104	1.124
1.78	957	977	997	1.017	1.037	1.057	1.077	1.096	1.116	1.136
1.80	968	988	1.008	1.028	1.048	1.068	1.089	1.109	1.129	1.149
1.82	978	999	1.019	1.040	1.060	1.080	1.101	1.121	1.142	1.162
1.84	989	1.010	1.030	1.051	1.072	1.092	1.113	1.133	1.154	1.175
1.86	1.000	1.021	1.042	1 062	1.083	1.104	1.125	1.146	1.167	1.187
1.88	1.011	1.032	1.053	1.074	1.095	1.116	1.137	1.158	1.179	1.200
1.90	1.021	1.043	1.064	1.085	1.107	1.128	1.149	1.170	1.192	1.213
1.92	1.032	1.054	1.075	1.097	1.118	1.140	1.161	1.183	1.204	1.226
1.91	1.043	1.065	1.086	1.108	1.130	1.152	1.173	1.195	1.217	1.238
1.96	1.054	1.076	1.098	1.120	1.141	1.163	1.185	1.207	1.229	1.251
1.98	1.064	1.087	1.109	1.131	1.153	1.175	1.198	1.220	1.242	1.264
2.00	1.075	1.098	1.120	1.142	1.165	1.187	1.210	1.232	1.254	1.277
2.02	1.086	1.109	1.131	1.154	1.176	1.199	1.222	1.244	1.267	1.290
2.04	1.097	1.120	1.142	1.165	1.188	1.211	1.234	1.257	1.279	1.302
2.06	1.107	1.131	1.154	1.177	1.200	1.223	1.246	1.269	1.292	1.315
2.08	1.118	1.142	1.165	1.188	1.211	1.235	1.258	1.281	1.305	1.328
2.10	1.129	1.152	1.176	1.200	1.223	1.247	1.270	1.294	1.317	1.341
2.12	1.140	1.163	1.187	1.211	1.235	1.258	1.282	1.306	1.330	1.353
2.14	1.150	1.174	1.198	1.222	1.246	1.270	1.294	1.318	1.342	1.366
2.16	1.161	1.185	1.210	1.234	1.258	1.282	1.306	1.331	1.355	1.379
2.18	1.172	1.196	1.221	1.245	1.270	1.294	1.318	1.343	1.367	1.392
2.20	1.183	1.207	1.232	1.257	1.281	1.306	1.331	1.355	1.380	1.404
2.22	1.193	1.218	1.243	1.268	1.293	1.318	1.343	1.368	1.392	1.417
2.24	1.204	1.229	1.254	1.279	1.305	1.330	1 355	1.380	1.405	1.430
2.26	1.215	1.240	1.266	2.291	1.316	1.342	1.367	1.392	1.417	1.443
2.28	1.226	1.251	1.277	1.302	1 328	1.353	1.379	1.404	1.430	1.456
2.30	1.236	1.262	1.288	1.314	1.340	1.365	1.391	1.417	1.443	1.468
2.32	1.247	1.273	1.299	1.325	1.351	1.377	1.403	1.429	1.455	1.481
2.34	1.258	1.284	1.310	1.337	1.363	1.389	1.415	1.441	1.468	1.494

Maß (Dicke) 56 Centimeter (0,56 m) ist.
dimensions (depth) are 56 centimetres (0,56 m).
(l'épaisseur) est 56 centimètres (0,56 m).

Länge/Length Longueur	Breite — Breadth — Largeur									
	1.16	1.18	1.20	1.22	1.24	1.26	1.28	1.30	1.32	1.34
	Inhalt in Kubikmetern — Solid Contents — Cabage									
1.16	0.754									
1.18	767	0.780								
1.20	780	793	0.806							
1.22	793	806	820	0.834						
1.24	806	819	833	847	0.861					
1.26	818	833	847	861	875	0.889				
1.28	831	846	860	874	889	903	0.918			
1.30	844	859	874	888	903	917	932	0.946		
1.32	857	872	887	902	917	931	946	961	0.976	
1.34	870	885	900	915	930	946	961	976	991	1.006
1.36	883	899	914	929	944	960	975	990	1.005	1.021
1.38	896	912	927	943	958	974	989	1.005	1.020	1.036
1.40	909	925	941	956	972	988	1.004	1.019	1.035	1.051
1.42	922	938	954	970	986	1.002	1.018	1.034	1.050	1.066
1.44	935	952	968	984	1.000	1.016	1.032	1.048	1.064	1.081
1.46	948	965	981	997	1.014	1.030	1.047	1.063	1.079	1.096
1.48	961	978	995	1.011	1.028	1.044	1.061	1.077	1.094	1.111
1.50	974	991	1.008	1.025	1.042	1.058	1.075	1.092	1.109	1.126
1.52	987	1.004	1.021	1.038	1.055	1.073	1.090	1.107	1.124	1.141
1.54	1.000	1.018	1.035	1.052	1.069	1.087	1.104	1.121	1.138	1.156
1.56	1.013	1.031	1.048	1.066	1.083	1.101	1.118	1.136	1.153	1.171
1.58	1.026	1.044	1.062	1.079	1.097	1.115	1.133	1.150	1.168	1.186
1.60	1.039	1.057	1.075	1.093	1.111	1.129	1.147	1.165	1.183	1.201
1.62	1.052	1.070	1.089	1.107	1.125	1.143	1.161	1.179	1.198	1.216
1.64	1.065	1.084	1.102	1.120	1.139	1.157	1.176	1.194	1.212	1.231
1.66	1.078	1.097	1.116	1.134	1.153	1.171	1.190	1.208	1.227	1.246
1.68	1.091	1.110	1.129	1.148	1.167	1.185	1.204	1.223	1.242	1.261
1.70	1.104	1.123	1.142	1.161	1.180	1.200	1.219	1.238	1.257	1.276
1.72	1.117	1.137	1.156	1.175	1.194	1.214	1.233	1.252	1.271	1.291
1.74	1.130	1.150	1.169	1.189	1.208	1.228	1.247	1.267	1.286	1.306
1.76	1.143	1.163	1.183	1.202	1.222	1.242	1.262	1.281	1.301	1.321
1.78	1.156	1.176	1.196	1.216	1.236	1.256	1.276	1.296	1.316	1.336
1.80	1.169	1.189	1.210	1.230	1.250	1.270	1.290	1.310	1.331	1.351
1.82	1.182	1.203	1.223	1.243	1.264	1.284	1.305	1.325	1.345	1.366
1.84	1.195	1.216	1.236	1.257	1.278	1.298	1.319	1.340	1.360	1.381
1.86	1.208	1.229	1.250	1.271	1.292	1.312	1.333	1.354	1.375	1.396
1.88	1.221	1.242	1.263	1.284	1.305	1.327	1.348	1.369	1.390	1.411
1.90	1.234	1.256	1.277	1.298	1.319	1.341	1.362	1.383	1.404	1.426
1.92	1.247	1.269	1.290	1.312	1.333	1.355	1.376	1.398	1.419	1.441
1.94	1.260	1.282	1.304	1.325	1.347	1.369	1.391	1.412	1.434	1.456
1.96	1.273	1.295	1.317	1.339	1.361	1.383	1.405	1.427	1.449	1.471
1.98	1.286	1.308	1.331	1.353	1.375	1.397	1.419	1.441	1.464	1.486
2.00	1.299	1.322	1.344	1.366	1.389	1.411	1.434	1.456	1.478	1.501
2.02	1.312	1.335	1.357	1.380	1.403	1.425	1.448	1.471	1.493	1.516
2.04	1.325	1.348	1.371	1.394	1.417	1.439	1.462	1.485	1.508	1.531
2.06	1.338	1.361	1.384	1.407	1.430	1.454	1.477	1.500	1.523	1.546
2.08	1.351	1.374	1.398	1.421	1.444	1.468	1.491	1.514	1.538	1.561
2.10	1.364	1.388	1.411	1.435	1.458	1.482	1.505	1.529	1.552	1.576
2.12	1.377	1.401	1.425	1.448	1.472	1.496	1.520	1.543	1.567	1.591
2.14	1.390	1.414	1.438	1.462	1.486	1.510	1.534	1.558	1.582	1.606
2.16	1.403	1.427	1.452	1.476	1.500	1.524	1.548	1.572	1.597	1.621
2.18	1.416	1.441	1.465	1.489	1.514	1.538	1.563	1.587	1.611	1.636
2.20	1.429	1.454	1.478	1.503	1.528	1.552	1.577	1.602	1.626	1.651
2.22	1.442	1.467	1.492	1.517	1.542	1.566	1.591	1.616	1.641	1.666
2.24	1.455	1.480	1.505	1.530	1.555	1.581	1.606	1.631	1.656	1.681
2.26	1.468	1.493	1.519	1.544	1.569	1.595	1.620	1.645	1.671	1.696
2.28	1.481	1.507	1.532	1.558	1.583	1.609	1.634	1.660	1.685	1.711
2.30	1.494	1.520	1.546	1.571	1.597	1.623	1.649	1.674	1.700	1.726
2.32	1.507	1.533	1.559	1.585	1.611	1.637	1.663	1.689	1.715	1.741
2.34	1.520	1.546	1.572	1.599	1.625	1.651	1.677	1.704	1.730	1.756

Kubik-Inhalt der Kolli, deren kleinstes
Solid contents of packages, whose least
Cubage des colis, dont la plus petite dimension

Länge/Length Longueur	Breite — Breadth — Largeur									
	0.58	0.60	0.62	0.64	0.66	0.68	0.70	0.72	0.74	0.76
	Inhalt in Kubikmetern — Solid Contents — Cubage									
0.58	0.195									
0.60	202	0.209								
0.62	209	216	0.223							
0.64	215	223	230	0.238						
0.66	222	230	237	245	0.253					
0.68	229	237	245	252	260	0.268				
0.70	235	244	252	260	268	276	0.284			
0.72	242	251	259	267	276	284	292	0.301		
0.74	249	258	266	275	283	292	300	309	0.318	
0.76	256	264	273	282	291	300	309	317	326	0.335
0.78	262	271	280	290	299	308	317	326	335	344
0.80	269	278	288	297	306	316	325	334	343	353
0.82	276	285	295	304	314	323	333	342	352	361
0.84	283	292	302	312	322	331	341	351	361	370
0.86	289	299	309	319	329	339	349	359	369	379
0.88	296	306	316	327	337	347	357	367	378	388
0.90	303	313	324	334	345	355	365	376	386	397
0.92	309	320	331	342	352	363	374	384	395	406
0.94	316	327	338	349	360	371	382	393	403	414
0.96	323	334	345	356	367	379	390	401	412	423
0.98	330	341	352	364	375	387	398	409	421	432
1.00	336	348	360	371	383	394	406	418	429	441
1.02	343	355	367	379	390	402	414	426	438	450
1.04	350	362	374	386	398	410	422	434	446	458
1.06	357	369	381	393	406	418	430	443	455	467
1.08	363	376	388	401	413	426	438	451	464	476
1.10	370	383	396	408	421	434	447	459	472	485
1.12	377	390	403	416	429	442	455	468	481	494
1.14	383	397	410	423	436	450	463	476	489	503
1.16	390	404	417	431	444	458	471	484	498	511
1.18	397	411	424	438	452	465	479	493	506	520
1.20	404	418	432	445	459	473	487	501	515	529
1.22	410	425	439	453	467	481	495	509	524	538
1.24	417	432	446	460	475	489	503	518	532	547
1.26	424	438	453	468	482	497	512	526	541	555
1.28	431	445	460	475	490	505	520	535	549	564
1.30	437	452	467	483	498	513	528	543	558	573
1.32	444	459	475	490	505	521	536	551	567	582
1.34	451	466	482	497	513	528	544	560	575	591
1.36	458	473	489	505	521	536	552	568	584	599
1.38	464	480	496	512	528	544	560	576	592	608
1.40	471	487	503	520	536	552	568	585	601	617
1.42	478	494	511	527	544	560	577	593	609	626
1.44	484	501	518	535	551	568	585	601	618	635
1.46	491	508	525	542	559	576	593	610	627	644
1.48	498	515	532	549	567	584	601	618	635	652
1.50	505	522	539	557	574	592	609	626	644	661
1.52	511	529	547	564	582	599	617	635	652	670
1.54	518	536	554	572	590	607	625	643	661	679
1.56	525	543	561	579	597	615	633	651	670	688
1.58	532	550	568	586	605	623	641	660	678	696
1.60	538	557	575	594	612	631	650	668	687	705
1.62	545	564	583	601	620	639	658	677	695	714
1.64	552	571	590	609	628	647	666	685	704	723
1.66	558	578	597	616	635	655	674	693	712	732
1.68	565	585	604	624	643	663	682	702	721	741
1.70	572	592	611	631	651	670	690	710	730	749
1.72	579	599	619	638	658	678	698	718	738	758
1.74	585	606	626	646	666	686	706	727	747	767
1.76	592	612	633	653	674	694	715	735	755	776
1.78	599	619	640	661	681	702	723	743	764	785
1.80	606	626	647	668	689	710	731	752	773	793
1.82	612	633	654	676	697	718	739	760	781	802
1.84	619	640	662	683	704	726	747	768	790	811
1.86	626	647	669	690	712	734	755	777	798	820
1.88	632	654	676	698	720	741	763	785	807	829
1.90	639	661	683	705	727	749	771	793	815	838
1.92	646	668	690	713	735	757	780	802	824	846
1.94	653	675	698	720	743	765	788	810	833	855
1.96	659	682	705	728	750	773	796	818	841	864

Maß (Dicke) 58 Centimeter (0,58 m) ist.
dimensions (depth) are 58 centimetres (0,58 m).
(l'épaisseur) est 58 centimètres (0,58 m).

Länge/Length Longueur	Breite — Breadth — Largeur 0.78	0.80	0.82	0.84	0.86	0.88	0.90	0.92	0.94	0.96
	Inhalt in Kubikmetern — Solid Contents — Cubage									
0.78	0.353									
0.80	362	0.371								
0.82	371	380	0.390							
0.84	380	390	400	0.409						
0.86	389	399	409	419	0.429					
0.88	398	408	419	429	439	0.449				
0.90	407	418	428	438	449	459	0.470			
0.92	416	427	438	448	459	470	480	0.491		
0.94	425	436	447	458	469	480	491	502	0.512	
0.96	434	445	457	468	479	490	501	512	523	0.535
0.98	443	455	466	477	489	500	512	523	534	546
1.00	452	464	476	487	499	510	522	534	545	557
1.02	461	473	485	497	509	521	532	544	556	568
1.04	470	483	495	507	519	531	543	555	567	579
1.06	480	492	504	516	529	541	553	566	578	590
1.08	489	501	514	526	539	551	564	576	589	601
1.10	498	510	523	536	549	561	574	587	600	612
1.12	507	520	533	546	559	572	585	598	611	624
1.14	516	529	542	555	569	582	595	608	622	635
1.16	525	538	552	565	579	592	606	619	632	646
1.18	534	548	561	575	589	602	616	630	643	657
1.20	543	557	571	585	599	612	626	640	654	668
1.22	552	566	580	594	609	623	637	651	665	679
1.24	561	575	590	604	619	633	647	662	676	690
1.26	570	585	599	614	628	643	658	672	687	702
1.28	579	594	609	624	638	653	668	683	698	713
1.30	588	603	618	633	648	664	679	694	709	724
1.32	597	612	628	643	658	674	689	704	720	735
1.34	606	622	637	653	668	684	699	715	731	746
1.36	615	631	647	663	678	694	710	726	741	757
1.38	624	640	656	672	688	704	720	736	752	768
1.40	633	650	666	682	698	715	731	747	763	780
1.42	642	659	675	692	708	725	741	758	774	791
1.44	651	668	685	702	718	735	752	768	785	802
1.46	661	677	694	711	728	745	762	779	796	813
1.48	670	687	704	721	738	755	773	790	807	824
1.50	679	696	713	731	748	766	783	800	818	835
1.52	688	705	723	741	758	776	793	811	829	846
1.54	697	715	732	750	768	786	804	822	840	857
1.56	706	724	742	760	778	796	814	832	851	869
1.58	715	733	751	770	788	806	825	843	861	880
1.60	724	742	761	780	798	817	835	854	872	891
1.62	733	752	770	789	808	827	846	864	883	902
1.64	742	761	780	799	818	837	856	875	894	913
1.66	751	770	789	809	828	847	867	886	905	924
1.68	760	780	799	818	838	857	877	896	916	935
1.70	769	789	809	828	848	868	887	907	927	947
1.72	778	798	818	838	858	878	898	918	938	958
1.74	787	807	828	848	868	888	908	928	949	969
1.76	796	817	837	857	878	898	919	939	960	980
1.78	805	826	847	867	888	909	929	950	970	991
1.80	814	835	856	877	898	919	940	960	981	1.002
1.82	823	845	866	887	908	929	950	971	992	1.013
1.84	832	854	875	896	918	939	960	982	1.003	1.025
1.86	841	863	885	906	928	949	971	992	1.014	1.036
1.88	851	872	894	916	938	960	981	1.003	1.025	1.047
1.90	860	882	904	926	948	970	992	1.014	1.036	1.058
1.92	869	891	913	935	958	980	1.002	1.025	1.047	1.069
1.94	878	900	923	945	968	990	1.013	1.035	1.058	1.080
1.96	887	909	932	955	978	1.000	1.023	1.046	1.069	1.091

Kubik-Inhalt der Kolli, deren kleinstes
Solid contents of packages, whose least
Cubage des colis, dont la plus petite dimension

Länge/Length Longueur	Breite — Breadth — Largeur 0.98	1.00	1.02	1.04	1.06	1.08	1.10	1.12	1.14	1.16
	Inhalt in Kubikmetern — Solid Contents — Cubage									
0.98	0.557									
1.00	568	0.580								
1.02	580	592	0.603							
1.04	591	603	615	0.627						
1.06	602	615	627	639	0.652					
1.08	614	626	639	651	664	0.677				
1.10	625	638	651	664	676	689	0.702			
1.12	637	650	663	676	689	702	715	0.728		
1.14	648	661	674	688	701	714	727	741	0.754	
1.16	659	673	686	700	713	727	740	754	767	0.780
1.18	671	684	698	712	725	739	753	767	780	794
1.20	682	696	710	724	738	752	766	780	793	807
1.22	693	708	722	736	750	764	778	793	807	821
1.24	705	719	734	748	762	777	791	806	820	834
1.26	716	731	745	760	775	789	804	818	833	848
1.28	728	742	757	772	787	802	817	831	846	861
1.30	739	754	769	784	799	814	829	844	860	875
1.32	750	766	781	796	812	827	842	857	873	888
1.34	762	777	793	808	824	839	855	870	886	902
1.36	773	789	805	820	836	852	868	883	899	915
1.38	784	800	816	832	848	864	880	896	912	928
1.40	796	812	828	844	861	877	893	909	926	942
1.42	807	824	840	857	873	889	906	922	939	955
1.44	818	835	852	869	885	902	919	935	952	969
1.46	830	847	864	881	898	915	931	948	965	982
1.48	841	858	876	893	910	927	944	961	979	996
1.50	853	870	887	905	922	940	957	974	992	1.009
1.52	864	882	899	917	934	952	970	987	1.005	1.023
1.54	875	893	911	929	947	965	983	1.000	1.018	1.036
1.56	887	905	923	941	959	977	995	1.013	1.031	1.050
1.58	898	916	935	953	971	990	1.008	1.026	1.045	1.063
1.60	909	928	947	965	984	1.002	1.021	1.039	1.058	1.076
1.62	921	940	958	977	996	1.015	1.034	1.052	1.071	1.090
1.64	932	951	970	989	1.008	1.027	1.046	1.065	1.084	1.103
1.66	944	963	982	1.001	1.021	1.040	1.059	1.078	1.098	1.117
1.68	955	974	994	1.013	1.033	1.052	1.072	1.091	1.111	1.130
1.70	966	986	1.006	1.025	1.045	1.065	1.085	1.104	1.124	1.144
1.72	978	998	1.018	1.038	1.057	1.077	1.097	1.117	1.137	1.157
1.74	989	1.009	1.029	1.050	1.070	1.090	1.110	1.130	1.150	1.170
1.76	1.000	1.021	1.041	1.062	1.082	1.102	1.123	1.143	1.164	1.184
1.78	1.012	1.032	1.053	1.074	1.094	1.115	1.136	1.156	1.177	1.198
1.80	1.023	1.044	1.065	1.086	1.107	1.128	1.148	1.169	1.190	1.211
1.82	1.034	1.056	1.077	1.098	1.119	1.140	1.161	1.182	1.203	1.224
1.84	1.046	1.067	1.089	1.110	1.131	1.153	1.174	1.195	1.217	1.238
1.86	1.057	1.079	1.100	1.122	1.144	1.165	1.187	1.208	1.230	1.251
1.88	1.069	1.090	1.112	1.134	1.156	1.178	1.199	1.221	1.243	1.265
1.90	1.080	1.102	1.124	1.146	1.168	1.190	1.212	1.234	1.256	1.278
1.92	1.091	1.114	1.136	1.158	1.180	1.203	1.225	1.247	1.270	1.292
1.94	1.103	1.125	1.148	1.170	1.193	1.215	1.238	1.260	1.283	1.305
1.96	1.114	1.137	1.160	1.182	1.205	1.228	1.250	1.273	1.296	1.319
1 98	1.125	1.148	1.171	1.194	1.217	1.240	1.263	1.286	1.309	1.332
2.00	1.137	1.160	1.183	1.206	1.230	1.253	1.276	1.299	1.322	1.346
2.02	1.148	1.172	1.195	1.218	1.242	1.265	1.289	1.312	1.336	1.359
2.04	1.160	1.183	1.207	1.231	1.254	1.278	1.302	1.325	1.349	1.373
2.06	1.171	1.195	1.219	1.243	1.266	1.290	1.314	1.338	1.362	1.386
2.08	1.182	1.206	1.231	1.255	1.279	1.303	1.327	1.351	1.375	1.399
2.10	1.194	1.218	1.242	1.267	1.291	1.315	1.340	1.364	1.389	1.413
2.12	1.205	1.230	1.254	1.279	1.303	1.328	1.353	1.377	1.402	1.426
2.14	1.216	1.241	1.266	1.291	1.316	1.340	1.365	1.390	1.415	1.440
2.16	1.228	1.253	1.278	1.303	1.328	1.353	1.378	1.403	1.428	1.453
2.18	1.239	1.264	1.290	1.315	1.340	1.366	1.391	1.416	1.441	1.467
2.20	1.250	1.276	1.502	1.327	1.353	1.378	1.404	1.429	1.455	1.480
2.22	1.262	1.288	1.313	1.339	1.365	1.391	1.416	1.442	1.408	1.494
2.24	1.273	1.299	1.325	1.351	1.377	1.403	1.429	1.455	1.481	1.507
2.26	1.285	1.311	1.337	1.363	1.389	1.416	1.442	1.468	1.494	1.521
2.28	1.296	1.322	1.349	1.375	1.402	1.428	1.455	1.481	1.508	1.534
2.30	1.307	1.334	1.361	1.387	1.414	1.441	1.467	1.494	1.521	1.547
2.32	1.319	1.346	1.373	1.399	1.426	1.453	1.480	1 507	1.534	1.561
2.34	1.330	1.357	1.384	1.411	1.439	1.466	1.493	1.520	1.547	1.574
2.36	1.341	1.369	1.396	1.424	1.451	1.478	1.506	1.533	1.560	1.588

Maß (Dicke) 58 Centimeter (0,58 m) ist.
dimensions (depth) are 58 centimetres (0,58 m).
(l'épaisseur) est 58 centimètres (0,58 m).

Länge/Length Longueur	Breite — Breadth — Largeur 1.18	1.20	1.22	1.24	1.26	1.28	1.30	1.32	1.34	1.36
	Inhalt in Kubikmetern — Solid Contents — Cubage									
1.18	0.808									
1.20	821	0.835								
1.22	835	849	0.863							
1.24	849	863	877	0.892						
1.26	862	877	892	906	0.921					
1.28	876	891	906	921	935	0.950				
1.30	890	905	920	935	950	965	0.980			
1.32	903	919	934	949	965	980	995	1.011		
1.34	917	933	948	964	979	995	1.010	1.026	1.041	
1.36	931	947	962	978	994	1.010	1.025	1.041	1.057	1.073
1.38	944	960	976	992	1.009	1.025	1.041	1.057	1.073	1.089
1.40	958	974	991	1.007	1.023	1.039	1.056	1.072	1.088	1.104
1.42	972	988	1.005	1.021	1.038	1.054	1.071	1.087	1.104	1.120
1.44	986	1.002	1.019	1.036	1.052	1.069	1.086	1.102	1.119	1.136
1.46	999	1.016	1.033	1.050	1.067	1.084	1.101	1.118	1.135	1.152
1.48	1.013	1.030	1.047	1.064	1.082	1.099	1.116	1.133	1.150	1.167
1.50	1.027	1.044	1.061	1.079	1.096	1.114	1.131	1.148	1.166	1.183
1.52	1.040	1.058	1.076	1.093	1.111	1.128	1.146	1.164	1.181	1.199
1.54	1.054	1.072	1.090	1.108	1.125	1.143	1.161	1.179	1.197	1.215
1.56	1.068	1.086	1.104	1.122	1.140	1.158	1.176	1.194	1.212	1.231
1.58	1.081	1.100	1.118	1.136	1.155	1.173	1.191	1.210	1.228	1.246
1.60	1.095	1.114	1.132	1.151	1.169	1.188	1.206	1.225	1.244	1.262
1.62	1.109	1.128	1.146	1.165	1.184	1.203	1.221	1.240	1.259	1.278
1.64	1.122	1.141	1.160	1.179	1.199	1.218	1.237	1.256	1.275	1.294
1.66	1.136	1.155	1.175	1.194	1.213	1.232	1.252	1.271	1.290	1.309
1.68	1.150	1.169	1.189	1.208	1.228	1.247	1.267	1.286	1.306	1.325
1.70	1.163	1.183	1.203	1.223	1.242	1.262	1.282	1.302	1.321	1.341
1.72	1.177	1.197	1.217	1.237	1.257	1.277	1.297	1.317	1.337	1.357
1.74	1.191	1.211	1.231	1.251	1.272	1.292	1.312	1.332	1.352	1.373
1.76	1.205	1.225	1.245	1.266	1.286	1.307	1.327	1.347	1.368	1.388
1.78	1.218	1.239	1.260	1.280	1.301	1.321	1.342	1.363	1.383	1.404
1.80	1.232	1.253	1.274	1.295	1.315	1.336	1.357	1.378	1.399	1.420
1.82	1.246	1.267	1.288	1.309	1.330	1.351	1.372	1.393	1.415	1.436
1.84	1.259	1.281	1.302	1.323	1.345	1.366	1.387	1.409	1.430	1.451
1.86	1.273	1.295	1.316	1.338	1.359	1.381	1.402	1.424	1.446	1.467
1.88	1.287	1.308	1.330	1.352	1.374	1.396	1.418	1.439	1.461	1.483
1.90	1.300	1.322	1.344	1.366	1.389	1.411	1.433	1.455	1.477	1.499
1.92	1.314	1.336	1.359	1.381	1.403	1.425	1.448	1.470	1.492	1.514
1.94	1.328	1.350	1.373	1.395	1.418	1.440	1.463	1.485	1.508	1.530
1.96	1.341	1.364	1.387	1.410	1.432	1.455	1.478	1.501	1.523	1.546
1.98	1.355	1.378	1.401	1.424	1.447	1.470	1.493	1.516	1.539	1.562
2.00	1.369	1.392	1.415	1.438	1.462	1.485	1.508	1.531	1.554	1.578
2.02	1.382	1.406	1.429	1.453	1.476	1.500	1.523	1.547	1.570	1.593
2.04	1.396	1.420	1.444	1.467	1.491	1.514	1.538	1.562	1.585	1.609
2.06	1.410	1.434	1.458	1.482	1.505	1.529	1.553	1.577	1.601	1.625
2.08	1.424	1.448	1.472	1.496	1.520	1.544	1.568	1.592	1.617	1.641
2.10	1.437	1.462	1.486	1.510	1.535	1.559	1.583	1.608	1.632	1.656
2.12	1.451	1.476	1.500	1.525	1.549	1.574	1.598	1.623	1.648	1.672
2.14	1.465	1.489	1.514	1.539	1.564	1.589	1.614	1.638	1.663	1.688
2.16	1.478	1.503	1.528	1.553	1.579	1.604	1.629	1.654	1.679	1.704
2.18	1.492	1.517	1.543	1.568	1.593	1.618	1.644	1.669	1.694	1.720
2.20	1.506	1.531	1.557	1.582	1.608	1.633	1.659	1.684	1.710	1.735
2.22	1.519	1.545	1.571	1.597	1.622	1.648	1.674	1.700	1.725	1.751
2.24	1.533	1.559	1.585	1.611	1.637	1.663	1.689	1.715	1.741	1.767
2.26	1.547	1.573	1.599	1.625	1.652	1.678	1.704	1.730	1.756	1.783
2.28	1.560	1.587	1.613	1.640	1.666	1.693	1.719	1.746	1.772	1.798
2.30	1.574	1.601	1.627	1.654	1.681	1.708	1.734	1.761	1.788	1.814
2.32	1.588	1.615	1.642	1.669	1.695	1.722	1.749	1.776	1.803	1.830
2.34	1.601	1.629	1.656	1.683	1.710	1.737	1.764	1.792	1.819	1.846
2.36	1.615	1.643	1.670	1.697	1.725	1.752	1.779	1.807	1.834	1.862

Kubik-Inhalt der Kolli, deren kleinstes
Solid contents of packages, whose least
Cubage des colis, dont la plus petite dimension

Länge/Length Longueur	Breite — Breadth — Largeur 0.60	0.62	0.64	0.66	0.68	0.70	0.72	0.74	0.76	0.78
	Inhalt in Kubikmetern — Solid Contents — Cubage									
0.60	0.216									
0.62	223	0.231								
0.64	230	238	0.246							
0.66	238	246	253	0.261						
0.68	245	253	261	269	0.277					
0.70	252	260	269	277	286	0.294				
0.72	259	268	276	285	294	302	0.311			
0.74	266	275	284	293	302	311	320	0.329		
0.76	274	283	292	301	310	319	328	337	0.347	
0.78	281	290	300	309	318	328	337	346	356	0.365
0.80	288	298	307	317	326	336	346	355	365	374
0.82	295	305	315	325	335	344	354	364	374	384
0.84	302	312	323	333	343	353	363	373	383	393
0.86	310	320	330	341	351	361	372	382	392	402
0.88	317	327	338	348	359	370	380	391	401	412
0.90	324	335	346	356	367	378	389	400	410	421
0.92	331	342	353	364	375	386	397	408	420	431
0.94	338	350	361	372	384	395	406	417	429	440
0.96	346	357	369	380	392	403	415	426	438	449
0.98	353	365	376	388	400	412	423	435	447	459
1.00	360	372	384	396	408	420	432	444	456	468
1.02	367	379	392	404	416	428	441	453	465	477
1.04	374	387	399	412	424	437	449	462	474	487
1.06	382	394	407	420	432	445	458	471	483	496
1.08	389	402	415	428	441	454	467	480	492	505
1.10	396	409	422	436	449	462	475	488	502	515
1.12	403	417	430	444	457	470	484	497	511	524
1.14	410	424	438	451	465	479	492	506	520	534
1.16	418	432	445	459	473	487	501	515	529	543
1.18	425	439	453	467	481	496	510	524	538	552
1.20	432	446	461	475	490	504	518	533	547	562
1.22	439	454	468	483	498	512	527	542	556	571
1.24	446	461	476	491	506	521	536	551	565	580
1.26	454	469	484	499	514	529	544	559	575	590
1.28	461	476	492	507	522	538	553	568	584	599
1.30	468	484	499	515	530	546	562	577	593	608
1.32	475	491	507	523	539	554	570	586	602	618
1.34	482	498	515	531	547	563	579	595	611	627
1.36	490	506	522	539	555	571	588	604	620	636
1.38	497	513	530	546	563	580	596	613	629	646
1.40	504	521	538	554	571	588	605	622	638	655
1.42	511	528	545	562	579	596	613	630	648	665
1.44	518	536	553	570	588	605	622	639	657	674
1.46	526	543	561	578	596	613	631	648	666	683
1.48	533	551	568	586	604	622	639	657	675	693
1.50	540	558	576	594	612	630	648	666	684	702
1.52	547	565	584	602	620	638	657	675	693	711
1.54	554	573	591	610	628	647	665	684	702	721
1.56	562	580	599	618	636	655	674	693	711	730
1.58	569	588	607	626	645	664	683	702	720	739
1.60	576	595	614	634	653	672	691	710	730	749
1.62	583	603	622	642	661	680	700	719	739	758
1.64	590	610	630	649	669	689	708	728	748	768
1.66	598	618	637	657	677	697	717	737	757	777
1.68	605	625	645	665	685	706	726	746	766	786
1.70	612	632	653	673	694	714	734	755	775	796
1.72	619	640	660	681	702	722	743	764	784	805
1.74	626	647	668	689	710	731	752	773	793	814
1.76	634	655	676	697	718	739	760	781	803	824
1.78	641	662	684	705	726	748	769	790	812	833
1.80	648	670	691	713	734	756	778	799	821	842
1.82	655	677	699	721	743	764	786	808	830	852
1.84	662	684	707	729	751	773	795	817	839	861
1.86	670	692	714	737	759	781	804	826	848	870
1.88	677	699	722	744	767	790	812	835	857	880
1.90	684	707	730	752	775	798	821	844	866	889
1.92	691	714	737	760	783	806	829	852	876	899
1.94	698	722	745	768	792	815	838	861	885	908
1.96	706	729	753	776	800	823	847	870	894	917
1.98	713	737	760	784	808	832	855	879	903	927

Maß (Dicke) 60 Centimeter (0,60 m) ist.
dimensions (depth) are 60 centimetres (0,60 m).
(l'épaisseur) est 60 centimètres (0,60 m).

0.60

Länge/Length Longueur	Breite — Breadth — Largeur									
	0.80	0.82	0.84	0.86	0.88	0.90	0.92	0.94	0.96	0.98
	Inhalt in Kubikmetern — Solid Contents — Cubage									
0.80	0.384									
0.82	394	0.403								
0.84	403	413	0.423							
0.86	413	423	433	0.444						
0.88	422	433	444	454	0.465					
0.90	432	443	454	464	475	0.486				
0.92	442	453	464	475	486	497	0.508			
0.94	451	462	474	485	496	508	519	0.530		
0.96	461	472	484	495	507	518	530	541	0.553	
0.98	470	482	494	506	517	529	541	553	564	0.576
1.00	480	492	504	516	528	540	552	564	576	588
1.02	490	502	514	526	539	551	563	575	588	600
1.04	499	512	524	537	549	562	574	587	599	612
1.06	509	522	534	547	560	572	585	598	611	623
1.08	518	531	544	557	570	583	596	609	622	635
1.10	528	541	554	568	581	594	607	620	634	647
1.12	538	551	564	578	591	605	618	632	645	659
1.14	547	561	575	588	602	616	629	643	657	670
1.16	557	571	585	599	612	626	640	654	668	682
1.18	566	581	595	609	623	637	651	666	680	694
1.20	576	590	605	619	634	648	662	677	691	706
1.22	586	600	615	630	644	659	673	688	703	717
1.24	595	610	625	640	655	670	684	699	715	729
1.26	605	620	635	650	665	680	696	711	726	741
1.28	614	630	645	660	676	691	707	722	737	753
1.30	624	640	655	671	686	702	718	733	749	764
1.32	634	649	665	681	697	713	729	744	760	776
1.34	643	659	675	691	708	724	740	756	772	788
1.36	653	669	685	702	718	734	751	767	783	800
1.38	662	679	696	712	729	745	762	778	795	811
1.40	672	689	706	722	739	756	773	790	806	823
1.42	682	699	716	733	750	767	784	801	818	835
1.44	691	708	726	743	760	778	795	812	829	847
1.46	701	718	736	753	771	788	806	823	841	858
1.48	710	728	746	764	781	799	817	835	852	870
1.50	720	738	756	774	792	810	828	846	864	882
1.52	730	748	766	784	803	821	839	857	876	894
1.54	739	758	776	795	813	832	850	869	887	906
1.56	749	768	786	805	824	842	861	880	899	917
1.58	758	777	796	815	834	853	872	891	910	929
1.60	768	787	806	826	845	864	883	902	922	941
1.62	778	797	816	836	855	875	894	914	933	953
1.64	787	807	827	846	866	886	905	925	945	964
1.66	797	817	837	857	876	896	916	936	956	976
1.68	806	827	847	867	887	907	927	948	968	988
1.70	816	836	857	877	898	918	938	959	979	1.000
1.72	826	846	867	888	908	929	949	970	991	1.011
1.74	835	856	877	898	919	940	960	981	1.002	1.023
1.76	845	866	887	908	929	950	972	993	1.014	1.035
1.78	854	876	897	918	940	961	983	1.004	1.025	1.047
1.80	864	886	907	929	950	972	994	1.015	1.037	1.058
1.82	874	895	917	939	961	983	1.005	1.026	1.048	1.070
1.84	883	905	927	949	972	994	1.016	1.038	1.060	1.082
1.86	893	915	937	960	982	1.004	1.027	1.049	1.071	1.094
1.88	902	925	948	970	993	1.015	1.038	1.060	1.083	1.105
1.90	912	935	958	980	1.003	1.026	1.049	1.072	1.094	1.117
1.92	922	945	968	991	1.014	1.037	1.060	1.083	1.106	1.129
1.94	931	954	978	1.001	1.024	1.048	1.071	1.094	1.117	1.141
1.96	941	964	988	1.011	1.035	1.058	1.082	1.105	1.129	1.152
1.98	950	974	998	1.022	1.045	1.069	1.093	1.117	1.140	1.164

Kubik-Inhalt der Kolli, deren kleinstes
Solid contents of packages, whose least
Cubage des colis, dont la plus petite dimension

Länge/Length Longueur	Breite — Breadth — Largeur 1.00	1.02	1.04	1.06	1.08	1.10	1.12	1.14	1.16	1.18
	Inhalt in Kubikmetern — Solid Contents — Cubage									
1.00	0.600									
1.02	612	0.624								
1.04	624	636	0.649							
1.06	636	649	661	0.674						
1.08	648	661	674	687	0.700					
1.10	660	673	686	700	713	0.726				
1.12	672	685	699	712	726	739	0.753			
1.14	684	698	711	725	739	752	766	0.780		
1.16	696	710	724	738	752	766	780	793	0.807	
1.18	708	722	736	750	765	779	793	807	821	0.835
1.20	720	734	749	763	778	792	806	821	835	850
1.22	732	747	761	776	791	805	820	834	849	864
1.24	744	759	774	789	804	818	833	848	863	878
1.26	756	771	786	801	816	832	847	862	877	892
1.28	768	783	799	814	829	845	860	876	891	906
1.30	780	796	811	827	842	858	874	889	905	920
1.32	792	808	824	840	855	871	887	903	919	935
1.34	804	820	836	852	868	884	900	917	933	949
1.36	816	832	849	865	881	898	914	930	947	963
1.38	828	845	861	878	894	911	927	944	960	977
1.40	840	857	874	890	907	924	941	958	974	991
1.42	852	869	886	903	920	937	954	971	988	1.005
1.44	864	881	899	916	933	950	968	985	1.002	1.020
1.46	876	894	911	929	946	964	981	999	1.016	1.034
1.48	888	906	924	941	959	977	995	1.012	1.030	1.048
1.50	900	918	936	954	972	990	1.008	1.026	1.044	1.062
1.52	912	930	948	967	985	1.003	1.021	1.040	1.058	1.076
1.54	924	942	961	979	998	1.016	1.035	1.053	1.072	1.090
1.56	936	955	973	992	1.011	1.030	1.048	1.067	1.086	1.104
1.58	948	967	986	1.005	1.024	1.043	1.062	1.081	1.100	1.119
1.60	960	979	998	1.018	1.037	1.056	1.075	1.094	1.114	1.133
1.62	972	991	1.011	1.030	1.050	1.069	1.089	1.108	1.128	1.147
1.64	984	1.004	1.023	1.043	1.063	1.082	1.102	1.122	1.141	1.161
1.66	996	1.016	1.036	1.056	1.076	1.096	1.116	1.135	1.155	1.175
1.68	1.008	1.028	1.048	1.068	1.089	1.109	1.129	1.149	1.169	1.189
1.70	1.020	1.040	1.061	1.081	1.102	1.122	1.142	1.163	1.183	1.204
1.72	1.032	1.053	1.073	1.094	1.115	1.135	1.156	1.176	1.197	1.218
1.74	1.044	1.065	1.086	1.107	1.128	1.148	1.169	1.190	1.211	1.232
1.76	1.056	1.077	1.098	1.119	1.141	1.162	1.183	1.204	1.225	1.246
1.78	1.068	1.089	1.111	1.132	1.153	1.175	1.196	1.218	1.239	1.260
1.80	1.080	1.102	1.123	1.145	1.166	1.188	1.210	1.231	1.253	1.274
1.82	1.092	1.114	1.136	1.158	1.179	1.201	1.223	1.245	1.267	1.289
1.84	1.104	1.126	1.148	1.170	1.192	1.214	1.236	1.259	1.281	1.303
1.86	1.116	1.138	1.161	1.183	1.205	1.228	1.250	1.272	1.295	1.317
1.88	1.128	1.151	1.173	1.196	1.218	1.241	1.263	1.286	1.308	1.331
1.90	1.140	1.163	1.186	1.208	1.231	1.254	1.277	1.300	1.322	1.345
1.92	1.152	1.175	1.198	1.221	1.244	1.267	1.290	1.313	1.336	1.359
1.94	1.164	1.187	1.211	1.234	1.257	1.280	1.304	1.327	1.350	1.374
1.96	1.176	1.200	1.223	1.247	1.270	1.294	1.317	1.341	1.364	1.388
1.98	1.188	1.212	1.236	1.259	1.283	1.307	1.331	1.354	1.378	1.402
2.00	1.200	1.224	1.248	1.272	1.296	1.320	1.344	1.368	1.392	1.416
2.02	1.212	1.236	1.260	1.285	1.309	1.333	1.357	1.382	1.406	1.430
2.04	1.224	1.248	1.273	1.297	1.322	1.346	1.371	1.395	1.420	1.444
2.06	1.236	1.261	1.285	1.310	1.335	1.360	1.384	1.409	1.434	1.458
2.08	1.248	1.273	1.298	1.323	1.348	1.373	1.398	1.423	1.448	1.473
2.10	1.260	1.285	1.310	1.336	1.361	1.386	1.411	1.436	1.462	1.487
2.12	1.272	1.297	1.323	1.348	1.374	1.399	1.425	1.450	1.476	1.501
2.14	1.284	1.310	1.335	1.361	1.387	1.412	1.438	1.464	1.489	1.515
2.16	1.296	1.322	1.348	1.374	1.400	1.426	1.452	1.477	1.503	1.529
2.18	1.308	1.334	1.360	1.386	1.413	1.439	1.465	1.491	1.517	1.543
2.20	1.320	1.346	1.373	1.399	1.426	1.452	1.478	1.505	1.531	1.558
2.22	1.332	1.359	1.385	1.412	1.439	1.465	1.492	1.518	1.545	1.572
2.24	1.344	1.371	1.398	1.425	1.452	1.478	1.505	1.532	1.559	1.586
2.26	1.356	1.383	1.410	1.437	1.464	1.492	1.519	1.546	1.573	1.600
2.28	1.368	1.395	1.423	1.450	1.477	1.505	1.532	1.560	1.587	1.614
2.30	1.380	1.408	1.435	1.463	1.490	1.518	1.546	1.573	1.601	1.628
2.32	1.392	1.420	1.448	1.476	1.503	1.531	1.559	1.587	1.615	1.643
2.34	1.404	1.432	1.460	1.488	1.516	1.544	1.572	1.601	1.629	1.657
2.36	1.416	1.444	1.473	1.501	1.529	1.558	1.586	1.614	1.643	1.671
2.38	1.428	1.457	1.485	1.514	1.542	1.571	1.599	1.628	1.656	1.685

Maß (Dicke) 60 Centimeter (0,60 m) ist.
dimensions (depth) are 60 centimetres (0,60 m).
(l'épaisseur) est 60 centimètres (0,60 m).

Länge/Length Longueur	Breite — Breadth — Largeur 1.20	1.22	1.24	1.26	1.28	1.30	1.32	1.34	1.36	1.38
	Inhalt in Kubikmetern — Solid Contents — Cubage									
1.20	0.864									
1.22	878	0.893								
1.24	893	908	0.923							
1.26	907	922	937	0.953						
1.28	922	937	952	968	0.983					
1.30	936	952	967	983	998	1.014				
1.32	950	966	982	998	1.014	1.030	1.045			
1.34	965	981	997	1.013	1.029	1.045	1.061	1.077		
1.36	979	996	1.012	1.028	1.044	1.061	1.077	1.093	1.110	
1.38	994	1.010	1.027	1.043	1.060	1.076	1.093	1.110	1.126	1.142
1.40	1.008	1.025	1.042	1.058	1.075	1.092	1.109	1.126	1.142	1.159
1.42	1.022	1.039	1.056	1.074	1.091	1.108	1.125	1.142	1.159	1.176
1.44	1.037	1.054	1.071	1.089	1.106	1.123	1.140	1.158	1.175	1.192
1.46	1.051	1.069	1.086	1.104	1.121	1.139	1.156	1.174	1.191	1.209
1.48	1.066	1.083	1.101	1.119	1.137	1.154	1.172	1.190	1.208	1.225
1.50	1.080	1.098	1.116	1.134	1.152	1.170	1.188	1.206	1.224	1.242
1.52	1.094	1.113	1.131	1.149	1.167	1.186	1.204	1.222	1.240	1.259
1.54	1.109	1.127	1.146	1.164	1.183	1.201	1.220	1.238	1.257	1.275
1.56	1.123	1.142	1.161	1.179	1.198	1.217	1.236	1.254	1.273	1.292
1.58	1.138	1.157	1.176	1.194	1.213	1.232	1.251	1.270	1.289	1.308
1.60	1.152	1.171	1.190	1.210	1.229	1.248	1.267	1.286	1.306	1.325
1.62	1.166	1.186	1.205	1.225	1.244	1.264	1.283	1.302	1.322	1.341
1.64	1.181	1.200	1.220	1.240	1.260	1.279	1.299	1.319	1.338	1.358
1.66	1.195	1.215	1.235	1.255	1.275	1.295	1.315	1.335	1.355	1.374
1.68	1.210	1.230	1.250	1.270	1.290	1.310	1.331	1.351	1.371	1.391
1.70	1.224	1.244	1.265	1.285	1.306	1.326	1.346	1.367	1.387	1.408
1.72	1.238	1.259	1.280	1.300	1.321	1.342	1.362	1.383	1.404	1.424
1.74	1.253	1.274	1.295	1.315	1.336	1.357	1.378	1.399	1.420	1.441
1.76	1.267	1.288	1.309	1.331	1.352	1.373	1.394	1.415	1.436	1.457
1.78	1.282	1.303	1.324	1.346	1.367	1.388	1.410	1.431	1.452	1.474
1.80	1.296	1.318	1.339	1.361	1.382	1.404	1.426	1.447	1.469	1.490
1.82	1.310	1.332	1.354	1.376	1.398	1.420	1.441	1.463	1.485	1.507
1.84	1.325	1.347	1.369	1.391	1.413	1.435	1.457	1.479	1.501	1.524
1.86	1.339	1.362	1.384	1.406	1.428	1.451	1.473	1.495	1.518	1.540
1.88	1.354	1.376	1.399	1.421	1.444	1.466	1.489	1.512	1.534	1.557
1.90	1.368	1.391	1.414	1.436	1.459	1.482	1.505	1.528	1.550	1.573
1.92	1.382	1.405	1.428	1.452	1.475	1.498	1.521	1.544	1.567	1.590
1.94	1.397	1.420	1.443	1.467	1.490	1.513	1.536	1.560	1.583	1.606
1.96	1.411	1.435	1.458	1.482	1.505	1.529	1.552	1.576	1.599	1.623
1.98	1.426	1.449	1.473	1.497	1.521	1.544	1.568	1.592	1.616	1.639
2.00	1.440	1.464	1.488	1.512	1.536	1.560	1.584	1.608	1.632	1.656
2.02	1.454	1.479	1.503	1.527	1.551	1.576	1.600	1.624	1.648	1.673
2.04	1.469	1.493	1.518	1.542	1.567	1.591	1.616	1.640	1.665	1.689
2.06	1.483	1.508	1.533	1.557	1.582	1.607	1.632	1.656	1.681	1.706
2.08	1.498	1.523	1.548	1.572	1.597	1.622	1.647	1.672	1.697	1.722
2.10	1.512	1.537	1.562	1.588	1.613	1.638	1.663	1.688	1.714	1.739
2.12	1.526	1.552	1.577	1.603	1.628	1.654	1.679	1.704	1.730	1.755
2.14	1.541	1.566	1.592	1.618	1.644	1.669	1.695	1.721	1.746	1.772
2.16	1.555	1.581	1.607	1.633	1.659	1.685	1.711	1.737	1.763	1.788
2.18	1.570	1.596	1.622	1.648	1.674	1.700	1.727	1.753	1.779	1.805
2.20	1.584	1.610	1.637	1.663	1.690	1.716	1.742	1.769	1.795	1.822
2.22	1.598	1.625	1.652	1.678	1.705	1.732	1.758	1.785	1.812	1.838
2.24	1.613	1.640	1.667	1.693	1.720	1.747	1.774	1.801	1.828	1.855
2.26	1.627	1.654	1.681	1.709	1.736	1.763	1.790	1.817	1.844	1.871
2.28	1.642	1.669	1.696	1.724	1.751	1.778	1.806	1.833	1.860	1.888
2.30	1.656	1.684	1.711	1.739	1.766	1.794	1.822	1.849	1.877	1.904
2.32	1.670	1.698	1.726	1.754	1.782	1.810	1.837	1.865	1.893	1.921
2.34	1.685	1.713	1.741	1.769	1.797	1.825	1.853	1.881	1.909	1.938
2.36	1.699	1.728	1.756	1.784	1.812	1.841	1.869	1.897	1.926	1.954
2.38	1.714	1.742	1.771	1.799	1.828	1.856	1.885	1.914	1.942	1.971

Kubik-Inhalt der Kolli, deren kleinstes
Solid contents of packages, whose least
Cubage des colis, dont la plus petite dimension

Länge/Length Longueur	Breite — Breadth — Largeur 0.62	0.64	0.66	0.68	0.70	0.72	0.74	0.76	0.78	0.80
	Inhalt in Kubikmetern — Solid Contents — Cubage									
0.62	0.238									
0.64	246	0.254								
0.66	254	262	0.270							
0.68	261	270	278	0.287						
0.70	269	278	286	295	0.304					
0.72	277	286	295	304	312	0.321				
0.74	284	294	303	312	321	330	0.340			
0.76	292	302	311	320	330	339	349	0.358		
0.78	300	310	319	329	339	348	358	368	0.377	
0.80	308	317	327	337	347	357	367	377	387	0.397
0.82	315	325	336	346	356	366	376	386	397	407
0.84	323	333	344	354	365	375	385	396	406	417
0.86	331	341	352	363	373	384	395	405	416	427
0.88	338	349	360	371	382	393	404	415	426	436
0.90	346	357	368	379	391	402	413	424	435	446
0.92	354	365	376	388	399	411	422	434	445	456
0.94	361	373	385	396	408	420	431	443	455	466
0.96	369	381	393	405	417	429	440	452	464	476
0.98	377	389	401	413	425	437	450	462	474	486
1.00	384	397	409	422	434	446	459	471	484	496
1.02	392	405	417	430	443	455	468	481	493	506
1.04	400	413	426	438	451	464	477	490	503	516
1.06	407	421	434	447	460	473	486	499	513	526
1.08	415	429	442	455	469	482	495	509	522	536
1.10	423	436	450	464	477	491	505	518	532	546
1.12	431	444	458	472	486	500	514	528	542	556
1.14	438	452	466	481	495	509	523	537	551	565
1.16	446	460	475	489	503	518	532	547	561	575
1.18	454	468	483	497	512	527	541	556	571	585
1.20	461	476	491	506	521	536	551	565	580	595
1.22	469	484	499	514	529	545	560	575	590	605
1.24	477	492	507	523	538	554	569	584	600	615
1.26	484	500	516	531	547	562	578	594	609	625
1.28	492	508	524	540	556	571	587	603	619	635
1.30	500	516	532	548	564	580	596	613	629	645
1.32	507	524	540	557	573	589	606	622	638	655
1.34	515	532	548	565	582	598	615	631	648	665
1.36	523	540	557	573	590	607	624	641	658	675
1.38	530	548	565	582	599	616	633	650	667	684
1.40	538	556	573	590	608	625	642	660	677	694
1.42	546	563	581	599	616	634	651	669	687	704
1.44	554	571	589	607	625	643	661	679	696	714
1.46	561	579	597	616	634	652	670	688	706	724
1.48	569	587	606	624	642	661	679	697	716	734
1.50	577	595	614	632	651	670	688	707	725	744
1.52	584	603	622	641	660	679	697	716	735	754
1.54	592	611	630	649	668	687	707	726	745	764
1.56	600	619	638	658	677	696	716	735	754	774
1.58	607	627	647	666	686	705	725	744	764	784
1.60	615	635	655	675	694	714	734	754	774	794
1.62	623	643	663	683	703	723	743	763	783	804
1.64	630	651	671	691	712	732	752	773	793	813
1.66	638	659	679	700	720	741	762	782	803	823
1.68	646	667	687	708	729	750	771	792	812	833
1.70	653	675	696	717	738	759	780	801	822	843
1.72	661	682	704	725	746	768	789	810	832	853
1.74	669	690	712	734	755	777	798	820	841	863
1.76	677	698	720	742	764	786	807	829	851	873
1.78	684	706	728	750	772	795	817	839	861	883
1.80	692	714	737	759	781	804	826	848	870	893
1.82	700	722	745	767	790	812	835	858	880	903
1.84	707	730	753	776	798	821	844	867	890	913
1.86	715	738	761	784	807	830	853	876	899	923
1.88	723	746	769	793	816	839	863	886	909	932
1.90	730	754	777	801	825	848	872	895	919	942
1.92	738	762	786	809	833	857	881	905	929	952
1.94	746	770	794	818	842	866	890	914	938	962
1.96	753	778	802	826	851	875	899	924	948	972
1.98	761	786	810	835	859	884	908	933	958	982
2.00	769	794	818	843	868	893	918	942	967	992

Maß (Dicke) 62 Centimeter (0,62 m) ist.
dimensions (depth) are 62 centimetres (0,62 m).
(l'épaisseur) est 62 centimètres (0,62 m).

Länge/Length Longueur	Breite — Breadth — Largeur									
	0.82	0.84	0.86	0.88	0.90	0.92	0.94	0.96	0.98	1.00
	Inhalt in Kubikmetern — Solid Contents — Cubage									
0.82	0.417									
0.84	427	0.437								
0.86	437	448	0.459							
0.88	447	458	469	0.480						
0.90	458	469	480	491	0.502					
0.92	468	479	491	502	513	0.525				
0.94	478	490	501	513	525	536	0.548			
0.96	488	500	512	524	536	548	559	0.571		
0.98	498	510	523	535	547	559	571	583	0.595	
1.00	508	521	533	546	558	570	583	595	608	0.620
1.02	519	531	544	557	569	582	594	607	620	632
1.04	529	542	555	567	580	593	606	619	632	645
1.06	539	552	565	578	591	605	618	631	644	657
1.08	549	562	576	589	603	616	629	643	656	670
1.10	559	573	587	600	614	627	641	655	668	682
1.12	569	583	597	611	625	639	653	667	681	694
1.14	580	594	608	622	636	650	664	679	693	707
1.16	590	604	619	633	647	662	676	690	705	719
1.18	600	615	629	644	658	673	688	702	717	732
1.20	610	625	640	655	670	684	699	714	729	744
1.22	620	635	651	666	681	696	711	726	741	756
1.24	630	646	661	677	692	707	723	738	753	769
1.26	641	656	672	687	703	719	734	750	766	781
1.28	651	667	682	698	714	730	746	762	778	794
1.30	661	677	693	709	725	742	758	774	790	806
1.32	671	687	704	720	737	753	769	786	802	818
1.34	681	698	714	731	748	764	781	798	814	831
1.36	691	708	725	742	759	776	793	809	826	843
1.38	702	719	736	753	770	787	804	821	838	856
1.40	712	729	746	764	781	799	816	833	851	868
1.42	722	740	757	775	792	810	828	845	863	880
1.44	732	750	768	786	804	821	839	857	875	893
1.46	742	760	778	797	815	833	851	869	887	905
1.48	752	771	789	807	826	844	863	881	899	918
1.50	763	781	800	818	837	856	874	893	911	930
1.52	773	792	810	829	848	867	886	905	924	942
1.54	783	802	821	840	859	878	898	917	936	955
1.56	793	812	832	851	870	890	909	929	948	967
1.58	803	823	842	862	882	901	921	940	960	980
1.60	813	833	853	873	893	913	932	952	972	992
1.62	824	844	864	884	904	924	944	964	984	1.004
1.64	834	854	874	895	915	935	956	976	996	1.017
1.66	844	865	885	906	926	947	967	988	1.009	1.029
1.68	854	875	896	917	937	958	979	1.000	1.021	1.042
1.70	864	885	906	928	949	970	991	1.012	1.033	1.054
1.72	874	896	917	938	960	981	1.002	1.024	1.045	1.066
1.74	885	906	928	949	971	992	1.014	1.036	1.057	1.079
1.76	895	917	938	960	982	1.004	1.026	1.048	1.069	1.091
1.78	905	927	949	971	993	1.015	1.037	1.059	1.082	1.104
1.80	915	937	960	982	1.004	1.027	1.049	1.071	1.094	1.116
1.82	925	948	970	993	1.016	1.038	1.061	1.083	1.106	1.128
1.84	935	958	981	1.004	1.027	1.050	1.072	1.095	1.118	1.141
1.86	946	969	992	1.015	1.038	1.061	1.084	1.107	1.130	1.153
1.88	956	979	1.002	1.026	1.049	1.072	1.096	1.119	1.142	1.166
1.90	966	990	1.013	1.037	1.060	1.084	1.107	1.131	1.154	1.178
1.92	976	1.000	1.024	1.048	1.071	1.095	1.119	1.143	1.167	1.190
1.94	986	1.010	1.034	1.058	1.083	1.107	1.131	1.155	1.179	1.203
1.96	996	1.021	1.045	1.069	1.094	1.118	1.142	1.167	1.191	1.215
1.98	1.007	1 031	1.056	1.080	1.105	1.129	1.154	1.178	1.203	1.228
2.00	1.017	1.042	1.066	1.091	1.116	1.141	1.166	1.190	1.215	1.240

Kubik-Inhalt der Kolli, deren kleinstes
Solid contents of packages, whose least
Cubage des colis, dont la plus petite dimension

Länge/Length Longueur	Breite — Breadth — Largeur 1.02	1.04	1.06	1.08	1.10	1.12	1.14	1.16	1.18	1.20
	Inhalt in Kubikmetern — Solid Contents — Cubage									
1.02	0.645									
1.04	658	0.671								
1.06	670	683	0.697							
1.08	683	696	710	0.723						
1.10	696	709	723	737	0.750					
1.12	708	722	736	750	764	0.778				
1.14	721	735	749	763	777	792	0.806			
1.16	734	748	762	777	791	805	820	0.834		
1.18	746	761	775	790	805	819	834	849	0.863	
1.20	759	774	789	804	818	833	848	863	878	0.893
1.22	772	787	802	817	832	847	862	877	893	908
1.24	784	800	815	830	846	861	876	892	907	923
1.26	797	812	828	844	859	875	891	906	922	937
1.28	809	825	841	857	873	889	905	921	936	952
1.30	822	838	854	870	887	903	919	935	951	967
1.32	835	851	868	884	900	917	933	949	966	982
1.34	847	864	881	897	914	930	947	964	980	997
1.36	860	877	894	911	928	944	961	978	995	1.012
1.38	873	890	907	924	941	958	975	992	1.010	1.027
1.40	885	903	920	937	955	972	990	1.007	1.024	1.042
1.42	898	916	933	951	968	986	1.004	1.021	1.039	1.056
1.44	911	929	946	964	982	1.000	1.018	1.036	1.054	1.071
1.46	923	941	960	978	996	1.014	1.032	1.050	1.068	1.086
1.48	936	954	973	991	1.009	1.028	1.046	1.064	1.083	1.101
1.50	949	967	986	1.004	1.023	1.042	1.060	1.079	1.097	1.116
1.52	961	980	999	1.018	1.037	1.055	1.074	1.093	1.112	1.131
1.54	974	993	1.012	1.031	1.050	1.069	1.088	1.108	1.127	1.146
1.56	987	1.006	1.025	1.045	1.064	1.083	1.103	1.122	1.141	1.161
1.58	999	1.019	1.038	1.058	1.078	1.097	1.117	1.136	1.156	1.176
1.60	1.012	1.032	1.052	1.071	1.091	1.111	1.131	1.151	1.171	1.190
1.62	1.024	1.045	1.065	1.085	1.105	1.125	1.145	1.165	1.185	1.205
1.64	1.037	1.057	1.078	1.098	1.118	1.139	1.159	1.179	1.200	1.220
1.66	1.050	1.070	1.091	1.112	1.132	1.153	1.173	1.194	1.214	1.235
1.68	1.062	1.083	1.104	1.125	1.146	1.167	1.187	1.208	1.229	1.250
1.70	1.075	1.096	1.117	1.138	1.159	1.180	1.202	1.223	1.244	1.265
1.72	1.088	1.109	1.130	1.152	1.173	1.194	1.216	1.237	1.258	1.280
1.74	1.100	1.122	1.144	1.165	1.187	1.208	1.230	1.251	1.273	1.295
1.76	1.113	1.135	1.157	1.178	1.200	1.222	1.244	1.266	1.288	1.309
1.78	1.126	1.148	1.170	1.192	1.214	1.236	1.258	1.280	1.302	1.324
1.80	1.138	1.161	1.183	1.205	1.228	1.250	1.272	1.295	1.317	1.339
1.82	1.151	1.174	1.196	1.219	1.241	1.264	1.286	1.309	1.332	1.354
1.84	1.164	1.186	1.209	1.232	1.255	1.278	1.301	1.323	1.346	1.369
1.86	1.176	1.199	1.222	1.245	1.269	1.292	1.315	1.338	1.361	1.384
1.88	1.189	1.212	1.236	1.259	1.282	1.305	1.329	1.352	1.375	1.399
1.90	1.202	1.225	1.249	1.272	1.296	1.319	1.343	1.366	1.390	1.414
1.92	1.214	1.238	1.262	1.286	1.309	1.333	1.357	1.381	1.405	1.428
1.94	1.227	1.251	1.275	1.299	1.323	1.347	1.371	1.395	1.419	1.443
1.96	1.240	1.264	1.288	1.312	1.337	1.361	1.385	1.410	1.434	1.458
1.98	1.252	1.277	1.301	1.326	1.350	1.375	1.399	1.424	1.449	1.473
2.00	1.265	1.290	1.314	1.339	1.365	1.389	1.414	1.438	1.463	1.488
2.02	1.277	1.302	1.328	1.353	1.378	1.403	1.428	1.453	1.478	1.503
2.04	1.290	1.315	1.341	1.366	1.391	1.417	1.442	1.467	1.492	1.518
2.06	1.303	1.328	1.354	1.379	1.405	1.430	1.456	1.482	1.507	1.533
2.08	1.315	1.341	1.367	1.393	1.419	1.444	1.470	1.496	1.522	1.548
2.10	1.328	1.354	1.380	1.406	1.432	1.458	1.484	1.510	1.536	1.562
2.12	1.341	1.367	1.393	1.419	1.446	1.472	1.498	1.525	1.551	1.577
2.14	1.353	1.380	1.406	1.433	1.459	1.486	1.513	1.539	1.566	1.592
2.16	1.366	1.393	1.420	1.446	1.473	1.500	1.527	1.553	1.580	1.607
2.18	1.379	1.406	1.433	1.460	1.487	1.514	1.541	1.568	1.595	1.622
2.20	1.391	1.419	1.446	1.473	1.500	1.528	1.555	1.582	1.610	1.637
2.22	1.404	1.431	1.459	1.486	1.514	1.542	1.569	1.596	1.624	1.652
2.24	1.417	1.444	1.472	1.500	1.528	1.555	1.583	1.611	1.639	1.667
2.26	1.429	1.457	1.485	1.513	1.541	1.569	1.597	1.625	1.653	1.681
2.28	1.442	1.470	1.498	1.527	1.555	1.583	1.612	1.640	1.668	1.696
2.30	1.455	1.483	1.512	1.540	1.569	1.597	1.626	1.654	1.683	1.711
2.32	1.467	1.496	1.525	1.553	1.582	1.611	1.640	1.669	1.697	1.726
2.34	1.480	1.509	1.538	1.567	1.596	1.625	1.654	1.683	1.712	1.741
2.36	1.492	1.522	1.551	1.580	1.610	1.639	1.668	1.697	1.727	1.756
2.38	1.505	1.535	1.564	1.594	1.624	1.653	1.682	1.712	1.741	1.771
2.40	1.518	1.548	1.577	1.607	1.637	1.667	1.696	1.726	1.756	1.786

Maß (Dicke) 62 Centimeter (0,62 m) ist.
dimensions (depth) are 62 centimetres (0,62 m).
(l'épaisseur) est 62 centimètres (0,62 m).

Länge/Length Longueur	Breite — Breadth — Largeur									
	1.22	1.24	1.26	1.28	1.30	1.32	1.34	1.36	1.38	1.40
	Inhalt in Kubikmetern — Solid Contents — Cubage									
1.22	0.923									
1.24	938	0.953								
1.26	953	969	0.984							
1.28	968	984	1.000	1.016						
1.30	983	999	1.016	1.032	1.048					
1.32	998	1.015	1.031	1.048	1.064	1.080				
1.34	1.014	1.030	1.047	1.063	1.080	1.097	1.113			
1.36	1.029	1.046	1.062	1.079	1.096	1.113	1.130	1.147		
1.38	1.044	1.061	1.078	1.095	1.112	1.129	1.147	1.164	1.181	
1.40	1.059	1.076	1.094	1.111	1.128	1.146	1.163	1.180	1.198	1.215
1.42	1.074	1.092	1.109	1.127	1.145	1.162	1.180	1.197	1.215	1.233
1.44	1.089	1.107	1.125	1.143	1.161	1.178	1 196	1.214	1.232	1.250
1.46	1.104	1.122	1.141	1.159	1.177	1 195	1.213	1.231	1.249	1.267
1.48	1.119	1.138	1.156	1.175	1.193	1.211	1.230	1.248	1.266	1.285
1.50	1.135	1.153	1.172	1.190	1.209	1.228	1.246	1.265	1.283	1.302
1.52	1.150	1.169	1.187	1.206	1.225	1.244	1.263	1.282	1.301	1.319
1.54	1.165	1.184	1.203	1.222	1.241	1.260	1.279	1.299	1.318	1.337
1.56	1.180	1.199	1.219	1.238	1 257	1.277	1.296	1.315	1.335	1.354
1.58	1.195	1.215	1.234	1.254	1.273	1.293	1.313	1.332	1.352	1.371
1.60	1.210	1.230	1.250	1.270	1.290	1.309	1.329	1.349	1.369	1.389
1.62	1.225	1.245	1.266	1.286	1.306	1.326	1 346	1.366	1.386	1.406
1.64	1.240	1.261	1.281	1.302	1.322	1.342	1.363	1.383	1.403	1 424
1.66	1.256	1.276	1.297	1.317	1.338	1.359	1.379	1.400	1.420	1.441
1.68	1.271	1.292	1.312	1.333	1.354	1.375	1.396	1.417	1.437	1.458
1.70	1.286	1.307	1.328	1.349	1.370	1.391	1.412	1.433	1.455	1.476
1.72	1.301	1.322	1.344	1.365	1.386	1.408	1.429	1.450	1.472	1.493
1.74	1.316	1.338	1.359	1.381	1.402	1.424	1.446	1.467	1.489	1.510
1.76	1.331	1.353	1.375	1.397	1.419	1.440	1.462	1.484	1.506	1.528
1.78	1.346	1.368	1.391	1.413	1.435	1.457	1.479	1.501	1.523	1.545
1.80	1.362	1.384	1.406	1.428	1.451	1.473	1.495	1.518	1.540	1.562
1.82	1.377	1.399	1.422	1.444	1.467	1.489	1.512	1.535	1.557	1.580
1.84	1.392	1.415	1.437	1.460	1.483	1.506	1.529	1.551	1.574	1.597
1.86	1.407	1.430	1.453	1.476	1.499	1.522	1.545	1.568	1.591	1.614
1.88	1.422	1.445	1.469	1.492	1.515	1.539	1.562	1.585	1.609	1.632
1.90	1.437	1.461	1.484	1·508	1.531	1.555	1.579	1.602	1.626	1.649
1.92	1.452	1.476	1.500	1.524	1.548	1.571	1.595	1.619	1.643	1.667
1.94	1.467	1.491	1.516	1.540	1.564	1.588	1.612	1.636	1.660	1.684
1.96	1.483	1.507	1.531	1.555	1.580	1.604	1.628	1.653	1.677	1.701
1.98	1.498	1.522	1.547	1.571	1.596	1.620	1.645	1.670	1.694	1.719
2.00	1.513	1.538	1 562	1.587	1.612	1.637	1.662	1.686	1.711	1.736
2.02	1.528	1.553	1 578	1.603	1.628	1 653	1.678	1.703	1.728	1.753
2.04	1.543	1.568	1.594	1.619	1.644	1.670	1.695	1.720	1.745	1.771
2.06	1.558	1.584	1.609	1.635	1.660	1.686	1.711	1.737	1.763	1.788
2.08	1.573	1.599	1.625	1.651	1.676	1.702	1.728	1.754	1.780	1.805
2.10	1.588	1.614	1.641	1.667	1.693	1.719	1.745	1.771	1.797	1.823
2.12	1.604	1.630	1.656	1.682	1.709	1.735	1.761	1.788	1.814	1.840
2.14	1.619	1.645	1.672	1.698	1.725	1.751	1.778	1.804	1.831	1.858
2.16	1.634	1.661	1.687	1.714	1.741	1.768	1.795	1.821	1.848	1.875
2.18	1.649	1.676	1.703	1.730	1.757	1.784	1.811	1.838	1.865	1.892
2.20	1.664	1.691	1 719	1.746	1.773	1.800	1.828	1.855	1.882	1.910
2.22	1.679	1.707	1.734	1.762	1.789	1.817	1.844	1.872	1.899	1.927
2.24	1.694	1.722	1.750	1.778	1.805	1.833	1.861	1.889	1.917	1.944
2.26	1.709	1.737	1.766	1.794	1.822	1.850	1.878	1.906	1.934	1.962
2.28	1.725	1.753	1.781	1.809	1.838	1 866	1.894	1.922	1.951	1.979
2.30	1.740	1.768	1.797	1.825	1.854	1.882	1.911	1.939	1.968	1.996
2.32	1.755	1.784	1.812	1.841	1.870	1.899	1.927	1.956	1.985	2.014
2.34	1.770	1.799	1.828	1.857	1.886	1.915	1.944	1.973	2.002	2.031
2.36	1.785	1.814	1.844	1.873	1.902	1.931	1.961	1.990	2 019	2.048
2.38	1.800	1.830	1.859	1.889	1.918	1.948	1.977	2.007	2.036	2.066
2.40	1.815	1.845	1.875	1.905	1.934	1.964	1.994	2.024	2.053	2.083

Kubik-Inhalt der Kolli, deren kleinstes
Solid contents of packages, whose least
Cubage des colis, dont la plus petite dimension

Länge/Length Longueur	Breite — Breadth — Largeur 0.64	0.66	0.68	0.70	0.72	0.74	0.76	0.78	0.80	0.82
	Inhalt in Kubikmetern — Solid Contents — Cubage									
0.64	0.262									
0.66	270	0.279								
0.68	279	287	0.296							
0.70	287	296	305	0.314						
0.72	295	304	313	323	0.332					
0.74	303	313	322	332	341	0.350				
0.76	311	321	331	340	350	360	0.370			
0.78	319	329	339	349	359	369	379	0.389		
0.80	328	338	348	358	369	379	389	399	0.410	
0.82	336	346	357	367	378	388	399	409	420	0.430
0.84	344	355	366	376	387	398	409	419	430	441
0.86	352	363	374	385	396	407	418	429	440	451
0.88	360	372	383	394	406	417	428	439	451	462
0.90	369	380	392	403	415	426	438	449	461	472
0.92	377	389	400	412	424	436	447	459	471	483
0.94	385	397	409	421	433	445	457	469	481	493
0.96	393	406	418	430	442	455	467	479	492	504
0.98	401	414	426	439	452	464	477	489	502	514
1.00	410	422	435	448	461	474	486	499	512	525
1.02	418	431	444	457	470	483	496	509	522	535
1.04	426	439	453	466	479	493	506	519	532	546
1.06	434	448	461	475	488	502	516	529	543	556
1.08	442	456	470	484	498	511	525	539	553	567
1.10	451	465	479	493	507	521	535	549	563	577
1.12	459	473	487	502	516	530	545	559	573	588
1.14	467	482	496	511	525	540	554	569	584	598
1.16	475	490	505	520	535	549	564	579	594	609
1.18	483	498	514	529	544	559	574	589	604	619
1.20	492	507	522	538	553	568	584	599	614	630
1.22	500	515	531	547	562	578	593	609	625	640
1.24	508	524	540	555	571	587	603	619	635	651
1.26	516	532	548	564	581	597	613	629	645	661
1.28	524	541	557	573	590	606	623	639	655	672
1.30	532	549	566	582	599	616	632	649	666	682
1.32	541	558	574	591	608	625	642	659	676	693
1.34	549	566	583	600	617	635	652	669	686	703
1.36	557	574	592	609	627	644	662	679	696	714
1.38	565	583	601	618	636	654	671	689	707	724
1.40	573	591	609	627	645	663	681	699	717	735
1.42	582	600	618	636	654	673	691	709	727	745
1.44	590	608	627	645	664	682	700	719	737	756
1.46	598	617	635	654	673	691	710	729	748	766
1.48	606	625	644	663	682	701	720	739	758	777
1.50	614	634	653	672	691	710	730	749	768	787
1.52	623	642	662	681	700	720	739	759	778	798
1.54	631	650	670	690	710	729	749	769	788	808
1.56	639	659	679	699	719	739	759	779	799	819
1.58	647	667	688	708	728	748	769	789	809	829
1.60	655	676	696	717	737	758	778	799	819	840
1.62	664	684	705	726	746	767	788	809	829	850
1.64	672	693	714	735	756	777	798	819	840	861
1.66	680	701	722	744	765	786	807	829	850	871
1.68	688	710	731	753	774	796	817	839	860	882
1.70	696	718	740	762	783	805	827	849	870	892
1.72	705	727	749	771	793	815	837	859	881	903
1.74	713	735	757	780	802	824	846	869	891	913
1.76	721	743	766	788	811	834	856	879	901	924
1.78	729	752	775	797	820	843	866	889	911	934
1.80	737	760	783	806	829	852	876	899	922	945
1.82	745	769	792	815	839	862	885	909	932	955
1.84	754	777	801	824	848	871	895	919	942	966
1.86	762	786	809	833	857	881	905	929	952	976
1.88	770	794	818	842	866	890	914	938	963	987
1.90	778	803	827	851	876	900	924	948	973	997
1.92	786	811	836	860	885	909	934	958	983	1.008
1.94	795	819	844	869	894	919	944	968	993	1.018
1.96	803	828	853	878	903	928	953	978	1.004	1.029
1.98	811	836	862	887	912	938	963	988	1.014	1.039
2.00	819	845	870	896	922	947	973	998	1.024	1.050
2.02	827	853	879	905	931	957	983	1.008	1.034	1.060

Maß (Dicke) 64 Centimeter (0,64 m) ist.
dimensions (depth) are 64 centimetres (0,64 m).
(l'épaisseur) est 64 centimètres (0,64 m).

Länge/Length Longueur	Breite — Breadth — Largeur									
	0.84	0.86	0.88	0.90	0.92	0.94	0.96	0.98	1.00	1.02
	Inhalt in Kubikmetern — Solid Contents — Cubage									
0.84	0.452									
0.86	462	0.473								
0.88	473	484	0.496							
0.90	484	495	507	0.518						
0.92	495	506	518	530	0.542					
0.94	505	517	529	541	553	0.566				
0.96	516	528	541	553	565	578	0.590			
0.98	527	539	552	564	577	590	602	0.615		
1.00	538	550	563	576	589	602	614	627	0.640	
1.02	548	561	574	588	601	614	627	640	653	0.666
1.04	559	572	586	599	612	626	639	652	666	679
1.06	570	583	597	611	624	638	651	665	678	692
1.08	581	594	608	622	636	650	664	677	691	705
1.10	591	605	620	634	648	662	676	690	704	718
1.12	602	616	631	645	659	674	688	702	717	731
1.14	613	627	642	657	671	686	700	715	730	744
1.16	624	638	653	668	683	698	713	728	742	757
1.18	634	649	665	680	695	710	725	740	755	770
1.20	645	660	676	691	707	722	737	753	768	783
1.22	656	671	687	703	718	734	750	765	781	796
1.24	667	682	698	714	730	746	762	778	794	809
1.26	677	694	710	726	742	758	774	790	806	823
1.28	688	705	721	737	754	770	786	803	819	836
1.30	699	716	732	749	765	782	799	815	832	849
1.32	710	727	743	760	777	794	811	828	845	862
1.34	720	738	755	772	789	806	823	840	858	875
1.36	731	749	766	783	801	818	836	853	870	888
1.38	742	760	777	795	813	830	848	866	883	901
1.40	753	771	788	806	824	842	860	878	896	914
1.42	763	782	800	818	836	854	872	891	909	927
1.44	774	793	811	829	848	866	885	903	922	940
1.46	785	804	822	841	860	878	897	916	934	953
1.48	796	815	834	852	871	890	909	928	947	966
1.50	806	826	845	864	883	902	922	941	960	979
1.52	817	837	856	876	895	914	934	953	973	992
1.54	828	848	867	887	907	926	946	966	986	1.005
1.56	839	859	879	899	919	938	958	978	998	1.018
1.58	849	870	890	910	930	951	971	991	1.011	1.031
1.60	860	881	901	922	942	963	983	1.004	1.024	1.044
1.62	871	892	912	933	954	975	995	1.016	1.037	1.058
1.64	882	903	924	945	966	987	1.008	1.029	1.050	1.071
1.66	892	914	935	956	977	999	1.020	1.041	1.062	1.084
1.68	903	925	946	968	989	1.011	1.032	1.054	1.075	1.097
1.70	914	936	957	979	1.001	1.023	1.044	1.066	1.088	1.110
1.72	925	947	969	991	1.013	1.035	1.057	1.079	1.101	1.123
1.74	935	958	980	1.002	1.025	1.047	1.069	1.091	1.114	1.136
1.76	946	969	991	1.014	1.036	1.059	1.081	1.104	1.126	1.149
1.78	957	980	1.002	1.025	1.048	1.071	1.094	1.116	1.139	1.162
1.80	968	991	1.014	1.037	1.060	1.083	1.106	1.129	1.152	1.175
1.82	978	1.002	1.025	1.048	1.072	1.095	1.118	1.142	1.165	1.188
1.84	989	1.013	1.036	1.060	1.083	1.107	1.130	1.154	1.178	1.201
1.86	1.000	1.024	1.048	1.071	1.095	1.119	1.143	1.167	1.190	1.214
1.88	1.011	1.035	1.059	1.083	1.107	1.131	1.155	1.179	1.203	1.227
1.90	1.021	1.046	1.070	1.094	1.119	1.143	1.167	1.192	1.216	1.240
1.92	1.032	1.057	1.081	1.106	1.130	1.155	1.180	1.204	1.229	1.253
1.94	1.043	1.068	1.093	1.117	1.142	1.167	1.192	1.217	1.242	1.266
1.96	1.054	1.079	1.104	1.129	1.154	1.179	1.204	1.229	1.254	1.279
1.98	1.064	1.090	1.115	1.140	1.166	1.191	1.217	1.242	1.267	1.293
2.00	1.075	1.101	1.126	1.152	1.178	1.203	1.229	1.254	1.280	1.306
2.02	1.086	1.112	1.138	1.164	1.189	1.215	1.241	1.267	1.293	1.319

Kubik-Inhalt der Kolli, deren kleinstes
Solid contents of packages, whose least
Cubage des colis, dont la plus petite dimension

Länge/Length Longueur	Breite — Breadth — Largeur									
	1.04	1.06	1.08	1.10	1.12	1.14	1.16	1.18	1.20	1.22
	Inhalt in Kubikmetern — Solid Contents — Cubage									
1.04	0.692									
1.06	706	0.719								
1.08	719	733	0.746							
1.10	732	746	760	0.774						
1.12	745	760	774	788	0.803					
1.14	759	773	788	803	817	0.832				
1.16	772	787	802	817	831	846	0.861			
1.18	785	801	816	831	846	861	876	0.891		
1.20	799	814	829	845	860	876	891	906	0.922	
1.22	812	828	843	859	874	890	906	921	937	0.953
1.24	825	841	857	873	889	905	921	936	952	968
1.26	839	855	871	887	903	919	935	952	968	984
1.28	852	868	885	901	918	934	950	967	983	999
1.30	865	882	899	915	932	948	965	982	998	1.015
1.32	879	895	912	929	946	963	980	997	1.014	1.031
1.34	892	909	926	943	961	978	995	1.012	1.029	1.046
1.36	905	923	940	957	975	992	1.010	1.027	1.044	1.062
1.38	919	936	954	972	989	1.007	1.025	1.042	1.060	1.078
1.40	932	950	968	986	1.004	1.021	1.039	1.057	1.075	1.093
1.42	945	963	982	1.000	1.018	1.036	1.054	1.072	1.091	1.109
1.44	958	977	995	1.014	1.032	1.051	1.069	1.087	1.106	1.124
1.46	972	990	1.009	1.028	1.047	1.065	1.084	1.103	1.121	1.140
1.48	985	1.004	1.023	1.042	1.061	1.080	1.099	1.118	1.137	1.156
1.50	998	1.018	1.037	1.056	1.075	1.094	1.114	1.133	1.152	1.171
1.52	1.012	1.031	1.051	1.070	1.090	1.109	1.128	1.148	1.167	1.187
1.54	1.025	1.045	1.064	1.084	1.104	1.124	1.143	1.163	1.183	1.202
1.56	1.038	1.058	1.078	1.098	1.118	1.138	1.158	1.178	1.198	1.218
1.58	1.052	1.072	1.092	1.112	1.133	1.153	1.173	1.193	1.213	1.234
1.60	1.065	1.085	1.106	1.126	1.147	1.167	1.188	1.208	1.229	1.249
1.62	1.078	1.099	1.120	1.140	1.161	1.182	1.203	1.223	1.244	1.265
1.64	1.092	1.113	1.134	1.155	1.176	1.197	1.218	1.239	1.260	1.281
1.66	1.105	1.126	1.147	1.169	1.190	1.211	1.232	1.254	1.275	1.296
1.68	1.118	1.140	1.161	1.183	1.204	1.226	1.247	1.269	1.290	1.312
1.70	1.132	1.153	1.175	1.197	1.219	1.240	1.262	1.284	1.306	1.327
1.72	1.145	1.167	1.189	1.211	1.233	1.255	1.277	1.299	1.321	1.343
1.74	1.158	1.180	1.203	1.225	1.247	1.270	1.292	1.314	1.336	1.359
1.76	1.171	1.194	1.217	1.239	1.262	1.284	1.307	1.329	1.352	1.374
1.78	1.185	1.208	1.230	1.253	1.276	1.299	1.321	1.344	1.367	1.390
1.80	1.198	1.221	1.244	1.267	1.290	1.313	1.336	1.359	1.382	1.405
1.82	1.211	1.235	1.258	1.281	1.305	1.328	1.351	1.374	1.398	1.421
1.84	1.225	1.248	1.272	1.295	1.319	1.342	1.366	1.390	1.413	1.437
1.86	1.238	1.262	1.286	1.309	1.333	1.357	1.381	1.405	1.428	1.452
1.88	1.251	1.275	1.299	1.324	1.348	1.372	1.396	1.420	1.444	1.468
1.90	1.265	1.289	1.313	1.338	1.362	1.386	1.411	1.435	1.459	1.484
1.92	1 278	1.303	1.327	1.352	1.376	1.401	1.425	1.450	1.475	1.499
1.94	1.291	1.316	1.341	1.366	1.391	1.415	1.440	1.465	1.490	1.515
1.96	1.305	1.330	1.355	1.380	1.405	1.430	1.455	1.480	1.505	1.530
1.98	1.318	1.343	1.369	1.394	1.419	1.445	1.470	1.495	1.521	1.546
2.00	1.331	1.357	1.382	1.408	1.434	1.459	1.485	1.510	1.536	1.562
2.02	1.345	1.370	1.396	1.422	1.448	1.474	1.500	1.526	1.551	1.577
2.04	1.358	1.384	1.410	1.436	1.462	1.488	1.514	1.541	1.567	1.593
2.06	1.371	1.398	1.424	1.450	1.477	1.503	1.529	1.556	1.582	1.608
2.08	1.384	1.411	1.438	1.464	1.491	1.518	1.544	1 571	1.597	1.624
2.10	1.398	1.425	1.452	1.478	1.505	1.532	1.559	1.586	1.613	1.640
2.12	1.411	1.438	1.465	1.492	1.520	1.547	1.574	1.601	1.628	1.655
2.14	1.424	1.452	1.479	1.507	1.534	1.561	1.589	1.616	1.644	1.671
2.16	1.438	1.465	1.493	1.521	1.548	1.576	1.604	1.631	1.659	1.687
2.18	1.451	1.479	1.507	1.535	1.563	1.591	1.618	1.646	1.674	1.702
2.20	1.464	1.492	1.521	1.549	1.577	1.605	1.633	1.661	1.690	1.718
2.22	1.478	1.506	1.534	1.563	1.591	1.620	1.648	1.677	1.705	1.733
2.24	1.491	1.520	1.548	1.577	1.606	1.634	1.663	1.692	1.720	1.749
2.26	1.504	1.533	1.562	1.591	1.620	1.649	1.678	1.707	1.736	1.765
2.28	1.518	1.547	1.576	1.605	1.634	1.663	1.693	1.722	1.751	1.780
2.30	1.531	1.560	1.590	1.619	1.649	1.678	1.708	1.737	1.766	1.796
2.32	1.544	1.574	1.604	1.633	1.663	1.693	1.722	1.752	1.782	1.811
2.34	1.558	1.587	1.617	1.647	1.677	1.707	1.737	1.767	1.797	1.827
2.36	1.571	1.601	1.631	1.661	1.692	1.722	1.752	1.782	1.812	1.843
2.38	1.584	1.615	1.645	1.676	1.706	1.736	1.767	1.797	1.828	1.858
2.40	1.597	1.628	1.659	1.690	1.720	1.751	1.782	1.812	1.843	1.874
2.42	1.611	1.642	1.673	1.704	1.735	1.766	1.797	1.828	1.859	1.890

Maß (Dicke) 64 Centimeter (0,64 m) ist.
dimensions (depth) are. 64 centimetres (0,64 m).
(l'épaisseur) est 64 centimètres (0,64 m).

Länge/Length Longueur	Breite — Breadth — Largeur 1.24	1.26	1.28	1.30	1.32	1.34	1.36	1.38	1.40	1.42
	Inhalt in Kubikmetern — Solid Contents — Cubage									
1.24	0.984									
1.26	1.000	1.016								
1.28	1.016	1.032	1.049							
1.30	1.032	1.048	1.065	1.082						
1.32	1.048	1.064	1.081	1.098	1.115					
1.34	1.063	1.081	1.098	1.115	1.132	1.149				
1.36	1.079	1.097	1.114	1.132	1.149	1.166	1.184			
1.38	1.095	1.113	1.130	1.148	1.166	1.183	1.201	1.219		
1.40	1.111	1.129	1.147	1.165	1.183	1.201	1.219	1.236	1.254	
1.42	1.127	1.145	1.163	1.181	1.200	1.218	1.236	1.254	1.272	1.290
1.44	1.143	1.161	1.180	1.198	1.217	1.235	1.253	1.272	1.290	1.309
1.46	1.159	1.177	1.196	1.215	1.233	1.252	1.271	1.289	1.308	1.327
1.48	1.175	1.193	1.212	1.231	1.250	1.269	1.288	1.307	1.326	1.345
1.50	1.190	1.210	1.229	1.248	1.267	1.286	1.306	1.325	1.344	1.363
1.52	1.206	1.226	1.245	1.265	1.284	1.304	1.323	1.342	1.362	1.381
1.54	1.222	1.242	1.262	1.281	1.301	1.321	1.340	1.360	1.380	1.400
1.56	1.238	1.258	1.278	1.298	1.318	1.338	1.358	1.378	1.398	1.418
1.58	1.254	1.274	1.294	1.315	1.335	1.355	1.375	1.395	1.416	1.436
1.60	1.270	1.290	1.311	1.331	1.352	1.372	1.393	1.413	1.434	1.454
1.62	1.286	1.306	1.327	1.348	1.369	1.389	1.410	1.431	1.452	1.472
1.64	1.302	1.322	1.343	1.364	1.385	1.406	1.427	1.448	1.469	1.490
1.66	1.317	1.339	1.360	1.381	1.402	1.424	1.445	1.466	1.487	1.509
1.68	1.333	1.355	1.376	1.398	1.419	1.441	1.462	1.484	1.505	1.527
1.70	1.349	1.371	1.393	1.414	1.436	1.458	1.480	1.501	1.523	1.545
1.72	1.365	1.387	1.409	1.431	1.453	1.475	1.497	1.519	1.541	1.563
1.74	1.381	1.403	1.425	1.448	1.470	1.492	1.514	1.537	1.559	1.581
1.76	1.397	1.419	1.442	1.464	1.487	1.509	1.532	1.554	1.577	1.599
1.78	1.413	1.435	1.458	1.481	1.504	1.527	1.549	1.572	1.595	1.618
1.80	1.428	1.452	1.475	1.498	1.521	1.544	1.567	1.590	1.613	1.636
1.82	1.444	1.468	1.491	1.514	1.538	1.561	1.584	1.607	1.631	1.654
1.84	1.460	1.484	1.507	1.531	1.554	1.578	1.602	1.625	1.649	1.672
1.86	1.476	1.500	1.524	1.548	1.571	1.595	1.619	1.643	1.667	1.690
1.88	1.492	1.516	1.540	1.564	1.588	1.612	1.636	1.660	1.684	1.709
1.90	1.508	1.532	1.556	1.581	1.605	1.629	1.654	1.678	1.702	1.727
1.92	1.524	1.548	1.573	1.597	1.622	1.647	1.671	1.696	1.720	1.745
1.94	1 540	1.564	1.589	1.614	1.639	1.664	1.689	1.713	1.738	1.763
1.96	1.555	1.581	1.606	1.631	1.656	1.681	1.706	1.731	1.756	1.781
1.98	1.571	1.597	1.622	1.647	1.673	1.698	1.723	1.749	1.774	1.799
2.00	1.587	1.613	1.638	1.664	1.690	1.715	1.741	1.766	1.792	1.818
2.02	1.603	1.629	1.655	1.681	1.706	1.732	1.758	1.784	1.810	1.836
2.04	1.619	1.645	1.671	1.697	1.723	1.750	1.776	1.802	1.828	1.854
2.06	1.635	1.661	1.688	1.714	1.740	1.767	1.793	1.819	1.846	1.872
2.08	1.651	1.677	1.704	1.731	1.757	1.784	1.810	1.837	1.864	1.890
2.10	1.667	1.693	1.720	1.747	1.774	1.801	1.828	1.855	1.882	1.908
2.12	1.682	1.710	1.737	1.764	1.791	1.818	1.845	1.872	1.900	1.927
2.14	1.698	1.726	1.753	1.780	1.808	1.835	1.863	1.890	1.917	1.945
2.16	1.714	1.742	1.769	1.797	1.825	1.852	1.880	1.908	1.935	1.963
2.18	1.730	1.758	1.786	1.814	1.842	1.870	1.897	1.925	1.953	1.981
2.20	1.746	1.774	1.802	1.830	1.859	1.887	1.915	1.943	1.971	1.999
2.22	1.762	1.790	1.819	1.847	1.875	1.904	1.932	1.961	1.989	2.017
2.24	1.778	1.806	1.835	1.864	1.892	1.921	1.950	1.978	2.007	2.036
2.26	1.794	1.822	1.851	1.880	1.909	1.938	1.967	1.996	2.025	2.054
2.28	1.809	1.839	1.868	1.897	1.926	1.955	1.985	2.014	2.043	2.072
2.30	1.825	1.855	1.884	1.914	1.943	1.972	2.002	2.031	2.061	2.090
2.32	1.841	1.871	1.901	1.930	1.960	1.990	2.019	2.049	2.079	2.108
2.34	1.857	1.887	1.917	1.947	1.977	2.007	2.037	2.067	2.097	2.127
2.36	1.873	1.903	1.933	1.964	1.994	2.024	2.054	2.084	2.115	2.145
2.38	1.889	1.919	1.950	1.980	2 011	2.041	2.072	2.102	2.132	2.163
2.40	1.905	1.935	1.966	1.997	2.028	2.058	2.089	2.120	2.150	2.181
2.42	1.921	1.951	1.982	2.013	2.044	2.075	2.106	2.137	2.168	2.199

Kubik-Inhalt der Kolli, deren kleinstes
Solid contents of packages, whose least
Cubage des colis, dont la plus petite dimension

Länge / Length Longueur	Breite — Breadth — Largeur									
	0.66	0.68	0.70	0.72	0.74	0.76	0.78	0.80	0.82	0.84
	Inhalt in Kubikmetern — Solid Contents — Cubage									
0.66	0.287									
0.68	296	0.305								
0.70	305	314	0.323							
0.72	314	323	333	0.342						
0.74	322	332	342	352	0.361					
0.76	331	341	351	361	371	0.381				
0.78	340	350	360	371	381	391	0.402			
0.80	348	359	370	380	391	401	412	0.422		
0.82	357	368	379	390	400	411	422	433	0.444	
0.84	366	377	388	399	410	421	432	444	455	0.466
0.86	375	386	397	409	420	431	443	454	465	477
0.88	383	395	407	418	430	441	453	465	476	488
0.90	392	404	416	428	440	451	463	475	487	499
0.92	401	413	425	437	449	461	474	486	498	510
0.94	409	422	434	447	459	472	484	496	509	521
0.96	418	431	444	456	469	482	494	507	520	532
0.98	427	440	453	466	479	492	505	517	530	543
1.00	436	449	462	475	488	502	515	528	541	554
1.02	444	458	471	485	498	512	525	539	552	565
1.04	453	467	480	494	508	522	535	549	563	577
1.06	462	476	490	504	518	532	546	560	574	588
1.08	470	485	499	513	527	542	556	570	584	599
1.10	479	494	508	523	537	552	566	581	595	610
1.12	488	503	517	532	547	562	577	591	606	621
1.14	497	512	527	542	557	572	587	602	617	632
1.16	505	521	536	551	567	582	597	612	628	643
1.18	514	530	545	561	576	592	607	623	639	654
1.20	523	539	554	570	586	602	618	634	649	665
1.22	531	548	564	580	596	612	628	644	660	676
1.24	540	557	573	589	606	622	638	655	671	687
1.26	549	565	582	599	615	632	649	665	682	699
1.28	558	574	591	608	625	642	659	676	693	710
1.30	566	583	601	618	635	652	669	686	704	721
1.32	575	592	610	627	645	662	680	697	714	732
1.34	584	601	619	637	654	672	690	708	725	743
1.36	592	610	628	646	664	682	700	718	736	754
1.38	601	619	638	656	674	692	710	729	747	765
1.40	610	628	647	665	684	702	721	739	758	776
1.42	619	637	656	675	694	712	731	750	769	787
1.44	627	646	665	684	703	722	741	760	779	798
1.46	636	655	675	694	713	732	752	771	790	809
1.48	645	664	684	703	723	742	762	781	801	821
1.50	653	673	693	713	733	752	772	792	812	832
1.52	662	682	702	722	742	762	782	803	823	843
1.54	671	691	711	732	752	772	793	813	833	854
1.56	680	700	721	741	762	782	803	824	844	865
1.58	688	709	730	751	772	793	813	834	855	876
1.60	697	718	739	760	781	803	824	845	866	887
1.62	706	727	748	770	791	813	834	855	877	898
1.64	714	736	758	779	801	823	844	866	888	909
1.66	723	745	767	789	811	833	855	876	898	920
1.68	732	754	776	798	821	843	865	887	909	931
1.70	741	763	785	808	830	853	875	898	920	942
1.72	749	772	795	817	840	863	885	908	931	954
1.74	758	781	804	827	850	873	896	919	942	965
1.76	767	790	813	836	860	883	906	929	953	976
1.78	775	799	822	846	869	893	916	940	963	987
1.80	784	808	832	855	879	903	927	950	974	998
1.82	793	817	841	865	889	913	937	961	985	1.009
1.84	802	826	850	874	899	923	947	972	996	1.020
1.86	810	835	859	884	908	933	958	982	1.007	1.031
1.88	819	844	869	893	918	943	968	993	1.017	1.042
1.90	828	853	878	903	928	953	978	1.003	1.028	1.053
1.92	836	862	887	912	938	963	988	1.014	1.039	1.064
1.94	845	871	896	922	947	973	999	1.024	1.050	1.076
1.96	854	880	906	931	957	983	1.009	1.035	1.061	1.087
1.98	862	889	915	941	967	993	1.019	1.045	1.072	1.098
2.00	871	898	924	950	977	1.003	1.030	1.056	1.082	1.109
2.02	880	907	933	960	987	1.013	1.040	1.067	1.093	1.120
2.04	889	916	942	969	996	1.023	1.050	1.077	1.104	1.131

Maß (Dicke) 66 Centimeter (0,66 m) ist.
dimensions (depth) are 66 centimetres (0,66 m).
(l'épaisseur) est 66 centimètres (0,66 m).

Länge/Length Longueur	Breite — Breadth — Largeur									
	0.86	0.88	0.90	0.92	0.94	0.96	0.98	1.00	1.02	1.04
	Inhalt in Kubikmetern — Solid Contents — Cubage									
0.86	0.488									
0.88	499	0.511								
0.90	511	523	0.535							
0.92	522	534	546	0.559						
0.94	534	546	558	571	0.583					
0.96	545	558	570	583	596	0.608				
0.98	556	569	582	595	608	621	0.634			
1.00	568	581	594	607	620	634	647	0.660		
1.02	579	592	606	619	633	646	660	673	0.687	
1.04	590	604	618	631	645	659	673	686	700	0.714
1.06	602	616	630	644	658	672	686	700	714	728
1.08	613	627	642	656	670	684	699	713	727	741
1.10	624	639	653	668	682	697	711	726	741	755
1.12	636	650	665	680	695	710	724	739	754	769
1.14	647	662	677	692	707	722	737	752	767	782
1.16	658	674	689	704	720	735	750	766	781	796
1.18	670	685	701	716	732	748	763	779	794	810
1.20	681	697	713	729	744	760	776	792	808	824
1.22	692	709	725	741	757	773	789	805	821	837
1.24	704	720	737	753	769	786	802	818	835	851
1.26	715	732	748	765	782	798	815	832	848	865
1.28	727	743	760	777	794	811	828	845	862	879
1.30	738	755	772	789	807	824	841	858	875	892
1.32	749	767	784	802	819	836	854	871	889	906
1.34	761	778	796	814	831	849	867	884	902	920
1.36	772	790	808	826	844	862	880	898	916	934
1.38	783	802	820	838	856	874	893	911	929	947
1.40	795	813	832	850	869	887	906	924	942	961
1.42	806	825	843	862	881	900	918	937	956	975
1.44	817	836	855	874	893	912	931	950	969	988
1.46	829	848	867	887	906	925	944	964	983	1.002
1.48	840	860	879	899	918	938	957	977	996	1.016
1.50	851	871	891	911	931	950	970	990	1.010	1.030
1.52	863	883	903	923	943	963	983	1.003	1.023	1.043
1.54	874	894	915	935	955	976	996	1.016	1.037	1.057
1.56	885	906	927	947	968	988	1.009	1.030	1.050	1.071
1.58	897	918	939	959	980	1.001	1.022	1.043	1.064	1.085
1.60	908	929	950	972	993	1.014	1.035	1.056	1.077	1.098
1.62	920	941	962	984	1.005	1.026	1.048	1.069	1.091	1.112
1.64	931	953	974	996	1.017	1.039	1.061	1.082	1.104	1.126
1.66	942	964	986	1.008	1.030	1.052	1.074	1.096	1.118	1.139
1.68	954	976	998	1.020	1.042	1.064	1.087	1.109	1.131	1.153
1.70	965	987	1.010	1.032	1.055	1.077	1.100	1.122	1.144	1.167
1.72	976	999	1.022	1.044	1.067	1.090	1.112	1.135	1.158	1.181
1.74	988	1.011	1.034	1.057	1.079	1.102	1.125	1.148	1.171	1.194
1.76	999	1.022	1.045	1.069	1.092	1.115	1.138	1.162	1.185	1.208
1.78	1.010	1.034	1.057	1.081	1.104	1.128	1.151	1.175	1.198	1.222
1.80	1.022	1.045	1.069	1.093	1.117	1.140	1.164	1.188	1.212	1.236
1.82	1.033	1.057	1.081	1.105	1.129	1.153	1.177	1.201	1.225	1.249
1.84	1.044	1.069	1.093	1.117	1.142	1.166	1.190	1.214	1.239	1.263
1.86	1.056	1.080	1.105	1.129	1.154	1.178	1.203	1.228	1.252	1.277
1.88	1.067	1.092	1.117	1.142	1.166	1.191	1.216	1.241	1.266	1.290
1.90	1.078	1.104	1.129	1.154	1.179	1.204	1.229	1.254	1.279	1.304
1.92	1.090	1.115	1.140	1.166	1.191	1.217	1.242	1.267	1.293	1.318
1.94	1.101	1.127	1.152	1.178	1.204	1.229	1.255	1.280	1.306	1.332
1.96	1.112	1.138	1.164	1.190	1.216	1.242	1.268	1.294	1.319	1.345
1.98	1.124	1.150	1.176	1.202	1.228	1.255	1.281	1.307	1.333	1.359
2.00	1.135	1.162	1.188	1.214	1.241	1.267	1.294	1.320	1.346	1.373
2.02	1.147	1.173	1.200	1.227	1.253	1.280	1.307	1.333	1.360	1.387
2.04	1.158	1.185	1.212	1.239	1.266	1.293	1.319	1.346	1.373	1.400

Kubik-Inhalt der Kolli, deren kleinstes
Solid contents of packages, whose least
Cubage des colis, dont la plus petite dimension

Länge/Length Longueur	Breite — Breadth — Largeur									
	1.06	1.08	1.10	1.12	1.14	1.16	1.18	1.20	1.22	1.24
	Inhalt in Kubikmetern — Solid Contents — Cubage									
1.06	0.742									
1.08	756	0.770								
1.10	770	784	0.799							
1.12	784	798	813	0.828						
1.14	798	813	828	843	0.858					
1.16	812	827	842	857	873	0.888				
1.18	826	841	857	872	888	903	0.919			
1.20	840	855	871	887	903	919	935	0.950		
1.22	854	870	886	902	918	934	950	966	0.982	
1.24	868	884	900	917	933	949	966	982	998	1.015
1.26	881	898	915	931	948	965	981	998	1.015	1.031
1.28	895	912	929	946	963	980	997	1.014	1.031	1.048
1.30	909	927	944	961	978	995	1.012	1.030	1.047	1.064
1.32	923	941	958	976	993	1.011	1.028	1.045	1.063	1.080
1.34	937	955	973	991	1.008	1.026	1.044	1.061	1.079	1.097
1.36	951	969	987	1.005	1.023	1.041	1.059	1.077	1.095	1.113
1.38	965	984	1.002	1.020	1.038	1.057	1.075	1.093	1.111	1.129
1.40	979	998	1.016	1.035	1.053	1.072	1.090	1.109	1.127	1.146
1.42	993	1.012	1 031	1.050	1.068	1.087	1.106	1.125	1.143	1.162
1.44	1.007	1.026	1.045	1.064	1.083	1.102	1.121	1.140	1.159	1.178
1.46	1.021	1.041	1.060	1.079	1.099	1.118	1.137	1.156	1.176	1.195
1.48	1.035	1.055	1.074	1.094	1.114	1.133	1.153	1.172	1.192	1.211
1.50	1.049	1.069	1.089	1.109	1.129	1.148	1.168	1.188	1.208	1.228
1.52	1.063	1.083	1.104	1.124	1.144	1.164	1.184	1.204	1.224	1.244
1.54	1.077	1.098	1.118	1.138	1.159	1.179	1.199	1.220	1.240	1.260
1.56	1.091	1.112	1.133	1.153	1.174	1.194	1.215	1.236	1.256	1.277
1.58	1.105	1.126	1.147	1.168	1.189	1.210	1.231	1.251	1.272	1.293
1.60	1.119	1.140	1.162	1.183	1.204	1.225	1.246	1.267	1.288	1.309
1.62	1.133	1.155	1.176	1.198	1.219	1.240	1.262	1.283	1.304	1.326
1.64	1.147	1.169	1.191	1.212	1.234	1.256	1.277	1.299	1.321	1.342
1.66	1.161	1.183	1.205	1.227	1.249	1.271	1.293	1.315	1.337	1.359
1.68	1.175	1.198	1 220	1.242	1.264	1.286	1.308	1.331	1.353	1.375
1.70	1.189	1.212	1.234	1.257	1.279	1.302	1.324	1.346	1.369	1.391
1.72	1.203	1.226	1.249	1.271	1.294	1.317	1.340	1.362	1.385	1.408
1.74	1.217	1.240	1.263	1.286	1.309	1.332	1.355	1.378	1.401	1.424
1.76	1.231	1.255	1.278	1.301	1.324	1.347	1.371	1.394	1.417	1.440
1.78	1.245	1.269	1.292	1.316	1.339	1.363	1.386	1.410	1.433	1.457
1.80	1.259	1.283	1.307	1.331	1.354	1.378	1.402	1.426	1.449	1.473
1.82	1.273	1.297	1.321	1.345	1.369	1.393	1.417	1.441	1.465	1.489
1.84	1.287	1.312	1.336	1.360	1.384	1.409	1.433	1.457	1.482	1.506
1.86	1.301	1.326	1.350	1.375	1.399	1.424	1.449	1.473	1.498	1.522
1.88	1.315	1.340	1.365	1.390	1.415	1.439	1.464	1.489	1.514	1.539
1.90	1.329	1.354	1.379	1.404	1.430	1.455	1.480	1.505	1.530	1.555
1.92	1.343	1.369	1.394	1.419	1.445	1.470	1.495	1.521	1.546	1.571
1.94	1.357	1.383	1.408	1.434	1.460	1.485	1.511	1.536	1.562	1.588
1.96	1.371	1.397	1.423	1.449	1.475	1.501	1.526	1.552	1.578	1.604
1.98	1.385	1.411	1.437	1.464	1.490	1.516	1.542	1.568	1.594	1.620
2.00	1.399	1.426	1.452	1.478	1.505	1.531	1.558	1.584	1.610	1.637
2.02	1.413	1.440	1.467	1.493	1.520	1.547	1.573	1.600	1.627	1.653
2.04	1.427	1.454	1.481	1.508	1.535	1.562	1.589	1.616	1.643	1.670
2.06	1.441	1.468	1.496	1.523	1.550	1.577	1.604	1.632	1.659	1.686
2.08	1.455	1.483	1.510	1.538	1.565	1.592	1.620	1.647	1.675	1.702
2.10	1.469	1.497	1.525	1.552	1.580	1.608	1.635	1.663	1.691	1.719
2.12	1.483	1.511	1.539	1.567	1.595	1.623	1.651	1.679	1.707	1.735
2.14	1.497	1.525	1.554	1.582	1.610	1.638	1.667	1.695	1.723	1.751
2.16	1.511	1.540	1.568	1.597	1.625	1.654	1.682	1.711	1.739	1.768
2.18	1.525	1.554	1.583	1.611	1.640	1.669	1.698	1.727	1.755	1.784
2.20	1.539	1.568	1.597	1.626	1.655	1.684	1.713	1.742	1.771	1.800
2.22	1.553	1.582	1.612	1.641	1.670	1.700	1.729	1.758	1.788	1.817
2.24	1.567	1.597	1.626	1.656	1.685	1.715	1.745	1.774	1.804	1.833
2.26	1.581	1.611	1.641	1.671	1.700	1.730	1.760	1.790	1.820	1.850
2.28	1.595	1.625	1.655	1.685	1.715	1.746	1.776	1.806	1.836	1.866
2.30	1.609	1.639	1.670	1 700	1.731	1.761	1.791	1.822	1.852	1.882
2.32	1.623	1.654	1.684	1.715	1.746	1.776	1.807	1.837	1.868	1.899
2.34	1.637	1.668	1.699	1.730	1.761	1.792	1.822	1.853	1.884	1.915
2.36	1.651	1.682	1.713	1.745	1.776	1.807	1.838	1.869	1.900	1.931
2.38	1.665	1.696	1.728	1.759	1.791	1.822	1.854	1.885	1.916	1.948
2.40	1.679	1.711	1.742	1.774	1.806	1.837	1.869	1.901	1.932	1.964
2.42	1.693	1.725	1.757	1.789	1.821	1 853	1.887	1.917	1.949	1.981
2.44	1.707	1.739	1.771	1.804	1.836	1.868	1.900	1.932	1.965	1.997

Maß (Dicke) 66 Centimeter (0,66 m) ist.
dimensions (depth) are 66 centimetres (0,66 m).
(l'épaisseur) est 66 centimètres (0,66 m).

Länge/Length Longueur	Breite — Breadth — Largeur									
	1.26	1.28	1.30	1.32	1.34	1.36	1.38	1.40	1.42	1.44
	Inhalt in Kubikmetern — Solid Contents — Cubage									
1.26	1.048									
1.28	1.064	1.081								
1.30	1.081	1.098	1.115							
1.32	1.098	1.115	1.133	1.150						
1.34	1.114	1.132	1.150	1.167	1.185					
1.36	1.131	1.149	1.167	1.185	1.203	1.221				
1.38	1.148	1.166	1.184	1.202	1.220	1.239	1.257			
1.40	1.164	1.183	1.201	1.220	1.238	1.257	1.275	1.294		
1.42	1.181	1.200	1.218	1.237	1.256	1.275	1.293	1.312	1.331	
1.44	1.198	1.217	1.236	1.255	1.274	1.293	1.312	1.331	1.350	1.369
1.46	1.214	1.233	1.253	1.272	1.291	1.310	1.330	1.349	1.368	1.388
1.48	1.231	1.250	1.270	1.289	1.309	1.328	1.348	1.368	1.387	1.407
1.50	1.247	1.267	1.287	1.307	1.327	1.346	1.366	1.386	1.406	1.426
1.52	1.264	1.284	1.304	1.324	1.344	1.364	1.384	1.404	1.425	1.445
1.54	1.281	1.301	1.321	1.342	1.362	1.382	1.403	1.423	1.443	1.464
1.56	1.297	1.318	1.338	1.359	1.380	1.400	1.421	1.441	1.462	1.483
1.58	1.314	1.335	1.356	1.376	1.397	1 418	1.439	1.460	1.481	1.502
1.60	1.331	1.352	1.373	1.394	1.415	1.436	1.457	1.478	1.500	1.521
1.62	1.347	1.369	1.390	1.411	1.433	1.454	1.475	1.497	1.518	1.540
1.64	1.364	1.385	1.407	1.429	1.450	1.472	1.494	1.515	1.537	1.559
1.66	1.380	1.402	1.424	1.446	1.468	1.490	1.512	1.534	1.556	1.578
1.68	1.397	1.419	1.441	1.464	1.486	1.508	1.530	1.552	1.574	1.597
1.70	1.414	1.436	1.459	1.481	1.503	1.526	1.548	1.571	1.593	1.616
1.72	1.430	1.453	1.476	1.498	1.521	1.544	1.567	1.589	1.612	1.635
1.74	1.447	1.470	1.493	1.516	1.539	1.562	1.585	1.608	1.631	1.654
1.76	1.464	1.487	1.510	1.533	1.557	1.580	1.603	1.626	1.649	1.673
1.78	1.480	1.504	1.527	1.551	1.574	1.598	1.621	1.645	1.668	1.692
1.80	1.497	1 521	1.544	1.568	1.592	1.616	1.639	1.663	1.687	1.711
1.82	1.514	1.538	1.562	1.586	1.610	1.634	1.658	1.682	1.706	1.730
1.84	1.530	1.554	1.579	1.603	1.627	1.652	1.676	1.700	1.724	1.749
1.86	1.547	1.571	1.596	1.620	1.645	1.670	1.694	1.719	1.743	1.768
1.88	1.563	1.588	1.613	1.638	1.663	1.687	1.712	1.737	1.762	1.787
1.90	1.580	1.605	1.630	1.655	1.680	1.705	1.731	1.756	1.781	1.806
1.92	1.597	1.622	1.647	1.673	1.698	1.723	1.749	1.774	1.799	1.825
1.94	1.613	1.639	1.665	1.690	1.716	1.741	1.767	1.793	1.818	1.844
1.96	1.630	1.656	1.682	1.708	1.733	1.759	1.785	1.811	1.837	1.863
1.98	1.647	1.673	1.699	1.725	1.751	1.777	1.803	1.830	1.856	1.882
2.00	1.663	1.690	1.716	1.742	1.769	1.795	1.822	1.848	1.874	1.901
2.02	1.680	1.706	1.733	1.760	1.786	1.813	1.840	1.866	1.893	1.920
2.04	1.696	1.723	1.750	1.777	1.804	1.831	1.858	1.885	1.912	1.939
2.06	1.713	1.740	1.767	1.795	1.822	1.849	1.876	1.903	1.931	1.958
2.08	1.730	1.757	1.785	1.812	1.840	1.867	1.894	1.922	1.949	1.977
2.10	1.746	1.774	1.802	1.830	1.857	1.885	1.913	1.940	1.968	1.996
2.12	1.763	1.791	1.819	1.847	1.875	1.903	1.931	1.959	1.987	2.015
2.14	1.780	1.808	1.836	1.864	1.893	1.921	1.949	1.977	2.006	2.034
2.16	1.796	1.825	1.853	1.882	1.910	1.939	1.967	1.996	2.024	2.053
2.18	1.813	1.842	1.870	1.899	1.928	1.957	1.986	2.014	2.043	2.072
2.20	1.830	1.859	1.888	1.917	1.946	1.975	2.004	2.033	2.062	2.091
2.22	1.846	1.875	1.905	1.934	1.963	1.993	2.022	2.051	2.081	2.110
2.24	1.863	1.892	1.922	1.951	1.981	2.011	2.040	2.070	2.099	2.129
2.26	1.879	1.909	1.939	1.969	1.999	2.029	2.058	2.088	2.118	2.148
2.28	1.896	1.926	1.956	1.986	2.016	2.047	2.077	2.107	2.137	2.167
2.30	1.913	1.943	1.973	2.004	2.034	2.064	2.095	2.125	2.156	2.186
2.32	1.929	1.960	1.991	2.021	2.052	2.082	2.113	2.144	2.174	2.205
2.34	1.946	1.977	2.008	2.039	2.069	2.100	2.131	2.162	2.193	2.224
2.36	1.963	1.994	2.025	2.056	2.087	2.118	2.149	2.181	2.212	2.243
2.38	1.979	2.011	2.042	2.073	2.105	2.136	2.168	2.199	2.231	2.262
2.40	1.996	2.028	2.059	2.091	2.123	2.154	2.186	2.218	2.249	2.281
2.42	2.012	2.044	2.076	2.108	2.140	2.172	2.204	2.236	2.268	2.300
2.44	2.029	2.061	2.094	2.126	2.158	2.190	2.222	2.255	2.287	2.319

Kubik-Inhalt der Kolli, deren kleinstes
Solid contents of packages, whose least
Cubage des colis, dont la plus petite dimension

Länge/Length Longueur	Breite — Breadth — Largeur 0.68	0.70	0.72	0.74	0.76	0.78	0.80	0.82	0.84	0.86
	Inhalt in Kubikmetern — Solid Contents — Cubage									
0.68	0.314									
0.70	324	0.333								
0.72	333	343	0.353							
0.74	342	352	362	0.372						
0.76	351	362	372	382	0.393					
0.78	361	371	382	392	403	0.414				
0.80	370	381	392	403	413	424	0.435			
0.82	379	390	401	413	424	435	446	0.457		
0.84	388	400	411	423	434	446	457	468	0.480	
0.86	398	409	421	433	444	456	468	480	491	0.503
0.88	407	419	431	443	455	467	479	491	503	515
0.90	416	428	441	453	465	477	490	502	514	526
0.92	425	438	450	463	475	488	500	513	526	538
0.94	435	447	460	473	486	499	511	524	537	550
0.96	444	457	470	483	496	509	522	535	548	561
0.98	453	466	480	493	506	520	533	546	560	573
1.00	462	476	490	503	517	530	544	558	571	585
1.02	472	486	499	513	527	541	555	569	583	596
1.04	481	495	509	523	537	552	566	580	594	608
1.06	490	505	519	533	548	562	577	591	605	620
1.08	499	514	529	543	558	573	588	602	617	632
1.10	509	524	539	554	568	583	598	613	628	643
1.12	518	533	548	564	579	594	609	625	640	655
1.14	527	543	558	574	589	605	620	636	651	667
1.16	536	552	568	584	599	615	631	647	663	678
1.18	546	562	578	594	610	626	642	658	674	690
1.20	555	571	588	604	620	636	653	669	685	702
1.22	564	581	597	614	630	647	664	680	697	713
1.24	573	590	607	624	641	658	675	691	708	725
1.26	583	600	617	634	651	668	685	703	720	737
1.28	592	609	627	644	662	679	696	714	731	749
1.30	601	619	636	654	672	690	707	725	743	760
1.32	610	628	646	664	682	700	718	736	754	772
1.34	620	638	656	674	693	711	729	747	765	784
1.36	629	647	666	684	703	721	740	758	777	795
1.38	638	657	676	694	713	732	751	769	788	807
1.40	647	666	685	704	724	743	762	781	800	819
1.42	657	676	695	715	734	753	772	792	811	830
1.44	666	685	705	725	744	764	783	803	823	842
1.46	675	695	715	735	755	774	794	814	834	854
1.48	684	704	725	745	765	785	805	825	845	866
1.50	694	714	734	755	775	796	816	836	857	877
1.52	703	724	744	765	786	806	827	848	868	889
1.54	712	733	754	775	796	817	838	859	880	901
1.56	721	743	764	785	806	827	849	870	891	912
1.58	731	752	774	795	817	838	860	881	902	924
1.60	740	762	783	805	827	849	870	892	914	936
1.62	749	771	793	815	837	859	881	903	925	947
1.64	758	781	803	825	848	870	892	914	937	959
1.66	768	790	813	835	858	880	903	926	948	971
1.68	777	800	823	845	868	891	914	937	960	982
1.70	786	809	832	855	879	902	925	948	971	994
1.72	795	819	842	866	889	912	936	959	982	1.006
1.74	805	828	852	876	899	923	947	970	994	1.018
1.76	814	838	862	886	910	934	957	981	1.005	1.029
1.78	823	847	871	896	920	944	968	993	1.017	1.041
1.80	832	857	881	906	930	955	979	1.004	1.028	1.053
1.82	842	866	891	916	941	965	990	1.015	1.040	1.064
1.84	851	876	901	926	951	976	1.001	1.026	1.051	1.076
1.86	860	885	911	936	961	987	1.012	1.037	1.062	1.088
1.88	869	895	920	946	972	997	1.023	1.048	1.074	1.099
1.90	879	904	930	956	982	1.008	1.034	1.059	1.085	1.111
1.92	888	914	940	966	992	1.018	1.044	1.071	1.097	1.123
1.94	897	923	950	976	1.003	1.029	1.055	1.082	1.108	1.135
1.96	906	933	960	986	1.013	1.040	1.066	1.093	1.120	1.146
1.98	916	942	969	996	1.023	1.050	1.077	1.104	1.131	1.158
2.00	925	952	979	1.006	1.034	1.061	1.088	1.115	1.142	1.170
2.02	934	962	989	1.016	1.044	1.071	1.099	1.126	1.154	1.181
2.04	943	971	999	1.027	1.054	1.082	1.110	1.138	1.165	1.193
2.06	953	981	1.009	1.037	1.065	1.093	1.121	1.149	1.177	1.205

Maß (Dicke) 68 Centimeter (0,68 m) ist.
dimensions (depth) are 68 centimetres (0,68 m).
(l'épaisseur) est 68 centimètres (0,68 m).

Länge/Length Longueur	Breite — Breadth — Largeur									
	0.88	0.90	0.92	0.94	0.96	0.98	1.00	1.02	1.04	1.06
	Inhalt in Kubikmetern — Solid Contents — Cubage									
0.88	0.527									
0.90	539	0.551								
0.92	551	563	0.576							
0.94	562	575	588	0.601						
0.96	574	588	601	614	0.627					
0.98	586	600	613	626	640	0.653				
1.00	598	612	626	639	653	666	0.680			
1.02	610	624	638	652	666	680	694	0.707		
1.04	622	636	651	665	679	693	707	721	0.735	
1.06	634	649	663	678	692	706	721	735	750	0.764
1.08	646	661	676	690	705	720	734	749	764	778
1.10	658	673	688	703	718	733	748	763	778	793
1.12	670	685	701	716	731	746	762	777	792	807
1.14	682	698	713	729	744	760	775	791	806	822
1.16	694	710	726	741	757	773	789	805	820	836
1.18	706	722	738	754	770	786	802	818	834	851
1.20	718	734	751	767	783	800	816	832	849	865
1.22	730	747	763	780	796	813	830	846	863	879
1.24	742	759	776	793	809	826	843	860	877	894
1.26	754	771	788	805	823	840	857	874	891	908
1.28	766	783	801	818	836	853	870	888	905	923
1.30	778	796	813	831	849	866	884	902	919	937
1.32	790	808	826	844	862	880	898	916	934	951
1.34	802	820	838	857	875	893	911	929	948	966
1.36	814	832	851	869	888	906	925	943	962	980
1.38	826	845	863	882	901	920	938	957	976	995
1.40	838	857	876	895	914	933	952	971	990	1.009
1.42	850	869	888	908	927	946	966	985	1.004	1.024
1.44	862	881	901	920	940	960	979	999	1.018	1.038
1.46	874	894	913	933	953	973	993	1.013	1.033	1.052
1.48	886	906	926	946	966	986	1.006	1.027	1.047	1.067
1.50	898	918	938	959	979	1.000	1.020	1.040	1.061	1.081
1.52	910	930	951	972	992	1.013	1.034	1.054	1.075	1.096
1.54	922	942	963	984	1.005	1.026	1.047	1.068	1.089	1.110
1.56	934	955	376	997	1.018	1.040	1.061	1.082	1.103	1.124
1.58	945	967	988	1.010	1.031	1.053	1.074	1.096	1.117	1.139
1.60	957	979	1.001	1.023	1.044	1.066	1.088	1.110	1.132	1.153
1.62	969	991	1.013	1.036	1.058	1.080	1.102	1.124	1.146	1.168
1.64	981	1.004	1.026	1.048	1.071	1.093	1.115	1.138	1.160	1.182
1.66	993	1.016	1.038	1.061	1.084	1.106	1.129	1.151	1.174	1.197
1.68	1.005	1.028	1.051	1.074	1.097	1.120	1.142	1.165	1.188	1.211
1.70	1.017	1.040	1.064	1.087	1.110	1.133	1.156	1.179	1.202	1.225
1.72	1.029	1.053	1.076	1.099	1.123	1.146	1.170	1.193	1.216	1.240
1.74	1.041	1.065	1.089	1.112	1.136	1.160	1.183	1.207	1.231	1.254
1.76	1.053	1.077	1.101	1.125	1.149	1.173	1.197	1.221	1.245	1.269
1.78	1.065	1.089	1.114	1.138	1.162	1.186	1.210	1.235	1.259	1.283
1.80	1.077	1.102	1.126	1.151	1.175	1.200	1.224	1.248	1.273	1.297
1.82	1.089	1.114	1.139	1.163	1.188	1.213	1.238	1.262	1.287	1.312
1.84	1.101	1.126	1.151	1.176	1.201	1.226	1.251	1.276	1.301	1.326
1.86	1.113	1.138	1.164	1.189	1.214	1.240	1.265	1.290	1.315	1.341
1.88	1.125	1.151	1.176	1.202	1.227	1.253	1.278	1.304	1.330	1.355
1.90	1.137	1.163	1.189	1.214	1.240	1.266	1.292	1.318	1.344	1.370
1.92	1.149	1.175	1.201	1.227	1.253	1.279	1.306	1.332	1.358	1.384
1.94	1.161	1.187	1.214	1.240	1.266	1.293	1.319	1.346	1.372	1.398
1.96	1.173	1.200	1.226	1.253	1.279	1.306	1.333	1.359	1.386	1.413
1.98	1.185	1.212	1.239	1.266	1.293	1.319	1.346	1.373	1.400	1.427
2.00	1.197	1.224	1.251	1.278	1.306	1.333	1.360	1.387	1.414	1.442
2.02	1.209	1.236	1.264	1.291	1.319	1.346	1.374	1.401	1.429	1.456
2.04	1.221	1.248	1.267	1.304	1.332	1.359	1.387	1.415	1.443	1.470
2.06	1.233	1.261	1.289	1.317	1.345	1.373	1.401	1.429	1.457	1.485

Kubik-Inhalt der Kolli, deren kleinstes
Solid contents of packages, whose least
Cubage des colis, dont la plus petite dimension

Länge/Length Longueur	Breite — Breadth — Largeur 1.08	1.10	1.12	1.14	1.16	1.18	1.20	1.22	1.24	1.26
	Inhalt in Kubikmetern — Solid Contents — Cubage									
1.08	0.793									
1.10	808	0.823								
1.12	823	838	0.853							
1.14	837	853	868	0.884						
1.16	852	868	883	899	0.915					
1.18	867	883	899	915	931	0.947				
1.20	881	898	914	930	947	963	0.979			
1.22	896	913	929	946	962	979	996	1.012		
1.24	911	928	944	961	978	995	1.012	1.029	1.046	
1.26	925	942	960	977	994	1.011	1.028	1.045	1.062	1.080
1.28	940	957	975	992	1.010	1.027	1.044	1.062	1.079	1.097
1.30	955	972	990	1.008	1.025	1.043	1.061	1.078	1.096	1.114
1.32	969	987	1.005	1.023	1.041	1.059	1.077	1.095	1.113	1.131
1.34	984	1.002	1.021	1.039	1.057	1.075	1.093	1.112	1.130	1.148
1.36	999	1.017	1.036	1.054	1.073	1.091	1.110	1.128	1.147	1.165
1.38	1.013	1.032	1.051	1.070	1.089	1.107	1.126	1.145	1.164	1.182
1.40	1.028	1.047	1.066	1.085	1.104	1.123	1.142	1.161	1.180	1.200
1.42	1.043	1.062	1.081	1.101	1.120	1.139	1.159	1.178	1.197	1.217
1.44	1.058	1.077	1.097	1.116	1.136	1.155	1.175	1.195	1.214	1.234
1.46	1.072	1.092	1.112	1.132	1.152	1.172	1.191	1.211	1.231	1.251
1.48	1.087	1.107	1.127	1.147	1.167	1.188	1.208	1.228	1.248	1.268
1.50	1.102	1.122	1.142	1.163	1.183	1.204	1.224	1.244	1.265	1.285
1.52	1.116	1.137	1.158	1.178	1.199	1.220	1.240	1.261	1.282	1.302
1.54	1.131	1.152	1.173	1.194	1.215	1.236	1.257	1.278	1.299	1.319
1.56	1.146	1.167	1.188	1.209	1.231	1.252	1.273	1.294	1.315	1.337
1.58	1 160	1.182	1.203	1.225	1.246	1.268	1.289	1.311	1.332	1.354
1.60	1.175	1.197	1.219	1.240	1.262	1.284	1.306	1.327	1.349	1.371
1.62	1.190	1.212	1.234	1.256	1.278	1.300	1.322	1.344	1.366	1.388
1.64	1.204	1.227	1.249	1.271	1.294	1.316	1.338	1.361	1.383	1.405
1.66	1.219	1.242	1.264	1.287	1.309	1.332	1.355	1.377	1.400	1.422
1.68	1.234	1.257	1.279	1.302	1.325	1.348	1.371	1.394	1.417	1.439
1.70	1.248	1.272	1.295	1.318	1.341	1.364	1.387	1.410	1.433	1.457
1.72	1.263	1.287	1.310	1.333	1.357	1.380	1.404	1.427	1.450	1.474
1.74	1.278	1.302	1.325	1.349	1.373	1.396	1.420	1.444	1.467	1.491
1.76	1.293	1.316	1.340	1.364	1.388	1.412	1.436	1.460	1.484	1.508
1.78	1.307	1.331	1.356	1.380	1.404	1.428	1.452	1.477	1.501	1.525
1.80	1.322	1.346	1.371	1.395	1.420	1.444	1.469	1.493	1.518	1.542
1.82	1.337	1.361	1.386	1.411	1.436	1.460	1.485	1.510	1.535	1.559
1.84	1.351	1.376	1.401	1.426	1.451	1.476	1.501	1.526	1.552	1.577
1.86	1.366	1.391	1.417	1.442	1.467	1.492	1.518	1.543	1.568	1.594
1.88	1.381	1.406	1.432	1.457	1.483	1.509	1.534	1.560	1.585	1.611
1.90	1.395	1.421	1.447	1.473	1.499	1.525	1.550	1.576	1.602	1.628
1.92	1.410	1.436	1.462	1.488	1.514	1.541	1.567	1.593	1.619	1.645
1.94	1.425	1.451	1.478	1.504	1.530	1.557	1.583	1.609	1.636	1.662
1.96	1.439	1.466	1.493	1.519	1.546	1.573	1.599	1.626	1.653	1.679
1.98	1.454	1.481	1.508	1.535	1.562	1.589	1.616	1.643	1.670	1.696
2.00	1.469	1.496	1.523	1.550	1.578	1.605	1.632	1.659	1.686	1.714
2.02	1.483	1.511	1.538	1.566	1.593	1.621	1.648	1.676	1.703	1.731
2.04	1.498	1.526	1.554	1.581	1.609	1.637	1.665	1.692	1.720	1.748
2.06	1.513	1.541	1.569	1.597	1.625	1.653	1.681	1.709	1.737	1.765
2.08	1.528	1.556	1.584	1.612	1.641	1.669	1.697	1.726	1.754	1.782
2.10	1.542	1.571	1.599	1.628	1.656	1.685	1.714	1.742	1.771	1.799
2.12	1.557	1.586	1.615	1.643	1.672	1.701	1.730	1.759	1.788	1.816
2.14	1.572	1.601	1.630	1.659	1.688	1.717	1.746	1.775	1.804	1.834
2.16	1.586	1.616	1.645	1.674	1.704	1.733	1.763	1.792	1.821	1.851
2.18	1.601	1.631	1.660	1.690	1.720	1.749	1.779	1.809	1.838	1.868
2.20	1.616	1.646	1.676	1.705	1.735	1.765	1.795	1.825	1.855	1.885
2.22	1.630	1.661	1.691	1.721	1.751	1.781	1.812	1.842	1.872	1.902
2.24	1.645	1.676	1.706	1.736	1.767	1.797	1.828	1.858	1.889	1.919
2.26	1.660	1.690	1.721	1.752	1.783	1.813	1.844	1.875	1.906	1.936
2.28	1.674	1.705	1.736	1.767	1.798	1.829	1.860	1.891	1.922	1.954
2.30	1.689	1.720	1.752	1.783	1.814	1.846	1.877	1.908	1.939	1.971
2.32	1.704	1.735	1.767	1.798	1.830	1.862	1.893	1.925	.956	1.988
2.34	1.718	1.750	1.782	1.814	1.846	1.878	1.909	1.941	1.973	2.005
2.36	1.733	1.765	1.797	1.829	1.862	1.894	1.926	1.958	1.990	2.022
2.38	1.748	1.780	1.813	1.845	1.877	1.910	1.942	1.974	2.007	2.039
2.40	1.763	1.765	1.828	1.860	1.893	1.926	1.958	1.991	2.024	2.056
2.42	1.777	1.810	1.843	1.876	1.909	1.942	1.975	2.008	2.041	2.073
2.44	1.792	1.825	1.858	1.891	1.925	1.958	1.991	2.024	2.057	2.091
2.46	1.807	1.840	1.874	1.907	1.940	1.974	2.007	2.041	2.074	2.108

Maß (Dicke) 68 Centimeter (0,68 m) ist.
dimensions (depth) are 68 centimetres (0,68 m).
(l'épaisseur) est 68 centimètres (0,68 m).

Länge/Length Longueur	Breite — Breadth — Largeur 1.28	1.30	1.32	1.34	1.36	1.38	1.40	1.42	1.44	1.46
	Inhalt in Kubikmetern — Solid Contents — Cubage									
1.28	1.114									
1.30	1.132	1.149								
1.32	1.149	1.167	1.185							
1.34	1.166	1.185	1.203	1.221						
1.36	1.184	1.202	1.221	1.239	1.258					
1.38	1.201	1.220	1.239	1.257	1.276	1.295				
1.40	1.219	1.238	1.257	1.276	1.295	1.314	1.333			
1.42	1.236	1.255	1.275	1.294	1.313	1.333	1.352	1.371		
1.44	1.253	1.273	1.293	1.312	1.332	1.351	1.371	1.390	1.410	
1.46	1.271	1.291	1.310	1.330	1.350	1.370	1.390	1.410	1.430	1.449
1.48	1.288	1.308	1.328	1.349	1.369	1.389	1.409	1.429	1.449	1.469
1.50	1.306	1.326	1.346	1.367	1.387	1.408	1.428	1.448	1.469	1.489
1.52	1.323	1.344	1.364	1.385	1.406	1.426	1.447	1.468	1.488	1.509
1.54	1.340	1.361	1.382	1.403	1.424	1.445	1.466	1.487	1.508	1.529
1.56	1.358	1.379	1.400	1.421	1.443	1.464	1.485	1.506	1.528	1.549
1.58	1.375	1.397	1.418	1.440	1.461	1.483	1.504	1.526	1.547	1.569
1.60	1.393	1.414	1.436	1.458	1.480	1.501	1.523	1.545	1.567	1.588
1.62	1.410	1.432	1.454	1.476	1.498	1.520	1.542	1.564	1.586	1.608
1.64	1.427	1.450	1.472	1.494	1.517	1.539	1.561	1.584	1.606	1.628
1.66	1.445	1.467	1.490	1.513	1.535	1.558	1.580	1.603	1.625	1.648
1.68	1.462	1.485	1.508	1.531	1.554	1.577	1.599	1.622	1.645	1.668
1.70	1.480	1.503	1.526	1.549	1.572	1.595	1.618	1.642	1.665	1.688
1.72	1.497	1.520	1.544	1.567	1.591	1.614	1.637	1.661	1.684	1.708
1.74	1.514	1.538	1.562	1.585	1.609	1.633	1.656	1.680	1.704	1.727
1.76	1.532	1.556	1.580	1.604	1.628	1.652	1.676	1.699	1.723	1.747
1.78	1.549	1.574	1.598	1.622	1.646	1.670	1.695	1.719	1.743	1.767
1.80	1.567	1.591	1.616	1.640	1.665	1.689	1.714	1.738	1.763	1.787
1.82	1.584	1.609	1.634	1.658	1.683	1.708	1.733	1.757	1.782	1.807
1.84	1.602	1.627	1.652	1.677	1.702	1.727	1.752	1.777	1.802	1.827
1.86	1.619	1.644	1.670	1.695	1.720	1.745	1.771	1.796	1.821	1.847
1.88	1.636	1.662	1.687	1.713	1.739	1.764	1.790	1.815	1.841	1.866
1.90	1.654	1.680	1.705	1.731	1.757	1.783	1.809	1.835	1.860	1.886
1.92	1.671	1.697	1.723	1.750	1.776	1.802	1.828	1.854	1.880	1.906
1.94	1.689	1.715	1.741	1.768	1.794	1.820	1.847	1.873	1.900	1.926
1.96	1.706	1.733	1.759	1.786	1.813	1.839	1.866	1.893	1.919	1.946
1.98	1.723	1.750	1.777	1.804	1.831	1.858	1.885	1.912	1.939	1.966
2.00	1.741	1.768	1.795	1.822	1.850	1.877	1.904	1.931	1.958	1.986
2.02	1.758	1.786	1.813	1.841	1.868	1.896	1.923	1.951	1.978	2 005
2.04	1.776	1.803	1.831	1.859	1.887	1.914	1.942	1.970	1.998	2.025
2.06	1.793	1.821	1.849	1.877	1.905	1.933	1.961	1.989	2.017	2.045
2.08	1.810	1.839	1.867	1.895	1.924	1.952	1.980	2.008	2.037	2.065
2.10	1.828	1.856	1.885	1.914	1.942	1.971	1.999	2.028	2.056	2.085
2.12	1.845	1.874	1.903	1.932	1.961	1.989	2.018	2.047	2.076	2.105
2.14	1.863	1.892	1.921	1.950	1.979	2.008	2.037	2.066	2.095	2.125
2.16	1.880	1.909	1.939	1.968	1.998	2.027	2.056	2.086	2.115	2 144
2.18	1.897	1.927	1.957	1.986	2.016	2.046	2.075	2.105	2.135	2.164
2.20	1.915	1.945	1.975	2.005	2.035	2.064	2.094	2.124	2.154	2.184
2.22	1.932	1.962	1.993	2.023	2.053	2.083	2.113	2.144	2.174	2.204
2.24	1.950	1.980	2.011	2.041	2.072	2.102	2.132	2.163	2.193	2.224
2.26	1.967	1.998	2.029	2.059	2.090	2.121	2.152	2.182	2.213	2.244
2.28	1.985	2.016	2.047	2.078	2.109	2.140	2.171	2.202	2.233	2.264
2.30	2.002	2.033	2.064	2.096	2.127	2.158	2.190	2.221	2.252	2.283
2.32	2.019	2.051	2.082	2.114	2.146	2.177	2.209	2.240	2.272	2.303
2.34	2.037	2.069	2.100	2.132	2.164	2.196	2.228	2.260	2.291	2.323
2.36	2.054	2.086	2.118	2.150	2.183	2.215	2.247	2.279	2.311	2.343
2.38	2.072	2.104	2.136	2.169	2.201	2.233	2.266	2.298	2.330	2.363
2.40	2.089	2.122	2.154	2.187	2.220	2.252	2.285	2.317	2.350	2.383
2.42	2.106	2.139	2.172	2.205	2.238	2.271	2.304	2.337	2.370	2.403
2.44	2.124	2.157	2.190	2.223	2.257	2.290	2.323	2.356	2.389	2.422
2.46	2.141	2.175	2.208	2.242	2.275	2.308	2.342	2.375	2.409	2.442

Kubik-Inhalt der Kolli, deren kleinstes
Solid contents of packages, whose least
Cubage des colis, dont la plus petite dimension

Länge/Length Longueur	Breite — Breadth — Largeur 0.70	0.72	0.74	0.76	0.78	0.80	0.82	0.84	0.86	0.88
	Inhalt in Kubikmetern — Solid Contents — Cubage									
0.70	0.343									
0.72	353	0.363								
0.74	363	373	0.383							
0.76	372	383	394	0.404						
0.78	382	393	404	415	0.426					
0.80	392	403	414	426	437	0.448				
0.82	402	413	425	436	448	459	0.471			
0.84	412	423	435	447	459	470	482	0.494		
0.86	421	433	445	458	470	482	494	506	0.518	
0.88	431	444	456	468	480	493	505	517	530	0.542
0.90	441	454	466	479	491	504	517	529	542	554
0.92	451	464	477	489	502	515	528	541	554	567
0.94	461	474	487	500	513	526	540	553	566	579
0.96	470	484	497	511	524	538	551	564	578	591
0.98	480	494	508	521	535	549	563	576	590	604
1.00	490	504	518	532	546	560	574	588	602	616
1.02	500	514	528	543	557	571	585	600	614	628
1.04	510	524	539	553	568	582	597	612	626	641
1.06	519	534	549	564	579	594	608	623	638	653
1.08	529	544	559	575	590	605	620	635	650	665
1.10	539	554	570	585	601	616	631	647	662	678
1.12	549	564	580	596	612	627	643	659	674	690
1.14	559	575	591	606	622	638	654	670	686	702
1.16	568	585	601	617	633	650	666	682	698	715
1.18	578	595	611	628	644	661	677	694	710	727
1.20	588	605	622	638	655	672	689	706	722	739
1.22	598	615	632	649	666	683	700	717	734	752
1.24	608	625	642	660	677	694	712	729	746	764
1.26	617	635	653	670	688	706	723	741	759	776
1.28	627	645	663	681	699	717	735	753	771	788
1.30	637	655	673	692	710	728	746	764	783	801
1.32	647	665	684	702	721	739	758	776	795	813
1.34	657	675	694	713	732	750	769	788	807	825
1.36	666	685	704	724	743	762	781	800	819	838
1.38	676	696	715	734	753	773	792	811	831	850
1.40	686	706	725	745	764	784	804	823	843	862
1.42	696	716	736	755	775	795	815	835	855	875
1.44	706	726	746	766	786	806	827	847	867	887
1.46	715	736	756	777	797	818	838	858	879	899
1.48	725	746	767	787	808	829	850	870	891	912
1.50	735	756	777	798	819	840	861	882	903	924
1.52	745	766	787	809	830	851	872	894	915	936
1.54	755	776	798	819	841	862	884	906	927	949
1.56	764	786	808	830	852	874	895	917	939	961
1.58	774	796	818	841	863	885	907	929	951	973
1.60	784	806	829	851	874	896	918	941	963	986
1.62	794	816	839	862	885	907	930	953	975	998
1.64	804	827	850	872	895	918	941	964	987	1.010
1.66	813	837	860	883	906	930	953	976	999	1.023
1.68	823	847	870	894	917	941	964	988	1.011	1.035
1.70	833	857	881	904	928	952	976	1.000	1.023	1.047
1.72	843	867	891	915	939	963	987	1.011	1.035	1.060
1.74	853	877	901	926	950	974	999	1.023	1.047	1.072
1.76	862	887	912	936	961	986	1.010	1.035	1.060	1.084
1.78	872	897	922	947	972	997	1.022	1.047	1.072	1.096
1.80	882	907	932	958	983	1.008	1.033	1.058	1.084	1.109
1.82	892	917	943	968	994	1.019	1.045	1.070	1.096	1.121
1.84	902	927	953	979	1.005	1.030	1.056	1.082	1.108	1.133
1.86	911	937	963	990	1.016	1.042	1.068	1.094	1.120	1.146
1.88	921	948	974	1.000	1.026	1.053	1.079	1.105	1.132	1.158
1.90	931	958	984	1.011	1.037	1.064	1.091	1.117	1.144	1.170
1.92	941	968	995	1.021	1.048	1.075	1.102	1.129	1.156	1.183
1.94	951	978	1.005	1.032	1.059	1.086	1.114	1.141	1.168	1.195
1.96	960	988	1 015	1.043	1.070	1.098	1.125	1.152	1.180	1.207
1.98	970	998	1.026	1.053	1.081	1.109	1.137	1.164	1.192	1.220
2.00	980	1 008	1.036	1.064	1.092	1.120	1.148	1.176	1.204	1.232
2.02	990	1.018	1.046	1.075	1.103	1.131	1.159	1.188	1.216	1.244
2.04	1.000	1.028	1.057	1.085	1.114	1 143	1.171	1.200	1.228	1.257
2.06	1.009	1.038	1.067	1.096	1.125	1.154	1.182	1.211	1.240	1.269
2.08	1.019	1.048	1.077	1.107	1.136	1.165	1.194	1.223	1.252	1.281

Maß (Dicke) 70 Centimeter (0,70 m) ist.
dimensions (depth) are 70 centimetres (0,70 m).
(l'épaisseur) est 70 centimètres (0,70 m).

Länge/Length Longueur	Breite — Breadth — Largeur 0.90	0.92	0.94	0.96	0.98	1.00	1.02	1.04	1.06	1.08
	Inhalt in Kubikmetern — Solid Contents — Cubage									
0.90	0.567									
0.92	580	0.592								
0.94	592	605	0.619							
0.96	605	618	632	0.645						
0.98	617	631	645	659	0.672					
1.00	630	644	658	672	686	0.700				
1.02	643	657	671	685	700	714	0.728			
1.04	655	670	684	699	713	728	743	0.757		
1.06	668	683	697	712	727	742	757	772	0.787	
1.08	680	696	711	726	741	756	771	786	801	0.816
1.10	693	708	724	739	755	770	785	801	816	832
1.12	706	721	737	753	768	784	800	815	831	847
1.14	718	734	750	766	782	798	814	830	846	862
1.16	731	747	763	780	796	812	828	844	861	877
1.18	743	760	776	793	809	826	843	859	876	892
1.20	756	773	790	806	823	840	857	874	890	907
1.22	769	786	803	820	837	854	871	888	905	922
1.24	781	799	816	833	851	868	885	903	920	937
1.26	794	811	829	847	864	882	900	917	935	953
1.28	806	824	842	860	878	896	914	932	950	968
1.30	819	837	855	874	892	910	928	946	965	983
1.32	832	850	869	887	906	924	942	961	979	998
1.34	844	863	882	900	919	938	957	976	994	1.013
1.36	857	876	895	914	933	952	971	990	1.009	1.028
1.38	869	889	908	927	947	966	985	1.005	1.024	1.043
1.40	882	902	921	941	960	980	1.000	1.019	1.039	1.058
1.42	895	914	934	954	974	994	1.014	1.034	1.054	1.074
1.44	907	927	948	968	988	1.008	1.028	1.048	1.068	1.089
1.46	920	940	961	981	1.002	1.022	1.042	1.063	1.083	1.104
1.48	932	953	974	995	1.015	1.036	1.057	1.077	1.098	1.119
1.50	945	966	987	1.008	1.029	1.050	1.071	1.092	1.113	1.134
1.52	958	979	1.000	1.021	1.043	1.064	1.085	1.107	1.128	1.149
1.54	970	992	1.013	1.035	1.056	1.078	1.100	1.121	1.143	1.164
1.56	983	1.005	1.026	1.048	1.070	1.092	1.114	1.136	1.158	1.179
1.58	995	1.018	1.040	1.062	1.084	1.106	1.128	1.150	1.172	1.194
1.60	1.008	1.030	1.053	1.075	1.098	1.120	1.142	1.165	1.187	1.210
1.62	1.021	1.043	1.066	1.089	1.111	1.134	1.157	1.179	1.202	1.225
1.64	1.033	1.056	1.079	1.102	1.125	1.148	1.171	1.194	1.217	1.240
1.66	1.046	1.069	1.092	1.116	1.139	1.162	1.185	1.208	1.232	1.255
1.68	1.058	1.082	1.105	1.129	1.152	1.176	1.200	1.223	1.247	1.270
1.70	1.071	1.095	1.119	1.142	1.166	1.190	1.214	1.238	1.261	1.285
1.72	1.084	1.108	1.132	1.156	1.180	1.204	1.228	1.252	1.276	1.300
1.74	1.096	1.121	1.145	1.169	1.194	1.218	1.242	1.267	1.291	1.315
1.76	1.109	1.133	1.158	1.183	1.207	1.232	1.257	1.281	1.306	1.331
1.78	1.121	1.146	1.171	1.196	1.221	1.246	1.271	1.296	1.321	1.346
1.80	1.134	1.159	1.184	1.210	1.235	1.260	1.285	1.310	1.336	1.361
1.82	1.147	1.172	1.198	1.223	1.249	1.274	1.299	1.325	1.350	1.376
1.84	1.159	1.185	1.211	1.236	1.262	1.288	1.314	1.340	1.365	1.391
1.86	1.172	1.198	1.224	1.250	1.276	1.302	1.328	1.354	1.380	1.406
1.88	1.184	1.211	1.237	1.263	1.290	1.316	1.342	1.369	1.395	1.421
1.90	1.197	1.224	1.250	1.277	1.303	1.330	1.357	1.383	1.410	1.436
1.92	1.210	1.236	1.263	1.290	1.317	1.344	1.371	1.398	1.425	1.452
1.94	1.222	1.249	1.277	1.304	1.331	1.358	1.385	1.412	1.439	1.467
1.96	1.235	1.262	1.290	1.317	1.345	1.372	1.399	1.427	1.454	1.482
1.98	1.247	1 275	1.303	1.331	1.358	1.386	1.414	1.441	1.469	1.497
2.00	1.260	1.288	1.316	1.344	1.372	1.400	1.428	1.456	1.484	1.512
2.02	1.273	1.301	1.329	1.357	1.386	1.414	1.442	1.471	1.499	1.527
2.04	1.285	1.314	1.342	1.371	1.399	1 428	1.457	1.485	1.514	1.542
2.06	1.298	1.327	1.355	1.384	1.413	1.442	1 471	1.500	1.529	1.557
2.08	1.310	1.340	1.369	1.398	1.427	1.456	1 485	1.514	1.543	1.572

Kubik-Inhalt der Kolli, deren kleinstes
Solid contents of packages, whose least
Cubage des colis, dont la plus petite dimension

Länge/Length Longueur	Breite — Breadth — Largeur 1.10	1.12	1.14	1.16	1.18	1.20	1.22	1.24	1.26	1.28
	Inhalt in Kubikmetern — Solid Contents — Cubage									
1.10	0.847									
1.12	862	0.878								
1.14	878	894	0.910							
1.16	893	909	926	0.942						
1.18	909	925	942	958	0.975					
1.20	924	941	958	974	991	1.008				
1.22	939	956	974	991	1.008	1.025	1.042			
1.24	955	972	990	1.007	1.024	1.042	1.059	1.076		
1.26	970	988	1.005	1.023	1.041	1.058	1.076	1.094	1.111	
1.28	986	1.004	1.021	1.039	1.057	1.075	1.093	1.111	1.129	1.147
1.30	1.001	1.019	1.037	1.056	1.074	1.092	1.110	1.128	1.147	1.165
1.32	1.016	1.035	1.053	1.072	1.090	1.109	1.127	1.146	1.164	1.183
1.34	1.032	1.051	1.069	1.088	1.107	1.126	1.144	1.163	1.182	1.201
1.36	1.047	1.066	1.085	1.104	1.123	1.142	1.161	1.180	1.200	1.219
1.38	1.063	1.082	1.101	1.121	1.140	1.159	1.179	1.198	1.217	1.236
1.40	1.078	1.098	1.117	1.137	1.156	1.176	1.196	1.215	1.235	1.254
1.42	1.093	1.113	1.133	1.153	1.173	1.193	1.213	1.233	1.252	1.272
1.44	1.109	1.129	1.149	1.169	1.189	1.210	1.230	1.250	1.270	1.290
1.46	1.124	1.145	1.165	1.186	1.206	1.226	1.247	1.267	1.288	1.308
1.48	1.140	1.160	1.181	1.202	1.222	1.243	1.264	1.285	1.305	1.326
1.50	1.155	1.176	1.197	1.218	1.239	1.260	1.281	1.302	1.323	1.344
1.52	1.170	1.192	1.213	1.234	1.256	1.277	1.298	1.319	1.341	1.362
1.54	1.186	1.207	1.229	1.250	1.272	1.294	1.315	1.337	1.358	1.380
1.56	1.201	1.223	1.245	1.267	1.289	1.310	1.332	1.354	1.376	1.398
1.58	1.217	1.239	1.261	1.283	1.305	1.327	1.349	1.371	1.394	1.416
1.60	1.232	1.254	1.277	1.299	1.322	1.344	1.366	1.389	1.411	1.434
1.62	1.247	1.270	1.293	1.315	1.338	1.361	1.383	1.406	1.429	1.452
1.64	1.263	1.286	1.309	1.332	1.355	1.378	1.401	1.424	1.446	1.469
1.66	1.278	1.301	1.325	1.348	1.371	1.394	1.418	1.441	1.464	1.487
1.68	1.294	1.317	1.341	1.364	1.388	1.411	1.435	1.458	1.482	1.505
1.70	1.309	1.333	1.357	1.380	1.404	1.428	1.452	1.476	1.499	1.523
1.72	1.324	1.348	1.373	1.397	1.421	1.445	1.469	1.493	1.517	1.541
1.74	1.340	1.364	1.389	1.413	1.437	1.462	1 486	1.510	1.535	1.559
1.76	1.355	1.380	1.404	1.429	1.454	1.478	1.503	1.528	1.552	1.577
1.78	1.371	1.396	1.420	1.445	1.470	1.495	1.520	1.545	1.570	1.595
1.80	1.386	1.411	1.436	1.462	1.487	1.512	1.537	1.562	1.588	1.613
1.82	1.401	1.427	1.452	1.478	1.503	1.529	1.554	1.580	1.605	1.631
1.84	1.417	1.443	1.468	1.494	1.520	1.546	1.571	1.597	1.623	1.649
1.86	1.432	1.458	1.484	1.510	1.536	1.562	1.588	1.614	1.641	1.667
1.88	1.448	1.474	1.500	1.527	1.553	1.579	1.606	1.632	1.658	1.684
1.90	1.463	1.490	1.516	1.543	1.569	1.596	1.623	1.649	1.676	1.702
1.92	1.478	1.505	1.532	1.559	1.586	1.613	1.640	1.667	1.693	1.720
1.94	1.494	1.521	1.548	1.575	1.602	1.630	1.657	1.684	1.711	1.738
1.96	1.509	1.537	1.564	1.592	1.619	1.646	1.674	1.701	1.729	1.756
1.98	1.525	1.552	1.580	1.608	1.635	1.663	1.691	1.719	1.746	1.774
2.00	1.540	1.568	1.596	1.624	1.652	1.680	1.708	1.736	1.764	1.792
2.02	1.555	1.584	1.612	1.640	1.669	1.697	1.725	1.753	1.782	1.810
2.04	1.571	1.599	1.628	1.656	1.685	1.714	1.742	1.771	1.799	1.828
2.06	1.586	1.615	1.644	1.673	1.702	1.730	1.759	1.788	1.817	1.846
2.08	1.602	1.631	1.660	1.689	1.718	1.747	1.776	1.805	1.835	1.864
2.10	1.617	1.646	1.676	1.705	1.735	1.764	1.793	1.823	1.852	1.882
2.12	1.632	1.662	1.692	1.721	1.751	1.781	1.810	1.840	1.870	1.900
2.14	1.648	1.678	1.708	1.738	1.768	1.798	1.828	1.858	1.887	1.917
2.16	1.663	1.693	1.724	1.754	1.784	1.814	1.845	1.875	1.905	1.935
2.18	1.679	1.709	1.740	1.770	1.801	1.831	1.862	1.892	1.923	1.953
2.20	1.694	1.725	1.756	1.786	1.817	1.848	1.879	1.910	1.940	1.971
2.22	1.709	1.740	1.772	1.803	1.834	1.865	1.896	1.927	1.958	1.989
2.24	1.725	1.756	1.788	1.819	1.850	1.882	1.913	1.944	1.976	2.007
2.26	1.740	1.772	1.803	1.835	1.867	1.898	1.930	1.962	1.993	2.025
2.28	1.756	1.788	1.819	1.851	1.883	1.915	1.947	1.979	2.011	2.043
2.30	1.771	1.803	1.835	1.868	1.900	1.932	1.964	1.996	2.029	2.061
2.32	1.786	1.819	1.851	1.884	1.916	1.949	1.981	2.014	2.046	2.079
2.34	1.802	1.835	1.867	1.900	1.933	1.966	1.998	2.031	2.064	2.097
2.36	1.817	1.850	1.883	1.916	1.949	1.982	2.015	2.048	2.081	2.115
2.38	1.833	1.866	1.899	1.933	1.966	1.999	2.033	2.066	2.099	2.132
2.40	1.848	1.882	1.915	1.949	1.982	2.016	2.050	2.083	2.117	2.150
2.42	1.863	1.897	1.931	1.965	1.999	2.033	2.067	2.101	2.134	2.168
2.44	1.879	1.913	1.947	1.981	2.015	2.050	2.084	2.118	2.152	2.186
2.46	1.894	1.929	1.963	1.998	2.032	2.066	2.101	2.135	2.170	2.204
2.48	1.910	1.944	1.979	2.014	2.048	2.083	2.118	2.153	2.187	2.222

Maß (Dicke) 70 Centimeter (0,70 m) ist.
dimensions (depth) are 70 centimetres (0,70 m).
(l'épaisseur) est 70 centimetres (0,70 m).

Länge/Length Longueur	Breite — Breadth — Largeur									
	1.30	1.32	1.34	1.36	1.38	1.40	1.42	1.44	1.46	1.48
	Inhalt in Kubikmetern — Solid Contents — Cubage									
1.30	1.183									
1.32	1.201	1.220								
1.34	1.219	1.238	1.257							
1.36	1.238	1.257	1.276	1.295						
1.38	1.256	1.275	1.294	1.314	1.333					
1.40	1.274	1.294	1.313	1.333	1.352	1.372				
1.42	1.292	1.312	1.332	1.352	1.372	1.392	1.411			
1.44	1.310	1.331	1.351	1.371	1.391	1.411	1.431	1.452		
1.46	1.329	1.349	1.369	1.390	1.410	1.431	1.451	1.472	1.492	
1.48	1.347	1.368	1.388	1.409	1.430	1.450	1.471	1.492	1.513	1.533
1.50	1.365	1.386	1.407	1.428	1.449	1.470	1.491	1.512	1.533	1.554
1.52	1.383	1.404	1.426	1.447	1.468	1.490	1.511	1.532	1.553	1.575
1.54	1.401	1.423	1.445	1.466	1.488	1.509	1.531	1.552	1.574	1.595
1.56	1.420	1.441	1.463	1.485	1.507	1.529	1.551	1.572	1.594	1.616
1.58	1.438	1.460	1.482	1.504	1.526	1.548	1.571	1.593	1.615	1.637
1.60	1.456	1.478	1.501	1.523	1.546	1.568	1.590	1.613	1.635	1.658
1.62	1.474	1.497	1.520	1.542	1.565	1.588	1.610	1.633	1.656	1.678
1.64	1.492	1.515	1.538	1.561	1.584	1.607	1.630	1.653	1.676	1.699
1.66	1.511	1.534	1.557	1.580	1.604	1.627	1.650	1.673	1.697	1.720
1.68	1.529	1.552	1.576	1.599	1.623	1.646	1.670	1.693	1.717	1.740
1.70	1.547	1.571	1.595	1.618	1.642	1.666	1.690	1.714	1.737	1.761
1.72	1.565	1.589	1.613	1.637	1.662	1.686	1.710	1.734	1.758	1 782
1.74	1.583	1.608	1.632	1.656	1.681	1.705	1.730	1.754	1.778	1.803
1.76	1.602	1.626	1.651	1.676	1.700	1.725	1.749	1.774	1.799	1.823
1.78	1.620	1.645	1.670	1.695	1.719	1.744	1.769	1.794	1 819	1.844
1.80	1.638	1.663	1.688	1.714	1.739	1.764	1.789	1.814	1.840	1.865
1.82	1.656	1.682	1.707	1.733	1.758	1.784	1.809	1.835	1.860	1.886
1.84	1.674	1.700	1.726	1.752	1.777	1.803	1.829	1.855	1.880	1.906
1.86	1.693	1.719	1.745	1.771	1.797	1.823	1.849	1.875	1.901	1.927
1.88	1.711	1.737	1.763	1.790	1.816	1.842	1.869	1.895	1.921	1.948
1.90	1 729	1.756	1.782	1.809	1.835	1.862	1.889	1.915	1.942	1.968
1.92	1.747	1.774	1.801	1.828	1.855	1.882	1.908	1.935	1.962	1.989
1.94	1.765	1.793	1.820	1.847	1.874	1.901	1.928	1.956	1.983	2.010
1.96	1.784	1.811	1.838	1.866	1.893	1.921	1.948	1.976	2.003	2.031
1.98	1.802	1.830	1.857	1.885	1.913	1.940	1.968	1.996	2.024	2.051
2.00	1.820	1.848	1.876	1.904	1.932	1.960	1.988	2.016	2.044	2.072
2.02	1.838	1.866	1.895	1.923	1.951	1.980	2.008	2.036	2.064	2.093
2.04	1.856	1.885	1.914	1.942	1.971	1.999	2.028	2.056	2.085	2.113
2.06	1.875	1.903	1.932	1.961	1.990	2.019	2.048	2.076	2.105	2.134
2.08	1.893	1.922	1.951	1.980	2.009	2.038	2.068	2.097	2.126	2.155
2.10	1.911	1.940	1.970	1.999	2.029	2.058	2.087	2.117	2.146	2.176
2.12	1.929	1.959	1.989	2.018	2.048	2.078	2.107	2.137	2.167	2.196
2.14	1.947	1.977	2.007	2.037	2.067	2.097	2.127	2.157	2.187	2.217
2.16	1.966	1.996	2.026	2.056	2.087	2.117	2.147	2.177	2.208	2.238
2.18	1.984	2.014	2.045	2.075	2.106	2.136	2.167	2.197	2.228	2.258
2.20	2.002	2.033	2.064	2.094	2.125	2.156	2.187	2.218	2.248	2.279
2.22	2.020	2.051	2.082	2.113	2.145	2.176	2.207	2.238	2.269	2.300
2.24	2.038	2.070	2.101	2.132	2.164	2.195	2.227	2.258	2.289	2.321
2.26	2.057	2.088	2.120	2.152	2 183	2.215	2.246	2.278	2.310	2.341
2.28	2.075	2.107	2.139	2.171	2.202	2.234	2.266	2.298	2.330	2.362
2.30	2.093	2.125	2.157	2.190	2.222	2.254	2.286	2.318	2.351	2.383
2.32	2.111	2.144	2.176	2.209	2.241	2.274	2.306	2.339	2.371	2.404
2.34	2.129	2.162	2.195	2.228	2.260	2.293	2.326	2.359	2.391	2.424
2.36	2.148	2.181	2.214	2.247	2.280	2.313	2.346	2.379	2.412	2.445
2.38	2.166	2.199	2.232	2.266	2.299	2.332	2 366	2.399	2.432	2.466
2.40	2.184	2.218	2.251	2.285	2.318	2.352	2.386	2.419	2.453	2.486
2.42	2.202	2.236	2.270	2.304	2.338	2.372	2.405	2.439	2.473	2.507
2.44	2.220	2.255	2.289	2.323	2.357	2.391	2.425	2.460	2.494	2.528
2.46	2.239	2.273	2.307	2.342	2.376	2.411	2.445	2.480	2.514	2.549
2.48	2.257	2 292	2.326	2.361	2.396	2.430	2.465	2.500	2.535	2.569

Kubik-Inhalt der Kolli, deren kleinstes
Solid contents of packages, whose least
Cubage des colis, dont la plus petite dimension

Länge/Length Longueur	Breite — Breadth — Largeur									
	0.72	0.74	0.76	0.78	0.80	0.82	0.84	0.86	0.88	0.90
	Inhalt in Kubikmetern — Solid Contents — Cubage									
0.72	0.373									
0.74	384	0.394								
0.76	394	405	0.416							
0.78	404	416	427	0.438						
0.80	415	426	438	449	0.461					
0.82	425	437	449	461	472	0.484				
0.84	435	448	460	472	484	496	0.508			
0.86	446	458	471	483	495	508	520	0.533		
0.88	456	469	482	494	507	520	532	545	0.558	
0.90	467	480	492	505	518	531	544	557	570	0.583
0.92	477	490	503	517	530	543	556	570	583	596
0.94	487	501	514	528	541	555	569	582	596	609
0.96	498	511	525	539	553	567	581	594	608	622
0.98	508	522	536	550	564	579	593	607	621	635
1.00	518	533	547	562	576	590	605	619	634	648
1.02	529	543	558	573	588	602	617	632	646	661
1.04	539	554	569	584	599	614	629	644	659	674
1.06	550	565	580	595	611	626	641	656	672	687
1.08	560	575	591	607	622	638	653	669	684	700
1.10	570	586	602	618	634	649	665	681	697	713
1.12	581	597	613	629	645	661	677	694	710	726
1.14	591	607	624	640	657	673	689	706	722	739
1.16	601	618	635	651	668	685	702	718	735	752
1.18	612	629	646	663	680	697	714	731	748	765
1.20	622	639	657	674	691	708	726	743	760	778
1.22	632	650	668	685	703	720	738	755	773	791
1.24	643	661	679	696	714	732	750	768	786	804
1.26	653	671	689	708	726	744	762	780	798	816
1.28	664	682	700	719	737	756	774	793	811	829
1.30	674	693	711	730	749	768	786	805	824	842
1.32	684	703	722	741	760	779	798	817	836	855
1.34	695	714	733	753	772	791	810	830	849	868
1.36	705	725	744	764	783	803	823	842	862	881
1.38	715	735	755	775	795	815	835	854	874	894
1.40	726	746	766	786	806	827	847	867	887	907
1.42	736	757	777	797	818	838	859	879	900	920
1.44	746	767	788	809	829	850	871	892	912	933
1.46	757	778	799	820	841	862	883	904	925	946
1.48	767	789	810	831	852	874	895	916	938	959
1.50	778	799	821	842	864	886	907	929	950	972
1.52	788	810	832	854	876	897	919	941	963	985
1.54	798	821	843	865	887	909	931	954	976	998
1.56	809	831	854	876	899	921	943	966	988	1.011
1.58	819	842	865	887	910	933	956	978	1.001	1.024
1.60	829	852	876	899	922	945	968	991	1.014	1.037
1.62	840	863	886	910	933	956	980	1.003	1.026	1.050
1.64	850	874	897	921	945	968	992	1.015	1.039	1.063
1.66	861	884	908	932	956	980	1.004	1.028	1.052	1.076
1.68	871	895	919	943	968	992	1.016	1.040	1.064	1.089
1.70	881	906	930	955	979	1.004	1.028	1.053	1.077	1.102
1.72	892	916	941	966	991	1.015	1.040	1.065	1.090	1.115
1.74	902	927	952	977	1.002	1.027	1.052	1.077	1.102	1.128
1.76	912	938	963	988	1.014	1.039	1.064	1.090	1.115	1.140
1.78	923	948	974	1.000	1.025	1.051	1.077	1.102	1.128	1.153
1.80	933	959	985	1.011	1.037	1.063	1.089	1.115	1.140	1.166
1.82	943	970	996	1.022	1.048	1.075	1.101	1.127	1.153	1.179
1.84	954	980	1.007	1.033	1.060	1.086	1.113	1.139	1.166	1.192
1.86	964	991	1.018	1.045	1.071	1.098	1.125	1.152	1.178	1.205
1.88	975	1.002	1.029	1.056	1.083	1.110	1.137	1.164	1.191	1.218
1.90	985	1.012	1.040	1.067	1.094	1.122	1.149	1.176	1.204	1.231
1.92	995	1.023	1.051	1.078	1.106	1.134	1.161	1.189	1.217	1.244
1.94	1.006	1.034	1.062	1.090	1.117	1.145	1.173	1.201	1.229	1.257
1.96	1.016	1.044	1.073	1.101	1.129	1.157	1.185	1.214	1.242	1.270
1.98	1.026	1.055	1.083	1.112	1.140	1.169	1.198	1.226	1.255	1.283
2.00	1.037	1.066	1.094	1.123	1.152	1.181	1.210	1.238	1.267	1.296
2.02	1.047	1.076	1.105	1.134	1.164	1.193	1.222	1.251	1.280	1.309
2.04	1.058	1.087	1.116	1.146	1.175	1.204	1.234	1.263	1.293	1.322
2.06	1.068	1.098	1.127	1.157	1.187	1.216	1.246	1.276	1.305	1.335
2.08	1.078	1.108	1.138	1.168	1.198	1.228	1.258	1.288	1.318	1.348
2.10	1.089	1.119	1.149	1 179	1.210	1.240	1.270	1.300	1.331	1.361

Maß (Dicke) 72 Centimeter (0,72 m) ist.
dimensions (depth) are 72 centimetres (0,72 m).
(l'épaisseur) est 72 centimètres (0,72 m).

Länge/Length Longueur	Breite — Breadth — Largeur 0.92	0.94	0.96	0.98	1.00	1.02	1.04	1.06	1.08	1.10
	Inhalt in Kubikmetern — Solid Contents — Cubage									
0.92	0.609									
0.94	623	0.636								
0.96	636	650	0.664							
0.98	649	663	677	0.691						
1.00	662	677	691	706	0.720					
1.02	676	690	705	720	734	0.749				
1.04	689	704	719	734	749	764	0.779			
1.06	702	717	733	748	763	778	794	0.809		
1.08	715	731	746	762	778	793	809	824	0.840	
1.10	729	744	760	776	792	808	824	840	855	0.871
1.12	742	758	774	790	806	823	839	855	871	887
1.14	755	772	788	804	821	837	854	870	886	903
1.16	768	785	802	818	835	852	869	885	902	919
1.18	782	799	816	833	850	867	884	901	918	935
1.20	795	812	829	847	864	881	899	916	933	950
1.22	808	826	843	861	878	896	914	931	949	966
1.24	821	839	857	875	893	911	929	946	964	982
1.26	835	853	871	889	907	925	943	962	980	998
1.28	848	866	885	903	922	940	958	977	995	1.014
1.30	861	880	899	917	936	955	973	992	1.011	1.030
1.32	874	893	912	931	950	969	988	1.007	1.026	1.045
1.34	888	907	926	946	965	984	1.003	1.023	1.042	1.061
1.36	901	920	940	960	979	999	1.018	1.038	1.058	1.077
1.38	914	934	954	974	994	1.013	1.033	1.053	1.073	1.093
1.40	927	948	968	988	1.008	1.028	1.048	1.068	1.089	1.109
1.42	941	961	982	1.002	1.022	1.043	1.063	1.084	1.104	1.125
1.44	954	975	995	1.016	1.037	1.058	1.078	1.099	1.120	1.140
1.46	967	988	1.009	1.030	1.051	1.072	1.093	1.114	1.135	1.156
1.48	980	1.002	1.023	1.044	1.066	1.087	1.108	1.130	1.151	1.172
1.50	994	1.015	1.037	1.058	1.080	1.102	1.123	1.145	1.166	1.188
1.52	1.007	1.029	1.051	1.073	1.094	1.116	1.138	1.160	1.182	1.204
1.54	1.020	1.042	1.064	1.087	1.109	1 131	1.153	1.175	1.198	1.220
1.56	1.033	1.056	1.078	1.101	1.123	1.146	1.168	1.191	1.213	1.236
1.58	1.047	1.069	1.092	1.115	1.138	1.160	1.183	1.206	1.229	1 251
1.60	1.060	1.083	1.106	1.129	1.152	1.175	1.198	1.221	1.244	1.267
1.62	1.073	1.096	1.120	1.143	1.166	1.190	1.213	1.236	1 260	1 283
1.64	1.086	1.110	1.134	1.157	1.181	1.204	1.228	1.252	1.275	1.299
1.66	1.100	1.123	1.147	1.171	1.195	1.219	1.243	1.267	1.291	1.315
1.68	1.113	1.137	1.161	1.185	1.210	1.234	1.258	1.282	1.306	1.331
1.70	1.126	1.151	1.175	1.200	1.224	1.248	1.273	1.297	1.322	1.346
1.72	1.139	1.164	1.189	1.214	1.238	1.263	1.288	1.313	1.337	1.362
1.74	1.153	1.178	1.203	1.228	1.253	1.278	1.303	1.328	1.353	1.378
1.76	1.166	1.191	1.217	1.242	1.267	1.293	1.318	1.343	1.369	1.394
1.78	1.179	1.205	1.230	1.256	1.282	1.307	1.333	1 358	1.384	1.410
1.80	1.192	1.218	1.244	1.270	1.296	1.322	1.348	1.374	1.400	1.426
1.82	1.206	1.232	1.258	1.284	1.310	1.337	1.363	1.389	1.415	1.441
1.84	1.219	1.245	1.272	1.298	1.325	1.351	1.378	1.404	1.431	1.457
1.86	1.232	1.259	1.286	1.312	1.339	1.366	1.393	1.420	1.446	1.473
1.88	1.245	1.272	1.299	1.327	1.354	1.381	1.408	1.435	1.462	1.489
1.90	1.259	1.286	1.313	1.341	1.368	1.395	1.423	1.450	1.477	1.505
1.92	1.272	1.299	1.327	1.355	1.382	1.410	1.438	1.465	1.493	1.521
1.94	1.285	1.313	1.341	1.369	1.397	1.425	1.453	1.481	1.509	1.536
1.96	1.298	1.327	1 355	1.383	1.411	1.439	1.468	1.496	1.524	1.552
1.98	1.312	1.340	1.369	1.397	1.426	1.454	1.483	1.511	1.540	1.568
2.00	1.325	1.354	1.382	1.411	1.440	1.469	1.498	1.526	1.555	1.584
2.02	1.338	1.367	1.396	1.425	1.454	1.483	1.513	1.542	1.571	1.600
2.04	1.351	1.381	1.410	1.439	1.469	1.498	1.528	1.557	1.586	1.616
2.06	1.365	1.394	1.424	1.454	1.483	1.513	1.543	1.572	1.602	1.632
2.08	1.378	1.408	1.438	1.468	1.498	1.528	1.558	1.587	1.617	1.647
2.10	1.391	1.421	1.452	1.482	1.512	1.542	1.572	1.603	1.633	1.663

Kubik-Inhalt der Kolli, deren kleinstes
Solid contents of packages, whose least
Cubage des colis, dont la plus petite dimension

Länge/Length Longueur	Breite — Breadth — Largeur 1.12	1.14	1.16	1.18	1.20	1.22	1.24	1.26	1.28	1.30
	Inhalt in Kubikmetern — Solid Contents — Cubage									
1.12	0.903									
1.14	919	0.936								
1.16	935	952	0.969							
1.18	952	969	986	1.003						
1.20	968	985	1.002	1.020	1.037					
1.22	984	1.001	1.019	1.037	1.054	1.072				
1.24	1.000	1.018	1.036	1.054	1.071	1.089	1.107			
1.26	1.016	1.034	1.052	1.070	1.089	1.107	1.125	1.143		
1.28	1.032	1.051	1.069	1.087	1.106	1.124	1.143	1.161	1.180	
1.30	1.048	1.067	1.086	1.104	1.123	1.142	1.161	1.179	1.198	1.217
1.32	1.064	1.083	1.102	1.121	1.140	1.159	1.178	1 198	1.217	1.236
1.34	1.081	1.100	1.119	1.138	1.158	1.177	1.196	1.216	1.235	1.254
1.36	1.097	1.116	1.136	1.155	1.175	1.195	1.214	1.234	1.253	1.273
1.38	1.113	1.133	1.153	1.172	1.192	1.212	1.232	1.252	1.272	1.292
1.40	1.129	1.149	1.169	1.189	1.210	1.230	1.250	1.270	1.290	1.310
1.42	1.145	1.166	1.186	1 206	1.227	1.247	1.268	1.288	1.309	1.329
1.44	1.161	1.182	1.203	1.223	1.244	1.265	1.286	1.306	1.327	1.348
1.46	1.177	1.198	1.219	1.240	1.261	1.282	1.303	1.325	1.346	1.367
1.48	1.193	1.215	1.236	1.257	1.279	1.300	1.321	1.343	1.364	1.385
1.50	1.210	1.231	1.253	1.274	1.296	1.318	1.339	1.361	1.382	1.404
1.52	1.226	1.248	1.270	1.291	1.313	1.335	1.357	1.379	1.401	1.423
1.54	1.242	1.264	1.286	1.308	1.331	1.353	1.375	1.397	1.419	1.441
1.56	1.258	1.280	1.303	1.325	1.348	1.370	1.393	1.415	1.438	1.460
1.58	1.274	1.297	1.320	1.342	1.365	1.388	1.411	1.433	1.456	1.479
1.60	1.290	1.313	1.326	1.359	1.382	1.405	1.428	1.452	1.475	1.498
1.62	1.306	1.330	1.353	1.376	1.400	1.423	1.446	1.470	1.493	1.516
1.64	1.322	1.346	1.370	1.393	1.417	1.441	1.464	1.488	1.511	1.535
1.66	1.339	1.363	1.386	1.410	1.434	1.458	1.482	1.506	1.530	1.554
1.68	1.355	1.379	1.403	1.427	1.452	1.476	1.500	1.524	1.548	1.572
1.70	1.371	1.395	1.420	1.444	1.469	1.493	1.518	1.542	1.567	1.591
1.72	1.387	1.412	1.436	1.461	1.486	1.511	1.536	1.560	1.585	1.610
1.74	1.403	1.428	1.453	1.478	1.503	1.528	1.553	1.579	1.604	1.629
1.76	1.419	1.445	1.470	1.495	1.521	1.546	1.571	1.597	1.622	1.647
1.78	1.435	1.461	1.487	1.512	1.538	1.564	1.589	1.615	1.640	1.666
1.80	1.452	1.477	1.503	1.529	1.555	1.581	1.607	1.633	1.659	1.685
1.82	1.468	1.494	1.520	1.546	1.572	1.599	1.625	1.651	1.677	1.704
1.84	1.484	1.510	1.537	1.563	1.590	1.616	1.643	1.669	1.696	1.722
1.86	1.500	1.527	1.553	1.580	1.607	1.634	1.661	1.687	1.714	1.741
1.88	1.516	1.543	1.570	1.597	1.624	1.651	1.678	1.706	1.733	1.760
1.90	1.532	1.560	1.587	1.614	1.642	1.669	1.696	1.724	1.751	1.778
1.92	1.548	1.576	1.604	1.631	1.659	1.687	1.714	1.742	1.769	1.797
1.94	1.564	1.592	1.620	1.648	1.676	1.704	1.732	1.760	1.788	1.816
1.96	1.581	1.609	1.637	1.665	1.693	1.722	1.750	1.778	1.806	1.835
1.98	1.597	1.625	1.654	1.682	1.711	1.739	1.768	1.796	1.825	1.853
2.00	1.613	1.642	1.670	1.699	1.728	1.757	1.786	1.814	1.843	1.872
2.02	1.629	1.658	1.687	1.716	1.745	1.774	1.803	1.833	1.862	1.891
2.04	1.645	1.674	1.704	1.733	1.763	1.792	1.821	1.851	1.880	1.909
2.06	1.661	1.691	1.721	1.750	1.780	1.810	1.839	1.869	1.898	1.928
2.08	1.677	1.707	1.737	1.767	1.797	1.827	1.857	1.887	1.917	1.947
2.10	1.693	1.724	1.754	1.784	1.814	1.845	1.875	1.905	1.935	1.966
2.12	1.710	1.740	1.771	1.801	1.832	1.862	1.893	1.923	1.954	1.984
2.14	1.726	1.757	1.787	1.818	1.849	1.880	1.911	1.941	1.972	2.003
2.16	1.742	1.773	1.804	1.835	1.866	1.897	1.928	1.960	1.991	2.022
2.18	1.758	1.789	1.821	1.852	1.884	1.915	1.946	1.978	2.009	2.040
2.20	1.774	1.806	1.837	1.869	1.901	1.932	1.964	1.996	2.028	2.059
2.22	1.790	1.822	1.854	1.886	1.918	1.950	1.982	2.014	2.045	2.078
2.24	1.806	1.839	1.871	1.903	1.935	1.968	2.000	2.032	2.064	2.097
2.26	1.822	1.855	1.888	1.920	1.953	1.985	2.018	2.050	2.083	2.115
2.28	1.839	1.871	1.904	1.937	1.970	2.003	2.036	2.068	2.101	2.134
2.30	1.855	1.888	1.921	1.954	1.987	2.020	2.053	2.087	2.120	2.153
2.32	1.871	1.904	1.938	1.971	2.004	2.038	2.071	2.105	2.138	2.172
2.34	1.887	1.921	1.954	1.988	2.022	2.055	2.089	2.123	2.157	2.190
2.36	1.903	1.937	1.971	2.005	2.039	2.073	2.107	2.141	2.175	2.209
2.38	1.919	1.954	1.988	2.022	2.056	2.091	2.125	2.159	2.193	2.228
2.40	1.935	1.970	2.004	2.039	2.074	2.108	2.143	2.177	2.212	2.246
2.42	1.951	1.986	2.021	2.056	2.091	2.126	2.161	2.195	2.230	2.265
2.44	1.968	2.003	2.038	2.073	2.108	2.143	2.178	2.214	2.249	2.284
2.46	1.984	2.019	2.055	2.090	2.125	2.161	2.196	2.232	2.267	2.303
2.48	2.000	2.036	2.071	2.107	2.143	2.178	2.214	2.250	2.286	2.321
2.50	2.016	2.052	2.088	2.124	2.160	2.196	2.232	2.268	2.304	2.340

Maß (Dicke) 72 Centimeter (0,72 m) ist.
dimensions (depth) are 72 centimetres (0,72 m).
(l'épaisseur) est 72 centimètres (0,72 m).

Länge/Length Longueur	Breite — Breadth — Largeur 1.32	1.34	1.36	1.38	1.40	1.42	1.44	1.46	1.48	1.50
	Inhalt in Kubikmetern — Solid Contents — Cubage									
1.32	1.255									
1.34	1.274	1.293								
1.36	1.293	1.312	1.332							
1.38	1.312	1.331	1.351	1.371						
1.40	1.331	1.351	1.371	1.391	1.411					
1.42	1.350	1.370	1.390	1.411	1.431	1.452				
1.44	1.369	1.389	1.410	1.431	1.452	1.472	1.493			
1.46	1 388	1.409	1.430	1.451	1.472	1.493	1.514	1.535		
1.48	1.407	1.428	1.449	1.471	1.492	1.513	1.534	1.556	1.577	
1.50	1.426	1.447	1.469	1.490	1.512	1.534	1.555	1.577	1.598	1.620
1.52	1.445	1.466	1.488	1.510	1.532	1.554	1.576	1.598	1.620	1.642
1.54	1.464	1.486	1.508	1.530	1.552	1.574	1.597	1.619	1.641	1.663
1.56	1.483	1.505	1.528	1.550	1.572	1.595	1.617	1.640	1.662	1.685
1.58	1.502	1.524	1.547	1.570	1.593	1.615	1.638	1.661	1.684	1.706
1.60	1.521	1.544	1.567	1.590	1.613	1.636	1.659	1.682	1.705	1.728
1.62	1.540	1.563	1.586	1.610	1.633	1.656	1.680	1.703	1.726	1.750
1.64	1.559	1.582	1.606	1.630	1.653	1.677	1.700	1.724	1.748	1.771
1.66	1.578	1.602	1.625	1.649	1.673	1.697	1.721	1.745	1.769	1.793
1.68	1.597	1.621	1.645	1.669	1.693	1.718	1.742	1.766	1.790	1.814
1.70	1.616	1.640	1.665	1.689	1.714	1.738	1.763	1.787	1.812	1.836
1.72	1.635	1.659	1.684	1.709	1.734	1.759	1.783	1.808	1.833	1.858
1.74	1.654	1.679	1.704	1.729	1.754	1.779	1.804	1.829	1.854	1.879
1.76	1.673	1.698	1.723	1.749	1.774	1.799	1.825	1.850	1.875	1.901
1.78	1.692	1.717	1.743	1.769	1.794	1.820	1.846	1.871	1.897	1.922
1.80	1.711	1.737	1.763	1.788	1.814	1.840	1.866	1.892	1.918	1.944
1.82	1.730	1.756	1.782	1.808	1.835	1.861	1.887	1.913	1.939	1.966
1.84	1.749	1.775	1.802	1.828	1.855	1.881	1.908	1.934	1.961	1.987
1.86	1.768	1.795	1.821	1.848	1.875	1.902	1.928	1.955	1.982	2.009
1.88	1.787	1.814	1.841	1.868	1.895	1.922	1.949	1.976	2.003	2.030
1.90	1.806	1.833	1.860	1.888	1.915	1.943	1.970	1.997	2.025	2.052
1.92	1.825	1.852	1.880	1.908	1.935	1.963	1.991	2.018	2.046	2.074
1.94	1.844	1.872	1.900	1.928	1.956	1.983	2.011	2.039	2.067	2.095
1.96	1.863	1.891	1.919	1.947	1.976	2.004	2.032	2.060	2.089	2.117
1.98	1.882	1.910	1.939	1.967	1.996	2.024	2.053	2.081	2.110	2.138
2.00	1.901	1.930	1.958	1.987	2.016	2.045	2.074	2.102	2.131	2.160
2.02	1.920	1.949	1.978	2.007	2.036	2.065	2.094	2.123	2.153	2.182
2.04	1.939	1.968	1.998	2.027	2.056	2.086	2.115	2.144	2.174	2.203
2.06	1.958	1.987	2.017	2.047	2.076	2.106	2.136	2.165	2.195	2.225
2.08	1.977	2.007	2.037	2.067	2.097	2.127	2.157	2.186	2.216	2.246
2.10	1.996	2.026	2.056	2.087	2.117	2.147	2.177	2.208	2.238	2.268
2.12	2.015	2.045	2.076	2.106	2.137	2.167	2.198	2.229	2.259	2.290
2.14	2.034	2.065	2.095	2.126	2.157	2.188	2.219	2.250	2.280	2.311
2.16	2.053	2.084	2.115	2.146	2.177	2.208	2.239	2.271	2.302	2.333
2.18	2.072	2.103	2.135	2.166	2.197	2.229	2.260	2.292	2.323	2.354
2.20	2.091	2.123	2.154	2.186	2.218	2.249	2.281	2.313	2.344	2.376
2.22	2.110	2.142	2.174	2.206	2.238	2.270	2.302	2.334	2.366	2.398
2.24	2.129	2.161	2.193	2.226	2.258	2.290	2.322	2.355	2.387	2.419
2.26	2.148	2.180	2.213	2.246	2.278	2.311	2.343	2.376	2.408	2.441
2.28	2.167	2.200	2.233	2.265	2.298	2.331	2.364	2.397	2.430	2.462
2.30	2.186	2.219	2.252	2.285	2.318	2.352	2.385	2.418	2.451	2.484
2.32	2.205	2 238	2.272	2.305	2.339	2.372	2.405	2.439	2.472	2.506
2.34	2.224	2.258	2.291	2.325	2.359	2.392	2.426	2.460	2.494	2.527
2.36	2.243	2.277	2.311	2.345	2.379	2.413	2.447	2.481	2.515	2.549
2.38	2.262	2.296	2.330	2.365	2.399	2.433	2.468	2.502	2.536	2.570
2.40	2.281	2.316	2.350	2.385	2.419	2.454	2 488	2.523	2.557	2.592
2.42	2.300	2.335	2.370	2.405	2 439	2.474	2.509	2.544	2.579	2.614
2.44	2.319	2.354	2.389	2.424	2.460	2.495	2.530	2.565	2.600	2.635
2.46	2.338	2.373	2.409	2.444	2.480	2.515	2.551	2.586	2.621	2.657
2.48	2.357	2.393	2.428	2.464	2.500	2.536	2.571	2.607	2.643	2.678
2.50	2.376	2.412	2.448	2.484	2.520	2.556	2.592	2.628	2.664	2.700

Kubik-Inhalt der Kolli, deren kleinstes
Solid contents of packages, whose least
Cubage des colis, dont la plus petite dimension

Länge/Length Longueur	Breite — Breadth — Largeur 0.74	0.76	0.78	0.80	0.82	0.84	0.86	0.88	0.90	0.92
	Inhalt in Kubikmetern — Solid Contents — Cubage									
0.74	0.405									
0.76	416	0.427								
0.78	427	439	0.450							
0.80	438	450	462	0.474						
0.82	449	461	473	485	0.498					
0.84	460	472	485	497	510	0.522				
0.86	471	484	496	509	522	535	0.547			
0.88	482	495	508	521	534	547	560	0.573		
0.90	493	506	519	533	546	559	573	586	0.599	
0.92	504	517	531	545	558	572	585	599	613	0.626
0.94	515	529	543	556	570	584	598	612	626	640
0.96	526	540	554	568	583	597	611	625	639	654
0.98	537	551	566	580	595	609	624	638	653	667
1.00	548	562	577	592	607	622	636	651	666	681
1.02	559	574	589	604	619	634	649	664	679	694
1.04	570	585	600	616	631	646	662	677	693	708
1.06	580	596	612	628	643	659	675	690	706	722
1.08	591	607	623	639	655	671	687	703	719	735
1.10	602	619	635	651	667	684	700	716	733	749
1.12	613	630	646	663	680	696	713	729	746	762
1.14	624	641	658	675	692	709	725	742	759	776
1.16	635	652	670	687	704	721	738	755	773	790
1.18	646	664	681	699	716	733	751	768	786	803
1.20	657	675	693	710	728	746	764	781	799	817
1.22	668	686	704	722	740	758	776	794	813	831
1.24	679	697	716	734	752	771	789	807	826	844
1.26	690	709	727	746	765	783	802	821	839	858
1.28	701	720	739	758	777	796	815	834	852	871
1.30	712	731	750	770	789	808	827	847	866	885
1.32	723	742	762	781	801	821	840	860	879	899
1.34	734	754	773	793	813	833	853	873	892	912
1.36	745	765	785	805	825	845	866	886	906	926
1.38	756	776	797	817	837	858	878	899	919	940
1.40	767	787	808	829	850	870	891	912	932	953
1.42	778	799	820	841	862	883	904	925	946	967
1.44	789	810	831	852	874	895	916	938	959	980
1.46	799	821	843	864	886	908	929	951	972	994
1.48	810	832	854	876	898	920	942	964	986	1.008
1.50	821	844	866	888	910	932	955	977	999	1.021
1.52	832	855	877	900	922	945	967	990	1.012	1.035
1.54	843	866	889	912	934	957	980	1.003	1.026	1.048
1.56	854	877	900	924	947	970	993	1.016	1.039	1.062
1.58	865	889	912	935	959	982	1.006	1.029	1.052	1.076
1.60	876	900	924	947	971	995	1.018	1 042	1.066	1.089
1.62	887	911	935	959	983	1.007	1.031	1.055	1.079	1.103
1.64	898	922	947	971	995	1.019	1.044	1.068	1.092	1.117
1.66	909	934	958	983	1.007	1.032	1.056	1.081	1.106	1.130
1.68	920	945	970	995	1.019	1.044	1.069	1.094	1.119	1.144
1.70	931	956	981	1.006	1.032	1.057	1.082	1.107	1.132	1.157
1.72	942	967	993	1.018	1.044	1.069	1.095	1 120	1.146	1.171
1.74	953	979	1.004	1.030	1.056	1.082	1.107	1.133	1.159	1.185
1.76	964	990	1.016	1.042	1.068	1.094	1.120	1.146	1.172	1.198
1.78	975	1.001	1.027	1.054	1.080	1.106	1.133	1.159	1.185	1.212
1.80	986	1.012	1.039	1.066	1.092	1.119	1.146	1.172	1.199	1.225
1.82	997	1.024	1.051	1.077	1.104	1.131	1.158	1.185	1.212	1.239
1.84	1.008	1.035	1.062	1.089	1.117	1.144	1.171	1.198	1.225	1.253
1.86	1.019	1.046	1.074	1.101	1.129	1.156	1.184	1.211	1.239	1.266
1.88	1.029	1.057	1.085	1.113	1.141	1.169	1.196	1.224	1.252	1.280
1.90	1.040	1.069	1.097	1.125	1.153	1.181	1.209	1.237	1.265	1.294
1.92	1.051	1.080	1.108	1.137	1.165	1.193	1.222	1.250	1.279	1.307
1.94	1.062	1.091	1.120	1.148	1.177	1.206	1.235	1.263	1.292	1.321
1.96	1.073	1.102	1.131	1.160	1.189	1.218	1.247	1.276	1.305	1.334
1.98	1.084	1.114	1.143	1.172	1.201	1.231	1.260	1.289	1.319	1.348
2.00	1.095	1.125	1.154	1.184	1.214	1.243	1.273	1.302	1.332	1.362
2.02	1.106	1.136	1.166	1.196	1.226	1.256	1.286	1.315	1.345	1.375
2.04	1.117	1.147	1.177	1.208	1.238	1.268	1.298	1.328	1.359	1.389
2.06	1.129	1.159	1.189	1.220	1.250	1.280	1.311	1.341	1.372	1.402
2.08	1.139	1.170	1.201	1.231	1.262	1.293	1.324	1.354	1.385	1.416
2.10	1.150	1.181	1.212	1.243	1.274	1.305	1.336	1.368	1.399	1.430
2.12	1.161	1.192	1.224	1.255	1.286	1.318	1.349	1.381	1.412	1.443

Maß (Dicke) 74 Centimeter (0,74 m) ist.
dimensions (depth) are 74 centimetres (0,74 m).
(l'épaisseur) est 74 centimètres (0,74 m).

Länge/Length Longueur	Breite — Breadth — Largeur 0.94	0.96	0.98	1.00	1.02	1.04	1.06	1.08	1.10	1.12
	Inhalt in Kubikmetern — Solid Contents — Cubage									
0.94	0.654									
0.96	668	0.682								
0.98	682	696	0.711							
1.00	696	710	725	0.740						
1.02	710	725	740	755	0.770					
1.04	723	739	754	770	785	0.800				
1.06	737	753	769	784	800	816	0.831			
1.08	751	767	783	799	815	831	847	0.863		
1.10	765	781	798	814	830	847	863	879	0.895	
1.12	779	796	812	829	845	862	879	895	912	0.928
1.14	793	810	827	844	860	877	894	911	928	945
1.16	807	824	841	858	876	893	910	927	944	961
1.18	821	838	856	873	891	908	926	943	961	978
1.20	835	852	870	888	906	924	941	959	977	995
1.22	849	867	885	903	921	939	957	975	993	1.011
1.24	863	881	899	918	936	954	973	991	1.009	1.028
1.26	876	895	914	932	951	970	988	1.007	1.026	1.044
1.28	890	909	928	947	966	985	1.004	1.023	1.042	1.061
1.30	904	924	943	962	981	1.000	1.020	1.039	1.058	1.077
1.32	918	938	957	977	996	1.016	1.035	1.055	1.074	1.094
1.34	932	952	972	992	1.011	1.031	1.051	1.071	1.091	1.111
1.36	946	966	986	1.006	1.027	1.047	1.067	1.087	1.107	1.127
1.38	960	980	1.001	1.021	1.042	1.062	1.082	1.103	1.123	1.144
1.40	974	995	1.015	1.036	1.057	1.077	1.098	1.119	1.140	1.160
1.42	988	1.009	1.030	1.051	1.072	1.093	1.114	1.135	1.156	1.177
1.44	1.002	1.023	1.044	1.066	1.087	1.108	1.130	1.151	1.172	1.193
1.46	1.016	1.037	1.059	1.080	1.102	1.124	1.145	1.167	1.188	1.210
1.48	1.029	1.051	1.073	1.095	1.117	1.139	1.161	1.183	1.205	1.227
1.50	1.043	1.066	1.088	1.110	1.132	1.154	1.177	1.199	1.221	1.243
1.52	1.057	1.080	1.102	1.125	1.147	1.170	1.192	1.215	1.237	1.260
1.54	1.071	1.094	1.117	1.140	1.162	1.185	1.208	1.231	1.254	1.276
1.56	1.085	1.108	1.131	1.154	1.177	1.201	1.224	1.247	1.270	1.293
1.58	1.099	1.122	1.146	1.169	1.193	1.216	1.239	1.263	1.286	1.310
1.60	1.113	1.137	1.160	1.184	1.208	1.231	1.255	1.279	1.302	1.326
1.62	1.127	1.151	1.175	1.199	1.223	1.247	1.271	1.295	1.319	1.343
1.64	1.141	1.165	1.189	1.214	1.238	1.262	1.286	1.311	1.335	1.359
1.66	1.155	1.179	1.204	1.228	1.253	1.278	1.302	1.327	1.351	1.376
1.68	1.169	1.193	1.218	1.243	1.268	1.293	1.318	1.343	1.368	1.392
1.70	1.183	1.208	1.233	1.258	1.283	1.308	1.333	1.359	1.384	1.409
1.72	1.196	1.222	1.247	1.273	1.298	1.324	1.349	1.375	1.400	1.426
1.74	1.210	1.236	1.262	1.288	1.313	1.339	1.365	1.391	1.416	1.442
1.76	1.224	1.250	1.276	1.302	1.328	1.354	1.381	1.407	1.433	1.459
1.78	1.238	1.265	1.291	1.317	1.344	1.370	1.396	1.423	1.449	1.475
1.80	1.252	1.279	1.305	1.332	1.359	1.385	1.412	1.439	1.465	1.492
1.82	1.266	1.293	1.320	1.347	1.374	1.401	1.428	1.455	1.481	1.508
1.84	1.280	1.307	1.334	1.362	1.389	1.416	1.443	1.471	1.498	1.525
1.86	1.294	1.321	1.349	1.376	1.404	1.431	1.459	1.487	1.514	1.542
1.88	1.308	1.336	1.363	1.391	1.419	1.447	1.475	1.502	1.530	1.558
1.90	1.322	1.350	1.378	1.406	1.434	1.462	1.490	1.518	1.547	1.575
1.92	1.336	1.364	1.392	1.421	1.449	1.478	1.506	1.534	1.563	1.591
1.94	1.349	1.378	1.407	1.436	1.464	1.493	1.522	1.550	1.579	1.608
1.96	1.363	1.392	1.421	1.450	1.479	1.508	1.537	1.566	1.595	1.624
1.98	1.377	1.407	1.436	1.465	1.495	1.524	1.553	1.582	1.612	1.641
2.00	1.391	1.421	1.450	1.480	1.510	1.539	1.569	1.598	1.628	1.658
2.02	1.405	1.435	1.465	1.495	1.525	1.555	1.584	1.614	1.644	1.674
2.04	1.419	1.449	1.479	1.510	1.540	1.570	1.600	1.630	1.661	1.691
2.06	1.433	1.463	1.494	1.524	1.555	1.585	1.616	1.646	1.677	1.707
2.08	1.447	1.478	1.508	1.539	1.570	1.601	1.632	1.662	1.693	1.724
2.10	1.461	1.492	1.523	1.554	1.585	1.616	1.647	1.678	1.709	1.740
2.12	1.475	1.506	1.537	1.569	1.600	1.632	1.663	1.694	1.726	1.757

Kubik-Inhalt der Kolli, deren kleinstes
Solid contents of packages, whose least
Cubage des colis dont la plus petite dimension

Länge/Length Longueur	Breite — Breadth — Largeur									
	1.14	1.16	1.18	1.20	1.22	1.24	1.26	1.28	1.30	1.32
	Inhalt in Kubikmetern — Solid Contents — Cubage									
1.14	0.962									
1.16	979	0.996								
1.18	995	1.013	1.030							
1.20	1.012	1.030	1.048	1.066						
1.22	1.029	1.047	1.065	1.083	1.101					
1.24	1.046	1.064	1.083	1.101	1.119	1.138				
1.26	1.063	1.082	1.100	1.119	1.138	1.156	1.175			
1.28	1.080	1.099	1.118	1.137	1.156	1.175	1.193	1.212		
1.30	1.097	1.116	1.135	1.154	1.174	1.193	1.212	1.231	1.251	
1.32	1.114	1.133	1.153	1.172	1.192	1.211	1.231	1.250	1.270	1.289
1.34	1.130	1.150	1.170	1.190	1.210	1.230	1.249	1.269	1.289	1.309
1.36	1.147	1.167	1.188	1.208	1.228	1.248	1.268	1.288	1.308	1.328
1.38	1.164	1.185	1.205	1.225	1.246	1.266	1.287	1.307	1.328	1.348
1.40	1.181	1.202	1.222	1.243	1.264	1.285	1.305	1.326	1.347	1.368
1.42	1.198	1.219	1.240	1.261	1.282	1.303	1.324	1.345	1.366	1.387
1.44	1.215	1.236	1.257	1.279	1.300	1.321	1.343	1.364	1.385	1.407
1.46	1.232	1.253	1.275	1.296	1.318	1.340	1.361	1.383	1.405	1.426
1.48	1.249	1.270	1.292	1.314	1.336	1.358	1.380	1.402	1.424	1.446
1.50	1.265	1.288	1.310	1.332	1.354	1.376	1.399	1.421	1.443	1.465
1.52	1.282	1.305	1.327	1.350	1.372	1.395	1.417	1.440	1.462	1.485
1.54	1.299	1.322	1.345	1.368	1.390	1.413	1.436	1.459	1.481	1.504
1.56	1.316	1.339	1.362	1.385	1.408	1.431	1.455	1.478	1.501	1.524
1.58	1.333	1.356	1.380	1.403	1.426	1.450	1.473	1.497	1.520	1.543
1.60	1.350	1.373	1.397	1.421	1.444	1.468	1.492	1.516	1.539	1.563
1.62	1.367	1.391	1.415	1.439	1.463	1.487	1.510	1.534	1.558	1.582
1.64	1.384	1.408	1.432	1.456	1.481	1.505	1.529	1.553	1.578	1.602
1.66	1.400	1.425	1.450	1.474	1.499	1.523	1.548	1.572	1.597	1.621
1.68	1.417	1.442	1.467	1.492	1.517	1.542	1.566	1.591	1.616	1.641
1.70	1.434	1.459	1.484	1.510	1.535	1.560	1.585	1.610	1.635	1.661
1.72	1.451	1.476	1.502	1.527	1.553	1.578	1.604	1.629	1.655	1.680
1.74	1.468	1.494	1.519	1.545	1.571	1.597	1.622	1.648	1.674	1.700
1.76	1.485	1.511	1.537	1.563	1.589	1.615	1.641	1.667	1.693	1.719
1.78	1.502	1.528	1.554	1.581	1.607	1.633	1.660	1.686	1.712	1.739
1.80	1.518	1.545	1.572	1.598	1.625	1.652	1.678	1.705	1.732	1.758
1.82	1.535	1.562	1.589	1.616	1.643	1.670	1.697	1.724	1.751	1.778
1.84	1.552	1.579	1.607	1.634	1.661	1.688	1.716	1.743	1.770	1 797
1.86	1.569	1.597	1.624	1.652	1.679	1.707	1.734	1.762	1.789	1.817
1.88	1.586	1.614	1.642	1.669	1.697	1.725	1.753	1.781	1.809	1.836
1.90	1.603	1.631	1.659	1.687	1.715	1.743	1.772	1.800	1.828	1.856
1.92	1.620	1 648	1.677	1.705	1.733	1.762	1.790	1.819	1.847	1.875
1.94	1.637	1.665	1.694	1.723	1.751	1.780	1.809	1.838	1.866	1.895
1.96	1.653	1.682	1.711	1.740	1.769	1.798	1.828	1.857	1.886	1.915
1.98	1.670	1.700	1.729	1.758	1.788	1.817	1.846	1.875	1.905	1.934
2.00	1.687	1.717	1.746	1.776	1.806	1.835	1.865	1.894	1.924	1.954
2.02	1.704	1.734	1.764	1.794	1.824	1.854	1.883	1.913	1.943	1.973
2.04	1.721	1.751	1.781	1.812	1.842	1.872	1.902	1.932	1.962	1.993
2.06	1.738	1.768	1.799	1.829	1.860	1.890	1.921	1.951	1.982	2.012
2.08	1.755	1.785	1.816	1.847	1.878	1.909	1.939	1.970	2.001	2.032
2.10	1.772	1.803	1.834	1.865	1.896	1.927	1.958	1.989	2.020	2.051
2.12	1.788	1.820	1.851	1.883	1.914	1.945	1.977	2.008	2.039	2.071
2.14	1.805	1.837	1.869	1.900	1.932	1.964	1.995	2.027	2.059	2.090
2.16	1.822	1.854	1.886	1.918	1.950	1.982	2.014	2.046	2.078	2.110
2.18	1.839	1.871	1.904	1.936	1.968	2.000	2.033	2.065	2.097	2.129
2.20	1.856	1.888	1.921	1.954	1.986	2.019	2.051	2.084	2.116	2.149
2.22	1.873	1.906	1.939	1.971	2.004	2.037	2.070	2.103	2.136	2.168
2.24	1.890	1.923	1.956	1.989	2.022	2.055	2.089	2.122	2.155	2.188
2.26	1.907	1.940	1.973	2.007	2.040	2.074	2.107	2.141	2.174	2.208
2.28	1.923	1.957	1.991	2.025	2.058	2.092	2.126	2.160	2.193	2.227
2.30	1.940	1.974	2.008	2.042	2.076	2.110	2.145	2.179	2.213	2.247
2.32	1.957	1.991	2.026	2.060	2.094	2.129	2.163	2.198	2.232	2.266
2.34	1.974	2.009	2.043	2.078	2.113	2.147	2.182	2.216	2.251	2.286
2.36	1.991	2.026	2.061	2.096	2.131	2.166	2.200	2.235	2.270	2.305
2.38	2.008	2.043	2.078	2.113	2.149	2.184	2.219	2.254	2.290	2.325
2.40	2.025	2.060	2.096	2.131	2.167	2.202	2.238	2.273	2.309	2.344
2.42	2.042	2.077	2.113	2.149	2.185	2.221	2.256	2.292	2.328	2.364
2.44	2.058	2.094	2.131	2.167	2.203	2.239	2.275	2.311	2.347	2.383
2.46	2.075	2.112	2.148	2.184	2.221	2.257	2.294	2.330	2.367	2.403
2.48	2.092	2.129	2.166	2.202	2.239	2.276	2.312	2.349	2.386	2.422
2.50	2.109	2.146	2.183	2.220	2.257	2.294	2.331	2.368	2.405	2.442
2.52	2.126	2.163	2.200	2.238	2.275	2.312	2.350	2.387	2.424	2.462

Maß (Dicke) 74 Centimeter (0,74 m) ist.
dimensions (depth) are 74 centimetres (0,74 m).
(l'épaisseur) est 74 centimètres (0,74 m).

Länge/Length Longueur	Breite — Breadth — Largeur 1.34	1.36	1.38	1.40	1.42	1.44	1.46	1.48	1.50	1.52
	Inhalt in Kubikmetern — Solid Contents — Cubage									
1.34	1.329									
1.36	1.349	1.369								
1.38	1.368	1.389	1.409							
1.40	1.388	1.409	1.430	1.450						
1.42	1.408	1.429	1.450	1.471	1.492					
1.44	1.428	1.449	1.471	1.492	1.513	1.534				
1.46	1.448	1.469	1.491	1.513	1.534	1.556	1.577			
1.48	1.468	1.489	1.511	1.533	1.555	1.577	1.599	1.621		
1.50	1.487	1.510	1.532	1.554	1.576	1.598	1.621	1.643	1.665	
1.52	1.507	1.530	1.552	1.575	1.597	1.620	1.642	1.665	1.687	1.710
1.54	1.527	1.550	1.573	1.595	1.618	1.641	1.664	1.687	1.709	1.732
1.56	1.547	1.570	1.593	1.616	1.639	1.662	1.685	1.709	1.732	1.755
1.58	1.567	1.590	1.613	1.637	1.660	1.684	1.707	1.730	1.754	1.777
1.60	1.587	1.610	1.634	1.658	1.681	1.705	1.729	1.752	1.776	1.800
1.62	1.606	1.630	1.654	1.678	1.702	1.724	1.750	1.774	1.798	1.822
1.64	1.626	1.650	1.675	1.699	1.723	1.748	1.772	1.796	1.820	1.845
1.66	1.646	1.671	1.695	1.720	1.744	1.769	1.793	1.818	1.843	1.867
1.68	1.666	1.691	1.716	1.740	1.765	1.790	1.815	1.840	1.865	1.890
1.70	1.686	1.711	1.736	1.761	1.786	1.812	1.837	1.862	1.887	1.912
1.72	1.706	1.731	1.756	1.782	1.807	1.833	1.858	1.884	1.909	1.935
1.74	1.725	1.751	1.777	1.803	1.828	1.854	1.880	1.906	1.931	1.957
1.76	1.745	1.771	1.797	1.823	1.849	1.875	1.902	1.928	1.954	1.980
1.78	1.765	1.791	1.818	1.844	1.870	1.897	1.923	1.949	1.976	2.002
1.80	1.785	1.812	1.838	1.865	1.891	1.918	1.945	1.971	1.998	2.025
1.82	1.805	1.832	1.859	1.886	1.912	1.939	1.966	1.993	2.020	2.047
1.84	1.825	1.852	1.879	1.906	1.933	1.961	1.988	2.015	2.042	2.070
1.86	1.844	1.872	1.899	1.927	1.954	1.982	2 010	2.037	2.065	2.092
1.88	1.864	1.892	1.920	1.948	1.976	2.003	2.031	2.059	2.087	2.115
1.90	1.884	1.912	1.940	1.968	1.997	2.025	2.053	2.081	2.109	2.137
1.92	1.904	1.932	1.961	1.989	2.018	2.046	2.074	2.103	2.131	2.160
1.94	1.924	1.952	1.981	2.010	2.039	2.067	2.096	2.125	2.153	2.182
1.96	1.944	1.973	2.002	2.031	2.060	2.089	2.118	2.147	2.176	2.205
1.98	1.963	1.993	2.022	2.051	2.081	2.110	2.139	2.168	2.198	2.227
2.00	1.983	2.013	2.042	2.072	2.102	2.131	2.161	2.190	2.220	2.250
2.02	2.003	2.033	2.063	2.093	2.123	2.153	2.182	2.212	2.242	2.272
2.04	2.023	2.053	2.083	2.113	2.144	2.174	2.204	2.234	2.264	2.295
2.06	2.043	2.073	2.104	2.134	2.165	2.195	2.226	2 256	2.287	2.317
2.08	2.063	2.093	2.124	2.155	2.186	2.216	2.247	2.278	2.309	2.340
2.10	2.082	2.113	2.145	2.176	2.207	2.238	2.269	2.300	2.331	2.362
2.12	2.102	2.134	2.165	2.196	2.228	2.259	2.290	2.322	2.353	2.385
2.14	2.122	2.154	2.185	2.217	2.249	2.280	2.312	2.344	2.375	2.407
2.16	2.142	2.174	2.206	2.238	2.270	2.302	2.334	2.366	2.398	2.430
2.18	2.162	2.194	2.226	2.258	2.291	2.323	2.355	2.388	2.420	2.452
2.20	2.182	2.214	2.247	2.279	2.312	2.344	2.377	2.409	2.442	2.475
2.22	2.201	2.234	2.267	2.300	2.333	2.366	2.398	2.431	2.464	2.497
2.24	2.221	2.254	2.287	2.321	2.354	2.387	2.420	2.453	2.486	2.520
2.26	2.241	2.274	2.308	2.341	2.375	2.408	2.442	2.475	2.509	2.542
2.28	2.261	2.295	2.328	2.362	2.396	2.430	2.463	2.497	2.531	2.565
2.30	2.281	2.315	2.349	2.383	2.417	2.451	2.485	2.519	2.553	2.587
2.32	2.301	2.335	2.369	2.404	2.438	2.472	2.506	2.541	2.575	2.610
2.34	2.320	2.355	2.390	2.424	2.459	2.494	2.528	2.563	2.597	2.632
2.36	2.340	2.375	2.410	2.445	2.480	2.515	2.550	2.585	2.620	2.655
2.38	2.360	2.395	2.430	2.466	2.501	2.536	2.571	2.607	2.642	2.677
2.40	2.380	2.415	2.451	2.486	2.522	2.557	2.593	2.628	2.664	2.700
2.42	2.400	2.435	2.471	2.507	2.543	2.579	2.614	2.650	2.686	2.722
2.44	2.420	2.456	2.492	2.528	2.564	2.600	2.636	2.672	2.708	2.745
2.46	2.439	2.476	2.512	2.549	2.585	2.621	2.658	2.694	2.731	2.767
2.48	2.459	2.496	2.533	2.569	2.606	2.643	2.679	2.716	2.753	2.790
2.50	2.479	2.516	2.553	2.590	2.627	2.664	2.701	2.738	2.775	2.812
2.52	2.499	2.536	2.573	2.611	2.648	2.685	2.723	2.760	2.797	2.834

Kubik-Inhalt der Kolli, deren kleinstes
Solid contents of packages, whose least
bage des colis, dont la plus petite dimension

Länge/Length Longueur	Breite — Breadth — Largeur									
	0.76	0.78	0.80	0.82	0.84	0.86	0.88	0.90	0.92	0.94
	Inhalt in Kubikmetern — Solid Contents — Cubage									
0.76	0.439									
0.78	451	0.462								
0.80	462	474	0.486							
0.82	474	486	499	0.511						
0.84	485	498	511	523	0.536					
0.86	497	510	523	536	549	0.562				
0.88	508	522	535	548	562	575	0.589			
0.90	520	534	547	561	575	588	602	0.616		
0.92	531	545	559	573	587	601	615	629	0.643	
0.94	543	557	572	586	600	614	629	643	657	0.672
0.96	554	569	584	598	613	627	642	657	671	686
0.98	566	581	596	611	626	641	655	670	685	700
1.00	578	593	608	623	638	654	669	684	699	714
1.02	589	605	620	636	651	667	682	698	713	729
1.04	601	617	632	648	664	680	696	711	727	743
1.06	612	628	644	661	677	693	709	725	741	757
1.08	624	640	657	673	689	706	722	739	755	772
1.10	635	652	669	686	702	719	736	752	769	786
1.12	647	664	681	698	715	732	749	766	783	800
1.14	658	676	693	710	728	745	762	780	797	814
1.16	670	688	705	723	741	758	776	793	811	829
1.18	682	700	717	735	753	771	789	807	825	843
1.20	693	711	730	748	766	784	803	821	839	857
1.22	705	723	742	760	779	797	816	834	853	872
1.24	716	735	754	773	792	810	829	848	867	886
1.26	728	747	766	785	804	824	843	862	881	900
1.28	739	759	778	798	817	837	856	876	895	914
1.30	751	771	790	810	830	850	869	889	909	929
1.32	762	782	803	823	843	863	883	903	923	943
1.34	774	794	815	835	855	876	896	917	937	957
1.36	786	806	827	848	868	889	910	930	951	972
1.38	797	818	839	860	881	902	923	944	965	986
1.40	809	830	851	872	894	915	936	958	979	1.000
1.42	820	842	863	885	907	928	950	971	993	1.014
1.44	832	854	876	897	919	941	963	985	1.007	1.029
1.46	843	865	888	910	932	954	976	999	1.021	1.043
1.48	855	877	900	922	945	967	990	1.012	1.035	1.057
1.50	866	889	912	935	958	980	1.003	1.026	1.049	1.072
1.52	878	901	924	947	970	993	1.017	1.040	1.063	1.086
1.54	890	913	936	960	983	1.007	1.030	1.053	1.077	1.100
1.56	901	925	948	972	996	1.020	1.043	1.067	1.091	1.114
1.58	913	937	961	985	1.009	1.033	1.057	1.081	1 105	1.129
1.60	924	948	973	997	1.021	1.046	1.070	1.094	1.119	1.143
1.62	936	960	985	1.010	1.034	1.059	1.083	1.108	1.133	1.157
1.64	947	972	997	1.022	1.047	1.072	1.097	1.122	1.147	1.172
1.66	959	984	1.009	1.035	1.060	1.085	1.110	1.135	1.161	1.186
1.68	970	996	1.021	1.047	1.073	1.098	1.124	1.149	1.175	1.200
1.70	982	1.008	1.034	1.059	1.085	1.111	1.137	1.163	1.189	1.214
1.72	993	1.020	1.046	1.072	1.098	1.124	1.150	1.176	1.203	1.229
1.74	1.005	1.031	1.058	1.085	1.111	1.137	1.164	1.190	1.217	1.243
1.76	1.017	1.043	1.070	1.097	1.124	1.150	1.177	1.204	1.231	1.257
1.78	1.028	1.055	1.082	1.109	1.136	1.163	1.190	1.218	1.245	1.272
1.80	1.040	1.067	1.094	1.122	1.149	1.176	1.204	1.231	1.259	1.286
1.82	1.051	1.079	1.107	1.134	1.162	1.190	1.217	1.245	1.273	1.300
1.84	1.063	1.091	1.119	1.147	1.175	1.203	1.231	1.259	1.287	1.314
1.86	1.074	1.103	1.131	1.159	1.187	1.216	1.244	1.272	1.301	1.329
1.88	1.086	1.114	1.143	1.172	1.200	1.229	1.257	1.286	1.314	1.343
1.90	1.097	1.126	1.155	1.184	1.213	1.242	1.271	1.300	1.328	1.357
1.92	1.109	1.138	1.167	1.197	1.226	1.255	1.284	1.313	1.342	1.372
1.94	1.121	1.150	1.180	1.209	1.238	1.268	1.297	1.327	1.356	1.386
1.96	1.132	1.162	1.192	1.221	1.251	1.281	1.311	1.341	1 370	1.400
1.98	1.144	1.174	1.204	1.234	1.264	1.294	1.324	1.354	1.384	1.415
2.00	1.155	1.186	1.216	1.246	1.277	1.307	1.338	1.368	1.398	1.429
2.02	1.167	1.197	1.228	1.259	1.290	1.320	1.351	1.382	1.412	1.443
2.04	1.178	1.209	1.240	1.271	1.302	1.333	1.364	1.395	1.426	1.457
2.06	1.190	1.221	1.252	1.284	1.315	1.346	1.378	1.409	1.440	1.472
2.08	1.201	1.233	1.265	1.296	1.328	1.359	1.391	1.423	1.454	1.486
2.10	1.213	1.245	1.277	1.309	1.341	1.373	1.404	1.436	1.468	1.500
2.12	1.225	1.257	1.289	1.321	1.353	1.386	1.418	1.450	1.482	1.515
2.14	1.236	1.269	1.301	1.334	1.366	1.399	1.431	1.464	1.496	1.529

Maß (Dicke) 76 Centimeter (0,76 m) ist.
dimensions (depth) are 76 centimetres (0,76 m).
(l'épaisseur) est 76 centimètres (0,76 m).

Länge/Length Longueur	Breite — Breadth — Largeur									
	0.96	0.98	1.00	1.02	1.04	1.06	1.08	1.10	1.12	1.14
	Inhalt in Kubikmetern — Solid Contents — Cubage									
0.96	0.700									
0.98	715	0.730								
1.00	730	745	0.760							
1.02	744	760	775	0.791						
1.04	759	775	790	806	0.822					
1.06	773	789	806	822	838	0.854				
1.08	788	804	821	837	854	870	0.886			
1.10	803	819	836	853	869	886	903	0.920		
1.12	817	834	851	868	885	902	919	936	0.953	
1.14	832	849	866	884	901	918	936	953	970	0.988
1.16	846	864	882	899	917	934	952	970	987	1.005
1.18	861	879	897	915	933	951	969	986	1.004	1.022
1.20	876	894	912	930	948	967	985	1.003	1.021	1.040
1.22	890	909	927	946	964	983	1.001	1.020	1.038	1.057
1.24	905	924	942	961	980	999	1.018	1.037	1.055	1.074
1.26	919	938	958	977	996	1.015	1.034	1.053	1.073	1.092
1.28	934	953	973	992	1.012	1.031	1.051	1.070	1.090	1.109
1.30	948	968	988	1.008	1.028	1.047	1.067	1.087	1.107	1.126
1.32	963	983	1.003	1.023	1.043	1.063	1.083	1.104	1.124	1.144
1.34	978	998	1.018	1.039	1.059	1 080	1.100	1.120	1.141	1.161
1.36	992	1.013	1.034	1.054	1.075	1.096	1.116	1.137	1.158	1.178
1.38	1.007	1.028	1.049	1.070	1.091	1.112	1.133	1.154	1.175	1.196
1.40	1.021	1.043	1.064	1.085	1.107	1.128	1.149	1.170	1.192	1.213
1.42	1.036	1.058	1.079	1.101	1.122	1.144	1.166	1.187	1.209	1.230
1.44	1.051	1.073	1.094	1.116	1.138	1.160	1.182	1.204	1.226	1.248
1.46	1.065	1.087	1.110	1.132	1.154	1.176	1.198	1.221	1.243	1.265
1.48	1.080	1.102	1.125	1.147	1.170	1.192	1.215	1.237	1.260	1.282
1.50	1.094	1.117	1.140	1.163	1.186	1.208	1.231	1.254	1.277	1.300
1.52	1.109	1.132	1.155	1.178	1.201	1.225	1.248	1.271	1.294	1.317
1.54	1.124	1.147	1.170	1.194	1.217	1.241	1.264	1.287	1.311	1.334
1.56	1.138	1.162	1.186	1.209	1.233	1.257	1.280	1.304	1.328	1.352
1.58	1.153	1.177	1.201	1.225	1.249	1.273	1.297	1.321	1.345	1.369
1.60	1.167	1.192	1.216	1.240	1.265	1.289	1.313	1.338	1.362	1.386
1.62	1.182	1.207	1.231	1.256	1.280	1.305	1.330	1.354	1.379	1.404
1.64	1.197	1.221	1.246	1.271	1.296	1.321	1.346	1.371	1.396	1.421
1.66	1.211	1.236	1.262	1.287	1.312	1.337	1.363	1.388	1.413	1.438
1.68	1.226	1.251	1.277	1.302	1.328	1.353	1.379	1.404	1.430	1.456
1.70	1.240	1.266	1.292	1.318	1.344	1.370	1.395	1.421	1.447	1.473
1.72	1.255	1.281	1.307	1.333	1.359	1.386	1.412	1.438	1.464	1.490
1.74	1.270	1.296	1.322	1.349	1.375	1.402	1.428	1.455	1.481	1.508
1.76	1.284	1.311	1.338	1.364	1.391	1.418	1.445	1.471	1.498	1.525
1.78	1.299	1.326	1.353	1.380	1.407	1.434	1.461	1.488	1.515	1.542
1.80	1.313	1.341	1.368	1.395	1.423	1.450	1.477	1.505	1.532	1.560
1.82	1.328	1.356	1.383	1.411	1.439	1.466	1.494	1.522	1.549	1.577
1.84	1.342	1.370	1.398	1.426	1.454	1.482	1.510	1.538	1.566	1.594
1.86	1.357	1.385	1.414	1.442	1.470	1.498	1.527	1.555	1.583	1.612
1.88	1.372	1.400	1.429	1.457	1.486	1.515	1.543	1.572	1.600	1.629
1.90	1.386	1.415	1.444	1.473	1.502	1.531	1.560	1.588	1.617	1.646
1.92	1.401	1.430	1.459	1.488	1.518	1.547	1.576	1.605	1.634	1.663
1.94	1.415	1.445	1.474	1.504	1.533	1.563	1.592	1.622	1.651	1.681
1.96	1.430	1.460	1.490	1.519	1.549	1.579	1.609	1.639	1.668	1.698
1.98	1.445	1.475	1.505	1.535	1.565	1.595	1.625	1.655	1.685	1.715
2.00	1.459	1.490	1.520	1.550	1.581	1.611	1.642	1.672	1.702	1.733
2.02	1.474	1.504	1.535	1.566	1.597	1.627	1.658	1.689	1.719	1.750
2.04	1.488	1.519	1.550	1.581	1.612	1.643	1.674	1.705	1.736	1.767
2.06	1.503	1.534	1.566	1.597	1.628	1.660	1.691	1.722	1.753	1.785
2.08	1.518	1.549	1.581	1.612	1.644	1.676	1.707	1.739	1.770	1.802
2.10	1.532	1.564	1.596	1.628	1.660	1.692	1.724	1.756	1.788	1.819
2.12	1.547	1.579	1.611	1.643	1.676	1.708	1.740	1.772	1.805	1.837
2.14	1.561	1.594	1.626	1.659	1.691	1.724	1.757	1.789	1.822	1.854

Kubik-Inhalt der Kolli, deren kleinstes
Solid contents of packages, whose least
Cubage des colis, dont la plus petite dimension

Länge/Length Longueur	Breite — Breadth — Largeur 1.16	1.18	1.20	1.22	1.24	1.26	1.28	1.30	1.32	1.34
	Inhalt in Kubikmetern — Solid Contents — Cubage									
1.16	1.023									
1.18	1.040	1.058								
1.20	1.058	1.076	1.094							
1.22	1.076	1.094	1.113	1.131						
1.24	1.093	1.112	1.131	1.150	1.169					
1.26	1.111	1.130	1.149	1.168	1.187	1.207				
1.28	1.128	1.148	1.167	1.187	1.206	1.226	1.245			
1.30	1.146	1.166	1.186	1.205	1.225	1.245	1.265	1.284		
1.32	1.164	1.184	1.204	1.224	1.244	1.264	1.284	1.304	1.324	
1.34	1.181	1.202	1.222	1.242	1.263	1.283	1.304	1.324	1.344	1.365
1.36	1.199	1.220	1.240	1.261	1.282	1.302	1.323	1.344	1.364	1.385
1.38	1.217	1.238	1.259	1.280	1.301	1.321	1.342	1.363	1.384	1.405
1.40	1.234	1.256	1.277	1.298	1.319	1.341	1.362	1.383	1.404	1.426
1.42	1.252	1.273	1.295	1.317	1.338	1.360	1.381	1.403	1.425	1.446
1.44	1.270	1.291	1.313	1.335	1.357	1.379	1.401	1.423	1.445	1.466
1.46	1.287	1.309	1.332	1.354	1.376	1.398	1.420	1.442	1.465	1.487
1.48	1.305	1.327	1.350	1.372	1.395	1.417	1.440	1.462	1.485	1.507
1.50	1.322	1.345	1.368	1.391	1.414	1.436	1.459	1.482	1.505	1.528
1.52	1.340	1.363	1.386	1.409	1.432	1.456	1.479	1.502	1.525	1.548
1.54	1.358	1.381	1.404	1.428	1.451	1.475	1.498	1.522	1.545	1.568
1.56	1.375	1.399	1.423	1.446	1.470	1.494	1.518	1.541	1.565	1.589
1.58	1.393	1.417	1.441	1.465	1.489	1.513	1.537	1.561	1.585	1.609
1.60	1.411	1.435	1.459	1.484	1.508	1.532	1.556	1.581	1.605	1.629
1.62	1 428	1.453	1.477	1.502	1.527	1.551	1.576	1.601	1.625	1.650
1.64	1.446	1.471	1.496	1.521	1.546	1.570	1.595	1.620	1.645	1.670
1.66	1.463	1.489	1.514	1.539	1.564	1.590	1.615	1.640	1.665	1.691
1.68	1.481	1.507	1.532	1.558	1.583	1.609	1.634	1.660	1.685	1.711
1.70	1.499	1.525	1.550	1.576	1.602	1.628	1.654	1.680	1.705	1.731
1.72	1.516	1.542	1.569	1.595	1.621	1.647	1.673	1.699	1.726	1.752
1.74	1.534	1.560	1.587	1.613	1.640	1.666	1.693	1.719	1.746	1.772
1.76	1.552	1.578	1.605	1.632	1.659	1.685	1.712	1.739	1.766	1.792
1.78	1.569	1.596	1.623	1.650	1.677	1.705	1.732	1.759	1.786	1.813
1.80	1.587	1.614	1.642	1.669	1.696	1.724	1.751	1.778	1.806	1.833
1.82	1.605	1.632	1.660	1.688	1.715	1.743	1.770	1.798	1.826	1.853
1.84	1.622	1.650	1.678	1.706	1.734	1.762	1.790	1.818	1.846	1.874
1.86	1.640	1.668	1.696	1.725	1.753	1.781	1.809	1.838	1.866	1.894
1.88	1.657	1.686	1.715	1.743	1.772	1.800	1.829	1.857	1.886	1.915
1.90	1.675	1.704	1.733	1.762	1.791	1.819	1.848	1.877	1.906	1.935
1.92	1.693	1.722	1.751	1.780	1.809	1.839	1.868	1.897	1.926	1.955
1.94	1.710	1.740	1.769	1.799	1.828	1.858	1.887	1.917	1.946	1.976
1.96	1.728	1.758	1.788	1.817	1.847	1.877	1.907	1.936	1.966	1.996
1.98	1.746	1.776	1.806	1.836	1.866	1.896	1.926	1.956	1.986	2.016
2.00	1.763	1.794	1.824	1.854	1.885	1.915	1.946	1.976	2.006	2.037
2.02	1.781	1.812	1.842	1.873	1.904	1.934	1.965	1.996	2.026	2.057
2.04	1.798	1.829	1.860	1.891	1.922	1.954	1.985	2.016	2.047	2.078
2.06	1.816	1.847	1.879	1.810	1.941	1.973	2.004	2.035	2.067	2.098
2.08	1.834	1.865	1.897	1.929	1.960	1.992	2.023	2.055	2.087	2.118
2.10	1.851	1.883	1.915	1.947	1.979	2.011	2.043	2.075	2.107	2.139
2.12	1.869	1.901	1.933	1.966	1.998	2.030	2.062	2.095	2.127	2.159
2.14	1.887	1.919	1.952	1.984	2.017	2.049	2.082	2.114	2.147	2.179
2.16	1.904	1.937	1.970	2.003	2.036	2.068	2.101	2.134	2.167	2.200
2.18	1.922	1.955	1.988	2.021	2.054	2.088	2.121	2.154	2.187	2.220
2.20	1.940	1.973	2.006	2.040	2.073	2.107	2.140	2.174	2.207	2.240
2.22	1.957	1.991	2.025	2.058	2.092	2.126	2.160	2.193	2.227	2.261
2.24	1.975	2.009	2.043	2.077	2.111	2.145	2.179	2.213	2.247	2.281
2.26	1.992	2.027	2.061	2.095	2.130	2.164	2.199	2.233	2.267	2.302
2.28	2.010	2.045	2.079	2.114	2.149	2.183	2.218	2.253	2.287	2.322
2.30	2.028	2.063	2.098	2.133	2.168	2.202	2.237	2.272	2.307	2.342
2.32	2.045	2.081	2.116	2.151	2.186	2.222	2.257	2.292	2.327	2.363
2.34	2.063	2.099	2.134	2.170	2.205	2.241	2.276	2.312	2.347	2.383
2.36	2.081	2.116	2.152	2.188	2.224	2.260	2.296	2.332	2.368	2.403
2.38	2.098	2.134	2.171	2.207	2.243	2.279	2.315	2.351	2.388	2.424
2.40	2.116	2.152	2.189	2.225	2.262	2.298	2.335	2.371	2.408	2.444
2.42	2.133	2.170	2.207	2.244	2 281	2.317	2.354	2.391	2.428	2.465
2.44	2.151	2.188	2.225	2.262	2.299	2.337	2.374	2.411	2.448	2.485
2.46	2.169	2.206	2.244	2.281	2.318	2.356	2.393	2.430	2.468	2.505
2.48	2.186	2.224	2.262	2.299	2.337	2.375	2.413	2.450	2.488	2.526
2.50	2.204	2.242	2.280	2.318	2.356	2.394	2.432	2.470	2.508	2.546
2.52	2.222	2.260	2.298	2.337	2.375	2.413	2.451	2.490	2.528	2.566
2.54	2.239	2.278	2.316	2.355	2.394	2.432	2.471	2.510	2.548	2.587

Maß (Dicke) 76 Centimeter (0,76 m) ist.
dimensions (depth) are 76 centimetres (0,76 m).
(l'épaisseur) est 76 centimètres (0,76 m).

Länge/Length Longueur	Breite — Breadth — Largeur									
	1.36	1.38	1.40	1.42	1.44	1.46	1,48	1.50	1.52	1.54
	Inhalt in Kubikmetern — Solid Contents — Cubage									
1.36	1.406									
1.38	1.426	1.447								
1.40	1.447	1.468	1.490							
1.42	1.468	1.489	1.511	1.532						
1.44	1.488	1.510	1.532	1.554	1.576					
1.46	1.509	1.531	1.553	1.576	1.598	1.620				
1.48	1.530	1.552	1.575	1.597	1.620	1.642	1.665			
1.50	1.550	1.573	1.596	1.619	1.642	1.664	1.687	1.710		
1.52	1.571	1.594	1.617	1.640	1.663	1.687	1.710	1.733	1.756	
1.54	1.592	1.615	1.639	1.662	1.685	1.709	1.732	1.756	1.779	1.802
1.56	1.612	1.636	1.660	1.684	1.707	1.731	1.755	1.778	1.802	1.826
1.58	1.633	1.657	1.681	1.705	1.729	1.753	1.777	1.801	1.825	1.849
1.60	1.654	1.678	1.702	1.727	1.751	1.775	1.800	1.824	1.848	1.873
1.62	1.674	1.699	1.724	1.748	1.773	1.798	1.822	1.847	1.871	1.896
1.64	1.695	1.720	1.745	1.770	1.795	1.820	1.845	1.870	1.895	1.919
1.66	1.716	1.741	1.766	1.791	1.817	1.842	1.867	1.892	1.918	1.943
1.68	1.736	1.762	1.788	1.813	1.839	1.864	1.890	1.915	1.941	1.966
1.70	1.757	1.783	1.809	1.835	1.860	1.886	1.912	1.938	1.964	1.990
1.72	1.778	1.804	1.830	1.856	1.882	1.909	1.935	1.961	1.987	2.013
1.74	1.798	1.825	1.851	1.878	1.904	1.931	1.957	1.984	2.010	2.036
1.76	1.819	1.846	1.873	1.899	1.926	1.953	1.980	2.006	2.033	2.060
1.78	1.840	1.867	1.894	1.921	1.948	1.975	2.002	2.029	2.056	2.083
1.80	1.860	1.888	1.915	1.943	1.970	1.997	2.025	2.052	2.079	2.107
1.82	1.881	1.909	1.936	1.964	1.992	2.019	2.047	2.075	2.102	2.130
1.84	1.902	1.930	1.958	1.986	2.014	2.042	2.070	2.098	2.126	2.154
1.86	1.922	1.951	1.979	2.007	2.036	2.064	2.092	2.120	2.149	2.177
1.88	1.943	1.972	2.000	2.029	2.057	2.086	2.115	2.143	2.172	2.200
1.90	1.964	1.993	2.022	2.050	2.079	2.108	2.137	2.166	2.195	2.224
1.92	1.985	2.014	2.043	2.072	2.101	2.130	2.160	2.189	2.218	2.247
1.94	2.005	2.035	2.064	2.094	2.123	2.153	2.182	2.212	2.241	2.271
1.96	2.026	2.056	2.085	2.115	2.145	2.175	2.205	2.234	2.264	2.294
1.98	2.047	2.077	2.107	2.137	2.167	2.197	2.227	2.257	2.287	2.317
2.00	2.067	2.098	2.128	2.158	2.189	2.219	2.250	2.280	2.310	2.341
2.02	2.088	2.119	2.149	2.180	2.211	2.241	2.272	2.303	2.334	2.364
2.04	2.109	2.140	2.171	2.202	2.233	2.264	2.295	2.326	2.357	2.388
2.06	2.129	2.161	2.192	2.223	2.254	2.286	2.317	2.348	2.380	2.411
2.08	2.150	2.182	2.213	2.245	2.276	2.308	2.340	2.371	2.403	2.434
2.10	2.171	2.202	2.234	2.266	2.298	2.330	2.362	2.394	2.426	2.458
2.12	2.191	2.223	2.256	2.288	2.320	2.352	2.385	2.417	2.449	2.481
2.14	2.212	2.244	2.277	2.309	2.342	2.375	2.407	2.440	2.472	2.505
2.16	2.233	2.265	2.298	2.331	2.364	2.397	2.430	2.462	2.495	2.528
2.18	2.253	2.286	2.320	2.353	2.386	2 419	2.452	2.485	2.518	2.551
2.20	2.274	2.307	2.341	2.374	2.408	2.441	2.475	2.508	2.541	2.575
2.22	2.295	2.328	2.362	2.396	2.430	2.463	2.497	2.531	2.565	2.598
2.24	2.315	2.349	2.383	2.417	2.451	2.486	2.520	2.554	2.588	2.622
2.26	2.336	2.370	2.405	2.439	2.473	2.508	2.542	2.576	2.611	2.645
2.28	2.357	2.391	2.426	2.461	2.495	2.530	2.565	2.599	2.634	2.669
2.30	2.377	2.412	2.447	2.482	2.517	2.552	2.587	2.622	2.657	2.692
2.32	2.398	2.433	2.468	2.504	2.539	2.574	2.610	2.645	2.680	2.715
2.34	2.419	2.454	2.490	2.525	2.561	2.596	2.632	2.668	2.703	2.739
2.36	2 439	2.475	2.511	2.547	2.583	2.619	2.655	2.690	2.726	2.762
2.38	2.460	2.496	2.532	2.568	2.605	2.641	2.677	2.713	2.749	2.786
2.40	2.481	2.517	2.554	2.590	2.627	2.663	2.700	2.736	2.772	2.809
2.42	2.501	2.538	2.575	2.612	2.648	2.685	2.722	2.759	2.796	2.832
2.44	2.522	2.559	2.596	2.633	2.670	2.707	2.745	2.782	2.819	2.856
2.46	2.543	2.580	2.617	2.655	2.692	2.730	2.767	2.804	2.842	2.879
2.48	2.563	2.601	2.639	2.676	2.714	2.752	2.790	2.827	2.865	2.903
2.50	2.584	2.622	2.660	2.698	2.736	2.774	2.812	2.850	2.888	2.926
2.52	2.605	2.643	2.681	2.720	2.758	2.796	2.834	2.873	2.911	2.949
2.54	2.625	2.664	2.703	2.741	2.780	2.818	2.857	2.896	2.934	2.973

Kubik-Inhalt der Kolli, deren kleinstes
Solid contents of packages, whose least
Cubage des colis, dont la plus petite dimension

Länge/Length Longueur	Breite — Breadth — Largeur									
	0.78	0.80	0.82	0.84	0.86	0.88	0.90	0.92	0.94	0.96
	Inhalt in Kubikmetern — Solid Contents — Cubage									
0.78	0.475									
0.80	487	0.499								
0.82	499	512	0.524							
0.84	511	524	537	0.550						
0.86	523	537	550	563	0.577					
0.88	535	549	563	577	590	0.604				
0.90	548	562	576	590	604	618	0.632			
0.92	560	574	588	603	617	631	646	0.660		
0.94	572	587	601	616	631	645	660	675	0.689	
0.96	584	599	614	629	644	659	674	689	704	0.719
0.98	596	612	627	642	657	673	688	703	719	734
1.00	608	624	640	655	671	686	702	718	733	749
1.02	621	636	652	668	684	700	716	732	748	764
1.04	633	649	665	681	698	714	730	746	763	779
1.06	645	661	678	695	711	728	744	761	777	794
1.08	657	674	691	708	724	741	758	775	792	809
1.10	669	686	704	721	738	755	772	789	807	824
1.12	681	699	716	734	751	769	786	803	821	839
1.14	694	711	729	747	765	782	800	818	836	854
1.16	706	724	742	760	778	796	814	832	851	869
1.18	718	736	755	773	792	810	828	847	865	884
1.20	730	749	768	786	805	824	842	861	880	899
1.22	742	761	780	799	818	837	856	875	895	914
1.24	754	774	793	812	832	851	870	890	909	929
1.26	767	786	806	826	845	865	885	904	924	943
1.28	779	799	819	839	859	879	899	919	938	958
1.30	791	811	831	852	872	892	913	933	953	973
1.32	803	824	844	865	885	906	927	947	968	988
1.34	815	836	857	878	899	920	941	962	982	1.003
1.36	827	849	870	891	912	934	955	976	997	1.018
1.38	840	861	883	904	926	947	969	990	1.012	1.033
1.40	852	874	895	917	939	961	983	1.005	1.026	1.048
1.42	864	886	908	930	953	975	997	1.019	1.041	1.063
1.44	876	899	921	943	966	988	1.011	1.033	1.056	1.078
1.46	888	911	934	957	979	1.002	1.025	1.048	1.070	1.093
1.48	900	924	947	970	993	1.016	1.039	1.062	1.085	1.108
1.50	913	936	959	983	1.006	1.030	1.053	1.076	1.100	1.123
1.52	925	948	972	996	1.020	1.043	1.067	1.091	1.114	1.138
1.54	937	961	985	1.009	1.033	1.057	1.081	1.105	1.129	1.153
1.56	949	973	998	1.022	1.046	1.071	1.095	1.119	1.144	1.168
1.58	961	986	1.011	1.035	1.060	1.085	1.109	1.134	1.158	1.183
1.60	973	998	1.023	1.048	1.073	1.098	1.123	1.148	1.173	1.198
1.62	986	1.011	1.036	1.061	1.087	1.112	1.137	1.163	1.188	1.213
1.64	998	1.023	1.049	1.075	1.100	1.126	1.151	1.177	1.202	1.228
1.66	1.010	1.036	1.062	1.088	1.114	1.139	1.165	1.191	1.217	1 243
1.68	1.022	1.048	1.075	1.101	1.127	1.153	1.179	1.206	1.232	1.258
1.70	1.034	1.061	1.087	1.114	1.140	1.167	1.193	1.220	1.246	1.273
1.72	1.046	1.073	1.100	1.127	1.154	1.181	1.207	1.234	1.261	1.288
1.74	1.059	1.086	1.113	1.140	1.167	1.194	1.221	1.249	1.276	1.303
1.76	1.071	1.098	1.126	1.153	1.181	1.208	1.236	1.263	1.290	1.318
1.78	1.083	1.111	1.138	1.166	1.194	1.222	1.250	1.277	1.305	1.333
1.80	1.095	1.123	1.151	1.179	1.207	1.236	1.264	1.292	1.320	1.348
1.82	1.107	1.136	1.164	1.192	1.221	1.249	1.278	1.306	1.334	1.363
1.84	1.119	1.148	1.177	1.206	1.234	1.263	1.292	1.320	1.349	1.378
1.86	1.132	1.161	1.190	1.219	1.248	1.277	1.306	1.335	1.364	1.393
1.88	1.144	1.173	1.202	1.232	1.261	1.290	1.320	1.349	1.378	1.408
1.90	1.156	1.186	1.215	1.245	1.275	1.304	1.334	1.363	1.393	1.423
1.92	1.168	1.198	1.228	1.258	1.288	1.318	1.348	1.378	1.408	1.438
1.94	1.180	1.211	1.241	1.271	1.301	1.332	1.362	1.392	1.422	1.453
1.96	1.192	1.223	1.254	1.284	1.315	1.345	1.376	1.406	1.437	1.468
1.98	1.205	1.236	1.266	1.297	1.328	1.359	1.390	1.421	1.452	1.483
2.00	1.217	1.248	1.279	1.310	1.342	1.373	1.404	1.435	1.466	1.498
2.02	1.229	1.260	1.292	1.324	1.355	1.387	1.418	1.450	1.481	1.513
2.04	1.241	1.273	1.305	1.337	1.368	1.400	1.432	1.464	1.496	1.528
2.06	1.253	1.285	1.318	1.350	1.382	1.414	1.446	1.478	1.510	1.543
2.08	1.265	1.298	1.330	1.363	1.395	1.428	1.460	1.493	1.525	1.558
2.10	1.278	1.310	1.343	1.376	1.409	1.441	1.474	1.507	1.540	1.572
2.12	1.290	1.323	1.356	1.389	1.422	1.455	1.488	1.521	1.554	1.587
2.14	1.302	1.335	1.369	1.402	1.436	1.469	1.502	1.536	1.569	1.602
2.16	1.314	1.348	1.382	1.415	1.449	1.483	1.516	1.550	1.584	1.617

Maß (Dicke) 78 Centimeter (0,78 m) ist.
dimensions (depth) are 78 centimetres (0,78 m).
(l'épaisseur) est 78 centimètres (0,78 m).

Länge/Length Longueur	Breite — Breadth — Largeur									
	0.98	1.00	1.02	1.04	1.06	1.08	1.10	1.12	1.14	1.16
	Inhalt in Kubikmetern — Solid Contents — Cubage									
0.98	0.749									
1.00	764	0.780								
1.02	780	796	0.812							
1.04	795	811	827	0.844						
1.06	810	827	843	860	0.876					
1.08	826	842	859	876	893	0.910				
1.10	841	858	875	892	909	927	0.944			
1.12	856	874	891	909	926	943	961	0.978		
1.14	871	889	907	925	943	960	978	996	1.014	
1.16	887	905	923	941	959	977	995	1.013	1.031	1.050
1.18	902	920	939	957	976	994	1.012	1.031	1.049	1.068
1.20	917	936	955	973	992	1.011	1.030	1.048	1.067	1.086
1.22	933	952	971	990	1.009	1.028	1.047	1.066	1.085	1.104
1.24	948	967	987	1.006	1.025	1.045	1.064	1.083	1.103	1.122
1.26	963	983	1.002	1.022	1.042	1.061	1.081	1.101	1.120	1.140
1.28	978	998	1.018	1.038	1.058	1.078	1.098	1.118	1.138	1.158
1.30	994	1.014	1.034	1.055	1.075	1.095	1.115	1.136	1.156	1.176
1.32	1.009	1.030	1.050	1.071	1.091	1.112	1.133	1.153	1.174	1.194
1.34	1.024	1.045	1.066	1.087	1.108	1.129	1.150	1.171	1.192	1.212
1.36	1.040	1.061	1.082	1.103	1.124	1.146	1.167	1.188	1.209	1.231
1.38	1.055	1.076	1.098	1.119	1.141	1.163	1.184	1.206	1.227	1.249
1.40	1.070	1.092	1.114	1.136	1.158	1.179	1.201	1.223	1.245	1.267
1.42	1.085	1.108	1.130	1.152	1.174	1.196	1.218	1.241	1.263	1.285
1.44	1.101	1.123	1.146	1.168	1.191	1.213	1.236	1.258	1.280	1.303
1.46	1.116	1.139	1.162	1.184	1.207	1.230	1.253	1.275	1.298	1.321
1.48	1.131	1.154	1.177	1.201	1.224	1.247	1.270	1.293	1.316	1.339
1.50	1.147	1.170	1.193	1.217	1.240	1.264	1.287	1.310	1.334	1.357
1.52	1.162	1.186	1.209	1.233	1.257	1.280	1.304	1.328	1 352	1.375
1.54	1.177	1.201	1.225	1.249	1.273	1.297	1.321	1.345	1.369	1.393
1.56	1.193	1.217	1.241	1.265	1.290	1.314	1.338	1.363	1.387	1.411
1.58	1.208	1.232	1.257	1.282	1.306	1.331	1.356	1.380	1.405	1.430
1.60	1.223	1.248	1.273	1.298	1.323	1.348	1.373	1.398	1.423	1.448
1.62	1.238	1.264	1.289	1.314	1.339	1.365	1.390	1.415	1.441	1.466
1.64	1.254	1.279	1.305	1.330	1.356	1.382	1.407	1.433	1.458	1.484
1.66	1.269	1.295	1.321	1.347	1.372	1.398	1.424	1.450	1.476	1.502
1.68	1.284	1.310	1.337	1.363	1.389	1.415	1.441	1.468	1.494	1.520
1.70	1.299	1.326	1.353	1.379	1.406	1.432	1.459	1.485	1.512	1.538
1.72	1.315	1.342	1.368	1.395	1.422	1.449	1.476	1.503	1.529	1.556
1.74	1.330	1.357	1.384	1.411	1.439	1.466	1.493	1.520	1.547	1.574
1.76	1.345	1.373	1.400	1.428	1.455	1.483	1.510	1.538	1.565	1.592
1.78	1.361	1.388	1.416	1.444	1.472	1.499	1.527	1.555	1.583	1.611
1.80	1.376	1.404	1.432	1.460	1.488	1.516	1.544	1.572	1.601	1.629
1.82	1.391	1.420	1.448	1.476	1.505	1.533	1.562	1.590	1.618	1.647
1.84	1.406	1.435	1.464	1.493	1.521	1.550	1.579	1.607	1.636	1.665
1.86	1.422	1.451	1.480	1.509	1.538	1.567	1.596	1.625	1.654	1.683
1.88	1.437	1 466	1.496	1.525	1.554	1.584	1.613	1.642	1.672	1.701
1.90	1.452	1.482	1.512	1.541	1.571	1.601	1.630	1.660	1 689	1.719
1.92	1.468	1.498	1.528	1.558	1.587	1.617	1.647	1.677	1.707	1.737
1.94	1.483	1.513	1.543	1.574	1.604	1.634	1.665	1.695	1.725	1.755
1.96	1.498	1.529	1.559	1.590	1.621	1.651	1.682	1.712	1.743	1.773
1.98	1.514	1.544	1.575	1.606	1.637	1.668	1.699	1.730	1.761	1.792
2.00	1.529	1.560	1.591	1.622	1.654	1.685	1.716	1.747	1.778	1.810
2.02	1.544	1.576	1.607	1.639	1.670	1.702	1.733	1.765	1.796	1.828
2.04	1.559	1.591	1.623	1.655	1.687	1.718	1.750	1.782	1.814	1.846
2.06	1.575	1.607	1.639	1.671	1.703	1.735	1.767	1.800	1.832	1.864
2.08	1.590	1.622	1.655	1.687	1.720	1.752	1.785	1.817	1.850	1.882
2.10	1.605	1.638	1.671	1.704	1.736	1.769	1.802	1.835	1.867	1.900
2.12	1.621	1.654	1.687	1.720	1.753	1.786	1.819	1.852	1.885	1.918
2.14	1.636	1.669	1.703	1.736	1 769	1.803	1.836	1.870	1.903	1.936
2.16	1.651	1.685	1.718	1.752	1.786	1.820	1.853	1.887	1.921	1.954

Kubik-Inhalt der Kolli, deren kleinstes
Solid contents of packages, whose least
Cubage des colis, dont la plus petite dimension .

Länge/Length Longueur	Breite — Breadth — Largeur 1.18	1.20	1.22	1.24	1.26	1.28	1.30	1.32	1.34	1.36
	Inhalt in Kubikmetern — Solid Contents — Cubage									
1.18	1.086									
1.20	1.104	1.123								
1.22	1.123	1.142	1.161							
1.24	1.141	1.161	1.180	1.199						
1.26	1.160	1.179	1.199	1.219	1.238					
1.28	1.178	1.198	1.218	1.238	1.258	1.278				
1.30	1.197	1.217	1.237	1.257	1.278	1.298	1.318			
1.32	1.215	1.236	1.256	1.277	1.297	1.318	1.338	1.359		
1.34	1.233	1.254	1.275	1.296	1.317	1.338	1.359	1.380	1.401	
1.36	1.252	1.273	1.294	1.315	1.337	1.358	1.379	1.400	1.421	1.443
1.38	1.270	1.292	1.313	1.335	1.356	1.378	1.399	1.421	1.442	1.464
1.40	1.289	1.310	1.332	1.354	1.376	1.398	1.420	1.441	1.463	1.485
1.42	1.307	1.329	1.351	1.373	1.396	1.418	1.440	1.462	1.484	1.506
1.44	1.325	1.348	1.370	1.393	1.415	1.438	1.460	1 483	1.505	1.528
1.46	1.344	1.367	1.389	1.412	1.435	1.458	1.480	1.503	1.526	1.549
1.48	1.362	1.385	1.408	1.431	1.455	1.478	1.501	1.524	1.547	1.570
1.50	1.381	1.404	1.427	1.451	1.474	1.498	1.521	1.544	1.568	1.591
1.52	1.399	1.423	1.446	1.470	1.494	1.518	1.541	1.565	1.589	1.612
1.54	1.417	1.441	1.465	1.489	1.514	1.538	1.562	1.586	1.610	1.634
1.56	1.436	1.460	1.484	1.509	1.533	1.558	1.582	1.606	1 631	1.655
1.58	1.454	1.479	1.504	1.528	1.553	1.577	1.602	1.627	1.651	1.676
1.60	1.473	1.498	1.523	1.548	1.572	1.597	1.622	1.647	1.672	1.697
1.62	1.491	1.516	1.542	1.567	1.592	1.617	1.643	1.668	1.693	1.718
1.64	1.509	1.535	1.561	1.586	1.612	1.637	1.663	1.689	1.714	1 740
1.66	1.528	1.554	1.580	1.606	1.631	1.657	1.683	1.709	1.735	1.761
1.68	1.546	1.572	1.599	1.625	1.651	1.677	1.704	1.730	1.756	1.782
1.70	1.565	1.591	1.618	1.644	1.671	1.697	1.724	1.750	1.777	1.803
1.72	1.583	1.610	1.637	1.664	1.690	1.717	1.744	1.771	1.798	1.825
1.74	1.601	1.629	1.656	1.683	1.710	1.737	1.764	1.792	1.819	1.846
1.76	1.620	1.647	1.675	1.702	1.730	1.757	1.785	1.812	1.840	1.867
1.78	1.638	1.666	1.694	1.722	1.749	1.777	1.805	1.833	1.860	1.888
1.80	1.657	1.685	1.713	1.741	1.769	1.797	1.825	1.853	1.881	1.909
1.82	1.675	1.704	1.732	1.760	1.789	1.817	1.845	1.874	1.902	1.931
1.84	1.694	1.722	1.751	1.780	1.808	1.837	1.866	1.894	1.923	1.952
1.86	1.712	1.741	1.770	1.799	1.828	1.857	1.886	1.915	1.944	1.973
1.88	1.730	1.760	1.789	1.818	1.848	1.877	1.906	1.936	1.965	1.994
1.90	1.749	1.778	1.808	1.838	1.867	1.897	1.927	1.956	1.986	2.016
1.92	1.767	1.797	1.827	1.857	1.887	1.917	1.947	1.977	2.007	2.037
1.94	1.786	1.816	1.846	1.876	1.907	1.937	1.967	1.997	2.028	2.058
1.96	1.804	1.835	1.865	1.896	1.926	1.957	1.987	2.018	2.049	2.079
1.98	1.822	1.853	1.884	1.915	1.946	1.977	2.008	2.099	2.069	2.100
2.00	1.841	1.872	1.903	1.934	1.966	1.997	2.028	2.059	2.090	2.122
2.02	1.859	1.891	1.922	1.954	1.985	2.017	2.048	2.080	2.111	2.143
2.04	1.878	1.909	1.941	1.973	2.005	2.037	2.069	2.100	2.132	2.164
2.06	1.896	1.928	1.960	1.992	2.025	2.057	2.089	2.121	2.153	2.185
2.08	1.914	1.947	1.979	2.012	2.044	2.077	2.109	2.142	2.174	2.206
2.10	1.933	1.966	1.998	2.031	2.064	2.097	2.129	2.162	2.195	2.228
2.12	1.951	1.984	2.017	2.050	2.084	2.117	2.150	2.183	2.216	2.249
2.14	1.970	2.003	2.036	2.070	2.103	2.137	2.170	2.203	2.237	2.270
2.16	1.988	2.022	2.055	2.089	2.123	2.157	2.190	2.224	2.258	2.291
2.18	2.006	2.040	2.074	2.108	2.143	2.177	2.211	2.245	2.279	2.313
2.20	2.025	2.059	2.094	2.128	2.162	2.196	2.231	2.265	2.299	2.334
2.22	2.043	2.078	2.113	2.147	2.182	2.216	2.251	2.286	2.320	2.355
2.24	2.062	2.097	2.132	2.167	2.201	2.236	2.271	2.306	2.341	2.376
2.26	2.080	2.115	2.151	2.186	2.221	2 256	2.292	2.327	2.362	2.397
2.28	2.099	2.134	2.170	2.205	2.241	2.276	2.312	2.347	2.383	2.419
2.30	2.117	2.153	2.189	2.225	2.260	2.296	2.332	2.368	2.404	2.440
2.32	2.135	2.172	2.208	2.244	2.280	2.316	2.352	2.389	2.425	2.461
2.34	2.154	2.190	2.227	2.263	2.300	2.336	2.373	2.409	2.446	2.482
2.36	2.172	2.209	2.246	2.283	2.319	2.356	2.393	2.430	2.467	2.503
2.38	2.191	2.228	2.265	2.302	2.339	2.376	2.413	2.450	2.488	2.525
2.40	2.209	2.246	2.284	2.321	2.359	2.396	2.434	2.471	2.508	2.546
2.42	2.227	2.265	2.303	2.341	2.378	2.416	2.454	2.492	2.529	2.567
2.44	2.246	2.284	2.322	2.360	2.398	2.436	2.474	2.512	2.550	2.588
2.46	2.264	2.303	2.341	2.380	2.418	2.456	2.494	2.533	2.571	2.610
2.48	2.283	2.321	2.360	2.399	2.437	2.476	2.515	2.553	2.592	2.631
2.50	2.301	2.340	2.379	2.418	2.457	2.496	2.535	2.574	2.613	2.652
2.52	2.319	2.359	2.398	2.437	2.477	2.516	2.555	2.595	2.634	2.673
2.54	2.338	2.377	2.417	2.457	2.496	2.536	2.576	2.615	2.655	2.694
2.56	2.356	2.396	2.436	2.476	2.516	2.556	2.596	2.636	2.676	2.716

Maß (Dicke) 78 Centimeter (0,78 m) ist.
dimensions (depth) are 78 centimetres (0,78 m).
(l'épaisseur) est 78 centimètres (0,78 m).

Länge/Length Longueur	Breite — Breadth — Largeur 1.38	1.40	1.42	1.44	1.46	1.48	1.50	1.52	1.54	1.56
	Inhalt in Kubikmetern — Solid Contents — Cubage									
1.38	1.485									
1.40	1.507	1.529								
1.42	1.528	1.551	1.573							
1.44	1.550	1.572	1.595	1.617						
1.46	1.572	1.594	1.617	1.640	1.663					
1.48	1.593	1.616	1.639	1.662	1.685	1.709				
1.50	1.615	1.638	1.661	1.685	1.708	1.732	1.755			
1.52	1.636	1.660	1.684	1.707	1.731	1.755	1.778	1.802		
1.54	1.658	1.682	1.706	1.730	1.754	1.778	1.802	1.826	1.850	
1.56	1.679	1.704	1.728	1.752	1.777	1.801	1.825	1.850	1.874	1.898
1.58	1.701	1.725	1.750	1.775	1.799	1.824	1.849	1.873	1.898	1.923
1.60	1.722	1.747	1.772	1.797	1.822	1.847	1.872	1.897	1.922	1.947
1.62	1.744	1.769	1.794	1.820	1.845	1.870	1.895	1.921	1.946	1.971
1.64	1.765	1.791	1.816	1.842	1.868	1.893	1.919	1.944	1.970	1.996
1.66	1.787	1.813	1.839	1.865	1.890	1.916	1.942	1.968	1.994	2.020
1.68	1.808	1.835	1.861	1.887	1.913	1.939	1.966	1.992	2.018	2.044
1.70	1.830	1.856	1.883	1.909	1.936	1.962	1.989	2.016	2.042	2.069
1.72	1.851	1.878	1.905	1.932	1.959	1.986	2.012	2.039	2.066	2.093
1.74	1.873	1.900	1.927	1.954	1.982	2.009	2.036	2.063	2.090	2.117
1.76	1.894	1.922	1.949	1.977	2.004	2.032	2.059	2.087	2.114	2.142
1.78	1.916	1.944	1.972	1.999	2.027	2.055	2.083	2.110	2.138	2.166
1.80	1.938	1.966	1.994	2.022	2.050	2.078	2.106	2.134	2.162	2.190
1.82	1.959	1.987	2.016	2.044	2.073	2.101	2.129	2.158	2.186	2.215
1.84	1.981	2.009	2.038	2.067	2.095	2.124	2.153	2.182	2.210	2.239
1.86	2.002	2.031	2.060	2.089	2.118	2.147	2.176	2.205	2.234	2.263
1.88	2.024	2.053	2.082	2.112	2.141	2.170	2.200	2.229	2.258	2.288
1.90	2.045	2.075	2.104	2 134	2.164	2.193	2.223	2.253	2.282	2.312
1.92	2.067	2.097	2.127	2.157	2.186	2.216	2.246	2.276	2.306	2.336
1.94	2.088	2.118	2.149	2.179	2.209	2.240	2.270	2.300	2.330	2.361
1.96	2.110	2.140	2.171	2.201	2.232	2.263	2.293	2.324	2.354	2.385
1.98	2.131	2.162	2.193	2.224	2.255	2.286	2.317	2.347	2.378	2.409
2.00	2.153	2.184	2.215	2.246	2.278	2.309	2.340	2.371	2.402	2.434
2.02	2.174	2.206	2.237	2.269	2.300	2.332	2.363	2.395	2.426	2.458
2.04	2.196	2.228	2.260	2.291	2.323	2.355	2.387	2.419	2.450	2.482
2.06	2.217	2.250	2.282	2.314	2.346	2.378	2.410	2.442	2 474	2.507
2.08	2.239	2.271	2.304	2.336	2.369	2.401	2.434	2.466	2.498	2.531
2.10	2.260	2.293	2.326	2.359	2.391	2.424	2.457	2.490	2.523	2.555
2.12	2.282	2.315	2.348	2.381	2.414	2.447	2.480	2.513	2.547	2.580
2.14	2.303	2.337	2.370	2.404	2.437	2.470	2.504	2.537	2.571	2.604
2.16	2.325	2.359	2.392	2.426	2.460	2.494	2.527	2.561	2.595	2.628
2.18	2.347	2.381	2.415	2.449	2.483	2.517	2.551	2.585	2.619	2.653
2.20	2.368	2.402	2.437	2.471	2.505	2.540	2.574	2.608	2.643	2.677
2.22	2.390	2.424	2.459	2.494	2.528	2.563	2.597	2 632	2.667	2.701
2.24	2.411	2.446	2.481	2.516	2.551	2.586	2.621	2.656	2.691	2.726
2.26	2.433	2.468	2.503	2.538	2.574	2.609	2.644	2.679	2.715	2.750
2.28	2.454	2.490	2.525	2.561	2.596	2.632	2.668	2.703	2.739	2.774
2.30	2.476	2.512	2.547	2.583	2.619	2.655	2.691	2.727	2.763	2.799
2.32	2.497	2.533	2.570	2.606	2.642	2.678	2.714	2.751	2.787	2.823
2.34	2.519	2.555	2.592	2.628	2.665	2.701	2.738	2.774	2.811	2.847
2.36	2.540	2.577	2.614	2.651	2.688	2.724	2.761	2.798	2.835	2.872
2.38	2.562	2.599	2.636	2.673	2.710	2.747	2.785	2.822	2.859	2.896
2.40	2.583	2.621	2.658	2.696	2.733	2.771	2.808	2.845	2.883	2.920
2.42	2.605	2.643	2.680	2.718	2.756	2.794	2.831	2.869	2.907	2.945
2.44	2.626	2.664	2.703	2.741	2.779	2.817	2.855	2.893	2.931	2.969
2.46	2.648	2.686	2.725	2.763	2.801	2.840	2.878	2.917	2.955	2.993
2.48	2.669	2.708	2.747	2.786	2.824	2.863	2.902	2.940	2.979	3.018
2.50	2.691	2.730	2.769	2.808	2.847	2.886	2.925	2.964	3.003	3.042
2.52	2.713	2.752	2.791	2.830	2.870	2.909	2.948	2.988	3.027	3.066
2.54	2.734	2.774	2.813	2.853	2.893	2.932	2.972	3.011	3.051	3.091
2.56	2.756	2.796	2.835	2.875	2.915	2.955	2.995	3.035	3.075	3.115

Kubik-Inhalt der Kolli, deren kleinstes
Solid contents of packages, whose least
Cubage des colis, dont la plus petite dimension

Länge/Length Longueur	Breite — Breadth — Largeur 0.80	0.82	0.84	0.86	0.88	0.90	0.92	0.94	0.96	0.98
	Inhalt in Kubikmetern — Solid Contents — Cubage									
0.80	0.512									
0.82	525	0.538								
0.84	538	551	0.564							
0.86	550	564	578	0.592						
0.88	563	577	591	605	0.620					
0.90	576	590	605	619	634	0.648				
0.92	589	604	618	633	648	662	0.677			
0.94	602	617	632	647	662	677	692	0.707		
0.96	614	630	645	660	676	691	707	722	0.737	
0.98	627	643	659	674	690	706	721	737	753	0.768
1.00	640	656	672	688	704	720	736	752	768	784
1.02	653	669	685	702	718	734	751	767	783	800
1.04	666	682	699	716	732	749	765	782	799	815
1.06	678	695	712	729	746	763	780	797	814	831
1.08	691	708	726	743	760	778	795	812	829	847
1.10	704	722	739	757	774	792	810	827	845	862
1.12	717	735	753	771	788	806	824	842	860	878
1.14	730	748	766	784	803	821	839	857	876	894
1.16	742	761	780	798	817	835	854	872	891	909
1.18	755	774	793	812	831	850	868	887	906	925
1.20	768	787	806	826	845	864	883	902	922	941
1.22	781	800	820	839	859	878	898	917	937	956
1.24	794	813	833	853	873	893	913	932	952	972
1.26	806	827	847	867	887	907	927	948	968	988
1.28	819	840	860	881	901	922	942	963	983	1.004
1.30	832	853	874	894	915	936	957	978	998	1.019
1.32	845	866	887	908	929	950	972	993	1.014	1.035
1.34	858	879	900	922	943	965	986	1.008	1.029	1.051
1.36	870	892	914	936	957	979	1.001	1.023	1.044	1.066
1.38	883	905	927	949	972	994	1.016	1.038	1.060	1.082
1.40	896	918	941	963	986	1.008	1.030	1.053	1.075	1.098
1.42	909	932	954	977	1.000	1.022	1.045	1.068	1.091	1.113
1.44	922	945	968	991	1.014	1.037	1.060	1.083	1.106	1.129
1.46	934	958	981	1.004	1.028	1.051	1.075	1.098	1.121	1.145
1.48	947	971	995	1.018	1.042	1.066	1.089	1.113	1.137	1.160
1.50	960	984	1.008	1.032	1.056	1.080	1.104	1.128	1.152	1.176
1.52	973	997	1.021	1.046	1.070	1.094	1.119	1.143	1.167	1.192
1.54	986	1.010	1.035	1.060	1.084	1.109	1.133	1.158	1.183	1.207
1.56	998	1.023	1.048	1.073	1.098	1.123	1.148	1.173	1.198	1.223
1.58	1.011	1.036	1.062	1.087	1.112	1.138	1.163	1.188	1.213	1.239
1.60	1.024	1.050	1.075	1.101	1.126	1.152	1.178	1.203	1.229	1.254
1.62	1.037	1.063	1.089	1.115	1.140	1.166	1.192	1.218	1.244	1.270
1.64	1.050	1.076	1.102	1.128	1.155	1.181	1.207	1.233	1.260	1.286
1.66	1.062	1.089	1.116	1.142	1.169	1.195	1.222	1.248	1.275	1.301
1.68	1.075	1.102	1.129	1.156	1.183	1.210	1.236	1.263	1.290	1.317
1.70	1.088	1.115	1.142	1.170	1.197	1.224	1.251	1.278	1.306	1.333
1.72	1.101	1.128	1.156	1.183	1.211	1.238	1.266	1.293	1.321	1.348
1.74	1.114	1.141	1.169	1.197	1.225	1.253	1.281	1.308	1.336	1.364
1.76	1.126	1.155	1.183	1.211	1.239	1.267	1.295	1.324	1.352	1.380
1.78	1.139	1.168	1.196	1.225	1.253	1.282	1.310	1.339	1.367	1.396
1.80	1.152	1.181	1.210	1.238	1.267	1.296	1.325	1.354	1.382	1.411
1.82	1.165	1.194	1.223	1.252	1.281	1.310	1.340	1.369	1.398	1.427
1.84	1.178	1.207	1.236	1.266	1.295	1.325	1.354	1.384	1.413	1.443
1.86	1.190	1.220	1.250	1.280	1.309	1.339	1.369	1.399	1.428	1.458
1.88	1.203	1.233	1.263	1.293	1.324	1.354	1.384	1.414	1.444	1.474
1.90	1.216	1.246	1.277	1.307	1.338	1.368	1.398	1.429	1.459	1.490
1.92	1.229	1.260	1.290	1.321	1.352	1.382	1.413	1.444	1.475	1.505
1.94	1.242	1.273	1.304	1.335	1.366	1.397	1.428	1.459	1.490	1.521
1.96	1.254	1.286	1.317	1.348	1.380	1.411	1.443	1.474	1.505	1.537
1.98	1.267	1.299	1.331	1.362	1.394	1.426	1.457	1.489	1.521	1.552
2.00	1.280	1.312	1.344	1.376	1.408	1.440	1.472	1.504	1.536	1.568
2.02	1.293	1.325	1.357	1.390	1.422	1.454	1.487	1.519	1.551	1.584
2.04	1.306	1.338	1.371	1.404	1.436	1.469	1.501	1.534	1.567	1.599
2.06	1.318	1.351	1.384	1.417	1.450	1.483	1.516	1.549	1.582	1.615
2.08	1.331	1.364	1.398	1.431	1.464	1.498	1.531	1.564	1.597	1.631
2.10	1.344	1.378	1.411	1.445	1.478	1.512	1.546	1.579	1.613	1.646
2.12	1.357	1.391	1.425	1.459	1.492	1.526	1.560	1.594	1.628	1.662
2.14	1.370	1.404	1.438	1.472	1.507	1.541	1.575	1.609	1.644	1.678
2.16	1.382	1.417	1.452	1.486	1.521	1.555	1.590	1.624	1.659	1.693
2.18	1.395	1.430	1.465	1.500	1.535	1.570	1.604	1.639	1.674	1.709

Maß (Dicke) 80 Centimeter (0,80 m) ist.
dimensions (depth) are 80 centimetres (0,80 m).
(l'épaisseur) est 80 centimètres (0,80 m).

Länge/Length Longueur	Breite — Breadth — Largeur 1.00	1.02	1.04	1.06	1.08	1.10	1.12	1.14	1.16	1.18
	Inhalt in Kubikmetern — Solid Contents — Cubage									
1.00	0.800									
1.02	816	0.832								
1.04	832	849	0.865							
1.06	848	865	882	0.899						
1.08	864	881	899	916	0.933					
1.10	880	898	915	933	950	0.968				
1.12	896	914	932	950	968	986	1.004			
1.14	912	930	948	967	985	1.003	1.021	1.040		
1.16	928	947	965	984	1.002	1.021	1.039	1.058	1.076	
1.18	944	963	982	1.001	1.020	1.038	1.057	1.076	1.095	1.114
1.20	960	979	998	1.018	1.037	1.056	1.075	1.094	1.114	1.133
1.22	976	996	1.015	1.035	1.05;	1.074	1.093	1.113	1.132	1.152
1.24	992	1.012	1.032	1.052	1.071	1.091	1.111	1.131	1.151	1.171
1.26	1.008	1.028	1.048	1.068	1.089	1.109	1.129	1.149	1.169	1.189
1.28	1.024	1.044	1.065	1.085	1.106	1.126	1.147	1.167	1.188	1.208
1.30	1.040	1.061	1.082	1.102	1.123	1.144	1.165	1.186	1.206	1.227
1.32	1.056	1.077	1.098	1.119	1.140	1.162	1.183	1.204	1.225	1.246
1.34	1.072	1.093	1.115	1.136	1.158	1.179	1.201	1.222	1.244	1.265
1.36	1.088	1.110	1.132	1.153	1.175	1.197	1.219	1.240	1.262	1.284
1.38	1.104	1.126	1.148	1.170	1.192	1.214	1.236	1.259	1.281	1.303
1.40	1.120	1.142	1.165	1.187	1.210	1.232	1.254	1.277	1.299	1.322
1.42	1.136	1.159	1.181	1.204	1.227	1.250	1.272	1.295	1.318	1.340
1.44	1.152	1.175	1.198	1.221	1.244	1.267	1.290	1.313	1.336	1.359
1.46	1.168	1.191	1.215	1.238	1.261	1.285	1.308	1.332	1.355	1.378
1.48	1.184	1.208	1.231	1.255	1.279	1.302	1.326	1.350	1.373	1.397
1.50	1.200	1.224	1.248	1.272	1.296	1.320	1.344	1.368	1.392	1.416
1.52	1.216	1.240	1.265	1.289	1.313	1.338	1.362	1.386	1.411	1.435
1.54	1.232	1.257	1.281	1.306	1.331	1.355	1.380	1.404	1.429	1.454
1.56	1.248	1.273	1.298	1.323	1.348	1.373	1.398	1.423	1.448	1.473
1.58	1.264	1.289	1.315	1.340	1.365	1.390	1.416	1.441	1.466	1.492
1.60	1.280	1.306	1.331	1.357	1.382	1.408	1.434	1.459	1.485	1.510
1.62	1.296	1.322	1.348	1.374	1.400	1.426	1.452	1.477	1.503	1.529
1.64	1.312	1 338	1.364	1.391	1.417	1.443	1.469	1.496	1.522	1.548
1.66	1.328	1.355	1.381	1.408	1.434	1.461	1.487	1.514	1.540	1.567
1.68	1.344	1.371	1.398	1.425	1.452	1.478	1.505	1.532	1.559	1.586
1.70	1.360	1.387	1.414	1.442	1.469	1.496	1.523	1.550	1.578	1.605
1.72	1.376	1.404	1.431	1.459	1.486	1.514	1.541	1.569	1.596	1.624
1.74	1.392	1.420	1.448	1.476	1.503	1.531	1.559	1.587	1.615	1.643
1.76	1.408	1.436	1.464	1.492	1.521	1.549	1.577	1.605	1.633	1.661
1.78	1.424	1.452	1.481	1.509	1.538	1.566	1.595	1.623	1.652	1.680
1.80	1.440	1.469	1.498	1.526	1.555	1.584	1.613	1.642	1.670	1.699
1.82	1.456	1.485	1.514	1.543	1.572	1.602	1.631	1.660	1.689	1.718
1.84	1.472	1.501	1.531	1.560	1.590	1.619	1.649	1.678	1.708	1.737
1.86	1.488	1.518	1.548	1.577	1.607	1.637	1.667	1.696	1.726	1.756
1.88	1.504	1.534	1.564	1.594	1.624	1.654	1.684	1.715	1.745	1.775
1.90	1.520	1.550	1.581	1.611	1.649	1.672	1.702	1.733	1.763	1.794
1.92	1.536	1.567	1.597	1.628	1.659	1.690	1.720	1.751	1.782	1.812
1.94	1.552	1.583	1.614	1.645	1.676	1.707	1.738	1.769	1.800	1.831
1.96	1.568	1.599	1.631	1.662	1.693	1.725	1.756	1.788	1.819	1.850
1.98	1.584	1.616	1.647	1.679	1.711	1.742	1.774	1.806	1.837	1.869
2.00	1 600	1.632	1.664	1.696	1.728	1.760	1.792	1.824	1.856	1.888
2.02	1.616	1.648	1.681	1.713	1.745	1.778	1.810	1.842	1.875	1.907
2.04	1.632	1.665	1.697	1.730	1.763	1.795	1.828	1.860	1.893	1.926
2.06	1.648	1.681	1.714	1.747	1.780	1.813	1.846	1.879	1.912	1.945
2.08	1.664	1.697	1.731	1.764	1.797	1.830	1.864	1.897	1.930	1.964
2.10	1.680	1.714	1.747	1.781	1.814	1.848	1.882	1.915	1.949	1.982
2.12	1.696	1.730	1.764	1.798	1.832	1.866	1.900	1.933	1.967	2.001
2.14	1.712	1.746	1.780	1.815	1.849	1.883	1.917	1.952	1.986	2.020
2.16	1.728	1 763	1.797	1.832	1.866	1.901	1.935	1.970	2.004	2.039
2.18	1.744	1.779	1.814	1.849	1.884	1.918	1.953	1.988	2.023	2.058

Kubik-Inhalt der Kolli, deren kleinstes
Solid contents of packages, whose least
Cubage des colis, dont la plus petite dimension

Länge/Length Longueur	Breite — Breadth — Largeur 1.20	1.22	1.24	1.26	1.28	1.30	1.32	1.34	1.36	1.38
	Inhalt in Kubikmetern — Solid Contents — Cubage									
1.20	1.152									
1.22	1.171	1.191								
1.24	1.190	1.210	1.230							
1.26	1.210	1.230	1.250	1.270						
1.28	1.229	1.249	1.270	1.290	1.311					
1.30	1.248	1.269	1.290	1.310	1.331	1.352				
1.32	1.267	1.288	1.309	1.331	1.352	1.373	1.394			
1.34	1.286	1.308	1.329	1.351	1.372	1.394	1.415	1.436		
1.36	1.306	1.327	1.349	1.371	1.393	1.414	1.436	1.458	1.480	
1.38	1.325	1.347	1.369	1.391	1.413	1.435	1.457	1.479	1.501	1.524
1.40	1.344	1.366	1.389	1.411	1.434	1.456	1.478	1.501	1.523	1.546
1.42	1.363	1.386	1.409	1.431	1.454	1.477	1.500	1.522	1.545	1.568
1.44	1.382	1.405	1.428	1.452	1.475	1.498	1.521	1.544	1.567	1.590
1.46	1.402	1.425	1.448	1.472	1.495	1.518	1.542	1.565	1.588	1.612
1.48	1.421	1.444	1.468	1.492	1.516	1.539	1.563	1.587	1.610	1.634
1.50	1.440	1.464	1.488	1.512	1.536	1.560	1.584	1.608	1.632	1.656
1.52	1.459	1.484	1.508	1.532	1.556	1.581	1.605	1.629	1.654	1.678
1.54	1.478	1.503	1.528	1.552	1.577	1.602	1.626	1.651	1.676	1.700
1.56	1.498	1.523	1.548	1.572	1.597	1.622	1.647	1.672	1.697	1.722
1.58	1.517	1.542	1.567	1.593	1.618	1.643	1.668	1.694	1.719	1.744
1.60	1.536	1.562	1.587	1.613	1.638	1.664	1.690	1.715	1.741	1.766
1.62	1.555	1.581	1.607	1.633	1.659	1.685	1.711	1.737	1.763	1.788
1.64	1.574	1.601	1.627	1.653	1.679	1.706	1.732	1.758	1.784	1.811
1.66	1.594	1.620	1.647	1.673	1.700	1.726	1.753	1.780	1.806	1.833
1.68	1.613	1.640	1.667	1.693	1.720	1.747	1.774	1.801	1.828	1.855
1.70	1.632	1.659	1.686	1.714	1.741	1.768	1.795	1.822	1.850	1.877
1.72	1.651	1.679	1.706	1.734	1.761	1.789	1.816	1.844	1.871	1.899
1.74	1.670	1.698	1.726	1.754	1.782	1.810	1.837	1.865	1.893	1.921
1.76	1.690	1.718	1.746	1.774	1.802	1.830	1.859	1.887	1.915	1.943
1.78	1.709	1.737	1.766	1.794	1.823	1.851	1.880	1.908	1.937	1.965
1.80	1.728	1.757	1.786	1.814	1.843	1.872	1.901	1.930	1.958	1.987
1.82	1.747	1.776	1.805	1.835	1.864	1.893	1.922	1.951	1.980	2.009
1.84	1.766	1.796	1.825	1.855	1.884	1.914	1.943	1.972	2.002	2.031
1.86	1.786	1.815	1.845	1.875	1.905	1.934	1.964	1.994	2.024	2.053
1.88	1.805	1.835	1.865	1.895	1.925	1.955	1.985	2.015	2.045	2.076
1.90	1.824	1.854	1.885	1.915	1.946	1.976	2.006	2.037	2.067	2.098
1.92	1.843	1.874	1.905	1.935	1.966	1.997	2.028	2.058	2.089	2.120
1.94	1.862	1.893	1.924	1.956	1.987	2.018	2.049	2.080	2.111	2.142
1.96	1.882	1.913	1.944	1.976	2.007	2.038	2.070	2.101	2.132	2.164
1.98	1.901	1.932	1.964	1.996	2.028	2.059	2.091	2.123	2.154	2.186
2.00	1.920	1.952	1.984	2.016	2.048	2.080	2.112	2.144	2.176	2.208
2.02	1.939	1.972	2.004	2.036	2.068	2.101	2.133	2 165	2.198	2.230
2.04	1.958	1.991	2.024	2.056	2.089	2.122	2.154	2.187	2 220	2.252
2.06	1.978	2.011	2.044	2.076	2.109	2.142	2.175	2.208	2.241	2.274
2.08	1.997	2.030	2.063	2.097	2.130	2.163	2.190	2.230	2.263	2.296
2.10	2.016	2.050	2.083	2.117	2.150	2.184	2.218	2.251	2.285	2.318
2.12	2.035	2.069	2.103	2.137	2.171	2.205	2.239	2.273	2.307	2.340
2.14	2.054	2.089	2.123	2.157	2.191	2.226	2.260	2.294	2.328	2.363
2.16	2.074	2.108	2.143	2.177	2.212	2.246	2.281	2.316	2.350	2.385
2.18	2.093	2.128	2.163	2.197	2.232	2.267	2.302	2.337	2 372	2.407
2.20	2.112	2.147	2.183	2.218	2.253	2.288	2.323	2.358	2 394	2.429
2.22	2.131	2.167	2.202	2.238	2.273	2.309	2.344	2.380	2.415	2.451
2.24	2.150	2.186	2.222	2.258	2.294	2.330	2.365	2.401	2.437	2.473
2.26	2.170	2.206	2.242	2.278	2.314	2.350	2.387	2.423	2.459	2.495
2.28	2.189	2.225	2.262	2.298	2.335	2.371	2.408	2.444	2.481	2.517
2.30	2.208	2.245	2.282	2.318	2.355	2.392	2.429	2.466	2.502	2.539
2.32	2.227	2.264	2.301	2 339	2.376	2.413	2.450	2.487	2.524	2.561
2.34	2.246	2.284	2.321	2.359	2.396	2.434	2.471	2.508	2.546	2.583
2.36	2.266	2.303	2.341	2.379	2.417	2.454	2.492	2.530	2.568	2.605
2.38	2.285	2.323	2.361	2.399	2.437	2.475	2.513	2.551	2.589	2.628
2.40	2.304	2 342	2.381	2.419	2.458	2.496	2.534	2.573	2.611	2.650
2.42	2.323	2.362	2.401	2.439	2.478	2.517	2.556	2.594	2.633	2.672
2.44	2.342	2.381	2.420	2.460	2.499	2.538	2.577	2.616	2.655	2.694
2.46	2.362	2.401	2.440	2.480	2.519	2.558	2.598	2.637	2.676	2.716
2.48	2.381	2.420	2.460	2.500	2.540	2.579	2.619	2 659	2.698	2.738
2.50	2.400	2.440	2.480	2.520	2.560	2.600	2.640	2.680	2.720	2.760
2.52	2.419	2.460	2.500	2.540	2.580	2.621	2.661	2 701	2.742	2.782
2.54	2.438	2.479	2.520	2.560	2.601	2.642	2.682	2.723	2.764	2.804
2.56	2.458	2.499	2.540	2.580	2.621	2.662	2.703	2.744	2.785	2.826
2.58	2.477	2.518	2.559	2.601	2.642	2.683	2.724	2.766	2.807	2.848

Maß (Dicke) 80 Centimeter (0,80 m) ist.
dimensions (depth) are 80 centimetres (0,80 m).
(l'épaisseur) est 80 centimètres (0,80 m).

Länge/Length Longueur	Breite — Breadth — Largeur 1.40	1.42	1.44	1.46	1.48	1.50	1.52	1.54	1.56	1.58
	Inhalt in Kubikmetern — Solid Contents — Cubage									
1.40	1.568									
1.42	1.590	1.613								
1.44	1.613	1.636	1.659							
1.46	1.635	1.659	1.682	1.705						
1.48	1.658	1.681	1 705	1.729	1.752					
1.50	1.680	1.704	1.728	1.752	1.776	1.800				
1.52	1.702	1.727	1.751	1.775	1.800	1.824	1.848			
1.54	1.725	1.749	1.774	1.799	1.823	1.848	1.873	1.897		
1.56	1.747	1.772	1.797	1.822	1.847	1.872	1.897	1.922	1.947	
1.58	1.770	1.795	1.820	1.845	1.871	1.896	1.921	1.947	1.972	1 997
1.60	1.792	1.818	1.843	1.869	1.894	1.920	1.946	1.971	1.997	2.022
1.62	1.814	1.840	1.866	1.892	1.918	1.944	1.970	1.996	2.022	2.048
1.64	1.837	1.863	1.889	1.916	1.942	1.968	1.994	2.020	2.047	2.073
1.66	1.859	1.886	1.912	1.939	1.965	1.992	2.019	2.045	2.072	2.098
1.68	1.882	1.908	1.935	1.962	1.989	2.016	2.043	2.070	2.097	2.124
1.70	1.904	1.931	1.958	1.986	2.013	2.040	2.067	2.094	2.122	2.149
1.72	1.926	1.954	1.981	2.009	2.036	2.064	2.092	2.119	2.147	2.174
1.74	1.949	1.977	2.004	2.032	2.060	2.088	2.116	2.144	2.172	2.199
1.76	1.971	1.999	2.028	2.056	2.084	2.112	2.140	2.168	2.196	2.225
1.78	1.994	2.022	2.051	2.079	2.108	2.136	2.164	2.193	2.221	2.250
1.80	2.016	2.045	2.074	2.102	2.131	2.160	2.189	2.218	2.246	2.275
1.82	2.038	2.068	2.097	2.126	2.155	2.184	2.213	2.242	2.271	2.300
1.84	2.061	2.090	2.120	2.149	2.179	2.208	2.237	2.267	2.296	2.326
1.86	2.083	2.113	2.143	2.172	2.202	2.232	2.262	2.292	2.321	2.351
1.88	2.106	2.136	2.166	2.196	2.226	2.256	2.286	2.316	2.346	2.376
1.90	2.128	2.158	2.189	2.219	2.250	2.280	2.310	2.341	2.371	2.402
1.92	2.150	2.181	2.212	2.243	2.273	2.304	2.335	2.365	2.396	2.427
1.94	2.173	2.204	2.235	2.266	2.297	2.328	2.359	2.390	2.421	2.452
1.96	2.195	2.227	2.258	2.289	2.321	2.352	2.383	2.415	2.446	2.477
1.98	2.218	2.249	2.281	2.313	2.344	2.376	2.408	2.439	2.471	2.503
2.00	2.240	2.272	2.304	2.336	2.368	2.400	2.432	2.464	2.496	2.528
2.02	2.262	2 295	2.327	2.359	2.392	2.424	2.456	2.489	2.521	2.553
2.04	2.285	2.317	2.350	2.383	2.415	2.448	2.481	2.513	2.546	2.579
2.06	2.307	2.340	2.373	2.406	2.439	2.472	2.505	2.538	2.571	2.604
2.08	2.330	2.363	2.396	2.429	2.463	2.496	2.529	2.563	2.596	2.629
2.10	2.352	2.386	2.419	2.453	2.486	2.520	2.554	2.587	2.621	2.654
2.12	2.374	2.408	2.442	2.476	2.510	2.544	2.578	2.612	2.646	2.680
2.14	2.397	2.431	2.465	2.500	2.534	2.568	2.602	2.636	2.671	2.705
2.16	2.419	2.454	2.488	2.523	2.557	2.592	2.627	2.661	2.696	2.730
2.18	2.442	2.476	2.511	2.546	2.581	2.616	2.651	2.686	2.721	2.756
2.20	2.464	2.499	2.534	2.570	2.605	2.640	2.675	2.710	2.746	2.781
2.22	2.486	2.522	2.557	2.593	2.628	2.664	2.700	2.735	2.771	2.806
2.24	2.509	2.545	2.580	2.616	2.652	2.688	2.724	2.760	2.796	2.831
2.26	2.531	2.567	2.604	2.640	2.676	2.712	2.748	2.784	2.820	2.857
2.28	2.554	2.590	2.627	2.663	2.700	2.736	2.772	2.809	2.845	2.882
2.30	2.576	2.613	2.650	2.686	2.723	2.760	2.797	2 834	2.870	2.907
2.32	2.598	2.636	2.673	2.710	2.747	2.784	2.821	2.858	2.895	2.932
2.34	2.621	2.658	2.696	2.733	2.771	2.808	2.845	2.883	2.920	2.958
2.36	2.643	2.681	2.719	2.756	2.794	2.832	2.870	2.908	2.945	2.983
2.38	2.666	2.704	2.742	2.780	2.818	2.856	2.894	2.932	2.970	3.008
2.40	2.688	2.726	2.765	2.803	2.842	2.880	2.918	2.957	2.995	3.034
2.42	2.710	2.749	2.788	2.827	2.865	2.904	2.943	2.981	3.020	3.059
2.44	2.733	2.772	2.811	2.850	2.889	2.928	2.967	3.006	3.045	3.084
2.46	2.755	2.795	2.834	2.873	2.913	2.952	2.991	3.031	3.070	3.109
2.48	2.778	2.817	2.857	2.897	2.936	2.976	3.016	3.055	3.095	3.135
2.50	2.800	2.840	2.880	2.920	2.960	3.000	3.040	3.080	3.120	3.160
2.52	2.822	2.863	2.903	2.943	2.984	3.024	3.064	3.105	3.145	3.185
2.54	2.845	2.885	2.926	2.967	3.007	3.048	3.089	3.129	3.170	3.211
2.56	2.867	2.908	2.949	2.990	3.031	3.072	3.113	3.154	3.195	3.236
2.58	2.890	2.931	2.972	3.013	3.055	3.096	3.137	3.179	3.220	3.261

Kubik-Inhalt der Kolli, deren kleinstes
Solid contents of packages, whose least
Cubage des colis, dont la plus petite dimension

Länge/Length Longueur	Breite — Breadth — Largeur 0.82	0.84	0.86	0.88	0.90	0.92	0.94	0.96	0.98	1.00
	Inhalt in Kubikmetern — Solid Contents — Cubage									
0.82	0.551									
0.84	565	0.579								
0.86	578	592	0.606							
0.88	592	606	621	0.635						
0.90	605	620	635	649	0.664					
0.92	619	634	649	664	679	0.694				
0.94	632	647	663	678	694	709	0.725			
0.96	646	661	677	693	708	724	740	0.756		
0.98	659	675	691	707	723	739	755	771	0.788	
1.00	672	689	704	722	738	754	771	787	804	0.820
1.02	686	703	719	736	753	769	786	803	820	836
1.04	699	716	733	750	768	785	802	819	836	853
1.06	713	730	748	765	782	800	817	834	852	869
1.08	726	744	762	779	797	815	832	850	868	886
1.10	740	758	776	794	812	830	848	866	884	902
1.12	753	771	790	808	827	845	863	882	900	918
1.14	767	785	804	823	841	860	879	897	916	935
1.16	780	799	818	837	856	875	894	913	932	951
1.18	793	813	832	851	871	890	910	929	948	968
1.20	807	827	846	866	886	905	925	945	964	984
1.22	820	840	860	880	909	920	940	960	980	1.000
1.24	834	854	874	895	915	935	956	976	996	1.017
1.26	847	868	889	909	930	951	971	992	1.013	1.033
1.28	861	882	903	924	945	966	987	1.008	1.029	1.050
1.30	874	895	917	938	959	981	1.002	1.023	1.045	1.066
1.32	888	909	931	953	974	996	1.017	1.039	1.061	1.082
1.34	901	923	945	967	989	1.011	1.033	1.055	1.077	1.099
1.36	914	937	959	981	1.004	1.026	1.048	1.071	1.093	1.115
1.38	928	951	973	996	1.018	1.041	1.064	1.086	1.109	1.132
1.40	941	964	987	1.010	1.033	1.056	1.079	1.102	1.125	1.148
1.42	955	978	1.001	1.025	1.048	1.071	1.095	1.118	1.141	1.164
1.44	968	992	1.015	1.039	1.063	1.086	1.110	1.134	1.157	1.181
1.46	982	1.006	1.030	1.054	1.077	1.101	1.125	1.149	1.173	1.197
1.48	995	1.019	1.044	1.068	1.092	1.117	1.141	1.165	1.189	1.214
1.50	1.009	1.033	1.058	1.082	1.107	1.132	1.156	1.181	1.205	1.230
1.52	1.022	1.047	1.072	1.097	1.122	1.147	1.172	1.197	1.221	1.246
1.54	1.035	1.061	1.086	1.111	1.137	1.162	1.187	1.212	1.238	1.263
1.56	1.049	1.075	1.100	1.126	1.151	1.177	1.202	1.228	1.254	1.279
1.58	1.062	1.088	1.114	1.140	1.166	1.192	1.218	1.244	1.270	1.296
1.60	1.076	1.102	1.128	1.155	1.181	1.207	1.233	1.260	1.286	1.312
1.62	1.089	1.116	1.142	1.169	1.196	1.222	1.249	1.275	1.302	1.328
1.64	1.103	1.130	1.157	1.183	1.210	1.237	1.264	1.291	1.318	1.345
1.66	1.116	1.143	1.171	1.198	1.225	1.252	1.280	1.307	1.334	1.361
1.68	1.130	1.157	1.185	1.212	1.240	1.267	1.295	1.323	1.350	1.378
1.70	1.143	1.171	1.199	1.227	1.255	1.282	1.310	1.338	1.366	1.394
1.72	1.157	1.185	1.213	1.241	1.269	1.298	1.326	1.354	1.382	1.410
1.74	1.170	1.199	1.227	1.256	1.284	1.313	1.341	1.370	1.398	1.427
1.76	1.183	1.212	1.241	1.270	1.299	1.328	1.357	1.385	1.414	1.413
1.78	1.197	1.226	1.255	.284	1.314	1.343	1.372	1.401	1.430	1.460
1.80	1.210	1.240	1.269	1.299	1.328	1.358	1.387	1.417	1.446	1.476
1.82	1.224	1.254	1.283	1.313	1.343	1.373	1.403	1.433	1.463	1.492
1.84	1.237	1.267	1.298	1.328	1.358	1.388	1.418	1.448	1.479	1.509
1.86	1.251	1.281	1.312	1.342	1.373	1.403	1.434	1.464	1.495	1.525
1.88	1.264	1.295	1.326	1.357	1.387	1.418	1.449	1.480	1.511	1.542
1.90	1.278	1.309	1.340	1.371	1.402	1.438	1.465	1.496	1.527	1.558
1.92	1.291	1.322	1.354	1.385	1.417	1.448	1.480	1.511	1.543	1.574
1.94	1.304	1.336	1.308	1.400	1.432	1.464	1.495	1.527	1.559	1.591
1.96	1.318	1.350	1.382	1.414	1.446	1.479	1.511	1.543	1.575	1.607
1.98	1.331	1.364	1.396	1.429	1.461	1.494	1.526	1.559	1.591	1.624
2.00	1.345	1.378	1.410	1.443	1.476	1.509	1.542	1.574	1.607	1.640
2.02	1.358	1.391	1.425	1.458	1.491	1.524	1.557	1.590	1.623	1.656
2.04	1.372	1.405	1.439	1.472	1.506	1.539	1.572	1.606	1.639	1.673
2.06	1.385	1.419	1.453	1.486	1.520	1.554	1.588	1.622	1.655	1.689
2.08	1.399	1.433	1.467	1.501	1.535	1.569	1.603	1.637	1.671	1.706
2.10	1.412	1.446	1.481	1.515	1.550	1.584	1.619	1.653	1.688	1.722
2.12	1.425	1.460	1.495	1.530	1.565	1.599	1.634	1.669	1.704	1.738
2.14	1.439	1.474	1.509	1.544	1.579	1.614	1.650	1.685	1.720	1.755
2.16	1.452	1.488	1.523	1.559	1.594	1.630	1.665	1.700	1.736	1.771
2.18	1.466	1.502	1.537	1.573	1.609	1.645	1.680	1.716	1.752	1.788
2.20	1.479	1.515	1.551	1.588	1.624	1.660	1.696	1.732	1.768	1.804

Maß (Dicke) 82 Centimeter (0,82 m) ist.
dimensions (depth) are 82 centimetres (0,82 m).
(l'épaisseur) est 82 centimètres (0,82 m).

Länge/Length Longueur	Breite — Breadth — Largeur 1.02	1.04	1.06	1.08	1.10	1.12	1.14	1.16	1.18	1.20
	Inhalt in Kubikmetern — Solid Contents — Cubage									
1.02	0.853									
1.04	870	0.887								
1.06	887	904	0.921							
1.08	903	921	939	0.956						
1.10	.920	938	956	974	0.992					
1.12	937	955	974	992	1.010	1.029				
1.14	953	972	991	1.010	1.028	1.047	1.066			
1.16	970	989	1.008	1.027	1.046	1.065	1.084	1.103		
1.18	987	1.006	1.026	1.045	1.064	1.084	1.103	1.122	1.142	
1.20	1.004	1.023	1.043	1.063	1.082	1.102	1.122	1.141	1.161	1.181
1.22	1.020	1.040	1.060	1.080	1.100	1.120	1.140	1.160	1.180	1.200
1.24	1.037	1.057	1.078	1.098	1.118	1.139	1.159	1.179	1.200	1.220
1.26	1.054	1.075	1.095	1.116	1.137	1.157	1.178	1.199	1.219	1.240
1.28	1.071	1.092	1.113	1.134	1.155	1.176	1.197	1.218	1.239	1.260
1.30	1.087	1.109	1.130	1.151	1.173	1.194	1.215	1.237	1.258	1.279
1.32	1.104	1.126	1.147	1.169	1.191	1.212	1.234	1.256	1.277	1.299
1.34	1.121	1.143	1.165	1.187	1.209	1.231	1.253	1.275	1.297	1.319
1.36	1.138	1.160	1.182	1.204	1.227	1.249	1.271	1.294	1.316	1.338
1.38	1.154	1.177	1.199	1.222	1.245	1.267	1.290	1.313	1.335	1.358
1.40	1.171	1.194	1.217	1.240	1.263	1.286	1.309	1.332	1.355	1.378
1.42	1.188	1.211	1.234	1.258	1.281	1.304	1.327	1.351	1.374	1.397
1.44	1.204	1.228	1.252	1.275	1.299	1.322	1.346	1.370	1.393	1.417
1.46	1.221	1.245	1.269	1.293	1.317	1.341	1.365	1.389	1.413	1.437
1.48	1.238	1.262	1.286	1.311	1.335	1.359	1.384	1.408	1.432	1.456
1.50	1.255	1.279	1.304	1.328	1.353	1.378	1.402	1.427	1.451	1.476
1.52	1.271	1.296	1.321	1.346	1.371	1.396	1.421	1.446	1.471	1.496
1.54	1.288	1.313	1.339	1.364	1.389	1.414	1.440	1.465	1.490	1.515
1.56	1.305	1.330	1.356	1.382	1.407	1.433	1.458	1.484	1.509	1.535
1.58	1.322	1.347	1.373	1.399	1.425	1.451	1.477	1.503	1.529	1.555
1.60	1.338	1.364	1.391	1.417	1.443	1.469	1.496	1.522	1.548	1.574
1.62	1.355	1.382	1.408	1.435	1.461	1.488	1.514	1.541	1.568	1.594
1.64	1.372	1.399	1.425	1.452	1.479	1.506	1.533	1.560	1.587	1.614
1.66	1.388	1.416	1.443	1.470	1.497	1.525	1.552	1.579	1.606	1.633
1.68	1.405	1.433	1.460	1.488	1.515	1.543	1.570	1.598	1.626	1.653
1.70	1.422	1.450	1.478	1.506	1.533	1.561	1.589	1.617	1.645	1.673
1.72	1.439	1.467	1.495	1.523	1.551	1.580	1.608	1.636	1.664	1.692
1.74	1.455	1.484	1.512	1.541	1.569	1.598	1.627	1.655	1.684	1.712
1.76	1.472	1.501	1.530	1.559	1.588	1.616	1.645	1.674	1.703	1.732
1.78	1.489	1.518	1.547	1.576	1.606	1.635	1.664	1.693	1.722	1.752
1.80	1.506	1.535	1.565	1.594	1.624	1.653	1.683	1.712	1.742	1.771
1.82	1.522	1.552	1.582	1.612	1.642	1.671	1.701	1.731	1.761	1.791
1.84	1.539	1.569	1.599	1.630	1.660	1.690	1.720	1.750	1.780	1.811
1.86	1.556	1.586	1.617	1.647	1.678	1.708	1.739	1.769	1.800	1.830
1.88	1.572	1.603	1.634	1.665	1.696	1.727	1.757	1.788	1.819	1.850
1.90	1.589	1.620	1.651	1.683	1.714	1.745	1.776	1.807	1.838	1.870
1.92	1.606	1.637	1.669	1.700	1.732	1.763	1.795	1.826	1.858	1.889
1.94	1.623	1.654	1.686	1.718	1.750	1.782	1.814	1.845	1.877	1.909
1.96	1.639	1.671	1.704	1.736	1.768	1.800	1.832	1.864	1.896	1.929
1.98	1.656	1.689	1.721	1.753	1.786	1.818	1.851	1.883	1.916	1.948
2.00	1.673	1.706	1.738	1.771	1.804	1.837	1.870	1.902	1.935	1.968
2.02	1.690	1.723	1.756	1.789	1.822	1.855	1.888	1.921	1.955	1.988
2.04	1.706	1.740	1.773	1.807	1.840	1.874	1.907	1.940	1.974	2.007
2.06	1.723	1.757	1.791	1.824	1.858	1.892	1.926	1.959	1.993	2.027
2.08	1.740	1.774	1.808	1.842	1.876	1.910	1.944	1.978	2.013	2.047
2.10	1.756	1.791	1.825	1.860	1.894	1.929	1.963	1.998	2.032	2.066
2.12	1.773	1.808	1.843	1.877	1.912	1.947	1.982	2.017	2.051	2.086
2.14	1.790	1.825	1.860	1.895	1.930	1.965	2.000	2.036	2.071	2.106
2.16	1.807	1.842	1.877	1.913	1.948	1.984	2.019	2.055	2.090	2.125
2.18	1.823	1.859	1.895	1.931	1.966	2.002	2.038	2.074	2.109	2.145
2.20	1.840	1.876	1.912	1.948	1.984	2.020	2.057	2.093	2.129	2.165

0.82

Kubik-Inhalt der Kolli, deren kleinstes
Solid contents of packages, whose least
Cubage des colis, dont la plus petite dimension

Länge/Length Longueur	Breite — Breadth — Largeur									
	1.22	1.24	1.26	1.28	1.30	1.32	1.34	1.36	1.38	1.40
	Inhalt in Kubikmetern — Solid Contents — Cubage									
1.22	1.220									
1.24	1.240	1.261								
1.26	1.261	1.281	1.302							
1.28	1.281	1.302	1.322	1.343						
1.30	1.301	1.322	1.343	1.364	1.386					
1.32	1.321	1.342	1.364	1.385	1.407	1.429				
1.34	1.341	1.363	1.384	1.406	1.428	1.450	1.472			
1.36	1.361	1.383	1.405	1.427	1.450	1.472	1.494	1.517		
1.38	1.381	1.403	1.426	1.448	1.471	1.494	1.516	1.539	1.562	
1.40	1.401	1.424	1.446	1.469	1.492	1.515	1.538	1.561	1.584	1.607
1.42	1.421	1.444	1.467	1.490	1.514	1.537	1.560	1.584	1.607	1.630
1.44	1.441	1.464	1.488	1.511	1.535	1.559	1.582	1.606	1.630	1.653
1.46	1.461	1.485	1.508	1.532	1.556	1.580	1.604	1.628	1.652	1.676
1.48	1.481	1.505	1.529	1.553	1.578	1.602	1.626	1.650	1.675	1.699
1.50	1.501	1.525	1.550	1.574	1.599	1.624	1.648	1.673	1.697	1.722
1.52	1.521	1.546	1.570	1.595	1.620	1.645	1.670	1.695	1.720	1.745
1.54	1.541	1.566	1.591	1.616	1.642	1.667	1.692	1.717	1.743	1.768
1.56	1.561	1.586	1.612	1.637	1.663	1.689	1.714	1.740	1.765	1.791
1.58	1.581	1.607	1.632	1.658	1.684	1.710	1.736	1.762	1.788	1.814
1.60	1.601	1.627	1.653	1.679	1.706	1.732	1.758	1.784	1.811	1.837
1.62	1.621	1.647	1.674	1.700	1.727	1.753	1.780	1.807	1.833	1.860
1.64	1.641	1.668	1.694	1.721	1.748	1.775	1.802	1.829	1.856	1.883
1.66	1.661	1.688	1.715	1.742	1.770	1.797	1.824	1.851	1.878	1.906
1.68	1.681	1.708	1.736	1.763	1.791	1.818	1.846	1.874	1.901	1.929
1.70	1.701	1.729	1.756	1.784	1.812	1.840	1.868	1.896	1.924	1.952
1.72	1.721	1.749	1.777	1.805	1.834	1.862	1.890	1.918	1.946	1.975
1.74	1.741	1.769	1.798	1.826	1.855	1.883	1.912	1.940	1.969	1.998
1.76	1.761	1.790	1.818	1.847	1.876	1.905	1.934	1.963	1.992	2.020
1.78	1.781	1.810	1.839	1.868	1.897	1.927	1.956	1.985	2.014	2.043
1.80	1.801	1.830	1.860	1.889	1.919	1.948	1.978	2.007	2.037	2.066
1.82	1.821	1.851	1.880	1.910	1.940	1.970	2.000	2.030	2.060	2.089
1.84	1.841	1.871	1.901	1.931	1.961	1.992	2.022	2.052	2.082	2.112
1.86	1.861	1.891	1.922	1.952	1.983	2.013	2.044	2.074	2.105	2.135
1.88	1.881	1.912	1.942	1.973	2.004	2.035	2.066	2.097	2.127	2.158
1.90	1.901	1.932	1.963	1.994	2.025	2.057	2.088	2.119	2.150	2.181
1.92	1.921	1.952	1.984	2.015	2.047	2.078	2.110	2.141	2.173	2.204
1.94	1.941	1.973	2.004	2.036	2.068	2.100	2.132	2.163	2.195	2.227
1.96	1.961	1.993	2.025	2.057	2.089	2.122	2.154	2.186	2.218	2.250
1.98	1.981	2.013	2.046	2.078	2.111	2.143	2.176	2.208	2.241	2.273
2.00	2.001	2.034	2.066	2.099	2.132	2.165	2.198	2.230	2.263	2.296
2.02	2.021	2.054	2.087	2.120	2.153	2.186	2.220	2.253	2.286	2.319
2.04	2.041	2.074	2.108	2.141	2.175	2.208	2.242	2.275	2.308	2.342
2.06	2.061	2.095	2.128	2.162	2.196	2.230	2.264	2.297	2.331	2.365
2.08	2.081	2.115	2.149	2.183	2.217	2.251	2.286	2.320	2.354	2.388
2.10	2.101	2.135	2.170	2.204	2.239	2.273	2.307	2.342	2.376	2.411
2.12	2.121	2.156	2.190	2.225	2.260	2.295	2.329	2.364	2.399	2.434
2.14	2.141	2.176	2.211	2.246	2.281	2.316	2.351	2.387	2.422	2.457
2.16	2.161	2.196	2.232	2.267	2.303	2.338	2.373	2.409	2.444	2.480
2.18	2.181	2.217	2.252	2.288	2.324	2.360	2.395	2.431	2.467	2.503
2.20	2.201	2.237	2.273	2.309	2.345	2.381	2.417	2.453	2.490	2.526
2.22	2.221	2.257	2.294	2.330	2.367	2.403	2.439	2.476	2.512	2.549
2.24	2.241	2.278	2.314	2.351	2.388	2.425	2.461	2.498	2.535	2.572
2.26	2.261	2.298	2.335	2.372	2.409	2.446	2.483	2.520	2.557	2.594
2.28	2.281	2.318	2.356	2.393	2.430	2.468	2.505	2.543	2.580	2.617
2.30	2.301	2.339	2.376	2.414	2.452	2.490	2.527	2.565	2.603	2.640
2.32	2.321	2.359	2.397	2.435	2.473	2.511	2.549	2.587	2.625	2.663
2.34	2.341	2.379	2.418	2.456	2.494	2.533	2.571	2.610	2.648	2.686
2.36	2.361	2.400	2.438	2.477	2.516	2.554	2.593	2.632	2.671	2.709
2.38	2.381	2.420	2.459	2.498	2.537	2.576	2.615	2.654	2.693	2.732
2.40	2.401	2.440	2.480	2.519	2.558	2.598	2.637	2.676	2.716	2.755
2.42	2.421	2.461	2.500	2.540	2.580	2.619	2.659	2.699	2.738	2.778
2.44	2.441	2.481	2.521	2.561	2.601	2.641	2.681	2.721	2.761	2.801
2.46	2.461	2.501	2.542	2.582	2.622	2.663	2.703	2.743	2.784	2.824
2.48	2.481	2.522	2.562	2.603	2.644	2.684	2.725	2.766	2.806	2.847
2.50	2.501	2.542	2.583	2.624	2.665	2.706	2.747	2.788	2.829	2.870
2.52	2.521	2.562	2.604	2.645	2.686	2.728	2.769	2.810	2.852	2.893
2.54	2.541	2.583	2.624	2.666	2.708	2.749	2.791	2.833	2.874	2.916
2.56	2.561	2.603	2.645	2.687	2.729	2.771	2.813	2.855	2.897	2.939
2.58	2.581	2.623	2.666	2.708	2.750	2.793	2.835	2.877	2.920	2.962
2.60	2.601	2.644	2.686	2.729	2.772	2.814	2.857	2.900	2.942	2.985

Maß (Dicke) 82 Centimeter (0,82 m) ist.
dimensions (depth) are 82 centimetres (0,82 m).
(l'épaisseur) est 82 centimètres (0,82 m).

Länge/Length Longueur	Breite — Breadth — Largeur									
	1.42	1.44	1.46	1.48	1.50	1.52	1.54	1.56	1.58	1.60
	Inhalt in Kubikmetern — Solid Contents — Cubage									
1.42	1.653									
1.44	1.677	1.700								
1.46	1.700	1.724	1.748							
1.48	1.723	1.748	1.772	1.796						
1.50	1.747	1.771	1.796	1.820	1.845					
1.52	1.770	1.795	1.820	1.845	1.870	1.895				
1.54	1.793	1.818	1.844	1.869	1.894	1.919	1.945			
1.56	1.816	1.842	1.868	1.893	1.919	1.944	1.970	1.996		
1.58	1.840	1.866	1.892	1.917	1.943	1.969	1.995	2.021	2.047	
1.60	1.863	1 889	1.916	1.942	1.968	1.994	2.020	2.047	2.073	2.099
1.62	1.886	1.913	1.939	1.966	1.993	2.019	2.046	2.072	2.099	2.125
1.64	1.910	1.937	1.963	1.990	2.017	2.044	2.071	2.098	2.125	2.152
1.66	1.933	1.960	1.987	2.015	2.042	2.069	2.196	2.123	2.151	2.178
1.68	1.956	1.984	2.011	2.039	2.066	2.094	2.122	2.149	2.177	2.204
1.70	1.979	2.007	2.035	2.063	2.091	2.119	2.147	2.175	2.203	2.230
1.72	2.003	2.031	2.059	2.087	2.116	2.144	2 172	2.200	2.228	2.257
1.74	2.026	2.055	2.083	2.112	2.140	2.169	2.197	2.226	2.254	2.283
1.76	2.049	2.078	2.107	2.136	2.165	2.194	2.223	2.251	2.280	2.309
1.78	2.073	2.102	2.131	2.160	2.189	2.219	2.248	2.277	2.306	2.335
1.80	2.096	2.125	2.155	2.184	2.214	2.244	2.273	2.303	2.332	2.362
1.82	2.119	2.149	2.179	2.209	2.239	2.268	2.298	2.328	2.358	2.388
1.84	2.142	2.173	2.203	2.233	2.263	2.293	2.324	2.354	2.384	2.414
1.86	2.166	2.196	2.227	2.257	2.288	2.318	2.349	2.379	2.410	2.440
1.88	2.189	2.220	2.251	2.282	2.312	2.343	2.374	2.405	2.436	2.467
1.90	2.212	2.244	2.275	2.306	2.337	2.368	2.399	2.430	2.462	2.493
1.92	2.236	2.267	2.299	2.330	2.362	2.393	2.425	2.456	2.488	2.519
1.94	2.259	2.291	2.323	2.354	2.386	2.418	2.450	2.482	2.513	2.545
1.96	2.282	2.314	2.347	2.379	2.411	2.443	2.475	2.507	2.539	2.572
1.98	2.305	2.338	2.370	2.403	2.435	2.468	2.500	2.533	2.565	2.598
2.00	2.329	2.362	2.394	2.427	2.460	2.493	2.526	2.558	2.591	2.624
2.02	2.352	2.385	2.418	2.451	2.485	2.518	2.551	2.584	2.617	2.650
2.04	2.375	2.409	2.442	2.476	2.509	2.543	2.576	2.610	2.643	2.676
2.06	2.399	2.432	2.466	2.500	2.534	2.568	2.601	2.635	2.669	2.703
2.08	2.422	2.456	2.490	2.524	2.558	2.593	2.627	2.661	2.695	2.729
2.10	2.445	2.480	2.514	2.549	2.583	2.617	2.652	2.686	2.721	2.755
2.12	2.469	2.503	2.538	2.573	2.608	2.642	2.677	2.712	2.747	2.781
2.14	2.492	2.527	2.562	2.597	2.632	2.667	2.702	2.737	2.773	2.808
2.16	2.515	2.551	2.586	2.621	2.657	2.692	2.728	2.763	2.798	2.834
2.18	2.538	2.574	2.610	2.646	2.681	2.717	2.753	2.789	2.824	2.860
2.20	2.562	2.598	2.634	2.670	2.706	2.742	2.778	2.814	2.850	2.886
2.22	2.585	2.621	2.658	2.694	2.731	2.767	2.803	2.840	2.876	2.913
2.24	2.608	2.645	2.682	2.718	2.755	2.792	2.829	2.865	2.902	2.939
2.26	2.632	2.669	2.706	2.743	2.780	2.817	2.854	2.891	2.928	2.965
2.28	2.655	2.692	2.730	2.767	2.804	2.842	2.879	2.917	2.954	2.991
2.30	2.678	2.716	2.754	2.791	2.829	2.867	2.904	2.942	2.980	3.018
2.32	2.701	2.739	2.778	2.816	2.854	2.892	2.930	2.968	3.006	3.044
2.34	2.725	2.763	2.801	2.840	2.878	2.917	2.955	2.993	3.032	3.070
2.36	2.748	2.787	2.825	2.864	2.903	2.942	2.980	3.019	3.058	3.096
2.38	2.771	2.810	2.849	2.888	2.927	2.966	3.005	3.044	3.084	3.123
2.40	2.795	2.834	2.873	2.913	2.952	2.991	3.031	3.070	3.109	3.149
2.42	2.818	2.858	2.897	2.937	2.977	3.016	3.056	3.096	3.135	3.175
2.44	2.841	2.881	2.921	2.961	3.001	3.041	3.081	3.121	3.161	3.201
2.46	2.864	2.905	2.945	2.985	3.026	3.066	3.106	3.147	3.187	3.228
2.48	2.888	2.928	2.969	3.010	3.050	3.091	3.132	3.172	3.213	3.254
2.50	2.911	2.952	2.993	3.034	3.075	3.116	3.157	3.198	3.239	3.280
2.52	2.934	2.976	3.017	3.058	3.100	3.141	3.182	3.224	3.205	3.306
2.54	2.958	2.999	3.041	3.083	3.124	3.166	3.208	3.249	3.291	3.332
2.56	2.981	3.023	3.065	3.107	3.149	3.191	3.233	3.275	3.317	3.359
2.58	3.004	3.046	3.089	3.131	3.173	3.216	3.258	3.300	3.343	3.385
2.60	3.027	3.070	3.113	3.155	3.198	3.241	3.283	3.326	3.369	3.411

Kubik-Inhalt der Kolli, deren kleinstes
Solid contents of packages, whose least
Cubage des colis, dont la plus petite dimension

Länge / Length / Longueur	Breite — Breadth — Largeur 0.84	0.86	0.88	0.90	0.92	0.94	0.96	0.98	1.00	1.02
	Inhalt in Kubikmetern — Solid Contents — Cubage									
0.84	0.593									
0.86	607	0.621								
0.88	621	636	0.650							
0.90	635	650	665	0.680						
0.92	649	665	680	696	0.711					
0.94	663	679	695	711	726	0.742				
0.96	677	694	710	726	742	758	0.774			
0.98	691	708	724	741	757	774	790	0.807		
1.00	706	722	739	756	773	790	806	823	0.840	
1.02	720	737	754	771	788	805	823	840	857	0.874
1.04	734	751	769	786	804	821	839	856	874	891
1.06	748	766	784	801	819	837	855	873	890	908
1.08	762	780	798	816	835	853	871	889	907	925
1.10	776	795	813	832	850	869	887	906	924	942
1.12	790	809	828	847	866	884	903	922	941	960
1.14	804	824	843	862	881	900	919	938	958	977
1.16	818	838	857	877	896	916	935	955	974	994
1.18	833	852	872	892	912	932	952	971	991	1.011
1.20	847	867	887	907	927	948	968	988	1.008	1.028
1.22	861	881	902	922	943	963	984	1.004	1.025	1.045
1.24	875	896	917	937	958	979	1.000	1.021	1.042	1.062
1.26	889	910	931	953	974	995	1.016	1.037	1.058	1.080
1.28	903	925	946	968	989	1.011	1.032	1.054	1.075	1.097
1.30	917	939	961	983	1.005	1.026	1.048	1.070	1.092	1.114
1.32	931	954	976	998	1.020	1.042	1.064	1.087	1.109	1.131
1.34	946	968	991	1.013	1.036	1.058	1.081	1.103	1 126	1.148
1.36	960	982	1.005	1.028	1.051	1.074	1.097	1.120	1.142	1.165
1.38	974	997	1.020	1.043	1.066	1.090	1.113	1.136	1.159	1.182
1.40	988	1.011	1.035	1.058	1.082	1.105	1.129	1.152	1.176	1.200
1.42	1 002	1.026	1.050	1.074	1.097	1.121	1.145	1.169	1.193	1.217
1.44	1.016	1.040	1.064	1.089	1.113	1.137	1.161	1.185	1.210	1.234
1.46	1.030	1.055	1.079	1.104	1.128	1.153	1.177	1 202	1.226	1.251
1.48	1.044	1.069	1.094	1.119	1.144	1.169	1.193	1.218	1.243	1.268
1.50	1.058	1.084	1.109	1.134	1.159	1.184	1 210	1.235	1.260	1.285
1.52	1.073	1.098	1.124	1.149	1.175	1.200	1.226	1.251	1.277	1.302
1.54	1.087	1.112	1.138	1.164	1.190	1.216	1.242	1.268	1.294	1.319
1.56	1.101	1.127	1 153	1.179	1.206	1.232	1.258	1.284	1.310	1.337
1.58	1.115	1.141	1.168	1.194	1.221	1.248	1.274	1.301	1.327	1.354
1.60	1.129	1.156	1.183	1.210	1.236	1.263	1.290	1.317	1.344	1.371
1.62	1.143	1.170	1.198	1.225	1.252	1.279	1.306	1.334	1.361	1.388
1.64	1.157	1.185	1.212	1.240	1.267	1.295	1.322	1.350	1.378	1.405
1.66	1.171	1.199	1.227	1.255	1.283	1.311	1.339	1.367	1.394	1.422
1.68	1.185	1.214	1.242	1.270	1.298	1.327	1.355	1.383	1.411	1.439
1.70	1.200	1.228	1.257	1.285	1.314	1.342	1.371	1.399	1.428	1.457
1.72	1.214	1.243	1.271	1.300	1.329	1.358	1.387	1.416	1.445	1.474
1.74	1.228	1.257	1.286	1.315	1.345	1.374	1.403	1.432	1.462	1.491
1.76	1.242	1.271	1.301	1.331	1.360	1.390	1.419	1.449	1.478	1.508
1.78	1.256	1.286	1.316	1.346	1.376	1.405	1.435	1.465	1.495	1.525
1.80	1.270	1.300	1.331	1.361	1.391	1.421	1.452	1.482	1.512	1.542
1.82	1.284	1.315	1.345	1.376	1.406	1.437	1.468	1.498	1.529	1.559
1.84	1.298	1.329	1.360	1.391	1.422	1.453	1.484	1.515	1.546	1.577
1.86	1.312	1.344	1.375	1.406	1.437	1.469	1.500	1.531	1.562	1.594
1.88	1.327	1.358	1.390	1.421	1.453	1.484	1.516	1.548	1.579	1.611
1.90	1.341	1.373	1.404	1.436	1.468	1.500	1.532	1.564	1.596	1.628
1.92	1.355	1.387	1.419	1.452	1.484	1.516	1.548	1.581	1.613	1.645
1.94	1.369	1.401	1.434	1.467	1.499	1.532	1.564	1.597	1.630	1.662
1.96	1.383	1.416	1.449	1.482	1.515	1.548	1.581	1.613	1.646	1.679
1.98	1.397	1.430	1.464	1.497	1.530	1.563	1.597	1.630	1.663	1.697
2.00	1.411	1.445	1.478	1.512	1.546	1.579	1.613	1.646	1.680	1.714
2.02	1.425	1.459	1.493	1.527	1.561	1.595	1.629	1.663	1.697	1.731
2.04	1.439	1.474	1.508	1.542	1.577	1.611	1.645	1.679	1.714	1.748
2.06	1.454	1.488	1.523	1.557	1.592	1.627	1.661	1.696	1.730	1.765
2.08	1.468	1.503	1.538	1.572	1.607	1.642	1.677	1.712	1.747	1.782
2.10	1.482	1.517	1.552	1.588	1.623	1.658	1.693	1.729	1.764	1.799
2.12	1.496	1.531	1.567	1.603	1.638	1.674	1.710	1.745	1.781	1.816
2.14	1.510	1.546	1.582	1.618	1.654	1.690	1.726	1.762	1.798	1.834
2.16	1.524	1.560	1.597	1.633	1.669	1.706	1.742	1.778	1.814	1.851
2.18	1.538	1.575	1.611	1.648	1.685	1.721	1.758	1.795	1.831	1.868
2.20	1.552	1.589	1.626	1.663	1.700	1.737	1.774	1.811	1.848	1.885
2.22	1.566	1.604	1.641	1.678	1.716	1.753	1.790	1.828	1.865	1.902

Maß (Dicke) 84 Centimeter (0,84 m) ist.
dimensions (depth) are 84 centimetres (0,84 m).
(l'épaisseur) est 84 centimètres (0,84 m).

Länge/Length Longueur	Breite — Breadth — Largeur									
	1.04	1.06	1.08	1.10	1.12	1.14	1.16	1.18	1.20	1.22
	Inhalt in Kubikmetern — Solid Contents — Cubage									
1.04	0.909									
1.06	926	0.944								
1.08	943	962	0.980							
1.10	961	979	998	1.016						
1.12	978	997	1.016	1.035	1.054					
1.14	996	1.015	1.034	1.053	1.073	1.092				
1.16	1.013	1.033	1.052	1.072	1.091	1.111	1.130			
1.18	1.031	1.051	1.070	1.090	1.110	1.130	1.150	1.170		
1.20	1.048	1.068	1.089	1.109	1.129	1.149	1.169	1.189	1.210	
1.22	1.066	1.086	1.107	1.127	1.148	1.168	1.189	1.209	1.230	1.250
1.24	1.083	1.104	1.125	1.146	1.167	1.187	1.208	1.229	1.250	1.271
1.26	1.101	1.122	1.143	1.164	1.185	1.207	1.228	1.249	1.270	1.291
1.28	1.118	1.140	1.161	1.183	1.204	1.226	1.247	1.269	1.290	1.312
1.30	1.136	1.158	1.179	1.201	1.223	1.245	1.267	1.289	1.310	1.332
1.32	1.153	1.175	1.198	1.220	1.242	1.264	1.286	1.308	1.331	1.353
1.34	1.171	1.193	1.216	1.238	1.261	1.283	1.306	1.328	1.351	1.373
1.36	1.188	1.211	1.234	1.257	1.279	1.302	1.325	1.348	1.371	1.394
1.38	1.206	1.229	1.252	1.275	1.298	1.321	1.345	1.368	1.391	1.414
1.40	1.223	1.247	1.270	1.294	1.317	1.341	1.364	1.388	1.411	1.435
1.42	1.241	1.264	1.288	1.312	1.336	1.360	1.384	1.408	1.431	1.455
1.44	1.258	1.282	1.306	1.331	1.355	1.379	1.403	1.427	1.452	1.476
1.46	1.275	1.300	1.325	1.349	1.374	1.398	1.423	1.447	1.472	1.496
1.48	1.293	1.318	1.343	1.368	1.392	1.417	1.442	1.467	1.492	1.517
1.50	1.310	1.336	1.361	1.386	1.411	1.436	1.462	1.487	1.512	1.537
1.52	1.328	1.353	1.379	1.404	1.430	1.456	1.481	1.507	1.532	1.558
1.54	1.345	1.371	1.397	1.423	1.449	1.475	1.501	1.526	1.552	1.578
1.56	1.363	1.389	1.415	1.441	1.468	1.494	1.520	1.546	1.572	1.599
1.58	1.380	1.407	1.433	1.460	1.486	1.513	1.540	1.566	1.593	1.619
1.60	1.398	1.425	1.452	1.478	1.505	1.532	1.559	1.586	1.613	1.640
1.62	1.415	1.442	1.470	1.497	1.524	1.551	1.579	1.606	1.633	1.660
1.64	1.433	1.460	1.488	1.515	1.543	1.570	1.598	1.626	1.653	1.681
1.66	1.450	1.478	1.506	1.534	1.562	1.590	1.618	1.645	1.673	1.701
1.68	1.468	1.496	1.524	1.552	1.581	1.609	1.637	1.665	1.693	1.722
1.70	1.485	1.514	1.542	1.571	1.599	1.628	1.656	1.685	1.714	1.742
1.72	1.503	1.531	1.560	1.589	1.618	1.647	1.676	1.705	1.734	1.763
1.74	1.520	1.549	1.579	1.608	1.637	1.666	1.695	1.725	1.754	1.783
1.76	1.538	1.567	1.597	1.626	1.656	1.685	1.715	1.745	1.774	1.804
1.78	1.555	1.585	1.615	1.645	1.675	1.705	1.734	1.764	1.794	1.824
1.80	1.572	1.603	1.633	1.663	1.693	1.724	1.754	1.784	1.814	1.845
1.82	1.590	1.621	1.651	1.682	1.712	1.743	1.773	1.804	1.835	1.865
1.84	1.607	1.638	1.669	1.700	1.731	1.762	1.793	1.824	1.855	1.886
1.86	1.625	1.656	1.687	1.719	1.750	1.781	1.812	1.844	1.875	1.906
1.88	1.642	1.674	1.706	1.737	1.769	1.800	1.832	1.863	1.895	1.927
1.90	1.666	1.692	1.724	1.756	1.788	1.819	1.851	1.883	1.915	1.947
1.92	1.677	1.710	1.742	1.774	1.806	1.839	1.871	1.903	1.935	1.968
1.94	1.695	1.727	1.760	1.793	1.825	1.858	1.890	1.923	1.956	1.988
1.96	1.712	1.745	1.778	1.811	1.844	1.877	1.910	1.943	1.976	2.009
1.98	1.730	1.763	1.796	1.830	1.863	1.896	1.929	1.963	1.996	2.029
2.00	1.747	1.781	1.814	1.848	1.882	1.915	1.949	1.982	2.016	2.050
2.02	1.765	1.799	1.833	1.866	1.900	1.934	1.968	2.002	2.036	2.070
2.04	1.782	1.816	1.851	1.885	1.919	1.954	1.988	2.022	2.056	2.091
2.06	1.800	1.834	1.869	1.903	1.938	1.973	2.007	2.042	2.076	2.111
2.08	1.817	1.852	1.887	1.922	1.957	1.992	2.027	2.062	2.097	2.132
2.10	1.835	1.870	1.905	1.940	1.976	2.011	2.046	2.082	2.117	2.152
2.12	1.852	1.888	1.923	1.959	1.994	2.030	2.066	2.101	2.137	2.173
2.14	1.870	1.905	1.941	1.977	2.013	2.049	2.085	2.121	2.157	2.193
2.16	1.887	1.923	1.960	1.996	2.032	2.068	2.105	2.141	2.177	2.214
2.18	1.904	1.941	1.978	2.014	2.051	2.088	2.124	2.161	2.197	2.234
2.20	1.922	1.959	1.996	2.033	2.070	2.107	2.144	2.181	2.218	2.255
2.22	1.939	1.977	2.014	2.051	2.089	2.126	2.163	2.200	2.238	2.275

0.84

Kubik-Inhalt der Kolli, deren kleinstes
Solid contents of packages, whose least
Cubage des colis, dont la plus petite dimension

Länge/Length Longueur	Breite — Breadth — Largeur 1.24	1.26	1.28	1.30	1.32	1.34	1.36	1.38	1.40	1.42
	Inhalt in Kubikmetern — Solid Contents — Cubage									
1.24	1.292									
1.26	1.312	1.334								
1.28	1.333	1.355	1.376							
1.30	1.354	1.376	1.398	1.420						
1.32	1.375	1.397	1.419	1.441	1.464					
1.34	1.396	1.418	1.441	1.463	1.486	1.508				
1.36	1.417	1.439	1.462	1.485	1.508	1.531	1.554			
1.38	1.437	1.461	1.484	1.507	1.530	1.553	1.577	1.600		
1.40	1.458	1.482	1.505	1.529	1.552	1.576	1.599	1.623	1.646	
1.42	1.479	1.503	1.527	1.551	1.574	1.598	1.622	1.646	1.670	1.694
1.44	1.500	1.524	1.548	1.572	1.597	1.621	1.645	1.669	1.693	1.718
1.46	1.521	1.545	1.570	1.594	1.619	1.643	1.668	1.692	1.717	1.741
1.48	1.542	1.566	1.591	1.616	1.641	1.666	1.691	1.716	1.740	1.765
1.50	1.562	1.588	1.613	1.638	1.663	1.688	1.714	1.739	1.764	1.789
1.52	1.583	1.609	1.634	1.660	1.685	1.711	1.736	1.762	1.788	1.813
1.54	1.604	1.630	1.656	1.682	1.708	1.733	1.759	1.785	1.811	1.837
1.56	1.625	1.651	1.677	1.704	1.730	1.756	1.782	1.808	1.835	1.861
1.58	1.646	1.672	1.699	1.725	1.752	1.778	1.805	1.832	1.858	1.885
1.60	1.667	1.693	1.720	1.747	1.774	1.801	1.828	1.855	1.882	1.908
1.62	1.687	1.715	1.742	1.769	1.796	1.823	1.851	1.878	1.905	1.932
1.64	1.708	1.736	1.763	1.791	1.818	1.846	1.874	1.901	1.929	1.956
1.66	1.729	1.757	1.785	1.813	1.841	1.868	1.896	1.924	1.952	1.980
1.68	1.750	1.778	1.806	1.835	1.863	1.891	1.919	1.947	1.976	2.004
1.70	1.771	1.799	1.828	1.856	1.885	1.914	1.942	1.971	1.999	2.028
1.72	1.792	1.820	1.849	1.878	1.907	1.936	1.965	1.994	2.023	2.052
1.74	1.812	1.842	1.871	1.900	1.929	1.959	1.988	2.017	2.046	2.075
1.76	1.833	1.863	1.892	1.922	1.951	1.981	2.011	2.040	2.070	2.099
1.78	1.854	1.884	1.914	1.944	1.974	2.004	2.033	2.063	2.093	2.123
1.80	1.875	1.905	1.935	1.966	1.996	2.026	2.056	2.087	2.117	2.147
1.82	1.896	1.926	1.957	1.987	2.018	2.049	2.079	2.110	2.140	2.171
1.84	1.917	1.947	1.978	2.009	2.040	2.071	2.102	2.133	2.164	2.195
1.86	1.937	1.969	2.000	2.031	2.062	2.094	2.125	2.156	2.187	2.219
1.88	1.958	1.990	2.021	2.053	2.085	2.116	2.148	2.179	2.211	2.242
1.90	1.979	2.011	2.043	2.075	2.107	2.139	2.171	2.202	2.234	2.266
1.92	2.000	2.032	2.064	2.097	2.129	2.161	2.193	2.226	2.258	2.290
1.94	2.021	2.053	2.086	2.118	2.151	2.184	2.216	2.249	2.281	2.314
1.96	2.042	2.074	2.107	2.140	2.173	2.206	2.239	2.272	2.305	2.338
1.98	2.062	2.096	2.129	2.162	2.195	2.229	2.262	2.295	2.328	2.362
2.00	2.083	2.117	2.150	2.184	2.218	2.251	2.285	2.318	2.352	2.386
2.02	2.104	2.138	2.172	2.206	2.240	2.274	2.308	2.342	2 376	2.409
2.04	2.125	2.159	2.193	2.228	2.262	2.296	2.330	2.365	2.399	2.433
2.06	2.146	2.180	2.215	2.250	2.284	2.319	2.353	2.388	2.423	2.457
2.08	2.167	2.201	2.236	2.271	2.306	2.341	2.376	2.411	2.446	2.481
2.10	2.187	2.223	2.258	2.293	2.328	2.364	2.399	2.434	2.470	2.505
2.12	2.208	2.244	2.279	2.315	2.351	2.386	2.422	2.458	2.493	2.529
2.14	2.229	2.265	2.301	2.337	2.373	2.409	2.445	2.481	2.517	2.553
2.16	2.250	2.286	2.322	2.359	2.395	2.431	2.468	2.504	2.540	2.576
2.18	2.271	2.307	2.344	2.381	2.417	2.454	2.490	2.527	2.564	2.600
2.20	2.292	2.328	2.365	2.402	2.439	2.476	2.513	2.550	2.587	2.624
2.22	2.312	2.350	2.387	2.424	2.462	2.499	2.526	2.573	2.611	2.648
2.24	2.333	2.371	2.408	2.446	2.484	2.521	2.559	2.597	2.634	2.672
2.26	2.354	2.392	2.430	2.468	2.506	2.544	2.582	2.620	2.658	2.696
2.28	2.375	2.413	2.451	2.490	2.528	2.566	2.605	2.643	2.681	2.720
2.30	2.396	2.434	2.473	2.512	2.550	2.589	2.628	2.666	2.705	2.743
2.32	2.417	2.455	2.494	2.533	2.572	2.611	2.650	2.689	2.728	2.767
2.34	2.437	2.477	2.516	2.555	2.595	2.634	2.673	2.713	2.752	2.791
2.36	2.458	2.498	2.537	2.577	2.617	2.656	2.696	2.736	2.775	2.815
2.38	2.479	2.519	2.559	2.599	2.639	2.679	2.719	2.759	2.799	2.839
2.40	2.500	2.540	2.580	2.621	2.661	2.701	2.742	2.782	2.822	2.863
2.42	2.521	2.561	2.602	2.643	2.683	2.724	2.765	2.805	2.846	2.887
2.44	2.542	2.582	2.623	2.664	2.705	2.746	2.787	2.828	2.869	2.910
2.46	2.562	2.604	2.645	2.686	2.728	2.769	2.810	2.852	2.893	2.934
2.48	2.583	2.625	2.667	2.708	2.750	2.791	2.833	2.875	2.916	2.958
2.50	2.604	2.646	2.688	2.730	2.772	2.814	2.856	2.898	2.940	2.982
2.52	2.625	2.667	2.710	2.752	2.794	2.837	2.879	2.921	2.964	3.006
2.54	2.646	2.688	2.731	2.774	2.816	2.859	2.902	2.944	2.987	3.030
2.56	2.666	2.710	2.753	2.796	2.839	2.882	2.925	2.968	3.011	3.054
2.58	2.687	2.731	2.774	2.817	2.861	2.904	2.947	2.991	3.034	3.077
2.60	2.708	2.752	2.796	2.839	2.883	2.927	2.970	3.014	3.058	3.101
2.62	2.729	2.773	2.817	2.861	2.905	2.949	2.993	3.037	3.081	3.125

Maß (Dicke) 84 Centimeter (0,84 m) ist.
dimensions (depth) are 84 centimetres (0,84 m).
(l'épaisseur) est 84 centimètres (0,84 m).

Länge/Length Longueur	Breite — Breadth — Largeur 1.44	1.46	1.48	1.50	1.52	1.54	1.56	1.58	1.60	1.62
	Inhalt in Kubikmetern — Solid Contents — Cubage									
1.44	1.742									
1.46	1.766	1.791								
1.48	1.790	1.815	1.840							
1.50	1.814	1.840	1.865	1.890						
1.52	1.839	1.864	1.890	1.915	1.941					
1.54	1.863	1.889	1.915	1.940	1.966	1.992				
1.56	1.887	1.913	1.939	1.966	1.992	2.018	2.044			
1.58	1.911	1.938	1.964	1.991	2.017	2.044	2.070	2.097		
1.60	1.935	1.962	1.989	2.016	2.043	2.070	2.097	2.124	2.150	
1.62	1.960	1.987	2.014	2.041	2.068	2.096	2.123	2.150	2.177	2.204
1.64	1.984	2.011	2.039	2.066	2.094	2.122	2.149	2.177	2.204	2.232
1.66	2.008	2.036	2.064	2.092	2.119	2.147	2.175	2.203	2.231	2.259
1.68	2.032	2.060	2.089	2.117	2.145	2.173	2.201	2.230	2.258	2.286
1.70	2.056	2.085	2.113	2.142	2.171	2.199	2.228	2.256	2.285	2.313
1.72	2.081	2.109	2.138	2.167	2.196	2.225	2.254	2.283	2.312	2.341
1.74	2.105	2.134	2.163	2.192	2.222	2.251	2.280	2.309	2.339	2.368
1.76	2.129	2.158	2.188	2.218	2.247	2.277	2.306	2.336	2.365	2.395
1.78	2.153	2.183	2.213	2.243	2.273	2.303	2.333	2.362	2.392	2.422
1.80	2.177	2.208	2.238	2.268	2.298	2.328	2.359	2.389	2.419	2.449
1.82	2.201	2.232	2.263	2.293	2.324	2.354	2.385	2.416	2.446	2.477
1.84	2.226	2.257	2.287	2.318	2.349	2.380	2.411	2.442	2.473	2.504
1.86	2.250	2.281	2.312	2.344	2.375	2.406	2.437	2.469	2.500	2.531
1.88	2.274	2.306	2.337	2.369	2.400	2.432	2.464	2.495	2.527	2.558
1.90	2.298	2.330	2.362	2.394	2.426	2.458	2.490	2.522	2.554	2 586
1.92	2.322	2.355	2.387	2.419	2.451	2.484	2.516	2.548	2.580	2.613
1.94	2.347	2.379	2.412	2.444	2.477	2.510	2.542	2.575	2.607	2.640
1.96	2.371	2.404	2.437	2.470	2.503	2.535	2.568	2.601	2.634	2.667
1.98	2.395	2.428	2.462	2.495	2.528	2.561	2.595	2.628	2.661	2.694
2.00	2.419	2.453	2.486	2.520	2.554	2.587	2.621	2.654	2.688	2.722
2.02	2.443	2.477	2.511	2.545	2.579	2.613	2.647	2.681	2.715	2.749
2.04	2.468	2.502	2.536	2.570	2.605	2.639	2.673	2.707	2.742	2.776
2.06	2.492	2.526	2.561	2.596	2.630	2.665	2 699	2.734	2.769	2.803
2.08	2.516	2.551	2.586	2.621	2.656	2.691	2.726	2.761	2.796	2.830
2.10	2.540	2.575	2.611	2.646	2.681	2.717	2.752	2.787	2.822	2.858
2.12	2.564	2.600	2.636	2.671	2.707	2.742	2.778	2.814	2.849	2.885
2.14	2.589	2.624	2.660	2.696	2.732	2.768	2.804	2.840	2.876	2.912
2.16	2.613	2.649	2.685	2.722	2.758	2.794	2.830	2.867	2.903	2.939
2.18	2.637	2.674	2.710	2.747	2.783	2.820	2.857	2.893	2.930	2.967
2.20	2.661	2.698	2.735	2.772	2.809	2.846	2.883	2.920	2.957	2.994
2.22	2.685	2.723	2.760	2.797	2.834	2.872	2.909	2.946	2.984	3.021
2.24	2.710	2.747	2.785	2.822	2.860	2.898	2.935	2.973	3.011	3.048
2.26	2.734	2.772	2.810	2.848	2.886	2.924	2.962	2.999	3.037	3.075
2.28	2.758	2.796	2.834	2.873	2.911	2.949	2.988	3.026	3.064	3.103
2.30	2.782	2.821	2.859	2.898	2.937	2.975	3.014	3.053	3.091	3.130
2.32	2.806	2.845	2.884	2.923	2.962	3.001	3.040	3.079	3.118	3.157
2.34	2.830	2.870	2.909	2.948	2.988	3.027	3.066	3.106	3.145	3.184
2.36	2.855	2.894	2.934	2.974	3.013	3.053	3.093	3.132	3.172	3.211
2.38	2.879	2.919	2.959	2.999	3.039	3.079	3.119	3.159	3.199	3.239
2.40	2.903	2.943	2.984	3.024	3.064	3.105	3.145	3.185	3.226	3.266
2.42	2.927	2.968	3.009	3.049	3.090	3.131	3.171	3.212	3.252	3.293
2.44	2.951	2.992	3.033	3.074	3.115	3.156	3.197	3.238	3.279	3.320
2.46	2.976	3.017	3.058	3.100	3.141	3.182	3.224	3.265	3.306	3.348
2.48	3.000	3.041	3.083	3.125	3.166	3.208	3.250	3.291	3.333	3.375
2.50	3.024	3.066	3.108	3.150	3.192	3.234	3.276	3.318	3.360	3.402
2.52	3.048	3.091	3.133	3.175	3.218	3.260	3.302	3.345	3.387	3.429
2.54	3.072	3.115	3.158	3.200	3.243	3.286	3.328	3.371	3.414	3.456
2.56	3.097	3.140	3.183	3.226	3.269	3.312	3.355	3.398	3.441	3.484
2.58	3.121	3.164	3.207	3.251	3.294	3.337	3.381	3.424	3.468	3.511
2.60	3.145	3.189	3.232	3.276	3.320	3.363	3.407	3.451	3.494	3.538
2.62	3.169	3.213	3.257	3.301	3.345	3.389	3.433	3.477	3.521	3.565

Kubik-Inhalt der Kolli, deren kleinstes
Solid contents of packages, whose least
Cubage des colis, dont la plus petite dimension

Länge/Length Longueur	Breite — Breadth — Largeur									
	0.86	0.88	0.90	0.92	0.94	0.96	0.98	1.00	1.02	1.04
	Inhalt in Kubikmetern — Solid Contents — Cubage									
0.86	0.636									
0.88	651	0.666								
0.90	666	681	0.697							
0.92	680	696	712	0.728						
0.94	695	711	728	744	0.760					
0.96	710	727	743	760	776	0.793				
0.98	725	742	759	775	792	809	0.826			
1.00	740	757	774	791	808	826	843	0.860		
1.02	754	772	789	807	825	842	860	877	0.895	
1.04	769	787	805	823	841	859	877	894	912	0.930
1.06	784	802	820	839	857	875	893	912	930	948
1.08	799	817	836	854	873	892	910	929	947	966
1.10	814	832	851	870	889	908	927	946	965	984
1.12	828	848	867	886	905	925	944	963	982	1.002
1.14	843	863	882	902	922	941	961	980	1.000	1.020
1.16	858	878	898	918	938	958	978	998	1.018	1.038
1.18	873	893	913	934	954	974	995	1.015	1.035	1.055
1.20	888	908	929	949	970	991	1.011	1.032	1.053	1.073
1.22	902	923	944	965	986	1.007	1.028	1.049	1.070	1.091
1.24	917	938	960	981	1.002	1.024	1.045	1.066	1.088	1.109
1.26	932	954	975	997	1.019	1.040	1.062	1.084	1.105	1.127
1.28	947	969	991	1.013	1.035	1.057	1.079	1.101	1.123	1.145
1.30	961	984	1.006	1.029	1.051	1.073	1.096	1.118	1.140	1.163
1.32	976	999	1.022	1.044	1.067	1.090	1.112	1.135	1.158	1.181
1.34	991	1.014	1.037	1.060	1.083	1.106	1.129	1.152	1.175	1.198
1.36	1.006	1.029	1.053	1.076	1.099	1.123	1.146	1.170	1.193	1.216
1.38	1.021	1.044	1.068	1.092	1.116	1.139	1.163	1.187	1.211	1.234
1.40	1.035	1.060	1.084	1.108	1.132	1.156	1.180	1.204	1.228	1.252
1.42	1.050	1.075	1.099	1.124	1.148	1.172	1.197	1.221	1.246	1.270
1.44	1.065	1.090	1.115	1.139	1.164	1.189	1.214	1.238	1.263	1.288
1.46	1.080	1.105	1.130	1.155	1.180	1.205	1.230	1.256	1.281	1.306
1.48	1.095	1.120	1.146	1.171	1.196	1.222	1.247	1.273	1.298	1.324
1.50	1.109	1.135	1.161	1.187	1.213	1.238	1.264	1.290	1.316	1.342
1.52	1.124	1.150	1.176	1.203	1.229	1.255	1.281	1.307	1.333	1.359
1.54	1.139	1.165	1.192	1.218	1.245	1.271	1.298	1.324	1.351	1.377
1.56	1.154	1.181	1.207	1.234	1.261	1.288	1.315	1.342	1.368	1.395
1.58	1.169	1.196	1.223	1.250	1.277	1.304	1.332	1.359	1.386	1.413
1.60	1.183	1.211	1.238	1.266	1.293	1.321	1.348	1.376	1.404	1.431
1.62	1.198	1.226	1.254	1.282	1.310	1.337	1.365	1.393	1.421	1.449
1.64	1.213	1.241	1.269	1.298	1.326	1.354	1.382	1.410	1.439	1.467
1.66	1.228	1.256	1.285	1.313	1.342	1.370	1.399	1.428	1.456	1.485
1.68	1.243	1.272	1.300	1.329	1.358	1.387	1.416	1.445	1.474	1.503
1.70	1.257	1.287	1.316	1.345	1.374	1.404	1.433	1.462	1.491	1.520
1.72	1.272	1.302	1.331	1.361	1.390	1.420	1.450	1.479	1.509	1.538
1.74	1.287	1.317	1.347	1.377	1.407	1.437	1.466	1.496	1.526	1.556
1.76	1.302	1.332	1.362	1.393	1.423	1.453	1.483	1.514	1.544	1.574
1.78	1.316	1.347	1.378	1.408	1.439	1.470	1.500	1.531	1.561	1.592
1.80	1.331	1.362	1.393	1.424	1.455	1.486	1.517	1.548	1.579	1.610
1.82	1.346	1.377	1.409	1.440	1.471	1.503	1.534	1.565	1.597	1.628
1.84	1.361	1.393	1.424	1.456	1.487	1.519	1.551	1.582	1.614	1.646
1.86	1.376	1.408	1.440	1.472	1.504	1.536	1.568	1.600	1.632	1.664
1.88	1.390	1.423	1.455	1.487	1.520	1.552	1.584	1.617	1.649	1.681
1.90	1.405	1.438	1.471	1.503	1.536	1.569	1.601	1.634	1.667	1.699
1.92	1.420	1.453	1.486	1.519	1.552	1.585	1.618	1.651	1.684	1.717
1.94	1.435	1.468	1.502	1.535	1.568	1.602	1.635	1.668	1.702	1.735
1.96	1.450	1.483	1.517	1.551	1.584	1.618	1.652	1.686	1.719	1.753
1.98	1.464	1.498	1.533	1.567	1.601	1.635	1.669	1.703	1.737	1.771
2.00	1.479	1.514	1.548	1.582	1.617	1.651	1.686	1.720	1.754	1.789
2.02	1.494	1.529	1.563	1.598	1.633	1.668	1.702	1.737	1.772	1.807
2.04	1.509	1.544	1.579	1.614	1.649	1.684	1.719	1.754	1.789	1.825
2.06	1.524	1.559	1.594	1.630	1.665	1.701	1.736	1.772	1.807	1.842
2.08	1.538	1.574	1.610	1.646	1.681	1.717	1.753	1.789	1.825	1.860
2.10	1.553	1.589	1.625	1.662	1.698	1.734	1.770	1.806	1.842	1.878
2.12	1.568	1.604	1.641	1.677	1.714	1.750	1.787	1.823	1.860	1.896
2.14	1.583	1.620	1.656	1.693	1.730	1.767	1.804	1.840	1.877	1.914
2.16	1.598	1.635	1.672	1.709	1.746	1.783	1.820	1.858	1.895	1.932
2.18	1.612	1.650	1.687	1.725	1.762	1.800	1.837	1.875	1.912	1.950
2.20	1.627	1.665	1.703	1.741	1.778	1.816	1.854	1.892	1.930	1.968
2.22	1.642	1.680	1.718	1.756	1.795	1.833	1.871	1.909	1.947	1.986
2.24	1.657	1.695	1.734	1.772	1.811	1.849	1.888	1.926	1.965	2.003

Maß (Dicke) 86 Centimeter (0,86 m) ist.
dimensions (depth) are 86 centimetres (0,86 m).
(l'épaisseur) est 86 centimètres (0,86 m).

Länge/Length Longueur	Breite — Breadth — Largeur									
	1.06	1.08	1.10	1.12	1.14	1.16	1.18	1.20	1.22	1.24
	Inhalt in Kubikmetern — Solid Contents — Cubage									
1.06	0.966									
1.08	985	1.003								
1.10	1.003	1.022	1.041							
1.12	1.021	1.040	1.060	1.079						
1.14	1.039	1.059	1.078	1.098	1.118					
1.16	1.057	1.077	1.097	1.117	1.137	1.157				
1.18	1.076	1.096	1.116	1.137	1.157	1.177	1.197			
1.20	1.094	1.115	1.135	1.156	1.176	1.197	1.218	1.238		
1.22	1.112	1.133	1.154	1.175	1.196	1.217	1.238	1.259	1.280	
1.24	1.130	1.152	1.173	1.194	1.216	1.237	1.258	1.280	1.301	1.322
1.26	1.149	1.170	1.192	1.214	1.235	1.257	1.279	1.300	1.322	1.344
1.28	1.167	1.189	1.211	1.233	1.255	1.277	1.299	1.321	1.343	1.365
1.30	1.185	1.207	1.230	1.252	1.275	1.297	1.319	1.342	1.364	1.386
1.32	1.203	1.226	1.249	1.271	1.294	1.317	1.340	1.362	1.385	1.408
1.34	1.222	1.245	1.268	1.291	1.314	1.337	1.360	1.383	1.406	1.429
1.36	1.240	1.263	1.287	1.310	1.333	1.357	1.380	1.404	1.427	1.450
1.38	1.258	1.282	1.305	1.329	1.353	1.377	1.400	1.424	1.448	1.472
1.40	1.276	1.300	1.324	1.348	1.373	1.397	1.421	1.445	1.469	1.493
1.42	1.294	1.319	1.343	1.368	1.392	1.417	1.441	1.465	1.490	1.514
1.44	1.313	1.337	1.362	1.387	1.412	1.437	1.461	1.486	1.511	1.536
1.46	1.331	1.356	1.381	1.406	1.431	1.456	1.482	1.507	1.532	1.557
1.48	1.349	1.375	1.400	1.426	1.451	1.476	1.502	1.527	1.553	1.578
1.50	1.367	1.393	1.419	1.445	1.471	1.496	1.522	1.548	1.574	1.600
1.52	1.386	1.412	1.438	1.464	1.490	1.516	1.542	1.569	1.595	1.621
1.54	1.404	1.430	1.457	1.483	1.510	1.536	1.563	1.589	1.616	1.642
1.56	1.422	1.449	1.476	1.503	1.529	1.556	1.583	1.610	1.637	1.664
1.58	1.440	1.468	1.495	1.522	1.549	1.576	1.603	1.631	1.658	1.685
1.60	1.459	1.486	1.514	1.541	1.569	1.596	1.624	1.651	1.679	1.706
1.62	1.477	1.505	1.533	1.560	1.588	1.616	1.644	1.672	1.700	1.728
1.64	1.495	1.523	1.551	1.580	1.608	1.636	1.664	1.692	1.721	1.749
1.66	1.513	1.542	1.570	1.599	1.627	1.656	1.685	1.713	1.742	1.770
1.68	1.531	1.560	1.589	1.618	1.647	1.676	1.705	1.734	1.763	1.792
1.70	1.550	1.579	1.608	1.637	1.667	1.696	1.725	1.754	1.784	1.813
1.72	1.568	1.598	1.627	1.657	1.686	1.716	1.745	1.775	1.805	1.834
1.74	1.586	1.616	1.646	1.676	1.706	1.736	1.766	1.796	1.826	1.856
1.76	1.604	1.635	1.665	1.695	1.726	1.756	1.786	1.816	1.847	1.877
1.78	1.623	1.653	1.684	1.714	1.745	1.776	1.806	1.837	1.868	1.898
1.80	1.641	1.672	1.703	1.734	1.765	1.796	1.827	1.858	1.889	1.920
1.82	1.659	1.690	1.722	1.753	1.784	1.816	1.847	1.878	1.910	1.941
1.84	1.677	1.709	1.741	1.772	1.804	1.836	1.867	1.899	1.931	1.962
1.86	1.696	1.728	1.760	1.792	1.824	1.856	1.888	1.920	1.952	1.984
1.88	1.714	1.746	1.778	1.811	1.843	1.875	1.908	1.940	1.972	2.005
1.90	1.732	1.765	1.797	1.830	1.863	1.895	1.928	1.961	1.993	2.026
1.92	1.750	1.783	1.816	1.849	1.882	1.915	1.948	1.981	2.014	2.047
1.94	1.769	1.802	1.835	1.869	1.902	1.935	1.969	2.002	2.035	2.069
1.96	1.787	1.820	1.854	1.888	1.922	1.955	1.989	2.023	2.056	2.090
1.98	1.805	1.839	1.873	1.907	1.941	1.975	2.009	2.043	2.077	2.111
2.00	1.823	1.858	1.892	1.926	1.961	1.995	2.030	2.064	2.098	2.133
2.02	1.841	1.876	1.911	1.946	1.980	2.015	2.050	2.085	2.119	2.154
2.04	1.860	1.895	1.930	1.965	2.000	2.035	2.070	2.105	2.140	2.175
2.06	1.878	1.913	1.949	1.984	2.020	2.055	2.090	2.126	2.161	2.197
2.08	1.896	1.932	1.968	2.003	2.039	2.075	2.111	2.147	2.182	2.218
2.10	1.914	1.950	1.987	2.023	2.059	2.095	2.131	2.167	2.203	2.239
2.12	1.933	1.969	2.006	2.042	2.078	2.115	2.151	2.188	2.224	2.261
2.14	1.951	1.988	2.024	2.061	2.098	2.135	2.172	2.208	2.245	2.282
2.16	1.969	2.006	2.043	2.081	2.118	2.155	2.192	2.229	2.266	2.303
2.18	1.987	2.025	2.062	2.100	2.137	2.175	2.212	2.250	2.287	2.325
2.20	2.006	2.043	2.081	2.119	2.157	2.195	2.233	2.270	2.308	2.346
2.22	2.024	2.062	2.100	2.138	2.176	2.215	2.253	2.291	2.329	2.367
2.24	2.042	2.081	2.119	2.158	2.196	2.235	2.273	2.312	2.350	2.389

Kubik-Inhalt der Kolli, deren kleinstes
Solid contents of packages, whose least
Cubage des colis, dont la plus petite dimension

Länge/Length Longueur	Breite — Breadth — Largeur									
	1.26	1.28	1.30	1.32	1.34	1.36	1.38	1.40	1.42	1.44
	Inhalt in Kubikmetern — Solid Contents — Cubage									
1.26	1.365									
1.28	1.387	1.409								
1.30	1.409	1.431	1.453							
1.32	1.430	1.453	1.476	1.498						
1.34	1.452	1.475	1.498	1.521	1.544					
1.36	1.474	1.497	1.520	1.544	1.567	1.591				
1.38	1.495	1.519	1.543	1.567	1.590	1.614	1.638			
1.40	1.517	1.541	1.565	1.589	1.613	1.637	1.662	1.686		
1.42	1.539	1.563	1.588	1.612	1.636	1.661	1.685	1.710	1.734	
1.44	1.560	1.585	1.610	1.635	1.659	1.684	1.709	1.734	1.759	1.783
1.46	1.582	1.607	1.632	1.657	1.683	1.708	1.733	1.758	1.783	1.808
1.48	1.604	1.629	1.655	1.680	1.706	1.731	1.756	1.782	1.807	1.833
1.50	1.625	1.651	1.677	1.703	1.729	1.754	1.780	1.806	1.832	1.858
1.52	1.647	1.673	1.699	1.726	1.752	1.778	1.804	1.830	1.856	1.882
1.54	1.669	1.695	1.722	1.748	1.775	1.801	1.828	1.854	1.881	1.907
1.56	1.690	1.717	1.744	1.771	1.798	1.825	1.851	1.878	1.905	1.932
1.58	1.712	1.739	1.766	1.794	1.821	1.848	1.875	1.902	1.929	1.957
1.60	1.734	1.761	1.789	1.816	1.844	1.871	1.899	1.926	1.954	1.981
1.62	1.755	1.783	1.811	1.839	1.867	1.895	1.923	1.950	1.978	2.006
1.64	1.777	1.805	1.834	1.862	1.890	1.918	1.946	1.975	2.003	2.031
1.66	1.799	1.827	1.856	1.884	1.913	1.942	1.970	1.999	2.027	2.056
1.68	1.820	1.849	1.878	1.907	1.936	1.965	1.994	2.023	2.052	2.081
1.70	1.842	1.871	1.901	1.930	1.959	1.988	2.018	2.047	2.076	2.105
1.72	1.864	1.893	1.923	1.953	1.982	2.012	2.041	2.071	2.100	2.130
1.74	1.885	1.915	1.945	1.975	2.005	2.035	2.065	2.095	2.125	2.155
1.76	1.907	1.937	1.968	1.998	2.028	2.058	2.089	2.119	2.149	2.180
1.78	1.929	1.959	1.990	2.021	2.051	2.082	2.113	2.143	2.174	2.204
1.80	1.950	1.981	2.012	2.043	2.074	2.105	2.136	2.167	2.198	2.229
1.82	1.972	2.003	2.035	2.066	2.097	2.129	2.160	2.191	2.223	2.254
1.84	1.994	2.025	2.057	2.089	2.120	2.152	2.184	2.215	2.247	2.279
1.86	2.015	2.047	2.079	2.111	2.143	2.175	2.207	2.239	2.271	2.303
1.88	2.037	2.070	2.102	2.134	2.167	2.199	2.231	2.264	2.296	2.328
1.90	2.059	2.092	2.124	2.157	2.190	2.222	2.255	2.288	2.320	2.353
1.92	2.081	2.114	2.147	2.180	2.213	2.246	2.279	2.312	2.345	2.378
1.94	2.102	2.136	2.169	2.202	2.236	2.269	2.302	2.336	2.369	2.402
1.96	2.124	2.158	2.191	2.225	2.259	2.292	2.326	2.360	2.394	2.427
1.98	2.146	2.180	2.214	2.248	2.282	2.316	2.350	2.384	2.418	2.452
2.00	2.167	2.202	2.236	2.270	2.305	2.339	2.374	2.408	2.442	2.477
2.02	2.189	2.224	2.258	2.293	2.328	2.363	2.397	2.432	2.467	2.502
2.04	2.211	2.246	2.281	2.316	2.351	2.386	2.421	2.456	2.491	2.526
2.06	2.232	2.268	2.303	2.339	2.374	2.409	2.445	2.480	2.516	2.551
2.08	2.254	2.290	2.325	2.361	2.397	2.433	2.469	2.504	2.540	2.576
2.10	2.276	2.312	2.348	2.384	2.420	2.456	2.492	2.528	2.565	2.601
2.12	2.297	2.334	2.370	2.407	2.443	2.480	2.516	2.552	2.589	2.625
2.14	2.319	2.356	2.393	2.429	2.466	2.503	2.540	2.577	2.613	2.650
2.16	2.341	2.378	2.415	2.452	2.489	2.526	2.563	2.601	2.638	2.675
2.18	2.362	2.400	2.437	2.475	2.512	2.550	2.587	2.625	2.662	2.700
2.20	2.384	2.422	2.460	2.497	2.535	2.573	2.611	2.649	2.687	2.724
2.22	2.406	2.444	2.482	2.520	2.558	2.597	2.635	2.673	2.711	2.749
2.24	2.427	2.466	2.504	2.543	2.581	2.620	2.658	2.697	2.735	2.774
2.26	2.449	2.488	2.527	2.566	2.604	2.643	2.682	2.721	2.760	2.799
2.28	2.471	2.510	2.549	2.588	2.627	2.667	2.706	2.745	2.784	2.824
2.30	2.492	2.532	2.571	2.611	2.651	2.690	2.730	2.769	2.809	2.848
2.32	2.514	2.554	2.594	2.634	2.674	2.713	2.753	2.793	2.833	2.873
2.34	2.536	2.576	2.616	2.656	2.697	2.737	2.777	2.817	2.858	2.898
2.36	2.557	2.598	2.638	2.679	2.720	2.760	2.801	2.841	2.882	2.923
2.38	2.579	2.620	2.661	2.702	2.743	2.784	2.825	2.866	2.906	2.947
2.40	2.601	2.642	2.683	2.724	2.766	2.807	2.848	2.890	2.931	2.972
2.42	2.622	2.664	2.706	2.747	2.789	2.830	2.872	2.914	2.955	2.997
2.44	2.644	2.686	2.728	2.770	2.812	2.854	2.896	2.938	2.980	3.022
2.46	2.666	2.708	2.750	2.793	2.835	2.877	2.920	2.962	3.004	3.046
2.48	2.687	2.730	2.773	2.815	2.858	2.901	2.943	2.986	3.029	3.071
2.50	2.709	2.752	2.795	2.838	2.881	2.924	2.967	3.010	3.053	3.096
2.52	2.731	2.774	2.817	2.861	2.904	2.947	2.991	3.034	3.077	3.121
2.54	2.752	2.796	2.840	2.883	2.927	2.971	3.014	3.058	3.102	3.146
2.56	2.774	2.818	2.862	2.906	2.950	2.994	3.038	3.082	3.126	3.170
2.58	2.796	2.840	2.884	2.929	2.973	3.018	3.062	3.106	3.151	3.195
2.60	2.817	2.862	2.907	2.952	2.996	3.041	3.086	3.130	3.175	3.220
2.62	2.839	2.884	2.929	2.974	3.019	3.064	3.109	3.154	3.200	3.245
2.64	2.861	2.906	2.952	2.997	3.042	3.088	3.133	3.179	3.224	3.269

Maß (Dicke) 86 Centimeter (0,86 m) ist.
dimensions (depth) are 86 centimetres (0,86 m).
(l'épaisseur) est 86 centimètres (0,86 m).

Länge/Length Longueur	Breite — Breadth — Largeur									
	1.46	1.48	1.50	1.52	1.54	1.56	1.58	1.60	1.62	1.64
	Inhalt in Kubikmetern — Solid Contents — Cubage									
1.46	1.833									
1.48	1.858	1.884								
1.50	1.883	1.909	1.935							
1.52	1.909	1.935	1.961	1.987						
1.54	1.934	1.960	1.987	2.013	2.040					
1.56	1.959	1.986	2.012	2.039	2.066	2.093				
1.58	1.984	2.011	2.038	2.065	2.093	2.120	2.147			
1.60	2.009	2.036	2.064	2.092	2.119	2.147	2.174	2.202		
1.62	2.034	2.062	2.090	2.118	2.146	2.173	2.201	2.229	2.257	
1.64	2.059	2.087	2.116	2.144	2.172	2.200	2.228	2.257	2.285	2.313
1.66	2.084	2.113	2.141	2.170	2.199	2.227	2.256	2.284	2.313	2.341
1.68	2.109	2.138	2.167	2.196	2.225	2.254	2.283	2.312	2.341	2.369
1.70	2.135	2.164	2.193	2.222	2.251	2.281	2.310	2.339	2.368	2.398
1.72	2.160	2.189	2.219	2.248	2.278	2.308	2.337	2.367	2.396	2.426
1.74	2.185	2.215	2.245	2.275	2.304	2.334	2.364	2.394	2.424	2.454
1.76	2.210	2.240	2.270	2.301	2.331	2.361	2.391	2.422	2.452	2.482
1.78	2.235	2.266	2.296	2.327	2.357	2.388	2.419	2.449	2.480	2.511
1.80	2.260	2.291	2.322	2.353	2.384	2.415	2.446	2.477	2.508	2.539
1.82	2.285	2.316	2.348	2.379	2.410	2.442	2.473	2.504	2.536	2.567
1.84	2.310	2.342	2.374	2.405	2.437	2.469	2.500	2.532	2.563	2.595
1.86	2.335	2.367	2.399	2.431	2.463	2.495	2.527	2.559	2.591	2.623
1.88	2.361	2.393	2.425	2.458	2.490	2.522	2.555	2.587	2.619	2.652
1.90	2.386	2.418	2.451	2.484	2.516	2.549	2.582	2.614	2.647	2.680
1.92	2.411	2.444	2.477	2.510	2.543	2.576	2.609	2.642	2.675	2.708
1.94	2.436	2.469	2.503	2.536	2.569	2.603	2.636	2.669	2.703	2.736
1.96	2.461	2.495	2.528	2.562	2.596	2.630	2.663	2.697	2.731	2.764
1.98	2.486	2.520	2.554	2.588	2.622	2.656	2.690	2.724	2.759	2.793
2.00	2.511	2.546	2.580	2.614	2.649	2.683	2.718	2.752	2.786	2.821
2.02	2.536	2.571	2.606	2.641	2.675	2.710	2.745	2.780	2.814	2.849
2.04	2.561	2.597	2.632	2.667	2.702	2.737	2.772	2.807	2.842	2.877
2.06	2.587	2.622	2.657	2.693	2.728	2.764	2.799	2.835	2.870	2.905
2.08	2.612	2.647	2.683	2.719	2.755	2.791	2.826	2.862	2.898	2.934
2.10	2.637	2.673	2.709	2.745	2.781	2.817	2.853	2.890	2.926	2.962
2.12	2.662	2.698	2.735	2.771	2.808	2.844	2.881	2.917	2.954	2.990
2.14	2.687	2.724	2.761	2.797	2.834	2.871	2.908	2.945	2.981	3.018
2.16	2.712	2.749	2.786	2.824	2.861	2.898	2.935	2.972	3.009	3.046
2.18	2.737	2.775	2.812	2.850	2.887	2.925	2.962	3.000	3.037	3.075
2.20	2.762	2.800	2.838	2.876	2.914	2.952	2.989	3.027	3.065	3.103
2.22	2.787	2.826	2.864	2.902	2.940	2.978	3.017	3.055	3.093	3.131
2.24	2.813	2.851	2.890	2.928	2.967	3.005	3.044	3.082	3.121	3.159
2.26	2.838	2.877	2.915	2.954	2.993	3.032	3.071	3.110	3.149	3.188
2.28	2.863	2.902	2.941	2.980	3.020	3.059	3.098	3.137	3.176	3.216
2.30	2.888	2.927	2.967	3.007	3.046	3.086	3.125	3.165	3.204	3.244
2.32	2.913	2.953	2.993	3.033	3.073	3.113	3.152	3.192	3.232	3.272
2.34	2.938	2.978	3.019	3.059	3.099	3.139	3.180	3.220	3.260	3.300
2.36	2.963	3.004	3.044	3.085	3.126	3.166	3.207	3.247	3.288	3.329
2.38	2.988	3.029	3.070	3.111	3.152	3.193	3.234	3.275	3.316	3.357
2.40	3.013	3.055	3.096	3.137	3.179	3.220	3.261	3.302	3.344	3.385
2.42	3.039	3.080	3.122	3.163	3.205	3.247	3.288	3.330	3.372	3.413
2.44	3.064	3.106	3.148	3.190	3.232	3.274	3.315	3.357	3.399	3.441
2.46	3.089	3.131	3.173	3.216	3.258	3.300	3.343	3.385	3.427	3.470
2.48	3.114	3.157	3.199	3.242	3.285	3.327	3.370	3.412	3.455	3.498
2.50	3.139	3.182	3.225	3.268	3.311	3.354	3.397	3.440	3.483	3.526
2.52	3.164	3.207	3.251	3.294	3.337	3.381	3.424	3.468	3.511	3.554
2.54	3.189	3.233	3.277	3.320	3.364	3.408	3.451	3.495	3.539	3.582
2.56	3.214	3.258	3.302	3.346	3.390	3.434	3.479	3.523	3.567	3.611
2.58	3.239	3.284	3.328	3.373	3.417	3.461	3.506	3.550	3.594	3.639
2.60	3.265	3.309	3.354	3.399	3.443	3.488	3.533	3.578	3.622	3.667
2.62	3.290	3.335	3.380	3.425	3.470	3.515	3.560	3.605	3.650	3.695
2.64	3.315	3.360	3.406	3.451	3.496	3.542	3.587	3.633	3.678	3.723

Kubik-Inhalt der Kolli, deren kleinstes
Solid contents of packages, whose least
Cubage des colis, dont la plus petite dimension

	Breite — Breadth — Largeur									
	0.88	0.90	0.92	0.94	0.96	0.98	1.00	1.02	1.04	1.06
	Inhalt in Kubikmetern — Solid Contents — Cubage									
0.88	0.681									
0.90	697	0.713								
0.92	712	729	0.745							
0.94	728	744	761	0.778						
0.96	743	760	777	794	0.811					
0.98	759	776	793	811	828	0.845				
1.00	774	792	810	827	845	862	0.880			
1.02	790	808	826	844	862	880	898	0.916		
1.04	805	824	842	860	879	897	915	934	0.952	
1.06	821	840	858	877	895	914	933	951	970	0.989
1.08	836	855	874	893	9[illegible]2	931	950	969	988	1.007
1.10	852	871	891	910	929	949	968	987	1.007	1.026
1.12	867	887	907	926	946	966	986	1.005	1.025	1.045
1.14	883	903	923	943	963	983	1.003	1.023	1.043	1.063
1.16	898	919	939	960	980	1.000	1.021	1.041	1.062	1.082
1.18	914	935	955	976	997	1.018	1.038	1.059	1.080	1.101
1.20	929	950	972	993	1.014	1.035	1.056	1.077	1.098	1.119
1.22	945	966	988	1.009	1.031	1.052	1.074	1.095	1.117	1.138
1.24	960	982	1.004	1.026	1.048	1.069	1.091	1.113	1.135	1.157
1.26	976	998	1.020	1.042	1.064	1.087	1.109	1.131	1.153	1.175
1.28	991	1.014	1.036	1.059	1.081	1.104	1.126	1.149	1.171	1.194
1.30	1.007	1.030	1.052	1.075	1.098	1.121	1.144	1.167	1.190	1.213
1.32	1.022	1.045	1.069	1.092	1.115	1.138	1.162	1.185	1.208	1.231
1.34	1.038	1.061	1.085	1.108	1.132	1.156	1.179	1.203	1.226	1.250
1.36	1.053	1.077	1.101	1.125	1.149	1.173	1.197	1.221	1.245	1.269
1.38	1.069	1.093	1.117	1.142	1.166	1.190	1.214	1.239	1.263	1.287
1.40	1.084	1.109	1.133	1.158	1.183	1.207	1.232	1.257	1.281	1.306
1.42	1.100	1.125	1.150	1.175	1.200	1.225	1.250	1.275	1.300	1.325
1.44	1.115	1.140	1.166	1.191	1.217	1.242	1.267	1.293	1.318	1.343
1.46	1.131	1.156	1.182	1.208	1.233	1.259	1.285	1.310	1.336	1.362
1.48	1.146	1.172	1.198	1.224	1.250	1.276	1.302	1.328	1.354	1.381
1.50	1.162	1.188	1.214	1.241	1.267	1.294	1.320	1.346	1.373	1.399
1.52	1.177	1.204	1.231	1.257	1.284	1.311	1.338	1.364	1.391	1.418
1.54	1.193	1.220	1.247	1.274	1.301	1.328	1.355	1.382	1.409	1.437
1.56	1.208	1.236	1.263	1.290	1.318	1.345	1.373	1.400	1.428	1.455
1.58	1.224	1.251	1.279	1.307	1.335	1.363	1.390	1.418	1.446	1.474
1.60	1.239	1.267	1.295	1.324	1.352	1.380	1.408	1.436	1.464	1.492
1.62	1.255	1.283	1.312	1.340	1.369	1.397	1.426	1.454	1.483	1.511
1.64	1.270	1.299	1.328	1.357	1.385	1.414	1.443	1.472	1.501	1.530
1.66	1.286	1.315	1.344	1.373	1.402	1.432	1.461	1.490	1.519	1.548
1.68	1.301	1.331	1.360	1.390	1.419	1.449	1.478	1.508	1.538	1.567
1.70	1.316	1.346	1.376	1.406	1.436	1.466	1.496	1.526	1.556	1.586
1.72	1.332	1.362	1.393	1.423	1.453	1.483	1.514	1.544	1.574	1.604
1.74	1.347	1.378	1.409	1.439	1.470	1.501	1.531	1.562	1.592	1.623
1.76	1.363	1.394	1.425	1.456	1.487	1.518	1.549	1.580	1.611	1.642
1.78	1.378	1.410	1.441	1.472	1.504	1.535	1.566	1.598	1.629	1.660
1.80	1.394	1.426	1.457	1.489	1.521	1.552	1.584	1.616	1.647	1.679
1.82	1.409	1.441	1.473	1.506	1.538	1.570	1.602	1.634	1.666	1.698
1.84	1.425	1.457	1.490	1.522	1.554	1.587	1.619	1.652	1.684	1.716
1.86	1.440	1.473	1.506	1.539	1.571	1.604	1.637	1.670	1.702	1.735
1.88	1.456	1.489	1.522	1.555	1.588	1.621	1.654	1.687	1.721	1.754
1.90	1.471	1.505	1.538	1.572	1.605	1.639	1.672	1.705	1.739	1.772
1.92	1.487	1.521	1.554	1.588	1.622	1.656	1.690	1.723	1.757	1.791
1.94	1.502	1.536	1.571	1.605	1.639	1 673	1.707	1.741	1.775	1.810
1.96	1.518	1.552	1.587	1.621	1.656	1.690	1.725	1.759	1.794	1.828
1.98	1.533	1.568	1.603	1.638	1.673	1.708	1.742	1.777	1.812	1.847
2.00	1.549	1.584	1.619	1.654	1.690	1.725	1.760	1.795	1.830	1.866
2.02	1.564	1.600	1.635	1.671	1.706	1.742	1.778	1.813	1.849	1.884
2.04	1.580	1.616	1.652	1.687	1.723	1.759	1.795	1.831	1.867	1.903
2.06	1.595	1.632	1.668	1.704	1.740	1.777	1.813	1.849	1.885	1.922
2.08	1.611	1.647	1.684	1.721	1.757	1.794	1.830	1.867	1.904	1.940
2.10	1.626	1.663	1.700	1.737	1.774	1.811	1.848	1.885	1.922	1.959
2.12	1.642	1.679	1.716	1.754	1.791	1.828	1.866	1.903	1.940	1.978
2.14	1.657	1.695	1.733	1.770	1.808	1.846	1.883	1.921	1.9[illegible]9	1.996
2.16	1.673	1.711	1.749	1.787	1.825	1.863	1.901	1.939	1.977	2.015
2.18	1.688	1.727	1.765	1.803	1.842	1.880	1.918	1.957	1.995	2.034
2.20	1.704	1.742	1.781	1.820	1.859	1.897	1.936	1.975	2.013	2.052
2.22	1.719	1.758	1.797	1.836	1.875	1.915	1.954	1.993	2.032	2.071
2.24	1.735	1.774	1.814	1.853	1.892	1.932	1.971	2.011	2.050	2.089
2.26	1.750	1.790	1.830	1.869	1.909	1.949	1.989	2.029	2.068	2.108

Maß (Dicke) 88 Centimeter (0,88 m) ist.
dimensions (depth) are 88 centimetres (0,88 m).
(l'épaisseur) est 88 centimètres (0,88 m).

Länge/Length Longueur	Breite — Breadth — Largeur 1.08	1.10	1.12	1.14	1.16	1.18	1.20	1.22	1.24	1.26
	Inhalt in Kubikmetern — Solid Contents — Cubage									
1.08	1.026									
1.10	1.045	1.065								
1.12	1 064	1.084	1.104							
1.14	1 083	1.104	1.124	1.144						
1.16	1.102	1.123	1.143	1.164	1.184					
1.18	1.121	1.142	1.163	1.184	1.205	1.225				
1.20	1.140	1.162	1.183	1.204	1.225	1.246	1.267			
1.22	1.159	1.181	1.202	1.224	1.245	1.267	1.288	1.310		
1.24	1.178	1.200	1 222	1.244	1.266	1.288	1.309	1.331	1.353	
1.26	1.198	1.220	1.242	1.264	1.286	1.308	1.331	1.353	1.375	1.397
1.28	1.217	1.239	1.262	1.284	1.307	1.329	1.352	1.374	1.397	1.419
1.30	1.236	1.258	1.281	1.304	1.327	1.350	1.373	1.396	1.419	1.441
1.32	1.255	1.278	1.301	1.324	1.347	1.371	1.394	1.417	1.440	1.464
1.34	1.274	1.297	1.321	1.344	1.368	1.391	1.415	1.439	1.462	1.486
1.36	1.293	1.316	1.340	1.364	1.388	1.412	1.436	1.460	1.484	1.508
1.38	1.312	1.336	1.360	1.384	1.409	1.433	1.457	1.482	1.506	1.530
1.40	1.331	1.355	1.380	1.404	1.429	1.454	1.478	1.503	1.528	1.552
1.42	1.350	1.375	1.400	1.425	1.450	1.475	1.500	1.525	1.550	1.574
1.44	1.369	1.394	1.419	1.445	1.470	1.495	1.521	1.546	1.571	1.597
1.46	1.388	1.413	1.439	1.465	1.490	1.516	1.542	1.567	1.593	1.619
1.48	1.407	1.433	1.459	1.485	1.511	1.537	1.563	1.589	1.615	1.641
1.50	1.426	1.452	1.478	1.505	1.531	1.558	1.584	1.610	1.637	1.663
1.52	1.445	1.471	1.498	1.525	1.552	1.578	1.605	1.632	1.659	1.685
1.54	1.464	1.491	1.518	1.545	1.572	1.599	1.626	1.653	1.680	1.708
1.56	1.483	1.510	1.538	1.565	1.592	1.620	1.647	1.675	1.702	1 730
1.58	1.502	1.529	1.557	1.585	1.613	1.641	1.668	1.696	1.724	1.752
1.60	1.521	1.549	1.577	1.605	1.633	1.661	1.690	1.718	1.746	1.774
1.62	1.540	1.568	1.597	1.626	1.654	1.682	1.711	1.739	1.768	1.796
1.64	1.559	1.588	1.616	1.646	1.674	1.703	1.732	1.761	1.790	1.818
1.66	1.578	1.607	1.636	1.666	1.695	1.724	1.753	1.782	1.812	1.841
1.68	1.597	1.626	1.656	1.686	1.715	1.745	1.774	1.804	1.833	1.863
1.70	1.616	1.646	1.676	1.705	1.735	1.765	1.795	1.825	1.855	1.885
1.72	1.635	1.665	1:695	1.726	1.756	1.786	1.816	1.847	1.877	1.907
1.74	1.654	1.684	1.715	1.746	1.776	1.807	1.837	1.868	1.899	1.929
1.76	1.673	1.704	1.735	1.766	1.797	1.828	1.859	1.890	1.921	1.951
1.78	1.692	1.723	1.754	1.786	1.817	1.848	1.880	1.911	1.942	1.974
1.80	1.711	1.742	1.774	1.806	1.837	1.869	1.901	1.932	1.964	1.996
1.82	1.730	1.762	1.794	1.826	1.858	1.890	1.922	1.954	1.986	2.018
1.84	1.749	1.781	1.814	1.846	1.878	1.911	1.943	1.975	2:008	2.040
1.86	1.768	1.800	1.833	1.866	1.899	1.931	1.964	1.997	2.030	2.062
1.88	1.787	1.820	1.853	1.886	1.919	1.952	1.985	2.018	2.051	2.085
1.90	1.806	1.839	1.873	1.906	1.940	1.973	2.006	2.040	2.073	2.107
1.92	1.825	1.859	1.892	1.926	1.960	1.994	2.028	2.061	2.095	2.129
1.94	1.844	1.878	1.912	1.946	1 980	2.014	2.049	2.083	2.117	2.151
1.96	1.863	1.897	1.932	1.966	2.001	2.035	2.070	2.104	2.139	2.173
1.98	1.882	1.917	1.951	1.986	2.021	2.056	2.091	2.126	2.161	2.195
2.00	1.901	1.936	1.971	2.006	2.042	2.077	2.112	2.147	2.182	2.218
2.02	1.920	1.955	1.991	2.026	2.062	2.098	2.133	2.169	2.204	2.240
2.04	1.939	1.975	2.011	2.047	2.082	2.118	2.154	2.190	2.226	2.262
2.06	1.958	1.994	2.030	2.067	2 103	2.139	2.176	2.212	2.248	2.284
2.08	1.977	2.013	2.050	2.087	2.123	2.160	2.195	2.233	2.270	2.306
2.10	1.996	2.033	2.070	2.107	2.144	2.181	2.218	2.255	2.292	2.328
2.12	2.015	2.052	2.089	2.127	2.164	2.201	2.239	2.276	2.313	2.351
2.14	2.034	2.072	2.109	2.147	2.185	2.222	2.260	2.298	2.335	2.373
2.16	2.053	2.091	2.129	2.167	2.205	2.243	2.281	2.319	2.357	2.395
2.18	2.072	2.110	2.149	2.187	2.225	2.264	2.302	2.340	2.379	2.417
2.20	2.091	2.130	2.168	2.207	2.246	2.284	2.323	2.362	2.401	2.439
2.22	2.110	2.149	2.188	2.227	2.266	2.305	2.344	2.383	2.422	2.462
2.24	2.129	2.168	2.208	2.247	2.287	2.326	2.365	2.405	2.444	2.484
2.26	2.148	2.188	2.227	2.267	2.307	2.347	2.387	2.426	2.466	2.506

Kubik-Inhalt der Kolli, deren kleinstes
Solid contents of packages, whose least
Cubage des colis, dont la plus petite dimension

Länge/Length Longueur	Breite — Breadth — Largeur 1.28	1.30	1.32	1.34	1.36	1.38	1.40	1.42	1.44	1.46
	Inhalt in Kubikmetern — Solid Contents — Cubage									
1.28	1.442									
1.30	1.464	1.487								
1.32	1.487	1.510	1.533							
1.34	1.509	1.533	1.557	1.580						
1.36	1.532	1.556	1.580	1.604	1.628					
1.38	1.554	1.579	1.603	1.627	1.652	1.676				
1.40	1.577	1.602	1.626	1.651	1.676	1.700	1.725			
1.42	1.600	1.624	1.649	1.674	1.699	1.724	1.749	1.774		
1.44	1.622	1.647	1.673	1.698	1.723	1.749	1.774	1.799	1.825	
1.46	1.645	1.670	1.696	1.722	1.747	1.773	1.799	1.824	1.850	1.876
1.48	1.667	1.693	1.719	1.745	1.771	1.797	1.823	1.849	1.875	1.902
1.50	1.690	1.716	1.742	1.769	1.795	1.822	1.848	1.874	1.901	1.927
1.52	1.712	1.739	1.766	1.792	1.819	1.846	1.873	1.899	1.926	1.953
1.54	1.735	1.762	1.789	1.816	1.843	1.870	1.897	1.924	1.951	1.979
1.56	1.757	1.785	1.812	1.840	1.867	1.894	1.922	1.949	1.977	2.004
1.58	1.780	1.808	1.835	1.863	1.891	1.919	1.947	1.974	2.002	2.030
1.60	1.802	1.830	1.859	1.887	1.915	1.943	1.971	1.999	2.028	2.056
1.62	1.825	1.853	1.882	1.910	1.939	1.967	1.996	2.024	2.053	2.081
1.64	1.847	1.876	1.905	1.934	1.963	1.992	2.020	2.049	2.078	2.107
1.66	1.870	1.899	1.928	1.957	1.987	2.016	2.045	2.074	2.104	2.133
1.68	1.892	1.922	1.951	1.981	2.011	2.040	2.070	2.099	2.129	2.158
1.70	1.915	1.945	1.975	2.005	2.035	2.064	2.094	2.124	2.154	2.184
1.72	1.937	1.968	1.998	2.028	2.058	2.089	2.119	2.149	2.180	2.210
1.74	1.960	1.991	2.021	2.052	2.082	2.113	2.144	2.174	2.205	2.236
1.76	1.982	2.013	2.044	2.075	2.106	2.137	2.168	2.199	2.230	2.261
1.78	2.005	2.036	2.068	2.099	2.130	2.162	2.193	2.224	2.256	2.287
1.80	2.028	2.059	2.091	2.123	2.154	2.186	2.218	2.249	2.281	2.313
1.82	2.050	2.082	2.114	2.146	2.178	2.210	2.242	2.274	2.306	2.338
1.84	2.073	2.105	2.137	2.170	2.202	2.234	2.267	2.299	2.332	2.364
1.86	2.095	2.128	2.161	2.193	2.226	2.259	2.292	2.324	2.357	2.390
1.88	2.118	2.151	2.184	2.217	2.250	2.283	2.316	2.349	2.382	2.415
1.90	2.140	2.174	2.207	2.240	2.274	2.307	2.341	2.374	2.408	2.441
1.92	2.163	2.196	2.230	2.264	2.298	2.332	2.365	2.399	2.433	2.467
1.94	2.185	2.219	2.254	2.288	2.322	2.356	2.390	2.424	2.458	2.493
1.96	2.208	2.242	2.277	2.311	2.346	2.380	2.415	2.449	2.484	2.518
1.98	2.230	2.265	2.300	2.335	2.370	2.405	2.439	2.474	2.509	2.544
2.00	2.253	2.288	2.323	2.358	2.394	2.429	2.464	2.499	2.534	2.570
2.02	2.275	2.311	2.346	2.382	2.418	2.453	2.489	2.524	2.560	2.595
2.04	2.298	2.334	2.370	2.406	2.441	2.477	2.513	2.549	2.585	2.621
2.06	2.320	2.357	2.393	2.429	2.465	2.502	2.538	2.574	2.610	2.647
2.08	2.343	2.380	2.416	2.453	2.489	2.526	2.563	2.599	2.636	2.672
2.10	2.365	2.402	2.439	2.476	2.513	2.550	2.587	2.624	2.661	2.698
2.12	2.388	2.425	2.463	2.500	2.537	2.575	2.612	2.649	2.686	2.724
2.14	2.410	2.448	2.486	2.523	2.561	2.599	2.636	2.674	2.712	2.749
2.16	2.433	2.471	2.509	2.547	2.585	2.623	2.661	2.699	2.737	2.775
2.18	2.456	2.494	2.532	2.571	2.609	2.647	2.686	2.724	2.762	2.801
2.20	2.478	2.517	2.556	2.594	2.633	2.672	2.710	2.749	2.788	2.827
2.22	2.501	2.540	2.579	2.618	2.657	2.696	2.735	2.774	2.813	2.852
2.24	2.523	2.563	2.602	2.641	2.681	2.720	2.760	2.799	2.839	2.878
2.26	2.546	2.585	2.625	2.665	2.705	2.745	2.784	2.824	2.864	2.904
2.28	2.568	2.608	2.648	2.689	2.729	2.769	2.809	2.849	2.889	2.929
2.30	2.591	2.631	2.672	2.712	2.753	2.793	2.834	2.874	2.915	2.955
2.32	2.613	2.654	2.695	2.736	2.777	2.817	2.858	2.899	2.940	2.981
2.34	2.636	2.677	2.718	2.759	2.801	2.842	2.883	2.924	2.965	3.006
2.36	2.658	2.700	2.741	2.783	2.824	2.866	2.908	2.949	2.991	3.032
2.38	2.681	2.723	2.765	2.806	2.848	2.890	2.932	2.974	3.016	3.058
2.40	2.703	2.746	2.788	2.830	2.872	2.915	2.957	2.999	3.041	3.084
2.42	2.726	2.768	2.811	2.854	2.896	2.939	2.981	3.024	3.067	3.109
2.44	2.748	2.791	2.834	2.877	2.920	2.963	3.006	3.049	3.092	3.135
2.46	2.771	2.814	2.858	2.901	2.944	2.987	3.031	3.074	3.117	3.161
2.48	2.793	2.837	2.881	2.924	2.968	3.012	3.055	3.099	3.143	3.186
2.50	2.816	2.860	2.904	2.948	2.992	3.036	3.080	3.124	3.168	3.212
2.52	2.839	2.883	2.927	2.972	3.016	3.060	3.105	3.149	3.193	3.238
2.54	2.861	2.906	2.950	2.995	3.040	3.085	3 129	3.174	3.219	3.263
2.56	2.884	2.929	2.974	3.019	3.064	3.109	3.154	3.199	3.244	3.289
2.58	2.906	2.952	2.997	3.042	3.088	3.133	3.179	3.224	3.269	3.315
2.60	2.929	2.974	3.020	3.066	3.112	3.157	3.203	3.249	3.295	3.340
2.62	2.951	2.997	3.043	3.090	3.136	3.182	3.228	3.274	3.320	3.366
2.64	2.974	3.020	3.067	3.113	3.160	3.206	3.252	3.299	3.345	3.392
2.66	2.996	3.043	3.090	3.137	3.183	3.230	3.277	3 324	3.371	3.418

Maß (Dicke) 88 Centimeter (0,88 m) ist.
dimensions (depth) are 88 centimetres (0,88 m).
(l'épaisseur) est 88 centimètres (0,88 m).

Länge/Length Longueur	Breite — Breadth — Largeur 1.48	1.50	1.52	1.54	1.56	1.58	1.60	1.62	1.64	1.66
	Inhalt in Kubikmetern — Solid Contents — Cubage									
1.48	1.928									
1.50	1.954	1.980								
1.52	1.980	2.006	2.033							
1.54	2.006	2.033	2.060	2.087						
1.56	2.032	2.059	2.087	2.114	2.142					
1.58	2.058	2.086	2.113	2.141	2.169	2.197				
1.60	2.084	2.112	2.140	2.168	2.196	2.225	2.253			
1.62	2.110	2.138	2.167	2.195	2.224	2.252	2.281	2.309		
1.64	2.136	2.165	2.194	2.223	2.251	2.280	2.309	2.338	2.367	
1.66	2.162	2.191	2.220	2.250	2.279	2.308	2.337	2.366	2.396	2.425
1.68	2.188	2.218	2.247	2.277	2.306	2.336	2.365	2.395	2.425	2.454
1.70	2.214	2.244	2.274	2.304	2.334	2.364	2.394	2.424	2.453	2.483
1.72	2.240	2.270	2.301	2.331	2.361	2.391	2.422	2.452	2.482	2.513
1.74	2.266	2.297	2.327	2.358	2.389	2.419	2.450	2.481	2.511	2.542
1.76	2.292	2.323	2.354	2.385	2.416	2.447	2.478	2.509	2.540	2.571
1.78	2.318	2.350	2.381	2.412	2.444	2.475	2.506	2.538	2.569	2.600
1.80	2.344	2.376	2.408	2.439	2.471	2.503	2.534	2.566	2.598	2.629
1.82	2.370	2.402	2.434	2.466	2.498	2.531	2.563	2.595	2.627	2.659
1.84	2.396	2.429	2.461	2.494	2.526	2.558	2.591	2.623	2.655	2.688
1.86	2.422	2.455	2.488	2.521	2.553	2.586	2.619	2.652	2.684	2.717
1.88	2.449	2.482	2.515	2.548	2.581	2.614	2.647	2.680	2.713	2.746
1.90	2.475	2.508	2.541	2.575	2.608	2.642	2.675	2.709	2.742	2.776
1.92	2.501	2.534	2.568	2.602	2.636	2.670	2.703	2.737	2.771	2.805
1.94	2.527	2.561	2.595	2.629	2.663	2.697	2.732	2.766	2.800	2.834
1.96	2.553	2.587	2.622	2.656	2.691	2.725	2.760	2.794	2.829	2.863
1.98	2.579	2.614	2.648	2.683	2.718	2.753	2.788	2.823	2.858	2.892
2.00	2.605	2.640	2.675	2.710	2.746	2.781	2.816	2 851	2.886	2.922
2.02	2.631	2.666	2.702	2.738	2.773	2.809	2.844	2.880	2.915	2.951
2.04	2.657	2.693	2.729	2.765	2.801	2.836	2.872	2.908	2.944	2.980
2.06	2.683	2.719	2.755	2.792	2.828	2.864	2.900	2.937	2.973	3.009
2.08	2.709	2.746	2.782	2.819	2.855	2.892	2.929	2.965	3.002	3.038
2.10	2.735	2.772	2.809	2 846	2.883	2.920	2.957	2.994	3.031	3.068
2.12	2.761	2.798	2.836	2.873	2.910	2 948	2.985	3.022	3.060	3.097
2.14	2.787	2.825	2.862	2.900	2.938	2.975	3.013	3.051	3.088	3.126
2.16	2.813	2.851	2.889	2.927	2.965	3.003	3.041	3.079	3.117	3.155
2.18	2.839	2.878	2.916	2.954	2.993	3.031	3.069	3.108	3.146	3.185
2.20	2.865	2.904	2.943	2.981	3.020	3.059	3.098	3.136	3.175	3.214
2.22	2.891	2.930	2.969	3.009	3.048	3.087	3.126	3.165	3.204	3.243
2.24	2.917	2.957	2.996	3.036	3.075	3.114	3.154	3.193	3.233	3.272
2.26	2.943	2.983	3.023	3.063	3.103	3.142	3.182	3.222	3.262	3.301
2.28	2.969	3.010	3.050	3.090	3.130	3.170	3.210	3.250	3.290	3.331
2.30	2.996	3.036	3.076	3.117	3.157	3.198	3.238	3.279	3.319	3.360
2.32	3.022	3.062	3.103	3.144	3.185	3.226	3.267	3.307	3.348	3.389
2.34	3.048	3.089	3.130	3.171	3.212	3.254	3.295	3.336	3.377	3.418
2.36	3.074	3.115	3.157	3.198	3.240	3.281	3.323	3.364	3.406	3.447
2.38	3.100	3.142	3.183	3.225	3.267	3.309	3.351	3.393	3.435	3.477
2.40	3.126	3.168	3.210	3.252	3.295	3.337	3.379	3.421	3.464	3.506
2.42	3.152	3.194	3.237	3.280	3.322	3.365	3.407	3.450	3.493	3.535
2.44	3.178	3.221	3.264	3.307	3.350	3.393	3.436	3.478	3.521	3.564
2.46	3.204	3.247	3.290	3.334	3.377	3.420	3.464	3.507	3.550	3.594
2.48	3.230	3.274	3.317	3.361	3.405	3.448	3.492	3.535	3.579	3.623
2.50	3.256	3.300	3.344	3.388	3.432	3.476	3.520	3.564	3.608	3.652
2.52	3.282	3.326	3.371	3.415	3.459	3.504	3.548	3.593	3.637	3.681
2.54	3.308	3.353	3.398	3.442	3.487	3.532	3.576	3.621	3.666	3.710
2.56	3.334	3.379	3.424	3.469	3.514	3.559	3.604	3.650	3.695	3.740
2.58	3.360	3.406	3.451	3.496	3.542	3.587	3.633	3.678	3.723	3.769
2.60	3.386	3.432	3.478	3.524	3.569	3.615	3.661	3.707	3.752	3.798
2.62	3.412	3.458	3.505	3.551	3.597	3.643	3.689	3.735	3.781	3.827
2.64	3.438	3.485	3.531	3.578	3.624	3.671	3.717	3.764	3.810	3.857
2.66	3.464	3.511	3.558	3.605	3.652	3.698	3.745	3.792	3.839	3.886

Kubik-Inhalt der Kolli, deren kleinstes
Solid contents of packages, whose least
Cubage des colis, dont la plus petite dimension

Länge/Length Longueur	Breite — Breadth — Largeur 0.90	0.92	0.94	0.96	0.98	1.00	1.02	1.04	1.06	1.08
	Inhalt in Kubikmetern — Solid Contents — Cubage									
0.90	0.729									
0.92	745	0.762								
0.94	761	778	0.795							
0.96	778	795	812	0.829						
0.98	794	811	829	847	0.864					
1.00	810	828	846	864	882	0.900				
1.02	826	845	863	881	900	918	0.936			
1.04	842	861	880	899	917	936	955	0.973		
1.06	859	878	897	916	935	954	973	992	1.011	
1.08	875	894	914	933	953	972	991	1.011	1.030	1.050
1.10	891	911	931	950	970	990	1.010	1.030	1.049	1.069
1.12	907	927	948	968	988	1.008	1.028	1.048	1.068	1.089
1.14	923	944	964	985	1.005	1.026	1.047	1.067	1.088	1.108
1.16	940	960	981	1.002	1.023	1.044	1.065	1.086	1.107	1.128
1.18	956	977	998	1.020	1.041	1.062	1.083	1.104	1.126	1.147
1.20	972	994	1.015	1.037	1.058	1.080	1.102	1.123	1.145	1.166
1.22	988	1.010	1.032	1.054	1.076	1.098	1.120	1.142	1.164	1.186
1.24	1.004	1.027	1.049	1.071	1.094	1.116	1.138	1.161	1.183	1.205
1.26	1.021	1.043	1.066	1.089	1.111	1.134	1.157	1.179	1.202	1.225
1.28	1.037	1.060	1.083	1.106	1.129	1.152	1.175	1.198	1.221	1.244
1.30	1.053	1.076	1.100	1.123	1.147	1.170	1.193	1.217	1.240	1.264
1.32	1.069	1.093	1.117	1.140	1.164	1.188	1.212	1.236	1.259	1.283
1.34	1.085	1.110	1.134	1.158	1.182	1.206	1.230	1.254	1.278	1.302
1.36	1.102	1.126	1.151	1.175	1.200	1.224	1.248	1.273	1.297	1.322
1.38	1.118	1.143	1.167	1.192	1.217	1.242	1.267	1.292	1.317	1.341
1.40	1.134	1.159	1.184	1.210	1.235	1 260	1.285	1.310	1.336	1.361
1.42	1.150	1.176	1.201	1.227	1.252	1.278	1.304	1.329	1.355	1.380
1.44	1.166	1.192	1.218	1.244	1.270	1.296	1.322	1.348	1.374	1.400
1.46	1.183	1.209	1.235	1.261	1.288	1.314	1.340	1.367	1.393	1.419
1.48	1.199	1.225	1.252	1.279	1.305	1.332	1.359	1.385	1.412	1.439
1.50	1.215	1.242	1.269	1.296	1.323	1.350	1.377	1.404	1.431	1.458
1.52	1.231	1.259	1.286	1.313	1.341	1.368	1.395	1.423	1.450	1.477
1.54	1.247	1.275	1.303	1.331	1.358	1.386	1.414	1.441	1.469	1.497
1.56	1.264	1.292	1.320	1.348	1.376	1.404	1.432	1.460	1.488	1.516
1.58	1.280	1.308	1.337	1.365	1.394	1.422	1.450	1.479	1.507	1.536
1.60	1.296	1.325	1.354	1.382	1.411	1.440	1.469	1.498	1.526	1.555
1.62	1.312	1.341	1.371	1.400	1.429	1.458	1.487	1.516	1.545	1.575
1.64	1.328	1.358	1.387	1.417	1.446	1.476	1.506	1.535	1.565	1.594
1.66	1.345	1.374	1.404	1.434	1.464	1.494	1.524	1.554	1.584	1.614
1.68	1.361	1.391	1.421	1.452	1.482	1.512	1.542	1.572	1.603	1.633
1.70	1.377	1.408	1.438	1.469	1.499	1.530	1.561	1.591	1.622	1.652
1.72	1.393	1.424	1.455	1.486	1.517	1.548	1.579	1.610	1.641	1.672
1.74	1.409	1.441	1.472	1.503	1.535	1.566	1.597	1.629	1.660	1.691
1.76	1.426	1.457	1.489	1.521	1.552	1.584	1.616	1.647	1.679	1.711
1.78	1.442	1.474	1.506	1.538	1.570	1.602	1.634	1.666	1.698	1.730
1.80	1.458	1.490	1.523	1.555	1.588	1.620	1.652	1.685	1.717	1.750
1.82	1.474	1.507	1.540	1.572	1.605	1.638	1.671	1.704	1.736	1.769
1.84	1.490	1.524	1.557	1.590	1.623	1.656	1.689	1.722	1.755	1.788
1.86	1.507	1.540	1.574	1.607	1.641	1.674	1.707	1.741	1.774	1.808
1.88	1.523	1.557	1.590	1.624	1.658	1.692	1.726	1.760	1.794	1.827
1.90	1.539	1.573	1.607	1.642	1.676	1.710	1.744	1.778	1.813	1.847
1.92	1.555	1.590	1.624	1.659	1.693	1.728	1.763	1.797	1.832	1.866
1.94	1.571	1.606	1.641	1.676	1.711	1.746	1.781	1.816	1.851	1.886
1.96	1.588	1.623	1.658	1.693	1.729	1.764	1.799	1.835	1.870	1.905
1.98	1.604	1.639	1.675	1.711	1.746	1.782	1.818	1.853	1.889	1.925
2.00	1.620	1.656	1.692	1.728	1.764	1.800	1.836	1.872	1.908	1.944
2.02	1.636	1.673	1.709	1.745	1.782	1.818	1.854	1.891	1.927	1.963
2.04	1.652	1.689	1.726	1.763	1.799	1.836	1.873	1.909	1.946	1.983
2.06	1.669	1.706	1.743	1.780	1.817	1.854	1.891	1.928	1.965	2.002
2.08	1.685	1.722	1.760	1.797	1.835	1.872	1.909	1.947	1.984	2.022
2.10	1.701	1.739	1.777	1.814	1.852	1.890	1.928	1.966	2.003	2.041
2.12	1.717	1.755	1.794	1.832	1.870	1.908	1.946	1.984	2.022	2.061
2.14	1.733	1.772	1.810	1.849	1.887	1.926	1.965	2.003	2.042	2.080
2.16	1.750	1.788	1.827	1.866	1.905	1.944	1.983	2.022	2.061	2.100
2.18	1.766	1.805	1.844	1.884	1.923	1.962	2.001	2.040	2.080	2.119
2.20	1.782	1.822	1.861	1.901	1.940	1.980	2.020	2.059	2.099	2.138
2.22	1.798	1.838	1.878	1.918	1.958	1.998	2.038	2.078	2.118	2.158
2.24	1.814	1.855	1.895	1.935	1.976	2.016	2.056	2.097	2.137	2.177
2.26	1.831	1.871	1.912	1.953	1.993	2.034	2.075	2.115	2.156	2.197
2.28	1.847	1.888	1.929	1.970	2.011	2.052	2.093	2.134	2.175	2.216

Maß (Dicke) 90 Centimeter (0,90 m) ist.
dimensions (depth) are 90 centimetres (0,90 m).
(l'épaisseur) est 90 centimètres (0,90 m).

Länge/Length Longueur	Breite — Breadth — Largeur									
	1.10	1.12	1.14	1.16	1.18	1.20	1.22	1.24	1.26	1.28
	Inhalt in Kubikmetern — Solid Contents — Cubage									
1.10	1.089									
1.12	1.109	1.129								
1.14	1.129	1.149	1.170							
1.16	1.148	1.169	1.190	1.211						
1.18	1.168	1.189	1.211	1.232	1.253					
1.20	1.188	1.210	1.231	1.253	1.274	1.296				
1.22	1.208	1.230	1.252	1.274	1.296	1.318	1.340			
1.24	1.228	1.250	1.272	1.295	1.317	1.339	1.362	1.384		
1.26	1.247	1.270	1.293	1.315	1.338	1.361	1.383	1.406	1.429	
1.28	1.267	1.290	1.313	1.336	1.359	1.382	1.405	1.428	1 452	1.475
1.30	1.287	1.310	1.334	1.357	1.381	1.404	1.427	1.451	1.474	1.498
1.32	1.307	1.331	1.354	1.378	1.402	1.426	1.449	1.473	1.497	1.521
1.34	1.327	1.351	1.375	1.399	1.423	1.447	1.471	1.495	1.520	1.544
1.36	1.346	1.371	1.395	1.420	1.444	1.469	1.493	1.518	1.542	1.567
1.38	1.366	1.391	1.416	1.441	1.466	1.490	1.515	1.540	1.565	1.590
1.40	1.386	1.411	1.436	1.462	1.487	1.512	1.537	1.562	1.588	1.613
1.42	1.406	1.431	1.457	1.482	1.508	1.534	1.559	1.585	1.610	1.636
1.44	1.426	1.452	1.477	1.503	1.529	1.555	1.581	1.607	1.633	1.659
1.46	1.445	1.472	1.498	1.524	1.551	1.577	1.603	1.629	1.656	1.682
1.48	1.465	1.492	1.518	1.545	1.572	1.598	1.625	1.652	1.678	1.705
1.50	1.485	1.512	1.539	1.566	1.593	1.620	1.647	1.674	1.701	1.728
1.52	1.505	1.532	1.560	1.587	1.614	1.642	1.669	1.696	1.724	1.751
1.54	1.525	1.552	1.580	1.608	1.635	1.663	1.691	1.719	1.746	1.774
1.56	1.544	1.572	1.601	1.629	1.657	1.685	1.713	1.741	1.769	1.797
1.58	1.564	1.593	1.621	1.650	1.678	1.706	1.735	1.763	1.792	1.820
1.60	1.584	1.613	1.642	1.670	1.699	1.728	1.757	1.786	1.814	1.843
1.62	1.604	1.633	1.662	1.691	1.720	1.750	1.779	1.808	1.837	1.866
1.64	1.624	1.653	1.683	1.712	1.742	1.771	1.801	1.830	1.860	1.889
1.66	1.643	1.673	1.703	1.733	1.763	1.793	1.823	1.853	1.882	1.912
1.68	1.663	1.693	1.724	1.754	1.784	1.814	1.845	1.875	1.905	1.935
1.70	1.683	1.714	1.744	1.775	1.805	1.836	1.867	1.897	1.928	1.958
1.72	1.703	1.734	1.765	1.796	1.827	1.858	1.889	1.920	1.950	1.981
1.74	1.723	1.754	1.785	1.817	1.848	1.879	1.911	1.942	1.973	2.004
1.76	1.742	1.774	1.806	1.837	1.869	1.901	1.932	1.964	1.996	2.028
1.78	1.762	1.794	1.826	1.858	1.890	1.922	1.954	1.986	2.019	2.051
1.80	1.782	1.814	1.847	1.879	1.912	1.944	1.976	2.009	2.041	2.074
1.82	1.802	1.835	1.867	1.900	1.933	1.966	1.998	2.031	2.064	2.097
1.84	1.822	1.855	1.888	1.921	1.954	1.987	2.020	2.053	2.087	2.120
1.86	1.841	1.875	1.908	1.942	1.975	2.009	2.042	2.076	2.109	2.143
1.88	1.861	1.895	1.929	1.963	1.997	2.030	2.064	2.098	2.132	2.166
1.90	1.881	1.915	1.949	1.984	2.018	2.052	2.086	2.120	2.155	2.189
1.92	1.901	1.935	1.970	2.004	2.039	2.074	2.108	2.143	2.177	2.212
1.94	1.921	1.956	1.990	2.025	2.060	2.095	2.130	2.165	2.200	2.235
1.96	1.940	1.976	2.011	2.046	2.082	2.117	2.152	2.187	2.223	2.258
1.98	1.960	1.996	2.031	2.067	2.103	2.138	2.174	2.210	2.245	2.281
2.00	1.980	2.016	2.052	2.088	2.124	2.160	2.196	2.232	2.268	2.304
2.02	2.000	2.036	2.073	2.109	2.145	2.182	2.218	2.254	2.291	2.327
2.04	2.020	2.056	2.093	2.130	2.166	2.203	2.240	2.277	2.313	2.350
2.06	2.039	2.076	2.114	2.151	2.188	2.225	2.262	2.299	2.336	2.373
2.08	2.059	2.097	2.134	2.172	2.209	2.246	2.284	2.321	2.359	2 396
2.10	2.079	2.117	2.155	2.192	2.230	2.268	2.306	2.344	2.381	2.419
2.12	2.099	2.137	2.175	2.213	2.251	2.290	2.328	2.366	2.404	2.442
2.14	2.119	2.157	2.196	2.234	2.273	2.311	2.350	2.388	2.427	2.465
2.16	2.138	2.177	2.216	2.255	2.294	2.333	2.372	2.411	2.449	2.488
2.18	2.158	2.197	2.237	2.276	2.315	2.354	2.394	2.433	2.472	2.511
2.20	2.178	2.218	2.257	2.297	2.336	2.376	2.416	2.455	2.485	2.534
2.22	2.198	2.238	2.278	2.318	2.358	2.398	2.438	2.478	2.517	2.557
2.24	2.218	2.258	2.298	2.339	2.379	2.419	2.460	2.500	2.540	2.580
2.26	2.237	2.278	2.319	2.359	2.400	2.441	2.481	2.522	2.563	2.604
2.28	2.257	2.298	2.339	2.380	2.421	2.462	2.503	2.544	2.586	2.627

Kubik-Inhalt der Kolli, deren kleinstes
Solid contents of packages, whose least
Cubage des colis, dont la plus petite dimension

Länge/Length Longueur	Breite — Breadth — Largeur									
	1.30	1.32	1.34	1.36	1.38	1.40	1.42	1.44	1.46	1.48
	Inhalt in Kubikmetern — Solid Contents — Cubage									
1.30	1.521									
1.32	1.544	1.568								
1.34	1.568	1.592	1.616							
1.36	1.591	1.616	1.640	1.665						
1.38	1.615	1.639	1.664	1.689	1.714					
1.40	1.638	1.663	1.688	1.714	1.739	1.764				
1.42	1.661	1.687	1.713	1.738	1.764	1.789	1.815			
1.44	1.685	1.711	1.737	1.763	1.788	1.814	1.840	1.866		
1.46	1.708	1.734	1.761	1.787	1.813	1.840	1.866	1.892	1.918	
1.48	1.732	1.758	1.785	1.812	1.838	1.865	1.891	1.918	1.945	1.971
1.50	1.755	1.782	1.809	1.836	1.863	1.890	1.917	1.944	1.971	1.998
1.52	1.778	1.806	1.833	1.860	1.888	1.915	1.943	1.970	1.997	2.025
1.54	1.802	1.830	1.857	1.885	1.913	1.940	1.968	1.996	2.024	2.051
1.56	1.825	1.853	1.881	1.909	1.938	1.966	1.994	2.022	2.050	2.078
1.58	1.849	1.877	1.905	1.934	1.962	1.991	2.019	2.048	2.076	2.105
1.60	1.872	1.901	1.930	1.958	1.987	2.016	2.045	2.074	2.102	2.131
1.62	1.895	1.925	1.954	1.983	2.012	2.041	2.070	2.100	2.129	2.158
1.64	1.919	1.948	1.978	2.007	2.037	2.066	2.096	2.125	2.155	2.184
1.66	1.942	1.972	2.002	2.032	2.062	2.092	2.121	2.151	2.181	2.211
1.68	1.966	1.996	2.026	2.056	2.087	2.117	2.147	2.177	2.208	2.238
1.70	1.989	2.020	2.050	2.081	2.111	2.142	2.173	2.203	2.234	2.264
1.72	2.012	2.043	2.074	2.105	2.136	2.167	2.198	2.229	2.260	2.291
1.74	2.036	2.067	2.098	2.130	2.161	2.192	2.224	2.255	2.286	2.318
1.76	2.059	2.091	2.123	2 154	2.186	2.218	2.249	2.281	2.313	2.344
1.78	2.083	2.115	2.147	2.179	2.211	2.243	2.275	2.307	2.339	2.371
1.80	2.106	2.138	2.171	2.203	2.236	2.268	2.300	2.333	2.365	2.398
1.82	2.129	2.162	2.195	2.228	2.260	2.293	2.326	2.359	2.391	2.424
1.84	2.153	2.186	2.219	2.252	2.285	2.318	2.352	2.385	2.418	2.451
1.86	2.176	2.210	2.243	2.277	2.310	2.344	2.377	2.411	2.444	2.478
1.88	2.200	2.233	2.267	2.301	2.335	2.369	2.403	2.436	2.470	2.504
1.90	2.223	2.257	2.291	2.326	2.360	2.394	2.428	2.462	2.497	2.531
1.92	2.246	2.281	2.316	2.350	2.385	2.419	2.454	2.488	2.523	2.557
1.94	2.270	2.305	2.340	2.375	2.409	2.444	2.479	2.514	2.549	2.584
1.96	2.293	2.328	2.364	2.399	2.434	2.470	2.505	2.540	2.575	2.611
1.98	2.317	2.352	2.388	2.424	2.459	2.495	2.530	2.566	2.602	2.637
2.00	2.340	2.376	2.412	2.448	2.484	2.520	2.556	2.592	2.628	2.664
2.02	2.363	2.400	2.436	2.472	2.509	2.545	2.582	2.618	2.654	2.691
2.04	2.387	2.424	2.460	2.497	2.534	2.570	2.607	2.644	2.681	2.717
2.06	2.410	2.447	2.484	2.521	2.559	2.596	2.633	2.670	2.707	2.744
2.08	2.434	2.471	2.508	2.546	2.583	2.621	2.658	2.696	2.733	2.771
2.10	2.457	2.495	2.533	2.570	2.608	2.646	2.684	2.722	2.759	2.797
2.12	2.480	2.519	2.557	2.595	2.633	2.671	2.709	2.748	2.786	2.824
2.14	2.504	2.542	2.581	2.619	2.658	2.696	2.735	2.773	2.812	2.850
2.16	2.527	2.566	2.605	2.644	2.683	2.722	2.760	2.799	2.838	2.877
2.18	2.551	2.590	2.629	2.668	2.708	2.747	2.786	2.825	2.865	2.904
2.20	2.574	2.614	2.653	2.693	2.732	2.772	2.812	2.851	2.891	2.930
2.22	2.597	2.637	2.677	2.717	2.757	2.797	2.837	2.877	2.917	2.957
2.24	2.621	2.661	2.701	2.742	2.782	2.822	2.863	2.903	2.943	2.984
2.26	2.644	2.685	2.726	2.766	2.807	2.848	2.888	2.929	2.970	3.010
2.28	2.668	2.709	2.750	2.791	2.832	2.873	2.914	2.955	2.996	3.037
2.30	2 691	2.732	2 774	2.815	2.857	2.898	2.939	2.981	3.022	3.064
2.32	2.714	2.756	2.798	2.840	2.881	2.923	2.965	3.007	3.048	3.090
2.34	2.738	2.780	2.822	2.864	2.906	2.948	2.991	3.033	3.075	3.117
2.36	2.761	2.804	2.846	2.889	2.931	2.974	3.016	3.059	3.101	3.144
2.38	2.785	2.827	2.870	2.913	2.956	2.999	3.042	3.084	3.127	3.170
2.40	2.808	2.851	2.894	2.938	2.981	3.024	3.067	3.110	3.154	3.197
2.42	2.831	2.875	2.919	2.962	3.006	3.049	3.093	3.136	3.180	3.223
2.44	2.855	2.899	2.943	2.987	3.030	3.074	3.118	3.162	3.206	3.250
2.46	2.878	2.922	2.967	3.011	3.055	3.100	3.144	3.188	3.232	3.277
2.48	2.902	2.946	2.991	3.036	3.080	3.125	3.169	3.214	3.259	3.303
2.50	2.925	2.970	3.015	3.060	3.105	3.150	3.195	3.240	3.285	3.330
2.52	2.948	2.994	3.039	3.084	3.130	3.175	3.221	3.266	3.311	3.357
2.54	2.972	3.018	3.063	3.109	3.155	3.200	3.246	3.292	3.338	3.383
2.56	2.995	3.041	3.087	3.133	3.180	3.226	3.272	3.318	3.364	3.410
2.58	3.019	3.065	3.111	3.158	3.204	3.251	3.297	3.344	3.390	3.437
2.60	3.042	3.089	3.136	3.182	3.229	3.276	3.323	3.370	3.416	3.463
2.62	3.065	3.113	3.160	3.207	3.254	3.301	3.348	3.396	3.443	3.490
2.64	3.089	3.136	3.184	3.231	3.279	3.326	3.374	3.421	3.469	3.516
2.66	3.112	3.160	3.208	3.256	3.304	3.352	3 399	3.447	3.495	3.543
2.68	3.136	3.184	3.232	3.280	3.329	3.377	3.425	3.473	3.522	3.570

Maß (Dicke) 90 Centimeter (0,90 m) ist.
dimensions (depth) are 90 centimetres (0,90 m).
(l'épaisseur) est 90 centimètres (0,90 m).

Länge/Length Longueur	Breite — Breadth — Largeur 1.50	1.52	1.54	1.56	1.58	1.60	1.62	1.64	1.66	1.68
	Inhalt in Kubikmetern — Solid Contents — Cubage									
1.50	2.025									
1.52	2.052	2.079								
1.54	2,079	2.107	2.134							
1.56	2.106	2.134	2.162	2.190						
1.58	2.133	2.161	2.190	2.218	2.247					
1.60	2.160	2.189	2.218	2.246	2.275	2.304				
1.62	2.187	2.216	2.245	2.274	2.304	2.333	2.362			
1.64	2.214	2.244	2.273	2.303	2.332	2.362	2 391	2.421		
1.66	2.241	2.271	2.301	2.331	2.361	2.390	2.420	2.450	2.480	
1.68	2.268	2 298	2.328	2.359	2.389	2.419	2.449	2.480	2.510	2.540
1.70	2.295	2.326	2.356	2.387	2.417	2.448	2.479	2.509	2.540	2.570
1.72	2.322	2.353	2.384	2.415	2.446	2.477	2.508	2.539	2.570	2.601
1.74	2.349	2.380	2.412	2.443	2.474	2.506	2.537	2.568	2.600	2.631
1.76	2.376	2.408	2.439	2.471	2.503	2.534	2.566	2.598	2.629	2.661
1.78	2.403	2.435	2.467	2.499	2.531	2.563	2.595	2.627	2.659	2.691
1.80	2.430	2.462	2.495	2.527	2.560	2.592	2.624	2.657	2.689	2.722
1.82	2.457	2.490	2.523	2.555	2.588	2.621	2.654	2.686	2.719	2.752
1.84	2.484	2.517	2.550	2.583	2.616	2.650	2.683	2.716	2.749	2.782
1.86	2.511	2.544	2.578	2.611	2.645	2.678	2.712	2.745	2.779	2.812
1.88	2.538	2.572	2.606	2.640	2.673	2.707	2.741	2.775	2.809	2.843
1.90	2.565	2.599	2.633	2.668	2.702	2.736	2 770	2.804	2.839	2.873
1.92	2.592	2.627	2.661	2.696	2.730	2.765	2.799	2.834	2.868	2.903
1.94	2.619	2.654	2.689	2.724	2.759	2.794	2.829	2.863	2.898	2.933
1.96	2.646	2.681	2.717	2.752	2.787	2.822	2.858	2.893	2.928	2.964
1.98	2.673	2.709	2.744	2.780	2.816	2.851	2.887	2.922	2.958	2.994
2.00	2.700	2.736	2.772	2.808	2.844	2.880	2.916	2.952	2.988	3.024
2.02	2.727	2.763	2.800	2.836	2.872	2.909	2.945	2.982	3.018	3.054
2.04	2.754	2.791	2.827	2.864	2.901	2.938	2.974	3.011	3.048	3.084
2.06	2.781	2.818	2.855	2.892	2.929	2.966	3.003	3.041	3.078	3.115
2.08	2.808	2.845	2.883	2.920	2.958	2.995	3.033	3.070	3.108	3.145
2.10	2.835	2.873	2.911	2.948	2.986	3.024	3.062	3.100	3.137	3.175
2.12	2.862	2.900	2.938	2.976	3 015	3.053	3.091	3.129	3.167	3.205
2.14	2.889	2.928	2.966	3.005	3.043	3.082	3.120	3.159	3.197	3.236
2.16	2.916	2.955	2.994	3.033	3.072	3.110	3.149	3.188	3.227	3.266
2.18	2.943	2.982	3.021	3.061	3.100	3.139	3.178	3.218	3.257	3.296
2.20	2.970	3.010	3.049	3.089	3.128	3.168	3.208	3.247	3.287	3.326
2.22	2.997	3.037	3.077	3.117	3.157	3.197	3.237	3.277	3.317	3.357
2.24	3.024	3.064	3.105	3.145	3.185	3.226	3.266	3.306	3.347	3.387
2.26	3.051	3.092	3.132	3.173	3.214	3.254	3.295	3.336	3.376	3.417
2.28	3.078	3.119	3.160	3.201	3.242	3.283	3.324	3.365	3.406	3.447
2.30	3.105	3.146	3.188	3.229	3.271	3.312	3.353	3.395	3.436	3.478
2.32	3.132	3.174	3.216	3.257	3.299	3.341	3.383	3.424	3.466	3.508
2.34	3.159	3.201	3.243	3.285	3.327	3.370	3.412	3.454	3.496	3.538
2.36	3.186	3.228	3.271	3.313	3.356	3.398	3.441	3.483	3.526	3.568
2.38	3.213	3.256	3.299	3.342	3.384	3.427	3.470	3.513	3.556	3.599
2.40	3.240	3.283	3.326	3.370	3.413	3.456	3.499	3.542	3.586	3.629
2.42	3.267	3.311	3.354	3.398	3.441	3.485	3.528	3.572	3.615	3.659
2.44	3.294	3.338	3.382	3.426	3.470	3.514	3.558	3.601	3.645	3.689
2.46	3.321	3.365	3.410	3.454	3.498	3.542	3.587	3.631	3.675	3.720
2.48	3.348	3.393	3.437	3.482	3.527	3.571	3.616	3.660	3.705	3.750
2.50	3.375	3.420	3.465	3.510	3.555	3.600	3.645	3.690	3.735	3.780
2.52	3.402	3.447	3.493	3.538	3.583	3.629	3.674	3.720	3.765	3.810
2.54	3.429	3.475	3.520	3.566	3.612	3.658	3.703	3.749	3.795	3.840
2.56	3.456	3.502	3.548	3.594	3.640	3.686	3.732	3.779	3.825	3.871
2.58	3.483	3.529	3.576	3.622	3.669	3.715	3.762	3.808	3.855	3.901
2.60	3.510	3.557	3.604	3.650	3.697	3.744	3.791	3.838	3.884	3.931
2.62	3.537	3.584	3.631	3.678	3.726	3.773	3.820	3.867	3.914	3.961
2.64	3.564	3.612	3.659	3.707	3.754	3.802	3.849	3.897	3.944	3.992
2.66	3.591	3.639	3.687	3.735	3.783	3.830	3.878	3.926	3.974	4.022
2.68	3.618	3.666	3.714	3.763	3.811	3.859	3.907	3.956	4.004	4.052

Kubik-Inhalt der Kolli, deren kleinstes
Solid contents of packages, whose least
Cubage des colis, dont la plus petite dimension

Länge/Length Longueur	Breite — Breadth — Largeur									
	0.92	0.94	0.96	0.98	1.00	1.02	1.04	1.06	1.08	1.10
	Inhalt in Kubikmetern — Solid Contents — Cubage									
0.92	0.779									
0.94	796	0.813								
0.96	813	830	0.848							
0.98	829	848	866	0.884						
1.00	846	865	883	902	0.920					
1.02	863	882	901	920	938	0.957				
1.04	880	899	919	938	957	976	0.995			
1.06	897	917	936	956	975	995	1.014	1.034		
1.08	914	934	954	974	994	1.013	1.033	1.053	1.073	
1.10	931	951	972	992	1.012	1.032	1.052	1.073	1.093	1.113
1.12	948	969	989	1.010	1.030	1.051	1.072	1.092	1.113	1.133
1.14	965	986	1.007	1.028	1.049	1.070	1.091	1.112	1.133	1.154
1.16	982	1.003	1.025	1.046	1.067	1.089	1.110	1.131	1.153	1.174
1.18	999	1.020	1.042	1.064	1.086	1.107	1.129	1.151	1.172	1.194
1.20	1.016	1.038	1.060	1.082	1.104	1.126	1.148	1.170	1.192	1.214
1.22	1.033	1.055	1.078	1.100	1.122	1.145	1.167	1.190	1.212	1.235
1.24	1.050	1.072	1.095	1.118	1.141	1.164	1.186	1.209	1.232	1.255
1.26	1.066	1.090	1.113	1.136	1.159	1.182	1.206	1.229	1.252	1.275
1.28	1.083	1.107	1.130	1.154	1.178	1.201	1.225	1.248	1.272	1.295
1.30	1.100	1.124	1.148	1.172	1.196	1.220	1.244	1.268	1.292	1.316
1.32	1.117	1.142	1.166	1.190	1.214	1.239	1.263	1.287	1.312	1.336
1.34	1.134	1.159	1.183	1.208	1.233	1.257	1.282	1.307	1.331	1.356
1.36	1.151	1.176	1.201	1.226	1.251	1.276	1.301	1.326	1.351	1.376
1.38	1.168	1.193	1.219	1.244	1.270	1.295	1.320	1.346	1.371	1.397
1.40	1.185	1.211	1.236	1.262	1.288	1.314	1.340	1.365	1.391	1.417
1.42	1.202	1.228	1.254	1.280	1.306	1.333	1.359	1.385	1.411	1.437
1.44	1.219	1.245	1.272	1.298	1.325	1.351	1.378	1.404	1.431	1.457
1.46	1.236	1.263	1.289	1.316	1.343	1.370	1.397	1.424	1.451	1.478
1.48	1.253	1.280	1.307	1.334	1.362	1.389	1.416	1.443	1.471	1.498
1.50	1.270	1.297	1.325	1.352	1.380	1.408	1.435	1.463	1.490	1.518
1.52	1.287	1.314	1.342	1.370	1.398	1.426	1.454	1.482	1.510	1.538
1.54	1.303	1.332	1.360	1.388	1.417	1.445	1.473	1.502	1.530	1.558
1.56	1.320	1.349	1.378	1.406	1.435	1.464	1.493	1.521	1.550	1.579
1.58	1.337	1.366	1.395	1.425	1.454	1.483	1.512	1.541	1.570	1.599
1.60	1.354	1.384	1.413	1.443	1.472	1.501	1.531	1.560	1.590	1.619
1.62	1.371	1.401	1.431	1.461	1.490	1.520	1.550	1.580	1.610	1.639
1.64	1.388	1.418	1.448	1.479	1.509	1.539	1.569	1.599	1.630	1.660
1.66	1.405	1.436	1.466	1.497	1.527	1.558	1.588	1.619	1.649	1.680
1.68	1.422	1.453	1.484	1.515	1.546	1.577	1.607	1.638	1.669	1.700
1.70	1.439	1.470	1.501	1.533	1.564	1.595	1.627	1.658	1.689	1.720
1.72	1.456	1.487	1.519	1.551	1.582	1.614	1.646	1.677	1.709	1.741
1.74	1.473	1.505	1.537	1.569	1.601	1.633	1.665	1.697	1.729	1.761
1.76	1.490	1.522	1.554	1.587	1.619	1.652	1.684	1.716	1.749	1.781
1.78	1.507	1.539	1.572	1.605	1.638	1.670	1.703	1.736	1.769	1.801
1.80	1.524	1.557	1.590	1.623	1.656	1.689	1.722	1.755	1.788	1.822
1.82	1.540	1.574	1.607	1.641	1.674	1.708	1.741	1.775	1.808	1.842
1.84	1.557	1.591	1.625	1.659	1.693	1.727	1.761	1.794	1.828	1.862
1.86	1.574	1.609	1.643	1.677	1.711	1.745	1.780	1.814	1.848	1.882
1.88	1.591	1.626	1.660	1.695	1.730	1.764	1.799	1.833	1.868	1.903
1.90	1.608	1.643	1.678	1.713	1.748	1.783	1.818	1.853	1.888	1.923
1.92	1.625	1.660	1.696	1.731	1.766	1.802	1.837	1.872	1.908	1.943
1.94	1.642	1.678	1.713	1.749	1.785	1.820	1.856	1.892	1.928	1.963
1.96	1.659	1.695	1.731	1.767	1.803	1.839	1.875	1.911	1.947	1.984
1.98	1.676	1.712	1.749	1.785	1.822	1.858	1.895	1.931	1.967	2.004
2.00	1.693	1.730	1.766	1.803	1.840	1.877	1.914	1.950	1.987	2.024
2.02	1.710	1.747	1.784	1.821	1.858	1.896	1.933	1.970	2.007	2.044
2.04	1.727	1.764	1.802	1.839	1.877	1.914	1.952	1.989	2.027	2.064
2.06	1.744	1.781	1.819	1.857	1.895	1.933	1.971	2.009	2.047	2.085
2.08	1.761	1.799	1.837	1.875	1.914	1.952	1.990	2.028	2.067	2.105
2.10	1.777	1.816	1.855	1.893	1.932	1.971	2.009	2.048	2.087	2.125
2.12	1.794	1.833	1.872	1.911	1.950	1.989	2.028	2.067	2.106	2.145
2.14	1.811	1.851	1.890	1.929	1.969	2.008	2.048	2.087	2.126	2.166
2.16	1.828	1.868	1.908	1.947	1.987	2.027	2.067	2.106	2.146	2.186
2.18	1 845	1.885	1.925	1.965	2.006	2.046	2.086	2.126	2.166	2.206
2.20	1.862	1.903	1.943	1.984	2.024	2.064	2.105	2.145	2.186	2.226
2.22	1.879	1.920	1.961	2.002	2.042	2.083	2.124	2.165	2.206	2.247
2.24	1.896	1.937	1.978	2.020	2.061	2.102	2.143	2.184	2.226	2.267
2.26	1.913	1.954	1.996	2.038	2.079	2.121	2.162	2.204	2.246	2.287
2.28	1.930	1.972	2.014	2.056	2.098	2.140	2.182	2.223	2.265	2.307
2.30	1.947	1.989	2.031	2.074	2.116	2.158	2.201	2.243	2.285	2.328

Maß (Dicke) 92 Centimeter (0,92 m) ist.
dimensions (depth) are 92 centimetres (0,92 m).
(l'épaisseur) est 92 centimètres (0,92 m).

Länge/Length Longueur	Breite — Breadth — Largeur 1.12	1.14	1.16	1.18	1.20	1.22	1.24	1.26	1.28	1.30
	Inhalt in Kubikmetern — Solid Contents — Cubage									
1.12	1.154									
1.14	1.175	1.196								
1.16	1.195	1.217	1.238							
1.18	1.216	1.238	1.259	1.281						
1.20	1.236	1.259	1.281	1.303	1.325					
1.22	1.257	1.280	1.302	1.324	1.347	1.369				
1.24	1.278	1.301	1.323	1.346	1.369	1.392	1.415			
1.26	1.298	1.321	1.345	1.368	1.391	1.414	1.437	1.461		
1.28	1.319	1.342	1.366	1.390	1.413	1.437	1.460	1.484	1.507	
1.30	1.340	1.363	1.387	1.411	1.435	1.459	1.483	1.507	1.531	1.555
1.32	1.360	1.384	1.409	1.433	1.457	1.482	1.506	1.530	1.554	1.579
1.34	1.381	1.405	1.430	1.455	1.479	1.504	1.529	1.553	1.578	1.603
1.36	1.401	1.426	1.451	1.476	1.501	1.526	1.551	1.577	1.602	1.627
1.38	1.422	1.447	1.473	1.498	1.524	1.549	1.574	1.600	1.625	1.650
1.40	1.443	1.468	1.494	1.520	1.546	1.571	1.597	1.623	1.649	1.674
1.42	1.463	1.489	1.515	1.542	1.568	1.594	1.620	1.646	1.672	1.698
1.44	1.484	1.510	1.537	1.563	1.590	1.616	1.643	1.669	1.696	1.722
1.46	1.504	1.531	1.558	1.585	1.612	1.639	1.666	1.692	1.719	1.746
1.48	1.525	1.552	1.579	1.607	1.634	1.661	1.688	1.716	1.743	1.770
1.50	1.546	1.573	1.601	1.628	1.656	1.684	1.711	1.739	1.766	1.794
1.52	1.566	1.594	1.622	1.650	1.678	1.706	1.734	1.762	1.790	1.818
1.54	1.587	1.615	1.643	1.672	1.700	1.728	1.757	1.785	1.814	1.842
1.56	1.607	1.636	1.665	1.694	1.722	1.751	1.780	1.808	1.837	1.866
1.58	1.628	1.657	1.686	1.715	1.744	1.773	1.802	1.832	1.861	1.890
1.60	1.649	1.678	1.708	1.737	1.766	1.796	1.825	1.855	1.884	1.914
1.62	1.669	1.699	1.729	1.759	1.788	1.818	1.848	1.878	1.908	1.938
1.64	1.690	1.720	1.750	1.780	1.811	1.841	1.871	1.901	1.931	1.961
1.66	1.710	1.741	1.772	1.802	1.833	1.863	1.894	1.924	1.955	1.985
1.68	1.731	1.762	1.793	1.824	1.855	1.886	1.917	1.947	1.978	2.009
1.70	1.752	1.783	1.814	1.846	1.877	1.908	1.939	1.971	2.002	2.033
1.72	1.772	1.804	1.836	1.867	1.899	1.931	1.962	1.994	2.025	2.057
1.74	1.793	1.825	1.857	1.889	1.921	1.953	1.985	2.017	2.049	2.081
1.76	1.814	1.846	1.878	1.911	1.943	1.975	2.008	2.040	2.073	2.105
1.78	1.834	1.867	1.900	1.932	1.965	1.998	2.031	2.063	2.096	2.129
1.80	1.855	1.888	1.921	1.954	1.987	2.020	2.053	2.087	2.120	2.153
1.82	1.875	1.909	1.942	1.976	2.009	2.043	2.076	2.110	2.143	2.177
1.84	1.896	1.930	1.964	1.998	2.031	2.065	2.099	2.133	2.167	2.201
1.86	1.917	1.951	1.985	2.019	2.053	2.088	2.122	2.156	2.190	2.225
1.88	1.937	1.972	2.006	2.041	2.076	2.110	2.145	2.179	2.214	2.248
1.90	1.958	1.993	2.028	2.063	2.098	2.133	2.168	2.202	2.237	2.272
1.92	1.978	2.014	2.049	2.084	2.120	2.155	2.190	2.226	2.261	2.296
1.94	1.999	2.035	2.070	2.106	2.142	2.177	2.213	2.249	2.285	2.320
1.96	2.020	2.056	2.092	2.128	2.164	2.200	2.236	2.272	2.308	2.344
1.98	2.040	2.077	2.113	2.149	2.186	2.222	2.259	2.295	2.332	2.368
2.00	2.061	2.098	2.134	2.171	2.208	2.245	2.282	2.318	2.355	2.392
2.02	2.081	2.119	2.156	2.193	2.230	2.267	2.304	2.342	2.379	2.416
2.04	2.102	2.140	2.177	2.215	2.252	2.290	2.327	2.365	2.402	2.440
2.06	2.123	2.161	2.198	2.236	2.274	2.312	2.350	2.388	2.426	2.464
2.08	2.143	2.182	2.220	2.258	2.296	2.335	2.373	2.411	2.449	2.488
2.10	2.164	2.202	2.241	2.280	2.318	2.357	2.396	2.434	2.473	2.512
2.12	2.184	2.223	2.262	2.301	2.340	2.379	2.418	2.458	2.497	2.536
2.14	2.205	2.244	2.284	2.323	2.363	2.402	2.441	2.481	2.520	2.559
2.16	2.226	2.265	2.305	2.345	2.385	2.424	2.464	2.504	2.544	2.583
2.18	2.246	2.286	2.326	2.367	2.407	2.447	2.487	2.527	2.567	2.607
2.20	2.267	2.307	2.348	2.388	2.429	2.469	2.510	2.550	2.591	2.631
2.22	2.287	2.328	2.369	2.410	2.451	2.492	2.533	2.573	2.614	2.655
2.24	2.308	2.349	2.391	2.432	2.473	2.514	2.555	2.597	2.638	2.679
2.26	2.329	2.370	2.412	2.453	2.495	2.537	2.578	2.620	2.661	2.703
2.28	2.349	2.391	2.433	2.475	2.517	2.559	2.601	2.643	2.685	2.727
2.30	2.370	2.412	2.455	2.497	2.539	2.582	2.624	2.666	2.708	2.751

Kubik-Inhalt der Kolli, deren kleinstes
Solid contents of packages, whose least
Cubage des colis, dont la plus petite dimension

Länge/Length Longueur	Breite — Breadth — Largeur 1.32	1.34	1.36	1.38	1.40	1.42	1.44	1.46	1.48	1.50
	Inhalt in Kubikmetern — Solid Contents — Cubage									
1.32	1.603									
1.34	1.627	1.652								
1.36	1.652	1.677	1.702							
1.38	1.676	1.701	1.727	1.752						
1.40	1.700	1.726	1.752	1.777	1.803					
1.42	1.724	1.751	1.777	1.803	1.829	1.855				
1.44	1.749	1.775	1.802	1.828	1.855	1.881	1.908			
1.46	1.773	1.800	1.827	1.854	1.880	1.907	1.934	1.961		
1.48	1.797	1.825	1.852	1.879	1.906	1.933	1.961	1.988	2.015	
1.50	1.822	1.849	1.877	1.904	1.932	1.960	1.987	2.015	2.042	2.070
1.52	1.846	1.874	1.902	1.930	1.958	1.986	2.014	2.042	2.070	2.098
1.54	1.870	1.899	1.927	1.955	1.984	2.012	2.040	2.069	2.097	2.125
1.56	1.894	1.923	1.952	1.981	2.009	2.038	2.067	2.095	2.124	2.153
1.58	1.919	1.948	1.977	2.006	2.035	2.064	2.093	2.122	2.151	2.180
1.60	1.943	1.972	2.002	2.031	2.061	2.090	2.120	2.149	2.179	2.208
1.62	1.967	1.997	2.027	2.057	2.087	2.116	2.146	2.176	2.206	2.236
1.64	1.992	2.022	2.052	2.082	2.112	2.142	2.173	2.203	2.233	2.263
1.66	2.016	2.046	2.077	2.108	2.138	2.169	2.199	2.230	2.260	2.291
1.68	2.040	2.071	2.102	2.133	2.164	2.195	2.226	2.257	2.287	2.318
1.70	2.064	2.096	2.127	2.158	2.190	2.221	2.252	2.283	2.315	2.346
1.72	2.089	2.120	2.152	2.184	2.215	2.247	2.279	2.310	2.342	2.374
1.74	2.113	2.145	2.177	2.209	2.241	2.273	2.305	2.337	2.369	2.401
1.76	2.137	2.170	2.202	2.234	2.267	2.299	2.332	2.364	2.396	2.429
1.78	2.162	2.194	2.227	2.260	2.293	2.325	2.358	2.391	2.424	2.456
1.80	2.186	2.219	2.252	2.285	2.318	2.352	2.385	2.418	2.451	2.484
1.82	2.210	2.244	2.277	2.311	2.344	2.378	2.411	2.445	2.478	2.512
1.84	2.234	2.268	2.302	2.336	2.370	2.404	2.438	2.471	2.505	2,539
1.86	2.259	2.293	2.327	2.361	2.396	2.430	2.464	2.498	2.532	2.567
1.88	2.283	2.318	2.352	2.387	2.421	2.456	2.490	2.525	2.560	2.594
1.90	2.307	2.342	2.377	2.412	2.447	2.482	2.517	2.552	2.587	2.622
1.92	2.332	2.367	2.402	2.438	2.473	2.508	2.544	2.579	2.614	2.650
1.94	2.356	2.392	2.427	2.463	2.499	2.534	2.570	2.606	2.641	2.677
1.96	2.380	2.416	2.452	2.488	2.524	2.561	2.597	2.633	2.669	2.705
1.98	2.405	2.441	2.477	2.514	2.550	2.587	2.623	2.660	2.696	2.732
2.00	2.429	2.466	2.502	2.539	2.576	2.613	2.650	2.686	2.723	2.760
2.02	2.453	2.490	2.527	2.565	2.602	2.639	2.676	2.713	2.750	2.788
2.04	2.477	2.515	2.552	2.590	2.628	2.665	2.703	2.740	2.778	2.815
2.06	2.502	2.540	2.577	2.615	2.653	2.691	2.729	2.767	2.805	2.843
2.08	2.526	2.564	2.602	2.641	2.679	2.717	2.756	2.794	2.832	2.870
2.10	2.550	2.589	2.628	2.666	2.705	2.743	2.782	2.821	2.859	2.898
2.12	2.575	2.614	2.653	2.692	2.731	2.770	2.809	2.848	2.887	2.926
2.14	2.599	2.638	2.678	2.717	2.756	2.796	2.835	2.874	2.914	2.953
2.16	2.623	2.663	2.703	2.742	2.782	2.822	2.862	2.901	2.941	2.981
2.18	2.647	2.688	2.728	2.768	2.808	2.848	2.888	2.928	2.968	3.008
2.20	2.672	2.712	2.753	2.793	2.834	2.874	2.915	2.955	2.996	3.036
2.22	2.696	2.737	2.778	2.819	2.859	2.900	2.941	2.982	3.023	3.064
2.24	2.720	2.761	2.803	2.844	2.885	2.926	2.968	3.009	3.050	3.091
2.26	2.745	2.786	2.828	2.869	2.911	2.952	2.994	3.036	3.077	3.119
2.28	2.769	2.811	2.853	2.895	2.937	2.979	3.021	3.062	3.104	3.146
2.30	2.793	2.835	2.878	2.920	2.962	3.005	3.047	3.089	3.132	3.174
2.32	2.817	2.860	2.903	2.945	2.988	3.031	3.074	3.116	3.159	3.202
2.34	2.842	2.885	2.928	2.971	3.014	3.057	3.100	3.143	3.186	3.229
2.36	2.866	2.909	2.953	2.996	3.040	3.083	3.127	3.170	3.213	3.257
2.38	2.890	2.934	2.978	3.022	3.065	3.109	3.153	3.197	3.241	3.284
2.40	2.915	2.959	3.003	3.047	3.091	3.135	3.180	3.224	3.268	3.312
2.42	2.939	2.983	3.028	3.072	3.117	3.161	3.206	3.251	3.295	3.340
2.44	2.963	3.008	3.053	3.098	3.143	3.188	3.233	3.277	3.322	3.367
2.46	2.987	3.033	3.078	3.123	3.168	3.214	3.259	3.304	3.350	3.395
2.48	3.012	3.057	3.103	3.149	3.194	3.240	3.286	3.331	3.377	3.422
2.50	3.036	3.082	3.128	3.174	3.220	3.266	3.312	3.358	3.404	3.450
2.52	3.060	3.107	3.153	3.199	3.246	3.292	3.338	3.385	3.431	3.478
2.54	3.085	3.131	3.178	3.225	3.272	3.318	3.365	3.412	3.458	3.505
2.56	3.109	3.156	3.203	3.250	3.297	3.344	3.391	3.439	3.486	3.533
2.58	3.133	3.181	3.228	3.276	3.323	3.371	3.418	3.465	3.513	3.560
2.60	3.157	3.205	3.253	3.301	3.349	3.397	3.444	3.492	3.540	3.588
2.62	3.182	3.230	3.278	3.326	3.375	3.423	3.471	3.519	3.567	3.616
2.64	3.206	3.255	3.303	3.352	3.400	3.449	3.497	3.546	3.595	3.643
2.66	3.230	3.279	3.328	3.377	3.426	3.475	3.524	3.573	3.622	3.671
2.68	3.255	3.304	3.353	3.403	3.452	3.501	3.550	3.600	3.649	3.698
2.70	3.279	3.329	3.378	3.428	3.478	3.527	3.577	3.627	3.676	3.726

Maß (Dicke) 92 Centimeter (0,92 m) ist.
dimensions (depth) are 92 centimetres (0,92 m).
(l'épaisseur) est 92 centimètres (0,92 m).

Länge/Length Longueur	Breite — Breadth — Largeur									
	1.52	1.54	1.56	1.58	1.60	1.62	1.64	1.66	1.68	1.70
	Inhalt in Kubikmetern — Solid Contents — Cubage									
1.52	2.126									
1.54	2.154	2.182								
1.56	2.182	2.210	2.239							
1.58	2.209	2.239	2.268	2.297						
1.60	2.237	2.267	2.296	2.326	2.355					
1.62	2.265	2.295	2.325	2.355	2.385	2.414				
1.64	2.293	2.324	2.354	2.384	2.414	2.444	2.474			
1.66	2.321	2.352	2.382	2.413	2.444	2.474	2.505	2.535		
1.68	2.349	2.380	2.411	2.442	2.473	2.504	2.535	2.566	2.597	
1.70	2.377	2.409	2.440	2.471	2.502	2.534	2.565	2.596	2.628	2.659
1.72	2.405	2.437	2.469	2.500	2.532	2.563	2.595	2.627	2.658	2.690
1.74	2.433	2.465	2.497	2.529	2.561	2.593	2.625	2.657	2.689	2.721
1.76	2.461	2.494	2.526	2.558	2.591	2.623	2.655	2.688	2.720	2.753
1.78	2.489	2.522	2.555	2.587	2.620	2.653	2.686	2.718	2.751	2.784
1.80	2.517	2.550	2.583	2.616	2.650	2.683	2.716	2.749	2.782	2.815
1.82	2.545	2.579	2.612	2.646	2.679	2.713	2.746	2.780	2.813	2.846
1.84	2.573	2.607	2.641	2.675	2.708	2.742	2.776	2.810	2.844	2.878
1.86	2.601	2.635	2.669	2.704	2.738	2.772	2.806	2.841	2.875	2.909
1.88	2.629	2.664	2.698	2.733	2.767	2.802	2.837	2.871	2.906	2.940
1.90	2.657	2.692	2.727	2.762	2.797	2.832	2.867	2.902	2.937	2.972
1.92	2.685	2.720	2.756	2.791	2.826	2.862	2.897	2.932	2.968	3.003
1.94	2.713	2.749	2.784	2.820	2.856	2.891	2.927	2.963	2.998	3.034
1.96	2.741	2.777	2.813	2.849	2.885	2.921	2.957	2.993	3.029	3.065
1.98	2.769	2.805	2.842	2.878	2.915	2.951	2.987	3.024	3.060	3.097
2.00	2.797	2.834	2.870	2.907	2.944	2.981	3.018	3.054	3.091	3.128
2.02	2.825	2.862	2.899	2.936	2.973	3.011	3.048	3.085	3.122	3.159
2.04	2.853	2.890	2.928	2.965	3.003	3.040	3.078	3.115	3.153	3.191
2.06	2.881	2.919	2.957	2.994	3.032	3.070	3.108	3.146	3.184	3.222
2.08	2.909	2.947	2.985	3.023	3.062	3.100	3.138	3.177	3.215	3.253
2.10	2.937	2.975	3.014	3.053	3.091	3.130	3.168	3.207	3.246	3.284
2.12	2.965	3.004	3.043	3.082	3.121	3.160	3.199	3.238	3.277	3.316
2.14	2.993	3.032	3.071	3.111	3.150	3.189	3.229	3.268	3.308	3.347
2.16	3.021	3.060	3.100	3.140	3.180	3.219	3.259	3.299	3.338	3.378
2.18	3.049	3.089	3.129	3.169	3.209	3.249	3.289	3.329	3.369	3.410
2.20	3.076	3.117	3.157	3.198	3.238	3.279	3.319	3.360	3.400	3.441
2.22	3.104	3.145	3.186	3.227	3.268	3.309	3.350	3.390	3.431	3.472
2.24	3.132	3.174	3.215	3.256	3.297	3.338	3.380	3.421	3.462	3.503
2.26	3.160	3.202	3.244	3.285	3.327	3.368	3.410	3.451	3.493	3.535
2.28	3.188	3.230	3.272	3.314	3.356	3.398	3.440	3.482	3.524	3.566
2.30	3.216	3.259	3.301	3.343	3.386	3.428	3.470	3.513	3.555	3.597
2.32	3.244	3.287	3.330	3.372	3.415	3.458	3.500	3.543	3.586	3.628
2.34	3.272	3.315	3.358	3.401	3.444	3.488	3.531	3.574	3.617	3.660
2.36	3.300	3.344	3.387	3.430	3.474	3.517	3.561	3.604	3.648	3.691
2.38	3.328	3.372	3.416	3.459	3.503	3.547	3.591	3.635	3.679	3.722
2.40	3.356	3.400	3.444	3.488	3.533	3.577	3.621	3.665	3.709	3.754
2.42	3.384	3.429	3.473	3.518	3.562	3.607	3.651	3.696	3.740	3.785
2.44	3.412	3.457	3.502	3.547	3.592	3.637	3.681	3.726	3.771	3.816
2.46	3.440	3.485	3.531	3.576	3.621	3.666	3.712	3.757	3.802	3.847
2.48	3.468	3.514	3.559	3.605	3.651	3.696	3.742	3.787	3.833	3.879
2.50	3.496	3.542	3.588	3.634	3.680	3.726	3.772	3.818	3.864	3.910
2.52	3.524	3.570	3.617	3.663	3.709	3.756	3.802	3.849	3.895	3.941
2.54	3.552	3.599	3.645	3.692	3.739	3.786	3.832	3.879	3.926	3.973
2.56	3.580	3.627	3.674	3.721	3.768	3.815	3.863	3.910	3.957	4.004
2.58	3.608	3.655	3.703	3.750	3.798	3.845	3.893	3.940	3.988	4.035
2.60	3.636	3.684	3.732	3.779	3.827	3.875	3.923	3.971	4.019	4.066
2.62	3.664	3.712	3.760	3.808	3.857	3.905	3.953	4.001	4.049	4.098
2.64	3.692	3.740	3.789	3.837	3.886	3.935	3.983	4.032	4.080	4.129
2.66	3.720	3.759	3.818	3.866	3.915	3.964	4.013	4.062	4.111	4.160
2.68	3.748	3.797	3.846	3.895	3.945	3.994	4.044	4.093	4.142	4.192
2.70	3.776	3.825	3.875	3.924	3.974	4.024	4.074	4.123	4.173	4.223

Kubik-Inhalt der Kolli, deren kleinstes
Solid contents of packages, whose least
Cubage des colis, dont la plus petite dimension

Länge/Length Longueur	Breite — Breadth — Largeur 0.94	0.96	0.98	1.00	1.02	1.04	1.06	1.08	1.10	1.12
	Inhalt in Kubikmetern — Solid Contents — Cubage									
0.94	0.831									
0.96	848	0.866								
0.98	866	884	0.903							
1.00	884	902	921	0.940						
1.02	901	920	940	959	0.978					
1.04	919	938	958	978	997	1.017				
1.06	937	957	976	996	1.016	1.036	1.056			
1.08	954	975	995	1.015	1.036	1.056	1.076	1.096		
1.10	972	993	1.013	1.034	1.055	1.075	1.096	1.117	1.137	
1.12	990	1.011	1.032	1.053	1.074	1.095	1.116	1.137	1.158	1.179
1.14	1.007	1.029	1.050	1.072	1.093	1.114	1.136	1.157	1.179	1.200
1.16	1.025	1.047	1.069	1.090	1.112	1.134	1.156	1.178	1.199	1.221
1.18	1.043	1.065	1.087	1.109	1.131	1.154	1.176	1.198	1.220	1.242
1.20	1.060	1.083	1.105	1.128	1.151	1.173	1.196	1.218	1.241	1.263
1.22	1.078	1.101	1.124	1.147	1.170	1.193	1.216	1.239	1.261	1.284
1.24	1.096	1.119	1.142	1.166	1.189	1.212	1.236	1.259	1.282	1.305
1.26	1.113	1.137	1.161	1.184	1.208	1.232	1.255	1.279	1.303	1.327
1.28	1.131	1.155	1.179	1.203	1.227	1.251	1.275	1.299	1 324	1.348
1.30	1.149	1.173	1.198	1.222	1.246	1.271	1.295	1.320	1.344	1.369
1.32	1.166	1.191	1.216	1.241	1.266	1.290	1.315	1.340	1.365	1.390
1.34	1.184	1.209	1.234	1.260	1.285	1.310	1.335	1.360	1.386	1.411
1.36	1.202	1.227	1.253	1.278	1.304	1.330	1.355	1.381	1.406	1.432
1.38	1.219	1.245	1 271	1.297	1.323	1.349	1.375	1.401	1.427	1.453
1.40	1.237	1.263	1.290	1.316	1.342	1.369	1.395	1.421	1.448	1.474
1.42	1.255	1.281	1.308	1.335	1.361	1.388	1.415	1.442	1.468	1.495
1.44	1.272	1.299	1.327	1 354	1.381	1.408	1.435	1.462	1.489	1.516
1.46	1.290	1.318	1.345	1.372	1.400	1.427	1.455	1.482	1.510	1.537
1.48	1.308	1.336	1.363	1.391	1.419	1.447	1.475	1.502	1.530	1.558
1.50	1.325	1.354	1.382	1.410	1.438	1.466	1.495	1.523	1.551	1.579
1.52	1.343	1.372	1.400	1.429	1.457	1.486	1.515	1.543	1.572	1.600
1.54	1.361	1 390	1.419	1.448	1.477	1.506	1.534	1.563	1.592	1.621
1.56	1.378	1.408	1.437	1.466	1.496	1.525	1.554	1.584	1.613	1.642
1.58	1.396	1.426	1.455	1.485	1.515	1.545	1.574	1.604	1.634	1.663
1.60	1.414	1.444	1.474	1.504	1.534	1.564	1.594	1.624	1.654	1.684
1.62	1.431	1.462	1.492	1.523	1.553	1.584	1.614	1.645	1.675	1.706
1.64	1.449	1.480	1.511	1.542	1.572	1.603	1.634	1.665	1.696	1.727
1.66	1.467	1.498	1.529	1.560	1.592	1.623	1.654	1.685	1.716	1.748
1.68	1.484	1.516	1.548	1.579	1.611	1.642	1.674	1.706	1.737	1.769
1.70	1.502	1.534	1.566	1.598	1.630	1.662	1.694	1.726	1.758	1.790
1.72	1.520	1.552	1.584	1.617	1.649	1.681	1.714	1.746	1.778	1.811
1.74	1.537	1.570	1.603	1.636	1.668	1.701	1.734	1.766	1.799	1.832
1.76	1.555	1.588	1.621	1.654	1.687	1.721	1.754	1.787	1.820	1.853
1.78	1.573	1.606	1.640	1.673	1.707	1.740	1.774	1.807	1.841	1.874
1.80	1.590	1.624	1.658	1.692	1.726	1.760	1.794	1.827	1.861	1.895
1.82	1.608	1.642	1.677	1.711	1.745	1.779	1.813	1.848	1.882	1.916
1.84	1.626	1.660	1.695	1.730	1.764	1.799	1.833	1.868	1.903	1.937
1.86	1.643	1.678	1.713	1.748	1.783	1.818	1.853	1.888	1.923	1.958
1.88	1.661	1.697	1.732	1.767	1.803	1.838	1.873	1.909	1.944	1.979
1.90	1.679	1.715	1.750	1.786	1.822	1.857	1.893	1.929	1.965	2.000
1.92	1.697	1.733	1.769	1.805	1.841	1.877	1.913	1.949	1.985	2.021
1.94	1.714	1.751	1.787	1.824	1.860	1.897	1.933	1.969	2.006	2.042
1.96	1.732	1.769	1.806	1.842	1.879	1.916	1.953	1.990	2.027	2.063
1.98	1.750	1.787	1.824	1.861	1.898	1.936	1.973	2.010	2.047	2.085
2.00	1.767	1.805	1.842	1.880	1.918	1.955	1.993	2.030	2.068	2.106
2.02	1.785	1.823	1.861	1.899	1.937	1.975	2.013	2.051	2.089	2.127
2.04	1.803	1.841	1.879	1.918	1.956	1.994	2.032	2.071	2.109	2.148
2.06	1.820	1.859	1.898	1.936	1.975	2.014	2.052	2.091	2.130	2.169
2.08	1.838	1.877	1.916	1.955	1.994	2.033	2.072	2.112	2.151	2.190
2.10	1.856	1.895	1.935	1.974	2.013	2.053	2.092	2.132	2.171	2.211
2.12	1.873	1.913	1.953	1.993	2.033	2.073	2.112	2.152	2.192	2.232
2.14	1.891	1.931	1.971	2.012	2.052	2.092	2.132	2.173	2.213	2.253
2.16	1.909	1.949	1.990	2.030	2.071	2.112	2.152	2.193	2.233	2.274
2.18	1.926	1.967	2.008	2.049	2.090	2.131	2.172	2.213	2.254	2.295
2.20	1.944	1.985	2.027	2.068	2.109	2.151	2.192	2.233	2.275	2.316
2.22	1.962	2.003	2.045	2.087	2.129	2.170	2.212	2.254	2.295	2.337
2.24	1.979	2.021	2.063	2.106	2.148	2.190	2.232	2.274	2.316	2.358
2.26	1.997	2.039	2.082	2.124	2.167	2.209	2.252	2.294	2.337	2.379
2.28	2.015	2.057	2.100	2.143	2.186	2.229	2.272	2.315	2.358	2.400
2.30	2.032	2.076	2.119	2.162	2.205	2.248	2.292	2.335	2.378	2.421
2.32	2.050	2.094	2.137	2.181	2.224	2.268	2.312	2.355	2.399	2.442

Maß (Dicke) 94 Centimeter (0,94 m) ist.
dimensions (depth) are 94 centimetres (0,94 m).
(l'épaisseur) est 94 centimètres (0,94 m).

Länge/Length Longueur	Breite — Breadth — Largeur									
	1.14	1.16	1.18	1.20	1.22	1.24	1.26	1.28	1.30	1.32
	Inhalt in Kubikmetern — Solid Contents — Cubage									
1.14	1.222									
1.16	1.243	1.265								
1.18	1.264	1.287	1.309							
1.20	1.286	1.308	1.331	1.354						
1.22	1.307	1.330	1.353	1.376	1.399					
1.24	1.329	1.352	1.375	1.399	1.422	1.445				
1.26	1.350	1.374	1.398	1.421	1.445	1.469	1.492			
1.28	1.372	1.396	1.420	1.444	1.468	1.492	1.516	1.540		
1.30	1.393	1.418	1.442	1.466	1.491	1.515	1.540	1.564	1.589	
1.32	1.415	1.439	1.464	1.489	1.514	1.539	1.563	1.588	1.613	1.638
1.34	1.436	1.461	1.486	1.512	1.537	1.562	1.587	1.612	1.637	1.663
1.36	1.457	1.483	1.509	1.534	1.560	1.585	1.611	1.636	1.662	1.687
1.38	1.479	1.505	1.531	1.557	1.583	1.609	1.634	1.660	1.686	1.712
1.40	1.500	1.527	1.553	1.579	1.606	1.632	1.658	1.684	1.711	1.737
1.42	1.522	1.548	1.575	1.602	1.628	1.655	1.682	1.709	1.735	1.762
1.44	1.543	1.570	1.597	1.624	1.651	1.678	1.706	1.733	1.760	1.787
1.46	1.565	1.592	1.619	1.647	1.674	1.702	1.729	1.757	1.784	1.812
1.48	1.586	1.614	1.642	1.669	1.697	1.725	1.753	1.781	1.809	1.836
1.50	1.607	1.636	1.664	1.692	1.720	1.748	1.777	1.805	1.833	1.861
1.52	1.629	1.657	1.686	1.715	1.743	1.772	1.800	1.829	1.857	1.886
1.54	1.650	1.679	1.708	1.737	1.766	1.795	1.824	1.853	1.882	1.911
1.56	1.672	1.701	1.730	1.760	1.789	1.818	1.848	1.877	1.906	1.936
1.58	1.693	1.723	1.753	1.782	1.812	1.842	1.871	1.901	1.931	1.960
1.60	1.715	1.745	1.775	1.805	1.835	1.865	1.895	1.925	1.955	1.985
1.62	1.736	1.766	1.797	1.827	1.858	1.888	1.919	1.949	1.980	2.010
1.64	1.757	1.788	1.819	1.850	1.881	1.912	1.942	1.973	2.004	2.035
1.66	1.779	1.810	1.841	1.872	1.904	1.935	1.966	1.997	2.029	2.060
1.68	1.800	1.832	1.863	1.895	1.927	1.958	1.990	2.021	2.053	2.085
1.70	1.822	1.854	1.886	1.918	1.950	1.982	2.013	2.045	2.077	2.109
1.72	1.843	1.875	1.908	1.940	1.972	2.005	2.037	2.070	2.102	2.134
1.74	1.865	1.897	1.930	1.963	1.995	2.028	2.061	2.094	2.126	2.159
1.76	1.886	1.919	1.952	1.985	2.018	2.051	2.085	2.118	2.151	2.184
1.78	1.907	1.941	1.974	2.008	2.041	2.075	2.108	2.142	2.175	2.209
1.80	1.929	1.963	1.997	2.030	2.064	2.098	2.132	2.166	2.200	2.233
1.82	1.950	1.985	2.019	2.053	2.087	2.121	2.156	2.190	2.224	2.258
1.84	1.972	2.006	2.041	2.076	2.110	2.145	2.179	2.214	2.248	2.283
1.86	1.993	2.028	2.063	2.098	2.133	2.168	2.203	2.238	2.273	2.308
1.88	2.015	2.050	2.085	2.121	2.156	2.191	2.227	2.262	2.297	2.333
1.90	2.036	2.072	2.107	2.143	2.179	2.215	2.250	2.286	2.322	2.358
1.92	2.057	2.094	2.130	2.166	2.202	2.238	2.274	2.310	2.346	2.382
1.94	2.079	2.115	2.152	2.188	2.225	2.261	2.298	2.334	2.371	2.407
1.96	2.100	2.137	2.174	2.211	2.248	2.285	2.321	2.358	2.395	2.432
1.98	2.122	2.159	2.196	2.233	2.271	2.308	2.345	2.382	2.420	2.457
2.00	2.143	2.181	2.218	2.256	2.294	2.331	2.369	2.406	2.444	2.482
2.02	2.165	2.203	2.241	2.279	2.317	2.355	2.392	2.430	2.468	2.506
2.04	2.186	2.224	2.263	2.301	2 339	2.378	2.416	2.455	2.493	2 531
2.06	2.207	2.246	2.285	2.324	2.362	2.401	2.440	2.479	2.517	2.556
2.08	2.229	2.268	2.307	2.346	2.385	2.424	2.464	2.503	2.542	2.581
2.10	2.250	2.290	2.329	2.369	2.408	2.448	2.487	2.527	2.566	2.606
2.12	2.272	2.312	2.352	2.391	2.431	2.471	2.511	2.551	2.591	2.630
2.14	2.293	2 333	2.374	2.414	2.454	2.494	2.535	2.575	2.615	2.655
2.16	2.315	2.355	2.396	2.436	2.477	2.518	2.558	2.599	2.640	2.680
2.18	2.336	2.377	2.418	2.459	2.500	2.541	2.582	2.623	2.664	2.705
2.20	2.358	2.399	2.440	2.482	2.523	2.564	2.606	2.647	2.688	2.730
2.22	2.379	2.421	2.462	2.504	2.546	2.588	2.629	2.671	2.713	2.755
2.24	2.400	2.442	2.485	2.527	2.569	2.611	2.653	2.695	2.737	2.779
2.26	2.422	2.464	2.507	2.549	2.592	2.634	2.677	2.719	2.762	2.804
2.28	2.443	2.486	2.529	2.572	2.615	2.658	2.700	2.743	2.786	2.829
2.30	2.465	2.508	2.551	2.594	2.638	2.681	2.724	2.767	2.811	2.854
2.32	2.486	2.530	2.573	2.617	2.661	2.704	2.748	2.791	2.835	2.879

Kubik-Inhalt der Kolli, deren kleinstes
Solid contents of packages, whose least
Cubage des colis, dont la plus petite dimension

Länge/Length Longueur	Breite — Breadth — Largeur 1.34	1.36	1.38	1.40	1.42	1.44	1.46	1.48	1.50	1.52
	Inhalt in Kubikmetern — Solid Contents — Cubage									
1.34	1.688									
1.36	1.713	1.739								
1.38	1.738	1.764	1.790							
1.40	1.763	1.790	1.816	1.842						
1.42	1.789	1.815	1.842	1.869	1.895					
1.44	1.814	1.841	1.868	1.895	1.922	1.949				
1.46	1.839	1.866	1.894	1.921	1.949	1.976	2.004			
1.48	1.864	1.892	1.920	1.948	1.976	2.003	2.031	2.059		
1.50	1.889	1.918	1.946	1.974	2.002	2.030	2.059	2.087	2.115	
1.52	1.915	1.943	1.972	2.000	2.029	2.057	2.086	2.115	2.143	2.172
1.54	1.940	1.969	1.998	2.027	2.056	2.085	2.113	2.142	2.171	2.200
1.56	1.965	1.994	2.024	2.053	2.082	2.112	2.141	2.170	2.200	2.229
1.58	1.990	2.020	2.050	2.079	2.109	2.139	2.168	2.198	2.228	2.258
1.60	2.015	2.045	2.076	2.106	2.136	2.166	2.196	2.226	2.256	2.286
1.62	2.041	2.071	2.101	2.132	2.162	2.193	2.223	2.254	2.284	2.315
1.64	2.066	2.097	2.127	2.158	2.189	2.220	2.251	2.282	2.312	2.343
1.66	2.091	2.122	2.153	2.185	2.216	2.247	2.278	2.309	2.341	2.372
1.68	2.116	2.148	2.179	2.211	2.242	2.274	2.306	2.337	2.369	2.400
1.70	2.141	2.173	2.205	2.237	2.269	2.301	2.333	2.365	2.397	2.429
1.72	2.167	2.199	2.231	2.264	2.296	2.328	2.361	2.393	2.425	2.458
1.74	2.192	2.224	2.257	2.290	2.323	2.355	2.388	2.421	2.453	2.486
1.76	2.217	2.250	2.283	2.316	2.349	2.382	2.415	2.449	2.482	2.515
1.78	2.242	2.276	2.309	2.342	2.376	2.409	2.443	2.476	2.510	2.543
1.80	2.267	2.301	2.335	2.369	2.403	2.436	2.470	2.504	2.538	2.572
1.82	2.292	2.327	2.361	2.395	2.429	2.464	2.498	2.532	2.566	2.600
1.84	2.318	2.352	2.387	2.421	2.456	2.491	2.525	2.560	2.594	2.629
1.86	2.343	2.378	2.413	2.448	2.483	2.518	2.553	2.588	2.623	2.658
1.88	2.368	2.403	2.439	2.474	2.509	2.545	2.580	2.615	2.651	2.686
1.90	2.393	2.429	2.465	2.500	2.536	2.572	2.608	2.643	2.679	2.715
1.92	2.418	2.455	2.491	2.527	2.563	2.599	2.635	2.671	2.707	2.743
1.94	2.444	2.480	2.517	2.553	2.590	2.626	2.662	2.699	2.735	2.772
1.96	2.469	2.506	2.543	2.579	2.616	2.653	2.690	2.727	2.764	2.800
1.98	2.494	2.531	2.568	2.606	2.643	2.680	2.717	2.755	2.792	2.829
2.00	2.519	2.557	2.594	2.632	2.670	2.707	2.745	2.782	2.820	2.858
2.02	2.544	2.582	2.620	2.658	2.696	2.734	2.772	2.810	2.848	2.886
2.04	2.570	2.608	2.646	2.685	2.723	2.761	2.800	2.838	2.876	2.915
2.06	2.595	2.634	2.672	2.711	2.750	2.788	2.827	2.866	2.905	2.943
2.08	2.620	2.659	2.698	2.737	2.776	2.815	2.855	2.894	2.933	2.972
2.10	2.645	2.685	2.724	2.764	2.803	2.843	2.882	2.922	2.961	3.000
2.12	2.670	2.710	2.750	2.790	2.830	2.870	2.909	2.949	2.989	3.029
2.14	2.696	2.736	2.776	2.816	2.856	2.897	2.937	2.977	3.017	3.058
2.16	2.721	2.761	2.802	2.843	2.883	2.924	2.964	3.005	3.046	3.086
2.18	2.746	2.787	2.828	2.869	2.910	2.951	2.992	3.033	3.074	3.115
2.20	2.771	2.812	2.854	2.895	2.937	2.978	3.019	3.061	3.102	3.143
2.22	2.796	2.838	2.880	2.922	2.963	3.005	3.047	3.088	3.130	3.172
2.24	2.822	2.864	2.906	2.948	2.990	3.032	3.074	3.116	3.158	3.201
2.26	2.847	2.889	2.932	2.974	3.017	3.059	3.102	3.144	3.187	3.229
2.28	2.872	2.915	2.958	3.000	3.043	3.086	3.129	3.172	3.215	3.258
2.30	2.897	2.940	2.984	3.027	[illegible]	3.113	3.157	3.200	3.243	3.286
2.32	2.922	2.966	3.010	3.053	3.097	3.140	3.184	3.228	3.271	3.315
2.34	2.947	2.991	3.035	3.079	3.123	3.167	3.211	3.255	3.299	3.343
2.36	2.973	3.017	3.061	3.106	3.150	3.194	3.239	3.283	3.328	3.372
2.38	2.998	3.043	3.087	3.132	3.177	3.222	3.266	3.311	3.356	3.401
2.40	3.023	3.068	3.113	3.158	3.204	3.249	3.294	3.339	3.384	3.429
2.42	3.048	3.094	3.139	3.185	3.230	3.276	3.321	3.367	3.412	3.458
2.44	3.073	3.119	3.165	3.211	3.257	3.303	3.349	3.395	3.440	3.486
2.46	3.099	3.145	3.191	3.237	3.284	3.330	3.376	3.422	3.469	3.515
2.48	3.124	3.170	3.217	3.264	3.310	3.357	3.404	3.450	3.497	3.543
2.50	3.149	3.196	3.243	3.290	3.337	3.384	3.431	3.478	3.525	3.572
2.52	3.174	3.222	3.269	3.316	3.364	3.411	3.458	3.506	3.553	3.601
2.54	3.199	3.247	3.295	3.343	3.390	3.438	3.486	3.534	3.581	3.629
2.56	3.225	3.273	3.321	3.369	3.417	3.465	3.513	3.561	3.610	3.658
2.58	3.250	3.298	3.347	3.395	3.444	3.492	3.541	3.589	3.638	3.686
2.60	3.275	3.324	3.373	3.422	3.470	3.519	3.568	3.617	3.666	3.715
2.62	3.300	3.349	3.399	3.448	3.497	3.546	3.596	3.645	3.694	3.743
2.64	3.325	3.375	3.425	3.474	3.524	3.574	3.623	3.673	3.722	3.772
2.66	3.351	3.401	3.451	3.501	3.551	3.601	3.651	3.701	3.751	3.801
2.68	3.376	3.426	3.476	3.527	3.577	3.628	3.678	3.728	3.779	3.829
2.70	3.401	3.452	3.502	3.553	3.604	3.655	3.705	3.756	3.807	3.858
2.72	3.426	3.477	3.528	3.580	3.631	3.682	3.733	3.784	3.835	3.886

Maß (Dicke) 94 Centimeter (0,94 m) ist.
dimensions (depth) are 94 centimetres (0,94 m).
(l'épaisseur) est 94 centimètres (0,94 m).

Länge/Length Longueur	Breite — Breadth — Largeur									
	1.54	1.56	1.58	1.60	1.62	1.64	1.66	1.68	1.70	1.72
	Inhalt in Kubikmetern — Solid Contents — Cubage									
1.54	2.229									
1.56	2.258	2.288								
1.58	2.287	2.317	2.347							
1.60	2.316	2.346	2.376	2.406						
1.62	2.345	2.376	2.406	2.436	2.467					
1.64	2.374	2.405	2.436	2.467	2.497	2.528				
1.66	2.403	2.434	2.465	2.497	2.528	2.559	2.590			
1.68	2.432	2.464	2.495	2.527	2.558	2.590	2.621	2.653		
1.70	2.461	2.493	2.525	2.557	2.589	2.621	2.653	2.685	2.717	
1.72	2.490	2.523	2.555	2.587	2.619	2.652	2.684	2.716	2.749	2.781
1.74	2.519	2.552	2.584	2.617	2.650	2.682	2.715	2.748	2.781	2.813
1.76	2.548	2.581	2.614	2.647	2.680	2.713	2.746	2.779	2.812	2.846
1.78	2.577	2.610	2.644	2.677	2.711	2.744	2.778	2.811	2.844	2.878
1.80	2.606	2.640	2.673	2.707	2.741	2.775	2.809	2.843	2.876	2.910
1.82	2.635	2.669	2.703	2.737	2.771	2.806	2.840	2.874	2.908	2.943
1.84	2.664	2.698	2.733	2.767	2.802	2.837	2.871	2.906	2.940	2.975
1.86	2.693	2.728	2.762	2.797	2.832	2.867	2.902	2.937	2.972	3.007
1.88	2.721	2.757	2.792	2.828	2.863	2.898	2.934	2.969	3.004	3.040
1.90	2.750	2.786	2.822	2.858	2.893	2.929	2.965	3.000	3.036	3.072
1.92	2.779	2.815	2.852	2.888	2.924	2.960	2.996	3.032	3.068	3.104
1.94	2.808	2.845	2.881	2.918	2.954	2.991	3.027	3.064	3.100	3.137
1.96	2.837	2.874	2.911	2.948	2.985	3.022	3.058	3.095	3.132	3.169
1.98	2.866	2.903	2.941	2.978	3.015	3.052	3.090	3.127	3.164	3.201
2.00	2.895	2.933	2.970	3.008	3.046	3.083	3.121	3.158	3.196	3.234
2.02	2.924	2.962	3.000	3.038	3.076	3.114	3.152	3.190	3.228	3.266
2.04	2.953	2.991	3.030	3.068	3.107	3.145	3.183	3.222	3.260	3.298
2.06	2.982	3.021	3.060	3.098	3.137	3.176	3.214	3.253	3.292	3.331
2.08	3.011	3.050	3.089	3.128	3.167	3.207	3.246	3.285	3.324	3.363
2.10	3.040	3.079	3.119	3.158	3.198	3.237	3.277	3.316	3.356	3.395
2.12	3.069	3.109	3.149	3.188	3.228	3.268	3.308	3.348	3.388	3.428
2.14	3.098	3.138	3.178	3.219	3.259	3.299	3.339	3.379	3.420	3.460
2.16	3.127	3.167	3.208	3.249	3.289	3.330	3.370	3.411	3.452	3.492
2.18	3.156	3.197	3.238	3.279	3.320	3.361	3.402	3.443	3.484	3.525
2.20	3.185	3.226	3.267	3.309	3.350	3.392	3.433	3.474	3.516	3.557
2.22	3.214	3.255	3.297	3.339	3.381	3.422	3.464	3.506	3.548	3.589
2.24	3.243	3.285	3.327	3.369	3.411	3.453	3.495	3.537	3.580	3.622
2.26	3.272	3.314	3.357	3.399	3.442	3.484	3.527	3.569	3.611	3.654
2.28	3.301	3.343	3.386	3.429	3.472	3.515	3.558	3.601	3.643	3.686
2.30	3.329	3.373	3.416	3.459	3.502	3.546	3.589	3.632	3.675	3.719
2.32	3.358	3.402	3.446	3.489	3.533	3.577	3.620	3.664	3.707	3.751
2.34	3.387	3.431	3.475	3.519	3.563	3.607	3.651	3.695	3.739	3.783
2.36	3.416	3.461	3.505	3.549	3.594	3.638	3.683	3.727	3.771	3.816
2.38	3.445	3.490	3.535	3.580	3.624	3.669	3.714	3.758	3.803	3.848
2.40	3.474	3.519	3.564	3.610	3.655	3.700	3.745	3.790	3.835	3.880
2.42	3.503	3.549	3.594	3.640	3.685	3.731	3.776	3.822	3.867	3.913
2.44	3.532	3.578	3.624	3.670	3.716	3.762	3.807	3.853	3.899	3.945
2.46	3.561	3.607	3.654	3.700	3.746	3.792	3.839	3.885	3.931	3.977
2.48	3.590	3.637	3.683	3.730	3.777	3.823	3.870	3.916	3.963	4.010
2.50	3.619	3.666	3.713	3.760	3.807	3.854	3.901	3.948	3.995	4.042
2.52	3.648	3.695	3.743	3.790	3.837	3.885	3.932	3.980	4.027	4.074
2.54	3.677	3.725	3.772	3.820	3.868	3.916	3.963	4.011	4.059	4.107
2.56	3.706	3.754	3.802	3.850	3.898	3.946	3.995	4.043	4.091	4.139
2.58	3.735	3.783	3.832	3.880	3.929	3.977	4.026	4.074	4.123	4.171
2.60	3.764	3.813	3.862	3.910	3.959	4.008	4.057	4.106	4.155	4.204
2.62	3.793	3.842	3.891	3.940	3.990	4.039	4.088	4.138	4.187	4.236
2.64	3.822	3.871	3.921	3.971	4.020	4.070	4.120	4.169	4.219	4.268
2.66	3.851	3.901	3.951	4.001	4.051	4.101	4.151	4.201	4.251	4.301
2.68	3.880	3.930	3.980	4.031	4.081	4.131	4.182	4.232	4.283	4.333
2.70	3.909	3.959	4.010	4.061	4.112	4.162	4.213	4.264	4.315	4.365
2.72	3.937	3.989	4.040	4.091	4.142	4.193	4.244	4.295	4.347	4.398

Kubik-Inhalt der Kolli, deren kleinstes
Solid contents of packages, whose least
Cubage des colis, dont la plus petite dimension

Länge/Length Longueur	Breite — Breadth — Largeur 0.96	0.98	1.00	1.02	1.04	1.06	1.08	1.10	1.12	1.14
	Inhalt in Kubikmetern — Solid Contents — Cubage									
0.96	0.885									
0.98	903	0.922								
1.00	922	941	0.960							
1.02	940	960	979	0.999						
1.04	958	978	998	1.018	1.038					
1.06	977	997	1.018	1.038	1.058	1.079				
1.08	995	1.016	1.037	1.058	1.078	1.099	1.120			
1.10	1.014	1.035	1.056	1.077	1.098	1.119	1.140	1.162		
1.12	1.032	1.054	1.075	1.097	1.118	1.140	1.161	1.183	1.204	
1.14	1.051	1.073	1.094	1 116	1.138	1.160	1.182	1.204	1.226	1.248
1.16	1.069	1.091	1.114	1.136	1.158	1.180	1.203	1.225	1.247	1.270
1.18	1.087	1.110	1.133	1.155	1.178	1.201	1.223	1.246	1.269	1.291
1.20	1.106	1.129	1.152	1.175	1.198	1.221	1.244	1.267	1.290	1.313
1.22	1.124	1.148	1.171	1.195	1.218	1.241	1.265	1.288	1.312	1.335
1.24	1.143	1.167	1.190	1.214	1.238	1.262	1.286	1.309	1.333	1.357
1.26	1.161	1.185	1.210	1.234	1.258	1.282	1.306	1.331	1.355	1.379
1.28	1.180	1.204	1.229	1.253	1.278	1.303	1.327	1.352	1.376	1.401
1.30	1.198	1.223	1.248	1.273	1.298	1.323	1.348	1.373	1.398	1.423
1.32	1.217	1.242	1.267	1.293	1.318	1.343	1.369	1.394	1.419	1.445
1.34	1.235	1.261	1.286	1.312	1.338	1.364	1.389	1.415	1.441	1.466
1.36	1.253	1.279	1.306	1.332	1.358	1.384	1.410	1.436	1.462	1.488
1.38	1.272	1.298	1.325	1.351	1.378	1.404	1.431	1.457	1.484	1.510
1.40	1.290	1.317	1.344	1.371	1.398	1.425	1.452	1.478	1.505	1.532
1.42	1.309	1.336	1.363	1.390	1.418	1.445	1.472	1.500	1.527	1.554
1.44	1.327	1.355	1.382	1.410	1.438	1.465	1.493	1.521	1.548	1.576
1.46	1.346	1.374	1.402	1.430	1.458	1.486	1.514	1.542	1.570	1.598
1.48	1.364	1.392	1.421	1.449	1.478	1.506	1.534	1.563	1.591	1.620
1.50	1.382	1.411	1.440	1.469	1.498	1.526	1.555	1.584	1.613	1.642
1.52	1.401	1.430	1.459	1.488	1.518	1.547	1.576	1.605	1.634	1.663
1.54	1.419	1.449	1.478	1.508	1.538	1.567	1.597	1.626	1.656	1.685
1.56	1.438	1.468	1.498	1.528	1.558	1.587	1.617	1.647	1.677	1.707
1.58	1.456	1.486	1.517	1.547	1.577	1.608	1.638	1.668	1.699	1.729
1.60	1.475	1.505	1.536	1.567	1.597	1.628	1.659	1.690	1.720	1.751
1.62	1.493	1.524	1.555	1.586	1.617	1.649	1.680	1.711	1.742	1.773
1.64	1.511	1.543	1.574	1.606	1.637	1.669	1.700	1.732	1.763	1.795
1.66	1.530	1.562	1.594	1.625	1.657	1.689	1.721	1.753	1.785	1.817
1.68	1.548	1.581	1.613	1.645	1.677	1.710	1.742	1.774	1.806	1.839
1.70	1.567	1.599	1.632	1.665	1.697	1.730	1.763	1.795	1.828	1.860
1.72	1.585	1.618	1.651	1.684	1.717	1.750	1.783	1.816	1.849	1.882
1.74	1.604	1.637	1.670	1.704	1.737	1.771	1.804	1.837	1.871	1.904
1.76	1.622	1.656	1.690	1.723	1.757	1 791	1.825	1.859	1.892	1.926
1.78	1.640	1.675	1.709	1.743	1.777	1.811	1.846	1.880	1.914	1.948
1.80	1.659	1.693	1.728	1.763	1.797	1.832	1.866	1.901	1.935	1.970
1.82	1.677	1.712	1.747	1.782	1.817	1.852	1.887	1.922	1.957	1.992
1.84	1.696	1.731	1.766	1.802	1.837	1.872	1.908	1.943	1.978	2.014
1.86	1.714	1.750	1.786	1.821	1.857	1.893	1.928	1.964	2.000	2.036
1.88	1.733	1.769	1.805	1.841	1.877	1.913	1.949	1.985	2.021	2.057
1.90	1.751	1.788	1.824	1.860	1.897	1.933	1.970	2.006	2.043	2.079
1.92	1.769	1.806	1.843	1.880	1.917	1.954	1.991	2.028	2.064	2.101
1.94	1.788	1.825	1.862	1.900	1.937	1.974	2.011	2.049	2.086	2.123
1.96	1.806	1.844	1.882	1.919	1.957	1.994	2.032	2.070	2.107	2.145
1.98	1.825	1.863	1.901	1.939	1.977	2.015	2.053	2.091	2.129	2.167
2.00	1.843	1.882	1.920	1.958	1.997	2.035	2.074	2.112	2.150	2.189
2.02	1.862	1.900	1.939	1.978	2.017	2.056	2.094	2.133	2.172	2.211
2.04	1.880	1.919	1.958	1.998	2.037	2.076	2.115	2.154	2.193	2.233
2.06	1.898	1.938	1.978	2.017	2.057	2.096	2.136	2.175	2.215	2.254
2.08	1.917	1.957	1.997	2.037	2.077	2.117	2.157	2.196	2.236	2.276
2.10	1.935	1.976	2.016	2.056	2.097	2.137	2.177	2.218	2.258	2.298
2.12	1.954	1.994	2.035	2.676	2.117	2.157	2.198	2.239	2.279	2.320
2.14	1.972	2.013	2.054	2.095	2.137	2.178	2.219	2.260	2.301	2.342
2.16	1.991	2.032	2.074	2.115	2.157	2.198	2.239	2.28[illegible]	2.322	2.364
2.18	2.009	2.051	2.093	2.135	2.177	2.218	2.260	2.302	2.344	2.386
2.20	2.028	2.070	2.112	2.154	2.196	2.239	2.281	2.323	2.365	2.408
2.22	2.046	2.089	2.131	2.174	2.216	2.259	2.302	2.344	2.387	2.430
2.24	2.064	2.107	2.150	2.193	2.236	2.279	2.322	2.365	2.408	2.451
2.26	2.083	2.126	2.170	2.213	2.256	2.300	2.343	2.387	2.430	2.473
2.28	2.101	2.145	2.189	2.233	2.276	2.320	2.364	2.408	2.451	2.495
2.30	2.120	2.164	2.208	2.252	2.296	2.341	2.385	2.429	2.473	2.517
2.32	2.138	2.183	2.227	2.272	2.316	2.361	2.405	2.450	2.494	2.539
2.34	2.157	2.201	2.246	2.291	2.336	2.381	2.426	2.471	2.516	2.561

Maß (Dicke) 96 Centimeter (0,96 m) ist.
dimensions (depth) are 96 centimetres (0,96 m).
(l'épaisseur) est 96 centimètres (0,96 m).

Länge/Length Longueur	Breite — Breadth — Largeur									
	1.16	1.18	1.20	1.22	1.24	1.26	1.28	1.30	1.32	1.34
	Inhalt in Kubikmetern — Solid Contents — Cubage									
1.16	1.292									
1.18	1.314	1.337								
1.20	1.336	1.359	1.382							
1.22	1.359	1.382	1.405	1.429						
1.24	1.381	1.405	1.428	1.452	1.476					
1.26	1.403	1.427	1.452	1.476	1.500	1.524				
1.28	1.425	1.450	1.475	1.499	1.524	1.548	1.573			
1.30	1.448	1.473	1.498	1.523	1.548	1.572	1.597	1.622		
1.32	1.470	1.495	1.521	1.546	1.571	1.597	1.622	1.647	1.673	
1.34	1.492	1.518	1.544	1.569	1.595	1.621	1.647	1.672	1.698	1.724
1.36	1.514	1.541	1.567	1.593	1.619	1.645	1.671	1.697	1.723	1.750
1.38	1.537	1.563	1.590	1.616	1.643	1.669	1.696	1.722	1.749	1.775
1.40	1.559	1.586	1.613	1.640	1.667	1.693	1.720	1.747	1.774	1.801
1.42	1.581	1.609	1.636	1.663	1.690	1.718	1.745	1.772	1.799	1.827
1.44	1.604	1.631	1.659	1.687	1.714	1.742	1.769	1.797	1.825	1.852
1.46	1.626	1.654	1.682	1.710	1.738	1.766	1.794	1.822	1.850	1.878
1.48	1.648	1.677	1.705	1.733	1.762	1.790	1.819	1.847	1.875	1.904
1.50	1.670	1.699	1.728	1.757	1.786	1.814	1.843	1.872	1.901	1.930
1.52	1.693	1.722	1.751	1.780	1.809	1.839	1.868	1.897	1.926	1.955
1.54	1.715	1.745	1.774	1.804	1.833	1.863	1.892	1.922	1.951	1.981
1.56	1.737	1.767	1.797	1.827	1.857	1.887	1.917	1.947	1.977	2.007
1.58	1.759	1.790	1.820	1.850	1.881	1.911	1.941	1.972	2.002	2.033
1.60	1.782	1.812	1.843	1.874	1.905	1.935	1.966	1.997	2.028	2.058
1.62	1.804	1.835	1.866	1.897	1.928	1.960	1.991	2.022	2.053	2.084
1.64	1.826	1.858	1.889	1.921	1.952	1.984	2.015	2.047	2.078	2.110
1.66	1.849	1.880	1.912	1.944	1.976	2.008	2.040	2.072	2.104	2.135
1.68	1.871	1.903	1.935	1.968	2.000	2.032	2.064	2.097	2.129	2.161
1.70	1.893	1.926	1.958	1.991	2.024	2.056	2.089	2.122	2.154	2.187
1.72	1.915	1.948	1.981	2.014	2.047	2.081	2.114	2.147	2.180	2.213
1.74	1.938	1.971	2.004	2.038	2.071	2.105	2.138	2.172	2.205	2.238
1.76	1.960	1.994	2.028	2.061	2.095	2.129	2 163	2.196	2.230	2.264
1.78	1.982	2.016	2.051	2.085	2.119	2.153	2.187	2.221	2.256	2.290
1.80	2.004	2.039	2.074	2.108	2.143	2.177	2.212	2.246	2.281	2.316
1.82	2.027	2.062	2.097	2.132	2.167	2.201	2.236	2.271	2.306	2.341
1.84	2.049	2.084	2.120	2.155	2.190	2.226	2.261	2.296	2.332	2.367
1.86	2.071	2.107	2.143	2.178	2.214	2.250	2.286	2.321	2.357	2.393
1.88	2.094	2.130	2.166	2.202	2.238	2.274	2.310	2.346	2.382	2.418
1.90	2.116	2.152	2.189	2.225	2.262	2.298	2.335	2.371	2.408	2.444
1.92	2.138	2.175	2.212	2.249	2.286	2.322	2.359	2.396	2.433	2.470
1.94	2.160	2.198	2.235	2.272	2.309	2.347	2.384	2.421	2.458	2.496
1.96	2.183	2.220	2.258	2.296	2.333	2.371	2.408	2.446	2.484	2.521
1.98	2.205	2.243	2.281	2.319	2.357	2.395	2.433	2.471	2.509	2.547
2.00	2.227	2.266	2.304	2.342	2.381	2.419	2.458	2.496	2.534	2.573
2.02	2.249	2.288	2.327	2.366	2.405	2.443	2.482	2.521	2.560	2.599
2.04	2.272	2.311	2.350	2.389	2.428	2.468	2.507	2.546	2.585	2.624
2.06	2.294	2.334	2.373	2.413	2.452	2.492	2.531	2.571	2.610	2.650
2.08	2.316	2.356	2.396	2.436	2.476	2.516	2.556	2.596	2.636	2.676
2.10	2.339	2.379	2.419	2.460	2.500	2.540	2.580	2.621	2.661	2.701
2.12	2.361	2.402	2.442	2.483	2.524	2.564	2.605	2.646	2.686	2.727
2.14	2.383	2.424	2.465	2.506	2.547	2.589	2.630	2.671	2.712	2.753
2.16	2.405	2.447	2.488	2.530	2.571	2.613	2.654	2.696	2.737	2.779
2.18	2.428	2.470	2.511	2.553	2.595	2.637	2.679	2.721	2.762	2.804
2.20	2.450	2.492	2.534	2.577	2.619	2.661	2.703	2.746	2.788	2.830
2.22	2.472	2.515	2.557	2.600	2.643	2.685	2.728	2.771	2.813	2.856
2.24	2.494	2.537	2.580	2.623	2.666	2.710	2.753	2.796	2.839	2.882
2.26	2.517	2.560	2.604	2.647	2.690	2.734	2.777	2.820	2.864	2.907
2.28	2.539	2.583	2.627	2.670	2.714	2.758	2.802	2.845	2.889	2.933
2.30	2.561	2.605	2.650	2.694	2.738	2.782	2.826	2.870	2.915	2.959
2.32	2.584	2.628	2.673	2.717	2.762	2.806	2.851	2.895	2.940	2.984
2.34	2.606	2.651	2.696	2.741	2.786	2.830	2.875	2.920	2.965	3.010

0.96

Kubik-Inhalt der Kolli, deren kleinstes
Solid contents of packages, whose least
Cubage des colis, dont la plus petite dimension

Länge/Length Longueur	Breite — Breadth — Largeur 1.36	1.38	1.40	1.42	1.44	1.46	1.48	1.50	1.52	1.54
	Inhalt in Kubikmetern — Solid Contents — Cubage									
1.36	1.776									
1.38	1.802	1.828								
1.40	1.828	1.855	1.882							
1.42	1.854	1.881	1.908	1.936						
1.44	1.880	1.908	1.935	1.963	1.991					
1.46	1.906	1.934	1.962	1.990	2.018	2.046				
1.48	1.932	1.961	1.989	2.018	2.046	2.074	2.103			
1.50	1.958	1.987	2.016	2.045	2.074	2.102	2.131	2.160		
1.52	1.985	2.014	2.043	2.072	2.101	2.130	2.160	2.189	2.218	
1.54	2.011	2.040	2.070	2.099	2.129	2.158	2.188	2.218	2.247	2.277
1.56	2.037	2.067	2.097	2.127	2.157	2.186	2.216	2.246	2.276	2.306
1.58	2.063	2.093	2.124	2.154	2.184	2.215	2.245	2.275	2.306	2.336
1.60	2.089	2.120	2.150	2.181	2.212	2.243	2.273	2.304	2.335	2.365
1.62	2.115	2.146	2.177	2.208	2.239	2.271	2.302	2.333	2.364	2.395
1.64	2.141	2.173	2.204	2.236	2.267	2.299	2.330	2.362	2.393	2.425
1.66	2.167	2.199	2.231	2.263	2.295	2.327	2.359	2.390	2.422	2.454
1.68	2.193	2.226	2.258	2.290	2.322	2.355	2.387	2.419	2.451	2.484
1.70	2.220	2.252	2.285	2.317	2.350	2.383	2.415	2.448	2.481	2.513
1.72	2.246	2.279	2.312	2.345	2.378	2.411	2.444	2.477	2.510	2.543
1.74	2.272	2.305	2.339	2.372	2.405	2.439	2.472	2.506	2.539	2.572
1.76	2.298	2.332	2.365	2.399	2.433	2.467	2.501	2.534	2.568	2.602
1.78	2.324	2.358	2.392	2.426	2.461	2.495	2.529	2.563	2.597	2.632
1.80	2.350	2.385	2.419	2.454	2.488	2.523	2.557	2.592	2.627	2.661
1.82	2.376	2.411	2.446	2.481	2.516	2.551	2.586	2.621	2.656	2.691
1.84	2.402	2.438	2.473	2.508	2.544	2.579	2.614	2.650	2.685	2.720
1.86	2.428	2.464	2.500	2.536	2.571	2.607	2.643	2.678	2.714	2.750
1.88	2.455	2.491	2.527	2.563	2.599	2.635	2.671	2.707	2.743	2.779
1.90	2.481	2.517	2.554	2.590	2.627	2.663	2.700	2.736	2.772	2.809
1.92	2.507	2.544	2.580	2.617	2.654	2.691	2.728	2.765	2.802	2.839
1.94	2.533	2.570	2.607	2.645	2.682	2.719	2.756	2.794	2.831	2.868
1.96	2.559	2.597	2.634	2.672	2.710	2.747	2.785	2.822	2.860	2.898
1.98	2.585	2.623	2.661	2.699	2.737	2.775	2.813	2.851	2.889	2.927
2.00	2.611	2.650	2.688	2.726	2.765	2.803	2.842	2.880	2.918	2.957
2.02	2.637	2.676	2.715	2.754	2.792	2.831	2.870	2.909	2.948	2.986
2.04	2.663	2.703	2.742	2.781	2.820	2.859	2.898	2.938	2.977	3.016
2.06	2.690	2.729	2.769	2.808	2.848	2.887	2.927	2.966	3.006	3.046
2.08	2.716	2.756	2.796	2.835	2.875	2.915	2.955	2.995	3.035	3 075
2.10	2.742	2.782	2.822	2.863	2.903	2.943	2.984	3.024	3.064	3.105
2.12	2.768	2.809	2.849	2.890	2.931	2.971	3.012	3.053	3.094	3.134
2.14	2.794	2.835	2.876	2.917	2.958	2.999	3.041	3.082	3.123	3.164
2.16	2.820	2.862	2.903	2.945	2.986	3.027	3.069	3.110	3.152	3.193
2.18	2.846	2.888	2.930	2.972	3.014	3.055	3.097	3.139	3.181	3.223
2.20	2.872	2.915	2.957	2.999	3.041	3.084	3.126	3.168	3.210	3.252
2.22	2.898	2.941	2.984	3.026	3.069	3.112	3.154	3.197	3.239	3.282
2.24	2.925	2.968	3.011	3.054	3.097	3.140	3.183	3.226	3.269	3.312
2.26	2.951	2.994	3.037	3.081	3.124	3.168	3.211	3.254	3.298	3.341
2.28	2.977	3.021	3.064	3.108	3.152	3.196	3.239	3.283	3.327	3.371
2.30	3.003	3.047	3.091	3.135	3.180	3.224	3.268	3.312	3.356	3.400
2.32	3.029	3.074	3.118	3.163	3.207	3.252	3.296	3.341	3.385	3.430
2.34	3.055	3.100	3.145	3.190	3.235	3.280	3.325	3.370	3.415	3.459
2.36	3.081	3.127	3.172	3.217	3.262	3.308	3.353	3.398	3.444	3.489
2.38	3.107	3.153	3.199	3.244	3.290	3.336	3.382	3.427	3.473	3.519
2.40	3.133	3.180	3.226	3.272	3.318	3.364	3.410	3.456	3.502	3.548
2.42	3.160	3.206	3.252	3.299	3.345	3.392	3.438	3.485	3.531	3.578
2.44	3.186	3.233	3.279	3.326	3.373	3.420	3.467	3.514	3.560	3.607
2.46	3.212	3.259	3.306	3.353	3.401	3.448	3.495	3.542	3.590	3.637
2.48	3.238	3.286	3.333	3.381	3.428	3.476	3.524	3.571	3.619	3.666
2.50	3.264	3.312	3.360	3.408	3.456	3.504	3.552	3.600	3.648	3.696
2.52	3.290	3.338	3.387	3.435	3.484	3.532	3.580	3.629	3.677	3.726
2.54	3.316	3.365	3.414	3.463	3.511	3.560	3.609	3.658	3.706	3.755
2.56	3.342	3.391	3.441	3.490	3.539	3.588	3.637	3.686	3.736	3.785
2.58	3.368	3.418	3.468	3.517	3.567	3.616	3.666	3.715	3.765	3.814
2.60	3.395	3.444	3.494	3.544	3.594	3.644	3.694	3.744	3.794	3.844
2.62	3.421	3.471	3.521	3.572	3.622	3.672	3.722	3.773	3.823	3.873
2.64	3.447	3.497	3.548	3.599	3.650	3.700	3.751	3.802	3.852	3.903
2.66	3.473	3.524	3.575	3.626	3.677	3.728	3.779	3.830	3.881	3.933
2.68	3.499	3.550	3.602	3.653	3.705	3.756	3.808	3.859	3.911	3.962
2.70	3.525	3.577	3.629	3.681	3.732	3.784	3.836	3.888	3.940	3.992
2.72	3.551	3.603	3.656	3.708	3.760	3.812	3.865	3.917	3.969	4.021
2.74	3.577	3.630	3.683	3.735	3.788	3.840	3.893	3.946	3.998	4.051

Maß (Dicke) 96 Centimeter (0,96 m) ist.
dimensions (depth) are 96 centimetres (0,96 m).
(l'épaisseur) est 96 centimètres (0,96 m).

Länge/Length Longueur	Breite — Breadth — Largeur 1.56	1.58	1.60	1.62	1.64	1.66	1.68	1.70	1.72	1.74
	Inhalt in Kubikmetern — Solid Contents — Cubage									
1.56	2.336									
1.58	2.366	2.397								
1.60	2.396	2.427	2.458							
1.62	2.426	2.457	2.488	2.519						
1.64	2.456	2.488	2.519	2.551	2.582					
1.66	2.486	2.518	2.550	2.582	2.614	2.645				
1.68	2.516	2.548	2.580	2.613	2.645	2.677	2.710			
1.70	2.546	2.579	2.611	2.644	2.676	2.709	2.742	2.774		
1.72	2.576	2.609	2.642	2.675	2.708	2.741	2.774	2.807	2.840	
1.74	2.606	2.639	2.673	2.706	2.739	2.773	2.806	2.840	2.873	2.906
1.76	2.636	2.670	2.703	2.737	2.771	2.805	2.839	2.872	2.906	2.940
1.78	2.666	2.700	2.734	2.768	2.802	2.837	2.871	2.905	2.939	2.973
1.80	2.696	2.730	2.765	2.799	2.834	2.868	2.903	2.938	2.972	3.007
1.82	2.726	2.761	2.796	2.830	2.865	2.900	2.935	2.970	3.005	3.040
1.84	2.756	2.791	2.826	2.862	2.897	2.932	2.968	3.003	3.038	3.074
1.86	2.786	2.821	2.857	2.893	2.928	2.964	3.000	3.036	3.071	3.107
1.88	2.815	2.852	2.888	2.924	2.960	2.996	3.032	3.068	3.104	3.140
1.90	2.845	2.882	2.918	2.955	2.991	3.028	3.064	3.101	3.137	3.174
1.92	2.875	2.912	2.949	2.986	3.023	3.060	3.097	3.133	3.170	3.207
1.94	2.905	2.943	2.980	3.017	3.054	3.092	3.129	3.166	3.203	3.241
1.96	2.935	2.973	3.011	3.048	3.086	3.123	3.161	3.199	3.236	3.274
1.98	2.965	3.003	3.041	3.079	3.117	3.155	3.193	3.231	3.269	3.307
2.00	2.995	3.034	3.072	3.110	3.149	3.187	3.226	3.264	3.302	3.341
2.02	3.025	3.064	3.103	3.142	3.180	3.219	3.258	3.297	3.335	3.374
2.04	3.055	3.094	3.133	3.173	3.212	3.251	3.290	3.329	3.368	3.408
2.06	3.085	3.125	3.164	3.204	3.243	3.283	3.322	3.362	3.401	3.441
2.08	3.115	3.155	3.195	3.235	3.275	3.315	3.355	3.395	3.434	3.474
2.10	3.145	3.185	3.226	3.266	3.306	3.347	3.387	3.427	3.468	3.508
2.12	3.175	3.216	3.256	3.297	3.338	3.378	3.419	3.460	3.501	3.541
2.14	3.205	3.246	3.287	3.328	3.369	3.410	3.451	3.492	3.534	3.575
2.16	3.235	3.276	3.318	3.359	3.401	3.442	3.484	3.525	3.567	3.608
2.18	3.265	3.307	3.348	3.390	3.432	3.474	3.516	3.558	3.600	3.641
2.20	3.295	3.337	3.379	3.421	3.464	3.506	3.548	3.590	3.633	3.675
2.22	3.325	3.367	3.410	3.453	3.495	3.538	3.580	3.623	3.666	3.708
2.24	3.355	3.398	3.441	3.484	3.527	3.570	3.613	3.656	3.699	3.742
2.26	3.385	3.428	3.471	3.515	3.558	3.602	3.645	3.688	3.732	3.775
2.28	3.415	3.458	3.502	3.546	3.590	3.633	3.677	3.721	3.765	3.809
2.30	3.444	3.489	3.533	3.577	3.621	3.665	3.709	3.754	3.798	3.842
2.32	3.474	3.519	3.564	3.608	3.653	3.697	3.742	3 786	3.831	3.875
2.34	3.504	3.549	3.594	3.639	3.684	3.729	3.774	3.819	3.864	3.909
2.36	3.534	3.580	3.625	3.670	3.716	3.761	3.806	3.852	3.897	3.942
2.38	3.564	3.610	3.656	3.701	3.747	3.793	3.838	3.884	3.930	3.976
2.40	3.594	3.640	3.686	3.732	3.779	3.825	3.871	3.917	3.963	4.009
2.42	3.624	3.671	3.717	3.764	3.810	3.857	3.903	3.949	3.996	4.042
2.44	3.654	3.701	3.748	3.795	3.842	3.888	3.935	3.982	4.029	4.076
2.46	3.684	3.731	3.779	3.826	3.873	3.920	3.967	4.015	4.062	4.109
2.48	3.714	3.762	3.809	3.857	3.905	3.952	4.000	4.047	4.095	4.143
2.50	3.744	3.792	3.840	3.888	3.936	3.984	4.032	4.080	4.128	4.176
2.52	3.774	3.822	3.871	3.919	3.967	4.016	4.064	4.113	4.161	4.209
2.54	3.804	3.853	3.901	3.950	3.999	4.048	4.097	4 145	4.194	4.243
2.56	3.834	3.883	3.932	3.981	4.030	4.080	4.129	4.178	4.227	4.276
2.58	3.864	3.913	3.963	4.012	4.062	4.111	4.161	4.211	4.260	4.310
2.60	3.894	3.944	3.994	4.044	4.093	4.143	4.193	4.243	4.293	4.343
2.62	3.924	3.974	4.024	4 075	4.125	4.175	4.226	4.276	4.326	4.376
2.64	3.954	4.004	4.055	4.106	4.156	4.207	4.258	4.308	4.359	4.410
2.66	3.984	4.035	4.086	4.137	4.188	4.239	4.290	4.341	4.392	4.443
2.68	4.014	4.065	4.116	4.168	4.219	4.271	4.322	4.374	4.425	4.477
2.70	4.044	4.095	4.147	4.199	4.251	4.303	4.355	4.406	4.458	4.510
2.72	4.073	4.126	4.178	4.230	4.282	4.335	4.387	4.439	4.491	4.543
2.74	4.103	4.156	4.209	4.261	4.314	4.366	4.419	4.472	4.524	4.577

Kubik-Inhalt der Kolli, deren kleinstes
Solid contents of packages, whose least
Cubage des colis, dont la plus petite dimension

Länge/Length Longueur	Breite — Breadth — Largeur 0.98	1.00	1.02	1.04	1.06	1.08	1.10	1.12	1.14	1.16
	Inhalt in Kubikmetern — Solid Contents — Cubage									
0.98	0.941									
1.00	960	0.980								
1.02	980	1.000	1.020							
1.04	999	1.019	1.040	1.060						
1.06	1.018	1.039	1.060	1.080	1.101					
1.08	1.037	1.058	1.080	1.101	1.122	1.143				
1.10	1.056	1.078	1.100	1.121	1.143	1.164	1.186			
1.12	1.076	1.098	1.120	1.142	1.163	1.185	1.207	1.229		
1.14	1.095	1.117	1.140	1.162	1.184	1.207	1 229	1.251	1.274	
1.16	1.114	1.137	1.160	1.182	1.205	1.228	1.250	1.273	1.296	1.319
1.18	1.133	1.156	1.180	1.203	1.226	1.249	1.272	1.295	1.318	1.341
1.20	1.152	1.176	1.200	1.223	1.247	1.270	1.294	1.317	1.341	1.364
1.22	1.172	1.196	1.220	1.243	1.267	1.291	1.315	1.339	1.363	1.387
1.24	1.191	1.215	1.240	1.264	1.288	1.312	1.337	1.361	1.385	1.410
1.26	1.210	1.235	1.259	1.284	1.309	1.334	1.358	1 383	1.408	1.432
1.28	1.229	1.254	1.279	1.305	1.330	1.355	1.380	1.405	1.430	1.455
1.30	1.249	1.274	1.299	1.325	1.350	1.376	1.401	1.427	1.452	1.478
1.32	1.268	1.294	1.319	1.345	1.371	1.397	1.423	1.449	1.475	1.501
1.34	1.287	1.313	1.339	1.366	1.392	1.418	1.445	1.471	1.497	1.523
1.36	1.306	1.333	1.359	1.386	1.413	1.439	1.466	1.493	1.519	1.546
1.38	1.325	1.352	1.379	1.406	1.434	1.461	1.488	1.515	1.542	1.569
1.40	1.345	1.372	1.399	1.427	1.454	1.482	1.509	1.537	1.564	1.592
1.42	1.364	1.392	1.419	1.447	1.475	1.503	1.531	1.559	1.586	1.614
1.44	1.383	1.411	1.439	1.468	1.496	1.524	1.552	1.581	1.609	1.637
1.46	1.402	1.431	1.459	1.488	1.517	1.545	1.574	1.602	1.631	1.660
1.48	1.421	1.450	1.479	1.508	1.537	1.566	1.595	1.624	1.653	1.682
1.50	1.441	1.470	1.499	1.529	1.558	1.588	1.617	1.646	1.676	1.705
1.52	1.460	1.490	1.519	1.549	1.579	1.609	1.639	1.668	1.698	1.728
1.54	1.479	1.509	1.539	1.570	1.600	1.630	1.660	1.690	1.720	1.751
1.56	1.498	1.529	1.559	1.590	1.621	1.651	1.682	1.712	1.743	1.773
1.58	1.517	1.548	1.579	1.610	1.641	1.672	1.703	1.734	1.765	1.796
1.60	1.537	1.568	1.599	1.631	1.662	1.693	1.725	1.756	1.788	1.819
1.62	1.556	1.588	1.619	1.651	1.683	1.715	1.746	1.778	1.810	1.842
1.64	1.575	1.607	1.639	1.671	1.704	1.736	1.768	1.800	1.832	1.864
1.66	1.594	1.627	1.659	1.692	1.724	1.757	1.789	1.822	1.855	1.887
1.68	1.613	1.646	1.679	1.712	1.745	1.778	1.811	1.844	1.877	1.910
1.70	1.633	1.666	1.699	1.733	1.766	1.799	1.833	1.866	1.899	1.933
1.72	1.652	1.686	1.719	1.753	1.787	1.820	1.854	1.888	1.922	1.955
1.74	1.671	1.705	1.739	1.773	1.808	1.842	1.876	1.910	1.944	1.978
1.76	1.690	1.725	1.759	1.794	1.828	1.863	1.897	1.932	1.966	2.001
1.78	1.710	1.744	1.779	1.814	1.849	1.884	1.919	1.954	1.989	2.024
1.80	1.729	1.764	1.799	1.835	1.870	1.905	1.940	1.976	2.011	2.046
1.82	1.748	1.784	1.819	1.855	1.891	1.926	1.962	1.998	2.033	2.069
1.84	1.767	1.803	1.839	1.875	1.911	1.947	1.984	2.020	2.056	2.092
1.86	1.786	1.823	1.859	1.896	1.932	1.969	2.005	2.042	2.078	2.114
1.88	1.806	1.842	1.879	1.916	1.953	1.990	2.027	2.063	2.100	2.137
1.90	1.825	1.862	1.899	1.936	1.974	2.011	2.048	2.085	2.123	2.160
1.92	1.844	1.882	1.919	1.957	1.994	2.032	2.070	2.107	2.145	2.183
1.94	1.863	1.901	1.939	1.977	2.015	2.053	2.091	2.129	2.167	2.205
1.96	1.882	1.921	1.959	1.998	2.036	2.074	2.113	2.151	2.190	2.228
1.98	1.902	1.940	1.979	2.018	2.057	2.096	2.134	2.173	2.212	2.251
2.00	1.921	1.960	1.999	2.038	2.078	2.117	2.156	2.195	2.234	2.274
2.02	1.940	1.980	2.019	2.059	2.098	2.138	2.178	2.217	2.257	2.296
2.04	1.959	1.999	2.039	2.079	2.119	2.159	2.199	2.239	2.279	2.319
2.06	1.978	2.019	2.059	2.100	2.140	2.180	2.221	2.261	2.301	2.342
2.08	1.998	2.038	2.079	2.120	2.161	2.201	2.242	2.283	2.324	2.365
2.10	2.017	2.058	2.099	2.140	2.181	2.223	2.264	2.305	2.346	2.387
2.12	2.036	2.078	2.119	2.161	2.202	2.244	2.285	2.327	2.368	2.410
2.14	2.055	2.097	2.139	2.181	2.223	2.265	2.307	2.349	2.391	2.433
2.16	2.074	2.117	2.159	2.201	2.244	2.286	2.328	2.371	2.413	2.455
2.18	2.094	2.136	2.179	2.222	2.265	2.307	2.350	2.393	2.436	2.478
2.20	2.113	2.156	2.199	2.242	2.285	2.328	2.372	2.415	2.458	2.501
2.22	2.132	2.176	2.219	2.263	2.306	2.350	2.393	2.437	2.480	2.524
2.24	2.151	2.195	2.239	2.283	2.327	2.371	2.415	2.459	2.503	2.546
2.26	2.171	2.215	2.259	2.303	2.348	2.392	2.436	2.481	2.525	2.569
2.28	2.190	2.234	2.279	2.324	2.368	2.413	2.458	2.503	2.547	2.592
2.30	2.209	2.254	2.299	2.344	2.389	2.434	2.479	2.524	2.570	2.615
2.32	2.228	2.274	2.319	2.365	2.410	2.455	2.501	2.546	2.592	2.637
2.34	2.247	2.293	2.339	2.385	2.431	2.477	2.523	2.568	2.614	2.660
2.36	2.267	2.313	2.359	2.405	2.452	2.498	2.544	2.590	2.637	2.683

Maß (Dicke) 98 Centimeter (0,98 m) ist.
dimensions (depth) are 98 centimetres (0,98 m).
(l'épaisseur) est 98 centimètres (0,98 m).

Länge/Length Longueur	Breite — Breadth — Largeur									
	1.18	1.20	1.22	1.24	1.26	1.28	1.30	1.32	1.34	1.36
	Inhalt in Kubikmetern — Solid Contents — Cubage									
1.18	1.365									
1.20	1.388	1.411								
1.22	1.411	1.435	1.459							
1.24	1.434	1.458	1.483	1.507						
1.26	1.457	1.482	1.506	1.531	1.556					
1.28	1.480	1.505	1.530	1.555	1.581	1.606				
1.30	1.503	1.529	1.554	1.580	1.605	1.631	1.656			
1.32	1.526	1.552	1.578	1.604	1.630	1.656	1.682	1.708		
1.34	1.550	1.576	1.602	1.628	1.655	1.681	1.707	1.733	1.760	
1.36	1.573	1.599	1.626	1.653	1.679	1.706	1.733	1.759	1.786	1.813
1.38	1.596	1.623	1.650	1.677	1.704	1.731	1.758	1.785	1.812	1.889
1.40	1.619	1.646	1.674	1.701	1.729	1.756	1.784	1.811	1.838	1.866
1.42	1.642	1.670	1.698	1.726	1.753	1.781	1.809	1.837	1.865	1.893
1.44	1.665	1.693	1.722	1.750	1.778	1.806	1.835	1.863	1.891	1.919
1.46	1.688	1.717	1.746	1.774	1.803	1.831	1.860	1.889	1.917	1.946
1.48	1.711	1.740	1.769	1.798	1.828	1.857	1.886	1.915	1.944	1.973
1.50	1.735	1.764	1.793	1.823	1.852	1.882	1.911	1.940	1.970	1.999
1.52	1.758	1.788	1.817	1.847	1.877	1.907	1.936	1.966	1.996	2.026
1.54	1.781	1.811	1.841	1.871	1.902	1.932	1.962	1.992	2.022	2.053
1.56	1.804	1.835	1.865	1.896	1.926	1.957	1.987	2.018	2.049	2.079
1.58	1.827	1.858	1.889	1.920	1.951	1.982	2.013	2.044	2.075	2.106
1.60	1.850	1.882	1.913	1.944	1.976	2.007	2.038	2.070	2.101	2.132
1.62	1.873	1.905	1.937	1.969	2.000	2.032	2.064	2.096	2.127	2.159
1.64	1.896	1.929	1.961	1.993	2.025	2.057	2.089	2.122	2.154	2.186
1.66	1.920	1.952	1.985	2.017	2.050	2.082	2.115	2.147	2.180	2.212
1.68	1.943	1.976	2.009	2.042	2.074	2.107	2.140	2.173	2.206	2.239
1.70	1.966	1.999	2.033	2.066	2.099	2.132	2.166	2.199	2.232	2.266
1.72	1.989	2.023	2.056	2.090	2.124	2.158	2.191	2.225	2.259	2.292
1.74	2.012	2.046	2.080	2.114	2.149	2.183	2.217	2.251	2.285	2.319
1.76	2.035	2.070	2.104	2.139	2.173	2.208	2.242	2.277	2.311	2.346
1.78	2.058	2.093	2.128	2.163	2.198	2.233	2.268	2.303	2.337	2.372
1.80	2.082	2.117	2.152	2.187	2.223	2.258	2.293	2.328	2.364	2.399
1.82	2.105	2.140	2.176	2.212	2.247	2.283	2.319	2.354	2.390	2.426
1.84	2.128	2.164	2.200	2.236	2.272	2.308	2.344	2.380	2.416	2.452
1.86	2.151	2.187	2.224	2.260	2.297	2.333	2.370	2.406	2.443	2.479
1.88	2.174	2.211	2.248	2.285	2.321	2.358	2.395	2.432	2.469	2.506
1.90	2.197	2.234	2.272	2.309	2.346	2.383	2.421	2.458	2.495	2.532
1.92	2.220	2.258	2.296	2.333	2.371	2.408	2.446	2.484	2.521	2.559
1.94	2.243	2.281	2.319	2.357	2.396	2.434	2.472	2.510	2.548	2.586
1.96	2.267	2.305	2.343	2.382	2.420	2.459	2.497	2.535	2.574	2.612
1.98	2.290	2.328	2.367	2.406	2.445	2.484	2.523	2.561	2.600	2.639
2.00	2.313	2.352	2.391	2.430	2.470	2.509	2.548	2.587	2.626	2.666
2.02	2.336	2.376	2.415	2.455	2.494	2.534	2.573	2.613	2.653	2.692
2.04	2.359	2.399	2.439	2.479	2.519	2.559	2.599	2.639	2.679	2.719
2.06	2.382	2.423	2.463	2.503	2.544	2.584	2.624	2.665	2.705	2.746
2.08	2.405	2.446	2.487	2.528	2.568	2.609	2.650	2.691	2.731	2.772
2.10	2.428	2.470	2.511	2.552	2.593	2.634	2.675	2.717	2.758	2.799
2.12	2.452	2 493	2.535	2.576	2.618	2.659	2.701	2.742	2.784	2.826
2.14	2.475	2.517	2.559	2.601	2.642	2.684	2.726	2.768	2.810	2.852
2.16	2.498	2.540	2.582	2.625	2.667	2.710	2.752	2.794	2.837	2.879
2.18	2.521	2.564	2.606	2.649	2.692	2.735	2.777	2.820	2.863	2.906
2.20	2.544	2.587	2.630	2.673	2.717	2.760	2.803	2.846	2.889	2.932
2.22	2.567	2.611	2.654	2.698	2.741	2.785	2.828	2.872	2.915	2.958
2.24	2.590	2.634	2.678	2.722	2.766	2.810	2.854	2.898	2.942	2.985
2.26	2.613	2.658	2.702	2.746	2.791	2.835	2.879	2.924	2.968	3.012
2.28	2.637	2.681	2.726	2.771	2.815	2.860	2.905	2.949	2.994	3.039
2.30	2.660	2.705	2.750	2.795	2.840	2.885	2.930	2.975	3.020	3.065
2.32	2.683	2.728	2.774	2.819	2.865	2.910	2.956	3.001	3.047	3.092
2.34	2.706	2.752	2.798	2.844	2.889	2.935	2.981	3.027	3.073	3.119
2.36	2.729	2.775	2.822	2.868	2.914	2.960	3.907	3.053	3.099	3.145

Kubik-Inhalt der Kolli, deren kleinstes
Solid contents of packages, whose least
Cubage des colis, dont la plus petite dimension

Länge/Length Longueur	Breite — Breadth — Largeur 1.38	1.40	1.42	1.44	1.46	1.48	1.50	1.52	1.54	1.56
	Inhalt in Kubikmetern — Solid Contents — Cubage									
1.38	1.866									
1.40	1.893	1.921								
1.42	1.920	1.948	1.976							
1.44	1.947	1.976	2.004	2.032						
1.46	1.975	2.003	2.032	2.060	2.089					
1.48	2.002	2.031	2.060	2.089	2.118	2.147				
1.50	2.029	2.058	2.087	2.117	2.146	2.176	2.205			
1.52	2.056	2.085	2.115	2.145	2.175	2.205	2.234	2.264		
1.54	2.083	2.113	2.143	2.173	2.203	2.234	2.264	2.294	2.324	
1.56	2.110	2.140	2.171	2.201	2.232	2.263	2.293	2.324	2.354	2.385
1.58	2.137	2.168	2.199	2.230	2.261	2.292	2.323	2.354	2.385	2.416
1.60	2.164	2.195	2.227	2.258	2.289	2.321	2.352	2.383	2.415	2.446
1.62	2.191	2.223	2.254	2.286	2.318	2.350	2.381	2.413	2.445	2.477
1.64	2.218	2.250	2.282	2.314	2.347	2.379	2.411	2.443	2.475	2.507
1.66	2.245	2.278	2.310	2.343	2.375	2.408	2.440	2.473	2.505	2.538
1.68	2.272	2.305	2.338	2.371	2.404	2.437	2.470	2.503	2.535	2.568
1.70	2.299	2.332	2.366	2.399	2.432	2.466	2.499	2.532	2.566	2.599
1.72	2.326	2.360	2.394	2.427	2.461	2.495	2.528	2.562	2.596	2.630
1.74	2.353	2.387	2.421	2.455	2.490	2.524	2.558	2.592	2.626	2.660
1.76	2.380	2.415	2.449	2.484	2.518	2.553	2.587	2.622	2.656	2.691
1.78	2.407	2.442	2.477	2.512	2.547	2.582	2.617	2.651	2.686	2.721
1.80	2.434	2.470	2.505	2.540	2.575	2.611	2.646	2.681	2.717	2.752
1.82	2.461	2.497	2.533	2.568	2.604	2.640	2.675	2.711	2.747	2.782
1.84	2.488	2.524	2.561	2.597	2.633	2.669	2.705	2.741	2.777	2.813
1.86	2.515	2.552	2.588	2.625	2.661	2.698	2.734	2.771	2.807	2.844
1.88	2.543	2.579	2.616	2.653	2.690	2.727	2.764	2.800	2.837	2.874
1.90	2.570	2.607	2.644	2.681	2.719	2.756	2.793	2.830	2.867	2.905
1.92	2.597	2.634	2.672	2.710	2.747	2.785	2.822	2.860	2.898	2.936
1.94	2.624	2.662	2.700	2.738	2.776	2.814	2.852	2.890	2.928	2.966
1.96	2.651	2.689	2.728	2.766	2.804	2.843	2.881	2.920	2.958	2.996
1 98	2.678	2.717	2.755	2.794	2.833	2.872	2.911	2.949	2.988	3.027
2.00	2.705	2.744	2.783	2.822	2.862	2.901	2.940	2.979	3.018	3.058
2.02	2.732	2.771	2.811	2.851	2.890	2.930	2.969	3.009	3.049	3.088
2.04	2.759	2.799	2.839	2.879	2.919	2.959	2.999	3.039	3.079	3.119
2.06	2.786	2.826	2.867	2.907	2.947	2.988	3.028	3.069	3.109	3.149
2.08	2.813	2.854	2.895	2.935	2.976	3.017	3.058	3.098	3.139	3.180
2.10	2.840	2.881	2.922	2.964	3.005	3.046	3.087	3.128	3.169	3.210
2.12	2.867	2.909	2.950	2.992	3.033	3.075	3.116	3.158	3.200	3.241
2.14	2.894	2 936	2.978	3.020	3.062	3.104	3.146	3.188	3.230	3.272
2.16	2.921	2.964	3.006	3.048	3.091	3.133	3.175	3.218	3.260	3.302
2.18	2.948	2.991	3.034	3.076	3.119	3.162	3.205	3.247	3.290	3.333
2.20	2.975	3.018	3.062	3.105	3.148	3.191	3.234	3.277	3.320	3.363
2.22	3.002	3.046	3.089	3.133	3.176	3.220	3.263	3.307	3.350	3.394
2.24	3.029	3.073	3.117	3.161	3.205	3.249	3.293	3.337	3.381	3.425
2.26	3.056	3.101	3.145	3.189	3.234	3.278	3.322	3.367	3.411	3.455
2.28	3.083	3.128	3.173	3.218	3.262	3.307	3.352	3.396	3.441	3.486
2.30	3.111	3.156	3.201	3.246	3.291	3.336	3.381	3.426	3.471	3.516
2.32	3.138	3.183	3.229	3.274	3.319	3.365	3.410	3.456	3.501	3.547
2.34	3.165	3.210	3.256	3.302	3.348	3.394	3.440	3.486	3.532	3.577
2.36	3.192	3.238	3.284	3.330	3.377	3.423	3.469	3.515	3.562	3.608
2.38	3.219	3.265	3.312	3.359	3.405	3.452	3.499	3.545	3.592	3.639
2.40	3.246	3.293	3.340	3.387	3.434	3.481	3.528	3.575	3.622	3.669
2.42	3.273	3.320	3.368	3.415	3.463	3.510	3.557	3.605	3.652	3.700
2.44	3.300	3.348	3.396	3.443	3.491	3.539	3.587	3.635	3.682	3.730
2.46	3.327	3.375	3.423	3.472	3.520	3.568	3.616	3.664	3.713	3.761
2.48	3.354	3.403	3.451	3.500	3.548	3.597	3.646	3.694	3.743	3.791
2.50	3.381	3.430	3.479	3.528	3.577	3.626	3.675	3.724	3.773	3.822
2.52	3.408	3.457	3.507	3.556	3.606	3.655	3.704	3.754	3.803	3.853
2.54	3.435	3.485	3.535	3.584	3.634	3.684	3.734	3.784	3.833	3.883
2.56	3.462	3.512	3.562	3.613	3.663	3.713	3.763	3.813	3.864	3.914
2.58	3.489	3.540	3.590	3.641	3.691	3.742	3.793	3.843	3.894	3.944
2.60	3.516	3.567	3.618	3.669	3.720	3.771	3.822	3.873	3.924	3.975
2.62	3.543	3.595	3.646	3.697	3.749	3.800	3.851	3.903	3.954	4.005
2.64	3.570	3.622	3.674	3.726	3.777	3.829	3.881	3.933	3.984	4.036
2.66	3.597	3.650	3.702	3.754	3.806	3.858	3.910	3.962	4.014	4.067
2.68	3.624	3.677	3.729	3.782	3.835	3.887	3.940	3.992	4.045	4.097
2.70	3.651	3.704	3.757	3.810	3.863	3.916	3.969	4.022	4.075	4.128
2.72	3.679	3.732	3.785	3.838	3.892	3.945	3.998	4.052	4.105	4.158
2.74	3.706	3.759	3.813	3.867	3.920	3.974	4.028	4.082	4.135	4.189
2.76	3.733	3.787	3.841	3.895	3.949	4.003	4.057	4.111	4.165	4.219

Maß (Dicke) 98 Centimeter (0,98 m) ist.
dimensions (depth) are 98 centimetres (0,98 m).
(l'épaisseur) est 98 centimètres (0,98 m).

Länge/Length Longueur	Breite — Breadth — Largeur									
	1.58	1.60	1.62	1.64	1.66	1.68	1.70	1.72	1.74	1.76
	Inhalt in Kubikmetern — Solid Contents — Cubage									
1.58	2.446									
1.60	2.477	2.509								
1.62	2.508	2.540	2.572							
1.64	2.539	2.572	2.604	2.636						
1.66	2.570	2.603	2.635	2.668	2.700					
1.68	2.601	2.634	2.667	2.700	2.733	2.766				
1.70	2.632	2.666	2.699	2.732	2.766	2.799	2.832			
1.72	2.663	2.697	2.731	2.764	2.798	2.832	2.866	2.899		
1.74	2.694	2.728	2.762	2 797	2.831	2.865	2.899	2.933	2.967	
1.76	2.725	2.760	2.794	2.829	2.863	2.898	2.932	2.967	3.001	3.036
1.78	2.756	2.791	2.826	2.861	2.896	2.931	2.965	3.000	3.035	3.070
1.80	2.787	2.822	2.858	2.893	2.928	2.964	2.999	3.034	3.069	3.105
1.82	2.818	2.854	2.889	2.925	2.961	2.996	3.032	3.068	3.103	3.139
1.84	2.849	2.885	2.921	2.957	2.993	3.029	3.065	3.102	3.138	3.174
1.86	2.880	2.916	2.953	2.989	3.026	3.062	3.099	3.135	3.172	3.208
1.88	2.911	2.948	2.985	3.022	3.058	3.095	3.132	3.169	3.206	3.243
1.90	2 942	2.979	3.016	3.054	3.091	3.128	3.165	3.203	3.240	3.277
1.92	2.973	3.011	3.048	3 086	3.123	3.161	3.199	3.236	3.274	3.312
1.94	3.004	3.042	3.080	3.118	3.156	3.194	3.232	3.270	3.308	3.346
1.96	3.035	3.073	3.112	3.150	3.189	3.227	3.265	3.304	3.342	3.381
1.98	3.066	3.105	3.143	3.182	3.221	3.260	3.299	3.337	3.376	3.415
2.00	3.097	3.136	3.175	3.214	3.254	3.293	3.332	3.371	3.410	3.450
2.02	3.128	3.167	3.207	3.247	3.286	3.326	3.365	3.405	3.445	3.484
2.04	3.159	3.199	3.239	3.279	3.319	3.359	3.399	3.439	3.479	3.519
2.06	3.190	3.230	3.270	3.311	3.351	3.392	3.432	3.472	3.513	3.553
2.08	3.221	3.261	3.302	3.343	3.384	3.425	3.465	3.506	3.547	3.588
2.10	3.252	3.293	3.334	3.375	3.416	3.457	3.499	3.540	3.581	3.622
2.12	3.283	3.324	3.366	3.407	3.449	3.490	3.532	3.573	3.615	3.657
2.14	3.314	3.356	3.397	3.439	3.481	3.523	3.565	3.607	3.649	3.691
2.16	3.345	3.387	3.429	3.472	3.514	3.556	3.599	3.641	3.683	3.726
2.18	3.376	3.418	3.461	3.504	3.546	3.589	3.632	3.675	3.717	3.760
2.20	3.406	3.450	3.493	3.536	3.579	3.622	3.665	3.708	3.751	3.795
2.22	3.437	3.481	3.524	3.568	3.611	3.655	3.699	3.742	3.786	3.829
2.24	3.468	3.512	3.556	3.600	3.644	3.688	3.732	3.776	3.820	3.864
2.26	3.499	3.544	3.588	3.632	3.677	3.721	3.765	3.809	3.854	3.898
2.28	3.530	3.575	3.620	3.664	3.709	3.754	3.798	3.843	3.888	3.933
2.30	3.561	3.606	3.651	3.697	3.742	3.787	3.832	3.877	3.922	3.967
2.32	3.592	3.638	3.683	3.729	3.774	3.820	3.865	3.911	3.956	4.002
2.34	3.623	3.669	3.715	3.761	3.807	3.853	3.898	3.944	3.990	4.036
2.36	3.654	3.700	3.747	3.793	3.839	3.886	3.932	3.978	4.024	4.071
2.38	3.685	3.732	3.778	3.825	3.872	3.918	3.965	4.012	4.058	4.105
2.40	3.716	3.763	3.810	3.857	3.904	3.951	3.998	4.045	4.092	4.140
2.42	3.747	3.795	3.842	3.889	3.937	3.984	4.032	4.079	4.127	4.174
2.44	3.778	3.826	3.874	3.922	3.969	4.017	4.065	4.113	4.161	4.209
2.46	3.809	3.857	3.905	3.954	4.002	4.050	4.098	4.147	4.195	4.243
2.48	3.840	3.889	3.937	3.986	4.034	4.083	4.132	4.180	4.229	4.278
2.50	3.871	3.920	3.969	4.018	4.067	4.116	4.165	4.214	4.263	4.312
2.52	3.902	3.951	4.001	4.050	4.100	4.149	4.198	4.248	4.297	4.346
2.54	3.933	3.983	4.033	4.082	4.132	4.182	4.232	4.281	4.331	4.381
2.56	3.964	4.014	4.064	4.114	4.165	4.215	4.265	4.315	4.365	4.415
2.58	3.995	4.045	4.096	4.147	4.197	4.248	4.298	4.349	4.399	4.450
2.60	4.026	4.077	4.128	4.179	4.230	4.281	4.332	4.383	4.434	4.484
2.62	4.057	4.108	4.160	4.211	4.262	4.314	4.365	4.416	4.468	4.519
2.64	4.088	4.140	4.191	4.243	4.295	4.346	4.398	4.450	4.502	4.553
2.66	4.119	4.171	4.223	4.275	4.327	4.379	4.432	4.484	4.536	4.588
2.68	4.150	4.202	4.255	4.307	4.360	4.412	4.465	4.517	4.570	4 622
2.70	4.181	4.234	4.287	4.339	4.392	4.445	4.498	4.551	4.604	4.657
2.72	4.212	4.265	4.318	4.372	4.425	4.478	4.532	4.585	4.638	4.691
2.74	4.243	4.296	4.350	4.404	4.457	4.511	4.565	4.619	4.672	4.726
2.76	4.274	4.328	4.382	4.436	4.490	4.544	4.598	4.652	4.706	4.760

Kubik-Inhalt der Kolli, deren kleinstes
Solid contents of packages, whose least
Cubage des colis, dont la plus petite dimension

Länge/Length Longueur	Breite — Breadth — Largeur 1.00	1.02	1.04	1.06	1.08	1.10	1.12	1.14	1.16	1.18
	Inhalt in Kubikmetern — Solid Contents — Cubage									
1.00	1.000									
1.02	1.020	1.040								
1.04	1.040	1.061	1.082							
1.06	1.060	1.081	1.102	1.124						
1.08	1.080	1.102	1.123	1.145	1.166					
1.10	1.100	1.122	1.144	1.166	1.188	1.210				
1.12	1.120	1.142	1.165	1.187	1.210	1.232	1.254			
1.14	1.140	1.163	1.186	1.208	1.231	1.254	1.277	1.300		
1.16	1.160	1.183	1.206	1.230	1.253	1.276	1.299	1.322	1.346	
1.18	1.180	1.204	1.227	1.251	1.274	1.298	1.322	1.345	1.369	1.392
1.20	1.200	1.224	1.248	1.272	1.296	1.320	1.344	1.368	1.392	1.416
1.22	1.220	1.244	1.269	1.293	1.318	1.342	1.366	1.391	1.415	1.440
1.24	1.240	1.265	1.290	1.314	1.339	1.364	1.389	1.414	1.438	1.463
1.26	1.260	1.285	1.310	1.336	1.361	1.386	1.411	1.436	1.462	1.487
1.28	1.280	1.306	1.331	1.357	1.382	1.408	1.434	1.459	1.485	1.510
1.30	1.300	1.326	1.352	1.378	1.404	1.430	1.456	1.482	1.508	1.534
1.32	1.320	1.346	1.373	1.399	1.426	1.452	1.478	1.505	1.531	1.558
1.34	1.340	1.367	1.394	1.420	1.447	1.474	1.501	1.528	1.554	1.581
1.36	1.360	1.387	1.414	1.442	1.469	1.496	1.523	1.550	1.578	1.605
1.38	1.380	1.408	1.435	1.463	1.490	1.518	1.546	1.573	1.601	1.628
1.40	1.400	1.428	1.456	1.484	1.512	1.540	1.568	1.596	1.624	1.652
1.42	1.420	1.448	1.477	1.505	1.534	1.562	1.590	1.619	1.647	1.676
1.44	1.440	1.469	1.498	1.526	1.555	1.584	1.613	1.642	1.670	1.699
1.46	1.460	1.489	1.518	1.548	1.577	1.606	1.635	1.664	1.694	1.723
1.48	1.480	1.510	1.539	1.569	1.598	1.628	1.658	1.687	1.717	1.746
1.50	1.500	1.530	1.560	1.590	1.620	1.650	1.680	1.710	1.740	1.770
1.52	1.520	1.550	1.581	1.611	1.642	1.672	1.702	1.733	1.763	1.794
1.54	1.540	1.571	1.602	1.632	1.663	1.694	1.725	1.756	1.786	1.817
1.56	1.560	1.591	1.622	1.654	1.685	1.716	1.747	1.778	1.810	1.841
1.58	1.580	1.612	1.643	1.675	1.706	1.738	1.770	1.801	1.833	1.864
1.60	1.600	1.632	1.664	1.696	1.728	1.760	1.792	1.824	1.856	1.888
1.62	1.620	1.652	1.685	1.717	1.750	1.782	1.814	1.847	1.879	1.912
1.64	1.640	1.673	1.706	1.738	1.771	1.804	1.837	1.870	1.902	1.935
1.66	1.660	1.693	1.726	1.760	1.793	1.826	1.859	1.892	1.926	1.959
1.68	1.680	1.714	1.747	1.781	1.814	1.848	1.882	1.915	1.949	1.982
1.70	1.700	1.734	1.768	1.802	1.836	1.870	1.904	1.938	1.972	2 006
1.72	1.720	1.754	1.789	1.823	1.858	1.892	1.926	1.961	1.995	2.030
1.74	1.740	1.775	1.810	1.844	1.879	1.914	1.949	1.984	2.018	2.053
1.76	1.760	1.795	1.830	1.866	1.901	1.936	1.971	2.006	2.042	2.077
1.78	1.780	1.816	1.851	1.887	1.922	1.958	1.994	2.029	2.065	2.100
1.80	1.800	1.836	1.872	1.908	1.944	1.980	2.016	2.052	2.088	2.124
1.82	1.820	1.856	1.893	1.929	1.966	2.002	2.038	2.075	2.111	2.148
1.84	1.840	1.877	1.914	1.950	1.987	2.024	2.061	2.098	2.134	2.171
1.86	1.860	1.897	1.934	1.972	2.009	2.046	2.083	2.120	2.158	2.195
1.88	1.880	1.918	1.955	1.993	2.030	2.068	2.106	2.143	2.181	2.218
1.90	1.900	1.938	1.976	2.014	2.052	2.090	2.128	2.166	2.204	2.242
1.92	1.920	1.958	1.997	2.035	2.074	2.112	2.150	2.189	2.227	2.266
1.94	1.940	1.979	2.018	2.056	2.095	2.134	2.173	2.212	2.250	2.289
1.96	1.960	1.999	2.038	2.078	2.117	2.156	2.195	2.234	2.274	2.313
1.98	1.980	2.020	2.059	2.099	2.138	2.178	2.218	2.257	2.297	2.336
2.00	2.000	2.040	2.080	2.120	2.160	2.200	2.240	2.280	2.320	2.360
2.02	2.020	2.060	2.101	2.141	2.182	2.222	2.262	2.303	2.343	2.384
2.04	2.040	2.081	2.122	2.162	2.203	2.244	2.285	2.326	2.366	2.407
2.06	2.060	2.101	2.142	2.184	2.225	2.266	2.307	2.348	2.390	2.431
2.08	2.080	2.122	2.163	2.205	2.246	2.288	2.330	2.371	2.413	2.454
2.10	2.100	2.142	2.184	2.226	2.268	2.310	2.352	2.394	2.436	2.478
2.12	2 120	2.162	2.205	2.247	2.290	2.332	2.374	2.417	2.459	2.502
2.14	2.140	2.183	2.226	2.268	2.311	2.354	2.397	2.440	2.482	2.525
2.16	2.160	2.203	2.246	2.290	2.333	2.376	2.419	2.462	2.506	2.549
2.18	2.180	2.224	2.267	2.311	2.354	2.398	2.442	2.485	2.529	2.572
2.20	2.200	2.244	2.288	2.332	2.376	2.420	2.464	2.508	2.552	2.596
2.22	2.220	2.264	2.309	2.353	2.398	2.442	2.486	2.531	2.575	2.620
2.24	2.240	2.285	2.330	2.374	2.419	2.464	2.509	2.554	2.598	2.643
2.26	2.260	2.305	2.350	2.396	2.441	2.486	2.531	2.576	2.622	2.667
2.28	2.280	2.326	2.371	2.417	2.462	2.508	2.554	2.599	2.645	2.690
2.30	2.300	2.346	2.392	2.438	2.484	2.530	2.576	2.622	2.668	2.714
2.32	2.320	2.366	2.413	2.459	2.506	2.552	2.598	2.645	2.691	2.738
2.34	2.340	2.387	2.434	2.480	2.527	2.574	2.621	2.668	2.714	2.761
2.36	2.360	2.407	2.454	2.502	2.549	2.596	2.643	2.690	2.738	2.785
2.38	2.380	2.428	2.475	2.523	2.571	2.618	2.666	2.713	2.761	2.808

Maß (Dicke) 100 Centimeter (1,00 m) ist.
dimensions (depth) are 100 centimetres (1,00 m).
(l'épaisseur) est 100 centimètres (1,00 m).

Länge/Length Longueur	Breite — Breadth — Largeur 1.20	1.22	1.24	1.26	1.28	1.30	1.32	1.34	1.36	1.38
	Inhalt in Kubikmetern — Solid Contents — Cubage									
1.20	1.440									
1.22	1.464	1.488								
1.24	1.488	1.513	1.538							
1.26	1.512	1.537	1.562	1.588						
1.28	1.536	1.562	1.587	1.613	1.638					
1.30	1.560	1.586	1.612	1.638	1.664	1.690				
1.32	1.584	1.610	1.637	1.663	1.690	1.716	1.742			
1.34	1.608	1.635	1.662	1.688	1.715	1.742	1.769	1.796		
1.36	1.632	1.659	1.686	1.714	1.741	1.768	1.795	1.822	1.850	
1.38	1.656	1.684	1.711	1.739	1.766	1.794	1.822	1.849	1.877	1.904
1.40	1.680	1.708	1.736	1.764	1.792	1.820	1.848	1.876	1.904	1.932
1.42	1.704	1.732	1.761	1.789	1.818	1.846	1.874	1.903	1.931	1.960
1.44	1.728	1.757	1.786	1.814	1.843	1.872	1.901	1.930	1.958	1.987
1.46	1.752	1.781	1.810	1.840	1.869	1.898	1.927	1.956	1.986	2.015
1.48	1.776	1.806	1.835	1.865	1.894	1.924	1.954	1.983	2.013	2.042
1.50	1.800	1.830	1.860	1.890	1.920	1.950	1.980	2.010	2.040	2.070
1.52	1.824	1.854	1.885	1.915	1.946	1.976	2.006	2.037	2.067	2.098
1.54	1.848	1.879	1.910	1.940	1.971	2.002	2.033	2.064	2.094	2.125
1.56	1.872	1.903	1.934	1.966	1.997	2.028	2.059	2.090	2.122	2.153
1.58	1.896	1.928	1.959	1.991	2.022	2.054	2.086	2.117	2.149	2.180
1.60	1.920	1.952	1.984	2.016	2.048	2.080	2.112	2.144	2.176	2.208
1.62	1.944	1.976	2.009	2.041	2.074	2.106	2.138	2.171	2.203	2.236
1.64	1.968	2.001	2.034	2.066	2.099	2.132	2.165	2.198	2.230	2.263
1.66	1.992	2.025	2.058	2.092	2.125	2.158	2.191	2.224	2.258	2.291
1.68	2.016	2.050	2.083	2.117	2.150	2.184	2.218	2.251	2.285	2.318
1.70	2.040	2.074	2.108	2.142	2.176	2.210	2.244	2.278	2.312	2.346
1.72	2.064	2.098	2.133	2.167	2.202	2.236	2.270	2.305	2.339	2.374
1.74	2.088	2.123	2.158	2.192	2.227	2.262	2.297	2.332	2.366	2.401
1.76	2.112	2.147	2.182	2.218	2.253	2.288	2.323	2.358	2.394	2.429
1.78	2.136	2.172	2.207	2.243	2.278	2.314	2.350	2.385	2.421	2.456
1.80	2.160	2.196	2.232	2.268	2.304	2.340	2.376	2.412	2.448	2.484
1.82	2.184	2.220	2.257	2.293	2.330	2.366	2.402	2.439	2.475	2.512
1.84	2.208	2.245	2.282	2.318	2.355	2.392	2.429	2.466	2.502	2.539
1.86	2.232	2.269	2.306	2.344	2.381	2.418	2.455	2.492	2.530	2.567
1.88	2.256	2.294	2.331	2.369	2.406	2.444	2.482	2.519	2.557	2.594
1.90	2.280	2.318	2.356	2.394	2.432	2.470	2.508	2.546	2.584	2.622
1.92	2.304	2.342	2.381	2.419	2.458	2.496	2.534	2.573	2.611	2.650
1.94	2.328	2.367	2.406	2.444	2.483	2.522	2.561	2.600	2.638	2.677
1.96	2.352	2.391	2.430	2.470	2.509	2.548	2.587	2.626	2.666	2.705
1.98	2.376	2.416	2.455	2.495	2.534	2.574	2.614	2.653	2.693	2.732
2.00	2.400	2.440	2.480	2.520	2.560	2.600	2.640	2.680	2.720	2.760
2.02	2.424	2.464	2.505	2.545	2.586	2.626	2.666	2.707	2.747	2.788
2.04	2.448	2.489	2.530	2.570	2.611	2.652	2.693	2.734	2.774	2.815
2.06	2.472	2.513	2.554	2.596	2.637	2.678	2.719	2.760	2.802	2.843
2.08	2.496	2.538	2.579	2.621	2.662	2.704	2.746	2.787	2.829	2.870
2.10	2.520	2.562	2.604	2.646	2.688	2.730	2.772	2.814	2.856	2.898
2.12	2.544	2.586	2.629	2.671	2.714	2.756	2.798	2.841	2.883	2.926
2.14	2.568	2.611	2.654	2.696	2.739	2.782	2.825	2.868	2.910	2.953
2.16	2.592	2.635	2.678	2.722	2.765	2.808	2.851	2.894	2.938	2.981
2.18	2.616	2.660	2.703	2.747	2.790	2.834	2.878	2.921	2.965	3.008
2.20	2.640	2.684	2.728	2.772	2.816	2.860	2.904	2.948	2.992	3.036
2.22	2.664	2.708	2.753	2.797	2.842	2.886	2.930	2.975	3.019	3.064
2.24	2.688	2.733	2.778	2.822	2.867	2.912	2.957	3.002	3.046	3.091
2.26	2.712	2.757	2.802	2.848	2.893	2.938	2.983	3.028	3.074	3.119
2.28	2.736	2.782	2.827	2.873	2.918	2.964	3.010	3.055	3.101	3.146
2.30	2.760	2.806	2.852	2.898	2.944	2.990	3.036	3.082	3.128	3.174
2.32	2.784	2.830	2.877	2.923	2.970	3.016	3.062	3.109	3.155	3.202
2.34	2.808	2.855	2.902	2.948	2.995	3.042	3.089	3.136	3.182	3.229
2.36	2.832	2.879	2.926	2.974	3.021	3.068	3.115	3.162	3.210	3.257
2.38	2.856	2.904	2.951	2.999	3.046	3.094	3.142	3.189	3.237	3.284

Kubik-Inhalt der Kolli, deren kleinstes
Solid contents of packages, whose least
Cubage des colis, dont la plus petite dimension

Länge/Length Longueur	Breite — Breadth — Largeur									
	1.40	1.42	1.44	1.46	1.48	1.50	1.52	1.54	1.56	1.58
	Inhalt in Kubikmetern — Solid Contents — Cubage									
1.40	1.960									
1.42	1.988	2.016								
1.44	2.016	2.045	2.074							
1.46	2.044	2.073	2.102	2.132						
1.48	2.072	2.102	2.131	2.161	2.190					
1.50	2.100	2.130	2.160	2.190	2.220	2.250				
1.52	2.128	2.158	2.189	2.219	2.250	2.280	2.310			
1.54	2.156	2.187	2.218	2.248	2.279	2.310	2.341	2.372		
1.56	2.184	2.215	2.246	2.278	2.309	2.340	2.371	2.402	2.434	
1.58	2.212	2.244	2.275	2.307	2.338	2.370	2.402	2.433	2.465	2.496
1.60	2.240	2.272	2.304	2.336	2.368	2.400	2.432	2.464	2.496	2.528
1.62	2.268	2.300	2.333	2.365	2.398	2.430	2.462	2.495	2.527	2.560
1.64	2.296	2.329	2.362	2.394	2.427	2.460	2.493	2.526	2.558	2.591
1.66	2.324	2.357	2.390	2.424	2.457	2.490	2.523	2.556	2.590	2.623
1.68	2.352	2.386	2.419	2.453	2.486	2.520	2.554	2.587	2.621	2.654
1.70	2.380	2.414	2.448	2.482	2.516	2.550	2.584	2.618	2.652	2.686
1.72	2.408	2.442	2.477	2.511	2.546	2.580	2.614	2.649	2.683	2.718
1.74	2.436	2.471	2.506	2.540	2.575	2.610	2.645	2.680	2.714	2.749
1.76	2.464	2.499	2.534	2.570	2.605	2.640	2.675	2.710	2.746	2.781
1.78	2.492	2.528	2.563	2.599	2.634	2.670	2.706	2.741	2.777	2.812
1.80	2.520	2.556	2.592	2.628	2.664	2.700	2.736	2.772	2.808	2.844
1.82	2.548	2.584	2.621	2.657	2.694	2.730	2.766	2.803	2.839	2.876
1.84	2.576	2.613	2.650	2.686	2.723	2.760	2.797	2.834	2.871	2.907
1.86	2.604	2.641	2.678	2.716	2.753	2.790	2.827	2.864	2.902	2.939
1.88	2.632	2.670	2.707	2.745	2.782	2.820	2.858	2.895	2.933	2.970
1.90	2.660	2.698	2.736	2.774	2.812	2.850	2.888	2.926	2.964	3.002
1.92	2.688	2.726	2.765	2.803	2.842	2.880	2.919	2.957	2.995	3.034
1.94	2.716	2.755	2.794	2.832	2.871	2.910	2.949	2.988	3.026	3.065
1.96	2.744	2.783	2.822	2.862	2.901	2.940	2.979	3.018	3.058	3.097
1.98	2.772	2.812	2.851	2.891	2.930	2.970	3.010	3.049	3.089	3.128
2.00	2.800	2.840	2.880	2.920	2.960	3.000	3.040	3.080	3.120	3.160
2.02	2.828	2.868	2.909	2.949	2.990	3.030	3.070	3.111	3.151	3.192
2.04	2.856	2.897	2.938	2.978	3.019	3.060	3.101	3.142	3.182	3.223
2.06	2.884	2.925	2.966	3.008	3.049	3.090	3.131	3.172	3.214	3.255
2.08	2.912	2.954	2.995	3.037	3.078	3.120	3.162	3.203	3.245	3.286
2.10	2.940	2.982	3.024	3.066	3.108	3.150	3.192	3.234	3.276	3.318
2.12	2.968	3.010	3.053	3.095	3.138	3.180	3.222	3.265	3.307	3.350
2.14	2.996	3.039	3.082	3.124	3.167	3.210	3.253	3.296	3.338	3.381
2.16	3.024	3.067	3.110	3.154	3.197	3.240	3.283	3.326	3.370	3.413
2.18	3.052	3.096	3.139	3.183	3.226	3.270	3.314	3.357	3.401	3.444
2.20	3.080	3.124	3.168	3.212	3.256	3.300	3.344	3.388	3.432	3.476
2.22	3.108	3.152	3.197	3.241	3.286	3.330	3.374	3.419	3.463	3.508
2.24	3.136	3.181	3.226	3.270	3.315	3.360	3.405	3.450	3.494	3.539
2.26	3.164	3.209	3.254	3.300	3.345	3.390	3.435	3.480	3.526	3.571
2.28	3.192	3.238	3.283	3.329	3.374	3.420	3.466	3.511	3.557	3.602
2.30	3.220	3.266	3.312	3.358	3.404	3.450	3.496	3.542	3.588	3.634
2.32	3.248	3.294	3.341	3.387	3.434	3.480	3.526	3.573	3.619	3.666
2.34	3.276	3.323	3.370	3.416	3.463	3.510	3.557	3.604	3.650	3.697
2.36	3.304	3.351	3.398	3.446	3.493	3.540	3.587	3.634	3.682	3.729
2.38	3.332	3.380	3.427	3.475	3.522	3.570	3.618	3.665	3.713	3.760
2.40	3.360	3.408	3.456	3.504	3.552	3.600	3.648	3.696	3.744	3.792
2.42	3.388	3.436	3.485	3.533	3.582	3.630	3.678	3.727	3.775	3.824
2.44	3.416	3.465	3.514	3.562	3.611	3.660	3.709	3.758	3.806	3.855
2.46	3.444	3.493	3.542	3.592	3.641	3.690	3.739	3.788	3.838	3.887
2.48	3.472	3.522	3.571	3.621	3.670	3.720	3.770	3.819	3.869	3.918
2.50	3.500	3.550	3.600	3.650	3.700	3.750	3.800	3.850	3.900	3.950
2.52	3.528	3.578	3.629	3.679	3.730	3.780	3.830	3.881	3.931	3.982
2.54	3.556	3.607	3.658	3.708	3.759	3.810	3.861	3.912	3.962	4.013
2.56	3.584	3.635	3.686	3.738	3.789	3.840	3.891	3.942	3.994	4.045
2.58	3.612	3.664	3.715	3.767	3.818	3.870	3.922	3.973	4.025	4.076
2.60	3.640	3.692	3.744	3.796	3.848	3.900	3.952	4.004	4.056	4.108
2.62	3.668	3.720	3.773	3.825	3.878	3.930	3.982	4.035	4.087	4.140
2.64	3.696	3.749	3.802	3.854	3.907	3.960	4.013	4.066	4.118	4.171
2.66	3.724	3.777	3.830	3.884	3.937	3.990	4.043	4.096	4.150	4.203
2.68	3.752	3.806	3.859	3.913	3.966	4.020	4.074	4.127	4.181	4.234
2.70	3.780	3.834	3.888	3.942	3.996	4.050	4.104	4.158	4.212	4.266
2.72	3.808	3.862	3.917	3.971	4.026	4.080	4.134	4.189	4.243	4.298
2.74	3.836	3.891	3.946	4.000	4.055	4.110	4.165	4.220	4.274	4.329
2.76	3.864	3.919	3.974	4.030	4.085	4.140	4.195	4.250	4.306	4.361
2.78	3.892	3.948	4.003	4.059	4.114	4.170	4.226	4.281	4.337	4.392

Maß (Dicke) 100 Centimeter (1,00 m) ist.
dimensions (depth) are 100 centimetres (1,00 m).
(l'épaisseur) est 100 centimètres (1,00 m).

Länge/Length Longueur	Breite — Breadth — Largeur 1.60	1.62	1.64	1.66	1.68	1.70	1.72	1.74	1.76	1.78
	Inhalt in Kubikmetern — Solid Contents — Cubage									
1.60	2.560									
1.62	2.592	2.624								
1.64	2.624	2.657	2.690							
1.66	2.656	2.689	2.722	2.756						
1.68	2.688	2.722	2.755	2.789	2.822					
1.70	2.720	2.754	2.788	2.822	2.856	2.890				
1.72	2.752	2.786	2.821	2.855	2.890	2.924	2.958			
1.74	2.784	2.819	2.854	2.888	2.923	2.958	2.993	3.028		
1.76	2.816	2.851	2.886	2.922	2.957	2.992	3.027	3.062	3.098	
1.78	2.848	2.884	2.919	2.955	2.990	3.026	3.062	3.097	3.133	3.169
1.80	2.880	2.916	2.952	2.988	3.024	3.060	3.096	3.132	3.168	3.204
1.82	2.912	2.948	2.985	3.021	3.058	3.094	3.131	3.167	3.203	3.240
1.84	2.944	2.981	3.018	3.054	3.091	3.128	3.165	3.202	3.238	3.275
1.86	2.976	3.014	3.050	3.088	3.125	3.162	3.199	3.236	3.274	3.311
1.88	3.008	3.046	3.083	3.121	3.158	3.196	3.234	3.271	3.309	3.346
1.90	3.040	3.078	3.116	3.154	3.192	3.230	3.268	3.306	3.344	3.382
1.92	3.072	3.110	3.149	3.187	3.226	3.264	3.302	3.341	3.379	3.418
1.94	3.104	3.143	3.182	3.220	3.259	3.298	3.337	3.376	3.414	3.453
1.96	3.136	3.175	3.214	3.254	3.293	3.332	3.371	3.410	3.450	3.489
1.98	3.168	3.208	3.247	3.287	3.326	3.366	3.406	3.445	3.485	3.524
2.00	3.200	3.240	3.280	3.320	3.360	3.400	3.440	3.480	3.520	3.560
2.02	3.232	3.272	3.313	3.353	3.394	3.434	3.474	3.515	3.555	3.596
2.04	3.264	3.305	3.346	3.386	3.427	3.468	3.509	3.550	3.590	3.631
2.06	3.296	3.337	3.378	3.420	3.461	3.502	3.543	3.584	3.626	3.667
2.08	3.328	3.370	3.411	3.453	3.494	3.536	3.578	3.619	3.661	3.702
2.10	3.360	3.402	3.444	3.486	3.528	3.570	3.612	3.654	3.696	3.738
2.12	3.392	3.434	3.477	3.519	3.562	3.604	3.646	3.689	3.731	3.774
2.14	3.424	3.467	3.510	3.552	3.595	3.638	3.681	3.724	3.766	3.809
2.16	3.456	3.499	3.542	3.586	3.629	3.672	3.715	3.758	3.802	3.845
2.18	3.488	3.532	3.575	3.619	3.662	3.706	3.750	3.793	3.837	3.880
2.20	3.520	3.564	3.608	3.652	3.696	3.740	3.784	3.828	3.872	3.916
2.22	3.552	3.596	3.641	3.685	3.730	3.774	3.818	3.863	3.907	3.952
2.24	3.584	3.629	3.674	3.718	3.763	3.808	3.853	3.898	3.942	3.987
2.26	3.616	3.661	3.706	3.752	3.797	3.842	3.887	3.932	3.978	4.023
2.28	3.648	3.694	3.739	3.785	3.830	3.876	3.922	3.967	4.013	4.058
2.30	3.680	3.726	3.772	3.818	3.864	3.910	3.956	4.002	4.048	4.094
2.32	3.712	3.758	3.805	3.851	3.898	3.944	3.990	4.037	4.083	4.130
2.34	3.744	3.791	3.838	3.884	3.931	3.978	4.025	4.072	4.118	4.165
2.36	3.776	3.823	3.870	3.918	3.965	4.012	4.059	4.106	4.154	4.201
2.38	3.808	3.856	3.903	3.951	3.998	4.046	4.094	4.141	4.189	4.236
2.40	3.840	3.888	3.936	3.984	4.032	4.080	4.128	4.176	4.224	4.272
2.42	3.872	3.920	3.969	4.017	4.066	4.114	4.162	4.211	4.259	4.308
2.44	3.904	3.953	4.002	4.050	4.099	4.148	4.197	4.246	4.294	4.343
2.46	3.936	3.985	4.034	4.084	4.133	4.182	4.231	4.280	4.330	4.379
2.48	3.968	4.018	4.067	4.117	4.166	4.216	4.266	4.315	4.365	4.414
2.50	4.000	4.050	4.100	4.150	4.200	4.250	4.300	4.350	4.400	4.450
2.52	4.032	4.082	4.133	4.183	4.234	4.284	4.334	4.385	4.435	4.486
2.54	4.064	4.115	4.166	4.216	4.267	4.318	4.369	4.420	4.470	4.521
2.56	4.096	4.147	4.198	4.250	4.301	4.352	4.403	4.454	4.506	4.557
2.58	4.128	4.180	4.231	4.283	4.334	4.386	4.438	4.489	4.541	4.592
2.60	4.160	4.212	4.264	4.316	4.368	4.420	4.472	4.524	4.576	4.628
2.62	4.192	4.244	4.297	4.349	4.402	4.454	4.506	4.559	4.611	4.664
2.64	4.224	4.277	4.330	4.382	4.435	4.488	4.541	4.594	4.646	4.699
2.66	4.256	4.309	4.362	4.416	4.469	4.522	4.575	4.628	4.682	4.735
2.68	4.288	4.342	4.395	4.449	4.502	4.556	4.610	4.663	4.717	4.770
2.70	4.320	4.374	4.428	4.482	4.536	4.590	4.644	4.698	4.752	4.806
2.72	4.352	4.406	4.461	4.515	4.570	4.624	4.678	4.733	4.787	4.842
2.74	4.384	4.439	4.494	4.548	4.603	4.658	4.713	4.768	4.822	4.877
2.76	4.416	4.471	4.526	4.582	4.637	4.692	4.747	4.802	4.858	4.913
2.78	4.448	4.504	4.559	4.615	4.670	4.726	4.782	4.837	4.893	4.948

Kubik-Inhalt der Kolli, deren kleinstes
Solid contents of packages, whose least
Cubage des colis, dont la plus petite dimension

Länge/Length Longueur	Breite — Breadth — Largeur 1.02	1.04	1.06	1.08	1.10	1.12	1.14	1.16	1.18	1.20
	Inhalt in Kubikmetern — Solid Contents — Cubage									
1.02	1.061									
1.04	1.082	1.103								
1.06	1.103	1.124	1.146							
1.08	1.124	1.146	1.168	1.190						
1.10	1.144	1.167	1.189	1.212	1.234					
1.12	1.165	1.188	1.211	1.234	1.257	1.279				
1.14	1.186	1.209	1.233	1.256	1.279	1.302	1.326			
1.16	1.207	1.231	1.254	1.278	1.302	1.325	1.349	1.373		
1.18	1.228	1.252	1.276	1.300	1.324	1.348	1.372	1.396	1.420	
1.20	1.248	1.273	1.297	1.322	1.346	1.371	1.395	1.420	1.444	1.469
1.22	1.269	1.294	1.319	1.344	1.369	1.394	1.415	1.444	1.468	1.493
1.24	1.290	1.315	1.341	1.366	1.391	1.417	1.442	1.467	1.492	1.518
1.26	1.311	1.337	1.362	1.388	1.414	1.439	1.465	1.491	1.517	1.542
1.28	1.332	1.358	1.384	1.410	1.436	1.462	1.488	1.514	1.541	1.567
1.30	1.353	1.379	1.406	1.432	1.459	1.485	1.512	1.538	1.565	1.591
1.32	1.373	1.400	1.427	1.454	1.481	1.508	1.535	1.562	1 589	1.616
1.31	1.394	1.421	1.449	1.476	1.503	1.531	1.558	1.585	1.613	1.640
1.36	1.415	1.443	1.470	1.498	1.526	1.554	1.581	1.609	1.637	1.665
1.38	1.436	1.464	1.492	1.520	1.548	1.577	1.605	1.633	1.661	1.689
1.40	1.457	1.485	1.514	1.542	1.571	1.599	1.628	1.656	1.685	1.714
1.42	1.477	1.506	1.535	1.564	1.593	1.622	1.651	1.680	1.709	1.738
1.44	1.498	1.528	1.557	1.586	1.616	1.645	1.674	1.704	1.733	1.763
1.46	1.519	1.549	1.579	1.608	1.638	1.668	1.698	1.727	1.757	1.787
1.48	1.540	1.570	1.600	1.630	1.661	1.691	1.721	1.751	1.781	1.812
1.50	1.561	1.591	1.622	1.652	1.683	1.714	1.744	1.775	1.805	1.836
1.52	1.581	1.612	1.643	1.674	1.705	1.736	1.767	1.798	1.829	1.860
1.54	1.602	1.634	1.665	1.696	1.728	1.759	1.791	1.822	1.854	1.885
1.56	1.623	1.655	1.687	1.718	1.750	1.782	1.814	1.846	1.878	1.909
1.58	1.644	1.676	1.708	1.741	1.773	1.805	1.837	1.869	1.902	1.934
1.60	1.665	1.697	1.730	1.763	1.795	1.828	1.860	1.893	1.926	1.958
1.62	1.685	1.718	1.752	1.785	1.818	1.851	1.884	1.917	1.950	1.983
1.64	1.706	1.740	1.773	1.807	1.840	1.874	1.907	1.940	1.974	2.007
1.66	1.727	1.761	1.795	1.829	1.863	1.896	1.930	1.964	1.998	2.032
1.68	1.748	1.782	1.816	1.851	1.885	1.919	1.954	1.988	2.022	2.056
1.70	1.769	1.803	1.838	1.873	1.907	1.942	1.977	2.011	2.046	2.081
1.72	1.789	1.825	1.860	1.895	1.930	1.965	2.000	2.035	2.070	2.105
1.74	1.810	1.846	1.881	1.917	1.952	1.988	2.023	2.059	2.094	2.130
1.76	1.831	1.867	1.903	1.939	1.975	2.011	2.047	2.082	2.118	2.154
1.78	1.852	1.888	1.925	1.961	1.997	2.033	2.070	2.106	2.142	2.179
1.80	1.873	1.909	1.946	1.983	2.020	2.056	2.093	2.130	2.166	2.203
1.82	1.894	1.931	1.968	2.005	2.042	2.079	2.116	2.153	2.191	2.228
1.84	1.914	1.952	1.989	2.027	2.064	2.102	2.140	2.177	2.215	2.252
1.86	1.935	1.973	2.011	2.049	2.087	2.125	2.163	2 201	2.239	2.277
1.88	1.956	1.994	2.033	2.071	2.109	2.148	2.186	2.224	2.263	2.301
1.90	1.977	2.016	2.054	2.093	2.132	2.171	2.209	2.248	2.287	2.326
1.92	1.998	2.037	2.076	2.115	2.154	2.193	2.233	2.272	2.311	2.350
1.94	2.018	2.058	2.098	2.137	2.177	2.216	2.256	2.295	2.335	2.375
1.96	2.039	2.079	2.119	2.159	2.199	2.239	2.279	2.319	2.359	2.399
1.98	2.060	2.100	2.141	2.181	2.222	2.262	2.302	2.343	2.383	2.424
2.00	2.081	2.122	2.162	2 203	2.244	2.285	2.326	2.366	2.407	2.448
2.02	2.102	2.143	2.184	2.225	2.266	2.308	2.349	2.390	2.431	2.472
2.04	2.122	2.164	2.206	2.247	2.289	2.330	2.372	2.414	2.455	2.497
2.06	2.143	2.185	2.227	2.269	2.311	2.353	2.395	2.437	2.479	2.521
2.08	2.164	2.206	2.249	2.291	2.334	2.376	2.419	2.461	2.503	2.546
2.10	2.185	2.228	2.271	2.313	2.356	2.399	2.442	2.485	2.528	2.570
2.12	2.206	2.249	2.292	2.335	2.379	2.422	2.465	2.508	2.552	2.595
2.14	2.226	2.270	2.314	2.357	2.401	2.445	2.488	2.532	2.576	2.619
2.16	2.247	2.291	2.335	2.379	2.424	2.468	2.512	2.556	2.600	2.644
2.18	2.268	2.313	2.357	2.401	2.446	2.490	2.535	2.579	2.624	2.668
2.20	2.289	2.334	2.379	2.424	2.468	2.513	2.558	2.603	2.648	2.693
2.22	2.310	2.355	2.400	2.446	2.491	2.536	2.581	2.627	2.672	2.717
2.24	2.330	2.376	2.422	2.468	2.513	2.559	2.605	2.650	2.696	2.742
2.26	2.351	2.397	2.444	2.490	2.536	2.582	2.628	2 674	2.720	2.766
2.28	2.372	2.419	2.465	2.512	2.558	2.605	2.651	2.698	2.744	2.791
2.30	2.393	2.440	2.487	2.534	2.581	2.628	2.674	2.721	2.768	2.815
2.32	2.414	2.461	2.508	2.556	2.603	2.650	2.698	2.745	2.792	2.840
2.34	2.435	2.482	2.530	2.578	2.625	2.673	2.721	2.769	2.816	2.864
2.36	2.455	2.503	2.552	2.600	2.648	2.696	2.744	2.792	2.840	2.889
2.38	2.476	2.525	2.573	2.622	2.670	2.719	2.767	2.816	2.864	2.913
2.40	2.497	2.546	2.595	2.644	2.693	2.742	2.791	2.840	2.889	2.938

Maß (Dicke) 102 Centimeter (1,02 m) ist.
dimensions (depth) are 102 centimetres (1,02 m).
(l'épaisseur) est 102 centimètres (1,02 m).

1.02

Länge/Length Longueur	Breite — Breadth — Largeur 1.22	1.24	1.26	1.28	1.30	1.32	1.34	1.36	1.38	1.40
	Inhalt in Kubikmetern — Solid Contents — Cubage									
1.22	1.518									
1.24	1.543	1.568								
1.26	1.568	1.594	1.619							
1.28	1.593	1.619	1.645	1.671						
1.30	1.618	1.644	1.671	1.697	1.724					
1.32	1.643	1.670	1.696	1.723	1.750	1.777				
1.34	1.667	1.695	1.722	1.750	1.777	1.804	1.832			
1.36	1.692	1.720	1.748	1.776	1.803	1.831	1.859	1.887		
1.38	1.717	1.745	1.774	1.802	1.830	1.858	1.886	1.914	1.942	
1.40	1.742	1.771	1.799	1.828	1.856	1.885	1.914	1.942	1.971	1.999
1.42	1.767	1.796	1.825	1.854	1.883	1.912	1.940	1.970	1.999	2.028
1.44	1.792	1.821	1.851	1.880	1.909	1.939	1.968	1.998	2.027	2.056
1.46	1.817	1.847	1.876	1.906	1.936	1.966	1.996	2.025	2.055	2.085
1.48	1.842	1.872	1.902	1.932	1.962	1.993	2.023	2.053	2.083	2.113
1.50	1.867	1.897	1.928	1.958	1.989	2.020	2.050	2.081	2.111	2.142
1.52	1.891	1.922	1.954	1.985	2.016	2.047	2.078	2.109	2.140	2.171
1.54	1.916	1.948	1.979	2.011	2.042	2.073	2.105	2.136	2.168	2.199
1.56	1.941	1.973	2.005	2.037	2.069	2.100	2.132	2.164	2.196	2.228
1.58	1.966	1.998	2.031	2.063	2.095	2.127	2.160	2.192	2.224	2.256
1.60	1.991	2.024	2.056	2.089	2.122	2.154	2.187	2.220	2.25[illegible]	2 285
1.62	2.016	2.049	2.082	2.115	2.148	2.181	2.214	2.247	2.280	2.313
1.64	2.041	2.074	2.108	2.141	2.175	2.208	2.242	2.275	2.308	2.342
1.66	2.066	2.100	2.133	2.167	2.201	2.235	2.269	2.303	2.337	2.370
1.68	2.091	2.125	2.159	2.193	2.228	2.262	2.296	2.330	2.365	2.399
1.70	2.115	2.150	2.185	2.220	2.254	2.289	2.324	2.358	2.393	2.428
1.72	2.140	2.175	2.211	2.246	2.281	2.316	2.351	2.386	2.421	2.456
1.74	2.165	2.201	2.236	2.272	2.307	2.343	2.378	2.414	2.449	2.485
1.76	2.190	2.226	2.262	2.298	2.334	2.370	2.406	2.441	2.477	2.513
1.78	2.215	2.251	2.288	2.324	2.360	2.397	2.433	2.469	2.506	2.542
1.80	2.240	2.277	2.313	2.350	2.387	2.424	2.460	2.497	2.534	2.570
1.82	2.265	2.302	2.339	2.376	2.413	2.450	2.488	2.525	2.562	2.599
1.84	2.290	2.327	2.365	2.402	2.440	2.477	2.515	2.552	2.590	2.628
1.86	2.315	2.353	2.390	2.428	2.466	2.504	2.542	2.580	2.618	2.656
1.88	2.339	2.378	2.416	2.455	2.493	2.531	2.570	2.608	2.646	2.685
1.90	2.364	2.403	2.442	2.481	2.519	2.558	2.597	2.636	2.674	2.713
1.92	2.389	2.428	2.468	2.507	2.546	2.585	2.624	2.663	2.703	2.742
1.94	2.414	2.454	2.493	2.533	2.572	2.612	2.652	2.691	2.731	2.770
1.96	2.439	2.479	2.519	2.559	2.599	2.639	2.679	2.719	2.759	2.798
1.98	2.464	2.504	2.545	2.585	2.625	2.666	2.706	2.747	2.787	2.827
2.00	2.489	2.530	2.570	2.611	2.652	2.693	2.734	2.774	2.815	2.856
2.02	2.514	2.555	2.596	2.637	2.679	2.720	2.761	2.802	2.843	2.885
2.04	2.539	2.580	2.622	2.663	2.705	2.747	2.788	2.830	2.872	2.913
2.06	2.563	2 605	2.648	2.690	2.732	2.774	2.816	2.858	2.900	2.942
2.08	2.588	2.631	2.673	2.716	2.758	2.801	2.843	2.885	2.928	2.970
2.10	2.613	2.656	2.699	2.742	2.785	2.827	2.870	2.913	2.956	2.999
2.12	2.638	2.681	2.725	2.768	2.811	2.854	2.898	2.941	2.984	3.027
2.14	2.663	2.707	2.750	2.794	2.838	2.881	2.925	2.969	3.012	3.056
2.16	2.688	2.732	2.776	2.820	2.864	2.908	2.952	2.996	3.040	3.084
2.18	2.713	2.757	2.802	2.846	2.891	2.935	2.980	3.024	3.069	3.113
2.20	2.738	2.783	2.827	2.872	2.917	2.962	3.007	3.052	3.097	3.142
2.22	2.763	2.808	2.853	2.898	2.944	2.989	3.034	3.080	3.125	3.170
2.24	2.787	2.833	2.879	2.925	2.970	3.016	3.062	3.107	3.153	3.199
2.26	2.812	2.858	2.905	2.951	2.997	3.043	3.089	3.135	3.181	3.227
2.28	2.837	2.884	2.930	2.977	3.023	3.070	3.116	3.163	3.209	3.256
2.30	2.862	2.909	2.956	3.003	3.050	3.097	3.144	3.191	3.237	3.284
2.32	2.887	2.934	2.982	3.029	3.076	3.124	3.171	3.218	3.266	3.313
2.34	2.912	2.960	3.007	3.055	3.103	3.151	3.198	3.246	3.294	3.342
2.36	2.937	2.985	3.033	3.081	3.129	3.178	3.226	3.274	3.322	3.370
2.38	2.962	3.010	3.059	3.107	3.156	3.204	3.253	3.302	3.350	3.399
2.40	2.987	3.036	3.084	3.133	3.182	3.231	3.280	3.329	3.378	3.427

Kubik-Inhalt der Kolli, deren kleinstes
Solid contents of packages, whose least
Cubage des colis, dont la plus petite dimension

Länge/Length Longueur	Breite — Breadth — Largeur 1.42	1.44	1.46	1.48	1.50	1.52	1.54	1.56	1.58	1.60
	Inhalt in Kubikmetern — Solid Contents — Cubage									
1.42	2.057									
1.44	2.086	2.115								
1.46	2.115	2.144	2.174							
1.48	2.144	2.174	2.204	2.234						
1.50	2.173	2.203	2.234	2.264	2.295					
1.52	2.202	2 233	2.264	2 295	2.326	2.357				
1.54	2.231	2.262	2.293	2.325	2.356	2.388	2.419			
1.56	2.260	2.291	2.323	2.355	2.387	2.419	2.450	2.482		
1.58	2.288	2.321	2.353	2.385	2.417	2.450	2.482	2.514	2.546	
1.60	2.317	2.350	2.383	2.415	2.448	2.481	2.513	2.546	2.579	2.611
1.62	2.346	2.379	2.413	2.446	2.479	2.512	2.545	2.578	2.611	2.644
1.64	2.375	2.409	2.442	2.476	2.509	2.543	2.576	2.610	2.643	2.676
1.66	2.404	2.438	2.472	2.506	2.540	2.574	2.608	2.641	2.675	2.709
1.68	2.433	2.468	2.502	2.536	2.570	2.605	2.639	2.673	2.707	2.742
1.70	2.462	2.497	2.532	2.566	2.601	2.636	2.670	2.705	2.740	2.774
1.72	2.491	2.526	2.561	2.597	2.632	2.667	2.702	2.737	2.772	2.807
1.74	2.520	2.556	2.591	2.627	2.662	2.698	2.733	2.769	2.804	2 840
1.76	2.549	2.585	2.621	2.657	2.693	2.729	2.765	2.801	2.836	2.872
1.78	2.578	2.614	2.651	2.687	2.723	2.760	2.796	2.832	2.869	2.905
1.80	2.607	2.644	2.681	2.717	2.754	2.791	2.827	2.864	2.901	2.938
1.82	2.636	2.673	2.710	2.747	2.785	2.822	2.859	2.896	2.933	2.970
1.84	2.665	2.703	2.740	2.778	2.815	2.853	2.890	2.928	2.965	3.003
1.86	2.694	2.732	2.770	2.808	2.846	2.884	2.922	2.960	2.998	3.036
1.88	2.723	2.761	2.800	2.838	2.876	2.915	2.953	2 991	3.030	3.068
1.90	2.752	2.791	2.829	2.868	2.907	2.946	2.985	3.023	3.062	3.101
1.92	2.781	2.820	2.859	2.898	2.938	2.977	3.016	3.055	3.094	3.133
1.94	2.810	2.849	2.889	2.929	2.968	3.008	3.047	3.087	3.127	3.166
1.96	2.839	2.879	2.919	2.959	2.999	3.039	3.079	3.119	3.159	3.199
1.98	2.868	2.908	2.949	2.989	3.029	3.070	3.110	3.151	3.191	3.231
2.00	2.897	2.938	2.978	3.019	3.060	3.101	3.142	3.182	3.223	3.264
2.02	2.926	2.967	3.008	3.049	3.091	3.132	3.173	3.214	3.255	3.297
2.04	2.955	2.996	3.038	3.080	3.121	3.163	3.204	3.246	3.288	3.329
2.06	2.984	3.026	3.068	3.110	3.152	3.194	3.236	3.278	3.320	3.362
2.08	3.013	3.055	3.098	3.140	3.182	3.225	3.267	3.310	3.352	3.395
2.10	3.042	3.084	3.127	3.170	3.213	3.256	3.299	3.342	3.384	3.427
2.12	3.071	3.114	3.157	3.200	3.244	3.287	3.330	3.373	3.417	3.460
2.14	3.100	3.143	3.187	3.231	3.274	3.318	3.362	3.405	3.449	3.492
2.16	3.129	3.173	3.217	3.261	3.305	3.349	3.393	3.437	3.481	3.525
2.18	3.158	3.202	3.246	3.291	3.335	3.380	3.424	3.469	3.513	3.558
2.20	3.186	3.231	3.276	3.321	3.366	3.411	3.456	3.501	3.546	3.590
2.22	3.215	3.261	3.306	3.351	3.397	3.442	3.487	3.532	3.578	3.623
2.24	3.244	3.290	3.336	3.382	3.427	3.473	3.519	3.564	3.610	3.656
2.26	3.273	3.319	3.366	3.412	3.458	3.504	3.550	3.596	3.642	3.688
2.28	3.302	3.349	3.395	3.442	3.488	3.535	3.581	3.628	3.674	3.721
2.30	3.331	3.378	3.425	3.472	3.519	3.566	3.613	3.660	3.707	3.754
2.32	3.360	3.408	3.455	3.502	3.550	3.597	3.644	3.692	3.739	3.786
2.34	3.389	3.437	3.485	3.532	3.580	3.628	3.676	3.723	3.771	3.819
2.36	3.418	3.466	3.515	3.563	3.611	3.659	3.707	3.755	3.803	3.852
2.38	3.447	3.496	3.544	3.593	3.641	3.690	3.739	3.787	3.836	3.884
2.40	3.476	3.525	3.574	3.623	3.672	3.721	3.770	3.819	3.868	3.917
2.42	3.505	3.554	3.604	3.653	3.703	3.752	3.801	3.851	3.900	3.949
2.44	3.534	3.584	3.634	3.683	3.733	3.783	3.833	3.883	3.932	3.982
2.46	3.563	3.613	3.663	3.714	3.764	3.814	3.864	3.914	3.965	4.015
2.48	3.592	3.643	3.693	3.744	3.794	3.845	3.896	3.946	3.997	4.047
2.50	3.621	3.672	3.723	3.774	3.825	3.876	3.927	3.978	4.029	4.080
2.52	3.650	3.701	3.753	3.804	3.856	3.907	3.958	4.010	4.061	4.113
2.54	3.679	3.731	3.783	3.834	3.886	3.938	3.990	4.042	4.093	4.145
2.56	3.708	3.760	3.812	3.865	3.917	3.969	4.021	4.073	4.126	4.178
2.58	3.737	3.790	3.842	3.895	3.947	4.000	4.053	4.105	4.158	4.211
2.60	3.766	3.819	3.872	3.925	3.978	4.031	4.084	4.137	4.190	4.243
2.62	3.795	3.848	3.902	3.955	4.009	4.062	4.115	4.169	4.222	4.276
2.64	3.824	3.878	3.931	3.985	4.039	4.093	4.147	4.201	4.255	4.308
2.66	3.853	3.907	3.961	4.016	4.070	4.124	4.178	4.233	4.287	4 331
2.68	3.882	3.936	3.991	4.046	4.100	4.155	4.210	4.264	4.319	4.374
2.70	3.911	3.966	4.021	4.076	4.131	4.186	4.241	4.296	4.351	4.406
2.72	3.940	3.995	4.051	4.106	4.162	4.217	4.273	4.328	4.384	4.439
2.74	3.969	4.025	4.080	4.136	4.192	4.248	4.304	4.360	4.416	4.472
2.76	3.998	4.054	4.110	4.166	4.223	4.279	4.335	4.392	4.448	4.504
2.78	4.027	4.083	4.140	4.197	4.253	4.310	4.367	4.424	4.480	4.537
2.80	4.056	4.113	4.170	4.227	4.284	4.341	4.398	4.455	4.512	4.570

Maß (Dicke) 102 Centimeter (1,02 m) ist.
dimensions (depth) are 102 centimetres (1,02 m).
(l'épaisseur) est 102 centimètres (1,02 m).

Länge/Length Longueur	Breite — Breadth — Largeur 1.62	1.64	1.66	1.68	1.70	1.72	1.74	1.76	1.78	1.80
	Inhalt in Kubikmetern — Solid Contents — Cubage									
1.62	2.677									
1.64	2.710	2.743								
1.66	2.743	2.777	2.811							
1.68	2.776	2.810	2.845	2.879						
1.70	2.809	2.844	2.878	2.913	2.948					
1.72	2.842	2.877	2.912	2.947	2.982	3.018				
1.74	2.875	2.911	2.946	2.982	3.017	3.053	3.088			
1.76	2.908	2.944	2.980	3.016	3.052	3.088	3.124	3.160		
1.78	2.941	2.978	3.014	3.050	3.087	3.123	3.159	3.195	3.232	
1.80	2.974	3.011	3.048	3.084	3.121	3.158	3.195	3.231	3.268	3.305
1.82	3.007	3.044	3.082	3.119	3.156	3.193	3.230	3.267	3.304	3.342
1.84	3.040	3.078	3.115	3.153	3.191	3.228	3.266	3.303	3.341	3.378
1.86	3.073	3.111	3.149	3.187	3.225	3.263	3.301	3.339	3.377	3.415
1.88	3.107	3.145	3.183	3.222	3.260	3.298	3.337	3.375	3.413	3.452
1.90	3.140	3.178	3.217	3.256	3.295	3.333	3.372	3.411	3.450	3.488
1.92	3.173	3.212	3.251	3.290	3.329	3.368	3.408	3.447	3.486	3.525
1.94	3.206	3.245	3.285	3.324	3.364	3.404	3.443	3.483	3.522	3.562
1.96	3.239	3.279	3.319	3.359	3.399	3.439	3.479	3.519	3.559	3.599
1.98	3.272	3.312	3.353	3.393	3.433	3.474	3.514	3.554	3.595	3.635
2.00	3.305	3.346	3.386	3.427	3.468	3.509	3.550	3.590	3.631	3.672
2.02	3.338	3.379	3.420	3.461	3.503	3.544	3.585	3.626	3.668	3.709
2.04	3.371	3.413	3.454	3.496	3.537	3.579	3.621	3.662	3.704	3.745
2.06	3.404	3.446	3.488	3.530	3.572	3.614	3.656	3.698	3.740	3.782
2.08	3.437	3.479	3.522	3.564	3.607	3.649	3.692	3.734	3.776	3.819
2.10	3.470	3.513	3.556	3.599	3.641	3.684	3.727	3.770	3.813	3.856
2.12	3.503	3.546	3.590	3.633	3.676	3.719	3.763	3.806	3.849	3.892
2.14	3.536	3.580	3.623	3.667	3.711	3.754	3.798	3.842	3.885	3.929
2.16	3.569	3.613	3.657	3.701	3.745	3.790	3.834	3.878	3.922	3.966
2.18	3.602	3.647	3.691	3.736	3.780	3.825	3.869	3.914	3.958	4.002
2.20	3.635	3.680	3.725	3.770	3.815	3.860	3.905	3.949	3.994	4.039
2.22	3.668	3.714	3.759	3.804	3.849	3.895	3.940	3.985	4.031	4.076
2.24	3.701	3.747	3.793	3.838	3.884	3.930	3.976	4.021	4.067	4.113
2.26	3.734	3.781	3.827	3.873	3.919	3.965	4.011	4.057	4.103	4.149
2.28	3.767	3.814	3.860	3.907	3.954	4.000	4.047	4.093	4.140	4.186
2.30	3.801	3.847	3.894	3.941	3.988	4.035	4.082	4.129	4.176	4.223
2.32	3.834	3.881	3.928	3.976	4.023	4.070	4.118	4.165	4.212	4.260
2.34	3.867	3.914	3.962	4.010	4.058	4.105	4.153	4.201	4.249	4.296
2.36	3.900	3.948	3.996	4.044	4.092	4.140	4.189	4.237	4.285	4.333
2.38	3.933	3.981	4.030	4.078	4.127	4.175	4.224	4.273	4.321	4.370
2.40	3.966	4.015	4.064	4.113	4.162	4.211	4.260	4.308	4.357	4.406
2.42	3.999	4.048	4.098	4.147	4.196	4.246	4.295	4.344	4.394	4.443
2.44	4.032	4.082	4.131	4.181	4.231	4.281	4.331	4.380	4.430	4.480
2.46	4.065	4.115	4.165	4.215	4.266	4.316	4.366	4.416	4.466	4.517
2.48	4.098	4.149	4.199	4.250	4.300	4.351	4.402	4.452	4.503	4.553
2.50	4.131	4.182	4.233	4.284	4.335	4.386	4.437	4.488	4.539	4.590
2.52	4.164	4.215	4.267	4.318	4.370	4.421	4.472	4.524	4.575	4.627
2.54	4.197	4.249	4.301	4.353	4.404	4.456	4.508	4.560	4.612	4.663
2.56	4.230	4.282	4.335	4.387	4.439	4.491	4.543	4.596	4.648	4.700
2.58	4.263	4.316	4.368	4.421	4.474	4.526	4.579	4.632	4.684	4.737
2.60	4.296	4.349	4.402	4.455	4.508	4.561	4.614	4.668	4.721	4.774
2.62	4.329	4.383	4.436	4.490	4.543	4.597	4.650	4.703	4.757	4.810
2.64	4.362	4.416	4.470	4.524	4.578	4.632	4.685	4.739	4.793	4.847
2.66	4.395	4.450	4.504	4.558	4.612	4.667	4.721	4.775	4.829	4.884
2.68	4.428	4.483	4.538	4.592	4.647	4.702	4.756	4.811	4.866	4,920
2.70	4.461	4.517	4.572	4.627	4.682	4.737	4.792	4.847	4.902	4.957
2.72	4.495	4.550	4.606	4.661	4.716	4.772	4.827	4.883	4.938	4.994
2.74	4.528	4.583	4.639	4.695	4.751	4.807	4.863	4.919	4.975	5.031
2.76	4.561	4.617	4.673	4.730	4.786	4.842	4.898	4.955	5.011	5.067
2.78	4.594	4.650	4.707	4.764	4.821	4.877	4.934	4.991	5.047	5.104
2.80	4.627	4.684	4.741	4.798	4.855	4.912	4.969	5.027	5.084	5.141

Kubik-Inhalt der Kolli, deren kleinstes
Solid contents of packages, whose least
Cubage des colis, dont la plus petite dimension

Länge/Length Longueur	Breite — Breadth — Largeur 1.04	1.06	1.08	1.10	1.12	1.14	1.16	1.18	1.20	1.22
	Inhalt in Kubikmetern — Solid Contents — Cubage									
1.04	1.125									
1.06	1.146	1.169								
1.08	1.168	1.191	1.213							
1.10	1.190	1.213	1.236	1.258						
1.12	1.211	1.235	1.258	1.281	1.305					
1.14	1.233	1.257	1.280	1.304	1.328	1.352				
1.16	1.255	1.279	1.303	1.327	1.351	1.375	1.399			
1.18	1.276	1.301	1.325	1.350	1.374	1.399	1.424	1.448		
1.20	1.298	1.323	1.348	1.373	1.398	1.423	1.448	1.473	1.498	
1.22	1.320	1.345	1.370	1.396	1.421	1.446	1.472	1.497	1.523	1.548
1.24	1.341	1.367	1.393	1.419	1.444	1.470	1.496	1.522	1.548	1.573
1.26	1.363	1.389	1.415	1.441	1.468	1.494	1.520	1.546	1.572	1.599
1.28	1.384	1.411	1.438	1.464	1.491	1.518	1.544	1.571	1.597	1.624
1.30	1.406	1.433	1.460	1.487	1.514	1.541	1.568	1.595	1.622	1.649
1.32	1.428	1.455	1.483	1.510	1.538	1.565	1.592	1.620	1.647	1.675
1.34	1.449	1.477	1.505	1.533	1.561	1.589	1.617	1.644	1.672	1.700
1.36	1.471	1.499	1.528	1.556	1.584	1.612	1.641	1.669	1.697	1.726
1.38	1.493	1.521	1.550	1.579	1.607	1.636	1.665	1.694	1.722	1.751
1.40	1.514	1.543	1.572	1.602	1.631	1.660	1.689	1.718	1.747	1.776
1.42	1.536	1.565	1.595	1.624	1.654	1.684	1.713	1.743	1.772	1.802
1.44	1.558	1.587	1.617	1.647	1.677	1.707	1.737	1.767	1.797	1.827
1.46	1.579	1.610	1.640	1.670	1.701	1.731	1.761	1.792	1.822	1.852
1.48	1.601	1.632	1.662	1.693	1.724	1.755	1.785	1.816	1.847	1.878
1.50	1.622	1.654	1.685	1.716	1.747	1.778	1.810	1.841	1.872	1.903
1.52	1.644	1.676	1.707	1.739	1.770	1.802	1.834	1.865	1.897	1.929
1.54	1.666	1.698	1.730	1.762	1.794	1.826	1.858	1.890	1.922	1.954
1.56	1.687	1.720	1.752	1.785	1.817	1.850	1.882	1.914	1.947	1.979
1.58	1.709	1.742	1.775	1.808	1.840	1.873	1.906	1.939	1.972	2.005
1.60	1.731	1.764	1.797	1.830	1.864	1.897	1.930	1.964	1.997	2.030
1.62	1.752	1.786	1.820	1.853	1.887	1.921	1.954	1.988	2.022	2.055
1.64	1.774	1.808	1.842	1.876	1.910	1.944	1.978	2.013	2.047	2.081
1.66	1.795	1.830	1.865	1.899	1.934	1.968	2.003	2.037	2.072	2.106
1.68	1.817	1.852	1.887	1.922	1.957	1.992	2.027	2.062	2.097	2.132
1.70	1.839	1.874	1.909	1.945	1.980	2.016	2.051	2.086	2.122	2.157
1.72	1.860	1.896	1.932	1.968	2.003	2.039	2.075	2.111	2.147	2.182
1.74	1.882	1.918	1.954	1.991	2.027	2.063	2.099	2.135	2 172	2.208
1.76	1.904	1.940	1.977	2.013	2.050	2.087	2.123	2.160	2.196	2.233
1.78	1.925	1.962	1.999	2.036	2.073	2.110	2.147	2.184	2.221	2.258
1.80	1.947	1.984	2.022	2.059	2.097	2.134	2.172	2.209	2.246	2.284
1.82	1.979	2.006	2.044	2.082	2.120	2.158	2.196	2.234	2.271	2.309
1.84	1.990	2.028	2.067	2.105	2.143	2.182	2.220	2.258	2.296	2.335
1.86	2.012	2.050	2.089	2.128	2.167	2.205	2.244	2.283	2.321	2.360
1.88	2.033	2.073	2.112	2.151	2.190	2.229	2.268	2.307	2.346	2.385
1.90	2.055	2.095	2.134	2.174	2.213	2.253	2.292	2.332	2.371	2.411
1.92	2.077	2.117	2.157	2.196	2.236	2.276	2.316	2.356	2.396	2.436
1.94	2.098	2.139	2.179	2.219	2.260	2.300	2.340	2.381	2.421	2.461
1.96	2.120	2.161	2.201	2.242	2.283	2.324	2.365	2.405	2.446	2.487
1.98	2.142	2.183	2.224	2.265	2.306	2.347	2.389	2.430	2.471	2.512
2.00	2.163	2.205	2.246	2.288	2.330	2.371	2.413	2.454	2.496	2.538
2.02	2.185	2.227	2.269	2.311	2.353	2.395	2.437	2.479	2.521	2.563
2.04	2.206	2.249	2.291	2.334	2.376	2.419	2.461	2.503	2.546	2.588
2.06	2.228	2.271	2.314	2.357	2.399	2.442	2.485	2.528	2.571	2.614
2.08	2.250	2.293	2.336	2.380	2.423	2.466	2.509	2.553	2.596	2.639
2.10	2.271	2.315	2.359	2.402	2.446	2.490	2.533	2.577	2.621	2.664
2.12	2.293	2.337	2.381	2.425	2.469	2.513	2.558	2.602	2.646	2.690
2.14	2.315	2.359	2.404	2.448	2.493	2.537	2.582	2.626	2.671	2.715
2.16	2.336	2.381	2.426	2.471	2.516	2.561	2.606	2.651	2.696	2.741
2.18	2.358	2.403	2.449	2.494	2.539	2.585	2.630	2.675	2.721	2.766
2.20	2.380	2.425	2.471	2.517	2.563	2.608	2.654	2.700	2.746	2.791
2.22	2.401	2 447	2.494	2.540	2.586	2.632	2.678	2.724	2.771	2.817
2.24	2.423	2.469	2.516	2.563	2.609	2.656	2.702	2.749	2.796	2.842
2.26	2.444	2.491	2.538	2.585	2.632	2.679	2.726	2.773	2.820	2.867
2.28	2.466	2.513	2.561	2.608	2.656	2.703	2.751	2.798	2.845	2.893
2.30	2.488	2.536	2.583	2.631	2.679	2.727	2.775	2.823	2.870	2.918
2.32	2.509	2.558	2.606	2.654	2.702	2.751	2.799	2.847	2.895	2.944
2.34	2.531	2.580	2.628	2.677	2.726	2.774	2.823	2.872	2.920	2.969
2.36	2.553	2.602	2.651	2.700	2.749	2.798	2.847	2.896	2.945	2.994
2.38	2.574	2.624	2.673	2.723	2.772	2.822	2.871	2.921	2.970	3.020
2.40	2.596	2.646	2.696	2.746	2.796	2.845	2.895	2.945	2.995	3.045
2.42	2.617	2.668	2.718	2.768	2.819	2.869	2.919	2.970	3.020	3.070

Maß (Dicke) 104 Centimeter (1,04 m) ist.
dimensions (depth) are 104 centimetres (1,04 m).
(l'épaisseur) est 104 centimètres (1,04 m).

Länge/Length Longueur	Breite — Breadth — Largeur 1.24	1.26	1.28	1.30	1.32	1.34	1.36	1.38	1.40	1.42
	Inhalt in Kubikmetern — Solid Contents — Cubage									
1.24	1.599									
1.26	1.625	1.651								
1.28	1.651	1.677	1.704							
1.30	1.676	1.704	1.731	1.758						
1.32	1.702	1.730	1.757	1.785	1.812					
1.34	1.728	1.756	1.784	1.812	1.840	1.867				
1.36	1.754	1.782	1.810	1.839	1.867	1.895	1.924			
1.38	1.780	1.808	1.837	1.866	1.894	1.923	1.952	1.981		
1.40	1.805	1.835	1.864	1.893	1.922	1.951	1.980	2.009	2.038	
1.42	1.831	1.861	1.890	1.920	1.949	1.979	2.008	2.038	2.068	2.097
1.44	1.857	1.887	1.917	1.947	1.977	2.007	2.037	2.067	2.097	2.127
1.46	1.883	1.913	1.944	1.974	2.004	2.035	2.065	2.095	2.126	2.156
1.48	1.909	1.939	1.970	2.001	2.032	2.063	2.093	2.124	2.155	2.186
1.50	1.934	1.966	1.997	2.028	2.059	2.090	2.122	2.153	2.184	2.215
1.52	1.960	1.992	2.023	2.055	2.087	2.118	2.150	2.182	2.213	2.245
1.54	1.986	2.018	2.050	2.082	2.114	2.146	2.178	2.210	2.242	2.274
1.56	2.012	2.044	2.077	2.109	2.142	2.174	2.206	2.239	2.271	2.304
1.58	2.038	2.070	2.103	2.136	2.169	2.202	2.235	2.268	2.300	2.333
1.60	2.063	2.097	2.130	2.163	2.196	2.230	2.263	2.296	2.330	2.363
1.62	2.089	2.123	2.157	2.190	2.224	2.258	2.291	2.325	2.359	2.392
1.64	2.115	2.149	2.183	2.217	2.251	2.286	2.320	2.354	2.388	2.422
1.66	2.141	2.175	2.210	2.244	2.279	2.313	2.348	2.382	2.417	2.451
1.68	2.167	2.201	2.236	2.271	2.306	2.341	2.376	2.411	2.446	2.481
1.70	2.192	2.228	2.263	2.298	2.334	2.369	2.404	2.440	2.475	2.511
1.72	2.218	2.254	2.290	2.325	2.361	2.397	2.433	2.469	2.504	2.540
1.74	2.244	2.280	2.316	2.352	2.389	2.425	2.461	2.497	2.533	2.570
1.76	2.270	2.306	2.343	2.380	2.416	2.453	2.489	2.526	2.563	2.599
1.78	2.295	2.333	2.370	2.407	2.444	2.481	2.518	2.555	2.592	2.629
1.80	2.321	2.359	2.396	2.434	2.471	2.508	2.546	2.583	2.621	2.658
1.82	2.347	2.385	2.423	2.461	2.498	2.536	2.574	2.612	2.650	2.688
1.84	2.373	2.411	2.449	2.488	2.526	2.564	2.602	2.641	2.679	2.717
1.86	2.399	2.437	2.476	2.515	2.553	2.592	2.631	2.669	2.708	2.747
1.88	2.424	2.464	2.503	2.542	2.581	2.620	2.659	2.698	2.737	2.776
1.90	2.450	2.490	2.529	2.569	2.608	2.648	2.687	2.727	2.766	2.806
1.92	2.476	2.516	2.556	2.596	2.636	2.676	2.716	2.756	2.796	2.835
1.94	2.502	2.542	2.583	2.623	2.663	2.704	2.744	2.784	2.825	2.865
1.96	2.528	2.568	2.609	2.650	2.691	2.731	2.772	2.813	2.854	2.895
1.98	2.553	2.595	2.636	2.677	2.718	2.759	2.801	2.842	2.883	2.924
2.00	2.579	2.621	2.662	2.704	2.746	2.787	2.829	2.870	2.912	2.954
2.02	2.605	2.647	2.689	2.731	2.773	2.815	2.857	2.899	2.941	2.983
2.04	2.631	2.673	2.716	2.758	2.801	2.843	2.885	2.928	2.970	3.013
2.06	2.657	2.699	2.742	2.785	2.828	2.871	2.914	2.957	2.999	3.042
2.08	2.682	2.726	2.769	2.812	2.855	2.899	2.942	2.985	3.028	3.072
2.10	2.708	2.752	2.796	2.839	2.883	2.927	2.970	3.014	3.058	3.101
2.12	2.734	2.778	2.822	2.866	2.910	2.954	2.999	3.043	3.087	3.131
2.14	2.760	2.804	2.849	2.893	2.938	2.982	3.027	3.071	3.116	3.160
2.16	2.786	2.830	2.875	2.920	2.965	3.010	3.055	3.100	3.145	3.190
2.18	2.811	2.857	2.902	2.947	2.993	3.038	3.083	3.129	3.174	3.219
2.20	2.837	2.883	2.929	2.974	3.020	3.066	3.112	3.157	3.203	3.249
2.22	2.863	2.909	2.955	3.001	3.048	3.094	3.140	3.186	3.232	3.278
2.24	2.889	2.935	2.982	3.028	3.075	3.122	3.168	3.215	3.261	3.308
2.26	2.914	2.962	3.009	3.056	3.103	3.150	3.197	3.244	3.291	3.338
2.28	2.940	2.988	3.035	3.083	3.130	3.177	3.225	3.272	3.320	3.367
2.30	2.966	3.014	3.062	3.110	3.157	3.205	3.253	3.301	3.349	3.397
2.32	2.992	3.040	3.088	3.137	3.185	3.233	3.281	3.330	3.378	3.426
2.34	3.018	3.066	3.115	3.164	3.212	3.261	3.310	3.358	3.407	3.456
2.36	3.043	3.093	3.142	3.191	3.240	3.289	3.338	3.387	3.436	3.485
2.38	3.069	3.119	3.168	3.218	3.267	3.317	3.366	3.416	3.465	3.515
2.40	3.095	3.145	3.195	3.245	3.295	3.345	3.395	3.444	3.494	3.544
2.42	3.121	3.171	3.222	3.272	3.322	3.373	3.423	3.473	3.524	3.574

Kubik-Inhalt der Kolli, deren kleinstes
Solid contents of packages, whose least
Cubage des colis, dont la plus petite dimension

Länge/Length Longueur	Breite — Breadth — Largeur 1.44	1.46	1.48	1.50	1.52	1.54	1.56	1.58	1.60	1.62
	Inhalt in Kubikmetern — Solid Contents — Cubage									
1.44	2.157									
1.46	2.186	2.217								
1.48	2.216	2.247	2.278							
1.50	2.246	2.278	2.309	2.340						
1.52	2.276	2.308	2.340	2.371	2.403					
1.54	2.306	2.338	2.370	2.402	2.434	2.466				
1.56	2.336	2.369	2.401	2.434	2.466	2.498	2.531			
1.58	2.366	2.399	2.432	2.465	2.498	2.531	2.563	2.596		
1.60	2.396	2.429	2.463	2.496	2.529	2.563	2.596	2.629	2.662	
1.62	2.426	2.460	2.494	2.527	2.561	2.595	2.628	2.662	2.696	2.729
1.64	2.456	2.490	2.524	2.558	2.593	2.627	2.661	2.695	2.729	2.763
1.66	2.486	2.521	2.555	2.590	2.624	2.659	2.693	2.728	2.762	2.797
1.68	2.516	2.551	2 586	2.621	2.656	2.691	2.726	2.761	2.796	2.830
1.70	2.546	2.581	2.617	2.652	2.687	2.723	2.758	2.793	2.829	2.864
1.72	2.576	2.612	2.647	2.683	2.719	2.755	2.791	2.826	2.862	2.898
1.74	2.606	2.642	2.678	2.714	2.751	2.787	2.823	2.859	2.895	2.932
1.76	2.636	2.672	2.709	2.746	2.782	2.819	2.855	2.892	2.929	2.965
1.78	2.666	2.703	2.740	2.777	2.814	2.851	2.888	2.925	2.962	2.999
1.80	2.696	2.733	2.771	2.808	2.845	2.883	2.920	2.958	2.995	3.033
1.82	2.726	2.763	2.801	2.839	2.877	2.915	2.953	2.991	3.028	3.066
1.84	2.756	2.794	2.832	2.870	2.909	2.947	2.985	3.023	3.062	3.100
1.86	2.786	2.824	2.863	2.902	2.940	2.979	3.018	3.056	3.095	3.134
1.88	2.815	2.855	2.894	2.933	2.972	3.011	3.050	3.089	3.128	3 167
1.90	2.845	2.885	2.924	2.964	3.004	3.043	3.083	3.122	3.162	3.201
1.92	2.875	2.915	2.955	2.995	3.035	3.075	3.115	3.155	3.195	3.235
1.94	2.905	2.946	2.986	3.026	3.067	3.107	3.147	3.188	3.228	3.269
1.96	2.935	2.976	3.017	3.058	3.098	3.139	3.180	3.221	3.261	3.302
1.98	2.965	3.006	3.048	3.089	3.130	3.171	3.212	3.254	3.295	3.336
2.00	2.995	3.037	3.078	3.120	3.162	3.203	3.245	3.286	3.328	3.370
2.02	3.025	3.067	3.109	3.151	3.193	3.235	3.277	3.319	3.361	3.403
2.04	3.055	3.098	3.140	3.182	3.225	3.267	3.310	3.352	3.395	3.437
2.06	3.085	3.128	3.171	3.214	3.256	3.299	3.342	3.385	3.428	3.471
2.08	3.115	3.158	3.201	3.245	3.288	3.331	3.375	3.418	3.461	3.504
2.10	3.145	3.189	3.232	3.276	3.320	3.363	3.407	3.451	3.494	3.538
2.12	3.175	3.219	3.263	3.307	3.351	3.395	3.439	3.484	3.528	3.572
2.14	3.205	3.249	3.294	3.338	3.383	3.427	3.472	3.516	3.561	3.605
2.16	3.235	3.280	3.325	3.370	3.415	3.459	3.504	3.549	3.594	3.639
2.18	3.265	3.310	3.355	3.401	3.446	3.491	3.537	3.582	3.628	3.673
2.20	3.295	3.340	3.386	3.432	3.478	3.524	3.569	3.615	3.661	3.707
2.22	3.325	3.371	3.417	3.463	3.509	3.556	3.602	3.648	3.694	3.740
2.24	3.355	3.401	3.448	3.494	3.541	3.588	3.634	3.681	3.727	3.774
2.26	3.385	3.432	3.479	3.526	3.573	3.620	3.667	3.714	3.761	3.808
2.28	3.415	3.462	3.509	3.557	3.604	3.652	3.699	3.746	3.794	3.841
2.30	3.444	3.492	3.540	3.588	3.636	3.684	3.732	3.779	3.827	3.875
2.32	3.474	3.523	3.571	3.619	3.667	3.716	3.764	3.812	3.860	3 909
2.34	3.504	3.553	3.602	3.650	3.699	3.748	3.796	3.845	3.894	3.942
2.36	3.534	3.583	3.633	3.682	3.731	3.780	3.829	3.878	3.927	3.976
2.38	3.564	3.614	3.663	3.713	3.762	3.812	3.861	3.911	3.960	4.010
2.40	3.594	3.644	3.694	3.744	3.794	3.844	3.894	3.944	3.994	4.044
2.42	3.624	3.675	3.725	3.775	3.826	3.876	3.926	3.977	4.027	4.077
2.44	3.654	3.705	3.756	3.806	3.857	3.908	3.959	4.009	4.060	4.111
2.46	3.684	3.735	3.786	3.838	3.889	3.940	3.991	4.042	4.093	4.145
2.48	3.714	3 766	3.817	3.869	3.920	3.972	4.024	4.075	4.127	4.178
2.50	3.744	3.796	3.848	3.900	3.952	4.004	4.056	4.108	4.160	4.212
2.52	3.774	3.826	3.879	3.931	3.984	4.036	4.088	4.141	4.193	4.246
2.54	3.804	3.857	3.910	3.962	4.015	4.068	4.121	4.174	4.227	4.279
2.56	3.834	3.887	3.940	3.994	4.047	4.100	4.153	4.207	4 260	4.313
2.58	3.864	3.917	3.971	4.025	4.078	4.132	4.186	4.239	4.293	4.347
2.60	3.894	3.948	4.002	4.056	4.110	4.164	4.218	4.272	4.326	4.380
2.62	3.924	3 978	4.033	4.087	4.142	4.196	4.251	4.305	4.360	4.414
2.64	3.954	4.009	4.063	4.118	4.173	4.228	4.283	4.338	4.393	4.448
2.66	3.984	4.039	4.094	4.150	4.205	4.260	4.316	4.371	4.426	4.482
2.68	4.014	4.069	4.125	4.181	4.237	4.292	4.348	4.404	4.460	4.515
2.70	4.044	4.100	4.156	4.212	4.268	4.324	4.380	4.437	4.493	4.549
2.72	4.073	4.130	4.187	4.243	4.300	4.356	4.413	4.470	4.526	4.583
2.74	4.103	4.160	4.217	4.274	4.331	4.388	4.445	4.502	4.559	4.616
2.76	4.133	4.191	4.248	4.306	4.363	4.420	4.478	4.535	4.593	4.650
2.78	4.163	4.221	4.279	4.337	4.395	4.452	4.510	4.568	4.626	4.684
2.80	4.193	4.252	4.310	4.368	4.426	4.484	4.543	4.601	4.659	4.717
2.82	4.223	4.282	4.341	4.399	4.458	4.517	4.575	4.634	4.692	4.751

Maß (Dicke) 104 Centimeter (1,04 m) ist.
dimensions (depth) are 104 centimetres (1,04 m).
(l'épaisseur) est 104 centimètres (1,04 m).

Länge/Length Longueur	Breite — Breadth — Largeur 1.64	1.66	1.68	1.70	1.72	1.74	1.76	1.78	1.80	1.82
	Inhalt in Kubikmetern — Solid Contents — Cubage									
1.64	2.797									
1.66	2.831	2.866								
1.68	2.865	2.900	2.935							
1.70	2.900	2.935	2.970	3.006						
1.72	2 934	2.969	3.005	3.041	3.077					
1.74	2.968	3.004	3.040	3.076	3.113	3.149				
1.76	3.002	3.038	3.075	3.112	3.148	3.185	3.222			
1.78	3.036	3.073	3.110	3.147	3.184	3.221	3.258	3.295		
1.80	3.070	3.108	3.145	3.182	3.220	3.257	3.295	3.332	3.370	
1.82	3.104	3.142	3.180	3.218	3.256	3.293	3.331	3.369	3.407	3.445
1.84	3.138	3.177	3.215	3.253	3.291	3.330	3.368	3.406	3.444	3.483
1.86	3.172	3.211	3.250	3.288	3.327	3.366	3.405	3.443	3.482	3.521
1.88	3.207	3.246	3.285	3.324	3.363	3.402	3.441	3.480	3.519	3.558
1.90	3.241	3.280	3.320	3.359	3.399	3.438	3.478	3.517	3.557	3.596
1.92	3.275	3.315	3.355	3.395	3.434	3.474	3.514	3.554	3.594	3.634
1.94	3.309	3.349	3.390	3.430	3.470	3.511	3.551	3.591	3.632	3.672
1.96	3.343	3.384	3.425	3.465	3.506	3.547	3.588	3.628	3.669	3.710
1.98	3.377	3.418	3.459	3.501	3.542	3.583	3.624	3.665	3.707	3.748
2.00	3.411	3.453	3.494	3.536	3.578	3.619	3.661	3.702	3.744	3.786
2.02	3.445	3.487	3.529	3.571	3.613	3.655	3.697	3.739	3.781	3.823
2.04	3.479	3.522	3.564	3.607	3.649	3.692	3.734	3.776	3.819	3.861
2.06	3.514	3.556	3.599	3.642	3.685	3.728	3.771	3.813	3.856	3.899
2.08	3.548	3.591	3.634	3.677	3.721	3.764	3.807	3.850	3.894	3.937
2.10	3.582	3.625	3.669	3.713	3.756	3.800	3.844	3.888	3.931	3.975
2.12	3.616	3.660	3.704	3.748	3.792	3.836	3.880	3.925	3.969	4.013
2.14	3.650	3.694	3.739	3.784	3.828	3.873	3.917	3.962	4.006	4.051
2.16	3.684	3.729	3.774	3.819	3.864	3.909	3.954	3.999	4.044	4.088
2.18	3.718	3.764	3.809	3.854	3.900	3.945	3.990	4.036	4.081	4.126
2.20	3.752	3.798	3.844	3.890	3.935	3.981	4.027	4.073	4.118	4.164
2.22	3.786	3.833	3.879	3.925	3.971	4.017	4.063	4.110	4.156	4.202
2.24	3.821	3.867	3.914	3.960	4.007	4.054	4.100	4.147	4.193	4.240
2.26	3.855	3.902	3.949	3.996	4.043	4.090	4.137	4.184	4.231	4.278
2.28	3.889	3.936	3.984	4.031	4.078	4.126	4.173	4.221	4.268	4.316
2.30	3.923	3.971	4.019	4.066	4.114	4.162	4.210	4.258	4.306	4.353
2.32	3.957	4.005	4.054	4.102	4.150	4.198	4.247	4.295	4.343	4.391
2.34	3.991	4.040	4.088	4.137	4.186	4.234	4.283	4.332	4.380	4.429
2.36	4.025	4.074	4.123	4.172	4.222	4.271	4.320	4.369	4.418	4.467
2.38	4.059	4.109	4.158	4.208	4.257	4.307	4.356	4.406	4.455	4.505
2.40	4.093	4.143	4.193	4.243	4.293	4.343	4.393	4.443	4.493	4.543
2.42	4.128	4.178	4.228	4.279	4.329	4.379	4.430	4.480	4.530	4.581
2.44	4.162	4 212	4.263	4.314	4.365	4 415	4.466	4.517	4.568	4.618
2.46	4.196	4.247	4.298	4.349	4.400	4.452	4.503	4.554	4.605	4.656
2.48	4.230	4.281	4.333	4.385	4.436	4.488	4.539	4.591	4.643	4.694
2.50	4.264	4.316	4.368	4.420	4.472	4.524	4.576	4.628	4.680	4.732
2.52	4.298	4.351	4.403	4.455	4.508	4.560	4.613	4.665	4.717	4.770
2.54	4.332	4.385	4.438	4.491	4.544	4.596	4.649	4.702	4.755	4.808
2.56	4.366	4.420	4.473	4.526	4.579	4.633	4.686	4.739	4.792	4.846
2.58	4.400	4.454	4.508	4.561	4.615	4.669	4.722	4.776	4.830	4.883
2.60	4.435	4.489	4.543	4.597	4.651	4.705	4.759	4.813	4.867	4.921
2.62	4.469	4.523	4.578	4.632	4.687	4.741	4.796	4.850	4.905	4.959
2.64	4.503	4.558	4.613	4.668	4.722	4.777	4.832	4.887	4.942	4.997
2.66	4.537	4.592	4.648	4.703	4.758	4.814	4.869	4.924	4.980	5.035
2.68	4.571	4.627	4.682	4.738	4.794	4.850	4.905	4.961	5.017	5.073
2.70	4.605	4.661	4.717	4.774	4.830	4.886	4.942	4.998	5.054	5.111
2.72	4.639	4.696	4.752	4.809	4.866	4.922	4.979	5.035	5.092	5.148
2.74	4.673	4.730	4.787	4.844	4.901	4.958	5.015	5.072	5.129	5.186
2.76	4.707	4.765	4.822	4.880	4.937	4.994	5.052	5.109	5.167	5.224
2.78	4.742	4.799	4.857	4.915	4.973	5.031	5.089	5.146	5.204	5.262
2.80	4.776	4.834	4.892	4.950	5.009	5.067	5.125	5.183	5.242	5.300
2.82	4.810	4.868	4.927	4.986	5.044	5.103	5.162	5.220	5.279	5.338

Kubik-Inhalt der Kolli, deren kleinstes
Solid contents of packages, whose least
Cubage des colis, dont la plus petite dimension

Länge/Length Longueur	Breite — Breadth — Largeur 1.06	1.08	1.10	1.12	1.14	1.16	1.18	1.20	1.22	1.24
	Inhalt in Kubikmetern — Solid Contents — Cubage									
1.06	1.191									
1.08	1.213	1.236								
1.10	1.236	1.259	1.283							
1.12	1.258	1.282	1.306	1.330						
1.14	1.281	1.305	1.329	1.353	1.378					
1.16	1.303	1.328	1.353	1.377	1.402	1.426				
1.18	1.326	1.351	1.376	1.401	1.426	1.451	1.476			
1.20	1.348	1.374	1.399	1.425	1.450	1.476	1.501	1.526		
1.22	1.371	1.397	1.423	1.448	1.474	1.500	1.526	1.552	1.578	
1.24	1 393	1.420	1.446	1.472	1.498	1.525	1.551	1.577	1.604	1.630
1.26	1.416	1.442	1.469	1.496	1.523	1.549	1.576	1.603	1.629	1.656
1.28	1.438	1.465	1.492	1.520	1.547	1.574	1.601	1.628	1.655	1.682
1.30	1.461	1.488	1.516	1.543	1.571	1.598	1.626	1.654	1.681	1.709
1.32	1.483	1.511	1.539	1.567	1 595	1.623	1.651	1.679	1.707	1.735
1.34	1.506	1.534	1.562	1.591	1.619	1.648	1.676	1.704	1.733	1.761
1.36	1.528	1.557	1.586	1.615	1.643	1.672	1.701	1.730	1.759	1.788
1.38	1.551	1.580	1.609	1.638	1.668	1.697	1.726	1.755	1.785	1.814
1.40	1.573	1.603	1.632	1.662	1.692	1.721	1.751	1.781	1.810	1.840
1.42	1.596	1.626	1.656	1.686	1.716	1.746	1.776	1.806	1.836	1.866
1.44	1.618	1.649	1.679	1.710	1.740	1.771	1.801	1.832	1.862	1.893
1.46	1.640	1.671	1.702	1.733	1.764	1.795	1.826	1.857	1.888	1.919
1.48	1.663	1.694	1.726	1.757	1.788	1.820	1.851	1.883	1.914	1.945
1.50	1.685	1.717	1.749	1.781	1.813	1.844	1.876	1.908	1.940	1.972
1.52	1.708	1.740	1.772	1.805	1.837	1.869	1.901	1.933	1.966	1.998
1.54	1.730	1.763	1.796	1.828	1.861	1.894	1.926	1.959	1.992	2.024
1.56	1.753	1.786	1.819	1.852	1.885	1.918	1.951	1.984	2.017	2.050
1.58	1.775	1.809	1.842	1.876	1.909	1.943	1.976	2.010	2.043	2.077
1.60	1.798	1.832	1.866	1.900	1.933	1.967	2.001	2.035	2.069	2.103
1.62	1.820	1.855	1.889	1.923	1.958	1.992	2.026	2.061	2.095	2.129
1.64	1.843	1.877	1.912	1.947	1.982	2.017	2.051	2.086	2.121	2.156
1.66	1.865	1.900	1.936	1.971	2.006	2.041	2.076	2.112	2.147	2.182
1.68	1.888	1.923	1.959	1.994	2.030	2.066	2.101	2.137	2.173	2.208
1.70	1.910	1.946	1.982	2.018	2.054	2.090	2.126	2.162	2.198	2.234
1.72	1.933	1.969	2.006	2.042	2.078	2.115	2.151	2.188	2.224	2.261
1.74	1.955	1.992	2 029	2.066	2.103	2.140	2.176	2.213	2.250	2.287
1.76	1.978	2.015	2.052	2.089	2.127	2.164	2.201	2.239	2.276	2.313
1.78	2.000	2.038	2.075	2.113	2.151	2.189	2.226	2.264	2.302	2.340
1.80	2.022	2.061	2.099	2.137	2.175	2.213	2.251	2.290	2.328	2.366
1.82	2.045	2.084	2.122	2.161	2.199	2.238	2.276	2.315	2.354	2.392
1.84	2.067	2.106	2.145	2.184	2.223	2.262	2.301	2.340	2.379	2.418
1.86	2.090	2.129	2.169	2.208	2.248	2.287	2.326	2.366	2.405	2.445
1.88	2.112	2.152	2.192	2.232	2.272	2.312	2 352	2.391	2.431	2.471
1.90	2.135	2.175	2.215	2.256	2.296	2.336	2.377	2.417	2.457	2.497
1.92	2.157	2.198	2.239	2.279	2.320	2.361	2.402	2.442	2.483	2.524
1.94	2.180	2.221	2.262	2.303	2.344	2.385	2.427	2.468	2.509	2.550
1.96	2.202	2.244	2.285	2.327	2.368	2.410	2.452	2.493	2.535	2.576
1.98	2.225	2.267	2.309	2.351	2.393	2.435	2.477	2.519	2.561	2.603
2.00	2.247	2.290	2.332	2.374	2.417	2.459	2.502	2.544	2.586	2.629
2.02	2.270	2.312	2.355	2.398	2.441	2.484	2.527	2.569	2.612	2.655
2.04	2.292	2.335	2.379	2.422	2.465	2 508	2.552	2.595	2.638	2.681
2.06	2.315	2.358	2.402	2.446	2.489	2.533	2.577	2.620	2.664	2.708
2.08	2.337	2.381	2.425	2.469	2.513	2.558	2.602	2.646	2.690	2.734
2.10	2.360	2.404	2.449	2.493	2.538	2.582	2.627	2.671	2.716	2.760
2.12	2.382	2.427	2.472	2.517	2.562	2.607	2.652	2.697	2.742	2.787
2.14	2.405	2.450	2.495	2.541	2.586	2.631	2.677	2.722	2.767	2.813
2.16	2.427	2.473	2.519	2.564	2.610	2.656	2.702	2.748	2.793	2.839
2.18	2.449	2.496	2.542	2.588	2.634	2.681	2.727	2.773	2.819	2.865
2.20	2.472	2.519	2.565	2.612	2.658	2.705	2.752	2.798	2.845	2.892
2.22	2.494	2.541	2.589	2.636	2.683	2.730	2.777	2.824	2 871	2.918
2.24	2.517	2.564	2.612	2.659	2.707	2.754	2.802	2.849	2.897	2.944
2.26	2.539	2.587	2.635	2.683	2.731	2.779	2.827	2.875	2.923	2.971
2.28	2.562	2.610	2.658	2.707	2.755	2.803	2.852	2.900	2.948	2.997
2.30	2.584	2.633	2.682	2.731	2.779	2.828	2.877	2.926	2.974	3.023
2.32	2.607	2.656	2.705	2.754	2.803	2.853	2.902	2.951	3.000	3.049
2.34	2.629	2.679	2.728	2.778	2.828	2.877	2.927	2.976	3.026	3.076
2.36	2.652	2.702	2.752	2.802	2.852	2.902	2.952	3.002	3.052	3.102
2.38	2.674	2.725	2.775	2.826	2.876	2.926	2.977	3.027	3.078	3.128
2.40	2.697	2.748	2.798	2.849	2.900	2.951	3.002	3.053	3.104	3.155
2.42	2.719	2.770	2.822	2.873	2.924	2.976	3.027	3.078	3.130	3.181
2.44	2.742	2.793	2.845	2.897	2.948	3.000	3.052	3.104	3.155	3.207

Maß (Dicke) 106 Centimeter (1,06 m) ist.
dimensions (depth) are 106 centimetres (1,06 m).
(l'épaisseur) est 106 centimètres (1,06 m).

Länge/Length Longueur	Breite — Breadth — Largeur									
	1.26	1.28	1.30	1.32	1.34	1.36	1.38	1.40	1.42	1.44
	Inhalt in Kubikmetern — Solid Contents — Cubage									
1.26	1.683									
1.28	1.710	1.737								
1.30	1.736	1.764	1.791							
1.32	1.763	1.791	1.819	1.847						
1.34	1.790	1.818	1.847	1.875	1.903					
1.36	1.816	1.845	1.874	1.903	1.932	1.961				
1.38	1.843	1.872	1.902	1.931	1.960	1.989	2.019			
1.40	1.870	1.900	1.929	1.959	1.989	2.018	2.048	2.078		
1.42	1.897	1.927	1.957	1.987	2.017	2.047	2.077	2.107	2.137	
1.44	1.923	1.954	1.984	2.015	2.045	2.076	2.106	2.137	2.167	2.198
1.46	1.950	1.981	2.012	2.043	2.074	2.105	2.136	2.167	2.198	2.229
1.48	1.977	2.008	2.039	2.071	2.102	2.134	2.165	2.196	2.228	2.259
1.50	2.003	2.035	2.067	2.099	2.131	2.162	2.194	2.226	2.258	2.290
1.52	2.030	2.062	2.095	2.127	2.159	2.191	2.223	2.256	2.288	2.320
1.54	2.057	2.089	2.122	2.155	2.187	2.220	2.253	2.285	2.318	2.351
1.56	2.084	2.117	2.150	2.183	2.216	2.249	2.282	2.315	2.348	2.381
1.58	2.110	2.144	2.177	2.211	2.244	2.278	2.311	2.345	2.378	2.412
1.60	2.137	2.171	2.205	2.239	2.273	2.307	2.340	2.374	2.408	2.442
1.62	2.164	2.198	2.232	2.267	2.301	2.335	2.370	2.404	2.438	2.473
1.64	2.190	2.225	2.260	2.295	2.329	2.364	2 399	2.434	2.469	2.503
1.66	2.217	2.252	2.287	2.323	2.358	2.393	2.428	2.463	2.499	2.534
1.68	2.244	2.279	2.315	2.351	2.386	2.422	2.458	2.493	2.529	2.564
1.70	2.271	2.307	2.343	2.379	2.415	2.451	2.487	2.523	2.559	2.595
1.72	2.297	2.334	2.370	2.407	2.443	2.480	2.516	2.552	2.589	2.625
1.74	2.324	2.361	2.398	2.435	2.471	2.508	2.545	2.582	2.619	2.656
1.76	2.351	2.388	2.425	2.463	2.500	2.537	2.575	2.612	2.649	2.686
1.78	2.377	2.415	2.453	2.491	2.528	2.566	2.604	2.642	2.679	2.717
1.80	2.404	2.442	2.480	2.519	2.557	2.595	2.633	2.671	2.709	2.748
1.82	2.431	2.469	2.508	2.547	2.585	2.624	2.662	2.701	2.739	2.778
1.84	2.458	2.497	2.536	2.575	2.614	2.653	2.692	2.731	2.770	2.809
1.86	2.484	2.524	2.563	2.603	2.642	2.681	2.721	2.760	2.800	2.839
1.88	2.511	2.551	2.591	2.630	2.670	2.710	2.750	2.790	2.830	2.870
1.90	2.538	2.578	2.618	2.658	2.699	2.739	2.779	2.820	2.860	2.900
1.92	2.564	2.605	2.646	2.686	2.727	2.768	2.809	2.849	2.890	2.931
1.94	2.591	2.632	2.673	2.714	2.756	2.797	2.838	2.879	2.920	2.961
1.96	2.618	2.659	2.701	2.742	2.784	2.826	2.867	2.909	2.950	2.992
1.98	2.644	2.686	2.728	2.770	2.812	2.854	2.896	2.938	2.980	3.022
2.00	2.671	2.714	2.756	2.798	2.841	2.883	2.926	2.968	3.010	3.053
2.02	2.698	2.741	2.784	2.826	2.869	2.912	2.955	2.998	3.041	3.083
2.04	2.725	2.768	2.811	2.854	2.898	2.941	2.984	3.027	3.071	3.114
2.06	2.751	2.795	2.839	2.882	2.926	2.970	3.013	3.057	3.101	3.144
2.08	2.778	2.822	2.866	2 910	2.954	2.999	3.043	3.087	3.131	3.175
2.10	2.805	2.849	2.894	2.938	2.983	3.027	3.072	3.116	3.16.	3.205
2.12	2.831	2.876	2.921	2.966	3.011	3.056	3.101	3.146	3.191	3.236
2.14	2.858	2.904	2.949	2.994	3.040	3.085	3.130	3.176	3.221	3.266
2.16	2.885	2.931	2.976	3.022	3.068	3.114	3.160	3.205	3.251	3.297
2.18	2.912	2.958	3.004	3.050	3.096	3.143	3.189	3.235	3.281	3.328
2.20	2.938	2.985	3.032	3.078	3.125	3.172	3.218	3.265	3.311	3.358
2.22	2.965	3.012	3.059	3.106	3.153	3.200	3.247	3.294	3.342	3.389
2.24	2.992	3.039	3.087	3.134	3.182	3.229	3.277	3.324	3.372	3.419
2.26	3.018	3.066	3.114	3.162	3.210	3.258	3.306	3.354	3.402	3.450
2.28	3.045	3.094	3.142	3.190	3.239	3.287	3.335	3.384	3.432	3.480
2.30	3.072	3.121	3.169	3.218	3.267	3.316	3.364	3.413	3.462	3.511
2.32	3.099	3.148	3.197	3.246	3.295	3.345	3.394	3.443	3.492	3.541
2.34	3.125	3.175	3.225	3.274	3.324	3.373	3.423	3.473	3.522	3.572
2.36	3.152	3.202	3.252	3.302	3.352	3.402	3.452	3.502	3.552	3.602
2.38	3.179	3.229	3.280	3.330	3.381	3.431	3.481	3.532	3.582	3.633
2.40	3.205	3.256	3.307	3.358	3.409	3.460	3.511	3.562	3.612	3.663
2.42	3.232	3.283	3.335	3.386	3.437	3.489	3.540	3.591	3.643	3.694
2.44	3.259	3.311	3.362	3.414	3.466	3.518	3.569	3.621	3.673	3.724

Kubik-Inhalt der Kolli, deren kleinstes
Solid contents of packages, whose least
Cubage des colis, dont la plus petite dimension

Länge/Length Longueur	Breite — Breadth — Largeur 1.46	1.48	1.50	1.52	1.54	1.56	1.58	1.60	1.62	1.64
	Inhalt in Kubikmetern — Solid Contents — Cubage									
1.46	2.259									
1.48	2.290	2.322								
1.50	2.321	2.353	2.385							
1.52	2.352	2.385	2.417	2.449						
1.54	2.383	2.416	2.449	2.481	2.514					
1.56	2.414	2.447	2.480	2.513	2.547	2.580				
1.58	2.445	2.479	2.512	2.546	2.579	2.613	2.646			
1.60	2.476	2.510	2.544	2.578	2.612	2.646	2.680	2.714		
1.62	2.507	2.541	2.576	2.610	2.644	2.679	2.713	2.748	2.782	
1.64	2.538	2.573	2.608	2.642	2.677	2.712	2.747	2.781	2.816	2.851
1.66	2.569	2.604	2.639	2.675	2.710	2.745	2.780	2.815	2.851	2.886
1.68	2.600	2.636	2.671	2.707	2.742	2.778	2.814	2.849	2.885	2.921
1.70	2.631	2.667	2.703	2.739	2.775	2.811	2.847	2.883	2.919	2.955
1.72	2.662	2.698	2.735	2.771	2.808	2.844	2.881	2.917	2.954	2.990
1.74	2.693	2.730	2.767	2.803	2.840	2.877	2.914	2.951	2.988	3.025
1.76	2.724	2.761	2.798	2.836	2.873	2.910	2.948	2.985	3.022	3.060
1.78	2.755	2.792	2.830	2.868	2.906	2.943	2.981	3.019	3.057	3.094
1.80	2.786	2.824	2.862	2.900	2.938	2.976	3.015	3.053	3.091	3.129
1.82	2.817	2.855	2.894	2.932	2.971	3.010	3.048	3.087	3.125	3.164
1.84	2.848	2.887	2.926	2.965	3.004	3.043	3.082	3.121	3.160	3.199
1.86	2.879	2.918	2.957	2.997	3.036	3.076	3.115	3.155	3.194	3.233
1.88	2.909	2.949	2.989	3.029	3.069	3.109	3.149	3.188	3.228	3.268
1.90	2.940	2.981	3.021	3.061	3.102	3.142	3.182	3.222	3.263	3.303
1.92	2.971	3.012	3.053	3.094	3.134	3.175	3.216	3.256	3.297	3.338
1.94	3.002	3.043	3.085	3.126	3.167	3.208	3.249	3.290	3.331	3.372
1.96	3.033	3.075	3.116	3.158	3.200	3.241	3.283	3.324	3.366	3.407
1.98	3.064	3.106	3.148	3.190	3.232	3.274	3.316	3.358	3.400	3.442
2.00	3.095	3.138	3.180	3.222	3.265	3.307	3.350	3.392	3.434	3.477
2.02	3.126	3.169	3.212	3.255	3.297	3.340	3.383	3.426	3.469	3.512
2.04	3.157	3.200	3.244	3.287	3.330	3.373	3.417	3.460	3.503	3.546
2.06	3.188	3.232	3.275	3.319	3.363	3.406	3.450	3.494	3.537	3.581
2.08	3.219	3.263	3.307	3.351	3.395	3.439	3.484	3.528	3.572	3.616
2.10	3.250	3.294	3.339	3.384	3.428	3.473	3.517	3.562	3.606	3.651
2.12	3.281	3.326	3.371	3.416	3.461	3.506	3.551	3.596	3.640	3.685
2.14	3.312	3.357	3.403	3.448	3.493	3.539	3.584	3.629	3.675	3.720
2.16	3.343	3.389	3.434	3.480	3.526	3.572	3.618	3.663	3.709	3.755
2.18	3.374	3.420	3.466	3.512	3.559	3.605	3.651	3.697	3.743	3.790
2.20	3.405	3.451	3.498	3.545	3.591	3.638	3.685	3.731	3.778	3.824
2.22	3.436	3.483	3.530	3.577	3.624	3.671	3.718	3.765	3.812	3.859
2.24	3.467	3.514	3.562	3.609	3.657	3.704	3.752	3.799	3.847	3.894
2.26	3.498	3.545	3.593	3.641	3.689	3.737	3.785	3.833	3.881	3.929
2.28	3.529	3.577	3.625	3.674	3.722	3.770	3.819	3.867	3.915	3.964
2.30	3.559	3.608	3.657	3.706	3.755	3.803	3.852	3.901	3.950	3.998
2.32	3.590	3.640	3.689	3.738	3.787	3.836	3.886	3.935	3.984	4.033
2.34	3.621	3.671	3.721	3.770	3.820	3.869	3.919	3.969	4.018	4.068
2.36	3.652	3.702	3.752	3.802	3.852	3.902	3.953	4.003	4.053	4.103
2.38	3.683	3.734	3.784	3.835	3.885	3.936	3.986	4.036	4.087	4.137
2.40	3.714	3.765	3.816	3.867	3.918	3 969	4.020	4.070	4.121	4.172
2.42	3.745	3.796	3.848	3.899	3.950	4.002	4.053	4.104	4.156	4.207
2.44	3.776	3.828	3.880	3.931	3.983	4.035	4.087	4.138	4.190	4.242
2.46	3.807	3.859	3.911	3.964	4.016	4.068	4.120	4.172	4.224	4.276
2.48	3.838	3.891	3.943	3.996	4.048	4.101	4.154	4.206	4.259	4.311
2.50	3.869	3.922	3.975	4.028	4.081	4.134	4.187	4.240	4.293	4.346
2.52	3.900	3.953	4.007	4.060	4.114	4.167	4.220	4.274	4.327	4.381
2.54	3.931	3.985	4.039	4.092	4.146	4.200	4.254	4.308	4.362	4.416
2.56	3.962	4.016	4.070	4.125	4.179	4.233	4.287	4.342	4.396	4.450
2.58	3.993	4.048	4.102	4.157	4.212	4.266	4.321	4.376	4.430	4.485
2.60	4.024	4.079	4.134	4.189	4.244	4.299	4.354	4.410	4.465	4.520
2.62	4.055	4.110	4.166	4.221	4.277	4.332	4.388	4.444	4.499	4.555
2.64	4.086	4.142	4.198	4.254	4.310	4.366	4.421	4.477	4.533	4.589
2.66	4.117	4.173	4.229	4.286	4.342	4.399	4.455	4.511	4.568	4.624
2.68	4.148	4.204	4.261	4.318	4.375	4.432	4 488	4.545	4.602	4.659
2.70	4.179	4.236	4.293	4.350	4.407	4.465	4.522	4.579	4.636	4.694
2.72	4.209	4.267	4.325	4.382	4.440	4.498	4.555	4.613	4.671	4.728
2.74	4.240	4.299	4.357	4.415	4.473	4.531	4.589	4.647	4.705	4.763
2.76	4.271	4.330	4.388	4.447	4.505	4.564	4.622	4.681	4.739	4.798
2.78	4.302	4.361	4.420	4.479	4.538	4.597	4.656	4.715	4.774	4.833
2.80	4.333	4.393	4.452	4.511	4.571	4.630	4.689	4.749	4.808	4.868
2.82	4.364	4.424	4.484	4.544	4.603	4.663	4.723	4.783	4.843	4.902
2.84	4.395	4.455	4.516	4.576	4.636	4.696	4.756	4 817	4.877	4.937

Maß (Dicke) 106 Centimeter (1,06 m) ist.
dimensions (depth) are 106 centimetres (1,06 m).
(l'épaisseur) est 106 centimètres (1,06 m).

Länge/Length Longueur	Breite — Breadth — Largeur 1.66	1.68	1.70	1.72	1.74	1.76	1.78	1.80	1.82	1.84
	Inhalt in Kubikmetern — Solid Contents — Cubage									
1.66	2.921									
1.68	2.956	2.992								
1.70	2.991	3.027	3.063							
1.72	3.027	3.063	3.099	3.136						
1.74	3.062	3.099	3.135	3.172	3.209					
1.76	3.097	3.134	3.172	3.209	3.246	3.283				
1.78	3.132	3.170	3.208	3.245	3.283	3.321	3.359			
1.80	3.167	3.205	3.244	3.282	3.320	3.358	3.396	3.434		
1.82	3.202	3.241	3.280	3.318	3.357	3.395	3.434	3.473	3.511	
1.84	3.238	3.277	3.316	3.355	3.394	3.433	3.472	3.511	3.550	3.589
1.86	3.273	3.312	3.352	3.391	3.431	3.470	3.509	3.549	3.588	3.628
1.88	3.308	3.348	3.388	3.428	3.467	3.507	3.547	3.587	3.627	3.667
1.90	3.343	3.384	3.424	3.464	3.504	3.545	3.585	3.625	3.665	3.706
1.92	3.378	3.419	3.460	3.501	3.541	3.582	3.623	3.663	3.704	3.745
1.94	3.414	3.455	3.496	3.537	3.578	3.619	3.660	3.702	3.743	3.784
1.96	3.449	3.490	3.532	3.573	3.615	3.657	3.698	3.740	3.781	3.823
1.98	3.484	3.526	3.568	3.610	3.652	3.694	3.736	3.778	3.820	3.862
2.00	3.519	3.562	3.604	3.646	3.689	3.731	3.774	3.816	3.858	3.901
2.02	3.554	3.597	3.640	3.683	3.726	3.769	3.811	3.854	3.897	3.940
2.04	3.590	3.633	3.676	3.719	3.763	3.806	3.849	3.892	3.936	3.979
2.06	3.625	3.668	3.712	3.756	3.799	3.843	3.887	3.930	3.974	4.018
2.08	3.660	3.704	3.748	3.792	3.836	3.880	3.925	3.969	4.013	4.057
2.10	3.695	3.740	3.784	3.829	3.873	3.918	3.962	4.007	4.051	4.096
2.12	3.730	3.775	3.820	3.865	3.910	3.955	4.000	4.045	4.090	4.135
2.14	3.766	3.811	3.856	3.902	3.947	3.992	4.038	4.083	4.128	4.174
2.16	3.801	3.847	3.892	3.938	3.984	4.030	4.075	4.121	4.167	4.213
2.18	3.836	3.882	3.928	3.975	4.021	4 067	4.113	4.159	4.206	4.252
2.20	3.871	3.918	3.964	4.011	4.058	4.104	4.151	4.198	4.244	4.291
2.22	3.906	3.953	4.000	4.048	4.095	4.142	4.189	4.236	4.283	4.330
2.24	3.942	3.989	4.036	4.084	4.131	4.179	4.226	4.274	4.321	4.369
2.26	3.977	4.025	4.073	4.120	4.168	4.216	4.264	4.312	4.360	4.408
2.28	4.012	4.060	4.109	4.157	4.205	4.254	4.302	4.350	4.399	4.447
2.30	4.047	4.096	4.145	4.193	4.242	4.291	4.340	4.388	4.437	4.486
2.32	4.082	4 131	4.181	4.230	4.279	4.328	4.377	4.427	4.476	4.525
2.34	4.117	4.167	4.217	4.266	4.316	4.366	4.415	4.465	4.514	4.564
2.36	4.153	4.203	4.253	4.303	4.353	4.403	4.453	4.503	4.553	4.603
2.38	4.188	4.238	4.289	4.339	4.390	4.440	4.491	4.541	4.591	4.642
2.40	4.223	4.274	4.325	4.376	4.427	4.477	4.528	4.579	4.630	4.681
2.42	4.258	4.310	4.361	4.412	4.463	4.515	4.566	4.617	4.669	4.720
2.44	4.293	4.345	4.397	4.449	4.500	4.552	4.604	4.656	4.707	4.759
2.46	4.329	4.381	4.433	4.485	4.537	4.589	4.642	4.694	4.746	4.798
2.48	4.364	4.416	4.469	4.522	4.574	4.627	4.679	4.732	4.784	4.837
2.50	4.399	4.452	4.505	4.558	4.611	4.664	4.717	4.770	4.823	4.876
2.52	4.434	4.488	4.541	4.594	4.648	4.701	4.755	4.808	4.862	4.915
2.54	4.469	4.523	4.577	4.631	4.685	4.739	4.792	4.846	4.900	4.954
2.56	4.505	4.559	4.613	4.667	4.722	4.776	4.830	4.884	4.939	4 993
2.58	4.540	4.594	4.649	4.704	4.759	4.813	4.868	4.923	4.977	5.032
2.60	4.575	4.630	4.685	4.740	4.795	4.851	4.906	4.961	5.016	5.071
2.62	4.610	4.666	4.721	4.777	4.832	4.888	4.943	4.999	5.055	5.110
2.64	4.645	4.701	4.757	4.813	4.869	4.925	4.981	5.037	5.093	5.149
2.66	4.681	4.737	4.793	4.850	4.906	4.962	5.019	5.075	5.132	5.188
2.68	4.716	4.773	4.829	4.886	4.943	5.000	5.057	5.113	5.170	5.227
2.70	4.751	4.808	4.865	4.923	4.980	5.037	5.094	5.152	5.209	5.266
2.72	4.786	4.844	4.901	4.959	5.017	5.074	5.132	5.190	5.247	5.305
2.74	4.821	4.879	4.937	4.996	5.054	5.112	5.170	5.228	5.286	5.344
2.76	4.856	4.915	4.974	5.032	5.091	5.149	5.208	5 266	5.325	5.383
2.78	4.892	4.951	5.010	5.068	5.127	5.186	5.245	5.304	5.363	5.422
2.80	4.927	4.986	5.046	5.105	5.164	5.224	5.283	5.342	5.402	5.461
2.82	4.962	5.022	5.082	5.141	5.201	5.261	5.321	5.381	5.440	5.500
2.84	4.997	5.057	5.118	5.178	5.238	5.298	5.359	5.419	5.479	5.539

Kubik-Inhalt der Kolli, deren kleinstes
Solid contents of packages, whose least
Cubage des colis, dont la plus petite dimension

Länge/Length Longueur	Breite — Breadth — Largeur 1.08	1.10	1.12	1.14	1.16	1.18	1.20	1.22	1.24	1.26
	Inhalt in Kubikmetern — Solid Contents — Cubage									
1.08	1.260									
1.10	1.283	1.307								
1.12	1.306	1.331	1.355							
1.14	1.330	1.354	1.379	1.404						
1.16	1.353	1.378	1.403	1.428	1.453					
1.18	1.376	1.402	1.427	1.453	1.478	1.504				
1.20	1.400	1.426	1.452	1.477	1.503	1.529	1.555			
1.22	1.423	1.449	1.476	1.502	1.528	1.555	1.581	1.607		
1.24	1.446	1.473	1.500	1.527	1.553	1.580	1.607	1.634	1.661	
1.26	1.470	1.497	1.524	1.551	1.579	1.606	1.633	1.660	1.687	1.715
1.28	1.493	1.521	1.548	1.576	1.604	1.631	1.659	1.687	1.714	1.742
1.30	1.516	1.544	1.572	1.601	1.629	1.657	1.685	1.713	1.741	1.769
1.32	1.540	1.568	1.597	1.625	1.654	1.682	1.711	1.739	1.768	1.796
1.34	1.563	1.592	1.621	1.650	1.679	1.708	1.737	1.766	1.795	1.823
1.36	1.586	1.616	1.645	1.674	1.704	1.733	1.763	1.792	1.821	1.851
1.38	1.610	1.639	1.669	1.699	1.729	1.759	1.788	1.818	1.848	1.878
1.40	1.633	1.663	1.693	1.724	1.754	1.784	1.814	1.845	1.875	1.905
1.42	1.656	1.687	1.718	1.748	1.779	1.810	1.840	1.871	1.902	1.932
1.44	1.680	1.711	1.742	1.773	1.804	1.835	1.866	1.897	1.928	1.960
1.46	1.703	1.734	1.766	1.798	1.829	1.861	1.892	1.924	1.955	1.987
1.48	1.726	1.758	1.790	1.822	1.854	1.886	1.918	1.950	1.982	2.014
1.50	1.750	1.782	1.814	1.847	1.879	1.912	1.944	1.976	2.009	2.041
1.52	1.773	1.806	1.839	1.871	1.904	1.937	1.970	2.003	2.036	2.068
1.54	1.796	1.830	1.863	1.896	1.929	1.963	1.996	2.029	2.062	2.096
1.56	1.820	1.853	1.887	1.921	1.954	1.988	2.022	2.055	2.089	2.123
1.58	1.843	1.877	1.911	1.945	1.979	2.014	2.048	2.082	2.116	2.150
1.60	1.866	1.901	1.935	1.970	2.004	2.039	2.074	2.108	2.143	2.177
1.62	1.890	1.925	1.960	1.995	2.030	2.065	2.100	2.135	2.170	2.204
1.64	1.913	1.948	1.984	2.019	2.055	2.090	2.125	2.161	2.196	2.232
1.66	1.936	1.972	2.008	2.044	2.080	2.115	2.151	2.187	2.223	2.259
1.68	1.960	1.996	2.032	2.068	2.105	2.141	2.177	2.214	2.250	2.286
1.70	1.983	2.020	2.056	2.093	2.130	2.166	2.203	2.240	2.277	2.313
1.72	2.006	2.043	2.081	2.118	2.155	2.192	2.229	2.266	2.303	2.341
1.74	2.030	2.067	2.105	2.142	2.180	2.217	2.255	2.293	2.330	2.368
1.76	2.053	2.091	2.129	2.167	2.205	2.243	2.281	2.319	2.357	2.395
1.78	2.076	2.115	2.153	2.192	2.230	2.268	2.307	2.345	2.384	2.422
1.80	2.100	2.138	2.177	2.216	2.255	2.294	2.333	2.372	2.411	2.449
1.82	2.123	2.162	2.201	2.241	2.280	2.319	2.359	2.398	2.437	2.477
1.84	2.146	2.186	2.226	2.265	2.305	2.345	2.385	2.424	2.464	2.504
1.86	2.170	2.210	2.250	2.290	2.330	2.370	2.411	2.451	2.491	2.531
1.88	2.193	2.233	2.274	2.315	2.355	2.396	2.436	2.477	2.518	2.558
1.90	2.216	2.257	2.298	2.339	2.380	2.421	2.462	2.503	2.544	2.586
1.92	2.239	2.281	2.322	2.364	2.405	2.447	2.488	2.530	2.571	2.613
1.94	2.263	2.305	2.347	2.389	2.430	2.472	2.514	2.556	2.598	2 640
1.96	2.286	2.328	2.371	2.413	2.455	2.498	2.540	2.582	2.625	2.667
1.98	2.309	2.352	2.395	2.438	2.481	2.523	2.566	2.609	2.652	2.694
2.00	2.333	2.376	2.419	2.462	2.506	2.549	2.592	2.635	2.678	2.722
2.02	2.356	2.400	2.443	2.487	2.531	2.574	2.618	2.662	2.705	2.749
2.04	2.379	2.424	2.468	2.512	2.556	2.600	2.644	2.688	2.732	2.776
2.06	2.403	2.447	2.492	2.536	2.581	2.625	2.670	2.714	2.759	2.803
2.08	2.426	2.471	2.516	2.561	2.606	2.651	2.696	2.741	2.786	2.830
2.10	2.449	2.495	2.540	2.586	2.631	2.676	2.722	2.767	2.812	2.858
2.12	2.473	2.519	2.564	2.610	2.656	2.702	2.748	2.793	2.839	2.885
2.14	2.496	2.542	2.589	2.635	2.681	2.727	2.773	2.820	2.866	2.912
2.16	2.519	2.566	2.613	2.659	2.706	2.753	2.799	2.846	2.893	2.939
2.18	2.543	2.590	2.637	2.684	2.731	2.778	2.825	2.872	2.919	2.967
2.20	2.566	2.614	2.661	2.709	2.756	2.804	2.851	2.899	2.946	2.994
2.22	2.589	2.637	2.685	2.733	2.781	2.829	2.877	2.925	2.973	3.021
2.24	2.613	2.661	2.710	2.758	2.806	2.855	2.903	2.951	3.000	3.048
2.26	2.636	2.685	2.734	2.783	2.831	2.880	2.929	2.978	3.027	3.075
2.28	2.659	2.709	2.758	2.807	2.856	2.906	2.955	3.004	3.053	3.103
2.30	2.683	2.732	2.782	2.832	2.881	2.931	2.981	3.030	3.080	3.130
2.32	2.706	2.756	2.806	2.856	2.906	2.957	3.007	3.057	3.107	3.157
2.34	2.729	2.780	2.830	2.881	2.932	2.982	3.033	3.083	3.134	3.184
2.36	2.753	2.804	2.855	2.906	2.957	3.008	3.059	3.110	3.161	3.211
2.38	2.776	2.827	2.879	2.930	2.982	3.033	3.084	3.136	3.187	3.239
2.40	2.799	2.851	2.903	2.955	3.007	3.059	3.110	3.162	3.214	3.266
2.42	2.823	2.875	2.927	2.980	3.032	3.084	3.136	3.189	3.241	3.293
2.44	2.846	2.899	2.951	3.004	3.057	3.109	3.162	3.215	3.268	3.320
2.46	2.869	2.922	2.976	3.029	3.082	3.135	3.188	3.241	3.294	3.348

Maß (Dicke) 108 Centimeter (1,08 m) ist.
dimensions (depth) are 108 centimetres (1,08 m).
(l'épaisseur) est 108 centimètres (1,08 m).

Länge/Length Longueur	Breite — Breadth — Largeur 1.28	1.30	1.32	1.34	1.36	1.38	1.40	1.42	1.44	1.46
	Inhalt in Kubikmetern — Solid Contents — Cubage									
1.28	1.769									
1.30	1.797	1.825								
1.32	1.825	1.853	1.882							
1.34	1.852	1.881	1.910	1.939						
1.36	1.880	1.909	1.939	1.968	1.998					
1.38	1.908	1.938	1.967	1.997	2.027	2.057				
1.40	1.935	1.966	1.996	2.026	2.056	2.087	2.117			
1.42	1.963	1.994	2.024	2.055	2.086	2.116	2.147	2.178		
1.44	1.991	2.022	2.053	2.084	2.115	2.146	2.177	2.208	2.239	
1.46	2.018	2.050	2.081	2.113	2.144	2.176	2.208	2.239	2.271	2.302
1.48	2.046	2.078	2.110	2.142	2.174	2.206	2.238	2.270	2.302	2.334
1.50	2.074	2.106	2.138	2.171	2.203	2.236	2.268	2.300	2.333	2.365
1.52	2.101	2.134	2.167	2.200	2.233	2.265	2.298	2.331	2.364	2.397
1.54	2.129	2.162	2.195	2.229	2.262	2.295	2.328	2.362	2.395	2.428
1.56	2.157	2.190	2.224	2.258	2.291	2.325	2.359	2.392	2.426	2.460
1.58	2.184	2.218	2.252	2.287	2.321	2.355	2.389	2.423	2.457	2.491
1.60	2.212	2.246	2.281	2.316	2.350	2.385	2.419	2.454	2.488	2.523
1.62	2.239	2.274	2.309	2.344	2.379	2.414	2.449	2.484	2.519	2.554
1.64	2.267	2.303	2.338	2.373	2.409	2.444	2.480	2.515	2.551	2.586
1.66	2.295	2.331	2.366	2.402	2.438	2.474	2.510	2.545	2.582	2.617
1.68	2.322	2.359	2.395	2.431	2.468	2.504	2.540	2.576	2.613	2.649
1.70	2.350	2.387	2.424	2.460	2.497	2.534	2.570	2.607	2.644	2.681
1.72	2.378	2.415	2.452	2.489	2.526	2.563	2.601	2.638	2.675	2.712
1.74	2.405	2.443	2.481	2.518	2.556	2.593	2.631	2.668	2.706	2.744
1.76	2.433	2.471	2.509	2.547	2.585	2.623	2.661	2.699	2.737	2.775
1.78	2.461	2.499	2.538	2.576	2.614	2.653	2.691	2.730	2.768	2.807
1.80	2.488	2.527	2.566	2.605	2.644	2.683	2.722	2.760	2.799	2.838
1.82	2.516	2.555	2.595	2.634	2.673	2.713	2.752	2.791	2.830	2.870
1.84	2.544	2.583	2.623	2.663	2.703	2.742	2.782	2.822	2.862	2.901
1.86	2.571	2.611	2.652	2.692	2.732	2.772	2.812	2.852	2.893	2.933
1.88	2.599	2.640	2.680	2.721	2.761	2.802	2.843	2.883	2.924	2.964
1.90	2.627	2.668	2.709	2.750	2.791	2.832	2.873	2.914	2.955	2.996
1.92	2.654	2.696	2.737	2.779	2.820	2.862	2.903	2.945	2.986	3.027
1.94	2.682	2.724	2.766	2.808	2.849	2.891	2.933	2.975	3.017	3.059
1.96	2.710	2.752	2.794	2.837	2.879	2.921	2.964	3.006	3.048	3.091
1.98	2.737	2.780	2.823	2.865	2.908	2.951	2.994	3.037	3.079	3.12[illegible]
2.00	2.765	2.808	2.851	2.894	2.938	2.981	3.024	3.067	3.110	3.154
2.02	2.792	2.836	2.880	2.923	2.967	3.011	3.054	3.098	3.142	3.185
2.04	2.820	2.864	2.908	2.952	2.996	3.040	3.084	3.129	3.173	3.217
2.06	2.848	2.892	2.937	2.981	3.026	3.070	3.115	3.159	3.204	3.248
2.08	2.875	2.920	2.965	3.010	3.055	3.100	3.145	3.190	3.235	3.280
2.10	2.903	2.948	2.994	3.039	3.084	3.130	3.175	3.221	3.266	3.311
2.12	2.931	2.976	3.022	3.068	3.114	3.160	3.205	3.251	3.297	3.343
2.14	2.958	3.005	3.051	3.097	3.143	3.189	3.236	3.282	3.328	3.374
2.16	2 986	3.033	3.079	3.126	3.173	3.219	3.266	3.313	3.359	3.406
2.18	3.014	3.061	3.108	3.155	3.202	3.249	3.296	3.343	3.390	3.437
2.20	3.041	3.089	3.136	3.184	3.231	3.279	3.326	3.374	3.421	3.469
2.22	3 069	3.117	3.165	3.213	3.261	3.309	3.357	3.405	3.453	3.500
2.24	3.097	3.145	3.193	3.242	3.290	3.338	3.387	3.435	3.484	3.532
2.26	3.124	3.173	3.222	3.271	3.319	3.368	3.417	3.466	3.515	3.564
2.28	3.152	3.201	3.250	3.300	3.349	3.398	3.447	3.497	3.546	3.595
2.30	3.180	3.229	3.279	3.329	3.378	3.428	3.478	3.527	3.577	3.627
2.32	3.207	3.257	3.307	3.358	3.408	3.458	3.508	3.558	3.608	3.658
2.34	3.235	3.285	3.336	3.386	3.437	3.488	3.538	3.589	3.639	3.690
2.36	3.262	3.313	3.364	3.415	3.466	3.517	3.568	3.619	3.670	3.721
2.38	3.290	3.342	3.393	3.444	3.496	3.547	3.599	3.650	3.701	3.753
2.40	3.318	3.370	3.421	3 473	3.525	3.577	3.629	3.681	3.732	3.784
2.42	3.345	3.398	3.450	3.502	3.554	3.607	3.659	3.711	3.764	3.816
2.44	3.373	3.426	3.478	3.531	3.584	3.637	3.689	3.742	3.795	3.847
2.46	3.401	3.454	3.507	3.560	3.613	3.666	3.720	3.773	3.826	3.879

Kubik-Inhalt der Kolli, deren kleinstes
Solid contents of packages, whose least
Cubage des colis, dont la plus petite dimension

Länge/Length Longueur	Breite — Breadth — Largeur									
	1.48	1.50	1.52	1.54	1.56	1.58	1.60	1.62	1.64	1.66
	Inhalt in Kubikmetern — Solid Contents — Cubage									
1.48	2.366									
1.50	2.398	2.430								
1.52	2.430	2.462	2.495							
1.54	2.462	2.495	2.528	2.561						
1.56	2.494	2.527	2.561	2.595	2.628					
1.58	2.525	2.560	2.594	2.628	2.662	2.696				
1.60	2.557	2.592	2.627	2.661	2.696	2.730	2.765			
1.62	2.589	2.624	2.659	2.694	2.729	2.764	2.799	2.834		
1.64	2.621	2.657	2.692	2.728	2.763	2.798	2.834	2.869	2.905	
1.66	2.653	2.689	2.725	2.761	2.797	2.833	2.868	2.904	2.940	2.976
1.68	2.685	2.722	2.758	2.794	2.830	2.867	2.903	2.939	2.976	3.012
1.70	2.717	2.754	2.791	2.827	2.864	2.901	2.938	2.974	3.011	3.048
1.72	2.749	2.786	2.824	2.861	2.898	2.935	2.972	3.009	3.046	3.084
1.74	2.781	2.819	2.856	2.894	2.932	2.969	3.007	3.044	3.082	3.119
1.76	2.813	2.851	2.889	2.927	2.965	3.003	3.041	3.079	3.117	3.155
1.78	2.845	2.884	2.922	2.960	2.999	3.037	3.076	3.114	3.153	3.191
1.80	2.877	2.916	2.955	2.994	3.033	3.072	3.110	3.149	3.188	3.227
1.82	2.909	2.948	2.988	3.027	3.066	3.106	3.145	3.184	3.224	3.263
1.84	2.941	2.981	3.021	3.060	3.100	3.140	3.180	3.219	3.259	3.299
1.86	2.973	3.013	3.053	3.094	3.134	3.174	3.214	3.254	3.294	3.335
1.88	3.005	3.046	3.086	3.127	3.167	3.208	3.249	3.289	3.330	3.370
1.90	3.037	3.078	3.119	3.160	3.201	3.242	3.283	3.324	3.365	3.406
1.92	3.069	3.110	3.152	3.193	3.235	3.276	3.318	3.359	3.401	3.442
1.94	3.101	3.143	3.185	3.227	3.269	3.310	3.352	3.394	3.436	3.478
1.96	3.133	3.175	3.218	3.260	3.302	3.345	3.387	3.429	3.472	3.514
1.98	3.165	3.208	3.250	3.293	3.336	3.379	3.421	3.464	3.507	3.550
2.00	3.197	3.240	3.283	3.326	3.370	3.413	3.456	3.499	3.542	3.586
2.02	3.229	3.272	3.316	3.360	3.403	3.447	3.491	3.534	3.578	3.621
2.04	3.261	3.305	3.349	3.393	3.437	3.481	3.525	3.569	3.613	3.657
2.06	3.293	3.337	3.382	3.426	3.471	3.515	3.560	3.604	3.649	3.693
2.08	3.325	3.370	3.415	3.459	3.504	3.549	3.594	3.639	3.684	3.729
2.10	3.357	3.402	3.447	3.493	3.538	3.583	3.629	3.674	3.720	3.765
2.12	3.389	3.434	3.480	3.526	3.572	3 618	3.663	3.709	3.755	3.801
2.14	3.421	3.467	3.513	3.559	3.605	3.652	3.698	3.744	3.790	3.837
2.16	3.453	3.499	3.546	3.593	3.639	3.686	3.732	3.779	3.826	3.872
2.18	3.485	3.532	3.579	3.626	3.673	3.720	3.767	3.814	3.861	3.908
2.20	3.516	3.564	3.612	3.659	3.707	3.754	3.802	3.849	3.897	3.944
2.22	3.548	3.596	3.644	3.692	3.740	3.788	3.836	3.884	3.932	3.980
2.24	3.580	3.629	3.677	3.726	3.774	3.822	3.871	3.919	3.967	4.016
2.26	3.612	3.661	3.710	3.759	3.808	3.856	3.905	3.954	4.003	4.052
2.28	3.644	3.694	3.743	3.792	3.841	3.891	3.940	3.989	4.038	4.088
2.30	3.676	3.726	3.776	3.825	3.875	3.925	3.974	4.024	4.074	4.123
2.32	3.708	3.758	3.809	3.859	3.909	3.959	4.009	4.059	4.109	4.159
2.34	3.740	3.791	3.841	3.892	3.942	3.993	4.044	4.094	4.145	4.195
2.36	3.772	3.823	3.874	3.925	3.976	4.027	4.078	4.129	4.180	4.231
2.38	3.804	3.856	3.907	3.958	4.010	4.061	4.113	4 164	4.215	4.267
2.40	3.836	3.888	3.940	3.992	4.044	4.095	4.147	4.199	4.251	4.303
2.42	3.868	3.920	3.973	4.025	4.077	4.129	4.182	4.234	4.286	4.339
2.44	3.900	3.953	4.006	4.058	4.111	4.164	4.216	4.269	4.322	4.374
2.46	3.932	3.985	4.038	4.091	4.145	4.198	4.251	4.304	4.357	4.410
2.48	3.964	4.018	4.071	4.125	4.178	4.232	4.285	4.339	4.393	4.446
2.50	3.996	4.050	4.104	4.158	4.212	4.266	4.320	4.374	4.428	4.482
2.52	4.028	4.082	4.137	4.191	4.246	4.300	4.355	4 409	4.463	4.518
2.54	4.060	4.115	4.170	4.225	4.279	4.334	4.389	4.444	4.499	4.554
2.56	4.092	4.147	4.202	4.258	4.313	4.368	4.424	4.479	4.534	4.590
2.58	4.124	4.180	4.235	4.291	4.347	4.403	4.458	4.514	4.570	4.625
2.60	4.156	4.212	4.268	4.324	4.380	4.437	4.493	4.549	4.605	4.661
2.62	4.188	4.244	4.301	4.358	4.414	4.471	4.527	4.584	4.641	4.697
2.64	4.220	4.277	4.334	4.391	4.448	4.505	4.562	4.619	4.676	4.733
2.66	4.252	4.309	4.367	4.424	4.482	4.539	4.596	4.654	4.711	4.769
2.68	4.284	4.342	4.399	4.457	4.515	4.573	4.631	4.689	4.747	4.805
2.70	4.316	4.374	4.432	4.491	4.549	4.607	4.666	4.724	4.782	4.841
2.72	4.348	4.406	4.465	4.524	4.583	4.641	4.700	4.759	4.818	4.876
2.74	4.380	4.439	4.498	4.557	4.616	4.676	4.735	4.794	4.853	4.912
2.76	4.412	4.471	4.531	4.590	4.650	4.710	4.769	4.829	4.889	4.948
2.78	4.444	4.504	4.564	4.624	4.684	4.744	4.804	4.864	4.924	4.984
2.80	4.476	4.536	4.596	4.657	4.717	4.778	4.838	4.899	4.959	5.020
2.82	4.507	4.568	4.629	4.690	4.751	4.812	4.873	4.934	4.995	5.056
2.84	4.539	4.601	4.662	4.723	4.785	4.846	4.908	4.969	5.030	5.092
2.86	4.571	4.633	4.695	4.757	4.819	4.880	4.942	5.004	5.066	5.127

Maß (Dicke) 108 Centimeter (1,08 m) ist.
dimensions (depth) are 108 centimetres (1,08 m).
(l'épaisseur) est 108 centimètres (1,08 m).

Länge/Length Longueur	Breite — Breadth — Largeur									
	1.68	1.70	1.72	1.74	1.76	1.78	1.80	1.82	1.84	1.86
	Inhalt in Kubikmetern — Solid Contents — Cubage									
1.68	3.048									
1.70	3.084	3.121								
1.72	3.121	3.158	3.195							
1.74	3.157	3.195	3.232	3.270						
1.76	3.193	3.231	3.269	3.307	3.345					
1.78	3.230	3.268	3.307	3.345	3.383	3.422				
1.80	3.266	3.305	3.344	3.383	3.421	3.460	3.499			
1.82	3.302	3.342	3.381	3.420	3.459	3.499	3.538	3.577		
1.84	3.338	3.378	3.418	3.458	3.497	3.537	3.577	3.617	3.656	
1.86	3.375	3.415	3.455	3.495	3.535	3.576	3.616	3.656	3.696	3.736
1.88	3.411	3.452	3.492	3.533	3.574	3.614	3.655	3.695	3.736	3.777
1.90	3.447	3.488	3.529	3.570	3.612	3.653	3.694	3.735	3.776	3.817
1.92	3.484	3.525	3.567	3.608	3.650	3.691	3.732	3.774	3.815	3.857
1.94	3.520	3.562	3.604	3.646	3.688	3.729	3.771	3.813	3.855	3.897
1.96	3.556	3.599	3.641	3.683	3.726	3.768	3.810	3.853	3.895	3.937
1.98	3.593	3.635	3.678	3.721	3.764	3.806	3.849	3.892	3.935	3.977
2.00	3.629	3.672	3.715	3.758	3.802	3.845	3.888	3.931	3.974	4.018
2.02	3.665	3.709	3.752	3.796	3.840	3.883	3.927	3.971	4.014	4.058
2.04	3.701	3.745	3.790	3.834	3.878	3.922	3.966	4.010	4.054	4.098
2.06	3.738	3.782	3.827	3.871	3.916	3.960	4.005	4.049	4.094	4.138
2.08	3.774	3.819	3.864	3.909	3.954	3.999	4.044	4.088	4.133	4.178
2.10	3.810	3.856	3.901	3.946	3.992	4.037	4.082	4.128	4.173	4.218
2.12	3.847	3.892	3.938	3.984	4.030	4.075	4.121	4.167	4.213	4.259
2.14	3.883	3.929	3.975	4.021	4.068	4.114	4.160	4.206	4.253	4.299
2.16	3.919	3.966	4.012	4.059	4.106	4.152	4.199	4.246	4.292	4.339
2.18	3.955	4.002	4.050	4.097	4.144	4.191	4.238	4.285	4.332	4.379
2.20	3.992	4.039	4.087	4.134	4.182	4.229	4.277	4.324	4.372	4.419
2.22	4.028	4.076	4.124	4.172	4.220	4.268	4.316	4.364	4.412	4.460
2.24	4.064	4.113	4.161	4.209	4.258	4.306	4.355	4.403	4.451	4.500
2.26	4.101	4.149	4.198	4.247	4.296	4.345	4.393	4.442	4.491	4.540
2.28	4.137	4.186	4.235	4.285	4.334	4.383	4.432	4.482	4.531	4.580
2.30	4.173	4.223	4.272	4.322	4.372	4.422	4.471	4.521	4.571	4.620
2.32	4.209	4.260	4.310	4.360	4.410	4.460	4.510	4.560	4.610	4.660
2.34	4.246	4.296	4.347	4.397	4.448	4.498	4.549	4.600	4.650	4.701
2.36	4.282	4.333	4.384	4.435	4.486	4.537	4.588	4.639	4.690	4.741
2.38	4.318	4.370	4.421	4.472	4.524	4.575	4.627	4.678	4.730	4.781
2.40	4.355	4.406	4.458	4.510	4.562	4.614	4.666	4.717	4.769	4.821
2.42	4.391	4.443	4.495	4.548	4.600	4.652	4.704	4.757	4.809	4.861
2.44	4.427	4.480	4.533	4.585	4.638	4.691	4.743	4.796	4.849	4.901
2.46	4.463	4.517	4.570	4.623	4.676	4.729	4.782	4.835	4.889	4.942
2.48	4.500	4.553	4.607	4.660	4.714	4.768	4.821	4.875	4.928	4.982
2.50	4.536	4.590	4.644	4.698	4.752	4.806	4.860	4.914	4.968	5.022
2.52	4.572	4.627	4.681	4.736	4.790	4.844	4.899	4.953	5.008	5.062
2.54	4.609	4.663	4.718	4.773	4.828	4.883	4.938	4.993	5.047	5.102
2.56	4.645	4.700	4.755	4.811	4.866	4.921	4.977	5.032	5.087	5.143
2.58	4.681	4.737	4.793	4.848	4.904	4.960	5.016	5.071	5.127	5.183
2.60	4.717	4.774	4.830	4.886	4.942	4.998	5.054	5.111	5.167	5.223
2.62	4.754	4.810	4.867	4.924	4.980	5.037	5.093	5.150	5.206	5.263
2.64	4.790	4.847	4.904	4.961	5.018	5.075	5.132	5.189	5.246	5.303
2.66	4.826	4.884	4.941	4.999	5.056	5.114	5.171	5.228	5.286	5.343
2.68	4.863	4.920	4.978	5.036	5.094	5.152	5.210	5.268	5.326	5.384
2.70	4.899	4.957	5.016	5.074	5.132	5.190	5.249	5.307	5.365	5.424
2.72	4.935	4.994	5.053	5.111	5.170	5.229	5.288	5.346	5.405	5.464
2.74	4.971	5.031	5.090	5.149	5.208	5.267	5.327	5.386	5.445	5.504
2.76	5.008	5.067	5.127	5.187	5.246	5.306	5.365	5.425	5.485	5.544
2.78	5.044	5.104	5.164	5.224	5.284	5.344	5.404	5.464	5.524	5.584
2.80	5.080	5.141	5.201	5.262	5.322	5.383	5.443	5.504	5.564	5.625
2.82	5.117	5.178	5.238	5.299	5.360	5.421	5.482	5.543	5.604	5.665
2.84	5.153	5.214	5.276	5.337	5.398	5.460	5.521	5.582	5.644	5.705
2.86	5.189	5.251	5.313	5.375	5.436	5.498	5.560	5.622	5.683	5.745

Kubik-Inhalt der Kolli, deren kleinstes
Solid contents of packages, whose least
Cubage des colis, dont la plus petite dimension

Länge/Length Longueur	Breite — Breadth — Largeur 1.10	1.12	1.14	1.16	1.18	1.20	1.22	1.24	1.26	1.28
	Inhalt in Kubikmetern — Solid Contents — Cubage									
1.10	1.331									
1.12	1.355	1.380								
1.14	1.379	1.404	1.430							
1.16	1.404	1.429	1.455	1.480						
1.18	1.428	1.454	1.480	1.506	1.532					
1.20	1.452	1.478	1.505	1.531	1.558	1.584				
1.22	1.476	1.503	1.530	1.557	1.584	1.610	1.637			
1.24	1.500	1.528	1.555	1.582	1.610	1.637	1.664	1.691		
1.26	1.525	1.552	1.580	1.608	1.635	1.663	1.691	1.719	1.746	
1.28	1.549	1.577	1.605	1.633	1.661	1.690	1.718	1.746	1.774	1.802
1.30	1.573	1.602	1.630	1.659	1.687	1.716	1.745	1.773	1.802	1.830
1.32	1.597	1.626	1.655	1.684	1.713	1.742	1.771	1.800	1.830	1.859
1.34	1.621	1.651	1.680	1.710	1.739	1.769	1.798	1.828	1.857	1.887
1.36	1.646	1.676	1.705	1.735	1.765	1.795	1.825	1.855	1.885	1.915
1.38	1.670	1.700	1.731	1.761	1.791	1.822	1.852	1.882	1.913	1.943
1.40	1.694	1.725	1.756	1.786	1.817	1.848	1.879	1.910	1.940	1.971
1.42	1.718	1.749	1.781	1.812	1.843	1.874	1.906	1.937	1.968	1.999
1.44	1.742	1.774	1.806	1.837	1.869	1.901	1.932	1.964	1.996	2.028
1.46	1.767	1.799	1.831	1.863	1.895	1.927	1.959	1.991	2.024	2.056
1.48	1.791	1.823	1.856	1.888	1.921	1.954	1.986	2.019	2.051	2.084
1.50	1.815	1.848	1.881	1.914	1.947	1.980	2.013	2.046	2.079	2.112
1.52	1.839	1.873	1.906	1.940	1.973	2.006	2.040	2.073	2.107	2.140
1.54	1.863	1.897	1.931	1.965	1.999	2.033	2.067	2.101	2.134	2.168
1.56	1.888	1.922	1.956	1.991	2.025	2.059	2.094	2.128	2.162	2.196
1.58	1.912	1.947	1.981	2.016	2.051	2.086	2.120	2.155	2.190	2.225
1.60	1.936	1.971	2.006	2.042	2.077	2.112	2.147	2.182	2.218	2.253
1.62	1.960	1.996	2.031	2.067	2.103	2.138	2.174	2.210	2.245	2.281
1.64	1.984	2.020	2.057	2.093	2.129	2.165	2.201	2.237	2.273	2.309
1.66	2.009	2.045	2.082	2.118	2.155	2.191	2.228	2.264	2.301	2.337
1.68	2.033	2.070	2.107	2.144	2.181	2.218	2.255	2.292	2.328	2.365
1.70	2.057	2.094	2.132	2.169	2.207	2.244	2.281	2.319	2.356	2.394
1.72	2.081	2.119	2.157	2.195	2.233	2.270	2.308	2.346	2.384	2.422
1.74	2.105	2.144	2.182	2.220	2.259	2.297	2.335	2.373	2.412	2.450
1.76	2.130	2.168	2.207	2.246	2.284	2.323	2.362	2.401	2.439	2.478
1.78	2.154	2.193	2.232	2.271	2.310	2.350	2.389	2.428	2.467	2.506
1.80	2.178	2.218	2.257	2.297	2.336	2.376	2.416	2.455	2.495	2.534
1.82	2.202	2.242	2.282	2.322	2.362	2.402	2.442	2.482	2.523	2.563
1.84	2.226	2.267	2.307	2.348	2.388	2.429	2.469	2.510	2.550	2.591
1.86	2.251	2.292	2.332	2.373	2.414	2.455	2.496	2.537	2.578	2.619
1.88	2.275	2.316	2.358	2.399	2.440	2.482	2.523	2.564	2.606	2.647
1.90	2.299	2.341	2.383	2.424	2.466	2.508	2.550	2.592	2.633	2.675
1.92	2.323	2.365	2.408	2.450	2.492	2.534	2.577	2.619	2.661	2.703
1.94	2.347	2.390	2.433	2.475	2.518	2.561	2.603	2.646	2.689	2.732
1.96	2.372	2.415	2.458	2.501	2.544	2.587	2.630	2.673	2.717	2.760
1.98	2.396	2.439	2.483	2.526	2.570	2.614	2.657	2.701	2.744	2.788
2.00	2.420	2.464	2.508	2.552	2.596	2.640	2.684	2.728	2.772	2.816
2.02	2.444	2.489	2.533	2.578	2.622	2.666	2.711	2.755	2.800	2.844
2.04	2.468	2.513	2.558	2.603	2.648	2.693	2.738	2.783	2.827	2.872
2.06	2.493	2.538	2.583	2.629	2.674	2.719	2.765	2.810	2.855	2.900
2.08	2.517	2.563	2.608	2.654	2.700	2.746	2.791	2.837	2.883	2.929
2.10	2.541	2.587	2.633	2.680	2.726	2.772	2.818	2.864	2.911	2.957
2.12	2.565	2.612	2.658	2.705	2.752	2.798	2.845	2.892	2.938	2.985
2.14	2.589	2.636	2.684	2.731	2.778	2.825	2.872	2.919	2.966	3.013
2.16	2.614	2.661	2.709	2.756	2.804	2.851	2.899	2.946	2.994	3.041
2.18	2.638	2.686	2.734	2.782	2.830	2.878	2.926	2.974	3.021	3.069
2.20	2.662	2.710	2.759	2.807	2.856	2.904	2.952	3.001	3.049	3.098
2.22	2.686	2.735	2.784	2.833	2.882	2.930	2.979	3.028	3.077	3.126
2.24	2.710	2.760	2.809	2.858	2.908	2.957	3.006	3.055	3.105	3.154
2.26	2.735	2.784	2.834	2.884	2.933	2.983	3.033	3.083	3.132	3.182
2.28	2.759	2.809	2.859	2.909	2.959	3.010	3.060	3.110	3.160	3.210
2.30	2.783	2.834	2.884	2.935	2.985	3.036	3.087	3.137	3.188	3.238
2.32	2.807	2.858	2.909	2.960	3.011	3.062	3.113	3.164	3.216	3.267
2.34	2.831	2.883	2.934	2.986	3.037	3.089	3.140	3.192	3.243	3.295
2.36	2.856	2.908	2.959	3.011	3.063	3.115	3.167	3.219	3.271	3.323
2.38	2.880	2.932	2.985	3.037	3.089	3.142	3.194	3.246	3.299	3.351
2.40	2.904	2.957	3.010	3.062	3.115	3.168	3.221	3.274	3.326	3.379
2.42	2.928	2.981	3.035	3.088	3.141	3.194	3.248	3.301	3.354	3.407
2.44	2.952	3.006	3.060	3.113	3.167	3.221	3.274	3.328	3.382	3.436
2.46	2.977	3.031	3.085	3.139	3.193	3.247	3.301	3.355	3.410	3.464
2.48	3.001	3.055	3.110	3.164	3.219	3.274	3.328	3.383	3.437	3.492

Maß (Dicke) 110 Centimeter (1,10 m) ist.
dimensions (depth) are 110 centimetres (1,10 m).
(l'épaisseur) est 110 centimètres (1,10 m).

Länge/Length Longueur	Breite — Breadth — Largeur									
	1.30	1.32	1.34	1.36	1.38	1.40	1.42	1.44	1.46	1.48
	Inhalt in Kubikmetern — Solid Contents — Cubage									
1.30	1.859									
1.32	1.888	1.917								
1.34	1.916	1.946	1.975							
1.36	1.945	1.975	2.005	2.035						
1.38	1.973	2.004	2.034	2.064	2.095					
1.40	2.002	2.033	2.064	2.094	2.125	2.156				
1.42	2.031	2.062	2.093	2.124	2.156	2.187	2.218			
1.44	2.059	2.091	2.123	2.154	2.186	2.218	2.249	2.281		
1.46	2.088	2.120	2.152	2.184	2.216	2.248	2.281	2.313	2.345	
1.48	2.116	2.149	2.182	2.214	2.247	2.279	2.312	2.344	2.377	2.409
1.50	2.145	2.178	2.211	2.244	2.277	2.310	2.343	2.376	2.409	2.442
1.52	2.174	2.207	2.240	2.274	2.307	2.341	2.374	2.408	2.441	2.475
1.54	2.202	2.236	2.270	2.304	2.338	2.372	2.405	2.439	2.473	2.507
1.56	2.231	2.265	2.299	2.334	2.368	2.402	2.437	2.471	2.505	2.540
1.58	2.259	2.294	2.329	2.364	2.398	2.433	2.468	2.503	2.537	2.572
1.60	2.288	2.323	2.358	2.394	2.429	2.464	2.499	2.534	2.570	2.605
1.62	2.317	2.352	2.388	2.424	2.459	2.495	2.530	2.566	2.602	2.637
1.64	2.345	2.381	2.417	2.453	2.490	2.526	2.562	2.598	2.634	2.670
1.66	2.374	2.410	2.447	2.483	2.520	2.556	2.593	2.629	2.666	2.702
1.68	2.402	2.439	2.476	2.513	2.550	2.587	2.624	2.661	2.698	2.735
1.70	2.431	2.468	2.506	2.543	2.581	2.618	2.655	2.693	2.730	2.768
1.72	2.460	2.497	2.535	2.573	2.611	2.649	2.687	2.724	2.762	2.800
1.74	2.488	2.526	2.565	2.603	2.641	2.680	2.718	2.756	2.794	2.833
1.76	2.517	2.556	2.594	2.633	2.672	2.710	2.749	2.788	2.827	2.865
1.78	2.545	2.585	2.624	2.663	2.702	2.741	2.780	2.820	2.859	2.898
1.80	2.574	2.614	2.653	2.693	2.732	2.772	2.812	2.851	2.891	2.930
1.82	2.603	2.643	2.683	2.723	2.763	2.803	2.843	2.883	2.923	2.963
1.84	2.631	2.672	2.712	2.753	2.793	2.834	2.874	2.915	2.955	2.996
1.86	2.660	2.701	2.742	2.783	2.823	2.864	2.905	2.946	2.987	3.028
1.88	2.688	2.730	2.771	2.812	2.854	2.895	2.937	2.978	3.019	3.061
1.90	2.717	2.759	2.801	2.842	2.884	2.926	2.968	3.010	3.051	3.093
1.92	2.746	2.788	2.830	2.872	2.915	2.957	2.999	3.041	3.084	3.126
1.94	2.774	2.817	2.860	2.902	2.945	2.988	3.030	3.073	3.116	3.158
1.96	2.803	2.846	2.889	2.932	2.975	3.018	3.062	3.105	3.148	3.191
1.98	2.831	2.875	2.919	2.962	3.006	3.049	3.093	3.136	3.180	3.223
2.00	2.860	2.904	2.948	2.992	3.036	3.080	3.124	3.168	3.212	3.256
2.02	2.889	2.933	2.977	3.022	3.066	3.111	3.155	3.200	3.244	3.289
2.04	2.917	2.962	3.007	3.052	3.097	3.142	3.186	3.231	3.276	3.321
2.06	2.946	2.991	3.036	3.082	3.127	3.172	3.218	3.263	3.308	3.354
2.08	2.974	3.020	3.066	3.112	3.157	3.203	3.249	3.295	3.340	3.386
2.10	3.003	3.049	3.095	3.142	3.188	3.234	3.280	3.326	3.373	3.419
2.12	3.032	3.078	3.125	3.172	3.218	3.265	3.311	3.358	3.405	3.451
2.14	3.060	3.107	3.154	3.201	3.249	3.296	3.343	3.390	3.437	3.484
2.16	3.089	3.136	3.184	3.231	3.279	3.326	3.374	3.421	3.469	3.516
2.18	3.117	3.165	3.213	3.261	3.309	3.357	3.405	3.453	3.501	3.549
2.20	3.146	3.194	3.243	3.291	3.340	3.388	3.436	3.485	3.533	3.582
2.22	3.175	3.223	3.272	3.321	3.370	3.419	3.468	3.516	3.565	3.614
2.24	3.203	3.252	3.302	3.351	3.400	3.450	3.499	3.548	3.597	3.647
2.26	3.232	3.282	3.331	3.381	3.431	3.480	3.530	3.580	3.630	3.679
2.28	3.260	3.311	3.361	3.411	3.461	3.511	3.561	3.612	3.662	3.712
2.30	3.289	3.340	3.390	3.441	3.491	3.542	3.593	3.643	3.694	3.744
2.32	3.318	3.369	3.420	3.471	3.522	3.573	3.624	3.675	3.726	3.777
2.34	3.346	3.398	3.449	3.501	3.552	3.604	3.655	3.707	3.758	3.810
2.36	3.375	3.427	3.479	3.531	3.582	3.634	3.686	3.738	3.790	3.842
2.38	3.403	3.456	3.508	3.560	3.613	3.665	3.718	3.770	3.822	3.875
2.40	3.432	3.485	3.538	3.590	3.643	3.696	3.749	3.802	3.854	3.907
2.42	3.461	3.514	3.567	3.620	3.674	3.727	3.780	3.833	3.887	3.940
2.44	3.489	3.543	3.597	3.650	3.704	3.758	3.811	3.865	3.919	3.972
2.46	3.518	3.572	3.626	3.680	3.734	3.788	3.843	3.897	3.951	4.005
2.48	3.546	3.601	3.656	3.710	3.765	3.819	3.874	3 928	3.983	4.037

Kubik-Inhalt der Kolli, deren kleinstes
Solid contents of packages, whose least
Cubage des colis, dont la plus petite dimension

Länge/Length Longueur	Breite — Breadth — Largeur 1.50	1.52	1.54	1.56	1.58	1.60	1.62	1.64	1.66	1.68
	Inhalt in Kubikmetern — Solid Contents — Cubage									
1.50	2.475									
1.52	2.508	2.541								
1.54	2.541	2.575	2.609							
1.56	2.574	2.608	2.643	2.677						
1.58	2.607	2.642	2.677	2.711	2.746					
1.60	2.640	2.675	2.710	2.746	2.781	2.816				
1.62	2.673	2.709	2.744	2.780	2.816	2.851	2.887			
1.64	2.706	2.742	2.778	2.814	2.850	2.886	2.922	2.959		
1.66	2.739	2.776	2.812	2.849	2.885	2.922	2.958	2.995	3.031	
1.68	2.772	2.809	2.846	2.883	2.920	2.957	2.994	3.031	3.068	3.105
1.70	2.805	2.842	2.880	2.917	2.955	2.992	3.029	3.067	3.104	3.142
1.72	2.838	2.876	2.914	2.952	2.989	3.027	3.065	3.103	3.141	3.179
1.74	2.871	2.909	2.948	2.986	3.024	3.062	3.101	3.139	3 177	3.216
1.76	2.904	2.943	2.981	3.920	3.059	3.098	3.136	3.175	3.214	3.252
1.78	2.937	2.976	3.015	3.054	3.094	3.133	3.172	3.211	3.250	3.289
1.80	2.970	3.010	3.049	3 089	3.128	3.168	3.208	3.247	3.287	3.326
1.82	3.003	3.043	3.083	3.123	3.163	3.203	3.243	3.283	3.323	3.363
1.84	3.036	3.076	3.117	3.157	3.198	3.238	3.279	3.319	3.360	3.400
1.86	3.069	3.110	3.151	3.192	3.233	3.274	3.315	3.355	3.396	3.437
1.88	3.102	3.143	3.185	3.226	3.267	3.309	3.350	3.392	3.433	3.474
1.90	3.135	3.177	3.219	3.260	3.302	3.344	3.386	3.428	3.469	3.511
1.92	3.168	3.210	3.252	3.295	3.337	3.379	3.421	3.464	3.506	3.548
1.94	3.201	3.244	3.286	3.329	3.372	3.414	3.457	3.500	3.542	3.585
1.96	3.234	3.277	3.320	3.363	3.406	3.450	3.493	3.536	3.579	3.622
1.98	3.267	3.311	3.354	3.398	3.441	3.485	3.528	3.572	3.615	3.659
2.00	3.300	3.344	3.388	3.432	3.476	3.520	3.564	3.608	3.652	3.696
2.02	3.333	3.377	3.422	3.466	3.511	3.555	3.600	3.644	3.689	3.733
2.04	3.366	3.411	3.456	3.501	3.546	3.590	3.635	3.680	3.725	3.770
2.06	3.399	3.444	3.490	3.535	3.580	3.626	3.671	3.716	3.762	3.807
2.08	3.432	3.478	3.524	3.569	3.615	3.661	3.707	3.752	3.798	3.844
2.10	3.465	3.511	3.557	3.604	3.650	3.696	3.742	3.788	3.835	3.881
2.12	3.498	3.545	3.591	3.638	3.685	3.731	3.778	3.824	3.871	3.918
2.14	3.531	3.578	3.625	3.672	3.719	3.766	3.813	3.861	3.908	3.955
2.16	3.564	3.612	3.659	3.707	3.754	3.802	3.849	3.897	3.944	3.992
2.18	3.597	3.645	3.693	3.741	3.789	3.837	3.885	3.933	3.981	4.029
2.20	3.630	3.678	3.727	3.775	3.824	3.872	3.920	3.969	4.017	4.066
2.22	3.663	3.712	3.761	3.810	3.858	3.907	3.956	4.005	4.054	4.103
2.24	3.696	3.745	3.795	3.844	3.893	3.942	3.992	4.041	4.090	4.140
2.26	3.729	3.779	3.828	3.878	3.928	3.978	4.027	4.077	4.127	4.176
2.28	3.762	3.812	3.862	3.912	3.963	4.013	4.063	4.113	4.163	4.213
2.30	3.795	3.846	3.896	3.947	3.997	4.048	4.099	4.149	4.200	4.250
2.32	3.828	3.879	3.930	3.981	4.032	4.083	4.134	4.185	4.236	4.287
2.34	3.861	3.912	3.964	4.015	4.067	4.118	4.170	4.221	4.273	4.324
2.36	3.894	3.946	3.998	4.050	4.102	4.154	4.206	4.257	4.309	4.361
2.38	3.927	3.979	4.032	4.084	4.136	4.189	4.241	4.294	4.346	4.398
2.40	3.960	4.013	4.066	4.118	4.171	4.224	4.277	4.330	4.382	4.435
2.42	3.993	4.046	4.099	4.153	4.206	4.259	4.312	4.366	4.419	4.472
2.44	4.026	4.080	4.133	4.187	4.241	4.294	4.348	4.402	4.455	4.509
2.46	4.059	4.113	4.167	4.221	4.275	4.330	4.384	4.438	4.492	4.546
2.48	4.092	4.147	4.201	4.256	4.310	4.365	4.419	4.474	4.528	4.583
2.50	4.125	4.180	4.235	4.290	4.345	4.400	4.455	4.510	4.565	4.620
2.52	4.158	4.213	4.269	4.324	4.380	4.435	4.491	4.546	4.602	4.657
2.54	4.191	4.247	4.303	4.359	4.415	4.470	4.526	4.582	4.638	4.694
2.56	4.224	4.280	4.337	4.393	4.449	4.506	4.562	4.618	4.675	4.731
2.58	4.257	4.314	4.371	4.427	4.484	4.541	4.598	4.654	4.711	4.768
2.60	4.290	4.347	4.404	4.462	4.519	4.576	4.633	4.690	4.748	4.805
2.62	4.323	4.381	4.438	4 496	4.554	4.611	4.669	4.726	4.784	4.842
2.64	4.356	4.414	4.472	4.530	4.588	4.646	4.704	4.763	4.821	4.879
2.66	4.389	4.448	4.506	4.565	4.623	4.682	4.740	4.799	4.857	4.916
2.68	4.422	4.481	4.540	4.599	4.658	4.717	4.776	4.835	4.894	4.953
2.70	4.455	4.514	4.574	4.633	4.693	4.752	4.811	4.871	4.930	4.990
2.72	4.488	4.548	4.608	4.668	4.727	4.787	4.847	4.907	4.967	5.027
2.74	4.521	4.581	4.642	4.702	4.762	4.822	4.883	4.943	5.003	5.064
2.76	4.554	4.615	4.675	4.736	4.797	4.858	4.918	4.979	5.040	5.100
2.78	4.587	4.648	4.709	4.770	4.832	4.893	4.954	5.015	5.076	5.137
2.80	4.620	4.682	4.743	4.805	4.866	4.928	4.990	5.051	5.113	5.174
2.82	4.653	4.715	4.777	4.839	4.901	4.963	5.025	5.087	5.149	5.211
2.84	4.686	4.748	4.811	4.873	4.936	4.998	5.061	5.123	5.186	5.248
2.86	4.719	4.782	4.845	4.908	4.971	5.034	5.097	5.159	5.222	5.285
2.88	4.752	4.815	4.879	4.942	5.005	5.069	5.132	5.196	5.259	5.322

Maß (Dicke) 110 Centimeter (1,10 m) ist.
dimensions (depth) are 110 centimetres (1,10 m).
(l'épaisseur) est 110 centimètres (1,10 m).

Länge/Length Longueur	Breite — Breadth — Largeur 1.70	1.72	1.74	1.76	1.78	1.80	1.82	1.84	1.86	1.88
	Inhalt in Kubikmetern — Solid Contents — Cubage									
1.70	3.179									
1.72	3.216	3.254								
1.74	3.254	3.292	3.330							
1.76	3.291	3.330	3.369	3.407						
1.78	3.329	3.368	3.407	3.446	3.485					
1.80	3.366	3.406	3.445	3.485	3.524	3.564				
1.82	3.403	3.443	3.483	3.524	3.564	3.604	3.644			
1.84	3.441	3.481	3.522	3.562	3.603	3.643	3.684	3.724		
1.86	3.478	3.519	3.560	3.601	3.642	3.683	3.724	3.765	3.806	
1.88	3.516	3.557	3.598	3.640	3.681	3.722	3.764	3.805	3.846	3.888
1.90	3.553	3.595	3.637	3.678	3.720	3.762	3.804	3.846	3.887	3.929
1.92	3.590	3.633	3.675	3.717	3.759	3.802	3.844	3.886	3.928	3.971
1.94	3.628	3.670	3.713	3.756	3.799	3.841	3.884	3.927	3.969	4.012
1.96	3.665	3.708	3.751	3.795	3.838	3.881	3.924	3.967	4.010	4.053
1.98	3.703	3.746	3.790	3.833	3.877	3.920	3.964	4.008	4.051	4.095
2.00	3.740	3.784	3.828	3.872	3.916	3.960	4.004	4.048	4.092	4 136
2.02	3.777	3.822	3.866	3.911	3.955	4.000	4.044	4.088	4.133	4.177
2.04	3.815	3.860	3.905	3.949	3.994	4.039	4.084	4.129	4.174	4.219
2.06	3.852	3.898	3.943	3.988	4.033	4.079	4.124	4.169	4.215	4.260
2.08	3.890	3.935	3.981	4.027	4.073	4.118	4.164	4.210	4.256	4.301
2.10	3.927	3.973	4.019	4.066	4.112	4.158	4.204	4.250	4.297	4.343
2.12	3.964	4.011	4.058	4.104	4.151	4.198	4.244	4.291	4.338	4.384
2.14	4.002	4.049	4.096	4.143	4.190	4.237	4.284	4.331	4.378	4.426
2.16	4.039	4.087	4.134	4.182	4.229	4.277	4.324	4.372	4.419	4.467
2.18	4.077	4.125	4.173	4.220	4.268	4.316	4.364	4.412	4.460	4.508
2.20	4.114	4.162	4.211	4.259	4.308	4.356	4.404	4.453	4.501	4.550
2.22	4.151	4.200	4.249	4.298	4.347	4.396	4.444	4.493	4.542	4.591
2.24	4.189	4.238	4.287	4.337	4.386	4.435	4.484	4.534	4.583	4.632
2.26	4.226	4.276	4.326	4.375	4.425	4.475	4.525	4.574	4.624	4.674
2.28	4.264	4.314	4.364	4.414	4.464	4.514	4.565	4.615	4.665	4.715
2.30	4.301	4.352	4.402	4.453	4.503	4.554	4.605	4.655	4.706	4.756
2.32	4.338	4.389	4.440	4.492	4.543	4.594	4.645	4.696	4.747	4.798
2.34	4.376	4.427	4.479	4.530	4.582	4.633	4.685	4.736	4.788	4.839
2.36	4.413	4.465	4.517	4.569	4.621	4.673	4.725	4.777	4.829	4.880
2.38	4.451	4.503	4.555	4.608	4.660	4.712	4.765	4.817	4.869	4.922
2.40	4.488	4.541	4.594	4.646	4.699	4.752	4.805	4.858	4.910	4.963
2.42	4.525	4.579	4.632	4.685	4.738	4.792	4.845	4.898	4.951	5.005
2.44	4.563	4.616	4.670	4.724	4.778	4.831	4.885	4.939	4.992	5.046
2.46	4.600	4.654	4.708	4.763	4.817	4.871	4.925	4.979	5.033	5.087
2.48	4.638	4.692	4.747	4.801	4.856	4.910	4.965	5.020	5.074	5.129
2.50	4.675	4.730	4.785	4.840	4.895	4.950	5.005	5.060	5.115	5.170
2.52	4.712	4.768	4.823	4.879	4.934	4.990	5.045	5.100	5.156	5.211
2.54	4.750	4.806	4.862	4.917	4.973	5.029	5.085	5.141	5.197	5.253
2.56	4.787	4.844	4.900	4.956	5.012	5.069	5.125	5.181	5.238	5.294
2.58	4.825	4.882	4.938	4.995	5.052	5.108	5.165	5.222	5.279	5.335
2.60	4.862	4.919	4.976	5.034	5.091	5.148	5.205	5.262	5.320	5.377
2.62	4.899	4.957	5.015	5.072	5.130	5.188	5.245	5.303	5.361	5.418
2.64	4.937	4.995	5.053	5.111	5.169	5.227	5.285	5.343	5.401	5.460
2.66	4.974	5.033	5.091	5.150	5.208	5.267	5.325	5.384	5.442	5.501
2.68	5.012	5.071	5.130	5.188	5.247	5.306	5.365	5.424	5.483	5.542
2.70	5.049	5.108	5.168	5.227	5.287	5.346	5.405	5.465	5.524	5.584
2.72	5.086	5.146	5.206	5.266	5.326	5.386	5.445	5.505	5.565	5.625
2.74	5.124	5.184	5.244	5.305	5.365	5.425	5.485	5.546	5.606	5.666
2.76	5.161	5.222	5.283	5.343	5.404	5.465	5.526	5.586	5.647	5.708
2.78	5.199	5.260	5.321	5.382	5.443	5.504	5.566	5.627	5.688	5.749
2.80	5.236	5.298	5.359	5.421	5.482	5.544	5.606	5.667	5.729	5.790
2.82	5.273	5.335	5.397	5.460	5.522	5.584	5.646	5.708	5.770	5.832
2.84	5.311	5.373	5.436	5.498	5.561	5.623	5.686	5.748	5.811	5.873
2.86	5.348	5.411	5.474	5.537	5.600	5.663	5.726	5.789	5.852	5.914
2.88	5.386	5.449	5.512	5.576	5.639	5.702	5.766	5.829	5.892	5.956

Kubik-Inhalt der Kolli, deren kleinstes
Solid contents of packages, whose least
Cubage des colis, dont la plus petite dimension

Länge/Length Longueur	Breite — Breadth — Largeur									
	1.12	1.14	1.16	1.18	1.20	1.22	1.24	1.26	1.28	1.30
	Inhalt in Kubikmetern — Solid Contents — Cubage									
1.12	1.405									
1.14	1.430	1.456								
1.16	1.455	1.481	1.507							
1.18	1.480	1.507	1.533	1.559						
1.20	1.505	1.532	1.559	1.586	1.613					
1.22	1.530	1.558	1.585	1.612	1.640	1.667				
1.24	1.555	1.583	1.611	1.639	1.667	1.694	1.722			
1.26	1.581	1.609	1.637	1.665	1.693	1.722	1.750	1.778		
1.28	1.606	1.634	1.663	1.692	1.720	1.749	1.778	1.806	1.835	
1.30	1.631	1.660	1.689	1.718	1.747	1.776	1.805	1.835	1.864	1.893
1.32	1.656	1.685	1.715	1.745	1.774	1.804	1.833	1.863	1.892	1.922
1.34	1.681	1.711	1.741	1.771	1.801	1.831	1.861	1.891	1.921	1.951
1.36	1.706	1.736	1.767	1.797	1.828	1.858	1.889	1 919	1.950	1.980
1.38	1.731	1.762	1.793	1.824	1.855	1.886	1 917	1.947	1.978	2.009
1.40	1.756	1.788	1.819	1.850	1.882	1.913	1.944	1.976	2.007	2.038
1.42	1.781	1.813	1.845	1.877	1.908	1.940	1.972	2.004	2.036	2.068
1.44	1.806	1 839	1.871	1.903	1.935	1.968	2.000	2.032	2.064	2.097
1.46	1.831	1.864	1.897	1.930	1.962	1.995	2.028	2.060	2.093	2.126
1.48	1 857	1.890	1.923	1.956	1.989	2.022	2 055	2.089	2.122	2.155
1.50	1.882	1.915	1.949	1.982	2.016	2.050	2.083	2.117	2.150	2.184
1.52	1.907	1.941	1.975	2.009	2.043	2.077	2.111	2.145	2.179	2.213
1.54	1.932	1.966	2.001	2.035	2.070	2.104	2.139	2.173	2.208	2.242
1.56	1.957	1.992	2.027	2.062	2.097	2.132	2.167	2.201	2.236	2.271
1.58	1 982	2.017	2.053	2.088	2.124	2.159	2.194	2.230	2.265	2.300
1.60	2.007	2.043	2.079	2.115	2.150	2.186	2.222	2.258	2.294	2.330
1.62	2.032	2.068	2.105	2.141	2.177	2.214	2.250	2.286	2.322	2.359
1.64	2 057	2.094	2.131	2.167	2.204	2.241	2.278	2.314	2.351	2.388
1.66	2.082	2 119	2.157	2.194	2.231	2.268	2.305	2.343	2.380	2.417
1.68	2.107	2.145	2.183	2.220	2.258	2.296	2.333	2.371	2.408	2.446
1.70	2.132	2.171	2.209	2.247	2.285	2 323	2.361	2.399	2.437	2.475
1.72	2.158	2.196	2.235	2.273	2.312	2 350	2.389	2.427	2.466	2.504
1.74	2.183	2.222	2.261	2.300	2.339	2.378	2.417	2.455	2.494	2.533
1.76	2.208	2.247	2.287	2.326	2.365	2.405	2.444	2.484	2.523	2.563
1.78	2.233	2.273	2.313	2.352	2.392	2.432	2.472	2.512	2.552	2.592
1.80	2.258	2.298	2.339	2.379	2.419	2.460	2.500	2.540	2.580	2.621
1.82	2.283	2.324	2.365	2.405	2.446	2.487	2.528	2.568	2 609	2.650
1.84	2.308	2.349	2.391	2.432	2.473	2.514	2.555	2.597	2.638	2.679
1.86	2.333	2.375	2.417	2.458	2 500	2.542	2.583	2.625	2.666	2.708
1.88	2.358	2.400	2.442	2.485	2.527	2.569	2.611	2.653	2.695	2.737
1.90	2.383	2.426	2.468	2.511	2.554	2.596	2.639	2 681	2.724	2.766
1.92	2.408	2.451	2.494	2.537	2.580	2.623	2.666	2.710	2.753	2.796
1.94	2.434	2.477	2.520	2.564	2.607	2.651	2.694	2.738	2.781	2.825
1.96	2.459	2.503	2.546	2.590	2.634	2.678	2.722	2.766	2.810	2.854
1.98	2.484	2.528	2 572	2.617	2.661	2.705	2.750	2.794	2.839	2.883
2.00	2.509	2.554	2.598	2.643	2.688	2.733	2.778	2.822	2.867	2.912
2.02	2.534	2.579	2.624	2.670	2.715	2.760	2.805	2.851	2.896	2.941
2.04	2.559	2.605	2.650	2.696	2.742	2.787	2.833	2.879	2.925	2.970
2.06	2.584	2.630	2.676	2.722	2.769	2.815	2.861	2.907	2.953	2.999
2.08	2.609	2.656	2.702	2.749	2.796	2.842	2.889	2.935	2.982	3.029
2.10	2.634	2.681	2.728	2.775	2.822	2.869	2.916	2.964	3.011	3.058
2.12	2.659	2.707	2.754	2.802	2.849	2.897	2.944	2.992	3.039	3 077
2.14	2.684	2.732	2.780	2.828	2.876	2.924	2.972	3.020	3.068	3.116
2.16	2.710	2.758	2.806	2.855	2.903	2.951	3.000	3.048	3.097	3.145
2.18	2.735	2.783	2.832	2.881	2.930	2.979	3.028	3.076	3.125	3.174
2.20	2.760	2.809	2.858	2.908	2.957	3.006	3.055	3.105	3.154	3.203
2.22	2.785	2.834	2.884	2.934	2.984	3.033	3.083	3.133	3.183	3.232
2.24	2.810	2.860	2.910	2.960	3.011	3.061	3.111	3.161	3.211	3.261
2.26	2.835	2.886	2.936	2.987	3.037	3.088	3.139	3.189	3.240	3.291
2.28	2.860	2.911	2.962	3.013	3.064	3.115	3.166	3.218	3.269	3.320
2.30	2.885	2.937	2.988	3.040	3.091	3.143	3.194	3.246	3.297	3.349
2.32	2.910	2.962	3.014	3.066	3.118	3.170	3.222	3.274	3.326	3.378
2.34	2.935	2.988	3.040	3.093	3.145	3.197	3.250	3 302	3.355	3.407
2.36	2.960	3.013	3.066	3.119	3.172	3.225	3.278	3.330	3.383	3.436
2.38	2.985	3.039	3.092	3.145	3.199	3.252	3.305	3.359	3.412	3.465
2.40	3.011	3.064	3.118	3.172	3.226	3.279	3.333	3.387	3.441	3.494
2.42	3.036	3.090	3.144	3.198	3.252	3.307	3.361	3.415	3.469	3.524
2.44	3.061	3.115	3.170	3.225	3.279	3.334	3.389	3.443	3.498	3.553
2.46	3.086	3.141	3.196	3.251	3.306	3.361	3.416	3.472	3.527	3.582
2.48	3.111	3.166	3.222	3.278	3.333	3.389	3.444	3.500	3.555	3.611
2.50	3.136	3.192	3.248	3.304	3.360	3.416	3.472	3.528	3.584	3.640

Maß (Dicke) 112 Centimeter (1,12 m) ist.
dimensions (depth) are 112 centimetres (1,12 m).
(l'épaisseur) est 112 centimètres (1,12 m).

Länge/Length Longueur	Breite — Breadth — Largeur									
	1.32	1.34	1.36	1.38	1.40	1.42	1.44	1.46	1.48	1.50
	Inhalt in Kubikmetern — Solid Contents — Cubage									
1.32	1.951									
1.34	1.981	2.011								
1.36	2.011	2.041	2.072							
1.38	2.040	2.071	2.102	2.133						
1.40	2.070	2.101	2.132	2.164	2.195					
1.42	2.099	2.131	2.163	2.195	2.227	2.258				
1.44	2.129	2.161	2.193	2.226	2.258	2.290	2.322			
1.46	2.158	2.191	2.224	2.257	2.289	2.322	2.355	2.387		
1.48	2.188	2.221	2.254	2.287	2.321	2.354	2.387	2.420	2.453	
1.50	2.218	2.251	2.285	2.318	2.352	2.386	2.419	2.453	2.486	2.520
1.52	2.247	2.281	2.315	2.349	2.383	2.417	2.451	2.486	2.520	2.554
1.54	2.277	2.311	2.346	2.380	2.415	2.449	2.484	2.518	2.553	2.587
1.56	2.306	2.341	2.376	2.411	2.446	2.481	2.516	2.551	2.586	2.621
1.58	2.336	2.371	2.407	2.442	2.477	2.513	2.548	2.584	2.619	2.654
1.60	2.365	2.401	2.437	2.473	2.509	2.545	2.580	2.616	2.652	2.688
1.62	2.395	2.431	2.468	2.504	2.540	2.576	2.613	2.649	2.685	2.722
1.64	2.425	2.461	2.498	2 535	2.572	2.608	2.645	2.682	2.718	2.755
1.66	2.454	2.491	2.529	2.566	2.603	2.640	2.677	2.714	2.752	2.789
1.68	2.484	2.521	2.559	2.597	2.634	2.672	2.710	2.747	2.785	2.822
1.70	2.513	2.551	2.589	2.628	2 666	2.704	2.742	2.780	2.818	2 856
1.72	2.543	2.581	2.620	2.658	2.697	2.735	2.774	2.813	2.851	2.890
1.74	2.572	2.611	2.650	2.689	2 728	2.767	2.806	2.845	2.884	2.923
1.76	2.602	2.641	2.681	2.720	2.760	2.799	2.839	2.878	2.917	2.957
1.78	2.632	2.671	2.711	2.751	2.791	2.831	2.871	2.911	2.951	2.990
1.80	2.661	2.701	2.742	2.782	2.822	2.863	2.903	2.943	2.984	3.024
1.82	2.691	2.731	2.772	2.813	2.854	2.895	2.935	2.976	3.017	3.058
1.84	2.720	2.761	2.803	2.844	2.885	2.926	2.968	3.009	3.050	3.091
1.86	2.750	2.791	2.833	2.875	2.916	2.958	3.000	3.041	3.083	3.125
1.88	2.779	2.822	2.864	2.906	2.948	2.990	3.032	3.074	3.116	3.158
1.90	2.809	2.852	2.894	2.937	2.979	3.022	3.064	3.107	3.149	3.192
1.92	2.839	2.882	2.925	2.968	3.011	3.054	3.097	3.140	3.183	3.226
1.94	2.868	2.912	2.955	2.998	3.042	3.085	3.129	3.172	3.216	3.259
1.96	2.898	2.942	2.985	3.029	3.073	3.117	3.161	3.205	3.249	3.293
1.98	2.927	2.972	3.016	3.060	3.105	3.149	3.193	3.238	3.282	3.326
2.00	2.957	3.002	3.046	3.091	3.136	3.181	3.226	3.270	3.315	3.360
2.02	2.986	3.032	3.077	3.122	3.167	3.213	3.258	3.303	3.348	3.394
2.04	3.016	3.062	3.107	3.153	3.199	3.244	3.290	3.336	3.382	3.427
2.06	3.046	3.092	3.138	3.184	3.230	3.276	3.322	3.369	3.415	3.461
2.08	3.075	3.122	3.168	3.215	3.261	3.308	3.355	3.401	3.448	3.494
2.10	3.105	3.152	3.199	3.246	3.293	3.340	3.387	3.434	3.481	3.528
2.12	3.134	3.182	3.229	3.277	3.324	3.372	3.419	3.467	3.514	3.562
2.14	3.164	3.212	3.260	3.308	3.356	3.403	3.451	3.499	3.547	3.595
2.16	3.193	3.242	3.290	3.338	3.387	3.435	3.484	3.532	3.580	3.629
2.18	3.223	3.272	3.321	3.369	3.418	3.467	3.516	3.565	3.614	3.662
2.20	3.252	3.302	3.351	3.400	3.450	3.499	3.548	3.597	3.647	3.696
2.22	3.282	3.332	3.382	3.431	3.481	3.531	3.580	3.630	3.680	3.730
2.24	3.312	3.362	3.412	3.462	3.512	3.562	3.613	3.663	3.713	3.763
2.26	3.341	3.392	3.442	3.493	3.544	3.594	3.645	3.696	3.746	3.797
2.28	3.371	3.422	3.473	3.524	3.575	3.626	3.677	3.728	3.779	3.830
2.30	3.400	3.452	3.503	3.555	3.606	3.658	3.709	3.761	3.812	3.864
2.32	3.430	3.482	3.534	3.586	3.638	3.690	3.742	3.794	3.846	3.898
2.34	3.459	3.512	3.564	3.617	3.669	3.722	3.774	3.826	3.879	3.931
2.36	3.489	3.542	3.595	3.648	3.700	3.753	3.806	3.859	3.912	3.965
2.38	3.519	3.572	3.625	3.679	3.732	3.785	3.838	3.892	3.945	3.998
2.40	3.548	3.602	3.656	3.709	3.763	3.817	3.871	3.924	3.978	4.032
2.42	3.578	3.632	3.686	3.740	3.795	3.849	3.903	3.957	4.011	4.066
2.44	3.607	3.662	3.717	3.771	3.826	3.881	3.935	3.990	4.045	4.099
2.46	3.637	3.692	3.747	3.802	3.857	3.912	3.967	4.023	4.078	4.133
2.48	3.666	3.722	3.778	3.833	3.889	3.944	4.000	4.055	4.111	4.166
2.50	3.696	3.752	3.808	3.864	3.920	3.976	4.032	4.088	4.144	4.200

Kubik-Inhalt der Kolli, deren kleinstes
Solid contents of packages, whose least
Cubage des colis, dont la plus petite dimension

Länge/Length Longueur	Breite — Breadth — Largeur 1.52	1.54	1.56	1.58	1.60	1.62	1.64	1.66	1.68	1.70
	Inhalt in Kubikmetern — Solid Contents — Cubage									
1.52	2.588									
1.54	2.622	2.656								
1.56	2.656	2.691	2.726							
1.58	2.690	2.725	2.761	2.796						
1.60	2.724	2.760	2.796	2.831	2.867					
1.62	2.758	2.794	2.830	2.867	2.903	2.939				
1.64	2.792	2.829	2.865	2.902	2.939	2.976	3.012			
1.66	2.826	2.863	2.900	2.938	2.975	3.012	3.049	3.086		
1.68	2.860	2.898	2.935	2.973	3.011	3.048	3.086	3.123	3.161	
1.70	2.894	2.932	2.970	3.008	3.046	3.084	3.123	3.161	3.199	3.237
1.72	2.928	2.967	3.005	3.044	3.082	3.121	3.159	3.198	3.236	3.275
1.74	2.962	3.001	3.040	3.079	3.118	3.157	3.196	3.235	3.274	3.313
1.76	2.996	3.036	3.075	3.114	3.154	3.193	3.233	3.272	3.312	3.351
1.78	3.030	3.070	3.110	3.150	3.190	3.230	3.270	3.309	3.349	3.389
1.80	3.064	3.105	3.145	3.185	3.226	3.266	3.306	3.347	3.387	3.427
1.82	3.098	3.139	3.180	3.221	3.261	3.302	3.343	3.384	3.425	3.465
1.84	3.132	3.174	3.215	3.256	3.297	3.338	3.380	3.421	3.462	3.503
1.86	3.166	3.208	3.250	3.291	3.333	3.375	3.416	3.458	3.500	3.541
1.88	3.201	3.243	3.285	3.327	3.369	3.411	3.453	3.495	3.537	3.580
1.90	3.235	3.277	3.320	3.362	3.405	3.447	3.490	3.532	3.575	3.618
1.92	3.269	3.312	3.355	3.398	3.441	3.484	3.527	3.570	3.613	3.656
1.94	3.303	3.346	3.390	3.433	3.476	3.520	3.563	3.607	3.650	3.694
1.96	3.337	3.381	3.425	3.468	3.512	3.556	3.600	3.644	3.688	3.732
1.98	3.371	3.415	3.459	3.504	3.548	3.593	3.637	3.681	3.726	3.770
2.00	3.405	3.450	3.494	3.539	3.584	3.629	3.674	3.718	3.763	3.808
2.02	3.439	3.484	3.529	3.575	3.620	3.665	3.710	3.756	3.801	3.846
2.04	3.473	3.519	3.564	3.610	3.656	3.701	3.747	3.793	3.838	3.884
2.06	3.507	3.553	3.599	3.645	3.692	3.738	3.784	3.830	3.876	3.922
2.08	3.541	3.588	3.634	3.681	3.727	3.774	3.821	3.867	3.914	3.960
2.10	3.575	3.622	3.669	3.716	3.763	3.810	3.857	3.904	3.951	3.998
2.12	3.609	3.657	3.704	3.752	3.799	3.847	3.894	3.942	3.989	4.036
2.14	3.643	3.691	3.739	3.787	3.835	3.883	3.931	3.979	4.027	4.075
2.16	3.677	3.726	3.774	3.822	3.871	3.919	3.967	4.016	4.064	4.113
2.18	3.711	3.760	3.809	3.858	3.907	3.955	4.004	4.053	4.102	4.151
2.20	3.745	3.795	3.844	3.893	3.942	3.992	4.041	4.090	4.140	4.189
2.22	3.779	3.829	3.879	3.929	3.978	4.028	4.078	4.127	4.177	4.227
2.24	3.813	3.864	3.914	3.964	4.014	4.064	4.114	4.165	4.215	4.265
2.26	3.847	3.898	3.949	3.999	4.050	4.101	4.151	4.202	4.252	4.303
2.28	3.881	3.933	3.984	4.035	4.086	4.137	4.188	4.239	4.290	4.341
2.30	3.916	3.967	4.019	4.070	4.122	4.173	4.225	4.276	4.328	4.379
2.32	3.950	4.002	4.054	4.105	4.157	4.209	4.261	4.313	4.365	4.417
2.34	3.984	4.036	4.088	4.141	4.193	4.246	4.298	4.351	4.403	4.455
2.36	4.018	4.071	4.123	4.176	4.229	4.282	4.335	4.388	4.441	4.493
2.38	4.052	4.105	4.158	4.212	4.265	4.318	4.372	4.425	4.478	4.532
2.40	4.086	4.140	4.193	4.247	4.301	4.355	4.408	4.462	4.516	4.570
2.42	4.120	4.174	4.228	4.282	4.337	4.391	4.445	4.499	4.553	4.608
2.44	4.154	4.209	4.263	4.318	4.372	4.427	4.482	4.536	4.591	4.646
2.46	4.188	4.243	4.298	4.353	4.408	4.463	4.519	4.574	4.629	4.684
2.48	4.222	4.278	4.333	4.389	4.444	4.500	4.555	4.611	4.666	4.722
2.50	4.256	4.312	4.368	4.424	4.480	4.536	4.592	4.648	4.704	4.760
2.52	4.290	4.346	4.403	4.459	4.516	4.572	4.629	4.685	4.742	4.798
2.54	4.324	4.381	4.438	4.495	4.552	4.609	4.665	4.722	4.779	4.836
2.56	4.358	4.415	4.473	4.530	4.588	4.645	4.702	4.760	4.817	4.874
2.58	4.392	4.450	4.508	4.566	4.623	4.681	4.739	4.797	4.855	4.912
2.60	4.426	4.484	4.543	4.601	4.659	4.717	4.776	4.834	4.892	4.950
2.62	4.460	4.519	4.578	4.636	4.695	4.754	4.812	4.871	4.930	4.988
2.64	4.494	4.553	4.613	4.672	4.731	4.790	4.849	4.908	4.967	5.027
2.66	4.528	4.588	4.648	4.707	4.767	4.826	4.886	4.945	5.005	5.065
2.68	4.562	4.622	4.682	4.743	4.803	4.863	4.923	4.983	5.043	5.103
2.70	4.596	4.657	4.717	4.778	4.838	4.899	4.959	5.020	5.080	5.141
2.72	4.631	4.691	4.752	4.813	4.874	4.935	4.996	5.057	5.118	5.179
2.74	4.665	4.726	4.787	4.849	4.910	4.971	5.033	5.094	5.156	5.217
2.76	4.699	4.760	4.822	4.884	4.946	5.008	5.070	5.131	5.193	5.255
2.78	4.733	4.795	4.857	4.919	4.982	5.044	5.106	5.169	5.231	5.293
2.80	4.767	4.829	4.892	4.955	5.018	5.080	5.143	5.206	5.268	5.331
2.82	4.801	4.864	4.927	4.990	5.053	5.117	5.180	5.243	5.306	5.369
2.84	4.835	4.898	4.962	5.026	5.089	5.153	5.217	5.280	5.344	5.407
2.86	4.869	4.933	4.997	5.061	5.125	5.189	5.253	5.317	5.381	5.445
2.88	4.903	4.967	5.032	5.096	5.161	5.225	5.290	5.354	5.419	5.484
2.90	4.937	5.002	5.067	5.132	5.197	5.262	5.327	5.392	5.457	5.522

Maß (Dicke) 112 Centimeter (1,12 m) ist.
dimensions (depth) are 112 centimetres (1,12 m).
(l'épaisseur) est 112 centimètres (1,12 m).

Länge/Length Longueur	Breite — Breadth — Largeur 1.72	1.74	1.76	1.78	1.80	1.82	1.84	1.86	1.88	1.90
	Inhalt in Kubikmetern — Solid Contents — Cubage									
1.72	3.313									
1.74	3.352	3.391								
1.76	3.390	3.430	3.469							
1.78	3.429	3.469	3.509	3.549						
1.80	3.468	3.508	3.548	3.588	3.629					
1.82	3.506	3.547	3.588	3.628	3.669	3.710				
1.84	3.545	3.586	3.627	3.668	3.709	3.751	3.792			
1.86	3.583	3.625	3.666	3.708	3.750	3.791	3.833	3.875		
1.88	3.622	3.664	3.706	3.748	3.790	3.832	3.874	3.916	3.959	
1.90	3.660	3.703	3.745	3.788	3.830	3.873	3.916	3.958	4.001	4.043
1.92	3.699	3.742	3.785	3.828	3.871	3.914	3.957	4.000	4.043	4.086
1.94	3.737	3.781	3.824	3.868	3.911	3.954	3.998	4.041	4.085	4.128
1.96	3.776	3.820	3.864	3.907	3.951	3.995	4.039	4.083	4.127	4.171
1.98	3.814	3.859	3.903	3.947	3.992	4.036	4.080	4.125	4.169	4.213
2.00	3.853	3.898	3.942	3.987	4.032	4.077	4.122	4.166	4.211	4.256
2.02	3.891	3.937	3.982	4.027	4.072	4.118	4.163	4.208	4.253	4.299
2.04	3.930	3.976	4.021	4.067	4.113	4.158	4.204	4.250	4.295	4.341
2.06	3.968	4.015	4.061	4.107	4.153	4.199	4.245	4.291	4.338	4.384
2.08	4.007	4.054	4.100	4.147	4.193	4.240	4.286	4.333	4.380	4.426
2.10	4.045	4.092	4.140	4.187	4.234	4.281	4.328	4.375	4.422	4.469
2.12	4.084	4.131	4.179	4.226	4.274	4.321	4.369	4.416	4.464	4.511
2.14	4.122	4.170	4.218	4.266	4.314	4.362	4.410	4.458	4.506	4.554
2.16	4.161	4.209	4.258	4.306	4.355	4.403	4.451	4.500	4.548	4.596
2.18	4.200	4.248	4.297	4.346	4.395	4.444	4.493	4.541	4.590	4.639
2.20	4.238	4.287	4.337	4.386	4.435	4.484	4.534	4.583	4.632	4.682
2.22	4.277	4.326	4.376	4.426	4.476	4.525	4.575	4.625	4.674	4.724
2.24	4.315	4.365	4.415	4.466	4.516	4.566	4.616	4.666	4.717	4.767
2.26	4.354	4.404	4.455	4.506	4.556	4.607	4.657	4.708	4.759	4.809
2.28	4.392	4.443	4.494	4.545	4.596	4.648	4.699	4.750	4.801	4.852
2.30	4.431	4.482	4.534	4.585	4.637	4.688	4.740	4.791	4.843	4.894
2.32	4.469	4.521	4.573	4.625	4.677	4.729	4.781	4.833	4.885	4.937
2.34	4.508	4.560	4.613	4.665	4.717	4.770	4.822	4.875	4.927	4.980
2.36	4.546	4.599	4.642	4.705	4.758	4.811	4.863	4.916	4.969	5.022
2.38	4.585	4.638	4.691	4.745	4.798	4.851	4.905	4.958	5.011	5.065
2.40	4.623	4.677	4.731	4.785	4.838	4.892	4.946	5.000	5.053	5.107
2.42	4.662	4.716	4.770	4.825	4.879	4.933	4.987	5.041	5.096	5.150
2.44	4.700	4.755	4.810	4.864	4.919	4.974	5.028	5.083	5.138	5.192
2.46	4.739	4.794	4.849	4.904	4.959	5.014	5.070	5.125	5.180	5.235
2.48	4.777	4.833	4.889	4.944	5.000	5.055	5.111	5.166	5.222	5.277
2.50	4.816	4.872	4.928	4.984	5.040	5.096	5.152	5.208	5.264	5.320
2.52	4.855	4.911	4.967	5.024	5.080	5.137	5.193	5.250	5.306	5.363
2.54	4.893	4.950	5.007	5.064	5.121	5.178	5 234	5.291	5.348	5.405
2.56	4.932	4.989	5.046	5.104	5.161	5.218	5.276	5.333	5.390	5.448
2.58	4.970	5.028	5.086	5.143	5.201	5.259	5.317	5.375	5.432	5.490
2.60	5.009	5.067	5.125	5.183	5.242	5.300	5.358	5.416	5.475	5.533
2.62	5.047	5.106	5.165	5.223	5.282	5.341	5.399	5.458	5.517	5.575
2.64	5.086	5.145	5.204	5.263	5.322	5.381	5.441	5.500	5.559	5.618
2.66	5.124	5.184	5.243	5.303	5.363	5.422	5.482	5.541	5.601	5.660
2.68	5.163	5.223	5.283	5.343	5.403	5.463	5.523	5.583	5.643	5.703
2.70	5.201	5.262	5.322	5.383	5.443	5.504	5.564	5.625	5.685	5.746
2.72	5.240	5.301	5.362	5.423	5.484	5.544	5.605	5.666	5.727	5.788
2.74	5.278	5.340	5.401	5.462	5.524	5.585	5.647	5.708	5.769	5.831
2.76	5.317	5.379	5.441	5.502	5.564	5.626	5.688	5.750	5.811	5.873
2.78	5.355	5.418	5.480	5.542	5.604	5.667	5.729	5.791	5.854	5.916
2.80	5.394	5.457	5.519	5.582	5.645	5.708	5.770	5.833	5.896	5.958
2.82	5.432	5.496	5.559	5.622	5.685	5.748	5.811	5.875	5.938	6.001
2.84	5.471	5.535	5.598	5.662	5.725	5.789	5.853	5.916	5.980	6.044
2.86	5.510	5.574	5.638	5.702	5.766	5.830	5.894	5.958	6.022	6.086
2.88	5.548	5.613	5.677	5.742	5.806	5.871	5.935	6.000	6.064	6.129
2.90	5.587	5.652	5.716	5.781	5.846	5.911	5.976	6.041	6.106	6.171

Kubik-Inhalt der Kolli, deren kleinstes
Solid contents of packages, whose least
Cubage des colis, dont la plus petite dimension

Länge/Length Longueur	Breite — Breadth — Largeur 1.14	1.16	1.18	1.20	1.22	1.24	1.26	1.28	1.30	1.32
	Inhalt in Kubikmetern — Solid Contents — Cubage									
1.14	1.482									
1.16	1.508	1.534								
1.18	1.534	1.560	1.587							
1.20	1.560	1.587	1.614	1.642						
1.22	1.586	1.613	1.641	1.669	1.697					
1.24	1.612	1.640	1.668	1.696	1.725	1.753				
1.26	1.637	1.666	1.695	1.724	1.752	1.781	1.810			
1.28	1 663	1.693	1.722	1.751	1.780	1.809	1.839	1.868		
1.30	1.689	1.719	1.749	1.778	1.808	1.838	1.867	1.897	1.927	
1.32	1.715	1.746	1.776	1.806	1.836	1.866	1.896	1.926	1.956	1.986
1.34	1.741	1.772	1.803	1.833	1.864	1.894	1.925	1.955	1.986	2.016
1.36	1.767	1.798	1.829	1.860	1.891	1.922	1.954	1.985	2.016	2 047
1.38	1.793	1.825	1.856	1.888	1.919	1.951	1.982	2.014	2.045	2.077
1.40	1.819	1.851	1.883	1.915	1.947	1.979	2.011	2.043	2.075	2.107
1.42	1.845	1.878	1.910	1.943	1.975	2.007	2.040	2.072	2.104	2.137
1.44	1.871	1.904	1.937	1.970	2.003	2.036	2.068	2.101	2.134	2.167
1.46	1.897	1.931	1.964	1.997	2.031	2.064	2.097	2.130	2.164	2.197
1.48	1.923	1.957	1.991	2.025	2.058	2.092	2.126	2.160	2.193	2.227
1.50	1.949	1.984	2.018	2.052	2.086	2.120	2.155	2.189	2.223	2.257
1.52	1.975	2.010	2.045	2.079	2.114	2.149	2.183	2.218	2.253	2.287
1.54	2.001	2.036	2.072	2.107	2.142	2.177	2.212	2.247	2.282	2.317
1.56	2.027	2.063	2.099	2.134	2.170	2.205	2.241	2.276	2.312	2.347
1.58	2.053	2.089	2.125	2.161	2.197	2.233	2.270	2.306	2.342	2.378
1.60	2.079	2.116	2.152	2.189	2.225	2.262	2.298	2.335	2.371	2.408
1.62	2.105	2.142	2.179	2.216	2.253	2.290	2.327	2.364	2.401	2.438
1.64	2.131	2.169	2.206	2.244	2.281	2.318	2.356	2.393	2.430	2.468
1.66	2.157	2.195	2.233	2.271	2.309	2.347	2.384	2.422	2.460	2.498
1.68	2.183	2.222	2.260	2.298	2.337	2.375	2.413	2.451	2.490	2.528
1.70	2.209	2.248	2.287	2.326	2.364	2.403	2.442	2.481	2.519	2.558
1.72	2.235	2.275	2.314	2.353	2.392	2.431	2.471	2.510	2.549	2.588
1.74	2.261	2.301	2.341	2.380	2.420	2.460	2.499	2.539	2.579	2.618
1.76	2.287	2.327	2.368	2.408	2.448	2.488	2.528	2.568	2.608	2.648
1.78	2.313	2.354	2.394	2.435	2.476	2.516	2.557	2.597	2.638	2.679
1.80	2.339	2.380	2.421	2.462	2.503	2.544	2.586	2.627	2.668	2.709
1.82	2.365	2.407	2.448	2.490	2.531	2.573	2.614	2.656	2.697	2.739
1.84	2.391	2.433	2.475	2.517	2.559	2.601	2.643	2.685	2.727	2.769
1.86	2.417	2.460	2.502	2.544	2.587	2.629	2.672	2.714	2.757	2.799
1.88	2.443	2.486	2.529	2.572	2.615	2.658	2.700	2.743	2.786	2.829
1.90	2.469	2.513	2.556	2.599	2.643	2.686	2.729	2.772	2.816	2.859
1.92	2.495	2.539	2.583	2.627	2.670	2.714	2.758	2.802	2.845	2.889
1.94	2.521	2.565	2.610	2.654	2.698	2.742	2.787	2.831	2.875	2.919
1.96	2.547	2.592	2.637	2.681	2.726	2.771	2.815	2.860	2.905	2.949
1.98	2.573	2.618	2.663	2.709	2.754	2.799	2.844	2.889	2.934	2.980
2.00	2.599	2.645	2.690	2.736	2.782	2.827	2.873	2.918	2.964	3.010
2.02	2.625	2.671	2.717	2.763	2.809	2.855	2.902	2.948	2.994	3.040
2.04	2.651	2.698	2.744	2.791	2.837	2.884	2.930	2.977	3.023	3.070
2.06	2.677	2.724	2.771	2.818	2.865	2.912	2.959	3.006	3.053	3.100
2.08	2.703	2.751	2.798	2.845	2.893	2.940	2.988	3.035	3.083	3.130
2.10	2.729	2.777	2.825	2.873	2.921	2.969	3.016	3.064	3.112	3.160
2.12	2.755	2.803	2.852	2.900	2.948	2.997	3.045	3.094	3.142	3.190
2.14	2.781	2.830	2.879	2.928	2.976	3.025	3.074	3.123	3.171	3.220
2.16	2.807	2.856	2.906	2.955	3.004	3.053	3.103	3.152	3.201	3.250
2.18	2.833	2.883	2.933	2.982	3.032	3.082	3.131	3.181	3.231	3.280
2.20	2.859	2.909	2.959	3.010	3.060	3.110	3.160	3.210	3.260	3.311
2.22	2.885	2.936	2.986	3.037	3.088	3.138	3.189	3.239	3.290	3.341
2.24	2.911	2.962	3.013	3.064	3.115	3.166	3.218	3.269	3.320	3.371
2.26	2.937	2.989	3.040	3.092	3.143	3.195	3.246	3.298	3.349	3.401
2.28	2.963	3.015	3.067	3.119	3.171	3.223	3.275	3.327	3.379	3.431
2.30	2.989	3.042	3.094	3.146	3.199	3.251	3.304	3.356	3.409	3.461
2.32	3.015	3.068	3.121	3.174	3.227	3.280	3.332	3.385	3.438	3.491
2.34	3.041	3.094	3.148	3.201	3.254	3.308	3.361	3.415	3.468	3.521
2.36	3.067	3.121	3.175	3.228	3.282	3.336	3.390	3.444	3.498	3.551
2.38	3.093	3.147	3.202	3.256	3.310	3.364	3.419	3.473	3.527	3.581
2.40	3.119	3.174	3.228	3.283	3.338	3.393	3.447	3.502	3.557	3.611
2.42	3.145	3.200	3.255	3.311	3.366	3.421	3.476	3.531	3.586	3.642
2.44	3.171	3.227	3.282	3.338	3.394	3.449	3.505	3.560	3.616	3.672
2.46	3.197	3.253	3.309	3.365	3.421	3.477	3.534	3.590	3.646	3.702
2.48	3.223	3.280	3.336	3.393	3.449	3.506	3.562	3.619	3.675	3.732
2.50	3.249	3.306	3.363	3.420	3.477	3.534	3.591	3.648	3.705	3.762
2.52	3.275	3.332	3.390	3.447	3.505	3.562	3.620	3.677	3.735	3.792

Maß (Dicke) 114 Centimeter (1,14 m) ist.
dimensions (depth) are 114 centimetres (1,14 m).
(l'épaisseur) est 114 centimètres (1,14 m).

Länge/Length Longueur	Breite — Breadth — Largeur 1.34	1.36	1.38	1.40	1.42	1.44	1.46	1.48	1.50	1.52
	Inhalt in Kubikmetern — Solid Contents — Cubage									
1.34	2.047									
1.36	2.078	2.109								
1.38	2.108	2.140	2.171							
1.40	2.139	2.171	2.202	2.234						
1.42	2.169	2.202	2.234	2.266	2.299					
1.44	2.200	2.233	2.265	2.298	2.331	2.364				
1.46	2.230	2.264	2.297	2.330	2.363	2.397	2.430			
1.48	2.261	2.295	2.328	2.362	2.396	2.430	2.463	2.497		
1.50	2.291	2.326	2.360	2.394	2.428	2.462	2.497	2.531	2.565	
1.52	2.322	2.357	2.391	2.426	2.461	2.495	2.530	2.565	2.599	2.634
1.54	2.353	2.388	2.423	2.458	2.493	2.528	2.563	2.598	2.633	2.669
1.56	2.383	2.419	2.454	2.490	2.525	2.561	2.596	2.632	2.668	2.703
1.58	2.414	2.450	2.486	2.522	2.558	2.594	2.630	2.666	2.702	2.738
1.60	2.444	2.481	2.517	2.554	2.590	2.627	2.663	2.700	2.736	2.772
1.62	2.475	2.512	2.549	2.586	2.622	2.659	2.696	2.733	2.770	2.807
1.64	2.505	2.543	2.580	2.617	2.655	2.692	2.730	2.767	2.804	2.842
1.66	2.536	2.574	2.612	2.649	2.687	2.725	2.763	2.801	2.839	2.876
1.68	2.566	2.605	2.643	2.681	2.720	2.758	2.796	2.834	2.873	2.911
1.70	2.597	2.636	2.674	2.713	2.752	2.791	2.829	2.868	2.907	2.946
1.72	2.627	2.667	2.706	2.745	2.784	2.824	2.863	2.902	2.941	2.980
1.74	2.658	2.698	2.737	2.777	2.817	2.856	2.896	2.936	2.975	3.015
1.76	2.689	2.729	2.769	2.809	2.849	2.889	2.929	2.969	3.010	3.050
1.78	2.719	2.760	2.800	2.841	2.881	2.922	2.963	3.003	3.044	3.084
1.80	2.750	2.791	2.832	2.873	2.914	2.955	2.996	3.037	3.078	3.119
1.82	2.780	2.822	2.863	2.905	2.946	2.988	3.029	3.071	3.112	3.154
1.84	2.811	2.853	2.895	2.937	2.979	3.021	3.062	3.104	3.146	3.188
1.86	2.841	2.884	2.926	2.969	3.011	3.053	3.096	3.138	3.181	3.223
1.88	2.872	2.915	2.958	3.000	3.043	3.086	3.129	3.172	3.215	3.258
1.90	2.902	2.946	2.989	3.032	3.076	3.119	3.162	3.206	3.249	3.292
1.92	2.933	2.977	3.021	3.064	3.108	3.152	3.196	3.239	3.283	3.327
1.94	2.964	3.008	3.052	3.096	3.140	3.185	3.229	3.273	3.317	3.362
1.96	2.994	3.039	3.083	3.128	3.173	3.218	3.262	3.307	3.352	3.396
1.98	3.025	3.070	3.115	3.160	3.205	3.250	3.296	3.341	3.386	3.431
2.00	3.055	3.101	3.146	3.192	3.238	3.283	3.329	3.374	3.420	3.466
2.02	3.086	3.132	3.178	3.224	3.270	3.316	3.362	3.408	3.454	3.500
2.04	3.116	3.163	3.209	3.256	3.302	3.349	3.395	3.442	3.488	3.535
2.06	3.147	3 194	3.241	3.288	3.335	3.382	3.429	3.476	3.523	3.570
2.08	3.177	3.225	3.272	3.320	3.367	3.415	3.462	3.509	3.557	3.604
2.10	3.208	3.256	3.304	3.352	3.399	3.447	3.495	3.543	3.591	3.639
2.12	3.239	3.287	3.335	3.384	3.432	3.480	3.529	3.577	3.625	3.674
2.14	3.269	3.318	3.367	3.415	3.464	3.513	3.562	3.611	3.659	3.708
2.16	3.300	3.349	3.398	3.447	3.497	3.546	3.595	3.644	3.694	3.743
2.18	3.330	3.380	3.430	3.479	3.529	3.579	3.628	3.678	3.728	3.778
2.20	3.361	3.411	3.461	3.511	3.561	3.612	3.662	3.712	3.762	3.812
2.22	3.391	3.442	3.493	3.543	3.594	3.644	3.695	3.746	3.796	3.847
2.24	3.422	3.473	3.524	3.575	3.626	3.677	3.728	3.779	3.830	3.881
2.26	3.452	3.504	3.555	3.607	3.658	3.710	3.762	3.813	3.865	3.916
2.28	3.483	3.535	3.587	3.639	3.691	3.743	3.795	3.847	3.899	3.951
2.30	3.513	3.566	3.618	3.671	3.723	3.776	3.828	3.881	3.933	3.985
2.32	3.544	3.597	3.650	3.703	3.756	3.809	3.861	3.914	3.967	4.020
2.34	3.575	3.628	3.681	3.735	3.788	3.841	3.895	3.948	4.001	4.055
2.36	3.605	3.659	3.713	3.767	3.820	3.874	3.928	3.982	4.036	4.089
2.38	3.636	3.690	3.744	3.798	3.853	3.907	3.961	4.016	4.070	4.124
2.40	3.666	3.721	3.776	3.830	3.885	3.940	3.995	4.049	4.104	4.159
2.42	3 697	3.752	3.807	3.862	3.917	3.973	4.028	4.083	4.138	4.193
2.44	3.727	3.783	3.839	3.894	3.950	4.006	4.061	4.117	4.172	4.228
2.46	3.758	3.814	3.870	3.926	3.982	4.038	4.094	4.151	4.207	4.263
2.48	3.788	3.845	3.902	3.958	4.015	4.071	4.128	4.184	4.241	4.297
2.50	3.819	3.876	3.933	3.990	4.047	4.104	4.161	4.218	4.275	4.332
2.52	3.850	3.907	3.964	4.022	4.079	4.137	4.194	4.252	4.309	4.367

Kubik-Inhalt der Kolli, deren kleinstes
Solid contents of packages, whose least
Cubage des colis, dont la plus petite dimension

Länge/Length Longueur	Breite — Breadth — Largeur 1.54	1.56	1.58	1.60	1.62	1.64	1.66	1.68	1.70	1.72
	Inhalt in Kubikmetern — Solid Contents — Cubage									
1.54	2.704									
1.56	2.739	2.774								
1.58	2.774	2.810	2.846							
1.60	2.809	2.845	2.882	2.918						
1.62	2.844	2.881	2.918	2.955	2.992					
1.64	2.879	2.917	2.954	2.991	3.029	3.066				
1.66	2.914	2.952	2.990	3.028	3.066	3.104	3.141			
1.68	2.949	2.988	3.026	3.064	3.103	3.141	3.179	3.218		
1.70	2.985	3.023	3.062	3.101	3.140	3.178	3.217	3.256	3.295	
1.72	3.020	3.059	3.098	3.137	3.176	3.216	3.255	3.294	3.333	3.373
1.74	3.055	3.094	3.134	3.174	3.213	3.253	3.293	3.332	3.372	3.412
1.76	3.090	3.130	3.170	3.210	3.250	3.290	3.331	3.371	3.411	3.451
1.78	3.125	3.166	3.206	3.247	3.287	3.328	3.368	3.409	3.450	3.490
1.80	3.160	3.201	3.242	3.283	3.324	3.365	3.406	3.447	3.488	3.529
1.82	3.195	3.237	3.278	3.320	3.361	3.403	3.444	3.486	3.527	3.569
1.84	3.230	3.272	3.314	3.356	3.398	3.440	3.482	3.524	3.566	3.608
1.86	3.265	3.308	3.350	3.393	3.435	3.477	3.520	3.562	3.605	3.647
1.88	3.301	3.343	3.386	3.429	3.472	3.515	3.558	3.601	3.643	3.686
1.90	3.336	3.379	3.422	3.466	3.509	3.552	3.596	3.639	3.682	3.726
1.92	3.371	3.415	3.458	3.502	3.546	3.590	3.633	3.677	3.721	3.765
1.94	3.406	3.450	3.494	3.539	3.583	3.627	3.671	3.715	3.760	3.804
1.96	3.441	3.486	3.530	3.575	3.620	3.664	3.709	3.754	3.798	3.843
1.98	3.476	3.521	3.566	3.612	3.657	3.702	3.747	3.792	3.837	3.882
2.00	3.511	3.557	3.602	3.648	3.694	3.739	3.785	3.830	3.876	3.922
2.02	3.546	3.592	3.638	3.684	3.731	3.777	3.823	3.869	3.915	3.961
2.04	3.581	3.628	3.674	3.721	3.767	3.814	3.860	3.907	3.954	4.000
2.06	3.617	3.664	3.710	3.757	3.804	3.851	3.898	3.945	3.992	4.039
2.08	3.652	3.699	3.746	3.794	3.841	3.889	3.936	3.984	4.031	4.078
2.10	3.687	3.735	3.783	3.830	3.878	3.926	3.974	4.022	4.070	4.118
2.12	3.722	3.770	3.819	3.867	3.915	3.964	4.012	4.060	4.109	4.157
2.14	3.757	3.806	3.855	3.903	3.952	4.001	4.050	4.099	4.147	4.196
2.16	3.792	3.841	3.891	3.940	3.989	4.038	4.088	4.137	4.186	4.235
2.18	3.827	3.877	3.927	3.976	4.026	4.076	4.125	4.175	4.225	4.275
2.20	3.862	3.912	3.963	4.013	4.063	4.113	4.163	4.213	4.264	4.314
2.22	3.897	3.948	3.999	4.049	4.100	4.151	4.201	4.252	4.302	4.353
2.24	3.933	3.984	4.035	4.086	4.137	4.188	4.239	4.290	4.341	4.392
2.26	3.968	4.019	4.071	4.122	4.174	4.225	4.277	4.328	4.380	4.431
2.28	4.003	4.055	4.107	4.159	4.211	4.263	4.315	4.367	4.419	4.471
2.30	4.038	4.090	4.143	4.195	4.248	4.300	4.353	4.405	4.457	4.510
2.32	4.073	4.126	4.179	4.232	4.285	4.337	4.390	4.443	4.496	4.549
2.34	4.108	4.161	4.215	4.268	4.322	4.375	4.428	4.482	4.535	4.588
2.36	4.143	4.197	4.251	4.305	4.358	4.412	4.466	4.520	4.574	4.627
2.38	4.178	4.233	4.287	4.341	4.395	4.450	4.504	4.558	4.612	4.667
2.40	4.213	4.268	4.323	4.378	4.432	4.487	4.542	4.596	4.651	4.706
2.42	4.249	4.304	4.359	4.414	4.469	4.524	4.580	4.635	4.690	4.745
2.44	4.284	4.339	4.395	4.451	4.506	4.562	4.617	4.673	4.729	4.784
2.46	4.319	4.375	4.431	4.487	4.543	4.599	4.655	4.711	4.767	4.824
2.48	4.354	4.410	4.467	4.524	4.580	4.637	4.693	4.750	4.806	4.863
2.50	4.389	4.446	4.503	4.560	4.617	4.674	4.731	4.788	4.845	4.902
2.52	4.424	4.482	4.539	4.596	4.654	4.711	4.769	4.826	4.884	4.941
2.54	4.459	4.517	4.575	4.633	4.691	4.749	4.807	4.865	4.923	4.980
2.56	4.494	4.553	4.611	4.669	4.728	4.786	4.845	4.903	4.961	5.020
2.58	4.529	4.588	4.647	4.706	4.765	4.824	4.882	4.941	5.000	5.059
2.60	4.565	4.624	4.683	4.742	4.802	4.861	4.920	4.980	5.039	5.098
2.62	4.600	4.659	4.719	4.779	4.839	4.898	4.958	5.018	5.078	5.137
2.64	4.635	4.695	4.755	4.815	4.876	4.936	4.996	5.056	5.116	5.177
2.66	4.670	4.731	4.791	4.852	4.912	4.973	5.034	5.094	5.155	5.216
2.68	4.705	4.766	4.827	4.888	4.949	5.011	5.072	5.133	5.194	5.255
2.70	4.740	4.802	4.863	4.925	4.986	5.048	5.109	5.171	5.233	5.294
2.72	4.775	4.837	4.899	4.961	5.023	5.085	5.147	5.209	5.271	5.333
2.74	4.810	4.873	4.935	4.998	5.060	5.123	5.185	5.248	5.310	5.373
2.76	4.845	4.908	4.971	5.034	5.097	5.160	5.223	5.286	5.349	5.412
2.78	4.881	4.944	5.007	5.071	5.134	5.197	5.261	5.324	5.388	5.451
2.80	4.916	4.980	5.043	5.107	5.171	5.235	5.299	5.363	5.426	5.490
2.82	4.951	5.015	5.079	5.144	5.208	5.273	5.337	5.401	5.465	5.529
2.84	4.986	5.051	5.115	5.180	5.245	5.310	5.374	5.439	5.504	5.569
2.86	5.021	5.086	5.151	5.217	5.282	5.347	5.412	5.477	5.543	5.608
2.88	5.056	5.122	5.187	5.253	5.319	5.384	5.450	5.516	5.581	5.647
2.90	5.091	5.157	5.223	5.290	5.356	5.422	5.488	5.554	5.620	5.686
2.92	5.126	5.193	5.260	5.326	5.393	5.459	5.526	5.592	5.659	5.726

Maß (Dicke) 114 Centimeter (1,14 m) ist.
dimensions (depth) are 114 centimetres (1,14 m).
(l'épaisseur) est 114 centimètres (1,14 m).

Länge/Length Longueur	Breite — Breadth — Largeur									
	1.74	1.76	1.78	1.80	1.82	1.84	1.86	1.88	1.90	1.92
	Inhalt in Kubikmetern — Solid Contents — Cubage									
1.74	3.451									
1.76	3.491	3.531								
1.78	3.531	3.571	3.612							
1.80	3.570	3.612	3.653	3.694						
1.82	3.610	3.652	3.693	3.735	3.776					
1.84	3.650	3.692	3.734	3.776	3.818	3.860				
1.86	3.689	3.732	3.774	3.817	3.859	3.902	3.944			
1.88	3.729	3.772	3.815	3.858	3.901	3.943	3.986	4.029		
1.90	3.769	3.812	3.855	3.899	3.942	3.985	4.029	4.072	4.115	
1.92	3.809	3.852	3.896	3.940	3.984	4.027	4.071	4.115	4.159	4 202
1.94	3.848	3.892	3.937	3.981	4.025	4.069	4.114	4.158	4.202	4.246
1.96	3.888	3.933	3.977	4.022	4.067	4.111	4.156	4.201	4.245	4.290
1.98	3.928	3.973	4.018	4.063	4.108	4.153	4.198	4.244	4.289	4.334
2.00	3.967	4.013	4.058	4.104	4.150	4.195	4.241	4.286	4.332	4.378
2.02	4.007	4.053	4.099	4.145	4.191	4.237	4.283	4.329	4.375	4.421
2.04	4.047	4.093	4.140	4.186	4.233	4.279	4.326	4.372	4.419	4.465
2.06	4.086	4.133	4.180	4.227	4.274	4.321	4.368	4.415	4.462	4.509
2.08	4.126	4.173	4.221	4.268	4.316	4.363	4.410	4.458	4.505	4.553
2.10	4.166	4.213	4.261	4.309	4.357	4.405	4.453	4.501	4.549	4.596
2.12	4.205	4.254	4.302	4.350	4.399	4.447	4.495	4.544	4.592	4.640
2.14	4.245	4.294	4.342	4.391	4.440	4.489	4.538	4.586	4.635	4.684
2.16	4.285	4.334	4.383	4.432	4.482	4.531	4.580	4.629	4.679	4.728
2.18	4.324	4.374	4.424	4.473	4.523	4.573	4.622	4.672	4.722	4.772
2.20	4.364	4.414	4.464	4.514	4.565	4.615	4.665	4.715	4.765	4.815
2.22	4.404	4.454	4.505	4.555	4.606	4.657	4.707	4.758	4.809	4.859
2.24	4.443	4.494	4.545	4.596	4.648	4.699	4.750	4.801	4.852	4.903
2.26	4.483	4.534	4.586	4.638	4.689	4.741	4.792	4.844	4.895	4.947
2.28	4.523	4.575	4.627	4.679	4.731	4.783	4.835	4.886	4.938	4.990
2.30	4.562	4.615	4.667	4.720	4.772	4.824	4.877	4.929	4.982	5.034
2.32	4.602	4.655	4.708	4.761	4.814	4.866	4.919	4.972	5.025	5.078
2.34	4.642	4.695	4.748	4.802	4.855	4.908	4.962	5.015	5.068	5.122
2.36	4.681	4.735	4.789	4.843	4.897	4.950	5.004	5.058	5.112	5.166
2.38	4.721	4.775	4.829	4.884	4.938	4.992	5.047	5.101	5.155	5.209
2.40	4.761	4.815	4.870	4.925	4.980	5.034	5.089	5.144	5.198	5.253
2.42	4.800	4.855	4.911	4.966	5.021	5.076	5.131	5.187	5.242	5.297
2.44	4.840	4.896	4.951	5.007	5.063	5.118	5.174	5.229	5.285	5.341
2.46	4.880	4.936	4.992	5.048	5.104	5.160	5.216	5.272	5.328	5.384
2.48	4.919	4.976	5.032	5.089	5.146	5.202	5.259	5.315	5.372	5.428
2.50	4.959	5.016	5.073	5.130	5.187	5.244	5.301	5.358	5.415	5.472
2.52	4.999	5.056	5.114	5.171	5.228	5.286	5.343	5.401	5.458	5.516
2.54	5.038	5.096	5.154	5.212	5.270	5.328	5.386	5.444	5.502	5.560
2.56	5.078	5.136	5.195	5.253	5.311	5.370	5.428	5.487	5.545	5.603
2.58	5.118	5.177	5.235	5.294	5.353	5.412	5.471	5.529	5.588	5.647
2.60	5.157	5.217	5.276	5.335	5.394	5.454	5.513	5.572	5.632	5.691
2.62	5.197	5.257	5.317	5.376	5.436	5.496	5.555	5.615	5.675	5.735
2.64	5.237	5.297	5.357	5.417	5.477	5.538	5.598	5.658	5.718	5.778
2.66	5.276	5.337	5.398	5.458	5.519	5.580	5.640	5.701	5.762	5.822
2.68	5.316	5.377	5.438	5.499	5.560	5.622	5.683	5.744	5.805	5.866
2.70	5.356	5.417	5.478	5.540	5.602	5.664	5.725	5.787	5.848	5.910
2.72	5.395	5.457	5.519	5 581	5.643	5.705	5.767	5.830	5.892	5.954
2.74	5.435	5.498	5.560	5.622	5.685	5.747	5.810	5.872	5.935	5.997
2.76	5.475	5.538	5.601	5.664	5.726	5.789	5.852	5.915	5.978	6.041
2.78	5.514	5.578	5.641	5.705	5.768	5.831	5.895	5.958	6.021	6.085
2.80	5.554	5.618	5.682	5.746	5.809	5.873	5.937	6.001	6.065	6.129
2.82	5.594	5.658	5.722	5.787	5.851	5.915	5.980	6.044	6.108	6.172
2.84	5.633	5.698	5.763	5.828	5.892	5.957	6.022	6.087	6.151	6.216
2.86	5.673	5.738	5.804	5.869	5.934	5.999	6.064	6.130	6.195	6.260
2.88	5.713	5.778	5.844	5.910	5.975	6.041	6.107	6.172	6.238	6.304
2.90	5.752	5.819	5.885	5.951	6.017	6.083	6.149	6.215	6.281	6.348
2.92	5.792	5.859	5.925	5.992	6.058	6.125	6.192	6.258	6.325	6.391

Kubik-Inhalt der Kolli, deren kleinstes
Solid contents of packages, whose least
Cubage des colis, dont la plus petite dimension

Länge/Length Longueur	Breite — Breadth — Largeur 1.16	1.18	1.20	1.22	1.24	1.26	1.28	1.30	1.32	1.34
	Inhalt in Kubikmetern — Solid Contents — Cubage									
1.16	1.561									
1.18	1.588	1.615								
1.20	1.615	1.643	1.670							
1.22	1.642	1.670	1.698	1.727						
1.24	1.669	1.697	1.726	1.755	1.784					
1.26	1.695	1.725	1.754	1.783	1.812	1.842				
1.28	1.722	1.752	1.782	1.811	1.841	1.871	1.901			
1.30	1.749	1.779	1.810	1.840	1.870	1.900	1.930	1.960		
1.32	1.776	1.807	1.837	1.868	1.899	1.929	1.960	1.991	2.021	
1.34	1.803	1.834	1.865	1.896	1.927	1.959	1.990	2.021	2.052	2.083
1.36	1.830	1.862	1.893	1.925	1.956	1.988	2.019	2.051	2.082	2.114
1.38	1.857	1.889	1.921	1.953	1.985	2.017	2.049	2.081	2.113	2.145
1.40	1.884	1.916	1.949	1.981	2.014	2.046	2.079	2.111	2.144	2.176
1.42	1.911	1.944	1.977	2.010	2.043	2.075	2.108	2.141	2.174	2.207
1.44	1.938	1.971	2.004	2.038	2.071	2.105	2.138	2.172	2.205	2.238
1.46	1.965	1.998	2.032	2.066	2.100	2.134	2.168	2.202	2.236	2.269
1.48	1.991	2.026	2.060	2.094	2.129	2.163	2.198	2.232	2.266	2.301
1.50	2.018	2.053	2.088	2.123	2.158	2.192	2.227	2.262	2.297	2.332
1.52	2.045	2.081	2.116	2.151	2.186	2.222	2.257	2.292	2.327	2.363
1.54	2.072	2.108	2.144	2.179	2.215	2.251	2.287	2.322	2.358	2.394
1.56	2.099	2.135	2.172	2.208	2.244	2.280	2.316	2.352	2.389	2.425
1.58	2.126	2.163	2.199	2.236	2.273	2.309	2.346	2.383	2.419	2.456
1.60	2.153	2.190	2.227	2.264	2.301	2.339	2.376	2.413	2.450	2.487
1.62	2.180	2.217	2.255	2.293	2.330	2.368	2.405	2.443	2.481	2.518
1.64	2.207	2.245	2.283	2.321	2.359	2.397	2.435	2.473	2.511	2.549
1.66	2.234	2.272	2.311	2.349	2.388	2.426	2.465	2.503	2.542	2.580
1.68	2.261	2.300	2.339	2.378	2.417	2.455	2.494	2.533	2.572	2.611
1.70	2.288	2.327	2.366	2.406	2.445	2.485	2.524	2.564	2.603	2.642
1.72	2.314	2.354	2.394	2.434	2.474	2.514	2.554	2.594	2.634	2.674
1.74	2.341	2.382	2.422	2.462	2.503	2.543	2.584	2.624	2.664	2.705
1.76	2.368	2.409	2.450	2.491	2.532	2.572	2.613	2.654	2.695	2.736
1.78	2.395	2.436	2.478	2.519	2.560	2.602	2.643	2.684	2.726	2.767
1.80	2.422	2.464	2.506	2.547	2.589	2.631	2.673	2.714	2.756	2.798
1.82	2.449	2.491	2.533	2.576	2.618	2.660	2.702	2.745	2.787	2.829
1.84	2.476	2.519	2.561	2.604	2.647	2.689	2.732	2.775	2.817	2.860
1.86	2.503	2.546	2 589	2.632	2.675	2.719	2.762	2.805	2.848	2.891
1.88	2.530	2.573	2.617	2.661	2.704	2.748	2.791	2.835	2.879	2.922
1.90	2.557	2.601	2.645	2.689	2.733	2.777	2.821	2.865	2.909	2.953
1.92	2.584	2.628	2.673	2.717	2.762	2.806	2.851	2.895	2.940	2.984
1.94	2.610	2.655	2.700	2.745	2.790	2.836	2.881	2.926	2.971	3.016
1.96	2.637	2.683	2.728	2.774	2.819	2.865	2.910	2.956	3.001	3.047
1.98	2.664	2.710	2.756	2.802	2.848	2.894	2.940	2.986	3.032	3.078
2.00	2.691	2.738	2.784	2.830	2.877	2.923	2.970	3.016	3.062	3.109
2.02	2.718	2.765	2.812	2.859	2.906	2.952	2.999	3.046	3.093	3.140
2.04	2.745	2.792	2.840	2.887	2.934	2.982	3.029	3.076	3.124	3.171
2.06	2.772	2.820	2.868	2.915	2.963	3 011	3.059	3.106	3.154	3.202
2.08	2.799	2.847	2.895	2.944	2.992	3.040	3.088	3.137	3.185	3.233
2.10	2.826	2.874	2.923	2.972	3.021	3.069	3.118	3.167	3.216	3.264
2.12	2.853	2.902	2.951	3.000	3.049	3.099	3.148	3.197	3.246	3.295
2.14	2.880	2.929	2.979	3.029	3.078	3.128	3 177	3.227	3.277	3.326
2.16	2.906	2.957	3.007	3.057	3.107	3.157	3.207	3.257	3.307	3.358
2.18	2.933	2.984	3.035	3.085	3.136	3.186	3.237	3.287	3.338	3.389
2.20	2.960	3.011	3.062	3.113	3.164	3.216	3.267	3.318	3.369	3.420
2.22	2.987	3.039	3.090	3.142	3.193	3.245	3.296	3.348	3.399	3.451
2.24	3.014	3.066	3.118	3.170	3.222	3.274	3.326	3.378	3.430	3.482
2.26	3.041	3.093	3.146	3.198	3.251	3.303	3.356	3.408	3.461	3.513
2.28	3.068	3.121	3.174	3.227	3.280	3.332	3.385	3.438	3.491	3.544
2.30	3.095	3.148	3.202	3.255	3.308	3.362	3.415	3.468	3.522	3.575
2.32	3.122	3.176	3.229	3.283	3.337	3.391	3.445	3.499	3.552	3.606
2.34	3.149	3.203	3.257	3.312	3.366	3.420	3.474	3.529	3.583	3.637
2.36	3.176	3.230	3.285	3.340	3.395	3.449	3.504	3.559	3.614	3.668
2.38	3.203	3.258	3.313	3.368	3.423	3.479	3.534	3.589	3.644	3.699
2.40	3.229	3.285	3.341	3.396	3.452	3.508	3.564	3.619	3.675	3.731
2.42	3.256	3.312	3.369	3.425	3.481	3.537	3.593	3.649	3.706	3.762
2.44	3.283	3.340	3.396	3.453	3.510	3.566	3.623	3.680	3.736	3.793
2.46	3.310	3.367	3.424	3.481	3.538	3.596	3.653	3.710	3.767	3.824
2.48	3.337	3.395	3.452	3.510	3.567	3.025	3.682	3.740	3.797	3.855
2.50	3.364	3.422	3.480	3.538	3.596	3.654	3.712	3.770	3.828	3.886
2.52	3.391	3.449	3.508	3.566	3.625	3.683	3.742	3.800	3.859	3.917
2.54	3.418	3.477	3.536	3.595	3.654	3.712	3.771	3.830	3.889	3.948

Maß (Dicke) 116 Centimeter (1,16 m) ist.
dimensions (depth) are 116 centimetres (1,16 m).
(l'épaisseur) est 116 centimètres (1,16 m).

Länge/Length Longueur	Breite — Breadth — Largeur 1.36	1.38	1.40	1.42	1.44	1.46	1.48	1.50	1.52	1.54
	Inhalt in Kubikmetern — Solid Contents — Cubage									
1.36	2.146									
1.38	2.177	2.209								
1.40	2.209	2.241	2.274							
1.42	2.240	2.273	2.306	2.339						
1.44	2.272	2.305	2.339	2.372	2.405					
1.46	2.303	2.337	2.371	2.405	2.439	2.473				
1.48	2.335	2.369	2.404	2.438	2.472	2.507	2.541			
1.50	2.366	2.401	2.436	2.471	2.506	2.540	2.575	2.610		
1.52	2.398	2.433	2.468	2.504	2.539	2.574	2.610	2.645	2.680	
1.54	2.430	2.465	2.501	2.537	2.572	2.608	2.644	2.680	2.715	2.751
1.56	2.461	2.497	2.533	2.570	2.606	2.642	2 678	2.714	2.751	2.787
1.58	2.493	2.529	2.566	2.603	2.639	2 676	2.713	2.749	2.786	2.823
1.60	2.524	2.561	2.598	2.636	2.673	2.710	2.747	2.784	2.821	2.858
1.62	2.556	2.593	2.631	2.668	2.706	2.744	2.781	2.819	2.856	2.894
1.64	2.587	2.625	2.663	2.701	2.739	2.778	2.816	2.854	2.892	2.930
1.66	2.619	2.657	2.696	2.734	2.773	2.811	2.850	2.888	2.927	2 965
1.68	2.650	2.689	2.728	2.767	2.806	2.845	2.884	2.923	2.962	3.001
1.70	2.682	2.721	2.761	2.800	2.840	2.879	2.919	2.958	2.997	3.037
1.72	2.713	2 753	2.793	2.833	2.873	2.913	2.953	2.993	3.033	3.073
1.74	2.745	2.785	2.826	2.866	2.906	2.947	2.987	3.028	3.068	3.108
1.76	2.777	2.817	2.858	2.899	2.940	2.981	3.022	3.062	3.103	3.144
1.78	2.808	2.849	2.891	2.932	2.973	3.015	3.056	3.097	3.138	3.180
1.80	2.840	2.881	2.923	2.965	3.007	3.048	3.090	3.132	3.174	3.216
1.82	2.871	2.913	2.956	2.998	3.040	3.082	3.125	3.167	3.209	3.251
1.84	2.903	2.945	2.988	3.031	3.074	3.116	3.159	3.202	3.244	3.287
1.86	2.934	2.977	3.021	3.064	3.107	3.150	3.193	3.236	3.280	3.323
1.88	2.966	3.010	3.053	3.097	3.140	3.184	3.228	3.271	3.315	3.358
1.90	2.997	3.042	3.086	3.130	3.174	3.218	3.262	3.306	3.350	3.394
1.92	3.029	3.074	3.118	3.163	3.207	3.252	3.296	3.341	3.385	3.430
1.94	3.061	3.106	3.151	3.196	3.241	3.286	3.331	3.376	3.421	3.466
1.96	3.092	3.138	3.183	3.229	3.274	3.319	3.365	3 410	3.456	3.501
1.98	3.124	3.170	3.216	3.261	3.307	3.353	3.399	3.445	3.491	3.537
2.00	3.155	3.202	3.248	3.294	3.341	3.387	3.434	3.480	3.526	3.573
2.02	3.187	3.234	3.280	3.327	3.374	3.421	3.468	3.515	3.562	3.609
2.04	3.218	3.266	3.313	3.360	3.408	3.455	3.502	3.550	3.597	3.644
2.06	3.250	3.298	3.345	3.393	3.441	3.489	3.537	3.584	3.632	3.680
2.08	3.281	3.330	3.378	3.426	3.474	3.523	3.571	3.619	3.667	3.716
2.10	3.313	3.362	3.410	3.459	3.508	3.557	3.605	3.654	3.703	3.751
2.12	3.345	3.394	3.443	3.492	3.541	3.590	3.640	3.689	3.738	3.787
2.14	3.376	3.426	3.475	3.525	3.575	3.624	3.674	3.724	3.773	3.823
2.16	3.408	3.458	3.508	3.558	3.608	3.658	3.708	3.758	3.809	3.859
2.18	3.439	3.490	3.540	3 591	3.641	3.692	3.743	3.793	3.844	3.894
2.20	3.471	3.522	3.573	3.624	3.675	3.726	3.777	3.828	3.879	3.930
2.22	3.502	3.554	3.605	3.657	3.708	3.760	3.811	3.863	3.914	3.966
2.24	3.534	3.586	3.638	3.690	3.742	3.794	3.846	3.898	3.950	4.002
2.26	3.565	3.618	3.670	3.723	3.775	3.828	3.880	3.932	3.985	4.037
2.28	3.597	3.650	3.703	3.756	3.809	3.861	3.914	3.967	4.020	4.073
2.30	3.628	3.682	3.735	3.789	3.842	3.895	3.949	4.002	4.055	4.109
2.32	3.660	3.714	3.768	3.822	3.875	3.929	3.983	4.037	4.091	4.144
2.34	3.692	3.746	3.800	3.854	3.909	3.963	4.017	4.072	4.126	4.180
2.36	3.723	3.778	3.833	3.887	3.942	3.997	4.052	4.106	4.161	4.216
2.38	3.755	3.810	3.865	3.920	3.976	4.031	4.086	4.141	4.196	4.252
2.40	3.786	3.842	3.898	3.953	4.009	4.065	4.120	4.176	4.232	4.287
2.42	3.818	3.874	3.930	3.986	4.042	4.099	4.155	4.211	4.267	4.323
2.44	3.849	3.906	3.963	4.019	4.076	4.132	4.189	4.246	4.302	4.359
2.46	3.881	3.938	3.995	4.052	4.109	4.166	4.223	4.280	4.337	4.395
2.48	3.912	3.970	4.028	4.085	4.143	4.200	4.258	4.315	4.373	4.430
2.50	3.944	4.002	4.060	4.118	4.176	4.234	4.292	4.350	4.408	4.466
2.52	3.976	4.034	4.092	4.151	4.209	4.268	4.326	4.385	4.443	4.502
2.54	4.007	4.066	4.125	4.184	4.243	4.302	4.361	4.420	4.479	4.537

Kubik-Inhalt der Kolli, deren kleinstes
Solid contents of packages, whose least
Cubage des colis, dont la plus petite dimension

Länge/Length Longueur	Breite — Breadth — Largeur									
	1.56	1.58	1.60	1.62	1.64	1.66	1.68	1.70	1.72	1.74
	Inhalt in Kubikmetern — Solid Contents — Cubage									
1.56	2.823									
1.58	2.859	2.896								
1.60	2.895	2.932	2.970							
1.62	2.932	2.969	3.007	3.044						
1.64	2.968	3.006	3.044	3.082	3.120					
1.66	3.004	3.042	3.081	3.119	3.158	3.196				
1.68	3.040	3.079	3.118	3.157	3.196	3.235	3.274			
1.70	3.076	3.116	3.155	3.195	3.234	3.274	3.313	3.352		
1.72	3.113	3.152	3.192	3.232	3.272	3.312	3.352	3.392	3.432	
1.74	3.149	3.189	3.229	3.270	3.310	3.351	3.391	3.431	3.472	3.512
1.76	3.185	3.226	3.267	3.307	3.348	3.389	3.430	3.471	3.512	3.552
1.78	3.221	3.262	3.304	3.345	3.386	3.428	3.469	3.510	3.551	3.593
1.80	3.257	3.299	3.341	3.383	3.424	3.466	3.508	3.550	3.591	3.633
1.82	3.293	3.336	3.378	3.420	3.462	3.505	3.547	3.589	3.631	3.673
1.84	3.330	3.372	3.415	3.458	3.500	3.543	3.586	3.628	3.671	3.714
1.86	3.366	3.409	3.452	3.495	3.538	3.582	3.625	3.668	3.711	3.754
1.88	3.402	3.446	3.489	3.533	3.577	3.620	3.664	3.707	3.751	3.795
1.90	3.438	3.482	3.526	3.570	3.615	3.659	3.703	3.747	3.791	3.835
1.92	3.474	3.519	3.564	3.608	3.653	3.697	3.742	3.786	3.831	3.875
1.94	3.511	3.556	3.601	3.646	3.691	3.736	3.781	3.826	3.871	3.916
1.96	3.547	3.592	3.638	3.683	3.729	3.774	3.820	3.865	3.911	3.956
1.98	3.583	3.629	3.675	3.721	3.767	3.813	3.859	3.905	3.950	3.996
2.00	3.619	3.666	3.712	3.758	3.805	3.851	3.898	3.944	3.990	4.037
2.02	3.655	3.702	3.749	3.796	3.843	3.890	3.937	3.983	4.030	4.077
2.04	3.692	3.739	3.786	3.834	3.881	3.928	3.976	4.023	4.070	4.118
2.06	3.728	3.776	3.823	3.871	3.919	3.967	4.015	4.062	4.110	4.158
2.08	3.764	3.812	3.860	3.909	3.957	4.005	4.054	4.102	4.150	4.198
2.10	3.800	3.849	3.898	3.946	3.995	4.044	4.092	4.141	4.190	4.239
2.12	3.836	3.886	3.935	3.984	4.033	4.082	4.131	4.181	4.230	4.279
2.14	3.873	3.922	3.972	4.021	4.071	4.121	4.170	4.220	4.270	4.319
2.16	3.909	3.959	4.009	4.059	4.109	4.159	4.209	4.260	4.310	4.360
2.18	3.945	3.996	4.046	4.097	4.147	4.198	4.248	4.299	4.350	4.400
2.20	3.981	4.032	4.083	4.134	4.185	4.236	4.287	4.338	4.389	4.440
2.22	4.017	4.069	4.120	4.172	4.223	4.275	4.326	4.378	4.429	4.481
2.24	4.054	4.105	4.157	4.209	4.261	4.313	4.365	4.417	4.469	4.521
2.26	4.090	4.142	4.195	4.247	4.299	4.352	4.404	4.457	4.509	4.562
2.28	4.126	4.179	4.232	4.285	4.337	4.390	4.443	4.496	4.549	4.602
2.30	4.162	4.215	4.269	4.322	4.376	4.429	4.482	4.536	4.589	4.642
2.32	4.198	4.252	4.306	4.360	4.414	4.467	4.521	4.575	4.629	4.683
2.34	4.234	4.289	4.343	4.397	4.452	4.506	4.560	4.614	4.669	4.723
2.36	4.271	4.325	4.380	4.435	4.490	4.544	4.599	4.654	4.709	4.763
2.38	4.307	4.362	4.417	4.472	4.528	4.583	4.638	4.693	4.749	4.804
2.40	4.343	4.399	4.454	4.510	4.566	4.621	4.677	4.733	4.788	4.844
2.42	4.379	4.435	4.492	4.548	4.604	4.660	4.716	4.772	4.828	4.885
2.44	4.415	4.472	4.529	4.585	4.642	4.698	4.755	4.812	4.868	4.925
2.46	4.452	4.509	4.566	4.623	4.680	4.737	4.794	4.851	4.908	4.965
2.48	4.488	4.545	4.603	4.660	4.718	4.775	4.833	4.891	4.948	5.006
2.50	4.524	4.582	4.640	4.698	4.756	4.814	4.872	4.930	4.988	5.046
2.52	4.560	4.619	4.677	4.736	4.794	4.853	4.911	4.969	5.028	5.086
2.54	4.596	4.655	4.714	4.773	4.832	4.891	4.950	5.009	5.068	5.127
2.56	4.633	4.692	4.751	4.811	4.870	4.930	4.989	5.048	5.108	5.167
2.58	4.669	4.729	4.788	4.848	4.908	4.968	5.028	5.088	5.148	5.207
2.60	4.705	4.765	4.826	4.886	4.946	5.007	5.067	5.127	5.188	5.248
2.62	4.741	4.802	4.863	4.924	4.984	5.045	5.106	5.167	5.227	5.288
2.64	4.777	4.839	4.900	4.961	5.022	5.084	5.145	5.206	5.267	5.329
2.66	4.814	4.875	4.937	4.999	5.060	5.122	5.184	5.246	5.307	5.369
2.68	4.850	4.912	4.974	5.036	5.098	5.161	5.223	5.285	5.347	5.409
2.70	4.886	4.949	5.011	5.074	5.136	5.199	5.262	5.324	5.387	5.450
2.72	4.922	4.985	5.048	5.111	5.175	5.238	5.301	5.364	5.427	5.490
2.74	4.958	5.022	5.085	5.149	5.213	5.276	5.340	5.403	5.467	5.530
2.76	4.994	5.059	5.123	5.187	5.251	5.315	5.379	5.443	5.507	5.571
2.78	5.031	5.095	5.160	5.224	5.289	5.353	5.418	5.482	5.547	5.611
2.80	5.067	5.132	5.197	5.262	5.327	5.392	5.457	5.522	5.587	5.652
2.82	5.103	5.168	5.234	5.299	5.365	5.430	5.496	5.561	5.626	5.692
2.84	5.139	5.205	5.271	5.337	5.403	5.469	5.535	5.600	5.666	5.732
2.86	5.175	5.242	5.308	5.375	5.441	5.507	5.574	5.640	5.706	5.773
2.88	5.212	5.278	5.345	5.412	5.479	5.546	5.613	5.679	5.746	5.813
2.90	5.248	5.315	5.382	5.450	5.517	5.584	5.652	5.719	5.786	5.853
2.92	5.284	5.352	5.420	5.487	5.555	5.623	5.690	5.758	5.826	5.894
2.94	5.320	5.388	5.457	5.525	5.593	5.661	5.729	5.798	5.866	5.934

Maß (Dicke) 116 Centimeter (1,16 m) ist.
dimensions (depth) are 116 centimetres (1,16 m).
(l'épaisseur) est 116 centimètres (1,16 m).

Länge/Length Longueur	Breite — Breadth — Largeur									
	1.76	1.78	1.80	1.82	1.84	1.86	1.88	1.90	1.92	1.94
	Inhalt in Kubikmetern — Solid Contents — Cubage									
1.76	3.593									
1.78	3.634	3.675								
1.80	3.675	3.717	3.758							
1.82	3.716	3.758	3.800	3.842						
1.84	3.757	3.799	3.842	3.885	3.927					
1.86	3.797	3.841	3.884	3.927	3.970	4.013				
1.88	3.838	3.882	3.925	3.969	4.013	4.056	4.100			
1.90	3.879	3.923	3.967	4.011	4.055	4.099	4.144	4.188		
1.92	3.920	3.964	4.009	4.054	4.098	4.143	4.187	4.232	4.276	
1.94	3.961	4.006	4.051	4.096	4.141	4.186	4.231	4.276	4.321	4.366
1.96	4.002	4.047	4.092	4.138	4.183	4.229	4.274	4.320	4.365	4.411
1.98	4.042	4.088	4.134	4.180	4.226	4.272	4.318	4.364	4.410	4.456
2.00	4.083	4.130	4.176	4.222	4.269	4.315	4.362	4.408	4.454	4.501
2.02	4.124	4.171	4.218	4.265	4.311	4.358	4.405	4.452	4.499	4.546
2.04	4.165	4.212	4.260	4.307	4.354	4.402	4.449	4.496	4.543	4.591
2.06	4.206	4.253	4.301	4.349	4.397	4.445	4.492	4.540	4.588	4.636
2.08	4.247	4.295	4.343	4.391	4.440	4.488	4.536	4.584	4.633	4.681
2.10	4.287	4.336	4.385	4.434	4.482	4.531	4.580	4.628	4.677	4.726
2.12	4.328	4.377	4.427	4.476	4.525	4.574	4.623	4.672	4.722	4.771
2.14	4.369	4.419	4.468	4.518	4.568	4.617	4.667	4.717	4.766	4.816
2.16	4.410	4.460	4.510	4.560	4.610	4.660	4.711	4.761	4.811	4.861
2.18	4.451	4.501	4.552	4.602	4.653	4.704	4.754	4.805	4.855	4.906
2.20	4.492	4.543	4.594	4.645	4.696	4.747	4.798	4.849	4.900	4.951
2.22	4.532	4.584	4.635	4.687	4.738	4.790	4.841	4.893	4.944	4.996
2.24	4.573	4.625	4.677	4.729	4.781	4.833	4.885	4.937	4.989	5.041
2.26	4.614	4.666	4.719	4.771	4.824	4.876	4.929	4.981	5.033	5.086
2.28	4.655	4.708	4.761	4.814	4.866	4.919	4.972	5.025	5.078	5.131
2.30	4.696	4.749	4.802	4.856	4.909	4.962	5.016	5.069	5.123	5.176
2.32	4.737	4.790	4.844	4.898	4.952	5.006	5.059	5.113	5.167	5.221
2.34	4.777	4.832	4.886	4.940	4.994	5.049	5.103	5.157	5.212	5.266
2.36	4.818	4.873	4.928	4.982	5.037	5.092	5.147	5.201	5.256	5.311
2.38	4.859	4.914	4.969	5.025	5.080	5.135	5.190	5.246	5.301	5.356
2.40	4.900	4.956	5.011	5.067	5.123	5.178	5.234	5.290	5.345	5.401
2.42	4.941	4.997	5.053	5.109	5.165	5.221	5.278	5.334	5.390	5.446
2.44	4.982	5.038	5.095	5.151	5.208	5.265	5.321	5.378	5.434	5.491
2.46	5.022	5.079	5.136	5.194	5.251	5.308	5.365	5.422	5.479	5.536
2.48	5.063	5.121	5.178	5.236	5.293	5.351	5.408	5.466	5.523	5.581
2.50	5.104	5.162	5.220	5.278	5.336	5.394	5.452	5.510	5.568	5.626
2.52	5.145	5.203	5.262	5.320	5.379	5.437	5.496	5.554	5.613	5.671
2.54	5.186	5.245	5.304	5.362	5.421	5.480	5.539	5.598	5.657	5.716
2.56	5.226	5.286	5.345	5.405	5.464	5.523	5.583	5.642	5.702	5.761
2.58	5 267	5.327	5.387	5.447	5.507	5.567	5.626	5.686	5.746	5.806
2.60	5.308	5.368	5.429	5.489	5.549	5.610	5.670	5.730	5.791	5.851
2.62	5.349	5.410	5.471	5.531	5.692	5.653	5.714	5.774	5.835	5.896
2.64	5.390	5.451	5.512	5.574	5.635	5.696	5.757	5.819	5.880	5.941
2.66	5.431	5.492	5.554	5.616	5.678	5.739	5.801	5.863	5.924	5.986
2.68	5.471	5.534	5.596	5.658	5.720	5.782	5.845	5.907	5.969	6.031
2.70	5.512	5.575	5.638	5.700	5.763	5.826	5.888	5.951	6.013	6.076
2.72	5.553	5.616	5.679	5.742	5.806	5.869	5.932	5.995	6.058	6.121
2.74	5.594	5.658	5.721	5.785	5.848	5.912	5.975	6.039	6.103	6.166
2.76	5.635	5.699	5.763	5.827	5.891	5.955	6.019	6.083	6.147	6.211
2.78	5.676	5.740	5.805	5.869	5.934	5.998	6.063	6.127	6.192	6.256
2.80	5.716	5.781	5.846	5.911	5.976	6.041	6.106	6.171	6.236	6.301
2.82	5.757	5.823	5.888	5.954	6.019	6.084	6.150	6.215	6.281	6.346
2.84	5.798	5.864	5.930	5.996	6.062	6.128	6.193	6.259	6.325	6.391
2.86	5.839	5.905	5.972	6.038	6.104	6.171	6.237	6.303	6.370	6.436
2.88	5.880	5.947	6.013	6.080	6.147	6.214	6.281	6.348	6.414	6.481
2.90	5.921	5.988	6.055	6.122	6.190	6.257	6.324	6.392	6.459	6.526
2.92	5.961	6.029	6.097	6.165	6.232	6.300	6.368	6.436	6.503	6.571
2.94	6.002	6.071	6.139	6.207	6.275	6.343	6.412	6.480	6.548	6.616

Kubik-Inhalt der Kolli, deren kleinstes
Solid contents of packages, whose least
Cubage des colis, dont la plus petite dimension

Länge/Length Longueur	Breite — Breadth — Largeur 1.18	1.20	1.22	1.24	1.26	1.28	1.30	1.32	1.34	1.36
	Inhalt in Kubikmetern — Solid Contents — Cubage									
1.18	1.643									
1.20	1.671	1.699								
1.22	1.699	1.728	1.756							
1.24	1.727	1.756	1.785	1.814						
1.26	1.754	1.784	1.814	1.844	1.873					
1.28	1.782	1.812	1.843	1.873	1.903	1.933				
1.30	1.810	1.841	1.871	1.902	1.933	1.964	1.994			
1.32	1.838	1.869	1.900	1.931	1.963	1.994	2.025	2.056		
1.34	1.866	1.897	1.929	1.961	1.992	2.024	2.056	2.087	2.119	
1.36	1.894	1.926	1.958	1.990	2.022	2.054	2.086	2.118	2.150	2.183
1.38	1.922	1.954	1.987	2.019	2.052	2.084	2.117	2.149	2.182	2.215
1.40	1.949	1.982	2.015	2.048	2.082	2.115	2.148	2.181	2.214	2.247
1.42	1.977	2.011	2.044	2.078	2.111	2.145	2.178	2.212	2.245	2.279
1.44	2.005	2.039	2.073	2.107	2.141	2.175	2.209	2.243	2.277	2.311
1.46	2.033	2.067	2.102	2.136	2.171	2.205	2.240	2.274	2.309	2.343
1.48	2.061	2.096	2.131	2.166	2.200	2.235	2.270	2.305	2.340	2.375
1.50	2.089	2.124	2.159	2.195	2.230	2.266	2.301	2.336	2.372	2.407
1.52	2.116	2.152	2.188	2.224	2.260	2.296	2.332	2.368	2.403	2.439
1.54	2.144	2.181	2.217	2.253	2.290	2.326	2.362	2.399	2.435	2.471
1.56	2.172	2.209	2.246	2.283	2.319	2.356	2.393	2.430	2.467	2.503
1.58	2.200	2.237	2.274	2.312	2.349	2.386	2.424	2.461	2.498	2.536
1.60	2.228	2.266	2.303	2.341	2.379	2.417	2.454	2.492	2.530	2.568
1.62	2.256	2.294	2.332	2.370	2.409	2.447	2.485	2.523	2.562	2.600
1.64	2.284	2.322	2.361	2.400	2.438	2.477	2.516	2.554	2.593	2.632
1.66	2.311	2.351	2.390	2.429	2.468	2.507	2.546	2.586	2.625	2.664
1.68	2.339	2.379	2.418	2.458	2.498	2.537	2.577	2.617	2.656	2.696
1.70	2.367	2.407	2.447	2.487	2.528	2.568	2.608	2.648	2.688	2.728
1.72	2.395	2.436	2.476	2.517	2.557	2.598	2.638	2.679	2.720	2.760
1.74	2.423	2.464	2.505	2.546	2.587	2.628	2.669	2.710	2.751	2.792
1.76	2.451	2.492	2.534	2.575	2.617	2.658	2.700	2.741	2.783	2.824
1.78	2.478	2.520	2.562	2.604	2.647	2.689	2.731	2.773	2.815	2.857
1.80	2.506	2.549	2.591	2.634	2.676	2.719	2.761	2.804	2.846	2.889
1.82	2.534	2.577	2.620	2.663	2.706	2.749	2.792	2.835	2.878	2.921
1.84	2.562	2.605	2.649	2.692	2.736	2.779	2.823	2.866	2.909	2.953
1.86	2.590	2.634	2.678	2.722	2.765	2.809	2.853	2.897	2.941	2.985
1.88	2.618	2.662	2.706	2.751	2.795	2.840	2.884	2.928	2.973	3.017
1.90	2.646	2.690	2.735	2.780	2.825	2.870	2.915	2.959	3.004	3.049
1.92	2.673	2.719	2.764	2.809	2.855	2.900	2.945	2.991	3.036	3.081
1.94	2.701	2.747	2.793	2.839	2.884	2.930	2.976	3.022	3.068	3.113
1.96	2.729	2.775	2.822	2.868	2.914	2.960	3.007	3.053	3.099	3.145
1.98	2.757	2.804	2.850	2.897	2.944	2.991	3.037	3.084	3.131	3.178
2.00	2.785	2.832	2.879	2.926	2.974	3.021	3.068	3.115	3.162	3.210
2.02	2.813	2.860	2.908	2.956	3.003	3.051	3.099	3.146	3.194	3.242
2.04	2.840	2.889	2.937	2.985	3.033	3.081	3.129	3.178	3.226	3 274
2.06	2.868	2.917	2.966	3.014	3.063	3.111	3.160	3.209	3.257	3.306
2.08	2.896	2.945	2.994	3.043	3.093	3.142	3.191	3.240	3.289	3.338
2.10	2.924	2.974	3.023	3.073	3.122	3.172	3.221	3.271	3.321	3.370
2.12	2.952	3.002	3.052	3.102	3.152	3.202	3.252	3.302	3.352	3.402
2.14	2.980	3.030	3.081	3.131	3.182	3.232	3.283	3.333	3.384	3.434
2.16	3.008	3.059	3.110	3.161	3.211	3.262	3.313	3.364	3.415	3.466
2.18	3.035	3.087	3.138	3.190	3.241	3.293	3.344	3.396	3.447	3.498
2.20	3.063	3.115	3.167	3.219	3.271	3.323	3.375	3.427	3.479	3.531
2.22	3.091	3.144	3.196	3.248	3.301	3.353	3.405	3.458	3.510	3.563
2.24	3.119	3.172	3.225	3.278	3.330	3.383	3.436	3.489	3.542	3.595
2.26	3.147	3.200	3.253	3.307	3.360	3.413	3.467	3.520	3.574	3.627
2.28	3.175	3.228	3.282	3.336	3.390	3.444	3.498	3.551	3.605	3.659
2.30	3.203	3.257	3.311	3.365	3.420	3.474	3.528	3.582	3.637	3.691
2.32	3.230	3.285	3.340	3.395	3.449	3.504	3.559	3.614	3.668	3.723
2.34	3.258	3.313	3.369	3.424	3.479	3.534	3.590	3.645	3.700	3.755
2.36	3.286	3.342	3.397	3.453	3.509	3.564	3.620	3.676	3.732	3.787
2.38	3.314	3.370	3.426	3.482	3.539	3.595	3.651	3.707	3.763	3.819
2.40	3.342	3.398	3.455	3.512	3.568	3.625	3.682	3.738	3.795	3.852
2.42	3.370	3.427	3.484	3.541	3.598	3.655	3.712	3.769	3.827	3.884
2.44	3.397	3.455	3.513	3.570	3.628	3.685	3.743	3.801	3.858	3.916
2.46	3.425	3.483	3.541	3.599	3.658	3.716	3.774	3.832	3.890	3.948
2.48	3.453	3.512	3.570	3.629	3.687	3.746	3.804	3.863	3.921	3.980
2.50	3.481	3.540	3.599	3.658	3.717	3.776	3.835	3.894	3 953	4.012
2.52	3.509	3.568	3.628	3.687	3.747	3.806	3.866	3.925	3.985	4.044
2.54	3.537	3.597	3.657	3.717	3.776	3.836	3.896	3.956	4.016	4.076
2.56	3.565	3.625	3.685	3.746	3.806	3.867	3.927	3.987	4.048	4.108

Maß (Dicke) 118 Centimeter (1,18 m) ist.
dimensions (depth) are 118 centimetres (1,18 m).
(l'épaisseur) est 118 centimètres (1,18 m).

Länge/Length Longueur	Breite — Breadth — Largeur									
	1.38	1.40	1.42	1.44	1.46	1.48	1.50	1.52	1.54	1.56
	Inhalt in Kubikmetern — Solid Contents — Cubage									
1.38	2.247									
1.40	2.280	2.313								
1.42	2.312	2.346	2.379							
1.44	2.345	2.379	2.413	2.447						
1.46	2.377	2.412	2.446	2.481	2.515					
1.48	2.410	2.445	2.480	2.515	2.550	2.585				
1.50	2.443	2.478	2.513	2.549	2.584	2.620	2.655			
1.52	2.475	2.511	2.547	2.583	2.619	2.655	2.690	2.726		
1.54	2.508	2.544	2.580	2.617	2.653	2.689	2.726	2.762	2.798	
1.56	2.540	2.577	2.614	2.651	2.688	2.724	2.761	2.798	2.835	2.872
1.58	2.573	2.610	2.647	2.685	2.722	2.759	2.797	2.834	2.871	2.908
1.60	2.605	2.643	2.681	2.719	2.756	2.794	2.832	2.870	2.908	2.945
1.62	2.638	2.676	2.714	2.753	2.791	2.829	2.867	2.906	2.944	2.982
1.64	2.671	2.709	2.748	2.787	2.825	2.864	2.903	2.942	2.980	3.019
1.66	2.703	2.742	2.781	2.821	2.860	2.899	2.938	2.977	3.017	3.056
1.68	2.736	2.775	2.815	2.855	2.894	2.934	2.974	3.013	3.053	3.093
1.70	2.768	2.808	2.849	2.889	2.929	2.969	3.009	3.049	3.089	3.129
1.72	2.801	2.841	2.882	2.923	2.963	3.004	3.044	3.085	3.126	3.166
1.74	2.833	2.874	2.916	2.957	2.998	3.039	3.080	3.121	3.162	3.203
1.76	2.866	2.908	2.949	2.991	3.032	3.074	3.115	3.157	3.198	3.240
1.78	2.899	2.941	2.983	3.025	3.067	3.109	3.151	3.193	3.235	3.277
1.80	2.931	2.974	3.016	3.059	3.101	3.144	3.186	3.228	3.271	3.313
1.82	2.964	3.007	3.050	3.093	3.135	3.178	3.221	3.264	3.307	3.350
1.84	2.996	3.040	3.083	3.127	3.170	3.213	3.257	3.300	3.344	3.387
1.86	3.029	3.073	3.117	3.161	3.204	3.248	3.292	3.336	3.380	3.424
1.88	3.061	3.106	3.150	3.194	3.239	3.283	3.328	3.372	3.416	3.461
1.90	3.094	3.139	3.184	3.228	3.273	3.318	3.363	3.408	3.453	3.498
1.92	3.127	3.172	3.217	3.262	3.308	3.353	3.398	3.444	3.489	3.534
1.94	3.159	3.205	3.251	3.296	3.342	3.388	3.434	3.480	3.525	3.571
1.96	3.192	3.238	3.284	3.330	3.377	3.423	3.469	3.515	3.562	3.608
1.98	3.224	3.271	3.318	3.364	3.411	3.458	3.505	3.551	3.598	3.645
2.00	3.257	3.304	3.351	3.398	3.446	3.493	3.540	3.587	3.634	3.682
2.02	3.289	3.337	3.385	3.432	3.480	3.528	3.575	3.623	3.671	3.718
2.04	3.322	3.370	3.418	3.466	3.515	3.563	3.611	3.659	3.707	3.755
2.06	3.355	3.403	3.452	3.500	3.549	3.598	3.646	3.695	3.743	3.792
2.08	3.387	3.436	3.485	3.534	3.583	3.633	3.682	3.731	3.780	3.829
2.10	3.420	3.469	3.519	3.568	3.618	3.667	3.717	3.767	3.816	3.866
2.12	3.452	3.502	3.552	3.602	3.652	3.702	3.752	3.802	3.852	3.902
2.14	3.485	3.535	3.586	3.636	3.687	3.737	3.788	3.838	3.889	3.939
2.16	3.517	3.568	3.619	3.670	3.721	3.772	3.823	3.874	3.925	3.976
2.18	3.550	3.601	3.653	3.704	3.756	3.807	3.859	3.910	3.961	4.013
2.20	3.582	3.634	3.686	3.738	3.790	3.842	3.894	3.946	3.998	4.050
2.22	3.615	3.667	3.719	3.772	3.825	3.877	3.929	3.982	4.034	4.087
2.24	3.648	3.700	3.753	3.806	3.859	3.912	3.965	4.018	4.071	4.123
2.26	3.680	3.734	3.787	3.840	3.894	3.947	4.000	4.054	4.107	4.160
2.28	3.713	3.767	3.820	3.874	3.928	3.982	4.036	4.089	4.143	4.197
2.30	3.745	3.800	3.854	3.908	3.962	4.017	4.071	4.125	4.180	4.234
2.32	3.778	3.833	3.887	3.942	3.997	4.052	4.106	4.161	4.216	4.271
2.34	3.810	3.866	3.921	3.976	4.031	4.087	4.142	4.197	4.252	4.307
2.36	3.843	3.899	3.954	4.010	4.066	4.122	4.177	4.233	4.289	4.344
2.38	3.876	3.932	3.988	4.044	4.100	4.156	4.213	4.269	4.325	4.381
2.40	3.908	3.965	4.021	4.078	4.135	4.191	4.248	4.305	4.361	4.418
2.42	3.941	3.998	4.055	4.112	4.169	4.226	4.283	4.341	4.398	4.455
2.44	3.973	4.031	4.088	4.146	4.204	4.261	4.319	4.376	4.434	4.492
2.46	4.006	4.064	4.122	4.180	4.238	4.296	4.354	4.412	4.470	4.528
2.48	4.038	4.097	4.155	4.214	4.273	4.331	4.390	4.448	4.507	4.565
2.50	4.071	4.130	4.189	4.248	4.307	4.366	4.425	4.484	4.543	4.602
2.52	4.104	4.163	4.223	4.282	4.341	4.401	4.460	4.520	4.579	4.639
2.54	4.136	4.196	4.256	4.316	4.376	4.436	4.496	4.556	4.616	4.676
2.56	4.169	4.229	4.290	4.350	4.410	4.471	4.531	4.592	4.652	4.712

Kubik-Inhalt der Kolli, deren kleinstes
Solid contents of packages, whose least
Cubage des colis, dont la plus petite dimension

Länge/Length Longueur	Breite — Breadth — Largeur									
	1.58	1.60	1.62	1.64	1.66	1.68	1.70	1.72	1.74	1.76
	Inhalt in Kubikmetern — Solid Contents — Cubage									
1.58	2.946									
1.60	2.983	3.021								
1.62	3.020	3.059	3.097							
1.64	3.058	3.096	3.135	3.174						
1.66	3.095	3.134	3.173	3.212	3.252					
1.68	3.132	3.172	3.211	3.251	3.291	3.330				
1.70	3.169	3.210	3.250	3.290	3.330	3.370	3.410			
1.72	3.207	3.247	3.288	3.329	3.369	3.410	3.450	3.491		
1.74	3.244	3.285	3.326	3.367	3.408	3.449	3.490	3.532	3.573	
1.76	3.281	3.323	3.364	3.406	3.447	3.489	3.531	3.572	3.614	3 655
1.78	3.319	3.361	3.403	3.445	3.487	3.529	3.571	3.613	3.655	3.697
1.80	3.356	3.398	3.441	3.483	3.526	3.568	3.611	3.653	3.696	3.738
1.82	3.393	3.436	3.479	3.522	3.565	3.608	3.651	3.694	3.737	3.780
1.84	3.430	3.474	3.517	3.561	3.604	3.648	3.691	3.734	3.778	3.821
1.86	3.468	3.512	3.556	3.599	3.643	3.687	3.731	3.775	3.819	3.863
1.88	3.505	3.549	3.594	3.638	3.683	3.727	3.771	3.816	3.860	3.904
1.90	3.542	3.587	3.632	3.677	3.722	3.767	3.811	3.856	3.901	3.946
1.92	3.580	3.625	3.670	3.716	3.761	3.806	3 852	3.897	3.942	3.987
1.94	3.617	3.663	3.709	3.754	3.800	3.846	3.892	3.937	3.983	4.029
1.96	3.654	3.700	3.747	3.793	3.839	3.886	3.932	3.978	4.024	4.071
1.98	3.692	3.738	3.785	3.832	3.878	3.925	3.972	4.019	4.065	4.112
2.00	3.729	3.776	3.823	3.870	3.918	3.965	4.012	4.059	4.106	4.154
2.02	3.766	3.814	3.861	3.909	3.957	4.004	4.052	4.100	4.147	4.195
2.04	3.803	3.852	3.900	3.948	3.996	4.044	4 092	4.140	4.189	4.237
2.06	3.841	3.889	3.938	3.987	4.035	4.084	4.132	4.181	4.230	4.278
2.08	3.878	3.927	3.976	4.025	4.074	4.123	4.172	4.222	4.271	4.320
2.10	3.915	3.965	4.014	4.064	4.113	4.163	4.213	4.262	4.312	4.361
2.12	3.953	4.003	4 053	4.103	4.153	4.203	4.253	4.303	4.353	4.403
2.14	3.990	4.040	4.091	4.141	4.192	4.242	4.293	4.343	4.394	4 444
2.16	4.027	4 078	4.129	4.180	4.231	4.282	4 333	4.384	4.435	4.486
2.18	4.064	4.116	4.167	4.219	4.270	4.322	4.373	4.425	4.476	4.527
2.20	4.102	4.154	4.206	4.257	4.309	4.361	4.413	4.465	4.517	4.569
2.22	4.139	4.191	4.244	4.296	4.349	4.401	4.453	4.506	4.558	4.610
2.24	4.176	4.229	4.282	4.335	4.388	4.441	4.493	4.546	4.599	4.652
2.26	4.214	4.267	4.320	4.374	4.427	4.480	4.534	4.587	4.640	4.694
2.28	4.251	4.305	4.358	4.412	4.466	4.520	4.574	4.627	4.681	4.735
2.30	4.288	4.342	4.397	4.451	4.505	4.560	4.614	4.668	4.722	4.777
2.32	4.325	4.380	4.435	4.490	4.544	4.599	4.654	4.709	4.763	4.818
2.34	4.363	4.418	4.473	4.528	4.584	4.639	4.694	4.749	4.804	4.860
2.36	4.400	4.456	4.511	4.567	4.623	4.678	4.734	4.790	4.846	4.901
2.38	4.437	4.493	4.550	4.606	4.662	4.718	4.774	4.830	4.887	4.943
2.40	4.475	4.531	4.588	4.644	4.701	4.758	4.814	4.871	4.928	4.984
2.42	4.512	4.569	4.626	4.683	4.740	4.797	4.855	4.912	4.969	5.026
2.44	4.549	4.607	4.664	4.722	4.779	4.837	4.895	4.952	5.010	5.067
2.46	4.586	4.644	4.703	4.761	4.819	4.877	4.935	4.993	5.051	5.109
2.48	4.624	4.682	4.741	4.799	4.858	4.916	4.975	5.033	5.092	5.150
2.50	4.661	4.720	4.779	4.838	4.897	4.956	5.015	5.074	5.133	5.192
2.52	4.698	4.758	4.817	4.877	4.936	4.996	5 055	5.115	5.174	5.234
2.54	4.736	4.796	4.855	4.915	4.975	5.035	5.095	5.155	5.215	5.275
2.56	4.773	4.833	4.894	4.954	5.015	5.075	5.135	5.196	5.256	5.317
2.58	4.810	4.871	4.932	4.993	5.054	5.115	5.175	5.236	5.297	5.358
2.60	4.847	4.909	4.970	5.032	5.093	5.154	5.216	5.277	5.338	5.400
2.62	4.885	4.947	5.008	5.070	5.132	5.194	5.256	5.318	5.379	5.441
2.64	4.922	4.984	5.047	5.109	5.171	5.234	5.296	5.358	5.420	5.483
2.66	4.959	5.022	5.085	5.148	5.210	5.273	5.336	5.399	5.462	5.524
2.68	4.997	5.060	5.123	5.186	5.250	5.313	5.376	5.439	5.503	5.566
2.70	5.034	5.098	5.161	5.225	5.289	5.352	5.416	5.480	5.544	5.607
2.72	5.071	5.135	5.200	5.264	5.328	5.392	5.456	5.521	5.585	5.649
2.74	5.108	5.173	5.238	5.302	5.367	5.432	5.496	5.561	5.626	5.690
2.76	5.146	5.211	5.276	5.341	5.406	5.471	5.537	5.602	5.667	5.732
2.78	5.183	5.249	5.314	5.380	5.445	5.511	5.577	5.642	5.708	5.774
2.80	5.220	5.286	5.352	5.419	5.485	5.551	5 617	5.683	5.749	5.815
2.82	5.258	5.324	5.391	5.457	5.524	5.590	5.657	5.723	5.790	5.857
2.84	5.295	5.362	5.429	5.496	5.563	5.630	5.697	5.764	5.831	5.898
2.86	5.332	5.400	5.467	5.535	5.602	5.670	5.737	5.805	5.872	5.940
2.88	5.369	5.437	5.505	5.573	5.641	5.709	5.777	5.845	5.913	5.981
2.90	5.407	5.475	5.544	5.612	5.680	5.749	5.817	5.886	5.954	6.023
2.92	5.444	5.513	5.582	5.651	5.720	5.789	5.858	5.926	5.995	6.064
2.94	5.481	5.551	5.620	5.689	5.759	5.828	5.898	5.967	6.036	6.106
2.96	5.519	5.588	5.658	5.728	5.798	5.868	5.938	6.008	6.077	6.147

Maß (Dicke) 118 Centimeter (1,18 m) ist.
dimensions (depth) are 118 centimetres (1,18 m).
(l'épaisseur) est 118 centimètres (1,18 m).

Länge/Length Longueur	Breite — Breadth — Largeur									
	1.78	1.80	1.82	1.84	1.86	1.88	1.90	1.92	1.94	1.96
	Inhalt in Kubikmetern — Solid Contents — Cubage									
1.78	3.739									
1.80	3.781	3.823								
1.82	3.823	3.866	3.909							
1.84	3.865	3.908	3.952	3.995						
1.86	3.907	3.951	3.995	4.038	4.082					
1.88	3.949	3.993	4.037	4.082	4.126	4.171				
1.90	3.991	4.036	4.080	4.125	4.170	4.215	4.260			
1.92	4.033	4.078	4.123	4.169	4.214	4.259	4.305	4.350		
1.94	4.075	4.121	4.166	4.212	4.258	4.304	4.349	4.395	4.441	
1.96	4.117	4.163	4.209	4.256	4.302	4.348	4.394	4.441	4.487	4.533
1.98	4.159	4.206	4.252	4.299	4.346	4.392	4.439	4.486	4.533	4.579
2.00	4.201	4.248	4.295	4.342	4.390	4.437	4.484	4.531	4.578	4.626
2.02	4.243	4.290	4.338	4.386	4.433	4.481	4.529	4.577	4.624	4.672
2.04	4.285	4.333	4.381	4.429	4.477	4.526	4.574	4.622	4.670	4.718
2.06	4.327	4.375	4.424	4.473	4.521	4.570	4.619	4.667	4.716	4.764
2.08	4.369	4.418	4.467	4.516	4.565	4.614	4.663	4.712	4.762	4.811
2.10	4.411	4.460	4.510	4.560	4.609	4.659	4.708	4.758	4.807	4.857
2.12	4.453	4.503	4.553	4.603	4.653	4.703	4.753	4.803	4.853	4.903
2.14	4 495	4.545	4.596	4.646	4.697	4.747	4.798	4.848	4.899	4.949
2.16	4.537	4.588	4.639	4.690	4.741	4.792	4.843	4.894	4.945	4.996
2.18	4.579	4.630	4.682	4.733	4.785	4.836	4.888	4.939	4.990	5,042
2.20	4.621	4.673	4.725	4.777	4.829	4.880	4.932	4.984	5.036	5.088
2.22	4.663	4.715	4.768	4.820	4.872	4.925	4.977	5.030	5.082	5.134
2.24	4.705	4.758	4.811	4.863	4.916	4.969	5.022	5.075	5.128	5.181
2.26	4.747	4.800	4.854	4.907	4.960	5.014	5.067	5.120	5.174	5.227
2.28	4.789	4.843	4.897	4.950	5.004	5.058	5.112	5.166	5.219	5.273
2.30	4.831	4.885	4.939	4.994	5.048	5.102	5.157	5.211	5.265	5.319
2.32	4.873	4.928	4.982	5.037	5.092	5.147	5.201	5.256	5.311	5.366
2.34	4.915	4.970	5.025	5.081	5.136	5.191	5.246	5.302	5.357	5.412
2.36	4.957	5.013	5.068	5.124	5.180	5.235	5.291	5.347	5.403	5.458
2.38	4.999	5.055	5.111	5.167	5.224	5.280	5.336	5.392	5.448	5.504
2.40	5.041	5.098	5.154	5.211	5.268	5.324	5.381	5.437	5.494	5.551
2.42	5.083	5.140	5.197	5.254	5.311	5.369	5.426	5.483	5.540	5.597
2.44	5.125	5.183	5.240	5.298	5.355	5.413	5.470	5.528	5.586	5.643
2.46	5.167	5.225	5.283	5.341	5.399	5.457	5.515	5.573	5.631	5.689
2.48	5.209	5.268	5.326	5.385	5.443	5.502	5.560	5.619	5.677	5.736
2.50	5.251	5.310	5.369	5.428	5.487	5.546	5.605	5.664	5.723	5.782
2.52	5.293	5.352	5.412	5.471	5.531	5.590	5.650	5.709	5.769	5.828
2.54	5.335	5.395	5.455	5.515	5.575	5.635	5.695	5.755	5.815	5.875
2.56	5.377	5.437	5.498	5.558	5.619	5.679	5.740	5.800	5.860	5.921
2.58	5.419	5.480	5.541	5.602	5.663	5.723	5.784	5.845	5.906	5.967
2.60	5.461	5.522	5.584	5.645	5.706	5.768	5.829	5.891	5.952	6,013
2.62	5.503	5.565	5.627	5.689	5.750	5.812	5.874	5.936	5.998	6.060
2.64	5.545	5.607	5.670	5.732	5.794	5.857	5.919	5.981	6.043	6.106
2.66	5.587	5.650	5.713	5.775	5.838	5.901	5.964	6.026	6.089	6.152
2.68	5.629	5.692	5.756	5.819	5.882	5.945	6.009	6.072	6.135	6.198
2.70	5.671	5.735	5.799	5.862	5.926	5.990	6.053	6.117	6.181	6.245
2.72	5.713	5.777	5.841	5.906	5.970	6.034	6.098	6.162	6.227	6.291
2.74	5.755	5.820	5.884	5.949	6.014	6.078	6.143	6.208	6.272	6.337
2.76	5.797	5.862	5.927	5.993	6.058	6.123	6.188	6.253	6.318	6.383
2.78	5.839	5.905	5.970	6.036	6.102	6.167	6.233	6.298	6.364	6.430
2.80	5.881	5.947	6.013	6.079	6.145	6.212	6.278	6.344	6.410	6.476
2.82	5.923	5.990	6.056	6.123	6.189	6.256	6.322	6.389	6.456	6.522
2.84	5.965	6.032	6.099	6.166	6.233	6.300	6.367	6.434	6.501	6.568
2.86	6.007	6.075	6.142	6.210	6.277	6.345	6.412	6.480	6.547	6.615
2.88	6.049	6.117	6.185	6.253	6.321	6.389	6.457	6.525	6.593	6.661
2.90	6.091	6.160	6.228	6.296	6.365	6.433	6.502	6.570	6.639	6.707
2.92	6.133	6.202	6.271	6.340	6.409	6.478	6.547	6.616	6.684	6.753
2.94	6.175	6.245	6.314	6.383	6.453	6.522	6.591	6.661	6.730	6.800
2.96	6.217	6.287	6.357	6.427	6.497	6.566	6.636	6.706	6.776	6.846

Kubik-Inhalt der Kolli, deren kleinstes
Solid contents of packages, whose least
Cubage des colis, dont la plus petite dimension

Länge/Length Longueur	Breite — Breadth — Largeur 1.20	1.22	1.24	1.26	1.28	1.30	1.32	1.34	1.36	1.38
	Inhalt in Kubikmetern — Solid Contents — Cubage									
1.20	1.728									
1.22	1.757	1.786								
1.24	1.786	1.815	1.845							
1.26	1.814	1.845	1.875	1.905						
1.28	1.843	1.874	1.905	1.935	1.966					
1.30	1.872	1.903	1.934	1.966	1.997	2.028				
1.32	1.901	1.932	1.964	1.996	2.028	2.059	2.091			
1.34	1.930	1.962	1.994	2.026	2.058	2.090	2.123	2.155		
1.36	1.958	1.991	2.024	2.056	2.089	2.122	2.154	2.187	2.220	
1.38	1.987	2.020	2.053	2.087	2.120	2.153	2.186	2.219	2.252	2.285
1.40	2.016	2.050	2.083	2.117	2.150	2.184	2.218	2.251	2.285	2.318
1.42	2.045	2.079	2.113	2.147	2.181	2.215	2.249	2.283	2.317	2.352
1.44	2.074	2.108	2.143	2.177	2.212	2.246	2.281	2.316	2.350	2.385
1.46	2.102	2.137	2.172	2.208	2.243	2.278	2.313	2.348	2.383	2.418
1.48	2.131	2.167	2.202	2.238	2.273	2.309	2.344	2.380	2.415	2.451
1.50	2.160	2.196	2.232	2.268	2.304	2.340	2.376	2.412	2.448	2.484
1.52	2.189	2.225	2.262	2.298	2.335	2.371	2.408	2.444	2.481	2.517
1.54	2.218	2.255	2.292	2.328	2.365	2.402	2.439	2.476	2.513	2.550
1.56	2.246	2.284	2.321	2.359	2.396	2.434	2.471	2.508	2.546	2.583
1.58	2.275	2.313	2.351	2.389	2.427	2.465	2.503	2.541	2.579	2.616
1.60	2.304	2.342	2.381	2.419	2.458	2.496	2.534	2.573	2.611	2.650
1.62	2.333	2.372	2.411	2.449	2.488	2.527	2.566	2.605	2.644	2.683
1.64	2.362	2.401	2.440	2.480	2.519	2.558	2.598	2.637	2.676	2.716
1.66	2.390	2.430	2.470	2.510	2.550	2.590	2.629	2.669	2.709	2.749
1.68	2.419	2.460	2.500	2.540	2.580	2.621	2.661	2.701	2.742	2.782
1.70	2.448	2.489	2.530	2.570	2.611	2.652	2.693	2.734	2.774	2.815
1.72	2.477	2.518	2.559	2.601	2.642	2.683	2.724	2.766	2.807	2.848
1.74	2.506	2.547	2.589	2.631	2.673	2.714	2.756	2.798	2.840	2.881
1.76	2.534	2.577	2.619	2.661	2.703	2.746	2.788	2.830	2.872	2.915
1.78	2.563	2.606	2.649	2.691	2.734	2.777	2.820	2.862	2.905	2.948
1.80	2.592	2.635	2.678	2.722	2 765	2.808	2.851	2.894	2.938	2.981
1.82	2.621	2.664	2.708	2.752	2.796	2.839	2.883	2.927	2.970	3.014
1.84	2.650	2.694	2.738	2.782	2.826	2.870	2.915	2.959	3.003	3.047
1.86	2.678	2.723	2.768	2.812	2.857	2.902	2.946	2.991	3.036	3.080
1.88	2.707	2.752	2.797	2.843	2.888	2.933	2.978	3.023	3.068	3.113
1.90	2.736	2.782	2.827	2.873	2.918	2.964	3.010	3.055	3.101	3.146
1.92	2.765	2.811	2.857	2.903	2.949	2.995	3.041	3.087	3.133	3.180
1.94	2.794	2.840	2.887	2.933	2.980	3.026	3.073	3.120	3.166	3.213
1.96	2.822	2.869	2.916	2.964	3.011	3.058	3.105	3.152	3.199	3.246
1.98	2.851	2.899	2.946	2.994	3.041	3.089	3.136	3.184	3.231	3.279
2.00	2.880	2.928	2.976	3.024	3.072	3.120	3.168	3.216	3.264	3.312
2.02	2.909	2.957	3.006	3.054	3.103	3.151	3.200	3.248	3.297	3.345
2.04	2.938	2.987	3.036	3.084	3.133	3.182	3.231	3.280	3.329	3.378
2.06	2.966	3.016	3.065	3.115	3.164	3.214	3.263	3.312	3.362	3.411
2.08	2.995	3.045	3.095	3.145	3.195	3.245	3.295	3.345	3.395	3.444
2.10	3.024	3.074	3.125	3.175	3.226	3.276	3.326	3.377	3.427	3.478
2.12	3.053	3.104	3.155	3.205	3.256	3.307	3.358	3.409	3.460	3.511
2.14	3.082	3.133	3.184	3.236	3.287	3.338	3.390	3.441	3.492	3.544
2.16	3.110	3.162	3.214	3.266	3.318	3.370	3.421	3.473	3.525	3.577
2.18	3.139	3.192	3.244	3.296	3.348	3.401	3.453	3.505	3.558	3.610
2.20	3.168	3.221	3.274	3.326	3.379	3.432	3.485	3.538	3.590	3.643
2.22	3.197	3.250	3.303	3.357	3.410	3.463	3.516	3.570	3.623	3.676
2.24	3.226	3.279	3.333	3.387	3.441	3.494	3.548	3.602	3.656	3.709
2.26	3.254	3.309	3.363	3.417	3.471	3.526	3.580	3.634	3.688	3.743
2.28	3.283	3.338	3.393	3.447	3.502	3.557	3.612	3.666	3.721	3.776
2.30	3.312	3.367	3.422	3.478	3.533	3.588	3.643	3.698	3.754	3.809
2.32	3.341	3.396	3.452	3.508	3.564	3.619	3.675	3.731	3.786	3.842
2.34	3.370	3.426	3.482	3.538	3.594	3.650	3.707	3.763	3.819	3.875
2.36	3.398	3.455	3.512	3.568	3.625	3.682	3.738	3.795	3.852	3,908
2.38	3.427	3.484	3.541	3.599	3.656	3.713	3.770	3.827	3.884	3.941
2.40	3.456	3.514	3.571	3.629	3.686	3.744	3.802	3.859	3.917	3.974
2.42	3.485	3.543	3.601	3.659	3.717	3.775	3.833	3.891	3.949	4.008
2.44	3.514	3.572	3.631	3.689	3.748	3.806	3.865	3.924	3.982	4.041
2.46	3.542	3.601	3.660	3.720	3.779	3.838	3.897	3.956	4.015	4.074
2.48	3.571	3.631	3.690	3.750	3.809	3.869	3.928	3.988	4.047	4.107
2.50	3.600	3.660	3.720	3.780	3.840	3.900	3.960	4.020	4.080	4.140
2.52	3.629	3.689	3.750	3.810	3.871	3.931	3.992	4.052	4.113	4.173
2.54	3.658	3.719	3.780	3.840	3.901	3.962	4.023	4.084	4.145	4.206
2.56	3.686	3.748	3.809	3.871	3.932	3.994	4.055	4.116	4.178	4.239
2.58	3.715	3.777	3.839	3.901	3.963	4.025	4.087	4.149	4.211	4.272

Maß (Dicke) 120 Centimeter (1,20 m) ist.
dimensions (depth) are 120 centimetres (1,20 m).
(l'épaisseur) est 120 centimètres (1,20 m).

Länge/Length Longueur	Breite — Breadth — Largeur 1.40	1.42	1.44	1.46	1.48	1.50	1.52	1.54	1.56	1.58
	Inhalt in Kubikmetern — Solid Contents — Cubage									
1.40	2.352									
1.42	2.386	2.420								
1.44	2.419	2.454	2.488							
1.46	2.453	2.488	2.523	2.558						
1.48	2.486	2.522	2.557	2.593	2.628					
1.50	2.520	2.556	2.592	2.628	2.664	2.700				
1.52	2.554	2.590	2.627	2.663	2.700	2.736	2.772			
1.54	2.587	2.624	2.661	2.698	2.735	2.772	2.809	2.846		
1.56	2.621	2.658	2.696	2.733	2.771	2.808	2.845	2.883	2.920	
1.58	2.654	2.692	2.730	2.768	2.806	2.844	2.882	2.920	2.958	2.996
1.60	2.688	2.726	2.765	2.803	2.842	2.880	2.918	2.957	2.995	3.034
1.62	2.722	2.760	2.799	2.838	2.877	2.916	2.955	2.994	3.033	3.072
1.64	2.755	2.795	2.834	2.873	2.913	2.952	2.991	3.031	3.070	3.109
1.66	2.789	2.829	2.868	2.908	2.948	2.988	3.028	3.068	3.108	3.147
1.68	2.822	2.863	2.903	2.943	2.984	3.024	3.064	3.105	3.145	3.185
1.70	2.856	2.897	2.938	2.978	3.019	3.060	3.101	3.142	3.182	3.223
1.72	2.890	2.931	2.972	3.013	3.055	3.096	3.137	3.179	3.220	3.261
1.74	2.923	2.965	3.007	3.048	3.090	3.132	3.174	3.216	3.257	3.299
1.76	2.957	2.999	3.041	3.084	3.126	3.168	3.210	3.252	3.295	3.337
1.78	2.990	3.033	3.076	3.119	3.161	3.204	3.247	3.289	3.332	3.375
1.80	3.024	3.067	3.110	3.154	3.197	3.240	3.283	3.326	3.370	3.413
1.82	3.058	3.101	3.145	3.189	3.232	3.276	3.320	3.363	3.407	3.451
1.84	3.091	3.135	3.180	3.224	3.268	3.312	3.356	3.400	3.444	3.489
1.86	3.125	3.169	3.214	3.259	3.303	3.348	3.393	3.437	3.482	3.527
1.88	3.158	3.204	3.249	3.294	3.339	3.384	3.429	3.474	3.519	3.564
1.90	3.192	3.238	3.283	3.329	3.374	3.420	3.466	3.511	3.557	3.602
1.92	3.226	3.272	3.318	3.364	3.410	3.456	3.502	3.548	3.594	3.640
1.94	3.259	3.306	3.352	3.399	3.445	3.492	3.539	3.585	3.632	3.678
1.96	3.293	3.340	3.387	3.434	3.481	3.528	3.575	3.622	3.669	3.716
1.98	3.326	3.374	3.421	3.469	3.516	3.564	3.612	3.659	3.707	3.754
2.00	3.360	3.408	3.456	3.504	3.552	3.600	3.648	3.696	3.744	3.792
2.02	3.394	3.442	3.491	3.539	3.588	3.636	3.684	3.733	3.781	3.830
2.04	3.427	3.476	3.525	3.574	3.623	3.672	3.721	3.770	3.819	3.868
2.06	3.461	3.510	3.560	3.609	3.659	3.708	3.757	3.807	3.856	3.906
2.08	3.494	3.544	3.594	3.644	3.694	3.744	3.794	3.844	3.894	3.944
2.10	3.528	3.578	3.629	3.679	3.730	3.780	3.830	3.881	3.931	3.982
2.12	3.562	3.612	3.663	3.714	3.765	3.816	3.867	3.918	3.969	4.020
2.14	3.595	3.647	3.698	3.749	3.801	3.852	3.903	3.955	4.006	4.057
2.16	3.629	3.681	3.732	3.784	3.836	3.888	3.940	3.992	4.044	4.095
2.18	3.662	3.715	3.767	3.819	3.872	3.924	3.976	4.029	4.081	4.133
2.20	3.696	3.749	3.802	3.854	3.907	3.960	4.013	4.066	4.118	4.171
2.22	3.730	3.783	3.836	3.889	3.943	3.996	4.049	4.103	4.156	4.200
2.24	3.763	3.817	3.871	3.924	3.978	4.032	4.086	4.140	4.193	4.24
2.26	3.797	3.851	3.905	3.960	4.014	4.068	4.122	4.176	4.231	4.285
2.28	3.830	3.885	3.940	3.995	4.049	4.104	4.159	4.213	4.268	4.323
2.30	3.864	3.919	3.974	4.030	4.085	4.140	4.195	4.250	4.306	4.361
2.32	3.898	3.953	4.009	4.065	4.120	4.176	4.232	4.287	4.343	4.399
2.34	3.931	3.987	4.044	4.100	4.156	4.212	4.268	4.324	4.380	4.437
2.36	3.965	4.021	4.078	4.135	4.191	4.248	4.305	4.361	4.418	4.475
2.38	3.998	4.056	4.113	4.170	4.227	4.284	4.341	4.398	4.455	4.512
2.40	4.032	4.090	4.147	4.205	4.262	4.320	4.378	4.435	4.493	4.550
2.42	4.066	4.124	4.182	4.240	4.298	4.356	4.414	4.472	4.530	4.588
2.44	4.099	4.158	4.216	4.275	4.333	4.392	4.451	4.509	4.568	4.626
2.46	4.133	4.192	4.251	4.310	4.369	4.428	4.487	4.546	4.605	4.664
2.48	4.166	4.226	4.285	4.345	4.404	4.464	4.524	4.583	4.643	4.702
2.50	4.200	4.260	4.320	4.380	4.440	4.500	4.560	4.620	4.680	4.740
2.52	4.234	4.294	4.355	4.415	4.476	4.536	4.596	4.657	4.717	4.778
2.54	4.267	4.328	4.389	4.450	4.511	4.572	4.633	4.694	4.755	4.816
2.56	4.301	4.362	4.424	4.485	4.547	4.608	4.669	4.731	4.792	4.854
2.58	4.334	4.396	4.458	4.520	4.582	4.644	4.706	4.768	4.830	4.892

Kubik-Inhalt der Kolli, deren kleinstes
Solid contents of packages, whose least
Cubage des colis, dont la plus petite dimension

Länge/Length Longueur	Breite — Breadth — Largeur 1.60	1.62	1.64	1.66	1.68	1.70	1.72	1.74	1.76	1.78
	Inhalt in Kubikmetern — Solid Contents — Cubage									
1.60	3.072									
1.62	3.110	3.149								
1.64	3.149	3.188	3.228							
1.66	3.187	3.227	3.267	3.307						
1.68	3.226	3.266	3.306	3.347	3.387					
1.70	3.264	3.305	3.346	3.386	3.427	3.468				
1.72	3.302	3.344	3.385	3.426	3.468	3.509	3.550			
1.74	3.341	3.383	3.424	3.466	3.508	3.550	3.591	3.633		
1.76	3.379	3.421	3.464	3.506	3.548	3.590	3.633	3.675	3.717	
1.78	3.418	3.460	3.503	3.546	3.588	3.631	3.674	3.717	3.759	3.802
1.80	3.456	3.499	3.542	3.586	3.629	3.672	3.715	3.758	3.802	3.845
1.82	3.494	3.538	3.582	3.625	3.669	3.713	3.756	3.800	3.844	3.888
1.84	3.533	3.577	3.621	3.665	3.709	3.754	3.798	3.842	3.886	3.930
1.86	3.571	3.616	3.660	3.705	3.750	3.794	3.839	3.884	3.928	3.973
1.88	3.610	3.655	3.700	3.745	3.790	3.835	3.880	3.925	3.971	4.016
1.90	3.648	3.694	3.739	3.785	3.830	3.876	3.922	3.967	4.013	4.058
1.92	3.686	3.732	3.779	3.825	3.871	3.917	3.963	4.009	4.055	4.101
1.94	3.725	3.771	3.818	3.864	3.911	3.958	4.004	4.051	4.097	4.144
1.96	3.763	3.810	3.857	3.904	3.951	3.998	4.045	4.092	4.140	4.187
1.98	3.802	3.849	3.897	3.944	3.992	4.039	4.087	4.134	4.182	4.229
2.00	3.840	3.888	3.936	3.984	4.032	4.080	4.128	4.176	4.224	4.272
2.02	3.878	3.927	3.975	4.024	4 072	4.121	4.169	4.218	4.266	4.315
2.04	3.917	3.966	4.015	4.064	4.113	4.162	4.211	4.260	4.308	4.357
2.06	3.955	4.005	4.054	4.104	4.153	4.202	4.252	4.301	4.351	4.400
2.08	3.994	4.044	4.093	4.143	4.193	4.243	4.293	4.343	4.393	4.443
2.10	4.032	4.082	4.133	4.183	4.234	4.284	4.334	4.385	4.435	4.486
2.12	4.070	4.121	4.172	4.223	4.274	4.325	4.376	4.427	4 477	4.528
2.14	4.109	4.160	4.212	4.263	4.314	4.366	4.417	4.468	4.520	4.571
2.16	4.147	4.199	4.251	4.303	4.355	4.406	4.458	4.510	4.562	4.614
2.18	4.186	4.238	4.290	4.343	4.395	4.447	4.500	4.552	4.604	4.656
2.20	4.224	4.277	4.330	4.382	4.435	4.488	4.541	4.594	4.646	4.699
2.22	4.262	4.316	4.369	4.422	4.476	4.529	4.582	4.635	4.689	4 742
2.24	4.301	4.355	4.408	4.462	4.516	4.570	4.623	4.677	4.731	4.785
2.26	4.339	4.393	4.448	4.502	4.556	4.610	4.665	4.719	4.773	4.827
2.28	4.378	4.432	4.487	4.542	4.596	4.651	4.706	4.761	4.815	4.870
2.30	4.416	4.471	4.526	4.582	4.637	4.692	4.747	4.802	4.858	4.913
2.32	4.454	4.510	4.566	4.621	4.677	4.733	4.788	4.844	4.900	4.956
2.34	4.493	4.549	4.605	4.661	4.717	4.774	4.830	4 886	4.942	4.998
2.36	4.531	4.588	4.644	4.701	4.758	4.814	4.871	4.928	4.984	5.041
2.38	4.570	4.627	4.684	4.741	4.798	4.855	4.912	4.969	5.027	5.084
2.40	4.608	4.666	4.723	4.781	4.838	4.896	4.954	5.011	5.069	5.126
2.42	4.646	4.704	4.763	4.821	4.879	4.937	4.995	5.053	5.111	5.169
2.44	4.685	4.743	4.802	4.860	4.919	4.978	5.036	5.095	5.153	5.212
2.46	4.723	4.782	4.841	4.900	4.959	5.018	5.077	5.136	5.196	5.255
2.48	4.762	4.821	4.881	4.940	5.000	5.059	5.119	5.178	5.238	5.297
2.50	4.800	4.860	4.920	4.980	5.040	5.100	5.160	5.220	5.280	5.340
2.52	4.838	4.899	4.959	5.020	5.080	5.141	5.201	5.262	5.322	5.383
2.54	4.877	4.938	4.999	5.060	5.121	5.182	5.243	5.304	5.364	5.425
2.56	4.915	4.977	5.038	5.100	5.161	5.222	5.284	5.345	5.407	5.468
2.58	4.954	5.016	5.077	5.139	5.201	5.263	5.325	5.387	5.449	5.511
2.60	4.992	5.054	5.117	5.179	5.242	5.304	5.366	5.429	5.491	5.554
2.62	5.030	5.093	5.156	5.219	5.282	5.345	5.408	5.471	5.533	5.596
2.64	5.069	5.132	5.196	5.259	5.322	5.386	5.449	5.512	5.576	5.639
2.66	5.107	5.171	5.235	5.299	5.363	5.426	5.490	5.554	5.618	5.682
2.68	5.146	5.210	5.274	5.339	5.403	5.467	5.532	5.596	5.660	5.724
2.70	5.184	5.249	5.314	5.378	5.443	5.508	5.573	5.638	5.702	5.767
2.72	5.222	5.288	5.353	5.418	5.484	5.549	5.614	5.679	5.745	5.810
2.74	5.261	5.327	5.392	5.458	5.524	5.590	5.655	5.721	5.787	5.853
2.76	5.299	5.365	5.432	5.498	5.564	5.630	5.697	5.763	5.829	5.895
2.78	5.338	5.404	5.471	5.538	5.604	5.671	5.738	5.805	5.871	5.938
2.80	5.376	5.443	5.510	5.578	5.645	5.712	5.779	5.846	5.914	5.981
2.82	5.414	5.482	5.559	5.617	5.685	5.753	5.820	5.888	5.956	6.024
2.84	5.453	5.521	5.589	5.657	5.725	5.794	5.862	5.930	5.998	6.066
2.86	5.491	5.560	5.628	5.697	5.766	5.834	5.903	5.972	6.040	6.109
2.88	5.530	5.599	5.668	5.737	5.806	5.875	5.944	6.013	6.083	6.152
2.90	5.568	5.638	5.707	5.777	5.846	5.916	5.986	6.055	6.125	6.194
2.92	5.606	5.676	5.747	5.817	5.887	5.957	6.027	6.097	6.167	6.237
2.94	5.645	5.715	5.786	5.856	5.927	5.998	6.068	6.139	6.209	6.280
2.96	5.683	5.754	5.825	5.896	5.967	6.038	6.109	6.180	6.251	6.323
2.98	5.722	5.793	5.865	5.936	6.008	6.079	6.151	6.222	6.294	6.365

Maß (Dicke) 120 Centimeter (1,20 m) ist.
dimensions (depth) are 120 centimetres (1,20 m).
(l'épaisseur) est 120 centimètres (1,20 m).

Länge/Length Longueur	Breite — Breadth — Largeur									
	1.80	1.82	1.84	1.86	1.88	1.90	1.92	1.94	1.96	1.98
	Inhalt in Kubikmetern — Solid Contents — Cubage									
1.80	3.888									
1.82	3.931	3.975								
1.84	3.974	4.019	4.063							
1.86	4.018	4.062	4.107	4.152						
1.88	4.061	4.106	4.151	4.196	4.241					
1.90	4.104	4.150	4.195	4.241	4.286	4.332				
1.92	4.147	4.193	4.239	4.285	4.332	4.378	4.424			
1.94	4.190	4.237	4.284	4 330	4.377	4.423	4.470	4.516		
1.96	4.234	4.281	4.328	4.375	4.422	4.469	4.516	4.563	4.610	
1.98	4.277	4.324	4.372	4.419	4.467	4.514	4.562	4.609	4.657	4.704
2.00	4.320	4.368	4.416	4.464	4.512	4.560	4.608	4.656	4.704	4.752
2.02	4.363	4.412	4.460	4.509	4.557	4.606	4.654	4.703	4.751	4.800
2.04	4.406	4.455	4.504	4.553	4.602	4.651	4.700	4.749	4.798	4.847
2.06	4.450	4.499	4.548	4.598	4.647	4.697	4.746	4.796	4.845	4.895
2.08	4.493	4.543	4.593	4.643	4.692	4.742	4.792	4.842	4.892	4.942
2.10	4.536	4.586	4.637	4.687	4.738	4.788	4.838	4.880	4.939	4.990
2.12	4.579	4.630	4.681	4.732	4.783	4.834	4.884	4.935	4.986	5.037
2.14	4.622	4.674	4.725	4.776	4.828	4.879	4.931	4.982	5.033	5.085
2.16	4.666	4.717	4.769	4.821	4.873	4.925	4.977	5.028	5.080	5.132
2.18	4.709	4.761	4.813	4.866	4.918	4.970	5.023	5.075	5.127	5.180
2.20	4.752	4.805	4.858	4.910	4.963	5.016	5.069	5.122	5.174	5.227
2.22	4.795	4.848	4.902	4.955	5.008	5.062	5.115	5.168	5.221	5.275
2.24	4.838	4.892	4.946	5.000	5.053	5.107	5.161	5 215	5.268	5.322
2.26	4.882	4.936	4.990	5.044	5.099	5.153	5.207	5.261	5.316	5.370
2.28	4.925	4.980	5.034	5.089	5.144	5.198	5.253	5.308	5.363	5.417
2.30	4.968	5.023	5.078	5.134	5.189	5.244	5.299	5.354	5.410	5.465
2.32	5.011	5.067	5.123	5.178	5.234	5.290	5.345	5.401	5.457	5.512
2.34	5.054	5.111	5.167	5.223	5.279	5.335	5.391	5.448	5.504	5.560
2.36	5.098	5.154	5.211	5.268	5.324	5.381	5.437	5.494	5.551	5.607
2.38	5.141	5.198	5.255	5.312	5.369	5.426	5.484	5.541	5.598	5.655
2.40	5 184	5.242	5.299	5.357	5.414	5.472	5.530	5.587	5.645	5.702
2.42	5.227	5.285	5.343	5.401	5.460	5.518	5.576	5.634	5.692	5.750
2.44	5.270	5.329	5.388	5.446	5.505	5.563	5.622	5.680	5.739	5.797
2.46	5.314	5.373	5.432	5.491	5.550	5.609	5.668	5.727	5.786	5.845
2.48	5.357	5.416	5.476	5.535	5.595	5.654	5.714	5.773	5.833	5.892
2.50	5.400	5.460	5.520	5.580	5.640	5.700	5.760	5.820	5.880	5.940
2.52	5.443	5.504	5.564	5.625	5.685	5.746	5.806	5.867	5.927	5.988
2.54	5.486	5.547	5.608	5.669	5.730	5.791	5.852	5.913	5.974	6.035
2.56	5.530	5.591	5.652	5.714	5.775	5.837	5.898	5.960	6.021	6.083
2.58	5.573	5.635	5.697	5.759	5.820	5.882	5.944	6.006	6.068	6.130
2.60	5.616	5.678	5.741	5.803	5.866	5.928	5.990	6.053	6.115	6.178
2.62	5.659	5.722	5.785	5.848	5.911	5.974	6.036	6.099	6.162	6.225
2.64	5.702	5.766	5.829	5.892	5.956	6.019	6.083	6.146	6.209	6.273
2.66	5.746	5.809	5.873	5.937	6.001	6.065	6.129	6.192	6.256	6.320
2.68	5.789	5.853	5.917	5.982	6.046	6.110	6.175	6.239	6.303	6.368
2.70	5.832	5.897	5.962	6.026	6.091	6.156	6.221	6.286	6.350	6.415
2.72	5.875	5.940	6.006	6.071	6.136	6.202	6.267	6.332	6.397	6.463
2.74	5.918	5.984	6.050	6.116	6.181	6.247	6.313	6.379	6.444	6.510
2.76	5.962	6.028	6.094	6.160	6.227	6.293	6.359	6.425	6.492	6.558
2.78	6.005	6.072	6.138	6.205	6.272	6.338	6.405	6.472	6.539	6.605
2.80	6.048	6.115	6.182	6.250	6.317	6.384	6.451	6.518	6.586	6.653
2.82	6.091	6.159	6.227	6.294	6.362	6 430	6.497	6.565	6.633	6.700
2.84	6.134	6.203	6.271	6.339	6.407	6.475	6.543	6.612	6.680	6.748
2.86	6.178	6.246	6.315	6.384	6.452	6.521	6.589	6.658	6.727	6.795
2.88	6.221	6.290	6.359	6.428	6.497	6.566	6.636	6.705	6.774	6.843
2.90	6.264	6.334	6.403	6.473	6.542	6.612	6.682	6.751	6.821	6.890
2.92	6.307	6.377	6.447	6.517	6.588	6.658	6.728	6.798	6.868	6.938
2.94	6.350	6.421	6.492	6.562	6.633	6.703	6.774	6.844	6.915	6.985
2.96	6.394	6.465	6.536	6.607	6.678	6.749	6.820	6.891	6.962	7.033
2.98	6.437	6.508	6.580	6.651	6.723	6.794	6.866	6.937	7.009	7.080

Kubik-Inhalt der Kolli, deren kleinstes
Solid contents of packages, whose least
Cubage des colis, dont la plus petite dimension

Länge/Length Longueur	Breite — Breadth — Largeur 1.22	1.24	1.26	1.28	1.30	1.32	1.34	1.36	1.38	1.40
	Inhalt in Kubikmetern — Solid Contents — Cubage									
1.22	1.816									
1.24	1.846	1.876								
1.26	1.875	1.906	1.937							
1.28	1.905	1.936	1.968	1.999						
1.30	1.935	1.967	1.998	2.030	2.062					
1.32	1.965	1.997	2.029	2.061	2.094	2.126				
1.34	1.994	2.027	2.060	2.093	2.125	2.158	2.191			
1.36	2.024	2.057	2.091	2.124	2.157	2.190	2.223	2.257		
1.38	2.054	2.088	2.121	2.155	2.189	2.222	2.256	2.290	2.323	
1.40	2.084	2.118	2.152	2.186	2.220	2.255	2.289	2.323	2.357	2.391
1.42	2.114	2.148	2.183	2.217	2.252	2.287	2.321	2.356	2.391	2.425
1.44	2.143	2.178	2.214	2.249	2.284	2.319	2.354	2.389	2.424	2.460
1.46	2.173	2.209	2.244	2.280	2.316	2.351	2.387	2.422	2.458	2.494
1.48	2.203	2.239	2.275	2.311	2.347	2.383	2.420	2.456	2.492	2.528
1.50	2.233	2.269	2.306	2.342	2.379	2.416	2.452	2.489	2.525	2.562
1.52	2.262	2.299	2.337	2.374	2.411	2.448	2.485	2.522	2.559	2.596
1.54	2.292	2.330	2.367	2.405	2.442	2.480	2.518	2.555	2.593	2.630
1.56	2.322	2.360	2.398	2.436	2.474	2.512	2.550	2.588	2.626	2.664
1.58	2.352	2.390	2.429	2.467	2.506	2.544	2.583	2.622	2.660	2.699
1.60	2.381	2.420	2.460	2.499	2.538	2.577	2.616	2.655	2.694	2.733
1.62	2.411	2.451	2.490	2.530	2.569	2.609	2.648	2.688	2.727	2.767
1.64	2.441	2.481	2.521	2.561	2.601	2.641	2.681	2.721	2.761	2.801
1.66	2.471	2.511	2.552	2.592	2.633	2.673	2.714	2.754	2.795	2.835
1.68	2.501	2.542	2.582	2.623	2.664	2.705	2.746	2.787	2.828	2.869
1.70	2.530	2 572	2.613	2.655	2.696	2.738	2.779	2.821	2.862	2.904
1.72	2.560	2.602	2.644	2.686	2.728	2.770	2.812	2.854	2.896	2.938
1.74	2.590	2.632	2.675	2.717	2.760	2.802	2.845	2.887	2.929	2.972
1.76	2.620	2.663	2.705	2.748	2.791	2.834	2.877	2.920	2.963	3.006
1.78	2.649	2.693	2.736	2.780	2.823	2.867	2.910	2.953	2.997	3.040
1.80	2.679	2.723	2.767	2.811	2.855	2.899	2.943	2.987	3.030	3.074
1.82	2.709	2.753	2.798	2.842	2.887	2.931	2.975	3.020	3.064	3.109
1.84	2.739	2.784	2.828	2.873	2 918	2.963	3.008	3.053	3.098	3.143
1.86	2.768	2.814	2.859	2.905	2.950	2.995	3.041	3.086	3.131	3.177
1.88	2.798	2.844	2.890	2.936	2.982	3.028	3.073	3.119	3.165	3.211
1.90	2.828	2.874	2.921	2.967	3.013	3.060	3.106	3.152	3.199	3.245
1.92	2.858	2.905	2.951	2.998	3.045	3.092	3.139	3.186	3.233	3.279
1.94	2.887	2.935	2.982	3.030	3.077	3.124	3.172	3.219	3.266	3.314
1.96	2.917	2.965	3.013	3.061	3.109	3.156	3.204	3.252	3.300	3.348
1.98	2.947	2.995	3.044	3.092	3.140	3.189	3.237	3.285	3.334	3.382
2.00	2.977	3.026	3.074	3.123	3.172	3.221	3.270	3.318	3.367	3.416
2.02	3.007	3.056	3.105	3.154	3.204	3.253	3.302	3.352	3.401	3.450
2.04	3.036	3.086	3.136	3.186	3.235	3.285	3.335	3.385	3.435	3.484
2.06	3.066	3.116	3.167	3.217	3.267	3.317	3.368	3.418	3.468	3.518
2.08	3.096	3.147	3.197	3.248	3.299	3.350	3.400	3.451	3.502	3.553
2.10	3.126	3.177	3.228	3.279	3.331	3.382	3.433	3.484	3.536	3.587
2.12	3.155	3.207	3.259	3.311	3.362	3.414	3.466	3.518	3.569	3.621
2.14	3.185	3.237	3.290	3.342	3.394	3.446	3.498	3.551	3.603	3.655
2.16	3.215	3.268	3.320	3.373	3.426	3.478	3.531	3.584	3.637	3.689
2.18	3.245	3.298	3.351	3.404	3.457	3.511	3.564	3.617	3.670	3.723
2.20	3.274	3.328	3.382	3.436	3.489	3.543	3.597	3.650	3.704	3.758
2.22	3.304	3.358	3.413	3.467	3.521	3.575	3.629	3.683	3.738	3.792
2.24	3.334	3.389	3.443	3.498	3.553	3.607	3.662	3.717	3.771	3.826
2.26	3.364	3.416	3.474	3.529	3.584	3.640	3.695	3.750	3.805	3.860
2.28	3.394	3.449	3.505	3.560	3.616	3.672	3.727	3.783	3.839	3.894
2.30	3.423	3.479	3.536	3.592	3.648	3.704	3.760	3.816	3.872	3.928
2.32	3.453	3.510	3.566	3.623	3.680	3.736	3.793	3.849	3.906	3.963
2.34	3.483	3.540	3.597	3.654	3.711	3.768	3.825	3.883	3 940	3.997
2.36	3.513	3.570	3.628	3.685	3.743	3.801	3.858	3.916	3.973	4.031
2.38	3.542	3.600	3.659	3.717	3.775	3.833	3.891	3.949	4.007	4.065
2.40	3.572	3.631	3.689	3.748	3.806	3.865	3.924	3.982	4.041	4.099
2.42	3.602	3.661	3.720	3.779	3.838	3.897	3.956	4.015	4.074	4.133
2.44	3.632	3.691	3.751	3.810	3.870	3.929	3.989	4.048	4.108	4.168
2.46	3.661	3.721	3.782	3.842	3.902	3.962	4.022	4.082	4.142	4.202
2.48	3.691	3.752	3.812	3.873	3.933	3.994	4.054	4.115	4.175	4.236
2.50	3.721	3.782	3.843	3.904	3.965	4.026	4.087	4.148	4.209	4.270
2.52	3.751	3.812	3.874	3.935	3.997	4.058	4.120	4.181	4.243	4.304
2.54	3.781	3.843	3.904	3.966	4.028	4.090	4.152	4.214	4.276	4.338
2.56	3.810	3.873	3.935	3.998	4.060	4.123	4.185	4.248	4.310	4.372
2.58	3.840	3.903	3.966	4.029	4.092	4.155	4.218	4.281	4.344	4.407
2.60	3.870	3.933	3.997	4.060	4.124	4.187	4.250	4.314	4.377	4.441

Maß (Dicke) 122 Centimeter (1,22 m) ist.
dimensions (depth) are 122 centimetres (1,22 m).
(l'épaisseur) est 122 centimètres (1,22 m).

Länge/Length Longueur	Breite — Breadth — Largeur									
	1.42	1.44	1.46	1.48	1.50	1.52	1.54	1.56	1.58	1.60
	Inhalt in Kubikmetern — Solid Contents — Cubage									
1.42	2.460									
1.44	2.495	2.530								
1.46	2.529	2.565	2.601							
1.48	2.564	2.600	2.636	2.672						
1.50	2.599	2.635	2.672	2.708	2.745					
1.52	2.633	2.670	2.707	2.745	2.782	2.819				
1.54	2.668	2.705	2.743	2.781	2.818	2.856	2.893			
1.56	2.703	2.741	2.779	2.817	2.855	2.893	2.931	2.969		
1.58	2.737	2.776	2.814	2.853	2.891	2.930	2.969	3.007	3.046	
1.60	2.772	2.811	2.850	2.889	2.928	2.967	3.006	3.045	3.084	3.123
1.62	2.806	2.846	2.886	2.925	2.965	3.004	3.044	3.083	3.123	3.162
1.64	2.841	2.881	2.921	2.961	3.001	3.041	3.081	3.121	3 161	3.201
1.66	2.876	2.916	2.957	2.997	3.038	3.078	3.119	3.159	3.200	3.240
1.68	2.910	2 951	2.992	3.033	3.074	3.115	3.156	3.197	3.238	3.279
1.70	2.945	2.987	3.028	3.070	3.111	3.152	3.194	3.235	3.277	3.318
1.72	2.980	3.022	3.064	3.106	3.148	3.190	3.232	3.274	3.315	3.357
1.74	3.014	3.057	3.099	3.142	3.184	3.227	3.269	3.312	3.354	3.396
1.76	3.049	3.092	3 135	3.178	3.221	3.264	3.307	3.350	3.393	3.436
1.78	3.084	3.127	3.171	3.214	3.257	3.301	3.344	3.388	3.431	3.475
1.80	3.118	3.162	3.206	3.250	3.294	3.338	3.382	3.426	3.470	3.514
1.82	3.153	3.197	3.242	3.286	3.331	3.375	3.419	3.464	3.508	3.553
1.84	3.188	3.233	3.277	3.322	3.367	3.412	3.457	3.502	3.547	3.592
1.86	3.222	3.268	3.313	3.358	3.404	3.449	3.495	3.540	3.585	3.631
1.88	3.257	3.303	3.349	3.395	3.440	3.486	3.532	3.578	3.624	3.670
1.90	3.292	3.338	3.384	3.431	3.477	3.523	3.570	3.616	3.662	3.709
1.92	3.326	3.373	3.420	3.467	3.514	3.560	3.607	3.654	3.701	3.748
1.94	3.361	3.408	3.456	3.503	3.550	3.598	3.645	3.692	3.740	3.787
1.96	3.395	3.443	3.491	3.539	3.587	3.635	3.682	3.730	3.778	3.826
1.98	3.430	3.478	3.527	3.575	3.623	3.672	3.720	3.768	3.817	3.865
2.00	3.465	3.514	3.562	3.611	3.660	3.709	3.758	3.806	3.855	3.904
2.02	3.499	3.549	3.598	3.647	3.697	3.746	3.795	3.844	3.894	3.943
2.04	3.534	3.584	3.634	3.683	3.733	3.783	3.833	3.883	3.932	3.982
2.06	3.569	3.619	3.669	3.720	3.770	3.820	3.870	3.921	3.971	4.021
2.08	3.603	3.654	3.705	3.756	3.806	3.857	3.908	3.959	4.009	4.060
2.10	3.638	3.689	3.741	3.792	3.843	3.894	3.945	3.997	4.048	4.099
2.12	3.673	3.724	3.776	3.828	3.880	3.931	3.983	4.035	4.087	4.138
2.14	3.707	3.760	3.812	3.864	3 916	3.968	4.021	4.073	4.125	4.177
2.16	3.742	3.795	3.847	3.900	3.953	4.006	4.058	4.111	4.164	4.216
2.18	3.777	3.830	3.883	3.936	3.989	4.043	4.096	4.149	4.202	4.255
2.20	3.811	3.865	3.919	3.972	4.026	4.080	4.133	4.187	4.241	4.294
2.22	3.846	3.900	3.954	4.008	4.063	4.117	4.171	4.225	4.279	4.333
2.24	3.881	3.935	3.990	4.045	4.099	4.154	4.209	4.263	4.318	4.372
2.26	3.915	3.970	4.026	4.081	4.136	4.191	4.246	4.301	4.356	4.412
2.28	3.950	4.006	4.061	4.117	4.172	4.228	4.284	4.339	4.395	4.451
2.30	3.985	4.041	4.097	4:153	4.209	4.265	4.321	4.377	4.433	4.490
2.32	4.019	4.076	4.132	4.189	4.246	4.302	4.359	4.415	4.472	4.529
2.34	4.054	4.111	4.168	4.225	4.282	4.339	4.396	4.453	4.511	4.568
2.36	4.088	4.146	4.204	4.261	4.319	4.376	4.434	4.492	4.549	4.607
2.38	4.123	4.181	4.239	4.297	4.355	4.413	4.472	4.530	4.588	4.646
2.40	4.158	4.216	4.275	4.333	4.392	4.451	4.509	4.568	4.626	4.685
2.42	4.192	4.251	4.311	4.370	4.429	4.488	4.547	4.606	4.665	4.724
2.44	4.227	4.287	4.346	4.406	4.465	4.525	4.584	4.644	4.703	4.763
2.46	4.262	4.322	4.382	4.442	4.502	4.562	4.622	4.682	4.742	4.802
2.48	4.296	4.357	4.417	4.478	4.538	4.599	4.659	4.720	4.780	4.841
2.50	4.331	4.392	4.453	4.514	4.575	4.636	4.697	4.758	4.819	4.880
2.52	4.366	4.427	4.489	4.550	4.612	4.673	4.735	4.796	4.858	4.919
2.54	4.400	4.462	4.524	4.586	4.648	4.710	4.772	4.834	4.896	4.958
2.56	4.435	4.497	4.560	4.622	4.685	4.747	4.810	4.872	4.935	4.997
2.58	4.470	4.533	4.595	4.658	4.721	4.784	4.847	4.910	4.973	5.036
2.60	4.504	4.568	4.631	4.695	4.758	4.821	4.885	4.948	5.012	5.075

Kubik-Inhalt der Kolli, deren kleinstes
Solid contents of packages, whose least
Cubage des colis, dont la plus petite dimension

Länge/Length Longueur	Breite — Breadth — Largeur									
	1.62	1.64	1.66	1.68	1.70	1.72	1.74	1.76	1.78	1.80
	Inhalt in Kubikmetern — Solid Contents — Cubage									
1.62	3.202									
1.64	3.241	3.281								
1.66	3.281	3.321	3.362							
1.68	3.320	3.361	3.402	3.443						
1.70	3.360	3.401	3.443	3.484	3.526					
1.72	3.399	3.441	3.483	3.525	3.567	3.609				
1.74	3.439	3.481	3.524	3.566	3.609	3.651	3.694			
1.76	3.478	3.521	3.564	3.607	3.650	3.693	3.736	3.779		
1.78	3.518	3.561	3.605	3.648	3.692	3.735	3.779	3.822	3.865	
1.80	3.558	3.601	3.645	3.689	3.733	3.777	3.821	3.865	3.909	3.953
1.82	3.597	3.641	3.686	3.730	3.775	3.819	3.863	3.908	3.952	3.997
1.84	3.637	3.681	3.726	3.771	3.816	3.861	3.906	3.951	3.996	4.041
1.86	3.676	3.721	3.767	3.812	3.858	3.903	3.948	3.994	4.039	4.085
1.88	3.716	3.762	3.807	3.853	3.899	3.945	3.991	4.037	4.083	4.128
1.90	3.755	3.802	3.848	3.894	3.941	3.987	4.033	4.080	4.126	4.172
1.92	3.795	3.842	3.888	3.935	3.982	4.029	4.076	4.123	4.169	4.216
1.94	3.834	3.882	3.929	3.976	4.024	4.071	4.118	4.166	4.213	4.260
1.96	3.874	3.922	3.969	4.017	4.065	4.113	4.161	4.209	4.256	4.304
1.98	3.913	3.962	4.010	4.058	4.107	4.155	4.203	4.251	4.300	4.348
2.00	3.953	4.002	4.050	4.099	4.148	4.197	4.246	4.294	4.343	4.392
2.02	3.992	4.042	4.091	4.140	4.189	4.239	4.288	4.337	4.387	4.436
2.04	4.032	4.082	4.131	4.181	4.231	4.281	4.331	4.380	4.430	4.480
2.06	4.071	4.122	4.172	4.222	4.272	4.323	4.373	4.423	4.473	4.524
2.08	4.111	4.162	4.212	4.263	4.314	4.365	4.415	4.466	4.517	4.568
2.10	4.150	4.202	4.253	4.304	4.355	4.407	4.458	4.509	4.560	4.612
2.12	4.190	4.242	4.293	4.345	4.397	4.449	4.500	4.552	4.604	4.656
2.14	4.229	4.282	4.334	4.386	4.438	4.491	4.543	4.595	4.647	4.699
2.16	4.269	4.322	4.374	4.427	4.480	4.533	4.585	4.638	4.691	4.743
2.18	4.309	4.362	4.415	4.468	4.521	4.575	4.628	4.681	4.734	4.787
2.20	4.348	4.402	4.455	4.509	4.563	4.616	4.670	4.724	4.778	4.831
2.22	4.388	4.442	4.496	4.550	4.604	4.658	4.713	4.767	4.821	4.875
2.24	4.427	4.482	4.536	4.591	4.646	4.700	4.755	4.810	4.864	4.919
2.26	4.467	4.522	4.577	4.632	4.687	4.742	4.798	4.853	4.908	4.963
2.28	4.506	4.562	4.617	4.673	4.729	4.784	4.840	4.896	4.951	5.007
2.30	4.546	4.602	4.658	4.714	4.770	4.826	4.882	4.939	4.995	5.051
2.32	4.585	4.642	4.698	4.755	4.812	4.868	4.925	4.982	5.038	5.095
2.34	4.625	4.682	4.739	4.796	4.853	4.910	4.967	5.024	5.082	5.139
2.36	4.664	4.722	4.779	4.837	4.895	4.952	5.010	5.067	5.125	5.183
2.38	4.704	4.762	4.820	4.878	4.936	4.994	5.052	5.110	5.168	5.226
2.40	4.743	4.802	4.860	4.919	4.978	5.036	5.095	5.153	5.212	5.270
2.42	4.783	4.842	4.901	4.960	5.019	5.078	5.137	5.196	5.255	5.314
2.44	4.822	4.882	4.941	5.001	5.061	5.120	5.180	5.239	5.299	5.358
2.46	4.862	4.922	4.982	5.042	5.102	5.162	5.222	5.282	5.342	5.402
2.48	4.901	4.962	5.022	5.083	5.144	5.204	5.265	5.325	5.386	5.446
2.50	4.941	5.002	5.063	5.124	5.185	5 246	5.307	5.368	5.429	5.490
2.52	4.981	5.042	5.104	5.165	5.226	5.288	5.349	5.411	5.472	5.534
2.54	5.020	5.082	5.144	5.206	5.268	5.330	5.392	5.454	5.516	5.578
2.56	5.060	5.122	5.185	5.247	5.309	5.372	5.434	5.497	5.559	5.622
2.58	5.099	5.162	5.225	5.288	5.351	5.414	5.477	5.540	5.603	5.666
2.60	5.139	5.202	5.266	5.329	5.392	5.456	5.519	5.583	5.646	5.710
2.62	5.178	5.242	5.306	5.370	5.434	5.498	5.562	5.626	5.690	5.754
2.64	5.218	5.282	5.347	5.411	5.475	5.540	5.604	5.669	5.733	5.797
2.66	5.257	5.322	5.387	5.452	5.517	5.582	5.647	5.712	5.776	5.841
2.68	5.297	5.362	5.428	5.493	5.558	5.624	5.689	5.754	5.820	5.885
2.70	5.336	5.402	5.468	5.534	5.600	5.666	5.732	5.797	5.863	5.929
2.72	5.376	5.442	5.509	5.575	5.641	5.708	5 774	5.840	5.907	5.973
2.74	5.415	5.482	5.549	5.616	5.683	5.750	5.816	5.883	5.950	6.017
2.76	5.455	5.522	5.590	5.657	5.724	5.792	5.859	5.926	5.994	6.061
2.78	5.494	5.562	5.630	5.698	5.766	5.834	5.901	5.969	6.037	6.105
2.80	5.534	5.602	5.671	5.739	5.807	5.876	5.944	6.012	6.080	6.149
2.82	5.573	5.642	5.711	5.780	5.849	5.917	5.986	6.055	6.124	6.193
2.84	5.613	5.682	5.752	5.821	5.890	5.959	6.029	6.098	6.167	6.237
2.86	5.653	5.722	5.792	5.862	5.932	6.001	6.071	6.141	6.211	6.281
2.88	5.692	5.762	5.833	5.903	5.973	6.043	6.114	6.184	6.254	6.324
2.90	5.732	5.802	5.873	5.944	6.015	6.085	6.156	6.227	6.298	6.368
2.92	5.771	5.842	5.914	5.985	6.056	6.127	6.199	6.270	6.341	6.412
2.94	5.811	5.882	5.954	6.026	6.098	6.169	6.241	6.313	6.385	6.456
2.96	5.850	5.922	5.995	6.067	6.139	6.211	6.283	6.356	6.428	6.500
2.98	5.890	5.962	6.035	6.108	6.181	6.253	6.326	6.399	6.471	6.544
3.00	5.929	6.002	6.076	6.149	6.222	6.295	6.368	6.442	6.515	6.588

Maß (Dicke) 122 Centimeter (1,22 m) ist.
dimensions (depth) are 122 centimetres (1,22 m).
(l'épaisseur) est 122 centimètres (1,22 m).

Länge/Length Longueur	Breite — Breadth — Largeur									
	1.82	1.84	1.86	1.88	1.90	1.92	1.94	1.96	1.98	2.00
	Inhalt in Kubikmetern — Solid Contents — Cubage									
1.82	4.041									
1.84	4.086	4.130								
1.86	4.130	4.175	4.221							
1.88	4.174	4.220	4.266	4.312						
1.90	4.219	4.265	4.311	4.358	4.404					
1.92	4.263	4.310	4.357	4.404	4.451	4.497				
1.94	4.308	4.355	4.402	4.450	4.497	4.544	4.592			
1.96	4.352	4.400	4.448	4.495	4.543	4.591	4.639	4.687		
1.98	4.396	4.445	4.493	4.541	4.590	4.638	4.686	4.735	4.783	
2.00	4.441	4.490	4.538	4.587	4.636	4.685	4.734	4.782	4.831	4.880
2.02	4.485	4.534	4.584	4.633	4.682	4.732	4.781	4.830	4.880	4.929
2.04	4.530	4.579	4.629	4.679	4.729	4.778	4.828	4.878	4.928	4.978
2.06	4.574	4.624	4.675	4.725	4.775	4.825	4.876	4.926	4.976	5.026
2.08	4.618	4.669	4.720	4.771	4.821	4.872	4.923	4.974	5.024	5.075
2.10	4.663	4.714	4.765	4.817	4.868	4.919	4.970	5.022	5.073	5.124
2.12	4.707	4.759	4.811	4.862	4.914	4.966	5.018	5.069	5.121	5.173
2.14	4.752	4.804	4.856	4.908	4.961	5.013	5.065	5.117	5.169	5.222
2.16	4.796	4.849	4.901	4.954	5.007	5.060	5.112	5.165	5.218	5.270
2.18	4.840	4.894	4.947	5.000	5.053	5.106	5.160	5.213	5.266	5.319
2.20	4.885	4.939	4.992	5.046	5.100	5.153	5.207	5.261	5.314	5.368
2.22	4.929	4.983	5.038	5.092	5.146	5.200	5.254	5.308	5.363	5.417
2.24	4.974	5.028	5.083	5.138	5.192	5.247	5.302	5.356	5.411	5.466
2.26	5.018	5.073	5.128	5.184	5.239	5.294	5.349	5.404	5.459	5.514
2.28	5.063	5.118	5.174	5.229	5.285	5.341	5.396	5.452	5.508	5.563
2.30	5.107	5.163	5.219	5.275	5.331	5.388	5.444	5.500	5.556	5.612
2.32	5.151	5.208	5.265	5.321	5.378	5.434	5.491	5.548	5.604	5.661
2.34	5 196	5.253	5.310	5.367	5.424	5.481	5.538	5.595	5.653	5.710
2.36	5.240	5.298	5.355	5.413	5.470	5.528	5.586	5.643	5.701	5.758
2.38	5.285	5.343	5.401	5.459	5.517	5.575	5.633	5.691	5.749	5.807
2.40	5.329	5.388	5.446	5.505	5.563	5.622	5.680	5.739	5.797	5.856
2.42	5.373	5.432	5.491	5.551	5.610	5.669	5.728	5.787	5.846	5.905
2.44	5.418	5.477	5.537	5.596	5.656	5.715	5.775	5.835	5.894	5.954
2.46	5.462	5.522	5.582	5.642	5.702	5.762	5.822	5.882	5.942	6.002
2.48	5.507	5.567	5.628	5.688	5.749	5.809	5.870	5.930	5.991	6.051
2.50	5.551	5.612	5.673	5.734	5.795	5.856	5.917	5.978	6.039	6.100
2.52	5.595	5.657	5.718	5.780	5.841	5.903	5.964	6.026	6.087	6.149
2.54	5.640	5.702	5.764	5.826	5.888	5.950	6.012	6.074	6.136	6.198
2.56	5.684	5.747	5.809	5.872	5.934	5.997	6.059	6.121	6.184	6.246
2.58	5.729	5.792	5.855	5.917	5.980	6.043	6.106	6.169	6.232	6.295
2.60	5.773	5.836	5.900	5.963	6.027	6.090	6.154	6.217	6.281	6.344
2.62	5.817	5.881	5.945	6.009	6.073	6.137	6.201	6.265	6.329	6.393
2.64	5.862	5.926	5.991	6.055	6.120	6.184	6.248	6.313	6.377	6.442
2.66	5.906	5.971	6.036	6.101	6.166	6.231	6.296	6.361	6.425	6.490
2.68	5.951	6.016	6.081	6.147	6.212	6.278	6.343	6.408	6.474	6.539
2.70	5.995	6.061	6.127	6.193	6.259	6.324	6.390	6.456	6.522	6.588
2.72	6.039	6.106	6.172	6.239	6.305	6.371	6.438	6.504	6.570	6.637
2.74	6.084	6.151	6.218	6.284	6.351	6.418	6.485	6.552	6.619	6.686
2.76	6.128	6.196	6.263	6.330	6.398	6.465	6.532	6.600	6.667	6.734
2.78	6.173	6.241	6.308	6.376	6.444	6.512	6.580	6.648	6.715	6.783
2.80	6.217	6.285	6.354	6.422	6.490	6.559	6.627	6.695	6.764	6.832
2.82	6.262	6.330	6.399	6.468	6.537	6.606	6.674	6.743	6.812	6.881
2.84	6.306	6.375	6.445	6.514	6.583	6.652	6.722	6.791	6.860	6.930
2.86	6.350	6.420	6.490	6.559	6.629	6.699	6.769	6.839	6.909	6.978
2.88	6.395	6.465	6.535	6.605	6.676	6.746	6.816	6.887	6.957	7.027
2.90	6.439	6.510	6.581	6.651	6.722	6.793	6.864	6.934	7.005	7.076
2.92	6.484	6.555	6.626	6.697	6.769	6.840	6.911	6.982	7.054	7.125
2.94	6.528	6.600	6.671	6.743	6.815	6.887	6.958	7.030	7.102	7.174
2.96	6.572	6.645	6.717	6.789	6.861	6.934	7.006	7.078	7.150	7.222
2.98	6.617	6.690	6.762	6.835	6.908	6.980	7.053	7.126	7.198	7.271
3.00	6.661	6.734	6.808	6.881	6.954	7.027	7.100	7.174	7.247	7.320

Kubik-Inhalt der Kolli, deren kleinstes
Solid contents of packages, whose least
Cubage des colis, dont la plus petite dimension

Länge/Length Longueur	Breite — Breadth — Largeur 1.24	1.26	1.28	1.30	1.32	1.34	1.36	1.38	1.40	1.42
	Inhalt in Kubikmetern — Solid Contents — Cubage									
1.24	1.907									
1.26	1.937	1.969								
1.28	1.968	2.000	2.032							
1.30	1.999	2.031	2.063	2.096						
1.32	2.030	2.062	2.095	2.128	2.161					
1.34	2.060	2.094	2.127	2.160	2.193	2.227				
1.36	2.091	2.125	2.159	2.192	2.226	2.260	2.294			
1.38	2.122	2.156	2.190	2.225	2.259	2.293	2.327	2.361		
1.40	2.153	2.187	2.222	2.257	2.292	2.326	2.361	2.396	2.430	
1.42	2.183	2.219	2.254	2.289	2.324	2.359	2.395	2.430	2.465	2.500
1.44	2.214	2.250	2.286	2.321	2 357	2.393	2.428	2.464	2.500	2.536
1.46	2.245	2.281	2.317	2.354	2.390	2.426	2.462	2.498	2.535	2.571
1.48	2.276	2.312	2.349	2.386	2.422	2.459	2.496	2.533	2.569	2.606
1.50	2.306	2.344	2.381	2.418	2.455	2.492	2.530	2.567	2.604	2.641
1.52	2.337	2.375	2.413	2.450	2.488	2.526	2.563	2.601	2.639	2.676
1.54	2.368	2.406	2.444	2.482	2.521	2.559	2.597	2.635	2.673	2.712
1.56	2.399	2.437	2.476	2.515	2.553	2.592	2.631	2.669	2.708	2.747
1.58	2.429	2.469	2.508	2.547	2.586	2.625	2.665	2.704	2.743	2.782
1.60	2.460	2.500	2.540	2.579	2.619	2.659	2.698	2.738	2.778	2.817
1.62	2.491	2.531	2.571	2.611	2.652	2.692	2.732	2.772	2.812	2.852
1.64	2.522	2.562	2.603	2.644	2.684	2.725	2.766	2.806	2.847	2.888
1.66	2.552	2.594	2.635	2.676	2.717	2.758	2.799	2.841	2.882	2.923
1.68	2.583	2.625	2.666	2.708	2.750	2.791	2.833	2.875	2.916	2.958
1.70	2.614	2.656	2.698	2.740	2.783	2.825	2.867	2.909	2.951	2.993
1.72	2.645	2.687	2.730	2.773	2.815	2.858	2.901	2.943	2.986	3.029
1.74	2.675	2.719	2.762	2.805	2.848	2.891	2.934	2.977	3.021	3.064
1.76	2.706	2.750	2.793	2.837	2.881	2.924	2.968	3.012	3.055	3.099
1.78	2.737	2.781	2.825	2.869	2.914	2.958	3.002	3.046	3.090	3.134
1.80	2.768	2.812	2.857	2.902	2.946	2.991	3.036	3.080	3.125	3.169
1.82	2.798	2.844	2.889	2.934	2.979	3.024	3.069	3.114	3.160	3.205
1.84	2.829	2.875	2.920	2.966	3.012	3.057	3.103	3.149	3.194	3.240
1.86	2.860	2.906	2.952	2.998	3.044	3.091	3.137	3.183	3.229	3.275
1.88	2.891	2.937	2.984	3.031	3.077	3.124	3.170	3.217	3.264	3.310
1.90	2.921	2.969	3.016	3.063	3.110	3.157	3.204	3.251	3.298	3.346
1.92	2.952	3.000	3.047	3.095	3.143	3.190	3.238	3.286	3.333	3.381
1.94	2.983	3.031	3.079	3.127	3.175	3.224	3.272	3.320	3.368	3.416
1.96	3.014	3.062	3.111	3.160	3.208	3.257	3.305	3.354	3.403	3.451
1.98	3.044	3.094	3.143	3.192	3.241	3.290	3.339	3.388	3.437	3.486
2.00	3.075	3.125	3.174	3.224	3.274	3.323	3.373	3.422	3.472	3.522
2.02	3.106	3.156	3.206	3.256	3.306	3.356	3.407	3.457	3.507	3.557
2.04	3.137	3.187	3.238	3.288	3.339	3.390	3.440	3.491	3.541	3.592
2.06	3.167	3.219	3.270	3.321	3.372	3.423	3.474	3.525	3.576	3.627
2.08	3.198	3.250	3.301	3.353	3.405	3.456	3.508	3.559	3.611	3.662
2.10	3.229	3.281	3.333	3.385	3.437	3.489	3.541	3.594	3.646	3.698
2.12	3.260	3.312	3.365	3.417	3.470	3.523	3.575	3.628	3.680	3.733
2.14	3.290	3.344	3.397	3.450	3.503	3.556	3.609	3.662	3.715	3.768
2.16	3.321	3.375	3.428	3.482	3.535	3.589	3.643	3.696	3 750	3.803
2.18	3.352	3.406	3.460	3.514	3.568	3.622	3.676	3.730	3.784	3.839
2.20	3.383	3.437	3.492	3.546	3.601	3.656	3.710	3.765	3.819	3.874
2.22	3.413	3.469	3.524	3.579	3.634	3.689	3.744	3.799	3.854	3.909
2.24	3.444	3.500	3.555	3.611	3.666	3.722	3.778	3.833	3.889	3.944
2.26	3.475	3.531	3.587	3.643	3.699	3.755	3.811	3.867	3.923	3.979
2.28	3.506	3.562	3.619	3.675	3.732	3.788	3.845	3.902	3.958	4.015
2.30	3.536	3.594	3.651	3.708	3.765	3.822	3.879	3.936	3.993	4.050
2.32	3.567	3.625	3.682	3.740	3.797	3.855	3.912	3.970	4.028	4.085
2.34	3.598	3.656	3.714	3.772	3.830	3.888	3.946	4.004	4 062	4.120
2.36	3.629	3.687	3.746	3.804	3.863	3.921	3.980	4.038	4.097	4.155
2.38	3.659	3.719	3.778	3.837	3.896	3.955	4.014	4.073	4.132	4.191
2.40	3.690	3.750	3.809	3.869	3.928	3.988	4.047	4.107	4.166	4.226
2.42	3.721	3.781	3.841	3.901	3.961	4.021	4.081	4.141	4.201	4.261
2.44	3.752	3.812	3.873	3.933	3.994	4.054	4 115	4.175	4.236	4.296
2.46	3.782	3.844	3.905	3 966	4.027	4.088	4.149	4.210	4.271	4.332
2.48	3.813	3.875	3.936	3.998	4.059	4.121	4.182	4.244	4.305	4.367
2.50	3.844	3.906	3.968	4.030	4.092	4.154	4.216	4.278	4.340	4.402
2.52	3.875	3.937	4.000	4.062	4.125	4.187	4.250	4.312	4.375	4.437
2.54	3.906	3.968	4.031	4.094	4.157	4.220	4.283	4.346	4.409	4.472
2.56	3.936	4.000	4.063	4.127	4.190	4.254	4.317	4.381	4.444	4.508
2.58	3.967	4.031	4.095	4.159	4.223	4.287	4.351	4.415	4.479	4.543
2.60	3.998	4.062	4.127	4.191	4.256	4.320	4.385	4.449	4.514	4.578
2.62	4.029	4.093	4.158	4.223	4.288	4.353	4.418	4.483	4.548	4.613

Maß (Dicke) 124 Centimeter (1,24 m) ist.
dimensions (depth) are 124 centimetres (1,24 m).
(l'épaisseur) est 124 centimètres (1,24 m).

Länge/Length Longueur	Breite — Breadth — Largeur 1.44	1.46	1.48	1.50	1.52	1.54	1.56	1.58	1.60	1.62
	Inhalt in Kubikmetern — Solid Contents — Cubage									
1.44	2.571									
1.46	2.607	2.643								
1.48	2.643	2.679	2.716							
1.50	2.678	2.716	2.753	2.790						
1.52	2.714	2.752	2.790	2.827	2.865					
1.54	2.750	2.788	2.826	2.864	2.903	2.941				
1.56	2.786	2.824	2.863	2.902	2.940	2.979	3.018			
1.58	2.821	2.860	2.900	2.939	2.978	3.017	3.056	3.096		
1.60	2.857	2.897	2.936	2.976	3.016	3.055	3.095	3.135	3.174	
1.62	2.893	2.933	2.973	3.013	3.053	3.094	3.134	3.174	3.214	3.254
1.64	2.928	2.969	3.010	3.050	3.091	3.132	3.172	3.213	3.254	3.294
1.66	2.964	3.005	3.046	3.088	3.129	3.170	3.211	3.252	3.293	3.335
1.68	3.000	3.041	3.083	3.125	3.166	3.208	3.250	3.291	3.333	3.375
1.70	3.036	3.078	3.120	3.162	3.204	3.246	3.288	3.331	3.373	3.415
1.72	3.071	3.114	3.157	3.199	3.242	3.285	3.327	3.370	3.412	3.455
1.74	3.107	3.150	3.193	3.236	3.280	3.323	3.366	3.409	3.452	3.495
1.76	3.143	3.186	3.230	3.274	3.317	3.361	3.405	3.448	3.492	3.535
1.78	3.178	3.223	3.267	3.311	3.355	3.399	3.443	3.487	3.532	3.576
1.80	3.214	3.259	3.303	3.348	3.393	3.437	3.482	3.527	3.571	3.616
1.82	3.250	3.295	3.340	3.385	3.430	3.475	3.521	3.566	3.611	3.656
1.84	3.286	3.331	3.377	3.422	3.468	3.514	3.559	3.605	3.651	3.696
1.86	3.321	3.367	3.413	3.460	3.506	3.552	3.598	3.644	3.690	3.736
1.88	3.357	3.404	3.450	3.497	3.543	3.590	3.637	3.683	3.730	3.777
1.90	3.393	3.440	3.487	3.534	3.581	3.628	3.675	3.722	3.770	3.817
1.92	3.428	3.476	3.524	3.571	3.619	3.666	3.714	3.762	3.809	3.857
1.94	3.464	3.512	3.560	3.608	3.657	3.705	3.753	3.801	3.849	3.897
1.96	3.500	3.548	3.597	3.646	3.694	3.743	3.791	3.840	3.889	3.937
1.98	3.535	3.585	3.634	3.683	3.732	3.781	3.830	3.879	3.928	3.977
2.00	3.571	3.621	3.670	3.720	3.770	3.819	3.869	3.918	3.968	4.018
2.02	3.607	3.657	3.707	3.757	3.807	3.857	3.907	3.958	4.008	4.058
2.04	3.643	3.693	3.744	3.794	3.845	3.896	3.946	3.997	4.047	4.098
2.06	3.678	3.729	3.781	3.832	3.883	3.934	3.985	4.036	4.087	4.138
2.08	3.714	3.766	3.817	3.869	3.920	3.972	4.024	4.075	4.127	4.178
2.10	3.750	3.802	3.854	3.906	3.958	4.010	4.062	4.114	4.166	4.218
2.12	3.785	3.838	3.891	3.943	3.996	4.048	4.101	4.154	4.206	4.259
2.14	3.821	3.874	3.927	3.980	4.033	4.087	4.140	4.193	4.246	4.299
2.16	3.857	3.910	3.964	4.018	4.071	4.125	4.178	4.232	4.285	4.339
2.18	3.893	3.947	4.001	4.055	4.109	4.163	4.217	4.271	4.325	4.379
2.20	3.928	3.983	4.037	4.092	4.147	4.201	4.256	4.310	4.365	4.419
2.22	3.964	4.019	4.074	4.129	4.184	4.239	4.294	4.349	4.404	4.460
2.24	4.000	4.055	4.111	4.166	4.222	4.278	4.333	4.389	4.444	4.500
2.26	4.035	4.092	4.148	4.204	4.260	4.316	4.372	4.428	4.484	4.540
2.28	4.071	4.128	4.184	4.241	4.297	4.354	4.410	4.467	4.524	4.580
2.30	4.107	4.164	4.221	4.278	4.335	4.392	4.449	4.506	4.563	4.620
2.32	4.143	4.200	4.258	4.315	4.373	4.430	4.488	4.545	4.603	4.660
2.34	4.178	4.236	4.294	4.352	4.410	4.468	4.526	4.585	4.643	4.701
2.36	4.214	4.273	4.331	4.390	4.448	4.507	4.565	4.624	4.682	4.741
2.38	4.250	4.309	4.368	4.427	4.486	4.545	4.604	4.663	4.722	4.781
2.40	4.285	4.345	4.404	4.464	4.524	4.583	4.643	4.702	4.762	4.821
2.42	4.321	4.381	4.441	4.501	4.561	4.621	4.681	4.741	4.801	4.861
2.44	4.357	4.417	4.478	4.538	4.599	4.659	4.720	4.780	4.841	4.901
2.46	4.393	4.454	4.515	4.576	4.637	4.698	4.759	4.820	4.881	4.942
2.48	4.428	4.490	4.551	4.613	4.674	4.736	4.797	4.859	4.920	4.982
2.50	4.464	4.526	4.588	4.650	4.712	4.774	4.836	4.898	4.960	5.022
2.52	4.500	4.562	4.625	4.687	4.750	4.812	4.875	4.937	5.000	5.062
2.54	4.535	4.598	4.661	4.724	4.787	4.850	4.913	4.976	5.039	5.102
2.56	4.571	4.635	4.698	4.762	4.825	4.889	4.952	5.016	5.079	5.143
2.58	4.607	4.671	4.735	4.799	4.863	4.927	4.991	5.055	5.119	5.183
2.60	4.643	4.707	4.772	4.836	4.900	4.965	5.029	5.094	5.158	5.223
2.62	4.678	4.743	4.808	4.873	4.938	5.003	5.068	5.133	5.198	5.263

Kubik-Inhalt der Kolli, deren kleinstes
Solid contents of packages, whose least
Cubage des colis, dont la plus petite dimension

Länge/Length Longueur	Breite — Breadth — Largeur 1.64	1.66	1.68	1.70	1.72	1.74	1.76	1.78	1.80	1.82
	Inhalt in Kubikmetern — Solid Contents — Cubage									
1.64	3.335									
1.66	3.376	3.417								
1.68	3.416	3.458	3.500							
1.70	3.457	3.499	3.541	3.584						
1.72	3.498	3.540	3.583	3.626	3.668					
1.74	3.538	3.582	3.625	3.668	3.711	3.754				
1.76	3.579	3.623	3.666	3.710	3.754	3.797	3.841			
1.78	3.620	3.664	3.708	3.752	3.796	3.841	3.885	3.929		
1.80	3.660	3.705	3.750	3.794	3.839	3.884	3.928	3.973	4.018	
1.82	3.701	3.746	3.791	3.837	3.882	3.927	3.972	4.017	4.062	4.107
1.84	3.742	3.787	3.833	3.879	3.924	3.970	4.016	4.061	4.107	4.153
1.86	3.782	3.829	3.875	3.921	3.967	4.013	4.059	4.105	4.152	4.198
1.88	3.823	3.870	3.916	3.963	4.010	4.056	4.103	4.150	4.196	4.243
1.90	3.864	3.911	3.958	4.005	4.052	4.099	4.147	4.194	4.241	4.288
1.92	3.905	3.952	4.000	4.047	4.095	4.143	4.190	4.238	4.285	4.333
1.94	3.945	3.993	4.041	4.090	4.138	4.186	4.234	4.282	4.330	4.378
1.96	3.986	4.034	4.083	4.132	4.180	4.229	4.278	4.326	4.375	4.423
1.98	4.027	4.076	4.125	4.174	4.223	4.272	4.321	4.370	4.419	4.468
2.00	4.067	4.117	4.166	4.216	4.266	4.315	4.365	4.414	4.464	4.514
2.02	4.108	4.158	4.208	4.258	4.308	4.358	4.408	4 459	4.509	4.559
2.04	4.149	4.199	4.250	4.300	4.351	4.402	4.452	4.503	4.553	4.604
2.06	4.189	4.240	4.291	4.342	4.394	4.445	4.496	4.547	4.598	4.649
2.08	4.230	4.281	4.333	4.385	4.436	4.488	4.539	4.591	4.643	4.694
2.10	4.271	4.323	4.375	4.427	4.479	4.531	4.583	4.635	4.687	4.739
2.12	4.311	4.364	4.416	4.469	4.522	4.574	4.627	4.679	4.732	4.784
2.14	4.352	4.405	4.458	4.511	4.564	4.617	4.670	4.723	4.776	4.830
2.16	4.393	4.446	4.500	4.553	4.607	4.660	4.714	4.768	4.821	4.875
2.18	4.433	4.487	4.541	4.595	4.650	4.704	4.758	4.812	4.866	4.920
2.20	4.474	4.528	4.583	4.638	4.692	4.747	4.801	4.856	4.910	4.965
2.22	4.515	4.570	4.625	4.680	4.735	4.790	4.845	4.900	4.955	5.010
2.24	4.555	4.611	4.666	4.722	4.777	4.833	4.889	4.944	5.000	5.055
2.26	4.596	4.652	4.708	4.764	4.820	4.876	4.932	4.988	5.044	5.100
2.28	4.637	4.693	4.750	4.806	4.863	4.919	4.976	5.032	5.089	5.146
2.30	4.677	4.734	4.791	4.848	4.905	4.962	5.020	5.077	5.134	5.191
2.32	4.718	4.775	4.833	4.891	4.948	5.006	5.063	5.121	5.178	5.236
2.34	4.759	4.817	4.875	4.933	4.991	5.049	5.107	5.165	5.223	5.281
2.36	4.799	4.858	4.916	4.975	5.033	5.092	5.150	5.209	5.268	5.326
2.38	4.840	4.899	4.958	5.017	5.076	5.135	5.194	5.253	5.312	5.371
2.40	4.881	4.940	5.000	5.059	5.119	5.178	5.238	5.297	5.357	5.416
2.42	4.921	4.981	5.041	5.101	5.161	5.221	5.281	5.341	5.401	5.461
2.44	4.962	5.022	5.083	5.144	5.204	5.265	5.325	5.386	5.446	5.507
2.46	5.003	5 064	5.125	5.186	5.247	5.308	5.369	5.430	5.491	5.552
2.48	5.043	5.105	5.166	5.228	5.289	5.351	5.412	5.474	5.535	5.597
2.50	5.084	5.146	5.208	5.270	5.332	5.394	5.456	5.518	5.580	5.642
2.52	5.125	5.187	5.250	5.312	5.375	5.437	5.500	5.562	5.625	5.687
2.54	5.165	5.228	5.291	5.354	5.417	5.480	5.543	5.606	5.669	5.732
2.56	5.206	5.270	5.333	5.396	5.460	5.523	5.587	5.650	5.714	5.777
2.58	5.247	5.311	5.375	5.439	5.503	5.567	5.631	5.695	5.759	5.823
2.60	5.287	5.352	5.416	5.481	5.545	5.610	5.674	5.739	5.803	5.868
2.62	5.328	5.393	5.458	5.523	5.588	5.653	5.718	5.783	5.848	5.913
2.64	5.369	5.434	5.500	5.565	5.631	5.696	5.762	5.827	5.892	5.958
2.66	5.409	5.475	5.541	5.607	5.673	5.739	5.805	5.871	5.937	6.003
2.68	5.450	5.517	5.583	5.649	5.716	5.782	5.849	5.915	5.982	6.048
2.70	5.491	5.558	5.625	5.692	5.759	5.826	5.892	5.959	6.026	6.093
2.72	5.531	5.599	5.666	5.734	5.801	5.869	5.936	6.004	6.071	6.138
2.74	5.572	5.640	5.708	5.776	5.844	5.912	5.980	6.048	6.116	6.184
2.76	5.613	5.681	5.750	5.818	5.887	5.955	6.023	6.092	6.160	6.229
2.78	5.653	5.722	5.791	5.860	5.929	5.998	6.067	6.136	6.205	6.274
2.80	5.694	5.764	5.833	5.902	5.972	6.041	6.111	6.180	6.250	6.319
2.82	5.735	5.805	5.875	5.945	6.014	6.084	6.154	6.224	6.294	6.364
2.84	5.775	5.846	5.916	5.987	6.057	6.128	6.198	6.268	6.339	6.409
2.86	5.816	5.887	5.958	6.029	6.100	6.171	6.242	6.313	6.384	6.454
2.88	5.857	5.928	6.000	6.071	6.142	6.214	6.285	6.357	6.428	6.500
2.90	5.897	5.969	6.041	6.113	6.185	6.257	6.329	6.401	6.473	6.545
2.92	5.938	6.011	6.083	6.155	6.228	6.300	6.373	6.445	6.517	6.590
2.94	5.979	6.052	6.125	6.198	6.270	6.343	6.416	6.489	6.562	6.635
2.96	6.019	6.093	6.166	6.240	6.313	6.386	6.460	6.533	6.607	6.680
2.98	6.060	6.134	6.208	6.282	6.356	6.430	6.504	6.577	6.651	6.725
3.00	6.101	6.175	6.250	6.324	6.398	6.473	6.547	6.622	6.696	6.770
3.02	6.141	6.216	6.291	6.366	6.441	6.516	6.591	6.666	6.741	6.816

Maß (Dicke) 124 Centimeter (1,24 m) ist.
dimensions (depth) are 124 centimetres (1,24 m).
(l'épaisseur) est 124 centimètres (1,24 m).

Länge/Length Longueur	Breite — Breadth — Largeur 1.84	1.86	1.88	1.90	1.92	1.94	1.96	1.98	2.00	2.02
	Inhalt in Kubikmetern — Solid Contents — Cubage									
1.84	4.198									
1.86	4.244	4.290								
1.88	4.289	4.336	4.383							
1.90	4.335	4.382	4.429	4.476						
1.92	4.381	4.428	4.476	4.524	4.571					
1.94	4.426	4.474	4.523	4.571	4.619	4.667				
1.96	4.472	4.521	4.569	4.618	4.666	4.715	4.764			
1.98	4.518	4.567	4.616	4.665	4.714	4.763	4.812	4.861		
2:00	4.563	4.613	4.662	4.712	4.762	4.811	4.861	4.910	4.960	
2.02	4.609	4.659	4.709	4:759	4.809	4.859	4.909	4.960	5.010	5.060
2.04	4.654	4.705	4.756	4.806	4.857	4.907	4.958	5.009	5.059	5.110
2.06	4.700	4.751	4.802	4.853	4.904	4.956	5.007	5.058	5.109	5.160
2.08	4.746	4.797	4.849	4.900	4.952	5.004	5.055	5.107	5.158	5.210
2.10	4.791	4.843	4.896	4.948	5.000	5.052	5.104	5.156	5.208	5.260
2.12	4.837	4.890	4.942	4.995	5.047	5.100	5.152	5.205	5.258	5.310
2.14	4.883	4.936	4.989	5.042	5.095	5.148	5.201	5.254	5.307	5.360
2.16	4.928	4.982	5.035	5.089	5.143	5.196	5.250	5.303	5.357	5.410
2.18	4.974	5.028	5.082	5.136	5.190	5.244	5.298	5.352	5.406	5.460
2.20	5.020	5.074	5.129	5.183	5.238	5.292	5.347	5.401	5.456	5.511
2.22	5.065	5.120	5.175	5.230	5.285	5.340	5.395	5.451	5.506	5.561
2.24	5.111	5.166	5.222	5.277	5.333	5.389	5.444	5.500	5.555	5.611
2.26	5.156	5.212	5.269	5.325	5.381	5.437	5.493	5.549	5.605	5.661
2.28	5.202	5.259	5.315	5.372	5.428	5.485	5.541	5.598	5.654	5.711
2.30	5.248	5.305	5.362	5.419	5.476	5.533	5.590	5.647	5.704	5.761
2.32	5.293	5.351	5.408	5.466	5.523	5.581	5.639	5.696	5.754	5.811
2.34	5.339	5.397	5.455	5.513	5.571	5.629	5.687	5.745	5.803	5.861
2.36	5.385	5.443	5.502	5.560	5.619	5.677	5.736	5.794	5.853	5.911
2.38	5.430	5.489	5.548	5.607	5.666	5.725	5.784	5.843	5.902	5.961
2.40	5.476	5.535	5.595	5.654	5.714	5.773	5.833	5.892	5.952	6.012
2.42	5.521	5.581	5.642	5.702	5.762	5.822	5.882	5.942	6.002	6.062
2.44	5.567	5.628	5.688	5.749	5.809	5.870	5.930	5.991	6.051	6.112
2.46	5.613	5.674	5.735	5.796	5.857	5.918	5.979	6.040	6.101	6.162
2.48	5.658	5.720	5.781	5.843	5.904	5.966	6.027	6.089	6.150	6.212
2.50	5.704	5.766	5.828	5.890	5.952	6.014	6.076	6.138	6.200	6.262
2.52	5.750	5.812	5.875	5.937	6.000	6.062	6.125	6.187	6.250	6.312
2.54	5.795	5.858	5.921	5.984	6.047	6.110	6.173	6.236	6.299	6.362
2.56	5.841	5.904	5.968	6.031	6.095	6.158	6.222	6.285	6.349	6.412
2.58	5.887	5.951	6.014	6.078	6.142	6.206	6.270	6.334	6.398	6.462
2.60	5.932	5.997	6.061	6.126	6.190	6.255	6.319	6.384	6.448	6.512
2.62	5.978	6.043	6.108	6.173	6.238	6.303	6.368	6.433	6.498	6.563
2.64	6.023	6.089	6.154	6.220	6.285	6.351	6.416	6.482	6.547	6.613
2.66	6.069	6.135	6.201	6.267	6.333	6.399	6.465	6.531	6.597	6.663
2.68	6.115	6.181	6.248	6.314	6.381	6.447	6.513	6.580	6.646	6.713
2.70	6.160	6.227	6.294	6.361	6.428	6.495	6.562	6.629	6.696	6.763
2.72	6.206	6.273	6.341	6.408	6.476	6.543	6.611	6.678	6.746	6.813
2.74	6.252	6.320	6.387	6.455	6.523	6.591	6.659	6.727	6.795	6.863
2.76	6.297	6.366	6.434	6.503	6.571	6.639	6.708	6.776	6.845	6.913
2.78	6.343	6.412	6.481	6.550	6.619	6.688	6.757	6.825	6.894	6.963
2.80	6.388	6.458	6.527	6.597	6.666	6.736	6.805	6.875	6.944	7.013
2.82	6.434	6.504	6.574	6.644	6.714	6.784	6.854	6.924	6.994	7.064
2.84	6.480	6.550	6.621	6.691	6.761	6.832	6 902	6.973	7.043	7.114
2.86	6.525	6.596	6.667	6.738	6.809	6.880	6.951	7.022	7.093	7.164
2.88	6.571	6.642	6.714	6.785	6.857	6.928	7.000	7.071	7.142	7.214
2.90	6.617	6.689	6.760	6.832	6.904	6.976	7.048	7.120	7.192	7.264
2.92	6.662	6.735	6.807	6.880	6.952	7.024	7.097	7.169	7.242	7.314
2.94	6.708	6.781	6.854	6.927	7.000	7.072	7.145	7.218	7.291	7.364
2.96	6.754	6.827	6.900	6.974	7.047	7.121	7.194	7.267	7.341	7.414
2.98	6.799	6.873	6.947	7.021	7.095	7.169	7.243	7.316	7.390	7.464
3.00	6.845	6.919	6.994	7.068	7.142	7.217	7.291	7.366	7.440	7.514
3.02	6.890	6.965	7.040	7.115	7.190	7.265	7.340	7.415	7.490	7.564

Kubik-Inhalt der Kolli, deren kleinstes
Solid contents of packages, whose least
Cubage des colis, dont la plus petite dimension

Länge/Length Longueur	Breite — Breadth — Largeur 1.26	1.28	1.30	1.32	1.34	1.36	1.38	1.40	1.42	1.44
	Inhalt in Kubikmetern — Solid Contents — Cubage									
1.26	2.000									
1.28	2.032	2.064								
1.30	2.064	2.097	2.129							
1.32	2,096	2.129	2.162	2.195						
1.34	2.127	2.161	2.195	2.229	2.262					
1.36	2.159	2.193	2.228	2.262	2.296	2.330				
1.38	2.191	2.226	2.260	2.295	2.330	2.365	2.400			
1.40	2.223	2.258	2.293	2.328	2.364	2.399	2.434	2.470		
1.42	2.254	2.290	2.326	2.362	2.398	2.433	2.469	2.505	2.541	
1.44	2.286	2.322	2.359	2.395	2.431	2.468	2.504	2.540	2.576	2.612
1.46	2.318	2.355	2.391	2.428	2.465	2.502	2.539	2.575	2.612	2.649
1.48	2.350	2.387	2.424	2.462	2.499	2.536	2.573	2.611	2.648	2.685
1.50	2.381	2.419	2.457	2.495	2.533	2.570	2.608	2.646	2.684	2.723
1.52	2.413	2.451	2.490	2.528	2.566	2.605	2.643	2.681	2.720	2.758
1.54	2.445	2.484	2.523	2.561	2.600	2.639	2.678	2.717	2.755	2.794
1.56	2.477	2.516	2.555	2.595	2.634	2.673	2.713	2.752	2.791	2.830
1.58	2.508	2.548	2.588	2.628	2.668	2.707	2.747	2.787	2.827	2.867
1.60	2.540	2.580	2.621	2.661	2.701	2.742	2.782	2.822	2.863	2.903
1.62	2.572	2.613	2.654	2.694	2.735	2.776	2.817	2.858	2.899	2.939
1.64	2.604	2.645	2.686	2.728	2.769	2.810	2.852	2.893	2.934	2.976
1.66	2.635	2.677	2.719	2.761	2.803	2.845	2.886	2.928	2.970	3.012
1.68	2.667	2.710	2.752	2.794	2.837	2.879	2.921	2.964	3.006	3.048
1.70	2.699	2.742	2.785	2.827	2.870	2.913	2.956	2.999	3.[illegible]	3.084
1.72	2.731	2.774	2.817	2.861	2.904	2.947	2.991	3.034	3.077	3.121
1.74	2.762	2.806	2.850	2.894	2.938	2.982	3.026	3.069	3.113	3.157
1.76	2.794	2.839	2.883	2.927	2.972	3.016	3.060	3.105	3.149	3.193
1.78	2.826	2.871	2.916	2.960	3.005	3.050	3.095	3.140	3.185	3.230
1.80	2.858	2.903	2.948	2.994	3.039	3.084	3.130	3.175	3.221	3.266
1.82	2.889	2.935	2.981	3.027	3.073	3.119	3.165	3.210	3.256	3.302
1.84	2.921	2.968	3.014	3.060	3.107	3.153	3.199	3.246	3.292	3.338
1.86	2.953	3.000	3.047	3.094	3.140	3 187	3.234	3.281	3.328	3.375
1.88	2.985	3.032	3.079	3.127	3.174	3.222	3.269	3.316	3.364	3.411
1.90	3.016	3.064	3.112	3.160	3.208	3.256	3.304	3.352	3.399	3.447
1.92	3.048	3.097	3.145	3.193	3.242	3.290	3.338	3.387	3.435	3.484
1.94	3.080	3.129	3.178	3.227	3.275	3.324	3.373	3.422	3.471	3.520
1.96	3.112	3.161	3.210	3.260	3.309	3.359	3.408	3.457	3.507	3.556
1.98	3.143	3.193	3.243	3.293	3.343	3.393	3.443	3.493	3.543	3.593
2.00	3.175	3.226	3.276	3.326	3.377	3.427	3.478	3.528	3.578	3.629
2.02	3.207	3.258	3.309	3.360	3.411	3.461	3.512	3.563	3.614	3.665
2.04	3.239	3.290	3.342	3.393	3.444	3.496	3.547	3.599	3.650	3.701
2.06	3.270	3.322	3.374	3.426	3.478	3.530	3.582	3.634	3.686	3.738
2.08	3.302	3.355	3.407	3.459	3.512	3.564	3.617	3.669	3.722	3.774
2.10	3.334	3.387	3.440	3.493	3.546	3.599	3.651	3.704	3.757	3.810
2.12	3.366	3.419	3.473	3.526	3.579	3.633	3.686	3.740	3.793	3.847
2.14	3.397	3.451	3.505	3.559	3.613	3.667	3.721	3.775	3.829	3.883
2.16	3.429	3.484	3.538	3.593	3.647	3.701	3.756	3.810	3.865	3.919
2.18	3.461	3.516	3.571	3.626	3.681	3.736	3.791	3.846	3.900	3.955
2.20	3.493	3.548	3.604	3.659	3.714	3.770	3.825	3.881	3.936	3.992
2.22	3.524	3.580	3.636	3.692	3.748	3.804	3.860	3.916	3.972	4.028
2.24	3.556	3.613	3.669	3.726	3.782	3.838	3.895	3.951	4.008	4.064
2.26	3.588	3.645	3.702	3.759	3.816	3.873	3.930	3.987	4.044	4.101
2.28	3.620	3.677	3.735	3.792	3.850	3.907	3.964	4.022	4.079	4.137
2.30	3.651	3.709	3.767	3.825	3.883	3.941	3.999	4.057	4.115	4.173
2.32	3.683	3.742	3.800	3.859	3.917	3.976	4.034	4.092	4.151	4.209
2.34	3.715	3.774	3.833	3.892	3.951	4.010	4.069	4.128	4.187	4.246
2.36	3.747	3.806	3.866	3.925	3.985	4.044	4.104	4.163	4.223	4.282
2.38	3.778	3.838	3.898	3.958	4.018	4.078	4.138	4.198	4.258	4.318
2.40	3.810	3.871	3.931	3.992	4.052	4.113	4.173	4.234	4.294	4.355
2.42	3.842	3.903	3.964	4.023	4.086	4.147	4.208	4.269	4.330	4.391
2.44	3.874	3.935	3.997	4.058	4.120	4.181	4.243	4.304	4.366	4.427
2.46	3.905	3.967	4.029	4.091	4.153	4.215	4.277	4.339	4.401	4.463
2.48	3.937	4.000	4.062	4.125	4.187	4.250	4.312	4.375	4.437	4.500
2.50	3.969	4.032	4.095	4.158	4.221	4.284	4.347	4.410	4.473	4.536
2.52	4.001	4.064	4.128	4.191	4.255	4.318	4.382	4.445	4.509	4.572
2.54	4.033	4.097	4.161	4.225	4.289	4.353	4.417	4.481	4.545	4.609
2.56	4.064	4.129	4.193	4.258	4.322	4.387	4.451	4.516	4.580	4.645
2.58	4.096	4.161	4.226	4.291	4.356	4.421	4.486	4.551	4.616	4.681
2.60	4.128	4.193	4.259	4.324	4.390	4.455	4.521	4.586	4.652	4.717
2.62	4.160	4.226	4.292	4.358	4.424	4.490	4.556	4.622	4.688	4.754
2.64	4.191	4.258	4.324	4.391	4.457	4.524	4.590	4.657	4.723	4.790

Maß (Dicke) 126 Centimeter (1,26 m) ist.
dimensions (depth) are 126 centimetres (1,26 m).
(l'épaisseur) est 126 centimètres (1,26 m).

Länge/Length Longueur	Breite — Breadth — Largeur									
	1.46	1.48	1.50	1.52	1.54	1.56	1.58	1.60	1.62	1.64
	Inhalt in Kubikmetern — Solid Contents — Cubage									
1.46	2.686									
1.48	2.723	2.760								
1.50	2.759	2.797	2.835							
1.52	2.796	2.834	2.873	2.911						
1.54	2.833	2.872	2.911	2.949	2.988					
1.56	2.870	2.909	2.948	2.988	3.027	3.066				
1.58	2.907	2.946	2.986	3.026	3.066	3.106	3.145			
1.60	2.943	2.984	3.024	3.064	3.105	3.145	3.185	3.226		
1.62	2.980	3.021	3.062	3.103	3.143	3 184	3.225	3.266	3.307	
1.64	3.017	3.058	3.100	3.141	3.182	3.224	3.265	3.306	3.348	3.389
1.66	3.054	3.096	3.137	3.179	3.221	3.263	3.305	3.347	3.388	3.430
1.68	3.091	3.133	3.175	3.218	3.260	3.302	3.345	3.387	3.429	3.472
1.70	3.127	3.170	3.213	3.256	3.299	3.342	3.384	3.427	3.470	3.513
1.72	3.164	3.207	3.251	3.294	3.337	3.381	3.424	3.468	3.511	3.554
1.74	3.201	3.245	3.289	3.332	3.376	3.420	3.464	3.508	3.552	3.596
1.76	3.238	3.282	3.326	3.371	3.415	3.459	3.504	3.548	3.593	3.637
1.78	3.274	3.319	3.364	3.409	3.454	3.499	3.544	3.588	3.633	3.678
1.80	3.311	3.357	3.402	3.447	3.493	3.538	3.583	3.629	3.674	3.720
1.82	3.348	3.394	3.440	3.486	3.532	3.577	3.623	3.669	3.715	3.761
1.84	3.385	3.431	3.478	3.524	3.570	3.617	3.663	3.709	3.756	3.802
1.86	3.422	3.469	3.515	3.562	3.609	3.656	3.703	3.750	3.797	3.844
1.88	3.458	3.506	3.553	3.601	3.648	3.695	3.743	3.790	3.837	3.885
1.90	3.495	3.543	3.591	3.639	3.687	3.735	3.783	3.830	3.878	3.926
1.92	3.532	3.580	3.629	3.677	3.726	3.774	3.822	3.871	3.919	3.967
1.94	3.569	3.618	3.667	3.715	3.764	3.813	3.862	3.911	3.960	4.009
1.96	3.606	3.655	3.704	3.754	3.803	3.853	3.902	3.951	4.000	4.050
1.98	3.642	3.692	3.742	3.792	3.842	3.892	3.942	3.992	4.041	4.091
2.00	3.679	3.730	3.780	3.830	3.881	3.931	3.982	4.032	4.082	4.133
2.02	3.716	3.767	3.818	3.869	3.920	3.971	4.021	4.072	4.123	4.174
2.04	3.753	3.804	3.856	3.907	3.958	4.010	4.061	4.113	4.164	4.215
2.06	3.790	3.841	3.893	3.945	3.997	4.049	4.101	4.153	4.205	4.257
2.08	3.826	3.879	3.931	3.984	4.036	4.088	4.141	4.193	4.246	4.298
2.10	3.863	3.916	3.969	4.022	4.075	4.128	4.181	4.234	4.287	4.339
2.12	3.900	3.953	4.007	4.060	4.114	4.167	4.220	4.274	4.327	4.381
2.14	3.937	3.991	4.045	4.099	4.152	4.206	4.260	4.314	4.368	4.422
2.16	3.974	4.028	4.082	4.137	4.191	4.246	4.300	4.355	4.409	4.463
2.18	4.010	4.065	4.120	4.175	4.230	4.285	4.340	4.395	4.450	4.505
2.20	4.047	4.103	4.158	4.213	4.269	4.324	4.380	4.435	4.491	4.546
2.22	4.084	4.140	4.196	4.252	4.308	4.364	4.420	4.476	4.531	4.587
2.24	4.121	4.177	4.234	4.290	4.346	4.403	4.459	4.516	4.572	4.629
2.26	4.157	4.214	4.271	4.328	4.385	4.442	4.490	4.556	4.613	4.670
2.28	4.194	4.252	4.309	4.367	4.424	4.482	4.539	4.596	4.654	4.711
2.30	4.231	4.289	4.347	4.405	4.463	4.521	4.579	4.637	4.695	4.753
2.32	4.268	4.326	4.385	4.443	4.502	4.560	4.619	4.677	4.736	4.794
2.34	4.305	4.364	4.423	4.482	4.541	4.600	4.658	4.717	4.776	4.835
2.36	4.341	4.401	4.460	4.520	4.579	4.639	4.698	4.758	4.817	4.877
2.38	4.378	4.438	4.498	4.558	4.618	4.678	4.738	4.798	4.858	4.918
2.40	4.415	4.476	4.536	4.596	4.657	4.717	4.778	4.838	4.899	4.959
2.42	4.452	4.513	4.574	4.635	4.696	4.757	4.818	4.879	4.940	5.001
2.44	4.489	4.550	4.612	4.673	4.735	4.796	4.858	4.919	4.981	5.042
2.46	4.525	4.587	4.649	4.711	4.773	4.835	4.897	4.959	5.021	5.083
2.48	4.562	4.625	4.687	4.750	4.812	4.875	4.937	5.000	5.062	5.125
2.50	4.599	4.662	4.725	4.788	4.851	4.914	4.977	5.040	5.103	5.166
2.52	4.636	4.699	4.763	4.826	4.890	4.953	5.017	5.080	5.144	5.207
2.54	4.673	4.737	4.801	4.865	4.929	4.993	5.057	5.121	5.185	5.249
2.56	4.709	4.774	4.838	4.903	4.967	5.032	5.096	5.161	5.225	5.290
2.58	4.746	4.811	4.876	4.941	5.006	5.071	5.136	5.201	5.266	5.331
2.60	4.783	4.848	4.914	4.980	5.045	5.111	5.176	5.242	5.307	5.373
2.62	4.820	4.886	4.952	5.018	5.084	5.150	5.216	5.282	5.348	5.414
2.64	4.857	4.923	4.990	5.056	5.123	5.189	5.256	5.322	5.389	5.455

Kubik-Inhalt der Kolli, deren kleinstes
Solid contents of packages, whose least
Cubage des colis, dont la plus petite dimension

Länge/Length Longueur	Breite — Breadth — Largeur 1.66	1.68	1.70	1.72	1.74	1.76	1.78	1.80	1.82	1.84
	Inhalt in Kubikmetern — Solid Contents — Cubage									
1.66	3.472									
1.68	3.514	3.556								
1.70	3.556	3.599	3.641							
1.72	3.598	3.641	3.684	3.728						
1.74	3.639	3.683	3.727	3.771	3.815					
1.76	3.681	3.726	3.770	3.814	3.859	3.903				
1.78	3.723	3.768	3.813	3.858	3.902	3.947	3.992			
1.80	3.765	3.810	3.856	3.901	3.946	3.992	4.037	4.082		
1.82	3.807	3.853	3.898	3.944	3.990	4.036	4.082	4.128	4.174	
1.84	3.849	3.895	3.941	3.988	4.034	4.080	4.127	4.173	4.219	4.266
1.86	3.890	3.937	3.984	4.031	4.078	4.125	4.172	4.218	4.265	4.312
1.88	3.932	3.980	4.027	4.074	4.122	4.169	4.216	4.264	4.311	4.359
1.90	3.974	4.022	4.070	4.118	4.166	4.213	4.261	4.309	4.357	4.405
1.92	4.016	4.064	4.113	4.161	4.209	4.258	4.306	4.355	4.403	4.451
1.94	4.058	4.107	4.155	4.204	4.253	4.302	4.351	4.400	4.449	4.498
1.96	4.100	4.149	4.198	4.248	4.297	4.346	4.396	4.445	4.495	4.544
1.98	4.141	4.191	4.241	4.291	4.341	4.391	4.441	4.491	4.541	4.590
2.00	4.183	4.234	4.284	4.334	4.385	4.435	4.486	4.536	4.586	4.637
2.02	4.225	4.276	4.327	4.378	4.429	4 480	4.530	4.581	4.632	4.683
2.04	4.267	4.318	4.370	4.421	4.472	4.524	4.575	4.627	4.678	4.730
2.06	4.309	4.361	4.413	4.464	4.516	4.568	4.620	4.672	4.724	4.776
2.08	4.351	4.403	4.455	4.508	4.560	4.613	4.665	4.717	4.770	4.822
2.10	4.392	4.445	4.498	4.551	4.604	4.657	4.710	4.763	4.816	4.869
2.12	4.434	4.488	4.541	4.594	4.648	4.701	4.755	4.808	4.862	4.915
2.14	4.476	4.530	4.584	4.638	4.692	4.746	4.800	4.854	4.907	4.961
2.16	4.518	4.572	4.627	4.681	4.736	4.790	4.844	4.899	4.953	5.008
2.18	4.560	4.615	4.670	4.724	4.779	4.834	4.889	4.944	4.999	5.054
2.20	4.602	4.657	4.712	4.768	4.823	4.879	4.934	4.990	5.045	5.100
2.22	4.643	4.699	4.755	4.811	4.867	4.923	4.979	5.035	5.091	5.147
2.24	4.685	4.742	4.798	4.855	4.911	4.967	5.024	5.080	5.137	5.193
2.26	4.727	4.784	4.841	4.898	4.955	5.012	5.069	5.126	5.183	5.240
2.28	4.769	4.826	4.884	4.941	4.999	5.056	5.114	5.171	5.228	5.286
2.30	4.811	4.869	4.927	4.985	5.043	5.100	5.158	5.216	5.274	5.332
2.32	4.853	4.911	4.969	5.028	5.086	5.145	5.203	5.262	5.320	5.379
2.34	4.894	4.953	5.012	5.071	5.130	5.189	5.248	5.307	5.366	5.425
2.36	4.936	4.996	5.055	5.115	5.174	5.234	5.293	5.352	5.412	5.471
2.38	4.978	5.038	5.098	5.158	5.218	5.278	5.338	5.398	5.458	5.518
2.40	5.020	5.080	5.141	5.201	5.262	5.322	5.383	5.443	5.504	5.564
2.42	5.062	5.123	5.184	5.245	5.306	5.367	5.428	5.489	5.550	5.611
2.44	5.104	5.165	5.226	5.288	5 349	5.411	5.472	5.534	5.595	5.657
2.46	5.145	5.207	5.269	5.331	5.393	5.455	5.517	5.579	5.641	5.703
2.48	5.187	5.250	5.312	5.375	5.437	5.500	5.562	5.625	5.687	5.750
2.50	5.229	5.292	5.355	5.418	5.481	5.544	5.607	5.670	5.733	5.796
2.52	5.271	5.334	5.398	5.461	5.525	5.588	5.652	5.715	5.779	5.842
2.54	5.313	5.377	5.441	5.505	5.569	5.633	5.697	5.761	5.825	5.889
2.56	5.354	5.419	5.484	5.548	5.613	5.677	5.742	5.806	5.871	5.935
2.58	5.396	5.461	5.526	5.591	5.656	5.721	5.786	5.851	5.916	5.981
2.60	5.438	5.504	5.569	5.635	5.700	5.766	5.831	5.897	5.962	6.028
2.62	5.480	5.546	5.612	5.678	5.744	5.810	5.876	5.942	6.008	6.074
2.64	5.522	5.588	5.655	5.721	5.788	5.854	5.921	5.988	6.054	6.121
2.66	5.564	5.631	5.698	5.765	5.832	5.899	5.966	6.033	6.100	6.167
2.68	5.605	5.673	5.741	5.808	5.876	5.943	6.011	6.078	6.146	6.213
2.70	5.647	5.715	5.783	5.851	5.919	5.988	6.056	6.124	6.192	6.260
2.72	5.689	5.758	5.826	5.895	5.963	6.032	6.100	6.169	6.238	6.306
2.74	5.731	5.800	5.869	5.938	6.007	6.076	6.145	6.214	6.283	6.352
2.76	5.773	5.842	5.912	5.981	6.051	6.121	6.190	6.260	6.329	6.399
2.78	5.815	5.885	5.955	6.025	6.095	6.165	6.235	6.305	6.375	6.445
2.80	5.856	5.927	5.998	6.068	6.139	6.209	6.280	6.350	6.421	6.492
2.82	5.898	5.969	6.040	6.112	6.183	6.254	6.325	6.396	6.467	6.538
2.84	5.940	6.012	6.083	6.155	6.226	6.298	6.370	6.441	6.513	6.584
2.86	5.982	6.054	6.126	6.198	6.270	6.342	6.414	6.486	6.559	6.631
2.88	6.024	6.096	6.169	6.242	6.314	6.387	6.459	6.532	6.604	6.677
2.90	6.066	6.139	6.212	6.285	6.358	6.431	6.504	6.577	6.650	6.723
2.92	6.107	6.181	6.255	6.328	6.402	6.475	6.549	6.623	6.696	6.770
2.94	6.149	6.223	6.297	6.372	6.446	6.520	6.594	6.668	6.742	6.816
2.96	6.191	6.266	6.340	6.415	6.490	6.564	6.639	6.713	6.788	6.862
2.98	6.233	6.308	6.383	6.458	6.533	6.608	6.684	6.759	6.834	6.909
3.00	6.275	6.350	6.426	6.502	6.577	6.653	6.728	6.804	6.880	6.955
3 02	6.317	6.393	6.469	6.545	6.621	6.697	6.773	6.849	6.925	7.002
3.04	6.358	6.435	6.512	6.588	6.665	6.742	6.818	6.895	6.971	7.048

Maß (Dicke) 126 Centimeter (1,26 m) ist.
dimensions (depth) are 126 centimetres (1,26 m).
(l'épaisseur) est 126 centimètres (1,26 m).

Länge/Length Longueur	Breite — Breadth — Largeur									
	1.86	1.88	1.90	1.92	1.94	1.96	1.98	2.00	2.02	2.04
	Inhalt in Kubikmetern — Solid Contents — Cubage									
1.86	4.359									
1.88	4.406	4.453								
1.90	4.453	4.501	4.549							
1.92	4.500	4.548	4.596	4.645						
1.94	4.547	4.595	4.644	4.693	4.742					
1.96	4.593	4.643	4.692	4.742	4.791	4.840				
1.98	4.640	4.690	4.740	4.790	4.840	4.890	4.940			
2.00	4.687	4.738	4.788	4.838	4.889	4.939	4.990	5.040		
2.02	4.734	4.785	4.836	4.887	4.938	4.989	5.039	5.090	5.141	
2.04	4.781	4.832	4.884	4.935	4.987	5.038	5.089	5.141	5.192	5.244
2.06	4.828	4.880	4.932	4.984	5.035	5.087	5.139	5.191	5.243	5.295
2.08	4.875	4.927	4.980	5.032	5.084	5.137	5.189	5.242	5.294	5.346
2.10	4.922	4.974	5.027	5.080	5.133	5.186	5.239	5.292	5.345	5.398
2.12	4.968	5.022	5.075	5.129	5.182	5.236	5.289	5.342	5.396	5.449
2.14	5.015	5.069	5.123	5.177	5.231	5.285	5.339	5.393	5.447	5.501
2.16	5.062	5.117	5.171	5.225	5.280	5.334	5.389	5.443	5.498	5.552
2.18	5.109	5.164	5.219	5.274	5.329	5.384	5.439	5.494	5.549	5.603
2.20	5.156	5.211	5.267	5.322	5.378	5.433	5.489	5.544	5.599	5.655
2.22	5.203	5.259	5.315	5.371	5.427	5.483	5.538	5.594	5.650	5.706
2.24	5.250	5.306	5.363	5.419	5.475	5.532	5.588	5.645	5.701	5.758
2.26	5.297	5.353	5.410	5.467	5.524	5.581	5.638	5.695	5.752	5.809
2.28	5.343	5.401	5.458	5.516	5.573	5.631	5.688	5.746	5.803	5.861
2.30	5.390	5.448	5.506	5.564	5.622	5.680	5.738	5.796	5.854	5.912
2.32	5.437	5.496	5.554	5.613	5.671	5.729	5.788	5.846	5.905	5.963
2.34	5.484	5.543	5.602	5.661	5.720	5.779	5.838	5.897	5.956	6.015
2.36	5.531	5.590	5.650	5.709	5.769	5.828	5.888	5.947	6.007	6.066
2.38	5.578	5.638	5.698	5.758	5.818	5.878	5.938	5.998	6.058	6.118
2.40	5.625	5.685	5.746	5.806	5.867	5.927	5.988	6.048	6.108	6.169
2.42	5.672	5.732	5.793	5.854	5.915	5.976	6.037	6.098	6.159	6.220
2.44	5.718	5.780	5.841	5.903	5.964	6.026	6.087	6.149	6.210	6.272
2.46	5.765	5.827	5.889	5.951	6.013	6.075	6.137	6.199	6.261	6.323
2.48	5.812	5.875	5.937	6.000	6.062	6.125	6.187	6.250	6.312	6.375
2.50	5.859	5.922	5.985	6.048	6.111	6.174	6.237	6.300	6.363	6.426
2.52	5.906	5.969	6.033	6.096	6.160	6.223	6.287	6.350	6.414	6.477
2.54	5.953	6.017	6.081	6.145	6.209	6.273	6.337	6.401	6.465	6.529
2.56	6.000	6.064	6.128	6.193	6.258	6.322	6.387	6.451	6.516	6.580
2.58	6.046	6.111	6.176	6.242	6.307	6.372	6.437	6.502	6.567	6.632
2.60	6.093	6.159	6.224	6.290	6.355	6.421	6.486	6.552	6.618	6.683
2.62	6.140	6.206	6.272	6.338	6.404	6.470	6.536	6.602	6.668	6.734
2.64	6.187	6.254	6.320	6.387	6.453	6.520	6.586	6.653	6.719	6.786
2.66	6.234	6.301	6.368	6.435	6.502	6.569	6.636	6.703	6.770	6.837
2.68	6.281	6.348	6.416	6.483	6.551	6.619	6.686	6.754	6.821	6.889
2.70	6.328	6.396	6.464	6.532	6.600	6.668	6.736	6.804	6.872	6.940
2.72	6.375	6.443	6.512	6.580	6.649	6.717	6.786	6.854	6.923	6.991
2.74	6.421	6.491	6.560	6.629	6.698	6.767	6.836	6.905	6.974	7.043
2.76	6.468	6.538	6.607	6.677	6.747	6.816	6.886	6.955	7.025	7.094
2.78	6.515	6.585	6.655	6.725	6.795	6.865	6.936	7.006	7.076	7.146
2.80	6.562	6.633	6.703	6.774	6.844	6.915	6.985	7.056	7.127	7.197
2.82	6.609	6.680	6.751	6.822	6.893	6.964	7.035	7.106	7.177	7.249
2.84	6.656	6.727	6.799	6.871	6.942	7.014	7.085	7.157	7.228	7.300
2.86	6.703	6.775	6.847	6.919	6.991	7.063	7.135	7.207	7.279	7.351
2.88	6.750	6.822	6.895	6.967	7.040	7.112	7.185	7.258	7.330	7.403
2.90	6.796	6.870	6.943	7.016	7.089	7.162	7.235	7.308	7.381	7.454
2.92	6.843	6.917	6.990	7.064	7.138	7.211	7.285	7.358	7.432	7.506
2.94	6.890	6.964	7.038	7.112	7.187	7.261	7.335	7.409	7.483	7.557
2.96	6.937	7.012	7.086	7.161	7.235	7.310	7.385	7.459	7.534	7.608
2.98	6.984	7.059	7.134	7.209	7.284	7.359	7.435	7.510	7.585	7.660
3.00	7.031	7.106	7.182	7.258	7.333	7.409	7.484	7.560	7.636	7.711
3.02	7.078	7.154	7.230	7.306	7.382	7.458	7.534	7.610	7.687	7.763
3.04	7.125	7.201	7.278	7.354	7.431	7.508	7.584	7.661	7.737	7.814

Kubik-Inhalt der Kolli, deren kleinstes
Solid contents of packages, whose least
Cubage des colis, dont la plus petite dimension

Länge/Length Longueur	Breite — Breadth — Largeur 1.28	1.30	1.32	1.34	1.36	1.38	1.40	1.42	1.44	1.46
	Inhalt in Kubikmetern — Solid Contents — Cubage									
1.28	2.097									
1.30	2.130	2.163								
1.32	2.163	2.196	2.230							
1.34	2.195	2.230	2.264	2.298						
1.36	2.228	2.263	2.298	2.333	2.367					
1.38	2.261	2.296	2.332	2.367	2.402	2.438				
1.40	2.294	2.330	2.365	2.401	2.437	2.473	2.509			
1.42	2.327	2.363	2.399	2.436	2.472	2.508	2.545	2.581		
1.44	2.359	2.396	2.433	2.470	2.507	2.544	2.580	2.617	2.654	
1.46	2.392	2.429	2.467	2.504	2.542	2.579	2.616	2.654	2.691	2.728
1.48	2.425	2.463	2.501	2.538	2.576	2.614	2.652	2.690	2.728	2.766
1.50	2.458	2.496	2.534	2.573	2.611	2.650	2.688	2.726	2.765	2.803
1.52	2.490	2.529	2.568	2.607	2.646	2.685	2.724	2.763	2.802	2.841
1.54	2.523	2.563	2.602	2.641	2.681	2.720	2.760	2.799	2.839	2.878
1.56	2.556	2.596	2.636	2.676	2.716	2.756	2.796	2.835	2.875	2.915
1.58	2.589	2.629	2.670	2.710	2.750	2.791	2.831	2.872	2.912	2.953
1.60	2.621	2.662	2.703	2.744	2.785	2.826	2.867	2.908	2.949	2.990
1.62	2.654	2.696	2.737	2.779	2.820	2.862	2.903	2.945	2.986	3.027
1.64	2.687	2.729	2.771	2.813	2.855	2.897	2.939	2.981	3.023	3.065
1.66	2.720	2.762	2.805	2.847	2.890	2.932	2.975	3.017	3.060	3.102
1.68	2.753	2.796	2.839	2.882	2.925	2.968	3.011	3.054	3.097	3.139
1.70	2.785	2.829	2.872	2.916	2.959	3.003	3.046	3.090	3.133	3.177
1.72	2.818	2.862	2.906	2.950	2.994	3.038	3.082	3.126	3.170	3.214
1.74	2.851	2.895	2.940	2.984	3.029	3.074	3.118	3.163	3.207	3.252
1.76	2.884	2.929	2.974	3.019	3.064	3.109	3.154	3.199	3.244	3.289
1.78	2.916	2.962	3.007	3.053	3.099	3.144	3.190	3.235	3.281	3.326
1.80	2.949	2.995	3.041	3.087	3.133	3.180	3.226	3.272	3.318	3.364
1.82	2.982	3.028	3.075	3.122	3.168	3.215	3.261	3.308	3.355	3.401
1.84	3.015	3.062	3.109	3.156	3.203	3.250	3.297	3 344	3.391	3.438
1.86	3.047	3.095	3.143	3.190	3.238	3.286	3.333	3.381	3.428	3.476
1.88	3.080	3.128	3.176	3.225	3.273	3.321	3.369	3.417	3.465	3.513
1.90	3.113	3.162	3.210	3.259	3.308	3.356	3.405	3.453	3.502	3.551
1.92	3.146	3.195	3.244	3.293	3.342	3.391	3.441	3.490	3.539	3.588
1.94	3.178	3.228	3.278	3.327	3.377	3.427	3.476	3.526	3.576	3.625
1.96	3.211	3.261	3.312	3.362	3.412	3.462	3.512	3.562	3.613	3.663
1.98	3.244	3.295	3.345	3.396	3.447	3.497	3.548	3.599	3.650	3.700
2.00	3.277	3.328	3.379	3.430	3.482	3.533	3.584	3.635	3.686	3.738
2.02	3.310	3.361	3.413	3.465	3.517	3.568	3.620	3.672	3.723	3.775
2.04	3.342	3.395	3.447	3.499	3.551	3.603	3.656	3.708	3.760	3.812
2.06	3.375	3.428	3.481	3.533	3.586	3.639	3.692	3.744	3.797	3.850
2.08	3.408	3.461	3.514	3.568	3.621	3.674	3.727	3.781	3.834	3.887
2.10	3.441	3.494	3.548	3.602	3.656	3.709	3.763	3.817	3.871	3.924
2.12	3.473	3.528	3.582	3.636	3.690	3.745	3.799	3.853	3.908	3.962
2.14	3.506	3.561	3.616	3.671	3.725	3.780	3.835	3.890	3.944	3.999
2.16	3.539	3.594	3.649	3.705	3.760	3.815	3.871	3.926	3.981	4.037
2.18	3.572	3.628	3.683	3.739	3.795	3.851	3.907	3.962	4.018	4.074
2.20	3.604	3.661	3.717	3.773	3.830	3.886	3.942	3.999	4.055	4.111
2.22	3.637	3.694	3.751	3.808	3.865	3.921	3.978	4.035	4.092	4.149
2.24	3.670	3.727	3.785	3.842	3.899	3.957	4.014	4.071	4.129	4.186
2.26	3.703	3.761	3.818	3.876	3.934	3.992	4.050	4.108	4.166	4.223
2.28	3.736	3.794	3.852	3.911	3.969	4.027	4.086	4.144	4.202	4.261
2.30	3.718	3.827	3.886	3.945	4.004	4.063	4.122	4.180	4.239	4.298
2.32	3.801	3.860	3.920	3.979	4.039	4.098	4.158	4.217	4.276	4.336
2.34	3.834	3.894	3.954	4.014	4.073	4.133	4.193	4.253	4.313	4.373
2.36	3.867	3.927	3.987	4.048	4.108	4.169	4.229	4.290	4.350	4.410
2.38	3.899	3.960	4.021	4.082	4.143	4.204	4.265	4.326	4.387	4.448
2.40	3.932	3.994	4.055	4.116	4.178	4.239	4.301	4.362	4.424	4.485
2.42	3.965	4.027	4.089	4.151	4.213	4.275	4.337	4.399	4.461	4.522
2.44	3.998	4.060	4.123	4.185	4.248	4.310	4.373	4.435	4.497	4.560
2.46	4.030	4.093	4 156	4.219	4.282	4.345	4.408	4.471	4.534	4.597
2.48	4.063	4.127	4.190	4.254	4.317	4.381	4.444	4.508	4.571	4.635
2.50	4.096	4.160	4.224	4.288	4.352	4.416	4.480	4.544	4.608	4.672
2.52	4.129	4.193	4.258	4.322	4.387	4.451	4.516	4.580	4.645	4.709
2.54	4.162	4.227	4.292	4.357	4.422	4.487	4.552	4.617	4.682	4.747
2.56	4.194	4.260	4.325	4.391	4.456	4.522	4.588	4.653	4.719	4.784
2.58	4.227	4.293	4.359	4.425	4.491	4.557	4.623	4.689	4.755	4.822
2.60	4.260	4.326	4.393	4.460	4.526	4.593	4.659	4.726	4.792	4.859
2.62	4.293	4.360	4.427	4.494	4.561	4.628	4.695	4.762	4.829	4.896
2.64	4.325	4.393	4.461	4.528	4.596	4.663	4.731	4.798	4.866	4.934
2.66	4.358	4.426	4.494	4.562	4.631	4.699	4.767	4.835	4.903	4.971

Maß (Dicke) 128 Centimeter (1,28 m) ist.
dimensions (depth) are 128 centimetres (1,28 m).
(l'épaisseur) est 128 centimètres (1,28 m).

Länge / Length / Longueur	Breite — Breadth — Largeur 1.48	1.50	1.52	1.54	1.56	1.58	1.60	1.62	1.64	1.66
	Inhalt in Kubikmetern — Solid Contents — Cubage									
1.48	2.804									
1.50	2.842	2.880								
1.52	2.879	2.918	2.957							
1.54	2.917	2.957	2.996	3.036						
1.56	2.955	2.995	3.035	3.075	3.115					
1.58	2.993	3.034	3.074	3.114	3.155	3.195				
1.60	3.031	3.072	3.113	3.154	3.195	3.236	3.277			
1.62	3.069	3.110	3.152	3.193	3.235	3.276	3.318	3.359		
1.64	3.107	3.149	3.191	3.233	3.275	3.317	3.359	3.401	3.443	
1.66	3.145	3.187	3.230	3.272	3.315	3.357	3.400	3.442	3.485	3.527
1.68	3.183	3.226	3.269	3.312	3.355	3.398	3.441	3.484	3.527	3.570
1.70	3.220	3.264	3.308	3.351	3.395	3.438	3.482	3.525	3.569	3.612
1.72	3.258	3.302	3.346	3.390	3.434	3.479	3.523	3.567	3.611	3.655
1.74	3.296	3.341	3.385	3.430	3.474	3.519	3.564	3.608	3.653	3.697
1.76	3.334	3.379	3.424	3.469	3.514	3.559	3.604	3.650	3.695	3.740
1.78	3.372	3.418	3.463	3.509	3.554	3.600	3.645	3.691	3.737	3.782
1.80	3.410	3.456	3.502	3.548	3.594	3.640	3.686	3.732	3.779	3.825
1.82	3.448	3.494	3.541	3.588	3.634	3.681	3.727	3.774	3.821	3.867
1.84	3.486	3.533	3.580	3.627	3.674	3.721	3.768	3.815	3.863	3.910
1.86	3.524	3.571	3.619	3.666	3.714	3.762	3.809	3.857	3.905	3.952
1.88	3.561	3.610	3.658	3.706	3.754	3.802	3.850	3.898	3.946	3.995
1.90	3.599	3.648	3.697	3.745	3.794	3.843	3.891	3.940	3.988	4.037
1.92	3.637	3.686	3.736	3.785	3.834	3.883	3.932	3.981	4.030	4.080
1.94	3.675	3.725	3.774	3.824	3.874	3.923	3.973	4.023	4.072	4.122
1.96	3.713	3.763	3.813	3.864	3.914	3.964	4.014	4.064	4.114	4.165
1.98	3.751	3.802	3.852	3.903	3.954	4.004	4.055	4.106	4.156	4.207
2.00	3.789	3.840	3.891	3.942	3.994	4.045	4.096	4.147	4.198	4.250
2.02	3.827	3.878	3.930	3.982	4.034	4.085	4.137	4.189	4.240	4.292
2.04	3.865	3.917	3.969	4.021	4.073	4.126	4.178	4.230	4.282	4.335
2.06	3.902	3.955	4.008	4.061	4.113	4.166	4.219	4.272	4.324	4.377
2.08	3.940	3.994	4.047	4.100	4.153	4.207	4.260	4.313	4.366	4.420
2.10	3.978	4.032	4.086	4.140	4.193	4.247	4.301	4.355	4.408	4.462
2.12	4.016	4.070	4.125	4.179	4.233	4.287	4.342	4.396	4.450	4.505
2.14	4.054	4.109	4.164	4.218	4.273	4.328	4.383	4.438	4.492	4.547
2.16	4.092	4.147	4.202	4.258	4.313	4.368	4.424	4.479	4.534	4.590
2.18	4.130	4.186	4.241	4.297	4.353	4.409	4.465	4.520	4.576	4.632
2.20	4.168	4.224	4.280	4.337	4.393	4.449	4.506	4.562	4.618	4.675
2.22	4.206	4.262	4.319	4.376	4.433	4.490	4.547	4.603	4.660	4.717
2.24	4.243	4.301	4.358	4.414	4.473	4.530	4.588	4.645	4.702	4.760
2.26	4.281	4.339	4.397	4.455	4.513	4.571	4.628	4.686	4.744	4.802
2.28	4.319	4.378	4.436	4.494	4.553	4.611	4.669	4.728	4.786	4.845
2.30	4.357	4.416	4.475	4.534	4.593	4.652	4.710	4.769	4.828	4.887
2.32	4.395	4.454	4.514	4.573	4.633	4.692	4.751	4.811	4.870	4.930
2.34	4.433	4.493	4.553	4.613	4.673	4.732	4.792	4.852	4.912	4.972
2.36	4.471	4.531	4.592	4.652	4.712	4.773	4.833	4.894	4.954	5.015
2.38	4.509	4.570	4.631	4.691	4.752	4.813	4.874	4.935	4.996	5.057
2.40	4.547	4.608	4.669	4.731	4.792	4.854	4.915	4.977	5.038	5.100
2.42	4.584	4.646	4.708	4.770	4.832	4.894	4.956	5.018	5.080	5.142
2.44	4.622	4.685	4.747	4.810	4.872	4.935	4.997	5.060	5.122	5.185
2.46	4.660	4.723	4.786	4.849	4.912	4.975	5.038	5.101	5.164	5.227
2.48	4.698	4.762	4.825	4.889	4.952	5.016	5.079	5.143	5.206	5.270
2.50	4.736	4.800	4.864	4.928	4.992	5.056	5.120	5.184	5.248	5.312
2.52	4.774	4.838	4.903	4.967	5.032	5.096	5.161	5.225	5.290	5.354
2.54	4.812	4.877	4.942	5.007	5.072	5.137	5.202	5.267	5.332	5.397
2.56	4.850	4.915	4.981	5.046	5.112	5.177	5.243	5.308	5.374	5.439
2.58	4.888	4.954	5.020	5.086	5.152	5.218	5.284	5.350	5.416	5.482
2.60	4.935	4.992	5.059	5.125	5.192	5.258	5.325	5.391	5.458	5.524
2.62	4.963	5.030	5.097	5.165	5.232	5.299	5.366	5.433	5.500	5.567
2.64	5.001	5.069	5.136	5.204	5.272	5.339	5.407	5.474	5.542	5.609
2.66	5.039	5.107	5.175	5.243	5.311	5.380	5.448	5.516	5.584	5.652

Kubik-Inhalt der Kolli, deren kleinstes
Solid contents of packages, whose least
Cubage des colis, dont la plus petite dimension

Länge/Length Longueur	Breite — Breadth — Largeur 1.68	1.70	1.72	1.74	1.76	1.78	1.80	1.82	1.84	1.86
	Inhalt in Kubikmetern — Solid Contents — Cubage									
1.68	3.613									
1.70	3.656	3.699								
1.72	3.699	3.743	3.787							
1.74	3.742	3.786	3.831	3.875						
1.76	3.785	3.830	3.875	3.920	3.965					
1.78	3.828	3.873	3.919	3.964	4.010	4.056				
1.80	3.871	3.917	3.963	4.009	4.055	4.101	4.147			
1.82	3.914	3.960	4.007	4.054	4.100	4.147	4.193	4.240		
1.84	3.957	4.004	4.051	4.098	4.145	4.192	4.239	4.286	4.334	
1.86	4.000	4.047	4.095	4.143	4.190	4.238	4.285	4.333	4.381	4.428
1.88	4.043	4.091	4.139	4.187	4.235	4.283	4.332	4.380	4.428	4.476
1.90	4.086	4.134	4.183	4.232	4.280	4.329	4.378	4.426	4.475	4.524
1.92	4.129	4.178	4.227	4.276	4.325	4.375	4.424	4.473	4.522	4.571
1.94	4.172	4.221	4.271	4.321	4.370	4.420	4.470	4.519	4.569	4.619
1.96	4.215	4.265	4.315	4.365	4.415	4.466	4.516	4.566	4.616	4.666
1.98	4.258	4.308	4.359	4.410	4.461	4.511	4.562	4.613	4.663	4.714
2.00	4.301	4.352	4.403	4.454	4.506	4.557	4.608	4.659	4.710	4.762
2.02	4.344	4.396	4.447	4.499	4.551	4.602	4.654	4.706	4.758	4.809
2.04	4.387	4.439	4.491	4.543	4.596	4.648	4.700	4.752	4.805	4.857
2.06	4.430	4.483	4.535	4.588	4.641	4.694	4.746	4.799	4.852	4.904
2.08	4.473	4.526	4.579	4.633	4.686	4.739	4.792	4.845	4.899	4.952
2.10	4.516	4.570	4.623	4.677	4.731	4.785	4.838	4.892	4.946	5.000
2.12	4.559	4.613	4.667	4.722	4.776	4.830	4.884	4.939	4.993	5.047
2.14	4.602	4.657	4.711	4.766	4.821	4.876	4.931	4.985	5.040	5.095
2.16	4.645	4.700	4.755	4.811	4.866	4.921	4.977	5.032	5.087	5.143
2.18	4.688	4.744	4.799	4.855	4.911	4.967	5.023	5.078	5.134	5.190
2.20	4.731	4.787	4.844	4.900	4.956	5.012	5.069	5.125	5.181	5.238
2.22	4.774	4.831	4.888	4.944	5.001	5.058	5.115	5.172	5.229	5.285
2.24	4.817	4.874	4.932	4.989	5.046	5.104	5.161	5.218	5.276	5.333
2.26	4.860	4.918	4.976	5.033	5.091	5.149	5.207	5.265	5.323	5.381
2.28	4.903	4.961	5.020	5.078	5.136	5.195	5.253	5.311	5.370	5.428
2.30	4.946	5.005	5.064	5.123	5.181	5.240	5.299	5.358	5.417	5.476
2.32	4.989	5.048	5.108	5.167	5.226	5.286	5.345	5.405	5.464	5.523
2.34	5.032	5.092	5.152	5.212	5.272	5.331	5.391	5.451	5.511	5.571
2.36	5.075	5.135	5.196	5.256	5.317	5.377	5.437	5.498	5.558	5.619
2.38	5.118	5.179	5.240	5.301	5.362	5.423	5.484	5.544	5.605	5.666
2.40	5.161	5.222	5.284	5.345	5.407	5.468	5.530	5.591	5.652	5.714
2.42	5.204	5.266	5.328	5.390	5.452	5.514	5.576	5.638	5.700	5.762
2.44	5.247	5.309	5.372	5.434	5.497	5.559	5.622	5.684	5.747	5.809
2.46	5.290	5.353	5.416	5.479	5.542	5.605	5.668	5.731	5.794	5.857
2.48	5.333	5.396	5.460	5.523	5.587	5.650	5.714	5.777	5.841	5.904
2.50	5.376	5.440	5.504	5.568	5.632	5.696	5.760	5.824	5.888	6.952
2.52	5.419	5.484	5.548	5.613	5.677	5.742	5.806	5.871	5.935	6.000
2.54	5.462	5.527	5.592	5.657	5.722	5.787	5.852	5.917	5.982	6.047
2.56	5.505	5.571	5.636	5.702	5.767	5.833	5.898	5.964	6.029	6.095
2.58	5.548	5.614	5.680	5.746	5.812	5.878	5.944	6.010	6.076	6.142
2.60	5.591	5.658	5.724	5.791	5.857	5.924	5.990	6.057	6.124	6.190
2.62	5.634	5.701	5.768	5.835	5.902	5.969	6.036	6.104	6.171	6.238
2.64	5.677	5.745	5.812	5.880	5.947	6.015	6.083	6.150	6.218	6.285
2.66	5.720	5.788	5.856	5.924	5.992	6.061	6.129	6.197	6.265	6.333
2.68	5.763	5.832	5.900	5.969	6.038	6.106	6.175	6.243	6.312	6.381
2.70	5.806	5.875	5.944	6.013	6.083	6.152	6.221	6.290	6.359	6.428
2.72	5.849	5.919	5.988	6.058	6.128	6.197	6.267	6.337	6.406	6.476
2.74	5.892	5.962	6.032	6.103	6.173	6.243	6.313	6.383	6.453	6.523
2.76	5.935	6.006	6.076	6.147	6.218	6.288	6.359	6.430	6.500	6.571
2.78	5.978	6.049	6.120	6.192	6.263	6.334	6.405	6.476	6.547	6.619
2.80	6.021	6.093	6.164	6.236	6.308	6.380	6.451	6.523	6.595	6.666
2.82	6.064	6.136	6.209	6.281	6.353	6.425	6.497	6.569	6.642	6.714
2.84	6.107	6.180	6.253	6.325	6.398	6.471	6.543	6.616	6.689	6.761
2.86	6.150	6.223	6.297	6.370	6.443	6.516	6.589	6.663	6.736	6.809
2.88	6.193	6.267	6.341	6.414	6.488	6.562	6.636	6.709	6.783	6.857
2.90	6.236	6.310	6.385	6.459	6.533	6.607	6.682	6.756	6.830	6.904
2.92	6.279	6.354	6.429	6.503	6.578	6.653	6.728	6.802	6.877	6.952
2.94	6.322	6.397	6.473	6.548	6.623	6.698	6.774	6.849	6.924	7.000
2.96	6.365	6.441	6.517	6.593	6.668	6.744	6.820	6.896	6.971	7.047
2.98	6.408	6.484	6.561	6.637	6.713	6.790	6.866	6.942	7.018	7.095
3.00	6.451	6.528	6.605	6.682	6.758	6.835	6.912	6.989	7.066	7.142
3.02	6.494	6.572	6.649	6.726	6.803	6.881	6.958	7.035	7.113	7.190
3.04	6.537	6.615	6.693	6.771	6.849	6.926	7.004	7.082	7.160	7.238
3.06	6.580	6.659	6.737	6.815	6.894	6.972	7.050	7.129	7.207	7.285

Maß (Dicke) 128 Centimeter (1,28 m) ist.
dimensions (depth) are 128 centimetres (1,28 m).
(l'épaisseur) est 128 centimètres (1,28 m).

Länge/Length Longueur	Breite — Breadth — Largeur									
	1.88	1.90	1.92	1.94	1.96	1.98	2.00	2.02	2.04	2.06
	Inhalt in Kubikmetern — Solid Contents — Cubage									
1.88	4.524									
1.90	4.572	4.621								
1.92	4.620	4.669	4.719							
1.94	4.668	4.718	4.768	4.817						
1.96	4.717	4.767	4.817	4.867	4.917					
1.98	4.765	4.815	4.866	4.917	4.967	5.018				
2.00	4.813	4.864	4.915	4.966	5.018	5.069	5.120			
2.02	4.861	4.913	4.964	5.016	5.068	5.119	5.171	5.223		
2.04	4.909	4.961	5.014	5.066	5.118	5.170	5.222	5.275	5.327	
2.06	4.957	5.010	5.063	5.115	5.168	5.221	5.274	5.326	5.379	5.432
2.08	5.005	5.059	5.112	5.165	5.218	5.272	5.325	5.378	5.431	5.485
2.10	5.053	5.107	5.161	5.215	5.268	5.322	5.376	5.430	5.484	5.537
2.12	5.102	5.156	5.210	5.264	5.319	5.373	5.427	5.481	5.536	5.590
2.14	5.150	5.204	5.259	5.314	5.369	5.424	5.478	5.533	5.588	5.643
2.16	5.198	5.253	5.308	5.364	5.419	5 474	5.530	5.585	5.640	5.695
2.18	5.246	5.302	5.358	5.413	5.469	5.525	5.581	5.637	5.692	5.748
2.20	5.294	5.350	5.407	5.463	5.519	5.576	5.632	5.688	5.745	5.801
2.22	5.342	5.399	5.456	5.513	5.570	5.626	5.683	5.740	5.797	5.854
2.24	5.390	5.448	5.505	5.562	5.620	5.677	5.734	5.792	5.849	5.906
2.26	5.438	5.496	5.554	5.612	5.670	5.728	5.786	5.843	5.901	5.959
2.28	5.487	5.545	5.603	5.662	5.720	5.778	5.837	5.895	5.954	6.012
2.30	5.535	5.594	5.652	5.711	5.770	5.829	5.888	5.947	6.006	6.065
2.32	5.583	5.642	5.702	5.761	5.820	5.880	5.939	5.999	6.058	6.117
2.34	5.631	5.691	5.751	5.811	5.871	5.930	5.990	6.050	6.110	6.170
2.36	5.679	5.740	5.800	5.860	5.921	5.981	6.042	6.102	6.162	6.223
2.38	5.727	5.788	5.849	5.910	5.971	6.032	6.093	6.154	6.215	6.276
2.40	5.775	5.837	5.898	5.960	6.021	6.083	6.144	6.205	6.267	6.328
2.42	5.823	5.885	5.947	6.009	6.071	6.133	6.195	6.257	6.319	6.381
2.44	5.872	5.934	5.997	6.059	6.121	6.184	6.246	6.309	6.371	6.434
2.46	5.920	5.983	6 046	6.109	6.172	6.235	6.298	6.361	6.424	6.487
2.48	5.968	6.031	6.095	6.158	6.222	6.285	6.349	6.412	6.476	6.539
2.50	6.016	6.080	6.144	6.208	6.272	6.336	6.400	6.464	6.528	6.592
2.52	6.064	6.129	6.193	6.258	6.322	6.387	6.451	6.516	6.580	6.645
2.54	6.112	6.177	6.242	6.307	6.372	6.437	6.502	6.567	6.632	6.697
2.56	6.160	6.226	6.291	6.357	6.423	6.488	6.554	6.619	6 685	6.750
2.58	6.209	6.275	6.341	6.407	6.473	6.539	6.605	6.671	6.737	6.803
2.60	6.257	6.323	6.390	6.456	6.523	6.589	6.656	6.723	6.789	6.856
2.62	6.305	6.372	6.439	6.506	6.573	6.640	6.707	6.774	6.841	6.908
2.64	6.353	6.420	6.488	6.556	6.623	6.691	6.758	6.826	6.894	6.961
2.66	6.401	6.469	6.537	6.605	6.673	6.742	6.810	6.878	6.946	7.014
2.68	6.449	6.518	6.586	6.655	6.724	6.792	6.861	6.929	6.998	7.067
2.70	6.497	6.566	6.636	6.705	6.774	6.843	6.912	6.981	7.050	7.119
2.72	6.545	6.615	6.685	6.754	6.824	6.894	6.963	7.033	7.102	7.172
2.74	6.594	6.664	6.734	6.804	6.874	6.944	7.014	7.085	7.155	7.225
2.76	6.642	6.712	6.783	6.854	6.924	6.995	7.065	7.136	7.207	7.278
2.78	6.690	6.761	6.832	6.903	6.974	7.046	7.117	7.188	7.259	7.330
2.80	6.738	6.810	6.881	6.953	7.025	7.096	7.168	7.240	7.311	7.383
2.82	6.786	6.858	6 930	7.003	7.075	7.147	7.219	7.291	7.364	7.436
2.84	6.834	6.907	6.980	7.052	7.125	7.198	7.270	7.343	7.416	7.489
2.86	6.882	6.956	7.029	7.102	7.175	7.248	7.322	7.395	7.468	7.541
2.88	6.930	7.004	7.078	7.152	7.225	7.299	7.373	7.447	7.520	7.594
2.90	6.979	7.053	7.127	7.201	7.276	7.350	7.424	7.498	7.572	7.647
2.92	7.027	7.101	7.176	7.251	7.326	7.400	7.475	7.550	7.625	7.699
2.94	7.075	7.150	7.225	7.301	7.376	7.451	7.526	7.602	7.677	7.752
2.96	7.123	7.199	7.274	7.350	7.426	7.502	7.578	7.653	7.729	7.805
2.98	7.171	7.247	7.324	7.400	7.476	7.553	7.629	7.705	7.781	7.858
3.00	7.219	7.296	7.373	7.450	7.526	7.603	7.680	7.757	7.834	7.910
3.02	7.267	7.345	7.422	7.499	7.577	7.654	7 731	7.809	7.886	7 963
3.04	7.315	7.393	7.471	7.549	7.627	7.705	7.782	7.860	7.938	8.016
3.06	7.364	7.442	7.520	7.599	7.677	7.755	7.834	7 912	7.990	8.069

Kubik-Inhalt der Kolli, deren kleinstes
Solid contents of packages, whose least
Cubage des colis, dont la plus petite dimension

Länge/Length Longueur	Breite — Breadth — Largeur 1.30	1.32	1.34	1.36	1.38	1.40	1.42	1.44	1.46	1.48
	Inhalt in Kubikmetern — Solid Contents — Cubage									
1.30	2.197									
1.32	2.231	2.265								
1.34	2.265	2.299	2.334							
1.36	2.298	2.334	2.369	2.404						
1.38	2.332	2.368	2.404	2.440	2.476					
1.40	2.366	2.402	2.439	2.475	2.512	2.548				
1.42	2.400	2.437	2.474	2.511	2.547	2.584	2.621			
1.44	2.434	2.471	2.508	2.546	2.583	2.621	2.658	2.696		
1.46	2.467	2.505	2.543	2.581	2.619	2.657	2.695	2.733	2.771	
1.48	2.501	2.540	2.578	2.617	2.655	2.694	2.732	2.771	2.809	2.848
1.50	2.535	2.574	2.613	2.652	2.691	2.730	2.769	2.808	2.847	2.886
1.52	2.569	2.608	2.648	2.687	2.727	2.766	2.806	2.845	2.885	2.924
1.54	2.603	2.643	2.683	2.723	2.763	2.803	2.843	2.883	2.923	2.963
1.56	2.636	2.677	2.718	2.758	2.799	2.839	2.880	2.920	2.961	3.001
1.58	2.670	2.711	2.752	2.793	2.835	2.876	2.917	2.958	2.999	3.040
1.60	2.704	2.746	2.787	2.829	2.870	2.912	2.954	2.995	3.037	3.078
1.62	2.738	2.780	2.822	2.864	2.906	2.948	2.991	3.033	3.075	3.117
1.64	2.772	2.814	2.857	2.900	2.942	2.985	3.027	3 070	3.113	3.155
1.66	2.805	2.849	2.892	2.935	2.978	3.021	3.064	3.108	3 151	3.194
1.68	2.839	2.883	2.927	2.970	3.014	3.058	3.101	3.145	3.189	3.232
1.70	2.873	2.917	2.961	3.006	3.050	3.094	3.138	3.182	3.227	3.271
1.72	2.907	2.952	2.996	3.041	3.086	3.130	3.175	3.220	3.265	3.309
1.74	2.941	2.986	3.031	3.076	3.122	3.167	3.212	3.257	3.303	3.348
1.76	2.974	3.020	3.066	3 112	3.157	3.203	3.249	3.295	3.340	3.386
1.78	3.008	3.054	3.101	3.147	3.193	3.240	3.286	3.332	3.378	3.425
1.80	3.042	3.089	3.136	3.182	3.229	3.276	3.323	3.370	3.416	3.463
1.82	3.076	3.123	3.170	3.218	3.265	3.312	3.360	3.407	3.454	3.502
1.84	3.110	3.157	3.205	3.253	3.301	3.349	3.397	3.444	3.492	3.540
1.86	3.143	3.192	3.240	3.288	3.337	3.385	3.434	3.482	3.530	3.579
1.88	3.177	3.226	3.275	3.324	3.373	3.422	3.470	3.519	3.568	3.617
1.90	3.211	3.260	3.310	3.359	3.409	3.458	3.507	3.557	3.606	3.656
1.92	3.245	3.295	3.345	3.395	3.445	3.494	3.544	3.594	3.644	3.694
1.94	3.279	3.329	3.379	3.430	3.480	3.531	3.581	3.632	3.682	3.733
1.96	3.312	3.363	3.414	3.465	3.516	3.567	3.618	3.669	3.720	3.771
1.98	3.346	3.398	3.449	3.501	3.552	3.604	3.655	3.707	3.758	3.810
2.00	3.380	3.432	3.484	3.536	3.588	3.640	3.692	3.744	3.796	3.848
2.02	3.414	3.466	3.519	3.571	3.624	3.676	3.729	3.781	3.834	3.887
2.04	3.448	3.501	3.554	3.607	3.660	3.713	3.766	3.819	3.872	3.925
2.06	3.481	3 535	3.589	3.642	3.696	3.749	3.803	3.856	3.910	3.964
2.08	3.515	3.569	3.623	3.677	3.732	3.786	3.840	3.894	3.948	4.002
2.10	3.549	3.604	3.658	3.713	3.767	3 822	3.877	3.931	3.986	4.041
2.12	3.583	3 638	3.693	3.748	3.803	3.858	3.914	3.969	4.024	4.079
2.14	3.617	3.672	3.728	3.784	3.839	3.895	3.950	4.006	4.062	4.117
2.16	3.650	3.707	3.763	3.819	3.875	3.931	3.987	4.044	4.100	4.156
2.18	3.684	3.741	3.798	3.854	3.911	3.968	4.024	4.081	4.138	4.194
2.20	3.718	3.775	3.832	3.890	3.947	4.004	4.061	4.118	4.176	4.233
2.22	3.752	3.810	3.867	3.925	3.983	4.040	4.098	4.156	4.214	4.271
2.24	3.786	3.844	3.902	3.960	4.019	4.077	4.135	4.193	4.252	4.310
2.26	3.819	3.878	3.937	3.996	4.054	4.113	4.172	4.231	4.289	4.348
2.28	3.853	3.913	3.972	4.031	4.090	4.150	4.209	4.268	4.327	4.386
2.30	3.887	3.947	4.007	4.066	4.126	4.186	4.246	4.306	4.365	4.425
2.32	3.921	3.981	4.041	4.102	4.162	4.222	4.283	4.343	4 403	4.464
2.34	3.955	4.015	4.076	4.137	4.198	4.259	4.320	4.380	4.441	4.502
2.36	3.988	4.050	4.111	4.172	4.234	4.295	4.357	4.418	4.479	4.541
2.38	4.022	4.084	4.146	4.208	4.270	4.332	4.393	4.455	4.517	4.579
2.40	4.056	4.118	4.181	4.243	4.306	4.368	4.430	4.493	4.555	4.618
2.42	4.090	4.153	4.216	4.279	4.341	4.404	4.467	4.530	4.593	4.656
2.44	4.124	4.187	4.250	4.314	4.377	4.441	4.504	4.568	4.631	4.695
2.46	4.157	4.221	4.285	4.349	4.413	4.477	4.541	4.605	4.669	4.733
2.48	4.191	4.256	4.320	4.385	4.449	4.514	4.578	4.643	4.707	4.772
2.50	4.225	4.290	4.355	4.420	4.485	4.550	4.615	4.680	4.745	4.810
2.52	4.259	4.324	4.390	4.455	4.521	4.586	4.652	4.717	4.783	4.848
2.54	4.293	4.359	4.425	4 491	4.557	4.623	4.689	4.755	4.821	4.887
2.56	4.326	4.393	4.460	4.526	4.593	4.659	4.726	4.792	4.859	4.925
2.58	4.360	4.427	4.494	4.561	4.629	4.696	4.763	4.830	4.897	4.964
2.60	4.394	4.462	4.529	4.597	4.664	4.732	4.800	4.867	4.935	5.002
2.62	4.428	4.496	4.564	4.632	4.700	4.768	4.837	4.905	4.973	5.041
2.64	4.462	4.530	4.599	4.668	4.736	4.805	4.873	4.942	5.011	5.079
2.66	4.495	4.565	4.634	4.703	4.772	4.841	4.910	4.980	5.049	5.118
2.68	4.529	4.599	4.669	4.738	4.808	4.878	4.947	5.017	5.087	5.156

Maß (Dicke) 130 Centimeter (1,30 m) ist.
dimensions (depth) are 130 centimetres (1,30 m).
(l'épaisseur) est 130 centimètres (1,30 m).

Länge/Length Longueur	Breite — Breadth — Largeur 1.50	1.52	1.54	1.56	1.58	1.60	1.62	1.64	1.66	1.68
	Inhalt in Kubikmetern — Solid Contents — Cubage									
1.50	2.925									
1.52	2.964	3.004								
1.54	3.003	3.043	3.083							
1.56	3.042	3.083	3.123	3.164						
1.58	3.081	3.122	3.163	3.204	3.245					
1.60	3.120	3.162	3.203	3.245	3.286	3.328				
1.62	3.159	3.201	3.243	3.285	3.327	3.370	3.412			
1.64	3.198	3.241	3.283	3.326	3.369	3.411	3.454	3.496		
1.66	3.237	3.280	3.323	3.366	3.410	3.453	3.496	3.539	3.582	
1.68	3.276	3.320	3.363	3.407	3.451	3.494	3.538	3.582	3.625	3.669
1.70	3.315	3.359	3.403	3.448	3.492	3.536	3.580	3.624	3.669	3.713
1.72	3.354	3.399	3.443	3.488	3.533	3.578	3.622	3.667	3.712	3.756
1.74	3.393	3.438	3.483	3.529	3.574	3.619	3.664	3.710	3.755	3.800
1.76	3.432	3.478	3.524	3.569	3.615	3.661	3.707	3.752	3.798	3.844
1.78	3.471	3.517	3.564	3.610	3.656	3.702	3.749	3.795	3.841	3.888
1.80	3.510	3.557	3.604	3.650	3.697	3.744	3.791	3.838	3.884	3.931
1.82	3.549	3.596	3.644	3.691	3.738	3.786	3.833	3.880	3.928	3.975
1.84	3.588	3.636	3.684	3.732	3.779	3.827	3.875	3.923	3.971	4.019
1.86	3.627	3.675	3.724	3.772	3.820	3.869	3.917	3.966	4.014	4.062
1.88	3.666	3.715	3.764	3.813	3.862	3.910	3.959	4.008	4.057	4.106
1.90	3.705	3.754	3.804	3.853	3.903	3.952	4.011	4.051	4.100	4.150
1.92	3.744	3.794	3.844	3.894	3.944	3.994	4.044	4.093	4.143	4.193
1.94	3.783	3.833	3.884	3.934	3.985	4.035	4.086	4.136	4.187	4.237
1.96	3.822	3.873	3.924	3.975	4.026	4.077	4.128	4.179	4.230	4.281
1.98	3.861	3.912	3.964	4.015	4.067	4.118	4.170	4.221	4.273	4.324
2.00	3.900	3.952	4.004	4.056	4.108	4.160	4.212	4.264	4.316	4.368
2.02	3.939	3.992	4.044	4.097	4.149	4.202	4.254	4.307	4.359	4.412
2.04	3.978	4.031	4.084	4.137	4.190	4.243	4.296	4.349	4.402	4.455
2.06	4.017	4.071	4.124	4.178	4.231	4.285	4.338	4.392	4.445	4.499
2.08	4.056	4.110	4.164	4.218	4.272	4.326	4.380	4.435	4.489	4.543
2.10	4.095	4.150	4.204	4.259	4.313	4.368	4.423	4.477	4.532	4.586
2.12	4.134	4.189	4.244	4.299	4.354	4.410	4.465	4.520	4.575	4.630
2.14	4.173	4.229	4.284	4.340	4.396	4.451	4.507	4.562	4.618	4.674
2.16	4.212	4.268	4.324	4.380	4.437	4.493	4.549	4.605	4.661	4.717
2.18	4.251	4.308	4.364	4.421	4.478	4.534	4.591	4.648	4.704	4.761
2.20	4.290	4.347	4.404	4.462	4.519	4.576	4.633	4.690	4.748	4.805
2.22	4.329	4.387	4.444	4.502	4.560	4.618	4.675	4.733	4.791	4.848
2.24	4.368	4.426	4.484	4.543	4.601	4.659	4.717	4.776	4.834	4.892
2.26	4.407	4.466	4.525	4.583	4.642	4.701	4.760	4.818	4.877	4.936
2.28	4.446	4.505	4.565	4.624	4.683	4.742	4.802	4.861	4.920	4.980
2.30	4.485	4.545	4.605	4.664	4.724	4.784	4.844	4.904	4.963	5.023
2.32	4.524	4.584	4.645	4.705	4.765	4.826	4.886	4.946	5.007	5.067
2.34	4.563	4.624	4.685	4.746	4.806	4.867	4.928	4.989	5.050	5.111
2.36	4.602	4.663	4.725	4.786	4.847	4.909	4.970	5.032	5.093	5.154
2.38	4.641	4.703	4.765	4.827	4.889	4.950	5.012	5.074	5.136	5.198
2.40	4.680	4.742	4.805	4.867	4.930	4.992	5.054	5.117	5.179	5.242
2.42	4.719	4.782	4.845	4.908	4.971	5.034	5.097	5.159	5.222	5.285
2.44	4.758	4.821	4.885	4.948	5.012	5.075	5.139	5.202	5.266	5.329
2.46	4.797	4.861	4.925	4.989	5.053	5.117	5.181	5.245	5.309	5.373
2.48	4.836	4.900	4.965	5.029	5.094	5.158	5.223	5.287	5.352	5.416
2.50	4.875	4.940	5.005	5.070	5.135	5.200	5.265	5.330	5.395	5.460
2.52	4.914	4.980	5.045	5.111	5.176	5.242	5.307	5.373	5.438	5.504
2.54	4.953	5.019	5.085	5.151	5.217	5.283	5.349	5.415	5.481	5.547
2.56	4.992	5.059	5.125	5.192	5.258	5.325	5.391	5.458	5.524	5.591
2.58	5.031	5.098	5.165	5.232	5.299	5.366	5.433	5.501	5.568	5.635
2.60	5.070	5.138	5.205	5.273	5.340	5.408	5.476	5.543	5.611	5.678
2.62	5.109	5.177	5.245	5.313	5.381	5.450	5.518	5.586	5.654	5.722
2.64	5.148	5.217	5.285	5.354	5.423	5.491	5.560	5.628	5.697	5.766
2.66	5.187	5.256	5.325	5.394	5.464	5.533	5.602	5.671	5.740	5.809
2.68	5.226	5.296	5.365	5.435	5.505	5.574	5.644	5.714	5.783	5.853

1.30

Kubik-Inhalt der Kolli, deren kleinstes
Solid contents of packages, whose least
Cubage des colis, dont la plus petite dimension

Länge/Length Longueur	Breite — Breadth — Largeur									
	1.70	1.72	1.74	1.76	1.78	1.80	1.82	1.84	1.86	1.88
	Inhalt in Kubikmetern — Solid Contents — Cubage									
1.70	3.757									
1.72	3.801	3.846								
1.74	3.845	3.891	3.936							
1.76	3.890	3.935	3.981	4.027						
1.78	3.934	3.980	4.026	4.073	4.119					
1.80	3.978	4.025	4.072	4.118	4.165	4.212				
1.82	4.022	4.070	4.117	4.164	4.211	4.259	4.306			
1.84	4.066	4.114	4.162	4.210	4.258	4 306	4.353	4.401		
1.86	4.111	4.159	4.207	4.256	4.304	4.352	4.401	4.449	4.497	
1.88	4.155	4.204	4.253	4.301	4.350	4.399	4.448	4.497	4.546	4.595
1.90	4.199	4.248	4.298	4.347	4.397	4.446	4.495	4.545	4.594	4.644
1.92	4.243	4.293	4.343	4.393	4.443	4.493	4.543	4.593	4.643	4.692
1.94	4.287	4.338	4.388	4.439	4.489	4.540	4.590	4.640	4.691	4.741
1.96	4.332	4.383	4.434	4.484	4.535	4.586	4.637	4.688	4.739	4.790
1.98	4.376	4.427	4.479	4.530	4.582	4.633	4.685	4.736	4.788	4.839
2.00	4.420	4.472	4.524	4.576	4.628	4.680	4.732	4.784	4.836	4.888
2.02	4.464	4.517	4.569	4.622	4.674	4.727	4.779	4.832	4.884	4.937
2.04	4.508	4.561	4.614	4.668	4.721	4.774	4.827	4.880	4.933	4.986
2.06	4.553	4.606	4.660	4.713	4.767	4.820	4.874	4.928	4.981	5.035
2.08	4.597	4.651	4.705	4.759	4.813	4.867	4.921	4.975	5.029	5.084
2.10	4.641	4.696	4.750	4.805	4.859	4.914	4.969	5.023	5.078	5.132
2.12	4.685	4.740	4.795	4.851	4.906	4.961	5.016	5.071	5.126	5.181
2.14	4.729	4.785	4.841	4.896	4.952	5.008	5.063	5.119	5.175	5.230
2.16	4.774	4.830	4.886	4.942	4.998	5.054	5.111	5.167	5.223	5.279
2.18	4.818	4.874	4.931	4.988	5.045	5.101	5.158	5.215	5.271	5.328
2.20	4.862	4.919	4.976	5.034	5.091	5.148	5.205	5.262	5 320	5.377
2.22	4.906	4.964	5.022	5.079	5.137	5.195	5.253	5.310	5.368	5.426
2.24	4.950	5.009	5.067	5.125	5.183	5.242	5.300	5.358	5.416	5.475
2.26	4.995	5.053	5.112	5.171	5.230	5.288	5.347	5.406	5.465	5.523
2.28	5.039	5.098	5.157	5 217	5.276	5.335	5.394	5.454	5.513	5.572
2.30	5.083	5.143	5.203	5.262	5.322	5.382	5.442	5.502	5.561	5.621
2.32	5.127	5.188	5.248	5.308	5.368	5.429	5.489	5.549	5.610	5.670
2.34	5.171	5.232	5.293	5.354	5.415	5.476	5.536	5.597	5.658	5.719
2.36	5.216	5.277	5.338	5.400	5.461	5.522	5.584	5.645	5.706	5.768
2.38	5.260	5.322	5.384	5.445	5.507	5.569	5.631	5.693	5.755	5.817
2.40	5.304	5.366	5.429	5.491	5.554	5.616	5.678	5.741	5.803	5.866
2.42	5.348	5.411	5.474	5.537	5.600	5.663	5.726	5.789	5.852	5.914
2.44	5.392	5.456	5.519	5.583	5.646	5.710	5 773	5.836	5.900	5.963
2.46	5.437	5.501	5.565	5.628	5.692	5.756	5.820	5.884	5.948	6.012
2.48	5.481	5.545	5.610	5.674	5.739	5.803	5.868	5.932	5.997	6.061
2.50	5.525	5.590	5.655	5.720	5.785	5.850	5.915	5.98[illegible]	6.045	6.110
2.52	5.569	5.635	5.700	5.766	5.831	5.897	5.962	6.028	6.093	6.159
2.54	5.613	5.679	5.745	5.812	5.878	5.944	6.010	6.076	6.142	6.208
2.56	5.658	5.724	5.791	5.857	5.924	5.990	6.057	6.124	6.190	6.257
2 58	5.702	5.769	5.836	5.903	5.970	6.037	6.104	6.171	6.238	6.306
2.60	5.746	5.814	5.881	5.949	6.016	6.084	6.152	6.219	6.287	6.354
2.62	5.790	5.858	5.926	5.995	6.063	6.131	6.199	6.267	6.335	6.403
2.64	5.834	5.903	5.972	6.040	6.109	6.178	6.246	6.315	6.384	6.452
2.66	5.879	5.948	6.017	6.086	6.155	6.224	6.294	6.363	6.432	6.501
2.68	5.923	5.992	6.062	6.132	6.202	6.271	6.341	6.411	6.480	6.550
2.70	5.967	6.037	6.107	6.178	6.248	6.318	6.388	6.458	6.529	6.599
2.72	6.011	6.082	6.153	6.223	6.294	6.365	6.436	6.506	6.577	6.648
2.74	6.055	6.127	6.198	6.269	6.340	6.412	6.483	6.554	6.625	6.697
2.76	6.100	6.171	6.243	6.315	6.387	6.458	6.530	6.602	6.674	6.745
2.78	6.144	6.216	6.288	6.361	6.433	6.505	6.577	6.650	6.722	6.794
2.80	6.188	6.261	6.334	6.406	6.479	6.552	6.625	6.698	6.770	6.843
2.82	6.232	6.306	6.379	6.452	6.525	6.599	6.672	6.745	6.819	6.892
2.84	6.276	6.350	6.424	6.498	6.572	6.646	6.719	6.793	6.867	6.941
2.86	6.321	6.395	6.469	6.544	6.618	6.692	6.767	6.841	6.915	6.990
2.88	6.365	6.440	6.515	6.589	6.664	6.739	6.814	6.889	6.964	7.039
2.90	6.409	6.484	6.560	6.635	6.711	6.786	6.861	6.937	7.012	7.088
2.92	6.453	6.529	6.605	6.681	6.757	6.833	6.909	6.985	7.061	7.136
2.94	6.497	6.574	6.650	6.727	6.803	6.880	6.956	7.032	7.109	7.185
2.96	6.542	6.619	6.696	6.772	6.849	6.926	7.003	7.080	7.157	7.234
2.98	6.586	6.663	6.741	6.818	6.896	6.973	7.051	7.128	7.206	7.283
3.00	6.630	6.708	6.786	6.864	6.942	7.020	7.098	7.176	7.254	7.332
3.02	6.674	6.753	6.831	6.910	6.988	7.067	7.145	7.224	7.302	7.381
3.04	6.718	6.797	6.876	6.956	7.035	7.114	7.193	7.272	7.351	7.430
3.06	6.763	6.842	6.922	7.001	7.081	7.160	7.240	7.320	7.399	7.479
3.08	6.807	6.887	6.967	7.047	7.127	7.207	7.287	7.367	7.447	7.528

Maß (Dicke) 130 Centimeter (1,30 m) ist.
dimensions (depth) are 130 centimetres (1,30 m).
(l'épaisseur) est 130 centimètres (1,30 m).

Länge/Length Longueur	Breite — Breadth — Largeur									
	1.90	1.92	1.94	1.96	1.98	2.00	2.02	2.04	2.06	2.08
	Inhalt in Kubikmetern — Solid Contents — Cubage									
1.90	4.693									
1.92	4.742	4.792								
1.94	4.792	4.842	4.893							
1.96	4.841	4.892	4.943	4.994						
1.98	4.891	4.942	4.994	5.045	5.097					
2.00	4.940	4.992	5.044	5.096	5.148	5.200				
2.02	4.989	5.042	5.094	5.147	5.199	5.252	5.305			
2.04	5.039	5.092	5.145	5.198	5.251	5.304	5.357	5.410		
2.06	5.088	5.142	5.195	5.249	5.302	5.356	5.410	5.463	5.517	
2.08	5.138	5.192	5.246	5.300	5.354	5.408	5.462	5.516	5.570	5.624
2.10	5.187	5.242	5.296	5.351	5.405	5.460	5.515	5.569	5.624	5.678
2.12	5.236	5.292	5.347	5.402	5.457	5.512	5.567	5.622	5.677	5.732
2.14	5.286	5.341	5.397	5.453	5.508	5.564	5.620	5.675	5.731	5.787
2.16	5.335	5.391	5.448	5.504	5.560	5.616	5.672	5.728	5.784	5.841
2.18	5.385	5.441	5.498	5.555	5.611	5.668	5.725	5.781	5.838	5.895
2.20	5.434	5.491	5.548	5.606	5.663	5.720	5.777	5.834	5.892	5.949
2.22	5.483	5.541	5.599	5.657	5.714	5.772	5.830	5.887	5.945	6.003
2.24	5.533	5.591	5.649	5.708	5.766	5.824	5.882	5.940	5.999	6.057
2.26	5.582	5.641	5.700	5.758	5.817	5.876	5.935	5.994	6.052	6.111
2.28	5.632	5.691	5.750	5.809	5.869	5.928	5.987	6.047	6.106	6.165
2.30	5.681	5.741	5.801	5.860	5.920	5.980	6.040	6.100	6.159	6.219
2.32	5.730	5.791	5.851	5.911	5.972	6.032	6.092	6.153	6.213	6.273
2.34	5.780	5.841	5.901	5.962	6.023	6.084	6.145	6.206	6.267	6.327
2.36	5.829	5.891	5.952	6.013	6.075	6.136	6.197	6.259	6.320	6.381
2.38	5.879	5.940	6.002	6.064	6.126	6.188	6.250	6.312	6.374	6.436
2.40	5.928	5.990	6.053	6.115	6.178	6.240	6.302	6.365	6.427	6.490
2.42	5.977	6.040	6.103	6.166	6.229	6.292	6.355	6.418	6.481	6.544
2.44	6.027	6.090	6.154	6.217	6.281	6.344	6.407	6.471	6.534	6.598
2.46	6.076	6.140	6.204	6.268	6.332	6.396	6.460	6.524	6.588	6.652
2.48	6.126	6.190	6.255	6.319	6.384	6.448	6.512	6.577	6.641	6.706
2.50	6.175	6.240	6.305	6.370	6.435	6.500	6.565	6.630	6.695	6.760
2.52	6.224	6.290	6.355	6.421	6.486	6.552	6.618	6.683	6.749	6.814
2.54	6.274	6.340	6.406	6.472	6.538	6.604	6.670	6.736	6.802	6.868
2.56	6.323	6.390	6.456	6.523	6.589	6.656	6.723	6.789	6.856	6.922
2.58	6.373	6.440	6.507	6.574	6.641	6.708	6.775	6.842	6.909	6.976
2.60	6.422	6.490	6.557	6.625	6.692	6.760	6.828	6.895	6.963	7.030
2.62	6.471	6.540	6.608	6.676	6.744	6.812	6.880	6.948	7.016	7.084
2.64	6.521	6.589	6.658	6.727	6.795	6.864	6.933	7.001	7.070	7.139
2.66	6.570	6.639	6.709	6.778	6.847	6.916	6.985	7.054	7.123	7.193
2.68	6.620	6.689	6.759	6.829	6.898	6.968	7.038	7.107	7.177	7.247
2.70	6.669	6.739	6.809	6.880	6.950	7.020	7.090	7.160	7.231	7.301
2.72	6.718	6.789	6.860	6.931	7.001	7.072	7.143	7.213	7.284	7.355
2.74	6.768	6.839	6.910	6.982	7.053	7.124	7.195	7.266	7.338	7.409
2.76	6.817	6.889	6.961	7.032	7.104	7.176	7.248	7.320	7.391	7.463
2.78	6.867	6.939	7.011	7.083	7.156	7.228	7.300	7.373	7.445	7.517
2.80	6.916	6.989	7.062	7.134	7.207	7.280	7.353	7.426	7.498	7.571
2.82	6.965	7.039	7.112	7.185	7.259	7.332	7.405	7.479	7.552	7.625
2.84	7.015	7.089	7.162	7.236	7.310	7.384	7.458	7.532	7.606	7.679
2.86	7.064	7.139	7.213	7.287	7.362	7.436	7.510	7.585	7.659	7.733
2.88	7.114	7.188	7.263	7.338	7.413	7.488	7.563	7.638	7.713	7.788
2.90	7.163	7.238	7.314	7.389	7.465	7.540	7.615	7.691	7.766	7.842
2.92	7.212	7.288	7.364	7.440	7.516	7.592	7.668	7.744	7.820	7.896
2.94	7.262	7.338	7.415	7.491	7.568	7.644	7.720	7.797	7.873	7.950
2.96	7.311	7.388	7.465	7.542	7.619	7.696	7.773	7.850	7.927	8.004
2.98	7.361	7.438	7.516	7.593	7.671	7.748	7.825	7.903	7.980	8.058
3.00	7.410	7.488	7.566	7.644	7.722	7.800	7.878	7.956	8.034	8.112
3.02	7.459	7.538	7.616	7.695	7.773	7.852	7.931	8.009	8.088	8.166
3.04	7.509	7.588	7.667	7.746	7.825	7.904	7.983	8.062	8.141	8.220
3.06	7.558	7.638	7.717	7.797	7.876	7.956	8.036	8.115	8.195	8.274
3.08	7.608	7.688	7.768	7.848	7.928	8.008	8.088	8.168	8.248	8.328

Kubik-Inhalt der Kolli, deren kleinstes
Solid contents of packages, whose least
Cubage des colis, dont la plus petite dimension

Länge/Length Longueur	Breite — Breadth — Largeur 1.32	1.34	1.36	1.38	1.40	1.42	1.44	1.46	1.48	1.50
	Inhalt in Kubikmetern — Solid Contents — Cubage									
1.32	2.300									
1.34	2.335	2.370								
1.36	2.370	2.406	2.441							
1.38	2.405	2.441	2.477	2.514						
1.40	2.439	2.476	2.513	2.550	2.587					
1.42	2.474	2.512	2.549	2.587	2.624	2.662				
1.44	2.509	2.547	2.585	2.623	2.661	2.699	2.737			
1.46	2.544	2.582	2.621	2.660	2.698	2.737	2.775	2.814		
1.48	2.579	2.618	2.657	2.696	2.735	2.774	2.813	2.852	2.891	
1.50	2.614	2.653	2.693	2.732	2.772	2.812	2.851	2.891	2.930	2.970
1.52	2.648	2.689	2.729	2.769	2.809	2.849	2.889	2.929	2.969	3.010
1.54	2.683	2.724	2.765	2.805	2.846	2.887	2.927	2.968	3.009	3.049
1.56	2.718	2.759	2.801	2.842	2.883	2.924	2.965	3.006	3.048	3.089
1.58	2.753	2.795	2.836	2.878	2.920	2.962	3.003	3.045	3.087	3.128
1.60	2.788	2.830	2.872	2.915	2.957	2.999	3.041	3.034	3.126	3.168
1.62	2.823	2.865	2.908	2.951	2.994	3.037	3.079	3.122	3.165	3.208
1.64	2.858	2.901	2.944	2.987	3.031	3.074	3.117	3.161	3.204	3.247
1.66	2.892	2.936	2.980	3.024	3.068	3.112	3.155	3.199	3.243	3.287
1.68	2.927	2.972	3.016	3.060	3.105	3 149	3.193	3.238	3.282	3.326
1.70	2.962	3.007	3.052	3.097	3.142	3.186	3.231	3.276	3.321	3.366
1.72	2.997	3.042	3.088	3.133	3.179	3.224	3.269	3.315	3.360	3.406
1.74	3.032	3.078	3.124	3.170	3.216	3.261	3.307	3.353	3.399	3.445
1.76	3.067	3.113	3.160	3.206	3.252	3.299	3.345	3.392	3.438	3.485
1.78	3.101	3.148	3.195	3.242	3.289	3.336	3.383	3.430	3.477	3.524
1.80	3.136	3.184	3.231	3.279	3.326	3.374	3.421	3.469	3.516	3.564
1.82	3.171	3.219	3.267	3.315	3.363	3.411	3.459	3.508	3.556	3.604
1.84	3.206	3.255	3.303	3.352	3.400	3.449	3.497	3.546	3.595	3.643
1.86	3.241	3.290	3.339	3.388	3.437	3.486	3.535	3.585	3.634	3.683
1.88	3.276	3.325	3.375	3.425	3.474	3.524	3.574	3.623	3.673	3.722
1.90	3.311	3.361	3.411	3.461	3.511	3.561	3.612	3.662	3.712	3.762
1.92	3.345	3.396	3.447	3.497	3.548	3.599	3.650	3.700	3.751	3.802
1.94	3.380	3.431	3.483	3.534	3.585	3.636	3.688	3.739	3.790	3.841
1.96	3.415	3.467	3.519	3.570	3.622	3.674	3.726	3.777	3.829	3.881
1.98	3.450	3.502	3.554	3.607	3.659	3.711	3.764	3.816	3.868	3.920
2.00	3.485	3.538	3.590	3.643	3.696	3.749	3.802	3.854	3.907	3.960
2.02	3.520	3.573	3.626	3.680	3.733	3.786	3.840	3.893	3.946	4.000
2.04	3.554	3.608	3.662	3.716	3.770	3.824	3.878	3.931	3.985	4.039
2.06	3.589	3.644	3.698	3.752	3.807	3.861	3.916	3.970	4.024	4.079
2.08	3.624	3.679	3.734	3.789	3.844	3.899	3.954	4.009	4.063	4.118
2.10	3.659	3.714	3.770	3.825	3.881	3.936	3.992	4.047	4.103	4.158
2.12	3.694	3.750	3.806	3.862	3.918	3.974	4.030	4.086	4.142	4.198
2.14	3.729	3.785	3.842	3.898	3.955	4.011	4.068	4.124	4.181	4.237
2.16	3.764	3.821	3.878	3.935	3.992	4.049	4.106	4.163	4.220	4.277
2.18	3.798	3.856	3.914	3.971	4.029	4.086	4.144	4.201	4.259	4.316
2.20	3.833	3.891	3.949	4.008	4.066	4.124	4.182	4.240	4.298	4.356
2.22	3.868	3.927	3.985	4.044	4.103	4.161	4.220	4.278	4.337	4.396
2.24	3.903	3.962	4.021	4.080	4.140	4.199	4.258	4.317	4.376	4.435
2.26	3.938	3.997	4.057	4.117	4.176	4.236	4.296	4.355	4.415	4.475
2.28	3.972	4.033	4.093	4.153	4.213	4.274	4.334	4.394	4.454	4.514
2.30	4.008	4.068	4.129	4.190	4.250	4.311	4.372	4.433	4.493	4.554
2.32	4.042	4.104	4.165	4.226	4.287	4.349	4.410	4.471	4.532	4.594
2.34	4.077	4.139	4.201	4.263	4.324	4.386	4.448	4.510	4.571	4.633
2.36	4.112	4.174	4.237	4.299	4.361	4.424	4.486	4.548	4.610	4.673
2.38	4.147	4.210	4.273	4.335	4.398	4.461	4.524	4.587	4.650	4.712
2.40	4.182	4.245	4.308	4.372	4.435	4.499	4.562	4.625	4.689	4.752
2.42	4.217	4.280	4.344	4.408	4.472	4.536	4.600	4.664	4.728	4.792
2.44	4.251	4.316	4.380	4.445	4.509	4.574	4.638	4.702	4.767	4.831
2.46	4.285	4.351	4.416	4.481	4.546	4.611	4.676	4.741	4.806	4.871
2.48	4.321	4.387	4.452	4.518	4.583	4.649	4.714	4.779	4.845	4.910
2.50	4.356	4.422	4.488	4.554	4.620	4.686	4.752	4.818	4.884	4.950
2.52	4.391	4.457	4.524	4.590	4.657	4.723	4.790	4.857	4.923	4.990
2.54	4.426	4.493	4.560	4.627	4.694	4.761	4.828	4.895	4.962	5.029
2.56	4.461	4.528	4.596	4.663	4.731	4.798	4.866	4.934	5.001	5.069
2.58	4.495	4.564	4.632	4.700	4.768	4.836	4.904	4.972	5.040	5.108
2.60	4.530	4.599	4.668	4.736	4.805	4.873	4.942	5.011	5.079	5.148
2.62	4.565	4.634	4.703	4.773	4.842	4.911	4.980	5.049	5.118	5.188
2.64	4.600	4.670	4.739	4.809	4.879	4.948	5.018	5.088	5.158	5.227
2.66	4.635	4.705	4.775	4.845	4.916	4.986	5.056	5.126	5.197	5.267
2.68	4.670	4.740	4.811	4.882	4.953	5.023	5.094	5.165	5.236	5.306
2.70	4.704	4.776	4.847	4.918	4.990	5.061	5.132	5.203	5.275	5.346

Maß (Dicke) 132 Centimeter (1,32 m) ist.
dimensions (depth) are 132 centimetres (1,32 m).
(l'épaisseur) est 132 centimètres (1,32 m).

Länge/Length Longueur	Breite — Breadth — Largeur 1.52	1.54	1.56	1.58	1.60	1.62	1.64	1.66	1.68	1.70
	Inhalt in Kubikmetern — Solid Contents — Cubage									
1.52	3.050									
1.54	3.090	3.131								
1.56	3.130	3.171	3.212							
1.58	3.170	3.212	3.254	3.295						
1.60	3.210	3.252	3.295	3.337	3.379					
1.62	3.250	3.293	3.336	3.379	3.421	3.464				
1.64	3.290	3.334	3.377	3.420	3.464	3.507	3.550			
1.66	3.331	3.374	3.418	3.462	3.506	3.550	3.594	3.637		
1.68	3.371	3.415	3.459	3.504	3.548	3.593	3.637	3.681	3.726	
1.70	3.411	3.456	3.501	3.546	3.590	3.635	3.680	3.725	3.770	3.815
1.72	3.451	3.496	3.542	3.587	3.633	3.678	3.723	3.769	3.814	3.860
1.74	3.491	3.537	3.583	3.629	3.675	3.721	3.767	3.813	3.859	3.905
1.76	3.531	3.578	3.624	3.671	3.717	3.764	3.810	3.857	3.903	3.949
1.78	3.571	3.618	3.665	3.712	3.759	3.806	3.853	3.900	3.947	3.994
1.80	3.612	3.659	3.707	3.754	3.802	3.849	3.897	3.944	3.992	4.039
1.82	3.652	3.700	3.748	3.796	3.844	3.892	3.940	3.988	4.036	4.084
1.84	3.692	3.740	3.789	3.838	3.886	3.935	3.983	4.032	4.080	4.129
1.86	3.732	3.781	3.830	3.879	3.928	3.977	4.027	4 076	4.125	4.174
1.88	3.772	3.822	3.871	3.921	3.971	4.020	4.070	4.119	4.169	4.219
1.90	3.812	3.862	3.912	3.963	4.013	4.063	4.113	4.163	4.213	4.264
1.92	3.852	3.903	3.954	4.004	4.055	4.106	4.156	4.207	4.258	4.308
1.94	3.892	3.944	3.995	4.046	4.097	4.148	4.200	4.251	4.302	4.353
1.96	3.933	3.984	4.036	4.088	4.140	4.191	4.243	4.295	4.346	4.398
1.98	3.973	4.025	4.077	4.129	4.182	4.234	4.286	4.339	4.391	4.443
2.00	4.013	4.066	4.118	4.171	4.224	4.277	4.330	4.382	4.435	4.488
2.02	4.053	4.106	4.160	4.213	4.266	4.320	4.373	4.426	4.480	4.533
2.04	4.093	4.147	4.201	4.255	4.308	4.362	4.416	4.470	4.524	4.578
2.06	4.133	4.188	4.242	4.296	4.351	4.405	4.459	4.514	4.568	4.623
2.08	4.173	4.228	4.283	4.338	4.393	4.448	4.503	4.558	4.613	4.668
2.10	4.213	4.269	4.324	4.380	4.435	4.491	4.546	4.602	4.657	4.712
2.12	4.254	4.310	4.366	4.421	4.477	4.533	4.589	4.645	4.701	4.757
2.14	4.294	4.350	4.407	4.463	4.520	4.576	4.633	4.689	4.746	4.802
2.16	4.334	4.391	4.448	4.505	4.562	4.619	4.676	4.733	4.790	4.847
2.18	4.374	4.432	4.489	4.547	4.604	4.662	4.719	4.777	4.834	4.892
2.20	4.414	4.472	4.530	4.588	4.646	4.704	4.763	4.821	4.879	4.937
2.22	4.454	4.513	4.571	4.630	4.689	4.747	4.806	4.864	4.923	4.982
2.24	4.494	4.553	4.613	4.672	4.731	4.790	4.849	4.908	4.967	5.027
2.26	4.534	4.594	4.654	4.713	4.773	4.833	4.892	4.952	5.012	5.071
2.28	4.575	4.635	4.695	4.755	4.815	4.876	4.936	4.996	5.056	5.116
2.30	4.615	4.675	4.736	4.797	4.858	4.918	4.979	5.040	5.100	5.161
2.32	4.655	4.716	4.777	4.839	4.900	4.961	5.022	5.084	5.145	5.206
2.34	4.695	4.757	4.819	4.880	4.942	5.004	5.066	5.127	5.189	5 251
2.36	4.735	4.797	4.860	4.922	4.984	5.047	5 109	5.171	5.233	5.296
2.38	4.775	4.838	4.901	4.964	5.027	5.089	5.152	5.215	5.278	5.341
2.40	4.815	4.879	4.942	5.005	5.069	5.132	5.196	5.259	5.322	5.386
2.42	4.855	4.919	4.983	5.047	5.111	5.175	5.239	5.303	5.367	5.430
2.44	4.896	4.960	5.024	5.089	5.153	5.218	5.282	5.347	5.411	5.475
2.46	4.936	5.001	5 066	5.131	5.196	5.260	5.325	5.390	5.455	5.520
2.48	4.976	5.041	5.107	5.172	5.238	5.303	5.369	5.434	5.500	5.565
2.50	5.016	5.082	5.148	5.214	5.280	5.346	5.412	5.478	5.544	5.610
2.52	5.056	5.123	5.189	5.256	5.322	5.389	5.455	5.522	5.588	5.655
2.54	5.096	5.163	5.230	5.297	5.364	5.432	5.499	5.566	5.633	5.700
2.56	5.136	5.204	5.272	5.339	5.407	5.474	5.542	5.609	5.677	5.745
2.58	5.177	5.245	5 313	5.381	5.449	5.517	5.585	5.653	5.721	5.790
2.60	5.217	5.285	5.354	5.423	5.491	5.560	5.628	5.697	5.766	5.834
2.62	5.257	5.326	5.395	5.464	5.533	5.603	5.672	5.741	5.810	5.879
2.64	5.297	5.367	5.436	5.506	5.576	5.645	5.715	5.785	5.854	5.924
2.66	5.337	5.407	5.477	5.548	5.618	5.688	5.758	5.829	5.899	5.969
2.68	5.377	5.448	5.519	5.589	5.660	5.731	5.802	5.872	5.943	6 014
2.70	5.417	5.489	5.560	5 631	5.702	5.774	5.845	5.916	5.988	6.059

Kubik-Inhalt der Kolli, deren kleinstes
Solid contents of packages, whose least
Cubage des colis, dont la plus petite dimension

Länge/Length Longueur	Breite — Breadth — Largeur 1.72	1.74	1.76	1.78	1.80	1.82	1.84	1.86	1.88	1.90
	Inhalt in Kubikmetern — Solid Contents — Cubage									
1.72	3.905									
1.74	3.950	3.996								
1.76	3.996	4.042	4.089							
1.78	4.041	4.088	4.135	4.182						
1.80	4.087	4.134	4.182	4.229	4.277					
1.82	4.132	4.180	4.228	4.276	4.324	4.372				
1.84	4.178	4.226	4.275	4.323	4.372	4.420	4.469			
1.86	4.223	4.272	4.321	4.370	4.419	4.468	4.518	4.567		
1.88	4.268	4.318	4.368	4.417	4.467	4.517	4.566	4.616	4.665	
1.90	4.314	4.364	4.414	4.464	4.514	4.565	4.615	4.665	4.715	4.765
1.92	4.359	4.410	4.461	4.511	4.562	4.613	4.663	4.714	4.765	4.815
1.94	4.405	4.456	4.507	4.558	4.609	4.661	4.712	4.763	4.814	4.866
1.96	4.450	4.502	4.553	4.605	4.657	4.709	4.760	4.812	4.864	4.916
1.98	4.495	4.548	4.600	4.652	4.704	4.757	4.809	4.861	4.914	4.966
2.00	4.541	4.594	4.646	4.699	4.752	4.805	4.858	4.910	4 963	5.016
2.02	4.586	4.640	4.693	4.746	4.800	4.853	4.906	4.960	5.013	5.066
2.04	4.632	4.685	4.739	4.793	4.847	4.901	4.958	5.009	5.062	5.116
2.06	4.677	4.731	4.786	4.840	4.895	4.949	5.003	5.058	5.112	5.166
2.08	4.722	4.777	4.832	4.887	4.942	4.997	5.052	5.107	5.162	5.217
2.10	4.768	4.823	4.879	4 934	4.990	5.045	5.100	5.156	5.211	5.267
2.12	4.813	4.869	4.925	4.981	5.039	5.093	5.149	5.205	5.261	5.317
2.14	4.859	4.915	4.972	5.028	5.085	5.141	5.193	5.254	5.311	5.367
2.16	4.904	4.961	5.018	5.075	5.132	5.189	5.246	5.303	5.360	5.417
2.18	4.949	5.007	5.065	5.122	5.180	5.237	5.295	5.352	5.410	5.467
2.20	4.995	5 053	5.111	5.169	5.227	5.285	5.343	5.401	5.460	5.518
2.22	5.040	5.099	5.158	5.216	5.275	5.333	5.392	5.451	5.509	5.568
2.24	5.086	5.145	5.204	5.263	5.322	5.381	5.441	5.500	5.559	5.618
2.26	5.131	5.191	5.250	5.310	5.370	5.429	5.489	5.549	5.608	5.668
2.28	5.177	5.237	5.297	5.357	5.417	5.477	5.538	5.598	5.658	5.718
2.30	5.222	5.283	5.343	5.404	5.465	5.526	5.586	5.647	5.708	5.768
2.32	5.267	5.329	5.390	5.451	5.512	5.574	5.635	5.696	5.757	5.819
2.34	5.313	5.375	5.436	5.498	5.560	5.622	5.683	5.745	5.807	5.869
2.36	5.358	5.420	5.483	5.545	5.607	5.670	5.732	5.794	5.857	5.919
2.38	5.404	5.466	5.529	5.592	5.655	5.718	5.781	5.843	5.906	5.969
2.40	5.449	5.512	5.576	5.639	5.702	5.766	5.829	5.892	5.956	6.019
2.42	5.494	5.558	5.622	5.686	5.750	5.814	5.878	5.942	6.005	6.069
2.44	5.540	5.604	5.669	5.733	5.797	5.862	5.926	5.991	6.055	6.120
2.46	5.585	5.650	5.715	5.780	5.845	5.910	5.975	6.040	6.105	6.170
2.48	5.631	5.696	5.762	5.827	5.892	5.958	6.023	6.089	6.154	6 220
2.50	5.676	5.742	5.808	5.874	5.940	6.006	6.072	6.138	6.204	6.270
2.52	5.721	5.788	5.854	5.921	5.988	6.054	6.121	6.187	6.254	6.320
2.54	5.767	5.834	5.901	5.968	6.035	6.102	6.169	6.236	6.303	6.370
2.56	5.812	5.880	5.947	6.015	6.083	6.150	6.218	6.285	6.353	6.420
2.58	5.858	5.926	5.994	6.062	6.130	6.198	6.266	6.334	6.403	6.471
2.60	5.903	5.972	6.040	6.109	6 178	6.246	6.315	6.384	6.452	6.521
2.62	5.948	6.018	6.087	6.156	6.225	6.294	6.363	6.433	6.502	6.571
2.64	5.994	6.064	6.133	6.203	6.273	6.342	6.412	6.482	6.551	6.621
2.66	6.039	6.109	6.180	6.250	6.320	6.390	6.461	6.531	6.601	6.671
2.68	6.085	6.155	6.226	6.297	6.368	6.438	6.509	6.580	6.651	6.721
2.70	6.130	6.201	6.273	6.344	6.415	6.486	6.558	6.629	6.700	6.772
2.72	6.175	6.247	6.319	6.391	6.463	6.535	6.606	6.678	6.750	6.822
2.74	6.221	6.293	6.366	6.438	6.510	6.583	6.655	6.727	6.800	6.872
2.76	6.266	6.339	6.412	6.485	6.558	6.631	6.703	6.776	6.849	6.922
2.78	6.312	6.385	6.458	6.532	6.605	6.679	6.752	6.825	6.899	6.972
2.80	6.357	6.431	6.505	6.579	6.653	6.727	6.801	6.875	6.948	7.022
2.82	6.403	6.477	6.551	6.626	6.700	6.775	6.849	6.924	6.998	7.073
2.84	6.448	6.523	6.598	6.673	6.748	6.823	6.898	6.973	7.048	7.123
2.86	6.493	6.569	6.644	6.720	6.795	6.871	6.946	7.022	7.097	7.173
2.88	6.539	6.615	6.691	6.767	6.843	6.919	6.995	7.071	7.147	7.223
2.90	6.584	6.661	6.737	6.814	6.890	6.967	7.044	7.120	7.197	7.273
2.92	6.630	6.707	6.784	6.861	6.938	7.015	7.092	7.169	7.246	7.323
2.94	6.675	6.753	6.830	6.908	6.985	7.063	7.141	7.218	7.296	7.374
2.96	6.720	6.799	6.877	6.955	7.033	7.111	7.189	7.267	7.346	7 424
2.98	6.766	6.844	6.923	7.002	7.080	7.159	7.238	7.316	7.395	7.474
3.00	6.811	6.890	6.970	7.049	7.128	7.207	7.286	7.366	7.445	7.524
3.02	6.857	6.936	7.016	7.096	7.176	7.255	7.335	7.415	7.494	7.574
3.04	6.902	6.982	7.063	7.143	7.223	7.303	7.384	7.464	7.544	7.624
3.06	6.947	7.028	7.109	7.190	7.271	7.351	7.432	7.513	7.594	7.674
3.08	6.993	7.074	7.155	7.237	7.318	7.399	7.481	7.562	7.643	7.725
3.10	7.038	7.120	7.202	7.284	7.366	7.447	7.529	7.611	7.693	7.775

Maß (Dicke) 132 Centimeter (1,32 m) ist.
dimensions (depth) are 132 centimetres (1,32 m).
(l'épaisseur) est 132 centimètres (1,32 m).

Länge/Length Longueur	Breite — Breadth — Largeur									
	1.92	1.94	1.96	1.98	2.00	2.02	2.04	2.06	2.08	2.10
	Inhalt in Kubikmetern — Solid Contents — Cubage									
1.92	4.866									
1.94	4.917	4.968								
1.96	4.967	5.019	5.071							
1.98	5.018	5.070	5.123	5.175						
2.00	5.069	5.122	5.174	5.227	5.280					
2.02	5.119	5.173	5.226	5.279	5.333	5.386				
2.04	5.170	5.224	5.278	5.332	5.386	5.439	5.493			
2.06	5.221	5.275	5.330	5.384	5.438	5.493	5.547	5.602		
2.08	5.272	5.326	5.381	5.436	5.491	5.546	5.601	5.656	5.711	
2.10	5.322	5.378	5.433	5.489	5.544	5.599	5.655	5.710	5.766	5.821
2.12	5.373	5.429	5.485	5.541	5.597	5.653	5.709	5.765	5.821	5.877
2.14	5.424	5.480	5.537	5.593	5.650	5.706	5.763	5.819	5.876	5.932
2.16	5.474	5.531	5.588	5.645	5.702	5.759	5.816	5.873	5.930	5.988
2.18	5.525	5.583	5.640	5.698	5.755	5.813	5.870	5.928	5.985	6.043
2.20	5.576	5.634	5.692	5.750	5.808	5.866	5.924	5.982	6.040	6.098
2.22	5.626	5.685	5.744	5.802	5.861	5.919	5.978	6.037	6.095	6.154
2.24	5.677	5.736	5.795	5.854	5.914	5.973	6.032	6.091	6.150	6.209
2.26	5.728	5.787	5.847	5.907	5.966	6.026	6.086	6.145	6 205	6.265
2.28	5.778	5.839	5.899	5.959	6.019	6.079	6.140	6.200	6.260	6.320
2.30	5.829	5.890	5.951	6.011	6.072	6.133	6.193	6.254	6.315	6.376
2.32	5.880	5.941	6.002	6.064	6.125	6.186	6.247	6.309	6.370	6.431
2.34	5.930	5.992	6.054	6.116	6.178	6.239	6.301	6.363	6.425	6.486
2.36	5.981	6.043	6.106	6.168	6.230	6.293	6.355	6.417	6.480	6.542
2.38	6.032	6.095	6.158	6.220	6.283	6.346	6.409	6.472	6.535	6.597
2.40	6.083	6.146	6.209	6.273	6.336	6.399	6.463	6.526	6.589	6.653
2.42	6.133	6.197	6.261	6.325	6.389	6.453	6.517	6.580	6.644	6.708
2.44	6.184	6.248	6.313	6.377	6.442	6.506	6.570	6.635	6.699	6.764
2.46	6.235	6.300	6.365	6.429	6.494	6.559	6.624	6.689	6.754	6.819
2.48	6.285	6.351	6.416	6.482	6.547	6.613	6.678	6.744	6.809	6.875
2.50	6.336	6.402	6.468	6.534	6.600	6.666	6.732	6.798	6.864	6.930
2.52	6.387	6.453	6.520	6.586	6.653	6.719	6.786	6.852	6.919	6.985
2.54	6.437	6.504	6.571	6.639	6.706	6.773	6.840	6.907	6.974	7.041
2.56	6.488	6.556	6.623	6.691	6.758	6.826	6.894	6.961	7.029	7.096
2.58	6.539	6.607	6.675	6.743	6.811	6.879	6.947	7.016	7.084	7.152
2.60	6.589	6.658	6.727	6.795	6.864	6.933	7.001	7.070	7.139	7.207
2.62	6.640	6.709	6.778	6.848	6.917	6.986	7.055	7.124	7.193	7.263
2.64	6.691	6.761	6.830	6.900	6.970	7.039	7.109	7.179	7.248	7.318
2.66	6.742	6.812	6.882	6.952	7.022	7.093	7.163	7.233	7.303	7.374
2.68	6.792	6.863	6.934	7.004	7.075	7.146	7.217	7.287	7.358	7.429
2.70	6.843	6.914	6.985	7.057	7.128	7.199	7.271	7.342	7.413	7.484
2.72	6.894	6.965	7.037	7.109	7.181	7.253	7.324	7.396	7.468	7.540
2.74	6.944	7.017	7.089	7.161	7.234	7.306	7.378	7.451	7.523	7.595
2.76	6.995	7.068	7.141	7.214	7.286	7.359	7.432	7.505	7.578	7.651
2.78	7.046	7.119	7.192	7.266	7.339	7.413	7.486	7.559	7.633	7.706
2.80	7.096	7.170	7.244	7.318	7.392	7.466	7.540	7.614	7.688	7.762
2.82	7.147	7.221	7.296	7.370	7.445	7.519	7.594	7.668	7.743	7.817
2.84	7.198	7.273	7.348	7.423	7.498	7.573	7.648	7.723	7.798	7.872
2.86	7.248	7.324	7.399	7.475	7.550	7.626	7.701	7.777	7.852	7.928
2.88	7.299	7.375	7.451	7.527	7.603	7.679	7.755	7.831	7.907	7.983
2.90	7.350	7.426	7.503	7.579	7.656	7.733	7.809	7.886	7.962	8.039
2.92	7.400	7.478	7.555	7.632	7.709	7.786	7.863	7.940	8.017	8.094
2.94	7.451	7.529	7.606	7.684	7.762	7.839	7.917	7.994	8.072	8.150
2.96	7.502	7.580	7.658	7.736	7.814	7.893	7.971	8.049	8.127	8.205
2.98	7.553	7.631	7.710	7.789	7.867	7.946	8.025	8.103	8.182	8.261
3.00	7.603	7.682	7.762	7.841	7.920	7.999	8.078	8.158	8.237	8.316
3.02	7.654	7.734	7.813	7.893	7.973	8.053	8.132	8.212	8.292	8.371
3.04	7.705	7.785	7.865	7.945	8.026	8.106	8.186	8.266	8.347	8.427
3.06	7.755	7.836	7.917	7.998	8.078	8.159	8.240	8.321	8.402	8.482
3.08	7.806	7.887	7.969	8.050	8.131	8.213	8.294	8.375	8.456	8.538
3.10	7.857	7.938	8.020	8.102	8.184	8.266	8.348	8.430	8.511	8.593

Kubik-Inhalt der Kolli, deren kleinstes
Solid contents of packages, whose least
Cubage des colis, dont la plus petite dimension

Länge/Length Longueur	Breite — Breadth — Largeur 1.34	1.36	1.38	1.40	1.42	1.44	1.46	1.48	1.50	1.52
	Inhalt in Kubikmetern — Solid Contents — Cubage									
1.34	2.406									
1.36	2.442	2.478								
1.38	2.478	2.515	2.552							
1.40	2.514	2.551	2.589	2.626						
1.42	2.550	2.588	2.626	2.664	2.702					
1.44	2.586	2.624	2.663	2.701	2.740	2.779				
1.46	2.622	2.661	2.700	2.739	2.778	2.817	2.856			
1.48	2.657	2.697	2.737	2.776	2.816	2.856	2.895	2.935		
1.50	2.693	2.734	2.774	2.814	2.854	2.894	2.935	2.975	3.015	
1.52	2.729	2.770	2.811	2.852	2.892	2.933	2.974	3.014	3.055	3.096
1.54	2.765	2.806	2.848	2.889	2.930	2.972	3.013	3.054	3.095	3.137
1.56	2.801	2.843	2.885	2.927	2.968	3.010	3.052	3.094	3.136	3.177
1.58	2.837	2.879	2.922	2.964	3.006	3.049	3.091	3.133	3.176	3.218
1.60	2.873	2.916	2.959	3.002	3.044	3.087	3.130	3.173	3.216	3.259
1.62	2.909	2.952	2.996	3.039	3.083	3.126	3.169	3.213	3.256	3.300
1.64	2.945	2.989	3.033	3.077	3.121	3.165	3.208	3.252	3.296	3.340
1.66	2.981	3.025	3.070	3.114	3.159	3.203	3.248	3.292	3.337	3.381
1.68	3.017	3.062	3.107	3.152	3.197	3.242	3.287	3.332	3.377	3.422
1.70	3.053	3.098	3.144	3.189	3.235	3.280	3.326	3.371	3.417	3.463
1.72	3.088	3.135	3.181	3.227	3.273	3.319	3.365	3.411	3.457	3.503
1.74	3.124	3.171	3.218	3.264	3.311	3.358	3.404	3.451	3.497	3.544
1.76	3.160	3.207	3.255	3.302	3.349	3.396	3.443	3.490	3.538	3.585
1.78	3.196	3.244	3.292	3.339	3.387	3.435	3.482	3.530	3.578	3.626
1.80	3.232	3.280	3.329	3.377	3.425	3.473	3.522	3.570	3.618	3.666
1.82	3.268	3.317	3.366	3.414	3.463	3.512	3.561	3.609	3.658	3.707
1.84	3.304	3.353	3.403	3.452	3.501	3.550	3.600	3.649	3.698	3.748
1.86	3.340	3.390	3.440	3.489	3.539	3.589	3.639	3.689	3.739	3.788
1.88	3.376	3.426	3.476	3.527	3.577	3.628	3.678	3.728	3.779	3.829
1.90	3.412	3.463	3.513	3.564	3.615	3.666	3.717	3.768	3.819	3.870
1.92	3.448	3.499	3.550	3.602	3.653	3.705	3.756	3.808	3.859	3.911
1.94	3.483	3.535	3.587	3.639	3.691	3.743	3.795	3.847	3.899	3.951
1.96	3.519	3.572	3.624	3.677	3.729	3.782	3.835	3.887	3.940	3.992
1.98	3.555	3.608	3.661	3.714	3.768	3.821	3.874	3.927	3.980	4.033
2.00	3.591	3.645	3.698	3.752	3.806	3.859	3.913	3.966	4.020	4.074
2.02	3.627	3.681	3.735	3.790	3.844	3.898	3.952	4.006	4.060	4.114
2.04	3.663	3.718	3.772	3.827	3.882	3.936	3.991	4.046	4.100	4.155
2.06	3.699	3.754	3.809	3.865	3.920	3.975	4.030	4.085	4.141	4.196
2.08	3.735	3.791	3.846	3.902	3.958	4.014	4.069	4.125	4.181	4.237
2.10	3.771	3.827	3.883	3.940	3.996	4.052	4.108	4.165	4.221	4.277
2.12	3.807	3.863	3.920	3.977	4.034	4.091	4.148	4.204	4.261	4.318
2.14	3.843	3.900	3.957	4.015	4.072	4.129	4.187	4.244	4.301	4.359
2.16	3.878	3.936	3.994	4.052	4.110	4.168	4.226	4.284	4.342	4.399
2.18	3.914	3.973	4.031	4.090	4.148	4.207	4.265	4.323	4.382	4.440
2.20	3.950	4.009	4.068	4.127	4.186	4.245	4.304	4.363	4.422	4.481
2.22	3.986	4.046	4.105	4.165	4.224	4.284	4.343	4.403	4.462	4.522
2.24	4.022	4.082	4.142	4.202	4.262	4.322	4.382	4.442	4.502	4.562
2.26	4.058	4.119	4.179	4.240	4.300	4.361	4.421	4.482	4.543	4.603
2.28	4.094	4.155	4.216	4.277	4.338	4.399	4.461	4.522	4.583	4.644
2.30	4.130	4.192	4.253	4.315	4.376	4.438	4.500	4.561	4.623	4.685
2.32	4.166	4.228	4.290	4.352	4.414	4.477	4.539	4.601	4.663	4.725
2.34	4.202	4.264	4.327	4.390	4.453	4.515	4.578	4.641	4.703	4.766
2.36	4.238	4.301	4.364	4.427	4.491	4.554	4.617	4.680	4.744	4.807
2.38	4.274	4.337	4.401	4.465	4.529	4.592	4.656	4.720	4.784	4.848
2.40	4.309	4.374	4.438	4.502	4.567	4.631	4.695	4.760	4.824	4.888
2.42	4.345	4.410	4.475	4.540	4.605	4.670	4.734	4.799	4.864	4.929
2.44	4.381	4.447	4.512	4.577	4.643	4.708	4.774	4.839	4.904	4.970
2.46	4.417	4.483	4.549	4.615	4.681	4.747	4.813	4.879	4.945	5.011
2.48	4.453	4.520	4.586	4.652	4.719	4.785	4.852	4.918	4.985	5.051
2.50	4.489	4.556	4.623	4.690	4.757	4.824	4.891	4.958	5.025	5.092
2.52	4.525	4.592	4.660	4.728	4.795	4.863	4.930	4.998	5.065	5.133
2.54	4.561	4.629	4.697	4.765	4.833	4.901	4.969	5.037	5.105	5.173
2.56	4.597	4.665	4.734	4.803	4.871	4.940	5.008	5.077	5.146	5.214
2.58	4.633	4.702	4.771	4.840	4.909	4.978	5.048	5.117	5.186	5.255
2.60	4.669	4.738	4.808	4.878	4.947	5.017	5.087	5.156	5.226	5.296
2.62	4.704	4.775	4.845	4.915	4.985	5.056	5.126	5.196	5.266	5.336
2.64	4.740	4.811	4.882	4.953	5.023	5.094	5.165	5.236	5.306	5.377
2.66	4.776	4.848	4.919	4.990	5.061	5.133	5.204	5.275	5.347	5.418
2.68	4.812	4.884	4.956	5.028	5.100	5.171	5.243	5.315	5.387	5.459
2.70	4.848	4.920	4.993	5.065	5.138	5.210	5.282	5.355	5.427	5.499
2.72	4.884	4.957	5.030	5.103	5.176	5.249	5.321	5.394	5.467	5.540

Maß (Dicke) 134 Centimeter (1,34 m) ist.
dimensions (depth) are 134 centimetres (1,34 m).
(l'épaisseur) est 134 centimètres (1,34 m).

Länge/Length Longueur	Breite — Breadth — Largeur									
	1.54	1.56	1.58	1.60	1.62	1.64	1.66	1.68	1.70	1.72
	Inhalt in Kubikmetern — Solid Contents — Cubage									
1.54	3.178									
1.56	3.219	3.261								
1.58	3.260	3.303	3.345							
1.60	3.302	3.345	3.388	3.430						
1.62	3.343	3.386	3.430	3.473	3.517					
1.64	3.384	3.428	3.472	3.516	3.560	3.604				
1.66	3.426	3.470	3.515	3.559	3.604	3.648	3.693			
1.68	3.467	3.512	3.557	3.602	3.647	3.692	3.737	3.782		
1.70	3.508	3.554	3.599	3.645	3.690	3.736	3.781	3.827	3.873	
1.72	3.549	3.595	3.642	3.688	3.734	3.780	3.826	3.872	3.918	3.964
1.74	3.591	3.637	3.684	3.731	3.777	3.824	3.870	3.817	3.964	4.010
1.76	3.632	3.679	3.726	3.773	3.821	3.868	3.915	3.962	4.009	4.056
1.78	3.673	3.721	3.769	3.816	3.864	3.912	3.959	4.007	4.055	4.103
1.80	3.714	3.763	3.811	3.859	3.907	3.956	4.004	4.052	4.100	4.149
1.82	3.756	3.805	3.853	3.902	3.951	4.000	4.048	4.097	4.146	4.195
1.84	3.797	3.846	3.896	3.945	3.994	4.044	4.093	4.142	4.192	4.241
1.86	3.838	3.888	3.938	3.988	4.038	4.088	4.137	4.187	4.237	4.287
1.88	3.880	3.930	3.980	4.031	4.081	4.131	4.182	4.232	4.283	4.333
1.90	3.921	3.972	4.023	4.074	4.125	4.175	4.226	4.277	4.328	4.379
1.92	3.962	4.014	4.065	4.116	4.168	4.219	4.271	4.322	4.374	4.425
1.94	4.003	4.055	4.107	4.159	4.211	4.263	4.315	4.367	4.419	4.471
1.96	4.045	4.097	4.150	4.202	4.255	4.307	4.360	4.412	4.465	4.517
1.98	4.086	4.139	4.192	4.245	4.298	4.351	4.404	4.457	4.510	4.564
2.00	4.127	4.181	4.234	4.288	4.342	4.395	4.449	4.502	4.556	4.610
2.02	4.168	4.223	4.277	4.331	4.385	4.439	4.493	4.547	4.602	4.656
2.04	4.210	4.264	4.319	4.374	4.428	4.483	4.538	4.592	4.647	4.702
2.06	4.251	4.306	4.361	4.417	4.472	4.527	4.582	4.637	4.693	4.748
2.08	4.292	4.348	4.404	4.460	4.515	4.571	4.627	4.682	4.738	4.794
2.10	4.334	4.390	4.446	4.502	4.559	4.615	4.671	4.728	4.784	4.840
2.12	4.375	4.432	4.488	4.545	4.602	4.659	4.716	4.773	4.829	4.886
2.14	4.416	4.473	4.531	4.588	4.646	4.703	4.760	4.818	4.875	4.932
2.16	4.457	4.515	4.573	4.631	4.689	4.747	4.805	4.863	4.920	4.978
2.18	4.499	4.557	4.615	4.674	4.732	4.791	4.849	4.908	4.966	5.024
2.20	4.540	4.599	4.658	4.717	4.776	4.835	4.894	4.953	5.012	5.071
2.22	4.581	4.641	4.700	4.760	4.819	4.879	4.938	4.998	5.057	5.117
2.24	4.622	4.682	4.743	4.803	4.863	4.923	4.983	5.043	5.103	5.163
2.26	4.664	4.724	4.785	4.845	4.906	4.967	5.027	5 088	5.148	5.209
2.28	4.705	4.766	4.827	4.888	4.949	5.011	5.072	5.133	5.194	5.255
2.30	4.746	4.808	4.870	4.931	4.993	5.054	5.116	5.178	5.239	5.301
2.32	4.788	4.850	4.912	4.974	5.036	5.098	5.161	5.223	5.285	5.347
2.34	4.829	4.892	4.954	5.017	5.080	5.142	5.205	5.268	5.331	5.393
2.36	4.870	4.933	4.997	5.060	5.123	5.186	5.250	5.313	5.376	5.439
2.38	4.911	4.975	5.039	5.103	5.167	5.230	5.294	5.358	5.422	5.485
2.40	4.953	5.017	5.081	5.146	5.210	5.274	5.339	5.403	5.467	5.532
2.42	4.994	5.059	5.124	5.188	5.253	5.318	5.383	5.448	5.513	5.578
2.44	5.035	5.101	5.166	5.231	5.297	5.362	5.428	5.493	5.558	5.624
2.46	5.076	5.142	5.208	5.274	5.340	5.406	5.472	5.538	5.604	5.670
2.48	5.118	5.184	5.251	5.317	5.384	5.450	5.517	5.583	5.649	5.716
2.50	5.159	5.226	5.293	5.360	5.427	5.494	5.561	5.628	5.695	5.762
2.52	5.200	5.268	5.335	5.403	5.470	5.538	5.605	5.673	5.741	5.808
2.54	5.242	5.310	5.378	5.446	5.514	5.582	5.650	5.718	5.786	5.854
2.56	5.283	5.351	5.420	5.489	5.557	5.626	5.694	5.763	5.832	5.900
2.58	5.324	5.393	5.462	5.532	5.601	5.670	5.739	5.808	5.877	5.946
2.60	5.365	5.435	5.505	5.574	5.644	5.714	5.783	5.853	5.923	5.992
2.62	5.407	5.477	5.547	5.617	5.687	5.758	5.828	5.898	5.968	6.039
2.64	5.448	5.519	5.589	5.660	5.731	5.802	5.872	5.943	6.014	6.085
2.66	5.489	5.560	5.632	5.703	5.774	5.846	5.917	5.988	6.059	6.131
2.68	5.530	5.602	5.674	5.746	5.818	5.890	5.961	6.033	6.105	6.177
2.70	5.572	5.644	5.716	5.789	5.861	5.934	6.006	6.078	6.151	6.223
2.72	5.613	5.686	5.759	5.832	5.905	5.977	6.050	6.123	6.196	6.269

Kubik-Inhalt der Kolli, deren kleinstes
Solid contents of packages, whose least
Cubage des colis, dont la plus petite dimension

Länge/Length Longueur	Breite — Breadth — Largeur									
	1.74	1.76	1.78	1.80	1.82	1.84	1.86	1.88	1.90	1.92
	Inhalt in Kubikmetern — Solid Contents — Cubage									
1.74	4.057									
1.76	4.104	4.151								
1.78	4.150	4.198	4.246							
1.80	4.197	4.245	4.293	4.342						
1.82	4.244	4.292	4.341	4.390	4.439					
1.84	4.290	4.339	4.389	4.438	4.487	4.537				
1.86	4.337	4.387	4.436	4.486	4.536	4.586	4.636			
1.88	4.383	4.434	4.484	4.535	4.585	4.635	4.686	4.736		
1.90	4.430	4.481	4.532	4.583	4.634	4.685	4.736	4.786	4.837	
1.92	4.477	4.528	4.580	4.631	4.682	4.734	4.785	4.837	4.888	4.940
1.94	4.523	4.575	4.627	4.679	4.731	4.783	4.835	4.887	4.939	4.991
1.96	4.570	4.622	4.675	4.728	4.780	4.833	4.885	4.938	4.990	5.043
1.98	4.617	4.670	4.723	4.776	4.829	4.882	4.935	4.988	5.041	5.094
2.00	4.663	4.717	4.770	4.824	4.878	4.931	4.985	5.038	5.092	5.146
2.02	4.710	4.764	4.818	4.872	4.926	4.981	5.035	5.089	5.143	5.197
2.04	4.756	4.811	4.866	4.920	4.975	5.030	5.084	5.139	5.194	5.249
2.06	4.803	4.858	4.914	4.969	5.024	5.079	5.134	5.190	5.245	5.300
2.08	4.850	4.905	4.961	5.017	5.073	5.128	5.184	5.240	5.296	5.351
2.10	4.896	4.953	5.009	5.065	5.121	5.178	5.234	5.290	5.347	5.403
2.12	4.943	5.000	5.057	5.113	5.170	5.227	5.284	5.341	5.398	5.454
2.14	4.990	5.047	5.104	5.162	5.219	5.276	5.334	5.391	5.448	5.506
2.16	5.036	5.094	5.152	5.210	5.268	5.326	5.384	5.441	5.499	5.557
2.18	5.083	5.141	5.200	5.258	5.317	5.375	5.433	5.492	5.550	5.609
2.20	5.130	5.188	5.247	5.306	5.365	5.424	5.483	5.542	5.601	5.660
2.22	5.176	5.236	5.295	5.355	5.414	5.474	5.533	5.593	5.652	5.712
2.24	5.223	5.283	5.343	5.403	5.463	5.523	5.583	5.643	5.703	5.763
2.26	5.269	5.330	5.391	5.451	5.512	5.572	5.633	5.693	5.754	5.815
2.28	5.316	5.377	5.438	5.499	5.560	5.622	5.683	5.744	5.805	5.866
2.30	5.363	5.424	5.486	5.548	5.609	5.671	5.733	5.794	5.856	5.917
2.32	5.409	5.471	5.534	5.596	5.658	5.720	5.782	5.845	5.907	5.969
2.34	5.456	5.519	5.581	5.644	5.707	5.770	5.832	5.895	5.958	6.020
2.36	5.503	5.566	5.629	5.692	5.756	5.819	5.882	5.945	6.009	6.072
2.38	5.549	5.613	5.677	5.741	5.804	5.868	5.932	5.996	6.059	6.123
2.40	5.596	5.660	5.724	5.789	5.853	5.917	5.982	6.046	6.110	6.175
2.42	5.642	5.707	5.772	5.837	5.902	5.967	6.032	6.096	6.161	6.226
2.44	5.689	5.754	5.820	5.885	5.951	6.016	6.081	6.147	6.212	6.278
2.46	5.736	5.802	5.868	5.934	5.999	6.065	6.131	6.197	6.263	6.329
2.48	5.782	5.849	5.915	5.982	6.048	6.115	6.181	6.248	6.314	6.381
2.50	5.829	5.896	5.963	6.030	6.097	6.164	6.231	6.298	6.365	6.432
2.52	5.876	5.943	6.011	6.078	6.146	6.213	6.281	6.348	6.416	6.483
2.54	5.922	5.990	6.058	6.126	6.195	6.263	6.331	6.399	6.467	6.535
2.56	5.969	6.038	6.106	6.175	6.243	6.312	6.381	6.449	6.518	6.586
2.58	6.016	6.085	6.154	6.223	6.292	6.361	6.430	6.500	6.569	6.638
2.60	6.062	6.132	6.202	6.271	6.341	6.411	6.480	6.550	6.620	6.689
2.62	6.109	6.179	6.249	6.319	6.390	6.460	6.530	6.600	6.671	6.741
2.64	6.155	6.226	6.297	6.368	6.438	6.509	6.580	6.651	6.721	6.792
2.66	6.202	6.273	6.345	6.416	6.487	6.558	6.630	6.701	6.772	6.844
2.68	6.249	6.321	6.392	6.464	6.536	6.608	6.680	6.751	6.823	6.895
2.70	6.295	6.368	6.440	6.512	6.585	6.657	6.729	6.802	6.874	6.947
2.72	6.342	6.415	6.488	6.561	6.634	6.706	6.779	6.852	6.925	6.998
2.74	6.389	6.462	6.535	6.609	6.682	6.756	6.829	6.903	6.976	7.049
2.76	6.435	6.509	6.583	6.657	6.731	6.805	6.879	6.953	7.027	7.101
2.78	6.482	6.556	6.631	6.705	6.780	6.854	6.929	7.003	7.078	7.152
2.80	6.528	6.604	6.679	6.754	6.829	6.904	6.979	7.054	7.129	7.204
2.82	6.575	6.651	6.726	6.802	6.877	6.953	7.029	7.104	7.180	7.255
2.84	6.622	6.698	6.774	6.850	6.926	7.002	7.078	7.155	7.231	7.307
2.86	6.668	6.745	6.822	6.898	6.975	7.052	7.128	7.205	7.282	7.358
2.88	6.715	6.792	6.869	6.947	7.024	7.101	7.178	7.255	7.332	7.410
2.90	6.762	6.839	6.917	6.995	7.073	7.150	7.228	7.306	7.383	7.461
2.92	6.808	6.887	6.965	7.043	7.121	7.200	7.278	7.356	7.434	7.513
2.94	6.855	6.934	7.012	7.091	7.170	7.249	7.328	7.406	7.485	7.564
2.96	6.902	6.981	7.060	7.140	7.219	7.298	7.378	7.457	7.536	7.615
2.98	6.948	7.028	7.108	7.188	7.268	7.347	7.427	7.507	7.587	7.667
3.00	6.995	7.075	7.156	7.236	7.316	7.397	7.477	7.558	7.638	7.718
3.02	7.041	7.122	7.203	7.284	7.365	7.446	7.527	7.608	7.689	7.770
3.04	7.088	7.170	7.251	7.332	7.414	7.495	7.577	7.658	7.740	7.821
3.06	7.135	7.217	7.299	7.381	7.463	7.545	7.627	7.709	7.791	7.873
3.08	7.181	7.264	7.346	7.429	7.512	7.594	7.677	7.759	7.842	7.924
3.10	7.228	7.311	7.394	7.477	7.560	7.643	7.726	7.810	7.893	7.976
3.12	7.275	7.358	7.442	7.525	7.609	7.693	7.776	7.860	7.944	8.027

Maß (Dicke) 134 Centimeter (1,34 m) ist.
dimensions (depth) are 134 centimetres (1,34 m).
(l'épaisseur) est 134 centimètres (1,34 m).

Länge/Length Longueur	Breite — Breadth — Largeur 1.94	1.96	1.98	2.00	2.02	2.04	2.06	2.08	2.10	2.12
	Inhalt in Kubikmetern — Solid Contents — Cubage									
1.94	5.043									
1.96	5.095	5.148								
1.98	5.147	5.200	5.253							
2.00	5.199	5.253	5.306	5.360						
2.02	5.251	5.305	5.359	5.414	5.468					
2.04	5.303	5.358	5.413	5.467	5.522	5.577				
2.06	5.355	5.410	5.466	5.521	5.576	5.631	5.686			
2.08	5.407	5.463	5.519	5.574	5.630	5.686	5.742	5.797		
2.10	5.459	5.515	5.572	5.628	5.684	5.741	5.797	5.853	5.909	
2.12	5.511	5.568	5.625	5.682	5.738	5.795	5.852	5.909	5.966	6.022
2.14	5.563	5.620	5.678	5.735	5.793	5.850	5.907	5.965	6.022	6.079
2.16	5.615	5.673	5.731	5.789	5.847	5.905	5.962	6.020	6.078	6.136
2.18	5.667	5.726	5.784	5.842	5.901	5.959	6.018	6.076	6.135	6.193
2.20	5.719	5.778	5.837	5.896	5.955	6.014	6.073	6.132	6.191	6.250
2.22	5.771	5.831	5.890	5.950	6.009	6.069	6.128	6.188	6.247	6.307
2.24	5.823	5.883	5.943	6.003	6.063	6.123	6.183	6.243	6.303	6.363
2.26	5.875	5.936	5.996	6.057	6.117	6.178	6.239	6.299	6.360	6.420
2.28	5.927	5.988	6.049	6.110	6.172	6.233	6.294	6.355	6.416	6.477
2.30	5.979	6.041	6.102	6.164	6.226	6.287	6.349	6.411	6.472	6.534
2.32	6.031	6.093	6.155	6.218	6.280	6.342	6.404	6.466	6.528	6.591
2.34	6.083	6.146	6.208	6.271	6.334	6.397	6.459	6.522	6.585	6.647
2.36	6.135	6.198	6.262	6.325	6.388	6.451	6.515	6.578	6.641	6.704
2.38	6.187	6.251	6.315	6.378	6.442	6.506	6.570	6.634	6.697	6.761
2.40	6.239	6.303	6.368	6.432	6.496	6.561	6.625	6.689	6.754	6.818
2.42	6.291	6.356	6.421	6.486	6.550	6.615	6.680	6.745	6.810	6.875
2.44	6.343	6.408	6.474	6.539	6.605	6.670	6.735	6.801	6.866	6.932
2.46	6.395	6.461	6.527	6.593	6.659	6.725	6.791	6.857	6.922	6.988
2.48	6.447	6.513	6.580	6.646	6.713	6.779	6.846	6.912	6.979	7.045
2.50	6.499	6.566	6.633	6.700	6.767	6.834	6.901	6.968	7.035	7.102
2.52	6.551	6.619	6.686	6.754	6.821	6.889	6.956	7.024	7.091	7.159
2.54	6.603	6.671	6.739	6.807	6.875	6.943	7.011	7.079	7.148	7.216
2.56	6.655	6.724	6.792	6.861	6.929	6.998	7.067	7.135	7.204	7.272
2.58	6.707	6.776	6.845	6.914	6.984	7.053	7.122	7.191	7.260	7.329
2.60	6.759	6.829	6.898	6.968	7.038	7.107	7.177	7.247	7.316	7.386
2.62	6.811	6.881	6.951	7.022	7.092	7.162	7.232	7.302	7.373	7.443
2.64	6.863	6.934	7.004	7.075	7.146	7.217	7.287	7.358	7.429	7.500
2.66	6.915	6.986	7.058	7.129	7.200	7.271	7.343	7.414	7.485	7.557
2.68	6.967	7.039	7.111	7.182	7.254	7.326	7.398	7.470	7.542	7.613
2.70	7.019	7.091	7.164	7.236	7.308	7.381	7.453	7.525	7.598	7.670
2.72	7.071	7.144	7.217	7.290	7.362	7.435	7.508	7.581	7.654	7.727
2.74	7.123	7.196	7.270	7.343	7.417	7.490	7.563	7.637	7.710	7.784
2.76	7.175	7.249	7.323	7.397	7.471	7.545	7.619	7.693	7.767	7.841
2.78	7.227	7.301	7.376	7.450	7.525	7.599	7.674	7.748	7.823	7.897
2.80	7.279	7.354	7.429	7.504	7.579	7.654	7.729	7.804	7.879	7.954
2.82	7.331	7.406	7.482	7.558	7.633	7.709	7.784	7.860	7.935	8.011
2.84	7.383	7.459	7.535	7.611	7.687	7.763	7.840	7.916	7.992	8.068
2.86	7.435	7.512	7.588	7.665	7.741	7.818	7.895	7.971	8.048	8.125
2.88	7.487	7.564	7.641	7.718	7.796	7.873	7.950	8.027	8.104	8.182
2.90	7.539	7.617	7.694	7.772	7.850	7.927	8.005	8.083	8.161	8.238
2.92	7.591	7.669	7.747	7.826	7.904	7.982	8.060	8.139	8.217	8.295
2.94	7.643	7.722	7.800	7.879	7.958	8.037	8.116	8.194	8.273	8.352
2.96	7.695	7.774	7.853	7.933	8.012	8.091	8.171	8.250	8.329	8.409
2.98	7.747	7.827	7.907	7.986	8.066	8.146	8.226	8.306	8.386	8.466
3.00	7.799	7.879	7.960	8.040	8.120	8.201	8.281	8.362	8.442	8.522
3.02	7.851	7.932	8.013	8.094	8.175	8.255	8.336	8.417	8.498	8.579
3.04	7.903	7.984	8.066	8.147	8.229	8.310	8.392	8.473	8.555	8.636
3.06	7.955	8.037	8.119	8.201	8.283	8.365	8.447	8.529	8.611	8.693
3.08	8.007	8.089	8.172	8.254	8.337	8.419	8.502	8 585	8.667	8.750
3.10	8.059	8.142	8.225	8.308	8.391	8.474	8.557	8.640	8.723	8.806
3.12	8.111	8.194	8.278	8.362	8.445	8.529	8.612	8.696	8.780	8.863

Kubik-Inhalt der Kolli, deren kleinstes
Solid contents of packages, whose least
Cubage des colis, dont la plus petite dimension

Länge/Length Longueur	Breite — Breadth — Largeur 1.36	1.38	1.40	1.42	1.44	1.46	1.48	1.50	1.52	1.54
	Inhalt in Kubikmetern — Solid Contents — Cubage									
1.36	2.515									
1.38	2.552	2.590								
1.40	2.589	2.628	2.666							
1.42	2.626	2.665	2.704	2.742						
1.44	2.663	2.703	2.742	2.781	2.820					
1.46	2.700	2.740	2.780	2.820	2.859	2.899				
1.48	2.737	2.778	2.818	2.858	2.898	2.939	2.979			
1.50	2.774	2.815	2.856	2.897	2.938	2.978	3.019	3.060		
1.52	2.811	2.853	2.894	2.935	2.977	3.018	3.059	3.101	3.142	
1.54	2.848	2.890	2.932	2.974	3.016	3.058	3.100	3.142	3.183	3.225
1.56	2.885	2.923	2.970	3.013	3.055	3.098	3.140	3.182	3.225	3.267
1.58	2.922	2.965	3.008	3.051	3.094	3.137	3.180	3.223	3.266	3.309
1.60	2.959	3.003	3.046	3.090	3.133	3.177	3.220	3.264	3.308	3.351
1.62	2.996	3.040	3.084	3.129	3.173	3.217	3.261	3.305	3.349	3.393
1.64	3.033	3.078	3.123	3.167	3.212	3.256	3.301	3.346	3.390	3.435
1.66	3.070	3.115	3.161	3.206	3.251	3.296	3.341	3.386	3.432	3.478
1.68	3.107	3.153	3.199	3.244	3.290	3.336	3.382	3.427	3.473	3.519
1.70	3.144	3.191	3.237	3.283	3.329	3.376	3.422	3.468	3.514	3.560
1.72	3.181	3.228	3.275	3.322	3.368	3.415	3.462	3.509	3.556	3.602
1.74	3.218	3.266	3.313	3.360	3.408	3.455	3.502	3.550	3.597	3.644
1.76	3.255	3.303	3.351	3.399	3.447	3.495	3.543	3.590	3.638	3.686
1.78	3.292	3.341	3.389	3.438	3.486	3.534	3.583	3.631	3.680	3.728
1.80	3.329	3.378	3.427	3.476	3 525	3.574	3.623	3.672	3.721	3.770
1.82	3.366	3.416	3.465	3.515	3.564	3.614	3.663	3.713	3.762	3.812
1.84	3.403	3.453	3.503	3.553	3.603	3.654	3.704	3.754	3.804	3.854
1.86	3.440	3.491	3.541	3.592	3.643	3.693	3.744	3.794	3.845	3.896
1.88	3.477	3.528	3.580	3.631	3.682	3.733	3.784	3.835	3.886	3.937
1.90	3.514	3.566	3.618	3.669	3.721	3.773	3.824	3.876	3.928	3.979
1.92	3.551	3.603	3.656	3.708	3.760	3.812	3.865	3.917	3.969	4.021
1.94	3.588	3.641	3.694	3.747	3.799	3.852	3.905	3.958	4.010	4.063
1.96	3.625	3.679	3.732	3.785	3.838	3.892	3.945	3.998	4.052	4.105
1.98	3.662	3.716	3.770	3.824	3.878	3.931	3.985	4.039	4.093	4.147
2.00	3.699	3.754	3.808	3.862	3.917	3.971	4.026	4.080	4.134	4.189
2.02	3.736	3.791	3.846	3.901	3.956	4.011	4.066	4.121	4.176	4.231
2.04	3.773	3.829	3.884	3.940	3.995	4.051	4.106	4.162	4.217	4.273
2.06	3.810	3.866	3.922	3.978	4.034	4.090	4.146	4.202	4.258	4.314
2.08	3.847	3.904	3.960	4.017	4.073	4 130	4.187	4.243	4.300	4.356
2.10	3.884	3.941	3.998	4.056	4.113	4.170	4.227	4.284	4.341	4.398
2.12	3.921	3.979	4.036	4.094	4.152	4.209	4.267	4.325	4.382	4.440
2.14	3.958	4.016	4.075	4.133	4.191	4.249	4.307	4.366	4.424	4.482
2.16	3.995	4.054	4.113	4.171	4.230	4.289	4.348	4.406	4.465	4.524
2.18	4.032	4.091	4.151	4.210	4.269	4.329	4.388	4.447	4.506	4.566
2.20	4.069	4.129	4.189	4.249	4.308	4.368	4.428	4.488	4.548	4.608
2.22	4.106	4.166	4.227	4.287	4.348	4.408	4.468	4.529	4.589	4.650
2.24	4.143	4.204	4.265	4.326	4.387	4.448	4.509	4.570	4.631	4.691
2.26	4.180	4.242	4.303	4.365	4.426	4.487	4.549	4.610	4.672	4.733
2.28	4.217	4 279	4.341	4.403	4.465	4.527	4.589	4.651	4.713	4.775
2.30	4.254	4.317	4.379	4.442	4.504	4.567	4.629	4.692	4.755	4.817
2.32	4.291	4.354	4.417	4.480	4.543	4.607	4.670	4.733	4.796	4.859
2.34	4.328	4.392	4.455	4.519	4.583	4.646	4.710	4.774	4.837	4.901
2.36	4.365	4.429	4.493	4.558	4.622	4.686	4.750	4.814	4.879	4.943
2.38	4.402	4.467	4.532	4.596	4.661	4.726	4.790	4.855	4.920	4.985
2.40	4.439	4.504	4.570	4.635	4.700	4.765	4.831	4.896	4.961	5.027
2.42	4.476	4.542	4.608	4.674	4.739	4.805	4.871	4.937	5.003	5.068
2.44	4.513	4.579	4.646	4.712	4.778	4.845	4.911	4.978	5.044	5.110
2.46	4.550	4.617	4.684	4.751	4.818	4.885	4.951	5.018	5.085	5.152
2.48	4.587	4.654	4.722	4.789	4.857	4.924	4.992	5.059	5.127	5.194
2.50	4.624	4.692	4.760	4.828	4.896	4.964	5.032	5.100	5.168	5.236
2.52	4.661	4.730	4.798	4.867	4.935	5.004	5.072	5.141	5.209	5.278
2.54	4.698	4.767	4.836	4.905	4.974	5.043	5.113	5.182	5.251	5.320
2.56	4.735	4.805	4.874	4.944	5.014	5.083	5.153	5.222	5.292	5.362
2.58	4.772	4.842	4.912	4.982	5.053	5.123	5.193	5.263	5.333	5.404
2.60	4.809	4.880	4.950	5.021	5.092	5.163	5.233	5.304	5.375	5.445
2.62	4.846	4.917	4.988	5.060	5.131	5.202	5.274	5.345	5.416	5.487
2.64	4.883	4.955	5.027	5.098	5.170	5.242	5.314	5.386	5.457	5.529
2.66	4.920	4.992	5.065	5.137	5.209	5.282	5.354	5.426	5.499	5.571
2.68	4.957	5.030	5.103	5.176	5.249	5.321	5.394	5.467	5.540	5.613
2.70	4.994	5.067	5.141	5.214	5.288	5.361	5.435	5.508	5.581	5.655
2.72	5.031	5.105	5.179	5.253	5.327	5.401	5.475	5.549	5.623	5.697
2.74	5.068	5.142	5.217	5.291	5.366	5.441	5.515	5.590	5.664	5.739

Maß (Dicke) 136 Centimeter, (1,36 m) ist.
dimensions (depth) are 136 centimetres (1,36 m).
(l'épaisseur) est 136 centimètres (1,36 m).

Länge/Length Longueur	Breite — Breadth — Largeur									
	1.56	1.58	1.60	1.62	1.64	1.66	1.68	1.70	1.72	1.74
	Inhalt in Kubikmetern — Solid Contents — Cubage									
1.56	3.310									
1.58	3.352	3.395								
1.60	3.395	3.438	3.482							
1.62	3.437	3.481	3.525	3.569						
1.64	3.479	3.524	3.569	3.613	3.658					
1.66	3.522	3.567	3.612	3.657	3.702	3.748				
1.68	3.564	3.610	3.656	3.701	3.747	3.793	3.838			
1.70	3.607	3.653	3.699	3.745	3.792	3.838	3.884	3.930		
1.72	3.649	3.696	3.743	3.790	3.836	3.883	3.930	3.977	4.023	
1.74	3.692	3.739	3.786	3.834	3.881	3.928	3.976	4.023	4.070	4.118
1.76	3.734	3.782	3.830	3.878	3.926	3.973	4.021	4.069	4.117	4.165
1.78	3.776	3.825	3.873	3.922	3.970	4.019	4.067	4.115	4.164	4.212
1.80	3.819	3.868	3.917	3.966	4.015	4.064	4.113	4.162	4.211	4.260
1.82	3.861	3.911	3.960	4.010	4.059	4.109	4.158	4.208	4.257	4.307
1.84	3.904	3.954	4.004	4.054	4.104	4.154	4.204	4.254	4.304	4.354
1.86	3.946	3.997	4.047	4.098	4.149	4.199	4.250	4.300	4.351	4.402
1.88	3.989	4.040	4.091	4.142	4.193	4.244	4.295	4.347	4.398	4.449
1.90	4 031	4.083	4.134	4.186	4.238	4.289	4.341	4.393	4.444	4.496
1.92	4.073	4.126	4.178	4.230	4.282	4.335	4.387	4.439	4.491	4.543
1.94	4.116	4.169	4.221	4.274	4.327	4.380	4.433	4.485	4.538	4.591
1.96	4.158	4.212	4.265	4.318	4.372	4.425	4.478	4.532	4.585	4.638
1.08	4.201	4.255	4.308	4.362	4.416	4.470	4.524	4.578	4.632	4.685
2.00	4.243	4.298	4.352	4.406	4.461	4.515	4.570	4.624	4.678	4.733
2.02	4.286	4.341	4.396	4.450	4.505	4.560	4.615	4.670	4.725	4.780
2.04	4.328	4.384	4.439	4.495	4.550	4.606	4.661	4.716	4.772	4.827
2.06	4.370	4.427	4.483	4.539	4.595	4.651	4.707	4.763	4.819	4.875
2.08	4.413	4.470	4.526	4.583	4.639	4.696	4.752	4.809	4.866	4.922
2.10	4.455	4.512	4.570	4.627	4.684	4.741	4.798	4.855	4.912	4.969
2.12	4.498	4.555	4.613	4.671	4.728	4.786	4.844	4.901	4.959	5.017
2.14	4.540	4.598	4.657	4.715	4.773	4.831	4.889	4.948	5.006	5.064
2.16	4.583	4.641	4.700	4.759	4.818	4.876	4.935	4.994	5.053	5.111
2.18	4.625	4.684	4.744	4.803	4.862	4.922	4.981	5.040	5.099	5.159
2.20	4.668	4.727	4.787	4.847	4.907	4.967	5.027	5.086	5.146	5.206
2.22	4.710	4.770	4.831	4.891	4.951	5.012	5.072	5.133	5.193	5.253
2.24	4.752	4.813	4.874	4.935	4.996	5.057	5.118	5.179	5.240	5.301
2.26	4.795	4.856	4.918	4.979	5.041	5.102	5.164	5.225	5.287	5.348
2.28	4.837	4.899	4.961	5.023	5.085	5.147	5.209	5.271	5.333	5.395
2.30	4.880	4.942	5.005	5.067	5.130	5.192	5.255	5.318	5.380	5.443
2.32	4.922	4.985	5.048	5.111	5.175	5.238	5.301	5.364	5.427	5.490
2.34	4.965	5.028	5.092	5.155	5.219	5.283	5.346	5.410	5.474	5.537
2.36	5.007	5.071	5.135	5.200	5.264	5.328	5.392	5.456	5.521	5.585
2.38	5.049	5.114	5.179	5.244	5.308	5.373	5.438	5.503	5.567	5.632
2.40	5.092	5.157	5.222	5.288	5.353	5.418	5.484	5.549	5.614	5.679
2.42	5.134	5.200	5.266	5.332	5.398	5.463	5.529	5.595	5.661	5.727
2.44	5.177	5.243	5.309	5.376	5.442	5.509	5.575	5.641	5.708	5.774
2.46	5.219	5.286	5.353	5.420	5.487	5.554	5.621	5.688	5.754	5.821
2.48	5.262	5.329	5.396	5.464	5.531	5.599	5.666	5.734	5.801	5.869
2.50	5.304	5.372	5.440	5.508	5.576	5.644	5.712	5.780	5.848	5.916
2.52	5.346	5.415	5.484	5.552	5.621	5.689	5.758	5.826	5.895	5.963
2.54	5.389	5.458	5.527	5.596	5.665	5.734	5.803	5.872	5.942	6.011
2.56	5.431	5.501	5.571	5.640	5.710	5.779	5.849	5.919	5.988	6.058
2.58	5.474	5.544	5.614	5.684	5.754	5.825	5.895	5.965	6.035	6.105
2.60	5.516	5.587	5.658	5.728	5.799	5.870	5.940	6.011	6.082	6.153
2.62	5.559	5.630	5.701	5.772	5.844	5.915	5.986	6.057	6.129	6.200
2.64	5.601	5.673	5.745	5.816	5.888	5.960	6.032	6.104	6.175	6.247
2.66	5.643	5.716	5.788	5.861	5.933	6.005	6.078	6.150	6.222	6.295
2.68	5.686	5.759	5.832	5.905	5.977	6.050	6.123	6.196	6.269	6.342
2.70	5.728	5.802	5.875	5.949	6.022	6.096	6.169	6.242	6.316	6.389
2.72	5.771	5.845	5.919	5.993	6.067	6.141	6.215	6.289	6.363	6.437
2.74	5.813	5.888	5.962	6.037	6.111	6.186	6.260	6.335	6.409	6.484

Kubik-Inhalt der Kolli, deren kleinstes
Solid contents of packages, whose least
Cubage des colis, dont la plus petite dimension

Länge/Length Longueur	Breite — Breadth — Largeur									
	1.76	1.78	1.80	1.82	1.84	1.86	1.88	1.90	1.92	1.94
	Inhalt in Kubikmetern — Solid Contents — Cubage									
1.76	4.213									
1.78	4.261	4.309								
1.80	4.308	4.357	4.406							
1.82	4.356	4.406	4.455	4.505						
1.84	4.404	4.454	4.504	4.554	4.604					
1.86	4.452	4.503	4.553	4.604	4.654	4.705				
1.88	4.500	4.551	4.602	4.653	4.705	4.756	4.807			
1.90	4.548	4.600	4.651	4.703	4.755	4.806	4.858	4.910		
1.92	4.596	4.648	4.700	4.752	4.805	4.857	4.909	4.961	5.014	
1.94	4.644	4.696	4.749	4.802	4.855	4.907	4.960	5.013	5.066	5.118
1.96	4.691	4.745	4.798	4.851	4.905	4.958	5.011	5.065	5.118	5.171
1.98	4.739	4.793	4.847	4.901	4.955	5.009	5.062	5.116	5.170	5.224
2.00	4.787	4.842	4.896	4.950	5.005	5.059	5.114	5.168	5.222	5.277
2.02	4.835	4.890	4.945	5.000	5.055	5.110	5.165	5.220	5.275	5.330
2.04	4.883	4.938	4.994	5.049	5.105	5.160	5.216	5.271	5.327	5.382
2.06	4.931	4.987	5.043	5.099	5.155	5.211	5.267	5.323	5.379	5.435
2.08	4.979	5.035	5.092	5.148	5.205	5.262	5.318	5.375	5.431	5.488
2.10	5.027	5.084	5.141	5.198	5.255	5.312	5.369	5.426	5.484	5.541
2.12	5.074	5.132	5.190	5.247	5.305	5.363	5.420	5.478	5.536	5.593
2.14	5.122	5.181	5.239	5.297	5.355	5.413	5.472	5.530	5.588	5.646
2.16	5.170	5.229	5.288	5.346	5.405	5.464	5.523	5.581	5.640	5.699
2.18	5.218	5.277	5.337	5.396	5.455	5.515	5.574	5.633	5.692	5.752
2.20	5.266	5.326	5.386	5.445	5.505	5.565	5.625	5.685	5.745	5.804
2.22	5.314	5.374	5.435	5.495	5.555	5.616	5.676	5.736	5.797	5.857
2.24	5.362	5.423	5.484	5.544	5.605	5.666	5.727	5.788	5.849	5.910
2.26	5.410	5.471	5.532	5.594	5.655	5.717	5.778	5.840	5.901	5.963
2.28	5.457	5.519	5.581	5.643	5.705	5.767	5.830	5.892	5.954	6.016
2.30	5.505	5.568	5.630	5.693	5.756	5.818	5.881	5.943	6.006	6.068
2.32	5.553	5.616	5.679	5.742	5.806	5.869	5.932	5.995	6.058	6.121
2.34	5.601	5.665	5.728	5.792	5.856	5.919	5.983	6.047	6.110	6.174
2.36	5.649	5.713	5.777	5.841	5.906	5.970	6.034	6.098	6.162	6.227
2.38	5.697	5.762	5.826	5.891	5.956	6.020	6.085	6.150	6.215	6.279
2.40	5.745	5.810	5.875	5.940	6.006	6.071	6.136	6.202	6.267	6.332
2.42	5.793	5.858	5.924	5.990	6.056	6.122	6.187	6.253	6.319	6.385
2.44	5.840	5.907	5.973	6.039	6.106	6.172	6.239	6.305	6.371	6.438
2.46	5.888	5.955	6.022	6.089	6.156	6.223	6.290	6.357	6.424	6.490
2.48	5.936	6.004	6.071	6.138	6.206	6.273	6.341	6.408	6.476	6.543
2.50	5.984	6.052	6.120	6.188	6.256	6.324	6.392	6.460	6.528	6.596
2.52	6.032	6.100	6.169	6.238	6.306	6.375	6.443	6.512	6.580	6.649
2.54	6.080	6.149	6.218	6.287	6.356	6.425	6.494	6.563	6.632	6.702
2.56	6.128	6.197	6.267	6.337	6.406	6.476	6.545	6.615	6.685	6.754
2.58	6.175	6.246	6.316	6.386	6.456	6.526	6.597	6.667	6.737	6.807
2.60	6.223	6.294	6.365	6.436	6.506	6.577	6.648	6.718	6.789	6.860
2.62	6.271	6.342	6.414	6.485	6.556	6.628	6.699	6.770	6.841	6.913
2.64	6.319	6.391	6.463	6.535	6.606	6.678	6.750	6.822	6.894	6.965
2.66	6.367	6.439	6.512	6.584	6.656	6.729	6.801	6.873	6.946	7.018
2.68	6.415	6.488	6.561	6.634	6.706	6.779	6.852	6.925	6.998	7.071
2.70	6.463	6.536	6.610	6.683	6.756	6.830	6.903	6.977	7.050	7.124
2.72	6.511	6.585	6.659	6.733	6.807	6.881	6.954	7.028	7.102	7.176
2.74	6.558	6.633	6.708	6.782	6.857	6.931	7.006	7.080	7.155	7.229
2.76	6.606	6.681	6.756	6.832	6.907	6.982	7.057	7.132	7.207	7.282
2.78	6.654	6.730	6.805	6.881	6.957	7.032	7.108	7.184	7.259	7.335
2.80	6.702	6.778	6.854	6.931	7.007	7.083	7.159	7.235	7.311	7.388
2.82	6.750	6.827	6.903	6.980	7.057	7.133	7.210	7.287	7.364	7.440
2.84	6.798	6.875	6.952	7.030	7.107	7.184	7.261	7.339	7.416	7.493
2.86	6.846	6.923	7.001	7.079	7.157	7.235	7.312	7.390	7.468	7.546
2.88	6.894	6.972	7.050	7.129	7.207	7.285	7.364	7.442	7.520	7.599
2.90	6.941	7.020	7.099	7.178	7.257	7.336	7.415	7.494	7.572	7.651
2.92	6.989	7.069	7.148	7.228	7.307	7.386	7.466	7.545	7.625	7.704
2.94	7.037	7.117	7.197	7.277	7.357	7.437	7.517	7.507	7.677	7.757
2.96	7.085	7.166	7.246	7.327	7.407	7.488	7.568	7.649	7.729	7.810
2.98	7.133	7.214	7.295	7.376	7.457	7.538	7.619	7.700	7.781	7.862
3.00	7.181	7.262	7.344	7.426	7.507	7.589	7.670	7.752	7.834	7.915
3.02	7.229	7.311	7.393	7.475	7.557	7.639	7.722	7.804	7.886	7.968
3.04	7.277	7.359	7.442	7.525	7.607	7.690	7.773	7.855	7.938	8.021
3.06	7.324	7.408	7.491	7.574	7.657	7.741	7.824	7.907	7.990	8.074
3.08	7.372	7.456	7.540	7.624	7.707	7.791	7.875	7.959	8.042	8.126
3.10	7.420	7.504	7.589	7.673	7.757	7.842	7.926	8.010	8.095	8.179
3.12	7.468	7.553	7.638	7.723	7.807	7.892	7.977	8.062	8.147	8.232
3.14	7.516	7.601	7.687	7.772	7.858	7.943	8.028	8.114	8.199	8.285

Maß (Dicke) 136 Centimeter (1,36 m) ist.
dimensions (depth) are 136 centimetres (1,36 m).
(l'épaisseur) est 136 centimètres (1,36 m).

Länge/Length Longueur	Breite — Breadth — Largeur 1.96	1.98	2.00	2.02	2.04	2.06	2.08	2.10	2.12	2.14
	Inhalt in Kubikmetern — Solid Contents — Cubage									
1.96	5.225									
1.98	5.278	5.332								
2.00	5.331	5.386	5.440							
2.02	5.385	5.439	5.494	5.549						
2.04	5.438	5.493	5.549	5.604	5.660					
2.06	5.491	5.547	5.603	5.659	5.715	5.771				
2.08	5.544	5.601	5.658	5.714	5.771	5.827	5.884			
2.10	5.598	5.655	5.712	5.769	5.826	5.883	5.940	5.998		
2.12	5.651	5 709	5.766	5.824	5.882	5.939	5.997	6.055	6.112	
2.14	5.704	5.763	5.821	5.879	5.937	5.995	6.054	6.112	6.170	6.228
2.16	5.758	5.816	5.875	5.934	5.993	6.051	6.110	6.169	6.228	6.286
2.18	5.811	5.870	5.930	5.989	6.048	6.107	6.167	6.226	6.285	6.345
2.20	5.864	5.924	5.984	6.044	6.104	6.164	6.223	6.283	6.343	6.403
2.22	5.918	5.978	6.038	6.099	6.159	6.220	6.280	6.340	6.401	6.461
2.24	5.971	6.032	6.093	6.154	6.215	6.276	6.337	6.397	6.458	6.519
2.26	6.024	6.086	6.147	6.209	6.270	6.332	6.393	6.455	6.516	6.578
2.28	6.078	6.140	6.202	6.264	6.326	6.388	6.450	6.512	6.574	6.636
2.30	6.131	6.193	6.256	6.319	6.381	6.444	6.506	6.569	6.631	6.694
2.32	6.184	6.247	6.310	6.374	6 437	6.500	6.563	6.626	6.689	6.752
2.34	6.238	6.301	6.365	6.428	6.492	6.556	6.619	6.683	6.747	6.810
2.36	6.291	6.355	6.419	6.483	6.548	6.612	6.676	6.740	6.804	6.869
2.38	6.344	6.409	6.474	6.538	6.603	6.668	6.733	6.797	6.862	6.927
2.40	6.397	6.463	6.528	6.593	6.659	6.724	6.789	6.854	6.920	6.985
2.42	6.451	6.517	6.582	6.648	6.714	6.780	6.846	6.912	6.977	7.043
2.44	6.504	6.570	6.637	6.703	6.770	6.836	6.902	6.969	7.035	7.101
2.46	6.557	6.624	6.691	6.758	6.825	6.892	6.959	7.026	7.093	7.160
2.48	6.611	6.678	6.746	6.813	6.881	6.948	7.015	7.083	7.150	7.218
2.50	6.664	6.732	6.800	6.868	6.936	7.004	7.072	7.140	7.208	7.276
2.52	6.717	6.786	6.854	6.923	6.991	7.060	7.129	7.197	7.266	7.334
2.54	6.771	6.840	6.909	6.978	7.047	7.116	7.185	7.254	7.323	7.392
2.56	6.824	6.894	6.963	7.033	7.102	7.172	7.242	7.311	7.381	7.451
2.58	6.877	6.947	7.018	7.088	7.158	7.228	7.298	7.368	7.439	7.509
2.60	6.931	7.001	7.072	7.143	7.213	7.284	7.355	7.426	7.496	7.567
2.62	6.984	7.055	7.126	7.198	7.269	7.340	7.411	7.483	7.554	7.625
2.64	7.037	7.109	7.181	7.253	7.324	7.396	7.468	7.540	7.612	7.683
2.66	7.090	7.163	7.235	7.308	7.380	7.452	7.525	7.597	7.669	7.742
2.68	7.144	7.217	7.290	7.362	7.435	7.508	7.581	7.654	7.727	7.800
2.70	7.197	7.271	7.344	7.417	7.491	7.564	7.638	7.711	7.785	7.858
2.72	7.250	7.324	7.398	7.472	7.546	7.620	7.694	7.768	7.842	7.916
2.74	7.304	7.378	7.453	7.527	7.602	7.676	7.751	7.825	7.900	7.974
2.76	7.357	7.432	7.507	7.582	7.657	7.732	7.807	7.883	7.958	8.033
2.78	7.410	7.486	7.562	7.637	7.713	7.788	7.864	7.940	8.015	8.091
2.80	7.464	7.540	7.616	7.692	7.768	7.844	7.921	7.997	8.073	8.149
2.82	7.517	7.594	7.670	7.747	7.824	7.901	7.977	8.054	8.131	8.207
2.84	7.570	7.648	7.725	7.802	7.879	7.957	8.034	8.111	8.188	8.266
2.86	7.624	7.701	7.779	7.857	7.935	8.013	8.090	8.168	8.246	8.324
2.88	7.677	7.755	7.834	7.912	7.990	8.069	8.147	8.225	8.304	8.382
2.90	7.730	7.809	7.888	7.967	8.046	8.125	8.204	8.282	8.361	8.440
2.92	7.784	7.863	7.942	8.022	8.101	8.181	8.260	8.340	8.419	8.498
2.94	7.837	7.917	7.997	8.077	8.157	8.237	8.317	8.397	8.477	8.557
2.96	7.890	7.971	8.051	8.132	8.212	8.293	8.373	8.454	8.534	8.615
2.98	7.943	8.025	8.106	8.187	8.268	8.349	8.430	8.511	8.592	8.673
3.00	7.997	8.078	8.160	8.242	8.323	8.405	8.486	8.568	8.650	8.731
3.02	8.050	8.132	8.214	8.297	8.379	8.461	8.543	8.625	8.707	8.789
3.04	8.103	8.186	8.269	8.351	8.434	8.517	8.600	8.682	8.765	8.848
3.06	8.157	8.240	8.323	8.406	8.490	8.573	8.656	8.739	8.823	8.906
3.08	8.210	8.294	8.378	8.461	8.545	8.629	8.713	8.796	8.880	8.964
3.10	8.263	8.348	8.432	8.516	8.601	8.685	8.769	8.854	8.938	9.022
3.12	8.317	8.402	8.486	8.571	8.656	8.741	8.826	8.911	8.996	9.080
3.14	8.370	8.455	8.541	8.626	8.712	8.797	8.882	8.968	9.053	9.139

Kubik-Inhalt der Kolli, deren kleinstes
Solid contents of packages, whose least
Cubage des colis, dont la plus petite dimension

Länge/Length Longueur	Breite — Breadth — Largeur 1.38	1.40	1.42	1.44	1.46	1.48	1.50	1.52	1.54	1.56
	Inhalt in Kubikmetern — Solid Contents — Cubage									
1.38	2.628									
1.40	2.666	2.705								
1.42	2.704	2.743	2.783							
1.44	2.742	2.782	2.822	2.862						
1.46	2.780	2.821	2.861	2.901	2.942					
1.48	2.819	2.859	2.900	2.941	2.982	3.023				
1.50	2.857	2.898	2.939	2.981	3.022	3.064	3.105			
1.52	2.895	2.937	2.979	3.021	3.062	3.104	3.146	3.188		
1.54	2.933	2.975	3.018	3.060	3.103	3.145	3.188	3.230	3.273	
1.56	2.971	3.014	3.057	3.100	3.143	3.186	3.229	3.272	3.315	3.358
1.58	3.009	3.053	3.096	3.140	3.183	3.227	3.271	3.314	3.358	3.401
1.60	3.047	3.091	3.135	3.180	3.224	3.268	3.312	3.356	3.400	3.444
1.62	3.085	3.130	3.175	3.219	3.264	3.309	3.353	3.398	3.443	3.488
1.64	3.123	3.168	3.214	3.259	3.304	3.350	3.395	3.440	3.485	3.531
1.66	3.161	3.207	3.253	3.299	3.345	3.390	3.436	3.482	3.528	3.574
1.68	3.199	3.246	3.292	3.338	3.385	3.431	3.478	3.524	3.570	3.617
1.70	3.237	3.284	3.331	3.378	3.425	3.472	3.519	3.566	3.613	3.660
1.72	3.276	3.323	3.371	3.418	3.465	3.513	3.560	3.608	3.655	3.703
1.74	3.314	3.362	3.410	3.458	3.506	3.554	3.602	3.650	3.698	3.746
1.76	3.352	3.400	3.449	3.497	3.546	3.595	3.643	3.692	3.740	3.789
1.78	3.390	3.439	3.488	3.537	3.586	3.635	3.685	3.734	3.783	3.832
1.80	3.428	3.478	3.527	3.577	3.627	3.676	3.726	3.776	3.825	3.875
1.82	3.466	3.516	3.566	3.617	3.667	3.717	3.767	3.818	3.868	3.918
1.84	3.504	3.555	3.606	3.656	3.707	3.758	3.809	3.860	3.910	3.961
1.86	3.542	3.594	3.645	3.696	3.748	3.799	3.850	3.902	3.953	4.004
1.88	3.580	3.632	3.684	3.736	3.788	3.840	3.892	3.943	3.995	4.047
1.90	3.618	3.671	3.723	3.776	3.828	3.881	3.933	3.985	4.038	4.090
1.92	3.656	3.709	3.762	3.815	3.868	3.921	3.974	4.027	4.080	4.133
1.94	3.695	3.748	3.802	3.855	3.909	3.962	4.016	4.069	4.123	4.176
1.96	3.733	3.787	3.841	3.895	3.949	4.003	4.057	4.111	4.165	4.219
1.98	3.771	3.825	3.880	3.935	3.989	4.044	4.099	4.153	4.208	4.263
2.00	3.809	3.864	3.919	3.974	4.030	4.085	4.140	4.195	4.250	4.306
2.02	3.847	3.903	3.958	4.014	4.070	4.126	4.181	4.237	4.293	4.349
2.04	3.885	3.941	3.998	4.054	4.110	4.166	4.223	4.279	4.335	4.392
2.06	3.923	3.980	4.037	4.094	4.150	4.207	4.264	4.321	4.378	4.435
2.08	3.961	4.019	4.076	4.133	4.191	4.248	4.306	4.363	4.420	4.478
2.10	3.999	4.057	4.115	4.173	4.231	4.289	4.347	4.405	4.463	4.521
2.12	4.037	4.096	4.154	4.213	4.271	4.330	4.388	4.447	4.505	4.564
2.14	4.075	4.134	4.194	4.253	4.312	4.371	4.430	4.489	4.548	4.607
2.16	4.114	4.173	4.233	4.292	4.352	4.412	4.471	4.531	4.590	4.650
2.18	4.152	4.212	4.272	4.332	4.392	4.452	4.513	4.573	4.633	4.693
2.20	4.190	4.250	4.311	4.372	4.433	4.493	4.554	4.615	4.675	4.736
2.22	4.228	4.289	4.350	4.412	4.473	4.534	4.595	4.657	4.718	4.779
2.24	4.266	4.328	4.390	4.451	4.513	4.575	4.637	4.699	4.760	4.822
2.26	4.304	4.366	4.429	4.491	4.553	4.616	4.678	4.741	4.803	4.865
2.28	4.342	4.405	4.468	4.531	4.594	4.657	4.720	4.783	4.845	4.908
2.30	4.380	4.444	4.507	4.571	4.634	4.698	4.761	4.824	4.888	4.951
2.32	4.418	4.482	4.546	4.610	4.674	4.738	4.802	4.866	4.930	4.994
2.34	4.456	4.521	4.585	4.650	4.715	4.779	4.844	4.908	4.973	5.038
2.36	4.494	4.560	4.625	4.690	4.755	4.820	4.885	4.950	5.015	5.081
2.38	4.532	4.598	4.663	4.730	4.795	4.861	4.927	4.992	5.058	5.124
2.40	4.571	4.637	4.703	4.769	4.836	4.902	4.968	5.034	5.100	5.167
2.42	4.609	4.675	4.742	4.809	4.876	4.943	5.009	5.076	5.143	5.210
2.44	4.647	4.714	4.781	4.849	4.916	4.983	5.051	5.118	5.185	5.253
2.46	4.685	4.753	4.821	4.889	4.956	5.024	5.092	5.160	5.228	5.296
2.48	4.723	4.791	4.860	4.928	4.997	5.065	5.134	5.202	5.270	5.339
2.50	4.761	4.830	4.899	4.968	5.037	5.106	5.175	5.244	5.313	5.382
2.52	4.799	4.869	4.938	5.008	5.077	5.147	5.216	5.286	5.356	5.425
2.54	4.837	4.907	4.977	5.047	5.118	5.188	5.258	5.328	5.398	5.468
2.56	4.875	4.946	5.017	5.087	5.158	5.229	5.299	5.370	5.441	5.511
2.58	4.913	4.985	5.056	5.127	5.198	5.269	5.341	5.412	5.483	5.554
2.60	4.951	5.023	5.095	5.167	5.238	5.310	5.382	5.454	5.526	5.597
2.62	4.990	5.062	5.134	5.206	5.279	5.351	5.423	5.496	5.568	5.640
2.64	5.028	5.100	5.173	5.246	5.319	5.392	5.465	5.538	5.611	5.683
2.66	5.066	5.139	5.213	5.286	5.359	5.433	5.506	5.580	5.653	5.726
2.68	5.104	5.178	5.252	5.326	5.400	5.474	5.548	5.622	5.696	5.770
2.70	5.142	5.216	5.291	5.365	5.440	5.514	5.589	5.664	5.738	5.813
2.72	5.180	5.255	5.330	5.405	5.480	5.555	5.630	5.705	5.781	5.856
2.74	5.218	5.294	5.369	5.445	5.521	5.596	5.672	5.747	5.823	5.899
2.76	5.256	5.332	5.408	5.485	5.561	5.637	5.713	5.789	5.866	5.942

Maß (Dicke) 138 Centimeter (1,38 m) ist.
dimensions (depth) are 138 centimetres (1,38 m).
(l'épaisseur) est 138 centimètres (1,38 m).

Länge/Length Longueur	Breite — Breadth — Largeur									
	1.58	1.60	1.62	1.64	1.66	1.68	1.70	1.72	1.74	1.76
	Inhalt in Kubikmetern — Solid Contents — Cubage									
1.58	3.445									
1.60	3.489	3.533								
1.62	3.532	3.577	3.622							
1.64	3.576	3.621	3.666	3.712						
1.66	3.619	3.665	3.711	3.757	3.803					
1.68	3.663	3.709	3.756	3.802	3.849	3.895				
1.70	3.707	3.754	3.801	3.847	3.894	3.941	3.988			
1.72	3.750	3.798	3.845	3.893	3.940	3.988	4.035	4.083		
1.74	3.794	3.842	3.890	3.938	3.986	4.034	4.082	4.130	4.178	
1.76	3.838	3.886	3.935	3.983	4.032	4.080	4.129	4.178	4.226	4.275
1.78	3.881	3.930	3.979	4.028	4.078	4.127	4.176	4.225	4.274	4.323
1.80	3.925	3.974	4.024	4.074	4.123	4.173	4.223	4.272	4.322	4.372
1.82	3.968	4.019	4.069	4.119	4.169	4.219	4.270	4.320	4.370	4.420
1.84	4.012	4.063	4.114	4.164	4.215	4.266	4.317	4.367	4.418	4.469
1.86	4.056	4 107	4.158	4.210	4.261	4.312	4.364	4.415	4.466	4.518
1.88	4.099	4.151	4.203	4.255	4.307	4.359	4.410	4.462	4.514	4.566
1.90	4.143	4.195	4.248	4.300	4.353	4.405	4.457	4.510	4.562	4.615
1.92	4.186	4.239	4.292	4.345	4.398	4.451	4.504	4.557	4.610	4.663
1.94	4.230	4.284	4.337	4.391	4.444	4.498	4.551	4.605	4.658	4.712
1.96	4.274	4.328	4.382	4.436	4.490	4.544	4.598	4.652	4.706	4.760
1.98	4.317	4.372	4.426	4.481	4.536	4.590	4.645	4.700	4.754	4.809
2.00	4.361	4.416	4.471	4.526	4.582	4.637	4.692	4.747	4.802	4.858
2.02	4.404	4.460	4.516	4.572	4.627	4.683	4.739	4.795	4.850	4.906
2.04	4.448	4.504	4.561	4.617	4.673	4.730	4.786	4.842	4.898	4.955
2.06	4.492	4.548	4.605	4.662	4.719	4.776	4.833	4.890	4.946	5.003
2.08	4.535	4.593	4.650	4.707	4.765	4.822	4.880	4.937	4.994	5.052
2.10	4.579	4.637	4.695	4.753	4.811	4.869	4.927	4.985	5.043	5.100
2.12	4.622	4.681	4.739	4.798	4.856	4.915	4.974	5.032	5.091	5.149
2.14	4.666	4.725	4.784	4.843	4.902	4.961	5.020	5.080	5.139	5.198
2.16	4.710	4.769	4.829	4.889	4.948	5.008	5.067	5.127	5.187	5.246
2.18	4.753	4.813	4.874	4.934	4.994	5.054	5.114	5.174	5.235	5.295
2.20	4.797	4.858	4.918	4.979	5.040	5.100	5.161	5.222	5.283	5.343
2.22	4.840	4.902	4.963	5.024	5.086	5.147	5.208	5.269	5.331	5.392
2.24	4.884	4.946	5.008	5.070	5.131	5.193	5.255	5.317	5.379	5.441
2.26	4.928	4.990	5.052	5.115	5.177	5.240	5.302	5.364	5.427	5.489
2.28	4.971	5.034	5.097	5.160	5.223	5.286	5.349	5.412	5.475	5.538
2.30	5.015	5.078	5.142	5.205	5.269	5.332	5.396	5.459	5 523	5.586
2.32	5.059	5.123	5.187	5.251	5.315	5.379	5.443	5.507	5.571	5.635
2.34	5.102	5.167	5.231	5.296	5.360	5.425	5.490	5.554	5.619	5.683
2.36	5.146	5.211	5.276	5.341	5.406	5.471	5.537	5.602	5.667	5.732
2.38	5.189	5.255	5.321	5.386	5.452	5.518	5.583	5.649	5.715	5.781
2.40	5.233	5.299	5.365	5.432	5.498	5.564	5.630	5.697	5.763	5.829
2.42	5.277	5.343	5.410	5.477	5.544	5.611	5.677	5.744	5.811	5.878
2.44	5.320	5.388	5.455	5.522	5.590	5.657	5.724	5.792	5.859	5.926
2.46	5.364	5.432	5.500	5.567	5.635	5.703	5.771	5.839	5.907	5.975
2.48	5.407	5.476	5.544	5.613	5.681	5.750	5.818	5.887	5.955	6.023
2.50	5.451	5.520	5.589	5.658	5.727	5.796	5.865	5.934	6.003	6.072
2.52	5.495	5.564	5.634	5.703	5.773	5.842	5.912	5.981	6.051	6.121
2.54	5.548	5.608	5.678	5.749	5.819	5.889	5.959	6.029	6.099	6.169
2.56	5.592	5.652	5.723	5.794	5.864	5.935	6.006	6.076	6.147	6.218
2.58	5.635	5.697	5.768	5.839	5.910	5.981	6.053	6.124	6.195	6.266
2.60	5.669	5.741	5.813	5.884	5.956	6.028	6.100	6.171	6.243	6.315
2.62	5.713	5.785	5.857	5.930	6.002	6.074	6.147	6.219	6.291	6.363
2.64	5.756	5.829	5.902	5.975	6.048	6.121	6.193	6.266	6.339	6.412
2.66	5.800	5.873	5.947	6.020	6.094	6.167	6.240	6.314	6.387	6.461
2.68	5.843	5.917	5.991	6.065	6.139	6.213	6.287	6.361	6.435	6 509
2.70	5.887	5.962	6.036	6.111	6.185	6.260	6.334	6.409	6.483	6.558
2.72	5.931	6.006	6.081	6.156	6.231	6.306	6.381	6.456	6.531	6.606
2.74	5.974	6.050	6.126	6.201	6.277	6.352	6.428	6.504	6.579	6.655
2.76	6.018	6.094	6.170	6.246	6.323	6.399	6.475	6.551	6.627	6.703

Kubik-Inhalt der Kolli, deren kleinstes
Solid contents of packages, whose least
Cubage des colis, dont la plus petite dimension

Länge/Length Longueur	Breite — Breadth — Largeur									
	1.78	1.80	1.82	1.84	1.86	1.88	1.90	1.92	1.94	1.96
	Inhalt in Kubikmetern — Solid Contents — Cubage									
1.78	4.372									
1.80	4.422	4.471								
1.82	4.471	4.521	4.571							
1.84	4.520	4.571	4.621	4.672						
1.86	4.569	4.620	4.672	4.723	4.774					
1.88	4.618	4.670	4.722	4.774	4.826	4.877				
1.90	4.667	4.720	4.772	4.824	4.877	4.929	4.982			
1.92	4.716	4.769	4.822	4.875	4.928	4.981	5.034	5.087		
1.94	4.765	4.819	4.873	4.926	4.980	5.033	5.087	5.140	5.194	
1.96	4.815	4.869	4.923	4.977	5.031	5.085	5.139	5.193	5.247	5.301
1.98	4.864	4.918	4.973	5.028	5.082	5.137	5.192	5.246	5.301	5.356
2.00	4.913	4.968	5.023	5.078	5.134	5.189	5.244	5.299	5.354	5.410
2.02	4.962	5.018	5.073	5.129	5.185	5.241	5.296	5.352	5.408	5.464
2.04	5.011	5.067	5.124	5.180	5.236	5.293	5.349	5.405	5.461	5.518
2.06	5.060	5.117	5.174	5.231	5.288	5.344	5.401	5.458	5.515	5.572
2.08	5.109	5.167	5.224	5.282	5.339	5.396	5.454	5.511	5.569	5.626
2.10	5.158	5.216	5.274	5.332	5.390	5.448	5.506	5.564	5.622	5.680
2.12	5.208	5.266	5.325	5.383	5.442	5.500	5.559	5.617	5.676	5.734
2.14	5.257	5.316	5.375	5.434	5.493	5.552	5.611	5.670	5.729	5.788
2.16	5.306	5.365	5.425	5.485	5.544	5.604	5.664	5.723	5.783	5.842
2.18	5.355	5.415	5.475	5.535	5.596	5.656	5.716	5.776	5.836	5.896
2.20	5.404	5.465	5.526	5.586	5.647	5.708	5.768	5.829	5.890	5.951
2.22	5.453	5.514	5.576	5.637	5.698	5.760	5.821	5.882	5.943	6.005
2.24	5.502	5.564	5.626	5.688	5.750	5.811	5.873	5.935	5.997	6.059
2.26	5.551	5.614	5.676	5.739	5.801	5.863	5.926	5.988	6.050	6.113
2.28	5.601	5.664	5.726	5.789	5.852	5.915	5.978	6.041	6.104	6.167
2.30	5.650	5.713	5.777	5.840	5.904	5.967	6.031	6.094	6.158	6.221
2.32	5.699	5.763	5.827	5.891	5.955	6.019	6.083	6.147	6.211	6.275
2.34	5.748	5.813	5.877	5.942	6.006	6.071	6.135	6.200	6.265	6.329
2.36	5.797	5.862	5.927	5.993	6.058	6.123	6.188	6.253	6.318	6.383
2.38	5.846	5.912	5.978	6.043	6.109	6.175	6.240	6.306	6.372	6.437
2.40	5.895	5.962	6.028	6.094	6.160	6.227	6.293	6.359	6.425	6.492
2.42	5.944	6.011	6.078	6.145	6.212	6.278	6.345	6.412	6.479	6.546
2.44	5.994	6.061	6.128	6.196	6.263	6.330	6.398	6.465	6.532	6.600
2.46	6.043	6.111	6.179	6.246	6.314	6.382	6.450	6.518	6.586	6.654
2.48	6.092	6.160	6.229	6.297	6.366	6.434	6.503	6.571	6.639	6.708
2.50	6.141	6.210	6.279	6.348	6.417	6.486	6.555	6.624	6.693	6.762
2.52	6.190	6.260	6.329	6.399	6.468	6.538	6.607	6.677	6.747	6.816
2.54	6.239	6.309	6.379	6.450	6.520	6.590	6.660	6.730	6.800	6.870
2.56	6.288	6.359	6.430	6.500	6.571	6.642	6.712	6.783	6.854	6.924
2.58	6.338	6.409	6.480	6.551	6.622	6.694	6.765	6.836	6.907	6.978
2.60	6.387	6.458	6.530	6.602	6.674	6.745	6.817	6.889	6.961	7.032
2.62	6.436	6.508	6.580	6.653	6.725	6.797	6.870	6.942	7.014	7.087
2.64	6.485	6.558	6.631	6.703	6.776	6.849	6.922	6.995	7.068	7.141
2.66	6.534	6.607	6.681	6.754	6.828	6.901	6.975	7.048	7.121	7.195
2.68	6.583	6.657	6.731	6.805	6.879	6.953	7.027	7.101	7.175	7.249
2.70	6.632	6.707	6.781	6.856	6.930	7.005	7.079	7.154	7.228	7.303
2.72	6.681	6.756	6.832	6.907	6.982	7.057	7.132	7.207	7.282	7.357
2.74	6.731	6.806	6.882	6.957	7.033	7.109	7.184	7.260	7.336	7.411
2.76	6.780	6.856	6.932	7.008	7.084	7.161	7.237	7.313	7.389	7.465
2.78	6.829	6.906	6.982	7.059	7.136	7.212	7.289	7.366	7.443	7.519
2.80	6.878	6.955	7.032	7.110	7.187	7.264	7.342	7.419	7.496	7.573
2.82	6.927	7.005	7.083	7.161	7.238	7.316	7.394	7.472	7.550	7.628
2.84	6.976	7.055	7.133	7.211	7.290	7.368	7.446	7.525	7.603	7.682
2.86	7.025	7.104	7.183	7.262	7.341	7.420	7.499	7.578	7.657	7.736
2.88	7.074	7.154	7.233	7.313	7.392	7.472	7.551	7.631	7.710	7.790
2.90	7.124	7.204	7.284	7.364	7.444	7.524	7.604	7.684	7.764	7.844
2.92	7.173	7.253	7.334	7.414	7.495	7.576	7.656	7.737	7.817	7.898
2.94	7.222	7.303	7.384	7.465	7.546	7.628	7.709	7.790	7.871	7.952
2.96	7.271	7.353	7.434	7.516	7.598	7.679	7.761	7.843	7.925	8.006
2.98	7.320	7.402	7.485	7.567	7.649	7.731	7.814	7.896	7.978	8.060
3.00	7.369	7.452	7.535	7.618	7.700	7.783	7.866	7.949	8.032	8.114
3.02	7.418	7.502	7.585	7.668	7.752	7.835	7.918	8.002	8.085	8.168
3.04	7.467	7.551	7.635	7.719	7.803	7.887	7.971	8.055	8.139	8.223
3.06	7.517	7.601	7.685	7.770	7.854	7.939	8.023	8.108	8.192	8.277
3.08	7.566	7.651	7.736	7.821	7.906	7 991	8.076	8.161	8.246	8.331
3.10	7.615	7.700	7.786	7.872	7.957	8.043	8.128	8.214	8.299	8.385
3.12	7.664	7.750	7.836	7.922	8.008	8.095	8.181	8.267	8.353	8.439
3.14	7.713	7.800	7.886	7.973	8.060	8.146	8.233	8.320	8.406	8.493
3.16	7.762	7.849	7.937	8.024	8.111	8.198	8.286	8.373	8.460	8.547

Maß (Dicke) 138 Centimeter (1,38 m) ist.
dimensions (depth) are 138 centimetres (1,38 m).
(l'épaisseur) est 138 centimètres (1,38 m).

Länge/Length Longueur	Breite — Breadth — Largeur									
	1.98	2.00	2.02	2.04	2.06	2.08	2.10	2.12	2.14	2.16
	Inhalt in Kubikmetern — Solid Contents — Cubage									
1.98	5.410									
2.00	5.465	5.520								
2.02	5.519	5.575	5.631							
2.04	5.574	5.630	5.687	5.743						
2.06	5.629	5.686	5.742	5.799	5.856					
2.08	5.683	5.741	5.798	5.856	5.913	5.970				
2.10	5.738	5.796	5.854	5.912	5.970	6.028	6.086			
2.12	5.793	5.851	5.910	5.968	6.027	6.085	6.144	6.202		
2.14	5.847	5.906	5.965	6.025	6.084	6.143	6.202	6.261	6.320	
2.16	5.902	5.962	6.021	6.081	6.140	6.200	6.260	6.319	6.379	6.439
2.18	5.957	6.017	6.077	6.137	6.197	6.257	6.318	6.378	6.438	6.498
2.20	6.011	6.072	6.133	6.193	6.254	6.315	6.376	6.436	6.497	6.558
2.22	6.066	6.127	6.188	6.250	6.311	6.372	6.434	6.495	6.556	6.617
2.24	6.121	6.182	6.244	6.306	6.368	6.430	6.492	6.553	6.615	6.677
2.26	6.175	6.238	6.300	6.362	6.425	6.487	6.549	6.612	6.674	6.737
2.28	6.230	6.293	6.356	6.419	6.482	6.545	6.607	6.670	6.733	6.796
2.30	6.285	6.348	6.411	6.475	6.538	6.602	6.665	6.729	6.792	6.856
2.32	6.339	6.403	6.467	6.531	6.595	6.659	6.723	6.787	6.851	6.915
2.34	6.394	6.458	6.523	6.588	6.652	6.717	6.781	6.846	6.910	6.975
2.36	6.448	6.514	6.579	6.644	6.709	6.774	6.839	6.904	6.970	7.035
2.38	6.503	6.569	6.634	6.700	6.766	6.832	6.897	6.963	7.029	7.094
2.40	6.558	6.624	6.690	6.756	6.823	6.889	6.955	7.021	7.088	7.154
2.42	6.612	6.679	6.746	6.813	6.880	6.946	7.013	7.080	7.147	7.214
2.44	6.667	6.734	6.802	6.869	6.936	7.004	7.071	7.138	7.206	7.273
2.46	6.722	6.790	6.857	6.925	6.993	7.061	7.129	7.197	7.265	7.333
2.48	6.776	6.845	6.913	6.982	7.050	7.119	7.187	7.255	7.324	7.392
2.50	6.831	6.900	6.969	7.038	7.107	7.176	7.245	7.314	7.383	7.452
2.52	6.886	6.955	7.025	7.094	7.164	7.233	7.303	7.373	7.442	7.512
2.54	6.940	7.010	7.081	7.151	7.221	7.291	7.361	7.431	7.501	7.571
2.56	6.995	7.066	7.136	7.207	7.278	7.348	7.419	7.490	7.560	7.631
2.58	7.050	7.121	7.192	7.263	7.334	7.406	7.477	7.548	7.619	7.690
2.60	7.104	7.176	7.248	7.320	7.391	7.463	7.535	7.607	7.678	7.750
2.62	7.159	7.231	7.304	7.376	7.448	7.520	7.593	7.665	7.737	7.810
2.64	7.214	7.286	7.359	7.432	7.505	7.578	7.651	7.724	7.796	7.869
2.66	7.268	7.342	7.415	7.488	7.562	7.635	7.709	7.782	7.856	7.929
2.68	7.323	7.397	7.471	7.545	7.619	7.693	7.767	7.841	7.915	7.989
2.70	7.377	7.452	7.527	7.601	7.676	7.750	7.825	7.899	7.974	8.048
2.72	7.432	7.507	7.582	7.657	7.732	7.807	7.883	7.958	8.033	8.108
2.74	7.487	7.562	7.638	7.714	7.789	7.865	7.941	8.016	8.092	8.167
2.76	7.541	7.618	7.694	7.770	7.846	7.922	7.998	8.075	8.151	8.227
2.78	7.596	7.673	7.750	7.826	7.903	7.980	8.056	8.133	8.210	8.287
2.80	7.651	7.728	7.805	7.883	7.960	8.037	8.114	8.192	8.269	8.346
2.82	7.705	7.783	7.861	7.939	8.017	8.095	8.172	8.250	8.328	8.406
2.84	7.760	7.838	7.917	7.995	8.074	8.152	8.230	8.309	8.387	8.465
2.86	7.815	7.894	7.973	8.051	8.130	8.209	8.288	8.367	8.446	8.525
2.88	7.869	7.949	8.028	8.108	8.187	8.267	8.346	8.426	8.505	8.585
2.90	7.924	8.004	8.084	8.164	8.244	8.324	8.404	8.484	8.564	8.644
2.92	7.979	8.059	8.140	8.220	8.301	8.382	8.462	8.543	8.623	8.704
2.94	8.033	8.114	8.196	8.277	8.358	8.439	8.520	8.601	8.682	8.764
2.96	8.088	8.170	8.251	8.333	8.415	8.496	8.578	8.660	8.741	8.823
2.98	8.143	8.225	8.307	8.389	8.472	8.554	8.636	8.718	8.801	8.883
3.00	8.197	8.280	8.363	8.446	8.528	8.611	8.694	8.777	8.860	8.942
3.02	8.252	8.335	8.419	8.502	8.585	8.669	8.752	8.835	8.919	9.002
3.04	8.306	8.390	8.474	8.558	8.642	8.726	8.810	8.894	8.978	9.062
3.06	8.361	8.446	8.530	8.615	8.699	8.783	8.868	8.952	9.037	9.121
3.08	8.416	8.501	8.586	8.671	8.756	8.841	8.926	9.011	9.096	9.181
3.10	8.470	8.556	8.642	8.727	8.813	8.898	8.984	9.069	9.155	9.240
3.12	8.525	8.611	8.697	8.783	8.870	8.956	9.042	9.128	9.214	9.300
3.14	8.580	8.666	8.753	8.840	8.926	9.013	9.100	9.186	9.273	9.360
3.16	8.634	8.722	8.809	8.896	8.983	9.070	9.158	9.245	9.332	9.419

Kubik-Inhalt der Kolii, deren kleinstes
Solid contents of packages, whose least
Cubage des colis, dont la plus petite dimension

Länge/Length Longueur	Breite — Breadth — Largeur 1.40	1.42	1.44	1.46	1.48	1.50	1.52	1.54	1.56	1.58
	Inhalt in Kubikmetern — Solid Contents — Cubage									
1.40	2.744									
1.42	2.783	2.823								
1.44	2.822	2.863	2.903							
1.46	2.862	2.902	2.943	2.984						
1.48	2.901	2.942	2.984	3.025	3.067					
1.50	2.940	2.982	3.024	3.066	3.108	3.150				
1.52	2.979	3.022	3.064	3.107	3.149	3.192	3.235			
1.54	3.018	3.062	3.105	3.148	3.191	3.234	3.277	3.320		
1.56	3.058	3.101	3.145	3.189	3.232	3.276	3.320	3.363	3.407	
1.58	3.097	3.141	3.185	3.230	3.274	3.318	3.362	3.406	3.451	3.495
1.60	3.136	3.181	3.226	3.270	3.315	3.360	3.405	3.450	3.494	3.539
1.62	3.175	3.221	3.266	3.311	3.357	3.402	3.447	3.493	3.538	3.583
1.64	3.214	3.260	3.306	3.352	3.398	3.444	3.490	3.536	3.582	3.628
1.66	3.254	3.300	3.347	3.393	3.440	3.486	3.532	3 579	3.625	3.672
1.68	3.293	3.340	3.387	3.434	3.481	3.528	3.575	3.622	3.669	3.716
1.70	3.332	3.380	3.427	3.475	3.522	3.570	3.618	3.665	3.713	3.760
1.72	3.371	3.419	3.468	3.516	3.564	3.612	3.660	3.708	3.756	3.805
1.74	3.410	3.459	3.508	3.557	3.605	3.654	3.703	3.751	3.800	3.849
1.76	3.450	3.499	3.548	3.597	3.647	3.696	3.745	3.795	3.844	3.893
1.78	3.489	3.539	3.588	3.638	3.688	3.738	3.788	3.838	3.888	3.937
1.80	3.528	3.578	3.629	3.679	3.730	3.780	3.830	3.881	3.931	3.982
1.82	3.567	3.618	3.669	3.720	3.771	3.822	3.873	3.924	3.975	4.026
1.84	3.606	3.658	3.709	3.761	3.812	3.864	3.916	3.967	4.019	4.070
1.86	3.646	3.698	3.750	3.802	3.854	3.906	3.958	4.010	4.062	4.114
1.88	3.685	3.737	3.790	3.843	3.895	3.948	4.001	4.053	4.106	4.159
1.90	3.724	3.777	3.830	3.884	3.937	3.990	4.043	4.096	4.150	4.203
1.92	3.763	3.817	3.871	3.924	3.978	4.032	4.086	4.140	4.193	4.247
1.94	3.802	3.857	3.911	3.965	4.020	4.074	4.128	4.183	4.237	4.291
1.96	3.842	3.896	3.951	4.006	4.061	4.116	4.171	4.226	4.281	4.336
1.98	3.881	3.936	3.992	4.047	4.103	4.158	4.213	4.269	4.324	4.380
2.00	3.920	3.976	4.032	4.088	4.144	4.200	4.256	4.312	4.368	4.424
2.02	3.959	4.016	4.072	4.129	4.185	4.242	4.299	4.355	4.412	4.468
2.04	3.998	4.056	4.113	4.170	4.227	4.284	4.341	4.398	4.455	4.512
2.06	4.038	4.095	4.153	4.211	4.268	4.326	4.384	4.441	4.499	4.557
2.08	4.077	4.135	4.193	4.252	4.310	4.368	4.426	4.484	4.543	4.601
2.10	4.116	4.175	4.234	4.292	4.351	4.410	4.469	4.528	4.586	4.645
2.12	4.155	4.215	4.274	4.333	4.393	4.452	4.511	4.571	4.630	4.689
2.14	4.194	4.254	4.314	4.374	4.434	4.494	4.554	4.614	4.674	4.734
2.16	4.234	4.294	4.355	4.415	4.476	4.536	4.596	4.657	4.717	4.778
2.18	4.273	4.334	4.395	4.456	4.517	4.578	4.639	4.700	4.761	4.822
2.20	4.312	4.374	4.435	4.497	4.558	4.620	4.682	4.743	4.805	4.866
2.22	4.351	4.413	4.476	4.538	4.600	4.662	4.724	4.786	4.848	4.911
2.24	4.390	4.453	4.516	4.579	4.641	4.704	4.767	4.829	4.892	4.955
2.26	4.430	4.493	4.556	4.619	4.683	4.746	4.809	4.873	4.936	4.999
2.28	4.469	4.533	4.596	4.660	4.724	4.788	4.852	4.916	4.980	5.043
2.30	4.508	4.572	4.637	4.701	4.766	4.830	4.894	4.959	5.023	5.088
2.32	4.547	4.612	4.677	4.742	4.807	4.872	4.937	5.002	5.067	5.132
2.34	4.586	4.652	4.717	4.783	4.848	4.914	4.980	5.045	5.111	5.176
2.36	4.626	4.692	4.758	4.824	4.890	4.956	5.022	5.088	5.154	5.220
2.38	4.665	4.731	4.798	4.865	4.931	4.998	5.065	5.131	5.198	5.265
2.40	4.704	4.771	4.838	4.906	4.973	5.040	5.107	5.174	5.242	5.309
2.42	4.743	4.811	4.879	4.946	5.014	5.082	5.150	5.218	5.285	5.353
2.44	4.782	4.851	4.919	4.987	5.056	5.124	5.192	5.261	5.329	5.397
2.46	4.822	4.890	4.959	5.028	5.097	5.166	5.235	5.304	5.373	5.442
2.48	4.861	4.930	5.000	5.069	5.139	5.208	5.277	5.347	5.416	5.486
2.50	4.900	4.970	5.040	5.110	5.180	5.250	5.320	5.390	5.460	5.530
2.52	4.939	5.010	5.080	5.151	5.221	5.292	5.363	5.433	5.504	5.574
2.54	4.978	5.050	5.121	5.192	5.263	5.334	5.405	5.476	5.547	5.618
2.56	5.018	5.089	5.161	5.233	5.304	5.376	5.448	5.519	5.591	5.663
2.58	5.057	5.129	5.201	5.274	5.346	5.418	5.490	5.562	5.635	5.707
2.60	5.096	5.169	5.242	5.314	5.387	5.460	5.533	5.606	5.678	5.751
2.62	5.135	5.209	5.282	5.355	5.429	5.502	5.575	5.649	5.722	5.795
2.64	5.174	5.248	5.322	5.396	5.470	5.544	5.618	5.692	5.766	5.840
2.66	5.214	5.288	5.363	5.437	5.512	5.586	5.660	5.735	5.809	5 884
2.68	5.253	5.328	5.403	5.478	5.553	5.628	5.703	5.778	5.853	5.928
2.70	5.292	5.368	5.443	5.519	5.594	5.670	5.746	5.821	5.897	5.972
2.72	5.331	5.407	5.484	5.560	5.636	5.712	5.788	5.864	5.940	6.017
2.74	5.370	5.447	5.524	5.601	5.677	5.754	5.831	5.907	5.984	6.061
2.76	5.410	5.487	5.564	5.641	5.719	5.796	5.873	5.951	6.028	6.105
2.78	5.449	5.527	5.604	5.682	5.760	5.838	5.916	5.994	6.072	6.149

Maß (Dicke) 140 Centimeter (1,40 m) ist.
dimensions (depth) are 140 centimetres (1,40 m).
(l'épaisseur) est 140 centimètres (1,40 m).

Länge/Length Longueur	Breite — Breadth — Largeur									
	1.60	1.62	1.64	1.66	1.68	1.70	1.72	1.74	1.76	1.78
	Inhalt in Kubikmetern — Solid Contents — Cubage									
1.60	3.584									
1.62	3.629	3.674								
1.64	3.674	3.720	3.765							
1.66	3.718	3.765	3.811	3.858						
1.68	3.763	3.810	3.857	3.904	3.951					
1.70	3.808	3.856	3.903	3.951	3.998	4.046				
1.72	3.853	3.901	3.949	3.997	4.045	4.094	4.142			
1.74	3.898	3.946	3.995	4.044	4.092	4.141	4.190	4.239		
1.76	3.942	3.992	4.041	4.090	4.140	4.189	4.238	4.287	4.337	
1.78	3.987	4.037	4.087	4.137	4.187	4.236	4.286	4.336	4.386	4.436
1.80	4.032	4.082	4.133	4.183	4.234	4.284	4.334	4.385	4.435	4.486
1.82	4.077	4.128	4.179	4.230	4.281	4.332	4.383	4.434	4.484	4.535
1.84	4.122	4.173	4.225	4.276	4.328	4.379	4.431	4.482	4.534	4.585
1.86	4.166	4.218	4.271	4.323	4.375	4.427	4.479	4.531	4.583	4.635
1.88	4.211	4.264	4.316	4.369	4.422	4.474	4.527	4.580	4.632	4.685
1.90	4.256	4.309	4.362	4.416	4.469	4.522	4.575	4.628	4.682	4.735
1.92	4.301	4.355	4.408	4.462	4.516	4.570	4.623	4.677	4.731	4.785
1.94	4.346	4.400	4.454	4.509	4.563	4.617	4.672	4.726	4.780	4.834
1.96	4.390	4.445	4.500	4.555	4.610	4.665	4.720	4.775	4.829	4.884
1.98	4.435	4.491	4.546	4.602	4.657	4.712	4.768	4.823	4.879	4.934
2.00	4.480	4.536	4.592	4.648	4.704	4.760	4.816	4.872	4.928	4.984
2.02	4.525	4.581	4.638	4.694	4.751	4.808	4.864	4.921	4.977	5.034
2.04	4.570	4.627	4.684	4.741	4.798	4.855	4.912	4.969	5.027	5.084
2.06	4.614	4.672	4.730	4.787	4.845	4.903	4.960	5.018	5.076	5.134
2.08	4.659	4.717	4.776	4.834	4.892	4.950	5.009	5.067	5.125	5.183
2.10	4.704	4.763	4.822	4.880	4.939	4.998	5.057	5.116	5.174	5.233
2.12	4.749	4.808	4.868	4.927	4.986	5.046	5.105	5.164	5.224	5.283
2.14	4.794	4.854	4.913	4.973	5.033	5.093	5.153	5.213	5 273	5.333
2.16	4.838	4.899	4.959	5.020	5.080	5.141	5.201	5.262	5.322	5.383
2.18	4.883	4.944	5.005	5.066	5.127	5.188	5.249	5.310	5.372	5.433
2.20	4.928	4.990	5.051	5.113	5.174	5.236	5.298	5.359	5.421	5.482
2.22	4.973	5.035	5.097	5.159	5.221	5.284	5.346	5.408	5.470	5.532
2.24	5.018	5.080	5.143	5.206	5.268	5.331	5.394	5.457	5.519	5.582
2.26	5.062	5.126	5.189	5.252	5.316	5.379	5.442	5.505	5.569	5.632
2.28	5.107	5.171	5.235	5.299	5.363	5.426	5.490	5.554	5.618	5.682
2.30	5.152	5.216	5.281	5.345	5.410	5.474	5.538	5.603	5.667	5.732
2.32	5.197	5.262	5.327	5.392	5.457	5.522	5.587	5.652	5.716	5.781
2.34	5.242	5.307	5.373	5.438	5.504	5.569	5.635	5.700	5.766	5.831
2.36	5.286	5.352	5.419	5.485	5.551	5.617	5.683	5.749	5.815	5.881
2.38	5.331	5.398	5.464	5.531	5.598	5.664	5.731	5.798	5.864	5.931
2.40	5.376	5.443	5.510	5.578	5.645	5.712	5.779	5.846	5.914	5.981
2.42	5.421	5.489	5.556	5.624	5.692	5.760	5.827	5.895	5.963	6.031
2.44	5.466	5.534	5.602	5.671	5.739	5.807	5.876	5.944	6.012	6.080
2.46	5.510	5.579	5.648	5.717	5.786	5.855	5.924	5.993	6.061	6.130
2.48	5.555	5.625	5.694	5.764	5.833	5.902	5.972	6.041	6.111	6.180
2.50	5.600	5.670	5.740	5.810	5.880	5.950	6.020	6.090	6.160	6.230
2.52	5.645	5.715	5.786	5.856	5.927	5.998	6.068	6.139	6.209	6.280
2.54	5.690	5.761	5.832	5.903	5.974	6.045	6.116	6.187	6 259	6.330
2.56	5.734	5.806	5.878	5.949	6.021	6.093	6.164	6.236	6.308	6.380
2.58	5.779	5.851	5.924	5.996	6.068	6.140	6.213	6.285	6.357	6.429
2.60	5.824	5.897	5.970	6.042	6.115	6.188	6.261	6.334	6.406	6 479
2.62	5.869	5.942	6.016	6.089	6.162	6.236	6.309	6.382	6.456	6.529
2.64	5.914	5.988	6.061	6.135	6.209	6.283	6.357	6.431	6.505	6.579
2.66	5.958	6.033	6.107	6.182	6.256	6.331	6.405	6.480	6.554	6.629
2.68	6.003	6.078	6.153	6.228	6.303	6.378	6.453	6.528	6.604	6.679
2.70	6.048	6.124	6.199	6.275	6.350	6.426	6.502	6.577	6.653	6.728
2.72	6.093	6.169	6.245	6.321	6.397	6.474	6.550	6.626	6.702	6.778
2.74	6.138	6.214	6.291	6.368	6.444	6.521	6.598	6.675	6.751	6.828
2.76	6.182	6.260	6.337	6.414	6.492	6.569	6.646	6.723	6.801	6.878
2.78	6.227	6.305	6.383	6.461	6.539	6.616	6.694	6.772	6.850	6.928

Kubik-Inhalt der Kolli, deren kleinstes
Solid contents of packages, whose least
Cubage des colis, dont la plus petite dimension

Länge/Length Longueur	Breite — Breadth — Largeur 1.80	1.82	1.84	1.86	1.88	1.90	1.92	1.94	1.96	1.98
	Inhalt in Kubikmetern — Solid Contents — Cubage									
1.80	4.536									
1.82	4.586	4.637								
1.84	4.637	4.688	4.740							
1.86	4.687	4.739	4.791	4.843						
1.88	4.738	4.790	4.843	4.896	4.948					
1.90	4.788	4.841	4.894	4.948	5.001	5.054				
1.92	4.838	4.892	4.946	5.000	5.053	5.107	5.161			
1.94	4.889	4.943	4.997	5.052	5.106	5.160	5.215	5.269		
1.96	4.939	4.994	5.049	5.104	5.159	5.214	5.268	5.323	5.378	
1.98	4.990	5.045	5.100	5.156	5.211	5.267	5.322	5.378	5.433	5.489
2.00	5.040	5.096	5.152	5.208	5.264	5.320	5.376	5.432	5.488	5.544
2.02	5.090	5.147	5.204	5.260	5.317	5.373	5.430	5.486	5.543	5.599
2.04	5.141	5.198	5.255	5.312	5.369	5.426	5.484	5.541	5.598	5.655
2.06	5.191	5.249	5.307	5.364	5.422	5.480	5.537	5.595	5.653	5.710
2.08	5.242	5.300	5.358	5.416	5.475	5.533	5.591	5.649	5.708	5.766
2.10	5.292	5.351	5.410	5.468	5.527	5.586	5.645	5.704	5.762	5.821
2.12	5.342	5.402	5.461	5.520	5.580	5.639	5.699	5.758	5.817	5.877
2.14	5.393	5.453	5.513	5.573	5.632	5.692	5.752	5.812	5.872	5.932
2.16	5.443	5.504	5.564	5.625	5.685	5.746	5.806	5.867	5.927	5.988
2.18	5.494	5.555	5.616	5.677	5.738	5.799	5.860	5.921	5.982	6.043
2.20	5.544	5.606	5.667	5.729	5.790	5.852	5.914	5.975	6.037	6.098
2.22	5.594	5.657	5.719	5.781	5.843	5.905	5.967	6.030	6.092	6.154
2.24	5.645	5.708	5.770	5.833	5.896	5.958	6.021	6.084	6.147	6.209
2.26	5.695	5.758	5.822	5.885	5.948	6.012	6.075	6.138	6.201	6.265
2.28	5.746	5.809	5.873	5.937	6.001	6.065	6.129	6.192	6.256	6.320
2.30	5.796	5.860	5.925	5.989	6.054	6.118	6.182	6.247	6.311	6.376
2.32	5.846	5.911	5.976	6.041	6.106	6.171	6.236	6.301	6.366	6.431
2.34	5.897	5.962	6.028	6.093	6.159	6.224	6.290	6.355	6.421	6.486
2.36	5.947	6.013	6.079	6.145	6.212	6.278	6.344	6.410	6.476	6.542
2.38	5.998	6.064	6.131	6.198	6.264	6.331	6.397	6.464	6.531	6.597
2.40	6.048	6.115	6.182	6.250	6.317	6.384	6.451	6.518	6.586	6.653
2.42	6.098	6.166	6.234	6.302	6.369	6.437	6.505	6.573	6.640	6.708
2.44	6.149	6.217	6.285	6.354	6.422	6.490	6.559	6.627	6.695	6.764
2.46	6.199	6.268	6.337	6.406	6.475	6.544	6.612	6.681	6.750	6.819
2.48	6.250	6.319	6.388	6.458	6.527	6.597	6.666	6.736	6.805	6.875
2.50	6.300	6.370	6.440	6.510	6.580	6.650	6.720	6.790	6.860	6.930
2.52	6.350	6.421	6.492	6.562	6.633	6.703	6.774	6.844	6.915	6.985
2.54	6.401	6.472	6.543	6.614	6.685	6.756	6.828	6.899	6.970	7.041
2.56	6.451	6.523	6.595	6.666	6.738	6.810	6.881	6.953	7.025	7.096
2.58	6.502	6.574	6.646	6.718	6.791	6.863	6.935	7.007	7.080	7.152
2.60	6.552	6.625	6.698	6.770	6.843	6.916	6.989	7.062	7.134	7.207
2.62	6.602	6.676	6.749	6.822	6.896	6.969	7.043	7.116	7.189	7.263
2.64	6.653	6.727	6.801	6.875	6.948	7.022	7.096	7.170	7.244	7.318
2.66	6.703	6.778	6.852	6.927	7.001	7.076	7.150	7.225	7.299	7.374
2.68	6.754	6.829	6.904	6.979	7.054	7.129	7.204	7.279	7.354	7.429
2.70	6.804	6.880	6.955	7.031	7.106	7.182	7.258	7.333	7.409	7.484
2.72	6.854	6.931	7.007	7.083	7.159	7.235	7.311	7.388	7.464	7.540
2.74	6.905	6.982	7.058	7.135	7.212	7.288	7.365	7.442	7.519	7.595
2.76	6.955	7.032	7.110	7.187	7.264	7.342	7.419	7.496	7.573	7.651
2.78	7.006	7.083	7.161	7.239	7.317	7.395	7.473	7.550	7.628	7.706
2.80	7.056	7.134	7.213	7.291	7.370	7.448	7.526	7.605	7.683	7.762
2.82	7.106	7.185	7.264	7.343	7.422	7.501	7.580	7.659	7.738	7.817
2.84	7.157	7.236	7.316	7.395	7.475	7.554	7.634	7.713	7.793	7.872
2.86	7.207	7.287	7.367	7.447	7.528	7.608	7.688	7.768	7.848	7.928
2.88	7.258	7.338	7.419	7.500	7.580	7.661	7.741	7.822	7.903	7.983
2.90	7.308	7.389	7.470	7.552	7.633	7.714	7.795	7.876	7.958	8.039
2.92	7.358	7.440	7.522	7.604	7.685	7.767	7.849	7.931	8.012	8.094
2.94	7.409	7.491	7.573	7.656	7.738	7.820	7.903	7.985	8.067	8.150
2.96	7.459	7.542	7.625	7.708	7.791	7.874	7.956	8.039	8.122	8.205
2.98	7.510	7.593	7.676	7.760	7.843	7.927	8.010	8.094	8.177	8.261
3.00	7.560	7.644	7.728	7.812	7.896	7.980	8.064	8.148	8.232	8.316
3.02	7.610	7.695	7.780	7.864	7.949	8.033	8.118	8.202	8.287	8.371
3.04	7.661	7.746	7.831	7.916	8.001	8.086	8.172	8.257	8.342	8.427
3.06	7.711	7.797	7.883	7.968	8.054	8.140	8.225	8.311	8.397	8.482
3.08	7.762	7.848	7.934	8.020	8.107	8.193	8.279	8.365	8.452	8.538
3.10	7.812	7.899	7.986	8.072	8.159	8.246	8.333	8.420	8.506	8.593
3.12	7.862	7.950	8.037	8.124	8.212	8.299	8.387	8.474	8.561	8.649
3.14	7.913	8.001	8.089	8.177	8.264	8.352	8.440	8.528	8.616	8.694
3.16	7.963	8.052	8.140	8.229	8.317	8.406	8.494	8.583	8.671	8.750
3.18	8.014	8.103	8.192	8.281	8.370	8.459	8.548	8.637	8 726	8.805

Maß (Dicke) 140 Centimeter (1,40 m) ist.
dimensions (depth) are 140 centimetres (1,40 m).
(l'épaisseur) est 140 centimètres (1,40 m).

Länge/Length Longueur	Breite — Breadth — Largeur									
	2.00	2.02	2.04	2.06	2.08	2.10	2.12	2.14	2.16	2.18
	Inhalt in Kubikmetern — Solid Contents — Cubage									
2.00	5.600									
2.02	5.656	5.713								
2.04	5.712	5.769	5.826							
2.06	5.768	5.826	5.883	5.941						
2.08	5.824	5.882	5.940	5.999	6.057					
2.10	5.880	5.939	5.998	6.056	6.115	6.174				
2.12	5.936	5.995	6.055	6.114	6.173	6.233	6.292			
2.14	5.992	6.052	6.112	6.172	6.232	6.292	6.352	6.411		
2.16	6.048	6.108	6.169	6.229	6.290	6.350	6.411	6.471	6.532	
2.18	6.104	6.165	6.226	6.287	6.348	6.409	6.470	6.531	6.592	6.653
2.20	6.160	6.222	6.283	6.345	6.406	6.468	6.530	6.591	6.653	6.714
2.22	6.216	6.278	6.340	6.402	6.465	6.527	6.589	6.651	6.713	6.775
2.24	6.272	6.335	6.397	6.460	6.523	6.586	6.648	6.711	6.774	6.836
2.26	6.328	6.391	6.455	6.518	6.581	6.644	6.708	6.771	6.834	6.898
2.28	6.384	6.448	6.512	6.576	6.639	6.703	6.767	6.831	6.895	6.959
2.30	6.440	6.504	6.569	6.633	6.698	6.762	6.826	6.891	6.955	7.020
2.32	6.496	6.561	6.626	6.691	6.756	6.821	6.886	6.951	7.016	7.081
2.34	6.552	6.618	6.683	6.749	6.814	6.880	6.945	7.011	7.076	7.142
2.36	6.608	6.674	6.740	6.806	6.872	6.938	7.004	7.071	7.137	7.203
2.38	6.664	6.731	6.797	6.864	6.931	6.997	7.064	7.131	7.197	7.264
2.40	6.720	6.787	6.854	6.922	6.989	7.056	7.123	7.190	7.258	7.325
2.42	6.776	6.844	6.912	6.979	7.047	7.115	7.183	7.250	7.318	7.386
2.44	6.832	6.900	6.969	7.037	7.105	7.174	7.242	7.310	7.379	7.447
2.46	6.888	6.957	7.026	7.095	7.164	7.232	7.301	7.370	7.439	7.508
2.48	6.944	7.013	7.083	7.152	7.222	7.291	7.361	7.430	7.500	7.569
2.50	7.000	7.070	7.140	7.210	7.280	7.350	7.420	7.490	7.560	7.630
2.52	7.056	7.127	7.197	7.268	7.338	7.409	7.479	7.550	7.620	7.691
2.54	7.112	7.183	7.254	7.325	7.396	7.468	7.539	7.610	7.681	7.752
2.56	7.168	7.240	7.311	7.383	7.455	7.526	7.598	7.670	7.741	7.813
2.58	7.224	7.296	7.368	7.441	7.513	7.585	7.657	7.730	7.802	7.874
2.60	7.280	7.353	7.426	7.498	7.571	7.644	7.717	7.790	7.862	7.935
2.62	7.336	7.409	7.483	7.556	7.629	7.703	7.776	7.850	7.923	7.996
2.64	7.392	7.466	7.540	7.614	7.688	7.762	7.836	7.909	7.983	8.057
2.66	7.448	7.522	7.597	7.671	7.746	7.820	7.895	7.969	8.044	8.118
2.68	7.504	7.579	7.654	7.729	7.804	7.879	7.954	8.029	8.104	8.179
2.70	7.560	7.636	7.711	7.787	7.862	7.938	8.014	8.089	8.165	8.240
2.72	7.616	7 692	7.768	7.844	7.921	7.997	8.073	8.149	8.225	8.301
2.74	7.672	7.749	7.825	7.902	7.979	8.056	8.132	8.209	8.286	8.362
2.76	7.728	7.805	7.883	7.960	8.037	8.114	8.192	8.269	8.346	8.424
2.78	7.784	7.862	7.940	8.018	8.095	8.173	8.251	8.329	8.407	8.485
2.80	7.840	7.918	7.997	8.075	8.154	8.232	8.310	8.389	8.467	8.546
2.82	7.896	7.975	8.054	8.133	8.212	8.291	8.370	8.449	8.528	8.607
2.84	7.952	8.032	8.111	8.191	8.270	8.350	8.429	8.509	8.588	8.668
2.86	8.008	8.088	8.168	8.248	8.328	8 408	8.488	8.569	8.649	8.729
2.88	8.064	8.145	8.225	8.306	8.387	8.467	8.548	8.628	8.709	8.790
2.90	8.120	8.201	8.282	8.364	8.445	8.526	8.607	8.688	8.770	8.851
2.92	8.176	8.258	8.340	8.421	8.503	8.585	8.667	8.748	8.830	8.912
2.94	8.232	8.314	8.397	8.479	8.561	8.644	8.726	8.808	8.891	8.973
2.96	8.288	8.371	8.454	8.537	8.620	8.702	8.785	8.868	8.951	9.034
2.98	8 344	8.427	8.511	8.594	8.678	8.761	8.845	8.928	9.012	9.095
3.00	8.400	8.484	8.568	8.652	8.736	8.820	8.904	8.988	9.072	9.156
3.02	8.456	8.540	8.625	8.710	8.794	8.879	8.963	9.048	9.132	9.217
3.04	8.512	8.597	8.682	8.767	8.852	8.938	9.023	9.108	9.193	9.278
3.06	8.568	8.654	8.739	8.825	8.911	8.996	9.082	9.168	9.253	9.339
3.08	8.624	8.710	8.796	8.883	8.969	9.055	9.141	9.228	9.314	9.400
3.10	8.680	8.767	8.854	8.940	9.027	9.114	9.201	9.288	9.374	9.461
3.12	8.736	8.823	8.911	8.998	9.085	9.173	9.260	9.348	9.435	9.522
3.14	8.792	8.880	8.968	9.056	9.144	9.232	9.320	9.407	9.495	9.583
3.16	8.848	8.936	9.025	9.113	9.202	9.290	9.379	9.467	9.556	9.644
3.18	8.904	8.993	9.082	9.171	9.260	9.349	9.438	9.527	9.616	9.705

Kubik-Inhalt der Kolli, deren kleinstes
Solid contents of packages, whose least
Cubage des colis, dont la plus petite dimension

Länge/Length Longueur	Breite — Breadth — Largeur									
	1.42	1.44	1.46	1.48	1.50	1.52	1.54	1.56	1.58	1.60
	Inhalt in Kubikmetern — Solid Contents — Cubage									
1.42	2.863									
1.44	2.904	2.945								
1.46	2.944	2.985	3.027							
1.48	2.984	3.026	3.068	3.110						
1.50	3.025	3.067	3.110	3.152	3.195					
1.52	3.065	3.108	3.151	3.194	3.238	3.281				
1.54	3.105	3.149	3.193	3.236	3.280	3.324	3.368			
1.56	3.146	3.190	3.234	3.278	3.323	3.367	3.411	3.456		
1.58	3.186	3.231	3.276	3.321	3.365	3.410	3.455	3.500	3.545	
1.60	3.226	3.272	3.317	3.363	3.408	3.453	3.499	3.544	3.590	3.635
1.62	3.267	3.313	3.359	3.405	3.451	3.497	3.543	3.589	3.635	3.681
1.64	3.307	3.353	3.400	3.447	3.493	3.540	3.586	3.633	3.680	3.726
1.66	3.347	3.394	3.442	3.489	3.536	3.583	3.630	3.677	3.724	3.772
1.68	3.388	3.435	3.483	3.531	3.578	3.626	3.674	3.722	3.769	3.817
1.70	3.428	3.476	3.524	3.573	3.621	3.669	3.718	3.766	3.814	3.862
1.72	3.468	3.517	3.566	3.615	3.664	3.712	3.761	3.810	3.859	3.908
1.74	3.509	3.558	3.607	3.657	3.706	3.756	3.805	3.854	3.904	3.953
1.76	3.549	3.599	3.649	3.699	3.749	3.799	3.849	3.899	3.949	3.999
1.78	3.589	3.640	3.690	3.741	3.791	3.842	3.893	3.943	3.994	4.044
1.80	3.630	3.681	3.732	3.783	3.834	3.885	3.936	3.987	4.038	4.090
1.82	3.670	3.722	3.773	3.825	3.877	3.928	3.980	4.032	4.083	4.135
1.84	3 710	3.762	3.815	3.867	3.919	3.971	4.024	4.076	4.128	4.180
1.86	3.751	3.803	3.856	3.909	3.962	4.015	4.067	4.120	4.173	4.226
1.88	3.791	3.844	3.898	3.951	4.004	4.058	4.111	4.165	4.218	4.271
1.90	3.831	3.885	3.939	3.993	4.047	4.101	4.155	4.209	4.263	4.317
1.92	3.871	3.926	3.981	4.035	4.090	4.144	4.199	4.253	4.308	4.362
1.94	3.912	3.967	4.022	4.077	4.132	4.187	4.242	4.297	4.353	4.408
1.96	3.952	4.008	4.063	4.119	4.175	4.230	4.286	4.342	4.397	4.453
1.98	3.992	4.049	4.105	4.161	4.217	4.274	4.330	4.386	4.442	4.499
2.00	4.033	4.090	4.146	4.203	4.260	4.317	4.374	4.430	4.487	4.544
2.02	4.073	4.130	4.188	4.245	4.303	4.360	4.417	4.475	4.532	4.589
2.04	4.113	4.171	4.229	4.287	4.345	4.403	4.461	4.519	4.577	4.635
2.06	4.154	4.212	4.271	4.329	4.388	4.446	4.505	4.563	4.622	4.680
2.08	4.194	4.253	4.312	4.371	4.430	4.489	4.549	4.608	4.667	4.726
2.10	4.234	4.294	4.354	4.413	4.473	4.533	4.592	4.652	4.712	4.771
2.12	4.275	4.335	4.395	4.455	4.516	4.576	4.636	4.696	4.756	4.817
2.14	4.315	4.376	4.437	4.497	4.558	4.619	4.680	4.741	4.801	4.862
2.16	4.355	4.417	4.478	4.539	4.601	4.662	4.723	4.785	4.846	4.908
2.18	4.396	4.458	4.520	4.581	4.643	4.705	4.767	4.829	4.891	4.953
2.20	4.436	4.499	4.561	4.624	4.686	4.748	4.811	4.873	4.936	4.998
2.22	4.476	4.539	4.603	4.666	4.729	4.792	4.855	4.918	4.981	5.044
2.24	4.517	4.580	4.644	4.708	4.771	4.835	4.898	4.962	5.026	5.089
2.26	4.557	4.621	4.685	4.750	4.814	4.878	4.942	5.006	5.071	5.135
2.28	4.597	4.662	4.727	4.792	4.856	4.921	4.986	5.051	5.115	5.180
2.30	4.638	4.703	4.768	4.834	4.899	4.964	5.030	5.095	5.160	5.226
2.32	4.678	4.744	4.810	4.876	4.942	5.007	5.073	5.139	5.205	5.271
2.34	4.718	4.785	4.851	4.918	4.984	5.051	5.117	5.184	5.250	5.316
2.36	4.759	4.826	4.893	4.960	5.027	5.094	5.161	5.228	5.295	5.362
2.38	4.799	4.867	4.934	5.002	5.069	5.137	5.205	5.272	5.340	5.407
2.40	4.839	4.908	4.976	5.044	5.112	5.180	5.248	5.316	5.385	5.453
2.42	4.880	4.948	5.017	5.086	5.155	5.223	5.292	5.361	5.430	5.498
2.44	4.920	4.989	5.059	5.128	5.197	5.266	5.336	5.405	5.474	5.544
2.46	4.960	5.030	5.100	5.170	5.240	5.310	5.380	5.449	5.519	5.589
2.48	5.001	5.071	5.142	5.212	5.282	5.353	5.423	5.494	5.564	5.635
2.50	5.041	5.112	5.183	5.254	5.325	5.396	5.467	5.538	5.609	5.680
2.52	5.081	5.153	5.224	5.296	5.368	5.439	5.511	5.582	5.654	5.725
2.54	5.122	5.194	5.266	5.338	5.410	5.482	5.554	5.627	5.699	5.771
2.56	5.162	5.235	5.307	5.380	5.453	5.526	5.598	5.671	5.744	5.816
2.58	5.202	5.276	5.349	5.422	5.495	5.569	5.642	5.715	5.788	5.862
2.60	5.243	5.316	5.390	5.464	5.538	5.612	5.686	5.760	5.833	5.907
2.62	5.283	5.357	5.432	5.506	5.581	5.655	5.729	5.804	5.878	5.953
2.64	5.323	5.398	5.473	5.548	5.623	5.698	5.773	5.848	5.923	5.998
2.66	5.364	5.439	5.515	5.590	5.666	5.741	5.817	5.892	5.968	6.044
2.68	5.404	5.480	5.556	5.632	5.708	5.785	5.861	5.937	6.013	6.089
2.70	5.444	5.521	5.598	5.674	5.751	5.828	5.904	5.981	6.058	6.134
2.72	5.485	5 562	5.639	5.716	5.794	5.871	5.948	6.025	6.103	6.180
2.74	5.525	5.603	5.681	5.758	5.836	5.914	5.992	6.070	6.147	6.225
2.76	5.565	5.644	5.722	5.800	5.879	5.957	6.036	6.114	6.192	6.271
2.78	5.606	5.685	5.763	5.842	5.921	6.000	6.079	6.158	6.237	6.316
2.80	5.646	5.725	5.805	5.884	5.964	6.044	6.123	6.203	6.282	6.362

Maß (Dicke) 142 Centimeter (1,42 m) ist.
dimensions (depth) are 142 centimetres (1,42 m).
(l'épaisseur) est 142 centimètres (1,42 m).

Länge / Length / Longueur	Breite — Breadth — Largeur									
	1.62	1.64	1.66	1.68	1.70	1.72	1.74	1.76	1.78	1.80
	Inhalt in Kubikmetern — Solid Contents — Cubage									
1.62	3.727									
1.64	3.773	3.819								
1.66	3.819	3.866	3.913							
1.68	3.865	3.912	3.960	4.008						
1.70	3.911	3.959	4.007	4.056	4.104					
1.72	3.957	4.006	4.054	4.103	4.152	4.201				
1.74	4.003	4.052	4.102	4.151	4.200	4.250	4.299			
1.76	4.049	4.099	4.149	4.199	4.249	4.299	4.349	4.399		
1.78	4.095	4.145	4.196	4.246	4.297	4.347	4.398	4.449	4.499	
1.80	4.141	4.192	4.243	4.294	4.345	4.396	4.447	4.499	4.550	4.601
1.82	4.187	4.238	4.290	4.342	4.393	4.445	4.497	4.549	4.600	4.652
1.84	4.233	4.285	4.337	4.390	4.442	4.494	4.546	4.599	4.651	4.703
1.86	4.279	4.332	4.384	4.437	4.490	4.543	4.596	4.649	4.701	4.754
1.88	4.325	4.378	4.432	4.485	4.538	4.592	4.645	4.698	4.752	4.805
1.90	4.371	4.425	4.479	4.533	4.587	4 641	4.695	4.748	4.802	4.856
1.92	4.417	4.471	4.526	4.580	4.635	4.689	4.744	4.798	4.853	4.908
1.94	4.463	4.518	4.573	4.628	4.683	4.738	4.793	4.848	4.904	4.959
1.96	4.509	4.564	4.620	4.676	4.731	4.787	4.843	4.898	4.954	5.010
1.98	4.555	4.611	4.667	4.723	4.780	4.836	4.892	4.948	5.005	5.061
2.00	4.601	4.658	4.714	4.771	4.828	4.885	4.942	4.998	5.055	5.112
2.02	4.647	4.704	4.762	4.819	4.876	4.934	4.991	5.048	5.106	5.163
2.04	4.693	4.751	4.809	4.867	4.925	4.982	5.040	5.098	5.156	5.214
2.06	4.739	4.797	4.856	4.914	4.973	5.031	5.090	5.148	5.207	5.265
2.08	4.785	4.844	4.903	4.962	5.021	5.080	5.139	5.198	5.257	5.316
2.10	4.831	4.890	4.950	5.010	5.069	5.129	5.189	5.248	5.308	5.368
2.12	4.877	4.937	4.997	5.057	5.118	5.178	5.238	5.298	5.359	5.419
2.14	4.923	4.984	5.044	5.105	5.166	5.227	5.288	5.348	5.409	5.470
2.16	4.969	5.030	5.092	5.153	5.214	5.276	5.337	5.398	5.460	5.521
2.18	5.015	5.077	5.139	5.201	5.263	5.324	5.386	5.448	5.510	5.572
2.20	5.061	5.123	5.186	5.248	5.311	5.373	5.436	5.498	5.561	5.623
2.22	5.107	5.170	5.233	5.296	5.359	5.422	5.485	5.548	5.611	5.674
2.24	5.153	5.217	5.280	5.344	5.407	5.471	5.535	5.598	5.662	5.725
2.26	5.199	5.263	5.327	5.391	5.456	5.520	5.584	5.648	5.712	5.777
2.28	5.245	5.310	5.374	5.439	5.504	5.569	5.633	5.698	5.763	5.828
2.30	5.291	5.356	5.422	5.487	5.552	5.618	5.683	5.748	5.813	5.879
2.32	5.337	5.403	5.469	5.535	5.600	5.666	5.732	5.798	5.864	5.930
2.34	5.383	5.449	5.516	5.582	5.649	5.715	5.782	5.848	5.915	5.981
2.36	5.429	5.496	5.563	5.630	5.697	5.764	5.831	5.898	5.965	6.032
2.38	5.475	5.543	5.610	5.678	5.745	5.813	5.881	5.948	6.016	6.083
2.40	5.521	5.589	5.657	5.725	5.794	5.862	5.930	5.998	6.066	6.134
2.42	5.567	5.636	5.704	5.773	5.842	5.911	5.979	6.048	6.117	6.186
2.44	5.613	5.682	5.752	5.821	5.890	5.959	6.029	6.098	6.167	6.237
2.46	5.659	5.729	5.799	5.869	5.938	6.008	6.078	6.148	6.218	6.288
2.48	5.705	5.775	5.846	5.916	5.987	6.057	6.128	6.198	6 268	6.339
2.50	5.751	5.822	5.893	5.964	6.035	6.106	6.177	6.248	6.319	6.390
2.52	5.797	5.869	5.940	6.012	6.083	6.155	6.220	6.298	6.370	6.441
2.54	5.843	5.915	5.987	6.059	6.132	6.204	6.276	6.348	6.420	6.492
2.56	5.889	5.962	6.034	6.107	6.180	6.253	6.325	6.398	6.471	6.543
2.58	5.935	6.008	6.082	6.155	6.228	6.301	6.375	6.448	6.521	6.594
2.60	5.981	6.055	6.129	6.203	6.276	6.350	6.424	6.498	6.572	6.646
2.62	6.027	6.101	6.176	6.250	6.325	6.399	6.473	6.548	6.622	6.697
2.64	6.073	6.148	6.223	6.298	6.373	6.448	6.523	6.598	6 673	6.748
2.66	6.119	6.195	6.270	6.346	6.421	6.497	6.572	6.648	6.723	6.799
2.68	6.165	6.241	6.317	6.393	6.470	6.546	6.622	6.698	6.774	6.850
2.70	6.211	6.288	6.364	6.441	6.518	6.594	6.671	6.748	6.825	6.901
2.72	6.257	6.334	6.412	6.489	6.566	6.643	6.721	6.798	6.875	6.952
2.74	6.303	6.381	6.459	6.537	6.614	6.692	6.770	6.848	6.926	7.003
2.76	6.349	6.427	6.506	6.584	6.663	6.741	6.819	6.898	6.976	7.055
2.78	6.395	6.474	6.553	6.632	6.711	6.790	6.869	6.948	7.027	7.106
2.80	6.441	6.521	6.600	6.680	6.759	6.839	6.918	6.998	7.077	7.157

Kubik-Inhalt der Kolli, deren kleinstes
Solid contents of packages, whose least
Cubage des colis, dont la plus petite dimension

Länge/Length Longueur	Breite — Breadth — Largeur 1.82	1.84	1.86	1.88	1.90	1.92	1.94	1.96	1.98	2.00
	Inhalt in Kubikmetern — Solid Contents — Cubage									
1.82	4.704									
1.84	4.755	4.808								
1.86	4.807	4.860	4.913							
1.88	4.859	4.912	4.965	5.019						
1.90	4.910	4.964	5.018	5.072	5.126					
1.92	4.962	5.017	5.071	5.126	5.180	5.235				
1.94	5.014	5.069	5.124	5.179	5.234	5.289	5.344			
1.96	5.065	5.121	5.177	5.232	5.288	5.344	5.399	5.455		
1.98	5.117	5.173	5.230	5.286	5.342	5.398	5.455	5.511	5.567	
2.00	5.169	5.226	5.282	5.339	5.396	5.453	5.510	5.566	5.623	5.680
2.02	5.220	5.278	5.335	5.393	5.450	5.507	5.565	5.622	5.679	5.737
2.04	5.272	5.330	5.388	5.446	5.504	5.562	5.620	5.678	5.736	5.794
2.06	5.324	5.382	5.441	5.499	5.558	5.616	5.675	5.733	5.792	5.850
2.08	5.376	5.435	5.494	5.553	5.612	5.671	5.730	5.789	5.848	5.907
2.10	5.427	5.487	5.547	5.606	5.666	5.725	5.785	5.845	5.904	5.964
2.12	5.479	5.539	5.599	5.660	5.720	5.780	5.840	5.900	5.961	6.021
2.14	5.531	5.591	5.652	5.713	5.774	5.834	5.895	5.956	6.017	6.078
2.16	5.582	5.644	5.705	5.766	5.828	5.889	5.950	6.012	6.073	6.134
2.18	5.634	5.696	5.758	5.820	5.882	5.944	6.005	6.067	6.129	6.191
2.20	5.686	5.748	5.811	5.873	5.936	5.998	6.061	6.123	6.186	6.248
2.22	5.737	5.800	5.863	5.927	5.990	6.053	6.116	6.179	6.242	6.305
2.24	5.789	5.853	5.916	5.980	6.044	6.107	6.171	6.234	6.298	6.362
2.26	5.841	5.905	5.969	6.033	6.097	6.162	6.226	6.290	6.354	6.418
2.28	5.892	5.957	6.022	6.087	6.151	6.216	6.281	6.346	6.410	6.475
2.30	5.944	6.009	6.075	6.140	6.205	6.271	6.336	6.401	6.467	6.532
2.32	5.996	6.062	6.128	6.193	6.259	6.325	6.391	6.457	6.523	6.589
2.34	6.047	6.114	6.180	6.247	6.313	6.380	6.446	6.513	6.579	6.646
2.36	6.099	6.166	6.233	6.300	6.367	6.434	6.501	6.568	6.635	6.702
2.38	6.151	6.218	6.286	6.354	6.421	6.489	6.556	6.624	6.692	6.759
2.40	6.203	6.271	6.339	6.407	6.475	6.543	6.612	6.680	6.748	6.816
2.42	6.254	6.323	6.392	6.460	6.529	6.598	6.667	6.735	6.804	6.873
2.44	6.306	6.375	6.445	6.514	6.583	6.652	6.722	6.791	6.860	6.930
2.46	6 358	6.427	6.497	6.567	6.637	6.707	6.777	6.847	6.917	6.986
2.48	6.409	6.480	6.550	6.621	6.691	6.761	6.832	6.902	6.973	7.043
2.50	6.461	6.532	6.603	6.674	6.745	6.816	6.887	6.958	7.029	7.100
2.52	6.513	6.584	6.656	6.727	6.799	6.871	6.942	7.014	7.085	7.157
2.54	6.564	6.637	6.709	6.781	6.853	6.925	6.997	7.069	7.141	7.214
2.56	6.616	6.689	6.761	6.834	6.907	6.980	7.052	7.125	7.198	7.270
2.58	6.668	6.741	6.814	6.888	6.961	7.034	7.107	7.181	7.254	7.327
2.60	6.719	6.793	6.867	6.941	7.015	7.089	7.162	7.236	7.310	7.384
2.62	6.771	6.846	6.920	6.994	7.069	7.143	7.218	7.292	7.366	7.441
2.64	6.823	6.898	6.973	7.048	7.123	7.198	7.273	7.348	7.423	7.498
2.66	6.875	6.950	7.026	7.101	7.177	7.252	7.328	7.403	7.479	7.554
2.68	6.926	7.002	7.078	7.155	7.231	7.307	7.383	7.459	7.535	7.611
2.70	6.978	7.055	7.131	7.208	7.285	7.361	7.438	7.515	7.591	7.668
2.72	7.030	7.107	7.184	7.261	7.339	7.416	7.493	7.570	7.648	7.725
2.74	7.081	7.159	7.237	7.315	7.393	7.470	7.548	7.626	7.704	7.782
2.76	7.133	7.211	7.290	7.368	7.446	7.525	7.603	7.682	7.760	7.838
2.78	7.185	7.264	7.343	7.421	7.500	7.579	7.658	7.737	7.816	7.895
2.80	7.236	7.316	7.395	7.475	7.554	7.634	7.713	7.793	7.872	7.952
2.82	7.288	7.368	7.448	7.528	7.608	7.688	7.769	7.849	7.929	8.009
2.84	7.340	7.420	7.501	7.582	7.662	7.743	7.824	7.904	7.985	8.066
2.86	7.391	7.473	7.554	7.635	7.716	7.798	7.879	7.960	8.041	8.122
2.88	7.443	7.525	7.607	7.688	7.770	7.852	7.934	8.016	8.097	8.179
2.90	7.495	7.577	7.659	7.742	7.824	7.907	7.989	8.071	8.154	8.236
2.92	7.546	7.629	7.712	7.795	7.878	7.961	8.044	8.127	8.210	8.293
2.94	7.598	7.682	7.765	7.849	7.932	8.016	8.099	8.183	8.266	8.350
2.96	7.650	7.734	7.818	7.902	7.986	8.070	8.154	8.238	8.322	8.406
2.98	7.702	7.786	7.871	7.955	8.040	8.125	8.209	8.294	8.379	8.463
3.00	7.753	7.838	7.924	8.009	8.094	8.179	8.264	8.350	8.435	8.520
3.02	7.805	7.891	7.976	8.062	8.148	8.234	8.319	8.405	8.491	8.577
3.04	7.857	7.943	8.029	8.116	8.202	8.288	8.375	8.461	8.547	8.634
3.06	7.908	7.995	8.082	8.169	8.256	8.343	8.430	8.517	8.603	8.690
3.08	7.960	8.047	8.135	8.222	8.310	8.397	8.485	8.572	8.660	8.747
3.10	8.012	8.100	8.188	8.276	8.364	8.452	8.540	8.628	8.716	8.804
3.12	8.063	8.152	8.241	8.329	8.418	8.506	8.595	8.684	8.772	8.861
3.14	8.115	8.204	8.293	8.383	8.472	8.561	8.650	8.739	8.828	8.918
3.16	8.167	8.256	8.346	8.436	8.526	8.615	8.705	8.795	8.885	8.974
3.18	8.218	8.309	8.399	8.489	8.580	8.670	8.760	8.851	8.941	9.031
3.20	8.270	8.361	8.452	8.543	8.634	8.724	8.815	8.906	8.997	9.088

Maß (Dicke) 142 Centimeter (1,42 m) ist.
dimensions (depth) are 142 centimetres (1,42 m).
(l'épaisseur) est 142 centimètres (1,42 m).

Länge/Length Longueur	Breite — Breadth — Largeur									
	2.02	2.04	2.06	2.08	2.10	2.12	2.14	2.16	2.18	2.20
	Inhalt in Kubikmetern — Solid Contents — Cubage									
2.02	5.794									
2.04	5.852	5.909								
2.06	5.909	5.967	6.026							
2.08	5.966	6.025	6.084	6.143						
2.10	6.024	6.083	6.143	6.203	6.262					
2.12	6.081	6.141	6.201	6.262	6.322	6.382				
2.14	6.138	6.199	6.260	6.321	6.381	6.442	6.503			
2.16	6.196	6.257	6.318	6.380	6.441	6.502	6.564	6.625		
2.18	6.253	6.315	6.377	6.439	6.501	6.563	6.625	6.686	6.748	
2.20	6.310	6.373	6.435	6.498	6.560	6.623	6.685	6.748	6.810	6.873
2.22	6.368	6.431	6.494	6.557	6.620	6.683	6.746	6.809	6.872	6.935
2.24	6.425	6.489	6.552	6.616	6.680	6.743	6.807	6.871	6.934	6.998
2.26	6.483	6.547	6.611	6.675	6.739	6.804	6.868	6.932	6.996	7.060
2.28	6.540	6.605	6.669	6.734	6.799	6.864	6.928	6.993	7.058	7.123
2.30	6.597	6.663	6.728	6.793	6.859	6.924	6.989	7.055	7.120	7.185
2.32	6.655	6.721	6.786	6.852	6.918	6.984	7.050	7.116	7.182	7.248
2.34	6.712	6.779	6.845	6.911	6.978	7.044	7.111	7.177	7.244	7.310
2.36	6.769	6.836	6.903	6.970	7.038	7.105	7.172	7.239	7.306	7.373
2.38	6.827	6.894	6.962	7.030	7.097	7.165	7.232	7.300	7.368	7.435
2.40	6.884	6.952	7.020	7.089	7.157	7.225	7.293	7.361	7.429	7.498
2.42	6.942	7.010	7.079	7.148	7.216	7.285	7.354	7.423	7.491	7.560
2.44	6.999	7.068	7.137	7.207	7.276	7.345	7.415	7.484	7.553	7.623
2.46	7.056	7.126	7.196	7.266	7.336	7.406	7.475	7.545	7.615	7.685
2.48	7.114	7.184	7.254	7.325	7.395	7.466	7.536	7.607	7.677	7.748
2.50	7.171	7.242	7.313	7.384	7.455	7.526	7.597	7.668	7.739	7.810
2.52	7.228	7.300	7.372	7.443	7.515	7.586	7.658	7.729	7.801	7.872
2.54	7.286	7.358	7.430	7.502	7.574	7 646	7.719	7.791	7.863	7.935
2.56	7.343	7.416	7.489	7.561	7.634	7.707	7.779	7.852	7.925	7.997
2.58	7.400	7.474	7.547	7.620	7.694	7.767	7.840	7.913	7.987	8.060
2.60	7.458	7.532	7.606	7.679	7.753	7.827	7.901	7.975	8.049	8.122
2.62	7.515	7.590	7.664	7.738	7.813	7.887	7.962	8.036	8.110	8.185
2.64	7.573	7.648	7.723	7.798	7.872	7.947	8.022	8.097	8.172	8.247
2.66	7.630	7.705	7.781	7.857	7.932	8.008	8.083	8.159	8.234	8.310
2.68	7.687	7.763	7.840	7.916	7.992	8.068	8.144	8.220	8.296	8.372
2.70	7.745	7.821	7.898	7.975	8.051	8.128	8.205	8.281	8.358	8.435
2.72	7.802	7.879	7.957	8.034	8.111	8.188	8.266	8.343	8.420	8.497
2.74	7.859	7.937	8.015	8.093	8.171	8.248	8.326	8.404	8.482	8.560
2.76	7.917	7.995	8.074	8.152	8.230	8.309	8.387	8.465	8.544	8.622
2.78	7.974	8.053	8.132	8.211	8.290	8.369	8.448	8.527	8.606	8.685
2.80	8.032	8.111	8.191	8.270	8.350	8.429	8.509	8.588	8.668	8.747
2.82	8.089	8.169	8.249	8.329	8.409	8.489	8.569	8.650	8.730	8.810
2.84	8.146	8.227	8.308	8.388	8.469	8.550	8.630	8.711	8.792	8.872
2.86	8.204	8.285	8.366	8.447	8.529	8.610	8.691	8.772	8.853	8.935
2.88	8.261	8.343	8.425	8.506	8.588	8.670	8.752	8.834	8.915	8.997
2.90	8.318	8.401	8.483	8.565	8.648	8.730	8.813	8.895	8.977	9.060
2.92	8.376	8.459	8.542	8.625	8.707	8.790	8.873	8.956	9.039	9.122
2.94	8.433	8.517	8.600	8.684	8.767	8.851	8.934	9.018	9.101	9.185
2.96	8.490	8.575	8.659	8.743	8.827	8.911	8.995	9.079	9.163	9.247
2.98	8.548	8.632	8.717	8.802	8.886	8.971	9.056	9.140	9.225	9.310
3.00	8.605	8.690	8.776	8.861	8.946	9.031	9.116	9.202	9.287	9.372
3.02	8.663	8.748	8.834	8.920	9.006	9.091	9.177	9.263	9.349	9.434
3.04	8.720	8.806	8.893	8.979	9.065	9.152	9.238	9.324	9.411	9.497
3.06	8.777	8.864	8.951	9.038	9.125	9.212	9.299	9.386	9.473	9.559
3.08	8.835	8.922	9.010	9.097	9.185	9.272	9.360	9.447	9.534	9.622
3.10	8.892	8.980	9.068	9.156	9.244	9.332	9.420	9.508	9.596	9.684
3.12	8.949	9.038	9.127	9.215	9.304	9.392	9.481	9.570	9.658	9.747
3.14	9.007	9.096	9.185	9.274	9.363	9.453	9.542	9.631	9.720	9.809
3.16	9.064	9.154	9.244	9.333	9.423	9.513	9.603	9.692	9.782	9.872
3.18	9.122	9.212	9.302	9.392	9.483	9.573	9.663	9.754	9.844	9.934
3.20	9.179	9.270	9.361	9.452	9.532	9.633	9.724	9.815	9.906	9.997

Kubik-Inhalt der Kolli, deren kleinstes
Solid contents of packages, whose least
Cubage des colis, dont la plus petite dimension

Länge/Length/Longueur	Breite — Breadth — Largeur 1.44	1.46	1.48	1.50	1.52	1.54	1.56	1.58	1.60	1.62
	Inhalt in Kubikmetern — Solid Contents — Cubage									
1.44	2.980									
1.46	3.027	3.070								
1.48	3.069	3.112	3.154							
1.50	3.110	3.154	3.197	3.240						
1.52	3.152	3.196	3.239	3.283	3.327					
1.54	3.193	3.238	3.282	3.326	3.371	3.415				
1.56	3.235	3.280	3.325	3.370	3.415	3.459	3.504			
1.58	3.276	3.322	3.367	3.413	3.458	3.504	3.549	3.595		
1.60	3.318	3.364	3.410	3.456	3.502	3.548	3.594	3.640	3.686	
1.62	3.359	3.406	3.453	3.499	3.546	3.593	3.639	3.686	3.732	3.779
1.64	3.401	3.448	3.495	3.542	3.590	3.637	3.684	3.731	3.779	3.826
1.66	3.442	3.490	3.538	3.586	3.633	3.681	3.729	3.777	3.825	3.872
1.68	3.484	3.532	3.580	3.629	3.677	3.726	3.774	3.822	3.871	3.919
1.70	3.525	3.574	3.623	3.672	3.721	3.770	3.819	3.868	3.917	3.966
1.72	3.567	3.616	3.666	3.715	3.765	3.814	3.864	3.913	3.963	4.012
1.74	3.608	3.658	3.708	3.758	3.809	3.859	3.909	3.959	4.009	4.059
1.76	3.650	3.700	3.751	3.802	3.852	3.903	3.954	4.004	4.055	4.106
1.78	3.691	3.742	3.794	3.845	3.896	3.947	3.999	4.050	4.101	4.152
1.80	3.732	3.784	3.836	3.888	3.940	3.992	4.044	4.095	4.147	4.199
1.82	3.774	3.826	3.879	3.931	3.984	4.036	4.088	4.141	4.193	4.246
1.84	3.815	3.868	3.921	3.974	4.027	4.080	4.133	4.186	4.239	4.292
1.86	3.857	3.910	3.964	4.018	4.071	4.125	4.178	4.232	4.285	4.339
1.88	3.898	3.953	4.007	4.061	4.115	4.169	4.223	4.277	4.332	4.386
1.90	3.940	3.995	4.049	4.104	4.159	4.213	4.268	4.323	4.378	4.432
1.92	3.981	4.037	4.092	4.147	4.202	4.258	4.313	4.368	4.424	4.479
1.94	4.023	4.079	4.135	4.190	4.246	4.302	4.358	4.414	4.470	4.526
1.96	4.064	4.121	4.177	4.234	4.290	4.346	4.403	4.459	4.516	4.572
1.98	4.106	4.163	4.220	4.277	4.334	4.391	4.448	4.505	4.562	4.619
2.00	4.147	4.205	4.262	4.320	4.378	4.435	4.493	4.550	4.608	4.666
2.02	4.189	4.247	4.305	4.363	4.421	4.480	4.538	4.596	4.654	4.712
2.04	4.230	4.289	4.348	4.406	4.465	4.524	4.583	4.641	4.700	4.759
2.06	4.272	4.331	4.390	4.450	4.509	4.568	4.628	4.687	4.746	4.806
2.08	4.313	4.373	4.433	4.493	4.553	4.613	4.673	4.732	4.792	4.852
2.10	4.355	4.415	4.476	4.536	4.596	4.657	4.717	4.778	4.838	4.899
2.12	4.396	4.457	4.518	4.579	4.640	4.701	4.762	4.823	4.884	4.946
2.14	4.438	4.499	4.561	4.622	4.684	4.746	4.807	4.869	4.931	4.992
2.16	4.479	4.541	4.603	4.666	4.728	4.790	4.852	4.914	4.977	5.039
2.18	4.520	4.583	4.646	4.709	4.772	4.834	4.897	4.960	5.023	5.086
2.20	4.562	4.625	4.689	4.752	4.815	4.879	4.942	5.005	5.069	5.132
2.22	4.603	4.667	4.731	4.795	4.859	4.923	4.987	5.051	5.115	5.179
2.24	4.645	4.709	4.774	4.838	4.903	4.967	5.032	5.096	5.161	5.225
2.26	4.686	4.751	4.817	4.882	4.947	5.012	5.077	5.142	5.207	5.272
2.28	4.728	4.793	4.859	4.925	4.990	5.056	5.122	5.187	5.253	5.319
2.30	4.769	4.836	4.902	4.968	5.034	5.100	5.167	5.233	5.299	5.365
2.32	4.811	4.878	4.944	5.011	5.078	5.145	5.212	5.278	5.345	5.412
2.34	4.852	4.920	4.987	5.054	5.122	5.189	5.257	5.324	5.391	5.459
2.36	4.894	4.962	5.030	5.098	5.166	5.234	5.302	5.369	5.437	5.505
2.38	4.935	5.004	5.072	5.141	5.209	5.278	5.346	5.415	5.484	5.552
2.40	4.977	5.046	5.115	5.184	5.253	5.322	5.391	5.460	5.530	5.599
2.42	5.018	5.088	5.158	5.227	5.297	5.367	5.436	5.506	5.576	5.645
2.44	5.060	5.130	5.200	5.270	5.341	5.411	5.481	5.551	5.622	5.692
2.46	5.101	5.172	5.243	5.314	5.384	5.455	5.526	5.597	5.668	5.739
2.48	5.143	5.214	5.285	5.357	5.428	5.500	5.571	5.642	5.714	5.785
2.50	5.184	5.256	5.328	5.400	5.472	5.544	5.616	5.688	5.760	5.832
2.52	5.225	5.298	5.371	5.443	5.516	5.588	5.661	5.734	5.806	5.879
2.54	5.267	5.340	5.413	5.486	5.560	5.633	5.706	5.779	5.852	5.925
2.56	5.308	5.382	5.456	5.530	5.603	5.677	5.751	5.825	5.898	5.972
2.58	5.350	5 424	5.498	5.573	5.647	5.721	5.796	5.870	5.944	6.019
2.60	5.391	5 466	5.541	5.616	5.691	5.766	5.841	5.916	5.990	6.065
2.62	5.433	5.508	5.584	5.659	5.735	5.810	5.886	5.961	6.036	6.112
2.64	5.474	5.550	5.626	5.702	5.778	5.854	5.930	6.007	6.083	6.159
2.66	5.516	5.592	5.669	5.746	5.822	5.899	5.975	6.052	6.129	6.205
2.68	5.557	5.634	5.712	5.789	5.866	5.943	6.020	6.098	6.175	6.252
2.70	5.599	5.676	5.754	5.832	5.910	5.988	6.065	6.143	6.221	6.299
2.72	5.640	5.719	5.797	5.875	5.954	6.032	6.110	6.189	6.267	6.345
2.74	5.682	5.761	5.839	5.918	5.997	6.076	6.155	6.234	6.313	6.392
2.76	5.723	5.803	5.882	5.962	6.041	6.121	6.200	6.280	6.359	6.439
2.78	5.765	5.845	5.925	6.005	6.085	6.165	6.245	6.325	6.405	6.485
2.80	5.806	5.887	5.967	6.048	6.129	6.209	6.290	6.371	6.451	6.532
2.82	5.848	5.929	6.010	6.091	6.172	6.254	6.335	6.416	6.497	6.578

Maß (Dicke) 144 Centimeter (1,44 m) ist.
dimensions (depth) are 144 centimetres (1,44 m).
(l'épaisseur) est 144 centimètres (1,44 m).

Länge/Length Longueur	Breite — Breadth — Largeur 1.64	1.66	1.68	1.70	1.72	1.74	1.76	1.78	1.80	1.82
	Inhalt in Kubikmetern — Solid Contents — Cubage									
1.64	3.873									
1.66	3.920	3.968								
1.68	3.967	4.016	4.064							
1.70	4.015	4.064	4.113	4.162						
1.72	4.062	4.111	4.161	4.211	4.260					
1.74	4.109	4.159	4.209	4.260	4.310	4.360				
1.76	4.156	4.207	4.258	4.308	4.359	4.410	4.461			
1.78	4.204	4.255	4.306	4.357	4.409	4.460	4.511	4.562		
1.80	4.251	4.303	4.355	4.406	4.458	4.510	4.562	4.614	4.666	
1.82	4.298	4.351	4.403	4.455	4.508	4.560	4.613	4.665	4.717	4.770
1.84	4.345	4.398	4.451	4.504	4.557	4.610	4.663	4.716	4.769	4.822
1.86	4.393	4.446	4.500	4.553	4.607	4.660	4.714	4.768	4.821	4.875
1.88	4.440	4.494	4.548	4.602	4.656	4.711	4.765	4.819	4.873	4.927
1.90	4.487	4.542	4.596	4.651	4.706	4.761	4.815	4.870	4.925	4.980
1.92	4.534	4.590	4.645	4.700	4.755	4.811	4.866	4.921	4.977	5.032
1.94	4.582	4.637	4.693	4.749	4.805	4.861	4.917	4.973	5.028	5.084
1.96	4.629	4.685	4.742	4.798	4.855	4.911	4.967	5.024	5.080	5.137
1.98	4.676	4.733	4.790	4.847	4.904	4.961	5.018	5.075	5.132	5.189
2.00	4.723	4.781	4.838	4.896	4.954	5.011	5.069	5.126	5.184	5.242
2.02	4.770	4.829	4.887	4.945	5.003	5.061	5.119	5.178	5.236	5.294
2.04	4.818	4.876	4.935	4.994	5.053	5.111	5.170	5.229	5.288	5.346
2.06	4.865	4.924	4.984	5.043	5.102	5.162	5.221	5.280	5.340	5.399
2.08	4.912	4.972	5.032	5.092	5.152	5.212	5.272	5.331	5.391	5.451
2.10	4.959	5.020	5.080	5.141	5.201	5.262	5.322	5.383	5.443	5.504
2.12	5.007	5.068	5.129	5.190	5.251	5.312	5.373	5.434	5.495	5.556
2.14	5.054	5.115	5.177	5.239	5.300	5.362	5.424	5.485	5.547	5.609
2.16	5.101	5.163	5.225	5.288	5.350	5.412	5.474	5.537	5.599	5.661
2.18	5.148	5.211	5.274	5.337	5.399	5.462	5.525	5.588	5.651	5.713
2.20	5.196	5.259	5.322	5.386	5.449	5.512	5.576	5.639	5.702	5.766
2.22	5.243	5.307	5.371	5.435	5.498	5.562	5.626	5.690	5.754	5.818
2.24	5.290	5.354	5.419	5.484	5.548	5.613	5.677	5.742	5.806	5.871
2.26	5.337	5.402	5.467	5.532	5.598	5.663	5.728	5.793	5.858	5.923
2.28	5.384	5.450	5.516	5.581	5.647	5.713	5.778	5.844	5.910	5.975
2.30	5.432	5.498	5.564	5.630	5.697	5.763	5.829	5.895	5.962	6.028
2.32	5.479	5.546	5.613	5.679	5.746	5.813	5.880	5.947	6.013	6.080
2.34	5.526	5.594	5.661	5.728	5.796	5.863	5.930	5.998	6.065	6.133
2.36	5.573	5.641	5.709	5.777	5.845	5.913	5.981	6.049	6.117	6.185
2.38	5.621	5.689	5.758	5.826	5.895	5.963	6.032	6.100	6.169	6.238
2.40	5.668	5.737	5.806	5.875	5.944	6.013	6.083	6.152	6.221	6.290
2.42	5.715	5.785	5.854	5.924	5.994	6.064	6.133	6.203	6.273	6.342
2.44	5.762	5.833	5.903	5.973	6.043	6.114	6.184	6.254	6.324	6.395
2.46	5.810	5.880	5.951	6.022	6.093	6.164	6.235	6.305	6.376	6.447
2.48	5.857	5.928	6.000	6.071	6.142	6.214	6.285	6.357	6.428	6.500
2.50	5.904	5.976	6.048	6.120	6.192	6.264	6.336	6.408	6.480	6.552
2.52	5.951	6.024	6.096	6.169	6.242	6.314	6.387	6.459	6.532	6.604
2.54	5.998	6.072	6.145	6.218	6.291	6.364	6.437	6.511	6.584	6.657
2.56	6.046	6.119	6.193	6.267	6.341	6.414	6.488	6.562	6.636	6.709
2.58	6.093	6.167	6.242	6.316	6.390	6.464	6.539	6.613	6.687	6.762
2.60	6.140	6.215	6.290	6.365	6.440	6.515	6.589	6.664	6.739	6.814
2.62	6.187	6.263	6.338	6.414	6.489	6.565	6.640	6.716	6.791	6.866
2.64	6.235	6.311	6.387	6.463	6.539	6.615	6.691	6.767	6.843	6.919
2.66	6.282	6.358	6.435	6.512	6.588	6.665	6.742	6.818	6.895	6.971
2.68	6.329	6.406	6.483	6.561	6.638	6.715	6.792	6.869	6.947	7.024
2.70	6.376	6.454	6.532	6.610	6.687	6.765	6.843	6.921	6.998	7.076
2.72	6.424	6.502	6.580	6.659	6.737	6.815	6.894	6.972	7.050	7.129
2.74	6.471	6.550	6.629	6.708	6.786	6.865	6.944	7.023	7.102	7.181
2.76	6.518	6.598	6.677	6.756	6.836	6.915	6.995	7.074	7.154	7.233
2.78	6.565	6.645	6.725	6.805	6.886	6.966	7.046	7.126	7.206	7.286
2.80	6.612	6.693	6.774	6.854	6.935	7.016	7.096	7.177	7.258	7.338
2.82	6.660	6.741	6.822	6.903	6.985	7.066	7.147	7.228	7.309	7.391

Kubik-Inhalt der Kolli, deren kleinstes
Solid contents of packages, whose least
Cubage des colis, dont la plus petite dimension

Länge/Length Longueur	Breite — Breadth — Largeur									
	1.84	1.86	1.88	1.90	1.92	1.94	1.96	1.98	2.00	2.02
	Inhalt in Kubikmetern — Solid Contents — Cubage									
1.84	4.875									
1.86	4.928	4.982								
1.88	4.981	5.035	5.090							
1.90	5.034	5.089	5.144	5.198						
1.92	5.087	5.143	5.198	5.253	5.308					
1.94	5.140	5.196	5.252	5.308	5.364	5.420				
1.96	5.193	5.250	5.306	5.363	5.419	5.475	5.532			
1.98	5.246	5.303	5.360	5.417	5.474	5.531	5.588	5.645		
2.00	5.299	5.357	5.414	5.472	5.530	5.587	5.645	5.702	5.760	
2.02	5.352	5.410	5.469	5.527	5.585	5.643	5.701	5.753	5.818	5.876
2.04	5.405	5.464	5.523	5.581	5.640	5.699	5.758	5.816	5.875	5.934
2.06	5.458	5.518	5.577	5.636	5.695	5.755	5.814	5.873	5.933	5.992
2.08	5.511	5.571	5.631	5.691	5.751	5.811	5.871	5.930	5.990	6.050
2.10	5.564	5.625	5.685	5.746	5.806	5.867	5.927	5.988	6.048	6.108
2.12	5.617	5.678	5.739	5.800	5.861	5.922	5.983	6.045	6.106	6.167
2.14	5.670	5.732	5.793	5.855	5.917	5.978	6.040	6.102	6.163	6.225
2.16	5.723	5.785	5.848	5.910	5.972	6.034	6.096	6.159	6.221	6.283
2.18	5.776	5.839	5.902	5.964	6.027	6.090	6.153	6.216	6.278	6.341
2.20	5.829	5.892	5.956	6.019	6.083	6.146	6.209	6.273	6.336	6.399
2.22	5.882	5.946	6.010	6.074	6.138	6.202	6.266	6.330	6.394	6.458
2.24	5.935	6.000	6.064	6.129	6.193	6.258	6.322	6.387	6.451	6.516
2.26	5.988	6.053	6.118	6.183	6.248	6.314	6.379	6.444	6.509	6.574
2.28	6.041	6.107	6.172	6.238	6.304	6.369	6.435	6.501	6.566	6.632
2.30	6.094	6.160	6.227	6.293	6.359	6.425	6.492	6.558	6.624	6.690
2.32	6.147	6.214	6.281	6.348	6.414	6.481	6.548	6.615	6.682	6.748
2.34	6.200	6.267	6.335	6.402	6.470	6.537	6.604	6.672	6.739	6.807
2.36	6.253	6.321	6.389	6.457	6.525	6.593	6.661	6.729	6.797	6.865
2.38	6.306	6.375	6.443	6.512	6.580	6.649	6.717	6.786	6.854	6.923
2.40	6.359	6.428	6.497	6.566	6.636	6.705	6.774	6.843	6.912	6.981
2.42	6.412	6.482	6.551	6.621	6.691	6.761	6.830	6.900	6.970	7.039
2.44	6.465	6.535	6.606	6.676	6.746	6.816	6.887	6.957	7.027	7.097
2.46	6.518	6.589	6.660	6.731	6.801	6.872	6.943	7.014	7.085	7.156
2.48	6.571	6.642	6.714	6 785	6.857	6.928	7.000	7.071	7.142	7.214
2.50	6.624	6.696	6.768	6.840	6.912	6.984	7.056	7.128	7.200	7.272
2.52	6.677	6.750	6.822	6.895	6.967	7.040	7.112	7.185	7.258	7.330
2.54	6.730	6.803	6.876	6.949	7.023	7.096	7.169	7.242	7.315	7.388
2.56	6.783	6.857	6.930	7.004	7.078	7.152	7.225	7.299	7.373	7.447
2.58	6.836	6.910	6.985	7.059	7.133	7.207	7.282	7.356	7.430	7.505
2.60	6.889	6.964	7.039	7.114	7.188	7.263	7.338	7.413	7.488	7.563
2.62	6.942	7.017	7.093	7.168	7.244	7.319	7.395	7.470	7.546	7.621
2.64	6.995	7.071	7.147	7.223	7.299	7.375	7.451	7.527	7.603	7.679
2.66	7.048	7.125	7.201	7.278	7.354	7.431	7.508	7.584	7.661	7.737
2.68	7.101	7.178	7.255	7.332	7.410	7.487	7.564	7.641	7.718	7.796
2.70	7.154	7.232	7.309	7.387	7.465	7.543	7.620	7.698	7.776	7.854
2.72	7.207	7.285	7.364	7.442	7.520	7.599	7.677	7.755	7.834	7.912
2.74	7.260	7.339	7.418	7.497	7.576	7.654	7.733	7.812	7.891	7.970
2.76	7.313	7.392	7.472	7.551	7.631	7.710	7.790	7.869	7.949	8.028
2.78	7.366	7.446	7.526	7.606	7.686	7.766	7.846	7.926	8.006	8.086
2.80	7.419	7.500	7.580	7.661	7.741	7.822	7.903	7.983	8.064	8.145
2.82	7.472	7.553	7.634	7.716	7.797	7.878	7.959	8.040	8.122	8.203
2.84	7.525	7.607	7.688	7.770	7.852	7.934	8.016	8.097	8.179	8.261
2.86	7.578	7.660	7.743	7.825	7.907	7.990	8.072	8.154	8.237	8.319
2.88	7.631	7.714	7.797	7.880	7.963	8.046	8.129	8.211	8.294	8.377
2.90	7.684	7.767	7.851	7.934	8.018	8.101	8.185	8.268	8.352	8.436
2.92	7.737	7.821	7.905	7.989	8.073	8.157	8.241	8.326	8.410	8.494
2.94	7.790	7.874	7.959	8.044	8.129	8.213	8.298	8.383	8.467	8.552
2.96	7.843	7.928	8.013	8.099	8.184	8.269	8.354	8.440	8.525	8.610
2.98	7.896	7.982	8.067	8.153	8.239	8.325	8.411	8.497	8.582	8.668
3.00	7.949	8.035	8.122	8.208	8.294	8.381	8.467	8.554	8.640	8.726
3.02	8.002	8.089	8.176	8.263	8.350	8.437	8.524	8.611	8.698	8.785
3.04	8.055	8.142	8.230	8.317	8.405	8.493	8.580	8.668	8.755	8.843
3.06	8.108	8.196	8.284	8.372	8.460	8.548	8.637	8.725	8.813	8.901
3.08	8.161	8.249	8.338	8.427	8.516	8.604	8.693	8.782	8.870	8.959
3.10	8.214	8.303	8.392	8.482	8.571	8.660	8.749	8.839	8.928	9.017
3.12	8.267	8.357	8.446	8.536	8.626	8.716	8.806	8.896	8.986	9.075
3.14	8.320	8.410	8.501	8.591	8.681	8.772	8.862	8.953	9.043	9.134
3.16	8.373	8.464	8.555	8.646	8.737	8.828	8.919	9.010	9.101	9.192
3.18	8.426	8.517	8.609	8.700	8.792	8.884	8.975	9.067	9.158	9.250
3.20	8.479	8.571	8.663	8.755	8.847	8.940	9.032	9.124	9.216	9.308
3.22	8.532	8.624	8.717	8.810	8.903	8.995	9.088	9.181	9.274	9.366

Maß (Dicke) 144 Centimeter (1,44 m) ist.
dimensions (depth) are 144 centimetres (1,44 m)
(l'épaisseur) est 144 centimètres (1,44 m).

Länge/Length Longueur	Breite — Breadth — Largeur 2.04	2.06	2.08	2.10	2.12	2.14	2.16	2.18	2.20	2.22
	Inhalt in Kubikmetern — Solid Contents — Cubage									
2.04	5.993									
2.06	6.051	6.111								
2.08	6.110	6.170	6.230							
2.10	6.169	6.229	6.290	6.350						
2.12	6.228	6.289	6.350	6.411	6.472					
2.14	6.286	6.348	6.410	6.471	6.533	6.595				
2.16	6.345	6.407	6.470	6.532	6.594	6.656	6.718			
2.18	6.404	6.467	6.530	6.592	6.655	6.718	6.781	6.843		
2.20	6.463	6.526	6.589	6.653	6.716	6.780	6.843	6.906	6.970	
2.22	6.521	6.585	6.649	6.713	6.777	6.841	6.905	6.969	7.033	7.097
2.24	6.580	6.645	6.709	6.774	6.838	6.903	6.967	7.032	7.096	7.161
2.26	6.639	6.704	6.769	6.834	6.899	6.964	7.030	7.095	7.160	7.225
2.28	6.698	6.763	6.829	6.895	6.960	7.026	7.092	7.157	7.223	7.289
2.30	6.756	6.823	6.889	6.955	7.021	7.088	7.154	7.220	7.286	7.353
2.32	6.815	6.882	6.949	7.016	7.082	7.149	7.216	7.283	7.350	7.417
2.34	6.874	6.941	7.009	7.076	7.144	7.211	7.278	7.346	7.413	7.481
2.36	6.933	7.001	7.069	7.137	7.205	7.273	7.341	7.409	7.476	7.544
2.38	6.991	7.060	7.129	7.197	7.266	7.334	7.403	7.471	7.540	7.608
2.40	7.050	7.119	7.188	7.258	7.327	7.396	7.465	7.534	7.603	7.672
2.42	7.109	7.179	7.248	7.318	7.388	7.457	7.527	7.597	7.667	7.736
2.44	7.168	7.238	7.308	7.379	7.449	7.519	7.589	7.660	7.730	7.800
2.46	7.226	7.297	7.368	7.439	7.510	7.581	7.652	7.722	7.793	7.864
2.48	7.285	7.357	7.428	7.500	7.571	7.642	7.714	7.785	7.857	7.928
2.50	7.344	7.416	7.488	7.560	7.632	7.704	7.776	7.848	7.920	7.992
2.52	7.403	7.475	7.548	7.620	7.693	7.766	7.838	7.911	7.983	8.056
2.54	7.462	7.535	7.608	7.681	7.754	7.827	7.900	7.974	8.047	8.120
2.56	7.520	7.594	7.668	7.741	7.815	7.889	7.963	8.036	8.110	8.184
2.58	7.579	7.653	7.728	7.802	7.876	7.951	8.025	8.099	8.173	8.248
2.60	7.638	7.713	7.788	7.862	7.937	8.012	8.087	8.162	8.237	8.312
2.62	7.697	7.772	7.847	7.923	7.998	8.074	8.149	8.225	8.300	8.376
2.64	7.755	7.831	7.907	7.983	8.059	8.135	8.211	8.287	8.364	8.440
2.66	7.814	7.891	7.967	8.044	8.120	8.197	8.274	8.350	8.427	8.503
2.68	7.873	7.950	8.027	8.104	8.182	8.259	8.336	8.413	8.490	8.567
2.70	7.932	8.009	8.087	8.165	8.243	8.320	8.398	8.476	8.554	8.631
2.72	7.990	8.069	8.147	8.225	8.304	8.382	8.460	8.539	8.617	8.695
2.74	8.049	8.128	8.207	8.286	8.365	8.444	8.522	8.601	8.680	8.759
2.76	8.108	8.187	8.267	8.346	8.426	8.505	8.585	8.664	8.744	8.823
2.78	8.167	8.247	8.327	8.407	8.487	8.567	8.647	8.727	8.807	8.887
2.80	8.225	8.306	8.387	8.467	8.548	8.628	8.709	8.790	8.870	8.951
2.82	8.284	8.365	8.446	8.528	8.609	8.690	8.771	8.853	8.934	9.015
2.84	8.343	8.425	8.506	8.588	8.670	8.752	8.834	8.915	8.997	9.079
2.86	8.402	8.484	8.566	8.649	8.731	8.813	8.896	8.978	9.060	9.143
2.88	8.460	8.543	8.626	8.709	8.792	8.875	8.958	9.041	9.124	9.207
2.90	8.519	8.603	8.686	8.770	8.853	8.937	9.020	9.104	9.187	9.271
2.92	8.578	8.662	8.746	8.830	8.914	8.998	9.082	9.166	9.251	9.335
2.94	8.637	8.721	8.806	8.891	8.975	9.060	9.145	9.229	9.314	9.399
2.96	8.695	8.781	8.866	8.951	9.036	9.122	9.207	9.292	9.377	9.463
2.98	8.754	8.840	8.926	9.012	9.097	9.183	9.269	9.355	9.441	9.526
3.00	8.813	8.899	8.986	9.072	9.158	9.245	9.331	9.418	9.504	9.590
3.02	8.872	8.959	9.046	9.132	9.219	9.306	9.393	9.480	9.567	9.654
3.04	8.930	9.018	9.105	9.193	9.281	9.368	9.456	9.543	9.631	9.718
3.06	8.989	9.077	9.165	9.253	9.342	9.430	9.518	9.606	9.694	9.782
3.08	9.048	9.137	9.225	9.314	9.403	9.491	9.580	9.669	9.757	9.846
3.10	9.107	9.196	9.285	9.374	9.464	9.553	9.642	9.732	9.821	9.910
3.12	9.165	9.255	9.345	9.435	9.525	9.615	9.704	9.794	9.884	9.974
3.14	9.224	9.314	9.405	9.495	9.586	9.676	9.767	9.857	9.948	10.038
3.16	9.283	9.374	9.465	9.556	9.647	9.738	9.829	9.920	10.011	10.102
3.18	9.342	9.433	9.525	9.616	9.708	9.799	9.891	9.983	10.074	10.166
3.20	9.400	9.492	9.585	9.677	9.769	9.861	9.953	10.045	10.138	10.230
3.22	9.459	9.552	9.645	9.737	9.830	9.923	10.015	10.108	10.201	10.294

Kubik-Inhalt der Kolli, deren kleinstes
Solid contents of packages, whose least
Cubage des colis, dont la plus petite dimension

Länge/Length Longueur	Breite — Breadth — Largeur 1.46	1.48	1.50	1.52	1.54	1.56	1.58	1.60	1.62	1.64
	Inhalt in Kubikmetern — Solid Contents — Cubage									
1.46	3.112									
1.48	3.155	3.198								
1.50	3.197	3.241	3.285							
1.52	3.240	3.284	3.329	3.373						
1.54	3.283	3.328	3.373	3.418	3.463					
1.56	3.325	3.371	3.416	3.462	3.508	3.553				
1.58	3.368	3.414	3.460	3.506	3.552	3.599	3.645			
1.60	3.411	3.457	3.504	3.551	3.597	3.644	3.691	3.738		
1.62	3.453	3.500	3.548	3.595	3.642	3.690	3.737	3.784	3.832	
1.64	3.496	3.544	3.592	3.639	3.687	3.735	3.783	3.831	3.879	3.927
1.66	3.538	3.587	3.635	3.684	3.732	3.781	3.829	3.878	3.926	3.975
1.68	3.581	3.630	3.679	3.728	3.777	3.826	3.875	3.924	3.974	4.023
1.70	3.624	3.673	3.723	3.773	3.822	3.872	3.922	3.971	4.021	4.070
1.72	3.666	3.717	3.767	3.817	3.867	3.917	3.968	4.018	4.068	4.118
1.74	3.709	3.760	3.811	3.861	3.912	3.963	4.014	4.065	4.115	4.166
1.76	3.752	3.803	3.854	3.906	3.957	4.009	4.060	4.111	4.163	4.214
1.78	3.794	3.846	3.898	3.950	4.002	4.054	4.106	4.158	4.210	4.262
1.80	3.837	3.889	3.942	3.995	4.047	4.100	4.152	4.205	4.257	4.310
1.82	3.880	3.933	3.986	4.039	4.092	4.145	4.198	4.252	4.305	4.358
1.84	3.922	3.976	4.030	4.083	4.137	4.191	4.245	4.298	4.352	4.406
1.86	3.965	4.019	4.073	4.128	4.182	4.236	4.291	4.345	4.399	4.454
1.88	4.007	4.062	4.117	4.172	4.227	4.282	4.337	4.392	4.447	4.501
1.90	4.050	4.106	4.161	4.216	4.272	4.327	4.383	4.438	4.494	4.549
1.92	4.093	4.149	4.205	4.261	4.317	4.373	4.429	4.485	4.541	4.597
1.94	4.135	4.192	4.249	4.305	4.362	4.419	4.475	4.532	4.588	4.645
1.96	4.178	4.235	4.292	4.350	4.407	4.464	4.521	4.579	4.636	4.693
1.98	4.221	4.278	4.336	4.394	4.452	4.510	4.567	4.625	4.683	4.741
2.00	4.263	4.322	4.380	4.438	4.497	4.555	4.614	4.672	4.730	4.789
2.02	4.306	4.365	4.424	4.483	4.542	4.601	4.660	4.719	4.778	4.837
2.04	4.348	4.408	4.468	4.527	4.587	4.646	4.706	4.765	4.825	4.885
2.06	4.391	4.451	4.511	4.572	4.632	4.692	4.752	4.812	4.872	4.932
2.08	4.434	4.494	4.555	4.616	4.677	4.737	4.798	4.859	4.920	4.980
2.10	4.476	4.538	4.599	4.660	4.722	4.783	4.844	4.906	4.967	5.028
2.12	4.519	4.581	4.643	4.705	4.767	4.829	4.890	4.952	5.014	5.076
2.14	4.562	4.624	4.687	4.749	4.812	4.874	4.937	4.999	5.062	5.124
2.16	4.604	4.667	4.730	4.793	4.857	4.920	4.983	5.046	5.109	5.172
2.18	4.647	4.711	4.774	4.838	4.902	4.965	5.029	5.092	5.156	5.220
2.20	4.690	4.754	4.818	4.882	4.946	5.011	5.075	5.139	5.203	5.268
2.22	4.732	4.797	4.862	4.927	4.991	5.056	5.121	5.186	5.251	5.316
2.24	4.775	4.840	4.906	4.971	5.036	5.102	5.167	5.233	5.298	5.363
2.26	4.817	4.883	4.949	5.015	5.081	5.147	5.213	5.279	5.345	5.411
2.28	4.860	4.927	4.993	5.060	5.126	5.193	5.260	5.326	5.393	5.459
2.30	4.903	4.970	5.037	5.104	5.171	5.238	5.306	5.373	5.440	5.507
2.32	4.945	5.013	5.081	5.149	5.216	5.284	5.352	5.420	5.487	5.555
2.34	4.988	5.056	5.125	5.193	5.261	5.330	5.398	5.460	5.535	5.603
2.36	5.031	5.099	5.168	5.237	5.306	5.375	5.444	5.513	5.582	5.651
2.38	5.073	5.143	5.212	5.282	5.351	5.421	5.490	5.560	5.629	5.699
2.40	5.116	5.186	5.256	5.326	5.396	5.466	5.536	5.606	5.676	5.747
2.42	5.158	5.229	5.300	5.370	5.441	5.512	5.582	5.653	5.724	5.794
2.44	5.201	5.272	5.344	5.415	5.486	5.557	5.629	5.700	5.771	5.842
2.46	5.244	5.316	5.387	5.459	5.531	5.603	5.675	5.747	5.818	5.890
2.48	5.286	5.359	5.431	5 504	5.576	5.648	5.721	5.793	5.866	5.938
2.50	5.329	5.402	5.475	5.548	5.621	5.694	5.767	5.840	5.913	5.986
2.52	5.372	5.445	5.519	5.592	5.666	5.740	5.813	5.887	5.960	6.034
2.54	5.414	5.488	5.563	5.637	5.711	5.785	5.859	5.933	6.008	6.082
2.56	5.457	5.532	5.606	5.681	5.756	5.831	5.905	5.980	6.055	6.130
2.58	5.500	5.575	5.650	5.726	5.801	5.876	5.952	6.027	6.102	6.178
2.60	5.542	5.618	5.694	5.770	5.846	5.922	5.998	6.074	6.150	6.225
2.62	5.585	5.661	5.738	5.814	5.891	5.967	6.044	6.120	6.197	6.273
2.64	5.627	5.705	5.782	5.859	5.936	6.013	6.090	6.167	6.244	6.321
2.66	5.670	5.748	5.825	5.903	5.981	6.058	6.136	6.214	6.291	6.369
2.68	5.713	5.791	5.869	5.947	6.026	6.104	6.182	6.260	6.339	6.417
2.70	5.755	5.834	5.913	5.992	6.071	6.150	6.228	6.307	6.386	6.465
2.72	5.798	5.877	5.957	6.036	6.116	6.195	6.274	6.354	6.433	6.513
2.74	5.841	5.921	6.001	6.081	6.161	6.241	6.321	6.401	6.481	6.561
2.76	5.883	5.964	6.044	6.125	6.206	6 286	6.367	6.447	6.528	6.609
2.78	5.926	6.007	6.088	6.169	6.251	6.332	6.413	6.494	6.575	6.656
2.80	5.968	6.050	6.132	6.214	6.296	6.377	6.459	6.541	6.623	6.704
2.82	6.011	6.093	6.176	6.258	6.340	6.423	6.505	6.588	6.670	6.752
2.84	6.054	6.137	6.220	6.303	6.385	6.468	6.551	6.634	6.717	6.800

Maß (Dicke) 146 Centimeter (1,46 m) ist.
dimensions (depth) are 146 centimetres (1,46 m).
(l'épaisseur) est 146 centimètres (1,46 m).

Länge/Length Longueur	Breite — Breadth — Largeur 1.66	1.68	1.70	1.72	1.74	1.76	1.78	1.80	1.82	1.84
	Inhalt in Kubikmetern — Solid Contents — Cubage									
1.66	4.023									
1.68	4.072	4.121								
1.70	4.120	4.170	4.219							
1.72	4.169	4.219	4.269	4.319						
1.74	4.217	4.268	4.319	4.369	4.420					
1.76	4.266	4.317	4.368	4.420	4.471	4.522				
1.78	4.314	4.366	4.418	4.470	4.522	4.574	4.626			
1.80	4.362	4.415	4.468	4.520	4.573	4.625	4.678	4.730		
1.82	4.411	4.464	4.517	4.570	4.624	4.677	4.730	4.783	4.836	
1.84	4.459	4.513	4.567	4.621	4.674	4.728	4.782	4.836	4.889	4.943
1.86	4.508	4.562	4.617	4.671	4.725	4.779	4.834	4.888	4.942	4.997
1.88	4.556	4.611	4.666	4.721	4.776	4.831	4.886	4.941	4.996	5.050
1.90	4.605	4.660	4.716	4.771	4.827	4.882	4.938	4.993	5.049	5.104
1.92	4.653	4.709	4.765	4.822	4.878	4.934	4.990	5.046	5.102	5.158
1.94	4.702	4.758	4.815	4.872	4.928	4.985	5.042	5.098	5.155	5.212
1.96	4.750	4.807	4.865	4.922	4.979	5.036	5.094	5.151	5.208	5.265
1.98	4.799	4.857	4.914	4.972	5.030	5.088	5.146	5.203	5.261	5.319
2.00	4.847	4.906	4.964	5.022	5.081	5.139	5.198	5.256	5.314	5.373
2.02	4.896	4.955	5.014	5.073	5.132	5.191	5.250	5.309	5.368	5.427
2.04	4.944	5.004	5.063	5.123	5.182	5.242	5.302	5.361	5.421	5.480
2.06	4.993	5.053	5.113	5.173	5.233	5.293	5.354	5.414	5.474	5.534
2.08	5.041	5.102	5.163	5.223	5.284	5.345	5.406	5.466	5.527	5.588
2.10	5.090	5.151	5.212	5.274	5.335	5.396	5.457	5.519	5.580	5.641
2.12	5.138	5.200	5.262	5.324	5.386	5.448	5.509	5.571	5.633	5.695
2.14	5.187	5.249	5.311	5.374	5.436	5.499	5.561	5.624	5.686	5.749
2.16	5.235	5.298	5.361	5.424	5.487	5.550	5.613	5.676	5.740	5.803
2.18	5.283	5.347	5.411	5.474	5.538	5.602	5.665	5.729	5.793	5.856
2.20	5.332	5.396	5.460	5.525	5.589	5.653	5.717	5.782	5.846	5.910
2.22	5.380	5.445	5.510	5.575	5.640	5.705	5.769	5.834	5.899	5.964
2.24	5.429	5.494	5.560	5.625	5.690	5.756	5.821	5.887	5.952	6.018
2.26	5.477	5.543	5.609	5.675	5.741	5.807	5.873	5.939	6.005	6.071
2.28	5.526	5.592	5.659	5.726	5.792	5.859	5.925	5.992	6.058	6.125
2.30	5.574	5.641	5.709	5.776	5.843	5.910	5.977	6.044	6.112	6.179
2.32	5.623	5.690	5.758	5.826	5.894	5.961	6.029	6.097	6.165	6.232
2.34	5.671	5.740	5.808	5.876	5.945	6.013	6.081	6.150	6.218	6.286
2.36	5.720	5.789	5.858	5.926	5.995	6.064	6.133	6.202	6.271	6.340
2.38	5.768	5.838	5.907	5.977	6.046	6.116	6.185	6.255	6.324	6.394
2.40	5.817	5.887	5.957	6.027	6.097	6.167	6.237	6.307	6.377	6.447
2.42	5.865	5.936	6.006	6.077	6.148	6.218	6.289	6.360	6.430	6.501
2.44	5.914	5.985	6.056	6.127	6.199	6.270	6.341	6.412	6.484	6.555
2.46	5.962	6.034	6.106	6.178	6.249	6.321	6.393	6.465	6.537	6.609
2.48	6.011	6.083	6.155	6.228	6.300	6.373	6.445	6.517	6.590	6.662
2.50	6.059	6.132	6.205	6.278	6.351	6.424	6.497	6.570	6.643	6.716
2.52	6.107	6.181	6.255	6.328	6.402	6.475	6.549	6.623	6.696	6.770
2.54	6.156	6.230	6.304	6.378	6.453	6.527	6.601	6.675	6.749	6.823
2.56	6.204	6.279	6.354	6.429	6.503	6.578	6.653	6.728	6.802	6.877
2.58	6.253	6.328	6.404	6.479	6.554	6.630	6.705	6.780	6.856	6.931
2.60	6.301	6.377	6.453	6.529	6.605	6.681	6.757	6.833	6.909	6.985
2.62	6.350	6.426	6.503	6.579	6.656	6.732	6.809	6.885	6.962	7.038
2.64	6.398	6.475	6.552	6.630	6.707	6.784	6.861	6.938	7.015	7.092
2.66	6.447	6.524	6.602	6.680	6.757	6.835	6.913	6.990	7.068	7.146
2.68	6.495	6.574	6.652	6.730	6.808	6.887	6.965	7.043	7.121	7.200
2.70	6.544	6.623	6.701	6.780	6.859	6.938	7.017	7.096	7.174	7.253
2.72	6.592	6.672	6.751	6.830	6.910	6.989	7.069	7.148	7.228	7.307
2.74	6.641	6.721	6.801	6.881	6.961	7.041	7.121	7.201	7.281	7.361
2.76	6.689	6.770	6.850	6.931	7.012	7.092	7.173	7.253	7.334	7.414
2.78	6.738	6.819	6.900	6.981	7.062	7.143	7.225	7.306	7.387	7.468
2.80	6.786	6.868	6.950	7.031	7.113	7.195	7.277	7.358	7.440	7.522
2.82	6.835	6.917	6.999	7.082	7.164	7.246	7.329	7.411	7.493	7.576
2.84	6.883	6.966	7.049	7.132	7.215	7.298	7.381	7.464	7.546	7.629

Kubik-Inhalt der Kolli, deren kleinstes
Solid contents of packages, whose least
Cubage des colis, dont la plus petite dimension

Länge/Length Longueur	Breite — Breadth — Largeur									
	1.86	1.88	1.90	1.92	1.94	1.96	1.98	2.00	2.02	2.04
	Inhalt in Kubikmetern — Solid Contents — Cubage									
1.86	5.051									
1.88	5.105	5.160								
1.90	5.160	5.215	5.271							
1.92	5.214	5.270	5.326	5.382						
1.94	5.268	5.325	5.382	5.438	5.495					
1.96	5.323	5.380	5.437	5.494	5.552	5.609				
1.98	5.377	5.435	5.493	5.550	5.608	5.666	5.724			
2.00	5.431	5.490	5.548	5.606	5.665	5.723	5.782	5.840		
2.02	5.486	5.544	5.603	5.662	5.721	5.780	5.839	5.898	5.957	
2.04	5.540	5.599	5.659	5.719	5.778	5.838	5.897	5.957	6.016	6.076
2.06	5.594	5.654	5.714	5.775	5.835	5.895	5.955	6.015	6.075	6.136
2.08	5.648	5.709	5.770	5.831	5.891	5.952	6.013	6.074	6.134	6.195
2.10	5.703	5.764	5.825	5.887	5.948	6.009	6.071	6.132	6.193	6.255
2.12	5.757	5.819	5.881	5.943	6.005	6.067	6.128	6.190	6.252	6.314
2.14	5.811	5.874	5.936	5.999	6.061	6.124	6.186	6.249	6.311	6.374
2.16	5.866	5.929	5.992	6.055	6.118	6.181	6.244	6.307	6.370	6.433
2.18	5.920	5.984	6.047	6.111	6.175	6.238	6.302	6.366	6.429	6.493
2.20	5.974	6.039	6.103	6.167	6.231	6.296	6.360	6.424	6.488	6.552
2.22	6.029	6.093	6.158	6.223	6.288	6.353	6.418	6.482	6.547	6.612
2.24	6.083	6.148	6.214	6.279	6.345	6.410	6.475	6.541	6.606	6.672
2.26	6.137	6.203	6.269	6.335	6.401	6.467	6.533	6.599	6.665	6.731
2.28	6.192	6.258	6.325	6.391	6.458	6.524	6.591	6.658	6.724	6.791
2.30	6.246	6.313	6.380	6.447	6.515	6.582	6.649	6.716	6.783	6.850
2.32	6.300	6.368	6.436	6.503	6.571	6.639	6.707	6.774	6.842	6.910
2.34	6.355	6.423	6.491	6.559	6.628	6.696	6.764	6.833	6.901	6.969
2.36	6.409	6.478	6.547	6.616	6.684	6.753	6.822	6.891	6.960	7.029
2.38	6.463	6.533	6.602	6.672	6.741	6.811	6.880	6.950	7 019	7.089
2.40	6.517	6.588	6.658	6.728	6.798	6.868	6.938	7.008	7.078	7.148
2.42	6.572	6.642	6.713	6.784	6.854	6.925	6.996	7.066	7.137	7.208
2.44	6.626	6.697	6.769	6.840	6.911	6.982	7.054	7.125	7.196	7.267
2.46	6.680	6.752	6.824	6.896	6.968	7.040	7.111	7.183	7.255	7.327
2.48	6.735	6.807	6.880	6.952	7.024	7.097	7.169	7.242	7.314	7.386
2.50	6.789	6.862	6.935	7.008	7.081	7.154	7.227	7.300	7.373	7.446
2.52	6.843	6.917	6.990	7.064	7.138	7.211	7.285	7.358	7.432	7.506
2.54	6.898	6.972	7.046	7.120	7.194	7.268	7.343	7.417	7.491	7.565
2.56	6.952	7.027	7.101	7.176	7.251	7.326	7.400	7.475	7.550	7.625
2.58	7.006	7.082	7.157	7.232	7.308	7.383	7.458	7.534	7.609	7.684
2.60	7.061	7.136	7.212	7.288	7.364	7.440	7.516	7.592	7.668	7.744
2.62	7.115	7.191	7.268	7.344	7.421	7.497	7.574	7.650	7.727	7.803
2.64	7.169	7.246	7.323	7.400	7.478	7.555	7.632	7.709	7.786	7.863
2.66	7.223	7.301	7.379	7.457	7.534	7.612	7.690	7.767	7.845	7.923
2.68	7.278	7.356	7.434	7.513	7.591	7.669	7.747	7.826	7.904	7.982
2.70	7.332	7.411	7.490	7.569	7.647	7.726	7.805	7.884	7.963	8.042
2.72	7.386	7.466	7.545	7.625	7.704	7.784	7.863	7.942	8.022	8.101
2.74	7.441	7.521	7.601	7.681	7.761	7.841	7.921	8.001	8.081	8.161
2.76	7.495	7.576	7.656	7.737	7.817	7.898	7.979	8.059	8.140	8.220
2.78	7.549	7.631	7.712	7.793	7.874	7.955	8.036	8.118	8.199	8.280
2.80	7.604	7.685	7.767	7.849	7.931	8.012	8.094	8.176	8.258	8.340
2.82	7.658	7.740	7.823	7.905	7.987	8.070	8.152	8.234	8.317	8.399
2.84	7.712	7.795	7.878	7.961	8.044	8.127	8.210	8.293	8.376	8.459
2.86	7.767	7.850	7.934	8.017	8.101	8.184	8.268	8.351	8.435	8.518
2.88	7.821	7.905	7.989	8.073	8.157	8.241	8.326	8.410	8.494	8.578
2.90	7.875	7.960	8.045	8.129	8.214	8.299	8.383	8.468	8.553	8.637
2.92	7.930	8.015	8.100	8.185	8.271	8.356	8.441	8.526	8.612	8.697
2.94	7.984	8.070	8.156	8.241	8.327	8.413	8.499	8.585	8.671	8.756
2.96	8.038	8.125	8.211	8.297	8.384	8.470	8.557	8.643	8.730	8.816
2.98	8.092	8.180	8.267	8.354	8.441	8.528	8.615	8.702	8.789	8.876
3.00	8.147	8.234	8.322	8.410	8.497	8.585	8.672	8.760	8.848	8.935
3.02	8.201	8.289	8.377	8.466	8.554	8.642	8.730	8.818	8.907	8.995
3.04	8.255	8.344	8.433	8.522	8.610	8.699	8.788	8.877	8.966	9.054
3.06	8.310	8.399	8.488	8.578	8.667	8.756	8.846	8.935	9.025	9.114
3.08	8.364	8.454	8.544	8.634	8.724	8.814	8.904	8.994	9.084	9.173
3.10	8.418	8.509	8.599	8.690	8.780	8.871	8.961	9.052	9.143	9.233
3.12	8.473	8.564	8.655	8.746	8.837	8.928	9.019	9.110	9.202	9.293
3.14	8.527	8.619	8.710	8.802	8.894	8.985	9.077	9.169	9.260	9.352
3.16	8.581	8.674	8.766	8.858	8.950	9.043	9.135	9.227	9.319	9.412
3.18	8.636	8.728	8.821	8.914	9.007	9.100	9.193	9.286	9.378	9.471
3.20	8 690	8.783	8.877	8.970	9.064	9.157	9.251	9.344	9.437	9.531
3.22	8.74[illegible]	8.838	8.932	9.026	9.120	9.214	9.308	9.402	9.496	9.590
3.24	8.799	8.893	8.988	9.082	9.177	9.272	9.366	9.461	9.555	9.650

Maß (Dicke) 146 Centimeter (1,46 m) ist.
dimensions (depth) are 146 centimetres (1,46 m).
(l'épaisseur) est 146 centimètres (1,46 m).

Länge/Length Longueur	Breite — Breadth — Largeur									
	2.06	2.08	2.10	2.12	2.14	2.16	2.18	2.20	2.22	2.24
	Inhalt in Kubikmetern — Solid Contents — Cubage									
2.06	6.196									
2.08	6.256	6.317								
2.10	6.316	6.377	6.439							
2.12	6.376	6.438	6.500	6.562						
2.14	6.436	6.499	6.561	6.624	6.686					
2.16	6.496	6.559	6.623	6.686	6.749	6.812				
2.18	6.557	6.620	6.684	6.748	6.811	6.875	6.939			
2.20	6.617	6.681	6.745	6.809	6.874	6.938	7.002	7.066		
2.22	6.677	6.742	6.807	6.871	6.936	7.001	7.066	7.131	7.195	
2.24	6.737	6.802	6.868	6.933	6.999	7.064	7.129	7.195	7.260	7.326
2.26	6.797	6.863	6.929	6.995	7.061	7.127	7.193	7.259	7.325	7.391
2.28	6.857	6.924	6.990	7.057	7.124	7.190	7.257	7.323	7.390	7.457
2.30	6.917	6.985	7.052	7.119	7.186	7.253	7.320	7.388	7.455	7.522
2.32	6.978	7.045	7.113	7.181	7.249	7.316	7.384	7.452	7.520	7.587
2.34	7.038	7.106	7.174	7.243	7.311	7.379	7.448	7.516	7.584	7.653
2.36	7.098	7.167	7.236	7.305	7.374	7.442	7.511	7.580	7.649	7.718
2.38	7.158	7.228	7.297	7.367	7.436	7.506	7.575	7.645	7.714	7.784
2.40	7.218	7.288	7.358	7.428	7.499	7.569	7.639	7.709	7.779	7.849
2.42	7.278	7.349	7.420	7.490	7.561	7.632	7.702	7.773	7.844	7.914
2.44	7.339	7.410	7.481	7.552	7.624	7.695	7.766	7.837	7.909	7.980
2.46	7.399	7.471	7.542	7.614	7.686	7.758	7.830	7.901	7.973	8.045
2.48	7.459	7.531	7.604	7.676	7.749	7.821	7.893	7.966	8.038	8.111
2.50	7.519	7.592	7.665	7.738	7.811	7.884	7.957	8.030	8.103	8.176
2.52	7.579	7.653	7.726	7.800	7.873	7.947	8.021	8.094	8.168	8.241
2.54	7.639	7.713	7.788	7.862	7.936	8.010	8.084	8.158	8.233	8.307
2.56	7.699	7.774	7.849	7.924	7.998	8.073	8.148	8.223	8.297	8.372
2.58	7.760	7.835	7.910	7.986	8.061	8.136	8.212	8.287	8.362	8.438
2.60	7.820	7.896	7.972	8.048	8.123	8.199	8.275	8.351	8.427	8.503
2.62	7.880	7.956	8.033	8.109	8.186	8.262	8.339	8.415	8.492	8.568
2.64	7.940	8.017	8.094	8.171	8.248	8.326	8.403	8.480	8.557	8.634
2.66	8.000	8.078	8.156	8.233	8.311	8.389	8.466	8.544	8.622	8.699
2.68	8.060	8.139	8.217	8.295	8.373	8.452	8.530	8.608	8.686	8.765
2.70	8.121	8.199	8.278	8.357	8.436	8.515	8.594	8.672	8.751	8.830
2.72	8.181	8.260	8.340	8.419	8.498	8.578	8.657	8.737	8.816	8.895
2.74	8.241	8.321	8.401	8.481	8.561	8.641	8.721	8.801	8.881	8.961
2.76	8.301	8.382	8.462	8.543	8.623	8.704	8.785	8.865	8.946	9.026
2.78	8.361	8.442	8.524	8.605	8.686	8.767	8.848	8.929	9.011	9.092
2.80	8.421	8.503	8.585	8.667	8.748	8.830	8.912	8.994	9.075	9.157
2.82	8.481	8.564	8.646	8.728	8.811	8.893	8.975	9.058	9.140	9.223
2.84	8.542	8.625	8.707	8.790	8.873	8.956	9.039	9.122	9.205	9.288
2.86	8.602	8.685	8.769	8.852	8.936	9.019	9.103	9.186	9.270	9.353
2.88	8.662	8.746	8.830	8.914	8.998	9.082	9.166	9.251	9.335	9.419
2.90	8.722	8.807	8.891	8.976	9.061	9.145	9.230	9.315	9.399	9.484
2.92	8.782	8.867	8.953	9.038	9.123	9.209	9.294	9.379	9.464	9.550
2.94	8.842	8.928	9.014	9.100	9.186	9.272	9.357	9.443	9.529	9.615
2.96	8.902	8.989	9.075	9.162	9.248	9.335	9.421	9.508	9.594	9.680
2.98	8.963	9.050	9.137	9.224	9.311	9.398	9.485	9.572	9.659	9.746
3.00	9.023	9.110	9.198	9.286	9.373	9.461	9.548	9.636	9.724	9.811
3.02	9.083	9.171	9.259	9.348	9.436	9.524	9.612	9.700	9.788	9.877
3.04	9.143	9.232	9.321	9.409	9.498	9.587	9.676	9.764	9.853	9.942
3.06	9.203	9.293	9.382	9.471	9.561	9.650	9.739	9.829	9.918	10.007
3.08	9.263	9.353	9.443	9.533	9.623	9.713	9.803	9.893	9.983	10.073
3.10	9.324	9.414	9.505	9.595	9.686	9.776	9.867	9.957	10.048	10.138
3.12	9.384	9.475	9.566	9.657	9.748	9.839	9.930	10.021	10.113	10.204
3.14	9.444	9.536	9.627	9.719	9.811	9.902	9.994	10.086	10.177	10.269
3.16	9.504	9.596	9.689	9.781	9.873	9.965	10.058	10.160	10 242	10.334
3.18	9.564	9.657	9.750	9.843	9.936	10.028	10.121	10.214	10.307	10 400
3.20	9.624	9.718	9.811	9.905	9.998	10.092	10.185	10.278	10.372	10.465
3.22	9.684	9.778	9.873	9.967	10.061	10.155	10.249	10.343	10.437	10.531
3.24	9.745	9.839	9.934	10.028	10.123	10.218	10.312	10.407	10.501	10.596

Kubik-Inhalt der Kolli, deren kleinstes
Solid contents of packages, whose least
Cubage des colis, dont la plus petite dimension

Länge/Length Longueur	Breite — Breadth — Largeur 1.48	1.50	1.52	1.54	1.56	1.58	1.60	1.62	1.64	1.66
	Inhalt in Kubikmetern — Solid Contents — Cubage									
1.48	3.242									
1.50	3.286	3.330								
1.52	3.329	3.374	3.419							
1.54	3.373	3.419	3.464	3.510						
1.56	3.417	3.463	3.509	3.556	3.602					
1.58	3.461	3.508	3.554	3.601	3.648	3.695				
1.60	3.505	3.552	3.599	3.647	3.694	3.741	3.789			
1.62	3.548	3.596	3.644	3.692	3.740	3.788	3.836	3.884		
1.64	3.592	3.641	3.689	3.738	3.786	3.835	3.884	3.932	3.981	
1.66	3.636	3.685	3.734	3.783	3.833	3.882	3.931	3.980	4.029	4.078
1.68	3.680	3.730	3.779	3.829	3.879	3.929	3.978	4.028	4.078	4.127
1.70	3.724	3.774	3.824	3.875	3.925	3.975	4.026	4.076	4.126	4.177
1.72	3.767	3.818	3.869	3.920	3.971	4.022	4.073	4.124	4.175	4.226
1.74	3.811	3.863	3.914	3.966	4.017	4.069	4.120	4.172	4.223	4.275
1.76	3.855	3.907	3.959	4.011	4.063	4.116	4.168	4.220	4.272	4.324
1.78	3.899	3.952	4.004	4.057	4.110	4.162	4.215	4.268	4.320	4.373
1.80	3.943	3.996	4.049	4.103	4.156	4.209	4.262	4.316	4.369	4.422
1.82	3.987	4.040	4.094	4.148	4.202	4.256	4.310	4.364	4.418	4.471
1.84	4.030	4.085	4.139	4.194	4.248	4.303	4.357	4.412	4.466	4.521
1.86	4.074	4.129	4.184	4.239	4.294	4.349	4.404	4.460	4.515	4.570
1.88	4.118	4.174	4.229	4.285	4.341	4.396	4.452	4.507	4.563	4.619
1.90	4.162	4.218	4.274	4.330	4.387	4.443	4.499	4.555	4.612	4.668
1.92	4.206	4.262	4.319	4.376	4.433	4.490	4.547	4.603	4.660	4.717
1.94	4.249	4.307	4.364	4.422	4.479	4.536	4.594	4.651	4.709	4.766
1.96	4.293	4.351	4.409	4.467	4.525	4.583	4.641	4.699	4.757	4.815
1.98	4.337	4.396	4.454	4.513	4.571	4.630	4.689	4.747	4.806	4.864
2.00	4.381	4.440	4.499	4.558	4.618	4.677	4.736	4.795	4.854	4.914
2.02	4.425	4.484	4.544	4.604	4.664	4.724	4.783	4.843	4.903	4.963
2.04	4.468	4.529	4.589	4.650	4.710	4.770	4.831	4.891	4.951	5.012
2.06	4.512	4.573	4.634	4.695	4.756	4.817	4.878	4.939	5.000	5.061
2.08	4.556	4.618	4.679	4.741	4.802	4.864	4.925	4.987	5.049	5.110
2.10	4.600	4.662	4.724	4.786	4.848	4.911	4.973	5.035	5.097	5.159
2.12	4.644	4.706	4.769	4.832	4.895	4.957	5.020	5.083	5.146	5.208
2.14	4.687	4.751	4.814	4.877	4.941	5.004	5.068	5.131	5.194	5.258
2.16	4.731	4.795	4.859	4.923	4.987	5.051	5.115	5.179	5.243	5.307
2.18	4.775	4.840	4.904	4.969	5.033	5.098	5.162	5.227	5.291	5.356
2.20	4.819	4.884	4.949	5.014	5.079	5.144	5.210	5.275	5.340	5.405
2.22	4.863	4.928	4.994	5.060	5.126	5.191	5.257	5.323	5.388	5.454
2.24	4.906	4.973	5.039	5.105	5.172	5.238	5.304	5.371	5.437	5.503
2.26	4.950	5.017	5.084	5.151	5.218	5.285	5.352	5.419	5.485	5.552
2.28	4.994	5.062	5.129	5.197	5.264	5.332	5.399	5.467	5.534	5.602
2.30	5.038	5.106	5.174	5.242	5.310	5.378	5.446	5.514	5.583	5.651
2.32	5.082	5.150	5.219	5.288	5.356	5.425	5.494	5.562	5.631	5.700
2.34	5.126	5.195	5.264	5.333	5.403	5.472	5.541	5.610	5.680	5.749
2.36	5.169	5.239	5.309	5.379	5.449	5.519	5.588	5.658	5.728	5.798
2.38	5.213	5.284	5.354	5.424	5.495	5.565	5.636	5.706	5.777	5.847
2.40	5.257	5.328	5.399	5.470	5.541	5.612	5.683	5.754	5.825	5.896
2.42	5.301	5.372	5.444	5.516	5.587	5.659	5.731	5.802	5.874	5.945
2.44	5.345	5.417	5.489	5.561	5.633	5.706	5.778	5.850	5.922	5.995
2.46	5.388	5.461	5.534	5.607	5.680	5.752	5.825	5.898	5.971	6.044
2.48	5.432	5.506	5.579	5.652	5.726	5.799	5.873	5.946	6.019	6.093
2.50	5.476	5.550	5.624	5.698	5.772	5.846	5.920	5.994	6.068	6.142
2.52	5.520	5.594	5.669	5.744	5.818	5.893	5.967	6.042	6.117	6.191
2.54	5.564	5.639	5.714	5.789	5.864	5.940	6.015	6.090	6.165	6.240
2.56	5.607	5.683	5.759	5.835	5.911	5.986	6.062	6.138	6.214	6.289
2.58	5.651	5.728	5.804	5.880	5.957	6.033	6.109	6.186	6.262	6.339
2.60	5.695	5.772	5.849	5.926	6.003	6.080	6.157	6.234	6.311	6.388
2.62	5.739	5.816	5.894	5.972	6.049	6.127	6.204	6.282	6.359	6.437
2.64	5.783	5.861	5.939	6.017	6.095	6.173	6.252	6.330	6.408	6.486
2.66	5.826	5.905	5.984	6.063	6.141	6.220	6.299	6.378	6.456	6.535
2.68	5.870	5.950	6.029	6.108	6.188	6.267	6.346	6.426	6.505	6.584
2.70	5.914	5.994	6.074	6.154	6.234	6.314	6.394	6.474	6.553	6.633
2.72	5.958	6.038	6.119	6.199	6.280	6.360	6.441	6.521	6.602	6.682
2.74	6.002	6.083	6.164	6.245	6.326	6.407	6.488	6.569	6.651	6.732
2.76	6.046	6.127	6.209	6.291	6.372	6.454	6.536	6.617	6.699	6.781
2.78	6.089	6.172	6.254	6.336	6.418	6.501	6.583	6.665	6.748	6.830
2.80	6.133	6.216	6.299	6.382	6.465	6.548	6.630	6.713	6.796	6.879
2.82	6.177	6.260	6.344	6.427	6.511	6.594	6.678	6.761	6.845	6.928
2.84	6.221	6.305	6.389	6.473	6.557	6.641	6.725	6.809	6.893	6.977
2.86	6.265	6.349	6.434	6.519	6.603	6.688	6.772	6.857	6.942	7.026

Maß (Dicke) 148 Centimeter (1,48 m) ist.
dimensions (depth) are 148 centimetres (1,48 m).
(l'épaisseur) est 148 centimètres (1,48 m).

Länge/Length Longueur	Breite — Breadth — Largeur									
	1.68	1.70	1.72	1.74	1.76	1.78	1.80	1.82	1.84	1.86
	Inhalt in Kubikmetern — Solid Contents — Cubage									
1.68	4.177									
1.70	4.227	4.277								
1.72	4.277	4.328	4.378							
1.74	4.326	4.378	4.429	4.481						
1.76	4.376	4.428	4.480	4.532	4.584					
1.78	4.426	4.478	4.531	4.584	4.637	4.689				
1.80	4.476	4.529	4.582	4.635	4.689	4.742	4.795			
1.82	4.525	4.579	4.633	4.687	4.741	4.795	4.848	4.902		
1.84	4.575	4.629	4.684	4.738	4.793	4.847	4.902	4.956	5.011	
1.86	4.625	4.680	4.735	4.790	4.845	4.900	4.955	5.010	5.065	5.120
1.88	4.674	4.730	4.786	4.841	4.897	4.953	5.008	5.064	5.120	5.175
1.90	4.724	4.780	4.837	4.893	4.949	5.005	5.062	5.118	5.174	5.230
1.92	4.774	4.831	4.888	4.944	5.001	5.058	5.115	5.172	5.229	5.285
1.94	4.824	4.881	4.938	4.996	5.053	5.111	5.168	5.226	5.283	5.340
1.96	4.873	4.931	4.989	5.047	5.105	5.163	5.221	5.279	5.337	5.395
1.98	4.923	4.982	5.040	5.099	5.158	5.216	5.275	5.333	5.392	5.451
2.00	4.973	5.032	5.091	5.150	5.210	5.269	5.328	5.387	5.446	5.506
2.02	5.023	5.082	5.142	5.202	5.262	5.321	5.381	5.441	5.501	5.561
2.04	5.072	5.133	5.193	5 253	5.314	5.374	5.435	5.495	5.555	5.616
2.06	5.122	5.183	5.244	5.305	5.366	5.427	5.488	5.549	5.610	5.671
2.08	5.172	5.233	5.295	5.356	5.418	5.480	5.541	5.603	5.664	5.726
2.10	5.221	5.284	5.346	5.408	5.470	5.532	5.594	5.657	5.719	5.781
2.12	5.271	5.334	5.397	5.459	5.522	5.585	5.648	5.710	5.773	5.836
2.14	5.321	5.384	5.448	5.511	5.574	5.638	5.701	5.764	5.828	5.891
2.16	5.371	5.435	5.498	5.562	5.626	5.690	5.754	5.818	5.882	5.946
2.18	5.420	5.485	5.548	5.614	5.678	5 743	5.808	5.872	5.937	6.001
2.20	5.470	5.535	5.600	5.665	5.731	5.796	5.861	5.926	5.991	6.056
2.22	5.520	5.586	5.651	5.717	5.783	5.848	5.914	5.980	6.046	6.111
2.24	5.570	5.636	5.702	5.768	5.835	5.901	5.967	6.034	6.100	6.166
2.26	5.619	5.686	5.753	5.820	5.887	5.954	6.021	6.088	6.154	6.221
2.28	5 669	5.736	5.804	5.871	5.939	6.006	6.074	6.141	6.209	6.276
2.30	5.719	5.787	5.855	5.923	5.991	6.059	6.127	6.195	6.263	6.331
2.32	5.768	5.837	5.906	5.974	6.043	6.112	6.180	6.249	6.318	6.386
2.34	5.818	5.887	5.957	6.026	6.095	6.164	6.234	6.303	6.372	6.442
2.36	5.868	5.938	6.008	6.077	6.147	6.217	6.287	6.357	6.427	6.497
2.38	5.918	5.988	6.059	6.129	6.199	6.270	6.340	6.411	6.481	6.552
2.40	5.967	6.038	6.109	6.180	6.252	6.323	6.394	6 465	6.536	6.607
2.42	6.017	6.089	6.160	6.232	6.304	6.375	6.447	6.519	6.590	6.662
2.44	6.067	6.139	6.211	6.283	6.356	6.428	6.500	6.572	6.645	6.717
2.46	6.117	6.189	6.262	6.335	6.408	6.481	6.553	6.626	6.699	6.772
2.48	6.166	6.240	6.313	6.386	6.460	6.533	6.607	6.680	6.754	6.827
2.50	6.216	6.290	6.364	6.438	6.512	6.586	6.660	6.734	6.808	6.882
2.52	6.266	6.340	6.415	6.490	6.564	6.639	6.713	6.788	6.862	6.937
2.54	6.315	6.391	6.466	6.541	6.616	6.691	6.767	6.842	6.917	6.992
2.56	6.365	6.441	6.517	6.593	6.668	6.744	6.820	6.896	6.971	7.047
2.58	6.415	6.491	6.568	6.644	6.720	6.797	6.873	6.949	7.026	7.102
2.60	6.465	6.542	6.619	6.696	6.772	6.849	6.926	7.003	7.080	7.157
2.62	6.514	6.592	6.669	6.747	6.825	6.902	6.980	7.057	7.135	7.212
2.64	6.564	6.642	6.720	6.799	6.877	6.955	7.033	7.111	7.189	7.267
2.66	6.614	6.693	6.771	6.850	6.929	7.008	7.086	7.165	7.244	7.322
2.68	6.664	6.743	6.822	6.902	6.981	7.060	7.140	7.219	7.298	7.378
2.70	6.713	6.793	6.873	6.953	7.033	7.113	7.193	7.273	7.353	7.433
2.72	6.763	6.844	6.924	7.005	7.085	7.166	7.246	7.327	7.407	7.488
2.74	6.813	6.894	6.975	7.056	7.137	7.218	7.299	7.380	7.462	7.543
2.76	6.862	6.944	7.026	7.108	7.189	7.271	7.353	7.434	7.516	7.598
2.78	6.912	6.994	7.077	7.159	7.241	7.324	7.406	7.488	7.570	7.653
2.80	6.962	7.045	7.128	7.211	7.293	7.376	7.459	7.542	7.625	7.708
2.82	7.012	7.095	7.179	7.262	7.346	7.429	7.512	7.596	7.679	7.763
2.84	7.061	7.145	7.230	7.314	7.398	7.482	7.566	7.650	7.734	7.818
2.86	7.111	7.196	7.280	7.365	7.450	7.534	7.619	7.704	7.788	7.873

Kubik-Inhalt der Kolli, deren kleinstes
Solid contents of packages, whose least
Cubage des colis, dont la plus petite dimension

Länge/Length Longueur	Breite — Breadth — Largeur 1.88	1.90	1.92	1.94	1.96	1.98	2.00	2.02	2.04	2.06
	Inhalt in Kubikmetern — Solid Contents — Cubage									
1.88	5.231									
1.90	5.287	5.343								
1.92	5.342	5.399	5.456							
1.94	5.398	5.455	5.513	5.570						
1.96	5.454	5.512	5.570	5.628	5.686					
1.98	5.509	5.568	5.626	5.685	5.744	5.802				
2.00	5.565	5.624	5.683	5.742	5.802	5.861	5.920			
2.02	5.620	5.680	5.740	5.800	5.860	5.919	5.979	6.039		
2.04	5.676	5.736	5.797	5.857	5.918	5.978	6.038	6.099	6.159	
2.06	5.732	5.793	5.854	5.915	5.976	6.037	6.098	6.159	6.220	6.281
2.08	5.787	5.849	5.911	5.972	6.034	6.095	6.157	6.218	6.280	6.342
2.10	5.843	5.905	5.967	6.030	6.092	6.154	6.216	6.278	6.340	6.402
2.12	5.899	5.961	6.024	6.087	6.150	6.212	6.275	6.338	6.401	6.463
2.14	5.954	6.018	6.081	6.144	6.208	6.271	6.334	6.398	6.461	6.524
2.16	6.010	6.074	6.138	6.202	6.266	6.330	6.394	6.458	6.521	6.585
2.18	6 066	6.130	6.195	6.259	6.324	6.388	6.453	6.517	6.582	6.646
2.20	6 121	6.186	6.252	6.317	6.382	6.447	6.512	6.577	6.642	6.707
2.22	6.177	6.243	6.308	6.374	6.440	6.505	6.571	6.637	6.703	6.768
2.24	6.233	6.299	6.365	6.431	6.498	6.564	6.630	6.697	6.763	6 829
2.26	6.288	6.355	6.422	6.489	6.556	6.623	6.690	6.756	6.823	6.890
2.28	6.344	6.411	6.479	6.546	6.614	6.681	6.749	6.816	6.884	6.951
2.30	6.400	6.468	6.536	6.604	6.672	6.740	6.808	6.876	6.944	7.012
2.32	6.455	6.524	6.593	6.661	6.730	6.799	6.867	6.936	7.005	7.073
2.34	6.511	6.580	6.649	6.719	6.788	6.857	6.926	6.996	7.065	7.134
2.36	6.566	6.636	6.706	6.776	6.846	6.916	6.986	7.055	7.125	7.195
2.38	6.622	6.693	6.763	6.833	6.904	6.974	7.045	7.115	7.186	7.256
2.40	6.678	6.749	6.820	6.891	6.962	7.033	7.104	7.175	7.246	7.317
2.42	6.733	6.805	6.877	6.948	7.020	7.092	7.163	7.235	7.306	7.378
2.44	6.789	6.861	6.934	7.006	7.078	7.150	7.222	7.295	7.367	7.439
2.46	6.845	6.918	6.990	7.063	7.136	7.209	7.282	7.354	7.427	7 500
2.48	6.900	6.974	7.047	7.121	7.194	7.267	7.341	7.414	7.488	7.561
2.50	6.956	7.030	7.104	7.178	7.252	7.326	7.400	7.474	7.548	7.622
2.52	7.012	7.086	7.161	7.235	7.310	7.385	7.459	7.534	7.608	7.683
2.54	7.067	7.142	7.218	7.293	7.368	7.443	7.518	7.594	7.669	7.744
2.56	7.123	7.199	7.274	7.350	7.426	7.502	7.578	7.653	7.729	7.805
2.58	7.179	7.255	7.331	7.408	7.484	7.560	7.637	7.713	7.790	7.866
2.60	7.234	7.311	7.388	7.465	7.542	7.619	7.696	7.773	7.850	7.927
2.62	7.290	7.367	7.445	7.523	7.600	7.678	7.755	7.833	7.910	7.988
2.64	7.346	7.424	7.502	7.580	7.658	7.736	7.814	7.893	7.971	8.049
2.66	7.401	7.480	7.559	7.637	7.716	7.795	7.874	7.952	8.031	8.110
2.68	7.457	7.536	7.615	7.695	7.774	7.853	7.933	8.012	8.091	8.171
2.70	7.512	7.592	7.672	7.752	7.832	7.912	7.992	8.072	8.152	8.232
2.72	7.568	7.649	7.729	7.810	7.890	7.971	8.051	8.132	8.212	8.293
2.74	7.624	7.705	7.786	7.867	7.948	8.029	8.110	8.192	8.273	8.354
2.76	7.679	7.761	7.843	7.925	8.006	8.088	8.170	8.251	8.333	8.415
2.78	7.735	7.817	7.900	7.982	8.064	8.147	8.229	8.311	8.393	8.476
2.80	7.791	7.874	7.956	8.039	8.122	8.205	8.288	8.371	8.454	8.537
2.82	7.846	7.930	8.013	8.097	8.180	8.264	8.347	8.431	8.514	8.598
2.84	7.902	7.986	8.070	8.154	8.238	8.322	8.406	8.490	8.575	8.659
2.86	7.958	8.042	8.127	8.212	8.296	8.381	8.466	8.550	8.635	8.720
2.88	8.013	8.099	8.184	8.269	8.354	8.440	8.525	8.610	8.695	8.781
2.90	8.069	8.155	8.241	8.326	8.412	8.498	8.584	8.670	8.756	8.842
2.92	8.125	8.211	8.297	8.384	8.470	8.557	8.643	8.730	8.816	8.902
2.94	8.180	8.267	8.354	8.441	8.528	8.615	8.702	8.789	8.876	8.963
2.96	8.236	8.324	8.411	8.499	8.586	8.674	8.762	8.849	8.937	9.024
2.98	8.292	8.380	8.468	8.556	8.644	8.733	8.821	8.909	8.997	9.085
3.00	8.347	8.436	8.525	8.614	8.702	8.791	8.880	8.969	9.058	9.146
3.02	8.403	8.492	8.582	8.671	8.760	8.850	8.939	9.029	9.118	9.207
3.04	8.458	8.548	8.638	8.728	8.818	8.908	8.998	9.088	9.178	9.268
3.06	8.514	8.605	8.695	8.786	8.876	8.967	9.058	9.148	9.239	9.329
3.08	8.570	8.661	8.752	8.843	8.934	9.026	9.117	9.208	9.299	9.390
3.10	8.625	8.717	8.809	8.901	8.992	9.084	9.176	9.268	9.360	9.451
3.12	8.681	8.773	8.866	8.958	9.050	9.143	9.235	9.328	9.420	9.512
3.14	8.737	8.830	8.923	9.016	9.109	9.201	9.294	9.387	9.480	9.573
3.16	8.792	8.886	8.979	9.073	9.167	9.260	9.354	9.447	9.541	9.634
3.18	8.848	8.942	9.036	9.130	9.225	9.319	9.413	9.507	9.601	9.695
3.20	8.904	8.998	9.093	9.188	9.283	9.377	9.472	9.567	9.661	9.756
3.22	8.959	9.055	9.150	9.245	9.341	9.436	9.531	9.627	9.722	9.817
3.24	9.015	9.111	9.207	9 303	9.399	9.494	9.590	9.686	9.782	9.878
3.26	9.071	9.167	9.264	9.360	9.457	9.553	9.650	9.746	9.843	9.939

Maß (Dicke) 148 Centimeter (1,48 m) ist.
dimensions (depth) are 148 centimetres (1,48 m).
(l'épaisseur) est 148 centimètres (1,48 m).

Länge/Length Longueur	Breite — Breadth — Largeur									
	2.08	2.10	2.12	2.14	2.16	2.18	2.20	2.22	2.24	2.26
	Inhalt in Kubikmetern — Solid Contents — Cubage									
2.08	6.403									
2.10	6.465	6.527								
2.12	6.526	6.589	6.652							
2.14	6.588	6.651	6.714	6.778						
2.16	6.649	6.713	6.777	6.841	6.905					
2.18	6.711	6.775	6.840	6.904	6.969	7.034				
2.20	6.772	6.838	6.903	6.968	7.033	7.098	7.163			
2.22	6.834	6.900	6.965	7.031	7.097	7.163	7.228	7.294		
2.24	6.896	6.962	7.028	7.095	7.161	7.227	7.293	7.360	7.426	
2.26	6.957	7.024	7.091	7.158	7.225	7 292	7.359	7.425	7.492	7.559
2.28	7.019	7.086	7.154	7.221	7.289	7.356	7.424	7.491	7.559	7.626
2.30	7.080	7.148	7.216	7.285	7.353	7.421	7.489	7.557	7.625	7.693
2.32	7.142	7.211	7.279	7.348	7.417	7.485	7.554	7.623	7.691	7.760
2.34	7.203	7.273	7.342	7.411	7.481	7.550	7.619	7.688	7.758	7.827
2.36	7.265	7.335	7.405	7.475	7.544	7.614	7.684	7.754	7.824	7.894
2.38	7.327	7.397	7.467	7.538	7.608	7.679	7.749	7.820	7.890	7.961
2.40	7.388	7.459	7.530	7.601	7.672	7.743	7.814	7.885	7.956	8.028
2.42	7.450	7.521	7.593	7.665	7.736	7.808	7.880	7.951	8.023	8.094
2.44	7.511	7.584	7.656	7.728	7.800	7.872	7.945	8.017	8.089	8.161
2.46	7.573	7.646	7.718	7.791	7.864	7.937	8.010	8.083	8.155	8.228
2.48	7.634	7.708	7.781	7.855	7.928	8.001	8.075	8.148	8.222	8.295
2.50	7.696	7.770	7.844	7.918	7.992	8.066	8.140	8.214	8.288	8.362
2.52	7.758	7.832	7.907	7.981	8.056	8.131	8.205	8.280	8.354	8.429
2.54	7.819	7.894	7.970	8.045	8.120	8.195	8.270	8.345	8.421	8.496
2.56	7.881	7.956	8.032	8.108	8.184	8.260	8.335	8.411	8.487	8.563
2.58	7.942	8.019	8.095	8.171	8.248	8.324	8.400	8.477	8.553	8.630
2.60	8.004	8.081	8.158	8.235	8.312	8.389	8.466	8.543	8.620	8.696
2.62	8.065	8.143	8.221	8.298	8.376	8.453	8.531	8.608	8.686	8.763
2.64	8.127	8.205	8.283	8.361	8.440	8.518	8.596	8.674	8.752	8.830
2.66	8.189	8.267	8.346	8.425	8.503	8.582	8.661	8.740	8.818	8.897
2.68	8.250	8.329	8.409	8.488	8.567	8.647	8.726	8.805	8.885	8.964
2.70	8.312	8.392	8.472	8.551	8.631	8.711	8.791	8.871	8.951	9.031
2.72	8.373	8.454	8.534	8.615	8.695	8.776	8.856	8.937	9.017	9.098
2.74	8.435	8.516	8.597	8.678	8.759	8.840	8.921	9.003	9.084	9.165
2.76	8.496	8.578	8.660	8.741	8.823	8.905	8.987	9.068	9.150	9.232
2.78	8.558	8.640	8.723	8.805	8.887	8.969	9.052	9.134	9.216	9.299
2.80	8.620	8.702	8.785	8.868	8.951	9.034	9.117	9.200	9.283	9.365
2.82	8.681	8.765	8.848	8.932	9.015	9.098	9.182	9.265	9.349	9.432
2.84	8.743	8.827	8.911	8.995	9.079	9.163	9.247	9.331	9.415	9.499
2.86	8.804	8.889	8.974	9.058	9.143	9.228	9.312	9.397	9.481	9.566
2.88	8.866	8.951	9.036	9.122	9.207	9.292	9.377	9.463	9.548	9.633
2.90	8.927	9.013	9.099	9.185	9.271	9.357	9.442	9.528	9.614	9.700
2.92	8.989	9.075	9.162	9.248	9.335	9.421	9.508	9.594	9.680	9.767
2.94	9.050	9.138	9.225	9.312	9.399	9.486	9.573	9.660	9.747	9.834
2.96	9.112	9.200	9.287	9.375	9.463	9.550	9.638	9.725	9.813	9.901
2.98	9.174	9.262	9.350	9.438	9.526	9.615	9.703	9.791	9.879	9.968
3.00	9.235	9.324	9.413	9.502	9.590	9.679	9.768	9.857	9.946	10.034
3.02	9.297	9.386	9.476	9.565	9.654	9.744	9.833	9.923	10.012	10.101
3.04	9.358	9.448	9.538	9.628	9.718	9.808	9.898	9.988	10.078	10.168
3.06	9.420	9.510	9.601	9.692	9.782	9.873	9.963	10.054	10.145	10.235
3.08	9.481	9.573	9.664	9.755	9.846	9.937	10.028	10.120	10.211	10.302
3.10	9.543	9.635	9.727	9.818	9.910	10.002	10.094	10.185	10.277	10.369
3.12	9.605	9.697	9.789	9.882	9.974	10.066	10.159	10.251	10.343	10.436
3.14	9.666	9.759	9.852	9.945	10.038	10.131	10.224	10.317	10.410	10.503
3.16	9.728	9.821	9.915	10.008	10.102	10.195	10.289	10.382	10.476	10.570
3.18	9.789	9.883	9.978	10.072	10.166	10.260	10.354	10.448	10.542	10.636
3.20	9.851	9.946	10.040	10.135	10.230	10.324	10.419	10.514	10.609	10.703
3.22	9.912	10.008	10.103	10.198	10.294	10.389	10.484	10.580	10.675	10.770
3.24	9.974	10.070	10.166	10.262	10.358	10.454	10.549	10.645	10.741	10.837
3.26	10.036	10.132	10.229	10.325	10.422	10.518	10.615	10.711	10.808	10.904

Kubik-Inhalt der Kolli, deren kleinstes
Solid contents of packages, whose least
Cubage des colis, dont la plus petite dimension

Länge/Length Longueur	Breite — Breadth — Largeur 1.50	1.52	1.54	1.56	1.58	1.60	1.62	1.64	1.66	1.68
	Inhalt in Kubikmetern — Solid Contents — Cubage									
1.50	3.375									
1.52	3.420	3.466								
1.54	3.465	3.511	3.557							
1.56	3.510	3.557	3.604	3.650						
1.58	3.555	3.602	3.650	3.697	3.745					
1.60	3.600	3.648	3.696	3.744	3.792	3.840				
1.62	3.645	3.694	3.742	3.791	3.839	3.888	3.937			
1.64	3.690	3.739	3.788	3.838	3.887	3.936	3.985	4.034		
1.66	3.735	3.785	3.835	3.884	3.934	3.984	4.034	4.084	4.133	
1.68	3.780	3.830	3.881	3.931	3.982	4.032	4.082	4.133	4.183	4.234
1.70	3.825	3.876	3.927	3.978	4.029	4.080	4.131	4.182	4.233	4.284
1.72	3.870	3.922	3.973	4.025	4.076	4.128	4.180	4.231	4.283	4.334
1.74	3.915	3.967	4.019	4.072	4.124	4.176	4.228	4.280	4.333	4.385
1.76	3.960	4.013	4.066	4.118	4.171	4.224	4.277	4.330	4.382	4.435
1.78	4.005	4.058	4.112	4.165	4.219	4.272	4.325	4.379	4.432	4.486
1.80	4.050	4.104	4.158	4.212	4.266	4.320	4.374	4.428	4.482	4.536
1.82	4.095	4.150	4.204	4.259	4.313	4.368	4.423	4.477	4.532	4.586
1.84	4.140	4.195	4.250	4.306	4.361	4.416	4.471	4.526	4.582	4.637
1.86	4.185	4.241	4.297	4.352	4.408	4.464	4.520	4.576	4.631	4.687
1.88	4.230	4.286	4.343	4.399	4.456	4.512	4.568	4.625	4.681	4.738
1.90	4.275	4.332	4.389	4.446	4.503	4.560	4.617	4.674	4.731	4.788
1.92	4.320	4.378	4.435	4.493	4.550	4.608	4.666	4.723	4.781	4.838
1.94	4.365	4.423	4.481	4.540	4.598	4.656	4.714	4.772	4.831	4.889
1.96	4.410	4.469	4.528	4.586	4.645	4.704	4.763	4.822	4.880	4.939
1.98	4.455	4.514	4.574	4.633	4.693	4.752	4.811	4.871	4.930	4.990
2.00	4.500	4.560	4.620	4.680	4.740	4.800	4.860	4.920	4.980	5.040
2.02	4.545	4.606	4.666	4.727	4.787	4.848	4.909	4.969	5.030	5.090
2.04	4.590	4.651	4.712	4.774	4.835	4.896	4.957	5.018	5.080	5.141
2.06	4.635	4.697	4.759	4.820	4.882	4.944	5.006	5.068	5.129	5.191
2.08	4.680	4.742	4.805	4.867	4.930	4.992	5.054	5.117	5.179	5.242
2.10	4.725	4.788	4.851	4.914	4.977	5.040	5.103	5.166	5.229	5.292
2.12	4.770	4.834	4.897	4.961	5.024	5.088	5.152	5.215	5.279	5.342
2.14	4.815	4.879	4.943	5.008	5.072	5.136	5.200	5.264	5.329	5.393
2.16	4.860	4.925	4.990	5.054	5.119	5.184	5.249	5.314	5.378	5.443
2.18	4.905	4.970	5.036	5.101	5.167	5.232	5.297	5.363	5.428	5.494
2.20	4.950	5.016	5.082	5.148	5.214	5.280	5.346	5.412	5.478	5.544
2.22	4.995	5.062	5.128	5.195	5.261	5.328	5.395	5.461	5.528	5.594
2.24	5.040	5.107	5.174	5.242	5.309	5.376	5.443	5.510	5.578	5.645
2.26	5.085	5.153	5.221	5.288	5.356	5.424	5.492	5.560	5.627	5.695
2.28	5.130	5.198	5.267	5.335	5.404	5.472	5.540	5.609	5.677	5.746
2.30	5.175	5.244	5.313	5.382	5.451	5.520	5.589	5.658	5.727	5.796
2.32	5.220	5.290	5.359	5.429	5.498	5.568	5.638	5.707	5.777	5.846
2.34	5.265	5.335	5.405	5.476	5.546	5.616	5.686	5.756	5.827	5.897
2.36	5.310	5.381	5.452	5.522	5.593	5.664	5.735	5.806	5.876	5.947
2.38	5.355	5.426	5.498	5.569	5.641	5.712	5.783	5.855	5.926	5.998
2.40	5.400	5.472	5.544	5.616	5.688	5.760	5.832	5.904	5.976	6.048
2.42	5.445	5.518	5.590	5.663	5.735	5.808	5.881	5.953	6.026	6.098
2.44	5.490	5.563	5.636	5.710	5.783	5.856	5.929	6.002	6.076	6.149
2.46	5.535	5.609	5.683	5.756	5.830	5.904	5.978	6.052	6.125	6.199
2.48	5.580	5.654	5.729	5.803	5.878	5.952	6.026	6.101	6.175	6.250
2.50	5.625	5.700	5.775	5.850	5.925	6.000	6.075	6.150	6.225	6.300
2.52	5.670	5.746	5.821	5.897	5.972	6.048	6.124	6.199	6.275	6.350
2.54	5.715	5.791	5.867	5.944	6.020	6.096	6.172	6.248	6.325	6.401
2.56	5.760	5.837	5.914	5.990	6.067	6.144	6.221	6.298	6.374	6.451
2.58	5.805	5.882	5.960	6.037	6.115	6.192	6.269	6.347	6.424	6.502
2.60	5.850	5.928	6.006	6.084	6.162	6.240	6.318	6.396	6.474	6.552
2.62	5.895	5.974	6.052	6.131	6.209	6.288	6.367	6.445	6.524	6.602
2.64	5.940	6.019	6.098	6.178	6.257	6.336	6.415	6.494	6.574	6.653
2.66	5.985	6.065	6.145	6.224	6.304	6.384	6.464	6.544	6.623	6.703
2.68	6.030	6.110	6.191	6.271	6.352	6.432	6.512	6.593	6.673	6.754
2.70	6.075	6.156	6.237	6.318	6.399	6.480	6.561	6.642	6.723	6.804
2.72	6.120	6.202	6.283	6.365	6.446	6.528	6.610	6.691	6.773	6.854
2.74	6.165	6.247	6.329	6.412	6.494	6.576	6.658	6.740	6.823	6.905
2.76	6.210	6.293	6.376	6.458	6.541	6.624	6.707	6.790	6.872	6.955
2.78	6.255	6.338	6.422	6.505	6.589	6.672	6.755	6.839	6.922	7.006
2.80	6.300	6.384	6.468	6.552	6.636	6.720	6.804	6.888	6.972	7.056
2.82	6.345	6.430	6.514	6.599	6.683	6.768	6.853	6.937	7.022	7.106
2.84	6.390	6.475	6.560	6.646	6.731	6.816	6.901	6.986	7.072	7.157
2.86	6.435	6.521	6.607	6.692	6.778	6.864	6.950	7.036	7.121	7.207
2.88	6.480	6.566	6.653	6.739	6.826	6.912	6.998	7.085	7.171	7.258

Maß (Dicke) 150 Centimeter (1,50 m) ist.
dimensions (depth) are 150 centimetres (1,50 m).
(l'épaisseur) est 150 centimètres (1,50 m).

Länge/Length Longueur	Breite — Breadth — Largeur									
	1.70	1.72	1.74	1.76	1.78	1.80	1.82	1.84	1.86	1.88
	Inhalt in Kubikmetern — Solid Contents — Cubage									
1.70	4.335									
1.72	4.386	4.438								
1.74	4.437	4.489	4.541							
1.76	4.488	4.541	4.594	4.646						
1.78	4.539	4.592	4.646	4.699	4.753					
1.80	4.590	4.644	4.698	4.752	4.806	4 860				
1.82	4.641	4.696	4.750	4.805	4.859	4.914	4.969			
1.84	4.692	4.747	4.802	4.858	4.913	4.968	5.023	5.078		
1.86	4.743	4.799	4.855	4.910	4.966	5.022	5.078	5.134	5.189	
1.88	4.794	4.850	4.907	4.963	5.020	5.076	5.132	5.189	5.245	5.302
1.90	4.845	4.902	4.959	5.016	5.073	5.130	5.187	5.244	5.301	5.358
1.92	4.896	4.954	5.011	5.069	5.126	5.184	5.242	5.299	5.357	5.414
1.94	4.947	5.005	5.063	5.122	5.180	5.238	5.296	5.354	5.413	5.471
1.96	4.998	5.057	5.116	5.174	5.233	5.292	5.351	5.410	5.468	5.527
1.98	5.049	5.108	5.168	5.227	5.287	5.346	5.405	5.465	5.524	5.584
2.00	5.100	5.160	5.220	5.280	5.340	5.400	5.460	5.520	5.580	5.640
2.02	5.151	5.212	5.272	5.333	5.393	5.454	5.515	5.575	5.636	5.696
2.04	5.202	5.263	5.324	5.386	5.447	5.508	5.569	5.630	5.692	5.753
2.06	5.253	5.315	5.377	5.438	5.500	5.562	5.624	5.686	5.747	5.809
2.08	5.304	5.366	5.429	5.491	5.554	5.616	5.678	5.741	5.803	5.866
2.10	5.355	5.418	5.481	5.544	5.607	5.670	5.733	5.796	5.859	5.922
2.12	5.406	5.470	5.533	5.597	5.660	5.724	5.788	5.851	5.915	5.978
2.14	5.457	5.521	5.585	5.650	5.714	5.778	5.842	5.906	5.971	6.035
2.16	5.508	5.573	5.638	5.702	5.767	5.832	5.897	5.962	6.026	6.091
2.18	5.559	5.624	5.690	5.755	5.821	5.886	5.951	6.017	6.082	6.148
2.20	5.610	5.676	5.742	5.808	5.874	5.940	6.006	6.072	6.138	6.204
2.22	5.661	5.728	5.794	5.861	5.927	5.994	6.061	6.127	6.194	6.260
2.24	5.712	5.779	5.846	5.914	5.981	6.048	6.115	6.182	6.250	6.317
2.26	5.763	5.831	5.899	5.966	6.034	6.102	6.170	6.238	6.305	6.373
2.28	5.814	5.882	5.951	6.019	6.088	6.156	6.224	6.293	6.361	6.430
2.30	5.865	5.934	6.003	6.072	6.141	6.210	6.279	6.348	6.417	6.486
2.32	5.916	5.986	6.055	6.125	6.194	6.264	6.334	6.403	6.473	6.542
2.34	5.967	6.037	6.107	6.178	6.248	6.318	6.388	6.458	6.529	6.599
2.36	6.018	6.089	6.160	6.230	6.301	6.372	6.443	6.514	6.584	6.655
2.38	6.069	6.140	6.212	6.283	6.355	6.426	6.497	6.569	6.640	6.712
2.40	6.120	6.192	6.264	6.336	6.408	6.480	6.552	6.624	6.696	6.768
2.42	6.171	6.244	6.316	6.389	6.461	6.534	6.607	6.679	6.752	6.824
2.44	6.222	6.295	6.368	6.442	6.515	6.588	6.661	6.734	6.808	6.881
2.46	6.273	6.347	6.421	6.494	6.568	6.642	6.716	6.790	6.863	6.937
2.48	6.324	6.398	6.473	6.547	6.622	6.696	6.770	6.845	6.919	6.994
2.50	6.375	6.450	6.525	6.600	6.675	6.750	6.825	6.900	6.975	7.050
2.52	6.426	6.502	6.577	6.653	6.728	6.804	6.880	6.955	7.031	7.106
2.54	6.477	6.553	6.629	6.706	6.782	6.858	6.934	7.010	7.087	7.163
2.56	6.528	6.605	6.682	6.758	6.835	6.912	6.989	7.066	7.142	7.219
2.58	6.579	6.656	6.734	6.811	6.889	6.966	7.043	7.121	7.198	7.276
2.60	6.630	6.708	6.786	6.864	6.942	7.020	7.098	7.176	7.254	7.332
2.62	6.681	6.760	6.838	6.917	6.995	7.074	7.153	7.231	7.310	7.388
2.64	6.732	6.811	6.890	6.970	7.049	7.128	7.207	7.286	7.366	7.445
2.66	6.783	6.863	6.943	7.022	7.102	7.182	7.262	7.342	7.421	7.501
2.68	6.834	6.914	6 995	7.075	7.156	7.236	7.316	7.397	7.477	7.558
2.70	6.885	6.966	7.047	7.128	7.209	7.290	7.371	7.452	7.533	7.614
2.72	6.936	7.018	7.099	7.181	7.262	7.344	7.426	7.507	7.589	7.670
2.74	6.987	7.069	7.151	7.234	7.316	7.398	7.480	7.562	7.645	7.727
2.76	7.038	7.121	7.204	7.286	7.369	7.452	7.535	7.618	7.700	7.783
2.78	7.089	7.172	7.256	7.339	7.423	7.506	7.589	7.673	7.756	7.840
2.80	7.140	7.224	7.308	7.392	7.476	7.560	7.644	7.728	7.812	7.896
2.82	7.191	7.276	7.360	7.445	7.529	7.614	7.699	7.783	7.868	7.952
2.84	7.242	7.327	7.412	7.498	7.583	7.668	7.753	7.838	7.924	8.009
2.86	7.293	7.379	7.465	7.550	7.636	7.722	7.808	7.894	7.979	8,065
2.88	7.344	7.430	7.517	7.603	7.690	7.776	7.862	7.949	8.035	8.122

Kubik-Inhalt der Kolli, deren kleinstes
Solid contents of packages, whose least
Cubage des colis, dont la plus petite dimension

Länge/Length Longueur	Breite — Breadth — Largeur									
	1.90	1.92	1.94	1.96	1.98	2.00	2.02	2.04	2.06	2.08
	Inhalt in Kubikmetern — Solid Contents — Cubage									
1.90	5.415									
1.92	5.472	5.530								
1.94	5.529	5.587	5.645							
1.96	5.586	5.645	5.704	5.762						
1.98	5.643	5.702	5.762	5.821	5.881					
2.00	5.700	5.760	5.820	5.880	5.940	6.000				
2.02	5.757	5.818	5.878	5.939	5.999	6.060	6.121			
2.04	5.814	5.875	5.936	5.998	6.059	6.120	6.181	6.242		
2.06	5.871	5.933	5.995	6.056	6.118	6.180	6.242	6.304	6.365	
2.08	5.928	5.990	6.053	6.115	6.178	6.240	6.302	6.365	6.427	6.490
2.10	5.985	6.048	6.111	6.174	6.237	6.300	6.363	6.426	6.489	6.552
2.12	6.042	6.106	6.169	6.233	6.296	6.360	6.424	6.487	6.551	6.614
2.14	6.099	6.163	6.227	6.292	6.356	6.420	6.484	6.548	6.613	6.677
2.16	6.156	6.221	6.286	6.350	6.415	6.480	6.545	6.610	6.674	6.739
2.18	6.213	6.278	6.344	6.409	6.475	6.540	6.605	6.671	6.736	6.802
2.20	6.270	6.336	6.402	6.468	6.534	6.600	6.666	6.732	6.798	6.864
2.22	6.327	6.394	6.460	6.527	6.593	6.660	6.727	6.793	6.860	6.926
2.24	6.384	6.451	6.518	6.586	6.653	6.720	6.787	6.854	6.922	6.989
2.26	6.441	6.509	6.577	6.644	6.712	6.780	6.848	6.916	6.983	7.051
2.28	6.498	6.566	6.635	6.703	6.772	6.840	6.908	6.977	7.045	7.114
2.30	6.555	6.624	6.693	6.762	6.831	6.900	6.969	7.038	7.107	7.176
2.32	6.612	6.682	6.751	6.821	6.890	6.960	7.030	7.099	7.169	7.238
2.34	6.669	6.739	6.809	6.880	6.950	7.020	7.090	7.160	7.231	7.301
2.36	6.726	6.797	6.868	6.938	7.009	7.080	7.151	7.222	7.292	7.363
2.38	6.783	6.854	6.926	6.997	7.069	7.140	7.211	7.283	7.354	7.426
2.40	6.840	6.912	6.984	7.056	7.128	7.200	7.272	7.344	7.416	7.488
2.42	6.897	6.970	7.042	7.115	7.187	7.260	7.333	7.405	7.478	7.550
2.44	6.954	7.027	7.100	7.174	7.247	7.320	7.393	7.466	7.540	7.613
2.46	7.011	7.085	7.159	7.232	7.306	7.380	7.454	7.528	7.601	7.675
2.48	7.068	7.142	7.217	7.291	7.366	7.440	7.514	7.589	7.663	7.738
2.50	7.125	7.200	7.275	7.350	7.425	7.500	7.575	7.650	7.725	7.800
2.52	7.182	7.258	7.333	7.409	7.484	7.560	7.636	7.711	7.787	7.862
2.54	7.239	7.315	7.391	7.468	7.544	7.620	7.696	7.772	7.849	7.925
2.56	7.296	7.373	7.450	7.526	7.603	7.680	7.757	7.834	7.910	7.987
2.58	7.353	7.430	7.508	7.585	7.663	7.740	7.817	7.895	7.972	8.050
2.60	7.410	7.488	7.566	7.644	7.722	7.800	7.878	7.956	8.034	8.112
2.62	7.467	7.546	7.624	7.703	7.781	7.860	7.939	8.017	8.096	8.174
2.64	7.524	7.603	7.682	7.762	7.841	7.920	7.999	8.078	8.158	8.237
2.66	7.581	7.661	7.741	7.820	7.900	7.980	8.060	8.140	8.219	8.299
2.68	7.638	7.718	7.799	7.879	7.960	8.040	8.120	8.201	8.281	8.362
2.70	7.695	7.776	7.857	7.938	8.019	8.100	8.181	8.262	8.343	8.424
2.72	7.752	7.834	7.915	7.997	8.078	8.160	8.242	8.323	8.405	8.486
2.74	7.809	7.891	7.973	8.056	8.138	8.220	8.302	8.384	8.467	8.549
2.76	7.866	7.949	8.032	8.114	8.197	8.280	8.363	8.446	8.528	8.611
2.78	7.923	8.006	8.090	8.173	8.257	8.340	8.423	8.507	8.590	8.674
2.80	7.980	8.064	8.148	8.232	8.316	8.400	8.484	8.568	8.652	8.736
2.82	8.037	8.122	8.206	8.291	8.375	8.460	8.545	8.629	8.714	8.798
2.84	8.094	8.179	8.264	8.350	8.435	8.520	8.605	8.690	8.776	8.861
2.86	8.151	8.237	8.323	8.408	8.494	8.580	8.666	8.752	8.837	8.923
2.88	8.208	8.294	8.381	8.467	8.554	8.640	8.726	8.813	8.899	8.986
2.90	8.265	8.352	8.439	8.526	8.613	8.700	8.787	8.874	8.961	9.048
2.92	8.322	8.410	8.497	8.585	8.672	8.760	8.848	8.935	9.023	9.110
2.94	8.379	8.467	8.555	8.644	8.732	8.820	8.908	8.996	9.085	9.173
2.96	8.436	8.525	8.614	8.702	8.791	8.880	8.969	9.058	9.146	9.235
2.98	8.493	8.582	8.672	8.761	8.851	8.940	9.029	9.119	9.208	9.298
3.00	8.550	8.640	8.730	8.820	8.910	9.000	9.090	9.180	9.270	9.360
3.02	8.607	8.698	8.788	8.879	8.969	9.060	9.151	9.241	9.332	9.422
3.04	8.664	8.755	8.846	8.938	9.029	9.120	9.211	9.302	9.394	9.485
3.06	8.721	8.813	8.905	8.996	9.088	9.180	9.272	9.364	9.455	9.547
3.08	8.778	8.870	8.963	9.055	9.148	9.240	9.332	9.425	9.517	9.610
3.10	8.835	8.928	9.021	9.114	9.207	9.300	9.393	9.486	9.579	9.672
3.12	8.892	8.986	9.079	9.173	9.266	9.360	9.454	9.547	9.641	9.734
3.14	8.949	9.043	9.137	9.232	9.326	9.420	9.514	9.608	9.703	9.797
3.16	9.006	9.101	9.196	9.290	9.385	9.480	9.575	9.670	9.764	9.859
3.18	9.063	9.158	9.254	9.349	9.445	9.540	9.635	9.731	9.826	9.922
3.20	9.120	9.216	9.312	9.408	9.504	9.600	9.696	9.792	9.888	9.984
3.22	9.177	9.274	9.370	9.467	9.563	9.660	9.757	9.853	9.950	10.046
3.24	9.234	9.331	9.428	9.526	9.623	9.720	9.817	9.914	10.012	10.109
3.26	9.291	9.389	9.487	9.584	9.682	9.780	9.878	9.976	10.073	10.171
3.28	9.348	9.446	9.545	9.643	9.742	9.840	9.938	10.037	10.135	10.234

Maß (Dicke) 150 Centimeter (1,50 m) ist.
dimensions (depth) are 150 centimetres (1,50 m).
(l'épaisseur) est 150 centimètres (1,50 m).

Länge/Length Longueur	Breite — Breadth — Largeur 2.10	2.12	2.14	2.16	2.18	2.20	2.22	2.24	2.26	2.28
	Inhalt in Kubikmetern — Solid Contents — Cubage									
2.10	6.615									
2.12	6.678	6.742								
2.14	6.741	6.805	6.869							
2.16	6.804	6.869	6.934	6.998						
2.18	6.867	6.932	6.998	7.063	7.129					
2.20	6.930	6.996	7.062	7.128	7.194	7.260				
2.22	6.993	7.060	7.126	7.193	7.259	7.326	7.393			
2.24	7.056	7.123	7.190	7.258	7.325	7.392	7.459	7.526		
2.26	7.119	7.187	7.255	7.322	7.390	7.458	7.526	7.594	7.661	
2.28	7.182	7.250	7.319	7.387	7.456	7.524	7.592	7.661	7.729	7.798
2.30	7.245	7.314	7.383	7.452	7.521	7.590	7.659	7.728	7.797	7.866
2.32	7.308	7.378	7.447	7.517	7.586	7.656	7.726	7.795	7.865	7.934
2.34	7.371	7.441	7.511	7.582	7.652	7.722	7.792	7.862	7.933	8.003
2.36	7.434	7.505	7.576	7.646	7.717	7.788	7.859	7.930	8.000	8.071
2.38	7.497	7.568	7.640	7.711	7.783	7.854	7.925	7.997	8.068	8.140
2.40	7.560	7.632	7.704	7.776	7.848	7.920	7.992	8.064	8.136	8.208
2.42	7.623	7.696	7.768	7.841	7.913	7.986	8.059	8.131	8.204	8.276
2.44	7.686	7.759	7.832	7.906	7.979	8.052	8.125	8.198	8.272	8.345
2.46	7.749	7.823	7.897	7.970	8.044	8.118	8.192	8.266	8.339	8.413
2.48	7.812	7.886	7.961	8.035	8.110	8.184	8.258	8.333	8.407	8.482
2.50	7.875	7.950	8.025	8.100	8.175	8.250	8.325	8.400	8.475	8.550
2.52	7.938	8.014	8.089	8.165	8.240	8.316	8.392	8.467	8.543	8.618
2.54	8.001	8.077	8.153	8.230	8.306	8.382	8.458	8.534	8.611	8.687
2.56	8.064	8.141	8.218	8.294	8.371	8.448	8.525	8.602	8.678	8.755
2.58	8.127	8.204	8.282	8.359	8.437	8.514	8.591	8.669	8.746	8.824
2.60	8.190	8.268	8.346	8.424	8.502	8.580	8.658	8.736	8.814	8.892
2.62	8.253	8.332	8.410	8.489	8.567	8.646	8.725	8.803	8.882	8.960
2.64	8.316	8.395	8.474	8.554	8.633	8.712	8.791	8.870	8.950	9.029
2.66	8.379	8.459	8.539	8.618	8.698	8.778	8.858	8.938	9.017	9.097
2.68	8.442	8.522	8.603	8.683	8.764	8.844	8.924	9.005	9.085	9.166
2.70	8.505	8.586	8.667	8.748	8.829	8.910	8.991	9.072	9.153	9.234
2.72	8.568	8.650	8.731	8.813	8.894	8.976	9.058	9.139	9.221	9.302
2.74	8.631	8.713	8.795	8.878	8.960	9.042	9.124	9.206	9.289	9.371
2.76	8.694	8.777	8.860	8.942	9.025	9.108	9.191	9.274	9.356	9.439
2.78	8.757	8.840	8.924	9.007	9.091	9.174	9.257	9.341	9.424	9.508
2.80	8.820	8.904	8.988	9.072	9.156	9.240	9.324	9.408	9.492	9.576
2.82	8.883	8.968	9.052	9.137	9.221	9.306	9.391	9.475	9.560	9.644
2.84	8.946	9.031	9.116	9.202	9.287	9.372	9.457	9.542	9.628	9.713
2.86	9.009	9.095	9.181	9.266	9.352	9.438	9.524	9.610	9.695	9.781
2.88	9.072	9.158	9.245	9.331	9.418	9.504	9.590	9.677	9.763	9.850
2.90	9.135	9.222	9.309	9.396	9.483	9.570	9.657	9.744	9.831	9.918
2.92	9.198	9.286	9.373	9.461	9.548	9.636	9.724	9.811	9.899	9.986
2.94	9.261	9.349	9.437	9.526	9.614	9.702	9.790	9.878	9.967	10.055
2.96	9.324	9.413	9.502	9.590	9.679	9.768	9.857	9.946	10.034	10.123
2.98	9.387	9.476	9.566	9.655	9.745	9.834	9.923	10.013	10.102	10.192
3.00	9.450	9.540	9.630	9.720	9.810	9.900	9.990	10.080	10.170	10.260
3.02	9.513	9.604	9.694	9.785	9.875	9.966	10.057	10.147	10.238	10.328
3.04	9.576	9.667	9.758	9.850	9.941	10.032	10.123	10.214	10.306	10.397
3.06	9.639	9.731	9.823	9.914	10.006	10.098	10.190	10.282	10.373	10.465
3.08	9.702	9.794	9.887	9.979	10.072	10.164	10.256	10.349	10.441	10.534
3.10	9.765	9.858	9.951	10.044	10.137	10.230	10.323	10.416	10.509	10.602
3.12	9.828	9.922	10.015	10.109	10.202	10.296	10.390	10.483	10.577	10.670
3.14	9.891	9.985	10.079	10.174	10.268	10.362	10.456	10.550	10.645	10.739
3.16	9.954	10.049	10.144	10.238	10,333	10.428	10.523	10.618	10.712	10.807
3.18	10.017	10.112	10.208	10.303	10.399	10.494	10.589	10.685	10.780	10.876
3.20	10.080	10.176	10.272	10.368	10.464	10.560	10.656	10.752	10.848	10.944
3.22	10.143	10.240	10.336	10.433	10.529	10.626	10.723	10.819	10.916	11.012
3.24	10.206	10.303	10.400	10.498	10.595	10.692	10.789	10.886	10.984	11.081
3.26	10.269	10.367	10.465	10.562	10.660	10.758	10.856	10.954	11.051	11.149
3.28	10.332	10.430	10.529	10.627	10.726	10.824	10.922	11.021	11.119	11.218

FSC
www.fsc.org
MIX
Papier | Fördert
gute Waldnutzung
FSC® C083411

Kolibri 360 GmbH
Ferdinand-Jühlke-Straße 7
99095 Erfurt, Deutschland
produktsicherheit@kolibri360.de